D1652204

PROPYLÄEN TECHNIKGESCHICHTE

HERAUSGEGEBEN VON WOLFGANG KÖNIG

Erster Band
Landbau und Handwerk
750 v. Chr.–1000 n. Chr.

Zweiter Band
Metalle und Macht
1000–1600

Dritter Band
Mechanisierung und Maschinisierung
1600–1840

Vierter Band
Netzwerke, Stahl und Strom
1840–1914

Fünfter Band
Energiewirtschaft · Automatisierung · Information
Seit 1914

PROPYLÄEN

KARL-HEINZ LUDWIG
VOLKER SCHMIDTCHEN

METALLE UND MACHT

1000 bis 1600

PROPYLÄEN

Unveränderte Neuausgabe der 1990 bis 1992 im
Propyläen Verlag erschienenen Originalausgabe

Redaktion: Wolfram Mitte
Landkarten und Graphiken: Erika Baßler

Typographische Einrichtung: Dieter Speck
Umschlaggestaltung: Morian & Bayer-Eynck, Coesfeld
Herstellung: Karin Greinert
Satz: Utesch Satztechnik GmbH, Hamburg
Offsetreproduktionen: Haußmann Reprotechnik KG, Darmstadt
Druck und buchbinderische Verarbeitung: Ebner & Spiegel, Ulm

Printed in Germany 2003
ISBN 3 549 07111 6

Inhalt

Karl-Heinz Ludwig
Technik im hohen Mittelalter zwischen 1000 und 1350/1400

Volker Schmidtchen
Technik im Übergang vom Mittelalter zur Neuzeit zwischen 1350 und 1600

Karl-Heinz Ludwig

Technik im hohen Mittelalter zwischen 1000 und 1350/1400

Urbanisierung und christliche Wissenschaft als Voraussetzungen der Entwicklung und gesellschaftlichen Einordnung von Technik

Der erste Teil dieses Bandes umfaßt die Phase des Hochmittelalters bis zu den Pestpandemien und anderen Krisenerscheinungen des 14. Jahrhunderts, der zweite eine kürzere Zeitspanne. Rein äußerlich wird damit erkennbar, daß sich die technisch-zivilisatorische Entwicklung Europas seit dem frühen Mittelalter bis zum Übergang in die Neuzeit beschleunigt hat. Eine vom 11. bis zum 13. und dann wieder seit dem 15. Jahrhundert wachsende Gesamtbevölkerung mußte mehr Technik haben, um leben und überleben zu können; ihre Technikgeschichte schwoll an. Im Prozeß der Herstellung und Verbreitung von Technik wechselten im Zusammenhang mit den Bevölkerungsbewegungen dann jedoch Phasen der Verdichtung und Expansion mit solchen der Auflockerung und Stagnation in raumzeitlich unterschiedlichen Stadien. Bestimmte Gebiete wurden von Bevölkerungsschüben und Urbanisierungen, von Bewußtseinshaltungen oder Mentalitäten früher ergriffen und geprägt, so daß sie den Stand der Technik ausformten, der näheren und weiteren Umgebung vermittelten und nach und nach in Europa allgemeine Standards erzwangen.

Bis zum Ende des Frühmittelalters lebten in Europa schätzungsweise 38 Millionen Menschen, davon 24 Millionen im Westen von der Iberischen und der Apennin-Halbinsel über Frankreich, Deutschland, die Britischen Inseln bis Skandinavien; diese demographische Entwicklung hatte sich auf einen produktivitätsfördernden technischen Fortschritt im Agrarbereich gestützt. Als die Bevölkerung um 1000 erneut anwuchs und sich teilweise in Stadtgebieten zu konzentrieren begann, mußten die Nahrungsmittelproduktion erhöht und die Erwerbsmöglichkeiten vergrößert werden. Auf dem Weg über eine weitere Verbreitung der intensivierten Landwirtschaft, über Rodungen von Wald- sowie Entwässerungen von Sumpf- und Marschengebieten, die seit Anfang des 12. Jahrhunderts durch »holländische« und »flämische« Siedler im Zuge der sogenannten Ostkolonisation vorgenommen wurden, und über ständig verbesserte Verkehrsmöglichkeiten gelang die Ernährung einer Bevölkerungsmenge, die sich in Westeuropa einschließlich Italiens, Deutschlands und Skandinaviens von den 24 Millionen der Zeit um 1000 bis auf rund 54 Millionen bis zur Mitte des 14. Jahrhunderts mehr als verdoppelte. Außerhalb des Agrarsektors entstanden neue, technikgestützte Arbeitsplätze vor allem im Textilgewerbe, das fortgeschrittene Techniken auch aus anderen Teilen der Welt übernahm und weiterentwickelte, im Bauwesen der wachsenden Städte, im Montanbereich mit der Metallverarbeitung, im Transportwesen und damit überhaupt im Handel und Wandel im Zusammenhang mit der Urbanisierung. Zumindest die Nahrungsmittelversorgung wurde langfristig durch ein im großen und ganzen gleichbleibendes Klima begünstigt, das sich in seiner natürlichen Variabilität um 1300 zwar nicht grundlegend veränderte, aber mit regionalen Erscheinungen wie Nässeperioden, Mißernten und ersten Umweltproblemen – Bodenerosionen infolge großräumiger Abholzungen, beispielsweise in Südspanien – dazu beitrug, daß die demographische Entwicklung insgesamt zu stagnieren begann. Zusammengenommen mit einer sektoralen Auflockerung der zuvor erreichten Verdichtung von Technik handelte es sich gewissermaßen um Vorzeichen des großen Entwicklungsbruchs zur Jahrhundertmitte.

Die Jahreszahl 1000 wird nicht nur von der Bevölkerungsgeschichte als Zäsur betrachtet. Auch andere geschichtliche Wissenschaften ziehen sie regelmäßig zur Periodisierung heran, und ganz allgemein bietet sie einen Anhaltspunkt für das Ende des Früh- und den Beginn des Hochmittelalters. Kunstgeschichtliche Verstehensmuster verweisen auf den Beginn der romanischen Architektur, auf einen zeitlichen Einschnitt, der dann auch in der Freskomalerei Norditaliens einen »historisch zutiefst neuen Wert« und »Sinn für die den Menschen umgebende Wirklichkeit« (F. Bologna) zu erkennen gibt. Eine so veränderte Einstellung, die in der grundsätzlich vorherrschenden Kirchenmalerei durch die religiöse Orthodoxie des 11. Jahrhunderts freilich zurückgedrängt wurde, bis sie sich in der Frührenaissance und somit in einer Zeit durchsetzte, in der die große Kunst nicht mehr ausschließlich Mönchskunst war, konnte im alltäglichen Leben einer tätigen Hinwendung zu wirtschaftlich-technischen Prozessen nur dienlich sein. Der aufschlußreiche Miniaturenzyklus des Jahres 1024 aus Montecassino, der mit seinen Bildern vom Bauwesen über die Textilproduktion bis zur Glasmacherei bereits zur Illustration der technikgeschichtlichen Darstellung des Frühmittelalters herangezogen worden ist, verweist allenfalls unter kunstgeschichtlich-ästhetischen Gesichtspunkten in die ältere Zeit zurück. Der inhaltlichen Aussage nach war jene ikonographische Zusammenfassung des Standes der Technik auch Vorbote des Neuen, hierin beinahe den großen technischen Enzyklopädien der europäischen Aufklärung des 18. Jahrhunderts vergleichbar.

Die gezielte Frage nach Ursachen und Wirkungen eines Mentalitätenwandels um 1000 führt auf Vorstellungen des Milleniums zurück, eines abgeschlossenen Geschichtsverlaufs als Ende aller Tage. Sie standen in der christlichen Tradition mit biblischen Endzeiterwartungen und -befürchtungen, mit der Wiederkehr Christi im Zusammenhang, wurden aber weder tausend Jahre nach der Geburt des Heilands noch – entsprechend seinerzeit aktualisierten Prophezeiungen – in der gleichen Spanne nach seiner Kreuzigung Realität. Eingetretene Enttäuschungen mischten sich danach mit epochalen Gedanken, die der cluniazensische Mönch und Geschichtsschreiber Raoul oder Radulf Glaber (gestorben um 1050) als religiöse Neubelebung verstand: »Es war, als ob sich die Welt geschüttelt, ihr wahres Alter abgeworfen und sich überall in das weiße Gewand von Gotteshäusern gehüllt hätte.« Eine solche Sicht der Frische des romanischen Kirchenbaus vermag anzudeuten, daß die Cluniazenser bei allen ihren theologisch-reformerischen und monastischen Interessen auch geschickte Ökonomen sein mußten. Ohnehin war ihnen der Verzicht auf Macht und durch sie hervorgerufenen Hochmut viel stärker auferlegt als der auf Besitz. In der Reaktivierung des benediktinischen Arbeitsethos, in die technische Installationen einbezogen waren, liefen ihnen jedoch die Zisterzienser den Rang ab. Seit dem Ende des 11. Jahrhunderts lebte diese neue Mönchsgemeinschaft das alte Ideal in der spezifischen Verhaltensweise der Aszese vor. Deren aktualisierte Praxis mündete, wie es der deutsche Sozialwissenschaftler Max Weber formuliert hat, in eine rationale Ökonomie ein, die sich wie selbstverständlich des erreichten Standes der Technik bediente. Ob andererseits die seit dem 11. Jahrhundert zunächst im Westen und im Süden erkennbare technische Dynamik im städtischen Bereich auch schon mit säkularisierten Formen christlicher Heilserwartung im Zusammenhang gestanden hat, läßt sich schwerlich beweisen. Die im Kulturvergleich hervorragende technisch-zivilisatorische Entwicklung Europas im Mittelalter wird dennoch weiterhin in erster Linie auf reformerische Beeinflussungen durch das Christentum zurückzuführen sein.

Es dürfte bezeichnend sein, daß die ältere Metaphorik von der »Machina mundi«, dem »Weltgerüst«, im Hochmittelalter wiederholt aufgenommen wurde. Zum Zeichen einer Selbstverständlichkeit göttlicher Ordnung bezog sie 1231 Kaiser Friedrich II. (1194–1250) in die Konstitutionen von Melfi ein, die eine Grundlage seiner zentralisierten Monarchie bilden sollten. Das Weltgerüst erschien in neuer Sichtweise als prästabiliertes göttliches Konstrukt, das den Menschen gerade in der Technik eine Mitarbeit an der Schöpfung erlaubte. Gelehrte um die Mitte des 13. Jahrhunderts betrachteten das Universum als eine einzige große Kraftquelle, die es nur auszuschöpfen gelte. Dazu gehörten unter anderen Petrus Peregrinus de Maricourt, der über den Magnetismus, den Kompaß und, wie vor ihm schon der Praktiker Villard de Honnecourt, über ein Perpetuum mobile nachdachte, das die immerwährende Kreisbewegung himmlischer Sphären nachvollziehen sollte, oder sein Schüler Roger Bacon (um 1220–1292), der sich die Zukunftsmaschinerie von Automobilen, Flugzeugen und Unterseebooten vorstellte. »Sie sind technikbesessen gewesen bis zur Verzückung. Aber ohne ihre Verzückung und ohne ihre hochfliegenden Pläne hätte das technische Zeitalter der westlichen Welt nicht entstehen können« (L. White).

Die ersten Anzeichen dafür, daß in den Jahrzehnten um 1000 die Dinge im Zusammenhang mit dem neuen Bevölkerungswachstum und einer anfänglichen Urbanisierung in Bewegung gerieten, daß eine günstige Voraussetzung für technische Innovationen, für den Anlagenbau und für Investitionen entstand, lassen sich im Westen Europas und in Italien einschließlich des südlichen Alpenraumes finden, in Regionen also, in denen die frühmittelalterliche Verdichtung von Technik in den Jahrzehnten um 800 erfolgt war. Zum zentralen Kriterium eines neuen technischen Anlaufs, der in den Gestalt annehmenden Städten – so im Viereck Caen, Etampes, Chalons-sur-Marne, Amiens, um ein historiographisch erschlossenes Kerngebiet im Nordwesten der Francia herauszugreifen – begann und bis zum 13. Jahrhundert allgemein eine neuerliche Verdichtung von Technik bewirken sollte, wurde die Nutzung des Wassers und der Wasserkraft. Eine vorausschauende Baupolitik weltlicher und geistlicher Mächte, die beispielsweise in Caen dank der wirtschaftstechnischen Bestrebungen Herzog Wilhelms des Eroberers (1027/28–1087) und des nicht minder berühmten Abtes Lanfranc von Saint-Étienne (um 1005–1089) ineinanderzugreifen vermochten, ließ Netzwerke wasserführender Kanäle und Gräben anlegen, die den Zwecken der Energieausnutzung durch Mühlen, der Schiffahrt und des Handels, der gewerblichen Nutzung insbesondere im Textilwesen, der militärischen Sicherung und nicht zuletzt der Drainage dienten.

Die jüngere französische Forschung kommt zu der Erkenntnis, daß »das Wasser für die Stadt von gleichgroßer Bedeutung« gewesen ist »wie der Grund und Boden für das Land« (A. Guillerme). Sie spricht von einem »Zeitalter des Wassers«, in das dann erst seit dem 18. Jahrhundert auch andere, technisch-wirtschaftlich nutzbare Elemente eingetreten sind, und wendet sich vehement gegen die ältere Auffassung, die hochmittelalterlichen Städte seien durchweg verschmutzt gewesen. Eine sinnvolle Anordnung der Werkstätten entlang der natürlichen und künstlichen Fließe habe hinsichtlich der Abfälle die Selbstreinigungskraft des Wassers genutzt. Die vermehrte Errichtung von Hospitälern seit dem 12. und von öffentlichen Dampfbädern seit dem 13. Jahrhundert – allein in Paris 27 – erweise zudem, daß sich die mittelalterliche Gesellschaft vor den Risiken mangelnder Hygiene schützen wollte. Mißliche Zustände, etwa die Fäkalien der zahlreichen frei herumlaufenden Haustiere sowie der Reit- und Zugtiere bei hohem Verkehrsaufkommen, wurden jedenfalls erkannt, wenngleich als Umweltprobleme nicht gleich durchgreifend gelöst, auch nicht durch die Straßenpflasterung in Paris seit Ende des 12. Jahrhunderts. In der nach Ansicht Guillermes geradezu kongenialen Beziehung von Stadt und Wasser trat erst im 14. Jahrhundert eine Krise ein, im Westen vor allem infolge des Hundertjährigen Krieges zwischen Frankreich und England. Unter kriegsmäßigen Bedingungen wurden Wassergräben erweitert, teilweise von fließenden zu stehenden Gewässern verwandelt, so daß Feuchtigkeit in alle Baulichkeiten einzog; das Ökosystem kippte. Die gleichen Tendenzen zeigten sich auf der Apenninen-Halbinsel, wo die gewaltsamen Auseinandersetzungen zwischen den einzelnen Stadtstaaten zahlreiche Wasserbauten in Mitleidenschaft zogen. Der Sieneser Mariano di Jacopo, genannt Taccola (1381–1453 oder 1458), der in der ersten Hälfte des

1. Städtisches Metallhandwerk. Miniatur in einer zwischen 1338 und 1344 entstandenen Handschrift des »Alexander-Romans«. Oxford, Bodleian Library

15. Jahrhunderts den Stand der Militärtechnik seiner Zeit zusammenfaßte, verwies gewissermaßen folgerichtig auf die strategischen Möglichkeiten der Kanalunterbrechung und -zerstörung oder der Flußumleitung: »Ohne einen die Stadt durchfließenden Wasserlauf fehlen Mühlen sowie die Künste der Lederer, Textilarbeiter und Färber, so daß die Bevölkerung einem Mächtigeren schnell Abgaben leisten und gehorchen wird.« Nimmt man die natürlichen Absenkungen des Grundwasserspiegels als Folge von städtischen Baumaßnahmen hinzu, auch die zunehmenden Verlandungen, welche die traditionellen Hafenfunktionen beeinträchtigten und trotz ständiger Korrekturmaßnahmen immer mehr Anlagenbauten erforderten, beispielsweise von Brügge aus zum Swin Sluis und Arnemuiden, dann werden die späteren Krisenzeichen noch augenfälliger.

Die Ausnutzung der Kraft oder Energie des Wassers konzentrierte sich im 11. Jahrhundert auf städtische Getreidemühlen, mit denen ein Produktionsüberschuß des platten Landes zu Mehl verarbeitet und die Versorgung einer anwachsenden Einwohnerschaft sichergestellt wurde. Die Zahl der neuen Mühlenbauten konnte schon für das 11. Jahrhundert als Zeichen urbaner Entwicklungsfortschritte genommen und für das 13. Jahrhundert, den westeuropäischen Höhepunkt der Verdichtung von Technik, modellhaften Berechnungen zugrunde gelegt werden. In nordfranzösischen Städten kamen danach auf eine Getreidemühle 600 bis 1.200 Stadtbewohner. Für Deutschland fehlen solche Untersuchungen. Immerhin paßt es in das Schema der Energieausnutzung als Urbanisationskriterium, wenn vor Köln im 13. Jahrhundert bis zu 36 Schiffsmühlen in Betrieb waren und der Stadt am Rhein 30.000 Einwohner zugeschrieben werden; die Schätzung von 40.000 Einwohnern ist aufgrund der Mühlendichte und der folgenden Auflockerung unwahrscheinlich.

Als mühlenbautechnische Neuerung wurde nach der Jahrtausendwende die Nokkenwelle hochbedeutsam. Ihre Einführung ermöglichte die Umwandlung von rotierenden in lineare Bewegungen, die Mechanisierung von Auf- und Abbewegungen beziehungsweise Hin- und Herbewegungen. Wasserkraft, die im Frühmittelalter ausschließlich den Mühlstein gedreht hatte, ließ sich mit Hilfe von Nocken oder Daumen an der Radwelle auch zum Stampfen, Schlagen, Walken, für den Betrieb von Hämmern, Blasebälgen, Sägen und anderen Werkzeugen nutzen. Erst die Nockenwelle, die seit der zweiten Hälfte des 11. Jahrhunderts in einzelnen Walkmühlen des textilen Bereichs in ihrer Funktion der Umformung von Kraft genauer hervortrat, machte eine »industrielle Revolution des Mittelalters« möglich. Der eingängige Begriff wurde in jüngster Zeit wiederholt und nicht unumstritten auf die Kennzeichnung regionaler technisch-gewerblicher Entwicklungen im Hoch- und Spätmittelalter angewendet, sollte aber im allgemeinen dem 13. Jahrhundert und damit jener Phase mittelalterlicher Verdichtung von Technik vorbehalten bleiben, der er zuerst von der englischen Historikerin E. M. Carus-Wilson zugeschrieben worden ist, und zwar, dem großen Vorbild des 18. Jahrhunderts entsprechend, im Hinblick auf Umwälzungen im textilen Bereich.

Die Nutzung der Wasserkraft ließ sich mit Hilfe der Nockenwelle auf zahlreiche gewerbliche Gebiete ausdehnen, ohne daß die grundsätzlich positive Einschätzung der Handarbeit und der »Laboratores« als der Arbeitenden durch solche Formen der Technisierung beeinträchtigt worden wäre. Der an der Schwelle vom 11. zum 12. Jahrhundert entstandene Orden der Zisterzienser griff im Gegenteil die alte christlich-theologische Wertschätzung körperlicher Arbeit auf, um sie auch auf einer höheren Stufe der technisch-wirtschaftlichen Entwicklung noch einmal zu bestärken. Wie schon bei den frühen Benediktinern war es eine Lebenshaltung als »Regel«, die die Handarbeit als gottgefällig herausstellte und die Arbeitserleichterung durch Technik der Gesellschaft als christliche Universitas vermittelte. Die Zisterzienserregel befahl, wie sich die Ordensangehörigen ihren Lebensunterhalt beschaffen sollten: durch Handarbeit, Landbau und Viehzucht, aber auch so, daß sie sich Gewässer, Wälder, Weinberge, Wiesen und Felder mit eigener Mühe und Anstrengung gemäß dem biblischen Gebot »untertan« machten. Im 12. Jahrhundert wurde damit die alte christliche Tradition der Arbeit und des Gebrauchs von Technik fortgeschrieben und von den »ritterlichen« Männern des neuen Ordens in der »Zisterzienserkunst« wiederbelebt. Ausdrücklich und an erster Stelle sollte sie die Nutzung des Wassers betreffen, wie sie in den frühurbanen Zonen des nordfranzösisch-flandrischen Raumes bereits zum Stand der Technik gehörte und in der Folgezeit von den Weißen Mönchen in abgelegenen ländlichen Bezirken eingeführt wurde. Zur Veranschaulichung kann die Lebensbeschreibung des hl. Bernhard (1090–1153) dienen, die den Bau des zweiten Klosters von Clairvaux unter Beteiligung aller Brüder ab Mitte der dreißiger Jahre des 12. Jahrhunderts beredt zum

2. Das ehemalige Eisenwerk mit großen Rauchabzügen in der 1119 gegründeten Zisterzienserabtei Fontenay

Ausdruck gebracht hat: »Die einen schlugen Holz, andere behauten Steine oder errichteten Mauern, wieder andere zwangen den Fluß mit seinen auseinandertretenden Ufern in ein Bett und hoben sein Gefälle zu den Mühlsteinen. Walker, Bäcker, Gerber, Schmiede und andere Handwerker paßten ihm die ihren Arbeiten entsprechenden ›Maschinen‹ an, damit das fließende Wasser, wo immer es günstig erschien, durch unterirdische Kanäle jedes Gebäude erreichte und von Nutzen war, um sodann, nachdem es in allen Werkstätten seine Dienste geleistet und jedes Haus auch noch gereinigt hatte, wieder zusammengeführt, dem eigentlichen Fluß seine Größe zurückzugeben.«

Die Zisterzienser bewährten sich als Wasserbauer im Binnenland, wo sie an größere kolonisatorische Prozesse und einen allgemeinen Landesausbau Anschluß fanden, der die damalige Kulturfläche teilweise über den heutigen Stand hinaus ausdehnte. Walkenrieder Mönche, die sich auch im Bergbau betätigten, griffen in die Durchführung des 1188 erteilten Auftrags Kaiser Barbarossas (1123–1190) ein, die Uferlandschaft der Helme am Harzrand zu kultivieren, und im Süden beteiligten sich Zisterzienser im 13. Jahrhundert beispielsweise in der Ebene des Gebiets von Siena mit einem eigenen Kanalisationsprojekt und der Anlage von Fischteichen am »Angriff auf das Wasser ... der damals für einen Großteil Europas in einer Form und

Die bedeutendsten Zisterzienserabteien und ihre Tochtergründungen (nach Duby, 1991)

in einem Umfang charakteristisch wurde, wie seit der Römerzeit nicht mehr« (D. Balestracci). Im Norden entstanden neue Zisterzen oder Tochterklöster auch in küstennahen Gebieten, und in Friesland, wo im Gegensatz zur flämischen und niederländischen Küstenregion adlige wie landesherrliche Gewalten fehlten, kamen große Deichverbände erst im 13. Jahrhundert unter Mitwirkung der dort begüterten Zisterzienser, aber auch Prämonstratenser und Benediktiner zustande.

Gelegentlich deuten sich in der reichhaltigen Überlieferung auch einzelne Kehrseiten technischer Maßnahmen an: Dem Zisterzienserkloster Eberbach im Rheingau, das seit 1135/36 von Mönchen aus Clairvaux angelegt wurde, mußte der Mainzer Erzbischof 1174 ein besonderes Privileg ausstellen. Mit ihm sollten das Wassereinzugsgebiet oberhalb der im Talgrund gelegenen Abtei, das als Gemeineigentum galt, sowie Wasserleitungen, die die Mönche zur Versorgung ihrer Werkstätten »mit technischem Vermögen und nicht wenig Mühe« herzustellen trachteten, gegen »teuflische Künste« der weiter unterhalb des Klosters betroffenen Bewohner von Hattenheim am Rhein gesichert werden.

So wie im Wasserbau erbrachten die Zisterzienser auch in anderen Bereichen der Technik Spitzenleistungen, zunächst stets eingebunden in ein spezifisches System der Eigenwirtschaft, das die Mönche von der Welt abscheiden sollte. Die fortschreitende rationale Durchorganisation und zugleich Ausweitung aller Wirtschaftsbeziehungen führte sie jedoch in die Welt hinein und erzwang Anpassungen und vor allem marktwirtschaftliche Zuordnungen. Die klostereigenen Höfe auf dem Lande, die sogenannten Grangien, wurden durch Stadthöfe in der Funktion von »Handelshäusern« ergänzt. Der durch das monastische Netzwerk insgesamt vermittelte Land-Stadt-Ausgleich, durch den ländliche Regionen seit dem Ende des 12. Jahrhunderts aber auch in Abhängigkeit von den Städten gerieten, bezog technische Verfahrensweisen ein.

Grundsätzlich gaben entwickelte Zisterzen den Stand der Technik an Neugründungen weiter, deren Zahl bis 1153, dem Todesjahr Bernhards, auf 343 angestiegen war und weiter zunahm. Im Bereich der Landtechnik verbreiteten die Zisterzienser die Terrassenkultur des Weins. Als Parallele zu der berühmten Lage Clos-Vougeot in Burgund wurde in Eberbach der Steinberger aus der »Vinea Steinberch«, einem großen, im Jahrhundert der Klostergründung durch Rodung und Anpflanzung entstandenen Weinberg, gewonnen und vor allem über den Rhein und Köln in den Handel gebracht. Die Viehzucht der Zisterzienser galt als Vorbild, und die Wolle ihrer Schafe setzte auf dem englischen Markt einen neuen Standard. Als Rohstoff gelangte sie im 12. und 13. Jahrhundert in die kontinentalen Textilzentren und bis nach Italien. Unter den Zisterzen, die feine Stoffe über den Eigenbedarf hinaus produzierten, ragte das noch heute in wilder Landschaft erhaltene Fontenay hervor. Bezeichnenderweise stand die Wollwaage von Dijon in einem Stadthof jener Abtei. Vor allem in Frankreich, danach in England und später in Deutschland betätigten sich die Zisterzienser auch in der Eisenproduktion, und zwar eher grundsätzlich zur Deckung des Bedarfs der eigenen Landwirtschaft und Gewerbe. Das Kloster Clairvaux, dessen Konvent Mitte des 12. Jahrhunderts rund 700 Mönche zugleich als

Organisatoren der gewerblichen Produktionsprozesse umfaßte, die von den sogenannten Konversen als Laienbrüdern und von Lohnarbeitern getragen wurden, erhielt 1157 vom Grafen der Champagne eine »Fabrica«, ein Eisenhütten- und Schmiedewerk, übereignet. Elf Jahre später gestattete der Bischof von Langres derselben Abtei, auch in einem anderen Gebiet Eisenerz zu gewinnen und abzutransportieren oder dort ebenfalls in einer »Fabrica« zu verarbeiten. Dem Text der Übereignung nach sollte diese Produktion wiederum allein den Bedarf der Mönche decken, doch gerade Clairvaux wurde in der Folgezeit zu einer Eisenproduktionsstätte größeren Stils für den Markt.

Nimmt man in den natursteinarmen Küstenländern des Nordens die Backsteinproduktion der Zisterzienser hinzu, ihre gelegentliche Beteiligung an der Gewinnung von Edel- und Nichteisen-Metallen, des Silbers und Kupfers durch Walkenried im Harz, des Bleis durch Fountains Abbey in England, ferner den oftmals beträchtlichen Anteil an Salinen und Salzwerken, beispielsweise in Lüneburg, Halle und im salzburgischen Hallein, dann rundet sich das Bild der Zusammenhänge eines religiösen Ordens mit technischen Innovationsmöglichkeiten in der Arbeits- und Wirtschaftstätigkeit ab. Es charakterisiert aber nicht allein die Zisterzienser, die wichtigste und erfolgreichste Gründung im »Ordensfrühlung des 11. und 12. Jahrhunderts« (K. Elm), die am besten erforscht ist, obwohl die technisch-wirtschaftliche Bedeutung der Nonnenklöster noch als weißer Fleck in der Geschichte erscheint, sondern ebenso den 1120 gestifteten Orden der Prämonstratenser und den älteren der »schweigenden« Kartäuser. Als der Mainzer Erzbischof das alte Benediktinerkloster Lorsch, das auch die Zisterzienser nicht hatten behaupten können, im Jahr 1248 den Prämonstratensern übergab, begründete er dies in Übereinstimmung mit zeitgenössischen Erfahrungen: Die neu berufenen Mönche seien nicht nur religiös und der Lebensweise nach untadelig, sondern auch im Bau von Wegen und Wasserleitungen sowie im Trockenlegen von Sümpfen erfahren. Hinzu komme ihre besondere Tüchtigkeit »in der technischen Fertigkeit« überhaupt.

Der Anteil der Mönchsorden und namentlich der Zisterzienser an der Gesamtökonomie Europas darf andererseits nicht überschätzt werden. Die Hauptlast der technisch-wirtschaftlichen Entwicklung, der gewerblichen und frühen industriellen Gestaltung trugen im Hochmittelalter städtische Kräfte. Sie beherrschten den Fernhandel, die aufkommende Finanzwirtschaft und schufen im gewerblichen Bereich wie im Edelmetallbergbau, hier in Verbindung oder in der Auseinandersetzung mit der Macht von Kaisern, Landes- und Stadtherren, immer wieder neue Felder für die eigene ökonomische Betätigung. Demgegenüber beruhten manche der überraschenden Wirtschaftsleistungen der Zisterzienser, die zahlreichen Abteien beachtlichen Reichtum bescherten, nicht nur auf inspiriertem Arbeits- und Unternehmensfleiß sowie auf den guten, einen technischen Fortschritt einbeziehenden Kommunikationsmöglichkeiten der Ordensgemeinschaft, sondern wurden durch Steuerbefreiungen und andere Vorteile begünstigt. Immerhin kamen zwischen 1190 und 1250, unter Heinrich VI. (1165–1197) bis zu Friedrich II., mehr als die Hälfte aller ausgefertigten Diplome für Zollprivilegien den Zisterziensern zugute.

Das reformerische Ideal und die rationale Ökonomie der Zisterzienser wirkten indes rund zwei Jahrhunderte lang sicherlich auf die Einstellung der Gesellschaft zur Technik ein und brachen Auffassungen Bahn, die die »Industrielle Revolution« des 13. Jahrhunderts ermöglichten. Danach verfielen auch die Zisterzienserkonvente dem Rentendenken und gerieten im 14. Jahrhundert mit der Gesamtwirtschaft in die Krise. Der religiöse Antrieb im Arbeits- und Wirtschaftsleben hatte sich durch das Aufkommen der Bettelorden in den Städten stark abgeschwächt: Das neue Mönchsideal war nicht mehr auf eigene Wertschöpfungen gerichtet, sondern ganz antiökonomisch auf deren Entgegennahme in Form von Almosen. Das Armutsideal vor allem der Dominikaner und Franziskaner spiegelte sich schon im 13. Jahrhundert im Bauwesen. Auch die Bettelorden griffen in ihren Hallenkirchen die Gotik

3. »Über das Feinen von Silber«. Kapitel 22 im dritten Buch einer in der ersten Hälfte des 12. Jahrhunderts entstandenen Handschrift der »Schedula« des Theophilus Presbyter. Wolfenbüttel, Herzog August-Bibliothek. – 4. Vorbereitung des Pergaments für ein Buch. Miniatur in einer um 1233 in Hamburg entstandenen Sammelhandschrift. Kopenhagen, Kongelige Bibliotek

5. Kardinal mit Nietbrille im Scriptorium. Wandgemälde von Tomaso da Modena im Kapitelsaal des Dominikanerklosters S. Niccolò in Treviso, 1352

auf. Vielleicht stärker noch als die abgeschiedenen Klosteranlagen der Zisterzienser zeichneten sich ihre Bauten durch Tendenzen zur Einfachheit und Schlichtheit aus.

Für die technikgeschichtliche Forschung ist das gesamte Mittelalter eine quellenarme Zeit. Direkte Zeugnisse oder gar schriftliche Zusammenfassungen technischer Gegenständlichkeit finden sich nur spärlich in der Überlieferung. Wenn überhaupt, dann wandten sich geistliche Chronisten als »technische Laien« lediglich in knapper Form und oft mehr andeutungsweise den Fragen materieller Ausstattung zu. Der großartige Traktat über verschiedene Kunsthandwerke, die »Schedula de diversis artibus«, des Theophilus Presbyter oder Rugerus aus Helmarshausen (gestorben nach 1125) von 1122/23 blieb sogar im Vergleich mit einer frühmittelalterlichen Sammlung »Mappae clavigula« eine ganz eigenständige, hervorragende Bestandsaufnahme technischer Praxis. Zur breiten Darstellung der technischen Entwicklung und ihrer sozial-ökonomischen Zusammenhänge mußte die Geschichtsschreibung stets weiteres und anderes Material heranziehen. Außer den Quellenarten für das Frühmittelalter ließen sich insbesondere Verträge und Rechtstexte auswerten, die im Verlauf der Urbanisierung im Interesse auch der aufstrebenden bürgerlichen Schichten geschlossen und zuerst vor allem in Italien und Frankreich über ein gut funktionierendes Notariatswesen überliefert wurden.

Besonderheiten der Quellenlage erforderten in der historischen Forschung eine Diskussion über Erstbelege einzelner Techniken, die noch anhält. Es geht dabei nicht nur um die Gegenstände selbst, beispielsweise um erste Diversifizierungen des Wasserradantriebs, sondern auch um die methodische Frage, welche Zeitspanne von der realen Erfindung oder Einführung einer Technik bis hin zu dem mehr oder weniger zufälligen Auftauchen in einer schriftlichen, bildlichen oder archäologischen Quelle als Erstbeleg vergangen sein könnte. Antworten, die lediglich Durchschnittswerte erbringen können, sind von der Quellendichte der Zeit und des jeweiligen Raumes abhängig. Die Erkenntnismöglichkeiten stellen sich dann günstiger dar, wenn ein Gegenstand oder ein Verfahren in der schriftlichen Dokumentation ausdrücklich als neu bezeichnet oder mit einem gewissen Erstaunen aufgenommen worden ist. Weiterhin bleibt allerdings die Frage offen, für welchen größtmöglichen Raum es sich um eine wirkliche Neuerfindung gehandelt haben könnte. Vergleiche mit anderen Quellen erlauben beispielsweise die Aussage, daß die sozial segensreiche Lesebrille, die als Sehhilfe für beide Augen auf die Nase gesetzte Nietbrille, im letzten Viertel des 13. Jahrhunderts in der Toskana als europäische und weltweite Erfindung gelten muß. Die Datierung konnte nach zeitgenössischen Berichten vorgenommen werden, die allesamt erst aus dem beginnenden 14. Jahrhundert stammen. Der ikonographische Erstbeleg hingegen, das zufällige Konterfei eines brillentragenden Kardinals im Kapitelsaal von S. Niccolò in Treviso, hätte die Region ungefähr getroffen, die Zeit jedoch nicht: Tomaso da Modena (1325/26–1379) fügte es 1352 in sein Gemälde ein.

Größere Probleme als die geschichtliche Einordnung von Erstbelegen bereitet die Ermittlung des Entwicklungsstandes einer Technik. Im Agrarbereich waren im Frühmittelalter bekannt: der Pflug für schwere Böden, technisch ausgereift mit dem Radvorgestell, dem Vormesser oder Sech zum vertikalen Aufreißen des Bodens, der Schar und dem schollenwenden Streichbrett, die Dreifelderwirtschaft für Wintergetreide, Sommergetreide und Brache, dazu die Wassermühle für die Getreidemüllerei und neben zahlreichen altüberlieferten Werkzeugen, die Sichel ergänzend, bereits die Sense. Der dann noch bis ins Spätmittelalter hinein im allgemeinen auf die Wiesenmahd der nördlichen Region beschränkte Einsatz der Sense brachte in religiös-gesellschaftlicher Übereinstimmung zum Ausdruck, daß die Ressourcenersparnis beim Gebrauch von Geräten vor der Arbeitsersparnis kommen sollte, mit anderen Worten, daß der Körnerverlust bei der Getreideernte mittels Sensenschnitt als zu hoch erschien, um ihn gegenüber dem mehr reißenden Sichelschnitt, bei dem die Halme mit den Ähren von Hand gehalten wurden und nicht zu Boden fielen, rechtfertigen zu können. Der »Dictionarius« des Johannes von Garlandia (um 1195–nach 1272), eines englischen Gelehrten, der wie manche seiner Landsleute im 13. Jahrhundert in Paris lebte, unterschied bei den Produkten des Schmiedegewerbes lapidar »Sensen für die Wiesen und Sicheln für die Getreidefelder«. Hochmittelalterliche ikonographische Belege wie kalendarische Monatsbilder, die jener grundsätzlichen Unterscheidung des Gebrauchs nicht folgen, bilden eine Ausnahme. Diese läßt, zumal nördlich der Alpen auf eine Getreideernte im Juni bezogen, eher ein Versehen des klösterlichen Zeichners annehmen als die regionale Vorwegnahme eines erst später erreichten technischen Standes.

Zu einem allgemeinen europäischen Standard wurde die fortschrittliche frühmittelalterliche Landtechnik im Verlauf des Hoch- und Spätmittelalters nur nach und nach, was sich an der Verbreitung des »modernen« Pflugs mit dem Radvorgestell sowie der oft auch urkundlich belegten wasserradgetriebenen Getreidemühle erkennen läßt. In der ersten Hälfte des 12. Jahrhunderts kümmerte sich der Abt und Politiker Suger von Saint-Denis (um 1080–1151), dessen Visionen den gotischen Kirchenbau einleiten sollten, persönlich darum, daß neue Ansiedler in den Dörfern der Abtei die technisch entwickelten Pflüge – Carrucae, Aratra – einsetzten. Um 1200 wurde dieses Ackergerät in allen seinen Teilen, mit und ohne Sech, für leichtere Böden im Glossar »der nützlichen Dinge« des Alexander Neckam (1157–1217) ausdrücklich und gewissermaßen allgemeingültig als »zum menschlichen Leben unabdingbar« bezeichnet. Tatsächlich ließ sich im Westen und Süden der Stand der Landtechnik damals schon wieder erhöhen und innovativ ergänzen. Den Bildbelegen nach wurde das Pferd mit dem Kummet immer häufiger auch vor den vierrädrigen Wagen und vor den Pflug gespannt, regional freilich mit Besonderheiten. Auf den Monatsbilder-Fresken im Adlerturm von Trient zum Beispiel, deren Maler um 1400 vielleicht aus der böhmischen Wenzel-Schule stammten, findet sich das Pferd als Schrittmacher vor den Ochsen gespannt. Außerdem nahm man im Westen schon am Ende des 12. Jahrhunderts die Windmühlen in Betrieb. Sehr viel später folgte bei den Geräten eine scheinbare Kleinigkeit: das eiserne Spatenblatt. Bis in das Spätmittelalter hinein zeigen Abbildungen stets den Holzspaten und an dessen ungünstig breitem Blatt jeweils nur einen Eisenbeschlag, den Spatenschuh, so daß Adam sich bei der traditionellen Landarbeit noch immer zusätzlich kasteite. Zeit, Raum und Bedingungen der Einführung des kompletten eisernen Spatenblatts und damit zusammenhängender Gewerbe- und Produktionsbereiche sind unbe-

6. Der Stand der Technik im »Sachsenspiegel« des Eike von Repgow: Getreidemühle mit oberschlächtigem Wasserrad; Pflug; vierrädriger Wagen mit Pferdegespann am Ortscheit; Radvorgestell. Eine Seite in der im frühen 14. Jahrhundert entstandenen Heidelberger Handschrift. Heidelberg, Universitätsbibliothek

kannt, so daß die Frage, ab wann die Neuerung in die Breite gegriffen hat, unbeantwortet bleiben muß.

Um den Stand der Technik bemühte sich bereits der deutsche Mönch und Goldschmied Theophilus. Er schalt alle diejenigen töricht, die es versäumten, die Schätze der Technik aufzunehmen und zu hüten. Pädagogisch und didaktisch ging es ihm um die Weitergabe dessen, »was die empfindsame Fürsorge der Alten bis auf unsere Zeit überliefert hat«. Der Helmarshausener selbst sorgte sich in erster Linie um die in der monastischen technischen Tradition zur Ausschmückung von Gotteshäusern sowie zur Herstellung von Devotionalien dienenden Kunsthandwerke. Für Generationen historisch interessierter Fachleute wurde seine »Schedula« zum Beweis dafür, daß im 12. Jahrhundert bestimmte handwerkliche Techniken, so der Glasmalerei, der Gold-Amalgamation, der Drahtzieherei und überhaupt der Metallerzeugung und -verarbeitung bis hin zum Glockenguß, bekannt waren und spezifische Werkzeuge sowie Geräte benutzt wurden. Den Anfang in dieser Reihe machte Gotthold Ephraim Lessing (1729–1781), der als herzoglicher Bibliothekar in Wolfenbüttel eine der überlieferten Handschriften zu lesen vermochte und daraufhin in einem Aufsatz darlegte, daß sich die Ölmalerei, die Giorgio Vasari (1511–1574) in seinem berühmten Buch über die Renaissance-Künstler Jan van Eyck (um 1390–1441) zugeschrieben hatte, bereits bei Theophilus finde.

Während die »Schedula« in den grundsätzlichen Ausführungen nicht zuletzt eine theologische Rechtfertigung technischer Weltbewältigung bot, hob nur kurze Zeit später Hugo von Saint-Victor in Paris (gestorben 1141) die mechanischen Künste als

7. Adam beim Graben mit dem eisenbeschlagenen Spaten. Glasfenster in der Kirche zu Mulbarton in Norfolk, 15. Jahrhundert

»Wissenschaften« mit der christlich-theoretischen Einordnung auch auf die Ebene sozialer Attraktivität. Damit gab er dem technischen Tun eine Sinndeutung, die bis ins 14. Jahrhundert hinein vertreten werden sollte. Entsprechend den Sieben Freien Künsten, den »Artes liberales«, erschien der Komplex der Mechanik bei ihm ebenfalls in einer Siebenerreihe: »Lanificium« umfaßte das Textilwesen mit anderen Handwerken, die organisches Material – mit Ausnahme von Bauholz – bearbeiteten; »Armatura« die Waffenkunst einschließlich der Geräteherstellung, der Bau- und der verschiedenen Schmiedearbeit; »Navigatio« die Schiffahrt mit dem Handel im weitesten Sinne; »Agricultura« die Landwirtschaft; »Venatio« die Jagd samt Fischfang und allgemein das Ernährungsgewerbe; »Medicina« die Heilkunde; »Theatrica« die darstellende Kunst. Ziel dieser Künste, die in der Summe das technisch-handwerkliche Tun des Menschen repräsentierten, war es nach Hugos wissenschaftlichem Schulwerk »Didascalion«, die »unvermeidbaren Folgen der Mangelerscheinungen, denen unser gegenwärtiges Leben unterworfen ist, zu mildern«. Auch der Schlüsselsatz, daß die Mechanik aus Notwendigkeit erfunden werden mußte, wirkte anregend in der Theoriedebatte des 12. Jahrhunderts.

Um die Zuordnung der mechanischen Künste zu entsprechenden Berufen, den »Mechanicis professionibus«, bemühten sich lexigraphische Werke, die in den Jahrzehnten vor und nach 1200 geschrieben wurden. Deren Verfasser – Alexander Neckam, Johannes von Garlandia und andere – warben um Anerkennung ihrer Gegenstände durch Klassifizierungen der Praxis. Namentlich Neckams Bücher, die in der Forschung schon lange vor einer heutigen »Alltagsgeschichte« zur Beschreibung des täglichen Lebens im 12. Jahrhundert herangezogen worden sind, erhalten einen besonderen Wert, weil der Gelehrte mit seinen »Observationen in London und Paris« (U. T. Holmes) die Technik in den Zusammenhang ihres gesellschaftlichen Gebrauchs gestellt hat. Indem eine Vielzahl technisch handwerklicher Berufe als »Stand« Anerkennung fand, löste sich das traditionelle Drei-Stände-Schema der Betenden, Krieger und Arbeitenden allmählich auf.

Im 13. Jahrhundert verstärkten sich bereits die Bestrebungen, in den mechanischen Künsten bei aller ihrer Notwendigkeit für den äußeren Lebensbedarf etwas Minderwertiges zu sehen. Albertus Magnus (um 1200–1280), Theologe und Naturforscher, erkannte eine Gefahr darin, daß die Menschen die Mechanik beziehungslos weiterentwickeln und damit zulassen würden, daß »sie den Geist und die Seele sich selbst entfremde«. Einige Zeit später konnte einer seiner Schüler, der Dominikaner Thomas von Aquin (1224/25–1274), von den »Artes serviles«, den dienenden Künsten, eher geringschätzig sprechen, bevor in der italienischen Renaissance unter veränderten Vorzeichen die Mechanik als Ingenieurtätigkeit wieder eine Aufwertung erfuhr. Grundsätzlich schien die soziale Frage einer mit »zwei Kulturen« deckungsgleichen Gesellschaft, die der Engländer C. P. Snow vor einer Generation der westlichen Zivilisation noch einmal vor Augen hielt, schon lange ungelöst zu sein; mittlerweile ist sie aufgrund oberflächlicher Vorstellungen von Multikulturalität völlig beiseite geschoben. Für die viel frühere Zeit wurden jene echten Entzweiungen auch zum Verständnis technischer Dynamik in Anspruch genommen, da die »Spannung zwischen Herkunft und kultureller Determination Identitätsicherungsprozesse in Gang setzt, die im Verlauf des Mittelalters zu einer historisch einzigartigen Aktualisierung von intellektuellem, sozialem und eben auch technischem Potential führt« (G. Wieland).

Die ökonomisch-technische Entwicklung des 13. Jahrhunderts verstärkte schließlich das Bedürfnis nach rationellem und zugleich rationalem Umgang mit dem Faktor »Zeit«, religiös-theoretisch fundiert in der Wendung gegen eine Zeitvergeudung im Müßiggang. Eine genauere und allgemeinverbindliche Zeitmessung, die durch herkömmliche Sonnen-, Wasser- und Sanduhren nicht hatte erreicht werden können, zeichnete sich mit der Einführung und Öffentlichmachung der Gewichtsräderuhr ab. »Aber die Techniker arbeiteten von den 1260er bis zu den 1330er Jahren, ehe die mechanische Uhr wirklich erfunden war« (L. White). Am Hofe König Alfons des Weisen von Kastilien und León (1221–1284) beschrieb ein Rabbi erstmals jene neuartige Möglichkeit zur Zeitmessung, bei der die treibende Kraft, ein Gewicht mit einem Seil um eine Walze geschlungen, diese in vierundzwanzig Stunden herumdrehen sollte. Als Hemmung gegen ein rascheres Ablaufen war Quecksilber vorgesehen, das sechs der zwölf um die Walze angeordnete, miteinander durch enge Löcher verbundene Kammern füllen und bei gleichmäßigem Fluß durch sie die Drehung der Walze regulieren sollte.

Erste mechanische Räderuhren mit der Schwingbewegung eines Waagebalkens als Gangregler und einer Spindelhemmung entstanden wohl bereits vor 1300 in England; doch darüber sind lediglich Andeutungen in Annalen oder technisch wenig aussagekräftige kirchliche Rechnungsbelege überliefert. Deshalb erhält das eindeutige Zeugnis aus der »Göttlichen Komödie« Dante Alighieris (1265–1321) Bedeutung, das in der Beschreibung des Paradieses einen Tanzreigen mit den Rädern einer Uhr vergleicht, deren unterschiedliche Drehzahlen eine mechanische Hemmung voraussetzten. Unter den ersten bekanntgewordenen »Uhrmachern«, die mit monumentalen astronomischen Uhren technische Spitzenleistungen hervorbrachten, ragten um 1330 namentlich Richard von Wallingford (um 1292–1335) hervor, Abt des Klosters St. Albans in England, das in seiner »Chronistik« im übrigen häufiger technische Entwicklungen verzeichnet, und später Giovanni de Dondi (1318–1389), Professor für Medizin und Astronomie in Pavia und Padua, der von 1344 bis 1364 eine Planetenuhr mit einer Radunruhe anstelle der Balkenunruhe fertigstellte, die sich in technisch-konstruktiver Hinsicht bis zum heutigen Tag schwerlich übertreffen läßt. Erst nach der Erfahrung mit diesen Erfindungen ließ sich das Weltall als ein mechanisches Uhrwerk verstehen und die Erde – durch Nikolaus von Oresme (gestorben 1382) – in ihrer Drehbewegung deuten.

8 a. Eine Seite in Giovanni de Dondis vor 1389 entstandenem »Tractatus astrarii«. Padua, Biblioteca Capitolare. – b. Räderuhr, sogenannte Turmwächteruhr, um 1350. Würzburg, Mainfränkisches Museum

Das Problem der Zeitmessung, das im Laufe des 14. Jahrhunderts und vor allem während seiner zweiten Hälfte in einer regelrechten »Beschaffungswelle« öffentlicher Uhren zur ersten allgemeinen Zufriedenheit gelöst werden konnte, hatte sich zuvor mit dem Herauswachsen größerer Bevölkerungsteile aus dem agrikolen Lebensbereich verschärft. Als die Arbeit des einzelnen Menschen zur Sicherung seiner Nahrung, Wohnung, Kleidung im Jahres- und Tageslauf nicht mehr ineinandergriff, wurden neue Regelungen erforderlich, schließlich sogar auf dem Lande selbst, das jene allgemeine Lebenssicherung aufs ganze gesehen stets gewährleistet hatte. In Ordonnanzen des französischen Königs gegen Ende des 14. Jahrhunderts kam ein Protest zur Sprache, mit dem Weinbergarbeiter aus Sens und Auxerre

9. Schiffbauer. Skulpturengruppe am Portal von S. Marco in Venedig, Anfang des 13. Jahrhunderts

darauf hinwiesen, daß ihre spezifische Lohnarbeit nicht einen Werktag lang, von Sonnenaufgang bis Sonnenuntergang, dauern könne, sondern lediglich als Achtstundentag bis zum Vesperläuten, da sie zum Lebensunterhalt weitere Arbeiten zu erledigen hätten.

Die Anfänge einer neuen Zeiteinteilung, die im Jahresverlauf weder der Arbeit der Bauern noch im Tagesablauf den wiederkehrenden Gebetsstunden und -glocken der Geistlichkeit folgten, lagen im Bergbau, was lange übersehen wurde. In den Städten jedenfalls gaben sie sich den vorhandenen Quellen zufolge später zu erkennen, auch wenn sich die »Zeit des Händlers« (J. Le Goff) sicherlich parallel dazu oder sogar in Wechselwirkung entwickelte. Kurz nach der Mitte des 13. Jahrhunderts erschienen für den Silber- und Kupferbergbau von Massa Marittima in der Toskana Arbeitszeitregelungen, in deren Zusammenhang erstmals von einem »Dies laboratorius« als besonderem Arbeitstag die Rede war. »So vertraut im Mittelalter der Festtag, der Sonntag, der Markttag, der Gerichtstag gewesen sein mögen – der betriebliche Arbeitstag dürfte als Terminus im 13. Jahrhundert gewiß ein Novum gewesen sein als Reflex auf den gesellschaftlichen Wandel, der der Zeit der Kirche nicht nur die Zeit des Händlers, sondern auch diejenige des Betriebes und hier des Bergbaus hinzufügte« (D. Hägermann). Ein solcher beruflicher Arbeitstag, dessen Anfang und Ende in Massa Marittima seit 1228 von einem Glockenturm als Klang und allgemein verständliches Medium übertragen werden konnte, in Verona nach der Gesetzgebung des frühen 14. Jahrhunderts durch die Stadtglocke, in Florenz durch Glockenläuten in den einzelnen Stadtbezirken der Woll- und Tuchproduktion, verstärkte das Bedürfnis nach einer möglichst objektiven, menschliche Einflüsse und Machtverhältnisse zurückdrängenden Zeitmessung. Die Gewichtsräderuhr mit ihrem nach dem »Aufziehen« unabhängigen Ablaufmechanismus vermochte es am ehesten zu befriedigen.

Den allgemeinen Wandel in Richtung auf eine moderne Zeitökonomik verdeutlichen vor allem steinerne Zeugen, Reliefzyklen und Portalskulpturen italienischer und französischer Kirchenbauten. Traditionelle Monatsbilder des Arbeitsablaufs auf dem Lande wurden im 12. und mehr noch im 13. und 14. Jahrhundert mit Darstellungen der mechanischen Künste in der Stadt kombiniert oder durch sie schon ersetzt. Wie der frühmittelalterliche, noch rein agrarische Wirtschaftskalender enthielten die jüngeren Arbeitsdarstellungen häufig ebenfalls Gegenstände der Technik. Der eigentlich kalendarische Charakter, der die älteren Bilder gekennzeichnet hatte, trat zurück, da sich die mechanischen Künste außerhalb des Agrarbereichs unabhängig von den Jahreszeiten ausüben ließen.

Nur einige Beispiele jener erhaltenen Kulturgüter können hier zur Charakteristik aufgegriffen werden. An der Königspforte in Chartres wurden zwischen 1145 und 1170 die traditionellen Monatsbilder des ländlichen Tagewerks mit Darstellungen der Sieben Freien Künste ohne die jahreszeitliche Bindung kombiniert. Notre-Dame in Paris brachte um 1210/20 Tätigkeiten des Land- und des Stadtvolks zusammen. An den Innenseiten des mit dem Madonnenbildnis geschmückten Mittelpfeilers der Marientür wurden der bäuerlichen Arbeit städtische Tätigkeiten als Müßiggang gegenübergestellt. Mit einer eigenen Zwölferreihe handwerklich-technischer Arbeitsmotive, verständlich für eine Stadt ohne eigenes, erst später in der Terra Ferma erobertes Landgebiet, ergänzte Venedig in der Bogenfassung der großen Nische von S. Marco Anfang des 13. Jahrhunderts die traditionellen Monatsbilder. Dargestellt wurden jeweils einzelne Repräsentanten der Fischer, Schiffbauer, Zimmerleute, Schmiede, Böttcher, Maurer, Steinmetzen, Schreiner, Korbmacher, Schuster, Schlachter, Bader und Zahnbrecher. Während das Baptisterium in Pisa sowie S. Martino in Lucca ausschließlich die bäuerlich-agrarischen Motive übernahmen und am traditionellen Jahreszyklus festhielten, ging man in Florenz im zweiten Viertel des 14. Jahrhunderts einen großen Schritt weiter. In den Reliefs am Campanile des Doms wurden allein die mechanischen Künste aufgenommen, und zwar durch

Arbeiten beziehungsweise Entwürfe Andrea Pisanos (um 1295–nach 1349). Die Darstellung dreier weiterer mechanischer Künste, darunter bezeichnenderweise der Architektur und der Malerei, sollen auf Entwürfe Giottos (1266–1337) zurückgehen. Hinzu kamen Darstellungen der Freien Künste, so daß die Gesamtkonzeption sich vom älteren Jahresrhythmus, der in den Nachbarstädten zuvor noch gewahrt worden war, ganz entfernt hatte und eine davon losgelöste Auffassung der Arbeitszeit in den Vordergrund trat.

Im Unterschied zu den Reliefs erhielten sich in den Miniaturen der Handschriften und überhaupt in der Malerei wie in den Fresken des Adlerturms von Trient die älteren ländlichen Motive. Vor allem in den Stundenbüchern des flämisch-flandrischen Raumes und seiner Urbanisierungszentren erfreuten sie sich sogar verstärkter Wertschätzung, vielleicht gerade dort als Reflex auf die gute alte Zeit. Die städtische Bevölkerung, deren Arbeit sich im Jahreslauf in monotoner Gleichmäßigkeit wiederholte, wurde von den Künstlern nicht zur Geltung gebracht. Weiterhin erschienen »diese profanen Monatsbilder ... in einem religiösen Rahmen, der noch eine ganzheitliche Welt umspannte« (W. Hansen). Im 16. Jahrhundert wählte ein flämischer Künstler das Motiv des großen tretradbetriebenen Lastkrans von Brügge, wiederum für den Oktober, so daß die für diesen Monat übliche Darstellung der Weinlese lediglich durch die des Transports von Weinfässern ersetzt war, nicht aber durch eine neue, technisierte Form von Arbeit. Neben einigen besonderen Sujets, die adligen Auftraggebern schmeicheln sollten – die Falkenjagd, der vornehme Hochzeitszug –, wurde der Jahresablauf der bäuerlichen Arbeit perpetuiert. Abgesehen vom gelegentlichen Auftauchen einer Windmühle als schöner Staffage vermitteln die Motive in den Stundenbüchern keine wesentlichen technischen Veränderungen. Nur ganz selten lassen sich in den Miniaturen späte bildliche Erstbelege finden: so für die Kniesense der Getreidemahd und für das eiserne Spatenblatt.

Eine Ausnahme in der Darstellung technischer Entwicklungen bildete ein sogenanntes Musterbuch als Vorlage für bestimmte wiederkehrende Kunstformen, beispielsweise der Ornamentik. Als Überlieferung aus dem Kloster Rein bei Graz, einer Zisterziensergründung von 1129/30, kombinierte dieses »Reiner Musterbuch« schon Anfang des 13. Jahrhunderts zwölf Szenen in Analogie zu den Monatsbildern, darunter sieben Darstellungen der mechanischen Künste. Die Zeichnungen, deren Stil auf französische Einflüsse schließen läßt, könnten jene in den Zisterzen verbreitete neue Zeitökonomik andeuten, die einer durchgängigen Jahresarbeit selbst in landwirtschaftlich »stillen« Monaten huldigte.

Während die Kalenderbilder der Stundenbücher die neue, seit dem 13. Jahrhundert vordringende Zeitökonomik und parallel dazu die nichtagrarische Technik negierten, ging eine noch stärker volkstümliche, zumeist in der alten Freskomanier erscheinende Darstellungsform kritisch auf säkularisierte Zeitvorstellungen ein: Abbildungen des sogenannten Feiertagschristus versuchten in einer visuellen

10. Arbeiten im Monat Juli. Wandgemälde aus dem Jahreszeiten-Zyklus im Adlerturm des Castello del Buonconsiglio in Trient, Anfang des 15. Jahrhunderts

Schocktherapie die traditionelle Sonn- und Feiertagsheiligung, die in der Phase des Arbeitskräftemangels spätestens nach den Pestpandemien der Mitte des 14. Jahrhunderts wohl immer seltener befolgt wurde, wieder zu festigen. Die künstlerisch weniger bedeutsamen, aber ausdrucksstarken Darstellungen zeigen zumeist den Schmerzensmann inmitten der überwiegend agrikolen und ländlichen Arbeitsmittel, die der Christ an Sonn- und Feiertagen nicht gebrauchen sollte. Sie waren von England über die Schweiz und die Ostalpen bis Venetien und Slowenien gelangt und ebenfalls im slowakischen und tschechischen Raum verbreitet. Sie stellten die Arbeitsmittel ganz unmittelbar in das religiöse Bezugssystem. Insbesondere dann, wenn auch (Jagd-)Waffen, Geräte und Anlagen bis hin zu Werkbänken und Wasserrädern abgebildet sind, vermitteln sie Erkenntnisse über den Stand und die Entwicklung der Technik, freilich nur auf dem Lande, dem im Hoch- und Spätmittelalter, regional unterschiedlich, immerhin 85 bis 95 Prozent der Gesamtbevölkerung zugeschrieben werden.

Die Verdichtung von Technik im 13. Jahrhundert wurde über mehrere Wege erreicht: über den Bergbau auf Edelmetalle und insgesamt die Urproduktion zur Gewinnung von Rohmaterial auch für gewerbliche Zwecke; über die Ausweitungen der Wasser- und Windkraftausnutzung, der Textilindustrie, des Bauwesens sowie des Verkehrs- und Transportwesens; über Fortschritte im Salinenausbau und die Errichtung der alpinen Salzwerke. Hinzu kam die Herstellung von Waffen und Kriegsgerät, obgleich die Kanonen als Pulvergeschütze erst im 14. Jahrhundert auf

11. Frau mit Webspindel beim Fadenanschlag und Männer beim Kettscheren an Vertikal-Webstühlen sowie Lederbearbeitung für die Schusterei. Federzeichnung in dem Anfang des 13. Jahrhunderts im steierischen Zisterzienserkloster Rein vorhandenen und wohl dort entstandenen Musterbuch. Wien, Österreichische Nationalbibliothek

12. »Feiertagschristus« mit Geräten aus Landwirtschaft und Handwerk. Wandgemälde in der Kirche von Ormalingen im Kanton Basel-Landschaft, zweite Hälfte des 14. Jahrhunderts

die weltgeschichtliche Bühne gezogen wurden. Kein Sektor des Wirtschaftslebens spiegelt bis dahin so augenfällig wie der der Edelmetalle das Ineinandergreifen von politischer und wirtschaftlicher Macht wider, dazu die allgemeine Konjunkturentwicklung, die Verdichtung und die folgende Auflockerung von Technik, die in die strukturelle »Wirtschaftskrise des Spätmittelalters« (E. Pitz) einmündete, aber in keine grundsätzliche Technikkrise.

Die Technik unterlag freilich mancher Formveränderung und dies, je mehr sie in die Geldwirtschaft einbezogen und der Macht des Marktes unterworfen wurde. Spätestens seit dem 13. Jahrhundert, das sich auch als »kommerzielle Revolution«

entfaltete, ließen sich in der Kapitalrechnung ihre kostensparenden Effekte ebenso zur Wirkung bringen wie weiterhin ihre arbeitserleichternden und ressourcenschonenden Eigenschaften. Doch die Klagen, daß man etwas nur »mit großer Mühe« bewältigt habe, begegnen einem in erzählenden Quellen nach wie vor so häufig, daß man als innerweltlichen mittelalterlichen Hauptantrieb zur Schöpfung neuer Technik die erhoffte Erleichterung körperlicher Arbeit durchaus erkennen kann. Lehrmäßig ließ sich auf diese Weise ein Sieg über die Sündhaftigkeit Adams erzielen. Bedingt durch äußere Einflüsse und vor allem durch den katastrophalen Rückgang der Bevölkerungszahlen von geschätzten 73 Millionen in ganz Europa auf 45 Millionen als Folge der Pestpandemien geriet die technische Entwicklung ins Stokken. Nach einer allgemeinen Depression, die wie jede Krise zugleich Medium des Wandels wurde, entstand erst in der zweiten Hälfte des 15. Jahrhunderts im Kommunikationsbereich, im Textilwesen und nicht zuletzt im Montanwesen einschließlich der Metallverarbeitung parallel zur ebenfalls anwachsenden Bevölkerung erneut eine Verdichtung von Technik. Wiederum vermag die Mühlenanzahl als allgemeiner Indikator der Entwicklung zu dienen. Vereinzelte Forschungsergebnisse auf dem europäischen Kontinent werden für England allgemein bestätigt: Dort begann sich nach 1350, vielleicht schon früher, die Zahl der Mühlen zu verringern, ein Trend, der bis ins 15. Jahrhundert anhielt, sich dann aber umkehrte.

Bergbau zwischen ökonomischem Interesse und politischer Macht

Im Übergang vom Früh- zum Hochmittelalter nahm die europäische Eisenerzeugung wegen der verbreiteten, zumeist leicht zugänglichen und abbaubaren Lagerstätten technisch gesehen den längst eingeschlagenen Weg: die direkte Verhüttung von Eisenerz und die Verarbeitung der erschmelzten Luppe, in den Quellen auch »Bloma«, »Massa«, »Gouse« genannt, im Schmiedeprozeß. In Gebieten günstiger Erzanstände entwickelten sich bis zum 13./14. Jahrhundert ganze Produktionslandschaften, und zwar in Italien auf Elba und in der Lombardei, in der Steiermark, in der Oberpfalz, im Sauerland und im Siegerland, in England hauptsächlich im Forest of Dean, in Frankreich, das noch heute die größten Eisenerzreserven Europas besitzt, in der oberen Normandie, in der Dauphiné sowie im Herzogtum Lothringen. In einigen Fällen ist auf niedrigem Niveau sogar eine kontinuierliche Produktion seit der Antike nicht auszuschließen. Mögliche, aber nicht genau nachzuziehende Verbindungslinien deuten sich in der Lombardei bei Brescia oder im Val Trompia und im Ostalpenraum an. Die vorhandenen Schriftquellen haben stets Überlieferungslücken. Spätantike Literaten erwähnen noch das schon von Ovid und Plinius gelobte »norische Eisen«. Nach dem Verfall des römischen Weltreiches fehlen weitere Belege für rund ein halbes Jahrtausend. 931 nennt eine Urkunde wieder eine Eisenverhüttung in Kärnten, wo ein größerer Produktionsaufschwung ansonsten erst im 14. Jahrhundert nachweisbar wird.

Als genuin technische Aktivität des Hochmittelalters, zugleich als Herausforderung gesellschaftlicher Fähigkeiten und politischer Macht hat der Bergbau auf Edelmetall zu gelten. Auf seiten der Produzenten setzte er Spezialkenntnisse voraus. Man mußte die Techniken des Aufsuchens, Erschließens, Abbauens und Förderns der Erze sowie deren mehrphasige Aufbereitung und Verhüttung beherrschen. Ein solcher Gesamtprozeß einschließlich der Kapitalbeschaffung für Investitionen erzwang eine arbeitsteilige, letztlich »industrielle« Produktion. Obwohl auch Blei, Kupfer und Zinn im Zusammenhang mit dem Wachstum der Bevölkerung, der Gewerbe und des Handels an Bedeutung gewannen, setzte sich der montantechnische Fortschritt stets zuerst in der Edelmetallproduktion durch. Deren allgemeine Vorrangigkeit war ein Ergebnis der Tatsache, daß diejenigen Kräfte, die die Macht über den erzhaltigen Grund und Boden besaßen, den Erstanspruch auf Gold und Silber erhoben, auf Metalle, die zunächst zur Schatzbildung begehrt waren, später der Prägung von Münzgeld als Tauschmittel dienten.

Die einfachste Technik zur Gewinnung von Edelmetall ergab sich noch immer in der Goldwäsche. Nach älterem Brauch wurde sie auch nach 1000 in verschiedenen Regionen Europas betrieben, so im nordwestspanischen Asturien und im Bistum Gerona in Katalonien, in Frankreich, dem Rhein-Gebiet, an der Reuß, Emme und anderen Flüssen der Schweiz, in ganz Oberitalien, an der Etsch, im salzburgischen Ostalpenraum, im niederungarisch-slowakischen Erzgebirge, in den Karpaten, den Sudeten sowie den deutschen Mittelgebirgen und hier nicht zuletzt an den Nebenflüssen der Eder. Als Goldwäscher betätigten sich bäuerliche Schichten in Nebenerwerbsarbeit. »Goldzinser« schuldeten das Produkt, feine Goldkörnchen und -blättchen, die in flachen Trögen aus dem Schwemmsand der Bäche und Flüsse, den

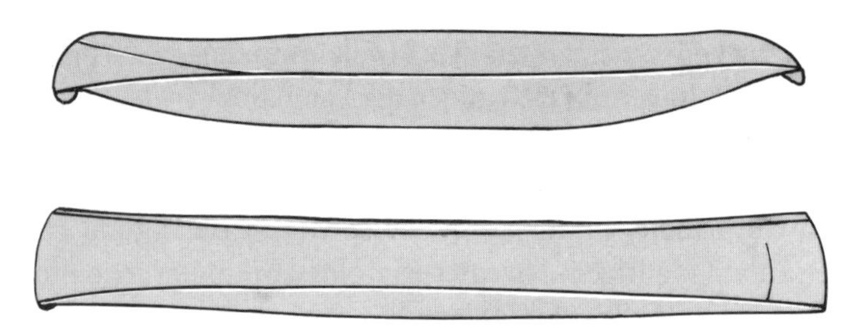

Frühneuzeitliches Goldwäscher-Schiffchen vom Rhein. (Nach dem 140 Zentimeter langen Original im Heimatmuseum von Rastatt)

»Seifen«, ausgewaschen wurden, in der Regel einer Herrschaft. Auch die sogenannten freien Zinser hatten das Ergebnis der Goldwäsche gegen ein Entgelt abzuliefern. Reine Erwerbsarbeit war seltener. Im 13. Jahrhundert war sie wohl nur dort zu finden, wo sich wie im niederschlesischen Goldberg Sandablagerungen größeren Umfangs bearbeiten ließen und ein bescheidener Golderzbergbau betrieben werden konnte. Im mengenmäßigen Vergleich mit den Goldimporten aus Afrika und Arabien – dort aus dem Gebirgszug Hiğaz, der Hochebene Nağd oder dem Gebiet des Jemen –, die via Portugal oder Italien erfolgten, trat die Seifengoldgewinnung immer mehr in den Hintergrund. Im Erzstift Salzburg wurden die Goldzinse der Bauern schon vor 1340 als Datum des Beginns des Golderzbergbaus öfters durch Geldzahlungen abgelöst. Die Abgabenpflicht aller Höfe, die in der Nähe der Flußgold führenden Salzach lagen, belief sich um 1200 auf 725 »Saigae auri«, auf eine Goldmenge im Gewicht von etwa einem Viertel Kilogramm.

Bereits mit der Goldwäsche stellte sich die Frage des herrschaftlichen Anspruchs auf die Edelmetalle, die in den Staatsquoten bei Käufen und Verkäufen in abgewandelter Form bis heute aktuell geblieben ist. Ein um 1027 angefertigtes Verzeichnis der königlichen Kammer in Pavia gibt hierzu gute Aufschlüsse. Es reklamierte die

Silbermünzprägung der Paveser sowie Mailänder Pfennige und dazu das Waschgold im Gebiet von 24 namentlich genannten Flüssen Oberitaliens als »Regal« der Pfalz, das Konrad II. (um 990–1039) seinerzeit nach Empfang der langobardischen Königskrone zu festigen suchte. Alle Goldwäscher waren eidlich verpflichtet, ihr Arbeitsprodukt zu feststehenden Preisen ausschließlich der königlichen Kammer zu verkaufen. Wie Handwerker, Gerber, Fischer, Seifensieder und Schiffsleute galten die Goldwäscher als persönlich frei, aber als Gruppe der Pfalz zugeordnet. Sie hatten auch den Zehnten zu entrichten, so daß in der Aufstellung schon beide Abgaben oder – aus herrschaftlicher Sicht – Einnahmen und jedenfalls fiskalisch nutzbare Rechte auftauchten, die später zum Bergregal gehören sollten: der »Wechsel«, die Differenz zwischen dem vorgegebenen Preis für den Pflichtverkauf und dem wirklichen Marktpreis, sowie im voraus der zehnte Teil vom gewonnenen Produkt. Im späteren Bergbaubetrieb sollte sich der Zehnte, der im deutschen Sprachraum auch »Frone« genannt wurde, auf das geförderte Roherz beziehen. Die alleinige Zuordnung der Edelmetalle zum Königtum wurde zur Zeit des Investiturstreits in der zweiten Hälfte des 11. Jahrhunderts mit der Behauptung spezifischer »Regalia St. Petri« in Frage gestellt. Die sogenannten Ravennater Fälschungen bezogen 1084 auch »nutzbare Berge« ein, und wenig später beanspruchte das Papsttum alle Italien vorgelagerten Inseln einschließlich Elbas mit seinem Eisenerzreichtum. Jedweder Bergbau in Italien sollte aufgrund solcher besonderen Vorgegebenheiten, Machtkonstellationen und vielfachen Auseinandersetzungen, in die mit besonderen Ambitionen nicht zuletzt das aufstrebende Bürgertum der Städte eingriff, einen ganz eigenen Charakter erhalten.

Der hohe Anspruch, den der König stellvertretend für das Reich auf die Edelmetalle erhob, ging 1158 in die Regalien-Definition des Reichstages von Roncaglia ein, bezeichnenderweise aber nur im Hinblick auf Silbergruben. Schon ältere Königsurkunden, mit denen Bergwerksgefälle mehr nebenbei bestätigt oder direkt und präzisiert nach lehensrechtlichen Gesichtspunkten vergeben worden waren, hatten sich lediglich auf Silber bezogen: Otto III. (980–1002) bestätigte den Vogesen-Klöstern St.-Dié und Moyenmoutier 985 entsprechende Zehnteinnahmen, und Konrad II. schenkte Silbererzvorkommen und -bergwerke im Breisgau und in genau benannten Schwarzwald-Tälern 1028 der bischöflichen Kirche zu Basel. Später nannten derartige Texte auch das Salz, das 1158 ebenfalls als Regal gelten sollte, und andere Metalle, aber – bei zunehmender Bedeutungslosigkeit des Goldwaschens – ganz selten solche »in den Flüssen«. Goldhaltige Erze hatte man in Europa zunächst nirgendwo entdeckt, so daß ein regelrechter Bergbau auf Gold selbst in vorsorglichen Überlegungen ausgeschlossen blieb. Erst im 13. Jahrhundert wurden in die Texte der Diplome, die das ausgebildete Bergregal nun im Sinne eines Hoheitsrechts zumeist auf das erstarkende Landesfürstentum übertrugen, das Gold und das Silber, Aurum und Argentum – daher die heutigen chemischen Zeichen »Au« und »Ag« –, gleichermaßen hineingeschrieben. Jetzt erst war die technische Ausbeute der wenigen europäischen Golderzlager aktuell geworden. Bei der »Goldmine« von Tassul im Tiroler Nons-Tal, die 1181 in einem fürstlichen Schenkungsvertrag Erwähnung fand, dürfte es sich noch um eine Goldwäsche gehandelt haben. Abgesehen von einigen wenigen Münzprägungen diente das Gold bis dahin im wesentlichen noch immer der Schatzbildung und dem Repräsentationsbedürfnis. Die berühmten Florentiner Gold-Florene, die Fiorini von je 3,54 Gramm, die Gold-Genovini aus Genua und die Gold-Dukaten von Venedig, die zunächst im europäischen Süden die Silberwährung des alltäglichen Markthandels ergänzten und einen Bimetallismus in der Währung verstärkten, wurden erst seit dem 13. Jahrhundert geschlagen, als in Mittel- und Südosteuropa auch ein Golderzbergbau aufzublühen begann.

Um 1250 dachte man in der Wissenschaft, die sich zunehmend mit den Dingen der Natur befaßte, ebenfalls nicht mehr daran, allein Seifen- und Waschgold aus den Flüssen zu gewinnen. Theophilus Presbyter hatte im dritten Buch seiner berühmten Niederschrift verschiedener Künste jene Methode noch als einzige angesehen, bei der goldhaltiger Sand über ausgekehlte Holzbretter geschwemmt und das gewonnene Metallkorn in der altbekannten Goldamalgamation mittels Quecksilber von weiteren Verunreinigungen befreit wurde. Kurz nach der Mitte des 13. Jahrhunderts beschrieb Albertus Magnus in seinen fünf Büchern »Über Mineralien« dann aber Verfahren des eigentlichen Golderzbergbaus: das Rösten der Erze, das Zerkleinern in Erzmühlen und die Feinschmelze sowie die direkte Derbschmelze. Während er für den Silbererzbergbau Freiberg und für den Kupfererzbergbau Goslar als hervorragende Beispiele benannte, verwies er hinsichtlich der Golderze zunächst pauschal auf das eigene Land und das der Slawen im Osten. Erst im folgenden Buch, im vierten, lüftete der Gelehrte, der als »Doctor universalis« das theologische, philosophische, naturwissenschaftliche und medizinische Wissen seiner Zeit gleichermaßen beherrschte, das Geheimnis der Bergbauorte: Das meiste Gold werde im Königreich Böhmen gewonnen und neuerlich »in Vuelvuale«, in Westfalen, an einem Ort namens Korbach. Im Gegensatz zu den Gebieten im Osten, wo frühe Bergwerke bei Eule, dem schlesischen Reichenstein und Goldberg bekanntermaßen zu nennen sind, hat der Golderbergbau am »Eisenberg« südwestlich von Korbach in jüngster Zeit durch die Arbeiten eines kanadischen Montankonzerns eine angemessene Einschätzung erfahren. Zu Mitte des 13. Jahrhunderts dürfte Graf Adolf von Waldeck den hochangesehenen Albertus anläßlich eines Zusammentreffens mit einem Goldgeschenk erfreut haben, woraufhin Korbach als erster deutscher Goldbergbauort in die Geschichte einzugehen vermochte. Über die Ausbeute ist zunächst nichts zu erfahren. Am Ende des 15. Jahrhunderts wurden am Eisenberg noch Golderze gefördert, die jährlich für 6 bis 10 Mark Gold durchschnittlich etwa 2 Kilogramm erbrachten; das war weniger als 1 Prozent der damaligen Produktion im Erzstift Salzburg.

13. Bergbaubetrieb. Aquarellierte Federzeichnung im sogenannten Mittelalterlichen Hausbuch, um 1480. Wolfegg, Fürstlich zu Waldburg-Wolfeggsches Kupferstichkabinett

Im Hinblick auf den mittelalterlichen Goldbergbau, der unter Karl Robert von Anjou-Neapel (1288–1342) als König von Ungarn aufgrund planmäßiger Schürfarbeiten vor allem im Gebiet von Kremnitz im slowakischen Erzgebirge und in Siebenbürgen aufgeblüht ist, bleibt zu beachten, daß sich sogenanntes Freigold vornehmlich in der Zementationszone von Bergkuppen hat finden lassen, dort aber verhältnismäßig schnell abgebaut gewesen ist. Aus den sonst auffindbaren Erzverbindungen, zumeist goldhaltigen Arsenkiesen oder Quarzgängen, konnte im Verhüttungsprozeß ein silbriges Gold oder ein güldisches Silber erschmelzt werden. »Goldbergbau« erwies sich somit ziemlich regelmäßig als Gold- und Silberbergbau. Das Produktionsergebnis bedurfte allgemein noch der Scheidung, wenngleich gelegentlich auch silberhaltiges »Rohgold« zu Münzen geschlagen wurde, die dann eine bläßliche Farbe erhielten. Das wirtschaftlich stets folgenreiche Problem der bei einem einzelnen Lagerstättenabbau wechselnden Gold- und Silberhaltigkeit der Schmelzprodukte soll hier wenigstens angedeutet werden: »Silberbergwerke« erbrachten im Produkt gelegentlich einen ganz geringen Goldanteil, der Goslarer Rammelsberg beispielsweise bis 1 Prozent, »Goldbergwerke« einen mehr oder weniger hohen Silberanteil. Im salzburgischen Bergbaurevier von Gastein und Rauris, das um 1340 angeschlagen wurde, überwog im Schmelzprodukt zunächst das Gold, dessen Wert sich mit Schwankungen auf etwa das Elffache des Silbers belief. Anfang des 16. Jahrhunderts war der Goldanteil auf ungefähr 12,5 Prozent des Silbers zurückgegangen; später stieg er kurzfristig noch einmal auf 20 Prozent. Bei manchem »Goldberg« auf deutschem Boden handelte es sich um ein Abbaugebiet von Silbererzen mit einem bestimmten, wechselnden und oft nur geringen Goldanteil. Schon das erwähnte Gold von Korbach wurde von den Zeitgenossen geringer bewertet. Albertus Magnus führte das auf die Neuheit des Fundorts zurück, gewissermaßen auf eine noch mangelnde Akzeptanz. Das schwer verständliche Lehrgedicht über Gewichte und Maße aus dem 4./5. Jahrhundert, das eine Methode beschreibt, den Feingehalt von Gold- und Silberlegierungen zu ermitteln, scheint ihm nicht vorgelegen zu haben.

Wo und wann begann der erste Bergbau auf Edelmetall, auf Silbererze, und welche Aussagen erlauben die Quellen hinsichtlich seiner technischen Entwicklung und des politischen sowie sozialen Kontextes? Zwar lassen sich bei den Organisationsformen Parallelen zur römischen Vergangenheit erkennen, in der sich nach neuesten Forschungsergebnissen Formen freier Lohnarbeit und Vertragsarbeit partiell durchgesetzt hatten, doch werden Kontinuitäten des Produktionsbetriebs allgemein ausgeschlossen. Der Edelmetallbergbau war im Mittelalter neu zu organisieren. Das 10. Jahrhundert als zeitlicher Beginn eines bergmännischen Abbaus wird von der modernen Archäologie neuerdings in Frage gestellt. Schon einige Münzsorten, insbesondere die Silberdenare der monometallistischen Karolingerzeit, die Aufschriften »Ex metallo novo« und »Metallum Germanicum« tragen, müssen, wie

Funde beispielsweise aus der friesischen Siedlung Dorestad an der Rhein-Mündung zu belegen scheinen, nicht unbedingt auf eingeschmelztes Altmaterial und Umprägungen zurückgehen. Dasselbe gilt für das älteste Geldstück des europäischen Nordens: eine Silbermünze aus dem Jahr 825, die in der schwedischen Wikingerstadt Birka gefunden wurde, sowie für jüngere Münzen mit dem Prägeort aus dem Wik Haithabu an der Schlei. Neben dem Silberimport, hauptsächlich aus dem arabischen Raum, der sogar im Austausch gegen Wasch-Gold erfolgt sein könnte, ließ sich eine eigene europäische Produktion bislang allenfalls vermuten. Eindeutige Belege fehlten, und auch in Italien blieb die genaue Herkunft des Metalls der langobardischen Gold- und Silbermünzen ungewiß. Das Evangelienbuch des Otfried von Weißenburg (um 800–870) verweist auf »Silabar ginagi«, auf Silber zur Genüge im Frankenreich, folgt in den Lobeshymnen aber eindeutig biblischen und antiken Vorbildern, so daß kaum wirkliche Montanbetriebe anzunehmen sind.

Silberner Otto-Adelheid-Pfennig. Magdeburger Prägung, 11./12. Jahrhundert. (Nach dem Original mit einem Durchmesser von ungefähr 2 Zentimetern und einem Gewicht von 1,39 Gramm)

Als Anfang des mittelalterlichen Silberbergbaus galt immer das aus chronikalischen Notizen gewonnene Anschlagen des Rammelsberges bei Goslar im Jahr 968 oder, etwas früher, allenfalls ein Montanbetrieb am Harzrand bei Gittelde. Die einzigartigen Otto-Adelheid-Pfennige, die spätestens unter Kaiser Otto III. geprägt worden sind, ergaben in der chemotechnischen Analyse, daß sie Rammelsberger Silber enthielten. Die Anfänge des Silbererzbergbaus im 10. Jahrhundert, mit überprüfbaren Erstbelegen für den Harz 968 und für die Vogesen 985, schienen gesichert zu sein, als jüngste Ausgrabungen eines frühmittelalterlichen Herrensitzes am Harz-Rand bei Osterode fast sensationelle Ergebnisse erbrachten. Dortige Schlackenfunde erlauben es, einen laufenden Bergbaubetrieb bis etwa zum Jahr 300 – im Süden wäre das die römische Kaiserzeit – zurückzuverfolgen. Mittels der modernen wissenschaftlich-technischen Analyseverfahren ließ sich zudem nachweisen, daß im Gebiet dieses Herrensitzes auch Erze vom Rammelsberg verhüttet worden sind, die, wie es in den Grabungsberichten heißt, mengenmäßig »das Hauswerkliche« überschritten hatten. Die neuen Erkenntnisse konnten bislang weder in den geschichtlichen Zusammenhang gestellt noch hinsichtlich der Kontinuitätsproblematik verifiziert werden, doch Überraschungen lassen sich erwarten. Parallellaufende archäologische Untersuchungen im Schwarzwald haben nur den römerzeitlichen Abbau im Gebiet von Sulzburg bestätigen, den mittelalterlichen Montanbetrieb aber erst im 11. Jahrhundert nachweisen können, mithin für eine Zeit, aus der auch schriftliche Nachrichten vorliegen.

In bezug auf das frühe »Verhüttungszentrum« am westlichen Harz-Rand stellt sich die Frage nach den Transportverhältnissen. Rammelsberg-Erze, die man wohl im Tagebau gewann, müßten in jener ersten Bergbauphase über den Harz – was fast ausgeschlossen erscheint – oder um ihn herum über eine Strecke von rund 50

14. Erztrog, Schalenlampen und Schlägel, Arbeitsgeräte der Bergleute zu Freiberg in Sachsen. Bodenfunde der Freiberger Stadtkernforschung aus dem 13. bis 17. Jahrhundert

Kilometern geführt worden sein. Einem Urbar des Klosters Bobbio in Oberitalien lassen sich zwar Hinweise auf grundherrschaftliche Fuhrdienste entnehmen, die Eisen beziehungsweise Eisenerz betrafen, doch sie wurden in einer späteren Zeit, im Übergang vom 9. zum 10. Jahrhundert, geleistet und in einem vielfach erschlossenen Raum. Hinsichtlich eines weit in die Geschichte zurückverlegten Harz-Bergbaus bleiben jedenfalls viele Fragen offen. Genauere historische Rekonstruktionen der technischen sowie der sozialen, wirtschaftlichen und politischen Zusammenhänge des mittelalterlichen Bergbaus sind erst an Hand der schriftlichen Überlieferung des 12. und mehr noch des 13. Jahrhunderts möglich. Mit der regional fortgeschrittenen Schriftlichkeit hängt es zusammen, daß sich ein tieferes Wissen größtenteils zunächst nur auf Material aus den Revieren des Südens, von Mittelitalien bis zum Alpenraum, zu stützen vermag. Verhältnismäßig wenig läßt sich demgegenüber beispielsweise über das Bergbaugebiet von Freiberg im Meißnischen erfahren, das 1168 erstmals erwähnt worden ist. Der Herausgeber des hierzu überlieferten Urkundenmaterials bemerkte schon vor hundert Jahren ebenso geschichtsbewußt wie resignierend, daß die mittelalterliche Bedeutung jenes sächsischen Reviers im umgekehrten Verhältnis zu den verfügbaren Quellen stehe. Immerhin liegt bei Freiberg der seltene Fall vor, daß sich ein um 1160 gegründetes Dorf nach Entdeckung von Silbererzen in eine Bergbausiedlung präurbanen Gepräges verwandelt hat, während die Stadt erst mit dem hinzutretenden fernhändlerischen Element entstanden ist.

Die hervorragenden hochmittelalterlichen Gewinnungsstätten für Edelmetalle waren oft nicht mehr diejenigen, die in der folgenden Montankonjunktur des 15./16. Jahrhunderts bekannt und berühmt wurden. Solche Entwicklungsbrüche müssen hervorgehoben werden. Trient, Montieri und Massa Marittima in der Toskana, die Insel Sardinien, Iglau in Mähren, Freiberg in Sachsen, der Südschwarzwald, das Lavant-Tal in Kärnten und der Rammelsberg im Unterharz waren nennenswerte Silbererzreviere des 13. Jahrhunderts. Zweihundert Jahre später, im Übergang zur Neuzeit, erbrachten einige von ihnen keine Ausbeute mehr oder eine vergleichsweise geringe. Andererseits erlebten ältere Reviere wie das Leber-Tal in den Vogesen, das im 14./15. Jahrhundert fast in Vergessenheit geraten war, erst dann den großen Aufschwung. Um 1500 lagen die ertragreichsten Bergwerke, überwiegend gänzlich neu erstanden, im Tiroler Inn-Tal, im sächsischen Obererzgebirge, in Niederungarn, in den salzburgischen Hohen Tauern und – seit dem dritten Jahrzehnt des 16. Jahrhunderts – im braunschweigischen Oberharz. Den Kontinuitäten des Bergbaubetriebes in einigen wenigen Revieren standen kürzere oder – in der Krise des 14./15. Jahrhunderts – längere Unterbrechungen gegenüber. Gänzliche Stillegungen erfolgten bereits im 13. Jahrhundert, Erstanschläge im 14. Jahrhundert, die aber in der Phase allgemeiner Depression nach den Pestpandemien der Jahrhundertmitte wieder aufgelassen werden und nach Neuaufnahmen im 15./16. Jahrhundert Produktionshöhepunkte erreichen konnten. Solche speziellen Entwicklungslinien und unterschiedlichen Betriebsperioden einzelner Reviere zeigen an, daß es nicht allein und nicht einmal in erster Linie abbaumäßige Schwierigkeiten gewesen sind, die eine Montankonjunktur bestimmt haben. Neben Naturereignissen, Finanzierungsschwierigkeiten, Kriegswirren und anderen politischen Eingriffen bereiteten stets die Lagerstätten selbst Probleme, in deren Begrifflichkeit der wirtschaftliche Gesichtspunkt der Bauwürdigkeit seinerzeit nicht eingeschlossen wurde. Infolge der noch recht bescheidenen Prospektions- und Explorationsmethoden standen Rentabilitätsberechnungen bis weit in die Neuzeit hinein auf tönernen Füßen. Jede einzelne Lagerstätte mit Erzgängen und Spaltenbildungen, die in langen Erdzeitaltern entstanden waren, erhielt während ihrer eher kurzfristigen Ausbeutung durch den Menschen eine zusätzliche, oft recht vielgestaltige Geschichte.

Im Vergleich mit den Bergbaugebieten Mitteleuropas wurde der Erzreichtum der Apenninen-Halbinsel in der historischen Betrachtung oft vernachlässigt und als Basis politischer Macht und kultureller Blütezeit wenig gewürdigt. Gleichwohl geben sich geschichtliche Zusammenhänge schon dadurch zu erkennen, daß dem mittelalterlichen Bergbau in Italien fast ausnahmslos römische und zudem frühgeschichtliche, in der Toskana etruskische Betriebsperioden vorausgegangen sind. Eine solche historische Vielfalt vermochte die Montanarchäologie, die namentlich der Deutsche Theodor Haupt als Bergrat der Toskana schon um die Mitte des 19. Jahrhunderts betrieben hat, manchmal zu verwirren und in den Ergebnissen zu beeinträchtigen. Gewissermaßen zum Ausgleich liegt für das Hochmittelalter eine verhältnismäßig reichhaltige schriftliche Überlieferung vor. Die erste der sehr wichtigen und aufschlußreichen Bergordnungen entstand 1208 in Trient, einer seit jeher politisch exponierten Zone deutsch-italienischen und europäischen Zusammentreffens. In die weitere Überlieferung dank der Urkunden zum Montieri-Komplex sowie aufgrund der ausführlichen »Ordinamenta« von Massa Marittima aus der zweiten Hälfte des 13. Jahrhunderts schiebt sich die Iglauer »Handfeste« von 1249, ehe nach einer Goslarer Ordnung von 1271 das Bergrecht von Kuttenberg, das der Böhmenkönig Wenzel II. (1271–1305) durch einen Gelehrten des Römischen Rechts aus Orvieto hat zusammenstellen lassen, einen Schlußpunkt für das technikgeschichtlich bedeutsame Jahrhundert setzt.

Zur entscheidenden Voraussetzung für aufblühende Bergbaubetriebe wurden gegen Ende des 12. Jahrhunderts die Erklärung der Bergbaufreiheit, deren weitere vertragliche Ausgestaltung durch die Regalinhaber und im Zusammenhang damit vor allem die sogenannte Finderbeleihung. Wer in der Prospektion erfolgreich war, sollte auch die unternehmerische Organisation der Ausbeute vornehmen dürfen. Wie jeder frühmittelalterliche Spezialist, Hersteller und Betreiber von Technik, der Schmied, der Müller, der Salzwerker und der Baufachmann, mußte auch der sachkundige Bergmann umworben, das hieß »privilegiert«, durch persönliche Arbeitsanreize herausgefordert werden. Das galt in ganz besonderem Maße für den technisch schwierigen, weil allerorts in die Tiefe führenden Edelmetallbergbau. Im Jahr 1185 schloß Bischof Albert III. von Trient einen Vertrag mit »Silberleuten«; das waren zugewanderte Bergbauspezialisten und unternehmerisch Interessierte. Unter Schutz und Schirm des geistlichen und zugleich weltlichen Fürsten sollten sie alle Freiheiten erhalten, »bleiben, arbeiten, gehen und kommen« können, und zwar im Bergbaugebiet und in der Stadt, wie immer sie wollten. Als Gegenleistung war zunächst ein bestimmter persönlicher Anerkennungszins zu zahlen. Erst bei laufender Produktion sollte er durch eine steuerähnliche Abgabe vom Ertrag abgelöst werden; das war, wie in den neunziger Jahren in einem Streit zwischen dem Kloster Admont und dem Erzbischof von Salzburg über Kärntner Bergrechte belegt, der Erzzehnte und dazu der »Wechsel« beim Ankauf des Silbers durch die Kammer. Die

15. Herstellung von Kohle im Meilerverfahren. Miniatur in einer in der ersten Hälfte des 15. Jahrhunderts entstandenen Teilabschrift der »Naturalis historia« von Plinius. Granada, Universitätsbibliothek

Trienter Erzvorkommen am Kühberg und am benachbarten Calesberg sollten sowohl den Armen als auch den Reichen »comunes« sein, also gleiche Chancen bieten. Die anfängliche Jahresabgabe wurde deshalb nach Tätigkeitsmerkmalen erhoben. Sie belief sich bei den Gewerken, bei Schaffern, Schmelzern und selbständigen Erzwäschern auf das Doppelte beziehungsweise das Vierfache der unselbständigen Erzwäscher und Kärrner. Die Fuhrleute wurden in erster Linie für die Köhler tätig, die Holzkohle, in den Quellen meist »Carbones« genannt, für den Hüttenbetrieb herstellten. Die Holzverkohlung erfolgte kaum noch in vorzeitlichen Gruben, sondern wie schon in der Antike in besonders zusammengesetzten, mit Erde abgedeckten und als Schwelbrand entzündeten Holzstößen, den Meilern. Die in etwa 7 Tagen ungefähr von 4 bis 5 zu 1 Gewichtsvolumen aus Holz erzeugte Kohle besaß einen hohen Heizwert. Steinkohle benutzte man im Hochmittelalter allenfalls im Bereich der Lagerstätten zumeist für den Schmiedebetrieb, so in England und in Wallonien. Die Hüttenleute des Montanwesens hingegen zogen für ihre Schmelzprozesse auch später noch die Holzkohle vor.

Die soziale Struktur der Bergbaubevölkerung war von Anfang an differenziert, ohne derart unübersichtlich gewesen zu sein wie auf dem Balkan oder auf der Bergbauinsel Sardinien. Einer Analyse bereitet bereits der Begriff »Werci« oder »Werki« Schwierigkeiten, der »Werken« bedeuten kann, wie es noch Mitte des 14. Jahrhunderts vom Goslarer Rammelsberg überliefert ist, oder in der oberdeutschen Sprachform, die sich damals durchzusetzen begann, die »Gewerken« benennt. Einerseits stellte man diese Gewerken um 1200 in Rechtszusammenhänge, wenn es darum ging, sie als »Partiarii«, Anteilseigner am Bergbau, zu begreifen, andererseits wurden sie wie alle diejenigen, die sich im Bergbau engagierten, ob sie selbst mit der Hand arbeiteten, unternehmerisch oder nur als Kapitalgeber tätig wurden, allgemein zum mittelalterlichen Funktionsstand der »Laboratores«, der Arbeitenden, gerechnet. Im großen und ganzen hatte man in Trient und weiter südlich im Raum des italienischen Volgare und der ihn überstreichenden »Lingua Franca« für technisch-wirtschaftliche Vorgänge bei der Nennung von »Werci« zunächst zugewanderte »Werker«, »Wurcher«, »Wurker«, »Wirker«, »Würker«, vor Augen – Begriffe, die im Deutschen erst im 17. und 18. Jahrhundert verschwunden sind –, Spezialisten jedenfalls der Bergwerke, der Hüttenwerke und nicht zuletzt der städtischen Handwerke. Angesichts typischer Arbeitsformen, vielleicht auch des auffälligen Arbeitsfleißes wurden diese deutschsprachigen Werker in Italien mit einem von ihnen selbst verwendeten Wort benannt, ehe dessen Verbreitung und Interpretation in die Gemeinsprache die ursprüngliche Herkunft vergessen machte. Charakteristisch für jene Personengruppe blieb das technische Werken als Tätigkeit. Es muß für die Bergleute als »Guerchi« aus Montieri bestimmend gewesen sein, die die Sieneser während des 13. und 14. Jahrhunderts des öfteren für den Tiefbau und für aufwendige Abbrucharbeiten herangezogen haben, ebenso für die Hüttenwerker im Montanwesen von Massa Marittima.

Den Trienter Bergbauvertrag von 1185 hatten einige namentlich aufgeführte, aus dem Kreis der »Silberleute« ausgewählte Personen geschlossen und alle Bergleute im Frühjahr, also rechtzeitig genug, um nach der Schneeschmelze die Arbeit aufnehmen zu können, mit einem »Es sei, es sei, es sei« bekräftigt. Diese Zustimmung erfolgte in der Stadt Trient in Gegenwart des Bischofs als Vertragspartner, der »in dem Fenster saß, das sich nahe der Mauer der St.-Blasius-Kapelle am oberen Ende der Treppe befindet, auf der man vom Chor der Kirche des Heiligen Vigilius zur Kapelle emporsteigt«. Das Auftreten einer organisierten Gruppe von Bergleuten in der Stadt Trient mochte nicht ungefährlich erscheinen, da in ihr jedwede Schwurgemeinschaften oder Zusammenschlüsse verfolgt und noch später ausdrücklich verboten wurden. Doch der mächtige Bischof sah sich im Interesse einer gut geregelten und für alle Seiten vorteilhaften Ausbeute der entdeckten Silbererzvorkommen zu Zugeständnissen gezwungen. Vier Jahre später übertrug Kaiser Friedrich I. Barbarossa ihm beziehungsweise der Kirche zu Trient alle bekannten und noch zu erschließenden Silber-, Kupfer-, Eisen- und sonstigen Metallerze im Dukat und Bistum. Auch an der Etsch entstand damit ein landesfürstliches Bergregal als finanziell nutzbares Hoheitsrecht. Das herrschaftliche Interesse am Bergbaubetrieb erwies dann die routinierte Abfassung und Verabschiedung der berühmt gewordenen Trienter Bergordnung von 1208, der ersten im hochmittelalterlichen Europa überhaupt. Kanoniker, Rechtsgelehrte und nicht zuletzt die betroffenen Bergleute berieten während eines ganzen Tages im Kloster S. Lorenzo eine Vorlage des Bischofs, die schließlich als Absprache festgelegt, in Form des im »Trentino« üblichen öffentlichen Notariatsinstruments aufgesetzt und rechtskräftig gemacht wurde. Das ganze Verfahren zeigte »bald den Privilegienerteiler, den Bischof von Trient, bald die Bergleute als Legislator« (A. Zycha). An der endgültigen Fassung beteiligten sich auch Bürger aus der Stadt Trient, in der alle Gewerken ihren Wohnsitz nehmen sollten, und zwar trotz fortbestehender und 1209/10 in einem Aufruhr verstärkter

16. Der Bischof von Trient mit den Insignien weltlicher und geistlicher Macht. Federzeichnung in dem in der ersten Hälfte des 13. Jahrhunderts entstandenen »Codex Wangianus minor«. Trient, Archivio di Stato

bürgerlicher Opposition gegen die bischöfliche Herrschaft. Der Interessenverbund der verschiedenen um einen florierenden Bergbau bemühten Kräfte scheint die bestehenden Machtverhältnisse eher gefestigt zu haben.

Abbau, Verhüttung und Wassergewältigung

Als Arbeitsmittel beim Eindringen in die Erdrinde, bei den erforderlichen Aus- und Vorrichtungsbauten und beim bergmännischen Abbau diente im Hochmittelalter noch immer das schon im Altertum genutzte »Gezähe«; das waren Hammer, also Schlägel, und Eisen, nämlich Meißel, sowie Keilhacken, Kratzen und Schaufeln. Hinzu kam die ebenfalls uralte Technologie des Feuersetzens, eine Hitze-Kälte-Technik, um das Erzgestein oder – beim Schachtabteufen beziehungsweise Stollenvortrieb auf der Suche nach Erzgängen – das taube Gestein brüchig und mürbe zu machen. Wenn es sich aus sicherheitstechnischen Gründen im Dauerbetrieb als lohnend erwies oder im Bruchgestein grundsätzlich erforderlich wurde, konnten Schächte und Stollen mit Hilfe des üblichen Werkzeugs der Schreiner verzimmert werden. Allgemein kamen im 13. Jahrhundert die Sägen zur Schnittholzherstellung hinzu, die als »Segae« 1208 in Trient freilich schon zur Standardausrüstung gehörten.

Hilfsmittel für die Schachtförderung waren einfache Körbe am Seil und Haspelzüge mit möglichen Förderhöhen bis etwa 40 Meter. Die Haspel oder Winde mit dem Kurbelantrieb stellte man auf die sogenannte Haspelbank über dem Schacht. Stollenförderung erfolgte mittels einfacher Truhen oder Karren auf Scheibenrädern, jedenfalls am Trienter Kühberg, wo 1213 ein »Carrowegus« genannt wurde, nach übereinstimmender Ansicht der Forschung ein unterirdisch geführter »Karrenweg«. Auch die Bezeichnung »Garrenrecht«, die Ende des 12. Jahrhunderts in Urkunden des Kärntner Montanwesens auftaucht, macht den Einsatz wagenähnlicher Karren wahrscheinlich. Andernorts erscheint der Laufkarren später, im englischen Bergbau beispielsweise erst 1356 in einem Pachtbrief des Bischofs von Northumberland. Der Begriff »Xinkarrus« oder »Xenkarrus« des Bergrechts von Trient stand eher im Zusammenhang mit einem bergmännischen Gesenke. Als »Schienenkarren« sollte er nicht verstanden werden. Zumindest die weitere Verbreitung hölzerner Schienen oder Tramen, des sogenannten Gestänges, blieb dem 15. Jahrhundert vorbehalten, für das sie im Ostalpenraum in den Revieren von Schladming, Schwaz und Rattenberg nachzuweisen ist.

Für den folgenden Aufbereitungs- und Verhüttungsprozeß der geförderten Erze nutzten die Bergleute um 1200 die beiden alten Verfahren der Erzwäsche und der Derbschmelze, freilich auf einem hohen Stand der Mechanisierung. Mittels der Erzmühlen, deren Mahlwerkzeuge aus äußerst hartem Silikatmineral bestanden,

17. Nutzung des bergmännischen Haspelzugs und der Schubkarre. Wandgemälde in der Kapelle der St. Barbara-Kirche zu Kuttenberg in Böhmen, nach 1493

wie zur Jahrhundertmitte Albertus Magnus bemerkte, ließ sich das Erz zur gewünschten Korngröße zerkleinern. In zweckmäßig gebauten Waschanlagen konnten durch Ausschlämmen des leichteren Sandes die schwereren, silberhaltigen Teilchen in Form von »Schlich« gewonnen und in kleinen Öfen zu einem fast reinen Metall verschmelzt werden. In dem anderen Verfahren gelangten geschiedene Erze zur direkten Schmelze in den Verhüttungsprozeß. Mit einiger Wahrscheinlichkeit wurden im hochmittelalterlichen Bergbau von Trient auch römerzeitliche Aufbereitungsabfälle und geeignete Schlacken verarbeitet. Wasserradgetriebene Blasebälge erlaubten höhere Schmelztemperaturen, so daß der nun erreichte Stand der Technik den des Altertums erheblich übertraf. Bei den neuen mechanischen Gebläsen zog die mit Nocken versehene Welle des Wasserrades mittels eiserner Ketten oder Gestänge einen ledernen Balg zusammen, dessen »Nase« dadurch »Wind« ins Schmelzfeuer blies. Über die Wirkung eines Gewichts aus Stein konnte sich der Balg danach wieder öffnen und Luft ansaugen.

Die Bergleute nutzten den Wasserradantrieb also für verschiedene Zwecke. Über die Gebläse wurde 1214 in einer Urkunde ausnahmsweise einmal genauer berichtet, weil der Regalinhaber Bischof Friedrich von Wangen (gestorben 1218) eine

Neuerung als unerhört empfand: Gegen alles Herkommen erlaubte sie, an ein einzelnes Wasserrad beziehungsweise die zweckmäßig fortentwickelte Nockenwelle zwei Bälge anzuschließen und damit zwei Öfen zu bedienen. Eine solche »Technik«, die man dem ursprünglichen Wortsinn von »Techne« nach eher als »List« auffassen mochte, obwohl sie nicht nur wirtschaftlich von Vorteil war, sondern bei zwei Hemmungen an der Welle eine größere Laufruhe bewirkte, sollte ab Weihnachten des Jahres nicht mehr gestattet sein oder aber den doppelten Zins

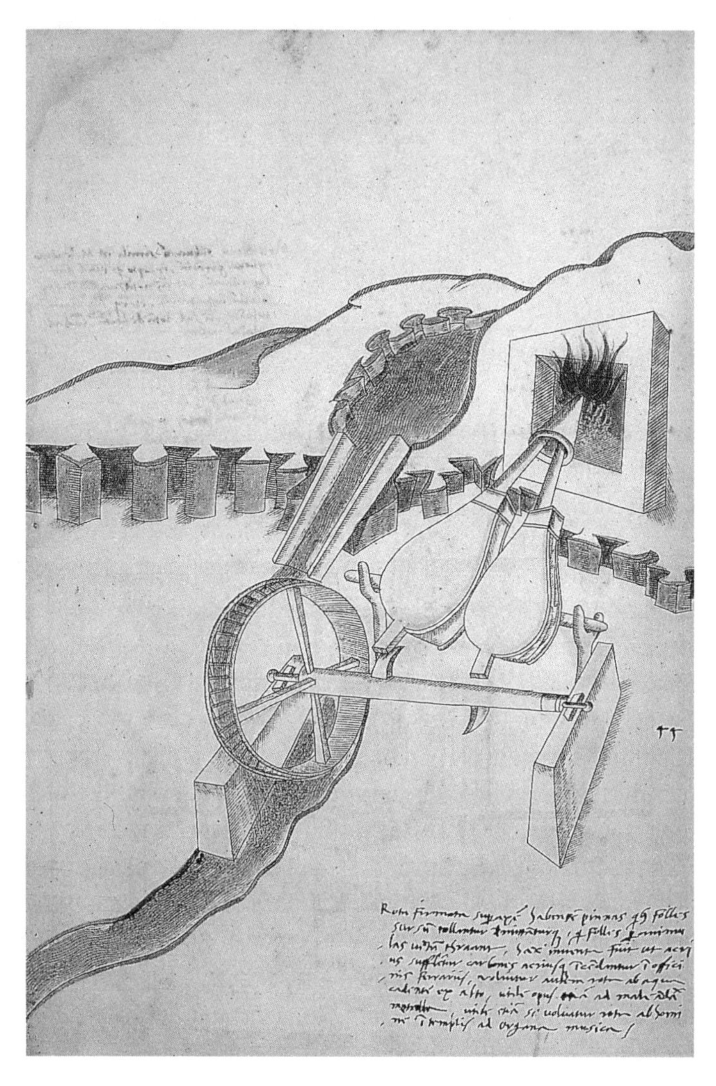

18. Oberschlächtiges Wasserrad mit Daumenwelle zum Betrieb zweier Blasebälge für einen Ofen. Aquarellierte Zeichnung zu der 1449 entstandenen Schrift »De rebus militaribus« von Taccola, um 1500. Venedig, Biblioteca Nazionale Marciana

für den Hüttenbetrieb zur Folge haben. Bei dem Widerwillen, mit dem man 1214 »seit kurzem« zwei Blasebälge am Wellbaum eines einzigen Wasserrades anerkannt hat, erscheint es erlaubt, das 1-zu-1-Verhältnis in jenem gut erschlossenen Südalpenraum als bekannt vorauszusetzen, es dem Stand der Technik zuzurechnen. Im Jahr 1226 findet sich der zeitlich nächstfolgende Beleg für den mechanisierten Blasebalg im nahe gelegenen Veltlin, allerdings im Eisenwesen.

Das zu Anfang des 13. Jahrhunderts noch als Norm betrachtete 1-zu-1-Verhältnis von Wasserrad und Blasebalg bestätigt die Art und Weise der seit dem Frühmittelalter üblichen Akzeptanz von Technik. Bereits die tatkräftigen Äbte des 6. und 7. Jahrhunderts hatten den Bau ihrer Klostermühlen mit der Gott wohlgefälligen Freistellung von Arbeitskraft für die Zwecke des Gebets und der Einsparung von Getreide durch weniger Abfall begründet. Fortgeschrittenere Anlagen mit mehreren Wasserrädern waren in der Getreidemüllerei seither keine Seltenheit mehr. Ging die Technik jedoch über das 1-zu-1-Verhältnis von Antrieb und Werkzeug hinaus, indem die Nockenwelle die Wirkung der Drehbewegung eines einzigen Wasserrades zu vervielfachen vermochte, dann stellte sich in Übereinstimmung mit der modernen Theorie eine »Kostenersparnis« ein. Dies wollte der Bischof von Trient im Jahr 1214 nicht »zinsfrei« akzeptieren. Eine derart neue Funktionsweise scheint allerdings nur im Montanbereich ein Problembewußtsein erzeugt zu haben. Spezifische Mühlenbetriebe der westeuropäischen Urbanisierungsgebiete hatten den »sehr großen Fortschritt« (F. Braudel), der darin bestand, daß ein einziger Antriebsmechanismus seine Bewegung auf mehrere Werkzeuge übertrug, bei den Walken ohne weiteres eingeführt. Über die anfänglichen Bedenken setzte man sich auch im Hüttenbetrieb bald hinweg: Das Bergrecht vom Goslarer Rammelsberg bestätigte Mitte des 14. Jahrhunderts ausdrücklich, daß für mehrere Bälge in einer Hütte nur der einfache Betrag zu entrichten sei. Die betreffende Abgabe bezog man in einer neuen Sichtweise auf das Wasser beziehungsweise die Ausnutzung der Wasserkraft. Das ältere Problem schien verschwunden, die moderne Energieersparnis unbewußt vorweggenommen zu sein.

Der zusätzliche Einsatz von Erzmühlen in der Etsch-Region nach 1200 könnte auf erste Knappheiten der Zentralressource Holz hindeuten. Immerhin sind schon 1185 selbständige Köhler und deren Fuhrleute erwähnt worden, so daß sich längere Anfahrwege für das Holz nicht ausschließen lassen. Im übrigen fehlte Wasserkraft für die Räder sowohl auf dem Calisio-Plateau als auch in der Vererzungszone des Kühbergs, obwohl der Grubenbetrieb ansonsten unter Wasserandrang litt. Der Name »Fornace« für einen Ort östlich davon in der Hanglage, in dem sich unschwer »Fornaces«, das heißt Schmelzöfen, ermitteln lassen, und noch heute sichtbare Überreste älterer Hangkanalbauten verweisen auf die allgemein übliche, niedrigere Lage der Aufbereitungs- und Hüttenbetriebe.

Wurde eine Gewältigung des »zusitzenden« Wassers, des größten Feindes aller

19. Erzmühle. Holzschnitt in dem 1556 gedruckten Werk »De re metallica« von Georgius Agricola. Privatsammlung

Bergleute, unabdingbar, dann bedurfte es besonderer Techniken. Die drei gegebenen Möglichkeiten – die Beschäftigung zahlreicher Schöpfarbeiter, der Einsatz mechanischer Hilfsmittel und die Anlage von Stollen zur Wasserlösung – nutzte man um 1200 allesamt. Im Bergbau von Trient mußte stellenweise Tag und Nacht geschöpft werden, laut der Bergordnung von 1208 auch mittels eines »Wachum«, einer, wie erst jüngst erkannt wurde, Wasserhebeanlage, verbal abgeleitet vom mittelhochdeutschen »Vâhen«, »Vân«. Über Konstruktionsmerkmale wurde nichts Näheres bekannt. Demjenigen, der die Technik zerstörte, drohte die Strafe des Handabhackens. Ob jenes spezifische »Wachum« technisch über den Haspelbetrieb hinausgeführt hat und vielleicht schon den »Wasserkünsten« zuzurechnen ist, muß offen bleiben. Möglicherweise zugehörende Bulgen als lederne Transportbehälter tauchen in Bergordnungen des 13. Jahrhunderts auf. Um eine Göpelförderung mit rundlaufenden Pferden als Antriebskraft kann es sich noch nicht gehandelt haben. Man nutzte sie aller Wahrscheinlichkeit nach zuerst im böhmischen Kuttenberg, wo die lateinisch geschriebenen Konstitutionen Wenzels II. aus der Zeit um 1300 ausdrücklich »Pferde, Seile und anderes Material zum Wasserschöpfen« nennen.

Erst das folgende krisenhafte 14. Jahrhundert erlebte Sümpfungsversuche mit verschiedenen Wasserkünsten.

Die zweite der technischen Möglichkeiten, einer Wassersnot im bergmännischen Tiefbau Herr zu werden, der Bau eines grubenübergreifenden Abzugsstollens, findet sich als Andeutung erstmals 1202. Eine zum steirisch-kärntnerischen Kloster Admont gehörende Silbererzgrube, die wegen Wassereinbruchs ertraglos blieb, wurde damals als »Munichaituht« bezeichnet. Dieser Ausdruck konnte in der Forschung als Mönchs-Abzugsstollen, als »Abzucht«, verstanden werden, wie sie sich als »Aghetucht«, die »ut deme Rammesberg« floß, 1271 auch in Goslar im »Ratstiefsterstollen« nachweisen läßt. Anders als bei der Senkrechtförderung in Schächten nutzte man für solche Stollen die im Bergland naturgemäß gegebene Möglichkeit, auf einem niedrigen Niveau, unterhalb ertragbringender oder -versprechender Gruben das andringende Wasser annähernd horizontal zu lösen. Über den Bau und die schwierigen Rechtsprobleme eines Abzugsstollens am Kühberg unterrichtet eine Urkunde des Jahres 1213. Bischof Friedrich, der mit ihr die Grundlage für das spätere Erbstollenrecht schuf, setzte vier sachverständige Gastalden als Amtleute zur Oberaufsicht und Kontrolle der Rechtsverhältnisse zwischen den Stöllnern und den Grubengewerken ein. Acht Geschworene sollten hinzugewählt werden, so daß in Trient das Muster eines der späteren Berggerichte entstand. Für alle Zukunft blieben der Bergbau und das Recht in derselben Wechselbeziehung wie die Technik und das Recht überhaupt.

Bergbaupolitik

Ein konkurrierendes Geflecht von politischer Macht und wirtschaftlichen Interessen umgab und durchdrang den Bergbau in der erzreichen Toskana. Hier trafen die spezifischen Ansprüche des deutschen Königs, regionaler Grafen, namhafter Adelsgeschlechter, aufstrebender bürgerlicher Unternehmer und Finanziers sowie der Bischöfe und Stadtherren, des Papstes und der weiteren Kirchenorganisation in einzigartiger Weise zusammen. Diese »Gemengelage« bewirkte heftige und gewaltsame Auseinandersetzungen oder machte, wenn es friedlicher zuging, komplizierte Verträge erforderlich, die auf dem hohen Stand des mediterranen Rechts- und Notariatswesens ausführlich aufgezeichnet wurden. Trotz günstiger Überlieferung fehlt der Geschichtswissenschaft noch immer eine große Darstellung jener komplizierten Zusammenhänge, die der Mailänder Historiker Gioacimo Volpe, der das vorhandene Archivmaterial gut überblickte, schon zu Anfang des 20. Jahrhunderts angemahnt hat. Selbst der Anteil, den die Edelmetalle am Reichtum der Toskana, ihrer Menschen und Städte hatten, läßt sich lediglich schätzen. Mit Sicherheit aber gründete sich der Wohlstand im 12. und 13. Jahrhundert nicht nur auf die Landwirtschaft sowie den Gewerbefleiß und den Handel der Städte, sondern auch auf die Urproduktion in der gesamten Alpenrandregion vom Gardasee im Westen bis zum Gebiet des Patriarchen von Aquileja im Osten, auf Sardinien, Elba sowie im toskanischen Erzgebirge. Hier boten sich in den Regionen von Volterra, Massa Marittima und Siena sowie im Bereich Grosseto-Roselle zahlreiche größere und kleinere Erzvorkommen zur Ausbeute an. Hinzu kamen Salz und ab etwa 1300 Alaun, das im Textilgewerbe und später in der Papierfabrikation besonders gefragt war. Prospektorische Aktivitäten, die sich auf der Apenninen-Halbinsel im Wirtschaftsaufschwung des 12. Jahrhunderts erheblich verstärken sollten, richteten sich in erster Linie auf Gold und Silber. Unverzüglich traten in solchen Zusammenhängen alle Machthaber auf den Plan, um sich »nach altem Recht und alter Gewohnheit«, wie es zunächst in den Königs- und Kaiserurkunden hieß, eigene Ansprüche zu sichern oder zurückzuholen. Zumal die staufischen Herrscher reaktivierten ältere Hoheitsrechte, die vielfach in die Hände feudaler Lehensträger geraten waren, um sie gegebenenfalls anderweitig neu zu verleihen. Um Münz- und Bergrechte bewarben sich ganze Stadtkommunen, ohne deren unternehmerisch tätige Bevölkerung ein Aufschwung des Montanwesens, der zugleich Kammeransprüche zufriedenstellte, nicht zu erreichen war.

Von den einsetzenden Machtkämpfen blieb das Eisen auf der Insel Elba ausgenommen. Dessen Ausbeutung hatten sich die Pisaner frühzeitig vorzubehalten und durch ein Diplom Ottos IV. (1182–1218) um 1200 noch einmal abzusichern vermocht. Der damalige Urkundentext bezog auch Silber ein, doch die damit verbundene Hoffnung, auf Elba, wie auf Sardinien spätestens seit der ersten Hälfte des 12. Jahrhunderts, entsprechende Lagerstätten zu finden, erfüllte sich nicht. Elba blieb unter Pisaner Herrschaft eine Eisengewinnungs- und -verarbeitungsstätte. Eisenerz wurde auch exportiert und auf dem Festland verhüttet. Einen Zehnten forderte der Bischof von Massa, der aber nach Akten der eigenen Unterwerfung unter Pisa seine Rechte immer weniger geltend machen konnte. Im 13. Jahrhundert zog die Pisaner Kirchenorganisation von den Hüttenleuten und anderen Personen auf Elba, die spezifische Eisenwerke, »Fabricas vel carsornias« besaßen, jährliche Abgaben ein. Die Stadtgemeinde schloß ihrerseits für den Produktionsbetrieb langfristige Pachtverträge ab, allerdings nur bis zur Seeschlacht von Meloria 1284, weil danach Genua über die Insel verfügte. Über die eingesetzte Technik und die Arbeitsorganisation, die den Neuaufschwung der Eisenfabrikation seit dem 11. Jahrhundert unterstützten, wurde bislang so gut wie nichts bekannt. Beachtenswert bleibt die von der italienischen Geschichtsschreibung hervorgehobene Tatsache, daß es anfänglich Pisaner Handwerker waren, die den Bergbaubetrieb neu eröffneten und Elba wirtschaftlich erschlossen, nicht aber Kaufleute und Händler.

Das Edelmetall sah Donizo von Canossa (um 1071 – nach 1136), der Biograph der Markgräfin Mathilde (1046–1115), nur im Rückblick noch einmal als Gegenstand

20. Darlehensgeschäfte. Miniatur in einer im 14. Jahrhundert in Italien entstandenen Digesten-Handschrift. München, Bayerische Staatsbibliothek

einer Schatzbildung, die sich wie immer märchenhaft ausnahm: Am elterlichen Hofe habe es Mitte des 11. Jahrhunderts mit Silber beschlagene Pferde gegeben, viel Silbergerät und sogar silberne Ketten für die Eimer, mit denen das Volk an Festtagen Wein aus öffentlichen Brunnen schöpfte. Im 12. Jahrhundert bereicherte das Silber aus der Toskana und von Sardinien keine feudalen Hofhaltungen mehr, sondern floß als Geld in den Wirtschaftskreislauf. Nur die herrschaftlichen Ansprüche auf das Edelmetall hatten die bürgerlichen Unternehmer weiterhin zu befriedigen. Unter ähnlichen Rechtstiteln wie später denen der Frone und des Wechsels im Norden wurden bis zu 25 Prozent der Fördermenge sofort und direkt abgeschöpft, unabhängig davon, ob die Bergbautreibenden auf ihre Kosten kamen und der Grubenbetrieb überhaupt Gewinn abwarf.

Genauere Kenntnisse gewann die Forschung zunächst über die Entwicklung in dem erz- und salzreichen Gebiet von Volterra, das sich nach etruskischen und römischen Kulturphasen für das Hochmittelalter jedoch in einer für Italien eher untypischen Verfassung präsentiert. Die großen Familien, hier vornehmlich die

Pannocchieschi, gaben dem Bischofsamt in Volterra über einen langen Zeitraum den Anschein eines erblichen Fürstentums, in dem sich kirchliche und private Einnahmen aus den Montanbetrieben vermischten. Die beträchtliche Finanzkraft und nicht minder die politische Macht, die das Haupt der Kirche zu Volterra aus den Bodenschätzen des Landes gewann, boten Anlässe zu langwierigen Auseinandersetzungen, in die die Kaiser, die toskanischen Städte und nicht zuletzt die bürgerlichen Kräfte der Stadt Volterra eingriffen, die um 1200 zu politischer Autonomie herangereift und fähig waren, ein wirtschaftliches Monopol im Salzhandel und in der Salzproduktion zu erlangen. Bei alledem leerten sich die bischöflichen Kassen, obwohl die Einnahmen aus den Bergwerksgefällen und auch die Salzsteuern noch reichlich flossen. Nach Ansicht der italienischen Historiker waren halb tragische, halb komische Ereignisse ursächlich dafür; in summa handelte es sich um ein Durcheinander von Gewalttätigkeiten, Rechtsvereinbarungen und -brüchen, schließlich um finanzielle Transaktionen, die von den Repräsentanten der neuen bürgerlichen Gesellschaft, die sie zum Teil erst erfanden, viel schneller und besser begriffen wurden als von den Kirchenherren und adligen Großgrundbesitzern: »Für die Städter war Geld das Ergebnis und Zeichen einer ganz besonderen Art der wirtschaftlichen und sozialen Beziehungen, Strukturen und Aktivitäten, daher eine komplexe und fundamentale Angelegenheit, für die älteren feudalen Kräfte kam das Geld nun gewissermaßen von außen..., dazu bestimmt, mit gleicher Geschwindigkeit und Leichtigkeit ausgegeben zu werden, wie es eingenommen wurde« (G. Volpe).

Soziale Umbrüche in Zeiten wirtschaftlicher Konjunktur ziehen das Montanwesen erfahrungsweise stark in Mitleidenschaft. Was sich in Mitteleuropa für die Jahrzehnte um 1500 und dann im Beitrag der Bergleute zum deutschen Bauernkrieg von 1525 genauer nachweisen läßt, hat sich drei Jahrhunderte zuvor in Italien in den Konturen scheinbar übergeordneter politischer Bewegungen verwischt. Noch im 12. Jahrhundert galt dies im Bistum Volterra zumal für Montieri, einen kleinen, aber ummauerten Bergwerksort, der viele begehrliche Blicke auf sich zog: die der großen Städte der Toskana, der »Potenti baroni« der Umgebung und nicht zuletzt der quasi professionell edelmetallgierigen großen Bankhäuser der Toskana, der Cavalcanti, Salimbene, Scotti, Tolmei, und wie sie alle hießen. Selbst das benachbarte Massa Marittima, dessen Bürger den eigenen Bergbau auf Silber und Kupfer weit an die Spitze brachten, nachdem die bischöfliche Herrschaft in der Toskana zurückgedrängt war, bezog Montieri in Pläne zur eigenen territorialen Konsolidierung ein. Doch nur wenig später sollte Massa seinerseits ein Opfer sienesischer Machtpolitik werden.

Als das reichste Silbererzgebiet Volterras wurde Montieri zum Mittelpunkt aller Verteidigungsanstrengungen der kirchlichen und feudalen Macht der Pannocchieschi. Schon zu Beginn des 12. Jahrhunderts überwachte eine Bischofsburg die Ausbeute der Silbergruben. Gleichzeitig verfügten verschiedene ländliche Adlige über Besitz und Rechte, und seit 1137 eine Zeitlang auch die Sieneser, ehe unter Friedrich I. der Bergwerksort zu gleichen Teilen dem Bischof von Volterra und dem Markgrafen von Tuscien zugestanden wurde. Im Jahr 1181 mußte der vielfach bedrängte Bischof wieder einmal Siena um finanzielle Hilfe anrufen und dafür die Hälfte seiner Hälfte, also 25 Prozent aller Einnahmen aus den laufenden und noch zu erschließenden Grubenbetrieben, abtreten. Als die Sieneser ihre Aktivitäten ausweiteten und die Gefahr bestand, daß sie das Gesamtrevier wirtschaftlich vereinnahmen würden, kaufte sich der Bischof mit einer jährlichen Zahlung von 215 Pfund Pfennigen frei. Weil ihm diese Jahresbeträge lästig wurden, erwirkte er

21. Hammerprägung in der Münze zu Lucca. Miniatur in den bis zum Anfang des 15. Jahrhunderts geführten Chroniken des Giovanni Sercambi. Lucca, Archivio di Stato

kaiserliche Entscheidungen, die seine und seiner Vorgänger Verbindlichkeiten annullierten. Heinrich VI. bestätigte ihm 1194 die ungeteilte Herrschaft über das Silbererzrevier. Die kaiserliche Gegenforderung von 200 Pfund Pfennigen mußte bis 1355 bezahlt werden; doch in jenem Jahr erließ sie Karl IV. (1316–1378) während seines Rom-Zuges, da die früheren Bergwerke »quasi steriles«, also gewissermaßen ausgebeutet, seien.

Alle diese Streitigkeiten um die Bergwerke und ihre Gefälle hatten in Wirklichkeit vielgestaltigere Formen. Selbst in der einschlägigen Literatur erscheint das reale Ziel aller Machtpolitik, nämlich das Silber der Toskana oder Sardiniens, um das sich im 12. und 13. Jahrhundert Pisa und Genua stritten, ausschließlich als Fertigprodukt, so daß keine Rückschlüsse auf den Bergbau- und Hüttenbetrieb möglich werden. Zusammengenommen wie für sich erlaubten diese beiden technisch-wirtschaftlichen Bereiche aber ganz unterschiedliche politische Eingriffe und Maßnahmen. Obwohl darauf zu schließen ist, daß im effektiven Montanbetrieb die vom Bürgertum der italienischen Städte entwickelten modernen Finanzierungs-, Beteiligungs- und Entlohnungspraktiken eingeführt und viele technische und arbeitsorganisatorische Probleme gelöst worden waren, erweisen die wenigen in dieser Hinsicht aussagekräftigen Quellen einseitig nur ein Beharrungsvermögen der feudalen Rechte. In einer lokalen Situation, in der Wohn- und Bergbaugebiete auf dem erzhaltigen Ortshügel und im gesamten Burgdistrikt von Montieri ineinander übergingen, konnten selbst im Verkaufsfall ältere Ansprüche anscheinend erhalten bleiben. Sie sind partiell dem dreißigsten oder zweiunddreißigsten Teil der Erzförderung vergleichbar, der den Grundherren in manchen Revieren nördlich der Alpen noch nach der Freierklärung des Bergbaus bis ins 16. Jahrhundert hinein als Entgelt für bergbauliche Nutzungen zugestanden worden ist.

Die anhaltenden Streitigkeiten um den Volterraner Bergbau und deren Spiegelung in den Urkunden haben für die Geschichtswissenschaft etwas Gutes. In der Masse des überlieferten Materials, zumal in den Verträgen tauchen gelegentlich Angaben über Geldsummen auf. Einige von ihnen erlauben weitere Berechnungen über Größenordnungen im Montanbetrieb, die für sonstige italienische und europäische Bergbaugebiete in jener Frühzeit kaum möglich sind. Alle Rückschlüsse auf Produktionsmengen im Hochmittelalter können freilich nur Annäherungswerte erbringen, da die Bezugsgrößen schwanken und niemals längere Jahresreihen entstehen. Verschiedentlich überlieferte Angaben erlauben die Aussage, daß um 1200 die Produktion in Montieri Jahresmengen von 800 bis 1.600 Mark Silber erreicht hat. Das Marktgewicht wurde – in bemerkenswerter europäischer Gemeinsamkeit – nach der Norm von »Montieri oder Köln« zu 233,89 Gramm gerechnet. In den folgenden Jahrzehnten des 13. Jahrhunderts sind die Produktionszahlen fast ständig rückläufig gewesen, und für 1287 treten erstmals auch die Bergbaubetreiber und die Bergleute selbst hervor, um gegen das in Montieri noch übliche, bei günstigen Förderbedingungen ursprünglich wohl leicht durchgesetzte Verfahren zu protestieren, den vierten Kübel, das heißt 25 Prozent des geförderten Erzes, für den Inhaber der Berghoheit zu stürzen. Das vorgebrachte Argument, die Erlöse seien vermindert worden, bezeugt die Tatsache, daß sich auch der Metallgehalt des Hauwerks verringert hatte. Offensichtlich kam der Bergbau von Montieri, auf dem »einzig und allein die wirtschaftliche Macht und politische Stellung Volterras im 12. und 13. Jahrhundert beruht hatte« (F. Schneider), immer mehr zum Erliegen.

Die geschätzten Produktionsmengen von Montieri lassen sich nur sehr bedingt in einen weiteren Zusammenhang stellen. Ähnliche Anhaltspunkte – mehr nicht – für Quantifizierungen der Erträge anderer europäischer Montanreviere stehen nämlich erst aus späteren Zeiten zur Verfügung. Bis dahin hatte die Erschließung neuer Erzreviere den Silberpreis sinken lassen, so daß Zahlenangaben bei direkten Vergleichen an Aussagekraft verlieren. Der ältere Bergbaubetrieb vom Rammelsberg bei Goslar erlebte im 12. Jahrhundert zwar eine Blütezeit, doch wurde er 1181 durch Truppen Heinrichs des Löwen (1129–1195) im Kampf mit Friedrich I. soweit zerstört, daß die Produktion möglicherweise bis 1209 ganz zum Erliegen kam. Erst aus der zweiten Hälfte des 13. Jahrhunderts liegen Daten vor, die es nahelegen, die jährlich erreichbaren Erträge auf 3.000 bis 4.000 Mark Silber – hier zu je 233,8 Gramm – zu schätzen. Auch für Freiberg in Sachsen lassen sich aus der Frühzeit der 1168 angeschlagenen Bergwerke keine verläßlichen Angaben gewinnen. Folgt man regionalen Annalen, dann haben die Markgrafen von Meißen den neuen Reichtum zunächst zur Schatzbildung genutzt, um ihn erst nach und nach in den Dienst des Ausbaus und der Erweiterung ihrer Macht sowie der Territorialstaatsbildung zu stellen. Eine erste Ausprägung silberner Pfennige erfolgte zwar unter Markgraf Otto (1156–1190), den spätere Chronisten »den Reichen« nannten, aber noch in der Münze zu Leipzig und wahrscheinlich aus Goslarer Material. Berücksichtigt man zudem den geschätzten Silberertrag aus dem Schwarzwald, der verschiedenen Herrschaften zugute gekommen ist und sich im jährlichen Durchschnitt erst des späten 13. und des 14. Jahrhunderts im Breisgau auf 2.000 bis 2.500 Mark Silber und im Einzugsbereich der großen Abtei St. Blasien auf etwa 1.000 Mark Silber belaufen hat, dann wird deutlich, daß sich der geldwirtschaftliche Vorsprung auf der Apenninen-Halbinsel gegenüber dem Norden von rund einem Jahrhundert auch auf eine eigene Edelmetallausbeute gegründet hat und nicht bloß auf die Silberimporte aus dem arabischen Raum, vor allem dem südlichen Maghreb. Die allgemeine Frage, ob die Entwicklung des Bergbaus weniger Ursache als Folge des wirtschaftlichen Aufschwungs gewesen ist, der im Westen aufgrund der Fruchtbarkeit des Bodens auf der Oberfläche, nicht aber wegen der Edelmetallausbeute darunter seinen Ausgangspunkt genommen hat, wird zumindest für Italien mit einem Sowohl-als-Auch zu beantworten sein.

Der historische Stellenwert des Bergbau- und Hüttenwesens in Italien einschließlich Sardiniens und Elbas wird bestätigt, wenn man Massa Marittima in die Überlegungen einbezieht. Seine Lagerstätten aus Silber- und Kupfererz sind verbreiteter gewesen und müssen höhere Erträge erbracht haben als die von Montieri. Produktionsziffern ließen sich bislang jedoch in keiner Weise ermitteln. Die Bürgerschaft von Massa hatte sich auf ihrem Weg zur Selbständigkeit erhebliche Finanzschulden, die auf der Kirche lasteten, zunutze machen und sogar mit Zustimmung des Papstes in den zwanziger Jahren des 13. Jahrhunderts die Herrschaft des Bischofs abschütteln können. In den Mauern von Massa entstand danach das erste umfassende Bergrecht einer freien Stadtkommune. Noch in der schriftlichen Form aus der zweiten Hälfte des Jahrhunderts eignete ihm republikanischer Geist mit rechtsstaatlichen Appellationsmöglichkeiten, demokratisch garantiert durch eine ganze Reihe von Amtspersonen, die von der Vollversammlung der Bürger gewählt oder, wenn es sich um technische Experten handelte, von ihr kontrolliert wurden. Die kodifizierten Regelungen des Bergbaus, die bis zur Eroberung Massas durch Siena im Jahr 1335 gegolten haben, zeigen die Kupfer- und Silbergewinnungstechnik auf einem hohen Stand. Einige Zusätze, die dem Bergrecht seit 1294 eingefügt worden sind, deuten aber an, daß das massanische Montanwesen wegen erschöpfter Lagerstätten in eine Krise geraten war, aus der es sich nicht mehr erholen sollte. Der bergbauliche Niedergang besiegelte auch das Ende des Stadtstaates mit seinem Territorium. Wie zuvor schon in Montieri kamen die sienesischen Eroberer allerdings um etliche Jahrzehnte zu spät. Ein Bericht, der von Simone di Giacomo Tondi noch 1334 für die »Comune di Siena« abgefaßt worden war, hatte im geistigen Überschwang, den Edelmetalle in den Köpfen der Menschen noch heute zu erzeugen vermögen, von ertragreichen Gold- und Silberminen auf massanischem Gebiet gesprochen. Aus der Kriegsbeute ließ sich dann allerdings bloß das Alaun von Monterotondo verwerten. Golderz war im Eroberungsgebiet nirgendwo aufzufinden und Silber nur noch wenig, so daß sich Siena weiterhin mit den Minen von Roccostrada begnügen mußte, die zu Anfang des Jahrhunderts auf dem eigenen Territorium angeschlagen worden waren.

Bergmännisches Vermessungswesen

Der hohe Stand des Bergbaus in der Toskana resultierte aus den Fortschritten in der Vermessungstechnik, einer Grundvoraussetzung für jeden geregelten Montanbetrieb. Auch in der Iglauer »Handfeste« von 1249, einem Freiheitsbrief des Böhmenkönigs Wenzel I. und seines Sohnes für »seine getreuen Bürger und Bergleute« in der mährischen Stadt, bezogen sich die meisten der insgesamt nur 17 Punkte auf solche Fragen. Was im östlichen Mitteleuropa als Zeichen einer Erweiterung des Schachtbergbaus zum Stollenbergbau noch stark obrigkeitlich bestimmt erschien, wurde in den 86 Kapiteln des toskanischen Bergrechts hinsichtlich der Personen, die das entwickelte Markscheide- oder Schienwesen anzuwenden hatten, und hinsichtlich der eingesetzten technischen Hilfsmittel weit genauer und damit für die Arbeitenden selbst verständlicher ausgeführt. Kontrollmöglichkeiten wurden zudem durch eine zweite Fassung des Bergrechts in »Volgare«, der damaligen mittelitalienischen Umgangssprache, erleichtert, die auf Beschluß der massanischen Bürgerschaft ständig zur Einsichtnahme bereit und auf dem laufenden zu halten war.

In der Praxis nutzte man in Massa neben dem eisernen Winkel mit dem zugehörenden Halbbogen und seiner Gradeinteilung, neben der Meßschnur, dem Richtblei oder Bleilot und unterschiedlichen Markscheiden bemerkenswerterweise schon den Magnetkompaß. Es hat sich dabei um eine in ein Holz- oder Schilfrohr eingelegte, in einer kleinen »Büchse« – italienisch »Bossolo« – schwimmende Magnetna-

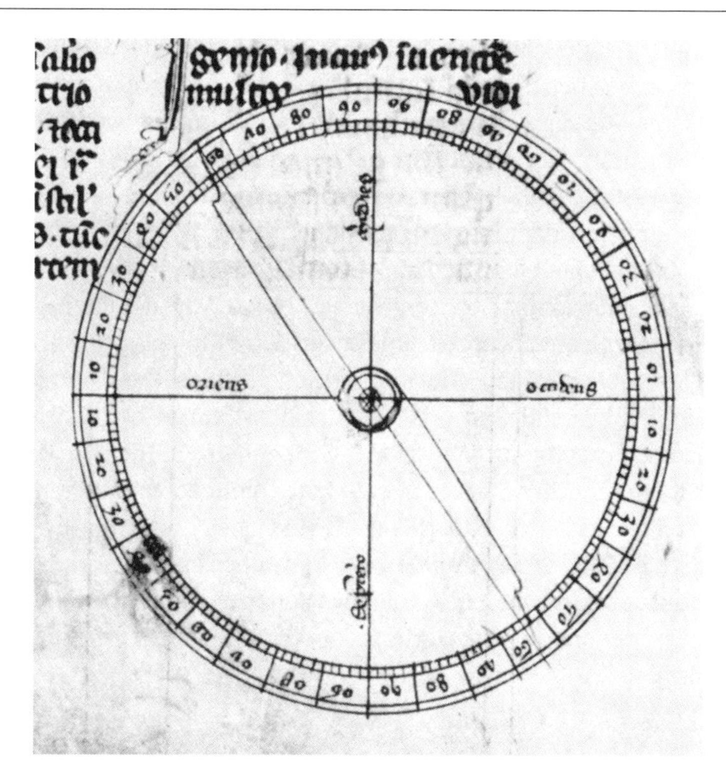

22. Darstellung eines Kompasses. Federzeichnung in einer im 14. Jahrhundert hergestellten Abschrift der »Epistola de magnete« des Petrus Peregrinus de Maricourt. Oxford, Bodleian Library

del gehandelt, für die sich im europäischen Bergbau auf lange Zeit hinaus keine weiteren Belege finden. Nur in der Schiffahrt hatte das Meßinstrument bereits im 12. Jahrhundert allgemein Eingang gefunden; allerdings ist ungeklärt, ob damit vor den Seeleuten im mediterranen Raum vielleicht doch die Wikinger begonnen haben. Die Eigenschaften des Magneten, insbesondere seine Neigung, sich in die Nord-Richtung zu orientieren, kannte schon die griechische Antike. In China begann ein erster Instrumentenbau zur Zeit der Sung-Dynastie, also noch vor 1279. Im Westen wurde der gebrauchsfertige Kompaß als Gegenstand der Schiffsausrüstung um 1200 von verschiedenen Autoren, namentlich durch den englischen Gelehrten Alexander Neckam und den nordfranzösischen Trouvère Guiot de Provins (zweite Hälfte des 12.–Anfang des 13. Jahrhunderts), vorgestellt und auch lehrhaft gewürdigt. Eine genauere Beschreibung der Instrumente mit den schwimmenden oder »trocken« auf einem Stift spielenden Magnetnadeln gab die »Epistola de magnete« (1269), ein Büchlein der damals noch bescheidenen Fachliteratur. Verfasser war der Franzose Petrus Peregrinus de Maricourt, als er mit der Belagerungsarmee Karls von Anjou (1226–1285) vor den Mauern von Lucera lag, bezeichnenderweise also in Italien, wo sich der Kompaß nicht nur in der Schiffahrt, sondern auch im bergmännischen Vermessungswesen durchgesetzt hatte. Über Anfänge seines Weges im Montanwesen des Nordens wurde bisher wenig bekannt. Im Tiroler Bergbau gehörte der »Campast« in der zweiten Hälfte des 15. Jahrhunderts zur Standardausrüstung des Schieners oder Markscheiders. Eine erste ausführliche Würdigung erfuhr er Anfang des 16. Jahrhunderts in dem gedruckten, berühmt gewordenen »Bergbüchlein« des Rülein von Calw (1465–1523).

Die mit dem Magnetkompaß im Bergbau von Massa aufgenommenen Meßergebnisse sollten aufgezeichnet werden, und zwar den Himmelsrichtungen und den aufgestellten Markscheiden nach, um erforderlichenfalls spätere Kontrollen vornehmen, Betrügereien ausschließen und Streitigkeiten, zumal bei den gefürchteten »Durchschlägen«, Zusammenstößen zweier Grubenbetriebe, objektiv schlichten zu können. Der Kämmerer der Stadtgemeinde hatte die meßtechnischen Unterlagen sorgfältig zu archivieren. In der Überlieferung sind jene Beweisstücke aus dem 13./14. Jahrhundert bislang nicht gefunden worden, doch besteht kaum ein Zweifel daran, daß es sich um Urformen der Grubenkarten gehandelt haben muß, die damit an die Seite der See- und Portolankarten sowie der ersten christlichen Weltkarten getreten sind.

Bergbau und Bergrecht im Süd-Nord-Vergleich

Die Einführung des Schriftwesens im europäischen Bergbau unterlag regionalen Zeitverzögerungen. Rund zweihundert Jahre früher als im Norden forderten die »Ordinamenta« von Massa Marittima von den verschiedenen im Montanbereich amtlich oder privat engagierten Personengruppen die Führung umfassender Bergverwaltungs- und Betriebsbücher. Das Bergrecht, das in diesem Zusammenhang zwischen Notizen auf Pergamentblättern und solchen auf Papierblättern unterschied, verwies indirekt zugleich auf die im 13. Jahrhundert verbreitete Papierherstellung in Italien, die in Deutschland die Städte Nürnberg und Ravensburg erst Anfang der neunziger Jahre des folgenden Jahrhunderts erreichen sollte. In der um 1450 im Ostalpenraum einsetzenden zweiten mittelalterlichen Montankonjunktur ließ sich die papierne Grundlage der nun allgemein erhobenen Forderung nach Schriftlichkeit und berggerichtlicher Buchführung aus der Produktion von inzwischen rund 10 Papiermühlen auf deutschsprachigem Boden befriedigen. Diesen raumzeitlichen Verlauf der kulturellen und technischen Innovationen vermag auch die Überlieferung im Montanbereich zu bestätigen: Das erste bislang überhaupt bekanntgewordene Berglehenbuch, ein papierener »Liber de argentariis capiendis« von 1273 stammt aus dem Revier von Castelvecchio in der Nähe von San Gimignano, dessen Lagerstätten, wie so viele andere in Europa, auf die Dauer nicht hielten, was sie den ersten Schürfern versprochen hatten. Im Norden setzt die Überlieferung fast zweihundert Jahre später mit einem »Bergbuch« aus dem damals noch bayerischen Rattenberg ein.

Dem massanischen Bergrecht zufolge, das seines sachlichen Aufbaus, seiner Gründlichkeit und Ausführlichkeit wegen in der Toskana eine Art Normfunktion erhielt, konnte »wer immer es wollte« einen Bergteil muten, das hieß, sich ein bestimmtes, der Oberflächenausdehnung nach begrenztes Grundstück verleihen lassen. Als Konsequenz des erlangten Besitztitels mußte die Arbeit, wie es anscheinend allerorts in Europa gewohnheitsrechtlich gehalten und nach und nach kodifiziert wurde, in einer bestimmten kurzen Frist begonnen und danach grundsätzlich ununterbrochen fortgeführt werden. Die Erzgewinnung von Massa erstreckte sich nicht nur auf den Poczorius-Berg, was der Situation von Montieri entsprochen hätte, sondern auf das gesamte Territorium. Käufliche Zuerwerbungen, teilweise auch unter mehr oder weniger politischem Druck durch die Bürgerschaft von Massa, erfolgten noch bis in das 14. Jahrhundert hinein. Handelte es sich um Gebiete mit Erzlagerstätten, dann wurden ältere Vorrechte jeweils sofort beseitigt. Dem einmal gesetzten Bergrecht zufolge zählte der Adel grundsätzlich zu den »Privatpersonen«. Im Bezirk von Monterotondo, den Massa seit 1262 übernommen hatte, ging es noch 1311 darum, die dort begonnene allgemein sehr frühe Produktion von Alaun, Schwefel und Vitriol im Streit gegen ältere feudale Ansprüche der Kirchenorganisation abzusichern.

Im engeren Gebiet von Massa Marittima nahm man die Förderung bei wenig geneigten Erzgängen in Schächten vor, die in Abständen von etwa 15 Metern – auf die gleiche Zahl Doppelschritte insgesamt belief sich die Verleihungsnorm – bis in rund 100 Meter Tiefe führten. Auf der Höhe des Hältigen wurden kleine kurze Stollen zum Abbau angeschlagen. Als Besonderheit ist hierzu anzumerken, daß Schächte und Stollen 1324, im Jahr eines Zusatzes zu den »Ordinamenta«, bereits gemauert gewesen sind. Eine solche Ablösung der üblichen Zimmerung realisierte keinen technischen Fortschritt, sondern berücksichtigte die eingetretene Knappheit an Holz. In den Alpen und nördlich davon sollte sich dieser Ressourcenmangel erst in der frühen Neuzeit stärker bemerkbar machen, in manchen Revieren dann ebenfalls mit der Konsequenz der Mauerung. Das bergmännische Personal von Massa hatte sich beim Ein- und Ausfahren mit Hilfe eines Riemens und einer Schnalle am Förderseil anzugurten. Ein vergleichsweise hoher sicherheitstechnischer Standard galt außerdem für bestimmte bauliche Anlagen. Vor allem Grubenhäuser mußten vollständig aus Stein gebaut werden. Die in anderen europäischen Revieren üblichen einfachen Hütten als Kauen durften nicht errichtet werden. Den wichtigen Fragen des Feuersetzens, der Wasserlösung und der Bewetterung wandten die Verfasser der »Ordinamenta« größere Aufmerksamkeit zu als die der Tridenter Bergordnung ein halbes Jahrhundert zuvor.

23. Überrest eines mittelalterlichen Schmelzofens nahe dem ehemaligen Schloß Cugnano in Italien

In jene ersten bedeutsamen Kodifizierungen des Bergrechts von Trient und Massa Marittima dürften gewohnheitsrechtliche europäische Grundvorstellungen eingegangen sein. Direkte Beweise dafür gibt es allerdings nicht. Für Vermittlungen kamen dem Hüttenwesen verbundene Metallhändler aus Nord und Süd in Betracht, die sich beispielsweise während der Champagne-Messen trafen, die ansonsten vom Textilhandel dominiert wurden. Von dort aus meldeten toskanische Kaufleute, die gemeinsam mit Lombarden den Geldwechsel in ihre Hände genommen hatten, im Jahr 1265 einmal die überraschende Möglichkeit zum Ankauf von »Rohsilber aus Freiburg«. Zu einem Gewohnheitsrecht führte in erster Linie die gemeinsame Praxis wandernder und einheimischer Bergleute, weil sie den Montanbetrieb allerorts ungefähr in gleiche Bahnen zwang. Die ältere, stark deutschtümelnde Auffassung, daß eigentlich das gesamte Bergrecht Italiens im Norden vorgeprägt und dann südwärts transferiert worden sei, konnte jüngst mit guten Gründen zurückgewiesen werden. Vor allem vertrags- und darauf aufbauende arbeitsrechtliche Elemente, die für einen florierenden Bergbaubetrieb im 13. Jahrhundert unerläßlich wurden, setzten spezifisch juristische Denkweisen voraus. Diese aber hatten sich im Norden vor der ersten Universitätsgründung 1349 in Prag allenfalls partiell durchgesetzt.

Die »altfränkischen« Bestandteile, die sich noch zur Mitte des 14. Jahrhunderts im Bergrecht des Goslarer Rammelsberges finden – bestimmte Schwurgebärden oder ganz konkret das Werfen geknickter Holzspäne zur Beweisführung –, hätte man im Süden kaum verstanden. Die Tatsache, daß Wenzel II. um 1300 zur Abfassung eines modernen Bergrechts für Kuttenberg einen Rechtskundigen aus Italien berufen hat, spricht hier Bände. Gleichwohl berücksichtigte auch jener Gozzo oder Groczius von Orvieto böhmisches Gewohnheitsrecht, und sei es nur, daß er dem grundbesitzenden Adel den »Ackerteil« erhielt, den 32. Korb Erz bei mitzutragenden Kosten.

Auch der Technologietransfer erfolgte keineswegs einbahnig. Dennoch gelangten mit den Wanderungen der Bergleute zahlreiche technische Fachausdrücke vom Norden nach dem Süden, und zwar bis ins 16. Jahrhundert hinein. Mehr noch als im lateinischen Text der »Ordinamenta« von Massa Marittima verbergen sich im Bergrecht von Iglesias – Villa di Chiesa – auf Sardinien aus dem Jahr 1326 Wörter der deutschen Bergmannssprache: Guindus von »Wind«, Sciomfa von »Sumpf«, Scittum von »Geschüttetes« und dergleichen. Ein nur einseitiger Technologietransfer läßt sich daraus aber nicht herleiten; denn die Gesamtentwicklung war eher durch ein Geben und Nehmen sowie durch Formen des interethnischen Ausgleichs gekennzeichnet. Eine kleine Wanderungsbewegung – neben Rückkehrern – erfolgte auch von Süd nach Nord. Sie erstreckte sich insbesondere mit Unternehmens- und Investitionsleistungen über Böhmen und Niederungarn bis ins polnische Gebiet, für das ein Krakauer Fürst bereits zwischen 1218 und 1227 Bergleute als »Inventores et fossores« angeworben hatte. In jenen Regionen gingen die Zuwanderer aus dem Süden in der viel größeren, von Nordwesteuropa ostwärts verlaufenden »Kolonisation« nahezu unter. Die Bergleute der Apenninen-Halbinsel erwiesen sich bis in die frühe Neuzeit hinein aber als führend in der Chemotechnik des Bergbaus: in der Schwefel-, Alaun-, Vitriol- und der Farbenerzeugung aus Mineralien. Dieses Wissen gaben sie ihrerseits weiter. Noch der vielgerühmte deutsche Montanist Georg Bauer, der sich als Humanist Georgius Agricola (1494–1555) nannte, übernahm entsprechende Passagen für sein postum erschienenes Werk »De re metallica« oder »Vom Bergwerk« (1556 und 1557) aus des Sienesers Vannoccio Biringuccios (1480–1537) »De la pirotechnia«, gedruckt 1540.

Viele Fernwanderer suchten seit dem 12. Jahrhundert freilich den Weg nach Norditalien und weiter in die Toskana, »angelockt von guten Verdienstmöglichkeiten und Gelegenheiten, auf eigene Rechnung Konzessionen für den bergmännischen Abbau zu erhalten, vielleicht auch von Abenteuer- und Wanderlust angetrieben, die auch heute noch so viele blonde Söhne Armins ohne konkrete Ziele durch die Halbinsel streifen läßt« (G. Volpe, 1908). Unter den »Guerci« und den weiteren Schmelzern und Hüttenarbeitern der zentralen massanischen Produktionsstätte könnte es im 13. Jahrhundert somit durchaus deutschsprachige »Werker« gegeben haben, die einen europäischen Stand der Schmelzwerksprozesse garantierten. Da die Seigertechnik zur Entsilberung von Kupfererzen, abgesehen von möglichen chinesischen Vorläufern, erst im späteren Mittelalter aufgekommen ist, wobei umstritten bleibt, ob in Nürnberg oder zuvor in Venedig, müssen in den »Fornaces« und »Furni« der Toskana, den Schmelzanlagen und etwa 3 Meter hohen Schachtöfen, entweder altbekannte Verfahren oder Vorläufer der modernen Technologie eingesetzt worden sein. Zuschlagerze wie Blei sowie verschiedene Zwischenprodukte lassen eher die alte Steinextraktion vermuten. Andererseits können Analysen und Hochrechnungen, die bereits im vorigen Jahrhundert vorgenommen worden sind, zu denken geben. Die Schlacke enthielt danach noch 30 bis 40 Gramm Silber pro Tonne. Die Entsilberung hatte also einen verhältnismäßig hohen Grad, bis zu 90 Prozent aus durchschnittlichen Erzen, erreicht, Werte freilich, die sich bei Anwendung des Seigerverfahrens auf fast 100 Prozent hätten steigern lassen.

Silber und Kupfer als Kuppelprodukte

Im Blick auf die Arbeitsmittel haben die Erzaufbereitung und -verhüttung in der Toskana dem Stand der Technik entsprochen, den – mit Ausnahme spezifischer Röstvorgänge für Kupfererze – die Urkunden von Trient aus dem Anfang des 13. Jahrhunderts überliefern. Allein die spezifische Schmelze führte beim Kupfer als Kuppelprodukt zum Silber über den sogenannten Rohstein und über Schwarzkupfer zu mehreren Qualitätssorten und zum Spitzenprodukt Feinkupfer, das als Handelsware strengen Standardisierungen unterworfen wurde. Aus Massa durften Kupferbarren nur dann exportiert werden, wenn sie wenigstens zwei der drei verfassungsgemäß dafür gewählten Männer einer Probe unterzogen hatten. »Um die Kupferproduktion auf einem hohen Stand zu halten«, so lautete die selbstbewußte Formulierung noch 1310/11, sollte das Feinkupfer, das zunächst nur 2,5 Prozent an Verunreinigungen enthalten durfte, auch unter den ungünstiger gewordenen Lagerstättenbedingungen lediglich dann den Gütestempel »M« wie Massa erhalten, wenn sich dessen Gehalt an reinem Kupfer auf mindestens 96,5 Prozent belief.

Im Vergleich mit Goslar hielten sich die Qualität des Kupfers vom Rammelsberg und die massanische Produktion nach Auffassung der älteren montanhistorischen Forschung in etwa die Waage. In der jüngeren Literatur werden die schwierigen, umständlichen Wege bei der Schmelze der Erze vom Rammelsberg hervorgehoben, »ohne daß die Fertigprodukte, vor allem beim Kupfer, immer den Anforderungen des Handels genügt hätten« (F. Rosenhainer). Das Goslarer Kupfer war ohnehin ein späteres Handelsprodukt; und auch der Betrieb auf dem frühmittelalterlichen »Herrensitz« bei Osterode hatte, wenn Erze vom Rammelsberg herangezogen und verhüttet wurden, mit hoher Wahrscheinlichkeit nur das Edelmetall angestrebt. Das dürfte im Übergang zum Hochmittelalter in einem königlichen Eigenbetrieb kaum anders gewesen sein. Neben der Verhüttung der silberhaltigen Bleierze muß allmählich auch die der silberhaltigen Kupfererze begonnen haben, da der Rohstoff für den Hildesheimer Bronzeguß unter Bischof Bernward (um 960–1022) kurz nach 1000 sicherlich vom Rammelsberg kam. Für die Hüttenbesitzer blieb das Edelmetall aber im Vordergrund aller Interessen: in Goslar für die adlige Ritterschaft der Stadt ebenso wie seit Ende des 12. Jahrhunderts für die Klöster der näheren Umgebung. Diese setzten dann ihrerseits erfahrene und sachverständige Pächter ein, die auch das Kupfer und das billigere Blei als Nebenprodukte gut zu verwerten und damit den Handel zu erweitern suchten, der in Massa von Anfang an zur Produktion gehört hatte. Im 14. Jahrhundert trat der Rat der Stadt Goslar ebenfalls als Pächter und Käufer von Schmelzwerken auf, doch er sah sich erst zur Jahrhundertmitte – das Dokument ist undatiert und teilweise schwer leserlich – dazu veranlaßt, eine schärfere Überwachung der Kupfergarmacher anzuregen. Demnach schien der Rat erkannt zu haben, daß der Ruf des Goslarer Kupfers gefährdet war, zumal sich inzwischen eine Konkurrenz gebildet hatte: mit dem Kupfer aus Schweden, das über Lübeck eingeführt wurde, aus Ungarn, das über Thorn und Danzig in den Ostseeraum vordrang, und mit dem aus Mansfeld. Über Maßnahmen in Goslar, die Produktqualität grundsätzlich zu standardisieren und die Handelsware mit einem Gütezeichen zu versehen, ist aus damaliger Zeit nichts bekannt geworden. Der angesehene Dominikanermönch Heinrich von Herford (gestorben 1370), der sein Leben zumeist im Mindener Konvent verbrachte und sich in seinem literarischen Gesamtwerk auch um naturwissenschaftliche Erkenntnisse bemüht zeigte, stellte um die Mitte des 14. Jahrhunderts dennoch die für den deutschen Raum metallurgisch wohl berechtigte Frage, »warum das Goslarer Kupfer für besser als alles andere befunden werde«.

Während die Gesamtmengen des Goslarer Silbers teilweise geschätzt werden konnten, liegen zum Kupfer keinerlei verwendbare Daten vor. Wie in Massa muß die Produktion wegen erschöpfter Lagerstätten, am Rammelsberg auch zunehmender Wassersnot, schon vor 1300 zurückgegangen sein. Trotzdem wurde Goslarer Kupfer in der ersten Hälfte des 14. Jahrhunderts zumindest zeitweilig noch exportiert. Der Überlieferung nach kam es in dieser Zeitspanne dreimal zu Schiffsunglücken, die eine Ladung aus der Stadt am Harz in Mitleidenschaft zogen. Für die ältere Zeit ist gelegentlich bloß der Verwendungszweck des Kupfers bekannt geworden: so für die doppelflügelige Bronzetür des Domes zu Hildesheim um 1010, für Dachbauten am Stift St. Simonis et Judae in Goslar zwischen 1047 und 1050 und am Bamberger Dom 1128. Die Kirchendächer erforderten Kupfer in Mengen von je 600 bis 700 Zentnern. Anfang des 12. Jahrhunderts gelangte das Metall auch nach Köln, wo es Händler zur Weiterverarbeitung in der Messingindustrie des mittleren Maas-Tals erwarben. Die gesamte Kupferproduktion der Toskana hingegen dürfte stets in den hochentwickelten Städten der Region selbst abzusetzen gewesen sein.

Die schleichende Krise des Bergbaus, die sich aus montanistischer Sicht am Rammelsberg schon während des ganzen 13. Jahrhunderts bemerkbar gemacht haben soll, trat im folgenden Jahrhundert in vielen Revieren Europas in ein akutes Stadium. Die Hauptursachen waren oftmals die gleichen: Erschöpfung der Lagerstätten nach einem verhältnismäßig schnellen Abbau und zunehmender Wasserandrang in der Tiefe, der besondere Maßnahmen erforderte und hohe Kosten verursachte. Hinzu kamen als regionale und lokale Besonderheiten: Versorgungskrisen, Grubeneinstürze, Wassereinbrüche, in Friaul und Kärnten Anfang 1348 Erdbeben, wiederholt kriegerische Auseinandersetzungen sowie verhängnisvolle Reformen, zum Beispiel auf Sardinien unter aragonischer Herrschaft seit 1324, ehe die großen Pestzüge der Jahrhundertmitte mit ihrer Dezimierung der Bevölkerung sogar einen potentiell noch ertragreichen und ertragversprechenden Bergbau in die Depression hineinzwangen. Der im 13. Jahrhundert augenfällige Zusammenhang zwischen Bevölkerungswachstum und Technikverdichtung driftete in der ersten Hälfte des 14. Jahrhunderts spürbar auseinander.

Noch ehe die hohen Bevölkerungsverluste im Gefolge der Pestpandemien die Arbeitskosten in die Höhe trieben, verstärkten sich im europäischen Bergbau, dort, wo er sich aufrechterhalten ließ, unternehmerische Bemühungen, die beim Abbau in der Tiefe in großer Zahl benötigten Wasserschöpfer durch Technik zu ersetzen. Als Ratgeber und Bauleute gefragt waren vor allem Spezialisten aus Kuttenberg, die in der »Cultura moncium« – das war der Bergbau ganz allgemein – fast zweihundert Jahre lang als führend galten. Ein byzantinischer Herrscher hatte sie schon vor der Mitte des 14. Jahrhunderts auf die Inseln »Mely et Chy«, vermutlich Melos und Chios, gerufen, wo sich neben anderen die Genuesen Stützpunkte errichteten, und ein Beauftragter des Dogen von Venedig warb sie 1364 auch nach Kreta ab. Auf dieser Insel sollten sie allerdings keinen Bergbau betreiben, sondern im unter- und oberirdischen Anlagenbau vornehmlich für militärische Zwecke beschäftigt werden. Sie betätigten sich damit auf einem Aufgabenfeld, auf dem die Berufsgruppe der Bergleute bis weit in die frühe Neuzeit hinein geschätzt wurde. Die Venezianer boten den insgesamt 25 Kuttenbergern, namentlich genannten 4 Magistern, 1 Schmiedemeister und weiteren 20 Bergleuten 400 Goldflorene im Monat, was ungefähr dem Vierfachen des Einkommens im Heimatland entsprach.

Im Silbererzrevier von Kuttenberg, der Berghauptstadt des Königreiches Böhmen, einem Revier, das seit dem Ende des 13. Jahrhunderts aufblühte, und in dessen weiterer Umgebung wurden zur Sümpfung vor allem »Rotae equorum«, Pferderäder, also Göpel oder auch Roßkünste, errichtet, die den von der Wassermühle her bekannten Transmissionsmechanismus nutzten. Ein »Chuttner« gehörte um 1350 zu den ersten Gewerken im Salzburgischen Gold- und Silberbergbau, während andere Kuttenberger zur gleichen Zeit im Kärntner Lavant-Tal auftauchten. Dort erschien Hans der Rotermel aus einer bekannten, seit dem 13. Jahrhundert im Wasserbau erfahrenen Familie, um das Bergwerk von St. Leonhard »zu trukken und zu geweltigen mit der kunst, die ich darüber machen will«. Der Erfolg seiner Wasserhebeanlage ließ jedoch zu wünschen übrig; denn später wurde ein Erbstollen angeschlagen. Bei der Entscheidung über die Verfahren der Sümpfung standen dann, wenn der Einsatz von Wasserschöpfern aus unterschiedlichen Gründen ungünstig oder wegen Arbeitskräftemangels nicht möglich war, entweder der Erbstollenbau oder die Errichtung größerer technischer Wasserhebeanlagen zur Verfügung. Ausschlaggebend für die Wahl waren immer die örtlichen Gegebenheiten und

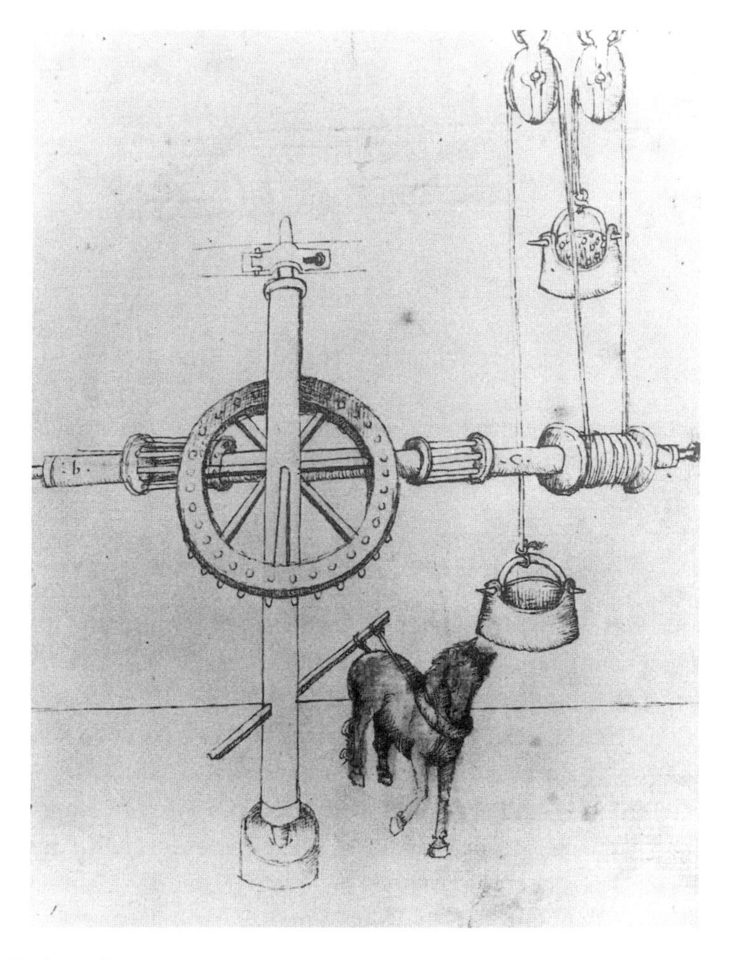

24. Pferdegöpel mit Getriebe und über Rollen laufenden Zugseilen. Lavierte Federzeichnung in dem vor 1441 entstandenen »Liber tertius de ingeneis« von Taccola. Florenz, Biblioteca Nazionale Centrale

25. Eimerschöpfkette oder Becherwerk mit Handkurbel. Lavierte Federzeichnung in der 1405 vollendeten »Bellifortis-Handschrift« des Konrad Kyeser von Eichstätt. Göttingen, Staats- und Universitätsbibliothek

die Modalitäten des Kapitaleinsatzes. Im Gebiet von Schemnitz in Niederungarn arbeiteten Ende des 14. Jahrhunderts Grubenbetriebe, »die kein Rad und kein Göpel gewältigen kann« und die deshalb mit Hilfe eines Erbstollenbaus entwässert werden sollten. Die Sümpfung mit dem Rad als Alternative zu dem mit Tierkraft betriebenen Göpel beruhte als Methode, Wasser mit Wasserkraft zu heben, auf dem uralten, bereits von Vitruv beschriebenen Verfahren der Bewässerung im Landbau, das für die Entwässerung im Bergbau in modernisierter Form in Frage kam.

Jene Nutzung der Energie des Wassers, die es erlaubte, auf Muskelkraft zu verzichten, wurde 1315 in einer Urkunde angedeutet, mit der Johann von Luxemburg als König von Böhmen (1296–1346) einen Vertrag Iglauer Gewerken mit Heinrich Rotermel bestätigte, der die Errichtung eines ganzen technischen Systems betraf. Der Sumpf sollte in zwei Stollen abgeleitet und unterirdisch, unbeschadet von Frost oder Trockenheit, als Aufschlagwasser für 6 Räder genutzt werden können. Die mühsame Arbeit der »Snurzier« und der »Sumpfuller« wäre damit entfallen, also derjenigen Hilfskräfte, die geeignete Behälter mit dem »zusitzenden« Wasser an einem Seil hochzogen, und der anderen, die sie zuvor zu füllen hatten. Ähnliche Verträge, die für den jeweiligen Konstrukteurunternehmer schon eine Art Erfindungsschutz als Vorläufer von Patenten enthielten, betrafen im weiteren Verlauf des 14. Jahrhunderts den Bergbau im niederungarischen Kremnitz, in Eule und andernorts in Böhmen, in Freiberg in Sachsen und in der Blei-Bergstadt Olkusz in Polen. Die hier und da, zumindest versuchsweise eingesetzte Technik erschien stets als »Kunst«, trat aber nicht genauer ins Licht. Das Wasser sollte so abgeleitet oder gehoben werden, daß »wedir pherde noch redere« erforderlich waren oder eine Technik »ohne Rösser« zur Anwendung kam.

Viel später, im Jahr 1518, unterschied ein Verzeichnis der »Bergnamen«, ein Glossar, als Anhang zu dem erwähnten »Bergbüchlein« die folgenden Wasserhebevorrichtungen: »Heintz ist ein rörwerck, darin ein eysern seyl mit taschen, damit man ein groß wasser hebt... Pumpen ist ein rore, darein ist ein strudel gemacht, die legt man in einen sumpf, da zeucht ein knab ein zimlich wasser 2 oder 3 lachter. Kunst ist da man ein groß wasser hebet, treibt ein wasser das ander, die brauchet man auf berckwergen, die man tief absencket und seer wassernötig sind.« Für die Zeit rund einhundertfünfzig Jahre zuvor, als der Ausdruck »Kunst« noch allgemeiner verwendet worden ist, lassen sich zumindest die Pumpen mit einiger Sicherheit noch aus dem Kreis der eingesetzten Fördergeräte ausschließen. Zwar war die Druckkolbenpumpe bereits in der Antike in Gebrauch, doch findet sie sich in der mittelalterlichen Entwässerungspraxis anscheinend erst wieder im 15. Jahrhundert. In jener Zeit lassen sich den technischen Handschriften auch Zeichnungen der ebenfalls schon in der Antike bekannten Eimerkette und der »archimedischen Schraube« entnehmen. Die 1405 im »Bellifortis« des Konrad Kyeser (1366–1405) überlieferten Bildbelege betreffen freilich nicht den Montanbetrieb, der sich damals im Konjunkturtief befand, sondern den militärtechnischen Bereich. Die »Wasserkünste« des 14. Jahrhunderts gaben das Geheimnis ihrer Technik im einzelnen jedenfalls so gut wie niemals preis. Das mit ihnen verfolgte Ziel der Wiederbelebung des Bergbaus wurde in der europaweiten Depressionsphase auch nur selten erreicht. Dort aber, wo der Montanbetrieb wie in manchen Gegenden Böhmens ohne größere Beeinträchtigungen durch die Pestzeiten hindurch aufrechterhalten worden war, zogen ihn bald kriegerische Ereignisse in Mitleidenschaft. So ließ Jan Žižka (um 1370–1424), der Anführer der radikalen Hussiten, noch vor seinem Tod den seinerzeit berühmten Bergbau vom »Goldenen Esel« in Kuttenberg, der bis in 500 Meter Tiefe führte, von seinen Anhängern verstürzen.

Abseits aller Kriegsgeschehnisse waren die Verhältnisse am Rammelsberg wiederum aufschlußreich. Auch in Goslar verknappte sich die Arbeitskraft nach der Pest zur Mitte des 14. Jahrhunderts. Die damals in das neue ausführliche Bergrecht zur Krisenbewältigung aufgenommene Bestimmung, daß Hutleute und Häuer die »Watervorer« mit dem Stock züchtigen und antreiben durften, kann die Lohnarbeit im Montanwesen nicht attraktiver gemacht haben. Ließen sich Schöpfarbeiter, von denen immerhin rund 200 benötigt worden sein sollen, nicht rekrutieren, jedenfalls nicht zu vertretbaren Kosten, dann blieb bei fortbestehendem Risiko der Bauwürdigkeit in der Tiefe als einziger Ausweg eine arbeits- und kostensparende Technologie. Sie war in passender Form zu »erfinden« und in die Organisation der Arbeit einzufügen. Solche Modernisierungsprozesse führten europaweit erst seit der zweiten Hälfte des 15. Jahrhunderts zu wirklichen Erfolgen, doch auch die Goslarer Bemühungen zeigten bereits die einzuschlagende Richtung an. Erstmals 1360 und mehrmals nach der Wende zum 15. Jahrhundert wurden am Rammelsberg technische Sümpfungsversuche unternommen. Der interessierte Goslarer Rat zog dafür auswärtige Sachverständige und zugleich kapitalkräftige Personen heran, die Anteile am Berg erhielten und am Erfolg ihrer Arbeit beteiligt sein sollten. Abermals läßt sich über die eingesetzten Technologien so gut wie nichts erfahren. Nach einer längeren Pause, in der der Bergbau und der Hüttenbetrieb völlig zum Erliegen kamen, und nach neuen Versuchen seit 1407 berief der Rat im Jahr 1418 einen wasserbaukundigen Prager Pleban, der 1399 die Entwässerung der Bleigruben von Olkusz angeboten und sich 1404 im schlesischen Goldberg betätigt hatte. Es handelte sich um Michael von Broda oder Deutsch-Brod in Böhmen, einem Ort mit Erzvorkommen, die den Kuttenberger Gängen ähnlich waren. Michaels Technik, die das Wasser heben und über die früher errichtete »Abzucht« leiten sollte, kann nicht ganz ohne Wirkung geblieben sein. Letztlich aber erzielten erst die »Heinzenkünste« kapitalkräftiger Gewerken um einen Claus von Gotha, die nach der Mitte des 15. Jahrhunderts zum Einsatz kamen, »den ersten größeren Erfolg bei der Sümpfung der Rammelsberger Gruben« (U. Schmidt). Nach der Lösung weiterer berg- und hüttentechnischer sowie arbeitsorganisatorischer Probleme konnte das Goslarer Revier schließlich den lange angestrebten Aufschwung nehmen und an der europaweit inzwischen wieder günstigen Konjunkturentwicklung im Montanwesen teilhaben.

Im europäischen Überblick gesehen waren es nicht allein und nicht in erster Linie technische Schwierigkeiten, die im 14. und noch im 15. Jahrhundert die Depression des Montanbetriebes bewirkten, sondern eine Vielzahl unterschiedlicher Ursachen. Zu den Problemen der Lagerstätten und der grundsätzlichen Bauwürdigkeit traten solche der Arbeits- und Unternehmensorganisation; außerdem fehlten nach der demographischen Katastrophe der Pest die erforderlichen Arbeitskräfte. Zur Überwindung der Krise benötigte der Montanbereich nicht nur »Wasserkünste«, obgleich diese zur Sümpfung älterer Bauten unentbehrlich blieben, sondern auch Neuentdeckungen von Lagerstätten sowie vorbereitende Erfindungen wie die Poch- und Waschwerke zur Aufbereitung minderhaltiger Erze und bessere Verfahren der

Verhüttung. Alle montanwirtschaftlichen Investitionen und Arbeiten bedurften wieder besonderer Anreize für Kapitalgeber, Unternehmer und nicht zuletzt für die Bergleute selbst. Zur aktiven Konjunkturpolitik waren vor allem die Landesherren aufgerufen, die durch königliche Zugeständnisse wie die »Goldene Bulle« von 1356 in Deutschland und Mitteleuropa die Schlüssel dazu in Händen hielten und mit Freiheits- und Befreiungsbriefen, mit arbeitsrechtlichen Verordnungen und Patentprivilegien eine Neubelebung des Bergbaus ab Mitte des 15. Jahrhunderts bewirken sollten.

Erweiterte Energieausnutzung

Die Kraft des Wassers hatte man seit der Antike beziehungsweise dem Frühmittelalter zum Getreidemahlen genutzt. Sie wurde über das vertikal gelagerte Rad häufiger unter- als oberschlächtig, wohl auch mittelschlächtig aufgenommen, vom waagerechten Wellbaum über ein Winkelgetriebe auf die senkrechte Achse mit dem an ihr befestigten Mühleisen übertragen, so daß sich der als Läufer im Mahlabstand auf dem Ständer aufliegende Mühlstein drehte. Im Gegensatz zu dieser Vertikalen Mühle diente die Horizontale Mühle, in der Regel kleiner dimensioniert, oft allein dem Mehlbedarf einzelner Haushalte. In der Geschichtsschreibung verhalf ihr das zu einem geringeren Ansehen, obgleich schon der Maschinenbauer Moritz Rühlmann (1811–1869) den »Löffelrädern« einen Wirkungsgrad von 30 bis 35 Prozent bestätigt hat, weshalb sie »hinsichtlich der Benutzung natürlich vorhandener Wasserkräfte den gewöhnlichen unterschlägigen Wasserrädern gleichzustellen« oder wegen der größeren Zahl an Umläufen pro Minute sogar höher zu bewerten seien. Die lange vor 1000 angewendete Technik der Horizontalen Mühle war ebenso einfach wie genial: Die Kraft des Wassers konnte – optimal in einem Gelände mit hoher Gefällstrecke – über eine stark geneigte Schußrinne in einem isolierten Strahl direkt auf einen Kranz von brett- oder löffelförmigen Schaufeln am unteren Ende eines senkrechten Wellbaums wirken und die entstehende Drehbewegung durch den Ständer oder Bodenstein hindurch auf den Läuferstein an derselben Welle übertragen. Größere Mengen an Betriebswasser wurden in eine aus Holz oder Stein gefertigte Tonne, den sogenannten Schacht, geleitet, auf dessen Boden das Rad mit den Schaufeln an der senkrechten Welle dann allerdings nur mit etwa dem halben Wirkungsgrad zu arbeiten vermochte. Die ohne das verschleißanfällige Getriebe wesentlich robustere Horizontale Mühle leitete schließlich zur Turbine über. Bemerkenswerterweise erleichterten dynamometrische Versuche, die zu Beginn des 19. Jahrhunderts in den Horizontalen Mühlen an der Garonne vorgenommen wurden, dem Franzosen Benoit Fourneyron (1802–1867) die Entwicklung der nach ihm benannten Wasserturbine.

Tatsächlich waren an der aus den Pyrenäen gespeisten Garonne, die man schon im Hochmittelalter durch Wehranlagen gebändigt hatte, »Mühlen mit dem senkrechten Rad am meisten verbreitet ... in der Gegend von Toulouse auch die horizontalen Räder häufig« (G. Sicard). Derselbe französische Autor, der das auf Besitzanteilen beruhende frühe Verbundsystem beschreibt, zu dem Ende des 12. Jahrhunderts wenigstens 60 Mühlen gehört haben – an drei Standorten in drei Gesellschaften als direkten Vorläuferinnen der Toulouser und schließlich der Französischen Elektrizitätsgesellschaft –, und es mit den Berggewerkschaften von Massa und Montieri vergleicht, weist einmal mehr darauf hin, daß die mittelalterlichen Texte über Konstruktionsmerkmale so gut wie keine Auskunft geben. Ein wenig weiter zu helfen vermag hier die Vita des Orientius (um 450). Ihr Verfasser aus dem 12. Jahrhundert berichtet, daß der Heilige am Nordabhang der Pyrenäen, wo man sich zu solidarischem Leben zusammengefunden hatte, auch eine Mühle bauen ließ, die sich von den anderen unterschieden habe, was im weiteren Kontext nur auf die Horizontale Wassermühle zutreffen kann. Die allgemeine Verortung der Horizontalen Mühle in verkehrsmäßig wenig erschlossene Gebirgsgegenden mag dazu beigetragen haben, daß ihre technische und gesellschaftliche Bedeutung unterschätzt worden ist. Zusätzliche Verwirrung ist mehr zufällig entstanden, weil die englischsprachige Forschung die Horizontale Mühle gelegentlich (C. Curwen, 1944) als »Vertical Water Mill« bezeichnet hat, was im Hinblick auf die senkrecht stehende Welle nicht ganz unlogisch ist, aber in der weiteren Literatur keine Anerkennung gefunden hat. Im Hinblick auf die »Antriebsmaschine«, das horizontale Wasserrad beziehungsweise den in derselben Ebene bewegten Wasserradkranz, rechtfertigen sich die gängigen Benennungen.

Aufgrund der Quellenlage vermag die Forschung zumindest noch für die ersten beiden Jahrhunderte nach 1000 zwischen »Mühlen» mit waagerecht oder senkrecht liegenden beziehungsweise stehenden Wasserrädern weiterhin nur selten zu unterscheiden. Das gilt für die genau 5.624 »Mills», die nach der normannischen Eroberung Englands im »Domesday-Book« von 1086 verzeichnet worden sind, sowie für die Mühlen auf dem Kontinent, deren Zahlen im 11. Jahrhundert im Westen Europas schnell anstiegen und als Belege für eine effektive Deckung des Mehlbedarfs einer wachsenden Bevölkerung sogar einen Gradmesser der Urbanisierung abgeben können. Die Unmöglichkeit, konstruktiv-qualitativ zu differenzieren, betrifft auch eine technische Besonderheit bei der Ausnutzung der Energie fließenden Wassers: die Gezeitenmühle. Sie konnte mit vertikalem wie mit horizontalem Rad betrieben werden. Nach Ersteinsätzen im Frühmittelalter und 1044 sowie 1078 in der Lagune von Venedig verzeichnet das »Domesday-Book«, wenngleich nicht mit letzter Deutlichkeit, eine solche Anlage an der Einfahrt zum Hafen von Dover. In Südfrankreich steht ihre Verwendung im Gebiet von Bayonne außer Zweifel, und in England ist ihre Zahl bis zum Ende des 12. Jahrhunderts auf wenigstens 38 angestiegen. Wegen der jahreszeitlich bedingten Schwankungen des Tidenhubs bot die Gezeitenmühle, die die Kraft des auflaufenden Wassers bei Flut ebenso nutzte wie die des ablaufenden Wassers bei Ebbe, keine voll befriedigende Lösung. Der amerikanische Historiker Lynn White nimmt sie dennoch als ein Zeichen dafür, »daß die Menschen, die in sumpfigen Flußniederungen oder an kleinen Häfen mit ungenügender Strömungsgeschwindigkeit lebten, sich nicht mehr untätig mit ihrem Geschick abfanden... Ihre Erfindung ist wesentlich als Vorbote kommender Dinge von Bedeutung..., die allmählich die gesamten Grundlagen des menschlichen Lebens verändern sollte.«

Noch im 12. Jahrhundert erscheinen in Urkunden aus der östlichen Alpenregion Mühlen immer häufiger als Zubehör eines einzelnen Hofes. Der jeweiligen Lokalität und Wassermenge nach kann es sich nur um Horizontale oder allenfalls kleine Vertikale Wassermühlen mit oberschlächtigem Antrieb über Schaufelzellen gehandelt haben. Quantitative Aussagen sind hierzu erst für das 16. Jahrhundert möglich, erlauben aber Rückschlüsse auf die ältere Zeit. Als Grundlage dienen Akten, die um 1550 im Zusammenhang mit neuartigen Besteuerungsmaßnahmen der Landesherrschaft entstanden sind. In der salzburgischen Gastein, einem Hochtal in den Tauern, gab es danach unter insgesamt 135 Wassermühlen 116 vom horizontalen Typ »ohne Rad«. Bei vielen findet sich der Zusatz, sie seien »vor Menschen gedenckhen erpaut« worden, und das bezeugt mittelalterliche Ursprünge. Durchschnittlich jeweils 25 Personen – unter Einbeziehung der Bergleute des damals blühenden Gold- und Silberbergbaus – ließen sich in ihren Tätigkeiten um 1550 von einer solchen Wassermühle bedienen, die auch als Flodermühle oder Stockmühle bezeichnet wurde. Vergleicht man hiermit die für das nordfranzösische Flachland und den dortigen städtischen Bereich vorliegenden Zahlen, wonach in der Getreidemüllerei im Hochmittelalter 600 bis 1.200 Einwohner auf ein Wasserrad kamen, dann werden – abgesehen von einer möglichen Nutzung der Handmühlen – Unterschiede zwischen Horizontalen und Vertikalen Wassermühlen, kleineren und größeren Anlagen mit mehr als einem Mahlgang, aber auch in der Benutzungsdauer privater und öffentlicher Betriebe deutlich.

Um die mittelalterliche Verdichtung Horizontaler Mühlen genauer nachweisen zu können, mußten wieder italienische Archivmaterialien gefunden und ausgewertet werden. Danach erwies sich jener Mühlentyp im Gebiet von Pistoia in der Toskana am Südrand der Apenninen spätestens seit dem 13. Jahrhundert in der Getreidemüllerei als vorherrschend. Ein Verzeichnis aus dem Jahr 1350 enthält 258 Horizontale Mühlen, die sehr leistungsfähig gewesen sein müssen. Im Verhältnis zur Personenzahl der Bevölkerung ließ sich eine Verteilung von 1 zu 139 errechnen. Diese Relation scheint alle Bedürfnisse der Mehlversorgung befriedigt zu haben. Sie blieb auch nach den Bevölkerungsverlusten durch die Pestpandemien ungefähr gleich. Die Zahl der Mühlen ging dementsprechend zurück. »Da die Horizontale Mühle so gut bekannt war, sollte es keineswegs unvernünftig sein, sie als Repräsentantin einer technischen Tradition im gesamten Süden Europas zu betrachten« (J. Muendel), jedenfalls nicht als »technischen Rückschritt«, wie er – einem Zusatz des Franzosen Marc Bloch in Frageform zufolge – »bei Bevölkerungen auftreten konnte, die an recht grobe Lebensformen gewöhnt waren«.

26 a und b. Horizontale Mühle und Gezeitenmühle. Lavierte Federzeichnungen in dem vor 1441 entstandenen »Liber tertius de ingeneis« von Taccola. Florenz, Biblioteca Nazionale Centrale

Sozialgeschichtliche Analysen müssen die Mühlentechnik vielleicht anders gewichten. Weder die Bevölkerung Tirols noch die vom Wallis bis nach Kärnten und schon gar nicht die der Toskana, die einen eigenen bodenständigen Bürgerhumanismus entwickelte und Freiheit als politische Partizipation verstand, hatte ein Interesse an grundherrschaftlichen Mühlen. So spielten sie beispielsweise auch in den tridentinischen Urbaren auch keine größere Rolle. Sicherlich sprachen nicht zuletzt natürliche Gegebenheiten, im Alpenraum vor allem lange und steile Wegstrecken, gegen »zentrale« Mahlangebote seitens der ohnehin nicht allerorts präsenten Grundherren. Aber die Errichtung Horizontaler Mühlen, die handwerklich erfolgen konnte und in der Regel keinen größeren Kapitaleinsatz voraussetzte, dürfte von Anfang an auch ein Akt der Emanzipation gewesen sein. Der selbständige Mühlenbauer befreite sich und seine Familie von der Arbeitsfron an der Handmühle, ohne sich einem möglichen herrschaftlichen Mahlzwang unterwerfen zu müssen.

Gegen das grundherrschaftliche Bestreben, die eigene, gegebenenfalls verpachtete Vertikale Wassermühle für Mahlzwecke der Bevölkerung verbindlich zu machen und ein bezirkliches Monopol zu schaffen, richtete sich laut überlieferten regionalen Quellen allein der Gebrauch der Handmühle. Dem betreffenden Gerät, das zum Zubehör der bäuerlichen Haushalte zählte, erklärten französische Seigneurs – nach Marc Bloch – den Krieg, der mit den normannischen Eroberern auf die angelsächsische Insel getragen und auch in anderen Ländern Europas verschiedentlich bis in die Neuzeit hinein geführt wurde. Den Mühlenbann hat man in den Urkunden und Akten häufiger vermerkt, weil er rechtlich durchgesetzt werden sollte, damit sich die nicht unbeträchtlichen Kosten neuerrichteter Anlagen amortisierten. Nur in solche Dokumente, die auch Freiheiten hervorhoben, zum Beispiel in die Verfassung von Siena 1262, konnte Gegenteiliges hineingeschrieben werden: das Recht der Bewohner bestimmter Landesteile, sich »Molendina siccha« oder »Trockenmühlen« zu bauen oder auch außerhalb des Territoriums mahlen zu lassen.

In England untersagte man die Nutzung der Handmühlen sogar im Text von Schenkungsurkunden, um einzelnen, gönnerhaft übereigneten Wassermühlen eine ständige Kundschaft zu sichern. Vornehmlich die Chronik von St. Alban, dem berühmten Kloster, das über den Gebeinen des britischen Märtyrers erbaut worden ist, bezeugt seit dem 13. Jahrhundert wiederholt Auseinandersetzungen mit den Bewohnern des bei der Abtei entstandenen Marktfleckens. Der heftigste Streit wurde um die Nutzung der Handmühlen ausgetragen: »Niemand sollte sie betreiben dürfen.« Nach einem Gerichtsurteil König Eduards II. (1284–1327) ließ sie der Abt konfiszieren und zu willkommener Pflasterung im Kloster verwenden. Die Rebellen des großen englischen Bauernaufstandes von 1381 rissen die Mühlsteine aus dem Estrich heraus, um sie erneut in Besitz zu nehmen. Die von ihnen – wie der Klosterchronist sorgsam notiert – »gewaltsam erpreßten«, aber – wie hinzugefügt werden muß – unter Gegendruck bald wieder eingezogenen Freiheitsbriefe enthielten den Passus, daß sämtliche Marktbewohner ihre Handmühlen für alle Zukunft frei und sorglos besitzen und sich ihrer erfreuen dürften; überdies nicht mehr gehalten sein sollten, gegen ihren Willen in den mechanischen Abts- und Konventsmühlen zu mahlen. Der genaue Wortlaut des lateinischen Textes gibt zu der Vermutung Anlaß, daß hier unterschwellig eine Art Schadenfreude zum Ausdruck gebracht worden ist. Zwar mögen es die Frauen der Aufständischen gewesen sein, die noch immer die Handmühlen drehten, doch die »Erpreßten« im Mühlenstreit hatten wohl längst mit einiger Genugtuung bemerkt, daß diese Arbeit kaum ein Vergnügen war, sondern die mechanisierte Technik auf ihrer Seite stand. Fast einhundertfünfzig Jahre später richteten sich im Übergang vom Mittelalter zur Neuzeit die Forderungen der Aufständischen des deutschen Bauernkrieges nur in ganz seltenen Fällen gegen einen Mahlzwang oder Mühlenbann.

Was die Wassermühle anlangt, so ist ihr Techniktransfer von West nach Ost im 12. und 13. Jahrhundert schneller erfolgt als zuvor. Dabei blieb der alte Zusammenhang mit Klostergründungen und -bauten, nun vor allem der Zisterzienser, gewahrt. Anläßlich der Verlegung des Klosters Schmölln nach Pforta 1140 wurden Mühlen mit Wasserläufen und Auffangteichen erwähnt, und ein 1162 durch Friedrich I. für Altzelle unterfertigtes Diplom betraf ein bestimmtes Landgebiet – auf dem bald darauf der meißnisch-sächsische Edelmetallerzbergbau seinen Ausgang nahm – und zählte unter den Pertinenzien auch Wassermühlen auf. Selbstverständlich war das in den Ostgebieten aber noch nicht. Das »Gründungsbuch« der Zisterzienser von Heinrichau in Niederschlesien schildert aus der Anfangszeit des Klosters in den zwanziger Jahren des 13. Jahrhunderts das Wirken eines ansässigen Kleinadligen, der zusammen mit seiner Frau die Handmühle gedreht hat und deshalb von seinen Nachbarn »Brukal«, der Steinsetzer, genannt worden ist. »Zu jener Zeit«, so fügte der Chronist hinzu, »waren hier Wassermühlen äußerst selten.«

In den Neusiedlungsgebieten mußten auch Steinbrüche für großformatiges und festes Mahlwerkzeug erst gefunden und erschlossen werden. Handelsbeziehungen zu den berühmten Produktionsstätten von Mayen in der Eifel oder La Fertesous-Jouarre in der Champagne, wo Mühlsteine mit einer Lebensdauer von 60 bis 70 Jahren aus Basalt beziehungsweise Süßwasserquarzit hergestellt wurden, kamen zunächst kaum in Frage. Im 13. Jahrhundert berücksichtigte man bei dörflichen Siedlungsvorhaben oder bei der Gründung neuer Stadtanlagen gleichwohl den Mühlenbau. Die Kulmer »Handfeste« von 1233, die für die Rechtsordnung des im Entstehen begriffenen Ordensstaates grundlegend werden sollte, bezog die Nutzung der Flußläufe durch Wassermühlen in zwei ihrer vierundzwanzig Paragraphen ein. Die fast tautologische Bezeichnung »Rota molendini«, etwa »Wassermühlenmühlstein« – so 1270 beispielsweise in Mähren oder 1276 in Galizien –, bezeugt die technische Neuerung noch im Rückblick auf traditionelle Hand- und Tiermühlen.

Im allgemeinen beschleunigten sich die technischen Errungenschaften damals auch in Ostmitteleuropa. Die im Westen seit dem Frühmittelalter bekannten Schiffsmühlen im freien Strom etwa, die vor der großen Stadt Köln seit dem 10. Jahrhundert eingesetzt und im 13. Jahrhundert auf einem zahlenmäßigen Höhepunkt in nicht weniger als 36 Anlagen »upme rine hangent« partiell genossenschaftlich nach Teilbesitz organisiert waren, fanden sich 1227 auch in Meißen auf der Elbe und 1260 in Dirschau auf der Weichsel. Schon zuvor, im Jahr 1223, hatte der Pommernherzog Kasimir dem Breslauer Bischof Laurentius alle Freiheiten gegeben, in einem oberschlesischen Bezirk Zuwanderer nach deren Recht anzusiedeln und dabei Wassermühlen »für jeden Zweck« zu errichten. Somit wurden im Osten damals jene »Mühlen« eingeführt, die im Westen als »Molendina qui non moluerunt ad molam«, die nicht mehr allein am Mahlstein mahlten, seit dem 11. Jahrhundert »industriell«-gewerblichen Zwecken dienten.

Diversifizierungen mit und ohne Nockenwelle

Während die wasserradgetriebenen Getreidemühlen im Westen und Süden Europas noch Lücken schlossen und sich ansonsten ostwärts verbreiteten, beschleunigten sich in den Gebieten ihres frühmittelalterlichen Ursprungs bereits jene vielfachen Innovationen, die durch den Einsatz der Nockenwelle am Wasserrad möglich wurden. Die Mühle als Produktionsanlage eröffnete neue Möglichkeiten für die wirtschaftliche und kulturelle Entwicklung Europas. Ihr allmähliches Aufkommen hing – im Gegensatz zu den Getreidemühlen – weniger unmittelbar mit dem Bevölkerungswachstum und der Urbanisierung als mit dem folgenden Gewerbeausbau zusammen. Forschungsprobleme, die der Amerikaner Bradford B. Blaine vor einiger Zeit im Zusammenhang mit der »rätselhaften Wassermühle« aufgezeigt hat, rätselhaft nämlich in den Ursprüngen, den jeweiligen Erstbelegen und nicht zuletzt den Konstruktionsmerkmalen im einzelnen, weiten sich im Hinblick auf die Diversifizierung der Mühlen aus. Voraussetzung einer Wasserkraftnutzung, die über die nach wie vor stark überwiegende Flachmüllerei der Mehlproduktion hinausführte, war die Nockenwelle, die man schon in der Antike, aber nur marginal im außergewerblichen Bereich verwendet hatte. Sie wirkte bahnbrechend für die Diversifizierung der Mühlentechnik und die Mechanisierung einer ganzen Reihe gewerblicher Tätigkeiten. Ausgangspunkt war die Vertikale Mühle mit allen ihren Formen der Wasserkraftnutzung. Die Horizontale Mühle hingegen ließ sich in geringerem Maße diversifizieren: seit dem 12./13. Jahrhundert für Erzmühlen des Bergbaus sowie für Rohrzuckermühlen auf der Insel Zypern und im 15. Jahrhundert für Senkrecht-Bohrwerke. Aus konstruktiven Gründen wurden in diesen Fällen keine Nockenwellen benötigt.

Stampfen

Wann und wo hat die Diversifizierung der Vertikalen Wassermühle, ihre mit Hilfe der Nockenwelle mögliche Nutzung für den weiteren gewerblichen Bereich, begonnen? Wie so oft in der Technikgeschichte bilden die Anfänge das eigentliche Forschungsproblem. Zwar läßt eine Urkundenformel aus St. Gallen, die zwischen 893 und 897 datiert ist und Wassermühlen sowie Wehranlagen in einen Zusammenhang mit »Pilae« bringt, einen Schluß auf mechanische »Stampfen« zu, doch kann es sich dabei wie zuvor in einer der Lebensbeschreibungen der Jura-Väter um einfache Mörser gehandelt haben. Sehr erwägenswert bleibt zudem die Möglichkeit, daß in den ersten Quellen die heute aus dem Gesichtskreis auch der Forschung verschwundenen »Gnepfen« – mittelhochdeutsch »gnepfen«, sich neigen, kippen – genannt worden sind, im schweizerischen Alpenraum noch bis ins 19. Jahrhundert genutzte spezifische Schwinghebelanlagen vor allem zum Stampfen von Getreide. Am oberen Ende eines in seiner Mitte drehbar gelagerten schrägen Balkens befand sich bei jenen Konstruktionen ein Behälter, der durch einlaufendes Wasser langsam gefüllt wurde. War eine bestimmte Füllhöhe erreicht, drückte das Wasser durch sein Gewicht den Balkenarm nieder, während der gegenüberliegende Arm mit der hammerförmigen Stampfe aufwärts schwang, infolge der Entleerung des Wasserbehälters auf der anderen Seite aber wieder niederfiel. Diese langsam, jedoch zuverlässig arbeitende Anlage, die auch im Fernen Osten beispielsweise zum Schälen von Reis verwendet wurde, benötigte einen Wasserzulauf von oben, aber weder Räder noch Nockenwellen.

Die Wortzusammensetzung »... et molinario et batedorios«, die um 990 in der Abtei Saint-Bernard-de-Romans in der Dauphine für einen Urkundentext gewählt worden ist, läßt die auf Sicherheit der Aussage bedachte Forschung ebenfalls noch im Ungewissen. Die Textstelle steht im Zusammenhang mit der Hanf- und Flachsbearbeitung, so daß es sich bei diesen der Mühle zugeordneten »Schlägern« oder »Klopfern« wenn nicht um Samenstampfen zur Ölbereitung, so doch um Werkzeuge zum Zerbrechen der Stengel und zum Ablösen der Holzteile von der feinen Faser gehandelt haben dürfte. Erst für spätere Zeiten lassen sich entsprechende Verarbeitungsprozesse auch im Kollergang nachweisen: Die sogenannten Hanfreiben hatten in der Regel nur einen einzigen senkrecht stehenden, meistens konisch geformten Mühlstein. Werden aber »Schläger« angenommen, die »Stampfen« gleichzusetzen wären, dann müßte die Nockenwelle zum Einsatz gekommen sein. In allen diesen, in französischen Urkunden bald häufiger auftauchenden Fällen ist vor abschließenden Aussagen stets die mittelalterliche Gepflogenheit zu berücksichtigen, bestimmte Baulichkeiten nach Tätigkeiten zu benennen, die man in ihnen ausgeübt hat. So sind primär nicht die Werkzeuge oder Geräte – Klopfer, Schläger, Stampfen – gemeint, sondern die Örtlichkeiten.

Eine erste Nutzung der Nockenwelle zum Betrieb von Stampfen und Klopfern für Flachs und Hanf in der Landwirtschaft hat, auch wenn sie sich schlüssig nicht nachweisen läßt, einige Wahrscheinlichkeit für sich. Die Diversifizierung des Wasserradantriebs wäre somit vom ländlichen Getreidemüller ausgegangen, für den eine hohe Qualifikation im Wasser- und Maschinenbau unerläßlich gewesen ist und bereits im Frühmittelalter gewissermaßen zum Berufsbild gehört hat. Kleinere technisch-konstruktive Ergänzungen als Verbesserungen im Betrieb der Getreidemühle sind wiederholt belegt. Schon Vitruv hat im 1. Jahrhundert v. Chr. seiner Beschreibung der Wassermühle, zumal der Kombination von Welle und Getriebe, eine Textstelle angefügt, die auf ein angeschlossenes Rüttelsieb oder nach Erkenntnissen des Engländers L. A. Moritz auf einen Teigrührer schließen läßt, jedenfalls auf eine zusätzliche Nutzung der Wasserkraft. Ganz ähnlich wurde Anfang des 13. Jahrhunderts in einer Milieuschilderung von Clairvaux, die in ebenso poetischer wie technisch verständlicher Form die Flußläufe des Zisterzienserklosters und die von ihnen gewährte Energieversorgung pries, eine zweite Funktion der Antriebskraft des Wassers angeführt, die vom Wellbaum über das sogenannte Gabelzeug abgeleitet wurde und den Drei- oder Vierschlag, das charakteristische Geklapper der Mühle, erzeugte: die mechanische Trennung des Mehls von der Kleie in einem feinen Sieb. Solche Beispiele vermögen eine technische Experimentierfreudigkeit der Müller zu erweisen, die der Entwicklung der Nockenwelle für den weiteren gewerblichen Einsatz des Wasserradantriebs förderlich gewesen sein kann.

Im deutschen Sprachraum findet sich ein erster ausdrücklicher Hinweis auf die

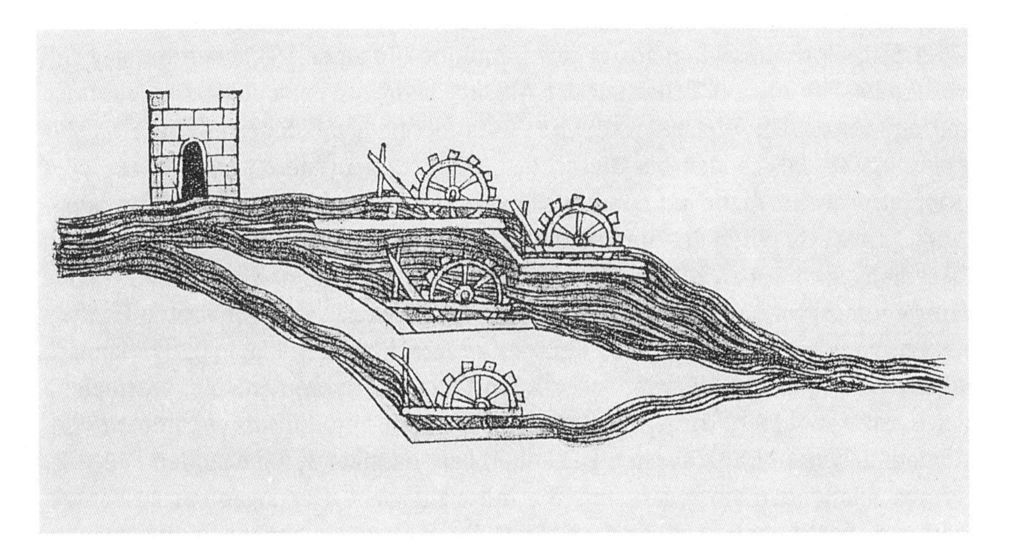

27. Mühlräder in strömungstechnischer Abwandlung. Federzeichnung in dem um 1275 in Flandern entstandenen Polyptychon »Veil Rentier«. Lille, Archives du Nord

mechanische Stampfe in zwei Urkunden des Klosters Admont in der Steiermark. Im Jahr 1135 und noch einmal 1175 fehlte den gelehrten Schreibern das Wort, um einen gegebenen technischen Sachverhalt benennen zu können. Vermutlich waren ihnen die in Frankreich zahlreich gebräuchlichen lateinischsprachigen Varianten der »Battoirs« nicht geläufig, so daß sie auf die deutsche Volkssprache zurückgreifen und formulieren mußten: »Molendinum quoque unum et stanf unum«, eine Mühle und auch eine Stampfe. Der Kontext der Urkunden erlaubt es, eine mechanische Flachsstampfe anzunehmen, deren Erträge Nonnen zum Unterhalt zugewiesen wurden. Eine Lohmühle zum Zerstampfen von Baumrinde für die Gerberei kam nicht in Frage, und eine Getreidestampfe zum Schroten wäre wohl eher zum Mühlenbetrieb gehörend betrachtet und nicht gesondert ausgewiesen worden. Bei alledem scheint die Stampfe der Steiermark die frühen »Schläger« in Frankreich zu bestätigen und die erste Verwendung der Nockenwelle in den Übergangsbereich von der Land- zur Textiltechnik zu verweisen, wo sie in den Walkmühlen ihre Fortentwicklung gefunden hat. Bei den Zeitangaben und Erstbelegen für bestimmte Mühlenbetriebe des Mittelalters ist abermals zu beachten, daß sie in der Regel im Zusammenhang mit Besitzaufstellungen oder bestimmten Rechtsakten wie Schenkungen, Bestätigungen derselben oder Streitigkeiten beziehungsweise deren formellen Schlichtungen aufgetaucht sind. Die entsprechenden Texte sagen nichts über das wahre Alter oder das Baujahr einer technischen Einrichtung aus. Hinsichtlich der Getreidemühlen konnte für das 11. Jahrhundert generalisierend behauptet werden, daß »die Spanne des zeitlichen Irrtums zwischen zwanzig und fünfzig Jahren variiert« (A. Guillerme). Schon im 12. Jahrhundert verringerte sie sich, nicht zuletzt infolge der Diversifizierung, da neue Mühlenarten in den schriftlichen Quellen gelegentlich genauer vermerkt wurden. Gleichwohl bleibt bei vielen der technikgeschichtlichen Erstbelege zu beachten, daß sie, abgesehen von den jeweils spezifischen räumlichen Einordnungsmöglichkeiten, über den wirklichen Zeitpunkt des Ersteinsatzes so gut wie nichts kundzugeben vermögen.

Eisenhämmer und Blasebälge

Sehr früh schon könnte die Nockenwelle auch in der Eisenproduktion genutzt worden sein, aber es bleiben vorerst viele Zweifel. So für vier im »Domesday-Book« von 1086 genannte »Mühlen«, die Eisen abzuliefern hatten, ebenso für ein »Molinum fornacinum« 1073 in Nordwestspanien und – in der deutschen Forschung sehr umstritten – für den Ortsnamen »Schmidmühlen« in der Oberpfalz, der bereits Anfang des 11. Jahrhunderts auftaucht. Als »ein Ort zum Beladen von Schiffen« geeignet, wurde »Smidimulni« an der Vils zwischen 1010 und 1020 in den Traditionen des Regensburger Klosters St. Emmeram geführt. Warum also sollten die

»Molendina fabrorum«, die Schmiedemühlen, von 1202 in Evreux in der damals freilich schon entwickelten Eisenproduktionslandschaft der Normandie als wasserradgetrieben anerkannt werden, die »Schmidmühlen« in der Oberpfalz jedoch nicht? In der Literatur prallen die Meinungen dazu aufeinander. Das Problem zeitlich großer Lücken – mehr als zweihundertfünfzig Jahre bleiben ohne weitere Belege – muß die Technikgeschichte so lange hinnehmen, bis ihr die Spatenforschung vielleicht zu Hilfe kommt und die anfängliche Nutzung der Wasserkraft in Eisenwerken zu klären vermag.

Urkundlich belegt ist die Wasserkraftnutzung in der Eisenproduktion erst im 13. Jahrhundert, und zwar in Südwestfrankreich, in der Normandie, in Südschweden, Norditalien, Südpolen, Mähren und Schwaben, wo 1251 in einer Grenzbeschreibung bei Gmünd eine »Ysenmüln« genannt wird. Der Ort Schmidmühlen aber, in dem dann vom 14. Jahrhundert an bis weit in die frühe Neuzeit hinein nachweislich ein Schienhammer zum Ausschmieden von Schien- oder Stabeisen betrieben wurde, der im 17. Jahrhundert zeitweilig sogar ein eigenes nahegelegenes Erzvorkommen zu nutzen vermochte, hatte als Verkehrsknotenpunkt vermutlich bereits im Frühmittelalter erhebliche Bedeutung. Das »Diedenhofer Capitular« Karls des Großen (742–814) hatte eine über das spätere Schmidmühlen führende alte Verbindungsstraße als Mittelstück einer von den Königshöfen Erfurt, Hellstadt bei Bamberg, Forchheim, Premberg, Regensburg, Lorch markierten Sperrlinie für den Waffen- und damit für den Eisenhandel sowie den sonstigen Austausch mit Slawen und Awaren festgelegt.

Mit hoher Wahrscheinlichkeit nutzten die ersten mechanisierten Eisenwerke die Kraft des Wassers für den Betrieb von Hämmern zum Ausschmieden des Metalls nach der Verhüttung. Die Nocken eines Wellbaums drückten entweder auf den Stiel eines als zweiarmiger Hebel gelagerten »Schwanzhammers« oder hoben einen Aufwerfhammer, bei dem der Stiel einen einarmigen Hebel bildete und parallel zur Radwelle lag. Noch vor dem Ende des 11. Jahrhunderts könnten mechanisierte Hämmer auch in Amiens gearbeitet haben, in der römerzeitlichen Stadt an der Somme. Die Funktion einer der dortigen Mühlen wurde in den achtziger Jahren des 11. Jahrhunderts als »Eisenhauen« beschrieben, eine andere hieß »Tappeplomb«, so daß auch Fallhämmer ins Blickfeld geraten. Gegen Ende des 13. und in der ersten Hälfte des 14. Jahrhunderts verbreitete sich die Nutzung der Wasserkraft für Eisenhämmer auf Produktionsgebiete in Wallonien, in der Grafschaft Bar, der Dauphiné, in Süditalien, der Oberpfalz – laut einem Urbar von 1326 arbeiteten Trethämmer und Wasserhämmer nebeneinander –, in der Steiermark, der Niederlausitz – wieder in Verbindung mit einem Zisterzienserkloster, nämlich Doberlug – und in England. Trotzdem zog die allgemeine Depression nach den Pestpandemien der Jahrhundertmitte auch die Eisenproduktion stark in Mitleidenschaft. Einmalig in Mitteleuropa gründete sich deshalb 1387, älteren Vorbildern der etablierten Hammermeister von Amberg und Sulzbach folgend, die Große Oberpfälzer Hammereinung. Das war ein kartellartiger Zusammenschluß der Unternehmerschaft von 82 Hämmern, der nicht zuletzt dem Technologietransfer oder der Angleichung und Verbesserung der Technik zwecks Überwindung der Krise dienen sollte.

Das wasserradgetriebene Gebläse, bei dem die Nocken die Deckbretter des Balges anhoben, ehe sie sich unter dem Gewicht zumeist sie beschwerender Steine wieder senkten und die eingesogene Luft ausbliesen, ließ sich schon für den Anfang des 13. Jahrhunderts im Edelmetallbergbau von Trient nachweisen. Im Jahr 1226 war es auch in einem Eisenwerk in Semogo im Veltlin in Betrieb, um hier für die Zukunft ganz neue Produktionschancen zu eröffnen. Mittels höherer Schmelztemperaturen wurde ein Übergang zum indirekten Verfahren der Eisenproduktion ermöglicht, zur Erzeugung des bei etwa 1.250 Grad Celsius flüssigen Roheisens, das sich im Ofen selbst »abstechen« ließ. Nach dem Erstarren mußte es einem zweiten Schmelzprozeß, dem oxidierenden Frischen, unterworfen werden, damit man es schmieden konnte. Trotz der scheinbar umständlichen Technologie und des erhöhten Bedarfs an Holzkohle bot das indirekte Verfahren, dessen anfängliche Nutzung im späteren Mittelalter bislang nicht genau nachzuweisen ist, beträchtliche Vorteile: Der Reduktionsofen mußte nicht täglich gelöscht werden, um die sogenannte Ofenbrust aufzubrechen und die glühende Luppe zu entnehmen. Eine sehr schematische Zeichnung, die Biringuccio 1540 seiner Schilderung der Verhältnisse im Brescianischen beifügen ließ, zeigt das abfließende Roheisen und verdeutlicht das indirekte Verfahren in jener uralten Eisenproduktionslandschaft.

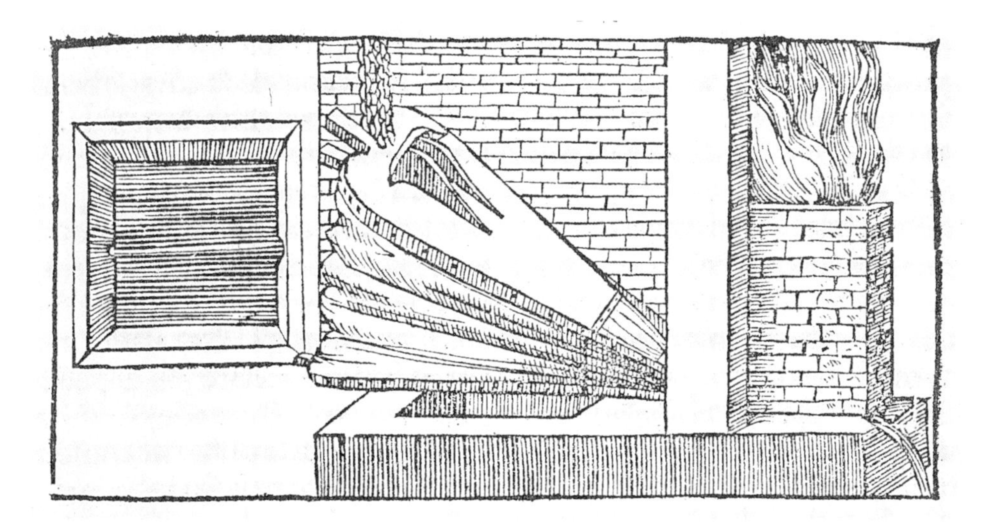

28. Verdeutlichung des indirekten Verfahrens der Eisenproduktion. Holzschnitt in dem 1540 gedruckten Werk »De la pirotechnia« von Vannoccio Biringuccio. Privatsammlung

Wasserradgetriebene Blasebälge wurden bald auch im deutschen Sprachraum bekannt. Im 14. Jahrhundert fanden sie sich in der Oberpfalz, der Steiermark und im Sauerland, hier nach jüngsten archäologischen Erkenntnissen sogar schon früher. Sie trugen dazu bei, die Produktion der weiterhin im direkten Verfahren betriebenen Stücköfen und Massenhütten beträchtlich zu steigern. Der Admonter Abt, der sich um 1130 einem Gottesurteil unterzog, um sich von Verdächtigungen im Zusammenhang mit häufigen Besuchen in einem Nonnenkloster zu reinigen, hätte die ihm auferlegte Prüfung zweihundert Jahre später mit Sicherheit nicht mehr bestehen können: Chronikalischen Berichten zufolge soll er die noch glühende »Masse« Eisen aus einer Verhüttungsanlage beidhändig über den Kopf gestemmt haben. Das war wohl nur vor Anwendung der neuen Techniken möglich; denn danach erreichte das Schmelzprodukt eines Ofens ein Gewicht von 2,5 Zentnern und mehr.

Walkmühlen

Die für das Hochmittelalter vielleicht wirkungsvollste Diversifizierung der Mühlen betraf das Walken. Während Flachs- und Hanfstampfen, deren anfängliche Mechanisierung ungewiß bleibt, in der Übergangszone von der Landtechnik zur Textiltechnik arbeiteten, standen Walkmühlen im engsten Zusammenhang mit der städtischen und ländlichen Tuchproduktion. Die wasserradgetriebene Nockenwelle in ihnen bewegte senkrecht- oder schrägstehende Stempel oder später brettförmige, auf einem Pfosten als Drehpunkt gelagerte Schwingen mit eingekerbten Hämmern zum Stoßen, Strecken und Pressen von Stoffen in viertelkreisförmig oder rechteckig ausgehöhlten Walkbänken oder Grubenbäumen. Die gegenüber den Stampfen bereits verbesserte Technik dürfte um 1162 der Verfasser eines Lobgesanges der Taten Barbarossas in der Lombardei vor Augen gehabt haben, als er einen Vergleich mit »Schlägen – Schwingern – wie von einer Walkmaschine« anbrachte.

Mechanische Walkereien scheinen zunächst außerhalb der Städte errichtet worden zu sein, sei es wegen der schon überlasteten, im Flachland oft nur träge dahinfließenden Wasserläufe oder wegen befürchteter sozialer Folgewirkungen und Proteste seitens der Hand- und Fußwalker. Wenn die Auffassung Robert Davidsohns richtig ist, »Valcator« nicht nur mit »Walker«, sondern – technisch vielleicht vorschnell – auch mit »Walkmüller« zu übersetzen, so wäre im Gebiet von Florenz bereits 1062 die Nockenwelle im textilen Bereich nachzuweisen, entweder am Arno selbst oder an Nebenflüssen wie dem Bisenzio, an dem sich zumindest später in der Region von Prato viele Wasserräder der Florentiner drehten. Wie bei den »Guerci«, den »Werkern«, muß die Verwendung einer deutschen Wortfamilie, hier »walken«, italienisch »gualcare«, zu denken geben, da auf der Apenninen-Halbinsel das traditionelle »Fullo« für den Walker zur Verfügung gestanden hätte. Im Hinblick auf das Alter der florentinischen Weberei, das für 885 durch eine größere klösterliche »Arbeitsstätte« nachgewiesen wurde, wären frühe Formen der Mechanisierung nicht weiter verwunderlich. Die Walkerei war erforderlich, um gewebte Tuche zu reinigen, an der Oberfläche zu verfilzen und sie dichter und geschmeidiger für den Gebrauch zu machen. Von dem fragwürdigen Beleg aus Florenz und einem weiteren ebenfalls nicht genau zu klärenden Fall in Lodi abgesehen, gilt als Erstbeleg für die Walkmühle in Italien das »Molendinum vualcarium« von 1176 im Gebiet von Lucca in der Toskana. Im Pisanischen, wo die Lederherstellung zunächst Vorrang hatte und die Gerber ein spezielles Heißwasserverfahren zum Einsatz brachten, ehe sich nach Zuwanderungen auch die Wolltuchindustrie besser entwickelte, taucht urkundlich eine Walkmühle 1259 in Calci auf. Vielleicht diente sie beiden Gewerben;

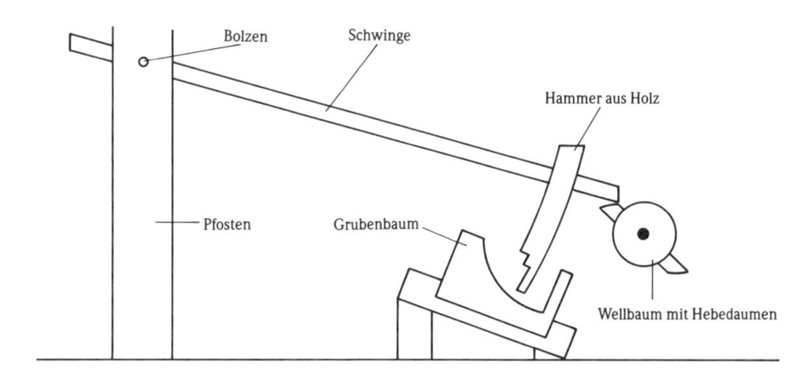

Schema des Hammers an der Schwinge in einer Walkmühle

denn zumindest die Weiß- und Sämischgerber pflegten ihre kleineren und dünneren Felle auch mechanisch und manchmal in einer gemeinsam mit Tuchmachern betriebenen Mühle zu walken.

Bei den nach 1000 in größerer Zahl errichteten Mühlenbetrieben hat allerdings gerade in den entstehenden Textilzentren die Mehlversorgung einer schnell wachsenden Bevölkerung Vorrang gehabt. Obwohl in Flandern beispielsweise »der Burgus von Saint-Vaast ... einer der größten Siedlungserfolge des europäischen Mittelalters« (D. Lohrmann) gewesen ist, fehlen aus der Textilstadt Arras, die nicht nur den Wirkteppichen »Arazzi« ihren Namen gegeben hat, sondern auch bestimmten »arrassenen« Wollstoffen, zunächst alle Nachrichten über Walkmühlen. Als Erstbeleg für eine Walkmühle gilt eine Urkunde von 1086/87 aus der Normandie, genauer aus der Abtei Saint-Wandrille, die sich bereits um 800 durch die Errichtung zahlreicher Getreidemühlen als Mahlangebot an die bäuerliche Bevölkerung ausgezeichnet hatte. Die Französin Anne-Marie Bautier, die in einer sehr verdienstvollen und leider europaweit noch einzigartigen Arbeit mittelalterliche Belege zusammengetragen und überprüft hat, konnte im Vergleich mit jüngeren Urkunden als genauen Standort Annebecg an der durch den Wasserbau schon damals streckenweise regulierten Orne ermitteln. Dem von ihr gegebenen Bericht zufolge wurden Walkmühlen, die man auch als »Mühlen zur Bearbeitung von Tuchen« oder ähnlich umschrieb, im selben Gebiet der Normandie sowie in der Champagne im Laufe des 12. Jahrhunderts immer zahlreicher. In der Grafschaft Beauvais, wo nach 1000 zahlreiche Gräben und Kanäle ausgehoben und hydraulische Verbesserungen vorgenommen worden waren, vereinbarten der dortige Bischof und der Abt von Saint-Quentin 1173 den Bau von nicht weniger als 30 Walkmühlen binnen fünf Jahren, wobei die Realisierung allerdings in Frage steht. Interesse beansprucht außerdem die Errichtung von 4 Walkmühlen 1171 durch einen Schmied oder Eisenhändler, der die Hälfte der daraus zu erzielenden Einkünfte an den französischen König weiterzugeben hatte. Im Gegenzug verpflichtete dieser die Bewohner von Sens an der Yonne, die neuen Einrichtungen fleißig zu nutzen. Nach solchen Monopolen strebten die Investoren, oftmals kirchliche Institutionen, um durch regelmäßige Einnahmen eine günstige Verzinsung des eingesetzten Kapitals zu erreichen.

Jede Walkmühle ersetzte im groben Durchschnitt etwa 40 Fußwalker. Die Innovation stieß deshalb wiederholt auf den Widerstand derjenigen Arbeiter, die ihre mühsame Stampftätigkeit im lauwarmen, mit allerlei Zusätzen versehenen Wasser gefährdet sahen. Sowohl in der Normandie als auch in der Champagne arbeiteten Fußwalker und Walkmühlen im 12. und 13. Jahrhundert gelegentlich noch nebeneinander. In manchen Hauptorten der Tuchproduktion wie Rouen, Harfleur, Caen oder Saint-Lô wurde das mechanisierte Walken zunächst einmal verboten, in anderen wie Mecheln, Ypern, Brügge oder Hasselt zeitweilig auf bestimmtes Material billigerer Massenware beschränkt. Nach der Löwener Tucherordnung von 1298 mußte der Hersteller der Textilien einem mechanisierten Walken ausdrücklich zustimmen. Die beobachteten Anfänge einer »Walkmühlenstürmerei« gingen in der zweiten Hälfte des 12. Jahrhunderts auf keine grundsätzliche Technikfeindlichkeit zurück, sondern bildeten lokal und regional bemerkenswerte Versuche, unüberschaubaren sozialen Folgewirkungen der Mechanisierung zu entgehen. Im übrigen ist nichts darüber bekannt geworden, ob vielleicht findige Stadtobrigkeiten ihre Tuche als »fußgewalkt« oder »handgewalkt« – bei Hüten und Hauben – bezeichnet haben, was sich bei bestimmter feiner Ware hätte lohnen können. Laut Madame Bautier war es angesichts bestimmter Mängel, die bei der mechanischen Walkerei auftreten konnten, durchaus folgerichtig, daß große Städte, die anerkannte Qualitätstuche herstellten, der Innovation skeptisch begegneten.

In England erfolgte der Übergang zur mechanischen Walkerei erstaunlicherweise rund ein Jahrhundert später als in Frankreich. Walkmühlen, die die Ritter-Mönche des Templerordens errichten ließen, sind auf der Insel für das Jahr 1185 nachzuweisen, und eine »Mönchswalkmühle« der Zisterze von Stanley bestand 1189. Auf die folgende schnelle Verbreitung der Walkmühlen, vor allem in ländlichen Distrikten, gründete E. M. Carus-Wilson ihre überzeugende These einer »Industriellen Revolution« des 13. Jahrhunderts. Nach jüngsten Berechnungen belief sich der Anteil, den die Walkmühlen im 13./14. Jahrhundert am Mühlenbestand der West Midlands hatten, auf durchschnittlich 8 Prozent.

Außerhalb Frankreichs, Italiens und Englands, die im Hochmittelalter sowohl quantitativ als auch qualitativ in der Textilproduktion und im Textilhandel führten, setzte sich die Walkmühle nur mit weiteren Verzögerungen durch. Im Hinblick auf eine »Walkmolla«, die in Südschweden 1161 betrieben worden sein soll, bestehen einige Bedenken, zumal die Zeitangabe einer Aktenkopie aus dem 15. Jahrhundert entstammt. In Deutschland finden sich erste Nachrichten aus dem 13. Jahrhundert allesamt in den Westgebieten bis zum Rhein. Der angebliche Erstbeleg für Speyer ist jedoch ebenso auszuscheiden wie ein anderer für Kreuznach, der aus jüngerer Zeit stammt. Ein noch lateinischer Urkundentext aus Speyer nennt 1223 eine »Galcmüle«. Nach Ansicht der jüngeren landesgeschichtlichen Forschung handelte es sich um eine wohl mit tierischer Muskelkraft betriebene Kastenmühle der Landtechnik, deren Antriebsteil in Form eines Galgens gestaltet gewesen sein könnte. Trotzdem gehörte die Stadt am Rhein zu den ersten deutschen Orten, in denen die Innovation Fuß faßte. Eine Satzung über die Tuchherstellung enthält um 1280, als flußabwärts vor Köln sogar eine Schiffsmühle zum Walken gedient hat, eindeutige Verweise auf eine bestehende »Walcmule«. Alle Tuche sollten nach einer gründlichen Überprüfung der Maßgenauigkeit und der Qualität durch sechs vereidigte Bürger und Zunftmeister in jenes »Molendinum ad walcandum« gebracht werden. Außerhalb dieser Mühle sollte nicht gewalkt werden dürfen, auch an keinem auswärtigen Ort, »wo eine Mühle befindlich wäre«. Dieser Zusatz in der Satzung läßt erkennen, daß es in jenem Rhein-Gebiet auch schon andere Walkmühlen gegeben haben muß. Eine Schenkungsurkunde von 1261 nennt tatsächlich eine »Watmule« – mittelhochdeutsch »Wat«, Zeug, Tuch – bei Klingenmünster, etwa 30 bis 40 Meilen südwestlich von Speyer.

Die bislang in Deutschland älteste bekannte »zur Tuchherstellung geeignete Mühle« stand in Biewer bei Trier. Sie muß vor 1246 im klösterlichen Besitz betrieben worden sein, da sie in jenem Jahr zerstört worden ist. Den Gewaltakt hat ein »Pistor«, ein Müller, begangen, der zugleich Bäcker gewesen ist, so daß vorausgegangene Streitigkeiten um die Wasserzuführung oder die Mühlennutzung selbst anzunehmen sind. Die weitere Ausbreitung der Walkmühlen wurde zusammenfassend noch nicht untersucht, so daß sich aus deutscher Sicht keine Erkenntnisse über Akzeptanzprobleme beitragen lassen. In Soest, einem Zentrum der westfälischen Textilproduktion, soll gemäß der modernen Hansegeschichte eine jener technischen Anlagen 1260 betrieben worden sein. In den Urkunden findet sich jedoch kein sicheres Anzeichen dafür. Im selben Jahr wurden in Soest aufgrund eines Beschlusses des Rates und der Bürgerschaft Qualitätsprüfungen und -zeichen für die Tuche festgelegt und die Weber verpflichtet, ihre Produkte in einem bestimmten Haus der Stadt feilzuhalten.

Im Norden und Osten fand sich die Walkmühle beispielsweise 1329 in Wismar, und 1390 gehörte sie zu den »Molen«, die nach der nun deutsch geschriebenen Bleichordnung von Chemnitz betrieben wurden, nicht anders als für Leinwand die »Mandelmöle«, die Mangel. Die sächsische Bleiche bestand seit 1357 als Monopolbetrieb, in dessen Erträge sich die Landesherren und etliche Bleichergewerken teilten. 1374 ließ ein Bremer Bürger eine erste Walkmühle in der Stadt an der Weser anlegen, und im selben Jahr wurde auch in Danzig eine Walk- und Lohmühle errichtet. Sie gehörte dem Deutschen Orden, der damit den Bedürfnissen der Tuchmacher und der Gerber gleichermaßen entgegenkam, aber ebenso auf eigene Einnahmen bedacht war. Die Kombination der Anlagen erlaubt den Rückschluß auf technische Gemeinsamkeiten: Beide Arbeitsverfahren nutzten die Nockenwelle, so daß hier die Gerberlohe durch Stempel mit eisernen »Schuhen« gestampft und wohl nicht gemahlen wurde.

Waidmühlen, Lohmühlen und Erzmühlen

Im Vergleich mit den Walkmühlen fehlen für die Waidmühlen der Textilfärberei, in denen getrocknete Blätter des Waids im Kollergang gemahlen oder gequetscht worden sind, in der Literatur jegliche Zusammenfassungen. In der Umgebung von Jülich am Niederrhein sollen im 13. Jahrhundert 11 solcher Anlagen gearbeitet haben. In den Anbaugebieten der Färbepflanze im Süden des Herzogtums Brabant müssen sie ebenfalls frühzeitig vorhanden gewesen sein, später außerdem im Thüringischen um Erfurt. Die mittelalterliche Lohmühle, die insofern dem Textilgewerbe diente, als ihr Produkt auch zum Schwarzfärben von Tuchen genutzt wurde, hat nur in der französischen Forschung größere Beachtung gefunden. Lohe benötigte vor allem die Gerberei, die in manchen Städten aufblühte und zum Beispiel in Brügge um 1300, wenngleich hier weit hinter der Tuchmacherei, beachtliche Umsätze erzielte. Für die Bearbeitung einer einzigen großen Tierhaut wurden etwa 30 Kilogramm Gerberlohe verbraucht, die aus geschälter und getrockneter Baumrinde, zumeist von Eichen, durch Mahlen oder Stampfen gewonnen werden mußte. Der in einer Lohmühle mechanisierte Vorgang tauchte in Frankreich in der ersten Hälfte des 12. Jahrhunderts auf, und zwar zeitlich parallel zum Aufkommen der Walkmühlen in der Normandie und der Champagne. Er ersetzte nicht nur die älteren Formen des Handmahlens, sondern auch die des Stampfens in Mörsern. Kam die Nockenwelle zum Einsatz, so handelte es sich eigentlich um mechanisierte Lohstampfen, die die Baumrinde in einem Arbeitsgang zerstießen und danach pulverisierten. Beim mechanischen Mahlen wurden, wenn nicht ein Kollergang lief, Vorbereitungsarbeiten erforderlich, um die gut getrocknete Rinde in bestimmten Stückgrößen zwischen die Mühlsteine zu bringen. Oftmals dürften die Kombinationsmöglichkeiten den Ausschlag für die Verfahrenswahl gegeben haben, zumal wenn sich diese oder jene technischen Ausrüstungsteile weiterverwenden ließen.

Eine den Urkundenbelegen nach klare Zäsur hinsichtlich der Techniken des Mahlens und des Stampfens gibt sich nur im Bergbau zu erkennen. Sie betrifft neben der Zeitepoche sogar die Terminologie. Die Erzmühlen, die sich im 13. Jahrhundert und im Schwarzwald noch bis zur Mitte des 14. Jahrhunderts stark verbreitet hatten – allein der Abtei St. Blasien waren 45 Erzmühlen, Silberproduktionsstätten und sogenannte Würkhöfe abgabepflichtig –, verschwanden zu einem großen Teil in der folgenden Phase der Montandepression. Eine verbliebene Minderzahl – hier sowohl mit vertikalen als auch mit horizontalen Wasserrädern beziehungsweise Radkränzen – wurde seit dem 15. Jahrhundert durch die mit Nockenwellen betriebenen Erzstampfen verdrängt, für die sich im 16. Jahrhundert nicht die Benennung »Pochmühlen«, sondern »Pochwerke« durchsetzte. Ansätze zur Rationalisierung in der Produktion und allgemein zur Verwissenschaftlichung griffen im Bergbau ineinander und bewirkten sogar eine klarere Terminologie. Demgegenüber blieben Handwerk und Gewerbe vielfach traditionell geprägt, so daß die terminologische Genauigkeit mit der technischen Entwicklung nicht immer gleichziehen konnte.

Papiermühlen

Eine weitere Diversifizierung der Mühlen erfolgte im 13. Jahrhundert in der Papiermacherei Italiens. Das mechanische Lumpenstampfwerk der Papiermühle oder, genauer beobachtet, der Hadermühle, wurde zum Hauptkennzeichen des sogenannten europäischen Produktionsverfahrens. Die Papiermacherei kam aus China, woher die ältesten Funde papierner Materialien stammen, und dem islamischen Reich, das sie im 8. Jahrhundert übernahm, auf zwei Wegen nach Europa: über das maurische Spanien, wo 1074 in Xativa, heute San Felipe bei Valencia, Papier aus Leinenhadern hergestellt wurde, und über Sizilien, wo 1102 Roger II. (um 1095–1154) die Errichtung von Papierwerkstätten privilegierte. Obwohl in Katalonien »Molendinos draperios« als Lumpenmühlen schon im 12. Jahrhundert arbeiteten, scheint die Nockenwelle und damit das mechanische Stampfen und Quetschen zerschnittener Altgewebe erst in der zweiten Hälfte des 13. Jahrhunderts im italienischen Fabriano in der Mark Ancona zum Einsatz gekommen zu sein. Dort waren es Wollarbeiter, die das in der Textiltechnik entwickelte mechanische Walkverfahren in die Papierfabrikation übertrugen und mit Eisennägeln beschlagene Stößel zum Aufbereiten beziehungsweise Auflösen von Lumpen nutzten. Die trogförmigen Vertiefungen des Grubenbaums, durch die man Wasser leitete, um als Zwischenprodukt einen möglichst weißen Materialbrei für die weitere Arbeit an der Schöpfbütte zu erhalten, wurden am Boden mit Eisenplatten verstärkt, weil sonst der kontinuierliche Aufprall der »beschuhten« Stampfen oder der Hämmer an Schwingen auch das Holz zerfasert hätte.

Die Papiermacherei aus Lumpen erforderte eine gute Organisation der Altstoffbeschaffung. Nach bisheriger Erkenntnis ging hierfür in Europa die Republik Venedig voran. Ihr Senat bewilligte den Papiermühlen von Treviso, deren erste am Ende des 13. Jahrhunderts entstanden war, 1366 ein Privileg zum Lumpensammeln. Zugunsten der im nördlichen Hinterland der Serenissima gelegenen Stadt, die 1339 in einem ersten Schritt der »venezianischen Landnahme« erobert worden war, untersagte es die Ausfuhr von Lumpen sowie Papierabfällen aus dem neuen Gesamtgebiet. Bemerkenswert an diesen Bestimmungen ist nicht bloß der indirekte Hinweis auf das mittelalterliche Gewerbe des Lumpensammlers, sondern mehr noch die Tatsache, daß Papierabfall wiederverwertet, also Recycling betrieben wurde. Bis zum Vordringen der Papiermacherei über die Pyrenäen und die Alpen verging eine lange Zeit. In Frankreich arbeiteten die ersten Papiermühlen in Troyes in der ersten Hälfte des 14. Jahrhunderts. Wenig später folgte Essones, von wo aus der Papierbedarf der Pariser Universität gedeckt werden sollte. Die ersten Papiermühlen in Deutschland entstanden ab 1390 in Nürnberg und ab 1393 in Ravensburg, dem in der Folgezeit zunächst wichtigsten Standort der deutschen Fabrikation.

Sägemühlen

Im Hochmittelalter ließ sich der Wasserradantrieb auch für Sägen im Bereich der Holzverarbeitung nutzen. Während die Marmorsägen, die der provinzialrömische Dichter Ausonius (um 310– nach 393) besungen hat, an der Ruwer, einem Nebenfluß der Mosel, vermutlich umlaufende, endlose Seile aus Draht durch die Steinblöcke gezogen hatten, nutzten die im 13. Jahrhundert auftauchenden Säge- und Schneidemühlen die Nockenwelle. Die neuen technischen Anlagen dokumentierten den Mechanisierungsprozeß in einer Zeit, in der in manchen anderen Teilen Europas den Äxten als Werkzeugen der Holzverarbeitung erst die seit der Antike bekannten Hand- sowie Rahmen- oder Spannsägen hinzugefügt wurden. Ursache für die sich nahezu überstürzenden Prozesse kann nur der große Schnittholzbedarf gewesen sein, der sich aus dem Städtebau für die wachsende Bevölkerung und nicht minder aus dem Kirchenbau ergab.

Die neue mechanische Säge ist sehr gut vorstellbar geworden durch die für die

29. Säge mit Wasserradantrieb und Armbrust. Federzeichnung in dem um 1235 entstandenen Skizzenbuch des Villard de Honnecourt. Paris, Bibliothèque Nationale

Zeit einmaligen Zeichnungen, die der französische Baumeister Villard de Honnecourt um 1235 in sein »Bauhüttenbuch« eingetragen hat. Neben der Skizze für eine Unterwassersäge zum Zurechtschneiden von Gründungspfählen hat Villard die erste Zeichnung einer Säge überliefert, die selbständig zwei Aufgaben erfüllte: Da ist zum einen die Umwandlung der Drehbewegung des Wasserrades mit Hilfe der Nockenwelle in eine Abwärtsbewegung des Sägeblattes. Dabei wird eine elastische Holzstange nach unten gespannt, und mit dem Weiterdrehen und Abgleiten der Nocken läßt sie das Sägeblatt wieder nach oben schnellen. Da ist zum anderen der ständige Vorschub zum Anpressen des Arbeitsgegenstandes, eines Baumstammes, an die Sägezähne. Er wird durch ein am Wellbaum zwischen dem Mühlrad und dem Nockenkreuz angebrachtes Zackenrad bewirkt, das von unten in den längsseits gesägten Stamm eingreift.

Nach einem möglichen Erstbeleg in Evreux 1204, wo eine Mühle »de planchia« auch eine der verbreiteten »Schlagmühlen« gewesen sein kann, werden weitere Urkunden erst im 14. Jahrhundert eindeutig. Nun erscheinen auch in deutschen Texten häufiger »Sag«, »Sage« oder »Segmul«. Die Belege stammen aus waldreichen Gebirgsgegenden, vor allem aus den Alpen, wo sich Zusammenhänge mit der Salz- und der sonstigen Montanproduktion zeigen, aber auch aus Städten, deren

Bedarf an Schnittholz anhielt. Sägemühlen wurden, um einige Orte herauszugreifen, in Hall in Tirol 1307 genannt, in Augsburg 1322, in Speyer 1334, in Oberwölz in der Steiermark 1335 und in Danzig 1338. Mit Hilfe des Kurbeltriebs, mit dem im 15. Jahrhundert in den technisch fortgeschrittenen Gebieten vielfache Versuche angestellt wurden, konnte die relative Schwerfälligkeit der wasserradgetriebenen Hubsäge schließlich überwunden werden und der Sägevorgang vor allem im sogenannten Venezianer-Gatter stabiler und schneller erfolgen.

Seidenzwirnmühlen

Wasserkraft trieb schließlich auch die hochentwickelte Seidenmühle oder Seidenzwirnmühle, das »Molendinum sive filatorium . . . a seta«. Diese technisch hervorragende Konstruktion, gewissermaßen »High-Tech« des Mittelalters, benötigte zwecks unterschiedlicher Drehgeschwindigkeiten mehrere Zahnradsysteme, um eine Vielzahl von Spindeln und Haspeln über eine sich in einem Gestell um eine

30. Seidenzwirnmühle nach dem Vorbild des Luccheser Filatoriums. Aquarellierte Federzeichnung, 1487. Florenz, Biblioteca Laurenziana

Achse drehende sogenannte Girlande in Gang zu setzen. Die als Produkt der Seidenraupe natürlich vorgegebenen feinen Fäden konnten beim Abwickeln von Spulen durch S-förmige Ösen in großer Zahl verdrillt, also verzwirnt und aufgehaspelt werden. Im Ergebnis zeigte sich nicht nur jener für die moderne Industrie kennzeichnende Übergang zur Bewegung vieler gleicher Werkzeuge durch eine einzige Antriebskraft, sondern darüber hinaus die Bewegungskoordinierung verschiedener Werkzeuge, nämlich der Spindeln beziehungsweise Spulen und Haspeln. Die derart moderne Maschinerie entstand in ihrer Urform im 13. Jahrhundert in Lucca, wohin das Seidengewerbe bald nach 1000 durch zugewanderte Juden aus dem Süden, besonders von Sizilien, gebracht worden sein soll.

Das »Luccheser Filatorium« wurde ständig vervollkommnet, statt mit je einem Spindel- und Haspelkreis mit je zweien bestückt und zumal in Bologna seit 1341 mit Wasserkraft betrieben. Nur eine Generation später arbeiteten an den als Netzwerk kanalartig angelegten Fließen der Hauptstadt der Emilia am Nordfuß des Apennin bereits 12 solcher mechanischen Seidenzwirnmühlen. Die weitere Diffusion erreichte in Italien insbesondere Florenz und Venedig, wobei immer wieder Emigranten aus Lucca eine Rolle spielten, die wegen der blutigen Auseinandersetzungen zwischen Guelfen und Ghibellinen ihre Heimatstadt verließen. Ein Technologietransfer nach Köln scheiterte 1412/13, weil man befürchtete, daß die Innovation den Arbeitswillen der seinerzeit zumeist weiblichen Beschäftigten im Seidengewerbe beeinträchtigen könnte. Offensichtlich war man hier gerade im Bereich der Textiltechnik auf eine angemessene Ausgewogenheit des Mechanisierungsprozesses bedacht. Um 1371 hatte man den erneuten Bau einer Walkmühle auf dem Rhein sehr zögerlich befürwortet, während man mehrspindelige Garnräder zum Verzwirnen von Leinenfäden, die 1372/73 in städtischen Besitz überführt und verpachtet wurden, guthieß, obwohl sie nicht allein mit Hand, per Tret- oder Laufrad, sondern auch mit Göpelantrieb arbeiteten.

Die Konstruktion des »Luccheser Filatoriums«, die es tatsächlich ermöglichte, »die Arbeit von Hunderten von Spinnmeisterinnen zu ersetzen« (R. Maiocchi), blieb lange Zeit unübertroffen. Mit Worten uneingeschränkten Lobes stellte sie Vittorio Zonca in seinem »Novo teatro di machine et edificii« (1607) einem größeren Leserkreis vor: »Schön, mehr noch wunderbar ist die Bauweise des wassergetriebenen Filatoriums, denn man sieht hier so viel Bewegung von Rädern, Spindeln, Rädchen und anderen Holzteilen, quer, längs und diagonal, daß das Auge sich daran verliert, wenn man bedenkt, wie menschlicher Erfindergeist so viele verschiedene Dinge verstehen konnte, so viele gegensätzliche Bewegungen, ausgehend von einem einzigen Rad, das keine eigene Bewegung kennt.« Noch in der »Enzyklopädie« von Diderot (1713–1784) werden die »Moulins de Piédmont«, Seidenzwirnmühlen in Turin, als die perfektesten Maschinen zum Spinnen und Haspeln bezeichnet. Diese Anerkennung umgreift einen Zeitraum von rund fünfhundert Jahren.

Schleifmühlen

Ohne Nockenwelle arbeiteten die Schleifmühlen zum Schärfen von Messern und anderen Schneid-, aber auch Hack- und Hiebinstrumenten. Es mag sein, daß die Anfänge der Schleifmüllerei in der Forschung deshalb kaum Beachtung gefunden haben, weil Schleifsteine altbekannt und – wie es im »Utrecht-Psalter« des 9. Jahrhunderts zu sehen ist – leicht mit der Kurbel, im Spätmittelalter auch mit Pedal zu betreiben und weit verbreitet gewesen sind. Von französischer Seite wurde treffend darauf hingewiesen, daß die Errichtung von Schleifmühlen die Existenz einer »Industrie de la coutellerie«, einer über das einfache Messerschmiedehandwerk hinausgehenden Wirtschaftsorganisation, andeuten könne. Die ältesten bekannten Dokumente verweisen auf die Obere Normandie und die angrenzende Ile-de-France, wo 1195 beispielsweise ein Walkmüller dazu ermächtigt worden ist, seine ältere, baufällige Mühle umzurüsten und mit einem Schleifstein zu versehen. Schon für 1182 führt in jener Region eine Papsturkunde eine Mühle auf, in der »Eisengerät gemahlen« worden ist. Auch dieser Beleg läßt sich wohl auf eine Eisenschleifmühle beziehen. Im 13. Jahrhundert, für das die Hinweise zahlenmäßig zunehmen, müssen jedoch die Unterschiede zu den reinen Eisenmühlen oder Eisenwerken als mit wasserradgetriebenen Hämmern, hier und da auch mit Blasebälgen bestückten Anlagen beachtet werden. Wieder andere Schleifmühlen, die »Rotas ad acuendum« zum Beispiel in Italien, lassen sich hinsichtlich des Antriebs – ob Muskel- oder Wasserkraft – nicht näher bestimmen. Im Gebiet von Siena muß es sich 1262 um größere Anlagen gehandelt haben, da sie von kommunalen Schmieden und sonstigen Metallgewerken genutzt worden sind, denen aufgrund der Lage der Stadt für die eigenen Arbeiten Wasserkraft nicht zur Verfügung gestanden hat. In Deutschland waren Schleifmühlen in den Zentren der Rüstungsproduktion wie Nürnberg spätestens seit dem 14. Jahrhundert in Betrieb. Jüngere Darstellungen der vielen Mühlenanlagen an der Pegnitz erkennen eine einzelne dieser Anlagen schon zur Mitte des 13. Jahrhunderts. In der kleinen Gewerbestadt Roth südlich Nürnbergs findet sich ein Erstbeleg für das Jahr 1408. Der weitere, im wesentlichen ebenfalls noch auf die Metallverarbeitung beschränkte Diversifizierungsprozeß im Mühlenbau fällt in die Phase des Übergangs vom Mittelalter zur Neuzeit.

Nutzung der Windkraft

In den beiden letzten Jahrzehnten vor 1200 kam es in Westeuropa zum Bau von »Windmühlen«. Die Benennung bezieht sich, ähnlich wie bei den »Wassermühlen«, auf die Art der Energieausnutzung und den Arbeitsvorgang des Getreidemahlens. Technisch korrekt müßte von flügel- oder windradgetriebenen Mahlwerken

31. Feststehende Windmühle. Aus einem elsässischen Wandbehang, dem sogenannten Ritterspielteppich, um 1385. Nürnberg, Germanisches Nationalmuseum

zur Erzeugung des Mehls, später auch des Öls und weiterer Produkte gesprochen werden. Windkraft wurde »aufgefangen« – eine jüngere englische Darstellung spricht mit einem Quellenbegriff vom »Ernten des Windes« – und in mechanische Energie umgesetzt. Vorbilder sind vielleicht persische Turmwindmühlen. Deren starre Flügel waren nicht mit einer waagerechten, sondern mit einer senkrechten Welle verbunden und standen in der Hauptwindrichtung, durch eine Mauer vor dem Gegendruck bewahrt. Die ersten europäischen Windmühlen, die mit dem Gesamtgehäuse drehbar waren und den Wind wie beim Segeln nutzen konnten, sind der urkundlichen Überlieferung nach in den achtziger Jahren des 12. Jahrhunderts entstanden, und zwar etwa gleichzeitig in England, in der Normandie und in Flandern.

Diese ersten Windmühlen auf westeuropäischem Boden benutzte man – nicht anders als die segelbespannten im Mittelmeerraum, deren Ursprünge im Spätmittelalter nicht dokumentiert sind – allgemein zum Getreidemahlen. Im islamischen Bereich, auf Zypern und später in Spanien dienten sie auch zum Verarbeiten von Zuckerrohr. In Westeuropa drehten Windmühlen als hölzerne Fachwerkbauten mittels ihrer Flügel waagerechte Wellen. Wie bei der Vertikalen Wassermühle war ein Winkelgetriebe aus hölzernen Zahn- oder Kammrädern beziehungsweise Spillen

32. Bockwindmühle. Miniatur in einer zwischen 1338 und 1344 entstandenen Handschrift des »Alexander-Romans«. Oxford, Bodleian Library

erforderlich, um den horizontal liegenden oberen Mahlstein zu bewegen. Anfangs stellte man das Mühlengehäuse auf einen »Bock«, das heißt auf einen in die Erde eingerammten Holzpfosten. Auf diese Weise ließen sich die inneren und äußeren Belastungen durch den technischen Betrieb, durch das Gewicht gefüllter Getreide- und Mehlsäcke in den Boden ableiten, und diese »Bockwindmühlen« konnten in die jeweils günstigste Windrichtung gedreht werden. Erst 1294/95 spricht eine englische Urkunde von einem fest gegründeten Bau aus Holz und Stein, dem man vielleicht schon damals eine drehbare Dachhaube aufgesetzt hat, die sich samt der Flügel in den Wind einschwenken ließ. Zeichnungen dafür liegen um 1500 von Leonardo da Vinci vor. Die für die Turmwindmühle später oft verwendete Bezeichnung »holländische Mühle« könnte auf entsprechende geographische Ursprünge schließen lassen. Hieb- und stichfeste Beweise dafür lassen sich jedoch nicht erbringen, zumal die Bockwindmühle auch als »deutsche Mühle« bezeichnet wird, obwohl deren erstes Verbreitungsgebiet weiter im Westen gelegen hat. Die Gegenüberstellung »holländischer« und »deutscher« Mühlen spiegelt nicht mehr als lokale Gegebenheiten in später erschlossenen, gemeinsamen Siedlungsgebieten vor allem des Ostens wider. Im 12. Jahrhundert hieß es in den durchweg noch lateinischen Texten »Molendinum venti« oder »Molendinum de vento«, also schlicht und einfach »Windmühle«.

Die erste Windmühle auf deutschem Boden scheint relativ früh – jüngere Beiträge sprechen leichthin vom 12. Jahrhundert – in Köln, der im Hochmittelalter größten deutschen Stadt, errichtet worden zu sein, über die der Annalist Lampert von Hersfeld zu berichten weiß, daß die Straßen die gedrängten Scharen von Fußgängern kaum zu fassen vermochten. Im Jahr 1222 wird dort ein Haus »nahe der Windmühle« genannt. Angesichts der guten Verbindungen der Stadt am Rhein zu den flandrisch-brabantischen Märkten und auf dem Wasserweg nach England erscheint ein früher Mühlenbau glaubwürdig. Handelsverbindungen dienten allemal auch dem Technologietransfer. Die Kölner Windmühle stand auf dem in die erweiterte Stadt einbezogenen alten Römerwall, also an einer herausragenden Stelle. Diese erste, später nicht mehr erwähnte Anlage könnte jenen Typ repräsentiert haben, den man bald auch auf den Wällen von Burgen fand: die Mühle mit fest installiertem, nicht drehbarem Gehäuse. Die Windmühle in Köln hatte man hauptsächlich für Not- und Kriegsfälle errichtet; denn die zahlreichen Schiffsmühlen auf dem Rhein mußten im Winter bei Eisgang an Land gezogen werden und konnten bei kriegerischen Auseinandersetzungen leicht in feindliche Hände fallen. Dem gleichen Sicherheitszweck dienten ab 1392 eine weitere Windmühle sowie ab 1408/09 eine Roßmühle, die 1415 vergrößert wurde. Wind- und Tierkraft galten inzwischen als alternative Energie für den Fall von Belagerungen, da der Gegner zumindest kleinere, die Stadtgebiete durchfließende Wasserläufe vor den Mauern abzuleiten vermochte, was die kriegstechnische Literatur des 15. Jahrhunderts sogar empfahl. Viele der ansonsten hydrographisch begünstigten Städte sorgten deshalb schon frühzeitig für Mühlenbetriebe, deren Energieversorgung sich von außerhalb nicht willkürlich stören ließ. Eine Roßmühle als Ergebnis solcher Vorsorge fiel 1259 in Worms unter mehreren städtischen »Machinas et instrumenta«, militärischen Verteidigungsgeräten, einem Brand zum Opfer. Auch an der Ostseeküste betraute der Rat der Stadt Wismar im Jahr 1312 einen lübischen Unternehmer damit, auf dem Burgwall eine »Roß- oder eine Windmühle« zu errichten. Nördlich der Elbe soll 1234 eine Windmühle dem Kloster Uetersen geschenkt worden sein. Der genaue Urkundenbeleg fehlt, und erstaunlich bleibt, daß mit jener Anlage die Niederlande im Innovationsprozeß gewissermaßen übersprungen worden sein sollen. Dort finden sich Hinweise auf eine Windmühle nämlich erst 1274 in einem Urkundenentwurf für die Bürger von Haarlem. Zum gepriesenen Land der Windmühlen konnte Holland von dem Zeitpunkt an werden, als man begann, die neuartigen Anlagen der

Energieausnutzung in großer Zahl zum Wasserheben und damit zur Landgewinnung für eine wachsende Bevölkerung einzusetzen. Das aber war der regionalgeschichtlichen Forschung zufolge erst seit 1414 der Fall. Die Abhängigkeit der Windmühlen von der Stärke, der Richtung oder dem Einfallswinkel des Energieträgers verhinderte eine ähnlich breite Diversifizierung wie beim Wasserradantrieb. Die durch Heinrich von Herford um 1350 lehrhaft gestellte Frage, »warum der Wind ›Turbinen‹ im Kreis herumdreht«, erlaubt keine weiterführenden Schlüsse auf eine neue Technik.

Anfänglich förderten die windradgetriebenen Hebewerke wohl mittels Schöpfrädern Wasser auf das höhere Niveau eines Abflußgrabens oder einer Vorflut. Danach oder parallel dazu geschah dies mit Hilfe der schon im Altertum entwickelten, seit Anfang des 15. Jahrhunderts wieder bildlich belegten »Archimedischen Schraube« in Form einer oder mehrerer versetzt angeordneter Windungen um eine Achse als schiefer Ebene. Ein bestehender Wasserspiegel oder auch Grundwasserspiegel ließ sich durch ein solches »Ausmahlen« so weit absenken, daß im Laufe der Zeit eine immer bessere landwirtschaftliche Nutzung eingedeichter Ländereien und Polder möglich wurde, und zwar selbst in Depressionsgebieten unter Normalnull. Im Zusammenhang mit der West-Ost-Siedlung des 13. Jahrhunderts dürfte diese diversifizierte Windmühlentechnik noch nicht eingesetzt worden sein. Die deutsche Forschung hat das vor einigen Jahrzehnten behauptet, indem sie sich die Damm-, Deich- und Kanalbauten der Ordenszeit im Weichsel-Gebiet ohne den Einsatz von Schöpfmühlen nicht vorstellen konnte. Dort handelte es sich jedoch eher um zwei, in weitem zeitlichen Abstand aufeinanderfolgende Schritte der Wasserbautechnik, die noch genauer untersucht werden müßten. Ein offensichtlich exponierter Mühlenbau mit umfangreichen Damm- und Kanalanlagen, der der mitteldeutschen Unternehmerfamilie Stange 1285 im Seengebiet von Christburg zugestanden wurde, könnte als Ansatzpunkt dienen.

Erst im Jahr 1377 ist in einer »Handfeste« des Ordenshochmeisters Winrich von Knyprode (gestorben 1382) ausdrücklich von »zcwey wintmolen« die Rede. Sie durften in Konitz von den dortigen Bürgern innerhalb der Stadtfreiheit errichtet werden. Als Einnahmequelle sollten sie es zudem ermöglichen, die alljährlichen Zinszahlungen zu erleichtern. Nichts deutet aber darauf hin, daß es sich bei diesen Windmühlen, die sich in Konitz neben älteren wasserradgetriebenen Getreidemühlen gedreht haben, um Schöpfwerke gehandelt hat. Mit Sicherheit gelangten diese spätestens mit der zweiten »holländischen« West-Ost-Siedlung in das Deltagebiet von Weichsel und Nogat, in dem seit Mitte des 16. Jahrhunderts weitere Depressionsflächen trockengelegt und der landwirtschaftlichen Nutzung zugeführt wurden. Diese beschwerlichen Arbeiten übernahmen niederländische Mennoniten, die ihres Glaubens wegen die habsburgischen Lande verlassen hatten. Vom polnischen König erhielten sie in der Folge stets das Recht zugestanden, Mühlen und andere

33. Archimedische Schraube. Lavierte Federzeichnung in der 1405 vollendeten »Bellifortis-Handschrift« des Konrad Kyeser von Eichstätt. Göttingen, Staats- und Universitätsbibliothek

Mittel »ad adducendas aquas necessario«, zum Wasserheben notwendig, sachverständig einzusetzen. Erst damit wurden Windmühlen auch in einer nordosteuropäischen Region zum Kennzeichen der Landschaft.

Der allgemein hohe Stand der Technik im Süden erfordert einen Blick auf die Apenninen-Halbinsel, wo es im Sienesischen schon 1237 Windmühlen für die Mehlerzeugung gegeben haben soll. Die Funktion eines Windrades, dessen Errichtung in Venedig 1332 Bartolomeus Verde zugeschrieben wird, bleibt unklar. Im Bereich der Lagune und bei Regulierungen von Brenta und Piave hat man sehr verschiedenartige Aktivitäten im Wasser- wie im Mühlenbau entfaltet. Im Zusammenhang damit wurde die Berufsbezeichnung »Ingenieur« für den Schöpfer der Technik aus der militärischen Sphäre herausgelöst, in die sie seit ihrem ersten Auftauchen im »Roman du Rou« von Robert Wace (um 1100–1175) geraten war. Schon 1323 nannte man einen Deutschen in Venedig »Ingenerius« und »Inzenerius molendinorum«, Mühleningenieur, aber ohne daß auf Windräder hingewiesen

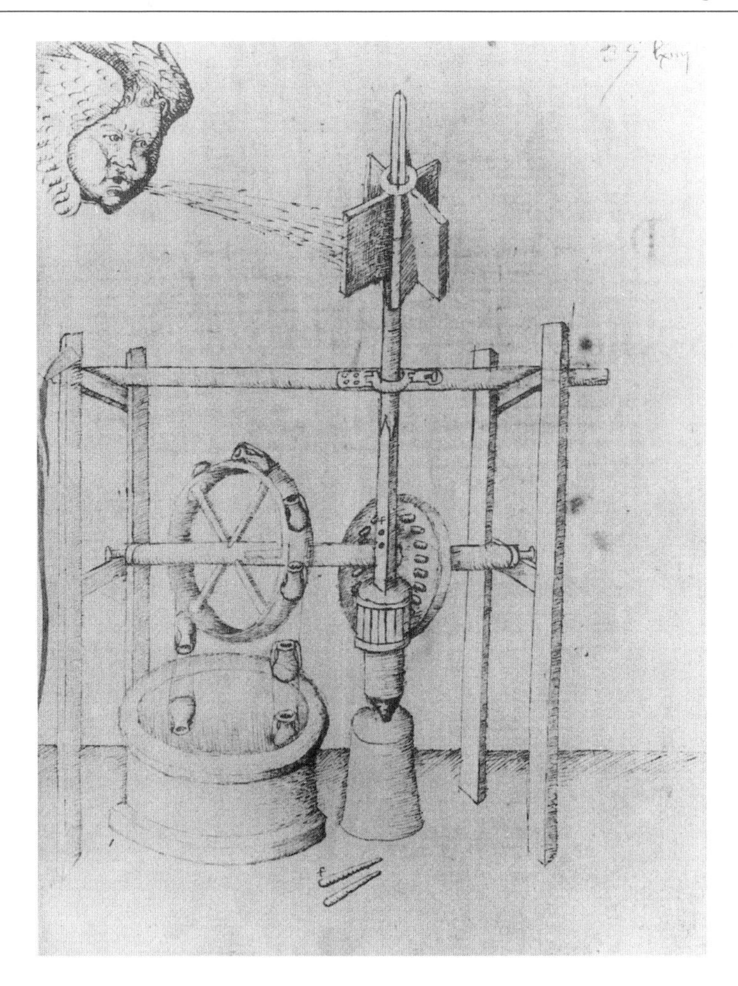

34. Horizontales Windrad zum Betrieb eines Becherwerks. Lavierte Federzeichnung in dem vor 1441 entstandenen »Liber tertius de ingeneis« von Taccola. Florenz, Biblioteca Nazionale Centrale

worden wäre. Etwas mehr als hundert Jahre später zeichnete Taccola als erster ein Schöpfwerk, das durch ein Windrad an senkrechter Welle betrieben werden sollte. Das besonders reichhaltige technische Schrifttum, das zum venezianischen Patentgesetz von 1474 entstanden und überliefert worden ist, hat ausdrücklich zahlreiche Mühlen »da uento« zum Gegenstand, und 1492 erteilte man Johannes von Ulm, einem »optimo et famosissimo engegnier«, für dreißig Jahre ein Patent auf bestimmte Windmühlenkonstruktionen, auch »de aqua corrente«, für Fließwasser. Allgemein wird man davon ausgehen können, daß in Italien seit dem 13. Jahrhundert erfolgreiche windenergetische Versuche angestellt worden sind. Der Mailänder Chronist Galvano Fiamma wies indirekt auf sie hin, als er im Zusammenhang mit

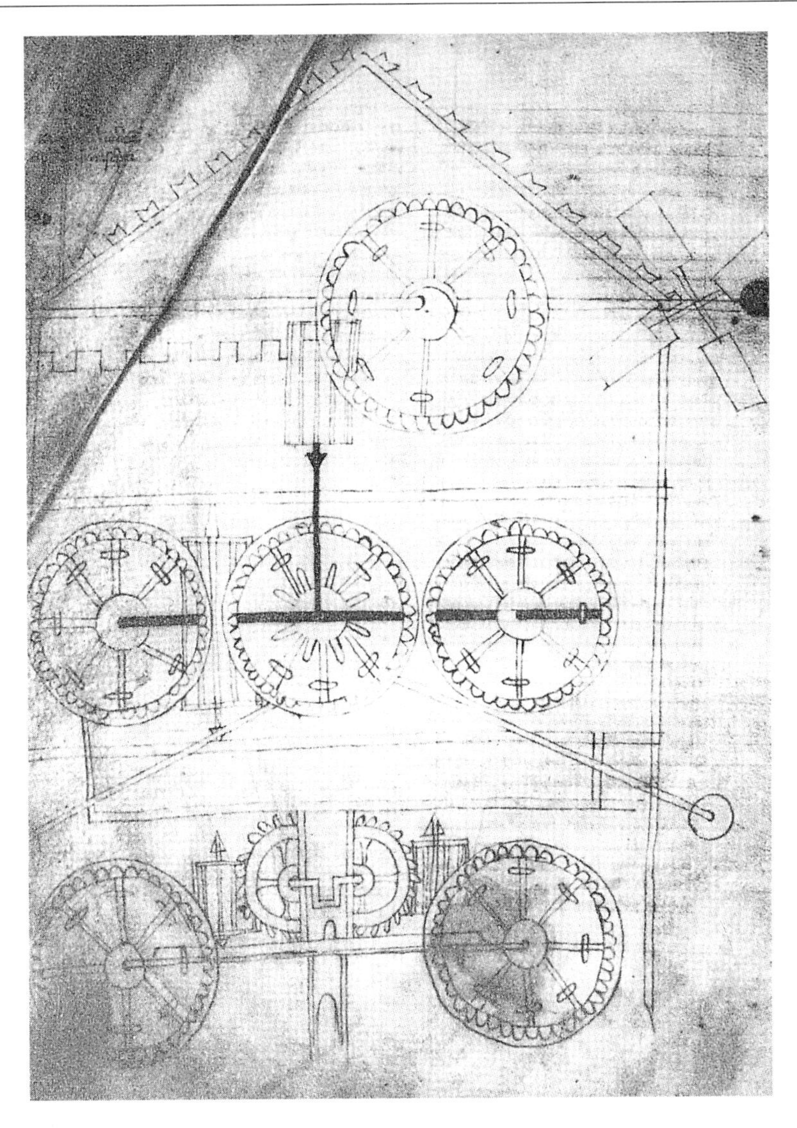

35. Windradantrieb für einen Kampfwagen. Federzeichnung in dem 1335 entstandenen »Texaurus« des Guido da Vigevano. Paris, Bibliothèque Nationale

ersten Uhrenbauten für das Jahr 1341 neu erfundene Mühlen verzeichnete, die mit Gewichten und Gegengewichten betrieben wurden, nicht aber, so vermerkte er ausdrücklich, durch Wasser oder Wind. Bei alledem blieb Italien wegen seiner Witterungsverhältnisse vornehmlich die Region der »Trockenmühlen« oder, wie es 1353 im Text einer Urkunde der Stadt Pistoia hieß, der »Trocken- und der Roßmühlen«.

Aus dem 14. Jahrhundert sind noch drei ebenso originelle wie technisch fragwürdige Vorschläge für den Einsatz von Windrädern beachtenswert. In einer dem englischen König Eduard III. (1312–1377) im Jahr 1327 gewidmeten Handschrift, die auch die früheste bekannte Abbildung eines Pulvergeschützes, einer Kanone, enthält, ließ Walter von Milemete eine Bockwindmühle zeichnen, deren Flügel als Bienenkorbschleuder dienen sollte, um die Insekten zum Angriff auf den Feind zu reizen. Der Pavianer Arzt Guido da Vigevano nahm 1335 in seine Vorschläge zur Rückeroberung des Heiligen Landes einen windradgetriebenen Kampfwagen auf, und Konrad Kyeser wollte die Windkraft um 1400 ebenfalls kriegerisch einsetzen, um mit einem Aufzug militärische Nutzlast auf die Höhe einer Stadtmauer zu heben. Diese spezifischen Anwendungen sollten aber nicht zu falschen Schlüssen verleiten; denn Wasser- und Windkraft gebrauchte man im Hochmittelalter grundsätzlich für friedliche Zwecke. Die Dichtung bemächtigte sich gleichfalls der Windmühle, so wie sie sich schon in der Antike der Wassermühle zugewandt hatte. Angeführt sei hier nur ein einziges Beispiel aus England, wo die für die breiten Massen bestimmte Literatur die technischen Tätigkeiten des Pflügens, des Spinnens und des Wollkämmens bemerkenswert oft hervorgehoben hat. Ein Beitrag des bekannten Priesters und Predigers John Ball, der sein kritisches Engagement beim Aufstand von 1381 mit dem Tode büßen sollte, zeigte die Windmühle fest in das ländlich-bäuerliche Weltbild integriert: »John Miller braucht Hilfe für seine Mühle / Er hat gemahlen so fein, so fein / des Königs Sohn droben steht dafür ein / seht hin nur, vier Flügel hat seine Mühle / Macht heißt der eine und der andere Recht / Können der dritte und der vierte heißt Wille / doch sollen die Flügel sicher sich drehen / so helfe das Recht stets der Macht / und Können muß dann vorm Wollen stehen / Wenn aber die Macht vor das Recht geht / und Können hinter dem Wollen zurücksteht / dann drehn sich die Flügel nur mühsam und schlecht / Dann kommt bald die Not, drum nehmt euch in acht / und scheidet die Freunde vom Feinde.«

Textiltechnik und Marktproduktion

Die frühmittelalterliche Textilienherstellung hatte den Eigenbedarf bäuerlicher Familien gedeckt und mit spezifischer Frauenarbeit sowie Abgabenleistungen im grundherrschaftlichen Organisationsmuster größere Gemeinschaften, insbesondere Mönchskonvente versorgt. Nach 1000 paßten solche Produktionsformen immer weniger in die gesellschaftlich fortgeschrittenen Regionen Europas. In der Grafschaft Flandern hatte sich sogar schon im 9. Jahrhundert ein erster Übergang zur Produktion für den Markt ergeben. In Tournai lebende »Hemdenmacherinnen« der nordfranzösischen Abtei Saint-Amand-les-Eaux sahen sich in die Lage versetzt, ihre Ware frei zu veräußern und statt der Naturallieferungen eine geldliche Ablöse zu zahlen. Im 10. Jahrhundert liegen auch aus Oberschwaben Anzeichen dafür vor, daß hörige Bauern Leinwand für den Verkauf zu erzeugen vermochten. Schienen Wege in die Marktwirtschaft auf diese Weise vorgezeichnet zu sein, so erzwang der schnelle Bevölkerungszuwachs im Westen des europäischen Kontinents, zumal in Flandern, Brabant und den umliegenden Gebieten wie dem Artois und der Picardie, spätestens im 11. Jahrhundert die Schaffung und stetige Erweiterung von Produktionskapazitäten und in den frühurbanen Zentren eine rationale Organisation vor allem der eingeübten Textilarbeit.

Entscheidend wurden Arbeitsteilungen im Gesamtprozeß und für die diversen Erzeugnisse aus Wolle und Leinen. Die spätere Einordnung des Textilgewerbes in die Mechanischen Künste berücksichtigte die Organisationsproblematik mit der einfachen Feststellung, daß zur Weberei »vieles andere« gehöre. Arbeitsteilungen erfolgten aber nicht nur unter der produzierenden Bevölkerung, sondern auch unter den entstehenden Textilgewerbestädten. Die größeren von ihnen lieferten bald spezielle Stoffarten, die ihnen andere Orte nur selten streitig machten. Arras, wo seit 1036 städtische Tuchmacherei für den allgemeinen Markt angenommen wird, handelte mit leichtem Tuch, auch »Rasch« genannt. Es war »vielleicht das älteste Erzeugnis flandrischer gewerbsmäßiger Weberei überhaupt« (R. Häpke), das später in Lille und anderen Städten nachgewebt wurde. Ypern und Gent produzierten feine Tuche vornehmlich aus englischer Wolle, und außerdem ragte Ypern durch die Kunst seiner Färberei hervor. Saint-Omer teilte sich mit dem hennegauischen Valenciennes in die Fabrikation der »Saye«, eines leichten Tuches aus feiner Wolle, das durch Pressen einseitig glänzend gemacht und vor allem als Unterfutter verwendet wurde. Aus demselben Material stellte man in Brügge Hosen her, die als

»Cousen«, heutigen Strumpfhosen vergleichbar, in ganz Europa als Beinkleid begehrt waren. Als vornehmes Tuch galt der »Scharlach«, der zwar rot gefärbt sein konnte, seinen Namen aber von »Scarlachen«, dem Scheren, erhielt. Das Leinenhandwerk kam allgemein später in die Städte, und seine Zünfte erwarben sich nur ein verhältnismäßig geringes Ansehen.

Das Spinnen und Weben samt der vielfältigen Vor- und Nachbereitungsarbeiten und eine dementsprechende Arbeitsorganisation wurden für Klöster – die Abtei Saint-Riquier in der Picardie im 12./13. Jahrhundert mit Gewerbeansiedlungen, darunter einem »Vicus« der Walker –, vor allem aber die durch die demographische Entwicklung besonders herausgeforderten Städte zu einer wesentlichen Existenzgrundlage. Rund drei Jahrhunderte hielt eine Zuwanderung ländlicher Bevölkerungsteile an, der insbesondere das Textilgewerbe mit Arbeitsplätzen begegnen mußte. Als 1338 der italienische Humanist Francesco Petrarca (1304–1374) in Flandern und Brabant weilte, zeigte er sich äußerst erstaunt über die allerorts beschäftigten Massen, die an der Wolle arbeiteten oder sich als Weber betätigten. Gleichwohl reichten die Zahlen in einer westeuropäischen Stadt an die von Florenz – unter rund 100.000 Einwohnern 30.000 Textilarbeiter und -arbeiterinnen – nicht heran. Städte wie Antwerpen, Gent oder Brüssel zählten damals 40.000 bis 50.000 Einwohner, und Brügge kam mit seinen 35.000 Seelen vielleicht noch vor Köln. Die Wolltuchproduktion, die in allen diesen Städten vorherrschte, wurde normalerweise von mindestens sieben Berufsgruppen ausgeführt, die das Schlagen, Kämmen, Spinnen, Weben, Walken, Färben und Tuchscheren besorgten. Im einzelnen handelte es sich um weit mehr Arbeitsgänge, die sich gegebenenfalls auch berufsmäßig ausdifferenzieren, aber keineswegs schon rational organisieren ließen: Reinigen der Wolle – unter anderem durch teilweise bereits mechanisiertes Schlagen –, Ordnen nach Qualitäten, Wiegen, Waschen, Trocknen, erneutes Wiegen, Zupfen, Scheren, Feuchten, Kämmen, Krempeln, Spinnen, Spulen, Scheren der Kettfäden, Weben und Schlichten, Glätten und Reinigen, Walken, Trocknen, Spannen und Strecken, Scheren des Tuches, Färben – wenn nicht in der Wolle gefärbt worden war –, Ausbessern von Hand, nochmaliges Krempeln (Aufrauhen), Appretieren, Dekatieren mittels Wasserdampf und schließlich Falten des Handelsgutes. Bei der Leinwandfertigung blieben die vorbereitenden Arbeitsgänge, zumindest das Riffeln, das Entfernen von Samenkapseln, das Einweichen und Rösten oder »Verrotten« sowie das folgende Trocknen der Pflanzenstengel in der Sonne, weiterhin allgemein der ländlichen Bevölkerung überlassen.

Die Heldendichtung »Yvain«, die Chrétien de Troyes (um 1135–1190) in der Umgebung des Hofes der Marie de Champagne (1145–1198) schrieb und Hartmann von Aue (um 1165–1215) ziemlich wortgetreu ins Mittelhochdeutsche übertrug, schildert um 1170 in einer längeren Textpassage die städtischen Produktionsformen des Textilbereichs in einem eigentümlichen Übergangsprozeß von der älteren

36. Frauenarbeit am Spulrad und am Horizontal-Trittwebstuhl mit Vorrichtungen zum Schlichten. Miniatur in dem um 1308 entstandenen Psalter für die französische Königstochter Isabella. München, Bayerische Staatsbibliothek

grundherrschaftlichen zur »modernen« manufakturellen Arbeitsorganisation. »In einem neuen hohen Saal« – der Übersetzer Hartmann schrieb statt »Saal«, was an einen Fabriksaal denken lassen könnte, eher rückwärtsgewandt »Wercgaden« – arbeiteten innerhalb eines städtischen Mauerrings »wohl dreihundert Frauen« von ärmlichem Aussehen. Sie »wirkten« an kostbaren Stoffen von Seide und Gold, stickten, »was nicht als schimpflich galt«. Diejenigen, die das leistungsmäßig nicht vermochten, übernahmen grobe, kraftbeanspruchende Arbeitsgänge, etwa das Brechen, Schwingen und Hecheln des Flachses zum Entfernen von Holzteilen sowie zum endgültigen Ausziehen der Gespinstfaser, wieder andere das Auslesen und Aufwinden, »Aufdocken«, auf den Rocken sowie das eigentliche Spinnen, das Verdrehen der Fasern zu einem Faden.

Die Dichtung stellt in den zuletzt herangezogenen Versen den zweiten Teil einer arbeitsteiligen Organisation der Erzeugung und schließlich des Verspinnens von Leinenfasern vor. Ob in jenen manufakturellen Frauenbetrieb, den Chrétien und Hartmann als städtisch beschrieben haben, die Weberei integriert gewesen ist, muß dahingestellt bleiben. An einer späteren Stelle der abenteuerlichen Erzählung werden der kärglichen Entlohnung der Frauen, also weiblicher Lohnarbeit, noch einmal Arbeitsgegenstände gegenübergestellt: Kleidungsstücke aus Gold und Seide. Vermutlich entstanden sie aus fertigen Stoffen in der erwähnten Näh- und Stickarbeit; denn sonst wäre jene Manufaktur am ehesten auf der Iberischen Halbinsel zu suchen, neben Unteritalien in dem einzigen Teil Europas, in dem aufgrund byzantinischer beziehungsweise islamischer Vermittlung um 1170 eine Seidenweberei größere Stücke anfertigte. Die Leinwandproduktion andererseits gelangte in bestimmten Gebieten des europäischen Nordwestens sowie im Raum des Bodensees bereits damals zu ersten Höhepunkten; und Seidenstickerei auf weißem Leinengewebe wird schon vor der Jahrtausendwende auch nördlich der Alpen angenommen.

Wenig für sich hat die Vermutung, daß die dichterischen Texte die Teppichwirkerei betreffen könnten. Mit dem »Wirken« benutzte Hartmann jenes deutsche Tätigkeitswort, für das seinerzeit eine gewisse Vorliebe bestand, wenn es darum ging, handwerklich und technisch anspruchsvolle Arbeiten zu charakterisieren. Beim textilen Wirken von Teppichen wurde der sogenannte Musterschuß nicht durch ein natürlich oder mechanisch gebildetes Fach von Webkante zu Webkante lanciert, sondern in Kettenbindung, den jeweiligen Motivkonturen entsprechend, vor- und zurückgeführt. Die Näharbeiten der Frauen könnten unter Umständen auf diese Weise gedeutet werden, da die entstehenden Schlitze in der Gobelinwirkerei vernäht werden mußten, es sei denn, daß es gelang, sie durch verschiedene Übergangslösungen und Verschlingungen zu schließen. In Zentren wie Arras und Tournai wurde die Wirkerei nicht handwerklich betrieben, sondern tatsächlich schon fast fabrikmäßig. In Paris erhielten die »Tapissiers sarrazinois« 1277 eine eigene Zunftordnung, die über die Technik Auskunft gibt: Zum Einsatz kamen der Hochwebstuhl im sogenannten Hautelisse-Verfahren und der Flachwebstuhl mit Pedal. Nur am Rand sei auf die im 14. Jahrhundert einsetzende Teppichwirkerei und -stickerei (Wolle auf Leinen) in norddeutschen »Heideklöstern« wie Lüne oder Wienhausen hingewiesen, deren Produkte sich teilweise erhalten haben. Ihr Aufblühen konnte mit einem längerfristig anhaltenden leichten Abgleiten der Durchschnittstemperatur und einem gesteigerten Wärmebedürfnis in Zusammenhang gebracht werden. Die Schilderung der Textilarbeit und ihrer Umstände im »Yvain« macht dichterisch deutlich, daß einerseits bestimmte frühmittelalterliche Produktionselemente der Gyneceen als Frauenhäuser fortbestanden, daß sich andererseits mit der Zuwanderung ländlicher Bevölkerungsteile in die Städte Größenordnungen veränderten, daß reine Lohnarbeitsverhältnisse sowie manufakturelle Betriebsformen zunahmen und neue Arbeitsmaterialien hinzukamen. Zur Wolle und zum Flachs trat Seide, zunächst als Stickgarn, und sodann die Verarbeitung von Baumwolle, in Europa wieder zuerst in Italien im 12. Jahrhundert, danach in Frankreich und in Deutschland nördlich der Alpen erst in der zweiten Hälfte des 14. Jahrhunderts.

Die strukturellen Veränderungen, zu denen inzwischen das Verlagssystem, zumal zur Eingliederung ländlicher Bevölkerungsteile in den textilen Produktionsprozeß, gehörte, betrafen nicht nur die Arbeitsorganisation, sondern in Wechselwirkung damit stets die Technik als Arbeitsmittel. Die fachhistorische Literatur, die sich um regionale Differenzierungen nicht zu kümmern braucht, erkennt einen zeitlichen Trennungsstrich beim Übergang vom Früh- zum Hochmittelalter: »Um die Jahrtausendwende n. Chr. vollzogen sich grundlegende Änderungen im Spinn- und Webprozeß, die sich allgemein durchsetzten. Es entwickelten sich ›neue‹ Arbeitsmittel, die seit dem 13. Jahrhundert auch durch Quellen nachgewiesen sind« (A. Bohnsack). Die Anführungsstriche bei dem Wort »neu« deuten auf eine wichtige Frage hin, die sich in bezug auf mögliche Technologietransfers gerade im Textilbereich häufiger stellt. Wurden die neuen Techniken, die sich wie das Handspinnrad in der zweiten Hälfte des 13. Jahrhunderts oder wie der Trittwebstuhl sogar bis zur Jahrtausendwende zurück archäologisch in Europa nachweisen lassen, im Westen selbständig entwickelt, obwohl man sie im Fernen Osten und bei den Arabern schon kannte und nutzte? Waren es also eigenständige Inventionen oder wurden sie, als sich die Fernhandelsbeziehungen vertieften, übernommen und gegebenenfalls – wie mit ziemlicher Sicherheit beim verbreiterten Trittwebstuhl, dem sogenannten »flandrischen Webstuhl« – im Innovationsprozeß weiterentwickelt? Die Frage zu stellen heißt nicht, sie über Vermutungen hinausgehend auch hinreichend beantworten zu können. Untersuchungen von Gewebeüberresten helfen kaum weiter. Zum einen ließ sich an Hand von Seidenstoffen ermitteln, daß bestimmte Webstühle mit Zusatzeinrichtungen wie 3 oder 4 Vorderschäften und einem Musterharnisch zum Auslesen des Dekors am Ende des 12. Jahrhunderts mit hoher Wahrscheinlichkeit auch in Lucca und danach in Venedig gestanden haben müssen. Zum anderen bleibt unklar, ob sie – wie zuvor Seidengarn oder der Seidenstoff selbst – aus dem chinesischen oder aus dem islamischen Kulturkreis übernommen und nachgebaut oder aber ganz oder teilweise neu konstruiert worden sind.

Namhafte Europäer wie der Franziskaner Wilhelm von Rubruk (um 1210– um 1270) als Gesandter des Papstes und des französischen Königs oder die Gruppe um den Venezianer Marco Polo (1254–1324), die nach der Mitte und gegen Ende des Jahrhunderts von langen Reisen nach Ostasien und vom Hof des Großkhans der Mongolen zurückkehrten, berichteten über das technische Erbe der Sung-Zeit vor der mongolischen Invasion: über die Herstellung und den Gebrauch von Papiergeld, über große, überdachte Brücken, über Verfahren zur Salzgewinnung, über Schiffe, die nicht verpicht, sondern auf andere Weise kalfatert wurden. Das Buch »Il Milione« der Reisen des Marco Polo, das »die Wunder der Welt« im Osten beschreibt, würdigt häufig genug auch kostbare Produkte aus Wolle, Baumwolle, selbst feuerfestem Asbest und immer wieder aus »Seide und Gold«, ohne jedoch auf deren technische Entstehung einzugehen. Zur Herstellung in Seidengewebe einzuarbeitender Metallfäden gab es mehrere Möglichkeiten: Neben dem Golddraht, einem durch ein Zieheisen dünn ausgezogenen Faden, der auch aus Silber bestehen und nur vergoldet sein konnte, wurde hauptsächlich das »Aurum battutum«, das zu Blech geschmiedete, in Streifen geschnittene und in bestimmten Verfahren zu Blattgold getriebene oder geschlagene Edelmetall verwendet. Hinzu kam das sogenannte Häutchengold, vergoldete Darmhäute oder dünne Leder, die man ebenso wie das »Papiergold« der Chinesen wieder zerschnitt und gegebenenfalls um eine »Seele« aus Seide, Leinen, Wolle oder langem Tierhaar wickelte. Über solche speziellen Technologien, die man an Hand von Stoffüberresten zu rekonstruieren vermag und die sich partiell dem mittelalterlichen Fachschrifttum des Westens, insbesondere der »Schedula« des Theophilus, entnehmen lassen, gaben die Reiseberichte des 13. Jahrhunderts ebensowenig Auskunft wie über die im Nahen und Fernen Osten längst in größerem Ausmaß eingesetzten Arbeitsmittel des textilen Bereiches.

Spinnerei und Spinnrad

Der Einsatz des Spinnrades in Europa war mit Verboten beziehungsweise Teilgenehmigungen verbunden, die nicht einmal das Rad selbst, sondern das darauf gesponnene Garn betrafen. In Paris 1268 und in Abbeville 1288 wurde dessen Nutzung untersagt, in Speyer um 1280 für den Schuß erlaubt. Eine erste Aussage, die aufgrund dieser drei Daten möglich wird, denen sich im 13. Jahrhundert keine weiteren hinzufügen und Bildbelege erst für das 14. Jahrhundert beibringen lassen, kann nur lauten: Im europäischen Westen zwischen der Kanalküste und dem Rhein wurde das Spinnen mit dem Rad in der zweiten Hälfte des 13. Jahrhunderts als eine Möglichkeit des technischen Fortschritts gesellschaftspolitisch in Frage gestellt und teilweise beschränkt. Die auffälligen Restriktionen, über die aus anderen textilen Großregionen, vor allem Italien, nichts Vergleichbares bekannt geworden ist, bezeugen weniger eine allgemeine Innovationsfeindlichkeit als vielmehr konkrete politische Reaktionen auf örtliche Gegebenheiten und befürchtete soziale Umschichtungen – nach oben wie nach unten. In einer Geschichte der mittelalterlichen Akzeptanz von Technik sollte das Spinnen und das Radspinnen, das jedermann und jede Frau als Produzentin betroffen hat, besonders beachtet werden.

Selbstverständlich konnten technische Innovationen im sozialen Bereich nicht unmittelbar problemlösend wirken. Der Teilgenehmigung für am Rad gesponnenes Garn in Speyer scheint um 1280 ein kluger Kompromiß, eine genaue Abwägung des Für und Wider zugrunde gelegen zu haben. Wie in anderen textilen Produktionszentren kontrollierten in der ab 1294 Freien Reichsstadt am Rhein sachverständige vereidigte Bürger – »Meister und Prüfer der Tuche« – die Ware, und deren Gremium beschloß, nicht zuletzt im Interesse »der Armen«, das Spinnrad als technisches Hilfsmittel zuzulassen. Allein der »Zettel« oder die »Kette« sollte weiterhin

»cum manu et fusa«, mit der Hand und der Spindel, erarbeitet werden. Die Speyerer Satzung über die Tuchfabrikation, die im Zusammenhang mit den Walkmühlen schon herangezogen wurde, führt das Spinnrad folgendermaßen ein: »Es darf mit dem Rad gesponnen werden, aber der Faden, den sie spinnen, darf in keinem Tuch für den Zettel genutzt werden, denn der Zettel muß gänzlich mit der Hand und der Spindel gesponnen werden. Kein Weber darf ein Tuch weben, in das irgendein radgesponnener Faden als Zettel eingetragen wird. Das hat jeder Weber zu beschwören.«

Speyer, das in mancher Hinsicht als Beispiel für viele, mehr oder weniger ähnlich strukturierte deutsche Zentren der Textilproduktion genommen werden kann, zählte mit bis zu 8.000 Einwohnern zu den größeren Städten. Das Messeprivileg, das Friedrich II. noch vor der Mitte des 13. Jahrhunderts verliehen hatte, kam allerdings kaum zum Tragen, da Frankfurt, das auf dem Wasserweg leicht zu erreichen war, schon übermächtig wirkte und Speyerer Handelsgut an sich zog. Abgesehen vom Wein und vom Bauholz, das man rheinabwärts flößte, bestand es vornehmlich aus Speyerer Tuch, das als »Grautuch« von mittlerer Qualität hergestellt wurde und erst im 14. Jahrhundert, als sich im Bistum Speyer insbesondere der Krappanbau für die Färberröte verbreitete, auch weitere Farbgebungen erhielt. Hektor Ammann hat die Speyerer Ware als ein Tuch für durchschnittliche Konsumzwecke bezeichnet, das sich nach Exporten vielerorts finden ließ, in Gent und Deventer, Lübeck und Wismar, Zürich, Salzburg, Wien, in Siebenbürgen und in Breslau. In die Rechnungsbücher des Klosters Rein bei Graz in der Steiermark

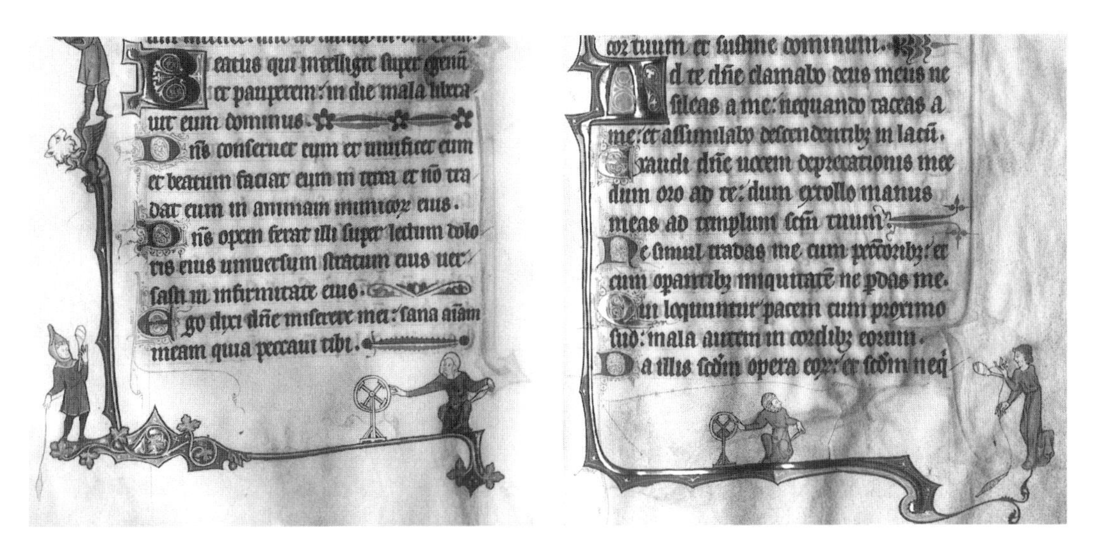

37 a und b. Drolerien um das Rad im textilen Arbeitsprozeß Flanderns. Randzeichnungen in einem zu Anfang des 14. Jahrhunderts entstandenen Psalter. Arras, Bibliothèque Municipale

beispielsweise wurden im 15. Jahrhundert noch Ausgaben für Tuche aus Böhmen, aus Friedberg und Ursel in Hessen sowie aus Arras und nicht zuletzt aus Speyer eingetragen, obwohl damals die hessische wie die mittelrheinische Textillandschaft ihre Bedeutung verloren.

Es liegt nahe, daß man sich in Speyer um 1280 um den Ruf der eigenen, vielfacher Konkurrenz ausgesetzten Tuchproduktion besorgt zeigte und deshalb für die Kette, die als erste in den Webstuhl einzubringen und möglichst fest zu knüpfen war, zunächst am traditionellen Verfahren festhielt. Den Ausschlag zugunsten des neuen radgesponnenen Schußgarns könnten dann sowohl quantitative als auch qualitative

38. Szene an einem Spinnrad in England. Miniatur in den im zweiten Viertel des 14. Jahrhunderts entstandenen »Smithfield decretals«. London, British Library

Erwägungen gegeben haben. Mit Hilfe des Rades ließ sich im gleichen Zeitraum etwa doppelt soviel Garn erzeugen wie mit der Handspindel. Allerdings war die Organisation des Spinnens ungleich schwieriger als die des Webens. Für jene Tätigkeit mußten vor allem Frauen aus allen Schichten auf dem Lande und in der Stadt gewonnen und geeignete Verleger für Wolle und Flachs gefunden werden, während das Weben zumeist durch Zünfte vor Ort besorgt wurde. Konkrete Wünsche in qualitativer Hinsicht könnten auf seiten der Speyerer Tuchweber das Spulen betroffen haben: Radgespultes Garn für das Schiffchen war dem gänzlich von Hand und vornehmlich von Kinderhand gewickelten technisch sehr wohl überlegen. Gut gespultes Garn war unerläßlich für die technikgestützte Herstellung von Tuchen, die über die allgemein üblichen 2 Ellen in der Breite – vor dem Walken – hinausgingen und nach der Satzung von Speyer auf den verbreiterten Webstühlen bis zu 3,5 Ellen erreichten. Dazu brauchte man zwei Personen, die sich das Schiffchen gegenseitig zuwarfen.

Mit der zweifachen Verwendungsmöglichkeit des Rades, der zum Spulen wie der zum Spinnen, war im 13. Jahrhundert für die Einführung neuer Technik eine einmalige Situation gegeben. Das Spulrad, dessen Nützlichkeit unbestritten war, ließ sich über die zur Spindel verlängerte Achse ohne größeren Aufwand zum Spinnen nutzen, wodurch die Produktion nicht unbedingt verbessert, doch verändert und vermehrt wurde. Vielleicht fand das Rad zum Spulen vor dem Rad zum Spinnen Verwendung. Eine quasi epochale Trennung der Arbeitsmöglichkeiten in einem einzigen Herstellprozeß ist technikgeschichtlich aber ganz unwahrscheinlich. Die Nutzung des Rades zum Spinnen beziehungsweise die des radgesponnenen Garns blieb noch im Spätmittelalter Beschränkungen unterworfen. Die berühmten Konstanzer Leinwandfresken vom Anfang des 14. Jahrhunderts – 21 Darstellungen von Frauen bei der Textilarbeit – zeigen den Spinnprozeß allein mit Rocken und Spindel. Lokale Zünfte und Korporationen gerieten manchenorts in Konflikte, als sich bei der Technisierung der Produktion wirtschaftliche Bedürfnisse einerseits und soziale Konsequenzen andererseits nur schwer in Einklang bringen ließen. Über längere Zeit wurde die Verwendung von Radgarn in Konkurrenzstreitigkeiten einbezogen, in die Materialfragen – Wolle, Flachs, Baumwolle – hineinspielten. Bestimmte Abhängigkeiten der »Teliers« von den »Drapiers«, die sich beim Verbot der Garnnutzung »à rouet« in Abbeville in der Picardie 1288 zu erkennen gaben, setzten sich fort. In Quedlinburg, wo Lothar von Supplimburg (um 1075–1137) schon 1134 für die »Mercatores«, die Händler und wohl auch Produzenten von Woll- und Leinentüchern, ein Privileg ausgestellt hatte, ließ die Äbtissin des dortigen Stifts den Leinewebern noch 1478 verkünden, sie mögen »wol warfflaken machen, doch das sie nicht garn intragen, das am rade gesponnen ist, und mogen wol beyder wand machen, aber solchs allis nit uff den kouff, sundern umb lon: wu sie aber des von den gewercken der lakenmechere anders uberfundig wurden, so solten sie in das verbussen«. Den Tuch- oder Lakenmachern war auch eine Gebühr zu zahlen, wenn ein Leineweber ein »Zcaw«, einen Webstuhl, aufzustellen beabsichtigte. Nur einen Bruchteil der Einnahmen sollten jene »Gewerken« an die »Meister« der Leineweber »wedergeben«. Es ging also auch hier keineswegs um einen Widerstand gegen die Technik und einzelne Arbeitsmittel, sondern um Reaktionen gegen eine Auflösung bestehender Sozialstrukturen und eingebürgerter Abhängigkeiten.

Grundsätzlich sind beim Spinnen die weitverbreitete Nebenbeschäftigung und die reine Erwerbstätigkeit zu unterscheiden. Jedweder Einsatz eines Spinnrades veränderte beide Arbeitsformen. Dauerte es mit der Handspindel 11 Stunden, um das Garn für den Stoff eines einzigen Hemdes zu spinnen, so waren mittels des Rades

Mehrleistungen möglich, allerdings unter Intensivierung der Arbeit, weil die neue Technik erhöhte Aufmerksamkeit sowie Bewegungskoordinationen verlangte und sich zudem nur stationär anwenden ließ. So wurde das Spinnen überwiegend zur Werkstatt- und Stubenarbeit, und das dürfte einer Akzeptanz zumindest außerhalb des rein erwerbsmäßigen Tätigkeitsbereiches nicht unbedingt förderlich gewesen sein.

Im Hoch- und Spätmittelalter am häufigsten bildlich dargestellt ist die weiterhin meistverbreitete, uralte Form der Garnherstellung: jene mit dem Rocken, aus dem im Stehen oder im Sitzen und selbst beim Stillen eines Kindes, beim Schafehüten und – belegt durch Teppichwirkereien mit satirischen Motiven – sogar beim Reiten auf dem Pferd Fasergut, vielleicht schon »Vorgarn« verzogen, partiell angedreht und auf der immer wieder in Rotation versetzten Spindel, dem Spindelstab mit dem Wirtelgewicht, versponnen und bei unterbrochenem Spinnvorgang aufgewickelt wurde. Auf Illustrationen naturwissenschaftlich-medizinischer Handschriften vom Ende des 14. Jahrhunderts konnte die in freier Landschaft im Gehen ausgeübte Arbeit fast gesundheitsdienlich erscheinen. Ausgedehntere ikonographische Analysen der mittelalterlichen Quellen oder wenigstens der längst in vierstelliger Zahl vorhandenen Faksimiledrucke vermöchten zu zeigen, daß es die Handspindel ebenfalls in konstruktiven Varianten gegeben hat, so hauptsächlich beim Spinnen in der Schale, und nicht nur in solchen, bei denen das Gewicht zwecks besseren Verspinnens der verschiedenen Haar- und Fasermaterialien ausschlaggebend gewesen ist. Viele mittelalterliche Bilddarstellungen haben Symbolcharakter. Er bezieht sich, besonders beim biblischen Motiv der Eva als Spinnerin, auf familiale Arbeitsteilungen oder auf die Jungfrau Maria und allgemeiner auf die irdische Vergänglichkeit, auf den Lebensfaden. Solche Kirchengemälde finden sich, um nur einige Beispiele zu nennen, in S. Cerbone in Massa Marittima, apokryphisch auf Giottos um 1307 gemaltem Freskenzyklus der Arena-Kapelle in Padua und in der Pfarrkirche St. Matthäus in Murau in der Steiermark. Die Spinnsymbolik läßt sich in zahlreichen weiteren Bildern bis hinein in die Stundenbücher der frühen Neuzeit verfolgen.

Es ist nicht möglich, das rein erwerbsmäßige Spinnen zur Sicherung eines Lebensunterhalts ikonographisch zu ergründen. Zudem sind auf den Bildbelegen die bei Wolle, Flachs und Baumwolle unterschiedlich arbeitsintensiven Vorbereitungen zumeist außer Betracht geblieben. Sie waren zunächst auf der Ebene der bäuerlichen Produzenten erfolgt und konnten beim Rösten des Flachses zu erheblichen Geruchsbelästigungen führen. Dem trat man bereits 1231 in Süditalien mit Umweltschutzbestimmungen in den Konstitutionen von Melfi entgegen. Die Einführung der Baumwolle hatte auf der Apenninen-Halbinsel ganz neue Organisationsformen zur Folge, und in der fortgeschrittenen arbeitsteiligen Erwerbstätigkeit dürfte dort dem Spinnrad breite Beachtung zuteil geworden sein. In Florenz wurde allerdings den Frauen untersagt, mit dem Rocken durch die Straßen zu laufen oder mit dem

39. Flügelspinnrad. Federzeichnung im sogenannten Mittelalterlichen Hausbuch, um 1480. Wolfegg, Fürstlich zu Waldburg-Wolfeggsches Kupferstichkabinett

Rad vor der Tür zu sitzen. Dennoch: Um die Spinntätigkeit stärker anzuregen, konnte am Arno von der dominierenden Wollzunft sogar die Kirchenorganisation in den Produktionsprozeß eingespannt werden: »Das Statut der Arte bestimmte, der Zunftvorstand habe auf den Florentiner wie den Fiesolaner Bischof dahin zu wirken, daß sie das gläubige Volk dauernd durch die Priester in diesem Sinne bearbeiten lassen, daß die Geistlichen dreimal im Jahr von der Kanzel verkündigen sollten, wie Spinner und Spinnerinnen das Garn gemäß den Anordnungen der Stamaiuoli (der Verleger als Verbindung zur ländlichen Bevölkerung) aufzuhaspeln hätten« (R. Davidsohn). Ohne solche Mobilisierungen hätte den Webern wohl Arbeitsmaterial gefehlt.

Erst im 15. Jahrhundert erschien das Spinnrad in technisch verbesserter Form. Mit Hilfe der Flügelspindel koppelte es die Vorgänge des Spinnens und Spulens und markierte den Übergang vom periodischen Spinnen, das durch Aufwickeln unterbrochen werden mußte, zum kontinuierlichen Spinnen. Das »Mittelalterliche Hausbuch« eines in seinem Gesamtwerk noch immer rätselhaften, wohl am Mittel- und Oberrhein und somit im Gebiet von Speyer beheimateten Künstlers, des sogenann-

40. Frau beim Spulen. Wappenbild des Hausbuchmeisters oder Meisters des Amsterdamer Kabinetts, um 1490. Amsterdam, Rijksprentenkabinet

ten Hausbuchmeisters oder Meisters des Amsterdamer Kabinetts, überliefert um 1480 eine erste technische Zeichnung des neuen, mit einem Kurbelgriff handgetriebenen Spinnrades. Auf der Spindelachse schiebt sich ein Flügel mit Ösen zur Aufnahme des Fadens U-förmig über die Spindel. Beim »Luccheser Filatorium«, das am Ende des Mittelalters in mehreren oberitalienischen Städten in Betrieb stand, war das kontinuierliche »Spinnen« beziehungsweise Zwirnen und Aufhaspeln von Seidenfäden längst üblich und sogar mechanisiert. Vom Hausbuchmeister sind zudem Wappenblätter geschaffen worden, die die beiden zeitlich früher entwickelten spinntechnischen Verfahren enthalten. Die Hand ein und desselben Künstlers vermag zu beweisen, daß noch gegen 1500 drei originäre Spinnformen nebeneinander gebräuchlich gewesen sind: als jüngste und modernste die mit dem Flügelspinnrad, dazu die mit dem einfachen Handspinnrad, aber ebenso die sehr alte mit der Handspindel.

Weberei und Trittwebstuhl

Die seit alters genutzten Vertikal-Webstühle wurden im Hochmittelalter durch Horizontal-Webstühle und eine neue Technik der Fachbildung ergänzt und ersetzt. Das Webpersonal konnte alle Kettfäden nun hoch- und herunterziehen, und zwar jeweils über 2 oder mehr sogenannte Schäfte, an deren unteren Teilen Tritte, Pedale oder Fußschemel befestigt waren. Im Gegensatz zum senkrecht stehenden Gewichtswebstuhl, der schon bei leichter Schrägstellung ein natürliches Fach für den Schuß und unter Einsatz des sogenannten Litzenstabes jeweils ein Gegenfach bildete, ließen sich beim Horizontal-Trittwebstuhl Fach und Gegenfach mechanisch herstellen. Das Einschußmaterial, Woll-, Leinen- und im Süden auch schon Baumwollgarn, wurde, wenn das Fach durch Fußtritt gebildet war, vom Weber mit dem Schiffchen hindurchgeworfen und in Schußrichtung leicht angezogen. Mit Hilfe der freischwingend aufgehängten Lade, vermutlich einer mediterranen oder westeuropäischen Erfindung anstelle des Kamms bei der Seidenweberei, ließ sich der neue Schußfaden an die zuvor eingetragenen anschlagen. Mehr als 2 Schäfte am Webstuhl waren dann erforderlich, wenn zur einfachen Leinwandbindung eine kompliziertere hinzukam.

Zum Experimentierfeld der verschiedensten Bindungsmuster und damit zahlreicher Umrüstungen konnte nur die Seidenproduktion werden. Wenn man hier im Spätmittelalter beispielsweise zu den gemusterten Diasper- und Lampasgeweben überging, mußten 4 und mehr Schäfte eingerichtet werden. Der sehr glatte Leinwandfaden hingegen erhielt seine Festigkeit im Gewebe nur dadurch, daß man die Bindungspunkte ganz dicht legte. Schon ein Köpergewebe lockerte das Material allzu leicht auf. Wolle jedoch erlaubte aus dem gegenteiligen Grund kaum besondere Versuche mit Bindungsarten; denn ihre Fäden waren rauh und verhakten sich leicht ineinander. »So sind hauptsächlich leinwand- und köperbindige Wollgewebe hergestellt worden, deren Muster die geometrischen Möglichkeiten des Richtungswechsels bei der Köperbindung ausnutzten oder die mit Farbvariationen von Kett- und Schußfäden arbeiteten« (B. Tietzel).

Zu der scheinbar monotonen Tätigkeit des Woll- und Leinentücherwebens gehörten: das Öffnen des Fachs durch Fußtritt, das Werfen des Schiffchens mit der Spule, das Wechseln der Hand auf der Lade, das Auffangen des Schiffchens, das Anschlagen der Lade, das Umtreten des Fachs und das erneute Anschlagen der Lade. Diese Arbeiten mußten vom Webpersonal immer wieder unterbrochen und durch andere wichtige Tätigkeiten ergänzt werden. Abgesehen von der Vorbereitungsarbeit des Kettscherens und dem Einbringen der Kette in den Webstuhl ging es darum, die Schußspulen im Schiffchen zu wechseln, das Gewebte auf den Tuchbaum aufzurollen, vor allem aber zu schlichten, einen stärkeähnlichen Brei auf die Kette aufzutragen, um sie elastischer und widerstandsfähiger zu machen. Insgesamt gesehen

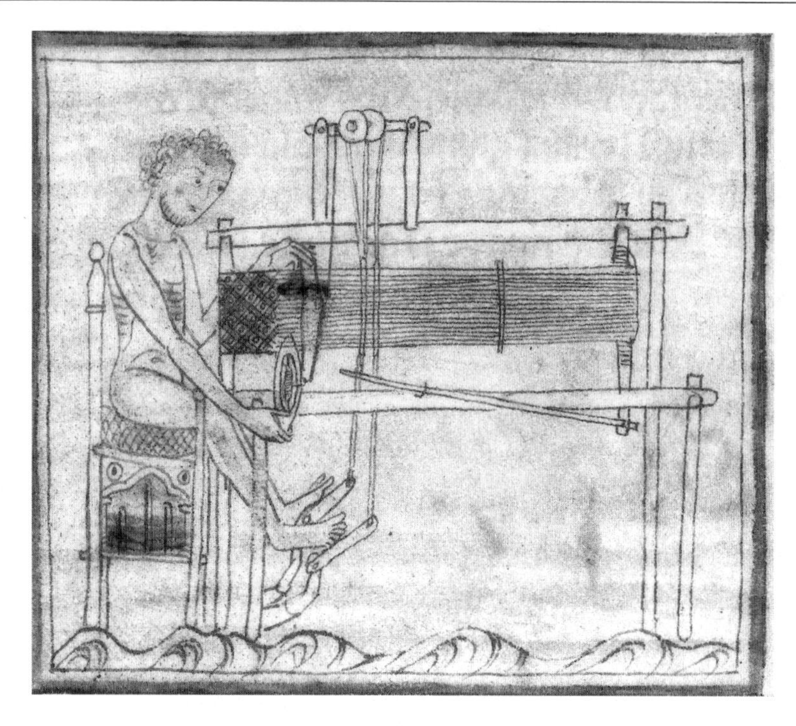

41. Webarbeit in Leinwandbindung am Horizontal-Trittwebstuhl. Lavierte Federzeichnung in einer um die Mitte des 13. Jahrhunderts entstandenen Handschrift des »Alexander-Romans«. Cambridge, Trinity College Library

wurde die Qualität der Stoffe durch den Trittwebstuhl verbessert und die Leistung, so konnte errechnet werden, auf etwa 20 Schuß pro Minute gesteigert, was bei einem feinen Stoff von 20 Schußfäden pro Zentimeter in einer Stunde kontinuierlichen Webens rund 60 Zentimeter Tuch erbracht hätte. Weitere Hochrechnungen verbieten sich, weil die zusätzlichen, zum Weben gehörenden Tätigkeiten berücksichtigt werden müßten. Nachträgliche Leistungsberechnungen stehen ohnehin in Gefahr, daß Maßstäbe verschoben, gegenwärtige Produktions-, Arbeits- und Freizeitvorstellungen ins Spiel gebracht werden. Außerdem gehen die Angaben über die Tuchbreite, denen das Format der Trittwebstühle des Hochmittelalters entsprochen haben müßte, öfters auseinander. Die Quellen des 13. Jahrhunderts, sowohl ländliche als auch städtische, geben 2 Ellen Breite als Normalfall an, was – bei lokal und regional ungleicher Ausdehnung des genannten Maßes – über 100 Zentimeter hinausführen konnte. Die textilgeschichtliche Literatur geht von einer »üblichen Breite« des gewebten Stoffs von 70 Zentimeter aus (A. Bohnsack). Die Grenze, bei der ein geschickter Weber neben der Kette noch genügend Platz fand, um das Schiffchen durchstecken zu können, war damit nicht erreicht. Hier stellt sich zudem

42. »Das kint spulet, ich ka webe.« Wandgemälde aus dem Weber-Zyklus im Haus »Zum Kunkel« in Konstanz, Anfang des 14. Jahrhunderts

die Frage nach gewerblicher Männer- und Frauenarbeit, die italienischen Darstellungen (A. Maiocchi) zufolge im 14. Jahrhundert zugunsten der Männer entschieden worden sein soll. Noch um 1340 wurde in den Reliefs am Campanile des Domes zu Florenz die Weberei allerdings als einzige der Mechanischen Künste durch eine Frau symbolisiert, und auch später zeigen Abbildungen öfters Frauen am Webstuhl.

Für breitere Stoffbahnen mußte der Trittwebstuhl zum »flandrischen Webstuhl« erweitert und dann, wie erwähnt, von 2 Personen betrieben werden, die sich das Schiffchen gegenseitig zuwarfen, und zwar in Arbeitsgeschwindigkeiten, die, zumal das Wechseln der Hände auf der Lade wegfiel, fast denen des späteren Webens mit dem Schnellschützen gleichkamen, wofür freilich nur eine einzige Person gebraucht wurde. Die zitierte Ordnung aus Speyer, die auch die Maße der einzelnen Tuche vor der städtischen Auszeichnung und Siegelung genau festlegte und Fehler minderbewertete, bezeichnete Tuche ab 3 Ellen in der Breite vor dem Walken als »zweimennic«, schmalere aber als »einmennic«. Andere Bestimmungen, in Nürnberg und Frankfurt beispielsweise, legten nur Längenmaße fest, um danach anzuordnen, wieviel »Gebund« an Garn dafür verwendet werden sollte. Es bleibt zu beachten, daß die Stoffe beim Walken um etwa ein Drittel einliefen, so daß die Handelsware üblicherweise entsprechend geringere Ausmaße angenommen haben dürfte.

Während das Spinnrad vor seinem nachweislichen Auftauchen in Europa in der zweiten Hälfte des 13. Jahrhunderts auch in China noch nicht sehr lange in Gebrauch gewesen ist, gilt für den Trittwebstuhl im Fernen Osten das Gegenteil. Wiederholt wurde deshalb davor gewarnt, ihn als eine autochthone Erfindung des europäischen Hochmittelalters zu betrachten. Da der Vertikale Webstuhl keine Möglichkeit zum Ansatz eines wie auch immer geformten Pedals bietet, hat die Forschung bei ihrer Suche nach den Ursprüngen des Trittwebstuhls zunächst die älteren Horizontalen Webstühle und insbesondere die fernöstlichen Lendenwebstühle ins Blickfeld genommen. Bei diesen war der sogenannte Warenbaum mittels eines Gürtels an der Taille des Arbeitenden festgemacht, so daß sich über bestimmte Hin- und Herbewegungen des Körpers die Spannungsunterschiede einer Fachöffnung ausgleichen ließen. Jener frühe Webstuhltypus der Seidenweberei erhielt in Asien einen praktischen Schaftmechanismus, der mit einer Schlinge, in die sich ein Fuß einstecken ließ, betätigt werden konnte, wodurch sich das Fach oder das Gegenfach mechanisch öffnete. Wohl in dieser Form wurde der Trittwebstuhl in die byzantinische Seidenstoffabrikation übernommen, die, seit dem Frühmittelalter betrieben, erst mit der Plünderung Konstantinopels während des Vierten Kreuzzuges 1204 zusammenbrach.

Ein Hinweis bei dem englischen Gelehrten Alexander Neckam bezeugt den Trittwebstuhl im Westen. Neckam, der bis etwa 1186 in Paris studiert hatte, legte mit seinem Glossar »Über die Benennungen der Werkzeuge« zugleich einen Katalog zeitgenössischer Geräte und technischer Verfahrensweisen vor. Den Weber vergleicht er mit einem irdischen Reiter, der zwei Steigbügel benötigt. Der im einzelnen schwer zu erschließende Text, der die Textilarbeit bis zum Walken der Tuche beschreibt, verweist eindeutig auf den Trittwebstuhl mit 2 Schäften. Die Tischler, Drechsler und Schlosser, die 1199 den Webstuhlbau in Florenz gemeinsam betrieben, könnten ihrerseits technisch kompliziertere Geräte gefertigt haben. Da bestimmte Analysen slawischer Sprachquellen eine Existenz des Trittwebstuhls lange vor dem 13. Jahrhundert zu erkennen geben, hat man einen Ost-West-Transfer auf breiter Front angenommen. Inzwischen haben auch archäologische Grabungsberichte die Ansicht erhärtet, daß das Gerät, obgleich im einzelnen noch primitiv geformt, in Osteuropa seit dem 11. Jahrhundert in der Heimarbeit genutzt worden ist. In Westeuropa ist ein entsprechendes Fundmaterial bislang nicht aufgetaucht. Ein früher Einsatz des Trittwebstuhls wird dennoch als selbstverständlich angenommen, da »die Überlegenheit der flandrischen Tuchindustrie letzten Endes technischer Natur ist« und »der Ruhm des flandrischen Tuches im Weben begründet sein« muß (W. Endrei).

43. Arbeit am breiten, »flandrischen« Webstuhl mit Schäften an Gehängehölzern. Miniatur in dem um die Mitte des 14. Jahrhunderts geschaffenen sogenannten Yperner Tucherbuch

Ohne technisch hoch entwickelte Arbeitsmittel waren auch im Mittelalter keine guten Produktionsergebnisse zu erzielen. Zur großen und eigentlichen Neuerung des 13. Jahrhunderts wurde demzufolge die Weiterentwicklung des Trittwebstuhls zum breiten Zweimann-Trittwebstuhl, die nur in einem textiltechnisch hochstehenden System wie in Flandern erfolgen konnte. Dieser breite Trittwebstuhl erlaubte es, über die Begrenzung der Stoffbreite, die beim konventionellen »einmännischen« Webstuhl mit Pedal oder Tritt gegeben war, hinauszugelangen und die Produktivität der Weberei sprunghaft zu erhöhen. Die mehr als 4.000 Webstühle, die im 14. Jahrhundert allein in Ypern betrieben worden sein sollen, vermochten den geforderten Standard der Ware zu erhalten und zu gewährleisten. In der großen Tuchhalle Yperns, die als das bedeutendste profane Bauwerk der frühen Gotik gilt, wurden minderwertige Tuchqualitäten nicht zugelassen.

Färberei und Farbstoffe

Eine erhebliche Ausweitung erfuhr im Hochmittelalter der Bereich der Färbeverfahren. Die Werkstätten der Apenninen-Halbinsel, die in der textilen Luxusproduktion führten, gingen hier eindeutig voran. Die berühmte Florentiner Calimala-Zunft der

44. Prüfen des gewebten Stoffes. Steinrelief auf einer von der Tuchmacherzunft gestifteten Säule im Dom von Piacenza, 12. Jahrhundert

Großhändler und Tuchweber erwarb Rohtuche in Flandern, um sie am Arno färben zu lassen. Mit »Petrus tintore« ist dort 1096 erstmals ein berufsmäßig tätiger Färber nachzuweisen. Trotz ihrer hohen Kunstfertigkeit erreichten die Tintori in Florenz allerdings keine eigene Zunft. Viele von ihnen wanderten im 13. Jahrhundert in andere italienische Städte aus, wo Färber »zünftig« geworden waren. In den deutschen Städten nördlich der Alpen wurden neben der einfachen Leinwand zunächst vorwiegend sogenannte Grautuche und Loden hergestellt, so daß hier die Färberei im 13. Jahrhundert zwar schon Gestalt gewann – selbständige Schwarz- und Waidfärber beispielsweise 1259 in Regensburg –, aber erst im folgenden Jahrhundert größere Ausmaße annahm. In Köln, in dessen Umgebung am Niederrhein im 13. Jahrhundert bereits beachtliche Mengen an Färberwaid erzeugt wurden, gelang den Seidenfärbern die Zunftbildung, nicht aber den Tuchfärbern, die wie in vielen anderen Städten in der Abhängigkeit von den Tuchmachern verblieben, ähnlich den Schwarzfärbern, die sich nicht von den Leinewebern zu lösen vermochten.

Als wichtigste, weil verbreitetste Farben müssen neben dem blauen Waid der rote Krapp angesehen werden, wobei man diesen aus den Wurzeln der Pflanze, jenen aus den Blättern erzeugte. Nicht nur die besonders teuren Farbstoffe, die man aus afrikanischen und asiatischen Färbehölzern beziehungsweise aus selteneren Pflanzen wie der Lackmus-Flechte für Violett oder dem wilden Safran für Gelb, zum Beispiel in der Nähe von San Gimignano, gewann, wurden vornehmlich in Italien und hier wieder an erster Stelle in Florenz genutzt, sondern auch gänzlich neue Farb- und Beizstoffe. Anfang des 14. Jahrhunderts war das beispielsweise der Indigo zum Blaufärben, der aus Asien und später, allerdings mit dem Makel des Minderwertigen behaftet, auch von der Insel Zypern kam. Zusammen mit dem Vitriol wurde er in Köln und anderswo noch Mitte des 15. Jahrhunderts als »Teufelsfarbe« diffamiert, dann jedoch allmählich zugelassen. Als Hilfsmittel für die Fixierung von Farben und zur Erhöhung der Leuchtkraft benutzte man Alaun, den die Genueser aus der kleinasiatischen Hafen- und Bergbaustadt Phocäa importierten. Um 1300 wurde dieser Stoff als Kaliumaluminiumsulfat ebenso wie das Vitriol als mineralischer Farbstoff zum Schwärzen in der Toskana selbst gewonnen beziehungsweise erzeugt. Größere Mengen Alaun mußten bis zur Entdeckung der Lager von Tolfa im 15. Jahrhundert allerdings weiterhin eingeführt werden.

Anweisungen zur Farbherstellung gab schon Theophilus, doch sparte er den textilen Anwendungsbereich in seiner Systematik allgemein aus. Noch ältere Handschriften in Italien zeigen ähnlich begrenzte Interessen. Nur die Farbgewinnung als solche wurde in der alchimistischen Literatur behandelt, ebenso in der der Enzyklopädisten, in Deutschland bis hin zu dem schon erwähnten Heinrich von Herford und seiner »Goldenen Kette des Seienden«, die er in der Mitte des 14. Jahrhunderts verfaßt hat. Nur wenig später setzte das thematisch begrenzte deutschsprachige Fachschrifttum der Färber ein. Einschlägige Handschriften aus dem oberdeutschen Raum enthalten Anweisungen wie: »Swer gelbiu varb machen welle, der nem auripigmentum und mische si mit alaun, gesotten in ezzeich (Essig), und verb damit.« In Niederdeutschland beginnen sie im folgenden Jahrhundert mit Formulierungen wie: »Item wiltu blau maken...«, um danach bestimmte, zumeist auf einheimischen Rohstoffen, im genannten Fall blauen Kornblumen oder Holunderbeeren basierende Verfahren zu beschreiben. In Venedig gelangten textile Färberrezepte 1492 in eine Zunftrolle, die »Mariegola dell'arte dei Tintori«. Sie bildete später die Vorlage des für die Färbereitechnik der Neuzeit wichtigen Buches »Plictho de larte de tentori«, das 1540 in Venedig gedruckt erschienen ist.

Akzeptanz des Fortschritts im Textilgewerbe

Gerade im Bereich des Textilwesens hatten technische und arbeitsorganisatorische Innovationen sowie erreichte oder verweigerte Zunftrechte für einzelne Gewerbezweige erhebliche soziale Folgewirkungen. Wiederholt entstanden Streitigkeiten, weil man dem sozialen Wandel mißtraute, bestimmte Webstückpreise, Lohnhöhen oder Mitspracherechte im Stadtregiment beanspruchte oder in politischen Auseinandersetzungen wie dem Hundertjährigen Krieg zwischen Frankreich und England Partei ergriff. Während des 13. Jahrhunderts kam es in Flandern und in Städten der Tuchherstellung wie Lüttich, Dinant, Löwen immer wieder zu Unruhen, die gewaltsame Aktionen auslösten. Nach den Pestpandemien der Mitte des 14. Jahrhunderts

45. Arbeit am Webstuhl mit sechs Tritten und Schäften sowie Kettscheren unter Verwendung von zwölf Spulen. Miniatur in einer um die Mitte des 14. Jahrhunderts entstandenen Humiliaten-Handschrift. Mailand, Biblioteca Ambrosiana

ergab sich allerdings eine ganz andere Situation. Überall im Textilgewerbe entdeckte man »den sozialen Hebel des stark reduzierten Arbeiterangebots« (B. Tuchmann). Während die Beschäftigten etwa in Saint-Omer mit ihren Lohnforderungen Erfolge erzielten, wurden sie anderswo zurückgewiesen oder im Ungewissen gelassen, bis sich von selbst irgendein Ausgleich oder eine Lösung ergab. Der bekannte Ciompi-Aufstand in Florenz gegen den Druck der Wollzunft verbesserte 1378 die Lage der unteren Schichten nur kurzfristig. Auch in den flandrischen und brabantischen Städten kehrte keine Ruhe ein. Auswanderungen bis nach Italien und Florenz nahmen zu, und in Deutschland verschärften sich die Konflikte um Beteiligungen des Handwerks am Stadtregiment, die auf der einen Seite oftmals Weber auslösten. Es bleibt ohne Zweifel, daß es technische und arbeitsorganisatorische Veränderungen gewesen sind, deren soziale Folgewirkungen Aktivitäten und Gegenaktivitäten erzeugt haben.

Andererseits war gerade die Textilarbeit ein ganz wichtiges Element der Beschäftigungspolitik in den Städten. In einem solchen Zusammenhang entfaltete der Orden der Humiliaten seine Wirkung, eine ursprünglich eher aufrührerische religiöse Laienbewegung, die am Ende des 12. Jahrhunderts päpstliche Anerkennung gefunden hatte. Vor allem in Oberitalien gründeten Humiliaten Niederlassungen, in denen Männer und Frauen dem christlichen Leben huldigten und im sogenannten dritten Orden, der in Familien lebende Religiosen zusammenfaßte, die Tuchproduktion in einem beachtlichen Ausmaß betrieben und organisierten. In den dreißiger Jahren des 13. Jahrhunderts kam die Gemeinschaft auch nach Florenz, und dort »war ihr Eingreifen ... schon eine Art Reaktion gegen die schrankenlose Ausnutzung der Arbeit durch die Übermacht des Kapitals« (A. Doren). Die Humiliaten produzierten in genossenschaftlicher Betriebsform auf der Basis von eigenem und geliehenem Kapital, wobei das einkalkulierte Gewinnstreben dem bruderschaftlich zusammengeschlossenen Orden sowie Bedürftigen zugute kommen sollte. Von den Kommunen namentlich in der Lombardei wurden die Ordensleute geradezu angeworben und mit Vergünstigungen wie Bauplätzen, Krediten und Steuerbefreiungen bedacht. Sie galten als Vertreter technischen Wissens und technischer Fertigkeiten, stellten selbst aber nur ungefärbtes Tuch, »Humiliatentuch«, her und drangen nicht in die Luxusproduktion vor. In den Städten waren sie besonders deshalb willkommen, weil sie neue Arbeitsplätze schufen und der rationellen Produktionsweise gewissermaßen eine religiöse Alternative entgegensetzten. Im 14. Jahrhundert fiel mit der Bedeutung der Humiliaten auch deren Produktionsleistung ab. Um 1350 arbeitete von den einstmals vielen Niederlassungen lediglich noch ein einziges Haus in Varese. Die neuen Bettelorden, die in ihrer Predigt geistig-religiöse Tätigkeiten einer wirksamen Handarbeit weit voranstellten, hatten die Humiliaten ins Hintertreffen geraten lassen. Die bruderschaftlich organisierte textile Marktproduktion blieb Episode.

Das Bauwesen in einem komplexen System

Die unvollständige und ohnehin willkürliche Wortreihung, mit der Jacob (1785–1863) und Wilhelm Grimm (1786–1859) in ihrem großen »Deutschen Wörterbuch« das Bauen als technisches Errichten eines Objekts charakterisiert haben – »stadt, dorf, burg, haus, festung, schloß, mauer, brücke, wagen, schiff, kirche, altar und kanzel« –, berücksichtigt eine gegenständliche Breite, die in einer geschichtlichen Darstellung der Einschränkung bedarf. Knüpft man sie an das moderne Begriffspaar »Hoch- und Tiefbau«, dann ist selbst für das mittelalterliche Bauen zu bemerken, daß ein komplexes technisches Handlungssystem ins Blickfeld genommen wird. Es umfaßt: die Wahl oder den Zwang des Ortes; die bei größeren Objekten außerordentlich langen Bauzeiten; die konfliktträchtige Kooperation einzelner Handwerke; die Transportprobleme; die Beschaffung und den Einsatz verschiedener Baumaterialien, Werkzeuge, Gerätschaften sowie mechanischer Vorrichtungen wie Winden, Kräne und Greifzangen; die Errichtung und erforderlichenfalls Eigenentwicklung von Hilfsbauten wie Lehrgerüsten oder besonderen Stützvorrichtungen im Tiefbau.

In der Literatur erhielt die ästhetisch-künstlerische Komponente des mittelalterlichen Bauens bis in die Gegenwart den Vorrang. Die einzelnen Stilepochen wurden nahezu ausschließlich als Baukunst beschrieben und bewertet, so die Romanik, deren Beginn, regional unterschiedlich, in die Zeit nach 1000, jedenfalls in das 11. Jahrhundert fällt, und die Gotik als »Mos francigenus«, als in Frankreich entstandene Bauweise, mit den Anfängen in Saint-Denis 1140 oder in England 1185 (Canterbury), in Spanien 1220 (León, Burgos) und in Deutschland 1235/1250 (Marburg, Trier, Köln), sowie deren spezifische Stilelemente. Die technisch-konstruktive Seite des Bauens ist weniger genau erforscht, obwohl die Bautechnik die Grundlage aller künstlerischen Gestaltungsmöglichkeiten bildet. Objekte des Hochbaus waren in erster Linie die großen Gotteshäuser. Sie entstanden im 11., 12. und 13. Jahrhundert, in der Zeit umfassender klösterlicher Reformbewegungen – Gorze, Cluny, Citeaux oder Hirsau in Deutschland – und weiter Pilgerreisen – Santiago de Compostela. Seit dem 12. Jahrhundert kamen verstärkt öffentliche und private Bürgerbauten und Burgen als fortifikatorische Anlagen hinzu. Sie sollten wie manche Bauten der Geistlichkeit nicht zuletzt den irdischen Machtansprüchen repräsentativ Geltung verschaffen. In die kirchliche Architektur floß der seit der christlichen Antike und dem Frühmittelalter überlieferte und weiterentwickelte Formenschatz ein: wechselnde Proportionen in Saalkirchen, Basiliken oder Hallenkirchen, jeweils mit Querhaus, Chor, Krypta, Westbauten und Emporen. Seit den achtziger Jahren des 11. Jahrhunderts wagten die mittelalterlichen Bauleute größere Spannweiten zu überwölben, so eine Mittelschiffeinwölbung in Speyer, wie sie später im gotischen Kreuzrippengewölbe eine konstruktive Vollendung finden sollte. Profanbauten folgten neuen gestalterischen Entwürfen, so für Rathäuser, Tuchhallen und Gewandhäuser, Kornspeicher, Stadttore, Hospitäler, Badehäuser und dergleichen. Burgen entstanden als Zentral- oder Axialbauten in zahlreichen, zumeist von der Funktion und der Standortwahl des Turms oder der Türme abhängigen Varianten. Der Tiefbau, dessen künstlerischer Wert sich allgemein umgekehrt proportional zu seinem Nutzen verhielt, blieb ein Stiefkind der Forschung. Über Kanalbauten als Wasserleitungs- und Wasserkraftleitungsanlagen, über den Tunnelbau oder den seit siebentausend Jahren mit hölzernen Brunnenkästen belegten Brunnenbau fehlen Zusammenfassungen.

Die Formensprache der Gotik wurde vor allem auf der Apenninen-Halbinsel als barbarisch, als »gotisch«, zurückgewiesen. Die Baukunst in jenem Teil Europas blieb der Antike zugewandt. Ein Bildhauer und Architekt wie Benedetto Antelami,

46. Der Dombau zu Gurk mit der hl. Hemma, Gräfin von Friesach-Zeltschach (983–1045), als Bauherrin. Geschnitztes und bemaltes Holzrelief, um 1515. Gurk, Dom

47. Die Formensprache der Gotik: der Helm über dem Westturm des Münsters zu Freiburg im Breisgau, nach 1301

der sich 1178 im Dom zu Parma in einer Inschrift schlicht als »Sculptor«, Steinmetz, verewigte, wandte sich Ende des 12. Jahrhunderts, veranlaßt durch die französische »Moderne«, von romanischen Vorbildern ab, um sich für klare antikisierende Formen zu entscheiden. Die französische Gotik aber mit ihrem Ineinanderwirken von Rippengewölben, Spitzbogen, Maßwerk und weitgehender Auflösung der Wandflächen eroberte von Saint-Denis und mehr noch von den späteren großen Kathedralen Chartres, Reims und Amiens aus als ein »kulturelles Modell« das übrige Europa. Die Zusammenhänge ihrer Entstehung im Dreieck der Einflußgrößen Theologie, Kunst und Konstruktion und namentlich die Rolle des Abtes Suger, des Bauherrn von Saint-Denis, werden bis heute kontrovers diskutiert. War es die »Theologie des Lichtes«, jene eigenartige Lichtmystik in neuapostolisch beeinflußten mittelalterlichen Schriften, die von der Legende mit dem hl. Dionysius oder Denis verknüpft und ihm zugeschrieben wurden, die den Gelehrten Hugo von Saint-Victor zu einem jubelnden Kommentar der »Himmlischen Hierarchie« veranlaßt haben? Wurde sein Zeitgenosse Suger dadurch zu schöpferischen Visionen einer Transparenz des Göttlichen, des »wundersamen Lichts«, inspiriert, indem er das Mauerwerk aufbrach und große Fenster einsetzte? Oder ging es, um die Streitfrage mit dem besten Sachkenner des 19. Jahrhunderts, dem Franzosen Eugène Viollet-le-Duc (1814–1879), auf den Punkt zu bringen, im wesentlichen um eine Demonstration technisch-statischen Könnens? Neuere baugeschichtliche Erkenntnisse, wonach seit etwa 1200 in der Umbruchszeit zum gotischen Steinmetzgliederbau auf den großen Kirchenbaustellen kostensenkende Verfahren eingeführt, Steinformate vergrößert und normiert, Fenster seriell vorgefertigt und dünne Profilleisten am Erdboden zusammengesetzt und danach in die Gebäuderahmen eingefügt worden sind, stehen beiden Verstehensmustern nicht entgegen.

Strukturen des Baubetriebs

Im Überblick stellt sich die Situation des Bauwesens stets objektbezogen und insbesondere im Gefolge der Urbanisierung in jeder Stadt anders dar, grundsätzlich jedenfalls als ein System der privaten oder öffentlichen technisch-gewerblichen und auch schon technisch-»industriellen« Organisation. Die Entstehung der Städte erforderte frühzeitig ein kommunales Baurecht, in das stets Grundbestandteile der Selbstverwaltung eingingen. Der Entwurf und die Ausführung eines Bauwerks, entscheidende Arbeitsschritte, die man heute wegen der professionellen Tätigkeiten von Architekt und Ingenieur auseinanderhält, wurden im Mittelalter noch ganz ungeschieden einem bauleitenden Fachmann anvertraut, der in den Quellen als »Artifex«, »Magister« oder auch »Magister operis«, etwa »Werkmeister«, erscheinen konnte. Ihm stand oftmals ein Bauverwalter, spätestens ab dem 13. Jahrhundert auch der »Schaffner« einer Bauhütte als Personenvereinigung zur Seite; er hatte sich um wirtschaftliche Dinge zu kümmern, Rechnungsbücher und Lohnlisten zu führen. Quellen solcher Art, wie man sie aus Wien, Regensburg, Freiburg und Ulm kennt, um nur einige Bauhüttenorte im deutschsprachigen Raum zu nennen, vermitteln durch viele angeführte Einzelposten wertvolle Einblicke in den alltäglichen Baubetrieb. Die schon vor der Jahrtausendwende, lange vor der des »Ingenieurs« auftauchende Bezeichnung »Architectus« konnte ebenfalls auf den Bauleiter verweisen. In der häufigen Erweiterung zum »weisen Architekten«, die in den Lebens-

48. Richterliche Klärung baulicher Rechtsfragen. Miniatur in einer in der ersten Hälfte des 14. Jahrhunderts in Bologna entstandenen Digesten-Handschrift. Wien, Österreichische Nationalbibliothek

beschreibungen von Bischöfen und Äbten erscheint, die zudem als Bauherren hervorgetreten sind, zeigt sich aber, daß damit auch eine besonders rühmliche Anerkennung zum Ausdruck gebracht worden ist. Als Heinrich IV. (1050–1106) wieder »weise und fleißige Architekten« zum Dombau nach Speyer holte, muß es sich um reine Baufachleute gehandelt haben. Die Befähigung zu einer bestimmten Funktion im Arbeitsleben kam vor der festen Berufsbezeichnung; diese Tatsache wurde vom Wandel der Stilepochen nicht beeinträchtigt. Die Forschung der jüngsten Zeit hat dazu aus dem Hochmittelalter immer mehr Inschriften und epigraphische Zeugnisse des Künstler-, Techniker- und Handwerkerstolzes ermittelt, die im Gegensatz zu älteren Auffassungen beweisen, daß sich eine befähigte Persönlichkeit lange vor der Renaissance auch als Ich zu manifestieren verstanden hat. Eine Inschrift an der spätromanischen Stadtkirche von Engen im Hegau verkündet den Abschluß einer Steinmetzarbeit so: »Diz machet one swere Ruodolf der murere.«

Die Bauherren wiederum ließen sich gern als Stifterfiguren auf Fresken und Glasfenstern darstellen, in der Regel mit einem Modellbau des Vorhabens im Arm. Sie griffen mit typologischen Vorgaben, gelegentlich mit Einsprüchen in die Planung und sogar in die technische Bauausführung ein. Waren sie geistlichen und gelehrten Standes, so hatten manche von ihnen Vitruvs »Zehn Bücher über Architektur« gelesen. Wie Alkuin (um 735–804) als Abt des Klosters Saint-Martin in Tours oder Einhard (um 770–840), der das Bauwesen am Hofe Karls des Großen leitete und sich in der Klosterkirche Seligenstadt ein noch heute in der Grundgestalt erkennbares Denkmal setzte, würdigte auch Hugo von Saint-Victor jene zusammenfassende Schrift, indem er in der ersten Hälfte des 12. Jahrhunderts, in der beginnenden Baukonjunktur, ihren Verfasser als »Autorität« empfahl. Die nicht weniger als fünfundfünfzig Abschriften aus dem Mittelalter, die von Vitruvs Werk aus dem 1. vorchristlichen Jahrhundert überliefert sind, beweisen zur Genüge, daß im Bauwesen hinsichtlich seiner Gestaltungsmethoden, seiner Materialien und Arbeitsmittel seit der Antike nichts verlustig gegangen war, obwohl ein Wiedereinsatz in der Praxis vielleicht nicht immer gleich opportun gewesen ist. Bei aller Anerkennung technischer Weiterentwicklung beim Dom- und Kathedralbau wird man sogar behaupten können, daß Innovationen von größerer Bedeutung – wohl mit Ausnahme der mechanischen Säge im 13. Jahrhundert bei den Arbeitsmitteln – und neue Baumethoden nicht hinzugekommen sind. »Wenn die Bauindustrie ihre traditionellen Wege wechselte, war es das Resultat eines qualitativen Sprungs in den Bedürfnissen, nicht aber die Folge neuer Techniken« (R. A. Goldthwaite).

Zum eigentlichen Problem des hochmittelalterlichen Bauwesens wurden die Arbeitskräfte sowie die Beschaffung, Unterhaltung und der Ersatz von Materialien und technischem Gerät. Das mittelalterliche Bauen war äußerst arbeitsintensiv, und zwar bereits wegen der Materialbeschaffung. Selbst wenn geistliche oder weltliche Bauherren – auch Frauen – über genügend Wald zur Holzbeschaffung, über Steinbrüche, über Lehm- und Kalkgruben und damit über Rohstoffe für die seit dem 12./13. Jahrhundert in ganz Europa verbreitete Backsteinproduktion und die dafür erforderlichen Bindemittel verfügten und obendrein Erzanstände auf dem eigenen Grund und Boden vorfanden, um daraus eiserne Anker fertigen zu lassen, die in der gotischen Bauweise unentbehrlich wurden, mußten sie für die damit verbundenen Arbeiten erst einmal das Personal suchen und organisieren. Von den hörigen Bauern auf dem Lande, die ihre Abgaben entrichteten, war kaum mehr als streckenweise Fuhrleistungen mit Schiffen oder Wagen im Rahmen älterer grundherrschaftlicher Verpflichtungen zu erwarten. In den Städten stand und fiel die gesamte Bautätigkeit mit einer günstigen Organisation der Lohnarbeit. Der Bauleiter mußte sich auf den Markt begeben, um dort Material zu kaufen und Arbeitskräfte zu rekrutieren; das deutsche Wort »Baumeister« bezeichnete nicht unbedingt den Baufachmann, sondern, beispielsweise in Bremen und Nürnberg, auch solche Personen, denen die

49. Einsatz der Haspel für den Lastenaufzug. Miniatur in den durch Alfons X., den Weisen, überlieferten, kurz nach 1280 in Kastilien entstandenen »Cantigas de S. Maria«. Madrid, Escorial

Kontrolle aller mit einer Dombauanlage oder mit städtischen Bauten verknüpften Finanzgebaren oblag. Auf dem Arbeitsmarkt aber waren die eigentlichen Facharbeiter, nämlich Maurer, Steinmetzen, Zimmerleute und Schmiede in baukonjunkturellen Blütezeiten vornehmlich im Sommer häufig knapp und Hilfsarbeiter in größerer Zahl bei ohnehin starker Fluktuation ebenfalls nur saisonal zu gewinnen. Umgekehrt wechselten für die Fachkräfte, zumindest in Regionen, in denen Winterpausen eingelegt werden mußten, Zeiten der Arbeit mit solchen der Arbeitslosigkeit. Von Zwangsmaßnahmen allerdings, wie sie Eduard I. (1239–1307) während eines Kriegszuges in England 1282/83 durchsetzen konnte, um Tausende von Arbeitern in den Militärdienst zu pressen, Holz in den Wäldern schlagen, Befestigungen und Burgen errichten zu lassen, blieb das übrige Europa seinerzeit verschont. Die

Maurer, die im 12. und 13. Jahrhundert vielseitig befähigt sein mußten, zum Beispiel die Dachdeckerei zu beherrschen hatten und beruflich noch nicht ausdifferenziert waren, arbeiteten entweder im Zeitlohn oder schlossen für sich und eine kleinere Mannschaft, in die fallweise Hilfskräfte einbezogen wurden, mit der Bauleitung beziehungsweise -verwaltung regelrechte Verträge ab. Diese betrafen einen bestimmten, überschaubaren Arbeitsabschnitt, für den sie die Abnahmenorm sowie das Entgelt festlegten, während jedwede Organisation der Arbeit dem vertragschließenden Fachmann selbst überlassen blieb. Als »Gedinge«, »Verding« oder »Fürgriff« glich diese Arbeitsform im 13. Jahrhundert zumindest partiell der im Bergbau, wo sie mit der agrikolen Teilpacht im Zusammenhang gesehen werden muß. Wegen der Bezahlung nach Leistung konnte das Gedinge unter Umständen zwar die Qualität der Arbeit beeinträchtigen, doch es bot Anreize für ein zügiges Arbeiten und nicht zuletzt für den unmittelbaren, selbstorganisierten Einsatz technischer Hilfsmittel.

Unabhängig vom Entlohnungssystem wurde auf dem Bau an 6 Werktagen der Woche gearbeitet, am Samstag verkürzt, was einzelne Bauordnungen damit begründeten, daß es notwendig sei, ein Badehaus aufzusuchen. Die tägliche Arbeitszeit war länger als im Untertagebergbau; sie betrug nach Angaben aus den verschiedensten Teilen Europas bis zu 11,5 Stunden im Sommer und 8 bis 9 Stunden im Winter. Davon waren im allgemeinen 3 Essenspausen von unterschiedlicher Länge samt Lebensmittellieferungen abzuziehen. Sonntage waren arbeitsfrei, ebenso die bis um 50 sonstigen Feiertage im Jahr, die als eine Art Urlaubszeit betrachtet werden können und heute durch verbliebene kirchliche und hinzugekommene politische Feiertage sowie tarifliche Urlaubsregelungen auch im Baugewerbe zahlenmäßig nicht mehr erreicht werden.

Noch ehe sich die Löhne nach der Pest zur Mitte des 14. Jahrhunderts stark erhöhen, laut mancher Quellen sogar verdoppeln sollten, konnten sich die dafür aufzubringenden Gelder auf 20 bis 40 Prozent der Gesamtausgaben für das Bauen belaufen und bei Objekten mit viel Steinhauer- oder Steinmetzarbeit sogar 50 Prozent erreichen. Diese Kostenlage und die zunehmenden Großbauvorhaben forderten den Wiedereinsatz verlorengegangener oder im kulturellen Wandel aufgegebener Techniken heraus. Ikonographische Belege, die meistens den biblischen Turmbau von Babel in möglichst anschaulicher Form zeitgenössisch ins Bild zu setzen bemüht gewesen sind, bezeugen einen regional unterschiedlich schnell vorangekommenen technischen Aufholprozeß gegenüber dem Altertum. Abgesehen von der mechanischen Säge in den nicht zuletzt für Maurer und Zimmerleute bestimmten Notizen des Villard de Honnecourt und abgesehen von einer Florentiner Abbildung eines eigenartigen Hand-Rührwerks, möglicherweise für Mörtel, die im 13. Jahrhundert eine gekröpfte Welle zeigt, die häufiger erst in technischen Versuchen des 15. Jahrhunderts auftaucht, bliebe als europäische Neuerung unter

50. Mittelalterliche Baustelle: Maurerarbeit und Materialtransport unter Einsatz des Lastkrans mit Tretrad. Miniatur »Turmbau zu Babel« in der um 1340 in Böhmen entstandenen »Velislav-Bibel«. Prag, Památník Národního Písemnictví

den Arbeitsmitteln für den Bau nur der Schubkarren zu nennen. Aber auch diese geniale Konstruktion ist in China schon jahrhundertelang in Gebrauch gewesen, so daß sie wohl als Transfergegenstand gelten muß. Mit dem europäischen Schubkarren des 13. Jahrhunderts konnte dank des Rades – englisch »Wheelbarrow«, süddeutsch »Scheibtruhe« – die benötigte Arbeitskraft beim ebenerdigen Transport halbiert, die Leistung um 100 Prozent gesteigert werden. Eine treffliche Federzeichnung wohl aus der Zeit um 1250, die die Gründungsgeschichte der Abtei St. Albans illustriert, vermag mit hinlänglicher Deutlichkeit zu zeigen, wie die arbeitserleichternden und kostensparenden Funktionen der Technik zur Geltung gekommen sind: Zwei Personen mit dem herkömmlichen Tragegestell transportieren in etwa die gleiche Last wie eine Person mit dem Schubkarren.

Wie die Schubkarren, so senkten auch die Lastkräne zum Vertikaltransport die Arbeitskosten am Bau. Die Technik der Hebezeuge, ihre physikalischen Grundlagen und ihre Nutzungsmöglichkeiten beim Bauen und beim Be- und Entladen von Schiffen hatte Vitruv mit genauen Beschreibungen in das Mittelalter überliefert. Seit etwa 1100 tauchen wieder Lastkräne auf, um auf größeren Baustellen das manuelle Aufziehen von Baumaterial zu erleichtern. Man konstruierte neben dem zweisäuligen Portalkran, der die Benennung »Kran«, abgeleitet vom Vogel Kranich, eigentlich nicht verdient, zwei Typen: den sogenannten Galgenkran mit einem horizontal auf der Kransäule aufliegenden oder schräg nach oben gestellten Ausleger, jeweils mit zusätzlichen Verstrebungen, und den Säulenkran mit einem T-förmigen Ausleger und Seilrollen auf gleicher Ebene an dessen beiden Enden. Solche Lastkräne brauchten als Windewerk die Haspel mit Handspeichen oder einem Speichenrad oder sie mußten – nachweislich in der gotischen Bautechnik Frankreichs seit dem 13. Jahrhundert – ein Tretrad haben. Die Lasten wurden an Seilhaken oder direkt am Seil befestigt, Steine

51. Lastentransport mit dem Tragegestell und mit der Schubkarre unter Aufsicht des Bauverwalters und Bauleiters mit dem König als Bauherrn. Lavierte Federzeichnung in der wohl um die Mitte des 13. Jahrhunderts entstandenen Vita des hl. Alban. Dublin, Trinity College Library

nach antikem Vorbild auch am sogenannten Wolf, der in eine schwalbenschwanzförmig ausgemeißelte Vertiefung griff. Die ebenfalls bereits im Altertum gebräuchliche Hebezange, die sich unter Einwirkung von Zugkraft schloß und so den Stein umfaßte oder in vorbereitete Löcher hakte, läßt sich ikonographisch erst wieder um 1300 belegen. Zur Erleichterung der Maurerarbeiten dienten Arbeitsbühnen auf Auslegergerüsten und Stangengerüste mit Seilverbindungen und Leitern. Als Zugänge kamen außerdem Laufschrägen aus Bohlen oder Flechtwerk zum Einsatz, über die kleingewichtige Lasten von Hilfskräften und Handlangern aufgebracht wurden. Das allgemeine Handwerkszeug der Maurer – Kelle, Hammer, Mörtelmischhacke, Lot sowie Lot- oder Setzwaage – und der Steinmetzen – Spitze, Fläche, Setzeisen, Klöpfel, Winkel – entsprach den bis heute verwendeten Hilfsmitteln. Bei den Zimmerleuten setzten sich die Holzsägen regional erst im 13. Jahrhundert wieder durch, während Steinsägen schon im Frühmittelalter genutzt wurden.

Vom Tiefbau zum unterirdischen Bauen

Im Tiefbau fanden die frühmittelalterlichen Wasserleitungs- und Wasserkraftleitungsbauten seit dem 11. Jahrhundert ihre direkte und in Verbindung mit Verteidigungsgräben vermehrte Fortsetzung in den Urbanisierungsgebieten der nordwestlichen Francia. Dort wurde die Dichte der hydraulischen Netzwerke für Mühlen und Handwerksanlagen zuerst zu einem sichtbaren Zeichen des städtischen Reichtums. Obwohl die geographische Ausdehnung und die Leistung insbesondere der »Wasserkraft-Wasserwege« als Ergänzung und Erweiterung der natürlichen Fließe in Städten wie Amiens, Troyes, Rouen und Chalons für die Forschung geklärt zu sein scheint, bleiben die Organisation der Arbeit und die eingesetzte Technik bei jenen Tief- und Wasserbauvorhaben fast gänzlich im dunkeln.

Als exemplarisch für den Erkenntnisstand sei hier die Stadt Douai genommen, eine höchst erfolgreiche mittelalterliche Neugründung, deren Genese durch intensive Interpretationen des schriftlichen Quellenmaterials und durch neuere Grabungsfunde erhellt werden konnte. Zunächst nur als frühmittelalterliche ländliche Siedlung am unteren Lauf der Scarpe belegt, hat der Ort mit dem Übergang in die Hände der Grafen von Flandern seit der Mitte des 10. Jahrhunderts einen stetigen Aufschwung genommen. Die Einwohnerschaft wuchs an, als viele Spinnerinnen, Weber und Walker zuwanderten, die zunächst regional gewonnene Wolle, später auch englische Importe verarbeiteten. Das im 13. Jahrhundert in städtischen Aufzeichnungen registrierte komplizierte Mühlensystem von 16 Einzelanlagen ging laut Dietrich Lohrmann in seinen Grundzügen auf das 11. Jahrhundert zurück und setzte bei dem schwachen Wasseraufkommen und dem geringen Gefälle der Scarpe die Anlage von 6 parallel geführten Stadtkanälen voraus. Ein Erfolg dieser Baulei-

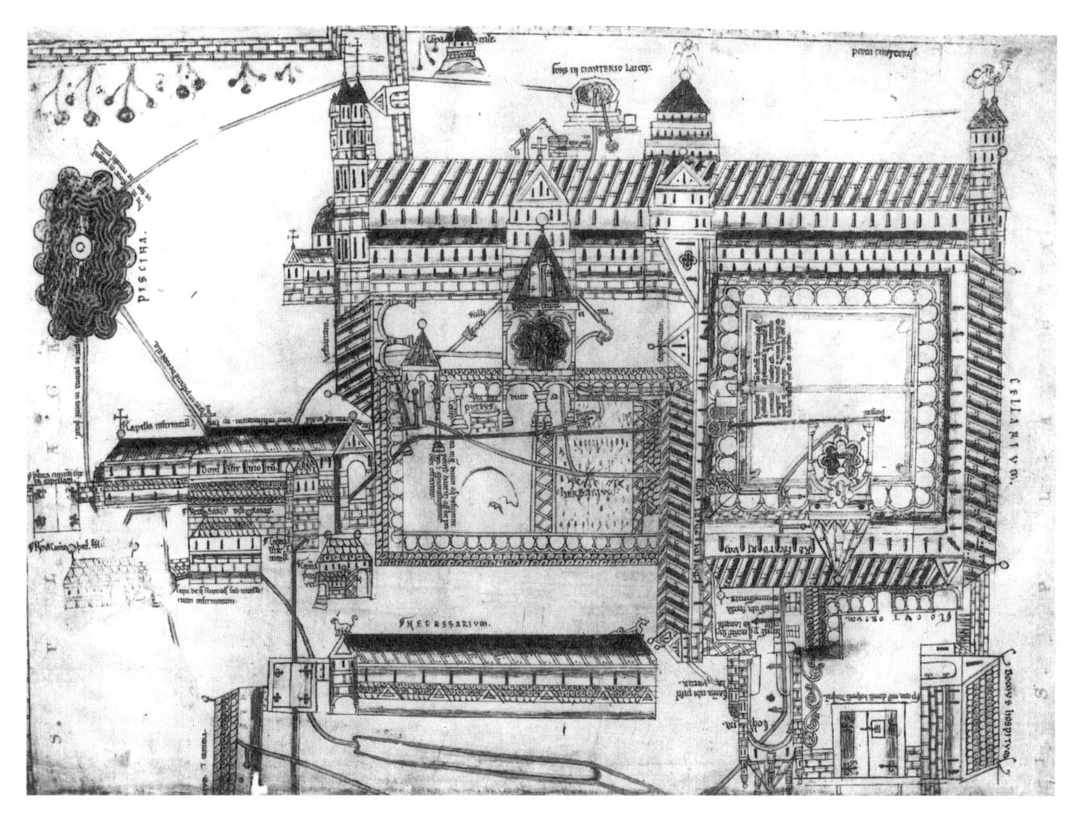

52. Plan der Wasserleitungen des Kathedralklosters Christchurch in Canterbury. Lavierte Zeichnung in dem um die Mitte des 12. Jahrhunderts entstandenen »Canterbury-Psalter«. Cambridge, Trinity College Library

stung war allein durch zweimalige Umleitungen der Scarpe möglich geworden, und zwar gegen Ende des 10. Jahrhunderts bei Vitry und nach der Mitte des 11. Jahrhunderts mit dem Durchstich einer Kalkschwelle bei Arleux.

Im Vergleich mit dem städtischen Tiefbau trat der klösterliche etwas zurück, obschon er sich im Zusammenhang mit zahlreichen Neugründungen, nicht zuletzt der Zisterzienser, insgesamt gesehen ausweitete. Zahlreiche Urkunden und Chroniken des Hochmittelalters verweisen auf Wasserbauten und Wasserleitungen, die Werkstätten und Mühlenanlagen innerhalb und außerhalb der Klöster versorgt haben. Technische Einzelheiten zeigt insbesondere der Plan aus dem Kathedralkloster Christchurch der englischen Erzbischofsstadt Canterbury, dessen Gemeinschaft im 12. Jahrhundert rund 150 Mönche umfaßt hat. Zuleitungen, mehrere Brunnen und längere unterirdische Röhrensysteme, die verschiedene Baulichkeiten in ein umfassendes Wasser- und Abwassersystem einbezogen haben, bezeugen den monastischen Standard des Tiefbaus.

53. Der Stiftsarm-Stollen durch den Mönchsberg in Salzburg aus der Mitte des 12. Jahrhunderts

Aufgrund von Quellen- und Feldforschungen aus Salzburg und Maria Laach in der Eifel werden weitere Einsichten über unterirdische Bauleistungen möglich. Ziel des Salzburger Tiefbaus ist eine Wasserzuleitung in den Altstadtbezirk gewesen, den der sogenannte Mönchsberg und seine Ausläufer halbkreisförmig umgeben. Aus der an der offenen Seite vorbeifließenden Salzach ließ sich wegen der tieferen Lage des Flußbetts, die zudem Hochwasserschutz bot, kein Wasser abzweigen. Im Jahr 1136 begannen die Abtei St. Peter und das Salzburger Domkapitel das außergewöhnlich kühne Projekt eines Stollenbaus durch den felsigen Mönchsberg und ungefähr gleichzeitig die Anlage eines Kanalgerinnes, um die im gebirgigen Hinterland vorhandenen Ressourcen heranzuführen und als Trinkwasser, Brauchwasser und Energiespender zu nutzen. Der Stollenbau selbst, den ein »Artifex« namens Albert als technischer Sachverständiger leitete, wurde in nicht weniger als 6 Jahren vollendet. Bei einer Länge der Anlage von 370 Metern, einer durchschnittlichen Breite von 1 Meter und einer Höhe von 2 Metern war das eine gigantische Leistung, verglichen mit dem Tempo des bergmännischen Vortriebs, der im 13. Jahrhundert jährlich 20 bis 30 Meter und im 15. Jahrhundert, als für den Erbstollenbau Feiertage freigegeben waren, bis zu 40 Meter betrug. Die neue Salzburger Wasserleitung, für die hölzerne Gerinne zur Überbrückung eines ausgedehnten Moorgebietes errichtet werden mußten, konnte um 1160 ihren Nutzen entfalten. Der Gesamtbau mit seiner Tunnelstrecke blieb für deutsche Städte im 12. Jahrhundert einmalig. Die künstlichen Wasserläufe beispielsweise von Augsburg, die rein oberirdisch mit der Auffächerung des Lechs in 5 Arme entstanden sind, wurden erst im Stadtrecht von 1276 genannt; allerdings muß ein künstliches Abwassersystem in der späteren Fugger-Stadt laut Ausweis einer Urkunde von 1264 früher angelegt worden sein.

Während über den Salzburger unter- und oberirdischen Wasser- und Wasserkraftleitungsbau und seine bis in die Gegenwart reichende Geschichte schriftliche Quellen vorliegen, konnte das ebenso großartige Tiefbauunternehmen bei Maria Laach, der sogenannte Fulbert-Stollen, im großen ganzen lediglich aus dem Befund des Bodendenkmals rekonstruiert werden. Zum Stollenbau sahen sich die Mönche am Eifel-Rand durch ständige Überschwemmungsgefahr veranlaßt, der die Ende des 11. Jahrhunderts gegründete Abtei ausgesetzt war. Die ebenso abgelegene wie idyllische Anlage der Klostergebäude hatte sich bald als trügerisch erwiesen, da der in demselben engen Bergkessel gelegene Kratersee ohne Abfluß war, so daß sein Wasserspiegel nach starken Regenfällen bedrohlich anstieg. Schon Fulbert, der zweite Abt von Maria Laach, ließ deshalb bald nach der Mitte des 12. Jahrhunderts an niedriger aufgeschütteten Stellen des Kraterrandes Bauschächte ausheben und sie in der Tiefe auf dem gewünschten höchsten Niveau des Seewasserspiegels durch Stollen verbinden. Nachdem die einzelnen Bauabschnitte auf der Gesamtlänge des Stollens durchstoßen waren, gab man ihnen durch Abtragen der Sohle ein ausreichendes Gefälle, so daß jedes Hochwasser des Sees abfließen konnte. Die Frage, ob mit diesem Tiefbau eine schon im Altertum – im Rheinland beim römischen Wasserleitungstunnel durch den Drover Berg bei Düren – angewendete Technik reaktiviert oder ob das erfolgreiche Verfahren neu erfunden worden ist, bleibt abermals unbeantwortet. Als Vermittler käme wiederum Vitruv in Frage, obwohl die spezifische Schachtbauweise von ihm nicht beschrieben worden ist, als er empfohlen hat, unterirdische Stollen zu graben, »wenn zwischen einer Stadt und einer Quelle Berge liegen«. Erwägenswert bleibt die Übernahme aus der Bergbautechnik, in deren Entwicklung der Stollenbau etwa zur Zeit des Anlagenbaus von Salzburg und Maria Laach zum Schachtbau hinzugetreten ist.

Als »Fachleute« kommen auch Brunnenbauer in Betracht, die im Schacht- oder Kesselbrunnenbau den Grundwasserspiegel stets durchzustoßen hatten. Zumal auf mittelalterlichen Burgen erreichten sie beachtliche Tiefen: 70 Meter beispielsweise in Nürnberg. Brunnenschächte haben sie normalerweise bloß in ihrem oberen Teil verzimmert oder mit Steinen ausgekleidet, weil es darum ging, darunter seitliche Wasser- oder in den Salinen Soleeinflüsse aufzufangen. Am oberen Rand erhielt der Brunnen eine Brüstung, die im Recht des »Sachsenspiegels« aus dem 13. Jahrhundert zur Pflicht gemacht wurde. Auf ihr konnte die Schöpfanlage, zumeist schon die Winde mit der Kurbel, angebracht sein. Nur beim sogenannten Galgenbrunnen, der im frühmittelalterlichen Salzwesen seiner am Ende des Arbeitsvorgangs schrägaufwärtsragenden Form wegen als »Cyconia«, das heißt »Storch«, bezeichnet wurde, stand der Galgenbaum stets daneben, aber so, daß der Schöpfbehälter in den flachen Schacht hinabgelassen werden konnte. Der Klosterplan von Canterbury zeigt Brunnentypen, die um 1150 den Stand der Technik bestimmt haben.

Spätestens seit dem 13. Jahrhundert und noch ehe besondere »Wasserkünste« aufkamen, mit denen Wasser aus Flüssen gehoben und in Leitungen eingespeist wurde – Breslau 1272, Lübeck 1294 –, bezogen viele Städte ihre Brunnen und Quellwasserleitungen in die öffentliche Rechtsaufsicht ein. Sie bestellten vereidigte Brunnenmeister, die wieder Handwerker und Hilfskräfte unter sich hatten und für die Reinhaltung sowie die Wartung der Anlagen sorgten. Waren zur Sicherung beziehungsweise Verbesserung des Wasserzuflusses schwierige Grabungsarbeiten zu bewältigen, dann wurden seit Ende des 12. Jahrhunderts unter gegebenen

54. Das Brunnenhaus von Fontebranda in Siena aus dem Ende des 12. Jahrhunderts

Umständen Bergleute mit ihren Fachkenntnissen herangezogen. Was beim bloßen Leitungsbau für den bronzenen Zweischalenbrunnen auf dem Marktplatz zu Goslar wegen der günstigen hydrographischen Bedingungen nicht unbedingt erforderlich gewesen ist, mußte für das Tuffgestein auf der Höhe von Siena geschehen: Spezialisten aus den Bergrevieren der Toskana trugen hier mehrmals mit neuer montanistischer Praxis – unter anderem dem zweiseitigen Vortrieb – zum Stollenbau und zur Wassereinspeicherung für den Brunnen von Fontebranda bei. Als einer der prächtigsten in der Region, den im 14. Jahrhundert unter anderen Dante und Boccaccio (1313–1375) bewundert haben, kann er als ein Beispiel für das gesellschaftliche Anliegen gelten, technische Funktion selbst in monumentalen Anlagen mit gefälliger Form zu verbinden.

Verkehr und Transport auf alten und neuen Wegen

Der deutliche Aufschwung des Handels, der seit dem 11. Jahrhundert von den entstehenden urbanen Zentren ausging, belebte nicht nur den direkten Verkehr von Ort zu Ort und von Region zu Region, sondern auch die Haupthandelswege an der europäischen Süd- und Westflanke. Diese »Welthandelsstraßen«, die von Byzanz aus Anschluß an die östlichen Kulturkreise fanden, liefen im wesentlichen um die europäische Mitte herum. Erst im Zusammenhang mit dem Vierten Kreuzzug und seiner Umleitung zum Angriff auf Konstantinopel sollte sich diese Situation Anfang des 13. Jahrhunderts entscheidend ändern: Venedig und danach Genua und Pisa sowie einige andere Städte Italiens konnten große Teile des Welthandels an sich ziehen. Daraufhin nahm auch über die Alpen und ihre östlichen Ausläufer hinweg in Richtung Wien der Verkehr mit Mitteleuropa stark zu. Die oberdeutschen Kaufleute im Süden und die niederdeutschen am Niederrhein und an der Nord- und Ostsee, die gemeinsam schon im Laufe des 12. Jahrhunderts die Entwicklung Deutschlands zu einem Exportland gefördert hatten, und zwar für Metallwaren, Waffen, Wein, Getreide, Salz und mehr noch für Textilien, wurden von der Verlagerung der Handelsschwerpunkte und den folgenden wirtschaftlichen Neuverflechtungen weiter herausgefordert. Nach der Kölner Guildhall aus dem letzten Viertel des 12. Jahrhunderts in London entstand zwischen 1222 und 1225 in Venedig ein Fondaco dei Tedeschi, ein Wohn-, Lager- und Kaufhaus für die Deutschen.

Seit dem 11. Jahrhundert mehrten sich auch die Anzeichen für eine Zunahme der allgemeinen Reisetätigkeit. Nach und nach wurden Höhepunkte im Verkehrsaufkommen erreicht. Das bewirkten die Kreuzzüge samt ihrem riesigen Wagentroß und später ihren großen Schiffsflotten, die Italien-Züge deutscher Könige und Kaiser sowie die Wallfahrten und Pilgerzüge. Hinzu kamen die Kaufleute, Wanderungen von Handwerkern und Bergleuten sowie Studienreisen von Klerikern und Gelehrten. Der Humanist Petrarca bemerkte Mitte des 14. Jahrhunderts in einem Rückblick, daß er sein ganzes Leben unterwegs verbracht habe. Die erhöhte Verkehrsdichte stützte sich auf ein zahlenmäßiges Anwachsen der Transportmittel – Karren, Wagen, Schiffe – und auf einen Ausbau der Infrastruktur von Land- und Wasserstraßen sowie Hafenanlagen.

Die Darstellung der frühmittelalterlichen Technik verwies bereits darauf, daß bei der im großen und ganzen gleichbleibenden Nutzung der Fahrzeuge für den Lastentransport die einmal gefundenen Konstruktionsmerkmale beibehalten wurden. Die Zusammenarbeit der Radmacher, Wagner und Schmiede haben dann aber etliche Neuerungen hervorgebracht – für den militärischen Bereich auch Sonderausführungen wie Kampfwagen für Belagerungszwecke und fahrbare Untersätze aller Art –, die schriftlichen Quellen, ikonographischen Zeugnissen oder Bodenfunden zu entnehmen sind, obwohl deren Erstbelege wieder Fragen offen lassen. Aus der schriftlichen Überlieferung sei dazu eine Mainzer Chronik zitiert, die den um 1000 auch politisch aktiven Erzbischof Williges (gestorben 1011) als gelernten Wagner und Erfinder des Speichenrades ausgibt. Hinsichtlich eines in jener Frühzeit ausgebildeten Wagnerhandwerks macht die Quelle eine fragwürdige, hinsichtlich der Invention eine falsche Aussage. Das Speichenrad wurde erstmals fast dreitausend Jahre vor Williges genutzt, ziert als Symbol allerdings das Mainzer Wappen bis zum heutigen Tag. Um das Verkehrswesen machte sich Williges eher durch den Bau zweier Brücken verdient, bei Aschaffenburg über den Main und bei Bingen über die Nahe.

Während der sogenannte Radsturz, die Schrägstellung der Räder zur Achse, schon im Altertum bekannt war, ließ sich der Speichensturz auf der Entwicklungsstufe eines professionalisierten Handwerksberufes, auf der der Radmacher, im Mittelalter noch vervollkommnen. Die Speichen durften vom Radkranz zur Nabe nun nicht in einer Ebene verlaufen, sondern mußten konisch eingesetzt werden, wodurch sich die Anfälligkeit gegen Seitendruck verminderte und die Tragfähigkeit erhöhte. Das Beschlagen der Radkränze mit Kopfnägeln, ähnlich den Spikes, das allerdings in erster Linie dem Abrieb und nicht der Rutschgefahr entgegenwirken sollte, wurde, Bildbelegen zufolge, seit dem 13. Jahrhundert in ganz Europa Mode. Verbote dieser Technik, durch die der ohnehin nicht gute Zustand der Fahrbahnen wenigstens erhalten werden sollte, riefen erfinderische Handwerker auf den Plan. Schon um 1300 tauchten partiell als Ersatz der älteren Problemlösung einteilige eiserne Radreifen auf, die heiß aufgezogen wurden und nicht nur den Abrieb verminderten, sondern die gesamte Radkonstruktion festigten.

Eine Erfindung Europas oder aber eine Übernahme aus dem Fernen Osten war das Ortscheit, das es erlaubte, die ältere Gabeldeichsel als Zug- und Anspannvorrichtung der Karren und Wagen zu ersetzen. Bildbelege für jene spezifischen Querhölzer zum Befestigen der Geschirrstränge werden in der zweiten Hälfte des 12. Jahrhunderts immer häufiger. Sie finden sich in Nowgorod an der Bronzetür des dortigen Domes, die zwischen 1152 und 1156 in Magdeburg gegossen worden ist. Noch vor der Jahrhundertwende bildete auch die elsässische Äbtissin Herrad von Landsberg das

55. Pferdegespann am Ortscheit. Darstellung der Himmelfahrt des Elias auf dem linken Flügel der zwischen 1152 und 1156 in Magdeburg gegossenen Bronzetür der Kathedrale zu Nowgorod

Ortscheit detailgetreu in Wagendarstellungen ihres »Hortus deliciarum«, des »Gartens der Freuden«, ab, eines Schulbuches zur Unterweisung der ihr und den übrigen Nonnen des Klosters Hohenburg anvertrauten Kinder. Der schnellen Verbreitung jener Zugvorrichtung im 13. Jahrhundert stand nur regional die Neigung entgegen, an der Gabeldeichsel festzuhalten.

Ein Übergang vom Lastwagen zum Personenwagen erfolgte mit der Aufhängung des Wagenkastens. Um während der Fahrt Erschütterungen durch Bodenunebenheiten zu vermindern, wurde der Oberwagen vorn und hinten an Metallklammern, Seile oder Ketten und ein eisernes Kipfenpaar gehängt. Die noch frühmittelalterliche Innovation führte in einem Entwicklungsstrang in die höfische Sphäre hinein und dort zum Bau größerer vierrädriger Prunkwagen, im 14. Jahrhundert beispielsweise für die Damen der Anjou-Dynastie in Neapel. Im deutschen Sprachraum verbreitete sich der sogenannte Kobelwagen, der entsprechend dem Bestimmungswort »Kobel«, das ist ein enges Haus, ein Siechenhaus, auch für gebrechliche und kranke Personen vorgesehen war oder zumindest von Betrachtern so eingeordnet wurde. Basismodell vermochte der ältere Leiterwagen zu sein, wenn er über feste Bügel eine Plane als Verdeck erhielt. Ebenso vorbildhaft waren jene durch Bodenfunde belegten Unterwagen, von denen sich ein muldenförmiger Oberwagen als Ganzes – sogar beladen wie beim Container – abheben ließ. Dieser brauchte lediglich durch einen angemessenen tonnen- oder kastenförmigen Aufbau ersetzt zu werden. Zusätzlich mit einer geeigneten »Federung« versehen, bot der Kobelwagen einige Bequemlichkeit. Ottokar von Steiermark (nach 1260–nach 1319) berichtet in seiner »Österreichischen Reimchronik« von einem kranken Mann, »das in muoste tragen sin hangunder wagen, der gie sanft und feine«. Bei einem solchen Fahrkomfort konnte auch der Kobelwagen als repräsentatives Fahrzeug dienen. Der Chronist, der den volksfestartigen Empfang Friedrichs II. und seiner englischen Braut Isabella 1235 in Köln beschrieb, wählte das Bild von »herrlichen Schiffen«, die von Tieren gezogen das Land befuhren. In ihnen saßen singende Geistliche, die unter Orgelbegleitung wohl den berühmten Mensuralgesang vortrugen, der in Köln entstanden sein soll. Männliche Herrscherpersönlichkeiten, auch solche aus kirchlichen Kreisen, stiegen im allgemeinen nicht vor dem 16. Jahrhundert in Wagen um. Noch immer galt für sie der Pferderücken als standesgemäß, den selbst der todkranke Kaiser Maximilian (1459–1519) in seinen letzten Lebenstagen nicht gegen einen der Prunkwagen nach Entwürfen Albrecht Dürers (1471–1528) tauschte, sondern nur gegen die Sänfte.

Die Glossare des 12. und 13. Jahrhunderts gehen meistens auch auf konstruktive Einzelheiten des Wagenbaus ein. Doch eine gründliche Auswertung der namentlich bei Alexander Neckam im lateinischen Text mit zahlreichen volkssprachlichen Ausdrücken durchsetzten Beschreibungen steht in der zusammenfassenden Fachliteratur noch aus. Unter Einbeziehung der vorhandenen Bildquellen schält sich als wesentlicher Kern für das Hochmittelalter die Erkenntnis heraus, daß der vierrädrige Wagen immer häufiger genutzt worden sein muß, gezogen zudem von Pferden, die vielerorts die Ochsen als Zugtiere verdrängt haben. Trotz ungefähr gleicher Zugkraft beider Tierarten wird schon vor dem Pflug beim Pferd infolge seiner schnelleren Vorwärtsbewegung eine um die Hälfte größere Arbeitsleistung angenommen. Seine größere Ausdauer erlaubte zudem eine längere Arbeitszeit. Die »Slawenchronik« Helmolds von Bosau am Plöner See (vor 1125–nach 1177), die als bedeutendste Schriftquelle Niederdeutschlands im 12. Jahrhundert gilt, nimmt als Maßstab für Pflugland eine Fläche, die ein Paar Ochsen oder ein Pferd an einem Tag umpflügen können. Das Pferd wurde insbesondere im nördlicheren Europa ein wirksamer Wirtschaftsfaktor, hingen doch gute Ernteerträge davon ab, daß man

56. Kobelwagen mit eingehängtem Personenkorb. Miniatur in einer um 1350 in der Ostschweiz angefertigten Abschrift der »Weltchronik« des Rudolf von Ems. Zürich, Zentralbibliothek

Getreide bald einbrachte. Das Zeitgefühl veränderte sich im 13. und 14. Jahrhundert und förderte den Einsatz von Pferden im Ackerbau und im gesamten Transportwesen bis hin zum Treideln der Schiffe. Geschwindigkeiten gaben sich im Stundenmaß besser zu erkennen, so daß allgemein ein Zeitdruck bei der Arbeit wie beim Reisen empfunden wurde. Mit einem Pferdegespann unter dem Kummet vor dem vierrädrigen Langwagen, dem »Carrus« oder »Plaustrum«, der eine lenkbare Vorderachse hatte, und mit dem Ortscheit zur Anschirrung bot sich Kaufleuten und Bauern eine Möglichkeit, mehr Güter schneller auf vorteilhafte Märkte zu bringen.

Als Indiz für einen verstärkten Landverkehr können die Straßenverkehrsregeln gelten. Namentlich der »Sachsenspiegel« des Eike von Repgow, ein Rechtsbuch, das der Verfasser aus dem Dorf Reppichau bei Köthen im ersten Drittel des 13. Jahrhunderts vorlegte, und später der »Deutschenspiegel« und der »Schwabenspiegel« nahmen sie als neue Materie auf. Vorfahrts- und Ausweichregelungen wurden zunächst allein auf die großen öffentlichen Straßen, die »Königsstraßen«, bezogen, die nach Ansicht Eikes so breit sein sollten, »daß ein Wagen dem anderen ausweichen kann«. Ein späterer Zusatz hielt eine Straßenbreite von 7 Fuß für ausreichend. Bei der Maßeinheit des Fußes von höchstens 34 Zentimetern und einer mittleren Spurweite der Wagen von 111 bis 120 Zentimetern erforderte jeder Gegenverkehr im wahrsten Sinne des Wortes ein »Ausweichmanöver«: »Der leere Wagen soll dem beladenen ausweichen und der geringer beladene dem schwerer belasteten.« Obwohl der »Schwabenspiegel« diese Forderungen neben vielen anderen ebenfalls aus dem »Sachsenspiegel« übernahm, erhielt die Verkehrssicherheit in seinem Text, der später verfaßt wurde und obendrein Regionen des Altsiedellandes betreffen sollte, einen höheren Stellenwert. Auch der Unterschied zwischen königlicher und allgemeiner Landstraße erschien schon verwischt, als gefordert wurde, »eine jegliche Wagenstraße soll 16 Schuh breit sein, damit ein Wagen dem anderen ausweichen kann«.

Seeschiffe

Die in Europa auf der Nord- und Ostsee sowie dem Kanal schon im Frühmittelalter eingeführten hochseetüchtigen Schiffstypen, Holk, Nef oder Kiel und Kogge, wurden im Hoch- und Spätmittelalter vor allem in den Abmessungen vergrößert. Das gilt gleichfalls für Entwicklungen in der Schiffbautradition Skandinaviens, in der das geruderte Langboot des »Wikingerschiffes« zunehmend weniger gefragt gewesen ist, während man den parallel entstandenen breiteren und segeltragenden Schiffstyp normannischen Kriegszwecken ebenso wie den Handelsbedürfnissen angepaßt hat. Ohne die späteren Aufbauten der Vor- und Achterkastelle gibt er sich bildlich im Flaggschiff Wilhelms des Eroberers auf dem Teppich von Bayeux zu erkennen. Von diesen Schiffbautraditionen des Nordens sind die der südlichen Regionen mit ihrer klassischen Vergangenheit und mit arabischen Einflüssen abzuheben. Durch Kombinationen und ständige Verbesserungen gelang es hier den Portugiesen und Spaniern, mit der segeltüchtigen und gut steuerbaren Karavelle den entscheidenden Durchbruch zu schaffen, der Europa vor nunmehr fünfhundert Jahren die Neue Welt eröffnet hat.

Als Großschiff des Mittelmeerraumes hatte sich im 13. Jahrhundert zunächst allein die venezianische »Galea«, die Galeere, durchgesetzt, die nach Quellen des Jahres 1291 von maximal 200 entlohnten Knechten in 3 Reihen auf jeder Schiffsseite gerudert wurde. Im rauheren Atlantik war dieser Schiffstyp eher in küstennahen Gewässern brauchbar. Dennoch erreichten die Genuesen und ab 1320 auch die Venezianer mit ihm die für ihren Handel wichtige Grafschaft Flandern sowie England, so daß die Galeere sehr wohl neben der Kogge ankern konnte. Seemän-

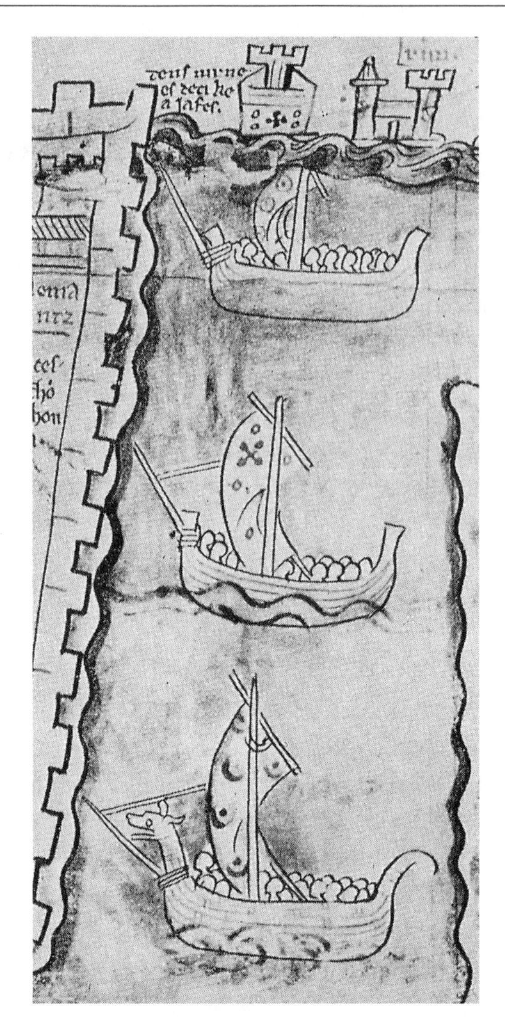

57. Englische Transportschiffe vom Typ Kiel oder Nef vor der Küste des Heiligen Landes. Aus einer um die Mitte des 13. Jahrhunderts entstandenen Landkarte von Matthew Paris. London, British Library

nisch jedoch sprach manches für das Schiff aus dem Norden; denn zumindest im Seegang der Biskaya und des Kanals hatten die flachbordigen Galeeren mit dem schmaleren Rumpf – bei einer Länge von 31,4 Metern, einer Breite von 6,6 Metern und einer Seitenhöhe einschließlich des Setzbords von nur 2,7 Metern – ihre Probleme. Andererseits ließen sich diese schnellen Ruderschiffe von den Heimathäfen aus mit einiger Präzision und ungefähr vorausberechneter Pünktlichkeit dirigieren, da sie von Windverhältnissen überwiegend unabhängig waren und Segel nur zur Kraftverstärkung setzten. Trotz der hohen Kosten für die Mannschaft blieben die

Genuesen wie die Venezianer während der Zeit ihrer Flandern-Fahrt bei der Galeere. Die Genueser Karacke, die als Segelschiff im Laufe des 14. Jahrhunderts am Swin bei Brügge in größerer Zahl Anker warf, fuhr nicht als »Staatsschiff«, sondern im privaten Auftrag einzelner Kaufleute, die auch die Kostenfrage bedachten. Ihre damalige Bauweise könnte von der mittelalterlichen Kogge beeinflußt gewesen sein, doch kommen als Vorläufer ebenso die »Currabi« oder »Gorabi« und damit arabische Schiffe in Frage.

Die Kogge ist jener Schiffstyp mit langem Entwicklungsvorlauf gewesen, der sich seit dem 12. Jahrhundert unmittelbar mit der Hanse als Kaufleute- und Städteverbund in Verbindung bringen läßt. Die Begriffe »Kogge« und »Hansekogge« fielen für zwei bis drei Jahrhunderte in eins zusammen. Viele nach dem Vorbild Lübecks von 1159 gegründete Ostseestädte wählten die Kogge zum Symbol ihrer Siegel. Schiffbautechnische Fortschritte lassen sich der sphragistischen Überlieferung entnehmen. Das ist insbesondere im Hinblick auf das am Achtersteven drehbare Heckruder der Fall. Zwar wird es um 1180/90 einzeln auf einem Taufstein in Winchester nachweisbar und jüngst ergrabenen Überresten in Bremen zufolge sogar noch früher, doch seit 1242 erscheint es fast regelmäßig auf Kogge-Siegeln, zuerst in

58. Holk mit Hecksteuerruder. Relief auf einem Taufstein in der Kathedrale von Winchester, um 1185

Elbing, dann in Wismar und Stralsund. Die Neuerung erforderte einen geringeren Kraftaufwand und ermöglichte die Umwandlung des breiten Luggersegels mit dem unteren Baum zum hohen Rahsegel mit losem Unterliek. Das Heckruder setzte sich verhältnismäßig schnell durch. Wie seit dem 12. Jahrhundert der Kompaß konnte es als ein Teil der Schiffsausrüstung europaweit in den Häfen vorgeführt werden. Innovationen »mobiler Technik« waren denen stationärer Technik in der Diffusionsgeschwindigkeit überlegen.

Um genauere Daten über die Kogge und Hansekogge zu erhalten, bedurfte es der Auswertung von Fundmaterial. Zollrollen, beispielsweise von Damme 1252 und Dordrecht 1287, konnten nur Einzelheiten zur Schiffbauweise beitragen. Material für die exaktere Analyse erbrachten neben der modernen Unterwasserarchäologie vor allem Trockenlegungen wie die der niederländischen Ijselmeer-Polder, bei denen Wracks zum Vorschein kamen. Am besten ausgewertet ist die Kogge, die 1962 in Bremen im Weser-Schlick entdeckt worden ist. Die nach dem Wiederaufbau erfolgte gründliche Vermessung ergab, einschließlich der Überhänge für das einmastige Schiff, eine Gesamtlänge von 23,27 Metern, eine größte Breite von 7,62 Metern und eine Seitenhöhe mittschiffs von 4,26 Metern. Der Tiefgang wurde auf 1,25 Meter und mit der möglichen Zuladung von 80 bis 90 Tonnen auf 2,25 Meter errechnet. Als Besonderheiten vermerkte man den Wechsel von der Kraweelbeplankung am Boden zur Klinkerform an den Seiten sowie die Schalenbauweise, wonach erst die äußere Schiffshülle gefertigt worden ist, um danach die Spanten aus gewachsenem Krummholz einzupassen. Unter den Fundobjekten gehört die Bremer Kogge, deren Entstehungsdatum sich dendrochronologisch auf das Jahr 1380 zurückführen ließ, zu den größeren Bautypen. Andere Wracks zeigen geringere Ausmaße, obwohl laut Schriftquellen auch Koggen gebaut worden sein müssen, die eine größere Tragfähigkeit als 90 Tonnen hatten. Dennoch war die Zeit dieses Schiffstyps spätestens im 15. Jahrhundert abgelaufen. Neben der Karacke ließ sich vor allem der Holk technisch noch weiterentwickeln. Seine überragende Ladefähigkeit, die bis auf 350 oder gar 400 Tonnen gesteigert werden konnte, war für Massengüter wie Getreide, das aus dem Weichsel-Gebiet über Danzig nach dem Westen geführt wurde, oder für die Rückfracht von Bajesalz der Atlantik-Küste oder seit dem 15. Jahrhundert auch aus Spanien und Portugal besonders geeignet.

Binnenschiffe

Im Schiffbau für die Binnengewässer veränderten sich die einmal gefundenen Bauweisen nur noch geringfügig. »Typisch ist in allen bisher beobachteten Fällen, daß der Kleinbootbau des Binnenverkehrs äußerst konservativ an den alten Schiffstypen festhält, während die daraus entstandenen Seeschiffe zur gleichen Zeit we-

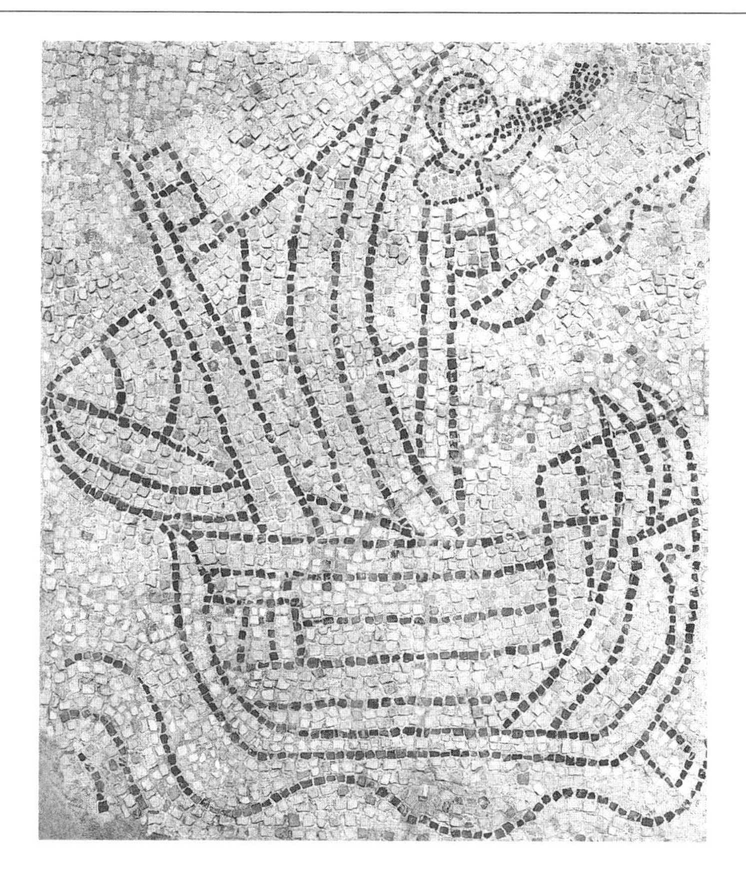

59. Segelschiff des mediterranen Raumes mit Hecksteuerruder. Mosaik in S. Giovanni Evangelista in Ravenna, Anfang des 13. Jahrhunderts

sentlich dynamischere Entwicklungen durchlaufen, die zum Bau immer größerer und seetüchtigerer Schiffe führen und seit dem 14. Jahrhundert sogar eine verhältnismäßig rasche Abfolge der Typen und Konstruktionsweisen nach sich ziehen« (D. Ellmers). Benennungen einzelner Schiffstypen, die schon Isidor von Sevilla (um 560–633) in einem Katalog zusammengefaßt hat, können über Parallelen in einem Glossar des englischen Abtes Aelfric kurz nach 1000 bis in die rund zweihundert Jahre später geschriebenen Verzeichnisse Alexander Neckams hinein wiedergefunden werden. Wirkliche konstruktionstechnische Merkmale und gegebenenfalls Abweichungen lassen sich aber allein auf dem Weg über das Fundmaterial ermitteln.

Die Entwicklung der Binnenschiffe verlief ganz allgemein vom Einbaum und dem Doppeleinbaum, der als Fähre oder im System einer Schiffsmühle mit dem »Wellkahn«, dem das Ende der Welle tragenden Ausleger, genutzt werden konnte, über den gespreizten Einbaum, der den Stamm durch eingesetzte Spanten auseinanderbog, über das Setzbordboot mit erhöhten Seitenwänden, über die prahmartigen Typen, bei denen Einbäume längsgespalten und durch Bodenplanken zu einem flachbodigen Fahrzeug verbreitert wurden, bis zum reinen Plankenboot in der Kraweelbauweise, also Kante auf Kante sitzend, so genannt nach der Karavelle des Mittelmeeres. Die hier nur grob zusammengefaßte Schiffbautradition bestimmte das gesamte Mittelalter.

Grundsätzlich erforderte der Schiffbau für die Binnengewässer, zumal für die Flußläufe spezifische Steuer- und Antriebstechniken, die die Formgebung der Fahrzeuge beeinflußten. Zwar wurden noch im Hochmittelalter Schiffe gelegentlich nur für eine einzige Talfahrt gebaut und am Ziel – ähnlich der Flöße – zusammen mit den transportierten Waren als Nutzholz verkauft, doch mußten sie in der Regel auch Bergfahrten möglichst weit stromaufwärts bestehen können. Jüngste Forschungen haben verdeutlicht, daß selbst kleine und kleinste Flüsse und Flußoberläufe mit einer Wassertiefe ab etwa 50 Zentimeter zur Schiffahrt genutzt werden konnten. Wasserstraßen waren im allgemeinen günstiger und bequemer für die Lasten- und Personenbeförderung als Landstraßen, wenngleich jene ebenso wie diese in der Nutzungsmöglichkeit von verschiedenen Witterungsbedingungen abhingen. Insbesondere für die schwergewichtigen Baumaterialien wurden die Schiffahrtswege bevorzugt. Abt Odilo von Cluny (um 962–1048) beispielsweise ließ Anfang des 11. Jahrhunderts den Kreuzgang seines Klosters mit Marmorsäulen schmücken, die man »aus den entlegensten Teilen der Provinz über die reißenden Flüsse der Durande und Rhône mit großer Mühe herbeigebracht hatte«.

Für Talfahrten benötigte das Schiff zusätzlich zu einem seitlich oder achtern angebrachten Steuerruder ein Bugruder, mit dem man es beim bloßen Treiben von Hindernissen im Fluß wegdrehen konnte. Während der Schiffer kleinere Boote auf Flüssen von geringerer Tiefe und Strömung oder auf größeren Wasserstraßen in Ufernähe stromaufwärts durch Stakstangen mit verschiedenen Beschlägen vorantrieb, wobei er mit dem Rücken zur Fahrtrichtung von vorn nach hinten einen Laufgang des Bootes abschritt, nutzte man für größere Fahrzeuge die Möglichkeit des Treidelns. Bei dieser Form, Schiffe vom Ufer aus zu ziehen, wurde die Muskelkraft von Menschen und im Übergang vom Hoch- zum Spätmittelalter zunehmend auch von Pferden eingesetzt. Am Rhein mußten sich zur Bewegung einer Last von jeweils 15 Tonnen 7 bis 8 Treidelknechte oder ein Pferd in die Stränge legen. Vollbeladene Großschiffe benötigten demnach bis zu 6 Zugtiere.

Der Rhein, zumindest in seinem Mittel- und Oberlauf ein Revier reiner Binnenschiffahrt, hat der Forschung immer wieder zu Wrackfunden und daraus resultierenden wertvollen Erkenntnissen verholfen. Ein 1972 beim Hafenausbau in Krefeld entdecktes Plattbodenschiff vermochte nicht bloß das Geheimnis der Bauweise der größten mittelalterlichen »reinen« Binnenschiffe zu lüften, der sogenannten Oberländer, die ab Köln vor allem rheinaufwärts verkehrten, sondern auch den Schlüssel zum besseren Verständnis ähnlich konstruierter Fahrzeuge des gesamten Nordens zu liefern. Bei dem gefundenen Boot aus dem 13./14. Jahrhundert war ein Einbaum der Länge nach gespalten und dann in beiden Hälften auseinandergerückt worden. Mittels Spanten hatte man zwei Planken als Flachboden eingefügt und Bug sowie Heck mit entsprechend breiten Brettern geschlossen. Der große Oberländer mit seinem trapezförmigen Grundriß – gemäß der Baumstammenden – wurde nach demselben Prinzip gebaut und mit einem geraden, zum Achterschiff abfallenden

60 a. Oberländer auf dem Rhein mit der Madonna am Bugruder. Relief auf einem Gewölbeschlußstein der Kirche St. Kastor zu Koblenz, 1499. – b. Die mit Türmen besetzte Flußbrücke im Westen der Stadt Cahors. Medaille von 1309 auf den ein Jahr zuvor begonnenen Pont Valentré. Paris, Archives Nationales

Deck und einer verschließbaren Luke versehen. Er erhielt bis zu 3 Setzborde. Da diese Abschlußplanken möglichst breite Oberkanten haben sollten, verwendete man verschiedene Einbaumhälften, die nach uralter Erfahrung der Schiffbauer die erforderliche Längssteifigkeit bewirkten und verhinderten, daß sich der flache Boden zwischen ihnen durchbog.

Die Oberländer waren bis zu 15 Meter lang bei einer Breite von 6,5 Metern am Heck und 3,5 Metern am Bug. Die Steuerung erfolgte im Hochmittelalter wohl noch über Seitenruder. Erst spätere Abbildungen zeigen mehrere Schiffer an einem langgestreckten Senkruder am Heck, das für die Untiefen und die Felsbarrieren zumal des Mittelrheins am besten geeignet sein mochte, obwohl dort zusätzliche Ruderleistungen vom Vorderschiff aus erforderlich gewesen sind. Das moderne Heckruder erhielt der »Niederländer«, der als Pendant zum Oberländer ab Köln den Niederrhein befuhr. Mit seinem fast spitzwinklig am Bug herangezogenen Flachboden hatte er sich in Varianten aus der Nachenform entwickeln lassen. Mit einer Tragfähigkeit von 40 bis 80 Tonnen vermochte man mit ihm von Köln aus die offene See zu befahren und nach England zu gelangen.

Brücken und Straßen

Im allgemeinen lagen im Hochmittelalter nicht die Straßen als solche im argen, sondern der Straßenbau und -unterhalt. An Verbindungswegen zwischen den Siedlungen bestand kein Mangel. Sie führten durch landwirtschaftlich genutzte Flächen wie durch Ödland und verliefen möglichst oberhalb von überschwemmungsgefährdeten Niederungen. In der Literatur liegen beispielsweise für »hansische Handelsstraßen« minutiös erarbeitete Darstellungen vor, die kaum einen Ort des Einzugsbereichs der Hansekaufleute im nördlichen Mitteleuropa auslassen, über bauliche Zustände hingegen wenig zu sagen vermögen. Im allgemeinen handelte es sich bei »Straßen« um Naturwege, die durch häufiges Betreten und Befahren im Laufe der Zeit einigermaßen fest geworden waren, aber – mit Ausnahme der Gebiete, in denen sich alte Römerstraßen benutzen ließen – keinerlei Unterbau aufwiesen. Der Reisende hatte in der gemäßigten Klimazone Europas im Frühjahr auf den Straßen mit Morast zu rechnen, im Sommer mit Staub, im Spätherbst und im Winter wieder mit Schlamm und natürlich mit Schnee und Eis. Vor Flußläufen endeten viele Straßen. Da gab es um 1000 lediglich die Möglichkeit, sie auf einer Furt zu durchqueren, was nur selten völlig ungefährlich war, oder von Ufer zu Ufer eine Fähre und im Süden eine Brücke aus der Römerzeit zu benutzen. Die Steinbrücken waren zumeist erhalten geblieben, während die Mehrzahl der römischen Holzbrükken im Verlauf des Frühmittelalters verfiel. Die lebensgefährliche Überquerung der Marne auf einer alten Brücke, die der Benediktinermönch Richer von Saint-Rémi zu Reims als Reisebeschreibung aus dem Jahr 991 in seine geschichtlichen Werke über die letzten Karolinger eingeflochten hat, verdeutlicht die damalige Verkehrslage. Die gänzlich baufällige Brücke hat man nur deshalb genutzt, weil sich kein geeignetes Boot zum Übersetzen über den Fluß finden ließ.

Vom 11. bis zum 13. Jahrhundert wurden wieder mehr Brücken gebaut, zum einen als Binnenbrücken, die durch einen Fluß beziehungsweise einen Kanal getrennte Stadtteile oder Gebiete ein und desselben Territoriums verbanden, und zum anderen als Außenbrücken, die aus einer Stadt beziehungsweise einem Land hinausführten und militärisch ausgerüstet sein konnten. Zu den Aufbauten gehörten auch Kapellen, Buden und Häuser, wie noch heute auf der Ponte Vecchio in Florenz, einer einst römischen Brücke, die nach Zerstörungen 1177 und 1345 jeweils neu errichtet werden mußte. Das Tragwerk einer Brücke, der Überbau, hatte also nicht bloß die Verkehrslasten, die mit der Verbreitung des vierrädrigen Wagens zunahmen, auf die Pfeiler und Widerlager zu übertragen, die mit dem Fundament den Unterbau der Brücke bildeten, sondern zum Eigengewicht die Last aller zusätzlichen Aufbauten. Brückeneinstürze wurden durch Pfeilerunterspülungen, Hochwasser, Eisgang, Schiffskollisionen sowie durch übermäßige Belastungen bei starkem Verkehr verursacht. Im Jahr 1190 brach die hölzerne Rhône-Brücke von Lyon unter einem englisch-französischen Kreuzritterheer zusammen.

Die insgesamt zahlreichen hochmittelalterlichen Brücken entstanden »aus wirtschaftlichen, militärischen und altruistischen Gründen: Profitdenken wollte Handel und Verkehr fördern; Brücken und Brückenköpfe wurden überlegt in die Anlagen zur Verteidigung einer Stadt einbezogen; schließlich erscheint Brückenbau im Hochmittelalter auch als ein Werk der Nächstenliebe, wie die Beherbergung Fremder oder der Loskauf Gefangener. Verzögerungen und Gefahren unterwegs sollten so weit wie möglich vermieden, Fußgänger und Pilger geschützt werden« (N. Ohler). Diese drei Motivationen zum Brückenbau waren selbstverständlich nicht klar voneinander geschieden. In Nordfrankreich hat man die Sarthe-Brücke in Le Mans, die Marne-Brücke von Châlons, die Brücke von Orléans sowie Grant-Pont in Amiens aus dem 11. und 12. Jahrhundert zuletzt im wirtschaftlichen Kontext von Zöllen, Geleitgeldern und Benutzungsgebühren, gewissermaßen als Ersatz für Investitionen im Mühlenbereich gesehen, die vorübergehend an eine Sättigungsgrenze gestoßen waren: »Einnahmen von diesen Brücken sollten, im direkten Zusammenhang mit den kommerziellen Unternehmungen der Städte, die Revenuen des Adels verdoppeln« (A. Guillerme). Doch ein solches Verständnis des Brückenbaus steht im Gegensatz zu den Abgabenfreiheiten, wie sie zum Beispiel der Graf von Blois schon 1035 für eine neue Brücke über die Loire bei Tours festgelegt hat, weil er »himmlischen Lohn nicht durch irdisches Gewinnstreben verwirken« wollte. In Frankreich, Italien, Spanien und kurzzeitig in England bildeten sich zur Förderung des Brückenbaus sogar eigene geistliche Bruderschaften der »Brückenbrüder«, der »Frères pontifes« oder »Fratres pontis«. Die Legende schreibt deren erste Gründung dem hl. Bénézet (Benedikt) zu, der den schön besungenen steinernen Pont d'Avignon in der verhältnismäßig kurzen Zeit von 11 Jahren seit 1174 oder 1177 als damals größte Brücke Europas bauen half.

Als 1343 Erzbischof Balduin von Trier (1285–1354) den Bau einer steinernen Mosel-Brücke bei Koblenz in Angriff nahm, sollte das Werk ausdrücklich dazu dienen, den Pilgern mit dem Ziel Aachen, aber auch Kaufleuten und Fußgängern den Übergang zu erleichtern. Die sogenannte Balduin-Brücke erhielt eine Länge von 325 Metern, hatte 14 Bögen und 13 Pfeiler, die auf quadratischen Fundamenten aus Holzpfählen mit ausgefüllten Steinen standen. Voraussetzung einer solchen Pfeilerbauweise war die Errichtung einer »Wasserstube«, mit der sich das Wasser weitgehend verdrängen ließ. Die Abstände von Pfeiler zu Pfeiler und entsprechend die Spannweiten der Bögen waren unterschiedlich groß. Gleiches galt für die Umfänge der Pfeiler und die Breite des Brückenweges. Ein nach heutigen Gesichtspunkten einwandfrei maßgenauer Ingenieurbau ließ sich im Mittelalter nicht bewerkstelligen. Wie alle Brücken, die immer wieder einer »Reparatio« unterworfen werden müssen, sah man auch die Koblenzer Balduin-Brücke bald »an etzlichen enden« beschädigt, so daß sie als eigene »Rechtsperson« durch Kaiser Karl IV. im Jahr 1359 einen Zolltarif für die Instandhaltung genehmigt erhielt.

Die Brücken, ihre Finanzierung und gegebenenfalls Amortisierung wären solcher umfassenden Studien wert, wie sie für das mittelalterliche Frankreich vorliegen. Sie hätten nicht zuletzt die Motivationen der geistlichen Architekten zu berücksichtigen. Die Kirche bezog in ihre Bau- und Unterhaltspraxis seit dem 12. Jahrhundert den Ablaß ein, um mit ihm Geldzahlungen, Natural- und Arbeitsleistungen zugunsten des Brückenbaus zu belohnen. In Frankfurt am Main beispielsweise kam zu einem Privileg des Staufers Heinrich (VII.) (1211–1242) aus dem Jahr 1235, das für Reparaturarbeiten an der 1222 erstmals erwähnten steinernen Main-Brücke nach Sachsenhausen die Hälfte der Erträge aus der Münze und freien Holzbezug aus dem Reichswald gewährt hatte – ausdrücklich »intuitu pietatis« der Gottesfurcht und zudem der Ergebenheit der Bürger wegen –, von kirchlicher Seite ab 1300 ein Ablaß hinzu. Italienische Bischöfe hatten einen Ablaßbrief ausgestellt, der alle diejenigen begünstigen sollte, die den von einer großen Menge an Menschen, Tieren, Wagen und Fuhrwerken genutzten Flußübergang »de Frankenvort« zu erhalten halfen. So ließ sich auch die Brücke in einen Zusammenhang mit kirchlichen Bauten und Hospitälern bringen, deren Errichtung und Unterhalt in die Reihe der gottwohlgefälligen Taten fiel. Andererseits hatte sich Kaiser Barbarossa 1182, als er die Regensburger Donau-Brücke privilegierte, ausdrücklich auf den gemeinen Nutzen, die »Communis utilitas« berufen.

Die für den Brückenbau getroffenen gesellschaftlichen Lösungen müssen sich im großen ganzen als ausreichend erwiesen haben. Es kann im Spätmittelalter in Deutschland insbesondere nach Bauten des 13. Jahrhunderts – von der Rhein-Brücke bei Konstanz bis zur Weser-Brücke bei Minden – sogar von einem gewissen Sättigungsgrad ausgegangen werden, zu dem schließlich die Bevölkerungs- und Konjunkturentwicklungen nach der Pestzeit des 14. Jahrhunderts beigetragen haben. Anders sah es nach wie vor bei den Straßen aus, die man vermutlich nicht in die Kategorie der Bauwerke einordnete. Berthold von Regensburg (um 1220–1272) ermahnte »die Reichen« zwar dahingehend, daß sie »Wege und Stege machen« sollten, aber in der Franziskanerpredigt ging es ihm und seinen Mitstreitern, die vor der Geldgier des Menschen warnten, vorrangig um das »Almosen geben und Messen stiften«. Straßen unterstanden der weltlichen Verfügungsgewalt. Kaiser Friedrich I. nannte in seiner Regaliendefinition von Roncaglia 1158 die »Viae publicae« als öffentliche Wege und Straßen an erster Stelle, gefolgt von den Schifffahrtswegen und den Häfen. Zolleinnahmen, auf die die Hoheitsrechte letztlich abzielten, sollten für Bauten und Instandhaltungen genutzt werden, doch dieser Zusammenhang trat im Laufe des Hochmittelalters oftmals zurück. Straßenzölle wurden für Zollherren zur Einnahmequelle ohne Gegenleistung, so daß sich die Zustände der Straßen eher verschlechterten. Mit Bestimmungen im »Mainzer Reichslandfrieden« von 1235 versuchte Friedrich II. noch einmal, gegen alle neuen, willkürlich erhobenen Zölle vorzugehen und den Zollempfängern und -einnehmern die Pflicht zur Ausbesserung von Brücken und Straßen aufzuerlegen. Jegliche Straßenzwänge sollten entfallen und öffentliche Straßen »geachtet«, das heißt frei benutzt werden dürfen.

Es waren vorwiegend die Städte und zudem die Talgemeinden an den Übergängen der Alpen, die erstmals wieder eine technisch angemessene Verkehrsfürsorge entwickelten. Einzelne Städte begannen mit der Pflasterung, zu der sie die Anlieger heranzogen: Paris 1185, Florenz 1237, Bologna 1241. Manche ihrer Baumaßnahmen griffen auf die weitere Umgebung aus. Einer hochentwickelten Urbanisierungsregion wie der Toskana schreibt man für das 13. Jahrhundert »una rivoluzione stradale«, eine Straßenrevolution, zu, die jedoch in solcher Form, in der sich selbst ein Tyrann wie Ugolina della Gheradesca in Pisa schließlich als Straßen- und Brückenbauer zu empfehlen vermocht hat, europaweit ziemlich einzigartig geblieben ist. Gelegentlich stießen Reisende irgendwo einmal auf gute Verkehrsbedingungen. Wolfram von Eschenbach (1170–1220) ließ in seinem um 1210 zu Ende geführten »Parzifal« den Titelhelden in der Nähe von Nantes eine Straße finden, die nicht nur breit war, sondern auch »gestricht«, also geglättet, was auf die Verwendung einer Walze schließen läßt.

Im Gebiet der Zentralalpen wurde seit den achtziger Jahren des 13. Jahrhunderts mit dem Weg über den St. Gotthard, benannt nach dem Bischof Godehard von Hildesheim (960–1038), die großräumige Verbindung von Italien, dem Po und Mailand nach Basel zum Rhein und weiter nach Frankreich, Flandern und der Champagne eröffnet. Er führte auf der engeren Gebirgsstrecke vom Tessin-Tal zum Reuß-Tal. Diese »Strata«, zu deren Schutz und Schirm 1283 Rudolf von Habsburg (1218–1291) alle diejenigen verpflichtete, »die das Geleitrecht im Gebirge vom Heiligen Römischen Reich zu Lehen besitzen«, hatten die Römer nicht gekannt beziehungsweise nicht erschlossen. Laut einem Vertrag mit Como, der aus dem Jahr 1331 überliefert ist, wurde die Erhaltung der Wege und Stege von den Einwohnern der Valle Leventina und des Urseren-Tals jeweils innerhalb ihrer Gebiete übernommen. Zwar war der 2.100 Meter hohe Paß als Saumweg für Pferde, Maultiere und Esel nur vom Juni bis September/Oktober begehbar, doch er trug an einer entscheidenden Stelle zum Zusammenwachsen Europas bei. Im Verlauf des 14. Jahrhunderts setzte ein regelrechter Wettlauf der einzelnen »Paßstaaten«, der Schweizer Talgemeinden, Tirols und Salzburgs, um den Verkehrstransit in den Zentral- und Ostalpen ein, der allmählich eine bessere und streckenweise sogar eine

61. Heinrich VII. mit Gefolge beim Aufstieg zum Monte Cenis und am 23. Oktober 1310 beim Abstieg nach Susa. Aquarellierte Federzeichnung in dem um 1340 vielleicht in Trier entstandenen »Codex Balduini Trevirensis«. Koblenz, Landeshauptarchiv

vorbildliche Organisation des Straßenbaus und -unterhalts erhielt. Aus Tirol ist insbesondere der sogenannte Kunter-Weg bekannt geworden, den Heinrich Kunter und seine Ehefrau Katharina seit 1307 auf der Brenner-Strecke in der Eisack-Schlucht nördlich von Bozen errichten ließen. Nach der Fertigstellung erhielten die Wegebauunternehmer 1314 das Recht zum Zolleinzug und zum Betrieb zweier

Wirtshäuser. Auf der von ihnen fortan zu unterhaltenden Strecke wurden im Verkehr zwischen Süd- und Nordtirol hauptsächlich Wein und Schmalz und in der Gegenfracht Salz transportiert. Erwähnenswert bleibt die erstaunliche Tatsache, daß Alpenpässe auch im Winter bezwungen werden konnten. So überquerte Heinrich IV. im Januar 1077 den 2.098 Meter hohen Mont Cenis, und zwar mit der Königin und weiteren Frauen im Gefolge. Die Pferde mußte man, dem Annalisten Lampert von Hersfeld zufolge, nach dem schon äußerst beschwerlichen Aufstieg mit Hilfe von »Machinae«, schlittenähnlichen Gerüstbauten, über Schnee und Eis nach Savoyen hinunterschleifen, wobei »viele, während sie so gezogen wurden, umkamen oder sich verletzten und nur wenige der Gefahr lebend und unversehrt entrinnen konnten«.

Schiffahrtskanäle und Schleusen

Im Flachland waren die Bedürfnisse, Straßen zu bauen, im allgemeinen etwas weniger dringlich. Die Verkehrsteilnehmer konnten hier leichter auf Flüsse und Uferzonen des Meeres ausweichen. Die Vorteile der Wasserstraßen weckten aber Wünsche nach zusätzlichen Verbindungen durch Kanäle. Im Zusammenhang mit sonstigen Wasserbaumaßnahmen zur Ent- und Bewässerung und zur Wasserkraftversorgung der Mühlen entstanden seit dem 11. und 12. Jahrhundert im Gesamtgebiet Flanderns schiffbare Kanäle. Sie schufen Zugänge für Städte wie Douai, Arras und über die Deule Lille zu dem Flußsystem der Schelde, dem eigentlichen Rückgrat des blühenden flandrischen Handels, oder für Gent zum Swin bei Damme und Saint-Omer ebenfalls zum Meer. Ähnliche Entwicklungen vollzogen sich seit der Mitte des 12. Jahrhunderts in Holland im Rahmen der Deichbauten und Trockenlegungen. Bischof Hermann von Utrecht privilegierte 1155 einen Kanalbau zum Ijselmeer, der auch mit Schleusen beziehungsweise Sielen versehen sein sollte, »mit neuen Ausgängen für das Wasser, die sie ›Sluse‹ nennen«. Ähnliche Anlagen, die auch der Wasserstandsregulierung für die Kanalschiffahrt dienten, wurden im 12. Jahrhundert in Oberitalien als »Conche« bekannt. Am Swin konnten nach Gründung der »Deichstadt« Damme im Jahr 1180 Schiffe nach Brügge lediglich dann gelangen, wenn sie die »Grote speye« passierten. In Norddeutschland erhielten Bremer Bürger 1288 vom Erzbischof Schiffahrtserleichterungen auf dem sogenannten Kuhgraben nach Lilienthal zugestanden, einem zuvor gebauten Kanal, auf dem man vor allem Torf transportierte. In das Privileg einbezogen waren ältere Sielanlagen, die »Waterlosinge«.

Auf Scheitelstrecken, die zwei Wasserläufe verbanden, nutzte die Kanalschiffahrt zunächst Stauschleusen mit einem einzigen Tor, hinter dem das nachfließende Wasser – oft tagelang – gesammelt wurde. Nach dem Öffnen des Tors fuhren die

Schiffe auf dem Wasserschwall bis zur nächsten Schleuse. Dieses Verfahren übernahm auch die sogenannte Stecknitz-Fahrt, die nach siebenjähriger Bauzeit seit 1398 die Trave und die Elbe zwischen Lübeck und Lauenburg verband und auf der man überwiegend das Lüneburger Salz verschiffte. Stauschleusen auf der Stecknitz selbst, die oberhalb Lübecks in die Trave mündete, sollen schon seit dem 13. Jahrhundert eingesetzt worden sein, so daß sich die Forschung mit der Frage befaßt hat, ob es sich bei den Schleusen im sogenannten Graven – wie der Scheitelkanal zur Elbe genannt worden ist – vielleicht schon um Kasten- oder Kammerschleusen gehandelt habe, die aber in jenem Wasserstraßensystem erst 1480 genauer nachweisbar werden.

Die Erstentwicklung der doppeltorigen Kammerschleuse erfolgte mit großer Wahrscheinlichkeit in den von zahlreichen Wasserläufen mit Deichbauten durchzogenen Gebieten Oberitaliens. Insbesondere in der Lombardei, in Venetien und in Friaul trieb man im Hochmittelalter den Kanalbau voran. Doch die Anfänge erlauben nur ein undeutliches Bild. In Mailand wurde der »Ticinello«, ein Kanal, der, zwischen 1179 und 1183 vom Ticino, einem Nebenfluß des Po, zu Bewässerungszwecken abgeleitet, auch die Stadt und ihre Befestigungsanlagen erreichte, zu einem Schiffahrtskanal, dem »Naviglio grande«, erweitert. Parallel dazu kam es in Oberitalien zu zahlreichen weiteren Kanalbauten. Der Engländer William Barclay Parsons, dessen zusammenfassende Arbeit partiell noch immer den Stand der Forschung bestimmt, zählt sie zum »Engineering in the Renaissance«, zum Ingenieurbau also, in den er auch die Kammerschleuse einbezieht, die sich seit 1438/39 im Gebiet von Mailand nachweisen und danach mit dem Namen des berühmten Künstler-Ingenieurs Leon Battista Alberti (1404–1472) in Verbindung bringen läßt.

Hafenanlagen

Für den Hafenbereich wurde im Hochmittelalter der Übergang zu rationell kalkulierten Geschäftspraktiken und zur Schriftlichkeit entscheidend. Dieser Übergang erfolgte regional unterschiedlich vom 12. bis zum 14. Jahrhundert, und zwar im Zusammenhang mit dem Verschwinden der älteren Ufermärkte für den direkten Austausch und, als Ersatz, mit dem Aufkommen der Geschäftsführung an Orten des Ein- und Verkaufs. Der Hafenbetrieb selbst konzentrierte sich mehr und mehr auf die technische Abwicklung des Handels und den Güterumschlag. Dabei konnten die frühmittelalterlichen Uferländen der Seeschiffahrt den Anforderungen eines gestiegenen Verkehrs und der Schiffstypen mit einem erhöhten Setzbord nicht mehr genügen. Um ein »schwimmendes Anlegen« der Schiffe zu ermöglichen, bedurfte es besonderer Kaianlagen. Die Uferlinie wurde ein Stück in das tiefere Wasser vorgerückt, mit einer Kaimauer befestigt und der so gewonnene Platz mit Erdreich,

Hölzern und Gesteinsmaterial hinterfüllt. Solche Hafenanlagen mit senkrechten Kaimauern lassen sich an der Ost- und Nordsee seit dem 12. Jahrhundert nachweisen.

Archäologische Funde und Befunde erlauben Aussagen namentlich über Lübeck, das seine Entstehung als Stadt und Hafen einer großangelegten Planung verdankt. Schon seine älteste Hafenanlage besaß eine Kai-»Mauer« aus senkrechten, dicht an dicht gesetzten Längspfählen. Den Gesamtbau, der dendrochronologisch auf das Jahr 1157 datiert werden konnte, hatte man am Fuß eines in die Trave-Niederungen hineinragenden Sporns errichtet, und zwar mit einer Uferlänge von etwa 200 Metern. Die Stadtmauer erhob sich erst rund 200 Meter hinter der Kaimauer, so daß eine breite Wirtschaftsfläche entstanden war, auf der sich noch nahezu zwei Gene-

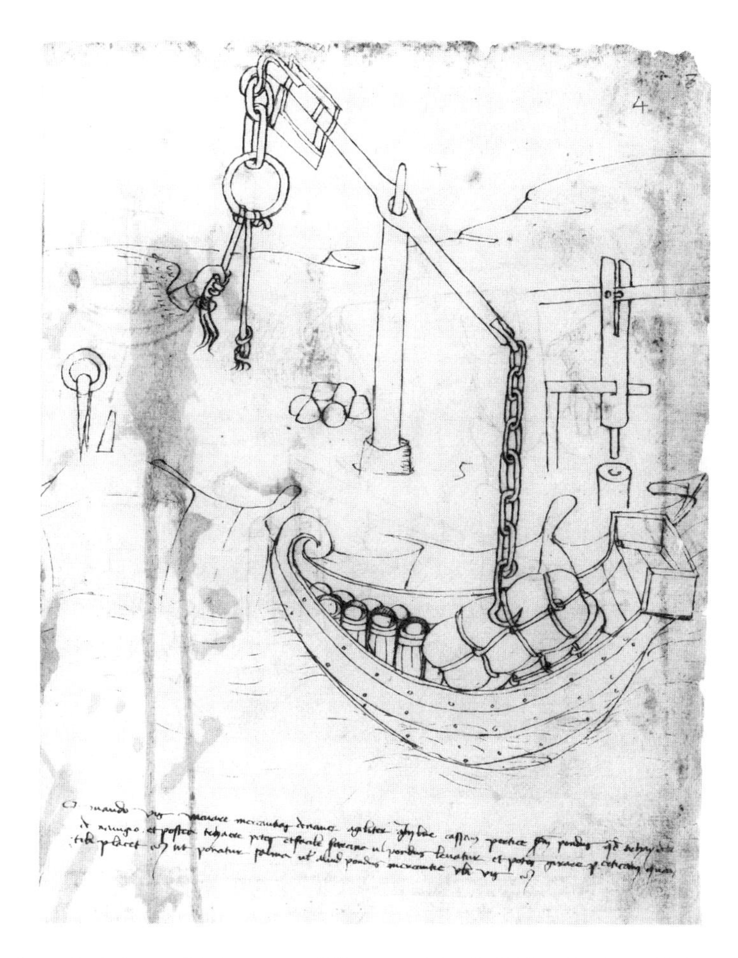

62. Wippbalken als Hebevorrichtung zum Güterumschlag in Häfen. Lavierte Federzeichnung in dem zwischen 1427 und 1441 entstandenen Skizzenbuch »De ingeneis« von Taccola. München, Bayerische Staatsbibliothek

rationen lang auch ein Ufermarkt am Leben erhielt. Die erste Lübecker Hafenanlage wurde seit Anfang des 13. Jahrhunderts erheblich erweitert: einerseits durch ein Vorschieben der Uferlinie und die Errichtung einer neuen Spundwand, so daß Schiffe bis zu 2 Meter Tiefgang festmachen konnten, andererseits durch Trockenlegung der nördlich und südlich angrenzenden Sumpfgebiete. Nun erstreckte sich der gesamte Hafen auf einer Länge von über 2 Kilometern am flußseitigen Ufer des Stadthügels. Eine 1216 erstmals belegte Trave-Brücke teilte den Hafen in einen nördlichen Fernhandelshafen und einen südlichen Binnenhafen, in dem hauptsäch-

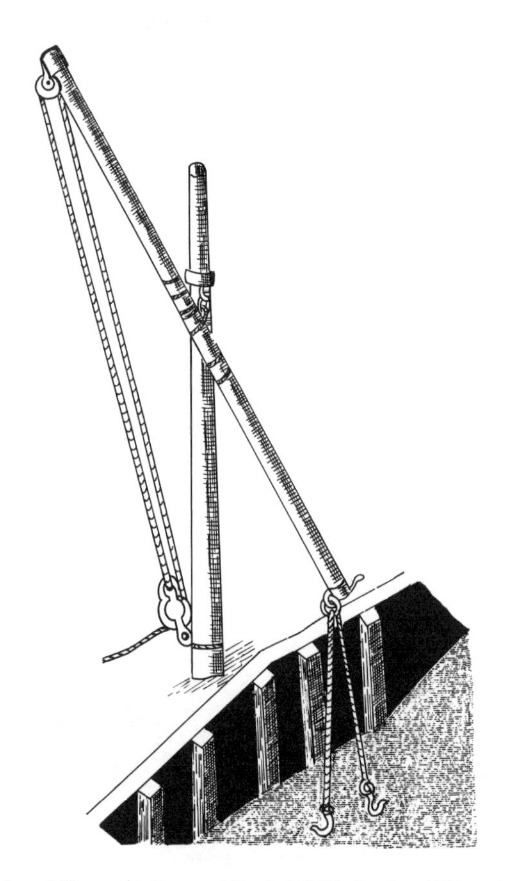

Schema einer Wippe als Be- und Entladehilfe in den Häfen des Nordens

lich das Lüneburger Salz umgeschlagen wurde. Schiffbauplätze und Reeperbahnen zur Anfertigung des Tauwerks befanden sich auf dem gegenüberliegenden Ufer der Trave.

Eine Sonderform der Kaianlagen stellten die Schiffsbrücken und Molen dar. Sie führten vom Ufer aus zungenförmig in tieferes Wasser, so daß an ihrem Kopfende und an beiden Längsseiten Schiffe schwimmend anlegen konnten. Die Brücken wurden als feste hölzerne Anlagen gebaut, aber auch beweglich aus Prahmen zusammengestellt und vertäut. Molen in Pfahl- oder Spundbauweise schützten die Häfen gegen Versandungen infolge des Küstenstroms und gegen Wellenschlag. Auch an ihnen konnten Schiffe anlegen, doch ein regelrechter Warenumschlag scheint allgemein erst auf dem Festland hinter der Kaimauer vorgenommen worden zu sein. Der spätmittelalterlichen und frühneuzeitlichen Ikonographie läßt sich entnehmen, daß insbesondere in den unter Einfluß Lübecks gegründeten Ostseehäfen Schiffsbrücken und Molen üblich gewesen sind.

Eine andere, viel genutzte Form der Schiffsabfertigung bildete das sogenannte Ankern auf Reede. Schiffe mit größerem Tiefgang warfen im tieferen Gewässer Anker, um ihre Fracht auf kleinere Leichter umzuladen. Solcher Landetechnik samt dem entsprechenden Güterumschlag bediente man sich vornehmlich in jenen Hafengebieten, die mit Fahrwasserproblemen zu kämpfen hatten oder wenn deren Landeplätze besetzt waren. Vor allem für Brügge und die Orte am Swin, aber ebenso für Lübeck ist das Ankern und Leichtern auf Reede im 13. und 14. Jahrhundert bezeugt. In Hamburg boten der für seegängige Großschiffe wegen seiner Breite gut zugängliche Alster-Binnenhafen und die vielen, für Leichterschiffe aller Art gut erreichbaren Fleete geradezu ideale Voraussetzungen für jene Umschlagtechnik.

Zur Erleichterung des Güterumschlags setzten die See- und Schauerleute Hebezeuge als technische Hilfsmittel ein. Deren Entwicklung gipfelte noch im Hochmittelalter in den großen Hafenkränen, die jedoch ältere Hebeverfahren über die Schiffsrahe, die Winde und die spezifische Wippe nicht verdrängen konnten. Die bis weit in die Neuzeit hinein als äußerst praktisch empfundenen Wippen tauchen zuerst wohl in England, danach in Form einer indirekten Erwähnung 1250 im Stadtrecht von Bergen auf. Sie bestanden aus einem senkrecht stehenden, am Kai eingegrabenen Mast und einem unterhalb seines oberen Endes mit Ring und Tauwerk kipp- und schwenkbar befestigten Querbalken, der im Vergleich zum Mast länger, nach einem späteren Beispiel 15 Meter lang war. Die beiden ungleich langen Arme dieses »Wippebaumes« ließen sich als Zug- beziehungsweise Lastarm nutzen. »Wippen« des Mittelmeerraumes haben nach dem gleichen Prinzip, aber in einer abweichenden Konstruktion gearbeitet, so daß die Forschung hier wie da nach Ausgangspunkten sucht.

Schwerlastgüter wie Weinfässer oder Mühlsteine konnten die Leistungsfähigkeit der Wippen überfordern, so daß im Schiffahrtsbereich ein Bedürfnis nach festeren Hebezeugen entstand. Kräne, wie sie im Bauwesen schon früher eingesetzt worden sind, erscheinen 1244 in Utrecht als »Instrument, das ›Crane‹ genannt wird«, 1263 in Antwerpen und 1285/86 in Dordrecht. 1287/88 entstand der große Hafenkran in Brügge, der in einem anderen, der 1290 erwähnt ist, vielleicht schon einen Vorläufer gehabt hat. Seine äußere Form ist mehrmals, zuerst als Beiwerk auf einem

Altarbild Hans Memlings (um 1433–1494) überliefert. Die ikonographischen Belege zeigen den tretradbetriebenen Drehkran bemerkenswerterweise bereits mit zwei Hubseilen zum besseren Heben einer Last. Einen Kran mit Tretradantrieb erwähnen die Quellen 1291 auch für Hamburg, während Lübeck sich anscheinend weiter nur mit Winden begnügt hat. In einem erhalten gebliebenen Handlungsbuch wird für das Jahr 1359 wiederholt »Windegeld« erwähnt, das für den Lastentransport zu zahlen war. In Brügge nahm der städtische Kran, dessen Baukosten sich auf rund 200 Pfund und damit etwa auf das Vierfache der parallelen städtischen Waage belaufen hatten, den Benutzern ein »Krangeld« ab. Ab 1289 schwankte die so erzielte Einnahme zwischen 35 und 48 Pfund jährlich, später stieg sie an und bescherte der Stadt auch nach Abzug der Betriebs- und Lohnkosten einen erheblichen Überschuß.

63. Hafenkran in Brügge. Aus dem Mittelteil des Marien- und Johannes-Altars von Hans Memling, 1479. Brügge, (ehemaliges) Johannes-Hospital

Das Hauptproblem des Hafenkrans bestand im Unterschied zum Lastkran des Bauwesens darin, daß er wie die Wippe unbedingt drehbar konstruiert sein mußte, um das Ladegut vom Schiff auf den Kai oder umgekehrt zu heben. Die ersten Tretradkräne des Hafenbetriebs drehten sich im 13. Jahrhundert um eine senkrechte, im Boden befestigte Achse. Die Treträder befanden sich in offener Holzbauweise außen am Kranhaus zwecks einer schnellen Kommunikation des Kranmeisters mit dem Arbeitspersonal. Spätere Konstruktionen, die auch im Binnenland entstanden und um 1400 insbesondere die Ufer des Mittelrheins säumten, wo es schwere Weinfässer zu verladen gab, erhielten ein stationäres Kranhaus. Nur die Dachhaube mit dem Ausleger wurde drehbar gelagert. So zeigen sich technische Zusammenhänge mit den Fortschritten des Windmühlenbaus. Ein Holzschnitt aus dem Jahr 1499 belegt einen Schwimmkran vor Köln, der offenbar genutzt worden ist, um Mühlsteine der Schiffsmühlen auszuwechseln. Die Hafenkräne stießen manchenorts auf den Widerstand traditioneller Berufsgruppen und Hilfskräfte im Transportwesen. Im mediterranen Raum setzten sie sich nicht durch.

Pestzüge und Verkehrswege

Seit 1347 folgten die Pestzüge – das Wort deutet es an – den bestehenden Verkehrsverbindungen. In ihrem geographischen Verlauf wurde die Pandemie zu einem Maßstab dafür, wie stark Europa bis zu jenen Schreckensjahren verkehrsmäßig zusammengehörte. Ohne die Infektionskette und den Krankheitsverlauf zu beachten, sollen deshalb lediglich die Hauptwege genannt werden, auf denen die demographische Katastrophe hereingebrochen ist. Als Ausgangsherd der europäischen Pest des 14. Jahrhunderts gilt das Kaukasus-Gebiet, von wo aus Genueser Handelsniederlassungen in Tanna am Asowschen und Caffa am Schwarzen Meer erreicht worden sind. Zeitgenössischen Chroniken zufolge haben die Besatzungen von 12 genuesischen Galeeren die Seuche 1347 nach Messina und auf der Weiterfahrt sodann nach Genua und Marseille gebracht. Von den genannten Hafenstädten aus wurde sie entlang der Handelsstraßen in das Hinterland verbreitet: von Genua aus nach Süden und nach Norden über die Alpenpässe hinweg nach Süddeutschland; von Marseille aus das Rhône-Tal hinauf nach Nordwesteuropa. Spanien, Westfrankreich, England und Dänemark wurden von der tödlichen Krankheit auf dem Seeweg erreicht. Entsprechend der unterschiedlichen Verkehrsgeschwindigkeiten kam die Pest auf Schiffahrtswegen schneller voran als auf Landwegen. Erst Mitte 1348 wurde das nördliche Alpengebiet ergriffen, danach Süddeutschland 1349 und Norddeutschland 1350, von wo aus die Seuche ostwärts bis 1352 nach Nowgorod vordrang. Die schrecklichen Verluste – mehr als ein Drittel der Bevölkerung Europas – wirkten zwangsläufig auf die allgemeine Verkehrsentwicklung zurück.

Mehr Salz aus unterschiedlichen Betrieben

Die Salzgewinnung hatte sich seit dem Frühmittelalter überwiegend auf die Meeressalinen, die »Salzgärten« des mediterranen Raumes und der Atlantik-Küste bis hin zu den Torfasche- und Meerwassersieden Nordfrieslands und zum »Brennasalt« Südnorwegens, aber ebenso auf eine ganze Reihe von Solequellen im europäischen Landesinneren gestützt. Zu diesen Salinen mit Quellsolen, im Westen vor allem im lothringischen Seille-Gebiet und in der Franche-Comté, im Süden im Bistum Volterra und in Salsomaggiore westlich von Parma, im deutschen Raum in Reichenhall, Salzungen, Halle an der Saale und Sooden-Allendorf, kam noch vor der Jahrtausendwende insbesondere Lüneburg hinzu. Über diese bedeutendste Saline des Nordens wurde zunächst nicht mehr bekannt, als daß Otto I. (912–973) im Jahr 956 Zolleinnahmen »ex salinis« zugunsten des Lüneburger Klosters St. Michael vergab. Die Techniken der Solegewinnung und der Salzerzeugung bleiben völlig im dunkeln, im Rückblick noch bis in das 13. Jahrhundert hinein. Archäologische Untersuchungen, die vielleicht Aufschlüsse erbringen könnten, stehen aus. Den entscheidenden Antrieb zum Ausbau der Anlagen und zur Ausweitung der Produktion muß auch hier die demographische Entwicklung seit dem 12. Jahrhundert gegeben haben, die den Bedarf an Koch- und an Konservierungssalz allgemein ansteigen ließ. Immerhin konnte der fiktive jährliche Durchschnittsverbrauch einer Person auf 15 Kilogramm geschätzt werden. 1151 verwahrte sich Heinrich der Löwe gegen die Konkurrenz, die »Sulcia nostra«, seiner Sülze, in Lüneburg durch die Saline Oldesloe entstanden war. Im Streit mit dem holsteinischen Grafen Adolf II. (1128–1164) ließ er die dortigen Solequellen danach verschütten.

Angenommen wird für Lüneburg ein ursprünglicher Alleinbesitz des herzoglichen Grundherrn, der in der Zeit, aus der keine weitere Überlieferung vorliegt, in private Hände übergegangen ist. Wie zwei erhalten gebliebene »Aktionärsverzeichnisse« aus dem 13. und dem 14. Jahrhundert zeigen, waren nur bestimmte Abgaben verblieben: die »Bona ducis« als »Fürstengut« des Herzogs von Braunschweig-Lüneburg. Die Besitzanteile und Nutzungsrechte an der Lüneburger »Sülze« hielten inzwischen überwiegend kirchliche Institutionen und Prälaten der Umgebung, dazu Lüneburger Ritter und Bürger.

Den jüngeren Forschungsergebnissen nach erfolgte die Lüneburger Salzproduktion im 13. Jahrhundert zunächst in 48, danach gleichbleibend in 54 festen Sud- oder Siedehäusern. In Sooden-Allendorf waren es 42, einem jüngeren Bildbeleg aus der Zeit um 1500 zufolge aber eher Hütten, denen die damals schon mit handbetriebenen Kolbenpumpen geschöpfte Sole über offene Gerinne zugeleitet wurde. Die Lüneburger Gebäude trugen Namen wie »Erderinghe«, »Gerardinghe«, »Loteringhe« und standen im Halbkreis vor dem Brunnen, dem Sod, mit der zentralen Soleschöpfanlage, von der aus sie über einen Sammelbehälter, die Gerinne sowie ein strahlenförmig ausgebildetes Röhren- und Kanalnetz mit Sole versorgt wurden. Das so geförderte Rohprodukt mit dem außergewöhnlich hohen Salzgehalt von ungefähr 25 Prozent ließ sich im Innern der Häuser auf jeweils 4, paarweise angeordneten Herden mit bleiernen Pfannen eindampfen. Der Schöpfeimer der Hebeanlage am Sod, der sogenannte Öseammer, diente als Maß der Zuteilung und ermöglichte die Produktionskontrolle: Aus einer Sud von etwa 110 Litern verblieb nach dem Eindampfen ein Süß, das waren rund 15 Kilogramm. In den Produktionsertrag – im 13. Jahrhundert von 5.200 Tonnen auf etwa das Dreifache ansteigend –

64. Rekonstruierter mittelalterlicher Salzsiedeofen in Lüneburg. Lüneburg, Deutsches Salzmuseum

teilten sich die Pfannenbesitzer als Salzherren und die Sieder als Sülzmeister, wenn nicht, wie bei einigen Lüneburger Ratsgeschlechtern, eine Personalunion vorlag. Die vorhandenen Verzeichnisse belegen, daß das Salz ebenso verkauft wie verliehen oder verschenkt, auch längerfristig verpfändet oder verrentet wurde. Es war für den Besitzer oder Bezugsberechtigten bare Münze, und in dieser Form erhielten es die »Aktionäre«.

Sole aus Quellsalinen

Während des Hochmittelalters traten weitere Orte in den Kreis der bekannteren Salzerzeuger ein, und zwar zeitlich vor den Produktionsstätten der Ostalpen, die mit dem Laugwerksverfahren am Ende des 12. Jahrhunderts einer technischen Revolution zum Durchbruch verhalfen, und auch noch vor der bergmännischen Steinsalzgewinnung in Bochnia und Wiełiczka in der Nähe Krakaus. Im deutschen Raum seien als hervorragende Beispiele Schwäbisch Hall genannt, wo schon eine keltische Saline betrieben worden war, dazu Alt-Salzgitter, Werl – schon vorgeschichtlich –, Salzkotten, Orb im Spessart sowie Schönebeck und Staßfurt im Erzstift Magdeburg, in der Franche-Comté Saulnot, Soulce-Saint Hippolyte und Scey-Saone. Bei diesen Salinen mit Quellsole kam das uralte Verfahren des Eindampfens zum Einsatz, bei dem sich Abwandlungen nur aufgrund unterschiedlicher Pfannengrößen ergaben.

Veränderungen erfolgten im Hochmittelalter auf dem Gebiet der Solegewinnung, technisch aufgefächert beim Brunnenbau, bei den Schöpfanlagen und den Weiterleitungen. In Einzelheiten und Zusammenhängen läßt sich die Quellsolegewinnung insbesondere in Reichenhall darstellen, da für diese Saline aus dem 12. Jahrhundert eine vergleichsweise günstige Urkunden- und Urbarüberlieferung vorliegt. Dennoch ist schon der Brunnenausbau, der in Reichenhall zahlreiche Solequellen mit einer Salzkonzentration bis zu 24 Prozent zusammenfassen und zugleich Süßwasser abwehren mußte, in der Forschung nicht unumstritten. Vor allem der deutsche Begriff »Werkbretter«, der im 12. Jahrhundert wiederholt auftaucht, unter anderem in einer Schenkungsurkunde Friedrichs I. für das Stift St. Zeno 1170, wurde unterschiedlich ausgelegt. Handelte es sich um versetzt angeordnete oder gelochte Bretter in der Quellenfassung, mit der tiefer gelegene soleführende Schichten erreicht und erschlossen werden sollten, oder um Arbeitsbühnen im oder am Brunnen als Auslaufstelle? Die größere Wahrscheinlichkeit hat letzteres für sich: Die auch in Reichenhall parallel zur Bevölkerungsentwicklung als sicher angenommene Produktionssteigerung im 12. Jahrhundert muß durch Baulichkeiten erreicht worden sein. Diese wurden platzsparend neben den älteren Schöpfgalgen errichtet, und sie hatten »Werkbretter«, die eine verstärkte Soleförderung von Hand, aber wohl auch mittels Winden erlaubten. Einige der schließlich rund 40 eingesetzten

65. Soleschöpfanlage mit Hubkolbenpumpen und Gerinnen zu den Sudhütten. Aquarellierte Federzeichnung zur Abschrift eines Berichts des Vikars Conrad Giseler über die »Neufassung des Soleborns zu Sooden in den Jahren 1489 bis 1491«, zwischen 1491 und 1538. Marburg, Hessisches Staatsarchiv

Schöpfeinrichtungen dienten wahrscheinlich bereits der Abwehr des Süßwassers. Sie dürften nicht mehr Pertinenzien der Sieden gewesen sein, weil sie für den effektiven Betrieb genossenschaftliche Lösungen voraussetzten, wie sie das gesamte hochmittelalterliche Salzwesen in sozialgeschichtlicher Hinsicht charakterisieren. Der Reichenhaller Brunnenbezirk galt nach dem bayerischen Herzogsurbar von 1301/1307 als Freiung, so daß auch dieser technische Komplex neben den Siedeplätzen, die immune Gerichtsbezirke darstellten, ähnlich hervorgehoben wurde wie rund sechshundert Jahre zuvor im »Volksrecht« der Bayern die Wassermühle.

Der unterschiedlich hohe Rohsalzgehalt der Reichenhaller Solezuflüsse erforderte – wie in den anderen Quellsalinen mit Ausnahme Lüneburgs – eine Phase der Anreicherung vor dem eigentlichen Produktionsprozeß. Dafür verwendete man Siedeabfälle wie Pfannstein, aber auch salzhaltigen Schlamm und Schaum. Erst seit der zweiten Hälfte des 16. Jahrhunderts schufen hier verbesserte Gradiermethoden, zumal die Strohgradierung Abhilfe, in deren Verlauf ein Teil des Wassers der Sole verdunstete, so daß sich deren Konzentration erhöhte. Aufgrund der in Reichenhall benötigten Anreicherung hat man sich die mittelalterliche Brunnenanlage oder Salzbrunnenanlage – »Fons« oder »Fons salis« – als ein einziges größeres Sammelbecken vorzustellen, in dem alle oder zumindest die meisten Quellflüsse zusammengelaufen sind. Nur unter dieser Voraussetzung läßt sich davon ausgehen, daß die einzelnen Pfannstätten, die wohl im 12. Jahrhundert partiell bereits überdacht gewesen und im 13. Jahrhundert in gemauerte Siedehäuser umgewandelt worden sind, ein qualitätsmäßig gleiches Konzentrat erhalten haben. Die Sole schütteten die Schöpfarbeiter im Brunnenbezirk in einzelne »Angüsse«, die vermutlich schon damals über Rinnen mit den Sieden in Verbindung standen. In früheren Jahrhunderten dürfte die Sole mit Eimern zu den Produktionsstätten getragen worden sein, so wie in zahlreichen kleineren Salinen bis in die frühe Neuzeit hinein.

Offensichtlich blieben die einzelnen gebauten Angüsse in Reichenhall bestehen, obwohl sich im 13. Jahrhundert im Rahmen eines Konzentrations- und Schrumpfprozesses, der durch zunehmende inneralpine Konkurrenz bedingt war, die Zahl der Schöpfeinrichtungen und die Zahl der Sieden verminderte. Eine zentrale Abfüll- und Schöpfanlage schien noch nicht in Frage zu kommen. Erst geraume Zeit später wurde die Technik der Solegewinnung so wirkungsvoll zentralisiert, daß sie zu den Spitzenleistungen der technischen Entwicklung zählte: Erhart Hann oder Hahn von Zabern, der in Salzburg und am Hofe Friedrichs III. (1415–1493) auch als Geschützgießer tätig geworden war, erbaute zwischen 1438 und 1440 ein Zwillings-Becherwerk. Für dessen Antrieb nutzte er ein Wasserrad, um an ein und derselben Welle zwei Eimerketten laufen zu lassen, und zwar zum Heben der Sole in einen Verteilertrog und zum Abschöpfen von Süßwasser aus der Brunnenverbauung. Die mechanischen Schöpfwerke anderer Salinen, die in der Grande-Saunerie von Salins, in Rosières, Dieuze und Staßfurt durch Pferdegöpel betrieben worden sind oder in Halle an der Saale durch Treträder, werden zwar häufig dem Mittelalter zugeschrieben, sind aber überwiegend erst für das 16. Jahrhundert belegt. Die durch den frühen Einsatz eines wasserradgetriebenen Becherwerks in Reichenhall freigesetzten »Vaher« und »Zuvaher« als Schöpferknechte für die Tag- und für die Nachtarbeit sollten aufgrund eines Schiedsspruchs des Bayernherzogs Heinrich (1368–1450), der im Jahr 1440 erging, mit Abpack- und Versandarbeiten oder anderweitig »dazu

Orte und Zonen der Edelmetall-, Eisen- und Salzproduktion sowie der Blei-, Kupfer- und Zinnerzeugung im Hochmittelalter bis 1350
Au = Gold; Ag = Silber; Fe = Eisen; S = Salz; Pb = Blei; Cu = Kupfer; Sn = Zinn

sy ze nutzen und willig sein« beschäftigt werden. Die Errichtung einer zentralen mechanischen Soleschöpfanlage in Reichenhall erfolgte in einer Zeit zunehmender »staatlicher« Reglementierungen der privat und genossenschaftlich betriebenen Salzproduktion. Die Landesherrschaft, die für den Holzbezug und deshalb für Vereinbarungen zwischen Bayern und Salzburg nicht mehr zu umgehen war, erwarb ihrerseits auf dem Kaufweg immer mehr Siedeplätze, woraufhin bis um 1500, bei einer in Reichenhall abgesunkenen Jahresproduktion von bloß noch 10.000 Tonnen – in Lüneburg 1497 zum Vergleich 17.400 Tonnen –, ein staatliches Monopol entstand. Der lange Weg von den ursprünglichen grundherrschaftlichen Verhältnissen über die Stufen weltlichen und geistlichen Besitztums und der Teilhabe beanspruchenden Spezialisten der Salzsiederei, die über das »Management buy out« sozial weiter aufstiegen und Ratspositionen besetzten, bis hin zum landesherrlichen Monopolbetrieb hatte in Reichenhall im Übergang vom Mittelalter zur Neuzeit ein Ende gefunden. Diese »Verstaatlichung«, die zugleich einen neuen Anfang bildete, war typisch für eine Gesamtentwicklung des Salzwesens, in der schließlich wohl nur das »verwucherte mittelalterliche Gebilde der Lüneburger Sülze« (H. Witthöft) für drei weitere Jahrhunderte die große Ausnahme bildete.

Sole aus Laugwerken

Ende des 12. Jahrhunderts wurde das Salzwesen im Ostalpenraum, in dem neben Reichenhall seit 1147 zum Beispiel auch in Aussee eine Quellsaline in Betrieb stand, die dem Zisterzienserstift Rein gehörte, durch ein neues technisches Verfahren aufgerüttelt. Es eröffnete die Möglichkeit, bisher ungenutztes salzhaltiges Mineral durch ein Auslaugverfahren in den Produktionsprozeß einzubeziehen. Neue Salzbergwerke und Salzgewinnungsstätten entstanden noch im 12. Jahrhundert in Berchtesgaden, Hallein und zusätzlich zur älteren Saline in Aussee, in der zweiten Hälfte des 13. Jahrhunderts in Hall in Tirol sowie in Hallstatt und im 16. Jahrhundert schließlich in Ischl. Die Ursprünge der Innovation und die ersten Überlegungen zu einem Einsatz des Auslaugverfahrens im großen Stil liegen wieder im dunkeln. Die starke Nachfrage nach Salz hatte im 12. Jahrhundert die Ausbeutung aller einschlägigen Lagerstätten mit Sicherheit interessant werden lassen, doch die Techniken für eine vorteilhafte Erschließung mußten erst gefunden werden. Ein frühgeschichtlicher Trockenabbau von salzhaltigem Gestein am sogenannten Haselgebirge, den namentlich am Dürrnberg keltische Bergleute vorgenommen hatten, war bis zum Ende des 2. nachchristlichen Jahrhunderts zum Erliegen gekommen. Ob es Zisterzienser gewesen sind, die Innovationen eingebracht haben, entweder am Dürrnberg, wo der Salzburger Erzbischof den Abteien Salmansweiler (Salem) zwar erst 1201 und Raitenhaslach 1207 Bergrechte zugestanden hat, ob es in Aussee in der Steiermark geschehen ist, oder ob es weltliche Sachverständige des Salzwesens gewesen sind, die Anregungen gegeben und technische Vorschläge unterbreitet haben, läßt sich nur mutmaßen.

Nachrichten über eine wiederauflebende Salzgewinnung am Dürrnberg stammen aus dem Jahr 1191, in dem sich die Propstei Berchtesgaden, die Salzburger Abtei St. Peter und voran der Salzburger Erzbischof nicht ohne Streit jeweils Gebietsteile und Rechte gesichert haben, um danach Investitionen im Anlagenbau vorzunehmen. Im Verlauf von nur einer Generation gelangte das salzburgische Salzwerk Dürrnberg-Hallein an die Spitze aller Produktionsstätten im Ostalpenraum. Mit politischer und mit militärischer Unterstützung des Landesfürsten – 1196 ließ Adalbert III. (1145–1200) Reichenhall kurzerhand niederbrennen, dessen Bürger sich ihrerseits im Konkurrenzkampf nicht zimperlich gezeigt und fünf Jahre zuvor an der Zerstörung Berchtesgadener Anlagen beteiligt hatten – übertrumpfte das »kleine Hall«, das Hallein, die in Bayern gelegene Konkurrenz sehr bald im Produktionsausstoß.

Das neue Verfahren, das in den entstehenden Salzwerken der Ostalpenregion zum Einsatz kam, kombinierte eine bergmännische Soleerzeugung über Schöpfarbeiten mit dem Siedebetrieb. Eine mögliche erste Entwicklungsstufe der Innovation, der Trockenabbau mit anschließender Auslaugung des salzhaltigen Hauwerks über Tag, wird heute verneint, allenfalls für ein Berchtesgadener Salzwerk am Tuval

66 a. »Bürger der Saline« Hallein mit einem Salzfuder und Kufen. Abdruck eines Siegels, 13. Jahrhundert. Salzburg, Landesarchiv. – b. Abbau von Silbererz. Abdruck eines Siegels aus Zeiring an einer Urkunde des Jahres 1284. Klagenfurt, Kärntner Landesarchiv

angenommen, dessen ab etwa 1190 ausgebeutete Lagerstätten schon vor 1237 erschöpft gewesen sind. Im allgemeinen soll das Salzgestein von Anfang an unterirdisch ausgelaugt und die Soleerzeugung damit im Berg selbst vorgenommen worden sein, in einer Technologie, die sich in den Grundzügen bis in die Gegenwart erhalten hat. Bereits in den Jahren vor 1200 wurde aus einem Stollen, dem sogenannten Schaftricht, ein 20 bis 30 Meter tiefer Schacht in das Haselgebirge abgeteuft und in seinem unteren Teil als Laugraum angelegt, der eine Süßwasserfüllung erhielt. Hatte sich diese durch den chemischen Angriff auf die umgebenden Gesteinsschichten genügend stark, nämlich auf die Sättigungskonzentration von 25 bis 27 Prozent, mit Salz angereichert, schöpfte man die sudreife Sole wie aus einem natürlichen Brunnen ab. Bei dieser Technik der Solegewinnung mußten zusätzlich zu den bergmännischen »Eisenhäuern« – wie sie der Werkzeuge wegen genannt wurden – und zu deren Hilfskräften zahlreiche Schöpfer beschäftigt werden, die mit kurbelbetriebenen Haspeln oder Winden an Hanf- und Lederseilen die Eimer und Bulgen mit der Sole zu den Ableitungsgerinnen und -röhren zogen. Dieses Verfahren war sehr arbeitsintensiv und wurde wegen der begrenzten Räume im Berginnern als äußerst umständlich empfunden, so daß ein weiteres Innovationsbedürfnis entstand.

In der zweiten Hälfte des 13. Jahrhunderts, noch vor dem Betriebsbeginn der Salzwerke in Hall in Tirol und in Hallstatt, wurden in Hallein die dort Sinkwerke genannten Soleerzeugungsanlagen entscheidend verbessert. Der Laugraum erhielt, bei gleichzeitigen Fortschritten des Vermessungswesens, eine neue Lage auf der Höhe des Arbeitshorizontes und zum Stollenausgang zu eine aus Ton und Gips hergestellte Verdämmung, das sogenannte Wöhr. Über ein geeignetes Holzrohr und einen besonderen Seihkasten, der allmählich aufgezimmert werden mußte, da sich der Boden infolge niedersinkender Rückstände hob, ließ sich die Sole ohne weiteres abziehen. Das umständliche Schöpfen entfiel. Die neue Anlage erhielt im Gegensatz zum älteren Sinkwerk den Namen »Wöhrwerk«. Die ursprünglich geschöpfte, dann aber günstiger abgezogene Sole gelangte über hölzerne Rohrleitungen in die tiefer gelegenen Pfannhäuser, in Hall später rund 1.000 Meter unterhalb der Laugwerke. Die Pfannhäuser, wie in Lüneburg mit Namen versehen, waren, obwohl geringer an Zahl, viel größer, da man in der Regel riesige eckige oder runde Pfannen nutzte, in Hallein bei annähernd quadratischem Grundriß mit einer Seitenlänge von 15 Metern und einer Füllhöhe von 0,5 Metern. Dem Dominikanerpater Felix Faber, der 1484 das Salzwerk von Hall im Inn-Tal besichtigte, erschienen die dortigen 4 Pfannen so gewaltig in ihren Ausmaßen, »als hätten sie die Zyklopen, die Schmiede des Vulkans, in einer Werkstatt des Jupiter hergestellt«. Die Pfannen ruhten auf festen Ständern und wurden gegebenenfalls durch Haken am Gebälk der Dachkonstruktion zusätzlich festgehalten. Für die Instandhaltung und häufigen Erneuerungen sorgten Schmiede, die sogar in Tirol aus der salzburgischen Eisenerzeugungs- und -verarbeitungsstätte Dienten stammten, die sich auf Großbleche spezialisiert hatte. Die Siedebehälter aus Eisen – Blei kam bei den großen Formaten der Pfannen nicht in Frage – hatten eine leichte Neigung gegen die sogenannte Pehrstatt, an der das kristalline Salz, das sich nach etwa 2 Stunden während der Sud herausbildete, mit hölzernen Kratzen herangezogen und mit Schaufeln herausgehoben wurde. Das »ausgepehrte« Salz gelangte im noch feuchten Zustand zum Stampfen in »Kufen« genannte Holzformgefäße und danach zum Trocknen in Dörrhäuser mit eigenen Heizungsanlagen.

Der Erfolg des Siedeprozesses in den Großpfannen hing von einer hohen technischen Qualifikation der Beschäftigten ab. Das eröffnete in den hoch- und spätmittelalterlichen Salzwerken des Ostalpenraumes soziale Aufstiegschancen. Die jeweils 8 bis 12 Sieder, die zu einer Pfanne gehörten, gingen ungefähr im Zeitraum von der Mitte des 14. bis zur Mitte des 15. Jahrhunderts, bezeichnenderweise in der Zeit des Arbeitskräftemangels und höherer Löhne nach den Pestpandemien, in der Generationenfolge von der technisch-handwerksmäßigen zur finanziellen Beteiligung im Salzwerksbetrieb über. Als »Salinarii«, Hällinger oder Pfänner bildeten sie eine Genossenschaft auf Vermögensbasis, während sie als Einzelne den Status erbberechtigter Pächter einer Pfannhausstätte erlangten. Die dann von dieser neuen bürgerlichen Oberschicht wieder abhängigen Pfannhausarbeiter verrichteten Tätigkeiten, die die Vorfahren der mittlerweile etablierten Pfännerfamilien ausgeübt hatten, ohne allerdings in der folgenden Phase der landesherrlichen Monopolisierung des Salzwesens und der Staatswirtschaft deren soziale Chancen noch einmal zu erhalten.

Steinsalzgewinnung

Die älteren Quellsalinen in der Nähe von Krakau hatten noch im Frühmittelalter die Briquetagetechnik genutzt, während man die Sole seit dem 11. Jahrhundert in kleinen metallischen Pfannen ungradiert versott. Zusätzlich zu diesem Siedebetrieb

67. Mittelalterlicher Göpel mit horizontaler Welle und Seiltrommel. Sogenannter polnischer Göpel vom Anfang des 17. Jahrhunderts. Wieliczka, Museum der Krakauer Salinen

nahm man um das Jahr 1249, aus dem ein Privileg für das Zisterzienserkloster Wąchok vorliegt, in Bochnia und nach 1280 auch in Wiełiczka den Steinsalzbergbau auf, der die älteren Salzgewinnungsverfahren allmählich zurückdrängen und später ganz ablösen sollte. Die hier vorhandenen Steinsalzlager in kompakten Flözen erwiesen sich für den bergmännischen Abbau als besonders geeignet, da sich reines Salz in festen Blöcken brechen ließ. Auch in Ungarn wurde in der zweiten Hälfte des 13. Jahrhunderts gutes Steinsalz gewonnen, während sich Ausseer Material, das man im 16. Jahrhundert in der unmittelbaren Umgebung aufgelassener Laugwerke brach, lediglich als Viehsalz eignete.

In Bochnia und in Wiełiczka zusammengenommen erreichte die Jahresproduktion – nach unsicheren Schätzungen – 1499 rund 7.300 Tonnen. Technikgeschichtliches Interesse beansprucht die angewendete Fördertechnik, die sich Fortschritte insbesondere des Kuttenberger Montanwesens zunutze gemacht hat. Zur Vertikalförderung setzte man zunächst den älteren Pferdegöpel ein, der nach dem Vorbild der Haspel den Seilzug an der waagerechten Welle mechanisiert hatte und eine Getriebeübersetzung benötigte. Diese Konstruktion kam in Wiełiczka noch im 17. Jahrhundert als »polnischer Göpel« zum Einsatz. Sie wurde damals von einem »sächsischen« Göpel mit der Seilzugtrommel an der senkrecht stehenden Welle und dem über Rollen in den Schacht laufenden Förderseil unterschieden. Während jene Göpelform schwerpunktmäßig im Bergbau des böhmisch-slowakisch-niederungarischen Raumes spätestens seit dem 14. Jahrhundert bekannt war, tauchte diese ebenda erst um 1500 auf.

Transporttechniken im Salzwesen

Alle Salinen- und Salzwerksbetriebe bedurften einer Reihe zusätzlicher Techniken, vor allem im Holzversorgungs- und allgemein im Transportwesen. Sowohl für das Rüstholz der Zimmerleute am Berg als auch für das Brennholz der Siedefeuer und schließlich für das Kufen- und das Tonnenholz der Trocken- und Transportbehälter brauchte man riesige Rohstoffmengen. Schätzungen aus späterer Zeit kommen auf Werte von 1 zu 30 über 1 zu 100 bis 1 zu 600 als Relation von Raummeter Holz zu Kilogramm Salz, allerdings für Salinen- beziehungsweise Salzwerkstypen mit ganz ungleichen Solekonzentrationen und Feuerungsanlagen. Während im Flachland für den Holztransport vorwiegend Kanalbauten erforderlich wurden, in Lüneburg zum Beispiel nach dem Stecknitz-Kanal die sogenannte Schaal-Fahrt im 16. Jahrhundert, mit der sich der Rohstoff sogar aus Mecklenburg heranführen ließ, bediente man sich im Seille-Gebiet, an den Kocher-Zuflüssen für Schwäbisch Hall sowie vor allem in den alpinen Gegenden der Holztrift. Bei dieser wohl ältesten Beförderungsart des Holzes waren die Baumstämme im Unterschied zur Flößerei nicht durch Querhölzer

68. Triftklause, Holzriesen und Kurzholztrift für die Saline Reichenhall. Aquarell im Protokoll einer Waldbeschau, 1665. Salzburg, Landesarchiv

verbunden. In den Bergschluchten der Hall-Wälder mußten Klausen errichtet werden, um genügend Wasser anstauen zu können. Geschnittenes kurzes Holz oder behauene Baumstämme, die sogenannten Rundlinge, wurden über Holzriesen ins Flußbett transportiert und nach dem Öffnen der Triftklause – ähnlich wie bei den frühen Kanalschleusen die Schiffe – mit dem Wasserschwall zu Tal gelassen. Mittels großer, den Fluß überspannender Holzrechen, von denen einer schon 1207 für

Hallein belegt ist, hat man sie dann aufgefangen. Nach dem Einlenken in eine Lände – Orts- und Flurnamen wie »Lend« sind nicht nur für die Schiffahrt bezeichnend – konnten sie aus dem Wasser gezogen und der Nutzung in den Öfen der Salzwerke und in den Hüttenbetrieben des Erzbergbaus zugeführt werden.

Im Salzhandel oder im Salzverschleiß, wie es süddeutsch hieß, bevorzugte man die Wasserwege, da der Landtransport fünfmal so hohe Kosten verursachte. Allerorts setzten sich deshalb besonders geeignete Schiffstypen durch: Flußbarken, »Burchi«, erreichten vom venezianischen Chioggia aus, im 12. Jahrhundert dem größten Salzgarten der Adria, auf der Etsch den Umschlagplatz Verona, wo jener Bischof Zeno (gestorben 371/72) gewirkt hatte, der als Heiliger und Schutzpatron gegen (Süß-)Wasserschäden auch in Reichenhall verehrt wurde. Ebenda dominierten Salztransportschiffe, die aufgrund ihrer Konstruktion den Zillen des Flußgebie-

69. Salztransport auf Salzach und Inn, auf der Rückfahrt von Passau bis Laufen im Treidelzug. Lavierte Federzeichnung in einem zwischen 1400 und 1420 entstandenen »Schiffsleutezechbuch«. Passau, Stadtarchiv

tes der Donau entsprachen. Der eigentliche Vorläufer war auch für sie der Einbaum, der, gemäß dem Fund eines kleinen latènezeitlichen Goldmodells aus einem Adelsgrab vom Halleiner Dürrnberg, schon früh bekannt war und Ende des 13. Jahrhunderts in den »Cymbarii« für den Nahverkehr der Salzschiffahrt von Hallein nach Salzburg noch immer nachgewiesen ist. Im Fernverkehr gelang es erzbischöflicher Politik spätestens seit der Mitte jenes Jahrhunderts, die Route der Salzach-Inn-Schiffahrt ab Laufen, wo einer Felsbarriere wegen angelandet werden mußte, flußaufwärts nach Hallein umzuleiten und die Reichenhaller Saline von einem Wasserlauf abzuschneiden, der ihr jahrhundertelang als Absatzweg gedient hatte. Solche Wirtschaftskämpfe waren im europäischen Salzhandel nicht einmal selten. Im Ostalpenraum dauerten sie noch in der Phase des staatlichen Salzmonopols an, und zwar mit zahllosen »zwischen Kurbayern und dem Erzstift Salzburg obwaltenden halleinischen Salz-Irrungen«, wie es in einer gedruckten Aktensammlung hieß, bis in das 18. Jahrhundert hinein.

Die im 13. und 14. Jahrhundert von selbständigen Schiffahrtsunternehmern, seit etwa 1400 ausschließlich unter erzbischöflicher Regie betriebenen Frachtschiffe, die das Halleiner Salz zur Donau und den maßgebenden Absatzmärkten in Böhmen und Österreich transportierten, hatten unterschiedliche Größen. Der wichtigste Bautyp war der sogenannte Asch, dessen Name sich vom bevorzugten Eschenholz hergeleitet haben dürfte. Allgemein als »großes Schiff« bezeichnet, vermochte er 16 Tonnen Fracht zu tragen, zu deren Bewältigung 9 Mann Besatzung erforderlich waren. Ebenso wie beim »Sechser« mit seinen 6 Schiffsleuten kennt man weder genaue Abmessungen noch Konstruktionsmerkmale dieser Fahrzeugtypen, die bis ins 16. Jahrhundert hinein benutzt worden sind, zumal bislang keinerlei Fundmaterial vorliegt. Ein weiterer Schiffstyp der Salzach-Inn-Route, der zumindest hinsichtlich der Mannschaftsstärke der im Frühmittelalter normgebenden »Navis legittima« der Raffelstetter Zollordnung von 903/905 folgte, wurde durch eine Passauer Abbildung aus der Zeit um 1400 augenfällig. Als »Zille« erhielt er gerade Bodenplanken und knieförmig gewinkelte Kipfen aus Wurzelstöcken zur Verbindung mit den Bordwänden. Der grundsätzlich flach gehaltene Schiffsboden setzte sich im leicht angewinkelten Bug- und Heckteil fort. Auf diese Weise konnte das Schiff bei Niedrigwasser seichtere Flußstellen passieren und auf Uferländen auflaufen. Die Bordwände bestanden aus drei Planken- oder Ladengängen, in der Kraweelbauweise auf Stoß gesetzt. Der oberste Gang erhielt Löcher, um die Ladung mit Tauwerk festzurren und abdecken zu können. Folgt man dem Bildbeleg, dann ist es möglich gewesen, am Boden drei Salzfässer nebeneinander zu legen; im Ladebereich muß deshalb eine Breite von etwa 2 Metern zur Verfügung gestanden haben. Zur Mannschaft gehörten 3 Schiffsleute, die das Salzfahrzeug ruderten oder gelegentlich treiben ließen, was ein Bugruder erforderlich machte. Der Gegenzug mit dem Treidelseil über einen kurzen Mast, den Treidelbaum, und Ruderunterstützung wurde um 1400 von der Besatzung mit eigener Muskelkraft noch selbst geleistet. Somit bestätigt sich die Ansicht, der zufolge Pferde in der Binnenschiffahrt äußerst lange, in Deutschland zum Beispiel bis ins 19. Jahrhundert, den Menschen als Zugkraft nicht generell zu ersetzen vermochten. Am Inn allerdings tauchten die ersten »Roßschiffe« in der zweiten Hälfte des 14. Jahrhunderts auf, an geeigneten Teilstrecken der Salzach um 1430.

WAFFEN UND KRIEGSGERÄT FÜR ANGRIFF UND VERTEIDIGUNG

Die große Masse an Waffen, Kampfmitteln und Kriegsgerät, die das Mittelalter zum Einsatz gebracht, technisch fortentwickelt oder eingeführt hat, wird in der speziellen Geschichtsschreibung, häufig durch militärisch ausgebildete Autoren, stets typologisch gegliedert. Zu den Schutzwaffen gehören demnach Körperpanzerung, Helm und Schild. Die sogenannten Trutzwaffen werden in Untergruppen aufgeteilt: in die der Handwaffen mit Lanze, Schwert, Dolch, Streitkolben und Streitaxt, in die der Fernwaffen mit Wurfspieß, Wurfaxt, Bogen und Armbrust, schließlich in die der Stangenwaffen von der Halmbarte bis zum Kriegsflegel. Zum größeren Schuß- und Wurfzeug zählen alle Formen mechanischer Ballisten, Wurfinstrumente wie die Mange und die Trebuchet, im Deutschen »Tribok«, »Tribock« oder »Blide« genannt, sowie Stand- und Wallarmbrüste, und zwar jeweils mit den spezifischen Geschossen.

Das Kriegsgerät umfaßt außerdem diverse Arten von Kriegsmaschinen, wobei der lateinische Begriff »Machina«, den das Mittelhochdeutsche als »Maschine« nicht gekannt hat, stets in der Grundbedeutung von »Gerüst« erscheint: Rammböcke, Mauerbohrer, Belagerungstürme, Sturmleitern und Steigbäume aller Art, stationäre oder auf Rädern bewegliche Schutzschirme für Einzelpersonen wie für Ballisten als Deckung gegen Stein-, Pech- und Brandfackelwürfe von Verteidigern. Zum Gerät werden auch die Transportmittel wie Troßwagen, zerlegbare Brücken und Pontons, Schiffsarmierungen und im Übergang zum zivilen Bereich die Werkzeuge wie Pickel, Hacken, Schaufeln, Bohrer, Hämmer und sogar Handmühlen gerechnet. Auf oft nur schwer oder überhaupt nicht lösbare Probleme bei der Analyse der militärtechnischen Terminologie in den einzelnen Volkssprachen und selbst im mittelalterlichen Latein kann hier nur hingewiesen werden.

Körperpanzerung, Helm und Schild

Seit dem frühen Mittelalter wurden zwei Arten der Körperpanzerung genutzt: der Schuppenpanzer und das Kettenhemd, die Brünne, beide im Schnitt einer bis zum Knie reichenden Tunika. Beim Schuppenpanzer handelte es sich um gerundete Plättchen aus Eisen, Kupfer oder Horn, die auf ein Lederkoller aufgenäht oder aufgenietet waren. Diese aus dem Orient stammende und als »Korazzin« bezeichnete Form der Panzerung blieb in Europa bis ins 12. Jahrhundert in Gebrauch. Sie bot ihrem Träger Bewegungsfreiheit und einen gewissen Schutz gegen auftreffende Kleingeschosse und leichte Hiebe. Einem gezielten Stoß mit Lanze oder Spieß, Dolch oder Schwert vermochte diese Panzerung jedoch nicht zu widerstehen. Das Kettenhemd, das schon die Römer von den Kelten übernommen hatten, bestand im 11. Jahrhundert aus einem knielangen Hemd mit Dreiviertelärmeln, das aus einer großen Zahl miteinander verflochtener oder vernieteter Eisenringe gefertigt war. Dieser auch als »Haubert«, abgeleitet vom deutschen Wort »Halsberc«, bezeichnete Ringelpanzer konnte die Oberschenkel der Krieger hosenartig umschließen oder für Reiter auf der Vorder- wie auf der Rückseite einen Schlitz bis zum Schritt aufweisen. Bis ins 14. Jahrhundert hinein blieb er die wichtigste Schutzausrüstung der abendländischen Ritterschaft. Die Herstellung eines solchen Kettenhemdes war mühselige Handarbeit, denn jedes einzelne Glied mußte geschmiedet, zum Ring gebogen und mit den umliegenden Ringen verflochten werden. Die Enden eines solchen Ringes schlug man flach, lochte sie mit einem Dorn und verband sie mit einer Niete aus Eisendraht von der Stärke des Ringes. Es bedurfte erst einer verbesserten Eisendrahtzieherei, die durch Funde frühmittelalterlicher Zieheisen, zum Beispiel in Haithabu, belegt erscheint, ehe sich die Produktion der Kettenhemden in einzelnen Schritten vereinfachen ließ. Spätestens im 13. Jahrhundert wurde ein runder oder kantiger Draht heiß auf eine Eisenstange mit dem für die Ringe gewünschten Durchmesser in Spiralform aufgewickelt, so daß eine den Windungen entsprechende Anzahl offener Ringe entstand, die an ihren Enden nur flachgehämmert und gelocht werden mußten. Anstelle des Nietens trat zunehmend das Verschweißen durch Zusammenpressen der Enden mit einer besonderen Zange. Innerhalb des Schmiedehandwerks bildete sich für die Herstellung der Kettenhemden mit den »Sarwerkern« oder »Sarwortern« eine Spezialistengruppe heraus, die sich auch in eigenen Zünften organisierte. Im 13. Jahrhundert lassen sie sich in Köln nachweisen, danach in der Freien Reichsstadt Nürnberg, einem Zentrum der Drahtzieherei.

Erfahrungen in Kriegen und Fehden bewirkten eine Weiterentwicklung zur Verstärkung der Körperpanzerung. Zwar vermochte das Ringelpanzerhemd einem Schwerthieb standzuhalten, zumal wenn die gefährdete Halspartie des Trägers durch ein sogenanntes Colier geschützt war. Doch gegen gezielte Stöße mit einer Lanze und wuchtige Hiebe der mehr und mehr in Gebrauch kommenden Streitkolben und Streitäxte sowie gegen die Pfeile der Langbogen und die Bolzen der Armbrüste erwies sich auch das Kettengeflecht als nicht mehr widerstandsfähig genug. Außerdem ließen sich die Knie der zu Pferd kämpfenden Ritter nicht ausreichend schützen. Eine erste Verstärkung der Schutzbewaffnung des Oberkörpers bildeten über dem Haubert getragene, aber unter dem darüber gezogenen Waffenrock verborgene Schienen oder spangenartige Eisenplatten. Diese Absicherungen besonders gefährdeter Körperpartien waren Zwischenlösungen auf dem

70. Bewaffnete Krieger im Plättchenpanzer. Darstellung der Hinrichtung des hl. Blasius in metallischer Ausschnitt-Technik auf einer Langseite des Abdinghofer Tragaltars des Roger von Helmarshausen (Theophilus Presbyter), um 1100. Paderborn, Franziskanerkirche

Weg über den Spangenharnisch zum geschlossenen Plattenharnisch am Ende des 14. Jahrhunderts, dem Harnisch, den man altfranzösisch »Harnais« nannte.

Die Herstellung von Helmen oblag den Helmschlägern und Haubenschmieden, ebenfalls einer spezialisierten Sparte innerhalb des Schmiedehandwerks. Gefordert war hier vor allem die Treibarbeit in gerundeten Formen. Zwischen dem 6. und dem 10. Jahrhundert herrschte in Mitteleuropa der Typ des Bandhelms vor, einer eisernen Haube mit breitem Stirnreif und häufig ornamental verzierten Kreuzbändern. In vielen Fällen war dieser Helm durch Wangenklappen und einen Nackenschutz aus Kettengeflecht verstärkt. Der aus Illustrationen des 11. Jahrhunderts bekannte normannische Helm macht eine technische Fortentwicklung deutlich: Aus einem Stück geschmiedet, wies der Kopfschutz eine konisch getriebene Form auf und besaß ein am oberen vorderen Helmrand angesetztes Naseneisen. Einfachere Typen wurden aus jeweils zwei Eisenplatten glockenförmig getrieben und zusammengenietet. Noch vor 1200 kam der Kübel- oder Topfhelm auf, der in seinen frühen Formen noch frei auf dem Kopf getragen wurde, dann jedoch an Gewicht derart zunahm, daß er mit seinem unteren Rand auf der Schulterpartie aufsitzen mußte. Dieser übergroße und schwere Helm hatte eine zylindrische Form und war an der Vorderseite mit Atemlöchern sowie mit schmalen Sehschlitzen versehen, die allerdings das Gesichtsfeld des Trägers einengten. Er wurde daher meistens nur für die erste Attacke mit eingelegter Lanze aufgesetzt. Während des 13. Jahrhunderts kam es aufgrund praktischer Erfahrungen im Kampf zu zwei wesentlichen Neuerungen: Der flache Scheitelteil, der sich bei auftreffenden Hieben mit Streitkolben oder -äxten als nicht widerstandsfähig genug erwiesen hatte, wurde konisch höher gewölbt, damit die Schläge leichter abglitten, und unter dem geräumigeren Topfhelm-Modell trug der Ritter nun häufiger eine eiserne Beckenhaube mit Kettenka-

71. Kurfürst Pfalzgraf vom Rhein mit verstärktem Haubart und Waffenrock, Reiterschild mit reliefartigem Wappen und Streitaxt an der Fangschnur. Zinnenrelief vom ehemaligen Kaufhaus auf dem Brand in Mainz, vor 1320. Mainz, Mittelrheinisches Landesmuseum

puze. Zunächst bloß als ergänzendes Zubehör benutzt, entwickelte sich die aus einem Stück geschlagene Beckenhaube im Verlauf des 14. Jahrhunderts über einige europäische Zwischenformen mit einhakbaren Nasenteilen und mit Visieren, die sich an Drehbolzen aufschlagen ließen, zum vollständig geschlossenen Visierhelm. Parallel zu den Reiterhelmen verbesserte man den Kopfschutz für das Fußvolk. Die Helm- und Haubenschmiede bildeten gegen Ende des 12. Jahrhunderts den als Kopfbedeckung verbreiteten einfachen runden Hut in Eisen nach. In vielfältigen Ausführungen, mit herabgezogenem Rand und mit eingelassenen Sehschlitzen, mit schmaler oder breiter Krempe, flach gehalten oder hoch gewölbt, schützte sich damit die Mannschaft in fast allen europäischen Ländern.

Wie der Helm zählt auch der Schild zu den ältesten Schutzwaffen überhaupt. Seine Bedeutung war um so größer, je weniger ausgebildet sich die Taktik erwies und je unzulänglicher der Schutz durch die reine Körperpanzerung erschien. Der frühmittelalterliche Rundschild bestand aus Holz, war mit Leder überzogen und an den Rändern durch Eisenbänder verstärkt. In der Mitte hatte er einen buckelförmigen Eisenbeschlag, von dem aus eiserne Verstärkungsbänder zum Rand laufen konnten. Der Krieger trug seinen Schild an einem breiten Lederriemen, der Schildfessel, und faßte mit der Hand in eine passende Schlaufe im Schildzentrum. Im 11. Jahrhundert führten Fußknechte wie Reiter den gleichen, etwa 1 Meter hohen Schild mit halbkreisförmig gerundeter Oberkante und einer Spitze am unteren Ende. Dieser einer Dreiecksform nahekommende Langschild gehörte zur Standardbewaffnung der Normannen; ihn zeigt der Teppich von Bayeux sowohl für das Fußvolk als auch für die Reiterei. Der Schild mochte zwar den Reiter bei der Führung des Pferdes mit der linken Zügelhand behindern, bot ihm bei der damals noch gering entwickelten Körperpanzerung aber den Vorteil eines Schutzes vom Fuß bis zur Schulter. Mit den qualitativen Verbesserungen bei der Körperpanzerung konnten sich Form und Größe des Schildes verändern. Im 12. Jahrhundert kam die echte Dreiecksform auf, und während des 13. und 14. Jahrhunderts wurde der Schild für den Gebrauch der zu Pferd kämpfenden Ritter soweit verkürzt, daß er nur noch die linke Seite des Oberkörpers deckte. Mit Wappen oder zumindest Wappenfarben bemalt, besaß er einen hohen Symbolwert für die Ritterschaft. Für das Fußvolk galten andere Kriterien. Hier sollte der Schild der nur leicht gepanzerten Mannschaft hauptsächlich Schutz gegen feindliche Fernwaffen bieten. Sein Umfang mußte so bemessen sein, daß für einen Mann volle Deckung gewährleistet war. Weitere Forderungen waren die Widerstandsfähigkeit gegen auftreffende Geschosse und ein nicht zu großes Gewicht. So entstand seit dem Beginn des 14. Jahrhunderts die große »Pavese«, ein transportabler, nahezu mannshoher Setzschild, dessen Bezeichnung sich vom altfranzösischen »Pavois« herleitete, was soviel wie »Deckung« bedeutete. Besonders geeignet erwies er sich für Armbrustschützen, die dahinter ihre Waffen spannen und laden konnten.

Insbesondere dem Schwert als der Hauptwaffe des Ritters wuchs im 12. und 13. Jahrhundert mit der Verbreitung der dichterischen Heldenepen durch die Troubadours eine mythisch-sagenhafte Bedeutung zu. Berühmte Schwerter sollten, in unterirdischen Höhlen von Zwergen geschmiedet, magische Kräfte ausstrahlen und ihren Trägern Überlegenheit im Kampf verleihen. Das Schwert galt als Symbol weltlicher Macht und Herrschaft. Seine Formgebung erinnert aufgrund der Vertikalen aus Klinge und Griffstück und der horizontalen Parierstange an das christliche Kreuz, was den militärischen Unternehmungen der abendländischen Ritterschaft im Heiligen Land einen zusätzlichen Symbolwert verliehen hat. Das Schwert gehörte zu den Reichskleinodien, und bei feierlichen Anlässen trug es der Hofmarschall dem König oder Kaiser mit der Spitze nach oben voran. Einen ähnlichen Machtanspruch auf städtisch-bürgerlicher Ebene verdeutlichten die Roland-Figuren von Bremen bis nach Ragusa, die Marktschwerter, Gerichtsschwerter und Richtschwerter. Die zumeist mit zweischneidiger Klinge ganz aus Eisen geschmiedeten Typen des 10. Jahrhunderts besaßen in der Regel einen kurzen Griff mit gewölbtem oder rundem Knauf und einer kurzen, geraden Parierstange, die sich aus einer ursprünglich flachen Begrenzungsscheibe am unteren Rand des Griffstücks entwikkelt hatte. Bis zum 13. Jahrhundert verlängerte man den Griff, der zusätzlich mit Holz oder Leder umkleidet wurde. Die Schwerter des 11. und 12. Jahrhunderts erhielten eine breite, etwa 1 Meter lange, später auf 120 Zentimeter erweiterte Klinge, die entweder mit einem Mittelgrat geschmiedet oder mit Hohlschliff versehen wurde. Die Aussparungen sorgten für eine erhöhte Elastizität, verringerten das Gewicht der Waffe und erleichterten somit das Fechten.

Die erwünschte Kombinationsfunktion des Schwertes als Hieb- und Stoßwaffe erforderte eine hochentwickelte Schmiedetechnik; denn ein solches Schwert sollte verschiedene Elemente vereinen: Auftreffwucht beim Hieb, Schärfe für die Stoß- und Schneidebewegung, Elastizität und Bruchfestigkeit der Klinge sowie Ausgewogenheit zwecks guter Handhabung. Die auf die Herstellung derartiger Waffen spezialisierten Handwerker, die Klingenschmiede und Schwertfeger, die im Raum Köln beispielsweise im 12. Jahrhundert erwähnt wurden und in Magdeburg 1244 als »Gladiatores« vom Rat der Stadt eine »Innung« zugestanden bekamen, konnten eine solche Multifunktionalität nur im Verzicht auf bestimmte Ansprüche hinsichtlich der einzelnen Wirkungsgrade erreichen. Die individuell unterschiedliche Gewichtung der Einzelkomponenten durch den jeweiligen Auftraggeber brachte es mit sich, daß letztlich jedes bessere Ritterschwert eine Einzelanfertigung sein mußte.

Noch ehe das Schwert im 14. Jahrhundert auch zum langen »Beidhänder« für den kräftigen Fußknecht entwickelt wurde, benutzte man im Ritterkampf die Streitkolben, Streitäxte und Streithämmer, die zunächst mit einem abgerundeten, später einem zylindrischen Kopf versehen waren, auf dem sich lange scharfgratige Spitzen anbringen ließen, die einen Ringelpanzer leicht durchdrangen. Der stärker gepanzerte Ritter konnte durch die Wucht des Schlages mit diesen Waffen aus dem Sattel geworfen werden oder Knochenbrüche erleiden. Die Entwicklung aller Handwaffen stellte eine Reaktion auf die stärkere Panzerung dar, so daß jene spiralförmige Abfolge – Schutz- und Angriffswaffen und wieder Schutzwaffen – entstand, die in der Militärgeschichte der Technik geradezu eine Regel werden sollte.

Fernwaffen

Während die sogenannten Stangenwaffen über den »gemeinen Spieß« und die im 13./14. Jahrhundert zu Hieb und Stoß gleichermaßen geeigneten Halmbarten hinaus erst im 15. Jahrhundert im Langspieß entscheidende innovative Veränderungen erfahren haben, verdienen der Bogen und die Armbrust als mechanische Handfernwaffen sowie die Wurfgeschütze hier besondere Beachtung. Der seit uralter Zeit für Jagd- und Kriegszwecke benutzte Bogen mit dem Pfeilgeschoß blieb im europäischen Hochmittelalter, wie auch schon zu fränkischer Zeit, vor allem eine Waffe des Fußvolks. In den Kreuzzügen hatte man den wirkungsvollen Einsatz muslimischer Bogenschützen kennengelernt, und diese Erfahrung führte ebenfalls zum Aufbau eigener militärischer Einheiten. In flandrischen, nordfranzösischen und deutschen Städten wie Köln entstanden im 13. Jahrhundert bürgerliche Schützengesellschaften, die sich zu Verteidigungszwecken regelmäßig im Bogen- und Armbrustschießen übten. In England stellte Eduard I. nach dem Vorbild walisischer Bogenschützen seit 1280 eigene Bogner-Kontingente auf, die sein Enkel Eduard III. rund fünfzig Jahre später zur Erhöhung der Mobilität auch beritten machte, in der Schlacht aber absitzen ließ. Mit Langbogen aus Eiben- oder Ulmenholz, die eine Höhe von 2 Metern erreichten, konnten von der mittig besonders umwickelten Bogensehne aus Hanf- oder Flachsfäden Pfeile bis zu einer Länge von knapp 85 Zentimetern verschossen werden. Die Geschosse waren mit einer Eisenspitze versehen und am Ende eingekerbt und gefiedert, so daß ein Drall entstand. Da sie noch aus 200 Meter Entfernung die damalige Panzerrüstung zu durchschlagen vermochten und in Salven bis zu 12 Pfeilen in der Minute verschossen werden konnten, besaß England in den Archers eine für den europäischen Raum überlegene neue Waffengattung. Im Hundertjährigen Krieg erlitt die zahlenmäßig stärkere französische Ritterschaft 1346 bei Crécy in den Salven der Pfeile kaum zu verkraftende Verluste. Die auf ihrer Seite eingesetzten genuesischen Armbruster waren mit ihrer Waffe den Bognern sowohl hinsichtlich der Reichweite als auch der Schußgeschwindigkeit erheblich unterlegen.

Nach antiken Vorläufern und einer eigenständigen Entwicklung in China wurde die Armbrust in der Übergangszeit vom Früh- zum Hochmittelalter wieder eine beliebte Fernwaffe. Eine Federzeichnung zu einem »Ezechiel-Kommentar« Heimos von Auxerre um 850 erweist im Vergleich mit römischen Reliefs, daß die sogenannte Säule der Armbrust eine Längsausdehnung erfahren hat und in der Konstruktionsweise Nußschloß und Abzugsstangen hinzugekommen sind. Der Schütze brauchte mit der Armbrust viel weniger oft zu üben als mit dem Bogen, und er konnte sie leichter betätigen, da sich die Bogensehne mit beiden Händen ins Schloß ziehen und die gespannte Waffe mit dem geladenen Bolzen auflegen ließ. Im 13. und 14. Jahrhundert wurden die Armbrüste und mit ihnen die Spanntechniken ständig weiterentwickelt. Gleichzeitig kam der »Harnischbolzen« auf, der einen kleinen scharfkantigen Kopf erhielt, der die Panzerung eines Ritters aus einer Entfernung von 30 bis 100 Metern durchschlug. Zur sogenannten Einfußarmbrust trat die Zweifußarmbrust, die sich nur mit beiden gestreckten Beinen spannen ließ. Man verwendete sie stationär als Wall- oder Standarmbrust auf Mauern, Türmen sowie auf Schiffen. In der Weiterentwicklung verfügte sie über einen bis zu 4 Meter langen Bogen, war in der Regel auf einem Dreibein schwenkbar lafettiert und verschoß bis zu 75 Zentimeter lange Bolzen. Die wirkungsvollste Reichweite für diese schweren Armbrüste lag bei 400 Metern. Für den Spannvorgang wurden mechanische Hilfen wie Spannböcke oder Spannbänke mit Kurbelantrieb entwickelt, denen bei der kleineren Armbrust der Fußtruppen Windenkonstruktionen und der »Geißfuß« entsprachen, nachweislich jeweils erst gegen Ende des 14. Jahrhunderts.

Bemerkenswerterweise hatte das durch Papst Innozenz II. (gestorben 1143) berufene Zweite Laterankonzil, das Bischöfe, Äbte, Pröpste und zahlreiche Laien versammelte, 1139 alle Fernwaffen erstmals geächtet. »Jene tödliche und gottverfluchte Kunst der Ballisten-, Bogen- und Armbrustschützen« war im Einsatz gegen Christen bei Strafe der Exkommunikation verboten worden. Obwohl diese Ächtung 1234 in die »Dekretalen« Gregors IX. (1160–1241) und damit in das Kirchenrecht Eingang fand, verbreiteten sich die Fernwaffen weiterhin. Als Mittel der Macht, zum Angriff und zur Verteidigung, war ihr Gebrauch auch in der abendländischen Gesellschaft selbst unentbehrlich geworden.

Schuß- und Wurfzeug

Eine ähnlich hohe Diffusionsgeschwindigkeit wie Bogen und Armbrüste erreichten im Hochmittelalter Mangen und Trebuchets oder Triböcke beziehungsweise Bliden. Wegen ihrer besonderen Eignung für den Angriff sowie für die Verteidigung sind sie nicht zuletzt den Urbanisierungsgebieten zuzuordnen, in denen im 13. Jahrhundert jedes reichere oder ummauerte Gemeinwesen auch über eine kommunale Ballisten- und Waffenversorgung verfügte. Selbst im Gefolge der Venezianer um Marco Polo

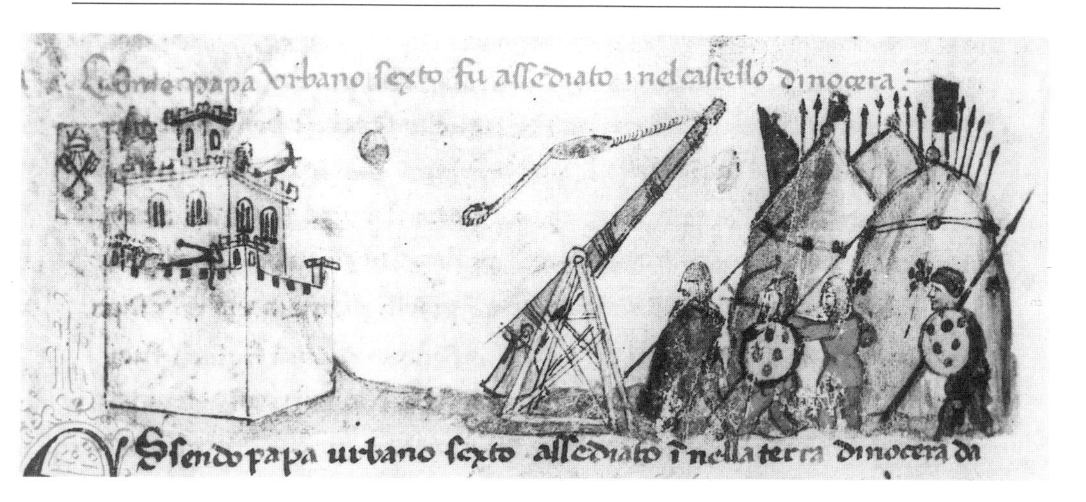

72. Eine Gegengewichts-Blide im Einsatz. Miniatur in den bis zum Anfang des 15. Jahrhunderts geführten Chroniken des Giovanni Sercambi. Lucca, Archivio di Stato

fanden sich einige Männer, die in der Lage waren, für den mongolischen Großkhan »Wurfmaschinen« zu bauen. Nach dem Torsionsprinzip, das man schon in der Antike bei den Steinschleudern genutzt hatte, arbeiteten vor allem die Mangen als einarmige Wurfgeschütze. Die Geschwindigkeit der von ihnen verschossenen Steine war nicht besonders hoch, doch sie fielen im Bogen von oben, so daß sie allein durch ihr Gewicht beträchtliche Zerstörungen anzurichten vermochten. Eine solche Konstruktion, die in einer zeitgenössischen Klassifikation durch Johannes de Garlandia den »Tormenta« zugerechnet und von den »Mangonalia« abgehoben wurde, beförderte 1218 Simon IV. von Montfort vom Leben in den Tod, als er auf einem Kreuzzug gegen die verketzerten Albigenser das aufständische Toulouse belagerte. Der Stein, der ihn traf, soll, der einzigen erzählenden Quelle zufolge, von einem Wurfgeschütz abgeschossen worden sein, das Frauen und junge Mädchen bedienten. Neben etlichen Fernwaffen und »Kriegsmaschinen« wie Rammböcken, Belagerungstürmen, fahrbaren Schutzdächern und dergleichen hat man im Kampf um Toulouse auch Trebuchets eingesetzt.

Diese im deutschen Sprachraum als Triböcke oder Bliden bezeichneten Wurfgeschütze könnten – nach chinesischen Vorläufern und nach denen der Araber Ende des 7. Jahrhunderts – bereits Mitte der achtziger Jahre des 9. Jahrhunderts von den fränkischen Verteidigern der Stadt Paris gegen Angriffe der Normannen verwendet worden sein. Als gesichert gilt ihr Einsatz erst 1147 während der Belagerung Lissabons durch die Kreuzfahrer. Diese »wirkungsvollsten schweren Waffen des mittelalterlichen Kriegsarsenals stellten die Anwendung des Hebelgesetzes für den parabolischen Wurf von Geschossen dar. In einer massiven Balkenkonstruktion war auf einer hochangebrachten Querachse ein langer, sich zu einem Ende hin verjüngender Holzbalken beweglich so gelagert, daß diese Anordnung aus dem Balken einen zweiarmigen Wurfhebel machte. Am vorderen Ende des Hebelarms befestigte man bei den frühen, bis ins 13. Jahrhundert gebräuchlichen Konstruktionen Seile für eine Bedienungsmannschaft. Am Ende des hinteren längeren Hebelarms befand sich eine Schlinge zur Aufnahme des Geschosses« (V. Schmidtchen).

Noch im 12. Jahrhundert ließ sich die Konstruktion entscheidend verbessern, Muskelkraft durch Schwerkraft ersetzen. Die Bedienungsmannschaft, die den vorderen Hebelteil des Tribocks auf Kommando ruckartig herunterzog, um den Schleudereffekt für das Geschoß am Ende des längeren Hebelarms zu bewirken, wurde funktional durch ein schweres Gewicht ersetzt. An die Stelle der »Ziehkraft-Blide« trat die »Gegengewichts-Blide«, deren größte Ausführungen im 14. Jahrhundert Steinbrocken angeblich von mehr als 1 Tonne Gewicht auf Entfernungen bis zu 100 Meter werfen konnten. Angesichts solcher Leistungen braucht es nicht zu verwundern, daß dieses Wurfzeug nur allmählich von den Pulvergeschützen und schweren Bombarden abgelöst wurde.

Wie im 12. und 13. Jahrhundert die Kreuzzüge Anregungen für den Bau von »Kriegsmaschinen« gegeben und allgemein dem Technologietransfer gedient hatten, wirkten im 14. Jahrhundert Ideen zur Rückeroberung des seit dem Fall von Akkon 1291 für die Christen verlorengegangenen Heiligen Landes. Guido da Vige-

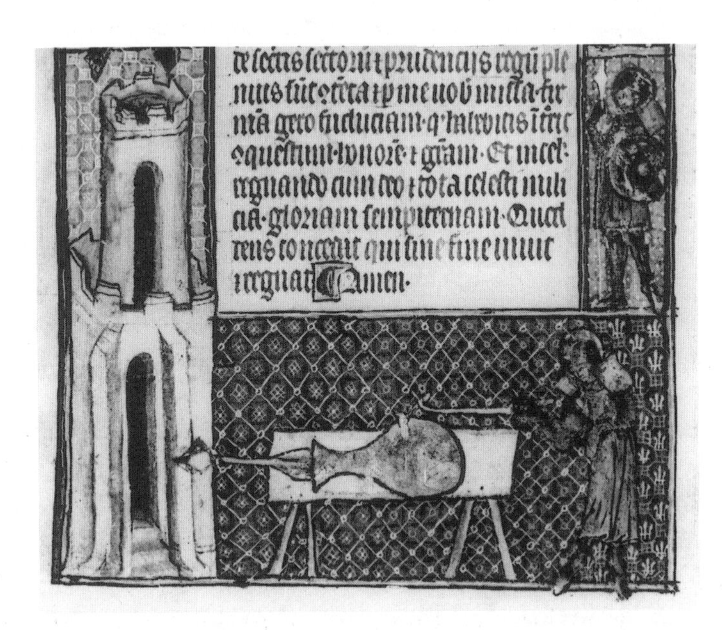

73. Erste bildliche Darstellung einer Feuerwaffe mit einem Pfeil als Geschoß. Miniatur in einem 1326/27 entstandenen Traktat des Walter von Milemete. Oxford, Christ Church Library

vano (um 1280 – nach 1349), der als Mediziner eine Zeitlang in den Diensten Heinrichs VII. in Italien stand, danach auch die Ehefrauen der französischen Könige Karl IV. und Philipp VI. (1293–1350) ärztlich versorgte, schrieb 1335 seinen »Texaurus« ausdrücklich im Hinblick auf eine Rückeroberung Palästinas. Die dreizehn Kapitel des Werkes, die die Kriegskunst und das Waffenwesen betreffen, enthalten eine Reihe technisch interessanter Vorschläge. Nicht nur der Kampfwagen, dessen Konstruktion auf einer »Ähnlichkeit zu Windmühlen« beruhte, vorsichtshalber noch Handgriffe zur Fortbewegung durch menschliche Muskelkraft sowie Ansatzpunkte für einen Betrieb mittels Kurbeln erhalten sollte, sondern auch eiserne Deichseln, schmiedeeiserne Mauerklammern und andeutungsweise hölzerne Schienen zum Verlegen eines Belagerungsgeräts sind im Text berücksichtigt. Um dem bekannten Holzmangel im Heiligen Land zu begegnen, empfahl Guido Vorfertigungen und Sektionsbauweisen, die einen Transport des Kriegsmaterials mittels Pferden ermöglichen sollten. Grundsätzlich rückte bei vielen dieser militärtechnischen Vorschläge, die im 15. Jahrhundert zunehmen sollten, der Überraschungseffekt des Neuen in den Vordergrund, während die Technik als solche zuweilen in Frage stand, nicht ausgereift oder – wie noch bei deutschen »Wunderwaffen« des Zweiten Weltkrieges – in ihrer Effizienz überhaupt nicht gegeben war. Zumindest während des 14. Jahrhunderts galt das auch für die Feuerwaffen, von denen Guido 1335 anscheinend noch nichts gehört hatte.

Feuerwaffen

Die Feuerwaffen, die Mitte der zwanziger Jahre des 14. Jahrhunderts in Europa auftauchten, bewirkten langfristig eine Revolution der Kriegstechnik. Sie setzten das Schießpulver voraus, das als pyrotechnisches Kampfmittel in China heimisch gewesen und wie auch manche andere Technik durch arabische Vermittlung in Europa bekannt geworden ist. Die ersten Pulvergeschütze oder Kanonen lassen sich 1326 in Florenz nachweisen, 1327 in England, hier als Miniatur in einer Eduard III. gewidmeten, möglicherweise ein Jahr älteren Handschrift, 1331 in Cividale in Friaul und 1332, anscheinend verspätet, in China. Bis heute sind die Entstehungs- und Entwicklungsbedingungen jener Kriegstechnik ebenso unklar geblieben wie die Frage, ob es sich um Mehrfacherfindungen gehandelt hat. Die ersten Kanonen des 14. Jahrhunderts entstanden aus Schmiedeeisen, doch in der zweiten Jahrhunderthälfte erfolgte parallel dazu der durch die gefragten Kirchenglocken bekannte Bronzeguß. Obwohl sie dem krisenhaften 14. Jahrhundert in die Wiege gelegt waren, wirkten sich die Feuerwaffen als Festungs- und als Feldartillerie erst in der Folgezeit zunehmend kriegsentscheidend aus.

Kirchliches Kunsthandwerk

Summarische Auflistungen der Berufe und ihrer Gerätschaften weisen zu Anfang des 13. Jahrhunderts den Klerikern und Schreibern ebenso wie den Arbeitenden und den Kriegsleuten ein spezifisches Instrumentarium zu. Eine solche parallele Sicht der Dinge ist mit modernen Auffassungen von Technik und Technikgeschichte nicht ohne weiteres vereinbar. Gleichwohl geben sich technische Entwicklungen auch im kirchlich-künstlerischen Gegenstandsbereich zu erkennen. In seinem Abriß der verschiedenen Künste, der »Schedula de diversis artibus«, rühmt Theophilus 1122/23 die kunstgewerbliche Leistungskraft in Europa: Byzanz sei durch seine Farben und Farbmischungen hervorgetreten, Rußland durch Schmelz- und Emaillearbeiten, Arabien durch metallische Treib- und Gießtechniken, Italien durch verschiedenartige Gefäße, Edelsteinschleiferei und Elfenbeinschnitzerei, die »Francia« durch vielfältige kostbare Fenster und Deutschland durch kunstvolle Arbeiten in Gold, Silber, Kupfer, Eisen sowie aus Holz und Stein. Zur »Germania« zählt Theophilus auch das Maas-Rhein-Gebiet in seiner künstlerischen Stilgemeinschaft, der er als Mönch und Goldschmied im Reichskloster Stablo in den Ardennen und St. Pantaleon in Köln entstammte, ehe er nach Helmarshausen ins Bistum Paderborn wechselte.

Die technischen Verfahren, die Theophilus im einzelnen schildert, waren nicht grundsätzlich neu, sondern über die beispielgebenden Regionen hinaus auch anderwärts eingeführt und in der monastischen Tradition verbreitet. Die »Schedula« aber, von der seit dem 12. Jahrhundert vierundzwanzig Abschriften überliefert sind, trug in hohem Maße dazu bei, daß die technischen Verfahren europaweit zum Standard wurden. Diese Schrift vermittelte sie in bezug auf die handwerkliche Herstellung und künstlerische Ausführung vornehmlich liturgischer Gerätschaften und kirchlicher Schmuckgegenstände. In der Metallbearbeitung, der Theophilus sich in seinem eigenen beruflichen Können sicherlich besonders verbunden gefühlt hat, wendet er sich der Treibarbeit zur Erzielung teils flacher, teils hoher Reliefs an Reliquiaren und größeren Schreinen oder an silbernen und goldenen Kelchen zu. Er verdeutlicht den langwierigen Prozeß des Hämmerns und Punzierens sowie des Einfassens von Edelsteinen, Perlen und emaillierten Teilen in das Metall. Den Bronzeguß nach dem schon biblischen Wachsausschmelzverfahren wählt Theophilus zur Gestaltung eines Weihrauchfasses, wobei bemerkenswerterweise eine Kernspindel ähnlich der Drehbank zum Einsatz kommen soll, die ein Gehilfe, ein

»Adjutor« wohl mittels der Kurbel bewegt, so daß das Werkstück besser bearbeitet werden kann. Ein Antrieb über ein Pedal, das mit Hilfe einer an einem Galgen federnd angebrachten Wippstange in Rückdrehung versetzt wird, erscheint als Abbildung Ende des 13. Jahrhunderts in einer französischen »Moralbibel«. Wohl erst Leonardo da Vinci (1452–1519) versah die Drehbank mit einer gekröpften Welle und einem Schwungrad, wodurch sich der ständige Wechsel der Drehrichtung, der den Tritthebel an einer geraden Welle zur Zwischenlösung bestimmt hatte, vermeiden ließ.

Die hölzerne Kern- oder Drehspindel und das Wachsausschmelzverfahren sollten auch im Prozeß des Glockengußes zum Einsatz kommen, den Theophilus erstmals in seiner ganzen technischen Komplexität beschreibt. Hier geht es um das Formen und Abdrehen des Tonkerns, das Anlegen des Wachs- beziehungsweise Talghemdes und des tönernen Mantels, das Ausschmelzen des Talgs und das Brennen der Form in der Gießgrube; parallel dazu um die Errichtung des Schmelzofens mit den Gebläsen, die Schmelze der Kupfer-Zinn-Legierung und das Ausgießen der durch

74. Mönch beim Arbeiten an der Schnitzbank. Relief auf einer Chorstuhlwange aus dem Prämonstratenserkloster Pöhlde am Harz, zwischen 1280 und 1290. Hannover, Niedersächsisches Landesmuseum

75. Arbeiten an einer Drehbank mit Pedal und Gegenzug. Miniatur in einer im 13. Jahrhundert entstandenen »Bible moralisé«. Paris, Bibliothèque Nationale

sogenannte Abschäumtücher als Filter überdeckten Form: »Inzwischen mußt du neben der Öffnung der Form liegen, um sorgfältig zu lauschen, wie das Füllen vorankommt. Und wenn du ein leises Donnergrollen hörst, dann lasse die anderen ein wenig einhalten und danach weitergießen . . ., damit das Metall sich gleichmäßig setzt.« Nach dem beschriebenen Verfahren dürfte auch die älteste genauer datierbare Glocke in Deutschland, die von Lindum in Bayern aus der Zeit um 1135, gegossen worden sein. Sie gehört aufgrund der Form der Glockenrippe zu den sogenannten Zuckerhutglocken, die bis ins 13. Jahrhundert hinein neben den Bienenkorbglocken – beide in der Fachliteratur auch als »Theophilus-Glocken« bezeichnet – gegossen und nicht mehr zusätzlich geschmiedet worden sind. Als bewußte konstruktive Weiterentwicklung zur Klangverbesserung entstanden im 13. und 14. Jahrhundert Übergänge zur gotischen Dreiklangrippe. Ein Beispiel dafür ist in Deutschland die um 1380 geschaffene Elisabeth-Glocke zu Marburg.

Eine der wichtigsten technischen Arbeiten, die auch Theophilus bei der Herstellung von Blattgold und Schreibgold erwähnt, ist das Vervielfältigen von Büchern gewesen. Bis zum Aufkommen der Universitäten im 12. Jahrhundert – Bologna, Paris, Oxford mit innovatorischer Buchkunst – betrieben es ausschließlich die besser ausgestatteten Klöster, die sich ein Scriptorium als Schreibstube für Mönchsarbeit leisten konnten. Die technisch-handwerklichen Arbeitsgänge der Buchherstellung zeigt eine Bamberger Federzeichnung aus dem dritten Viertel des 12. Jahrhunderts. In acht von zehn Medaillons, die rechts und links vom zentralstehenden Klostergebäude Michelsberg und dem namengebenden Erzengel angeordnet sind, wird das geistige und handwerkliche Programm der Buchherstellung dargestellt: das Konzept auf der Wachstafel, die Vorbereitung des Schreibstoffes, des Pergaments, das Vorliniieren und die Bearbeitung des Schreibgerätes, des Gänsefederkiels. Nach dem Schreiben und gegebenenfalls dem Illuminieren folgt das Falzen, Zusammenlegen und Binden der Blätter zu einem Buchblock, wobei sich die Mönche des Scriptoriums einer Heftlade bedienen, die hier erstmals ikonographisch belegt ist. Anschließend gilt es, die Holzdeckel des Einbandes mit einem kleinen Beil zurechtzuschlagen, mit Leder zu beziehen, das im Blinddruck mittels Streicheisen und Stempeln auch ansehnliche Verzierungen erhalten konnte, und die Metallbeschläge sowie -schließen auf einem kleinen Amboß zu hämmern. Das eingebundene Buch läßt sich, wie in den mittleren Medaillons oben und unten zu sehen, vorzeigen und zur Belehrung verwenden.

Überraschend für die ersten Jahrzehnte des 12. Jahrhunderts ist der ausführliche Text, den Theophilus der Glasherstellung widmet. Er umfaßt das gesamte zweite der insgesamt drei Bücher der »Schedula«, so daß der gelehrte Verfasser auch hier die Rolle eines Wegbereiters der Technik übernommen hat. Mit Hinweis auf die musivische Farbenpracht der Hagia Sophia will er bei fachlich interessierten Lesern erreichen, daß die Natur des Glases begriffen und durch dessen alleinige Anwendung jene Wirkung erzielt wird, die im Kirchenbau von Konstantinopel wahrzunehmen ist. In einer Zeit, in der die gläsernen Gemälde in den verhältnismäßig kleinen Fenstern der romanischen Bauten immer zugleich notwendige Lichtquellen sein mußten, erahnte Theophilus einen »Lichtüberfluß aus den Fenstern« und damit die bald nach ihm aufkommenden Gestaltungsmerkmale der durchbrochenen gotischen Kathedralen mit den tragenden Pfeilern, die es erlaubten, raumabschließende diaphane Glaswände einzusetzen. Die technische Beschreibung der Glasherstellung in der »Schedula« vermag die Auffassung zu bestärken, daß die frühmittelalterliche Glasproduktion über die Karolingerzeit hinaus ziemlich kontinuierlich fortgesetzt worden sein muß und jedenfalls im 11./12. Jahrhundert sowohl beim Flachglas als auch beim Hohlglas wieder einen Aufschwung erfahren hat. Glashütten wurden nicht nur im Raum der Francia häufiger, in der Ile de France, der Normandie und in Lothringen, sondern ebenso in Byzanz, in Italien und wohl auch in England, in Deutschland und in Skandinavien. Die byzantinische Produktion, aus der Theophilus insbesondere die Fertigkeit der Glasmalerei hervorhebt, hatte einen so guten Ruf, daß König Roger II. von Sizilien bei seinem Überfall auf Korinth 1147, der in erster Linie zur Beschaffung von technischem Know-how dienen sollte, nicht zuletzt

Glasmacher und Glasmaler entführen ließ. Im übrigen haben amerikanische Archäologen die Produktionsstätten von Korinth im 20. Jahrhundert ergraben: Sie sollen bis in das späte 12. Jahrhundert hinein betrieben worden sein. In Italien erreichte venezianisches Glas seit dem Ende des 11. Jahrhunderts unter korinthischem Einfluß eine fast monopolartige Stellung. Ab 1291 konzentrierte man die Glashütten aus sicherheitstechnischen Gründen, wegen der Feuergefahr und Rauchbelästigung, auf der Insel Murano. Die Kunst der Glasmalerei gelangte in Italien erst im 14. Jahrhundert auf einen Höhepunkt, und zwar nach den Vorbildern der Franziskanerbauten von Assisi.

In England sind bei einer Fülle von Anzeichen für eine frühe Glasproduktion aussagekräftige Urkundenbelege äußerst selten und auf einen einzigen Bezirk beschränkt. Seit dem Anfang des 13. Jahrhunderts erzeugten Chiddingfold und die Nachbarorte an den Grenzen von Surrey und Sussex größere Mengen an Glas, doch

76. Detail der sogenannten Glockenmacher-Fenster in der Kathedrale zu York, 14. Jahrhundert

77. Arbeitsvorgänge in einer Glashütte. Miniatur zu der 1356 verfaßten Reisebeschreibung des Sir John Mandeville, frühes 15. Jahrhundert. London, British Library

es muß auch in anderen Distrikten gefertigt worden sein, wo sich Holz und Sand als Produktionsgrundlagen fanden. Farbiges Glas, das zum Beispiel die »Glockenmacher-Fenster« der Kathedrale von York noch heute zum Leuchten bringt, wurde allerdings bis ins 14. Jahrhundert auf dem Kontinent gekauft. Die europäische archäologische Forschung bleibt herausgefordert, weitere Betriebsstandorte von Glashütten zu ermitteln. Der enorm hohe Holzbedarf für das Brennmaterial und für die Ascheerzeugung machte es erforderlich, daß die Hütten in einem geschätzten Zeitraum von durchschnittlich 10 Jahren jeweils dem Wald nachziehen mußten.

Daraus resultiert, daß sie sich, von Ausnahmen abgesehen, im Gelände kaum dauerhaft einzuprägen vermocht haben.

In Deutschland ist die Glasherstellung um die Jahrtausendwende wieder in einer Briefsammlung für das Kloster Tegernsee belegt. Der dortige Abt mußte sich 1005 beim Bischof von Freising dafür entschuldigen, daß seine Glasmacher, die wie die gesamte »Familia« des Klosters im Spätwinter unter Hunger und Todesfällen litten, der bestellten Lieferung von 200 Glastäfelchen noch nicht nachgekommen waren. Jüngst ergrabene Hüttenplätze mit Schmelzofenresten und Schmelztiegeln sowie

78. Flasche mit Fadenauflagen und roten Bändern. Fund aus der Krypta der Stiftskirche von Ellwangen, 12. Jahrhundert. Stuttgart, Württembergisches Landesmuseum

mit Gebrauchskeramik, die für Datierungszwecke meistens unentbehrlich ist, stammen im Spessart aus dem 11., im südniedersächsischen und nordhessischen Mittelgebirge aus dem 13./14. Jahrhundert. Außerdem wurden aus Klöstern wie aus städtischen Kloaken in den letzten Jahrzehnten zahlreiche Becher und Flaschen, meist nur in Form von Scherben, geborgen, die das Wissen um die Produktpalette der Glashütten des hohen Mittelalters erweitert haben. Zukünftige Hüttengrabungen könnten noch genauere Hinweise zumindest auf die regionalen Ursprünge solcher Funde erbringen.

Für manche Forscher gilt der Spessart als der bedeutendste mittelalterliche Produktionsbezirk in Deutschland. Die schriftliche Überlieferung reicht aber nur bis kurz vor 1350 zurück. Erst für 1406 tritt die Glasherstellung mit einer bereits überterritorialen Ordnung der »gleser uff (und) umb dem Spetßart« recht eindrucksvoll in Erscheinung. Die Zahl der beschäftigten Meister belief sich damals auf 40, was im Rückschluß aus jüngeren Angaben, denen zufolge zumeist 2 Meister als sogenannte Beständer einer Glashütte auftraten, die Annahme erlaubt, daß 20 Hütten in Betrieb gewesen sind. Als Hauptabnehmer kamen inzwischen nicht mehr die Kirchen und Klöster in Frage, sondern die Glaser und Händler in den Städten. In der Gesamtproduktion war ganz offensichtlich eine Umstrukturierung erfolgt, welche die im Hinblick auf das Glas weithin quellenarme Zeit des 12. und 13. Jahrhunderts erklären kann. Als technische Spezialisten hatten sich die Glasmacher in einer Zeit der steigenden Nachfrage aus kirchlich-grundherrschaftlichen Bindungen gelöst. Sie hatten die Hüttenstandorte in die Wälder hineinverlegt, um unter landesherrlichem, freilich nicht ohne steuerliche Gegenleistung gewährtem Schutz allein dem expandierenden Markt, nun vor allem für Gebrauchsglas, zuzuarbeiten. Bald lag auch der rechtliche Status der Glasmacher, ähnlich wie der der Bergleute und Salzwerker, deutlich über dem der ländlichen und in mancher Beziehung sogar über dem der städtischen Bevölkerung. Im allgemeinen Bewußtsein der Zeit wurde die Glasmacherei zu einer anerkannten Technik, die der eher bürgerliche Verfasser von »Freidanks Bescheidenheit«, einer Sammlung von Erfahrungswissen aus dem Schwäbischen, schon um 1230 mit dem Vers bedenken konnte: »Got hât geschaffen manegen man, der glas von aschen machen kan.«

Die Glasherstellung in Europa erfolgte in Hüttenbetrieben, die sich in der baulichen Anlage unterschieden, in der technischen Ausstattung jedoch einem einheitlichen Grundmuster entsprachen. Nach der »Schedula« von 1122/23 war der eigentliche Werkofen mit einem Herdunterbau und je zwei Schüröffnungen an den Querseiten ausgebildet. Es handelte sich um die Kombination eines kleineren Frittofens zum Sintern des Gemenges aus 2 Teilen Buchenholz- oder Farnasche und 1 Teil Sand bei etwa 700 Grad Celsius und eines Glasofens zum Schmelzen des in Häfen aus weißem Ton gefüllten Materials bei ungefähr 1.150 Grad Celsius. Die Gesamtanlage war rechteckig, »15 Fuß lang und 10 breit«, mit einem wohl flachen Tonnengewölbe überdacht, das auf den Längsmauern ruhte. Der Herd des Glasofenteils erhielt besondere Arbeitsöffnungen, aus denen die darunter befindliche Glut heraustreten und die Häfen mit dem Gemenge umspülen konnte. Der Kühlofen zum Heruntertemperieren des Glases, das bei etwa 900 Grad Celsius zur Verarbeitung kam, sollte separat errichtet und wohl auch so beheizt werden. Theophilus beschreibt an anderer Stelle, daß die Abwärme vor allem zum Trocknen der Buchenscheite zu nutzen sei. Eine hundert Jahre früher entstandene Abbildung aus Montecassino verlagert den Kühlvorgang hingegen in die Dachkonstruktion des runden Werkofens, während ihn eine Darstellung aus dem frühen 15. Jahrhundert seitlich an den abgerundeten Glasofen anschließt, was in beiden Fällen auf eine Nutzung der

Abhitze hinausläuft. Zur Vervollständigung seines Hüttenbetriebes stellt Theophilus noch einen weiteren kleineren Ofen vor: den Streckofen speziell für Flachglas. Diese gesonderte Anlage konnte aber ebensogut entfallen, da Flachglas während des ganzen Mittelalters als runde Scheibe – »Mondglas« – entstand, die man zweckmäßig zerlegte. Zur Herstellung rechteckiger Glasscheiben wurde die Schmelze vom Glasmacher durch die eiserne Pfeife mit dem längeren, nicht temperaturleitenden Mundstück zur Kugel oder Kölbel und danach zu einem Zylinder aufgeblasen, der sich der Länge nach trennen und im Streckofen wieder erweichen sowie ausrollen ließ. Diese Technologie ermöglichte rechteckige Flachglasausmaße von 0,25 Quadratmetern und darüber. Buntes Glas, das mit Hilfe von Metalloxiden in der Fritte gefärbt wurde, erschien allgemein als »Hüttenglas«. Die Fixierung einer später aufgetragenen Malfarbe, gegebenenfalls der Goldblättchen, erfolgte in einem Brennofen.

Mit den Fortschritten in der Glasherstellung erlangte die Technik den Bereich der Malerei. Die Glasmalerei stand zunächst stets im Dienst der höheren Aufgabe, die Phänomene des Leuchtens mit der Fähigkeit des religiösen Erleuchtens in Übereinstimmung zu bringen. Sie mußte ihren künstlerischen Stand kontinuierlich erhöhen, um den in die Bildprogramme der Kirchenfenster übernommenen theologischen Ansprüchen gerecht zu werden. Nach den möglicherweise ältesten, in Mitteleuropa ergrabenen Überresten im Kloster Lorsch vom Ende des 9. Jahrhunderts waren Anfang des 12. Jahrhunderts viele der Benediktinerkirchen mit reicher Glasmalerei ausgestattet, die in Klosterwerkstätten entstanden. Erst die großen Neubauprojekte des 12. und vor allem des 13. Jahrhunderts erforderten immer mehr Glasmaler, die dann als Wanderarbeiter tätig und allmählich auch ortsansässig wurden. Bis in das 15. Jahrhundert bildeten sich leistungsfähige Werkstätten wie die Peter Hemmels (1447–1505) in Straßburg heraus, die mit ihren Produkten gleichsam großhandelsmäßig über den lokalen Raum hinaus vordrangen.

Im Hochmittelalter blieben die technischen Grundbestandteile der Farbverglasung, der Einsatz von farbigem Hüttenglas, von Malfarbe und gegossenen biegsamen Bleiruten zur Halterung zwar gleich, doch es änderten sich die Stärken und die Einfärbungen. Allgemein wird heute eine Entwicklung angenommen, die im 13. Jahrhundert zu einer vorzüglichen Glasqualität in einer Stärke von 3 bis 5 Millimetern ohne extreme Schwankungen und zu einer durchgehenden Färbung geführt hat. Damals verschwand der zuvor häufig erkennbare Schichtenaufbau, der sich herausbildete, wenn der ausgeblasene Glaszylinder vor dem Ausrollen nicht nur einmal, sondern mehrmals in eine sehr dünnflüssige Farb- und Weißschmelze getaucht worden war. »Dem 13. Jahrhundert mit seinem Hochstand der Technik folgte in der zweiten Hälfte des 14. Jahrhunderts ein gewisser Tiefpunkt«, konstatiert Gottfried Frenzel in Übereinstimmung mit der allgemeinen technikgeschichtlichen Aussage. Parallel zur Verschlechterung der Glasqualität lief damals jedoch eine

79. Bergmann mit Hammer und Eisen. Glasbild an einem Sockel des Tulenhauptfensters im Münster zu Freiburg im Breisgau, zwischen 1340 und 1350

Verbesserung der Farbqualität. Diese war aufgrund eines veränderten Zeitgeschmacks entstanden, aber – aus heutiger Restauratorensicht – mit glasveredelnder Wirkung. Erst als um 1400 neben dem stark alkalireichen »Weichglas« ein härteres »Bleiglas« aufkam, wurden in Deutschland, beispielsweise im Ulmer Münster, wieder technisch hochwertige Glasfenster-Zyklen eingesetzt.

Als Malfarbe kannte man im Hochmittelalter allein das Braunlot oder Schwarzlot aus einem feingestoßenen beziehungsweise »zwischen Porphyrsteinen«, wohl einem Reibstein und einer Reibkeule, gemahlenen Kali- oder Natronfarbglas. Es wurde auf fertigem Fensterglas durch Schraffierung und Wegradierung zur Wirkung gebracht. Das Hüttenglas ließ sich durch solche Verfahren in der Transparenz verändern, so daß nach einem unterschiedlich übersetzten Satz des Theophilus die besondere Art der Malerei »durch die Mannigfaltigkeit der Töne« entstanden war. Erst durch das um 1300 in Paris entwickelte Silbergelb sowie durch Überzugsfarben wie Eisenrot, Olivgrün, Sepia, die im frühen 15. Jahrhundert zu den älteren schwarzbraunen Kontur- und Überzugsloten hinzutraten, konnten die Gläser vorder- wie rückseitig noch bunt belegt werden. Parallelen zum verstärkten Aufkommen verschiedener Farbstoffe in der Luxusproduktion des Textilwesens sind hier unverkennbar.

Keine kunsthandwerkliche Technik des Hochmittelalters zeigt so unmittelbar

80. Durch gläserne Bildprogramme aufgelöste Wandschichten: die Oberkirche der Saint-Chapelle zu Paris, 1243–1248

wie die monumentale Glasmalerei in den Fensterstiftungen und Stifterbildern Zusammenhänge mit dem sozialen Wandel an. Die ersten Stifter, die als Personen in der Komposition von Bildfenstern im 12. und 13. Jahrhundert in Erscheinung traten, waren zumeist die geistlichen Gründer und Bauherren einer Kirche. Eine absolute Ausnahme bildet um 1150/60 der Glasmaler Gerlachus in der 1139 gegründeten Prämonstratenserabtei zu Arnstein an der Lahn, der sich nicht nur als Künstler, sondern wohl auch als Stifter in Dreiviertelfigur mit seinem Arbeitsgerät dargestellt hat. Im 13. Jahrhundert ließen sich in den Stifterbildern dann immer mehr Bürger und ihre Korporationen zur Geltung bringen. In der Kathedrale von Chartres, deren Farbverglasung fast völlig erhalten geblieben ist, sind als Stifter neben den Mitgliedern des französischen Königshauses und neben Angehörigen des Adels und der Geistlichkeit schon überwiegend Zünfte vertreten. Mit den eigenen gläsernen Stifterbildern bieten sie geradezu einen Katalog der am Anfang des 13. Jahrhunderts betriebenen Gewerbe, der anstelle von Wappen oder sonstigen Symbolen die genutzten Arbeitsmittel zeigt. Neuere Deutungsmuster erkennen in einer solchen Ikonographie eine bestimmte, auch werbewirksame Welthaltigkeit, die sich von rein metaphysischen Verständnissen abhebt. Obwohl es im einzelnen schwerfallen muß, geistliche und weltliche Absichten der Stifter zu unterscheiden, bleibt beachtenswert, daß sich mit dem sozialen Selbstbewußtsein auch technische Leistung zur Geltung gebracht hat. In mancher Hinsicht läßt sich die seitliche Fensterverglasung im Münster zu Freiburg im Breisgau aus der Zeit um 1320/30 als ein Höhepunkt ansehen: Stifterbilder namhafter Berggewerken und namenloser Erzhäuer ergänzen sich hier in der Gemeinsamkeit der Arbeitsdarstellung. Im deutschen Südwesten hatte im Montanbereich eine soziale Entwicklung begonnen, die allerdings erst nach der langen Depressionsphase im Gefolge der Pest in der zweiten Hälfte des 15. Jahrhunderts ihre wirkliche Fortsetzung finden sollte.

Volker Schmidtchen

Technik im Übergang vom Mittelalter zur Neuzeit zwischen 1350 und 1600

Anbruch einer neuen Zeit

Wann endete das Mittelalter, und womit begann die frühe Neuzeit? Die Antwort auf derartige Fragen zur Kennzeichnung der Aufeinanderfolge zweier Epochen läßt sich kaum auf ein Datum oder auf ein bestimmtes Ereignis begrenzen. Ältere Schul- und historische Handbücher haben in diesem Zusammenhang Zäsuren wie den angeblichen Thesenanschlag Luthers in Wittenberg 1517 als Beginn des Zeitalters der Reformation oder die Entdeckung der Neuen Welt durch Kolumbus 1492 angeboten, die für Europa endgültig den Abschied von einer im wesentlichen auf das Abendland fixierten Weltbetrachtung bedeutete. Mit ähnlich guten Gründen könnte man je nach eigener regionaler Herkunft oder spezifischem Interesse für das 14. und 15. Jahrhundert andere epochal wirksame Einschnitte mit weitreichenden Folgen wählen: die Pestpandemien, die Reconquista oder die Reformkonzilien, den Übergang zur Geldwirtschaft, die Universitätsgründungen oder die Eroberung Konstantinopels durch die Osmanen und vieles mehr.

Vertretbar wäre auch die Wahl eines kulturgeschichtlichen Ansatzes, der als entscheidende Voraussetzungen für die Definition von früher Neuzeit die Trennung von Glauben und Wissen in Verbindung mit dem Humanismus oder die Entstehung eines neuen Weltbildes infolge naturwissenschaftlicher Erkenntnisse und technischer Erfindungen bezeichnet. Allerdings begehrten größere chiliastische Bewegungen schon seit dem 13. Jahrhundert gegen den päpstlichen Primat einer Auslegung der Glaubenslehre auf, und Heinrich der Seefahrer organisierte bereits 1419 vom portugiesischen Sagres aus die systematische Erforschung des Seeweges nach Indien. Für die Kennzeichnung des Übergangs vom Mittelalter zur frühen Neuzeit kann es nicht um den Versuch einer möglichst exakten Datierung gehen. Denn insgesamt handelte es sich um einen Prozeß, der durch die gleichzeitige Existenz von Altem und Neuem geprägt war, aber je nach Ort und Region von verschiedenartiger Intensität sein konnte.

Auch eine technikgeschichtliche Betrachtung dieser Epoche bereitet Schwierigkeiten, wenn sie sich bei Erfindungen und Entwicklungen auf Daten und Personen konzentriert. Nur in Ausnahmefällen lassen sich nämlich entsprechende Zuordnungen vornehmen. Meistens jedoch war und blieb der Erfinder eines neuen Verfahrens oder eines Produktes unbekannt. Kaum ein zeitgenössischer Chronist kümmerte sich um eine solche Thematik, und für die in den einzelnen Gewerben Tätigen gehörten die beherrschten technischen Verfahren zum selbstverständlichen Arbeitsalltag, oder sie unterlagen wegen einer Konkurrenzsituation der Geheimhaltung. Bei so manchem Autor technischer Elaborate mit textlichen wie bildlichen Erläuterungen aus dieser Zeit läßt sich noch immer nicht erkennen, ob er Spezialistenwissen oder allgemein verbreitete Verfahren und Produkte beschrieben hat. Auch bei den bekannteren »Fachschriftstellern« finden sich Zeichnungen und Texte, die wohl nur der Phantasie der Verfasser entsprungen sind und eine realistische Gesamtbewertung ihres Werkes hinsichtlich einer Einordnung in das Schrifttum der Zeit nicht gerade erleichtern. Wie das Beispiel Leonardo da Vinci zeigen wird, ist manches trotz sauberer gedanklicher Konzeption, richtiger Erkenntnis und beeindruckender Konstruktionszeichnung Entwurf geblieben und nicht praktisch umgesetzt worden.

Der erreichte und beherrschte Stand der Technik hat die europäischen Staaten im Zeitalter der Entdeckungen zwischen der Mitte des 14. und dem Ende des 16. Jahrhunderts in die Lage versetzt, den Verlauf der Weltgeschichte zu bestimmen. Im Zuge ihrer weltweiten Expansion prägten sie mit ihrer technischen, militärischen, wirtschaftlichen und politischen Dynamik für fast ein halbes Jahrtausend die weitere Entwicklung und zwangen die übrige Welt, sich mit diesen Impulsen auseinanderzusetzen und früher oder später die eigenen staatlichen Existenzformen entsprechend umzugestalten. Im folgenden soll exemplarisch und damit unter bewußtem Verzicht auf einen enzyklopädischen Überblick technischer Wandel einschließlich seiner Ursachen und Formen in verschiedenen wirtschaftlichen und gesellschaftlichen Bereichen vor dem Hintergrund der allgemeinen geschichtlichen Entwicklung während jener Übergangsepoche dargestellt werden.

Montan- und Hüttenwesen zwischen Stagnation und Konjunktur

Bis in die zweite Hälfte des 15. Jahrhunderts hinein ließ sich in Europa eine Stagnation im Bergbau beobachten, die teilweise einen völligen Stillstand und das Außerbetriebsetzen vieler Baue bedeutet hat. Hauptursachen dafür waren, insgesamt betrachtet, weniger Kapitalmangel und bergmännische »Unlust« für Investitionen als vielmehr noch nicht erfolgte Reformen des Systems, fehlende ökonomische Anreize und ein Umgang mit der Technologie, der eher durch ein Festhalten an überkommenen Methoden als durch das Bestreben nach immerhin denkbaren innovativen Prozessen gekennzeichnet war. Die Landesherren hatten schon früh die große Bedeutung des Bergbaus für die Entwicklung ihrer Territorien erkannt und förderten ihn daher mit gezielten rechtlichen, organisatorischen und finanziellen Maßnahmen. Doch eine direkte staatliche Einflußnahme bis auf die Ebene von Arbeitsorganisation und Kontrolle aller geschäftlichen Vorgänge bildete sich im Edelmetall- und Kupferbergbau erst um die Mitte des 15. Jahrhunderts heraus. Um 1400 fehlte es dagegen noch weithin an einer Gesamtorganisation des Montanwesens, obwohl zumindest die administrativen Voraussetzungen für eine neue Konjunktur in diesem Bereich bereits seit 1356 mit den in der »Goldenen Bulle« Kaiser Karls IV. (1316–1378) zugestandenen Regalrechten für die Landesherren vorhanden waren.

Reformen der Arbeitsorganisation

Von erheblicher Bedeutung für den Bergbaubetrieb wurden um die Mitte des 15. Jahrhunderts Reformen im sozialen Bereich und neuartige wirtschaftliche Anreize, die im Verein mit dem Einsatz von Technik eine zweite, spätmittelalterliche Montankonjunktur belebten und für den Übergang zur Neuzeit kennzeichnend wurden. Eine moderne Organisation des Bergbaus konnte damals nicht mehr von großen Gewinnhoffnungen für jeden Einzelnen ausgehen, zumal wenn sowohl in den alten als auch in den neu erschlossenen Bergbaugebieten geringerhaltige Erze, die von den Bergleuten früherer Zeiten unbeachtet geblieben waren, neue Techniken zur Schürfung und Aufbereitung erforderlich machten. So war der durch den Bamberger Bischof Anton von Rotenhan (gestorben 1459) im Jahr 1438 als deutliches Zeichen eines versuchten Neubeginns geförderte Erbstollenbau in St. Leonhard in Kärnten auch im 16. Jahrhundert noch nicht beendet, und 1541 stand beispielsweise König Ferdinand (1503–1564) an der Spitze von insgesamt 23 auf künftigen guten Ertrag hoffenden Stollengewerken. Die um 1450 neuentdeckten Montanreviere im Ostalpenraum wie Schwaz in Tirol und Rattenberg im damaligen Bayern oder einige Jahrzehnte später Schneeberg und Annaberg im sächsischen Obererzgebirge bedurften ebenfalls modernerer, technisch-wirtschaftlich effizienterer Organisationsformen. Zwar hatte man bereits im hochmittelalterlichen Bergbau zahlreiche Hilfskräfte benötigt und entsprechend entlohnen müssen, doch nun wurden alle, die »umb lone« arbeiteten und in der Schwazer Bergordnung von 1449 und danach 1459 in Salzburg erstmals unter der neuen Begrifflichkeit »Lohnarbeiter« auftauchten, in die reformerischen Überlegungen einbezogen. Aus der Schicht der Häuer als der bergmännischen Spezialisten, die von den Bergwerksunternehmern und Kapitalgebern als »reinen Gewerken« am Gewinn wie am Risiko beteiligt worden waren, ließen sich im Raum der Ostalpen als der frühesten reformfreudigen Region nur verhältnismäßig wenige als Lohnarbeiter anwerben. Bezeichnenderweise wurde diese Gruppe, die ihre Entlohnung einer eigenen, aber mit unternehmerischem Wagnis behafteten Gewinnerwartung vorzog, »Herrenhäuer« genannt – eine Bezeichnung, die, zumindest anfänglich, abwertend gemeint war. Die Lohnhäuer blieben fast überall in der Minderzahl, ausgenommen in Sachsen und in jenen Revieren, in denen wie im Oberharz Bergordnungen galten, die sich an sächsischen Vorbildern mit dem dafür typischen »Direktionssystem« orientierten. Nach einer seltenen Aufstellung aus dem Silber- und Kupferbergbau von Schwaz, der mit einer Belegschaft von 10.000 Mann das weitaus größte Revier in Europa bildete, waren noch im Jahr 1554 allein am Falkenstein von den rund 3.200 qualifizierten Häuern mehr als die Hälfte als Lehenhäuer, mehr als ein Viertel als Gedingehäuer und eben weniger als ein Viertel als Herrenhäuer tätig. Nur die Lehen- und die Gedingehäuer konnten als »Unternehmer-Arbeiter« gelten. Obwohl die Erzförderung von den Häuern und ihren Leistungen bestimmt wurde, waren diese zahlenmäßig von den Angehörigen der vielen bergmännischen Hilfsberufe abhängig.

Die reformierte Arbeitsorganisation verbreitete sich seit der Mitte des 15. Jahrhunderts im süddeutsch-alpenländischen Raum, in Ungarn, Böhmen und Schlesien, in Oberitalien und in Vorderösterreich. Noch in der zweiten Hälfte des 16. Jahrhunderts wurde sie in England, in Cumberland, für den Gold- und Kupferbergbau zu Keswick übernommen. Sie verbesserte die überkommenen Ordnungen und regelte, analog zu den zeitgenössischen Reformen in den Städten, besonders die Situation der Lohnarbeit. Das Kernstück der älteren Arbeitsorganisation blieb dennoch erhalten: die Beteiligung von Häuern am Erzertrag, die Vereinbarung einer Lehenschaft, die dem Lehenhäuer oder Lehenschafter den Aufkauf des von ihm und seinen aus eigener Tasche entlohnten Hilfskräften gehauenen Erzes zu einem Preis garantierte, der vor Beginn des meistens auf ein Jahr abgeschlossenen Vertragsverhältnisses

81. Gewinnen und Aufbereiten von Silbererzen. Miniatur in dem um 1490 entstandenen »Kuttenberger Graduale«. Wien, Österreichische Nationalbibliothek

vereinbart wurde. Das Entgelt für Gedingearbeit, zu der in der Regel der Vortrieb im tauben Gestein gehörte, wurde ebenfalls nach gemessener Leistung vertraglich geregelt. In der einschlägigen Literatur häufig angestellte Vergleiche mit der Akkordarbeit führen in diesem Zusammenhang partiell in die Irre, da der Preis für die Arbeitsleistung vor Vertragsabschluß ausgehandelt und nicht einseitig festgesetzt worden war. Der Gedingehäuer, der in das sogenannte Klaftergedinge – in ein Maß als Leistungseinheit – eintrat, mußte vor dem Abschluß einer Vereinbarung gleichfalls unternehmerisch kalkulieren und dabei die Brüchigkeit des Gesteins und den Verbrauch an eigenen Arbeitsmitteln möglichst genau einschätzen. Eine derart schwierige und zudem risikoreiche Gedingearbeit anzutreten dürfte nur möglich gewesen sein, weil das erwartete Einkommen kaum unter dem allgemeinen Niveau vergleichbarer Lohnarbeit gelegen hat.

Demgegenüber wurde im sächsischen Bergbau nach Ausweis der montanistischen Literatur schon im frühen 15. Jahrhundert auf eine »Pflichtschuldigkeit« der Bergleute verwiesen, erforderliche Gedingearbeit zu übernehmen. In solchen Bestimmungen zeichnete sich konturenhaft bereits das gegen Ende des Jahrhunderts vollständig entwickelte Direktionssystem ab. Es machte aus den Häuern als hochgradigen bergmännischen Spezialisten im Status von Unternehmer-Arbeitern reine Lohnarbeiter und drängte außerdem die Gewerken aus jeglicher bergmännischen Unternehmensführung hinaus, reduzierte sie zu bloßen Kapitalgebern gegen als »Kuxe« bezeichnete Anteilscheine. Auf diese Weise war die lediglich kapitalgebende Gewerkschaft entstanden, während die Unternehmensführung und damit jede Kontrolle und Aufsicht über das Investitionskapital allein durch Beamte der Landesherren ausgeübt wurde. Gleichwohl müssen die durch die Territorialfürsten gegebenen wirtschaftlichen Anreize, häufig durch Abgabenerlasse noch attraktiver gemacht, groß genug gewesen sein, um das für die Wiederaufnahme alter und die Erschließung neuer Bergwerke vor allem im sächsischen Obererzgebirge nötige Investitionskapital zu beschaffen. Es kam aus den Handelsgewinnen des städtischen Bürgertums, das vor allem gegen Ende des 15. Jahrhunderts vermehrt Anlagemöglichkeiten suchte.

Ein voll entwickelter Betrieb des Berg- und Hüttenwesens auf der Basis des staatlichen Direktionssystems konnte sich erst im 16. Jahrhundert etablieren. Den Anfang einer dann vollständigen landesherrlichen Ausnutzung der Regalrechte hatten seit der Mitte des 15. Jahrhunderts vielfältige Maßnahmen einzelner Landesherren gebildet. Hierzu zählten wie im Oberharz und im sächsischen Erzgebirge die Gründung von Bergbausiedlungen, die Anwerbung fremder Häuer und im Falle größerer technischer Schwierigkeiten, etwa bei der erneuten Erschließung abgesoffener Gruben, eine Unterstützung privater Initiativen durch die Übertragung zeitlich befristeter Nutzungsprivilegien. So hat beispielsweise der ungarische König Matthias Corvinus (1440–1490) dem bekannten Bergbau-Experten und Montanun-

82 a und b. Bergwerksverwalter beim Verteilen des Talges für die Grubenlampen und Gang der Bergleute zum Stollen sowie Lohnzahlung durch den Verweser. Federzeichnungen von Heinrich Gross zum »Leben der Bergleute in den Silberminen von La Croix-aux-Mines in Lothringen«, um 1530. Paris, École Nationale Supérieure des Beaux-Arts

ternehmer Johann Thurzo (gestorben um 1508) im Jahr 1475 das Recht zugestanden, »aus allen verlassenen Gruben das Wasser zu heben und dann nach Silber zu schöpfen«. Thurzo versicherte sich der finanziellen Unterstützung des Hauses Fugger in Augsburg, das ihm die erforderlichen Investitionsmittel zur Verfügung stellte, sich achtzehn Jahre später, nach der Erteilung eines erneuten und umfassenderen Privilegs durch König Ladislaus (1456–1516), auch an Thurzos Errichtung von Seigerhütten beteiligte und damit der Entwicklung des ungarischen Kupferbergbaus ohne Zweifel entscheidende Impulse gegeben hat.

Unter dem Direktionssystem verschlechterte sich die soziale Lage der Bergleute. Die Bergordnung im erzgebirgischen Annaberg von 1509 wie die ihr folgende braunschweigisch-lüneburgische Bergordnung von 1524 für den Oberharz setzten Löhne von jeweils 0,5 Gulden »für jeglichen Häuer« fest, während zur selben Zeit im Alpenraum und im Schwarzwald ein Lohnhäuer für die gleiche Arbeit bereits 1 Gulden bekam, ein selbständiger Lehenhäuer sogar noch mehr erarbeiten konnte. Die an Zahl relativ geringen Lohnhäuer in den südlichen und südwestlichen Großrevieren des Reiches profitierten vom Lohnniveau, das durch den dort vorherrschenden Einsatz der Lehen- und Gedingehäuer gegeben war. Die vorderösterreichische Bergordnung von 1517 empfahl für Truhenläufer und Haspler die Zahlung von 6 Schillingen pro Woche, und das waren drei Viertel eines Gulden. Den selben Wochenlohn boten übrigens die Fugger 1579/80 für einen Lohnhäuer im nur noch wenig ertragreichen Kärntner Revier von St. Leonhard. In der auflebenden Montankonjunktur des 15. und 16. Jahrhunderts galt überwiegend eine Achtstundenschicht, die am Samstag auf 4 Stunden reduziert war. Somit wurden pro Woche 44 Stunden gearbeitet. Hinzu kamen, regional unterschiedlich und seit der Reformationszeit auch von der Konfession abhängig, bis zu 50 und mehr Feiertage im Jahr. In den protestantischen Territorien wurde die Zahl der Feiertage generell schneller reduziert als in den katholisch verbliebenen Ländern. Ein seit den zwanziger Jahren des 16. Jahrhunderts beobachtbarer Anstieg der Lebenshaltungskosten, besonders der Preissteigerungen für Lebensmittel, ließ sich in wenigen Jahrzehnten auch durch gelegentliche Einkommens- und Lohnerhöhungen nicht ausgleichen, und der allgemeine Konjunkturabschwung in der zweiten Hälfte des Jahrhunderts verstärkte diese negative Entwicklung.

Der für die zweite Hälfte des 15. Jahrhunderts feststellbare Konjunkturaufschwung hatte sowohl eine Reform der bergmännischen Arbeitsorganisation als auch einen breiten technischen Innovationsschub zur Voraussetzung. Eine nicht unbeträchtliche Rolle spielten zudem die von den Landesherren gebotenen ökonomischen Anreize. Vor allem in Gestalt von Abgabenbefreiungen wirkten sie sich in den alpenländischen Montanrevieren, in Bayern, Tirol, Salzburg, Steiermark, Kärnten, Krain und Trient, als Impulsgeber für Wirtschaft und Technik aus. So traten zur Freigabe des landesherrlichen Aufkaufrechts für Edelmetalle mit Gewinnspanne flankierende Maßnahmen, zum Beispiel zeitweilige Freistellungen von der üblichen Abgabe des Zehnten an gebrochenem Erz, zweckgebundene Finanzhilfen für technische Entwicklungen und darüber hinaus Privilegierungen wie die Berechtigung zum alleinigen Kupferseigern. Ein Patentgesetz, das entsprechende Möglichkeiten

83. Erstes Kompendium der Bergkunde. Holzschnitt in dem um 1500 gedruckten Bergbüchlein von Ulrich Rülein. Privatsammlung

für die wirtschaftliche Ausnutzung einer Erfindung bot, gab es seit 1474 nur im Gebiet von Venedig, während die technisch versierten und erfinderischen bergmännischen Tüftler nördlich der Alpen im Einzelfall immer um besondere landesherrliche Privilegierungen nachsuchen mußten.

Betrachtet man nur überblickhaft den Arbeitsprozeß im Montanbereich von der Gewinnung und Förderung über die Aufbereitung bis zur Verhüttung, zur Produktion des Metalls und anderer Rohprodukte, dann würde allein die technische Beschreibung aller Verbesserungen, die zwischen der Mitte des 15. und der des 16. Jahrhunderts erfolgt sind, ein umfangreiches Kompendium füllen. Solche Kompendien sind damals dank des von Johannes Gutenberg (um 1397–1468) in Mainz entwickelten Verfahrens zum Textsatz mit beweglichen Lettern als entscheidende

Vorbedingung für einen effizienten Buchdruck auch erschienen und haben schnell weite Verbreitung gefunden. Es waren in der Regel aus der praktischen Erfahrung heraus von bergmännischen Fachleuten geschriebene Abhandlungen zu den besonderen technischen Bedingtheiten des Bergbaus, ergänzt um geologisch-lagerstättenkundliche Aussagen und häufig mit Anwendungsbeispielen für zivile und militärische Produkte versehen. Die Reihe derartiger Lehrschriften begann schon im Jahr 1500 mit der ersten, in Augsburg erschienenen Ausgabe vom »Bergbüchlein« des Ulrich Rülein von Calw (1465–1523), das bis heute als das älteste gedruckte Werk über den Bergbau gelten kann. Seinen ungewöhnlichen Erfolg belegt die bald danach wahrscheinlich in Leipzig gedruckte zweite Auflage, der zwischen 1518 und 1539 noch sechs weitere deutsche Editionen folgen sollten. Der Freiberger Autor war Arzt und Mathematiker und hatte 1496/97 den von ihm entworfenen Grundriß der neugegründeten sächsisch-erzgebirgischen Stadt Annaberg als Auftakt zum Bau mit Hilfe eines Pfluges auf freiem Feld markieren lassen. Zwischen 1471 und 1521 entstanden im silberhaltigen Erzgebirge mit Marienberg, Schneeberg und St. Joachimsthal weitere, schnell wachsende Bergbaustädte. Im 1516 gegründeten und schon vier Jahre später mit 15.000 Einwohnern zur freien Bergstadt erklärten St. Joachimsthal ließ sich 1527 Georgius Agricola (1494–1555) als Stadtarzt und Apotheker nieder. Er gab 1530 eine im damals bevorzugten Stil des Dialogs gehaltene enzyklopädische Darstellung des gesamten Montanwesens unter dem Titel »Bermannus« heraus, der offenkundig intensive eigene praktische Studien zugrunde lagen, angeleitet wohl vom Joachimsthaler Bergbeamten Bermann, dem er durch die Titulierung des Werkes seinen Dank abstattete. Im Jahr 1540 erschienen in Venedig die zehn Bücher »De la pirotechnia« des aus Siena stammenden Gießers und Büchsenmeisters Vannoccio Biringuccio (1480–1537), die ebenfalls sehr schnell weite Verbreitung fanden. Dann machte erneut Agricola auf sich aufmerksam, indem er 1545 eine Reihe weiterer Schriften veröffentlichte, in denen er auf der Basis der antiken und mittelalterlichen Überlieferung wie eigener Beobachtungen und den nachgefragten Aussagen erfahrener Berg- und Hüttenleute den ersten Versuch zu einer Systematisierung der Mineralogie unternahm. Auch diese Kenntnisse sind wie viele andere zwischen 1530 und 1550 gewonnene Erfahrungen in sein Hauptwerk »De re metallica«, das umfänglichste und präziseste Kompendium über das Hüttenwesen dieser Epoche, eingeflossen.

Technische Innovationen zur Förderung und Aufbereitung

Alle Beschreibungen der verschiedenen Prozesse im Berg- und Hüttenwesen, die in einer solchen frühen Fachliteratur beschrieben wurden, orientierten sich an der Praxis, und diese war damals weitgehend durch ein Nebeneinander von traditionel-

84. Häuer mit Schwinghämmern, Brechstange, Schlägel und Eisen. Aquarell im »Schwazer Bergbuch« von Jörg Kolber und Ludwig Lässl, 1556. Innsbruck, Tiroler Landesmuseum Ferdinandeum

len und innovativen Methoden gekennzeichnet. Grundsätzlich blieben beim Abbau der Erze die überkommenen Werkzeuge und Geräte wie Hammer, Eisen, Keil, Kratze und Schaufel sowie Trage und Haspel weiterhin im Gebrauch. Hinzu kam das aus der Antike bekannte Verfahren des Feuersetzens mit anschließender schneller Abkühlung durch kaltes Wasser, um das erzführende Gestein aufzubrechen. Als bedeutsame Innovation der zweiten Hälfte des 15. Jahrhunderts erschienen die sogenannten Schwinghämmer. Das waren größere Werkzeuge mit biegsamen Stielen, die beim wuchtigen Schlag eine bessere Übertragung der Masse des Hammerkopfes auf den Eisenkeil unter erheblich verringerter Prellgefahr erlaubten. Solche Hämmer wurden von den »Baide-Hantern« geführt, die beispielsweise 1486 in einer Görzer Bergordnung für das Pustertal Erwähnung fanden. Sinnvolle Verbesserungen der alten Methoden geschahen auch bei der Förderung der Erze und Wasserhaltung der Gruben. Neuartige Einrichtungen ergänzten die seit der Antike bekannten Anlagen. Als besonders charakteristische Innovationen lassen sich nach heutiger Beurteilung die häufigen Kombinationen von Arbeitsmaschinen zur Energieumwandlung bezeichnen. Dabei stammte die Energie aus Muskel- und aus Wasserkraft, in seltenen Fällen auch aus der Nutzung des Windes.

85. Umsteuerbares Kehrrad mit Förderkette und Bulge. Holzschnitt in dem 1556 gedruckten Werk »De re metallica« von Georgius Agricola. München, Deutsches Museum

Das bereits im Bergbau der Antike verwendete Eimer-Schöpfrad wurde nun in einer verbesserten Form als Becherwerk eingesetzt. Der Antrieb erfolgte über ein Tretrad, einen durch Ochsen oder Pferde bewegten Göpel oder mit Hilfe von Wasserrädern. Größer dimensioniert waren die Bulgen, aus Ochsenhäuten zusammengenähte Wasserbehälter. Sie wogen und faßten erheblich mehr als ein Becherwerk und machten deshalb besondere Zugvorrichtungen erforderlich. Nach 1500 bediente man sich bei den Bulgen nicht länger des herkömmlichen Göpels, der wegen der Aufwicklung des Förderseils auf eine waagerechte Achse ein entsprechendes Getriebe benötigte. Allerorten wurden nun in den Gruben Göpeltypen eingesetzt, bei denen sich die Förderseile durch die Zugkraft der Ochsen oder Pferde auf eine direkt auf der senkrecht stehenden Antriebswelle angebrachte Trommel wickelten. Leitrollen hatten den Richtungswechsel der Förderseile aus dem senkrecht oder schräg abgeteuften Schacht zu bewerkstelligen. Je nach Tiefe des Schachtes ließen sich mit einem solchen Göpel bei Einsatz von 2 bis 4 Pferden sechsmal schwerere Lasten heben, als das bei den von 4 Arbeitskräften bedienten Haspeln der Fall war. Der besondere Vorteil des Göpelantriebs mit senkrechter Welle und Trommel beim Bulgenzug bestand im damit ermöglichten Verzicht auf das verschleißanfällige Getriebe.

Beträchtlich aufwendiger in der Herstellung, aber aufgrund des nicht länger erforderlichen, immer zeitaufwendigen Umschirrens der Pferde wirtschaftlich effizienter war das Kehrrad. Der früheste Beleg für einen erfolgreichen Einsatz eines solchen Kehrrades stammt aus dem niederungarischen Gold- und Silber-Bergbaugebiet Frauenseifen, Rivulus Dominarum, dessen Konjunkturentwicklung in dieser Epoche jedoch weit aus dem sonst üblichen Rahmen fiel. Hier hatte man bereits um die Mitte des 15. Jahrhunderts einen Erbstollenbau mit Erfolg abgeschlossen, dann aber große Rückschläge hinnehmen müssen, so daß nach 1500 neue Erschließungsarbeiten erforderlich wurden. Unter Leitung des Krakauer Unternehmer-Ingenieurs Johann Thurzo, der außer im polnischen Bleibergbau von Ołkusz seit 1478 auch mit unterschiedlichen Unternehmensaktivitäten am Goslarer Rammelsberg tätig gewesen war, 1494 gemeinsam mit Jakob Fugger, dem Reichen (1459–1525), den »ungarischen Handel« gegründet und in Richtung der Karpaten entwickelt hatte, baute man hier bis zu seinem Todesjahr und weiter bis 1505 im Erbstollen von Frauenseifen unter Tage eine Wasserhebeanlage mit großem Kehrrad. Zur Energieversorgung benötigte eine solche Anlage permanent viel Wasser, das in eigenen Staubecken gesammelt und verfügbar gehalten werden mußte. Um 1540 hatte man in Schwaz den Bergbau teilweise einstellen und fast 600 Wasserknechte entlassen müssen, die trotz körperlicher Schwerstarbeit die Wasserhaltung in Schächten und Stollen nicht gewährleisten konnten. Mit Hilfe von Ledereimern, mit denen geschöpft und die dann von Mann zu Mann bis oben weitergereicht wurden, ließ sich das Problem nicht bewältigen. Im Jahr 1556 nahm man bei Verzicht auf Göpelantrieb eine große Wasserhebeanlage mit Kehrrad in Betrieb. Eine zeitgenössische Abbildung dieses als »achtes Weltwunder« gepriesenen Werkes, das seinen Platz in einem älteren Erbstollen zur Entwässerung noch tiefer gelegener Baue hatte, findet sich im berühmten »Schwarzer Bergbuch« aus demselben Jahr. Der Rationalisierungseffekt war übrigens beträchtlich, benötigte man doch zur Bedienung dieser neuen Anlage mit dem Kehrrad im Vergleich zu den 600 Wasserknechten ein Jahrzehnt zuvor nur noch 2 »Maschinisten«

Neben der Erschließung neuer Bergwerke bemühte man sich intensiv um die Wiederaufnahme der Erzgewinnung in den Gruben, die vor allem wegen der technisch nicht zu bewältigenden Schwierigkeiten mit der Wasserhaltung Jahrzehnte zuvor aufgegeben worden waren. So gelang es am Goslarer Rammelsberg schon seit der Mitte des 15. Jahrhunderts, durch den Einsatz einer »Heinzenkunst« mehrere ältere Bergwerke zu sümpfen, daß heißt, die abgesoffenen Schächte und Stollen wieder zu entwässern. Von jeher hatten es die Bergleute hauptsächlich mit zwei grundsätzlichen Problemen zu tun: der Bewetterung und der Wasserhaltung. Während sich in vielen Fällen die Frischluftzufuhr durch zusätzliche Schächte und durch die Anlage von Verbindungsstollen garantieren ließ, stellten die ständig eintretenden und für die Häuer unter Tage oft lebensgefährlichen Einbrüche von Grundwasser eine dauerhafte Aufgabe dar. Auch die Heinzenkunst schuf hier nur partiell Abhilfe: Bei einer solchen Anlage lief eine lange Kette, auf der in regelmäßigen Abständen ausgestopfte Lederbälge befestigt waren, durch ein hölzernes Steigrohr, dessen Innendurchmesser vom Umfang der Bälge ausgefüllt wurde. Die flexiblen Lederbälge paßten sich der Rohrinnenwandung an und dichteten damit den jeweiligen, beim Betrieb der Anlage mit Wasser gefüllten Förderraum bis zum vorhergehenden Ball ab. Die untere Öffnung des Steigrohres mußte lediglich ins Wasser getaucht und dann die Kette in Umlauf gebracht werden, so daß jeder einzelne Balg im Rohr einen Zylinder aus Wasser hob, dessen Höhe dem Abstand zwischen zwei Bälgen entsprach.

Physikalisch-technisch gesehen war bei allen Hebezeugen im Förderbetrieb das Problem von Last und Tiefe zu lösen. Gerade beim Bulgenzug, ob durch Pferdegöpel oder durch Kehrräder, mußten die heute geläufigen Begrifflichkeiten wie Seilbeanspruchung, Seilreibung und Reißlänge erst empirisch erfahren werden, bevor sich einige technisch versierte und entsprechend interessierte Zeitgenossen auch theoretisch des Problems annahmen. Kein Geringerer als Leonardo da Vinci (1452–1519) hat bereits an der Wende zum 16. Jahrhundert umfangreiche Untersuchungen über Seile, ihre Beanspruchung, die beim Betrieb auftretende Reibung, die mögliche Reißgefahr und dergleichen angestellt. Von geradezu lebenswichtiger Bedeutung war und ist für den Bergbau die Belastungsmöglichkeit langer und freihängender Förderseile, die sich aus der jeweiligen Nutzlast und dem Eigengewicht des Seils ergibt. Leonardo hat erkannt, daß sich das Eigengewicht direkt proportional zur Seillänge verhält. Für eine Zunahme der Seillänge bei größerer Fördertiefe bedeutet das einen entsprechenden Verzicht auf Nutzlast, weil das Seil wegen seines mit der Länge wachsenden Eigengewichts immer weniger Nutzlast zu halten vermag. Leonardo muß einschlägige Erfahrungen auf Baustellen und in verschiedenen Werkstätten gesammelt haben, die ihn zu der Erkenntnis brachten,

»daß ein senkrecht aufgehängtes Seil durch sein eigenes Gewicht zerrissen wird. Das Seil reißt dort, wo es das größte Gewicht auszuhalten hat, nämlich oben, wo es mit der Befestigung verbunden ist... Ein gleichmäßig starkes Seil reißt immer in seiner höchsten Höhe. Das beweist man mit der vorhergehenden Schlußfolgerung, nach der es möglich war, daß ein Seil, das an einem seiner Enden in großer Höhe

86. Saugpumpe in drei Sätzen mit unterschlächtigem Wasserrad und gekröpfter Welle. Holzschnitt in dem 1556 gedruckten Werk »De re metallica« von Georgius Agricola. München, Deutsches Museum

festgemacht und frei hängengelassen wurde, so lang war, daß es zufolge seines eigenen Gewichtes riß, und zwar dort, wo es tatsächlich das größte Gewicht verspürte, und das war an seiner Aufhängung.« Diese hier nach Herbert Maschat zitierte Erkenntnis hatte Leonardo im zweiten der beiden 1965 in Madrid wiedergefundenen und daher als »Codex Madrid I und II« bezeichneten Manuskripte niedergelegt. Zur gleichen Thematik führte er im »Codex Madrid I« aus: »Das Seil, das zum Halten der Gewichte senkrecht festgemacht ist, wird um so schwächer, je näher man der oberen Aufhängung kommt... (Es) läßt sich nichtsdestoweniger mit Probieren erweisen, daß dort, wo das Seil mehr Gewicht hält, mehr Belastung ist. Und wo bei gleicher Festigkeit mehr Belastung ist, da reißt das Seil... Und wenn man dem Seil, wie ich sagte, noch ein Gewicht anhängt, dann ist das obere Ende durch das Gewicht des Seils und durch das aufgehängte belastet.« Bis heute ist die von Leonardo vorgenommene Unterteilung der Seilbelastung in Totlast und Nutzlast üblich. Er hat mit diesen Aussagen wie mit dem Hinweis auf den exakten Punkt des Bruchquerschnitts bei gerissenem Seil zwei für die damalige Bergbautechnik überaus wichtige Feststellungen getroffen. Inwieweit diese Untersuchungsergebnisse in der bergmännischen Praxis Berücksichtigung gefunden haben, läßt sich jedoch nicht mehr ermitteln.

Wesentlich wirkungsvoller als die umständliche Wasserförderung mit an Seilen oder Ketten befestigten Becherwerken oder Bulgen erwiesen sich dann im 16. Jahrhundert die von Wasserbehältern angetriebenen Saugpumpen, die ebenfalls schon um 1450 bekanntgewesen sein müssen; denn Mariano di Jacopo, genannt Taccola, der »Archimedes von Siena« (1381–1453 oder 1458), hat derartige Saughebepumpen gezeichnet, beispielsweise in einem Manuskript aus dem Jahre 1435. In den Gruben wurden solche Anlagen mit bis zu 4 Pumpensätzen verwendet. Sie hoben mit ihren Kolben das Wasser vom Boden der Schächte beziehungsweise vom tiefsten Stollen über mehrere, auf verschiedenen Höhen angelegte Becken bis an die Oberfläche, wo es abfloß oder in die aufgestauten Teiche eingespeist wurde, deren Wasser für den Antrieb der Kehrräder sorgte. Wegen des erheblichen Aufwandes bei den »Wasserkünsten« kam es relativ häufig zu langen Streitigkeiten zwischen den Betreibern und den Inhabern des Regals, den Landesfürsten. Diese beteiligten sich oft mit beträchtlichen Summen an den Erschließungskosten einzelner Baue, wollten jedoch verständlicherweise möglichst bald Erfolge sehen und legten dies auch vertraglich fest. Jeder technische Rückschlag bei der Erschließung schmälerte das Investitionskapital und verzögerte so die Amortisation. Viele Kapitalgeber nahmen daher direkten Einfluß auf die Bestellung von Experten für Entwässerung und dauerhafte Wasserhaltung.

Im Bereich des Abbaus galten Erze noch als Fördergut, wenn sie durch Schacht- oder Stollenförderung mit Hilfe von Truhen oder »Hunden« auf Rädern bewegt wurden und wenn dies in den fortgeschrittenen Bergbauregionen sogar schon auf hölzernen Schienen geschah. Über Tage erhielten sie den Charakter eines Transportguts. Zwar hatte man in vielen Revieren das Stadium einer zweiphasigen Produktion, einerseits Erzgewinnung, andererseits Aufbereitung und Verhüttung, bereits vor dem 15. Jahrhundert erreicht. Aber eine technisch akzeptable Lösung der damit verbundenen Transportprobleme als Voraussetzung für eine Belebung der Konjunktur war noch nicht geschaffen worden. Erzfuhren zu Lande wie zu Wasser und generell sämtliche Transportleistungen im Bereich von Bergbau und Hüttenwesen garantierten Arbeit für viele Menschen. Montanunternehmer mußten in erster Linie auf einheimische Hilfskräfte aus dem bäuerlichen Umkreis des Bergbaus zurückgreifen. In den Verträgen mit den Regalherren achteten diese darauf, daß investive Vorleistungen der Betreiber nicht zu ihren Lasten gingen. Als zum Beispiel die Hoechstetter aus Augsburg im Jahr 1509 von Kaiser Maximilian I. (1459–1519) das Privileg zur Errichtung einer Messinghütte in Pflach bei Reutte in Tirol erhielten, wurde im Vertrag ausdrücklich vermerkt, daß dies für alle Vorleistungen »auf Land oder Wasser mit Kupfer, Holz, Kohle oder anderem Zeug« gelte.

Eine wichtige, im letzten Viertel des 15. Jahrhunderts erfolgte Innovation auf dem Transportsektor war der Sackzug, der im alpinen Bereich vordringlich nur während des langen Winterbetriebs in Frage kam. Das aus den Gipfelregionen stammende Erz wurde dabei in Säcke aus Schweinsleder gefüllt, von denen man bis zu 30 Stück in einem Zug zusammenband, die von einem einzigen Mann zu Tal gebracht wurden. Das Verfahren mit der sogenannten Riese war vom Holztransport her übernommen worden und hielt sich in den Ländern des Ostalpenraumes als für die Beteiligten nicht ungefährliche »Abfahrtsmöglichkeit« noch bis ins 19. Jahrhundert. Der Unfallgefahr standen Überlegungen zur Kostenersparnis gegenüber; denn der Sackzug war im Vergleich zum herkömmlichen Transport mit Saumtieren fast um die Hälfte billiger und ließ sich in der Folgezeit sogar auf ein Drittel des sonst üblichen Kostenrahmens reduzieren.

Zum ausschlaggebenden Innovationssektor im Bergbau wurde seit der Mitte des 15. Jahrhunderts die Aufbereitung. Hier kam es zu starken Impulsen durch Neuerungen der Verfahrenstechnik im Zusammenhang mit der Nutzung geringerhaltiger Erze, deren Abbau mangels verfügbarer technischer Mittel in früheren Zeiten bewußt nicht betrieben worden war. Es handelte sich keineswegs ausschließlich um aufgelassene Bergwerke, die seit Ende des 15. Jahrhunderts verstärkt neu erschlossen wurden. Man ging sogar vorhandene Abraumhalden an, wie bergrechtliche Verleihungen belegen. Der Aufschwung in der zweiten Hälfte des 15. Jahrhunderts basierte vor allem auf den weiterentwickelten mechanisierten Formen des Erzpochens und Erzwaschens. Sowohl das Pochen mittels der von Wasserrädern angetriebenen Stempel als auch das Waschen des Pochgutes sind qualitativ ziemlich schnell verbessert worden, wie der Ersatz der mittelalterlichen Erzmühle durch das neuzeitliche Pochwerk belegt. Als 1533 im schlesischen Zuckmantel Vereinbarungen

87. Unterschiedliche Arten des Einfahrens in Schächte. Kolorierter Holzschnitt in der 1557 erschienenen deutschsprachigen Ausgabe von Georgius Agricolas Bergwerksbuch. Freiberg in Sachsen, Bergakademie

über Wasserrechte getroffen wurden, hob man dabei ausdrücklich hervor, daß das dortige Pochwerk an einer Stelle erbaut worden sei, »do zuvor ein goldmuhel gewest«. Bis heute ist nicht hinreichend deutlich, wo eigentlich die Innovation der

Pochwerke ihren Anfang genommen hat. Belegbar erscheint eine »Pochhütte« im sächsischen Freiberg für das Jahr 1466 im Zusammenhang mit einem Wasserlauf, der zu diesem Werk geführt hat. Aus Scharl im Unterengadin stammt dagegen ein eindeutiger Hinweis von 1492, nach dem Kosten für ein Hüttenwerk mit dem vielerorts im Montanwesen engagierten Bischof von Brixen abgerechnet worden sind, worunter solche von »Stapf ... und ... Rad« auftauchen und ein von einem Wasserrad angetriebenes Erzpochwerk meinen. Noch heute zeugt der Name »Val del Poch« nördlich von Scharl von einer dort vormals üblichen Weiterverarbeitung bergmännisch gewonnenen Erzes, die dann, wie in anderen Regionen der Alpen auch, während des 19. Jahrhunderts endgültig eingestellt worden ist. Die Pochwerke sind vermutlich aus den Stampfen für das Walken von Textilien, den Getreidestampfen und wohl auch den Pulverstampfen entwickelt worden. Während man bei den wesentlich leichteren Getreide- und Pulverstampfen meistens Haspeln oder die Federkraft von Hölzern, an denen die Stoßbalken befestigt waren, nutzte, bot sich für die schwere Arbeit des Erzzerkleinerns nur der kontinuierliche Antrieb über ein Wasserrad an.

In vielen Urkunden schon aus dem 15. Jahrhundert tauchen neben Schmelzern, Hüttenleuten und Herdhelfern auch »Pocher« als zu den Hütten gehörende Arbeitskräfte auf. Die zu Beginn des 16. Jahrhunderts mit 1 Kreuzer für 1 Zentner Erz vergütete Schwerarbeit der Pocher war ein sehr geringes Entgelt, wenn man berücksichtigt, das 40 Kreuzer Wochenlohn gerade dazu ausreichten, das Existenzminimum zu sichern. Daraus ergab sich zwangsläufig eine Art von Akkordarbeit im Rahmen dieser anstrengenden und wegen der ständig umherfliegenden Steinsplitter sehr gefährlichen Tätigkeit. Zeitgenössische Beschreibungen und entsprechende Illustrationen weisen noch heute deutlich auf das Verfahren hin: »In den Hütten sind Arbeiter, die pochen das Erz nach dem Gedinge ... Das pocht man aus der Hand mit einem großen Fäustel auf einem Pochstein. Wenn nun das Erz gepocht ist, so ist das gröbste als die halben Hühnereier«. Pocher mit gesundheitlichen Schädigungen, die bis zur Invalidität führen konnten, wurden in einigen Bergbauregionen durch Knappschaften und religiöse Bruderschaften der Bergleute betreut. Eine Art beruflicher Solidarität sorgte für wechselseitige humanitäre Unterstützung. Gleichwohl waren für den Einsatz der von Wasserrädern getriebenen Pochwerke wohl kaum humanitäre oder auch nur – nach heutigem Begriff – betriebswirtschaftliche Erwägungen entscheidend. Hier stellte vielmehr die mögliche Einsparung an Brennstoff im Verhüttungsprozeß das wirkliche Kriterium für den Ersatz der Handarbeit durch eine frühe Form von Maschinen dar. Beim mechanischen Pochwerk drehte das Wasserrad wie in einem Hammerwerk eine große hölzerne Welle mit Nocken, die hölzerne Stempel anhoben und sie beim Freigeben mit Wucht in einen mit Erz gefüllten Behälter hinunterfallen ließen. Das untere Ende der Stempel war mit einem eisernen »Pochschuh« ummantelt und zerkleinerte damit die Erzbrocken.

88. Silbererzmühle mit Wasserradantrieb. Federzeichnung von Heinrich Gross zum »Leben der Bergleute in den Silberminen von La Croix-aux-Mines in Lothringen«, um 1530. Paris, École Nationale Supérieure des Beaux-Arts

Zur Vermeidung der Staubentwicklung setzte man seit Beginn des 16. Jahrhunderts Naßpochwerke ein, bei denen der Zerkleinerungsvorgang in einem Pochtrog stattfand, durch den ständig Wasser floß. Dieses Wasser schwemmte die hinreichend zerkleinerten Bruchstücke durch ein Gitter über Rinnen und Schlämmgräben beziehungsweise Waschherde zur weiteren Aufbereitung, während es gröbere Erzbrokken zurückhielt, die dann weiter zerkleinert werden konnten.

Parallel zu den Pochen kamen im 15. Jahrhundert neue Formen von Waschwerken auf, zum Beispiel die Planenwäsche. Sie läßt sich 1472 in einer Abrechnung für die Krems im damals zu Salzburg gehörenden Kärnten nachweisen. Flies-, Floß-, Flätz- oder Flutwerke, allesamt Fortentwicklungen älterer Wasch- oder Schlämmgräben zur nassen Trennung von Erzen und taubem Gestein auf der Basis des Schwerkraftprinzips finden sich in verschiedenen Quellen aus der Zeit vor der Wende zum 16. Jahrhundert. Zu einem wichtigen Schritt wurde dann die Erfindung des Naßpochwerks, die 1512 gleichzeitig im Silber- und Kupferbergbau von Schwaz und im Zinnbergbau des sächsischen Erzgebirges erfolgte. Diese Innovation ist stets mit dem Geschlecht derer von Maltitz verbunden worden, das ursprünglich aus Sachsen stammte und dort über Grundbesitz verfügte, um die Jahrhundertwende jedoch mit Hans von Maltitz bereits den Oberstbergmeister der niederösterreichischen Lande stellte, wozu Vorder- und Innerösterreich, Steiermark, Kärnten und Krain gehörten. Im Jahr 1512 erhielt Sigismund von Maltitz ein Privileg für die alleinige Anwendung einer »Lew Kunst uff Weschwerk ... Slech zu machen«, gültig für Sachsen. Als »Slech«, »Schlich«, galt das feingewaschene Erzkonzentrat mit hohem Metallanteil. Nach Untersuchungen des 19. Jahrhunderts leistete das Naßpochen etwa 12,5 Prozent mehr als das Trockenpochen, wobei allerdings nur der Effekt des Fließwassers im Pochtrog berücksichtigt wurde, während weitere Verbesserungen am Pochwerk selbst, erreicht durch bauliche Veränderungen, durch eine größere Anzahl von »Pochstempeln« oder beschleunigte Hubgeschwindigkeit außer Betracht blieben.

89. Trockenpochwerk mit Wasserradantrieb. Miniatur in einem Anfang des 16. Jahrhunderts entstandenen Graduale von Saint-Dié. Saint-Dié, Bibliothèque Municipale

Mit dem verstärkten Einsatz von Wasch- und Pochwerken war es im 16. Jahrhundert möglich, die zunehmende Holzverknappung teilweise zu kompensieren, weil es sich beim Schmelzen des gepochten und gewaschenen Gutes nur noch um die abschließende Schlichschmelze handelte. Außerdem bot das Naßpochwerk den Vorteil einer Nutzung des Wassers als Fließmittel einschließlich des willkommenen Nebeneffekts einer weitgehenden Ausschaltung der Staubentwicklung. Viele der alten Trockenpochwerke ließen sich leicht umrüsten, und auf diese Weise setzte sich das Naßpochwerk über den 1512 erfolgten Transfer in den sächsischen Zinnbergbau relativ schnell im gesamten Ostalpenraum durch, in Salzburg seit 1516, in Böhmen seit 1521, in Oberschlesien seit 1526, im Thüringer Wald seit 1529 und im Oberharz seit 1539. Aus dem Jahr 1541 stammen die ältesten Belege von Naßpochwerken in Norwegen, doch erst um 1600 gelangte diese Innovation in den englischen Zinnbergbau, dessen Jahresproduktion von etwa 700 Tonnen in Cornwall und 30 Tonnen in Devonshire immerhin der doppelten Menge der sächsisch-böhmischen Erzeugung entsprach. Demnach gab es im Bereich des Montan- und Hüttenwesens keinen deutlichen Zusammenhang zwischen technischer Innovation und ökonomischem Wachstum; denn entscheidend waren immer die Lage der Vorkommen wie die Qualität der geförderten Erze. Im tirolischen Schwaz nahm man bereits zwischen 1512 und 1520 neue und größer dimensionierte Pochwerke in Betrieb. Mit der Erhöhung der Pochstempelzahl ließ sich auch die Geschwindigkeit des Arbeitsprozesses beschleunigen. Um 1530 hat man übrigens im Salzburger Gold- und Silberbergbau kritisiert, daß die Pochwerke teilweise noch »unfüglich und zu Unschleunigkeit zurichtet« gewesen seien, das heißt, daß sie nicht der neuesten Technik entsprachen, zu langsam arbeiteten und deshalb ersetzt werden sollten.

Bei der Betrachtung der Bergordnungen des 16. Jahrhunderts wird deutlich, daß Pochwerke zu den Institutionen gehört haben, die von den Bergrichtern oder Bergmeistern verliehen werden mußten. Wo unternehmerische Autonomie bestand und hinreichende technische Kapazitäten verfügbar waren, erhielten diese Bergrichter oder Bergmeister eine Oberaufsicht über die Arbeitskräfte in den Pochwerken. Eine Bergordnung König Ferdinands von 1553 bestimmte, daß im Gebiet von Vellach, Steinfeld und Großkirchheim in Kärnten, wo neue Gold- und Silberbergwerke entstanden waren, »deren Erze in nassen Pochern und über Plahen oder auf andere Weise gewaschen und zur Schlich aufbereitet werden müssen«, die Namen und die Löhne der Pochwerksarbeiter wie die der anderen Hilfskräfte zu notieren waren. Die Arbeitszeit der in den Pochwerken beschäftigten Kräfte ging weit über die übliche Acht-Stunden-Schicht der Häuer hinaus, erbrachte aber nicht annähernd deren Lohn.

Im Gesamtprozeß der mechanischen Aufbereitung wurden auch bei der Amalgamation der Golderze schon bald Fortschritte erreicht. Auf diesem Gebiet setzten Bergleute aus dem salzburgischen Montanrevier von Gastein und Rauris um 1507/08 eine wichtige Marke mit dem von ihnen entwickelten technischen Verfahren, das »mit ainer arbait« die Vorgänge des Mahlens, Waschens und Amalgamierens von Erz kombinierte. Bereits in der zweiten Hälfte des 14. Jahrhunderts, einer Zeit großen Arbeitskräftemangels aufgrund der demographischen Folgen der Pestepidemien, hatten sich Erzmühlen verbreitet. In Gastein und Rauris tauchte um 1350 der Begriff »Milgold« als Bezeichnung für den in den Erzmühlen produzierten goldhaltigen Quarz auf. Von noch größerer Bedeutung war das seit 1369 »Queckgold« genannte Material. Dabei handelte es sich um das Produkt eines Amalgamationsverfahrens, bei dem Erzmehl mit Quecksilber vermischt wurde, wobei sich die Goldpartikel an das Flüssigmetall banden und so vom Quarzmehl als taubem Teil getrennt wurden. In einem weiteren Arbeitsschritt mußte man nur noch das Quecksilber durch mechanisches Auspressen und nachfolgendes Abglühen vom Gold scheiden.

Auch in Schlesien wurde im Goldbergbaugebiet von Reichenstein bereits im 14. Jahrhundert das Amalgamationsverfahren angewendet. Das dafür benötigte Quecksilber stammte vermutlich aus der schon in der Antike genutzten Lagerstätte Almaden im spanischen Königreich Neukastilien. Der Quecksilbergehalt der bis heute dort abgebauten Erze lag im Durchschnitt zwischen 8 und 9 Prozent und galt somit als besonders ergiebig. Kaiser Karl V. (1500–1558) verpachtete 1524/25 die Quecksilberminen an die Fugger in Augsburg. Drei Jahre später traten neben diesen die Welser dort auf, bis sich das Haus Fugger 1538 schließlich als alleiniger Pächter des Quecksilberbergwerkes durchsetzte. Als Erfinder des im salzburgischen Montanrevier entwickelten kombinierten Mahl-, Wasch- und Amalgamierverfahrens galt der Gasteiner Gewerke Augustin Kröpfl, der nach ersten, 1506 aufgenommenen Kontakten zwei Jahre später einen Ruf nach Steinheide im Thüringer Wald erhielt, um dort seine Methode im größeren Umfang zu verwirklichen. Allerdings ließ trotz des fortschrittlichen Verfahrens die geringere Goldhaltigkeit der thüringischen Erze keine Ertragsverbesserung zu. Die in den Goldbergbauregionen Salzburgs, Schlesiens und auch Oberfrankens praktizierte Amalgamation nahm nach der Entdeckung der Quecksilbervorkommen von Idria in Krain und nach der Erschließung des dortigen Bergwerks seit 1493 einen spürbaren Aufschwung. Die Methode des Amalgamierens war den Bergleuten gut vertraut und fand sich später exakt beschrieben sowohl bei Biringuccio als auch bei Agricola.

Zu unterscheiden bleibt die Amalgamation der Golderze vom »amerikanischen« Silberamalgamieren, das seit der Mitte des 16. Jahrhunderts im Gebiet der großen

Silberminen von Pachuca nördlich der Hauptstadt Mexikos entwickelt wurde und nach der um 1570 erfolgten Entdeckung der Quecksilbervorkommen im peruanischen Huancavelica als drittem Großrevier neben Almaden und Idria in zunehmend größerem Umfang zum Einsatz kam. In der Neuen Welt soll das Amalgamationsverfahren von einem namentlich unbekannt gebliebenen deutschen Bergmann eingeführt worden sein. Die europäischen Quecksilberbergwerke gewannen bis zur Entdeckung des peruanischen Reviers Weltmarktdimensionen, weil nur mit ihren Lieferungen der Bedarf in Mexiko gedeckt werden konnte. Die Erschließung der Vorkommen in Peru begrenzte jedoch bald den aufwendigen und kostenträchtigen Import aus der Alten Welt. Im Rahmen des auf dem südamerikanischen Kontinent entwickelten »Patio-Verfahrens« pulverisierte man das Silbererz und vermischte es mit Kupfervitriol, Kochsalz und Wasser zu einem Brei, dem Quecksilber zugesetzt wurde. Ein anschließendes mehrfaches Stampfen dieser Masse und deren mindestens 8 Wochen lang dauernde Lagerung im Freien unter Sonnenbestrahlung führten zur Bildung von Silberamalgam. Durch Erhitzen dieser Verbindung in einem Ofen ließ sich das Quecksilber vom reinen Silber trennen. Für diese Form der Amalgamation waren erhebliche Mengen von Quecksilber erforderlich: So benötigte man für die Erzeugung von 10 Kilogramm Silber immerhin 14 bis 17 Kilogramm Quecksilber. Als Einschränkung derartiger Effizienzberechnungen sei jedoch der Hinweis auf die Wiederverwendbarkeit des Quecksilbers erlaubt. In der Neuen Welt ließen sich die von den Spaniern 1542 in Mexiko und 1545 in Peru gefundenen Silbererzvorkommen mit Hilfe des chemisch kalten Amalgamationsverfahrens voll ausbeuten. Ein Ausschmelzen der Erze wäre in den sehr hoch gelegenen und daher waldarmen Bergbauregionen überaus schwierig gewesen, da die dafür benötigte Holzkohle nicht in ausreichender Menge zur Verfügung stand. Mittels des Amalgamationsverfahrens und durch die um 1574 in den Silber- und Quecksilbergruben in Peru eingeführte Zwangsarbeit der Indios stieg gegen Ende des 16. Jahrhunderts die Silberproduktion in großem Umfang an. Die Einfuhr dieser Ausbeute nach Europa hatte weitreichende Konsequenzen für die Wirtschaft und den Geldverkehr der einzelnen Länder.

Nach der Einführung des Amalgamationsverfahrens in Mexiko wuchs auch die Bedeutung der Quecksilberminen von Almaden für die spanische Wirtschaft. König Philipp II. (1527–1598) verpachtete in Ermangelung eigenen Investitionskapitals das Bergwerk im Jahr 1562 wieder an das Haus Fugger und schloß damit den ersten von insgesamt acht aufeinanderfolgenden Verträgen über jeweils zehn Jahre. Allerdings hatten sich die Geschäftspartner aus Augsburg wegen des von der spanischen Krone verlangten Handelsmonopols für Quecksilber mit der Bedingung abzufinden, die gesamte Produktion von Almaden an den König zu verkaufen. Gleichwohl gelangen den Fuggern über die jahrzehntelange Ausbeute erhebliche Gewinne, bis 1645 König Philipp IV. (1605–1665) die Bergwerke wieder unter eigene Verwaltung stellte. Aufgrund des Engagements der Fugger in Almaden kamen viele in Deutschland angeworbene Bergleute in dieses spanische Revier. Sie brachten Erfahrungen in fortgeschrittenen Abbau- und Verhüttungsmethoden mit und sorgten für deren Verwirklichung. In Almaden wurden allerdings auch Sträflinge und von den Fuggern gezielt für die Arbeit in den Minen gekaufte Sklaven eingesetzt. Die Zwangsarbeiter hatten vor allem die gefährlichen und anstrengenden Arbeiten wie das Heben des Grubenwassers auszuführen. Zwischen 1563 und 1572 gelang es dem Handelshaus Fugger, die Quecksilberausbeute von fast 28 Tonnen auf nahezu 97 Tonnen jährlich zu steigern. Gegen Ende des 16. Jahrhunderts wuchs die Jahresproduktion sogar um mehr als das Doppelte. Das Quecksilber wurde über Sevilla nach Amerika verschifft. Dort benötigte man trotz der erschlossenen Bergwerke von Huancavelica das europäische Quecksilber dringend, um die reichen, ebenfalls in Peru gelegenen Silbervorkommen von Potosi mittels der Amalgamation zu erschließen. Die Quecksilberausbeute in Huancavelica ließ sich nicht auf die für die gesamte peruanische Silbererzeugung benötigte Menge steigern, weil es an Arbeitskräften fehlte und die örtlichen Bedingungen in fast 4.000 Meter Höhe mancherlei Schwierigkeiten verursachten.

Das neben dem spanischen Almaden wohl wichtigste europäische Quecksilberbergwerk befand sich in Idria im Westen Sloweniens. Deutsche Bergleute hatten

90. Röst- und Abtreibofen mit Blasebälgen. Federzeichnung im sogenannten Mittelalterlichen Hausbuch, um 1480. Wolfegg, Fürstlich zu Waldburg-Wolfeggsches Kupferstichkabinett

hier schon 1493 Quecksilber abgebaut. Wegen der Tallage konnten keine horizontalen Stollen angelegt werden, sondern man mußte Schächte abteufen. Quecksilber findet sich in Zinnober eingebunden, das aus dem Trias stammt und beispielsweise in Idria einen durchschnittlichen Quecksilbergehalt von 0,5 bis 0,8 Prozent aufwies. Die Bergknappen setzten zum Abbau Schlägel und Eisen ein. Das Brucherz wurde dann vom tauben Gestein getrennt, zerkleinert, gesiebt und gewaschen. Anschließend schichtete man das gewaschene Erz mit abwechselnden Zwischenlagen von Brennholz und Erde in einer Art Meiler auf und zündete ihn an. Am Ende dieses primitiven Brennvorgangs sammelten die Arbeitskräfte das in der Asche zurückgebliebene Quecksilber ein. Beim Brennprozeß ging allerdings viel Quecksilber durch Verdampfen verloren. Das vor allem war der Grund für die ab 1530 erfolgte Anwendung der schon bei Agricola als »bayerische Manier« beschriebenen Brennmethode mit Hilfe von Tonkrügen, die mit dem zerkleinerten Erz und Schlich gefüllt waren. Die Krüge wurden auf einer Lehmtenne über untergestellte Tiegel aufgeschichtet, mit Sand verdämmt und mit Brennholz umschlossen. Der Sand verhinderte, daß die Flammen des brennenden Holzes das flüssig werdende und in die Tiegel fließende Quecksilber erreichten. In den Tiegeln konnte das Metall abkühlen, wurde anschließend in Felle eingewickelt und in Fässern zu den jeweiligen Bestimmungsorten transportiert.

Dieses im Vergleich zu den technisch fortgeschrittenen Brennöfen von Almaden wesentlich primitivere Verhüttungsverfahren gefährdete die Gesundheit der Arbeiter in hohem Maße. Der Brennvorgang dauerte meist 12 Stunden und mußte ständig beaufsichtigt werden. Die frei werdenden Quecksilberdämpfe verursachten bei den Beteiligten wiederholt schwere Vergiftungserscheinungen. Doch auch die Arbeit in der Grube war sehr gefährlich. In Idria mußte man nach Abbau der Zinnoberschichten an der Oberfläche seit Mitte des 16. Jahrhunderts die Schächte immer tiefer absenken. Um 1539 waren 95 Meter und 1561 schon 170 Meter Teufe erreicht. Die Wasserhaltung und die Frischluftzufuhr erforderten großen Aufwand. So sorgten hier 30 Mann nur für das Heben des Grubenwassers, und 20 Mann bedienten die Blasebälge für die Frischluft. Dennoch gab es häufig Unfälle durch Wassereinbrüche und Schäden an den Blasebälgen. Außerdem stieg die Zahl der Quecksilbervergiftungen derart an, daß man um die Mitte des Jahrhunderts versuchte, durch häufigen Austausch der Arbeiter vor Ort das Risiko zu senken; man ließ sie zwischendurch ihre Schicht über Tage, an der frischen Luft, tun.

Das seit 1420 in den Herrschaftsbereich Venedigs gehörende Idria-Tal geriet ein Jahrhundert später im Krieg Kaiser Maximilians I. gegen die Seerepublik an der Adria durch militärische Besetzung und den anschließenden Friedensschluß in habsburgischen Besitz. Den Abbau sicherten sich zwei Gesellschaften, an denen neben bürgerlichen Gewerken viele adlige Familien beteiligt waren. Im Jahr 1525 kam es dann zum landesherrlichen Zugriff auf die Quecksilberproduktion durch

König Ferdinand, der den Quecksilberhandel als Monopol deklarierte und der Augsburger Firma Hoechstetter exklusiv alle Nutzungsrechte übertrug. Durch diesen Eingriff des Landesherren verloren die Idrianer Gewerken, die selbstverständlich nach wie vor abgabepflichtig waren, jede weitere Verfügungsgewalt über das von ihnen erzeugte Quecksilber.

In seiner bemerkenswerten Untersuchung zum landesfürstlichen Quecksilberbergwerk Idria hat Helfried Valentinitsch 1981 nachgewiesen, daß unter den verschiedenen Gruppen von Bergwerkseignern nur die Bevollmächtigten der einzelnen Gewerkengruppen größere Gewinne zu erzielen vermochten, weil sie die meisten Bergwerksanteile besaßen und auch wegen ihres Einflusses die Belieferung der Gruben mit Proviant und Material unter ihre Kontrolle brachten. In Krisenzeiten gaben sie kleineren Gewerken, aber ebenso den einzelnen Häuern Darlehen mit Verzinsungen bis zu 9 Prozent. Bei einer Konjunkturabschwächung bekamen die finanziell nicht gut gestellten Gewerken erhebliche Probleme. Die Macht der Gläubiger stieg; denn sie konnten am Fälligkeitstermin bei mangelnder Liquidität ihrer Schuldner einen ansehnlichen Zuwachs an Kuxen verzeichnen.

Die in der Mitte des 16. Jahrhunderts einsetzende allgemeine Krise im Montanwesen war letztlich unvermeidlich. In den vierziger Jahren stiegen die Aufwendungen für Lebensmittel und Material beträchtlich, während sich immer mehr Erzlagerstätten erschöpften. Entweder mußte man den Abbau ganz einstellen oder einen erheblichen technischen Aufwand zur Aufschließung neuer Vorkommen vorsehen, doch dafür fehlte häufig das erforderliche Investitionskapital. Die vor allem im ostalpinen Bereich engagierten oberdeutschen Handelsgesellschaften waren ausschließlich an möglichst schneller Amortisation ihrer investiven Kosten interessiert und betrieben daher sehr nachdrücklich einen Raubbau. Als die Kosten stiegen und die Erträge kleiner wurden, zogen sie sich zurück. Für eine Reorganisation fehlte den Gewerken das Kapital, und andere auswärtige Unternehmer konnten nicht gefunden werden. So verfolgte man ab etwa 1572 den schon einige Jahrzehnte zuvor einmal gefaßten Plan, das Bergwerk von Idria in landesherrlichen Besitz zu überführen. Diese »Verstaatlichung« des Quecksilberbergwerks, die unter König Ferdinand mit der Monopolisierung des Quecksilberhandels einen ersten Ansatz gefunden hatte, brachte 1575 Erzherzog Karl von Innerösterreich (1540–1590) als dem Landesfürsten eines sich immer deutlicher herausbildenden neuzeitlichen Territorialstaates den unmittelbaren Zugriff auf diese Bodenschätze. Langfristig gesehen wurde mit dem Erwerb der Quecksilbergruben durch den Landesherrn selbst eine neue und von den Ständen unabhängige Geldquelle geschaffen. Außerdem sicherte sich der Erzherzog ein Pfandobjekt für die Aufnahme von Darlehen auf dem internationalen Kapitalmarkt. Die Ausbeutung der Vorkommen in eigener Regie scheiterte jedoch am mangelnden Kapital und an der nicht vorhandenen Vertriebsorganisation. Daher geriet der Fürst schon wenige Jahre später in die

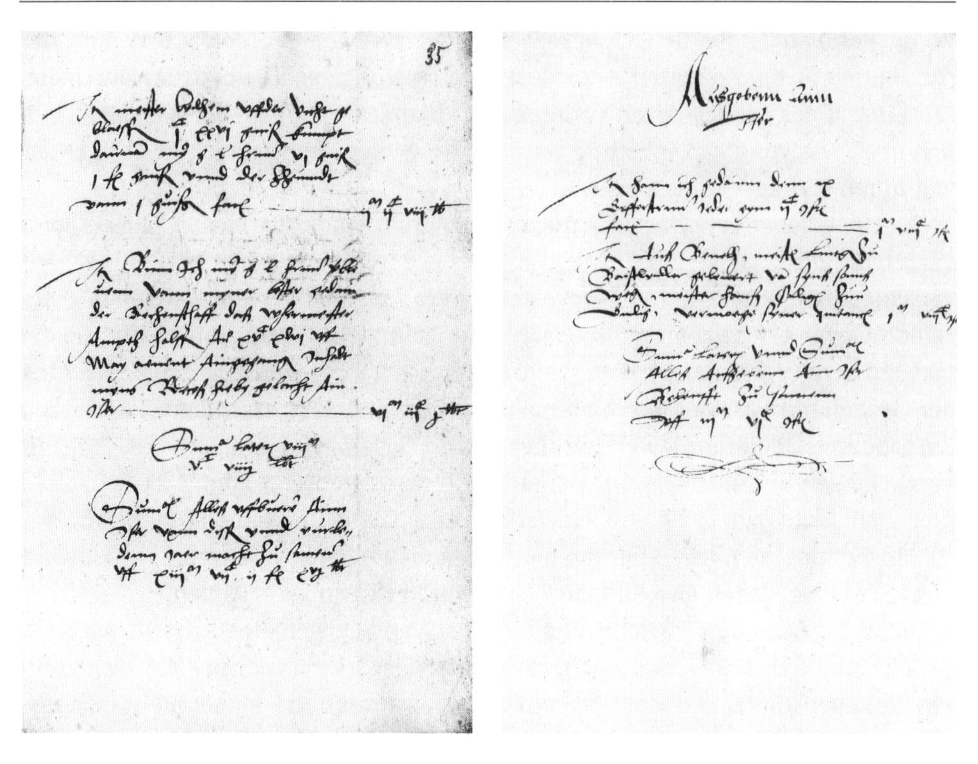

91 a und b. Aufstellung der Einnahmen aus den landesherrlichen Eisenzehnten im Herzogtum Jülich-Berg in den Jahren 1547/48. Düsseldorf, Hauptstaatsarchiv

Abhängigkeit ausländischer Unternehmer, die auf dem internationalen Quecksilbermarkt große Gewinne verbuchen konnten, während seine Einkünfte aus der Führung des Bergwerks nur einen bescheidenen Umfang erreichten. In Europa war die Silberamalgamation trotz einiger Versuche um 1507 im venezianischen Schio und 1588 im böhmischen Kuttenberg ein Stiefkind der Entwicklung geblieben. Man bediente sich im wesentlichen nach wie vor des Seigerverfahrens und damit der Verhüttung mit einem hohen Ressourceneinsatz an Holzkohle. Noch im 16. Jahrhundert soll in Kuttenberg beim Schmelzen einschließlich der um die Mitte des Jahrhunderts entwickelten Roharbeit, des erstmaligen Durchschmelzens von ungeröstetem Erz, rund ein Drittel des Silbers verbrannt worden sein. Dennoch wurden nicht nur im Bereich der Aufbereitung samt der Schlichschmelze Fortschritte erzielt, sondern auch in der Derbschmelze gerösteter Erze.

Großtechnische Anwendungen des Kupferseigerns, dessen Anfänge sich bis ins Hochmittelalter zurückverfolgen lassen, konnten bislang vor dem 15. Jahrhundert noch nicht nachgewiesen werden. Kupfer galt als »strategisches« Metall, das weiterhin für Kirchenglocken, nun aber in stetig wachsendem Umfang auch für Bronzegeschütze benötigt wurde. Venedig konnte vor allem wegen der vielfältigen militärischen Engagements seinen Kupferbedarf aus den Bergwerken des Agordo, die gegen Ende des 15. Jahrhunderts vorübergehend florierten, niemals decken und war daher auf Importe aus dem niederungarischen Raum um Neusohl angewiesen. Unbekannt ist bis heute, ob man in der venezianischen Region aus dem Kupfer noch Silber geseigert hat. Die Seigertechnik ersetzte zunehmend das wiederholte Röst- und Schmelzverfahren, mit dem aus dem Kupfererz Schwarzkupfer erzeugt wurde, das dann auf Herden weiter ausgeschmolzen werden mußte, damit das gewünschte reine Garkupfer vorlag. Da man im Seigerprozeß auch die im Kupfer zusätzlich vorhandenen Silberanteile kostengünstig erschließen konnte, investierten kapitalkräftige Unternehmer gern in eine derartige Verfahrenstechnik. Sie gewannen auf diese Weise Zugang zum Edelmetallhandel, der sich sonst wegen des aus dem Regalrecht der Landesherren abgeleiteten fürstlichen Aufkaufmonopols kaum mit der Aussicht auf Gewinn betreiben ließ. Mittels der Seigertechnik gelang eine Steigerung der europäischen Silbererzeugung innerhalb von nur hundert Jahren um fast das Fünffache, ehe die Vorkommen so erschöpft waren, daß sich eine weitere Ausbeute in Konkurrenz zum Import aus der Neuen Welt nicht mehr lohnte.

Beim Seigerverfahren wurde das noch Silberanteile enthaltende Rohkupfer mit Blei als Zuschlagmittel verschmolzen, wobei sich das Silber an das Blei band. In einem besonderen Darrvorgang trennte man dann das Kupfer vom Blei-Silber-Gemenge. Das schließlich entstandene Darrkupfer stand für den Bronzeguß oder die Messingherstellung zur Verfügung. Zur Scheidung von Blei und Silber griff man auf den bekannten Abtreibprozeß des Bleis zurück, bei dem nach Erhitzen das Blei so lange abgeschöpft wurde, bis mit dem »Blick« fast reines Silber, das sogenannte Blicksilber, übrigblieb. In größerem Umfang wurde das Seigerverfahren laut Aussage eines Hütteninventars von 1453 wohl zunächst in Nürnberg eingesetzt. Dort entstanden zwischen 1450 und 1460 erste Seigeröfen. Agricola hat im elften Buch seines Hauptwerks ausführlich eine Seigerhütte beschrieben, wahrscheinlich die 1471 in Chemnitz erbaute Anlage. Weitere solcher Hütten entstanden in den beiden Jahrzehnten nach 1460 vor allem an den Westhängen des Thüringer Waldes, wo man sich an den Kupfer-Absatzmärkten Nürnberg und Frankfurt am Main orientierte. Absatzgebiete für das Darrkupfer waren außerdem die Niederlande und das Maas-Gebiet. Im Osten reichten die Neugründungen von Seigerhütten bis Mogila bei Krakau und im Süden bis ins Gebiet von Rattenberg im heutigen Tirol, wo auf Veranlassung des Bayernherzogs Ludwig des Reichen (1417–1479) seit 1467 das Seigerverfahren erprobt wurde. In Tirol entwickelte man ein Verfahren, das als »Tiroler Abdarrprozeß« bis zum Aufkommen der Elektrolyse im 19. Jahrhundert im Einsatz geblieben ist. Mit diesem Verfahren war eine Erweiterung des Schmelzprozesses verbunden, der auf die besonderen Erzvorkommen der Region sowie auf das Blei von Primör sowie von Bleiberg bei Villach eingestellt war.

Zwangsläufig bestand wohl eine Abhängigkeit des Seigerhandels von der Gesamtkonjunktur und ihren Schwankungen, die sich in den dreißiger Jahren des 16. Jahrhunderts zu einem allgemeinen Schrumpfungsprozeß verdichteten. Zu jenem Zeitpunkt war jedoch bereits in Europa ein Handelssystem entstanden, das sowohl den Bezug von Rohkupfer und Blei als auch den Absatz von Silber und dem begehrten Darrkupfer zu garantieren vermochte. Selbst lange Transportwege wie die bis in die Niederlande wurden wegen der grundsätzlichen Bedeutung der beiden Edelmetalle für den Aufbau des neuzeitlichen Territorialstaates in Kauf genommen: das Silber für die Münzprägung und das Kupfer zur Steigerung oder Konsolidierung militärischer Macht durch die Waffenproduktion, hier vor allem in Form des Bronzegusses von Geschützen. Das bekannte Augsburger Handelshaus der Fugger setzte Kärntner Blei in der Seigerhütte von Gailitz, dem neuerrichteten und später als »Fuggerau« bezeichneten Hüttenbetrieb in Kärnten, ein, für den es ebenso wie für die Hütte im thüringischen Hohenkirchen silberhaltiges Kupfererz aus dem niederungarischen Neusohl importierte. Für den thüringischen Standort hatten die günstigen Verkehrsverbindungen zum Frankfurter Markt die ausschlaggebende Rolle gespielt, für Fuggerau war dies die vorhandene Strecke durch das Kanaltal nach Venedig. In das Fuggersche Unternehmenskonzept flossen noch weitere Überlegungen ein; denn mit dem Kärntner Blei ließ sich auch die große eigene Schmelzhütte betreiben, die das Augsburger Handelshaus ab 1489 im Gebiet des Gastein-Rauriser Goldbergbaus errichtet hatte, um von dort ebenfalls den venezianischen Markt mit Edelmetallen beliefern zu können. Immerhin benötigten die Fugger um 1500 bei diesem Hüttenbetrieb in den Tauern allein für den Treibprozeß im Jahresdurchschnitt ungefähr 400 Zentner Blei. Ihre Edelmetallproduktion im Erzstift Salzburg mußten sie allerdings um 1509 einstellen, weil der dortige Erzbischof als Landesherr die einheimische Konkurrenz stärkte. »Der Abschied der Fugger vom Goldbergbau der Tauern wird letztlich als Niederlage zu verstehen sein, die der entstehende frühmoderne Staat monopolistischen Bestrebungen bereitet hatte« (K.-H. Ludwig / F. Gruber).

Es gab im 16. Jahrhundert auch einen technologischen Transfer des Seigerverfahrens bis nach Skandinavien. Unter Christian III. (1503–1559) wurden 1539 Fachleute aus Schneeberg und eine Reihe von Bergleuten aus anderen Teilen Sachsens sowie aus Goslar, unter ihnen 20 Seigerschmelzer, nach Norwegen angeworben. Ab 1542 setzte man in Guldnes das innovative Verfahren ein. Spezialisten aus dem Tiroler und Salzburger Raum führten, vermittelt durch Augsburger Unternehmer, zu Beginn der sechziger Jahre das Seigerverfahren in England ein. Es gab jedoch noch weitere schmelztechnische Innovationen mit Konsequenzen für den Verlauf der Konjunktur im Sektor Edelmetall. Davon wurde zunächst nur wenig bekannt; denn die meisten Unternehmen hielten diese Prozesse geheim. Einige Landesfürsten haben aber »technologische Reisen« und damit die Verbreitung der Neuerungen erheblich gefördert. Mittels des Buchdrucks wurde der Informationsaustausch

92. Eisenhüttenwerk. Gemälde von Lucas Valckenborch, 1595. Madrid, Museo del Prado

über viele technische Verfahren wie das Seigern stark beschleunigt. Noch 1556 hat allerdings der Verfasser des berühmt gewordenen, aber ungedruckt gebliebenen »Schwazer Bergbuches« über die Geheimniskrämerei der Schmelzspezialisten geklagt. Während 1540 mit Biringuccios »De la pirotechnia« die erste fundamentale Schrift über Metallurgie und Schmelztechnik in Venedig im Druck erschien, konnte die inhaltlich wichtigste und umfassendste Darstellung des gesamten Montanwesens der frühen Neuzeit und seiner Technik, Agricolas »De re metallica libri XII«, erst nach dem Tod seines Verfassers veröffentlicht werden, weil der Kurfürst von Sachsen die Publikation untersagt hatte und Agricola als Chemnitzer Bürgermeister gegen seinen eigenen Landesherrn nicht aufbegehren konnte und wollte. Nach der 1556 in Basel veröffentlichten lateinischen Ausgabe erschien jedoch schon ein Jahr später eine deutschsprachige Version, die den technischen Stand des Montanwesens in der Mitte des 16. Jahrhunderts in unvergleichlicher Weise dokumentierte.

Für das Ausbringen der Metalle wurden jedoch nicht nur besondere Schmelzverfahren, sondern auch spezielle Formen von Öfen benötigt. So unterschied sich ein

Seigerofen deutlich von einem Treibofen und der wiederum von einem Darrofen. In der Eisenproduktion hat man zur gleichen Zeit immer mehr auf noch höhere Öfen, bald auf wirkliche »Hochöfen« gesetzt, wie Nachrichten aus dem Jahr 1541 aus dem salzburgischen Oberkärnten belegen. Wesentlich länger hielt man dagegen in der Oberpfalz an den alten Methoden der Eisenerzeugung und damit am Rennfeuerbetrieb fest. Den Oberpfälzer Hammermeistern blieb der Hochofen lange Zeit versagt. Allein im abseits von Sulzbach und Amberg gelegenen Rosenhammer konnte um 1560 ein Hochofen angefahren werden, am Fichtelberg im Hüttenwerk Gottesgab sogar erst nach der Wende zum 17. Jahrhundert.

Wirtschaftliche Aspekte

Bis zur Mitte des 16. Jahrhunderts dominierte die vor allem auf der Gewinnung von Silber und Kupfer beruhende Konjunktur im Berg- und Hüttenwesen. Jakob Fugger, der Reiche, hat 1525 den Gesamtwert der im deutschen Raum geförderten Metalle wie Gold, Silber, Zinn, Eisen, Kupfer, Quecksilber und Blei auf insgesamt 2,5 Millionen Gulden geschätzt. Spitzenwerte erreichte die Silberproduktion zwischen 1545 und 1560 mit fast 50 Tonnen pro Jahr als Ausbeute der Gruben in Deutschland, Österreich, Ungarn und Böhmen. Bezieht man in die Betrachtung den größeren europäischen Rahmen ein, dann müssen die jährlichen 13 Tonnen Silber aus Italien, Frankreich, England, Schweden und Norwegen hinzugezählt werden. Im letzten Viertel des 16. Jahrhunderts gingen aufgrund der zunehmenden Erschöpfung der Lagerstätten diese Produktionszahlen spürbar zurück. Dennoch nahm so mancher Landesfürst die kaum noch ertragreichen Bergwerke in eigene Regie.

Ein gutes Beispiel für sehr erfolgreiche landesherrliche Engagements bieten die Silbergruben in den Vogesen unter österreichischer beziehungsweise lothringischer Verwaltung. Das bedeutendste Zentrum der Silbergewinnung lag hier im Val de Lièpvre zwischen Saint-Dié und Sélestat im heutigen Frankreich. Es handelte sich in diesem Gebiet um verschiedenartige Herrschaftsverhältnisse: Die Bergwerke im Süden gehörten zur vom Haus Habsburg unterworfenen Lehnsherrschaft von Ribeaupierre, während die Gruben im Norden der Region durch die Herzöge von Lothringen betrieben wurden. In jüngster Zeit sind die nördlichen Bergwerke Gegenstand intensiver archäologischer und historischer Untersuchungen gewesen. Drei Ausgrabungskampagnen und umfangreiche Auswertungen der noch erhaltenen Archive ermöglichten es, die Geschichte dieser Minen einschließlich der dort eingesetzten Produktionstechniken nachzuzeichnen. Neben den Befunden der Grabungen waren in diesem Zusammenhang die Auswertungen der von den Bergvorstehern zwischen 1512 und 1629 akribisch geführten Bücher von Bedeutung: Es gab im nördlichen Bereich des Val de Lièpvre insgesamt 12 unter der Regie des

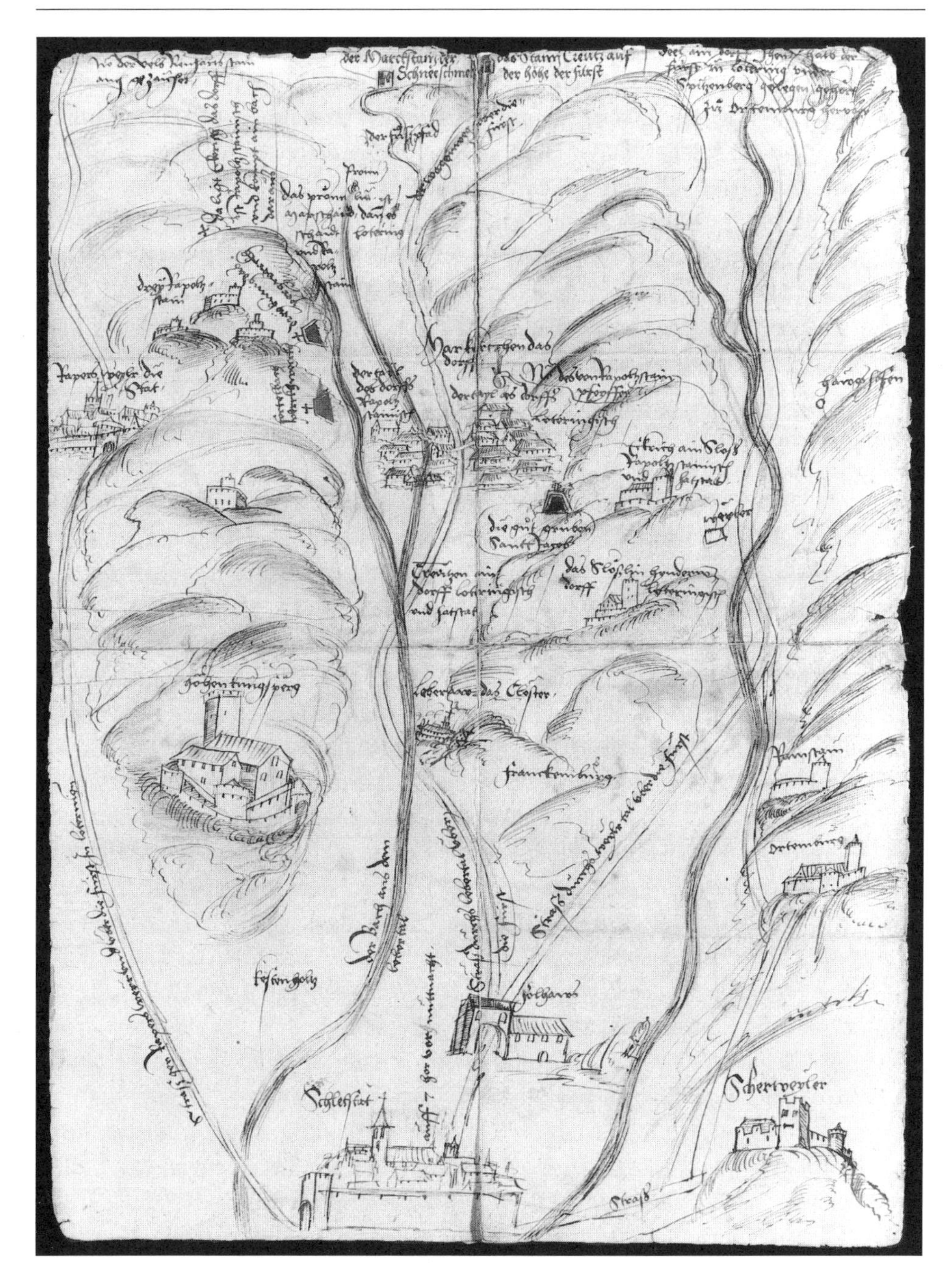

93. Das reiche Silbergruben-Gebiet im elsässischen Val de Lièpvre. Handgezeichnete Karte, um 1520. Innsbruck, Tiroler Landesarchiv

Herzogs von Lothringen befindliche Hauptreviere mit 276 Förderschächten. Aber nur 24 von ihnen und damit noch nicht einmal 10 Prozent dieser Anlagen warfen Erträge an Silber, Kupfer und manchmal auch an Blei ab. Es dauerte achtunddreißig Jahre, bis man die reichen Silberadern von Saint-Pierremont entdeckte. Immerhin konnten zwischen 1551 und 1571 pro Jahr nun etwa 1,3 Tonnen feines Silber gewonnen werden, die der herzoglichen Kasse sehr zugute kamen. Ein kurzer Anstieg der Produktion zwischen 1591 und 1593 konnte jedoch auch hier den unausweichlichen Niedergang nur kurzzeitig aufhalten.

Das mittlerweile ausgegrabene Bergwerk von Saint-Pierremont verfügte über eine obige Gewinnungsanlage und einen unteren Abzugsstollen und war 1.225 Meter lang. Nachvollziehbar sind die Methoden zum Vortreiben der Stollen einschließlich der dazu verwendeten Geräte. Erhalten haben sich Vermessungspunkte, Belege für die Bewetterung und den Transport des gebrochenen Erzes sowie generell für die Technik des Schacht- und Stollenausbaus unter Verwendung von Holzstempeln und Holzträgern. Die hier angewandten Techniken gehörten zu einem funktionellen Verbundsystem, dessen einzelne Elemente wie Ausbau, Förderung, Transport, Bewetterung und Wasserhaltung optimale Erträge garantierten, solange die Vorkommen noch nicht erschöpft waren. Die wissenschaftlich erschlossenen lothringischen Silbergruben machen exemplarisch deutlich, wie rationell auf der Basis der verbesserten Technik und ihrer Organisation der Renaissance-Bergbau vor allem unter Tage seine Erfolge zu erzielen vermocht hat.

Die Erschöpfung der meisten europäischen Silberminen während der zweiten Hälfte des 16. Jahrhunderts ließ sich ökonomisch durch die Edelmetallimporte aus der Neuen Welt kompensieren, die im Vergleich zur ersten Hälfte des Jahrhunderts um das Sechsfache anstiegen. Das war nur möglich, weil vor allen anderen die Spanier in Mexiko und Peru die Produktionstechniken aus Europa einsetzten und Sklaven wie für geringen Lohn angeworbene indianische Bergarbeiter rücksichtslos zur Arbeit zwangen. Weder Verluste durch Piraterie noch durch den Untergang von Schiffen bei der Reise über den Atlantik vermochten den unablässigen Strom kostbarer Edelmetalle nach Europa und die dadurch bewirkten Konsequenzen für das wirtschaftliche Gefüge zu beeinflussen. Doch in der Alten Welt bemühte man sich ebenfalls verstärkt um den Export wegen des Produktionswachstums bei Eisen und Buntmetall. Das galt besonders für das Kupfer, das in Legierungen wie Bronze und Messing über Lissabon bis nach Westafrika vertrieben wurde.

Eng verbunden mit Bergbau und Verhüttung waren chemotechnische Verfahren zur Erzeugung von Alaun, Schwefel, Arsenik, Vitriol und Kobaltglas. Eine führende Rolle in diesem Zweig besaßen mit Ausnahme der Herstellung von blauem Kobaltglas die Italiener. Die meisten Verfahren waren seit der Antike bekannt, und auch jeder mittelalterliche Alchimist beherrschte sie. Deutlich und detailliert beschrieb sie erstmals Biringuccio in seiner »Pirotechnia«, in der er sich mit allen Techniken befaßte, die mit Feuer zu tun hatten. Hierzu zählte seiner Auffassung nach neben bestimmten Formen der Kriegstechnik hauptsächlich die chemische Technologie und die Metallurgie. In seiner sachlichen Darstellung findet sich keinerlei alchimistische Spekulation. Auch in Agricolas Hauptwerk »De re metallica« von 1556 gibt es vergleichbare Beschreibungen, die sich durch ihre Realitätsnähe und Exaktheit in positiver Weise von vielen oft nur der Phantasie ihrer Verfasser entstammenden zeitgenössischen Elaboraten abheben.

Arsenik versuchte man gegen Ende des 14. Jahrhunderts zunächst im Grenzgebiet zwischen Böhmen und dem östlichen Sachsen und danach in Salzburg gewerblich zu nutzen. Von dem im Endprodukt als kristallines Pulver vorliegenden Arsenik wurden beispielsweise ab 1520 vom salzburgischen Lungau aus jährlich 1,5 Tonnen nach Venedig verkauft. Dort diente es in den Glashütten als weiterer Rohstoff neben Soda, Pottasche, Ätzkalk sowie Quarzsand zur Verbesserung der Qualität des Glases. Außerdem kam es in der Lederherstellung und bei der Produktion kosmetischer Puder und Salben sowie als Gift zur Ausrottung von Ungeziefer zum Einsatz. Die Auslaug- beziehungsweise Röstverfahren zur Gewinnung von Arsenik aus Arsenkies und Schwefel aus Schwefelkies hatten eine unerwünschte Folge: das Auftreten stinkender und sehr giftiger Gase, die als »Hüttrauch« bei jeder Aufbereitung von Erzen mit Anteilen von Arsen und Schwefel freigesetzt wurden. Seit der Mitte des 15. Jahrhunderts kam es zu ersten lautstarken Beschwerden seitens der Bevölkerung in der Nachbarschaft der Hüttenwerke, die damit diese frühen Umweltprobleme anprangerte. Erfolge erzielten die Betroffenen vor allem im Ostalpenraum. So stellten die bayerische Rattenberger Bergordnung von 1463 und die ihr folgende Salzburger Bergordnung von 1477 das heute bekannte Verursacherprinzip zur Regulierung von Umweltschäden deutlich heraus: »Wer einen Aufschlag in Wiesen, Äckern und Feldern tut, derselbe soll den Schaden, den dadurch der Grund erleidet, dem, dem der Grund gehört, nach Rat des Bergrichters und der Geschworenen wiederkehren (vergelten), wenn man sich nicht gütlich zu einigen vermag.« Von derartigen Festlegungen bis zu ihrer Umsetzung in die Praxis war es offenbar auch im 16. Jahrhundert trotz aller Bemühungen zur Vermeidung von Umweltschäden noch ein weiter Weg. In den vierziger Jahren suchte als landesherrlicher Unternehmer Herzog Ernst von Bayern (1500–1560), Administrator des Bistums Salzburg, nach Methoden, mit denen die giftigen Stoffe »dem gemeinen Mann auf seinen Gründen nicht würden Schaden bringen, als bisher geschehen«. Inwieweit er damit Erfolg gehabt hat, läßt sich nicht mehr feststellen. Viele weitere Quellen belegen jedoch, daß etwa die Arsenikgewinnung auf den Winter, nämlich »im schnee und eys« beschränkt wurde. Im Erzstift Salzburg führten wiederholte Beschwerden der Bevölkerung im Jahre 1563 sogar einmal zu geldlichen Entschädigungen.

Auch die Erzeugung von Vitriol verlangte bestimmte Verwitterungs-, Dünst- und Röstprozesse der Erze. Dieser Stoff ließ sich als Eisen-, Zink- und vor allem Kupfervi-

94. »Vier Dinge verderben ein Bergwerk: Krieg, Sterben, Teuerung, Unlust.« Aquarell im »Schwazer Bergbuch« von Jörg Kolber und Ludwig Lässl, 1556. Innsbruck, Tiroler Landesmuseum Ferdinandeum

triol nach einem komplizierten Auslaugprozeß aus metallhaltigen Kiesen gewinnen. Entsprechend dieser Herkunft unterschied man grünes, weißes und blaues Vitriol, das hauptsächlich von Gerbern, Färbern und für die Herstellung von Medikamenten gebraucht wurde. In noch nicht verfeinerter Form setzte man Vitriol als sogenannte Schusterschwärze zum Einfärben von Leder, für die Farbenherstellung und zur Bekämpfung von Schädlingen ein. Während die Herstellung von Vitriol am Rammelsberg bei Goslar und in der Toskana schon während des 14. Jahrhunderts erfolgte, bildeten sich während der folgenden zweihundert Jahre Produktionsstätten im Unterharz, in Salzburg, Böhmen, Ungarn und England heraus. Zur Vitriolerzeugung wurde viel Holz als Brennstoff für die insgesamt vier verschiedenen Arbeitsgänge benötigt. Da ging es zunächst um die Entschwefelung der Erze, dann die Erhitzung des Wassers, das auf die Schwefelbrände in den Auslaugkrügen gegossen wurde, den Betrieb des Sudofens zur Verflüchtigung der wäßrigen Bestandteile der Lösung und schließlich um das sogenannte Kalzinierverfahren zur Verfeinerung der kristallinen Masse, die in Fässer abgefüllt wurde. Im Jahr 1549 ließ König Ferdinand in Böhmen sowie in Mähren, Schlesien und in der Lausitz jede Einfuhr und jeden Verkauf ausländischen Vitriols und Alauns, das zumeist aus den Alaunminen des Kirchenstaates in Tolfa stammte, verbieten. Er wollte damit das eigene Bergwerk von Schachowitz vor fremdländischer Konkurrenz schützen.

Auch das Kobalt betrachtete der Bergmann, nicht anders als Arsen und Schwefel, zunächst lediglich als Abfallprodukt. Schon die Bezeichnung nach Kobolden, nämlich Berggeistern, charakterisierte in seiner Auffassung Erze, die entweder kaum Metalle enthielten oder aus denen diese sich nur sehr schwer lösen ließen. Um 1520 soll der aus Franken stammende Peter Weidenbauer im sächsisch-erzgebirgischen Schneeberg als erster erkannt haben, daß mit Kobaltoxid eine Blaufärbung möglich war. In einem umständlichen Verfahren wurde aus Sand, Pottasche und Kobalt im Schmelzofen eine glasartige Masse erzeugt, die nach Abkühlung und Pochen, Mahlen, Auswaschen und Trocknen schließlich den begehrten Farbstoff Kobaltblau zum Ergebnis hatte. Erst mit der Möglichkeit der Produktion von Schwefelsäure im 18. und den chemischen Erkenntnissen über die Kohlenstoffverbindungen im 19. Jahrhundert ließen sich die sehr umständlichen Produktionsverfahren für Arsenik, Schwefel, Vitriol und Kobalt ersetzen. Mit einem abschließenden Blick auf die Umweltbelastungen im Zuge der Herstellung dieser Substanzen während des 15. und 16. Jahrhunderts läßt sich feststellen, daß die Standorte von Bergwerken und Hüttenbetrieben in der Regel außerhalb dicht besiedelter Gebiete gelegen haben und daher, insgesamt betrachtet, der Widerstand gegen derartige Produktionsstätten quantitativ gering geblieben ist.

Der Stand der Technik im Montanwesen, wie ihn Biringuccio und besonders Agricola in ihren Werken um die Mitte des 16. Jahrhunderts zusammengefaßt haben, blieb im großen und ganzen für weitere zweihundert Jahre bestehen. Zwar gelang es im venezianischen Schio schon 1573/74, die aus dem Bereich des Kriegswesens bekannte Sprengwirkung des Schwarzpulvers erstmals erfolgreich auch unter Tage einzusetzen, doch erfolgte die Verbreitung der bergmännischen Schießarbeit nur sehr langsam. Als nächste gesicherte Daten können Einsätze in den Jahren 1627 im niederungarischen Schemnitz und ein Jahr später in St. Lambrecht in der Steiermark gelten. Einer schnelleren Ausweitung der epochalen Entwicklung des Sprengens als Förderungsmethode standen die noch unausgereiften Techniken für entsprechende hinreichend tief gebohrte Löcher und für sichere Zündverfahren entgegen. Ein besonderes Problem stellte zudem die Dosierung der Ladung dar, für die man nicht auf militärische Erfahrungen zurückgreifen konnte. Das Zünden einer Mine sollte in der Regel möglichst große Schäden an feindlichen Befestigungsanlagen verursachen oder Gegenminen verschütten. Das Sprengen beim Straßenbau erfolgte hingegen unter freiem Himmel und ließ sich daher in bezug auf seine Auswirkungen recht gut kontrollieren. Unter Tage gestaltete sich das erheblich schwieriger, wußten die Bergleute doch in der Regel nicht, ob infolge der Explosion nicht eine Wasserader freigesetzt oder der Stollen durch zu große Mengen herabstürzenden Gesteins verschüttet werden würde. Kontrollierte Sprengungen zwecks Förderung der Erze ohne Gefährdung der Häuer und des bereits erfolgten Streckenausbaus und somit unter Gewährleistung des Abtransports sowohl von Erzen als auch von taubem Gestein bedurften noch sehr langer einschlägiger Erfahrungen.

Das Salz der Erde

In Deutschland sprachlich schon ein wenig aus der Mode, hat sich der Begriff »Salär« als aus dem französischen »Salaire« abgeleitete und bis heute in Österreich und vor allem in der Schweiz noch gängige Bezeichnung für das Gehalt oder den Lohn erhalten. Ursprung dieses Wortes ist das lateinische »Salarium«, das in der römischen Antike die den Legionären als Sold zustehende Salzration gekennzeichnet hat und das reisenden Beamten als Vergütung ausgezahlt worden ist. Es spricht für die Wertschätzung des Salzes bereits im Altertum, daß man es als selbstverständliches Substitut für das noch nicht generell verbreitete Münzgeld akzeptiert hat. Dem römischen Schriftsteller Plinius dem Älteren (23–79 n. Chr.) verdankt man den Nachweis, daß die Römer drei sehr unterschiedliche Formen der Salzgewinnung gekannt haben. Es handelte sich dabei vor allem um die aufgrund der besonderen klimatischen Verhältnisse im mediterranen Raum verbreitete Salzproduktion aus Meerwasser durch natürliche Verdunstung in eigens angelegten flachen Salzgärten, sodann um die weitaus geringere bergmännische Ausbeute von eher zufällig entdeckten Steinsalzvorkommen sowie um die Kopie des klimatischen Verdunstungsvorganges beim Meersalz durch Erhitzung und Verdampfung des Wasseranteils natürlicher Solequellen. Bis in die frühe Neuzeit hinein konzentrierten sich alle Verfahren zur Salzgewinnung auf diese drei Möglichkeiten, wobei für Mitteleuropa der Abbau von Steinsalz umfangmäßig keine sehr große Rolle spielte und im Vergleich zum geographischen Raum südlich von Alpen und Pyrenäen die vorwiegend an der französischen Atlantikküste betriebene Meersalzproduktion nur sehr bescheidene Ausmaße erreichte.

Auf die Bedeutung von Salz, zumal in der Form des Kochsalzes (Natriumchlorid), für den Organismus von Mensch und Tier, braucht nicht näher eingegangen zu werden. Wie in Antike und Mittelalter diente es auch in der Neuzeit neben dem Würzen von Speisen vor allem der Konservierung von Lebensmitteln. In diesem Zusammenhang sei nur auf die Haltbarmachung von Fleisch und Fisch durch Pökeln beziehungsweise Einlegen verwiesen. Das galt ebenso für die Konservierung von Butter und Käse. Neuere Berechnungen auf der Basis einschlägiger Quellen (P. Piasecki) haben ergeben, daß gegen Ende des 15. Jahrhunderts zur Konservierung von Fisch stets ein Fünftel der Einwaage an Salz benötigt worden ist, während die vergleichbaren Werte in bezug auf Fleisch und Butter ein Zehntel, bei Käse sogar nur ein Zwanzigstel betragen haben. Aus dem 16. Jahrhundert liegen ziemlich exakte

Zahlen vor: So hat 1577 der sächsische Kurfürst eine auf die Kopfzahl seiner Untertanen bezogene Statistik über den Salzverbrauch in seinem Lande anfertigen lassen. Das Ergebnis machte deutlich, daß jeder Haushalt mit 4 bis 5 Personen etwa 85 Pfund Salz im Jahr verbrauchte. Zieht man hiervon die entsprechende Teilmenge für längerfristige Konservierung von Lebensmitteln ab, so dürfte der Pro-Kopf-Verbrauch unterhalb von 10 Kilogramm pro Person anzusetzen sein. Damit läge dieser Wert nicht wesentlich höher als der Bedarf eines heutigen gesunden Menschen, für den nach aktuellem Stand der medizinischen Forschung täglich maximal 20 Gramm Salz und damit etwa 8 Kilogramm pro Jahr ausreichen.

Techniken der Salzgewinnung

Ob Salzburg, Salzgitter, Salzkotten, Salzwedel oder Salzkammergut, die Bäder Salzhausen, Salzdetfurth, Salzuflen, Salzig, Salzschlirf oder Salzungen – derartige Namen von Orten oder Regionen weisen noch heute auf die hauptsächlichen Gründe für ihre Besiedlung hin. Das gilt gleichfalls für die auf das mittelhochdeutsche »Hal« zurückgehende Bezeichnung für eine Salzlagerstätte oder eine Salzquelle, zum Beispiel für Halle an der Saale, Hallstadt, Hall in Tirol, Hallein, Schwäbisch-Hall oder Reichenhall. Auch der Hellweg ist ursprünglich ein »Halweg«, das heißt eine Salzhandelsstraße, gewesen.

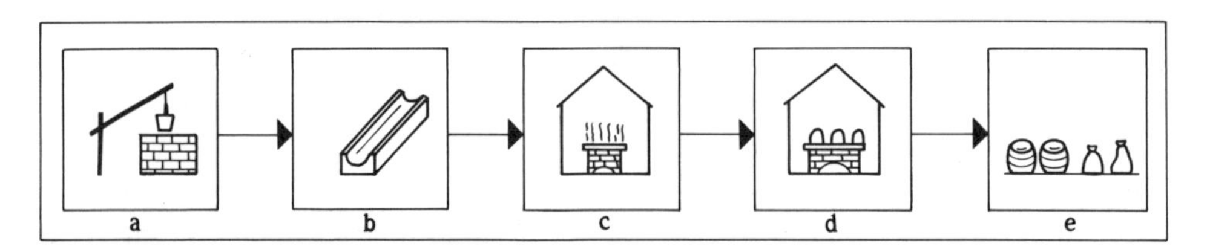

Schema des Produktionsprozesses der Salzgewinnung vor Einführung der Gradierung und dem Einsatz von Vorwärmpfannen: a = Brunnen; b = Soletransport; c = Siedehaus; d = Trocknung; e = Verpackung

Bei der Salzgewinnung in Mitteleuropa sind zwei grundsätzlich unterschiedliche Methoden zu unterscheiden: das Auslaugen salzhaltigen Wassers aus einer natürlichen Solequelle auf der einen und das mit bergmännischen Mitteln unter Tage bewirkte Herauslösen des zwischen den Gesteinsschichten eingelagerten Salzes auf der anderen Seite. Kennzeichnend für die Salzgewinnung in Mittelalter und früher Neuzeit war die enge räumliche Verbindung von Salzvorkommen und Produktionsanlage zur Gewinnung dieses wichtigen Minerals in einer zu diesem Zweck errichteten Saline. Der eigentliche Salzgewinnungsprozeß erfolgte unabhängig von der Größe und der Arbeitsorganisation in der Saline in fünf Produktionsschritten (P. Piasecki), bevor in der zweiten Hälfte des 16. Jahrhunderts mit der Einführung der Gradierung erstmalig eine entscheidende Innovation umgesetzt werden konnte.

Im ersten Schritt wurde die Sole mit Hilfe von Schöpfwerken zutage gefördert und in einem zweiten Schritt über Rinnen oder Rohrleitungen zu den Pfannen der Siedehäuser transportiert. Dort gewann man im Siedeprozeß durch Erhitzung der Pfannen das Salz, das anschließend in eigenen Dörrhäusern getrocknet und in einem letzten Schritt für den Transport verpackt wurde. Die Sole stammte entweder aus einer salzhaltigen Quelle, oder sie wurde im Laugwerkverfahren gewonnen. Dazu legte man am Boden abgeteufter Schächte sogenannte Sinkwerkskammern von circa 20 bis 25 Metern Tiefe an und füllte sie mit Wasser auf (R. Palme). Dieses Wasser löste vor Ort das in einem Gemenge von Ton, Gips und Mergel gebundene Steinsalz heraus und erbrachte im Idealfall bei einer Temperatur von 20 Grad Celsius eine Sole von 26,5 Prozent Salzgehalt im Wasser. Einschränkend muß allerdings darauf hingewiesen werden, daß es in Mitteleuropa überhaupt nur drei Salinen mit einem Sättigungsgrad oberhalb von 20 Prozent gegeben hat: Halle an der Saale mit ungefähr 20, Reichenhall mit 23 und Lüneburg mit 24,7 Prozent.

Die technischen Probleme bei der Soleförderung sind in den deutschen und österreichischen Salinen auf sehr unterschiedliche Weise bewältigt worden. Insgesamt lassen sich vier Methoden nachweisen: Schöpfgalgen nach dem Prinzip des zweiarmigen Hebels mit einem Gewicht am kurzen und mit Seil samt Eimer am langen Hebelarm, nicht anders als bei den Ziehbrunnen in der ungarischen Pußta; Haspelwerke mit Schwungrädern, wie sie bei Georgius Agricola abgebildet sind; Bulgen- und schließlich Heinzenkünste, die beide als im Bergbau übliche Verfahren seit dem 15. Jahrhundert auch im Bereich der Salinen Verwendung gefunden haben. Während beispielsweise in Schwäbisch-Hall sowie in Lüneburg, der wohl bedeutendsten Saline während des späten Mittelalters und der frühen Neuzeit, das Soleschöpfen nach der traditionellen Ziehbrunnen-Methode und somit personalintensiv betrieben wurde, bevorzugten die Halloren in Halle an der Saale bei den dortigen vier Solebrunnen den Einsatz von Haspeln und Eimern. Mit der Zeit hat sich hier ein ausdifferenziertes arbeitsteiliges System der Produktion wie der Verwaltung der Saline entwickelt, für das zum Vergleich allenfalls die entsprechenden Verhältnisse in Reichenhall, Lüneburg und in den meisten österreichischen Salzwerken herangezogen werden können. In Halle wurden die Haspeln an drei Brunnen über ein Tretrad, am vierten jedoch mit Hilfe eines kleinen, auf der Haspelwelle sitzenden Handzahnrades betätigt, das dann die Bewegung auf ein erheblich größeres, als Seilscheibe dienendes Rad übertrug. An jenem Brunnen gab es sogar zwei voneinander getrennte Haspelanlagen, an denen jeweils vier Haspler die Soleeimer emporwanden. Dann war es Aufgabe der »Störtzer«, die Eimer mit der Sole in einen

»Kahn« genannten Behälter auszuleeren, von dem aus ein eigens darauf spezialisierter »Zäpfer« die als »Zoben« bezeichneten Bottiche füllte. Dabei handelte es sich um Holzbehälter, die im gefüllten Zustand etwa 2,5 Zentner wogen. Die Bezeichnungen für die Arbeitskräfte bei den einzelnen Stufen des Förderprozesses beschrieben diesen eigentlich sehr genau: So stürzten die Störtzer in der Tat die gefüllten Eimer beim Ausgießen in den Kahn um, während die Zäpfer die Sole durch Herausziehen eines Zapfens am Boden des Kahns in die darunter gestellten Zober fließen ließen. Jeweils zwei Soleträger transportierten mittels einer auf den Schultern aufliegenden Stange die Zober zum Siedeprozeß in den Pfannhäusern.

In Halle war der gesamte Ablauf sehr stark reglementiert. Das reichte von der Festlegung, welchen Fuß die Männer an der Haspel bei der Drehbewegung nach vorn zu setzen hatten, bis zur exakten Anweisung für den Weg der Soleträger. Prinzipiell galt eine strikte Trennung der einzelnen Tätigkeiten. So durfte ein Soleträger nicht die Haspel bedienen und ein Haspler nicht die Sole zapfen. Allerdings gab es in den Tätigkeitsbereichen eine Art von Rotationssystem, dank dessen die körperlich oft sehr anstrengenden Arbeiten durch Erholungsphasen ausgeglichen werden konnten. Wo wie in Halle Tag und Nacht Sole geschöpft wurde, zählten 16 Soleträger, 8 Haspler, 2 Störtzer und 2 Zäpfer zu einer Schicht, die für die Produktion am Tag sogar noch verdoppelt wurde. Vereinzelt hat es immer wieder Bestrebungen zur Erleichterung dieser Knochenarbeit gegeben, allerdings häufig mit nur geringem Erfolg.

Eine Ausnahme bildete Reichenhall, wo man bis 1437 die Förderung noch über Schöpfgalgen betrieben hatte. Im folgenden Jahr kam es dort zu einer technischen Neuerung durch einen aus dem elsässischen Zabern stammenden und in Salzburg sowie am Hofe Kaiser Friedrichs III. (1415–1493) in Wien tätigen Geschützgießers namens Erhart Hann. Er baute eine Bulgenkunst aus insgesamt 64 Ledereimern. Von einem Wasserrad angetrieben, ließ sich mit ihnen das salzhaltige Wasser in einen großen Trog schöpfen, während ein weiteres, auf der gleichen Welle angebrachtes Schöpfwerk der Entfernung des störenden, weil süßen Grundwassers diente. Aus dem Trog wurde die Sole über hölzerne Rinnen in die Bottiche der Pfannhäuser geleitet. Damit waren die meisten Haspler, die Störtzer ohnehin und auch die Soleträger überflüssig geworden. Die aus der technisch bedingten Arbeitslosigkeit für die Tag- und Nachtschöpfer entstandenen sozialen Spannungen mußten vom niederbayerischen Herzog Heinrich in einem Schiedsspruch am 8. Oktober 1440 aufgefangen werden. Darin empfahl er, die strenge Trennung der arbeitsteiligen Tätigkeiten aufzuheben und außerdem den vormaligen Schöpfknechten andere Einsatzmöglichkeiten zu eröffnen.

Mechanische Schöpfanlagen für die Sole haben sich für die zweite Hälfte des 15. Jahrhunderts auch anderenorts nachweisen lassen. So ist auf einer um das Jahr 1500 in Brügge entstandenen Tapisserie eine Fürbitten-Prozession zu St. Anatol

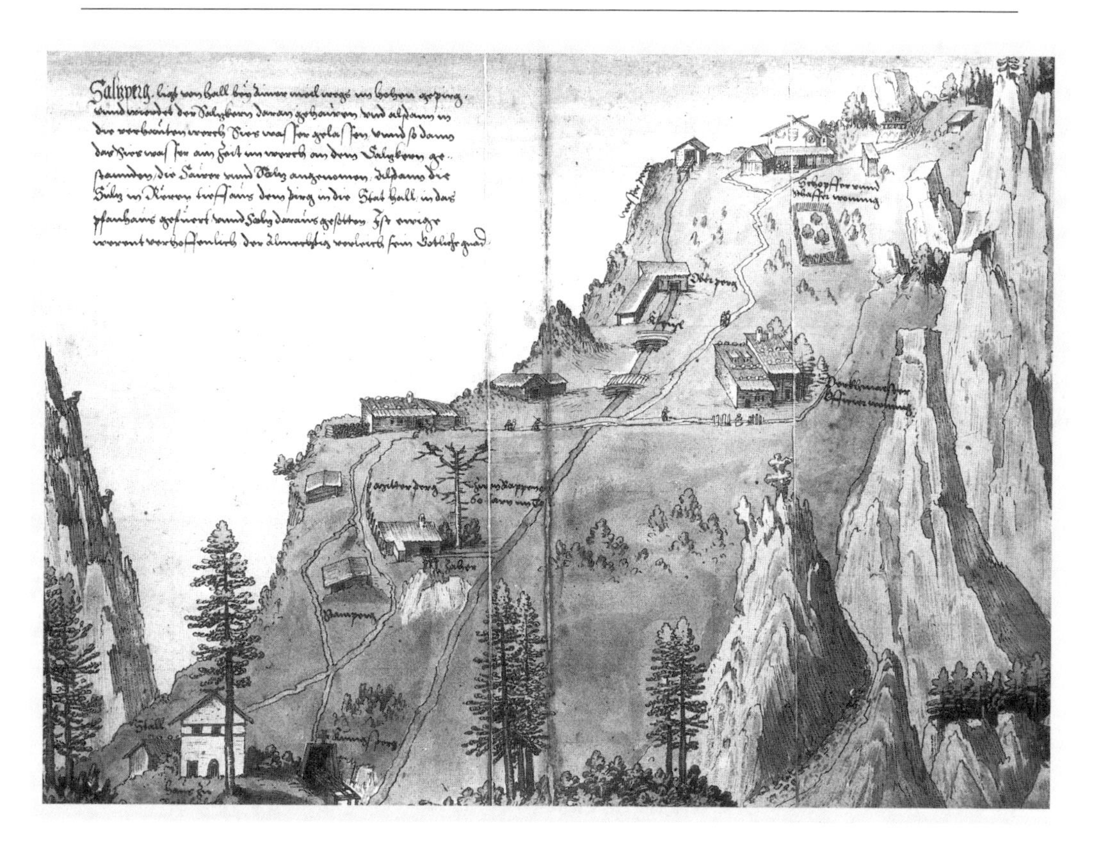

95. Das Salzbergwerk im Hall-Tal mit dem von Maximilian I. aufgeschlagenen Stollen »Königsberg«. Aquarell im »Schwazer Bergbuch« von Jörg Kolber und Ludwig Lässl, 1556. Innsbruck, Tiroler Landesmuseum Ferdinandeum

nach Salins in der Franche-Comté dargestellt. Der Heilige sollte die Ergiebigkeit der örtlichen Solequelle steigern. Diese Tapisserie bildet den frühesten ikonographischen Beleg für ein durch 2 Pferdegöpel angetriebenes mechanisches Schöpfwerk. Nach Ausweis dieser bildlichen Quelle hat es sich in Salins um ein Becherwerk aus kleinen Holzfässern gehandelt, die, an einem Doppelseil befestigt, über ein großes, durch Transmission mit dem Göpel verbundenes Treibrad geführt wurden. Man hat das hier gewonnene Salz vorwiegend über die Pässe des Jura-Gebirges in die benachbarte Schweizer Eidgenossenschaft geliefert, lag doch der Genfer See von Salins aus nur etwa hundert Kilometer in südöstlicher Richtung. Wesentlich größere Göpel mit 6 bis 8 Pferden für den Betrieb von Heinzenkünsten gab es im 16. Jahrhundert auch in Rosières-en-Santerre, dreißig Kilometer östlich von Amiens, und in Château-Salins sowie Dieuze, zwei Salinen im Raum zwischen Nancy und Saarbrükken (D. Hägermann / K.-H. Ludwig). In Salins setzte man 1592 zusätzlich handbe-

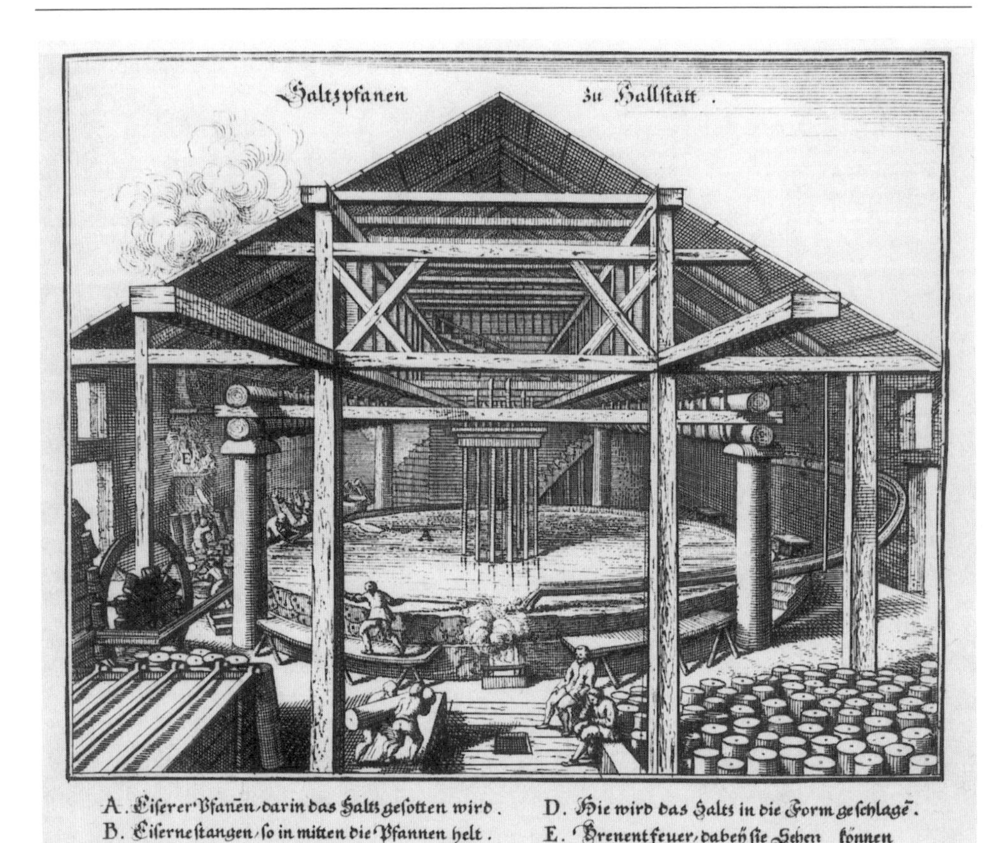

96. Große runde Salzpfanne in den Salinen von Hallstatt. Kupferstich in der 1649 erschienenen »Topographia Provinciarum Austriacarum« von Matthäus Merian. Privatsammlung

triebene Saugpumpen zum Abschöpfen des Süßwassers ein – eine technische Innovation, die in Lüneburg bereits mehr als zwei Jahrzehnte früher für die dortige Soleförderung Anwendung gefunden hatte. In Schwäbisch-Hall dagegen hat man Pferdegöpel und Treträder als Antrieb für Becherwerke nur zum Trockenlegen und Reinigen des Brunnens verwendet, während die Sole selbst nach wie vor mittels Schöpfgalgen gefördert wurde.

Läßt man die im Verlauf mehrerer Jahrhunderte entwickelten und durch die jeweiligen örtlichen Verhältnisse geprägten besonderen Methoden der Salzgewinnung in den einzelnen Salinen außer acht, dann kann man für das Salzsieden als eigentlichen Produktionsprozeß zwei Phasen festhalten: die Verdampfung des Wassers durch das Sieden der Sole in speziellen Pfannen und die Kristallisation des Salzes durch das Soggen (P. Piasecki). Der Verlauf des Siedeprozesses war in der

Regel vom Salzgehalt der Sole, dem Material und der Größe der Salzpfannen, den Zugaben zur Sole wie dem Grad ihrer Verunreinigung und der durch das Feuer unter der Pfanne erzeugten Hitze abhängig. Nach dem Verdampfen des Wassers blieb das Salz als Rückstand in der Pfanne, wurde getrocknet, zum Dörren in normierte hölzerne Behälter gepreßt, danach wieder zerstoßen und abgepackt in den Handel gebracht. Betrachtet man die Technik der Salzerzeugung vor allem auf der Basis erhaltener schriftlicher Quellen differenzierter, so werden je nach Saline häufig erhebliche Unterschiede deutlich. Es variierten Form, Material und Größe der Pfannen, die Dauer von Siede- und Trockenprozeß sowie dann im 16. Jahrhundert auch die Energieträger. Während etwa in Lüneburg in 54 Siedehütten jeweils 4 kleinere Bleipfannen mit einem Fassungsvermögen von circa 110 Litern Sole im Einsatz waren, bevorzugte man in Lothringen, in der Franche-Comté, im schwäbischen, hessischen, sächsischen, tirolischen und salzburgischen Raum eiserne Siedepfannen von zum Teil beachtlichen Dimensionen. Auf der Tiroler Saline in Hall am Inn waren schon 1367 4 Pfannen aus Eisenblech im Einsatz, die jeweils 15 Meter lang und 5 Meter breit waren und eine Tiefe von 50 Zentimetern aufwiesen. Den aus den Jahren 1462 und 1472 stammenden Ordnungen und Privilegien für das Salzwerk Hall läßt sich das Gewicht solcher Pfannen von immerhin 75 Quadratmetern Grundfläche entnehmen, das stattliche 15,5 Tonnen betrug (R. Palme). Ein Vergleich mit der Saline in Schwäbisch-Hall zur gleichen Zeit verdeutlicht die unterschiedlichen technischen Auslegungen. Dort wiesen die kleinen Pfannen von nicht mehr als 5,8 Quadratmeter Siedefläche lediglich ein Gewicht von 260 Kilogramm auf. Von den 4 großen Pfannen in Hall sind im 14. und 15. Jahrhundert wahrscheinlich immer nur 2 in Betrieb gewesen, während die beiden anderen Siedepause hatten und in dieser Zeit ausgebessert wurden. Vermutlich hat auch die Menge der geförderten Sole nicht ausgereicht, um die durch alle Pfannen gegebene Siedekapazität voll auszulasten.

Die Siedepfannen bestanden aus dachziegelartig übereinander geschichteten und mit Nägeln oder Nieten verbundenen Eisenplatten. Sie ruhten auf einem Ofen aus Bruchsteinen oder Ziegeln in einem eigenen, zur Abschirmung von Witterungseinflüssen überdachten Sud- oder Pfannhaus und wurden außerdem durch Haken im Gebälk des Dachstuhls gehalten. Für den Betrieb derart großer Anlagen wie in Tirol oder Salzburg war nach Aussagen der Quellen eine Vielzahl von Arbeitskräften erforderlich, nicht zuletzt bedingt durch eine sehr weit geführte Arbeitsaufteilung. Der Ersatz durchgerosteter Pfannenstücke in den Siedepausen und die damit ebenfalls notwendige Abdichtung der Fugen durch ein Gemisch aus Kalk, Lumpen und Salzwasser war Aufgabe eigener Pfannenschmiedemeister. Mit dem »Kalkbrot« genannten Gemisch wurde vor Beginn des Siedeprozesses die Pfanne auf der Innenseite und außen an den Teilen, die dem Feuer besonders ausgesetzt waren, bestrichen. Für die steinernen Ofenmauern, auf denen die Pfanne ruhte und die nach dem Sud oft ausgebessert oder sogar gänzlich erneuert werden mußten, waren eigene »Werkschläger« verantwortlich. Die Aufsicht über die Solereservoirs, die im oder neben dem Pfannhaus angelegt waren, führte ein besonderer »Wasserhütter«, dessen Aufgabe in der stetigen Regulierung des Solevorrats bestand. Durch die Anlage solcher »Wasserstuben« mit großen Solebottichen sollte eine Fortsetzung des Siedevorgangs auch dann gewährleistet sein, wenn etwa im Winter wegen starken Frostes die hölzernen Rohrleitungen und Rinnen vom Salzberg zum Siedehaus einfroren oder durch unvorhersehbare Ereignisse, beispielsweise durch Lawinen, zerstört wurden. Vorrang hatte in jedem Fall die Gewährleistung eines ununterbrochenen Siedeprozesses.

Zum Vorbereiten und Schüren des Feuers im Ofen gab es wieder eigene Knechte, die in Tag- und Nachtschicht arbeiteten und von Hilfskräften unterstützt wurden, welche das benötigte Feuerholz bis zum Ofen transportierten. Die Siedeknechte sorgten für ein starkes Feuer, bis sich das Salz aufgrund der Verdampfung des Wassers deutlich sichtbar kristallisierte. Dann reduzierten sie durch Zusetzen des Ofens und die damit verbundene Verringerung der Sauerstoffzufuhr die Intensität des Feuers, bis in dieser zweiten Siedephase die Pfanne nahezu trocken war. Anschließend ging es an das »Ausperen«, das heißt Zusammenziehen des in der Pfanne zurückgebliebenen Salzes mit hölzernen Schiebern. Das erledigten eigene »Zuzieher«, während »Überzieher« das Herausschaufeln des Salzes aus der Pfanne zu bewerkstelligen hatten. Das immer noch feuchte und lose Salz wurde sodann von dafür abgestellten Arbeitskräften unter Verwendung der Stößel in sogenannte hölzerne Kufen von konischer Form gepreßt, wobei man die dabei heraustropfende Lauge auffing, um sie wieder den Siedepfannen zuzuleiten. Nach der Trocknung entfernten die als »Helfen« bezeichneten Knechte die konisch geformten Salzstöcke aus den Kufen und legten sie zum Dörren auf entsprechende Gerüste, entweder im Pfannhaus selbst oder in einem daneben gelegenen und von der Abwärme des Siedeprozesses beheizten Dörrhaus. Nach einigen Tagen konnten diese Salzstöcke wieder zerstoßen und in Säcken oder kleinen Fässern auf den Markt gebracht werden. Die jeweiligen Transportbehältnisse dienten gleichzeitig als Maßeinheiten für das Salz.

In Schwäbisch-Hall standen die Pfannen nicht auf Öfen aus vulkanischen Bruchsteinen wie in Nauheim oder auf Ziegelmauerwerk wie im tirolischen Hall. Der Boden des Herdes und dessen Wände waren vielmehr aus »Schlotter« oder »Gewöhrt« hergestellt. Dabei handelte es sich um eine Mischung aus Salzschlamm, Lehm, Ton, Sand und Holzkohle, zusammengerührt mit Sole. Dieser Schlotter ließ sich wie Ton formen und wurde beim Trocknen an der Luft so fest, daß er, zu Herdmauern geformt, die Siedepfannen tragen konnte. Zur Vermeidung von Rissen wurden diese Herdwände zwischen den einzelnen Siedevorgängen immer wieder mit heißer Sole übergossen, die bei Verdunstung einen dichten salzigen Überzug

97. Arbeiter mit Salzkufen im Haller Pfannhaus. Kupferstich von Joseph Anton Friedrich in dem 1707 in Innsbruck erschienenen Salinenbuch von Franz Jauss und Johann Elias Oswald Feigenpuz. Hall in Tirol, Sammlung Dr. Hans Hohenegg

bildete. Nach Ende einer jeweils drei Wochen dauernden Siedeperiode brachen die Siedeknechte die »gebackenen Salzmauern« ab und reicherten damit in der Vorbereitung zur nächsten Salzgewinnung die Mutterlauge an. Auf diese Weise konnte in Schwäbisch-Hall die mit 5 Prozent Salzgehalt eher bescheidene Solequalität auf 15 bis 20 Prozent angereichert werden. Die Notwendigkeit für ein derartiges Verfahren ergab sich aus dem kostspieligen Bedarf an Brennmaterial, der zum Beispiel im Falle einer nur einprozentigen Salzlösung im Vergleich zu einer vollständig gesättigten Sole das Dreißigfache betrug.

Nach der letzten Ausperung und dem Herausschaufeln des Salzes kratzte man den aufgrund der großen Hitze am Boden der Pfanne festgebackenen und verbrannten schwarzen Niederschlag heraus, um ihn als Viehsalz zu verkaufen oder zur Anreicherung der Sole für den folgenden Siedevorgang wieder zu nutzen. Außer den genannten Spezialkräften benötigte man zur ständig erforderlichen Reparatur der Öfen weitere Fachleute sowie eine große Zahl von Hilfskräften für Handlangerdienste und Wachaufgaben im Pfannhaus. Es erscheint daher kaum verwunderlich, daß die ausdifferenzierte Arbeitsorganisation in den meisten Salinen einen starken Zuwachs an Arbeitskräften mit sich gebracht hat. Ohne wesentliche Steigerung des Arbeitsanfalls erhöhte sich vom Beginn des 14. bis zum Anbruch des 17. Jahrhunderts beispielsweise in Hall am Inn die Zahl der im Siedehaus beschäftigten Personen von 18 auf 84.

Sämtliche Arbeitsschritte beim Siedeprozeß waren nach Ablauf eines je nach Saline sehr unterschiedlich langen Zeitraums erneut anzugehen. Bei den kleinen Bleipfannen der Lüneburger Saline bedurfte es nicht sehr vieler Stunden, um fast 15 Kilogramm Salz zu gewinnen, während sich dieser Vorgang an den meisten Salzbergstandorten jeweils über 7 Tage hinzog. In Hallein oder Reichenhall begann man jeden Montagmorgen mit dem Einfüllen der Mutterlauge in die angeheizten Pfannen. Gesotten wurde dann bis zum kommenden Samstagnachmittag gegen 14 Uhr. Dauerte in Lüneburg die Sudperiode das ganze Jahr über, so beschränkte man sich in Lothringen und in den Alpen auf die Zeit von April bis Dezember. In Schwäbisch-Hall war die Salzproduktion ohnehin auf 20 Wochen im Jahr eingeengt, und der Siedevorgang dauerte aufgrund der kleiner dimensionierten Pfannen nur etwa 8 Stunden. Nach Befüllung der Pfannen und dem Entzünden des Feuers gegen 11 Uhr gossen die Siedeknechte am frühen Nachmittag einen Eimer mit heißer Sole, in der ein Ei verrührt war, in die Pfanne. Dieses Mittel sollte helfen, Verunreinigungen der Sole zu binden. Auch im italienischen Parma setzte man zu diesem Zweck Eier ein, während in der Saline Nauheim Ochsenblut bevorzugt wurde. Die vom 14. bis ins 16. Jahrhundert im Bereich des Salzwesens entwickelten technischen Neuerungen stammten in ihrer Mehrzahl aus den großen österreichischen Produktionsstätten in Hall, Hallstatt oder Aussee.

Salzberg- und Salinenordnungen

Die erwähnten drei bedeutenden österreichischen Salzwerke sind besonders markante Beispiele für den landesherrlichen Zugriff auf das Salzwesen. Gab es bei den meisten deutschen Salinen aufgrund unterschiedlicher Rechtsverhältnisse eine oft sehr komplizierte Aufsplitterung des Besitzes und damit der Nutzung, so hatten die mächtigen Landesfürsten in Österreich von Beginn an klare Verhältnisse geschaffen, indem sie die Salzbergwerke und Salinen in die eigene Botmäßigkeit brachten. Äußerer Ausdruck dieses Machtanspruchs waren die von den Landesherren erlassenen Ordnungen zur Regelung der rechtlichen, ökonomischen und sozialen Belange der in den Bergwerken und auf den Salinen beschäftigten Arbeitskräfte. Die bekannten, vom 14. bis zum 16. Jahrhundert verkündeten Ordnungen gingen häufig auf mehr als hundert Jahre ältere einschlägige Vorbilder wie die Hallstätter Bergordnung von 1311 zurück, die wiederum auf Verwaltungsbestimmungen des 13. Jahrhunderts von Hall in Tirol beruhte. Die für die Salzbergwerke wie die Salinen erlassenen Ordnungen dokumentieren aus heutiger Betrachtung außerdem in hervorragender Weise den damaligen Stand der Technik, weil nahezu jeder Arbeitsschritt, die gesamte technische Ausstattung, die Aufgaben der einzelnen Arbeitskräfte und sogar die Abmessungen von Schächten, Stollen, Siedehäusern, Rohrleitungen und dergleichen exakt beschrieben worden sind.

Mit vergleichbarer Akribie waren die im 16. Jahrhundert reformierten Salzbergordnungen abgefaßt, die nicht länger vordringlich die Sicherung der rechtlichen und ökonomischen Verhältnisse der Arbeitskräfte regelten, sondern unter den Habsburger Kaisern Maximilian I. und Ferdinand I. eine möglichst weitgehende Gleichschaltung der Verwaltungen aller österreichischen Salzbetriebe anstrebten (R. Palme). Neben den Verwaltungsdirektiven wurde in den systematisch strukturierten Ordnungen gerade auch die ständig komplexer werdende Salzberg- und Salinentechnik beschrieben und damit festgehalten. Es war Kaiser Maximilian selbst, der im Amtsbuch für Hall in Tirol aus den Jahren 1502/03 alle dort tätigen Arbeitskräfte von sonstigen rechtlichen Abhängigkeiten befreite, gleichgültig ob sie innerhalb oder außerhalb der sich auf den Salzberg erstreckenden landesherrlichen Freiung wohnten. Maximilian war bereits als Thronfolger Erzherzog von Tirol, und weder die Königswahl noch die Kaiserkrönung hatten Veränderungen dieses landesherrlichen Rechtstitels mit sich gebracht. Mit der personenbezogenen Freiung unterstellte er die Berg- und Salinenarbeiter direkt der landesfürstlichen Kammer, schaltete damit jede Zwischeninstanz aus und schuf die Voraussetzungen für die uneingeschränkte eigene Nutzung dieses bedeutenden Wirtschaftsfaktors.

Als Regal- und Grundherren hatten im späten Mittelalter viele Landesfürsten auch die Ausbeute der Salzbetriebe verliehen und dadurch den eigenen Einfluß auf diesen wichtigen Bereich der Wirtschaft weitgehend verloren. Weil die meisten Leihnehmer nur den eigenen Vorteil sahen und kaum bereit waren, erforderliche Investitionen vorzunehmen, verfielen die Salzbergwerke immer mehr. Nach ersten Schritten einer Ablöse der Leihe unter Kaiser Friedrich III. im 15. Jahrhundert setzten Maximilian und später sein Enkel Ferdinand im 16. Jahrhundert konsequent die Politik fort, die zum Ziel hatte, alle Salzproduktionsstätten wieder in landesherrliches Eigentum zu bringen. Bei den zumeist kostspieligen politischen und militärischen Verpflichtungen der Habsburger Kaiser im Reich sowie gegenüber anderen europäischen Staaten, vor allem aber im Hinblick auf die stete Bedrohung durch die Osmanen vom Balkan her, war jede zusätzliche Einnahme sehr willkommen, so auch die aus dem Salzgeschäft. Schon bald sorgte eine straffe Hierarchie landesfürstlicher Beamter in den Salzbergwerken und Salinen für einen nachhaltigen Wandel der Verhältnisse.

Mit dem Ziel einer Steigerung der Wirtschaftlichkeit wurden alle sechs Monate Visitationen durch hohe Bergbeamte vorgenommen. Technische Verbesserungsvorschläge mußten von einem eigens dafür eingesetzten Salinenbeamten niedergeschrieben und an die landesfürstliche Kammer weitergemeldet werden. Die bei den Ortsbesichtigungen festgestellten Mängel waren schriftlich festzuhalten und durch eine aus Fachleuten gebildete Kommission zu überprüfen. Diese Kommission sollte auch Vorschläge zur Abhilfe der Mängelerscheinungen machen. Die älteste erhaltene Ordnung des Salzbetriebs in Aussee dokumentiert dergleichen. Kaiser Maximilian hatte 1513 eine entsprechende Überprüfung angeordnet, als deren Ergebnis ihm sechs Salinenspezialisten am 13. Mai des Jahres einen Inspektionsbericht mit einer Reihe praktikabler Ratschläge vorlegten. Diese Empfehlungen besaßen fast den Charakter einer landesfürstlichen Ordnung. Hier ging es vor allem um den verstärkten Einsatz der Vermessungstechnik zur Abklärung der Lage von Stollen, Schächten, Sinkwerken und der Grenzen zwischen den einzelnen Gruben. Besonders fortschrittlich war man auf diesem Gebiet in Hall, wo man schon zu Beginn des 16. Jahrhunderts die Kompaßstundeneinteilung anwendete. Auch die älteste Grubenkarte im deutschen Sprachraum, die 1531 erstmals die Vermessungsergebnisse maßstäblich auflistete, stammt aus Hall in Tirol. Die Vorschläge der 1513 für Aussee gebildeten Kommission fanden Eingang in die 1521 von Erzherzog Ferdinand erlassene Ordnung. Eine erneute, das gesamte Salzwesen in Aussee betreffende Ordnung wurde am 1. Oktober 1523 als Zusammenfassung der beiden älteren Bestimmungen durch Ferdinand verfügt.

Die nur ein Jahr später für den in der Nachbarschaft von Aussee gelegenen Hallstätter Bereich verkündete Salzordnung geriet unter dem Titel »Libell der newen reformation unnd ordnung des siedens Hallstat unnd ambts Gmunden« zum ersten und umfänglichsten Kompendium dieser Art für einen österreichischen Salzbetrieb. Sie gründete auf den Ergebnissen der 1523 durchgeführten Vermessungen des Salzberges, aber es ging hier vor allem um die in Hall und im salzburgischen

Hallein erprobten Vermessungsverfahren unter Einbeziehung des Kompasses, die im Resultat wesentlich genauer waren als das im Salzkammergut in Oberösterreich praktizierte Verfahren des »Zulegens«. Dabei hatte man das Vermessungsergebnis im natürlichen Maßstab auf eine möglichst ebene Fläche übertragen, wie sie im Winter die vereisten Seen bildeten. Die Genauigkeit ließ jedoch stets sehr zu wünschen übrig. Das Hallstätter »Libell« referierte auch das von der Kommission nach der neuen Methode gewonnene Vermessungsresultat jeder einzelnen Grube und jedes Sink- oder Schöpfwerkes. Das zweite, übrigens erstmals im Druck erschienene »Libell« für den Salzbetrieb Hallstatt-Gmunden aus dem Jahr 1563 enthielt ebenfalls eine Vielzahl von Vermessungsangaben. Die Verstärkung der Vermessungsaktivitäten unter den Landesherren Maximilian und Ferdinand war durch die immer weiter vorangetriebene Erschließung der vorhandenen Gruben mit der Anlage neuer Stollen, Schächte und Schöpfwerke erforderlich geworden. Da der durch die Tiroler Salinenspezialisten eingesetzte und für das Jahr 1505 auch in Deutschland für Vermessungszwecke belegte Kompaß von den zuständigen Bergbeamten in Hallstatt hinsichtlich seiner Anwendungsmöglichkeiten nicht genutzt worden ist, konnte dem zweiten »Reformationslibell« von 1563 keine Grubenkarte beigegeben werden.

Auch in den deutschen Salzrevieren regelten sehr detaillierte Salinenordnungen über die ursprüngliche Aufgabe rechtlicher und sozialer Bestimmungen hinaus vor allem den Einsatz rationellerer Technologien. Der zentralistische Zugriff der Landesherren garantierte zugleich die Umsetzung technischer Fortschritte und damit eine Effizienzsteigerung der Ausbeute. Wo wie in Lüneburg oder Salzkotten aufgrund anders gearteter Besitzstrukturen und Nutzungsrechte der Einfluß der jeweiligen Landesherren sehr begrenzt war, blieb man den tradierten Techniken für die nächsten Jahrhunderte verhaftet.

Ein gutes Beispiel für eine positive Entwicklung bei landesherrlichem Einwirken bot die Saline Reichenhall im 16. Jahrhundert. Dabei spielten die räumliche Nähe und die Kooperation mit den österreichischen Salzbetrieben eine maßgebende Rolle. In den Jahren 1487/88 war die Ausbeute in Reichenhall so gering, daß man auf salzburgischem Gebiet in Hallein Salz einkaufen mußte. Ursache für den dramatischen Rückgang der Salzproduktion in Reichenhall war ein Süßwassereinbruch im Salzbrunnen, der von den vielen privaten Siedeherren mangels eigenen Kapitals nicht behoben werden konnte. Zur Ableitung des Süßwassers wären nämlich umfangreiche und kostenintensive Arbeiten erforderlich gewesen. Die Aufsplitterung der Siederechte in viele private Hände verhinderte praktisch jegliche technische Innovation auf dieser Saline. Doch ab 1481 hatte Herzog Georg der Reiche von Niederbayern (1455–1503) damit begonnen, Anteile an den Salzpfannen aufzukaufen. 1493 erwarb er zusätzlich die Siedehäuser und umfangreiche Waldungen zur Sicherung der Brennstoffzufuhr für die Saline. Sein Nachfolger, Herzog Albrecht IV.

(1447–1508), setzte den Erwerb privater Siedeanteile fort, bis sich 1529 alle Siedehäuser bis auf einen kleinen kirchlichen Anteil im Besitz des Herzogtums befanden. Schon 1507 hatte Herzog Albrecht im Besitz der Mehrzahl der Rechte die erforderlichen Geldmittel für die Behebung der immer größer gewordenen Schäden infolge des Süßwassereinbruchs aufgebracht. Die aufwendigen Reparaturarbeiten dauerten mehrere Jahre. In dieser Zeit experimentierte man in Reichenhall, wie auch in den österreichischen Salinen, immer wieder mit neuen Salzpfannen, die den Holzverbrauch senken sollten, was nur in wenigen Fällen gelang.

Das Vorbild für den Erwerb des Produktionsmonopols für Salz fanden die niederbayerischen Herzöge in Österreich, wo Kaiser Friedrich III. schon in der Mitte des 15. Jahrhunderts alle Siederechte von Aussee in die eigene Hand gebracht hatte. Die Salzburger Erzbischöfe gingen in Hallein auf die gleiche Weise vor und bemächtigten sich teilweise sogar unter Anwendung von Gewalt des gesamten Salzbetriebes. In Bayern wandelte dann 1587 Herzog Wilhelm V. auch den Handel mit Salz in ein Staatsmonopol um. Ein positiver Effekt landesherrlicher Regie ergab sich im Jahr 1600 bei einer Auflistung aller Einnahmen des Herzogtums. Dazu hatte allein die Saline in Reichenhall ein Fünftel beigesteuert. Nur wo die Salzgewinnung in der Hand des Landesfürsten lag und es daher keine Streitigkeiten wegen der Nutzungsrechte oder der erforderlichen Investitionen gab, wo der politische Wille für hinreichendes Kapital sorgte, ließen sich mit Erfolg auch fortschrittliche technische Entwicklungen umsetzen.

Trends im frühneuzeitlichen Territorialstaat

Hatten die frühen, bis ins 13. und 14. Jahrhundert zurückreichenden Salzberg- und Salinenordnungen – jene von Reichenhall 1285, Hallstatt 1311 oder Schwäbisch-Hall 1358 – im wesentlichen nur die Rechte und Pflichten der Eigner wie die der Arbeitskräfte geregelt, so legten die seit der zweiten Hälfte des 15. Jahrhunderts entstandenen und von den Landesfürsten verkündeten Ordnungen über die Rechtsstellung hinaus alle nur denkbaren Details zur Vorbereitung wie zur Durchführung des Produktionsprozesses und sogar hinsichtlich des Verhaltens der Arbeiter fest. Außer dem Versuch der möglichst vollständigen Kontrolle über die Salzbetriebe ging es den Landesherren um rationelle und wirtschaftlich ertragreiche Produktionsformen. Daraus resultierten ihre in der Regel große Aufgeschlossenheit gegenüber technischen Neuerungen und ihre Bereitschaft zu kostenintensiven Experimenten.

Geradezu rückschrittlich sah es in diesem Bereich bei den dezentralisierten Salinen mit vielen kleinen Pfannbesitzern aus, die wie in Lüneburg als eine Art eigener Stand eifersüchtig auf ihre tradierten Rechte pochten und diese auch

98. Gedenktafel zum 1563 erfolgten Anschlag des »Kaiserberg«-Stollens im Haller Salzbergwerk. Bronzerelief von Alexander Colin, 1568. Innsbruck, Tiroler Landesmuseum Ferdinandeum

durchsetzten. Mit dem Argument, daß die Technik der Salzgewinnung seit Jahrhunderten erprobt und ohne wesentliche Neuerungen ausgekommen sei, sträubte man sich gegen jede Veränderung des Status quo. Hinzu kamen bei den dezentralisierten Quellsalinen, zum Beispiel in Lüneburg, Schwäbisch-Hall oder bis zur Übernahme durch den Landesherrn auch in Reichenhall, der Kapitalmangel der privaten Anteilseigner und ihr häufig sehr unterschiedlich definiertes Eigeninteresse. Beide Faktoren schlossen Investitionen weitgehend aus, selbst wenn diese um der Sache willen geboten erschienen. Dafür bietet Reichenhall im 15. Jahrhundert, als sich 18 private Siedeherren mit dem Herzog und der Kirche hätten einigen müssen, ein treffliches Beispiel.

Wesentlich komplizierter dürfte sich die Situation bei den insgesamt 54 Siedehütten in Lüneburg dargestellt haben. Jeder Teileigentümer wollte möglichst für sich arbeiten und war vordringlich auf die Wahrung seines Besitzstandes bedacht. Daher ergaben sich Chancen für die Umsetzung technischer Innovationen allenfalls bei den gemeinschaftlich betriebenen Anlagen wie den Sinkwerken oder Salzbrunnen. Dennoch war es in der Regel außerordentlich schwierig, alle Miteigentümer für eine Beteiligung an Investitionen zu gewinnen, selbst in jenen Bereichen, von denen sie letztlich profitiert hätten. Der Grund für die Ablehnung einer Beteiligung an solchen Aufgaben lag in der häufig mangelnden Abschätzbarkeit des erforderlichen finanziellen Aufwands und des kaum bestimmbaren Zeitpunkts der Amortisation der eingesetzten Mittel. Aus Erfahrung wußten die meisten, daß höhere Gewalt nahezu stündlich alle Planungen zunichte machen konnte, gleich ob es sich dabei um Wassereinbrüche im Bergwerk, starke Verunreinigungen der Sole, Beschädigung oder Zerstörung der Leitungen infolge von Natur- beziehungsweise Kriegsereignissen oder aber um politische Maßnahmen wie die plötzliche Abschottung von Märkten handelte. So hat man in Reichenhall Erhart Hann zugemutet, das mit einem Wasserrad angetriebene Schöpfwerk, das er einzusetzen gedachte, selbst vorzufinanzieren. Erst als es sich bewährte, waren die Siedeherren zu einer Beteiligung an den Investitionskosten bereit. Nicht überall war den Konzentrationsbestrebungen einzelner Landesherren Erfolg beschieden. Hatten sich die Habsburger Herrscher wie die Salzburger oder Magdeburger Erzbischöfe in dieser Hinsicht durchzusetzen vermocht, so gelang das der Reichsstadt Schwäbisch-Hall gegenüber den örtlichen Siedeherren ebensowenig wie dem Erzbischof von Köln in bezug auf die Pfannenbesitzer in Werl. Das deutlichste Negativ-Beispiel bot wieder einmal Lüneburg, wo sich das »verwucherte mittelalterliche Gebilde« (H. Witthöft) der Saline vom 12. bis zum 18. Jahrhundert unverändert hielt.

Insbesondere in den landesherrlichen Salinen, wo man mit großen Pfannen arbeitete, war man daran interessiert, das kostbare Holz durch andere Energieträger zu ersetzen. Erste Versuche einer Substitution durch Stroh, Torf oder Steinkohle bereits im Mittelalter waren meistens an Vorurteilen der Eigner, Umstellungsschwierigkeiten oder an der Belästigung der Arbeitskräfte in den Siedehäusern durch die Rauchgase gescheitert (L. Thome). Steinkohle zum Salzsieden wurde erstmals durch den Pfarrherrn und Salinisten Johannes Rhenanus auf der Saline in Sooden-Allendorf eingesetzt. Er erhielt 1563 vom hessischen Landgrafen Philipp dem Großmütigen (1518-1567) die Oberaufsicht über diese Saline. Rhenanus zählte zu den »Pionieren der Innovationsära des Salinenwesens im 16. Jahrhundert, aber ebenso zu den Wegbereitern des Steinkohlenbergbaus in Deutschland« (P. Piasecki). In den sechziger Jahren des Jahrhunderts erschloß er die in der Nähe Sooden-Allendorfs am Hohen Meißner entdeckten Vorkommen an Kohle und setzte sie zur Feuerung in den Siedehäusern ein. Probleme mit der Förderung der Kohle verhinderten jedoch, daß sich ihre Verwendung auf der Saline rentabel gestaltete. Dennoch vermochte Rhenanus das Herzogtum Braunschweig für seine Neuerung zu interessieren, wo in der Nähe von Bad Harzburg im Jahr 1569 eine Solequelle entdeckt und nach Herzog Julius (1528–1589) »Juliushall« benannt wurde. Auf Einladung des Herzogs kam er 1571 nach Wolfenbüttel, berichtete dem Landesherrn über seine bisherigen Erfahrungen und ging dann nach Harzburg, um die neue Solequelle zu begutachten. Die Absicht des Braunschweiger Herzogs war es, mittels der Kohle einen Ersatzenergieträger nicht bloß für Salinen, sondern auch für Ziegeleien, Schmieden, Schmelzen und Kalkbrennereien zu finden.

Eine erste dauerhafte Beheizung von Siedepfannen mit Kohle veranlaßte der Fürst in den achtziger Jahren des 16. Jahrhunderts für die 3 in seinem Besitz befindlichen Siedehäuser auf der mit weiteren 9 gewerkschaftlich organisierten Saline Salzhemmendorf. Die nicht sehr großen braunschweigischen Kohlevorkommen von Hohenbüchen waren zwar abbaureif, doch aufgrund der weiten Transportwege nach Juliushall gestaltete sich der dortige Einsatz der Kohle für den Siedeprozeß zunehmend unwirtschaftlich und wurde deshalb schließlich aufgegeben. Für Salzhemmendorf ließ sich die Kohle im Bergwerk Osterwald gewinnen, das in der nördlichen Nachbarschaft lag, schon 1596 Überschüsse erwirtschaftete und außerdem verwaltungsmäßig den fürstlichen Beamten der Saline unterstand. So kam es auf der Saline von Salzhemmendorf zu einer auffälligen Situation: Während die herzoglichen Siedehäuser kontinuierlich mit Kohle beheizt wurden, arbeiteten unmittelbar daneben die von den Gewerken betriebenen Anlagen noch weitere zwei Jahrhunderte bis 1786 ausschließlich mit Holz als Energieträger.

Auch im hessischen Salzhausen, im westfälischen Unna und in Saulnot, das mit der Grafschaft Montbéliard 1397 durch eine dynastische Heirat an Württemberg gefallen war, verwendete man bereits im 16. Jahrhundert Steinkohle zum Salzsieden, in Saulnot sogar im Vergleich zum Holz als Brennstoff mit einer fünfzigprozentigen Senkung der Kosten und ohne Rauchbelästigung der Arbeitskräfte, und zwar dank einer technisch gelungenen Ableitung der Gase. Von dort wie von der ersten, durch Rhenanus in Sooden-Allendorf errichteten Anlage sind die Besonderheiten des für den Kohleeinsatz unter den Pfannen benötigten Herdes bekannt. Der württembergische Baumeister Heinrich Schickhardt hat einen solchen Herd der Saline in Saulnot im Schnitt und in der Draufsicht gezeichnet und handschriftlich am Rand vermerkt: »der Rost hat 22 eisern stangen, die ligen wegen der stein kolen nur ein zol von einand« (W. Carlé).

Eine noch wesentlich wichtigere Innovation als der Einsatz von Kohle zum Beheizen der Siedepfannen waren im 16. Jahrhundert die ersten Ansätze zur Gradierung und zum Vorwärmen der Sole. Ziel der Gradierung war die Steigerung des Salzgehaltes der Sole ohne die Notwendigkeit des Erhitzens. Erfunden wurde das auf einem sogenannten Leck- oder Lepperwerk beruhende Verfahren vermutlich in der Lombardei. In Deutschland errichteten der Augsburger Münzmeister Caspar Seeler und sein Mitgewerke Berthold Holzschuher auf der Basis eines Vertrages mit dem

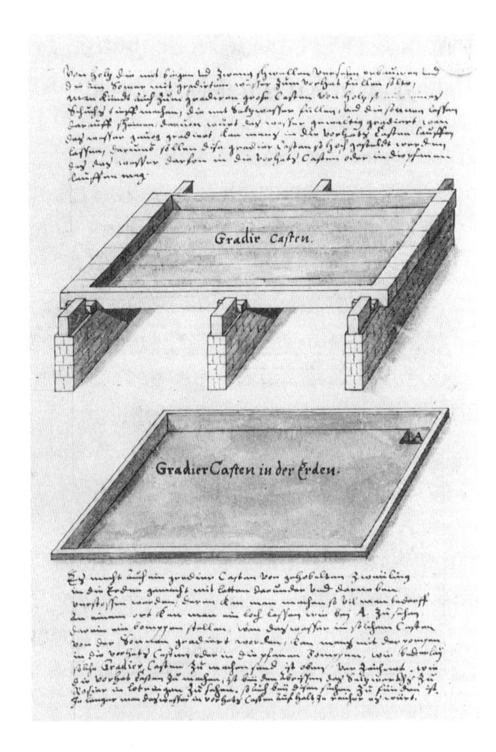

99. Gradierkästen. Lavierte Zeichnung von Heinrich Schickardt, 1595. Stuttgart, Hauptstaatsarchiv

Würzburger Fürstbischof Friedrich von Wirsberg (reg. 1558–1573) in Kissingen das erste Leckwerk. Die Anlage bestand aus mehreren hintereinander angeordneten, mit einer Bodenfreiheit von 50 Zentimetern auf Steine aufgesetzten flachen Kästen, die durch Rinnen miteinander verbunden waren. Den ersten Bericht hat der Pfarrherr Rhenanus 1568 mit der Beschreibung einer solchen Anlage im thüringischen Sulza geliefert, und die bislang älteste Zeichnung stammt wiederum von Heinrich Schickhardt. Sie zeigt im Vergleich zur Beschreibung des Leckwerks bei Rhenanus eine mit 32,6 Metern Länge erheblich größer dimensionierte Anlage.

In den Leckwerken waren über den Kästen an einem Rahmengestell geflochtene Strohbündel aufgehangen. Die aus dem Brunnen auf das Leckwerk geleitete Sole sammelte sich in den Kästen und wurde von eigens dafür abgestellten »Lepperknechten« mit Schaufeln an diese Büschel geworfen. Sie lief langsam am Stroh entlang und tropfte in die Kästen zurück, wobei ein Teil des Wassers verdunstete. Auf diese Weise wuchs der Salzgehalt der in den Gradierkästen zurückbleibenden Sole an. Das Leckwerk im württembergischen Sulz verfügte im Jahr 1595 über 6 derartige Gradierkästen. Nach insgesamt acht Tagen dieses Schütt- und Tropfprozesses galt die Sole als hinreichend gradiert für den folgenden Siedeprozeß. Die Diffusion der Leckwerke erfolgte mit insgesamt 20 Anlagen bis zum Jahr 1600 relativ schnell.

Ursache für die Entwicklung neuer Pfannenkonstruktionen in den letzten Jahrzehnten des 16. Jahrhunderts waren die zunehmende Holzknappheit und der damit verbundene Anstieg der Holzpreise. Der Neukonstruktion von Pfannen für den Siedeprozeß lag die Überlegung zugrunde, durch das Vorwärmen der Sole in einer eigenen Pfanne unter Ausnutzung der Hitze des Herdes der Siedepfanne teures Heizmaterial einzusparen. Diese meist kleinere Pfanne ordnete man so neben der Siedepfanne an, daß die heißen Rauchgase an ihr vorbeistreichen und die darin befindliche Sole erwärmen konnten. Die vorgewärmte Sole diente zum Nachfüllen der Siedepfanne. Schickhardt hat sogar ein Pfannensystem mit 2 Vorwärmpfannen gezeichnet, die oberhalb der Siedepfanne angebracht waren und einen dauernden Zustrom der erwärmten Sole gewährleisteten. Nachgewiesen ist diese einschneidende Systemverbesserung durch zeitgenössische Abbildungen aus den Jahren 1571 für Salzungen und 1595 für Sulz in Württemberg. Die Anlagen unterschieden sich geringfügig: Während die Siedeknechte in Salzungen nur einen Hahn zu öffnen brauchten, um die Sole aus der Vorwärm- in die Siedepfanne fließen zu lassen, mußten sie in Sulz einen Zapfen herausziehen. Der wesentliche Fortschritt im Gesamtprozeß der Salzgewinnung bestand in einer Einsparung der Energie und somit in einer Reduzierung des Holzverbrauchs aufgrund der Temperaturerhöhung der Sole. Auch diese Innovation verbreitete sich bis zur Jahrhundertwende relativ schnell nach Thüringen, Hessen, Sachsen, Bayern, Württemberg, den Braunschweiger Raum und ins Erzbistum Köln. Der Prozeß der Diffusion solcher Innovationen wurde durch die jeweiligen Landesherren stets aktiv beeinflußt (P. Piasecki). Dies geschah vorwiegend durch entsprechende Erlasse in Form von Salinenordnungen, durch Neugründungen von Salzbetrieben beziehungsweise durch den Aufkauf privater Anteile an bestehenden Salinen, um diese zu Kammerbetrieben zu machen. Zu den Förderern des Salzwesens zählten außer den bayerischen und österreichischen Landesherrn auch Kurfürst August von Sachsen (1526–1586), Herzog Friedrich von Württemberg (1557–1608), Herzog Julius von Braunschweig (1528–1589) und Landgraf Philipp von Hessen (1504–1567).

Strukturwandel im Kriegswesen

Hauptsächliches Kennzeichen kriegstechnischer Entwicklungen war stets das Bestreben, mit Waffen und Kampfmitteln eine Basis für militärische Überlegenheit zu schaffen, sei es mittels einer quantitativen Steigerung, sei es durch den Versuch einer qualitativen Verbesserung des verfügbaren Arsenals. Beide Wege schlossen einander keineswegs aus; denn der gewünschte Überlegenheitseffekt ließ sich nur erzielen, wenn die qualitativen Fortschritte auch mengenmäßig umgesetzt, das heißt die Truppen in hinreichender Zahl mit den verbesserten oder neu entwickelten waffentechnischen Produkten ausgestattet werden konnten. Bewährung oder Versagen der technischen Ausstattung in der Kriegspraxis hingen selbstverständlich von weiteren Kriterien wie dem Ausbildungsstand der Truppen und der militärischen Kompetenz ihrer Führer ab, doch ließ sich, im historischen Verlauf betrachtet, eine kriegstechnische Unterlegenheit äußerst selten durch überragende Führungskunst oder besondere Disziplin und Kampfkraft der Truppen ausgleichen.

Wesentliche Faktoren für die Bestimmung der Kampfkraft militärischer Verbände waren zu allen Zeiten die technische Qualität der verfügbaren Waffen und Kampfmittel und das Vertrauen der Krieger in diese Ausstattung. Einsatzerfahrungen bildeten immer wieder den Ausgangspunkt für Überlegungen zur möglichst optimalen Vorbereitung der Krieger auf künftige militärische Auseinandersetzungen. Innerhalb der unter dem Oberbegriff der Rüstung zusammengefaßten Aktivitäten war der technische Bereich stets von besonderer Bedeutung, weil er durch die fertigungstechnischen Kenntnisse der Produzenten und die Form ihrer Arbeitsorganisation beeinflußt wurde und damit vom zivilen Sektor und seiner Struktur in hohem Maße abhängig war.

Zur Herstellung einer den Körperformen des jeweiligen Trägers anzupassenden Panzerung waren andere Voraussetzungen vonnöten als für die Massenproduktion von Geschossen. Außerdem spielte der Kostenfaktor eine große Rolle; denn je besser sich eine Waffe oder ein Teil der Schutzausrüstung im Einsatz bewährte, um so teurer wurde die Beschaffung, weil die unter den Bedingungen des »Ernstfalls« bewiesene Qualität zwangsläufig eine erhebliche Steigerung der Nachfrage zur Folge hatte.

Auch der taktische Einsatz von Streitkräften war neben der Truppenstärke, dem Ausbildungsstand, der Motivation zum Kampf, den Bedingungen für die Versorgung und der Qualifikation des Führungspersonals in besonderer Weise von der techni-

100. Der hl. Mauritius im Plattenharnisch mit geschifteter Brustplatte und Anderthalbhänder-Schwert sowie sein Gefolgsmann mit Stahlbogenarmbrust und Deutscher Winde vor dem hl. Erasmus. Gemälde von Matthias Grünewald, um 1521/22. München, Bayerische Gemäldesammlungen, Alte Pinakothek

schen Ausstattung an Waffen und Gerät abhängig. Sie bestimmte die operative Planung militärischer Aktionen wie den dabei verfügbaren Handlungsspielraum der Verantwortlichen. In einer kritischen Betrachtung der technischen Aspekte des Kriegswesens einschließlich der daraus resultierenden Konsequenzen für die Kriegführung erscheinen das 14. bis 16. Jahrhundert in besonderem Maße als eine Epoche des Wandels, gekennzeichnet durch vielfältige innovatorische Schritte mit ihren Wirkungen im Hinblick auf Taktik, Gliederungsstrukturen und Verfassungen der Streitkräfte in Europa. Ohne Zweifel hatte die durch Aufkommen und fortschreitende Vervollkommnung der Feuerwaffen geprägte technische Entwicklung die langfristig am weitesten reichenden Folgen für das gesamte Kriegswesen. Noch umfassender wurde sie jedoch erst seit dem 16. Jahrhundert wirksam. Alles in allem darf ihre Betrachtung nicht losgelöst von den bereits in den beiden vorangegangenen Jahrhunderten vollzogenen Veränderungen im Kriegswesen erfolgen.

Neuentwicklungen im Bereich »konventioneller« Waffentechnik

Pfeil und Bogen zählen zu den wichtigsten waffentechnischen Erfindungen schon des frühen Menschen. Nachweisbar ist diese »erste wirkliche Maschine« (L. Mumford) schon in der Altsteinzeit. Sie belegt im Unterschied zu sonstigen Waffen und Werkzeugen als Formen von Organprojektionen oder Übernahmen und Modifikationen von Vorbildern aus dem natürlichen Umfeld des Menschen die erste Übertragung einer Abstraktionsleistung menschlichen Geistes in ein Produkt, das sich gleichermaßen vorteilhaft für die Jagd auf Tiere wie für den Kampf gegen andere Menschen nutzen ließ. Diese Fernwaffe ermöglichte das Erlegen des Wildes wie den Kampf gegen Feinde aus der Distanz und beruhte auf drei Materialien: auf Holz, Stein und tierischen Produkten wie Knochen, Sehnen, Horn und Federn. Beeindruckend ist die Einfachheit der Konstruktion im Vergleich zur erzielbaren Wirkung. Eine elastische, an den Enden eingekerbte Holzrute zum Einhängen einer aus Darm oder Pflanzenfasern gedrehten Sehne bildete die einfache Grundform. Beim Auszug der Sehne kam es zu einem Speichern von Energie, die sich im Abschuß kontrolliert freigeben und in Bewegungsenergie für den Pfeil umsetzen ließ.

Das galt selbstverständlich auch für den später in den asiatischen Steppen und im Vorderen Orient verbreiteten Reflexbogen, der in Europa durch die Hunnen bekanntgeworden ist. Eine vergleichbare Form hatten in der Antike schon skythische, parthische und persische Bögen. Es handelte sich dabei im wesentlichen um Modifikationen ein und derselben Grundform, die aus zugfesten Sehnenschichten am Bogenrücken, druckfesten Hornschichten am Bogenbauch und einer dazwischen liegenden schmalen Holzschicht zusammengeleimt war. Für die Herstellung wurden im allgemeinen zwischen fünf und zehn Jahre benötigt, doch ein solcher Reflexbogen ließ sich dann auch jahrzehntelang nutzen. Im unbespannten Zustand besaß er eine stark konvexe Form und erhielt erst mit aufgezogener Sehne konkave Gestalt, wobei mit Ausnahme des starren und geraden Griffstücks in der Bogenmitte die Arme zum Bogenbauch hin fast einen Halbkreis formten. Durch diese Krümmung verfügte die Waffe schon in Ruhestellung über eine Vorspannung, die durch den Auszug der Sehne noch beträchtlich gesteigert werden konnte. Ein entscheidender Vorteil dieses Bogentyps im Vergleich zu dem ohne Sehne fast geraden und mit ihr nur leicht gekrümmten Holzbogen lag in der wesentlich ökonomischeren Handhabung durch den Schützen. Die Spannkraft war anfänglich sehr hoch, nahm aber beim weiteren Sehnenauszug nicht stark zu, während Holzbögen eine steilere statische Leistungskurve aufwiesen. Hier war die Anfangsspannung relativ gering, doch sie steigerte sich mit fortschreitendem Auszug der Sehne zusehends, so daß vom Schützen der größte Kraftaufwand beim weitesten Auszug und damit am Ende der Spannungsphase gefordert war. In diesem Moment setzte das Zielen mit der Waffe ein.

Kelten und Germanen kannten vornehmlich zu jagdlichen Zwecken einen Holzbogen, dessen Länge zwischen 1 und 1,5 Meter lag. Als Kriegswaffe war dieser Bogentyp bei Angelsachsen, Goten und Langobarden in Gebrauch. Die Franken verfügten bereits über eigene Abteilungen von Bogenschützen in ihren Heeren, schätzten diese Waffengattung von der Bedeutung her aber eher gering ein. Das fand im fränkischen Recht seinen Niederschlag: Die »Kapitularien« Karls des Großen (742–814) schrieben zwar als Ausrüstung für den Krieger neben Lanze und Schild auch den Bogen vor, doch lediglich die Lanze galt als Zeichen eines freien Mannes. Daher wurden die Bognerabteilungen überwiegend aus den Schichten unfreier Gefolgsleute rekrutiert. An diesem Status hat sich im Verlauf des Mittelalters kaum etwas geändert, selbst wenn Bogenschützen in einigen Fällen einen entscheidenden Anteil am Sieg in einer Schlacht reklamieren konnten, etwa 1066 bei Hastings die normannischen Bogner, denen sogar der angelsächsische König Harold (geboren um 1022) zum Opfer gefallen war.

Während der Kreuzzüge machten viele europäische Ritter häufig genug sehr nachteilige Erfahrungen in Gefechten mit muslimischen Truppen, vor allem hinsichtlich des wirkungsvollen Einsatzes der berittenen feindlichen Bogenschützen. Das führte in der Folge vor allem in England und Frankreich zum Aufbau eigener Heereskontingente aus Bognern. Außerdem entstanden in vielen nordfranzösischen, flandrischen und deutschen Städten während des 13. und 14. Jahrhunderts bürgerliche Schützenbruderschaften. Sie übten sich mindestens einmal pro Woche im Schießen mit Bogen oder Armbrust und veranstalteten einmal im Jahr an einem Sonntag im Frühjahr oder Sommer, der dem jeweiligen Kirchenpatron geweiht war, einen öffentlichen Wettkampf, gleichsam als Vorläufer der bis heute üblichen und beliebten Schützenfeste. Im 14. Jahrhundert stellte König Karl V. von Frankreich (1337–1380) für sein Heer eigene Abteilungen berittener Bogenschützen auf, die sich nach Aussage zeitgenössischer Quellen im Gefecht jedoch nicht bewährten.

Im mittelalterlichen Europa erlangte der Bogen nie den Rang einer ritterlichen Kriegswaffe. Dafür waren militärisch-funktionale wie ethische Gründe verantwortlich: Die für einen Reiterbogen unverzichtbare Handlichkeit begrenzte seine Länge auf etwa 1 Meter. Mit einem solchen Kurzbogen aus Holz ließen sich im Vergleich zu dem von den Reitervölkern Südosteuropas, Asiens und des Vorderen Orients

101. Schießübungen englischer Langbogner. Miniatur in dem 1340 entstandenen »Luttrell Psalter«. London, British Library

bevorzugten und meisterhaft geführten Komposit- oder Reflexbogen nur mäßige Schußleistungen erwarten. Der aus mehreren Horn-, Holz- und Sehnenschichten zusammengeleimte und auf ein zentralasiatisches Grundmuster zurückgehende Reflexbogen ist allerdings sehr empfindlich gegen Feuchtigkeit gewesen, wie die wenigen, zumeist als Kriegsbeute nach Europa gelangten Exemplare belegen. Auch die Berichte von der großen Schlacht der Magyaren gegen die Kumanen im Jahr 1282, in der aufgrund starken Regens alle Bögen erschlafft und unbrauchbar geworden waren, bestätigten diesen Nachteil.

Um vom galoppierenden Pferd aus einen Bogen wirkungsvoll einsetzen zu können, wie es die Mongolen, Magyaren, Kumanen oder Sarazenen vermochten, mußte der Reiter im Sattel sehr beweglich sein, sich beispielsweise nicht nur zur Seite, sondern nötigenfalls auch weit nach hinten drehen können. Eine solche Beweglichkeit war bei der üblichen Panzerung eines mitteleuropäischen Ritters so gut wie unmöglich. Berittene Bogenschützen mußten in der Schlacht bei hohem Tempo des Pferdes oft abrupte Richtungsänderungen vornehmen können, während sie mit beiden Händen Pfeil und Bogen einsetzten. Das setzte schnelle und sehr bewegliche Pferde voraus und verlangte von den Reitern die besondere Fähigkeit, ihren Tieren alle gewünschten und häufig extremen Manöver lediglich durch Gewichtsverlagerung und Schenkeldruck zu vermitteln.

Die im europäischen Kriegswesen seit dem frühen Mittelalter forcierte Konzentration auf den schwergepanzerten Reiter mit einer langen Stoßlanze als Hauptwaffe hatte in der Pferdezucht zum großen und starken, aber eben ziemlich schwerfälligen Streitroß geführt, das seinen gewichtigen Reiter auch in schneller Gangart tragen konnte. In Turnieren erprobt, wurden diese Pferde für den frontalen Angriff auf die feindliche Schlachtformation geschult, wobei ein seitliches Ausweichen im Galopp oder schnelle Wendungen nur nachteilig waren. Die reiterliche Ausbildung angehender Ritter konzentrierte sich vornehmlich auf das Beherrschen des Streitrosses für diesen Frontalangriff mit unter der Achsel eingelegter Stoßlanze. Immer wieder geübt wurde das Durchbrechen der feindlichen Schlachtformation und damit ihre Auflösung, indem die gegnerischen Panzerreiter möglichst schon beim ersten Anrennen vom Pferd gestochen wurden und man selbst trotz gegnerischer Waffenwirkung auf Schild oder Körperpanzer fest im Sattel blieb. In völligem Gegensatz zu dieser stereotyp eingeübten Form der wuchtigen Attacke stand die für den Einsatz des Bogens vom Pferderücken aus unverzichtbare hohe Beweglichkeit von Roß und Reiter. Es widersprach außerdem ritterlichem Ethos, einen Gegner mit Hilfe von Fernwaffen aus der Distanz zu töten. Als ehrenvoll galt allein der Kampf Mann gegen Mann, nach Möglichkeit sogar mit der gleichen Form von Handwaffen auf beiden Seiten. Ohne Abstriche am eigenen Selbstverständnis hätte kaum ein Ritter sich anderer Waffen bedient, und mochten sie noch so wirkungsvoll sein.

Im späten 13. Jahrhundert setzte auf den Britischen Inseln eine Entwicklung ein, die schließlich den Bogen bis zum Ende des 15. Jahrhunderts in Mitteleuropa zur wichtigsten leichten Fernwaffe werden ließ. Schon die ersten Kriegszüge des englischen Königs Eduard I. (1239–1307) zur Unterwerfung von Wales vom Jahr 1277 hatten seinen Truppen schwere Verluste durch die walisischen Schützen mit ihren Langbogen gebracht. Aufgrund dieser Erfahrungen stellte er 1280 ein eigenes Bognerkorps auf, das er mit Langbogen nach walisischem Vorbild ausrüsten ließ. Während die Waliser überwiegend als Einzelkämpfer aus dem Hinterhalt agierten, faßte Eduard seine Bogner zu geschlossenen Formationen zusammen und ließ sie als eigenständige taktische Körper das Salvenschießen üben. Im Idealfall entsprach die Länge des von den Engländern übernommenen Bogens der Körpergröße des einzelnen Schützen. Im 14. Jahrhundert erreichte dieser nun als »englischer Langbogen« bezeichnete Waffentyp 2 Meter Länge, womit eine erhebliche Steigerung der Spannkraft verbunden war.

In der Regel schälte man die Bögen aus den Baumstämmen so heraus, daß der in der Mitte der Bäume liegende ältere Holzteil den späteren Bogenbauch, das jüngere und wegen seiner langen Fasern wesentlich zähere Holz der äußeren Schichten dagegen den Bogenrücken bildete. Es wurde stets besonders darauf geachtet, daß am flachen Bogenrücken der natürliche Verlauf der Holzfasern erhalten blieb. Beim Herausspalten eines Bogens aus einem solchen Stamm entstand daher ein natürlich gewachsener Kompositbogen aus zwei verschiedenen Holzschichten. Der strukturelle Unterschied zwischen dem dichten Holzkern und dem langfaserigen Splintholz des Baumstamms war besonders häufig bei jungen Eibenstämmen anzutreffen, die deswegen das bevorzugte Material für die Bogenherstellung bildeten. Ebenso verwendete man Eschen-, Ulmen- oder Eichenholz. Gespannt wurde ein solcher Langbogen mit einer Sehne aus geflochtenem Hanf oder aus gedrehter Seide.

Die meistens aus Birkenholz hergestellten, ungefähr 90 Zentimeter langen Pfeile wogen etwa 70 Gramm und besaßen aus Eisen geschmiedete, lanzett- oder rhombenförmige Spitzen. Am hinteren Ende waren in einem Winkelabstand von 120 Grad drei Federn eines Vogelflügels so angeleimt, daß sie sich schräg zur Achse des Pfeils befanden. Diese Anordnung bewirkte beim abgeschossenen Pfeil aufgrund der schnell vorbeistreichenden Luft einen Drall um die Längsachse, der die Fluglage stabilisierte. Unter König Eduard III. (1312–1377) wurde Bogenschießen zu einer Art Volkssport. Auf besondere Anordnung des Königs sollten sich alle waffenfähigen jungen Männer regelmäßig im Gebrauch von Pfeil und Bogen üben. Zeitgenössischen Berichten zufolge waren fast sechs Jahre intensiven regelmäßigen Trainings vonnöten, um die vom König geforderten Leistungen für die Aufnahme in sein großes Korps hervorragender Bogenschützen zu erreichen. Jeder dieser »Archers« war in der Lage, mit 6 innerhalb 1 Minute abgeschossenen Pfeilen ein 200 Yards (183 Meter) entferntes Ziel zu treffen (Ch. Oman). Neuere Versuche haben ergeben, daß ein solcher Langbogenpfeil noch in 200 Meter Entfernung ein 2,5 Zentimeter dickes Eichenbrett zu durchschlagen vermag.

Seine militärischen Erfolge in den Grenzkriegen gegen die Schotten verdankte König Eduard III. vor allem seinen Langbognern, deren Pfeilhagel die Reihen der angreifenden schottischen Truppen in den Schlachten von Dupplin Moor 1332 und Halidon Hill 1333 ebenso dezimierte wie die der Franzosen in der berühmt gewordenen ersten großen Schlacht des Hundertjährigen Krieges 1346 bei Crécy. Auch zehn Jahre später, unter seinem Sohn Eduard, dem Schwarzen Prinzen (1330–1376), in der Schlacht bei Poitiers und noch 1415 unter König Heinrich V. (1387–1422) bei Azincourt waren die gefürchteten Langbogner Garanten für den Sieg der englischen Heere. Zur überlegenen Reichweite und Durchschlagskraft dieses Bogens kamen die Treffsicherheit der besonders geübten Schützen und ihre Disziplin beim optimal koordinierten Schießen im Salventakt. Die Bogner erreichten im geschlossenen Einsatz eine »Feuergeschwindigkeit« von maximal 12 Pfeilen pro Minute (R. E. und T. N. Dupuy), und 24 solcher Pfeile führte jeder Bogner im Köcher mit sich.

Zur Verdeutlichung der Wirkung des Langbogeneinsatzes im Gefecht kann beispielhaft die schon von zeitgenössischen Chronisten beider Seiten gut dokumentierte Schlacht bei Crécy herangezogen werden. Auch bei einer Relativierung der in den Chroniken ganz unterschiedlich angegebenen Zahl englischer Bogenschützen auf einen Mittelwert von nur 6.000 Mann und der Annahme eines um die Hälfte reduzierten Salventaktes von lediglich 6 Pfeilen in der Minute wäre die angreifende französische Ritterschaft in dieser Schlacht schon in den ersten 60 Sekunden einem Hagel von 36.000 Pfeilen ausgesetzt gewesen. Selbst bei derart verminderter Schuß-

102. Einsatz von Langbogen, Armbrust, Handbüchsen und Geschützen bei einer Belagerung im Hundertjährigen Krieg. Miniatur in einer um 1470 entstandenen Handschrift der »Chroniques de France, d'Angleterre, d'Ecosse, d'Espagne, de Bretagne« von Jean Froissart. London, British Library

folge hätten die Schützen unter vollständiger Ausnutzung ihres Vorrats innerhalb von nur 4 Minuten immerhin insgesamt 144.000 Pfeile in geschlossenen Salven verschießen können. Die zeitgenössischen Schlachtberichte beschreiben die hohe Frequenz der koordinierten Pfeilsalven überaus poetisch mit Vergleichen wie dem eines dichten Schneetreibens (J. Froissart). Aus der besonderen Befähigung der Archers zur Handhabung ihrer Waffen ergaben sich vorteilhafte taktische Optionen für die jeweiligen Feldherren. Erklärbar erscheinen daher auch die überaus schweren Verluste der französischen Ritterschaft in den erwähnten drei großen Schlachten des Hundertjährigen Krieges.

Der englische Langbogen stellte somit eine technische wie eine taktische Innovation dar. Verglichen mit den zuvor in Europa verwendeten Bogentypen wurde durch seine Formgebung die Wirkungsmöglichkeit beträchtlich gesteigert. Sein Einsatz in geschlossener Aufstellung und in koordinierter Salvenfrequenz zerschlug die feindlichen Angriffsformationen, indem der Schwung jeder Reiterattacke abgefangen wurde. Zu diesem Zweck reichte es aus, die Pferde zu treffen, die als Ziele für die geübten Archers nicht zu verfehlen waren. In den Schlachten hatte sich der Langbogen auch der seit dem 10. Jahrhundert gebräuchlichen Armbrust in bezug auf Reichweite wie hinsichtlich der Schußfolge als weit überlegen erwiesen. Bei Crécy fielen die für ihre Schießkunst geachteten und vom französischen König als geschlossenes Kontingent angeworbenen genuesischen Armbrustschützen den Pfeilen der englischen Bogner zum Opfer, noch bevor sie selbst mit ihren Waffen in Schußweite gelangen konnten.

103. Maximilian I. als Kronprinz beim Armbrustschießen. Lavierte Federzeichnung in der »Historia Friderici et Maximiliani« von Joseph Grünspeck, um 1500. Wien, Haus-, Hof- und Staatsarchiv

Der Langbogen erforderte anders als die Armbrust nicht bloß den geübteren, sondern auch den kräftigeren Schützen, da je nach Länge des Bogens mit dem Auszug der Sehne pro Pfeil 36 bis 50 Kilopond zu bewegen waren. Englische Langbogner waren in Mitteleuropa aufgrund ihrer besonderen Fertigkeiten sehr begehrt. Als Söldner dienten sie im Heer des Deutschen Ordens wie gegen Ende des 15. Jahrhunderts unter Kaiser Maximilian I. In englischen Heeren behauptete sich der Langbogen als bevorzugte Standardfernwaffe sogar noch im 16. Jahrhundert gegenüber Armbrüsten und den verfügbaren Formen von Handfeuerwaffen und wurde erst 1595 durch königliches Dekret ausgemustert.

Die Armbrust als Fernwaffe kam völlig unabhängig von ihrer eigenständigen Entwicklung in China seit dem 10. Jahrhundert in Mitteleuropa in Gebrauch und ersetzte als Kriegs- wie als Jagdwaffe weitgehend den kurzen Holzbogen. Der Grund dafür lag in der leichteren Handhabung; denn die Beherrschung der Armbrust erforderte nicht die gleiche Fertigkeit und das ständige Üben des Schützen. Sie ließ sich außerdem wesentlich ermüdungsfreier bedienen, weil die Sehne mit beiden Händen oder mit Unterstützung durch verschiedene Windenkonstruktionen gespannt werden konnte. Während ein Bogenschütze für jeden Schuß viel Körperkraft aufzuwenden und seine Waffe unmittelbar vor dem Abschuß zu spannen hatte, unter Halten der starken Spannung zielte und dann erst den Pfeil abschießen konnte, vermochte der Armbruster mit gespannter Waffe und eingelegtem Bolzen beliebig lange auf eine günstige Gelegenheit zum Schuß zu warten. Von Befestigungsanlagen aus brauchte er außerdem nicht freihändig zu schießen, sondern konnte seine Waffe auflegen. Innerhalb der besonders wirkungsvollen Kampfentfernung von 60 bis 100 Metern bedeutete dies eine ziemlich hohe Trefferwahrscheinlichkeit.

Bei den mittelalterlichen Armbrustformen setzte der Schütze die Waffe zum Spannen senkrecht mit dem aus Holz- und Hornplatten zusammengeleimten Kompositbogen auf den Boden auf, trat mit beiden Füßen rechts und links neben dem Schaft in den Bogen hinein, beugte sich nieder und zog die Sehne mit beiden Händen durch Aufrichten des Oberkörpers nach oben, bis er sie hinter der Abzugskralle einhaken konnte. Für den Schuß mußte nun nur noch der Bolzen in die dafür vorgesehene Rille auf dem Schaft, in der waffenkundlichen Terminologie als »Säule« bezeichnet, eingelegt werden. Beim Abzug gab die Kralle die Sehne frei, und diese beschleunigte den Bolzen auf seine Flugbahn. Während des Hochmittelalters war der von den Armbrustern an einem eigenen Gürtel getragene Spannhaken aufgekommen. Auf einer Vielzahl bildlicher Darstellungen ist der Spannvorgang mittels dieses Gürtelhakens gut belegt: Der Schütze hielt die Armbrust mit der Sehne zum Körper und mit dem Säulenende nach oben senkrecht, klinkte den Gürtelhaken in die Sehne ein, trat mit dem Fuß auf die Innenseite des Bogens oder auf einen am vorderen Ende des Schaftes angebrachten Bügel und spannte die Waffe dann durch das mit dem Aufrichten des Körpers verbundene Strecken des Beines. Die »Steigbügelarmbrust« setzte sich als Standardtyp durch.

Wegen der umständlichen Spannphase mit dem Gürtelhaken oder den im Spätmittelalter benutzten verschiedenen Windenkonstruktionen blieb die Schußfolge mit maximal 2 Bolzen pro Minute weit hinter der eines Bogens zurück, doch dieser Nachteil ließ sich vor allem beim Kampf um feste Plätze durch die geringere körperliche Anstrengung des Schützen, die höhere Treffergenauigkeit auf kürzere Distanzen und die generell besseren Einsatzmöglichkeiten aus der Deckung von Befestigungsanlagen heraus kompensieren. Als mechanische Spannhilfen dienten insbesondere die sogenannte englische Winde, die sich mit Seilzügen und zwei Kurbelarmen am Ende der Säule anbringen ließ, sowie die deutsche Zahnstangenwinde, die horizontal auf die Säule gesetzt wurde. Über die Drehung einer Kurbel zog dann ein Zahnrad die mit ihrem vorderen krallenartigen Ende in die Sehne eingehakte Zahnstange zurück und spannte die Waffe. Albrecht Dürer hat eine solche Winde gezeichnet. Berittene Armbrustschützen des 15. Jahrhunderts spannten ihre Waffen im Sattel mittels des »Geißfußes«, eines Gelenkhebels, der wegen seiner beiden Klauen diesen Namen erhalten hat.

Im defensiven Einsatz, von Befestigungsanlagen aus, war die Armbrust aufgrund ihrer Handlichkeit dem Bogen überlegen, weil man mit ihr sogar noch aus Gucklöchern gezielt zu schießen vermochte. Die erhaltenen Formen der Schießscharten in mittelalterlichen Burgen oder in Resten von Stadtbefestigungen lassen die jeweilige Zuordnung für die unterschiedlichen Fernwaffen, Bogen und Armbrust, in der Regel deutlich erkennen: Einfache senkrechte Scharten waren für Bogenschützen gedacht, während die wesentlich häufiger anzutreffenden kreuzförmigen oder nur einen kurzen Längsschlitz aufweisenden Formen oft eine verbreiterte Nische auf der Innenseite zeigen, so daß seitlich genügend Richtmöglichkeit für die zum Schuß mit ihrem Bogenteil horizontal gehaltene Armbrust gegeben war.

Größere Exemplare dieser Waffen fanden auf Mauern und Türmen von Befestigungsanlagen als stationäre Fernwaffen ihren Platz. Die Belagerer führten entsprechende Exemplare auf eigenen Wagen oder Karren mit sich. Die Wallarmbrüste besaßen einen bis zu 4 Meter langen Bogen und waren in der Regel auf einem Dreibein schwenkbar lafettiert. Verschossen wurden bis zu 75 Zentimeter lange Bolzen. Die wirkungsvolle Reichweite dieser schweren Fernwaffen lag bei etwa 400 Metern. Für die Vorbereitung zum Schuß benötigte man allerdings einen Spannbock. Dabei handelte es sich um einen hölzernen Pfosten mit einem Hebelarm, der am oberen Ende auf einer eingelassenen Querachse beweglich angebracht war. Am kürzeren Ende dieses Hebels hing an einer Lederlasche ein Spannhaken, und am Fuß des Pfostens ragte ein Zapfen vor. Die große Armbrust wurde mit ihrem am Vorderteil des Schaftes angebrachten Bügel über den Zapfen geschoben, dann ließ man den Spannhaken die Sehne fassen und spannte die Waffe durch Herunterdrük-

104. Beschuß einer Befestigung durch Armbrüste und Karrenbüchse mit Brandbolzen und Brandkugeln. Aquarellierte Federzeichnung in dem 1470 entstandenen deutschsprachigen Feuerwerkbuch. London, Board of Trustees of the Royal Armouries

ken des Hebels, vergleichbar der alten Spannfunktion mit dem Gürtelhaken beim mittelalterlichen Armbruster. Eigene Spannbänke dienten zum Aufziehen von Sehnen auf eine solche Armbrust und verfügten über eine horizontale Schraubenwinde, an der eine besonders starke Sehne befestigt war. Die Armbrust wurde auf die Spannbank gelegt, wobei man die beiden in Schlaufen auslaufenden Enden dieser Hilfssehne über die Enden des Armbrustbogens streifte. Das Drehen der Schraube

105. Spannen einer Wallarmbrust. Aquarellierte Federzeichnung in der 1505 entstandenen sogenannten Löffelholzhandschrift. Berlin, Staatsbibliothek Preußischer Kulturbesitz, Handschriftenabteilung, z. Z. Krakau, Universitätsbibliothek

spannte die Hilfssehne so weit, daß sich die Armbrustsehne leicht abnehmen und durch eine neue ersetzen ließ.

Eine die Qualität der Armbrust für den Einzelschützen um vieles steigernde Innovation erfolgte gegen Ende des 14. Jahrhunderts mit dem Ersatz des Kompositbogens aus zusammengeleimten Holzstücken, Tiersehnen und Hornplatten durch einen Stahlbogen, der nicht nur den Vorteil höherer Spannkraft, sondern auch den der vollständigen Unabhängigkeit von der Witterung bot. Eine Reihe von Schlachtschilderungen aus dem späten Mittelalter betont immer wieder den als gravierend empfundenen Nachteil einer Fehlfunktion der Armbrüste durch die Einwirkung von Feuchtigkeit bei schlechtem Wetter. Bildliche Darstellungen aus dem 15. Jahrhundert belegen überdies das Abfeuern von Brandbolzen durch Armbruster. Im Schweizerischen Landesmuseum Zürich haben sich solche Brandbolzen erhalten. Die chemische Analyse der inneren Brandmasse wie der äußeren Entzündungsschicht ergab ein gut brennbares Gemisch aus Schwefel, Kaliumnitrat und Kohlenstoff.

Zu den bedeutenden waffentechnischen Neuentwicklungen des mittelalterlichen Kriegswesens für den Einsatz beim Kampf um feste Plätze zählte die Blide, ein Hebelwurfgeschütz, das sich für den Einsatz auf seiten der Belagerer wie der Belagerten eignete. Die Konstruktion bestand aus einem großen und massiven Balkengestell, in dem auf einer hoch angebrachten eisernen Querachse ein langer, sich zum unteren Ende verjüngender Holzbalken beweglich gelagert war. Diese Anordnung machte aus dem Balken einen zweiarmigen Hebel. Ältere Typen wiesen am vorderen Ende des Hebelarms Seile für den auf Kommando erfolgenden gemeinschaftlichen Zug einer Bedienungsmannschaft auf, während sich am Ende des längeren Hebelarms eine Schlinge zur Aufnahme von Geschossen in Form von schweren Steinbrocken, Brandsätzen, Fäkalienfässern oder toten Tieren befand. Zum Wurf mußte der Hebelarm am rückwärtigen Ende herabgewunden und dann das jeweilige Geschoß in die Schlinge gelegt werden, die in einer horizontalen Laufschiene am Boden der Balkenkonstruktion ausgelegt war. Die gleichzeitig erfolgende Freigabe des langen Hebelarms mit einem ruckartigen und abwärtsgerichteten Zug der Bedienungsmannschaft an den Seilen des kurzen Hebels bewirkte einen Schleudereffekt mit hoher Beschleunigung für das Geschoß.

Die Funktion dieser »Ziehkraftblide« war durch Geschoßgewicht und Stärke der Bedienungsmannschaft beziehungsweise deren Koordination beim Ansatz der Kraft am vorderen Hebelarm bestimmt. Schon gegen Ende des 13. Jahrhunderts kam es zu einem ersten und entscheidenden Konstruktionsfortschritt: Die letztlich auf die Muskelkraft und die koordinierte Aktion der Männer beschränkte Kraftentwicklung am kurzen Hebel ließ sich durch das Anbringen eines schweren Gewichts ersetzen. Damit nutzte man für die Hebelfunktion die Schwerkraft aus und erreichte durch das beim Auslösen des herabgewundenen Wurfarms sehr schnell absinkende Gegengewicht sowohl eine höhere als auch eine gleichmäßigere Beschleunigung der Wurfbewegung. Das Gegengewicht bestand in der Regel aus einem mit Steinen oder Erde gefüllten, am kurzen Hebel beweglich befestigten hölzernen Kasten.

Mehrere spätmittelalterliche Bilderhandschriften zeigen Bliden mit toten Pferden, Eseln, Schweinen, Hunden oder Katzen als Geschossen. Wahrscheinlich wollte man mit solchem in den belagerten Platz geworfenen Aas den Ausbruch von Seuchen unter den Verteidigern fördern; das glich bakteriologischer Kriegführung. Ansonsten dienten große und nur grob behauene Felsbrocken oder Brandsätze als Geschosse. Die schweren Steine erreichten auf einer parabolischen Flugbahn den belagerten Platz, durchschlugen Dächer sowie hölzerne Deckungen, beschädigten die Umwallung von oben und vermochten sogar hinter den Mauern aufgestellte Fernwaffen der Verteidiger zu treffen. Große Bliden konnten Steinbrocken von mehr als 1 Tonne Masse bis zu 100 Meter weit werfen. Stets waren die Reichweiten von der Größe der Gesamtkonstruktion, der Beschleunigungsenergie und dem Gesamtgewicht abhängig. So ergaben sich für die Bliden entsprechende Parameter.

Eine aus Holzbalken, Seilen und Nägeln zusammengebaute Blide mußte den bei der Wurfbewegung auftretenden Kräften standhalten. Während bei der Ziehkraftblide der Wurfhebel schlank und elastisch sein durfte und in seiner Stärke lediglich auf das Geschoßgewicht abzustimmen war, mußte der Hebelarm einer Gegengewichtsblide so dimensioniert sein, daß er in der Spannstellung die Masse des Gegengewichts tragen konnte. Der Übergang von der Ziehkraft- zur Gegengewichtsblide im 13. Jahrhundert bedeutete eine wichtige Innovation. Es handelte sich übrigens um die erste bedeutende mechanische Nutzung der Kraft von Gewichten (L. White). Die große Bedeutung dieser Hebelwurfgeschütze beim Kampf um feste Plätze bis in die frühe Neuzeit hinein ergab sich aus der je nach Bedarf beliebig dimensionierten Ausführung der Gesamtkonstruktion, die es im Extremfall erlaubte, 300 Pfund schwere Steinbrocken bis zu 500 Meter weit zu werfen.

Diese Distanz ist quellenmäßig gut belegt. So ließ Erzbischof Konrad von Hochstaden (gestorben 1261) anläßlich seiner Belagerung der Stadt Köln im Jahr 1257 auf dem rechten Rhein-Ufer beim heutigen Deutz eine große Blide aufstellen, deren Geschosse nach Auskunft zeitgenössischer Chronisten unter anderem ein Gebäude in einer Gasse zwischen dem Rhein und dem Heumarkt trafen. Dies entsprach einer Wurfweite von 450 Meter. Als Konrad bald darauf gemeinsam mit dem Trierer Erzbischof Arnold an die Belagerung von Burg Thurant bei Alken an der Mosel ging, ließ er mehrere Bliden in 500 Meter Entfernung von der Burg auf einem Höhenrükken aufstellen, der bis heute als »Bleidenberg« bezeichnet wird. Auch die Berichte über die Belagerung von Burg Eltz durch Erzbischof Balduin von Trier (1285–1354) während der Eltzer Fehde von 1331 bis 1336 belegen einen Blideneinsatz von 500 Meter Wurfweite. In dieser Entfernung von Burg Eltz hatte der Trierer Erzbischof eigens für die Belagerung und zur Kontrolle des Umlandes die noch heute als Ruine erhaltene kleine Burg Trutzeltz errichten lassen, von der aus mit Bliden Steine auf Burg Eltz geworfen wurden.

Die Verteidiger eines belagerten Platzes wehrten sich ebenfalls mit Hilfe dieser Wurfmaschinen. Meistens stellte man sie auf freien Plätzen innerhalb der Umwallung auf, von wo aus sie mit ihren Geschossen gegen das feindliche Lager oder die Anmarschwege der Angreifer wirken sollten. In Friedenszeiten konnten die Bliden bezüglich ihrer Ausrichtung auf bestimmte Zielpunkte im Umfeld einer Burg oder Stadt erprobt werden, und im Fehde- oder Kriegsfall ließ sich auf diese Erfahrungswerte zurückgreifen. In den Rechnungsbüchern vieler deutscher Städte finden sich Eintragungen über die Anfertigung von Bliden und die dabei entstandenen Kosten. Die Wurfgeschütze wurden in der Regel, in Einzelteile zerlegt, in den städtischen Zeughäusern aufbewahrt. Im Einsatz unterstanden sie einem eigenen Blidenmeister, der oftmals ein erfahrener Zimmermann war und bis zu 12 Gesellen für die

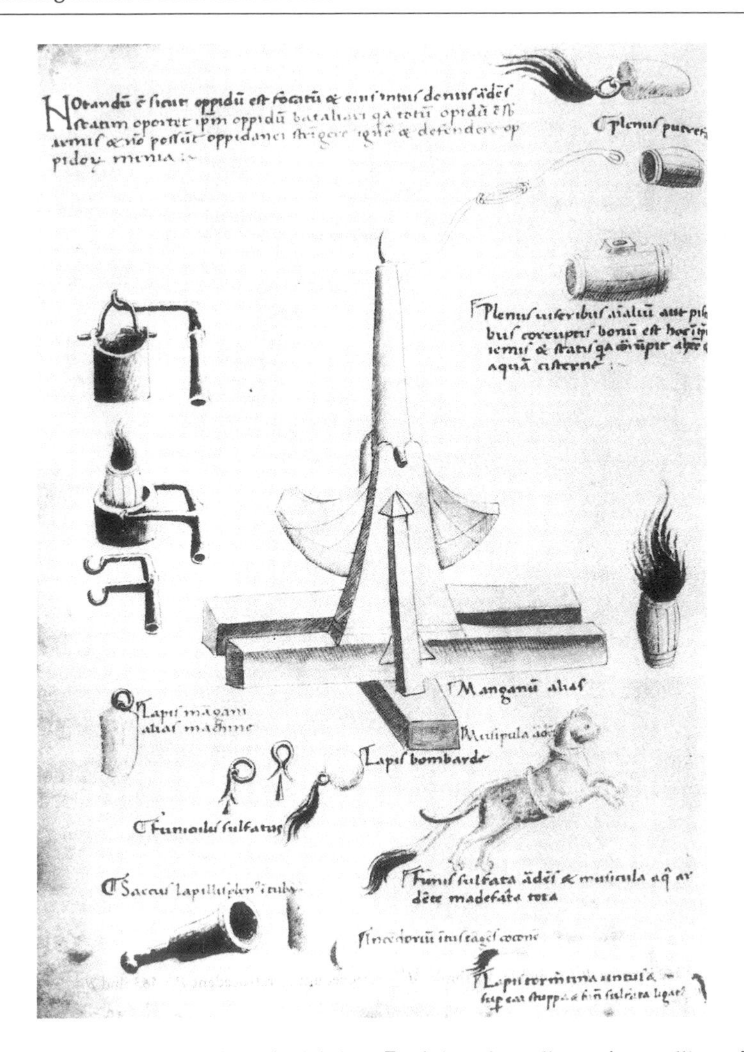

106. Gegengewichtsblide in technisch richtiger Funktionsdarstellung. Aquarellierte Zeichnung zu der 1449 entstandenen Schrift »De rebus militaribus« von Taccola, um 1500. Venedig, Biblioteca Nazionale Marciana

Bedienung einer Wurfmaschine unter sich hatte. Ebenfalls im Zeughaus eingelagert war stets ein Vorrat an behauenen steinernen Geschossen. Sie wurden mit den zerlegten Bliden bei einem Kriegszug, der eine Belagerung einschließen sollte, auf Wagen mitgeführt. Eventuell zusätzlich benötigte Geschosse konnten meist am Ort der Belagerung durch Behauen entsprechend geeigneter Steine hergestellt werden. In erhaltenen städtischen Chroniken und Rechnungsbüchern aus dem 14. und 15. Jahrhundert, zum Beispiel aus Aachen, Frankfurt, Köln, Naumburg, Würzburg, Basel und Straßburg, wird deutlich, daß die in Einzelteile zerlegte Blidenkonstruktion vor Beginn eines Einsatzes jeweils probehalber aufgebaut und hinsichtlich ihrer Funktion überprüft worden ist.

Mit Ausnahme der eisernen Drehachse und den Buchsen für ihre Lagerung brauchte man für den Bau von Bliden lediglich Holzbalken und Tauwerk. Hierin liegt der Grund, warum sich keine dieser Wurfmaschinen bis heute erhalten hat. Rekonstruktionen sind dennoch ohne größere Probleme möglich gewesen, weil in vielen bebilderten Büchern des 14. bis 16. Jahrhunderts und auch in den spätmittelalterlichen kriegstechnischen Bilderhandschriften Darstellungen von Bliden zu finden sind, im besonderen Fall in der »Bellifortis«-Handschrift von Konrad Kyeser (1366–1405) aus der Zeit kurz nach 1400 sogar mit Maßangabe auf den Balken der Konstruktion. Eine heutige kritische Betrachtung solcher Darstellungen ermöglicht auch das Ausscheiden falscher, bloß der Phantasie der jeweiligen Zeichner entstammender Abbildungen. Das entscheidende Kriterium hierfür ist die in der Form der Wiedergabe deutlich werdende Erkenntnis des Funktionsprinzips. Wenn beispielsweise oft Darstellungen erscheinen, bei denen der Hebelarm senkrecht steht, aber das Geschoß sich noch in der Schlinge befindet, kann von einem Verständnis für die Wirkungsweise keine Rede sein. Bei der Wurfbewegung öffnete sich nämlich aufgrund der Fliehkraftbeschleunigung die Schlinge, wenn der Wurfarm einen Winkel von etwa 75 Grad zur Waagerechten erreichte. Bei der Abbildung einer Blide mit senkrecht stehendem Hebelarm sowie Gegengewicht am unteren und Schlinge am oberen Ende muß diese gelöst von oben herabhängen, wenn es eine realistische Wiedergabe sein soll.

Versuche mit rekonstruierten derartigen Wurfgeschützen 1850 in Frankreich, 1907 in England und noch 1989 in Dänemark haben im wesentlichen die Angaben der Chronisten hinsichtlich Dimensionierung und Wurfweite der Bliden bestätigt. Die jüngsten dänischen Versuche anläßlich der Siebenhundert-Jahr-Feier von Nyköping auf Falster ergaben bei einer Bedienungsmannschaft von 12 Mann einen Zeitbedarf von etwa 10 Minuten für den Ladevorgang, bei dem der Wurfarm herabgewunden und der Steinbrocken in die Schlinge gelegt werden mußte, die auf der waagerechten Gleitrinne für das Geschoß ausgelegt war und dann mit ihrem freien Ende an der Spitze des Wurfarms eingehakt wurde. Bei der Freigabe des Arms riß der Gewichtskasten den kurzen Hebelteil des Wurfarms ruckartig nach unten, wodurch der längere Hebel und mit ihm der Stein in der Schlinge erheblich beschleunigt wurden. Nach Verlassen der waagerechten Gleitbahn schwang die Schlinge nach hinten aus, vergrößerte dabei um ihre Länge den Abstand des Geschosses vom Drehpunkt des Hebels und steigerte so seine Fliehgeschwindigkeit, bis es bei der Winkelstellung des Wurfarms von 70 bis 75 Grad diesen überholte. Dadurch löste sich das eingeklinkte Schlingenende und gab den Stein frei.

Im kriegerischen Einsatz ließen sich unterschiedliche Wurfweiten nur dann erzielen, wenn die Massen von Geschoß oder Gegengewicht entsprechend verringert oder gesteigert wurden. Wollte man bei gleichbleibendem Gegengewicht weiter werfen, so mußte das Geschoßgewicht verringert werden. War dies nicht möglich oder wegen der beabsichtigten Wirkung im Ziel nicht erwünscht, dann blieben nur der Versuch eines Stellungswechsels der ganzen Blide weiter nach vorn, in Richtung Ziel, was meistens nicht zu bewerkstelligen war, oder eine Steigerung des Gegengewichts. Doch das war nur bis zu einem Grenzwert machbar, weil bei dessen Überschreitung die gesamte Konstruktion in Mitleidenschaft gezogen worden wäre. Auch bei einer beabsichtigten Verringerung der Wurfweite boten sich nur Manipulationen am Gegen- oder am Geschoßgewicht an, wenn man nicht das gesamte Wurfgeschütz weiter zurückverlegen wollte.

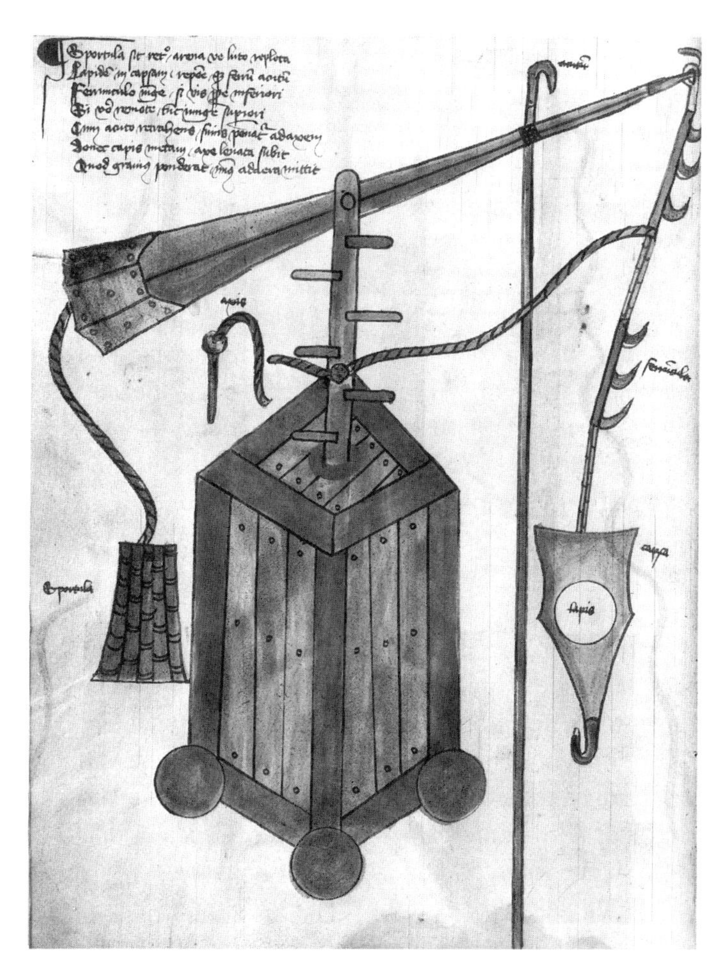

107. Fahrbare Blide mit variabler Einstellung für die Wurfschlinge. Miniatur in der 1405 vollendeten »Bellifortis-Handschrift« des Konrad Kyeser von Eichstätt. Göttingen, Staats- und Universitätsbibliothek

Bei mechanischen Konstruktionen wie den Wurfmaschinen ergaben sich aus dem verfügbaren Material und den Erfahrungen mit der Handhabung immer wieder Konsequenzen für die Formgebung. Vor allem aus diesem Bereich der Kriegstechnik stammten im späten Mittelalter Impulse auch für andere Bereiche der Technik, und dafür bot die Blide ein besonders gutes Beispiel. Die Ausnutzung einer Verbindung von Hebelprinzip und Schwerkraft für den Wurf von Geschossen erschien zunächst als zielgerichtete und zweckbestimmte Anwendung empirisch gewonnener Erfahrungen von mechanischen Gesetzmäßigkeiten für den Kriegsgebrauch. Die durch eine Abbildung aus dem »Bellifortis« für den Beginn des 15. Jahrhunderts belegte, ohne Zweifel jedoch ältere Einrichtung zur Verkürzung oder Verlängerung der Schlinge durch Einhaken des freien Schlingenendes in eine von mehreren, in unterschiedlichen Abständen auf den am Wurfarm befestigten Schlingenband angebrachten Ösen oder Querriegeln erlaubte die Veränderung der Wurfweite unter Beibehaltung aller sonstigen Systemkomponenten wie Masse von Geschoß und Gegengewicht sowie der Entfernung der Blide zum Ziel. Das mußte empirisch gewonnene Erkenntnisse ballistischer Prinzipien zur Voraussetzung gehabt haben. Im übrigen gab die Funktionsweise der Bliden dem französischen Philosophen Jean Buridan (1295–1366) nachweislich Anstöße zur Entwicklung seiner Theorie der Bewegung (B. Gille).

Auf vielen Illustrationen von kriegerischen Ereignissen in Chroniken des 15. Jahrhunderts erscheinen neben den bereits als Belagerungsgeschütze eingesetzten schweren Mauerbrechern vom Typ der Steinbüchse nach wie vor Bliden. Auch die zeitgenössischen Berichte bestätigen ihre Verwendung bis ins 16. Jahrhundert hinein. Die Gründe hierfür lagen vermutlich sowohl in der im Vergleich zu den schweren Steinbüchsen um ein Vielfaches höheren Schuß- oder besser Wurffolge, im weitaus niedrigeren finanziellen Aufwand für Herstellung wie Betrieb – kein teurer Schmiedeprozeß oder Bronzeguß und kein Schießpulver – als auch in der Verwendung der »Sondermunition« in Gestalt von Aas, Fäkalien und Brandsätzen, die mit Feuerwaffen nicht verschossen werden konnte.

Während des Mittelalters und bis in die Neuzeit sind laufend Anstrengungen unternommen worden, den Körper von Kriegern gegen feindliche Waffenwirkung zu schützen. Es dürfte in der Geschichte kaum eine Epoche geben, in der mehr Erfindungsgeist, handwerkliches Geschick und künstlerische Gestaltungskraft für die Herstellung einer Körperpanzerung aufgewandt worden sind. Dabei ging es stets um die passive Abwehr von Stoß und Hieb mit Handwaffen wie von auftreffenden Geschossen. Das galt gleichermaßen für die zum Schutz des Kopfes entwickelten Helmformen. Die Kettenhemden der Kreuzzugsepoche boten wegen der gesteigerten Durchschlagskraft von Pfeilen und Armbrustbolzen und der zunehmenden Verbreitung von Stangenwaffen seit Beginn des 14. Jahrhunderts kaum noch hinreichend Schutz. So versuchte man, die besonders gefährdeten Stellen dieser Ringel-

108. Joachim und Zacharias von Roebel im Plattenharnisch mit Schwert und Streitkolben. Steinskulpturen an ihrem Grabmal in der St. Nikolai-Kirche in Berlin-Spandau

panzerung mit geformten Eisenplatten und Schienen zu verstärken. Es entstand auf diese Weise der »Spangenharnisch«. Als Zwischenlösungen tauchten Kniebuckel, Arm- und Beinschienen, Ellbogenkacheln, Brustplatten und eiserne Achselstücke auf, die auf dem Kettenhemd befestigt wurden. Bis zum Ende des 14. Jahrhunderts entwickelte sich aus dieser Übergangsform der geschlossene Plattenharnisch, bei dem auch die zuvor lediglich vom Kettenhemd geschützten Teile an Beinen und Armen nun röhrenförmige, in die Gelenkbuckel an Knie und Ellbogen eingeschobene Eisenplatten erhielten. Alle Bestandteile dieser Plattenrüstung wurden mit Lederriemen an den jeweiligen Körperteilen befestigt und untereinander beweglich verbunden. Eisenschuhe mit Sporen und ledergefütterte Panzerhandschuhe komplettierten die Schutzausrüstung der Adligen um die Wende zum 15. Jahrhundert.

In der Folgezeit bildeten sich zwei Haupttypen heraus, die entsprechend unterschiedliche Stilrichtungen verdeutlichten: einerseits der elegant wirkende Harnisch gotischer Formgebung mit gezackter und gebrochener Kontur, andererseits die funktioneller wirkende, abgerundete und in den Flächenteilen glatte italienische Form, beide noch ohne den erst in der Renaissance aufkommenden graphischen Zierat. Der Einfluß beider Stilrichtungen war so stark, daß man auch in allen anderen europäischen Ländern die Formgebung der Plattenharnische entweder von den deutschen oder von den italienischen Vorbildern ableitete und allenfalls nach individuellen Bedürfnissen leicht variierte. Mailand stieg im 15. Jahrhundert zum italienischen Zentrum der Plattnerei auf, und seine Produkte beherrschten neben denen aus Brescia bis etwa 1450 entsprechende Märkte in Europa. So unterhielt die berühmteste Mailänder Plattnerfamilie der Missaglia eigene Agenturen in Frankreich, Flandern und England, und in diese Länder sind auch viele in Mailand ausgebildete Plattner abgewandert, um sich dort neue Existenzen zu schaffen und der großen heimischen Konkurrenz auszuweichen. Im deutschen Raum war die Plattnerei aufgrund der für ein blühendes Gewerbe unverzichtbaren guten Standortbedingungen auf die oberdeutschen Städte Nürnberg, Augsburg, Landshut und Innsbruck konzentriert. Zu den Standortvorgaben zählten neben solventen Käufern für teure Einzelanfertigungen oder für größere Mengen an Teilharnischen zur Wappnung von Dienstmannen vor allem eine hinreichende Wasserkraft zum Betrieb von Hammerwerken und die räumliche Nähe zu Eisenerzvorkommen wie zu Hüttenbetrieben.

Die beiden großen Handelsstädte Nürnberg und Augsburg boten als Schnittpunkte von Handelswegen sowie durch die nutzbare Wasserkraft von Pegnitz und Lech und die Nähe zum oberpfälzischen Eisenrevier besonders günstige Voraussetzungen. Die Plattner in den landesfürstlichen Städten Landshut und Innsbruck an Isar und Inn verarbeiteten steierisches Eisen und deckten mit ihren Produkten überwiegend die Nachfrage des jeweiligen Landesherrn und seines Hofes. Hinsichtlich der Qualität der Produkte ebenbürtig, konnten sie jedoch mengenmäßig mit den Plattnern in den Reichsstädten nicht konkurrieren. Daher bestellten zum Beispiel die Tiroler Erzherzöge des öftern größere Posten von Teilharnischen zur Ausrüstung ihrer Truppen in Augsburg und in Nürnberg. Die Fußknechte trugen im 15. Jahrhundert in der Regel einen als »Krebs« bezeichneten Brustharnisch aus Vorder- und Rückenteil, der nach mehreren Standardgrößen gefertigt wurde und deshalb einer individuellen Ausformung nicht bedurfte. Er scheint noch im 16. Jahrhundert trotz der mittlerweile fortgeschrittenen Entwicklung der leichten Feuerwaffen vor solchen Geschossen hinreichend Schutz geboten und damit seinen defensiven Zweck erfüllt zu haben. Darauf verweist übrigens eine Drohung Maximilians I. gegenüber den Räten seiner Innsbrucker Kammer, die im Jahr 1507 bei der finanziellen und administrativen Förderung der gerade eingerichteten Hofplattnerei keinen Arbeitseifer vermittelt hatten. Der König drohte ihnen an, sie zum Kriegsdienst heranzuziehen und im nächsten Gefecht ohne Harnisch ins erste Glied zu stellen.

Wie bei dem auf die Körpermaße seines Trägers abgestimmten und als Einzelexemplar gefertigten Reiterharnisch für adlige Krieger wies auch der Krebs für die Fußknechte beim Brustteil eine Wölbung nach vorn auf. Daraus ergab sich, daß die Harnischbrust nur mit ihren innen gepolsterten Rändern im Hüft- beziehungsweise Schulterbereich direkt am Körper auflag. Ein wuchtiger Hieb oder Stoß konnte die Oberfläche beschädigen oder sogar eindellen, ohne daß zwangsläufig eine Verwundung entstand; denn im Gegensatz zum Kettenhemd und zu dessen Verstärkung in der Form des Spangenharnischs bot die gewölbte Form eindeutig mehr Schutz. Eine gewölbte Harnischbrust wies zwischen ihrer Außen- und der Körperoberfläche des Gewappneten einen Zwischenraum auf, der die Wucht des feindlichen Hiebes oder Stoßes abfangen konnte und die Erschütterung von der Auftreffstelle auf die gesamte Fläche bis zu ihren Rändern ableitete. Das galt in vergleichbarer Weise auch für aufprallende Geschosse, die zum Erzielen einer durchschlagenden Wirkung ohnehin einen Winkel von nahezu 90 Grad zwischen Flugbahn und Auftrefffläche benötigten.

Die mit der Außenwölbung des Brustteils eines Plattenharnischs verbundene waffentechnische Innovation setzte für ihre praktische Ausführung hohe handwerkliche Fertigkeiten voraus. Weil aus Konkurrenzgründen besondere Fabrikationstechniken gern geheim gehalten wurden, sind keine schriftlichen Quellen zum Produktionsprozeß solcher Plattenrüstungen überliefert. Doch die Merkmale des Verfahrens lassen sich anhand erhalten gebliebener bildlicher Darstellungen, noch vorhandener Harnische in Waffensammlungen und Museen sowie durch die Erfahrungen moderner Restauratoren zumindest in groben Zügen nachvollziehen: Das von den Hütten in Barrenform angelieferte Eisen wurde in den Hammerschmieden zu starken Blechen ausgereckt, wobei durch Wasserräder angetriebene starke Hämmer die Grobarbeit leisteten. Anschließend trieb der Plattner in seiner Werkstatt in mehreren Arbeitsgängen, die immer wieder vom erneuten Erhitzen des Metalls in der Esse unterbrochen wurden, die gewünschte Form durch Hämmern auf Ambossen verschiedener Größen aus dem Blech heraus. Die Ränder der Platte wurden mit einer großen, in einem Holzblock eingelassenen Schere beschnitten. Danach kam der von den Hammerschlägen eingedellte, rauhe und vom Erhitzen in der mit Holzkohle betriebenen Esse nahezu schwarze Harnisch in die von Pferdegöpeln oder über Wasserräder angetriebene Harnischmühle, wo seine Oberfläche mit rotierenden Schleifrädern geglättet und poliert wurde. Zum Polieren verwendete man Lederstreifen, die auf Rädern befestigt waren, welche mit einer Welle angetrieben wurden. Eine solche Konstruktion findet sich noch heute in verkleinerter Form, doch vom Funktionsprinzip her durchaus vergleichbar, in Schusterwerkstätten. In einem nächsten Arbeitsschritt wurden die einzelnen Harnischteile so aneinander genietet, daß sie frei gegeneinander beweglich blieben, die Fugen zwischen ihnen jedoch selbst bei extremer Streckung nicht auseinanderklafften. Für die Verbindung auf der Außenseite verwendete der Plattner Scharniere aus Eisen oder Messing, und innen hielt ein angenietetes Lederband auf der Mittelachse des jeweiligen Harnischteils die einzelnen Stücke zusammen. Brustplatte, Gelenkteile, Handschuhe und Oberschenkelplatten waren auf der Innenseite zusätzlich gepolstert.

War das Werk vollendet, so wurde es vom Plattner mit einem eingeschlagenen Stempel signiert. In den Städten kam noch eine eigene Beschaumarke hinzu, nachdem das Teil die Abnahme durch den jeweiligen Zunftmeister bestanden hatte. In der Regel wurde diese Prüfung als Beschußprobe mit einer Armbrust durchgeführt. Zum Verkauf waren lediglich Harnische zugelassen, die diese Probe bestanden hatten. Auch die Städte selbst erwarben ganze Harnische wie Krebse für das Bürgeraufgebot oder ihre Soldmilizen nur, wenn mit diesem Gütezeichen die

109. Hofplattnerei Kaiser Maximilians I. in Innsbruck. Holzschnitt von Hans Burgkmair d. Ä. für die Publikation des »Weißkunig« von 1518. Wien, Österreichische Nationalbibliothek

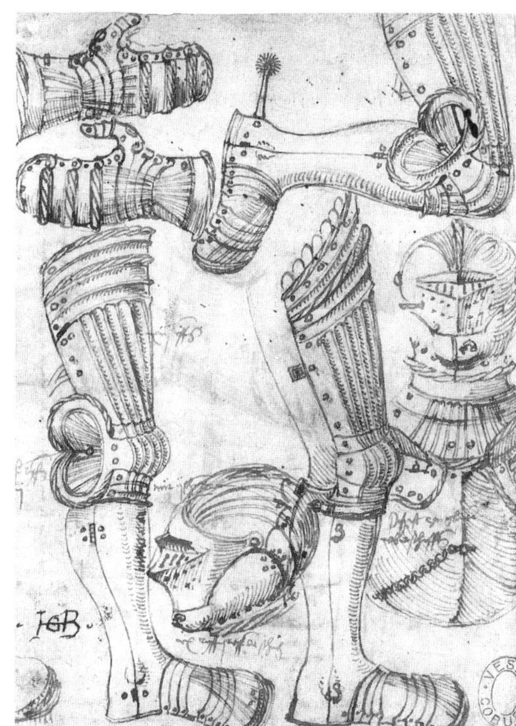

110a und b. Garnitur eines Riffelharnischs. Feder- und Rötelzeichnungen von Hans Baldung Grien, 1524. Veste Coburg, Kunstsammlungen

Qualität der Ware verbürgt war. Die besondere Kunstfertigkeit eines Plattners lag in der Realisierung zweier, eigentlich kaum miteinander zu vereinbarender Forderungen: hohe Widerstandsfähigkeit des Harnischs gegen Hieb-, Stoß- und Schußwirkung bei gleichzeitiger Begrenzung des Gewichts einer vollständigen Körperrüstung auf nicht mehr als 25 Kilogramm. Technisch ließ sich das nur erreichen, indem zum Vorteil der exponierten Partien andere Teile der Panzerung in geringerer Stärke ausgeführt wurden. Von daher erklärt sich bei den vielen in europäischen Museen, Zeughäusern und Waffensammlungen aufbewahrten Exemplaren, weshalb etwa ein Brustharnisch in der Mitte fast 1 Zentimeter Stärke aufweist, die dann bis zu den Rändern kontinuierlich auf 2 Millimeter abnimmt.

Eine weitere Innovation gegen Ende des 15. Jahrhunderts stellten die sogenannten Riffelharnische dar, bei denen vor allem die Brustpartie in längs nebeneinander liegenden Rippen ausgetrieben war. Damit entstand eine waschbrettartige Oberfläche, im Unterschied zu diesem früher gebräuchlichen Utensil der Hausfrauen jedoch nicht mit gerundeter, sondern mit sehr scharfkantiger Gratung der einzelnen Rippen. Es ist häufig vermutet worden, daß diese Veränderung der Oberflächenstruktur, die sich in kleinerer Dimension auch im Schulter- und Hüftbereich solcher Harnische findet, lediglich dekorativen Charakter hatte und plissierte Textilien nachahmte. Jüngere praktische Versuche haben jedoch ergeben, daß durch die Aufriffelung der zuvor glatten und gewölbten Fläche eine wesentlich höhere Steifigkeit gewonnen wird. Außerdem dürfte die Riffelung einen besseren Schutz gegen auftreffende Geschosse gewährt haben, da wegen der »gefalteten« Oberfläche kaum ein optimaler Auftreffwinkel von 90 Grad zu erzielen war.

Der Bedarf an Harnischen stieg im 15. und 16. Jahrhundert beträchtlich an und konnte von den genannten Produktionszentren aus allein nicht mehr befriedigt werden. Auch in Straßburg, Ulm, Memmingen, Stuttgart, Basel, Zürich, Wien, Graz, Leipzig, Erfurt, Magdeburg, Lübeck, Köln und Braunschweig wurden Harnische hergestellt und ohne Zweifel nicht nur in der im 16. Jahrhundert häufig beklagten minderen Qualität wie in Köln und im niederländischen Raum. Gleichwohl wurde mit Ausnahme der genannten oberdeutschen Zentren an den anderen Orten im qualitativen Vergleich überwiegend Mittelmaß produziert. Während die Tiroler Landesherren seit der Mitte des 15. Jahrhunderts die Krebse als Massenware häufig in Mailand und Brescia einkauften, hatten seit Beginn des 16. Jahrhunderts die Einzelanfertigungen der Innsbrucker Plattnerei sogar jenseits der Alpen, also auf dem eigentlich von den lombardischen Konkurrenten beherrschten Markt, einen hervorragenden Ruf. Das belegten entsprechende Bestellungen von Fürsten aus dem oberitalienischen Raum. Der Grund dürfte in der wohl wesentlich schlechteren Qualität der italienischen Produkte gelegen haben, wie sie beispielsweise in einem Bericht aus dem Jahr 1511 über die Hofplattnerei bezeugt wurde. Darin beanstandete Meister Seusenhofer, daß seinen Plattnern schlechtes Material zur Verfügung gestellt worden sei, aus dem sich keine guten Erzeugnisse machen ließen. Die zwangsläufig qualitativ mangelhaften Krebse empfahl er »zu den mailändischen« zu hängen. Auf diese Weise kennzeichnete er die Konkurrenzprodukte aus Oberitalien als mindere Ware.

Die Plattner haben viele handwerkliche Erfahrungen der als Gewerbe wesentlich älteren Helmschläger und Haubenschmiede übernommen und für die eigenen Zwecke umgesetzt. Die Herstellung von Helmen hielt sich als eigener Zweig neben dem Plattnerhandwerk, weil auch in diesem Bereich die Nachfrage ständig größer wurde. Von der zunächst ergänzenden Verwendung zum Topfhelm des mittelalterlichen Ritters entwickelte sich die aus einem Stück geschlagene Beckenhaube im Verlauf des 14. Jahrhunderts zu einem vollständigen spitzkonisch geformten Helm mit einer am unteren Rand angenieteten Brünne aus Kettengeflecht. Diese reichte bis auf die Schultern des Trägers und schützte seinen Hals und Nacken, ließ jedoch das Gesicht frei. Um 1350 tauchten dann die ersten Visiere zum Schutz des Gesichts auf. Sie waren mit Sehschlitzen und Luftlöchern versehen und ließen sich am oberen vorderen Helmrand befestigen. Bis zum Ende des Jahrhunderts entwickelten dann die Helmschmiede aus diesem Grundmodell ein an Bolzen aufschlagbares und über Steckscharniere abnehmbares Visier, dessen vorspringender Teil in Form einer Hundeschnauze lang und spitz ausgetrieben war, was der gesamten Konstruktion die zeitgenössische Bezeichnung »Hundsgugel« verschaffte. Augenfällig war dabei die Übertragung des Wölbungsprinzips beim Harnisch auf die Gestaltung des Visiers. Der mit dieser spitzen Formgebung angestrebte Vorteil sollte darin liegen, daß ein Hieb oder Stoß gegen das Visier des geschlossenen Helms nicht zwangsläufig die Verwundung des Gesichts seines Trägers zur Folge hatte. Um die Wende zum 15. Jahrhundert ersetzten dann breitere, an Brust- wie Rückenstück des Harnischs befestigte Eisenbänder die Kettenbrünne und schufen so die Voraussetzung zum allseits geschlossenen Visierhelm. Vergleichbare Entwicklungen in Italien und in Frankreich machen deutlich, daß es sich nicht um einen deutschen Alleingang gehandelt hat. Die italienischen Kunden bevorzugten die »Barbuta«, eine den Kopf eng umschließende und lediglich Nase, Mund und Kinn freilassende Beckenhaube, bei der man sich offenbar an Helmformen der Antike orientiert hat. Mit Nasenschutz und zusätzlichem Drehvisier ausgestattet, ähnelte die Barbuta dem deutschen Visierhelm. Ein leichtes, zum Vorbild aller späteren Reiterhelme werdendes Modell mit stark gerundeter Helmglocke und zwei seitlichen, an Scharnieren befestigten Wangenstücken stellte die auch in Frankreich verbreitete Version des Visierhelms dar. Durch das nach oben aufklappbare Visier wurde er zum vollwertigen und rundum geschlossenen Helm ergänzt. Die Helmschmiede mußten sich im 15. und 16. Jahrhundert zunehmend auf die Produktion von Massenware umstellen; denn selbstverständlich fertigten bei ganzen Rüstungen die Plattner die zugehörenden Helme selbst.

Helme für das Fußvolk der bäuerlichen und bürgerlichen Aufgebote gestaltete man meistens nach der gegen Ende des 12. Jahrhunderts erstmals aufgetauchten Hutform bei den zivilen Kopfbedeckungen. Mit schmaler oder breiter Krempe, mit herabgezogenem Rand und eingelassenen Sehschlitzen, flach gehalten oder hochgewölbt, fand der »Eisenhut« beim Fußvolk in Europa eine der Beckenhaube vergleichbare Verbreitung. Aus dieser entwickelten deutsche Helmschmiede die »Schaller«. Ihre Bezeichnung kennzeichnete die Form, die tatsächlich einer umgedrehten Schale ähnelte. Es handelte sich um einen flachen Helm mit einem aus der Glocke herauswachsenden Nackenschutz. Als sich die Schaller im Verlauf des 15. Jahrhunderts auch bei der Reiterei zunehmender Beliebtheit erfreute, wurde sie mit beweglichem Visier ausgestattet. Insgesamt machte die Fülle der Entwicklung sehr unterschiedlicher Helmformen vom 14. bis ins 16. Jahrhundert weniger die Experimentierfreudigkeit der Waffenschmiede als vielmehr das Bedürfnis der Kriegsleute deutlich, sich bei der Schutzbewaffnung den vielgestaltigen Bedrohungen durch die Angriffswaffen anzupassen.

Im Bereich der Handwaffen gab es eine Spezies, die den Übergang vom Mittelalter zur Neuzeit kennzeichnete, die Stangenwaffen. Die ursprünglichste Form einer solchen Waffe bildete der zu jagdlichen wie kriegerischen Zwecken dienende und im 12. Jahrhundert bereits als Standard nachweisbare »gemeine Spieß«. Er war ungefähr mannshoch und besaß eine flache, blattförmige Spitze. Von dieser Grundform leiteten sich alle weiteren Stangenwaffen wie Ahlspieß, Langspieß und Partisane, Halmbarte, Glefe, Kuse, Runka und Korseke ab.

Der Ahlspieß mit seiner bis zu 90 Zentimeter langen und massiven Vierkantklinge und einem Rundteller als Parierhilfe, zu Beginn des 15. Jahrhunderts vereinzelt in Burgund und in der Schweizer Eidgenossenschaft benutzt, wurde zur bevorzugten Waffe der hussitischen Fußknechte. Die besondere Form der Klinge scheint zu belegen, daß er bereits für den Einsatz gegen mit Plattenharnischen geschützte Gegner gedacht gewesen ist. Um die gleiche Zeit belegen schriftliche und bildliche Quellen für die Appenzeller Kriege erstmals den Langspieß, der in der Folgezeit zur entscheidenden Waffe des in geschlossenen Haufen kämpfenden Fußvolks in den europäischen Heeren werden sollte. Vermutlich hatten ihn die Eidgenossen schon im 14. Jahrhundert in Italien kennengelernt und von dort übernommen; denn in einer Turiner Quelle von 1327 ist die Rede von 18 Fuß, das heißt nahezu 4 Meter langen Spießen für die dortige Bürgermiliz. In vielen europäischen Zeughäusern und Museen sind solche Spieße von 3,85 bis 5,4 Meter Länge erhalten. Am Vorderende dieser langen Stangen befinden sich mittels einer ausgeschmiedeten Tülle aufgestülpte Eisen in Blatt-, Lanzett- oder langgestreckter vierkantiger Form. An der Tülle angeschmiedete Stangenfedern, schmale Eisenbänder mit Lochungen für Nägel, gaben dem Spießeisen besseren Halt am Schaft und sollten beim Kriegseinsatz ein Abschlagen der Spitze durch feindliche Krieger mit großen Schlachtschwertern verhindern. Der Schaft des Langspießes bestand in der Regel aus Eschenholz, nahm vom Spießeisen an der Spitze bis zur Mitte der Stange zu und von dort bis zum Ende hin ebenso wieder ab. Damit lag der Schaft beim Stoß nach vorn wie beim Zurückziehen der Waffe gut in der Hand. Zur Erhöhung der Griffestigkeit haben die Spießer im hinteren Teil der Stange häufig mit dem Schnitzmesser gearbeitet; denn an den meisten erhaltenen spätmittelalterlichen Langspießen finden sich Kerben, Aufrauhungen oder aus der Rundung herausgearbeitete kantige Flächen, oft noch mit Lederstücken bezogen und mit Vierkantkopfnägeln beschlagen.

Muskelkraft und viel Geschick waren für den Umgang mit einer derartigen Waffe erforderlich. Wurden die Spieße bei ungefährdeten Märschen auf Wagen des Trosses mitgeführt, so mußten sie im Falle erwarteter Nähe feindlicher Truppen oder bei Geländeverhältnissen, die keinen Wagentransport erlaubten, auf der Schulter getragen werden. Das erzwang einen erheblichen Sicherheitsabstand zwischen den einzelnen Spießerrotten und verlängerte die Marschkolonne. Auf dem Schlachtfeld angelangt, rückte der Spießerhaufen zunächst mit senkrecht getragenen Spießen vor. Erst kurz vor dem Zusammenstoß mit dem Feind senkten die vorderen Glieder

der Spießer ihre Waffen auf Kommando in die horizontale Kampfstellung. Im Jahr 1974 hat man auf dem alten Schlachtfeld der Burgunderkriege in Grandson mit einer Rekrutenkompanie des Schweizer Heeres die Rekonstruktion eines der berühmt gewordenen eidgenössischen Gewalthaufen versucht. Dabei wurde klar, daß schon die Formation von nur sechs bis acht Gliedern erhebliche Anforderungen an die Disziplin aller Beteiligten stellte, wenn es bei der »Manövertruppe« keine schweren Verletzungen beim Marschieren in Kampfformation geben sollte. Beim Einnehmen der Schlachtposition, wie sie sich in den schriftlichen und bildlichen Quellen darstellt, befanden sich nämlich die Spießeisen des vierten Gliedes direkt in Kopfhöhe der vordersten Linie.

Die Verteidigung eines mit Langspießen ausgerüsteten Haufens gegen einen

111. Schweizer Gewalthaufen mit Langspießen und Halmbarten im Kampf gegen die burgundische Reiterei in der Schlacht von Grandson am 2. März 1476. Federzeichnung in der im 16. Jahrhundert entstandenen »Schweizer Chronik« von Wernher Schodoler. Aarau, Kantonsbibliothek

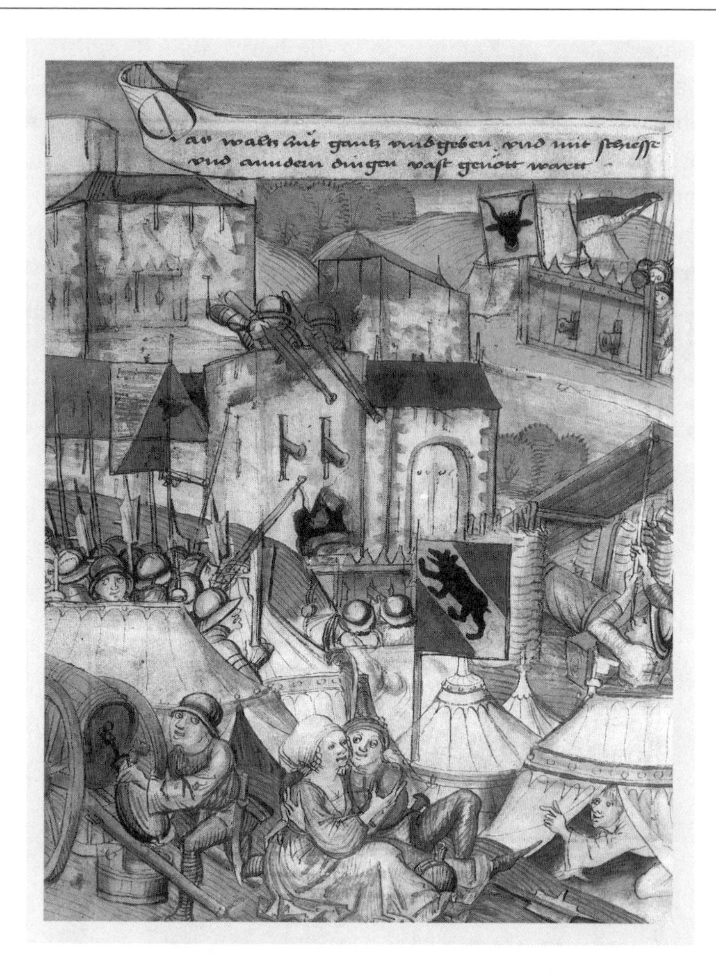

112. Feuerwaffeneinsatz im Kampf um eine Stadtbefestigung. Miniatur in der 1484 entstandenen »Amtlichen Chronik« der Eidgenossen von Diebold Schilling. Bern, Burgerbibliothek

Reiterangriff beschränkte sich darauf, daß die vorderen Spießerreihen ihre Waffen in Richtung der herangaloppierenden Panzerreiter senkten, wobei entweder in Verbindung mit einem Ausfallschritt das Schaftende am Erdboden mit dem zurückgestellten Fuß fixiert und der Spieß in gebückter Körperhaltung bei gestreckten Armen in einem Winkel von etwa 30 Grad oder aus der Bewegung heraus im Hüftanschlag den Angreifern entgegengehalten wurde. An einem derartigen »Igel« scheiterten alle Reiterangriffe, weil die Pferde vor diesem gefährlichen Hindernis scheuten. Sehr viel schwieriger war die Handhabung des Langspießes beim Kampf gegen feindliches, mit gleichen Waffen ausgerüstetes Fußvolk. Beim Aufeinandertreffen solcher Schlachthaufen versuchten die Spießer in den vorderen Gliedern, die feindlichen Krieger mit einem kräftigen und zielgerichteten Stoß aus Schulterhöhe zu treffen, wie es zeitgenössische Abbildungen belegen. Bei gepanzerten Gegnern waren das Gesicht und die Harnischfugen am Hals und am Unterleib die Zielpunkte. Aufgrund der Länge der Waffe vibrierte jedoch die Spitze des Spießes beim Stoß wie bei einer Parade zur Abwehr des gegnerischen Stoßes, so daß allein mit großer Geschicklichkeit und Muskelkraft der Gegner zu treffen war. Der Umgang mit dem Langspieß wollte also geübt sein. Bereits in den Fechtbüchern des 15. Jahrhunderts findet sich eine Reihe von Übungen zum Spießfechten, bei dem man allerdings auf eine Armierung mit dem Spießeisen verzichtet hat. Dieses Stangenfechten als wichtiges Training für die Handhabung des Langspießes hielt unter Kaiser Maximilian I. Einzug in die Turnierbücher und wurde damit Bestandteil der ritterlichen Waffenübungen. Der Kaiser hatte den von den Eidgenossen übernommenen Langspieß ohnehin seinen Landsknechten als Hauptwaffe verordnet und verfügte sogar über eigene Erfahrungen mit dieser Waffe. In der Schlacht bei Guinegatte 1479 hatte der damals zwanzigjährige Erzherzog selbst in der vordersten Reihe der Spießer gekämpft. Als »Pike« bildete der Langspieß noch bis ins 17. Jahrhundert die Hauptwaffe des Fußvolks in der Feldschlacht.

Eine zu Hieb wie Stoß gleichermaßen geeignete Stangenwaffe stellte die im 13. und 14. Jahrhundert entwickelte »Halmbarte« dar. Schon die aus den Begriffen »Halm« für Stange und »Barte« für Beil zusammengesetzte Bezeichnung beschreibt die Grundform als eben die eines an einer Stange befestigten Beils, das bei den älteren Formen in eine starke, oft über Eck gesetzte schmale Stoßklinge auslief und eine meist leicht konvex gebogene scharfe Schneide besaß. Im 14. Jahrhundert kam gegenüber der Beilklinge ein kurzer Haken hinzu. Der hölzerne Schaft besaß einen vierkantigen Querschnitt, um beim Hieb das Wegdrehen der Waffe in der Hand zu vermeiden. Dieses Grundmuster wurde in der Folgezeit kaum noch übersehbar ausgestaltet. Die deutsche Bezeichnung ging als Lehnwort in andere Sprachen ein und wurde dabei »verstümmelt«: zu dem französischen »Hallebarde«, dem englischen »Halbert« oder dem italienischen »Allabarda«. Eine im 16. Jahrhundert vorgenommene Rückübertragung machte daraus fälschlicherweise den in der deutschen Sprache bis heute verbreiteten Begriff »Hellebarde«.

Jüngere Untersuchungen von Halmbarten aus dem späten 15. Jahrhundert haben ergeben, daß die Beilklinge aus bis zu 8 unterschiedlich harten Eisensorten zusammengeschmiedet worden war – eine Arbeit, die extreme schmiedetechnische Meisterschaft voraussetzte. Haken, Klingenspitze und Beilschneide waren beim getesteten Exemplar von reinster Qualität und größter Härte. Diese drei Hauptbestandteile hat der Schmied in weicheres Eisen, aus dem auch die Stangenfedern gefertigt wurden, eingebettet. Damit war die Härte an den Stellen der höchsten Beanspruchung am größten. Die Qualität der erhaltenen Originale macht deutlich, daß es sich bei der Herstellung nicht um die Aufgabe für einen beliebigen Dorfschmied, sondern für handwerkliche Spezialisten gehandelt hat. Die 1982 in der

Schweiz angestellten praktischen Versuche mit Originalen und lediglich um einen modernen Schaft ergänzten Halmbarten führten zu überaus interessanten Ergebnissen: Plattenharnisch und Helm konnten Hieben mit der Beilklinge in der Regel standhalten. Das galt auch für den Stoß mit der Spitze. Nur der Schlag mit dem Haken durchstieß bei einem Auftreffen im rechten Winkel glatt jeden im 15. und 16. Jahrhundert gebräuchlichen Panzerschutz. Die in der älteren Literatur häufiger aufgestellte Behauptung, den Haken habe man zum Herabreißen eines Reiters vom Pferd benutzt, entbehrt jeder Grundlage. Einerseits waren die meisten Haken für einen derartigen Zweck zu kurz, andererseits ließen sich feindliche Reiter wesentlich einfacher zu Boden bringen, indem der Halmbartier entweder dem Pferd die Klingenspitze in die Brust stieß oder ihm mit der Beilschneide die Vorderbeine zerschmetterte.

Die Halmbarte galt als ausgesprochene Offensivwaffe des Fußvolks. Weil ein Fußknecht sie nur mit beiden Händen führen konnte, mußte er auf ein Schild als Schutz verzichten. In den Gefechten des 14. bis 17. Jahrhunderts wurden die Halmbartenträger innerhalb des Gewalthaufens gewöhnlich von den mit Langspießen ausgestatteten Kriegern der äußeren Glieder gedeckt. Mit der Halmbarte als der ersten vielseitig verwendbaren Stangenwaffe ließ sich die für den zu Fuß kämpfenden Krieger nachteilige erhöhte Position des Reiters ausgleichen. Doch die stärkere Körperpanzerung des Plattenharnischs dürfte vor allem im 15. Jahrhundert den Wert der Halmbarte gemindert und besonders bei den Eidgenossen dafür gesorgt haben, daß zusätzlich der Langspieß eingeführt wurde, mit dem man sich die feindlichen Reiter leichter vom Leib halten konnte. Auf freiem Terrain wäre allein mit Halmbarten ein Reiterangriff nicht abzuwehren gewesen. Weil diese Kombinationswaffe im Vergleich zum Langspieß vielseitiger verwendbar und erheblich handlicher war und weil die langen Spieße nach erfolgtem Zusammenstoß der feindlichen Haufen nicht mehr gebraucht werden konnten, bildete sich in der Eidgenossenschaft die auf taktische Zwecke abgestimmte Mischbewaffnung der großen Haufen mit Spießen wie mit Halmbarten heraus.

Während des 14. und 15. Jahrhunderts auch in Deutschland, vor allem aber in Frankreich, Italien und Burgund verbreitet war die im Schnitt 2,2 Meter lange »Glefe« mit einer bis zu 50 Zentimeter langen und einschneidigen Klinge mit breitem Rücken, die sich im mittleren Teil sichelförmig nach innen bog, oberhalb des Sichelhakens in eine lange und gerade Spitze auslief und unterhalb der Sichel am Rückenteil einen spitzen Dorn aufwies. An der Klingenbasis saßen zwei kurze Pariereisen. Um die Mitte des 15. Jahrhunderts wurde diese Form der Glefe, in Deutschland auch als »Roßschinder« bezeichnet, zur Hauptwaffe des burgundischen Fußvolks. Gleichermaßen verbreitet war, zumal in Burgund und Frankreich, die »Kuse« als vereinfachte Form der Glefe. Sie stellte im Grunde lediglich ein an einer Stange befestigtes Haumesser dar und tauchte bereits im 14. Jahrhundert bei

113. Fußvolk mit Halmbarten und Langspießen im Gefecht. Lavierte Federzeichnung von Hans Holbein d.J., um 1531. Basel, Öffentliche Kunstsammlung, Kupferstichkabinett

den Schweizer Eidgenossen auf, von denen sie Herzog Karl der Kühne von Burgund (1433–1477) zusätzlich zur Glefe als Stangenwaffe für sein Fußvolk übernommen hatte. Als Trabantenwaffen waren Glefe und Kuse im 15. und 16. Jahrhundert auch an vielen italienischen Höfen verbreitet und gehörten im 17. Jahrhundert sogar noch zur Ausrüstung der Leibwache der polnischen Könige. »Korseke« und »Runka« galten beim spanischen wie beim italienischen Fußvolk im 15. Jahrhundert als beliebte Stangenwaffen. Sie stammten von der »Partisane« ab, einer Stoßlanze mit langer, an der Basis breiter und sich dann zur Spitze hin verjüngender Klinge mit einem Mittelgrat und Hohlschliffen. Die kurzen Pariereisen an der Klingenbasis wurden bei Korseke und Runka zu häufig gezackten oder bogenförmigen Spitzen ausgeschmiedet, mit denen beim Fechten die gegnerische Klinge besser abgefangen werden sollte. Diese Typen blieben bis zum Ende des 16. Jahrhunderts im Gebrauch.

Insgesamt betrachtet dokumentieren die vielfältigen Formen der im 14. und 15. Jahrhundert entwickelten und gebräuchlichen Stangenwaffen die immer wieder erneut unternommenen Versuche zu einer qualitativen Verbesserung der Waffenausstattung des Fußvolks gegenüber der Reiterei und eine waffentechnische Reaktion auf die fortschreitende Verbesserung der Körperpanzerung. Der Vielfalt in der Formgebung dieser Waffen standen jeweils deutliche Bestrebungen zur Vereinheitlichung der Ausstattung mit erprobten und besonders bewährten Typen gegenüber. Durchsetzen ließ sich das jedoch nur bei den militärischen Aufgeboten von Städten und den Kadertruppen der Landesherren. Söldner wurden samt ihrer Waffen angeworben, deren Qualität von entscheidender Bedeutung für die im Soldvertrag festgelegte Entlohnung war.

»Renaissance« des Fußvolks

Der Schlachterfolg hing stets von einer Reihe oft sehr unterschiedlicher Faktoren ab. Dazu gehörten: die Waffenausstattung der Truppen, die dadurch beeinflußte Schlachtordnung, die Ausnutzung des Geländes, Motivation der einzelnen Krieger und innerer Zusammenhalt des ganzen Heeres sowie das taktische Geschick der militärischen Führer im Gefecht. Die adligen Panzerreiter hatten bis zum Ende des 13. Jahrhunderts weitgehend die Schlachtfelder beherrscht. Sieger wurde in der Regel die Partei, der es mit den eigenen Berittenen gelang, die feindliche Reiterei zu werfen. Aufgrund einer Bewaffnung mit kurzer Lanze und Schwert oder Streitaxt vermochten die Fußknechte gegenüber den gepanzerten Reitern nur wenig auszurichten. Allenfalls Bogen- und Armbrustschützen konnten mit glücklichen Treffern vereinzelt Wirkung erzielen. Hauptsächlich galt der Kampf des Fußvolks jedoch den gegnerischen Knechten, deren Überwindung den Schlachterfolg aber noch nicht garantierte, wenn nicht auch die eigenen Ritter ihre Gegner aus dem Feld schlugen.

Bei den Fußknechten handelte es sich gewöhnlich um einfache Dienstmannen oder Söldner. Im Fall einer Niederlage der eigenen Partei war der Tod oft unausweichlich, weil es im Gegensatz zu den berittenen Kampfgenossen für die Fußknechte keine Möglichkeit gab, der siegreichen feindlichen Reiterei durch Flucht zu entkommen. Sie waren als Gemeine auch von der ritterlichen Tugend der Verschonung eines geschlagenen, im Stand aber ebenbürtigen Gegners ausgeschlossen und galten unter wirtschaftlichem Aspekt als wertlos, da bei ihnen im Unterschied zu einem gefangenen Ritter niemand auf Lösegeld hoffen konnte. Bis zum Beginn des 14. Jahrhunderts finden sich keine Angaben über taktisches Verhalten des Fußvolks in der Schlacht. Es hielt der Reiterattacke stand oder wurde zersprengt, setzte sich gegen die feindlichen Fußtruppen durch oder wurde von diesen geworfen.

Auftakt zu einem durchgreifenden Wandel der Rolle des Fußvolks in der Feldschlacht im Sinne eines bewußten taktischen Verhaltens bildete das als »Sporenschlacht« in die Geschichte eingegangene Gefecht beim flandrischen Kortrijk im Jahr 1302, in dem zum ersten Mal eine professionelle Armee aus adligen Panzerreitern, zu Fuß kämpfenden Soldknechten und ebenfalls als Söldner angeworbenen Armbrustschützen eine vernichtende Niederlage durch ein geschlossen zu Fuß fechtendes Aufgebot aus Bürgermilizen, bäuerlichen Kontingenten und wenigen, an zwei Händen abzuzählenden Rittern erlitt. Zur Niederwerfung eines flandrischen Aufstandes hatte König Philip IV., der Schöne, von Frankreich (1268–1314) ein Heer unter dem Kommando des als Feldherr besonders erfahrenen Grafen von Artois nach Flandern geschickt. Es bestand aus adligen Panzerreitern und zwei zu Fuß kämpfenden Söldnerverbänden: spanischen leichtbewaffneten Fußknechten und italienischen Armbrustschützen. Ihnen gegenüber stand ein nur zu Fuß kämpfendes Aufgebot aus den Bürgermilizen von zehn flandrischen Städten, Bauern aus Ostflandern und einigen Rittern, die in die Reihen des Fußvolks eintraten.

Die Masse dieses Heeres bildeten die Bürgeraufgebote aus den Städten. Sie waren straff organisiert und hatten als Angehörige der einzelnen Zünfte und religiösen Bruderschaften in den Städten ein starkes Zusammengehörigkeitsgefühl. Durch weltliche und geistliche Solidarität verbunden und geprägt von der gemeinschaftlich empfundenen Bedrohung seitens fremder Gewalt wie vom Vertrauen in die selbstgewählten Führer, deren Autorität als Vorsteher einer Zunft oder Haupt einer Bruderschaft auch im friedlichen Alltag akzeptiert wurde, verfügten sie über eine Motivation zum Kampf, die hinsichtlich ihres militärischen Wertes weder der professionellen Routine der Söldner noch der vom Standesethos der Ritterschaft geforderten persönlichen Tapferkeit nachstand. Zur Bewaffnung zählten außer Streitäxten und Schwertern vor allem die flämischen Spieße von etwa 2 Meter Länge, die durch ein langes und scharfes Vierkanteisen auf einer runden, über das vordere Ende der Stange gestülpten Tülle gekennzeichnet waren. Die Situation in Kortrijk wurde dadurch kompliziert, daß die im Nordosten der Stadt liegende Burg von einer französischen Garnison gehalten wurde, während sich die Stadt selbst bereits in den Händen der aufständischen Flamen befand. Erstes Ziel des französischen Feldherrn war daher der Entsatz dieser Burg, noch bevor sie von den Belagerern eingenommen werden konnte.

Die flandrischen Aufgebote stellten sich dem französischen Heer auf einem Schlachtfeld entgegen, dessen topographische Merkmale wichtige Rückschlüsse auf die vorherrschenden taktischen Überlegungen und die Kampfmoral der Krieger erlauben. Sie wählten ein ostwärts der Stadt an diese direkt angrenzendes, inselartiges Terrain, das auf seiner Westseite vom hoch aufgestauten nassen Graben der östlichen Stadtbefestigung, im Norden durch den Fluß Lys, an dem Kortrijk lag, im Osten durch einen sumpfigen Bachgrund und auf der Südseite durch einen schmalen Verbindungskanal zwischen diesem Bach und dem Ostgraben der Stadt begrenzt wurde. Der französische Feldherr wußte nicht, wie lange noch sich die Burgbesatzung würde halten können. Um sie zu unterstützen und Zugang zur Burg zu gewinnen, blieb ihm nur der Weg über diese Ebene. Die Flamen scheinen bei der

Beurteilung der Lage zum gleichen Ergebnis gekommen zu sein; denn genau hier stellten sie sich zur Schlacht. Die Position besaß den Vorteil, daß sie wegen der natürlichen Wasserlauf- und Sumpfgrenzen auf allen Seiten weder in der Flanke noch im Rücken umgangen werden konnte. Die überlegte Schlachtaufstellung an diesem Ort bot zudem nur die Alternative zwischen Sieg oder Tod; denn im Fall einer Niederlage gab es mit dem Feind vor der eigenen Front, dem Fluß im Rücken und den Gräben auf beiden Seiten keine Rettung. Im Bewußtsein dieser Bedingungen dennoch hier die Schlacht anzubieten, setzte den gemeinschaftlichen Entschluß voraus, alles zu wagen oder unterzugehen. Dieses »Alles oder Nichts«-Gefühl wurde auch in dem vor der Schlacht ausgegebenen Befehl deutlich, keinem der Feinde Pardon zu geben und nicht eigenmächtig Beute zu machen, bis der Sieg erkämpft sei. Wer gegen diese Anordnung verstoße, sollte des Todes sein und umgehend von seinen eigenen Kampfgenossen erschlagen werden.

Auf Befehl des Grafen von Artois eröffneten seine Armbrustschützen die Schlacht. Nach ersten Verlusten durch den Beschuß zogen sich die flämischen Kontingente in guter Ordnung von ihrer Ausgangsstellung an der Bachniederung weiter auf die Ebene zurück, um aus der Reichweite der Armbruster zu gelangen und dabei nach Möglichkeit die spanischen Söldner des Fußvolks zum Nachstoßen über dieses sumpfige Terrain zu veranlassen. Diese wären auf der anderen Seite des Baches zwangsläufig in aufgelöster Ordnung angekommen und hätten daher leichter bekämpft werden können. Der französische Feldherr erkannte die Gefahr, hielt sein Fußvolk zurück und setzte sich an die Spitze der Reiterattacke, deren Schwung jedoch in der sumpfigen Niederung ins Stocken geriet. In diesem Moment hielten die Flamen ihre Ausweichbewegung an und warfen sich in geschlossenem Anlauf auf den Feind. Die adligen Panzerreiter wurden im Morast des Bachgrundes überrascht und konnten keine Gefechtsformation mehr herstellen. So artete der Kampf letztlich in ein Gemetzel an den in ihrer Bewegungsmöglichkeit stark behinderten und außerdem an Zahl unterlegenen französischen Rittern aus. Weniger als der Hälfte gelang die Flucht und unter den ohne Gnade Erschlagenen, die nach Ausweis zeitgenössischer Quellen die »Blüte des französischen Adels« darstellten, befand sich auch der Graf von Artois. Fünfhundert erbeutete goldene Sporen, die dieser Schlacht in der Überlieferung den Namen gegeben haben, hängten die siegreichen Flamen anschließend in der Liebfrauenkirche von Kortrijk als Trophäen auf.

Diese Schlacht läßt auf seiten der Flamen außer der gemeinsamen Überzeugung, an einem selbst gewählten Ort unter den vorgebenen Bedingungen die militärische Entscheidung zu suchen, ein hohes Maß an taktischem Verständnis erkennen: Der geordnete Rückzug, der dann in einen konzentrierten Gegenstoß aller Kräfte umgesetzt wurde und die Schlacht entschied, war eine militärische Meisterleistung, die auf der Voraussetzung des inneren Zusammenhalts der Truppen und einer Disziplin beruhte, die solche taktischen Manöver erst ermöglichte. Als weitere Gründe für den spektakulären Erfolg wären in diesem Zusammenhang die landsmannschaftliche Geschlossenheit der flandrischen Streitmacht und die Überzeugung aller Krieger zu nennen, unabhängig von Stand und Herkunft, gemeinsam militärischen Widerstand im Bewußtsein zu leisten, das eigene Leben für eine gerechte Sache einzusetzen. Unter diesem Gesichtspunkt stellte die Schlacht bei Kortrijk in ihrer Zeit noch einen Sonderfall dar, doch der Eindruck dieses Sieges auf die Zeitgenossen darf nicht unterschätzt werden. Der Nimbus der Unbesiegbarkeit feudaler Aufgebote an Panzerreitern war zerstört. Unter Berücksichtigung dieses Aspekts blieb Kortrijk kein singuläres Ereignis. Der Erfolg der schottischen Verbände gegen das englische Heer im Juni 1314 bei Bannockburn war hinsichtlich einiger Vorbedingungen wie des Ablaufs der Schlacht vergleichbar. Hierzu zählten der Kampf um die Unabhängigkeit von der englischen Krone, der innere Zusammenhalt aufgrund landsmannschaftlicher Geschlossenheit der schottischen Clans und vor allem wieder die Wahl eines besonders geeigneten Schlachtortes, im Falle Bannockburn zwischen einem Fluß, einem Sumpf und einem dichten Waldgelände.

Die optimale Geländeausnutzung spielte auch am Engpaß von Morgarten im November 1315 eine entscheidende Rolle, als der eidgenössische Bund der Waldstätte durch die Bestrebungen der Habsburger, zwischen Alpen und Oberrhein ein geschlossenes Herrschaftsgebiet zu errichten und dabei den Paßweg über den St. Gotthard unter Kontrolle zu bringen, seine verbrieften Freiheitsrechte verletzt sah und Widerstand leistete. Die militärische Aktion des österreichischen Heeres gegen die eidgenössischen Bauernkrieger endete in einem Desaster: Auf die Nachricht vom Heranrücken der feindlichen Truppen hatten die Waldstätter fast alle Zugänge in ihre Gebiete durch schnell geschaffene Befestigungen gesichert. Offen blieb lediglich der Weg über den Sattel zwischen dem Morgarten und dem Roßberg in der Zentralschweiz, südlich vom Ägeri-See. Ohne Sicherung marschierte das österreichische Heer aus 2.000 Panzerreitern und 7.000 Fußknechten mit den Berittenen an der Spitze in langer Kolonne auf diesen Engpaß zu. Dort hatten die Waldstätter einen Hinterhalt vorbereitet, und als die ersten Ritter in einem Hohlweg auf eine Sperre trafen, die durch eine kleine Schar von Eidgenossen hartnäckig verteidigt wurde, staute sich in kurzer Zeit die ganze Kolonne. Auf ein verabredetes Zeichen sperrte eine weitere Abteilung der Eidgenossen mit Baumstämmen auch das hintere Ende des Engpasses und schnitt die Berittenen damit von ihrem Fußvolk ab. Die im Hohlweg nahezu unbeweglich eingeschlossenen Panzerreiter saßen in der Falle. Aus dem Wald beiderseits des Weges fielen nun plötzlich die Bauernkrieger mit ihren Hand- und Stangenwaffen über die mangels Bewegungsmöglichkeit nahezu wehrlosen Gegner her und machten sie fast vollständig nieder.

Dem feudalen Aufgebot hatten die Waldstätter lediglich 1.300 Mann entgegenstellen können, von denen viele allerdings eine reiche Kriegserfahrung als Söldner in italienischen oder burgundischen Diensten besaßen. Damit allein ließ sich jedoch die zahlenmäßige Überlegenheit des österreichischen Aufgebots nicht kompensieren. Dies gelang erst mit der taktisch klugen Wahl eines Schlachtortes, der wegen seiner topographischen Besonderheit den numerisch Schwächeren gleichwohl das Gesetz des Handelns in die Hand gab. Den feindlichen Panzerreitern wurde die Schlacht an einem Ort aufgezwungen, an dem sie ihre spezifische Überlegenheit nicht zum Tragen bringen konnten. Dieser Überfall aus dem Hinterhalt setzte aber auf eidgenössischer Seite die unbedingte Disziplin aller Beteiligten voraus. Hilfreich war dabei zweifellos die landsmannschaftliche Geschlossenheit. Die rücksichtslose Verletzung verbriefter Rechte und der Versuch, die Waldstätter mit Gewalt in habsburgische Botmäßigkeit zu zwingen, hatte bei den Eidgenossen zu einer emotionalen Haltung geführt, die sich von anfänglicher Empörung bis zum erbitterten und bedingungslosen Kampfeinsatz steigerte und in der bewußten und rücksichtslosen physischen Vernichtung des Feindes gipfelte. Die Habsburger sollten nicht abgewehrt, sondern für alle Zeit an einer Wiederholung ihres Unterdrückungsversuches gehindert werden. Militärisch gesehen stellte die Schlacht am Engpaß von Morgarten ein Musterbeispiel für eine aktiv geführte Verteidigung dar, in deren Verlauf nicht bloß ein militärischer Sieg errungen, sondern auch die politische Unabhängigkeit von den vormaligen Habsburger Landesherren erreicht wurde. Waren bei Morgarten noch die örtlichen Bedingungen ausschlaggebend, so schlugen die Eidgenossen 1339 bei Laupen eine burgundische Invasion erstmals im freien Feld zurück, wobei ihre Schlachthaufen mit Hilfe der Langspieße auch die heftigen Attacken der burgundischen Panzerreiter abwehrten.

Geschickte Geländeausnutzung, optimaler Einsatz der überlegenen Waffentechnik und herausragende Führungskunst des Feldherrn kennzeichneten den Verlauf einer der bedeutendsten Schlachten des Hundertjährigen Krieges: Bei Crécy stellte der englische König Eduard III. am 26. August 1346 seine einem heranrückenden französischen Heer zahlenmäßig weit unterlegenen Truppen am Vorderhang eines Hügels, fast parallel zur Marschrichtung des Feindes, in drei Treffen auf, wobei seine rechte Flanke durch den Wald von Crécy, den Ort selbst und einen Bach, die linke durch die Ortschaft Wadicourt gedeckt wurde. Zur Verstärkung seiner Position, in der er sich mit nur circa 13.000 Kriegern einem etwa 40.000 Mann starken Feind stellen mußte, ließ er im Vorgelände Gräben ausheben und terrassenartige, für Pferde schwer zu bewältigende Hindernisse anlegen. Zu seinen in den vordersten Linien postierten und mit dem gefürchteten Langbogen ausgerüsteten Archers schickte er die Kontingente des schwer bewaffneten Fußvolks, der gepanzerten und mit Kurzspieß, Schwert oder Streitaxt ausgerüsteten »Men-at-arms«. Außerdem befahl der König seinen Rittern, abzusitzen und als Kämpfer zu Fuß die Schlachtreihen zu verstärken. Damit hob er die Kampfmoral der Men-at-arms und der Bogenschützen, weil diese nun wußten, daß die adligen Herren gemeinsam mit ihnen siegen oder sterben würden, nachdem ihnen die Möglichkeit einer schnellen Flucht

114. Feldschlacht zwischen englischen und französischen Truppen im Hundertjährigen Krieg. Miniatur in einer im späten 15. Jahrhundert entstandenen Handschrift der »Chronique d'Angleterre« des Jean de Wavrin. London, British Library

zu Pferd genommen war. Zudem verhinderte Eduard auf diese Weise eigenmächtige Attacken einzelner Ritter aus persönlicher Ruhmsucht, die den Zusammenhalt des gesamten Heeres gefährdet hätten. Seine taktisch wie psychologisch kluge Maßnahme erzwang eine Disziplin, die schließlich den Sieg sicherstellte; denn der Feind scheiterte gerade am Mangel dieser Tugend.

Sobald die französische Avantgarde die englische Aufstellung bemerkte, eröffnete sie bereits aus der Marschordnung heraus die Schlacht, ohne auf das Eintreffen der Hauptmacht zu warten. Eine Vorentscheidung fiel schon zu Beginn der Schlacht durch die technische Überlegenheit der englischen Fernwaffen: Die vom Fußmarsch bei der Vorhut ermüdeten genuesischen Armbruster des französischen Heeres gerieten in die tödlichen Pfeilsalven der Archers, noch bevor sie die für den Einsatz der eigenen Waffen erforderliche Entfernung zur englischen Schlachtlinie erreichten. Als sich diese Söldner wegen der schweren Verluste zur Flucht wandten, witterte der die Vorhut führende Graf von Alençon, ein Bruder des französischen

Königs, Verrat und befahl seinen adligen Mitstreitern, die eigenen Hilfstruppen niederzuhauen. Die Genueser wehrten sich, und in das dabei entstehende Getümmel fuhren weiterhin die todbringenden Pfeile der englischen Langbogner. Immer wieder kamen einzelne Ritter oder kleinere Gruppen französischer Panzerreiter aus der Marschkolonne angaloppiert und gingen gleich zur Attacke auf die englischen Linien über. Die meisten dieser tapferen, aber unkoordinierten Angriffsversuche blieben im Pfeilhagel der sehr genau schießenden Archers liegen. Die wenigen Berittenen, denen ein Einbruch in die englischen Reihen gelang, fanden dort unter den Spießen und Schlachtäxten des englischen Fußvolks und der mit diesen abgesessen kämpfenden Ritter den Tod. Als die Bogenschützen ihren Pfeilvorrat verschossen hatten, griffen sie zum Schwert und fochten als leicht bewaffnetes Fußvolk weiter mit. Die Schlacht geriet für das französische Heer zu einer katastrophalen Niederlage. Auf französischer Seite fielen außer König Johann dem Blinden von Böhmen weitere 11 Prinzen und Fürsten, 1.600 Grafen, Barone, Bannerherren und Ritter, 4.000 Edelknappen und weitere 20.000 Mann.

Bei Crécy waren zwei verschieden ausgerüstete, gegliederte und vor allem zahlenmäßig stark unterschiedliche feudale Heere aufeinandergetroffen, wobei die geschlossen als Fußvolk kämpfende Streitmacht Sieger blieb. Ein diszipliniertes, an den eigenen Waffen gut ausgebildetes und von einem erfahrenen Feldherrn geführtes Heer schlug eine numerisch wesentlich stärkere Armee. Doch diese war aus unterschiedlichen Kontingenten feudaler Aufgebote und Söldner zusammengestellt, undiszipliniert sowie technisch und taktisch unterlegen, und außerdem mangelte es ihr an einer einheitlichen Führung. Bereits das Verhalten der Befehlshaber machte die gravierenden Unterschiede in der Führung des Gefechts deutlich: Während der Graf von Alençon um der vermeintlichen hohen Ehre des Vorstreites willen, das heißt nach dem Motto »stets der erste am Feind«, auf eigene Faust die Schlacht eröffnete und sich der französische Adel an der Spitze der einzelnen Treffen ungeachtet der hohen Verluste immer wieder gegen die englischen Linien warf, zog sich Eduard III. von Beginn an auf einen erhöhten Platz an einer Windmühle zurück, von wo aus er das gesamte Schlachtfeld gut übersehen und durch taktische Maßnahmen in den Ablauf des Gefechts eingreifen konnte. Ohne ritterlichen Dünkel faßte er seine Entschlüsse nach pragmatischen Kriterien. Völlig unbeeindruckt von der damals auch in englischen Adelskreisen heftig geführten Diskussion über die ethische Vertretbarkeit des Fernwaffeneinsatzes, nutzte er diese taktische Option zum Erzielen militärischer Überlegenheit in dem von ihm meisterhaft geführten Kampf der verbundenen Waffen.

In Verkennung der wirklichen Ursachen der Niederlage von 1346 glaubte man auf französischer Seite bei einer erneuten direkten Konfrontation mit einem englischen Heer zehn Jahre später, in der Schlacht von Poitiers, es müsse reichen, das englische Beispiel einer abgesessen kämpfenden Ritterschaft nachzuahmen. Doch das französische Aufgebot mußte sich wieder geschlagen geben; denn diesmal operierten die Engländer unter Führung von König Eduards Sohn, dem »Schwarzen Prinzen«, mit einer Kombination aus Archers, schwer bewaffnetem Fußvolk und aufgesessen kämpfenden adligen Panzerreitern. Fast sechs Jahrzehnte später bereitete am 25. Oktober 1415 König Heinrich V. bei Azincourt mit seinem Fußvolk aus Langbognern und Schwerbewaffneten einer weiteren französischen Streitmacht eine vernichtende Niederlage. Es ist zu fragen, worin der Erfolg einer Taktik gelegen hat, die vom Gegner nicht kopiert wurde, sich aber in drei entscheidenden Schlachten von Fußvolk gegen Reiterei im Verlauf von immerhin siebzig Jahren bewährte. Ohne Zweifel trafen dabei unterschiedliche Komponenten zusammen: Zu nennen wären der Einsatz des Langbogens, die geschickte taktische Kombination der durch diese Waffe gegebenen Möglichkeiten mit der Kampfweise der Men-at-arms und der Ritter, das kluge Ausnutzen des Geländes und die brillante Führung durch die Feldherren. Hinzu kam das wechselseitige Vertrauen in die militärischen Fertigkeiten der jeweils anderen Waffengattungen und in die Befähigung der eigenen militärischen Führung. Diese Elemente bildeten die Basis für eine Kampfmoral, die es den englischen Truppen ermöglichte, auf sich allein gestellt in einem fremden Land und dem Feind an Zahl stets weit unterlegen, in allen Auseinandersetzungen die Oberhand zu behalten.

Das galt unter völlig anderen Bedingungen auch für die Aufgebote der Schweizer Eidgenossenschaft, die sich mit ihren kompakten Schlachthaufen aus Spießern und Halmbartieren in kleineren Gefechten wie in großen Schlachten durchsetzten, 1386 bei Sempach übrigens mit gerade einmal 1.600 Kriegern gegen ein österreichisches Heer von 6.000 Mann. In Erinnerung an die schweren Niederlagen österreichischer Heere am Morgarten-Paß und bei Laupen und unter Berücksichtigung der Berichte von den beiden ersten großen Schlachten des Hundertjährigen Krieges bei Crécy und Poitiers zogen im bergigen Gelände von Sempach die österreichischen Ritter abgesessen in den Kampf. Gepanzert wie zuvor im Sattel versuchten sie, als Fußvolk zu kämpfen. Auf einem unebenen Terrain war es schon für die in dieser Taktik geübten und nicht durch eine schwere Körperpanzerung behinderten Schweizer schwierig, ihre Formation in der Bewegung geschlossen zu halten. Das Bemühen der österreichischen Ritter, einen großen Schlachthaufen zu bilden und damit unter den gegebenen Bedingungen zu operieren, mußte zwangsläufig scheitern. Aufgrund ihrer numerischen Überlegenheit gelang es ihnen zu Beginn der Schlacht zwar, die eidgenössische Formation aus ihrer Stellung zu drängen, nicht jedoch, sie aufzulösen und in die Flucht zu schlagen. Die Schweizer wichen geschlossen zurück, während beim Vorrücken der Österreicher große Lücken in den eigenen Reihen entstanden. Diese gerieten umgehend zum Ziel konzentrierter und erfolgreicher Gegenstöße. Der Zusammenhalt des Haufens ging verloren und damit auch die Schlacht, die dann zu einem Massaker der Schweizer Krieger an ihren

Gegnern ausartete, hatten sie doch vorher schon »den bösen Krieg« beschworen, und das bedeutete, ausnahmslos jeden zu erschlagen, ob er kämpfte oder sich ergab. Nur sehr wenigen gelang die Flucht zu Fuß, indem sie Waffen und schwere Teile ihrer Panzerung zurückließen. Sie verdankten die Chance, zumindest das nackte Leben zu retten, bloß dem undisziplinierten und nach der Schlacht scharf gerügten Verhalten einzelner Schweizer Krieger, die das Ausplündern der toten Feinde einer unerbittlichen Verfolgung der Fliehenden vorzogen.

Während insgesamt betrachtet das 14. Jahrhundert noch als eine Art Übergangsphase in der Entwicklung der taktischen Formen für das Fußvolk gelten kann, ging im 15. Jahrhundert die militärische Initiative endgültig auf die neue Waffengattung über, für deren große Gewalthaufen die vormals schlachtentscheidende Reiterei

115. Einsatz von Stangenwaffen und Geschützen auf Räderlafetten in der Schlacht. Holzschnitt von Hans Burgkmair d. Ä. für die Publikation des »Weißkunig« von 1518. Wien, Österreichische Nationalbibliothek

und die Schützen nunmehr lediglich als Hilfstruppen dienten. Von wesentlicher Bedeutung für diese Entwicklung war vor allem die Einführung der Stangenwaffen und die darauf beruhende Taktik großer geschlossener Fußvolkhaufen. Die von den Fußknechten des 14. Jahrhunderts geführten Halmbarten, Spieße und Schlachtäxte waren zwar kürzer als die Lanzen der Panzerreiter, besaßen jedoch in jedem Fall eine größere Reichweite als die Reiterschwerter. Um diese Waffen des Fußvolks erfolgreich zum Einsatz zu bringen, war es notwendig, die Panzerreiter an ihrer geschlossenen Attacke mit eingelegter Lanze zu hindern. Wirkungsvoll ließ sich die Stoßlanze des Ritters nämlich nur aus der schnellen Vorwärtsbewegung von Roß und Reiter einsetzen. Wenn es gelang, das Pferd zum Stehen zu bringen, war diese Waffe praktisch wertlos. Hatte es zum Erreichen dieses Ziels im 14. Jahrhundert zunächst noch einer besonders geschickten Ausnutzung des Geländes am Schlachtort oder einer überlegenen Fernwaffe wie des Langbogens bedurft, so garantierten seit der Wende zum 15. Jahrhundert die nach dem Vorbild der Eidgenossen geschlossen eingesetzten Gewalthaufen des mit Langspießen wie Halmbarten ausgerüsteten Fußvolks in zunehmendem Maße die Überlegenheit gegenüber der Reiterei auch im freien Feld.

Die Motivation zum Kampf aus der Einsicht aller Krieger in die Notwendigkeit der Verteidigung eigener Unabhängigkeit gegenüber auswärtigen Einflüssen braucht nicht überbewertet zu werden; denn die kriegerischen Qualitäten der Schweizer zeigten sich ebenso deutlich bei inneren Zwistigkeiten wie bei den als Söldner in auswärtige Dienste getretenen Kontingenten. Gleichwohl hatte die in der Regel landsmannschaftliche Zusammensetzung der großen Haufen überaus positive Auswirkungen auf die Kampfmoral. Männer aus dem gleichen Kanton fochten stets gemeinsam unter ihrem Banner, sei es bei bürgerkriegsähnlichen Konflikten, sei es bei der Abwehr auswärtiger Bedrohung. Ein regelmäßiges Exerzieren der zusammengerufenen eidgenössischen Aufgebote setzte die Krieger in die Lage, im geschlossenen Haufen auf freiem Gelände in jeder Richtung vorzurücken, ohne dabei den Zusammenhalt zu verlieren. Zum Gefecht stellte man sich in drei Treffen auf, und eine solche Schlachtgliederung war ohne jede Verzögerung direkt aus der Marschkolonne herstellbar. Auf entsprechende Signale konnten die einzelnen Haufen auch geschlossene Richtungswechsel vornehmen. Das eröffnete den Befehlshabern in der Schlacht vielfältige taktische Optionen. Doch nach Möglichkeit überrannte man den Feind schon im ersten geschlossenen Anlauf. In den eidgenössischen Kriegsordnungen wurden Eigenmächtigkeiten einzelner Krieger mit drakonischen Strafen bedroht. Wer ohne triftigen Grund, zum Beispiel wegen schwerer eigener Verwundung oder wegen eines ausdrücklichen Befehls, während der Schlacht die Formation verließ, sollte auf der Stelle von den eigenen Genossen niedergestoßen werden. Diese kompromißlose Haltung erinnert an die Flamen bei Kortrijk, doch sie galt bei den Eidgenossen generell und war nicht auf eine besondere Situation bezogen. Sie machte die Schweizer zu gefürchteten Gegnern, die gemäß ihrer Kriegsordnungen den Feinden keinen Pardon gaben und selbst keinen erwarteten. Das schon zur Zeit der Entstehung der Eidgenossenschaft beobachtbare »Sieg-oder-Tod-Prinzip«, das dem adligen Berufskriegertum völlig fremd war, ließ die eigentlich primitive Taktik der Gewalthaufen so erfolgreich werden. Eine effiziente Heeresorganisation machte es möglich, notfalls innerhalb von drei Tagen ein Heer von 20.000 Mann aufzubieten.

Schon in der Bewaffnung mit den Langspießen oder Halmbarten wurde die geringe Achtung gegenüber dem eigenen Leben deutlich; denn solche Stangenwaffen mußten mit beiden Händen geführt werden, was den Verzicht auf einen Schild als Schutz bedeutete. Wegen der erwünschten besseren Beweglichkeit legten viele eidgenössische Knechte auch keinen Brustharnisch an. Ein einzelner Langspieß war relativ wertlos, ein nur damit ausgerüsteter Krieger im freien Feld verloren. Erst der kollektive Einsatz innerhalb eines Gevierthaufens von 1.000 bis 15.000 Mann machte den Langspieß zur schlachtentscheidenden Waffe des 15. und noch des 16. Jahrhunderts. Es mochte im Gefecht durchaus vorkommen, daß die Krieger in der Mitte eines solchen Gewalthaufens die gesamte Schlacht lediglich als Schiebende oder Geschobene erlebten. Mit dem Haufen wurde nämlich versucht, bei möglichst eng geschlossenen eigenen Flanken und dichter Front die gegnerische Ordnung aufzubrechen. Dabei rangen die Spießer um den »Druck«. Gab der Feind nach und löste sich seine Formation auf, dann kamen die Halmbartenträger zum Einsatz. In der Regel wurden für die Schlacht zwei, wenn nicht sogar drei Haufen gebildet; denn erst die Mehrzahl dieser taktischen Körper erlaubte entsprechende Optionen. Falls beispielsweise ein Haufen nicht weiter kam, den Feind jedoch band, konnte ein anderer den Versuch einer Umfassung wagen.

In den Burgunderkriegen bestanden die eidgenössischen Gewalthaufen ihre große Bewährungsprobe. So zerschellten alle Angriffe der burgundischen Reiterei in der Schlacht bei Grandson 1476 am Widerstand des großen Haufens, und selbst als die burgundische Artillerie sich auf das große Ziel einschoß, blieben die eidgenössischen Spießer trotz hoher Verluste ruhig auf ihrem Platz stehen und warteten auf das Eintreffen der anderen Haufen auf dem Schlachtfeld. Dadurch wurde Herzog Karl der Kühne veranlaßt, mitten im Gefecht den leichtfertigen Versuch einer Umgruppierung der eigenen Kräfte vorzunehmen. Als die Truppen begannen, seine Befehle auszuführen, und sich die Artillerie im Stellungswechsel befand, erschien der zweite eidgenössische Haufen auf dem Schlachtfeld und stürzte sich auf den Feind. Die überraschten burgundischen Verbände vermochten keine einheitliche Schlachtordnung mehr herzustellen und hatten außerdem den Angriff des bislang in Bereitschaft gehaltenen Gevierthaufens zu erwarten. Ohne weitere Gegenwehr ergriffen sie die Flucht. Das burgundische Heer löste sich auf.

Bei Murten und bei Nancy, wo der ehrgeizige Burgunderherzog schließlich

116. Die Schlacht von Pavia am 24. Februar 1525. Gemälde eines Unbekannten. Hampton Court Palace

seinen unrühmlichen Tod durch mehrere Hiebe mit der Halmbarte eines Schweizer Knechts fand, blieben die Eidgenossen ebenfalls mit ihren Gewalthaufen siegreich. Die Beute aus den geplünderten Heerlagern der Burgunder war unermeßlich, und vieles davon findet sich heute in Schweizer Museen. Mit dem Tod Karls des Kühnen 1477 endeten die Burgunderkriege der Schweizer Eidgenossenschaft, deren Truppen in vielen Schlachten seit Morgarten (1315) niemals besiegt worden waren. Die Rivalität zwischen den einzelnen Kantonen und die Kommandostruktur eines stets aus mehreren Mitgliedern zusammengesetzten Kriegsrates für den Oberbefehl verhinderten, daß die Schweizer ihre Siege strategisch ausnutzen und eine Groß-

117. Vertreibung der Spanier aus einer niederländischen Zitadelle während der Niederländischen Befreiungskriege. Niederländische Bleiplakette, vor 1600. Oldenburg, Landesmuseum für Kunst- und Kulturgeschichte

macht werden konnten. So blieb ihnen bis zum Beginn des 16. Jahrhunderts der Ruf, die unstreitig besten Söldner in Europa zu stellen.

Der junge Erzherzog von Tirol und spätere Kaiser Maximilian zog die Lehren aus den Niederlagen seines Schwiegervaters und machte schon bei den unmittelbar bevorstehenden Waffengängen gegen Frankreich um das burgundische Erbe das Fußvolk zur Hauptwaffengattung seines Heeres. Beraten wurde der damals gerade Zwanzigjährige vom Grafen Romont, einem erfahrenen Kriegsmann aus der Gegend des Neuenburger Sees westlich von Bern, der durch seine Herkunft mit dem eidgenössischen Kriegswesen sehr gut vertraut war. In der Schlacht bei Guinegatte am 7. August 1479 stellte er die kampferprobten Bürgermilizen der flandrischen Städte und die von Maximilian angeworbenen deutschen Söldner in der eidgenössischen Form der Gevierthaufen auf. Der junge Habsburger Erzherzog trat mit dem Langspieß in der Hand ins erste Glied und focht die Schlacht gegen die Truppen König Ludwigs XI. (1423–1483) bis zum Sieg durch.

Der Erfolg steigerte Maximilians Wertschätzung für das Fußvolk als schlachtenentscheidende Waffengattung und wurde ursächlich für den durch ihn forcierten Aufbau einer am Schweizer Vorbild orientierten Truppe: der Landsknechte. Immer wieder ermunterte er einzelne Ritter, als »Doppelsöldner« bei den Landsknechtsfähnlein einzutreten. Sein »Orden der frumen Landsknecht« entwickelte schon bald ein eigenständiges, von kriegerischem Zunft- und Korpsgeist geprägtes Bewußtsein. Für die adligen Herren, denen sich Maximilian auch verpflichtet fühlte, galt die Kampfweise des Fußvolks allerdings nach wie vor als nicht standesgemäß. So fanden nur wenige Ritter den Weg zu den Landsknechten, und ihr Einfluß war zu gering, als daß es generell zu einer neuen Bewertung des Kriegsdienstes als Fußknecht hätte kommen können. Mit seiner Auffassung, daß es für den Adel eine Ehre sein müßte, nicht länger bei der zur Hilfstruppe verkümmerten Reiterei, sondern beim sieggewohnten Fußvolk Dienst zu tun, blieb Maximilian weitgehend allein; vermochte daher nicht, die von ihm ins Leben gerufene und stark geförderte Institution der Landsknechte vom üblen Ruch eines zweitklassigen Söldnertums zu befreien. So galt er den zeitgenössischen Benennungen nach als »Vater der Landsknechte« wie als »letzter Ritter«.

Zusammenfassend läßt sich festhalten, daß der im Verlauf des 14. und 15. Jahrhunderts vollzogene Wandel in der Taktik durch die Ablösung der vormals dominierenden adligen Panzerreiter seitens der großen und geschlossen kämpfenden Haufen des Fußvolks gekennzeichnet gewesen ist. Die technische Ausstattung mit Stangenwaffen, der zunehmend stärkere Einsatz von Schützen, die Ausnutzung der Geländeformation, eine besondere Motivation zum Kampf, die innere Disziplin der Aufgebote und das Geschick der militärischen Befehlshaber für die koordinierte Führung des Gefechts der verbundenen Waffen bildeten die hauptsächlichen Komponenten der neuartigen taktischen Form. Die in allen Kriegsordnungen der Zeit niedergelegte Wertschätzung der Disziplin wäre ohne die verfügbare Waffentechnik nicht zu erreichen gewesen, da sie entsprechende Optionen für die Taktik bot und in der Kriegspraxis schrittweise umgesetzt wurde.

Das bislang älteste bekannte Pulverrezept findet sich in einem chinesischen Werk aus dem Jahr 1044, dem »Wujung zongyao«. Dieses Pulver scheint allerdings nur für die Herstellung von Brandpfeilen und Feuerwerkskörpern verwendet worden zu sein. Den zeitgenössischen Berichten zufolge verfügten auch die Mongolen bei ihren vergeblichen Versuchen in den Jahren 1274 und 1281, die Japanischen Inseln unter ihre Herrschaft zu bringen, über salpeterhaltige Brandsätze mit leichten Explosionseffekten. Diese neuartigen Kampfmittel waren im Verlauf des 13. Jahrhunderts auf dem Weg über die muslimische Welt auch ins Abendland gelangt. Im Jahr 1248 hat der im andalusischen Malaga geborene arabische Schriftsteller Abd-Allah in seiner angesehenen und als Abschrift in vielen damaligen Bibliotheken verbreiteten »Enzyklopädie der Botanik und Pharmazie« den Salpeter als »Chinesischen Schnee« bezeichnet. Vornehmlich die maurischen Heere jener Zeit setzten bei Belagerungen vermehrt explosive Brandsätze als Munition für Katapulte und Wurfmaschinen ein.

Das erste Pulverrezept im christlichen Abendland tauchte in verklausulierter Form 1267 in den Schriften des in Paris lehrenden englischen Philosophen und Theologen Roger Bacon (um 1214– um 1294) auf, und den bisher ältesten bildlichen Hinweis auf eine Frühform von Feuerwaffen findet man in einer Miniatur zur Illustration einer Handschrift von 1326 im Christ Church College von Oxford. Dabei handelt es sich um eine horizontal auf eine Bank gelegte vasenförmige Büchse zum Verschießen von Feuerpfeilen. Diese als »Feuertopf« bezeichnete Waffe ist in der Fachliteratur lange Zeit als reines Phantasieprodukt abgetan worden, bis im schwedischen Loshult ein in der Form mit jener Illustration nahezu identischer Feuertopf aus Bronze gefunden und auf das 14. Jahrhundert datiert wurde.

Der Begriff »Kanone« für diese ersten kleinen und in der Regel Brandpfeile verschießenden Büchsen geht etymologisch auf das griechische »Kanun« beziehungsweise das lateinische »Canna« zurück. Beides bedeutete Röhre oder Tube. Die früheste Erwähnung dieses Begriffs zur Kennzeichnung einer Feuerwaffe enthält ein florentinisches Dokument vom 11. Februar 1326, in dem von einem Rüstungsauftrag des Rates unter anderem zur Herstellung von »Canones de metallo« die Rede ist. Belegt ist ein Einsatz solcher Feuerwaffen durch zwei deutsche Ritter anläßlich der Belagerung von Cividale in Friaul im Jahr 1331, und von diesem Zeitpunkt an häuften sich die Nachrichten über die Verfügbarkeit und die Einsätze der neuartigen Waffen an vielen Orten in Europa.

Das Schießpulver als ein Gemenge aus Holzkohle, Salpeter und Schwefel wurde im Unterschied zu den chinesischen Experimenten mit Frühformen von Raketen und Feuerwerkskörpern und der arabischen Nutzung für Brandsätze erst in Europa als Treibmittel für Geschosse verwendet. Dies setzte die Erkenntnis voraus, daß der

Expansionsdrang von entzündetem Pulver als kinetische Energie genutzt werden konnte. Die Nachrichten über frühe Formen von Feuerwaffen in verschiedenen europäischen Ländern vermochten bisher die Fragen nach Ort und Zeitpunkt der Erfindung oder sogar nach einem oder vielleicht mehreren Erfindern nicht zufriedenstellend zu beantworten. Ins Reich der Fabel gehören nach dem jüngsten Stand der Forschung mehrere schon im 15. Jahrhundert zu einer volkstümlichen Legende gewordenen und durch humanistische Schreiber des 16. Jahrhunderts weiter ausgeschmückten Berichte über einen Mönch und Alchimisten namens Bertold Schwarz, der das Pulver und die Feuerwaffen erfunden haben soll. Im Jahr 1853 hat man dieser erfundenen Figur in einer Anwandlung falsch verstandenen Nationalstolzes in Freiburg sogar ein Brunnendenkmal gesetzt. Entgegen dem Mythos von Bertold Schwarz, der in der Bezeichnung »Schwarzpulver« weiterlebt, sind die frühen Feuerwaffen und ihre Ladetechnik nicht das Resultat einer einzigen Erfindung gewesen. Vielmehr haben wohl findige Techniker in Italien, England, Frankreich, Burgund und Deutschland, vermutlich sogar ziemlich unabhängig voneinander, die Vorbedingungen für das Schießen mittels einer durch chemische Reaktion erzeugten Bewegungsenergie für Geschosse, mit Hilfe der »Büchse«, in die Praxis umgesetzt (W. Tittmann).

Voraussetzung für das Schießen war der Ladevorgang, mit dem der Expansionsdrang des entzündeten Pulvers innerhalb des nach einer Seite hin offenen, röhrenförmigen Waffentyps »Büchse« bewußt kurzzeitig gehemmt wurde, um dadurch die latente Energie des Pulvers in kinetische Energie für Geschosse umzusetzen. Bei den kleinen, von einem Schützen zu bedienenden Handbüchsen wie beim parallel dazu entwickelten und größer dimensionierten Geschütz herrschten hinsichtlich Aufbau, Handhabung und Wirkungsweise strukturell die gleichen Bedingungen vor. Werkstoff der ersten Büchsen im 14. Jahrhundert war Schmiedeeisen. Während kleinerkalibrige Handbüchsen von 0,5 bis 3 Zentimetern Rohrdurchmesser oft in einem zylindrischen Stück geschmiedet und dann auf das jeweils gewünschte Kaliber ausgebohrt wurden, stellten erfahrene Schmiede die leichten, mittleren und schweren Geschütze vom Typ der »Steinbüchse« aus eisernen Stangen und Ringen her. Die Bezeichnung ging auf die Steinkugeln zurück, die im Unterschied zu den Pfeilen oder Bleikugeln der Handbüchsen bei den größeren Modellen als Munition benutzt wurden. Alle frühen Steinbüchsen besaßen eine charakteristisch zweigeteilte Form, die sich aus dem als »Flug« bezeichneten Rohrteil und der Pulverkammer zusammensetzte. Wie viele in europäischen Museen erhaltene Exemplare belegen, haben die Büchsenschmiede noch bis ins 15. Jahrhundert hinein den Flug konisch gearbeitet, wobei sich der Innendurchmesser von der Mündung bis zum Ansatz der Pulverkammer verjüngte. Die längliche Kammer besaß einen erheblich kleineren Durchmesser und war mit dem Flug verschmiedet oder verschraubt beziehungsweise einsteckbar konstruiert.

118 a und b. Schwere Steinbüchse vom Anfang des 15. Jahrhunderts aus dem Fundort Bordian Castle in Sussex. Woolwich bei London, Rotunda

Für die Herstellung einer solchen Steinbüchse machte der Schmied zunächst ein Holzmodell, das dem Inneren des späteren Fluges entsprach. Dieser Dorn wurde entweder abgekohlt oder mit Lehm beschichtet und in einer Erdgrube senkrecht aufgestellt. Um ihn herum ordnete der Schmied Eisenstäbe von rechteckigem Querschnitt an, deren Länge durch das jeweils geplante Maß des Fluges vorgegeben war. Anschließend wurden zu Ringen geschmiedete und noch glühende Eisenbänder über die kreisförmig angeordneten Längsstäbe gezogen. Sie schrumpften beim Erkalten und hielten diese Schienen fest zusammen. Nach Entfernung des Dorn mußte das auf diese Weise entstandene Rohr innen wie außen noch einmal überschmiedet beziehungsweise kalt gehämmert werden, um Grate zu entfernen oder Unebenheiten auszugleichen. An der Mündung bog der Schmied die Längsschienen von innen her um, verschweißte sie miteinander und zog den im Durchmesser größeren Mündungsring zur Verstärkung darüber. Schon die ersten Büchsenmeister hatten aufgrund empirisch gewonnener Erfahrungen erkannt, daß beim Schuß stets am Ende des Fluges, dem Stoßboden vor der Kammer, und an der Mündung die größten Beanspruchungen für das Material der Büchse auftraten.

Die Pulverkammer bestand aus massiven, außen gerundeten Eisenblöcken oder aus axial aneinandergeschweißten starkwandigen Ringen, die man im Feuer außen glatt verschmiedete. Bei der Herstellung der Kammer aus einem massiven Eisenzylinder mußte in Längsrichtung die Seele zur Aufnahme der Pulverladung hineingebohrt werden, während sie im anderen Fall durch den Innendurchmesser der aneinandergesetzten Ringe gebildet wurde. Bei beiden Verfahren war es jedoch

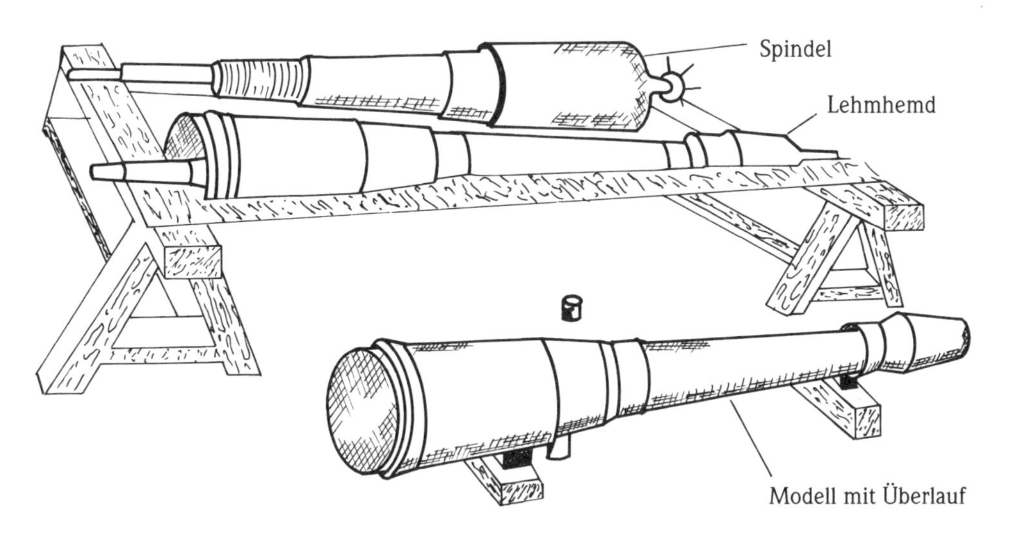

Entstehung der Gußform für ein Geschützrohr (nach v. Hogg)

erforderlich, von außen her noch einen schmalen Zündkanal bis zur Kammerseele durchzubohren. Von entscheidender Bedeutung für eine erfolgreiche Schußabgabe war die möglichst dichte Verbindung von Flug und Kammer. Die frühen Büchsenschmiede fanden ihre Lösung durch zwei grundsätzlich verschiedene Konstruktionen: So konnte die am vorderen Ende für den Ansatz zum Flug im Umfang verstärkte Kammer in den nach hinten noch offenen Rohrteil eingepaßt und mit den Längsstäben sowie zusätzlich heiß aufgezogenen Ringen verschmiedet werden, oder man beließ Flug wie Kammer als Einzelstücke und setzte sie zum Feuern durch Verschraubung oder Einpassung und Verkeilung zusammen.

Wegen der konischen Form des Fluges früher Steinbüchsen läßt sich der ansonsten im militärischen Sprachgebrauch übliche und für die ersten, Bleikugeln verschießenden Handfeuerwaffen gebräuchliche Begriff des Kalibers nicht anwenden. Als Maßeinheit diente daher immer der Durchmesser einer am Ende des Fluges und somit direkt mittig vor der Seele der Pulverkammer anliegenden Kugel. Der kleinste bis heute bekannte Kugeldurchmesser einer schmiedeeisernen Steinbüchse liegt nach Ausweis eines im Heeresgeschichtlichen Museum in Wien erhaltenen Exemplars bei 12 Zentimetern, während der zur Gattung der Riesengeschütze zählende »Pumhart von Steyr« im selben Museum mit 80 Zentimetern den größten Wert markiert. Zwischen diesen beiden Extremmaßen gab es eine Vielzahl von Steinbüchsen unterschiedlichster Abmessungen. In der Regel handelte es sich um Einzelstücke, deren Dimensionierung nicht allein vom Wunsch des jeweiligen Auftraggebers, sondern vor allem von der Masse und damit der Größe der Kugeln abhing, die man verschießen wollte. Von ausschlaggebender Bedeutung für die Konstruktion einer Steinbüchse und ihre Abmessungen war auch die für jeweils einen Schuß benötigte Pulvermenge; denn Stoßboden, Wandung und Mündung mußten der kontrollierten Explosion des Pulvers standhalten. Nach heutiger Einteilung anhand der Quellen in Form von Chroniken, Illustrationen und erhaltenen Exemplaren lassen sich um die Wende zum 15. Jahrhundert in Europa im wesentlichen drei Hauptgruppen von Steinbüchsen nachweisen: leichte und mittlere Steinbüchsen mit einem Kugeldurchmesser von 12 bis 20 Zentimetern; schwere Steinbüchsen, die Kugeln von 25 bis 45 Zentimetern Durchmesser verschossen; Riesengeschütze, bei denen die entsprechenden Maße zwischen 50 und 80 Zentimetern lagen.

Erste Nachrichten über bronzene Steinbüchsen gehen bis in die zweite Hälfte des 14. Jahrhunderts zurück und belegen die Übertragung von Verfahren im Glocken- und Kunstguß auf den Rüstungsbereich. Trotz einiger fertigungstechnischer Vorteile war bis zur Mitte des 15. Jahrhunderts der Geschützguß aus Bronze nicht häufiger als die Herstellung von Büchsen aus Schmiedeeisen. Der hauptsächliche Grund hierfür lag in der Standortbezogenheit des Bronzegusses. Während Schmiedeeisen von entsprechend erfahrenen Meistern fast überall auch zu Geschützen verarbeitet werden konnte, benötigte man für den Geschützguß außer qualifizierten

119. Steinbüchse in fahrbarer Schutzhütte. Miniatur in der 1405 vollendeten »Bellifortis-Handschrift« des Konrad Kyeser von Eichstätt. Göttingen, Staats- und Universitätsbibliothek

Glocken- und Kunstgießern ausreichende Mengen von Kupfer und Zinn sowie besondere Schmelzöfen. Jede Betrachtung der Entwicklung des Geschützgusses im Verlauf des 15. Jahrhunderts macht eine Konzentrierung der Produktionsstätten dort deutlich, wo, wie in Tirol oder in den bedeutenden oberdeutschen Städten, die benötigten Rohstoffe und die für die verschiedenen Arbeitsprozesse erforderliche Energie verfügbar gewesen sind. Für die Geschützbronze als eine Legierung aus neun Teilen Kupfer und einem Teil Zinn konnte man beispielsweise in Tirol auf die Kupferbergwerke von Schwaz, Taufers und Rattenberg zurückgreifen, während das Zinn aus Böhmen, England oder Spanien über die erprobten Fernhandelswege importiert wurde (E. Egg). Außerdem stellte der Holzreichtum der tirolischen Wälder die Versorgung mit Holzkohle für die Verhüttung sicher, lieferten die schnellaufenden Gebirgsbäche die Wasserkraft für fast alle weiteren im Herstellungsverfahren erforderlichen Arbeitsgänge. Wegen ihrer materialbedingten Eigenschaften wie Leichtflüssigkeit als Schmelze, große Härte im gegossenen Zustand und hohe klimatische Unempfindlichkeit erwies sich Bronze für die Herstellung von Büchsen als besonders gut geeignet.

In Verbindung mit dem Rückgriff auf die seit dem 11. Jahrhundert beim Glocken- und Kunstguß gemachten fertigungstechnischen Erfahrungen und die dabei entwikkelten Formen der Arbeitsorganisation sorgten, wie im Falle Tirols, besonders günstige regionale Voraussetzungen für den Aufstieg einer Region zu einem gewerblich spezialisierten und aufgrund der politischen Verhältnisse prosperierenden Zentrum. Während in Nürnberg, Augsburg oder Landshut Waffen aller Art über den Eigenbedarf hinaus vordringlich zu Exportzwecken produziert wurden, mußten wegen der jahrzehntelangen auswärtigen Bedrohung des von den Habsburger Herrschern regierten Reiches durch die Osmanen die Betriebe im Innsbrucker Raum fast ständig für die Ausstattung der kaiserlichen Truppen mit Waffen, in Sonderheit mit Bronzegeschützen aller gebräuchlichen Kaliber sorgen.

Die erhalten gebliebenen Exemplare bronzener Büchsen dokumentieren die uneingeschränkte Eignung des Werkstoffes für nahezu alle beliebigen Größen von Feuerwaffen. Dabei bildet eine bei Ausgrabungen auf der 1399 zerstörten Burg Tannenberg an der Bergstraße gefundene und heute im Germanischen Nationalmuseum in Nürnberg zu besichtigende kleine Bronzebüchse von 32 Zentimetern Länge und einem Kugeldurchmesser von 1,5 Zentimetern das kleinste Beispiel einer in der zweiten Hälfte des 14. Jahrhunderts gefertigten Handfeuerwaffe. Das 1464 vom osmanischen Büchsenmeister Munir Ali im Auftrag Sultan Mehmets II. (1432 bis 1481), des Eroberers von Konstantinopel im Jahr 1453, hergestellte Riesengeschütz von 5,81 Metern Länge und 63 Zentimetern Kugeldurchmesser kann als die größte im späten Mittelalter gegossene Steinbüchse angesehen werden. Sie ist heute als »Dardanellen-Geschütz« im Londoner Tower ausgestellt.

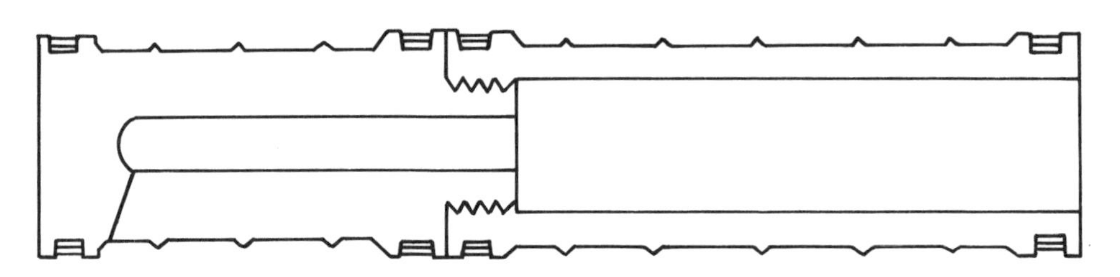

Längsschnitt durch das riesige »Dardanellen-Geschütz« in London (nach Pfister)

Die Technik des Geschützgusses beruhte auf dem Wachsausschmelzverfahren, das Leonardo da Vinci als einer der ersten schon im 15. Jahrhundert beschrieben hat. Detailliertere Schilderungen sind Vannoccio Biringuccio und Kaspar Brunner aus dem 16. Jahrhundert zu verdanken. Biringuccio legte seine eigenen Erfahrungen als Gießer und Büchsenmeister in der 1540 erschienenen »Pirotechnia« nieder, und Brunner hat als Zeugmeister der Stadt Nürnberg 1547 ein Zeughausbuch verfaßt, in dem sich auch sein »gründlicher und eigentlicher bericht des büchsengießens ...« findet. Für den Guß unter Verwendung des Wachsausschmelzverfahrens fertigte man zunächst ein Modell im Maßstab 1 zu 1 an. Es bestand aus einer an

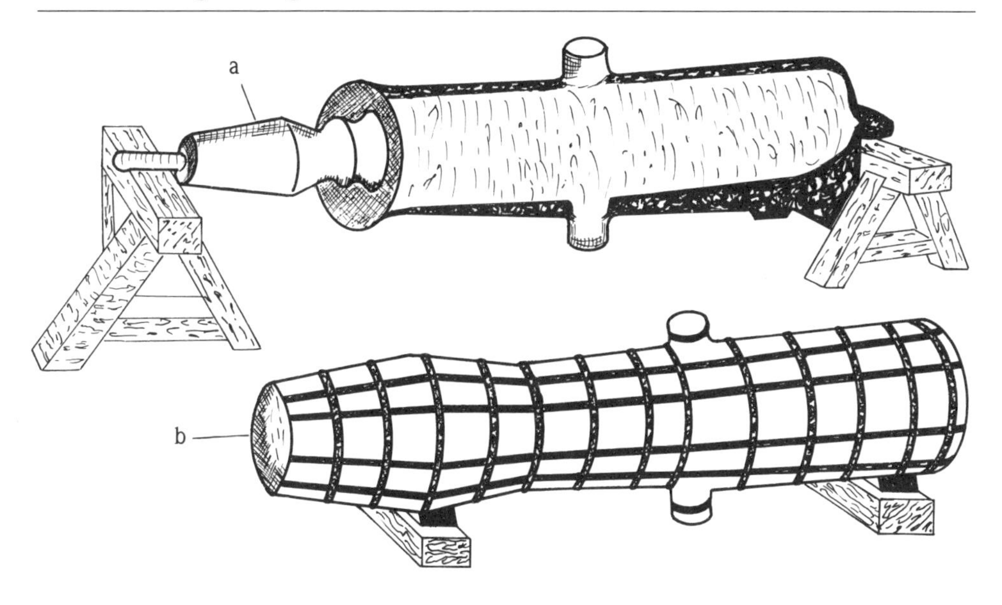

a = Gußform vor dem Wachsausschmelzen
b = Mit Eisenbändern verstärkter Formmantel für den Guß aus dem Flammofen

Guß von Bronzegeschützen (nach v. Hogg)

ihren Enden auf Böcken drehbar gelagerten Spindel aus Tannenholz, um die dicke Hanfstricke gewickelt waren. Darauf trug man das Lehmhemd auf, eine Mischung aus Lehm, Spreu und Haaren. Durch Drehen gegen eine Schablone ließ sich das so entstandene Modell an der Oberfläche sowohl glätten als auch mit Mustern und Einschnitten versehen. Anschließend beschichtete man es mit Wachs und Talg und befestigte entsprechende Modelle für Henkel, Wappen und sonstige Verzierungen mit Eisenstiften oder Draht. Über dem vorbereiteten Modell entstand dann die eigentliche Gußform, für die zunächst mehrere Lagen geschlämmten Tons aufgetragen wurden. Anschließend drehte man das Modell auf den Lagern der Böcke über einem Feuer, wobei der Ton trocknete und das Wachs durch eigens dafür angelegte kleine Kanäle herausfloß. Nach Entfernung des Modells aus Lehmhemd, Stricken und Tannenholzspindel blieb ein Formmantel übrig, der mit eisernen Längs- und Querbändern verstärkt werden mußte. Die Form für das Bodenstück wurde gesondert hergestellt und erst in der Dammgrube mit dem senkrecht hineingelassenen Formmantel verbunden. Die Form war vorn an der vorgesehenen Mündung durch einen Überlauf verlängert, der dafür sorgte, daß die Metalldichte an einer der Stellen höchster Beanspruchung beim Schuß besonders groß wurde. Die beim Guß in diesen als »verlorenen Kopf« bezeichneten Überlauf hineingedrückte Bronze nahm

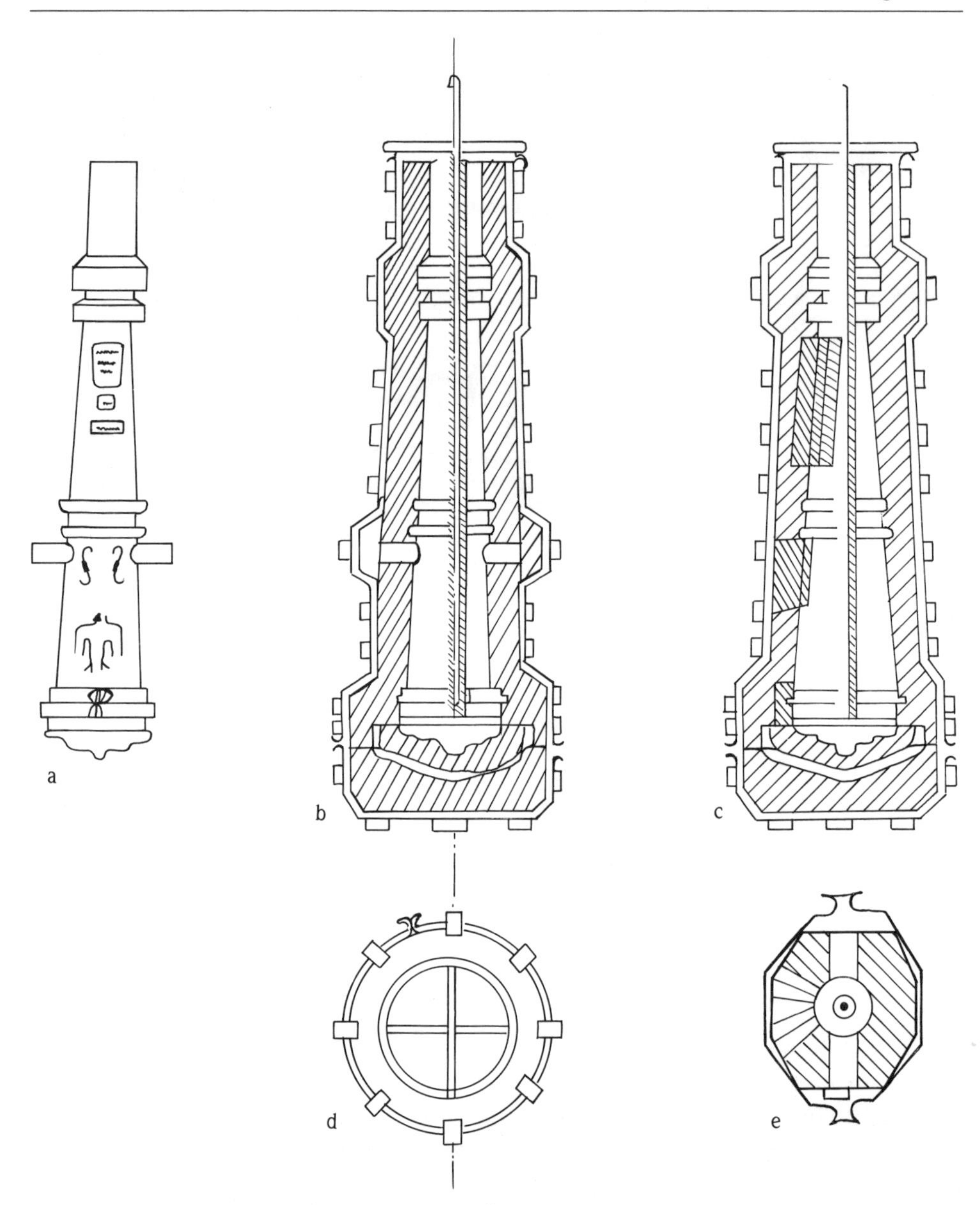

a = Fertiggegossenes Rohr noch mit Überlauf; b = Längsschnitt durch die Gußform in der Ebene der Schildzapfen; c = Längsschnitt senkrecht zur Ebene der Schildzapfen; d = Ansicht von unten auf die innere Bodenform; e = Querschnitt durch die Gußform in Höhe der Schildzapfen

Guß eines Geschützes nach Kaspar Brunner 1547 (nach Johannsen)

auch eventuell entstandene Luftblasen oder Verunreinigungen aus der Form mit und sorgte für eine möglichst gute Qualität des gesamten Stückes. Nach erfolgtem Guß wurde der Überlauf abgesägt und der nächsten Schmelze beigegeben.

In den Formmantel führte man von oben eine mit Lehm überzogene Eisenstange ein, die dem gewünschten Kaliber, bei Steinbüchsen sowohl dem des Fluges als auch der Pulverkammer, in etwa entsprach. Diese Kernstange stieß am Bodenstück auf das sogenannte Kerneisen, eine meist drei- oder vierarmige Konstruktion, welche die Stange genau im Zentrum des Bodenstückes hielt. Am oberen Ende wurde diese Positivform für das Kaliber mit Querstäben am Überlauf befestigt. Beim Abstich des Flammofens lief die flüssige Bronze entweder über den Kern von oben oder im aufsteigenden Guß vom Bodenstück her in die Form. Nach dem Erkalten zerschlug man den Formmantel, zog den Kern heraus und bohrte das fertige Rohr noch auf das gewünschte Kaliber aus. Während im 15. Jahrhundert der Guß meistens von oben über den Kern erfolgte, um das Bodenstück des Geschützes analog zur Kammerverstärkung bei den schmiedeeisernen Exemplaren dichter zu gestalten, setzte sich im 16. Jahrhundert, wie bei den Glocken, der aufsteigende Guß nach dem physikalischen Prinzip der kommunizierenden Röhren durch. Dabei stieg die Bronze in der Form von unten hoch und drückte Schlacken, Verunreinigungen, Luftblasen und sonstige Einschlüsse durch deren meist geringeres spezifisches Gewicht nach oben hin in den Überlauf. Durch den aufsteigenden Guß ließ sich die Qualität der Rohre erheblich verbessern. Ein möglichst schnelles Abkühlen der gegossenen Geschütze erbrachte zusätzliche Härte.

Die kennzeichnende Zweiteilung der Steinbüchsen in Flug und Kammer war von den schmiedeeisernen Formen auf die Bronzegeschütze übertragen worden und

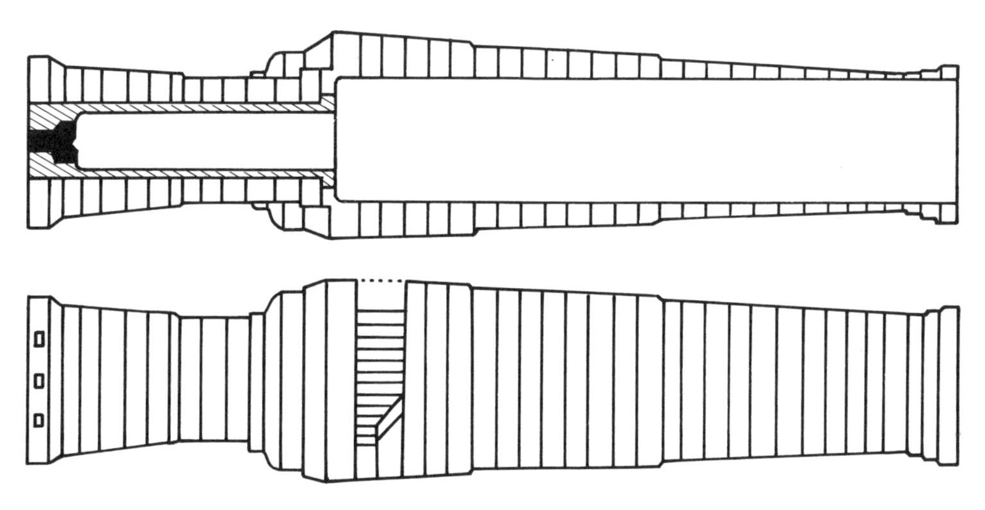

Längsschnitt durch das Riesengeschütz »Mons Meg« in Edinburgh (nach Pfister)

bedeutete für diesen Waffentyp zunächst eine optimale technische Lösung. Die Pulverladung füllte die schmale Seele der Kammer fast völlig aus, und damit traf der Gasdruck des entzündeten Pulvers die Steinkugel in ihrem Masseschwerpunkt und konnte die größtmögliche Beschleunigung gewährleisten. Das gängige Ladeverhältnis von Pulvermenge zu Kugelmasse lag im 14. Jahrhundert bei 1 zu 19, wie entsprechende Angaben in erhaltenen Rechnungsbüchern von Städten belegen, die über solche Steinbüchsen verfügten. Damit war das Optimum erreicht, denn mit einer geringeren Pulvermenge ließen sich Steinkugeln nicht mit der gewünschten Wirkung verschießen, und bei zu starken Ladungen riskierte man eine Beschädigung des Geschützes und eine Gefährdung der Bedienungsmannschaft. Für einen erfolgreichen Schuß mit einer Steinbüchse bildete der Ladevorgang die wichtigste Voraussetzung. Der Expansionsdrang des entzündeten Pulvers mußte innerhalb der Büchse kurzzeitig gehemmt werden, damit sich der Druck so weit aufbauen konnte, daß er die Steinkugel explosionsartig beschleunigte. Daher führten die Büchsenmeister nach dem Einfüllen des Pulvers in die Kammer zunächst einen scheibenförmigen, dem Innendurchmesser am Ende des Fluges entsprechenden Holzklotz ein und legten dann die Steinkugel im Flug mit Hilfe von Holzkeilen so fest, daß sie zentrisch vor der Seele der Pulverkammer lag. Wie Illustrationen in zeitgenössischen kriegs-

120 a und b. Vorbereitungen zum Schießen mit einer Steinbüchse: Einbringen und Feststampfen der Pulverladung sowie Festlegen der Kugel. Miniaturen in dem um 1400 in Süddeutschland entstandenen ältesten Feuerwerkbuch. München, Bayerische Staatsbibliothek

technischen Handschriften belegen, stellte man dazu die jeweilige Büchse senkrecht. Wegen unregelmäßiger Oberflächen der vom Steinmetz mit dem Meißel gerundeten Kugeln und der häufig auftretenden Ausbrennungen der Innenwand des Fluges entstanden kleine Zwischenräume, durch die beim Abfeuern ein Teil der Pulvergase ins Freie entwichen wäre, ohne zum Vortrieb der Kugel beigetragen zu haben. Die aus der Erfahrung gewonnene Erkenntnis, daß eine stärkere Hemmung des Gasdrucks die Beschleunigung für die Kugel steigerte und deshalb größere Schußweite und höhere Wucht im Ziel zur Folge haben konnte, führte zum »Verschoppen« der Steinkugel. Hierbei wurden von der Mündung her die besagten Zwischenräume mit Werg und feuchtem Lehm, manchmal auch mit Sand zugestopft, was allerdings eine zeitliche Verzögerung mit sich brachte, weil diese Dichtungsmasse erst trocknen mußte, bevor man schießen konnte.

Die Steinbüchsen waren die ersten Waffen, mit denen ein Geschoß auf gestreckter Flugbahn mit hoher Wucht gegen feste Ziele wie Befestigungsanlagen gefeuert werden konnte und so eine Breschierwirkung erreichte, die mit den mechanischen Wurfmaschinen des mittelalterlichen Belagerungsarsenals nicht zu bewerkstelligen war. Das Mauerwerk von Burgen oder von Stadtbefestigungen ließ sich wirkungsvoll nur erschüttern und zum Einsturz bringen, wenn Geschosse von großer Masse mit viel Wucht fast horizontal aufprallten, also nicht wie bei den Bliden nach einer parabolischen Flugbahn von oben her einschlugen. Bis zur Mitte des 15. Jahrhunderts beschränkte sich der Einsatz von Steinbüchsen auf den Kampf um feste Plätze. Die Herstellung dieser schweren Mauerbrecher war ziemlich teuer und außerdem von den im späten Mittelalter nur wenig verbreiteten Kenntnissen einzelner Schmiede und Gießer abhängig, die sich aber zunehmend auf Produktion und Handhabung solcher Waffen spezialisierten. Probleme gab es weniger in der Produktion als vielmehr im Einsatz; denn die großen und mehrere Tonnen schweren Mauerbrecher ließen sich nur mit beträchtlichem Aufwand transportieren und erlaubten wegen des umständlichen und sehr zeitraubenden Ladevorgangs lediglich 2 bis 3 Schuß am Tag. Bei Belagerungen wurden sie deshalb bis in die zweite Hälfte des 15. Jahrhunderts nur als Ergänzung zu den herkömmlichen Wurfmaschinen eingesetzt. Noch im Jahr 1437 zwang man einen Büchsenmeister in Metz, der 3 erfolgreiche Schüsse an einem einzigen Tag abgefeuert hatte, ob des Verdachts auf Magie eine Pilgerfahrt nach Rom anzutreten.

Bis in die dreißiger Jahre des 15. Jahrhunderts wurden die schweren Steinbüchsen für den Einsatz als »Legstücke« auf dem Erdboden in ein Balkenwiderlager gebettet, das wegen des Rückstoßes sehr stark verstrebt sein mußte. Die Schußrichtung ließ sich über Keile, die an der vorderen Auflage der Büchse angeschlagen waren, in der Höhe bloß begrenzt variieren. Ein echter Zielwechsel war lediglich nach umständlichem Ab- und erneutem Aufbau der gesamten Konstruktion möglich. Dieser als besonders lästig empfundene Aufwand führte dazu, daß sich nach

Ausweis einiger kriegstechnischer Bilderhandschriften schon um 1410 Büchsenmeister Gedanken hinsichtlich einer besseren Beweglichkeit ihrer schweren Waffen machten. Wenngleich sich die meisten der dabei entstandenen Entwürfe gar nicht konstruktiv umsetzen ließen, also Fiktion blieben, führte das Streben nach erhöhter Mobilität zu sehr praktikablen Lösungen in Gestalt der ersten »Karrenbüchsen«, die in ein festes Bockgestell montiert und auf zwei Wagenachsen gesetzt waren. Um zumindest die Höhenrichtung und somit die Schußweite variieren zu können, gestaltete man die Lagerung der Büchse über einen armdicken horizontalen Eisenstift zum Vorderteil des Karrens beweglich und erreichte die jeweils gewünschte Erhöhung mittels einer Haspel. Wegen des geringen Widerstandes gegenüber dem oft harten Rückstoß beim Schuß vermochte sich diese Problemlösung jedoch nicht durchzusetzen.

Kleiner dimensionierte und auf Bockgestellen montierte Büchsen dienten den Verteidigern belagerter Plätze als sehr wirksame Defensivwaffen. Ihr Einsatz auf dem »Tarras«, dem Wall, der Terrasse, gab ihnen die Bezeichnung »Tarrasbüchsen«. Sie bildeten die Prototypen der im Verlauf des 15. Jahrhunderts dann erstmals auch in der Feldschlacht eingesetzten leichten Geschütze. Sie verschossen gewöhnlich Bleikugeln und wurden daher auch »Lotbüchsen« genannt. Bis zur Hälfte ihres Umfangs wurden sie in einen halbrunden, der Geschützform entsprechenden Holzblock eingelassen, der am hinteren Ende durch Querriegel verstärkt war – eine brauchbare Form der Lafettierung. Die Verstärkungen liefen in einen leicht nach unten gebogenen Schwanz aus, der den Rückstoß auf den Erdboden ableiten sollte. Diese Blocklafette wurde in der zweiten Hälfte des 15. Jahrhunderts für größere Kaliber übernommen. Die Einbettung der Büchse bezeichnete man als »Lade«. Eine Verlängerung des Lafettenschwanzes bis zum vorderen Ende dieser Lade und die Verbindung mit dieser über ein Scharnier ermöglichten die Höhenverstellung durch Keile, die man zwischen der Unterseite der Lade und dem Lafettenschwanz einschlagen konnte. Diese Höhenrichtmöglichkeit war allerdings auf ein Senken der Lade mit der Büchse aus einem Erhöhungswinkel der gesamten Konstruktion beschränkt, der vorn, an der Mündung, durch die Höhe der Räder des Karrens und hinten durch das auf den Boden gesetzte Ende des Lafettenschwanzes bestimmt wurde. Zwei an der Unterkonstruktion angeschlagene und leicht gekrümmt nach vorn oben weisende schmale Balken mit Lochbohrungen sollten als »Richthörner« ein seitliches Ausweichen der Lade beim Schuß verhindern. Die zwischen ihnen vertikal frei bewegliche Lade ließ sich über einen durch die Löcher in den Richthörnern gesteckten Eisenstift je nach gewünschter Höhe fixieren. Außerdem halfen die Richthörner beim Auffangen des Rückstoßes. Bekannt wurde diese Ladenkonstruktion mit Höhenrichtmöglichkeit als »Burgunderlafette«, weil Herzog Karl der Kühne von Burgund sich entschlossen hatte, seine Feldartillerie mit solchen Modellen auszustatten.

121. Reichverzierte bronzene Hauptbüchse »Die schon Kätl« als Legstück der maximilianischen Artillerie. Lavierte Zeichnung aus dem Atelier von Jörg Kölderer in dem um 1518 erschienenen Buch über die Zeughäuser Maximilians I. von Bartholomäus Freisleben. Wien, Österreichische Nationalbibliothek

Für größere Kaliber eignete sich die Burgunderlafette jedoch nicht, weil die Richthörner den Rückstoß kaum hätten abfangen können. So blieb es für schwere Steinbüchsen bis zum Ende des 15. Jahrhunderts bei der einfachen Blocklafette. Zwei entscheidende Innovationen lassen sich für die Mitte des 15. Jahrhunderts nachweisen: Die schlechten Erfahrungen mit berstenden Rohren während des Einsatzes hatten die Büchsenmeister gelehrt, daß beim Schuß die Druckverhältnisse im Geschütz unterschiedlich waren, am Ende der Kammer oder am Verbindungsstück zum Flug größer als an der Mündung. Dies ließ den Schluß zu, daß nach dem Abfeuern der Gasdruck auf die Wandung nach vorn hin abnahm, man daher eine wichtige, material- und gewichtssparende Änderung der Geschützform durch kontinuierliche Verjüngung zur Mündung hin anstreben sollte. Eine derartige Verjüngung des Rohres ließ sich schon bei der Herstellung des Gußmodells durch einen entsprechenden Zuschnitt der Schablone erreichen, gegen die das mit Wachs und Talg beschichtete Gußmodell gedreht wurde. Die zweite Innovation betraf die tiefgreifende Veränderung der Lafettenkonstruktion durch Schildzapfen, die im Schwerpunkt des Geschützes seitlich angeschmiedet oder angegossen waren und eine Lagerung des Rohres in einer Wandlafette ermöglichten. Damit war die Laden-

122. Karren- und Wagenbüchse. Federzeichnung im sogenannten Mittelalterlichen Hausbuch, um 1480. Wolfegg, Fürstlich zu Waldburg-Wolfeggsches Kupferstichkabinett

konstruktion überflüssig geworden; denn der Drehpunkt der Büchse zum Zweck einer variablen Höhenrichtung wurde auf den Schwerpunkt der Waffe übertragen und ermöglichte ein stufenloses Richten des Geschützes in der vertikalen Ebene. Schon zu Beginn des Jahrhunderts waren leichte Hinterladergeschütze mit solchen Schildzapfen ausgestattet und in Drehbassen gelagert, die eine seitliche Schwenkung von 360 Grad und ein Heben und Senken des Rohres bis zu 140 Grad ermöglichten. Als Wallbüchsen auf der Mauerkrone und zur Verwendung auf Schiffen eigneten sich solche Typen auch wegen der erhöhten Feuergeschwindigkeit durch mehrere austauschbare Kammern. Die leichten Hinterlader wogen 50 bis 60 Kilogramm und verschossen Bleikugeln von 6 bis 7 Zentimetern Durchmesser und 1,5 bis 2 Kilogramm Gewicht. Für schwerere Stücke konstruierte man unter Berücksichtigung der Schildzapfen eigene Wandlafetten aus zwei parallelen Rahmen, die fest miteinander verstrebt waren und in ihrem rückwärtigen Teil gemeinsam den Lafettenschwanz bildeten. An der Oberkante eingelassen enthielt jeder Rahmen ein Lager für die Schildzapfen, das nach Einlegen des Rohres mit einem über die gesamte Rahmenlänge reichenden kräftigen Eisenband abgedeckt wurde. Auf diese Weise lagen die Schildzapfen zu zwei Dritteln ihres Umfangs im Holzrahmen, während der restliche Teil vom Eisenband fixiert wurde. Diese Konstruktion hielt den Rückstoß beim Schuß hervorragend aus und erlaubte ein leichtes Heben und Senken der Rohre in der Vertikalen. Ein seitliches Richten war, wie bei der auf

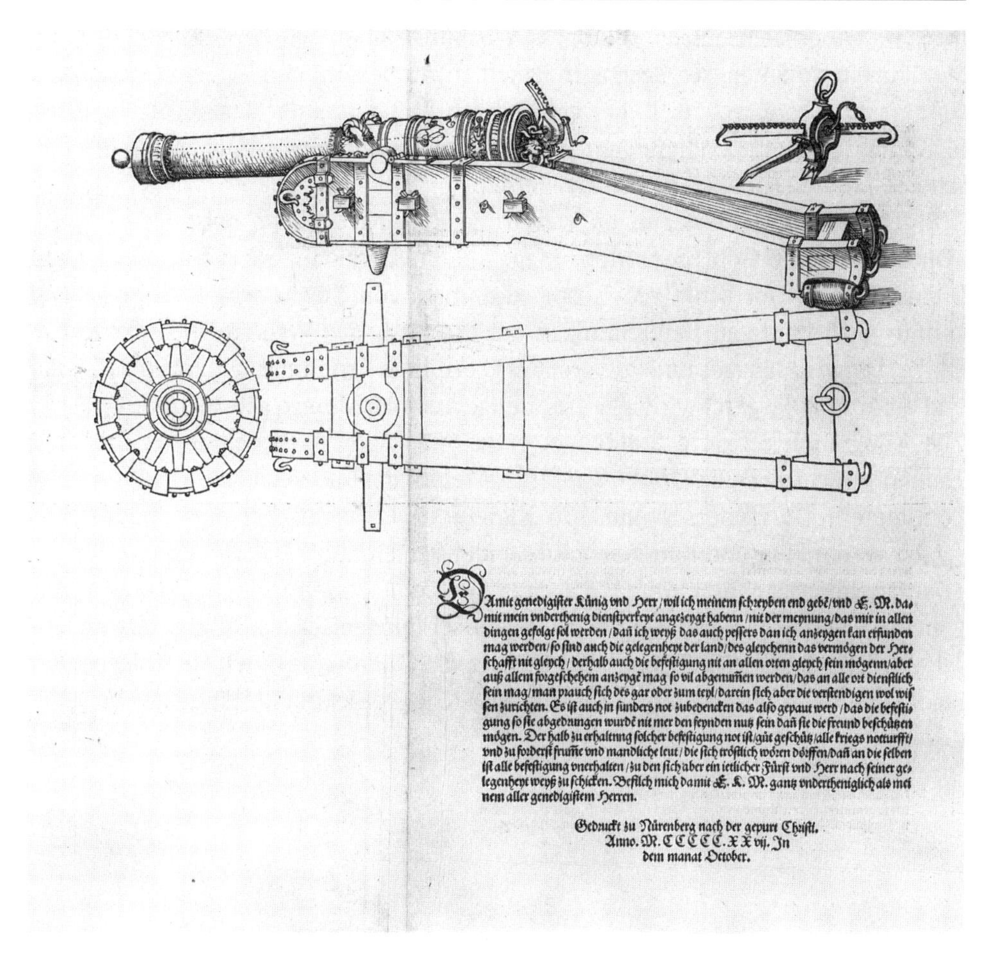

123. Kartaune in Wandlafette. Holzschnitt von Albrecht Dürer in seiner 1527 gedruckten Festungslehre. Berlin, Staatliche Museen Preußischer Kulturbesitz, Kupferstichkabinett

Rädern beweglichen Burgunderlafette, durch Anheben des Lafettenschwanzes und durch Drehen des gesamten Geschützes auf den Rädern um die Querachse möglich. Die Wandlafette, im Laufe der Zeit geringfügig verbessert, blieb samt den auf Schildzapfen gelagerten Rohren bis ins 19. Jahrhundert hinein in Gebrauch.

Bereits gegen Ende des 14. Jahrhunderts verfügten die damaligen Büchsenmeister über umfangreiche Erfahrungen beim Einsatz von Steinbüchsen im Rahmen von Belagerungen. Sie hatten erkannt, daß die Durchschlagskraft von Kugeln gegen Mauerwerk das Produkt war, welches sich aus Masse und Beschleunigung der Steinkugeln ergab. Aus dieser Einsicht versuchten sie zunächst, die Geschoßgeschwindigkeit durch größere Pulverladungen zu erhöhen, doch solche Versuche führten häufig zum Bersten der Geschütze und damit oftmals zum Tod des Büchsenmeisters. Aber selbst nach gelungenen Schußabgaben wurde deutlich, daß die Steinkugeln trotz höherer Geschwindigkeit an der bekämpften Mauer zerschellten, statt sie zu durchbrechen. Daher gab es nach Auffassung der damaligen Experten bloß einen Weg zur erfolgreichen Bewältigung des Problems: Die Masse der Geschosse mußte erheblich gesteigert werden.

Ergebnis dieser Überlegungen waren die Riesengeschütze, beispielsweise die »Dulle Griet« von Gent, der »Mons Meg« in Edinburgh oder die »Faule Mette« von Braunschweig. Der schmiedeeiserne »Pumhart von Steyr« wog 8 Tonnen und konnte nach heutigen Berechnungen auf der Basis des Verhältnisses von Kugelmasse, Länge des Fluges und Pulverladung bei einem Erhöhungswinkel von 10 Grad und einer Anfangsgeschwindigkeit von ungefähr 160 Metern pro Sekunde eine fast 700 Kilogramm schwere Steinkugel etwa 600 Meter weit schießen. Die 16,4 Tonnen schwere »Dulle Griet« war fast 5 Meter lang und verschoß Kugeln von 64 Zentimetern Durchmesser und 356 Kilogramm Gewicht. Bei diesem Riesengeschütz waren Flug und Kammer miteinander verschraubt. Das galt ebenso für das »Dardanellen-Geschütz« von 18,4 Tonnen Gewicht, dessen Steinkugeln eine Masse von 340 Kilogramm aufwiesen. Während die schmiedeeiserne »Dulle Griet« im Jahr 1452 anläßlich der mißlungenen Belagerung von Oudenarde durch ein Aufgebot der Stadt Gent beim überhasteten Abzug dieses Kriegsvolks in die Hände der Verteidi-

124. Die größte erhaltene schmiedeeiserne Steinbüchse des 15. Jahrhunderts: der »Pumhart von Steyr«. Wien, Heeresgeschichtliches Museum

125. Das »Dardanellen-Geschütz« von 1464 im Tower zu London

ger gefallen war und erst 1578 im Verlauf des Unabhängigkeitskampfes der Niederlande wieder nach Gent zurückgebracht werden konnte, wurde das »Dardanellen-Geschütz« als bronzene Steinbüchse vom türkischen Sultan Abdul Aziz (1830–1876) im Jahr 1867 der Königin Victoria von England (1819–1901) zum Geschenk gemacht. Nach Konstruktionsidee und Ausführung muß dieses Riesengeschütz aus der Mitte des 15. Jahrhunderts im Vergleich zum gleichzeitigen Stand des europäischen Geschützgusses als technische Meisterleistung bezeichnet werden, wobei vor allem die Schraubkonstruktion zur Verbindung von Flug und Kammer noch heute hohen Respekt verdient. Sie war völlig gasdicht, wie englische Marineoffiziere feststellten, als sie 1868 die Kammer vom Flug abschraubten. Gemeinsam mit sechzehn weiteren, anläßlich der Belagerung von Rhodos im Jahr 1480 vor der Stadt gegossenen Riesengeschützen gehörte das »Dardanellen-Geschütz« zu den Verteidigungsbatterien des Osmanenreiches an den Dardanellen. Es kam im Jahr 1807, also dreihundertdreiundvierzig Jahre nach seiner Herstellung, noch einmal zum Einsatz, als ein Geschwader englischer Kriegsschiffe beschossen wurde, das die Durchfahrt durch diese Meerenge erzwingen wollte. Mit Ausnahme dieser großen türkischen Bronzesteinbüchse scheinen die Riesengeschütze des 15. Jahrhunderts die Erwartungen nicht erfüllt und die hohen Herstellungkosten nicht gerechtfertigt zu haben. Mit gleichem Material- und Arbeitsaufwand ließen sich etwa zwei bis drei schwere Steinbüchsen herstellen, die weniger unbeweglich waren und mit ihrem Kaliber bis zu 40 Zentimetern hinreichende Wirkung gegenüber belagerten Plätzen erzielen konnten. Die Riesengeschütze waren ein technisch imposantes, de facto jedoch mißlungenes Experiment, ein Weg in die Sackgasse.

Zur Erhöhung der Beweglichkeit wie zur Steigerung der Wirkung im Ziel hatte der zwar teure, aber sehr effiziente Wechsel der Munitionsart beigetragen. Wegen des dreifach höheren spezifischen Gewichts von Eisen gegenüber Stein erlaubte die Verwendung von Eisenkugeln bei gleichbleibender Masse des Geschosses eine beachtliche Verringerung des Kalibers der Geschütze und somit ihres Gesamtgewichts. Das hatte neben leichteren Transportmöglichkeiten die Entwicklung längerer Rohre und durch die meistens gegossenen glatten Kugeln weniger Reibungswiderstand im Rohr sowie eine kleinere Angriffsfläche für den Luftwiderstand zur Folge. Zielgenauigkeit und Trefferwahrscheinlichkeit stiegen. Die mit dem Einsatz eines Riesengeschützes erzielbare Wirkung ließ sich nun mit wesentlich leichteren, auf Räderlafetten gut beweglichen, genauer und mit weitaus höherer Feuergeschwindigkeit schießenden Stücken erreichen.

Große Bedeutung hatte die Verwendung von Eisenkugeln vor allem für die Entwicklung der Feldgeschütze. Außerdem setzten sie sich bis zum Ende des 15. Jahrhunderts bei den schweren Stücken der Belagerungsartillerie als Standardmunition durch. In vielen Fällen war es unmöglich, aus den schweren Steinbüchsen eiserne Kugeln zu verschießen; denn für einen Schuß mit einer im Durchmesser gleichen, aber dreimal schwereren Eisenkugel aus einer Steinbüchse hätte sich bei unveränderter Pulverladung kein akzeptables Ergebnis erzielen lassen. Einer entsprechend höheren Pulverladung dürfte aber in den meisten Fällen das Geschützmaterial nicht gewachsen gewesen sein. Deshalb hat man im Zuge der um 1500 nahezu gleichzeitig in England, Frankreich, Italien und Deutschland unternommenen Standardisierungsbestrebungen für den jeweiligen Geschützpark viele der alten bronzenen Steinbüchsen eingeschmolzen und neue, im Kaliber kleinere und für das Verschießen von Eisenkugeln geeignete Geschütze gegossen. In Nürnberg und im tirolischen Absam hatten sich bereits zu Beginn des 15. Jahrhunderts Schmiede auf die Produktion von Geschützkugeln aller gewünschten Kaliber spezialisiert. Das unter Einsatz von Wasserhämmern technisch aufwendige und daher sehr teure Verfahren bildete aber nur einen Zwischenschritt in der Entwicklung zu einer als Folge des immens steigenden Munitionsbedarfs aller mit Feuerwaffen ausgerüsteten Armeen in Europa erforderlich gewordenen Massenproduktion in diesem Bereich. So nahm man bald Abstand von den geschmiedeten Kugeln und bevorzugte die im Eisenguß hergestellten. Sie waren qualitativ gleichwertig und ließen sich in großen Stückzahlen nach rationellen Verfahren produzieren.

Zum Guß dieser seit Mitte des 15. Jahrhunderts verstärkt nachgefragten Kugeln legten viele Landesherren eigene Hochöfen an. Für das Gußverfahren griff man auf die bekannte Technik des Blei- und Bronzekupolgusses zurück. Die Gießer erhielten mit der Bestellung einen der gewünschten Kalibergröße entsprechenden Ring als Kugellehre. Die als »Kokillen« nach dem französischen Wort für Muschel bezeichneten Gußkästen bestanden aus Bronze oder ebenfalls aus Gußeisen. Auf einer zur

126 a. Geschützwerkstatt. Kupferstich von Philipp Galle, um 1580, nach einer Vorlage von Jan van der Straet, genannt Stradanus. München, Deutsches Museum. – b. Pflügende Bauern mit Kartuscheninschrift: Androhung des Umpflügens von Türen und Mauern bei Gegenwehr. Hölzernes Modellrelief für die Verzierung eines von Lienhardt Peringer in Landshut im Auftrag Herzog Albrechts V. von Bayern 1554 gegossenen Geschützrohrs. München, Bayerisches Nationalmuseum

Hälfte in ein Brett eingebetteten Modellkugel wurde eine ihr entsprechende Form aus Lehm oder Gips aufgetragen. Nach dem Trocknen verfügte man über ein halbkugelförmiges Modell für den Guß der Halbkokille. Die Kokillenhälften erhielten Zapfen, damit man sie beim Kugelguß mit der Zange zusammenhalten konnte. In allen Gießhütten waren bald die zu den üblichen Geschützkalibern passenden Kokillen vorhanden, so daß jederzeit relativ schnell große Mengen von Kugeln hergestellt werden konnten. Seit Beginn des 16. Jahrhunderts hat man gegossene Kugeln zusätzlich im Gesenk unter dem Wasserhammer überschmiedet, um ihnen eine größere Härte zu verleihen.

Über gußeiserne Hohlkugeln hatten schon die Büchsenmeister der berühmten burgundischen Artillerie Herzog Karls des Kühnen im 15. Jahrhundert verfügt, und sie gehörten ebenso zur Standardausstattung an Munition in den Heeren Kaiser Maximilians, der noch 1507 seinen Zeugmeister anwies: »Sol 50 eysne holkugeln wie er waist machen lassen.« Die früheste Beschreibung der Produktion solcher Kugeln stammte vom italienischen Büchsenmeister Giambattista della Valle aus dem Jahr 1524, doch für eine Massenherstellung eignete sich erst das von Biringuccio 1540 beschriebene, am Bronzeformguß orientierte Verfahren. Hohlkugeln wurden mit Brandsätzen oder Sprengladungen aus Pulver, Nägeln und scharfkantigen

127. Das 1411 gegossene Riesengeschütz »Faule Mette« von Braunschweig. Kupferstich von Johann Georg Bäck, 1717. Wolfenbüttel, Herzog August-Bibliothek

128. Große Haufnitzen auf Räderlafetten. Lavierte Zeichnung aus dem Atelier von Jörg Kölderer in dem um 1518 erschienenen Buch über die Zeughäuser Maximilians I. von Bartholomäus Freisleben. Wien, Österreichische Nationalbibliothek

Eisenstücken gefüllt und im 16. Jahrhundert sowohl aus Geschützen und Mörsern verschossen als auch noch mit Bliden in belagerte Städte geworfen. Biringuccio riet zu einer Lunte aus Baumwolle, die man in das offengelassene Loch der Hohlkugel stecken solle und die »mit Salpeter, Schwefel und Pulver präpariert... so lang ist, daß sie nach dem Anzünden das Feuer in der gewünschten Zeit an das Pulver bringen kann«.

Ein unbestreitbarer Vorteil der Eisenkugel lag in ihrer Wiederverwendbarkeit nach geringer Überarbeitung. Aus Kostengründen erschien es angeraten, verschossene Kugeln nach einer erfolgreichen Belagerung wieder einzusammeln, wie es beispielsweise Herzog Ulrich von Württemberg (1487–1550) den Einwohnern von Reutlingen nach der Eroberung der Stadt befohlen hatte. Von weitaus größerer Bedeutung für die weitere Entwicklung der Artillerie war jedoch die Vereinheitlichung der vielfältigen Geschütztypen, für die es in Oberitalien und Frankreich schon im 15. Jahrhundert erste Überlegungen gab, die aber erst fünfzig Jahre später zum Tragen kamen. Wegweisend auf diesem Gebiet wurden die Habsburger Kaiser Maximilian I. und sein Nachfolger Karl V. mit ihren Artilleriereformen. Maximilian hatte eine Vereinheitlichung auf der Basis des Kugelgewichts für Eisen angestrebt und wurde dabei vom Geschützwesen der Republik Venedig beeinflußt. Im Krieg gegen Venedig von 1508 bis 1516 waren von seinen Truppen zahlreiche venezianische Geschütze erbeutet und der maximilianischen Artillerie eingegliedert worden. Außerdem gelangte der Kaiser im Jahr 1504 in den Besitz einer Aufstellung von Geschütztypen, die der im dalmatinischen Ragusa wirkende venezianische Geschützgießer Johann Baptista de la Tolle von Arbe erstellt hatte und mit der eine erste grobe Einteilung der Geschütze nach Kugelgewichten versucht wurde. Maximilian übernahm dieses Einteilungsprinzip, allerdings mit anderen Gewichtseinheiten und eingedeutschten Bezeichnungen für die Geschütztypen. Auf diese Weise schuf er als erster in der Geschichte der Artillerie eine Zuordnung aller Geschütze zu bestimmten Gruppen, in denen Typen des möglichst gleichen Kalibers zusammengefaßt waren. Seine zukunftweisende Katalogisierung sah bei den Mauerbrechern vier Geschützgeschlechter vor:

Hauptbüchsen – Kugeln von 40 bis 50 Kilogramm
Scharfmetzen – Kugeln von 25 bis 35 Kilogramm
Kartaunen – Kugeln von 12 bis 25 Kilogramm
Basilisken – Kugeln von 8 bis 12 Kilogramm

Unter der Kategorie »Hauptbüchsen« ließ Maximilian alle mittleren und schweren ehemaligen Steinbüchsen zusammenfassen. Soweit sie aus Bronze bestanden, wurden sie ab 1510 eingegossen und durch die Scharfmetzen ersetzt. Der Name für diesen nach 1512 schwersten Geschütztyp der Belagerungsartillerie bezog sich auf die Hälfte des Gewichts der mit 50 Kilogramm Eisen als Mittelwert festgelegten Hauptbüchsenkugel und lehnte sich in verballhornter Form an die italienische Bezeichnung »Mezza bombarda«, also halbe Hauptbüchse, an. Eine Erhöhung der Beweglichkeit wurde durch die Lagerung der Scharfmetzen in Wandlafetten auf Rädern erreicht. Als dritten Typ der Belagerungsartillerie schuf Maximilian die Kartaunen, denen die italienische Viertelbüchse, die »Quartana bombarda«, den Namen gegeben hatte. Die Eisenkugel wog den vierten Teil einer hundertpfündigen

Hauptbüchsen-Kugel. Man teilte sie nach Rohrlänge in lange und kurze Kartaunen ein. Mit den Basilisken als viertem Geschlecht dieser Gruppe der Mauerbrecher schuf der Kaiser einen völlig neuen Geschütztyp. Es handelte sich um Langrohrkanonen von enormer Kraft und Treffsicherheit, deren Bezeichnung von einem auf antike Überlieferung zurückgehenden Fabeltier herrührte, das als Symbol für Zerstörung und Tod, für den Teufel und den Antichrist galt.

Nach Wegfall der Hauptbüchsen bildeten ab 1512 dann Scharfmetzen, kurze Kartaunen, lange Kartaunen und Basilisken die vier Geschlechter der maximilianischen Belagerungsartillerie. Kartaunen wurden im Verlauf des 16. Jahrhunderts ebenfalls als schwere Artillerie in der Feldschlacht eingesetzt. Auch die Mörser als extreme Steilfeuergeschütze der Belagerungsartillerie hatte Maximilian in ein eigenes System gebracht. Weitere Vereinheitlichungen und Festlegungen einzelner Typen erfolgten in der großen Artilleriereform Kaiser Karls V., die wiederum zum Vorbild für entsprechende Maßnahmen in vielen europäischen Ländern wurde. Bis zum Jahr 1550 hat der Kaiser die gesamte habsburgische Artillerie nach einem neuen Kalibersystem einteilen lassen, das seither als brauchbarstes Ordnungsschema anerkannt und beibehalten wurde. Man ging dabei vom Kugelgewicht als Normierungsprinzip ab und bezog den Einteilungsmaßstab auf das Verhältnis von Bohrungsweite des Rohres zum Kugelgewicht.

Der Vikar und Mathematiker Georg Hartmann in Nürnberg entwickelte von 1530 bis 1540 den Kaliberstab, auf dem der Durchmesser der Kugeln, bezogen auf ihr Material wie Stein, Eisen oder Blei entsprechend dem jeweiligen Gewicht von 1 bis 125 Pfund, eingeritzt war. Die Maße gab Hartmann auf diesem Metallstab in Nürnberger Zoll und Nürnberger Pfund an. Mit Hilfe dieses Kaliberstabes konnten bei einem Pfund Kugelgewicht die Durchmesser einer Steinkugel mit 7,58, einer Eisenkugel mit 4,97 und einer Bleikugel mit 4,37 Zentimetern abgelesen werden. Außerdem ersparte man sich das Abwiegen der Kugeln und der Pulvermenge. Sogar die Ladeschaufeln der einzelnen Geschütze wurden dem Kaliber entsprechend genormt, so daß jeweils eine Füllung der für einen Schuß benötigten Pulvermenge entsprach. Kaliberstab und mit ihm Nürnberger Maße und Gewichte wurden von allen europäischen Armeen mit Ausnahme Frankreichs und Englands, die zwar das Prinzip, nicht jedoch die Maße übernahmen, eingeführt.

Der Schöpfer des auf diesem Maßstab beruhenden neuen kaiserlichen Geschützsystems, das eine weitgehende Standardisierung der Typen und insofern große Vorteile für Produktion und Logistik mit sich brachte, war der wohl bedeutendste Geschützgießer und Büchsenmeister des 16. Jahrhunderts, Gregor Löffler (1490–1565) aus Innsbruck, der fast alle Geschütze der Artillerie Kaiser Karls V. und König Ferdinands I. gegossen hat. Aufgrund der immer wieder auftauchenden Transportprobleme verzichtete er auf die Scharfmetzen und die Basilisken als eigenständige Typen und behielt nur die Kartaunen in den drei verschiedenen

129. Gefecht zwischen einem Reichsheer und hussitischen Truppen unter Einsatz fast aller um die Mitte des 15. Jahrhunderts gebräuchlichen Waffen. Miniatur in einer um 1450 entstandenen kriegstechnischen Sammelhandschrift. Wien, Österreichische Nationalbibliothek

Formen als Doppelkartaune, Kartaune und Halbkartaune bei. Die von ihm gegossenen Rohre dieser Geschützgeschlechter wiesen bei durchgehend zylindrischer Seele eine sich von der Mündung bis zum Bodenstück in der Dichte stetig verstärkende Wandung auf. Die weitgehende Standardisierung sorgte dafür, daß es schon 1546 beim Beginn des Schmalkaldischen Krieges keine Probleme mit dem Munitionsersatz gab. Um die Mitte des 16. Jahrhunderts hatte sich auch der militärische Sprachgebrauch den Standardisierungen angepaßt, indem der Geschütztyp nach dem Kugelgewicht, ausgedrückt in Pfund, benannt wurde. So gerieten beispielsweise die Kartaunen zu »Vierzigpfündern« und die Halbkartaunen zu »Vierundzwanzigpfündern«. Diese Art der Benennung hat sich in Europa bis ins 20. Jahrhundert erhalten und ist mit anderen Gewichtseinheiten in England bis heute üblich, während sich auf dem Kontinent schon vor dem Ersten Weltkrieg der Kaliberwert in Zentimetern als Bezeichnung durchsetzte und bis heute beibehalten worden ist.

Eine eigenständige Entwicklung nahmen seit dem 15. Jahrhundert die leichten Geschütze in Gestalt der »Kammerbüchsen«. Sie bestanden aus einem an beiden Enden offenen zylindrischen Rohr mit einem Rahmen am hinteren Teil, in den die mit einem Handgriff versehene Pulverkammer eingelegt und verkeilt werden konnte. Die Dichtigkeit dieser Verbindung ließ allerdings häufig zu wünschen übrig, und so bestand der Vorteil der Hinterladerkonstruktion vor allem in der erhöhten Feuergeschwindigkeit durch mehrere austauschbare Kammern für jede Büchse. Doch der Faktor einer allein mit optimaler Verdichtung erzielbaren großen Reichweite für diese Geschütze spielte kaum eine Rolle, da sie vorwiegend zur Nahvertei-

130. Schmiedeeiserner englischer Hinterlader in Drehbasse mit getrennt stehender Pulverkammer, um 1460. Woolwich bei London, Rotunda

digung auf Befestigungsanlagen oder Schiffen eingesetzt wurden. Nach Festkeilen der Kammer brachte man die als Geschoß bevorzugte Bleikugel von vorn ins Rohr ein und rammte sie mit einem eigenen Ansetzer fest. Dabei gab sie in der Form leicht nach, wurde an die Innenwand des Rohres gepreßt und benötigte keine zusätzliche Verdämmung mehr. Dieser Effekt, der auch beim Laden der Handbüchsen mit Bleikugeln auftrat, reichte für die erwünschte Hemmung zur Verstärkung des Drucks der Pulvergase völlig aus. Während des 15. Jahrhunderts weitgehend stationär auf Befestigungsanlagen eingesetzt, entwickelte sich im Verlauf des 16. Jahrhunderts, von diesen frühen Formen ausgehend, eine eigene Feldartillerie, bei der man aber sehr bald das Hinderladeprinzip wegen der mangelhaften Schußleistungen wieder aufgab.

Für die ganz Europa erschütternde Einnahme von Konstantinopel am 29. Mai 1453 war der systematische Einsatz der osmanischen Belagerungsartillerie entscheidend. Auch im mitteleuropäischen Raum häuften sich schon im 15. Jahrhundert erfolgreiche Belagerungen befestigter Plätze durch den Einsatz von Feuerwaffen. So eroberte König Karl VII. (1403–1461) gegen Ende des Hundertjährigen Krieges, im Jahr 1450, die gesamte Normandie in nur wenig mehr als einem Jahr von den Engländern zurück, wobei es bei der Mehrzahl der insgesamt sechzig Belagerungen reichte, die schweren Mauerbrecher in Stellung zu bringen, um die Bürger der einzelnen Städte zur Kapitulation zu zwingen. Vergleichbares läßt sich für die Rosenkriege in England und die französisch-habsburgischen Kriege um Italien in Venetien und der Lombardei nachweisen. Die berühmte Italien-Expedition König Karls VIII. von Frankreich (1407–1498) mit der Eroberung von Neapel und Gaeta 1494, die Bezwingung der starken Feste Kufstein durch Kaiser Maximilian im Jahr 1504, die Niederlage des Johanniterordens auf Rhodos 1525 und die Brennpunkte der Kriege im nordwestlichsten Teil des euopäischen Kontinents mit den Belagerungen von Leiden 1574, Antwerpen 1585, Breda 1590 und Ostende 1604, in denen die Vereinigten Niederlande zur neuen Militärmacht aufstiegen, betonten immer stärker die entscheidend gewordene Rolle der Artillerie im Kriegswesen.

In den Feldschlachten des 16. Jahrhunderts spielten die in Räderlafetten mitgeführten Geschütze von 5,5 bis 12,6 Zentimetern Kaliber wegen ihrer geringen Feuergeschwindigkeit noch keine wichtige Rolle. So erbeutete die Armee Kaiser Karls V. in der Schlacht von Mühlberg beispielsweise 170 hessische, 131 sächsische und 65 reichsstädtische Geschütze, deren Stellungen nach den ersten Salven von kaiserlichem Fußvolk überrannt worden waren, und vor Ingolstadt lieferten sich gleichfalls im Schmalkaldischen Krieg beide Heere eine umfängliche Artilleriekanonade. Doch entschieden wurde die Schlacht durch das Fußvolk. Von den planerischen Möglichkeiten des Geschützeinsatzes beim Kampf um feste Plätze wie im freien Feld fühlten sich in der ersten Hälfte des 16. Jahrhunderts vor allem italienische Mathematiker angesprochen. Sie schufen auf der Basis einschlägiger Berech-

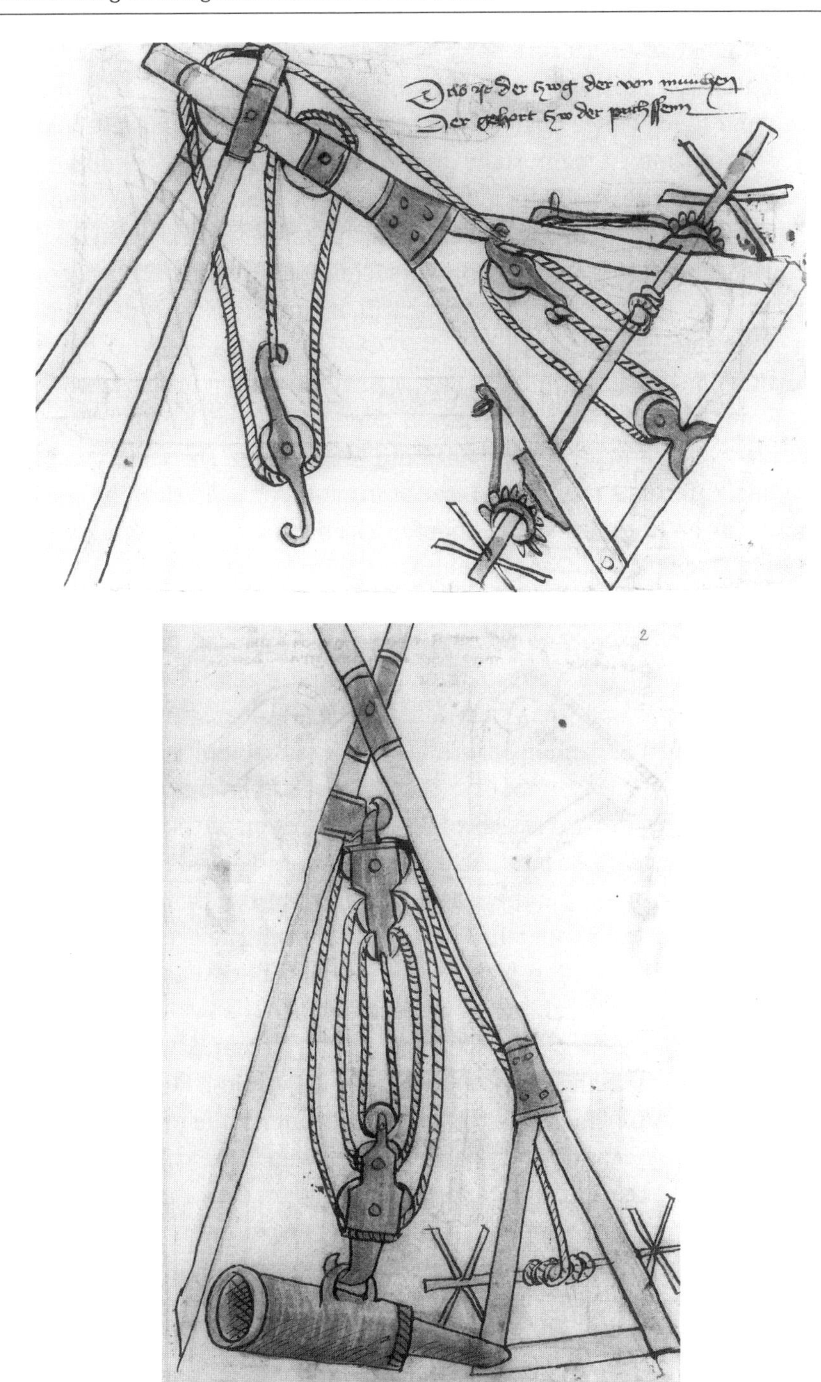

131 a und b. Hebeböcke mit Flaschenzügen. Lavierte Federzeichnungen in einer zwischen 1470 und 1480 entstandenen kriegstechnischen Sammelhandschrift. München, Bayerische Staatsbibliothek

nungen und praktischer ballistischer Erfahrungswerte brauchbare Schußtafeln für die Büchsenschützen mit korrespondierenden Angaben von Geschoßgewicht, Pulverladung und Reichweite. Auch die Richtverfahren mittels Meßstäben und Quadranten wurden immer mehr standardisiert, so daß auf der Grundlage solcher Schemata eine gezielte Ausbildung der Geschützbedienungen vorgenommen werden konnte. An die Stelle der von einzelnen Büchsenmeistern aufgrund langjähriger eigener Erfahrung gewonnenen und eifersüchtig gehüteten ballistischen Kenntnisse traten nun technische Dienstvorschriften, die sich dank des Buchdrucks beliebig verbreiten ließen.

Die Kosten für Aufbau und Unterhalt von Artillerie waren im 16. Jahrhundert so hoch, daß nur sehr reiche Landesherren oder große und kapitalkräftige Städte entsprechende Geschützparks zu finanzieren vermochten. Der Untergang des mittelalterlichen Rittertums als einer auf eine bestimmte Art von Kriegführung spezialisierten Schicht hatte neben vielen anderen Gründen auch eine kriegstechnische Komponente aufzuweisen: Der einzelne Feudalherr konnte sich die neuen Waffen nicht oder nicht in hinreichender Anzahl leisten, und auch seine Burg bot ihm in einer militärischen Auseinandersetzung kaum noch Zuflucht, falls die Gegner mit Geschützen angriffen. Die Verfügbarkeit über eine eigene Artillerie geriet zum Ausweis militärischer und somit politischer Macht, wie es symbolhaft in dem auf vielen Geschützen zu findenden Spruch »Ultima ratio regum« zum Ausdruck kam.

Die erste schriftliche Nachricht über Handbüchsen in Europa findet sich in einer Quelle aus Perugia, in der, auf das Jahr 1364 bezogen, von 500 sehr schönen, in der Hand zu tragenden, eine Spanne langen Bombarden die Rede ist, deren Kugeln jeden bekannten Harnisch durchschlagen konnten. In Deutschland sind ähnliche kleine Feuerwaffen erstmals im Jahr 1379 für Regensburg belegt, und die frühesten Abbildungen derartiger Waffen in kriegstechnischen Bilderhandschriften um die Wende vom 14. zum 15. Jahrhundert machen deutlich, daß es sich dabei um sehr kleindimensionierte Büchsen gehandelt hat, die der Konstruktion nach prinzipiell den frühen leichten Steinbüchsen vergleichbar gewesen sind. Für diesen Waffentyp war seine Schäftung mit einer Holzstange kennzeichnend, die in einer am hinteren Ende der Büchse angeschmiedeten oder angegossenen Tülle saß. Zum Schuß hielt der Schütze diese Stange schräg nach vorn weisend unter die Achsel gepreßt, oder er stützte das Ende der Stange am Boden auf, wobei er bei etwas größeren Kalibern noch eine gabelförmige Auflage zu Hilfe nahm. Die erwähnte kleine Bronzebüchse von der Burg Tannenberg war ursprünglich ebenfalls mit einer solchen Stangenschäftung versehen.

Aus Kriegsordnungen und Inventaren sowie aus Rechnungsbüchern vieler deutscher Städte wird erkennbar, daß die von nur einem Schützen gehandhabten »Hantbussen« aus Schmiedeeisen hergestellt oder aus Kupfer, seltener aus Bronze gegossen waren. Dabei unterschied man die inzwischen bis zu 50 Zentimeter

132. Geschäftete Hakenbüchsen im habsburgischen Arsenal. Lavierte Zeichnung aus dem Atelier von Jörg Kölderer in dem um 1518 erschienenen Buch über die Zeughäuser Maximilians I. von Bartholomäus Freisleben. Wien, Österreichische Nationalbibliothek

langen Handbüchsen von 1 bis 1,5 Zentimetern Kaliber von den schwereren und größeren Hakenbüchsen. Bei letzteren handelte es sich um Büchsen von 1,8 bis 2,7 Zentimetern Kaliber, die zwischen 55 und 100 Zentimeter lang waren, zwischen 10 und 25 Pfund wogen und mit einer Holzlade und einem Kolben geschäftet wurden. Das namengebende Kennzeichen dieser Waffen war ein im vorderen Drittel des Rohres an der Unterseite angeschmiedeter oder angegossener Haken, der beim Auflegen der Büchse auf der Mauerkrone oder auf dem Rand des Wehrganges einer

Befestigung den Rückstoß beim Schuß abfangen sollte. Schon dieses Konstruktionsdetail macht klar, daß die Hakenbüchsen ausschließlich im Rahmen einer stationären Verteidigung eingesetzt worden sind. Für ihre Schäftung hat augenscheinlich die Säule der Armbrust als Vorbild gedient.

Hand- und Hakenbüchsen waren im Unterschied zu den sonst von den Bürgern der Städte als Fernwaffen geführten Armbrüsten erheblich einfacher und billiger herzustellen. Bei ihnen gab es keine komplizierten und störanfälligen Mechanismen in der Konstruktion, wie sie bei der Abzugsvorrichtung an Armbrüsten immer wieder gefürchtet waren. Auch die Munition war billig und einfach, bestand sie doch aus etwas unterkalibrigen Bleiklötzen, die in den Lauf gesteckt und dann festgerammt wurden. Diese »Lothe« konnte sich jeder Schütze selbst von einem größeren Bleiklumpen abtrennen, um einen für seine Büchse passenden Munitionsvorrat zu schaffen. Für die Herstellung wurde entweder eine zylindrische Eisenröhre über einen Dorn geschmiedet und an einem Ende durch einen Eisenklotz verschlossen oder ein lehmbeschichtetes Holzmodell des gewünschten Rohres geschaffen, um dann die Büchse aus Kupfer oder Bronze zu gießen. Im Einsatz wiesen diese leichten Feuerwaffen allerdings augenfällige Nachteile auf. So mußte der Schütze nach dem Einbringen von Pulverladung und Geschoß das feine Mehlpulver durch das Zündloch in den Zündkanal füllen – eine Aufgabe, die bei Wind oder Regen und unter dem Streßgefühl des militärischen Einsatzes nicht einfach zu lösen war. Außerdem klumpte bei feuchter Witterung das Pulver und ließ sich nicht mehr entzünden. Nach Ausweis der frühesten bildlichen Quellen erfolgte das Abfeuern der Waffe zunächst mit Hilfe des Loseisens, eines auch bei Geschützen benutzten Eisenstabes mit gebogener Spitze, die in einem Kohlebecken glühend gemacht werden mußte. Das Kohlebecken bedingte zunächst eine stationäre Einsatzform. Um die Mitte des 15. Jahrhunderts ging man dann zur Verwendung der Lunte über, eines mit einer Lauge aus Pech, Salpeter und Schwefel getränkten und mit Bleizucker gebeizten Hanfstricks. Bei dieser Zündmethode bestand für den Schützen eine permanente Gefahr, weil er die glimmende Lunte am Körper greifbar halten mußte, während er für die Ladetätigkeit mit Pulver hantierte. Außerdem war ein genaues Zielen bei der Zündung mit Loseisen oder Lunte nahezu unmöglich. Der Schütze konnte die Waffe nicht mit einer Hand auf das Ziel richten und gleichzeitig mit der anderen Loseisen oder Lunte auf das Zündloch drücken. Bei einem für hinreichende Treffsicherheit erforderlichen Anschlag in Schulterhöhe hätte ihm außerdem die mit der Zündung entstehende heiße Stichflamme aus dem Zündloch das Gesicht verbrannt. So blieb lediglich ein grobes indirektes Richten der mit ihrer Stange auf den Boden gestellten oder der Länge nach auf eine Unterlage gelegten Büchse auf das sich in der Regel bewegende Ziel mit der vagen Hoffnung, zufällig zu treffen. Ein Effekt im militärischen Sinne ließ sich bloß im geschlossenen Einsatz möglichst vieler Schützen gegen massierte Feindkontingente erreichen.

Zu einer ersten Verbesserung der Zündung bei Hand- und Hakenbüchsen kam es um die Mitte des 15. Jahrhunderts. Das bis dahin oben auf dem Lauf angebrachte Zündloch wurde auf die rechte Seite der Büchse verlegt. Um eine Zündung dort überhaupt zu ermöglichen, erwies es sich als notwendig, unterhalb des Loches eine als »Pfanne« bezeichnete kleine Platte anzubringen, auf der ein Häufchen Zündpulver Platz finden konnte. Eine bedeutende technische Neuerung stellte das in der zweiten Hälfte des Jahrhunderts entwickelte Luntenschloß dar: Auf der Pfannenseite der Büchse wurde ein S-förmiges, in seiner Mitte drehbar gelagertes Eisenstück angesetzt. Dieser »Hahn« besaß am oberen Teil einen Schlitz zum Festklemmen der

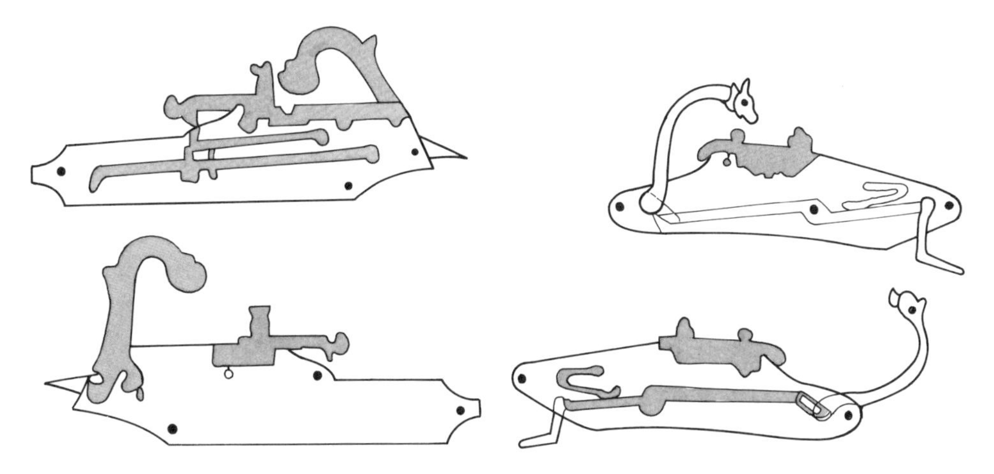

Luntenschloßform und Luntenschnappschloßform des 15. Jahrhunderts, jeweils oben von der Innen- und unten von der Außenseite gesehen

Lunte. Wenn der Schütze den unteren Teil des Hahns gegen den Schaft der Büchse nach oben drückte, senkte sich aufgrund der drehbaren Lagerung das obere Ende mit der Lunte auf die Pfanne. Das Anbringen einer Stangenfeder, die in eine Aussparung am Kolben der Büchse griff und ihr Widerlager am unteren Hebel des Hahns kurz vor dem Drehlager hatte, bedeutete einen weiteren innovatorischen Schritt. Dadurch wurde nämlich das obere Ende des Hahns kontinuierlich in einer Senkrechten und damit von der Pfanne weg weisenden Stellung gehalten – eine Garantie gegen eine unbeabsichtigte Zündung. Zum Abfeuern mußte beim Herandrücken des unteren Hebels an den Kolben der Waffe erst der Widerstand dieser Stangenfeder überwunden werden, damit sich oben die glimmende Lunte auf die Pfanne neigte und das Pulver entzündete. Gegen Ende des Jahrhunderts tauchten die ersten Luntenschnappschlösser auf, die mit zwei Federn ausgerüstet waren, von denen die eine ständig den Hahn auf die Pfanne gepreßt hielt. Zum Schuß mußte dieser daher erst gegen den Widerstand der Feder hochgeklappt und eingerastet werden. Danach konnte das Zündpulver aufgebracht und die Lunte angesteckt werden.Die zweite, sogenannte Auslösefeder gab beim Abschuß die Rast frei, und die Schnappfeder schnellte den Hahn auf die Pfanne.

Die wirkungsvolle Reichweite der Bleikugeln lag bei etwa 30 bis 40 Metern. Daraus resultierte für den Einsatz von Schützen mit Handbüchsen in der Feldschlacht die Notwendigkeit, gleich zu Beginn des Gefechts möglichst gleichzeitig zu feuern. Zum Nachladen blieb in der Regel keine Zeit; denn Sekunden später waren die von der ersten Salve nicht getroffenen Feinde auf Armeslänge herangekommen. Fast sämtliche Kriegsordnungen des späten 15. Jahrhunderts trugen dieser praktischen Erfahrung Rechnung, wenn sie für die Schützen eine Schlachtaufstellung empfahlen, die ihnen nach dem Abfeuern ihrer Waffen ein sofortiges Zurückweichen in den Schutz des Spießerhaufens nahelegten. Mit Ausnahme des Belagerungskrieges hatten daher die Hand- oder Hakenbüchsen während des späten Mittelalters noch keinen entscheidenden Einfluß auf den ansonsten beobachtbaren strukturellen Wandel des Kriegswesens.

Unbekannt geblieben ist der Erfinder des Radschlosses, auch wenn sich schon unter den Zeichnungen von Leonardo da Vinci entsprechende Entwürfe finden. Der Nachteil von Lunten- wie Luntenschnappschloß war die Abhängigkeit von einer brennenden Lunte. Die Erfindung des Rad- und des Schnappschlosses bedeutete in der technischen Entwicklung wie für den militärischen Gebrauch einen entscheidenden Schritt voran. Bei diesen Schloßarten handelte es sich um an die Büchsen montierte Feuerzeuge. Sie erzeugten den Zündfunken durch Reibung oder durch Schlagen. Hauptbestandteil des Radschlosses war eine runde und flache stählerne Scheibe von etwa 5 Millimetern Dicke. Die Kante dieser Scheibe besaß drei bis vier umlaufende eingefeilte Grate, die an einigen Stellen noch Querriegel aufwiesen und somit scharfe Kanten entstehen ließen. Die Radscheibe saß auf einer Achse, die über eine dreigliedrige Kette mit einer starken Schlagfeder verbunden war. Im gespannten Zustand verhinderte eine in eine Vertiefung des Rades greifende Abzugsstange die durch die Feder ausgelöste Drehbewegung. Die Lagerung des Rades im Schloßmechanismus erfolgte so, daß seine Oberkante in einen Schlitz am Boden der Zündpfanne ragte. Der Hahn des Schlosses bestand aus einem Klapphebel mit zwei Backen, zwischen die mittels einer Schraube ein Stück Schwefelkies eingespannt werden konnte. Vor dem Abfeuern wurde der Hahn über die Pfanne gedreht und von einer Feder gegen den scharfkantig aufgerauhten Radmantel gepreßt. Betätigte der Schütze den Abzug, so drehte sich das Rad mit großer Beschleunigung ruckartig über den Schwefelkies. Die dabei entstehenden Funken entzündeten das Pulver in der Pfanne. Dann wurde das Rad erneut mit einem auf die Achse gesteckten Schlüssel gespannt.

Auch der Konstrukteur des Schnappschlosses ist bis heute nicht auszumachen. Im

Gegensatz zum Radschloß gab es hier einen Mechanismus, bei dem hinter der Zündpfanne ein um eine waagerechte Achse drehbarer Hahn angebracht war, der zwischen seinen Backen einen Feuerstein hielt. Er konnte durch eine Feder gespannt und mit einem Zahn festgehalten werden, der aus dem Schloßblech hervorragte – eine Konstruktion vergleichbar der des Luntenschnappschlosses. Bei Rücknahme dieses Zahnes durch die Abzugsstange wurde der Hahn frei und schlug den Feuerstein auf einen über der Zündpfanne angebrachten Feuerstahl, wobei die Funken auf die Pfanne fielen. Belegt sind derartige Schlösser erstmalig für Florenz im Jahr 1547 und für Schweden, wo in einem Rechenschaftsbericht des Schlosses Gripsholm Büchern mit Schnappschlössern erwähnt werden. Für militärische Zwecke war das komplikationsanfällige Radschloß weniger geeignet als das Schnappschloß, aus dem sich im 17. Jahrhundert das Steinschloß entwickelte. Angebracht wurden Lunten- wie Schnappschloß vorwiegend an den zu Beginn des 15. Jahrhunderts entstandenen Arkebusen, Handbüchsen mit glattem Lauf und einem Kaliber von 18 bis 20 Millimetern, die zwischen 5 und 7 Kilogramm wogen. Sie verschossen 30 bis 45 Gramm schwere Bleikugeln und stellten den Haupttyp der bis zum Ende des 16. Jahrhunderts gebräuchlichen Handfeuerwaffen dar. Die Bezeichnung ging auf eine französische Verballhornung des deutschen Wortes »Hakenbüchse« zurück. Auf diesen Waffentyp stützten sich im wesentlichen die spanischen Konquistadoren bei ihren Eroberungszügen während der ersten Hälfte des 16. Jahrhunderts in Mittel- und Südamerika.

Noch heute geben Rechnungs- und Urkundenbücher von Städten wie einige Handschriften aus der Feder von Büchsenmeistern des 15. Jahrhunderts Auskunft über Kosten und Fertigungsverfahren bei der Herstellung von Schießpulver. Um 1400 war nur das sogenannte Mehlpulver als Gemenge von Salpeter, Holzkohle und Schwefel bekannt, das wegen des Mangels an Luft zwischen den einzelnen Pulverteilchen sehr langsam abbrannte und stark hygroskopisch war. Während eines längeren Transports im Pulverfaß konnte es sich durch die Erschütterung entmischen, so daß häufig bei der Ankunft am Zielort entsprechend den spezifischen Gewichten der schwere Schwefel unten, der Salpeter in der Mitte und die leichte Lindenholzkohle obenauf lagen. Zur Vermeidung eines derartigen Vorgangs beförderte man die Pulverbestandteile häufig getrennt und mischte sie erst am Einsatzort. Aus vielen Experimenten mit unterschiedlichen Mischungsverhältnissen kannten die Büchsenmeister die Reaktionen der jeweiligen Pulversorten bei der Zündung. Sie scheinen auch die klebrige Beschaffenheit des Schwefels ausgenutzt zu haben, um besseres Schießpulver herzustellen. Um 1420 gelang es zum ersten Mal, das Pulver zu »körnen«. Der Salpeter löste sich durch Feuchtigkeit und bildete so eine optimale Bindung zwischen den übrigen Bestandteilen des Mehlpulvers. Zerschlug man einen derart zusammengebackenen Pulverkuchen, wenn er trocken war, so stellte man fest, daß aus dem Mehlpulver eine Anzahl kleinerer und größerer

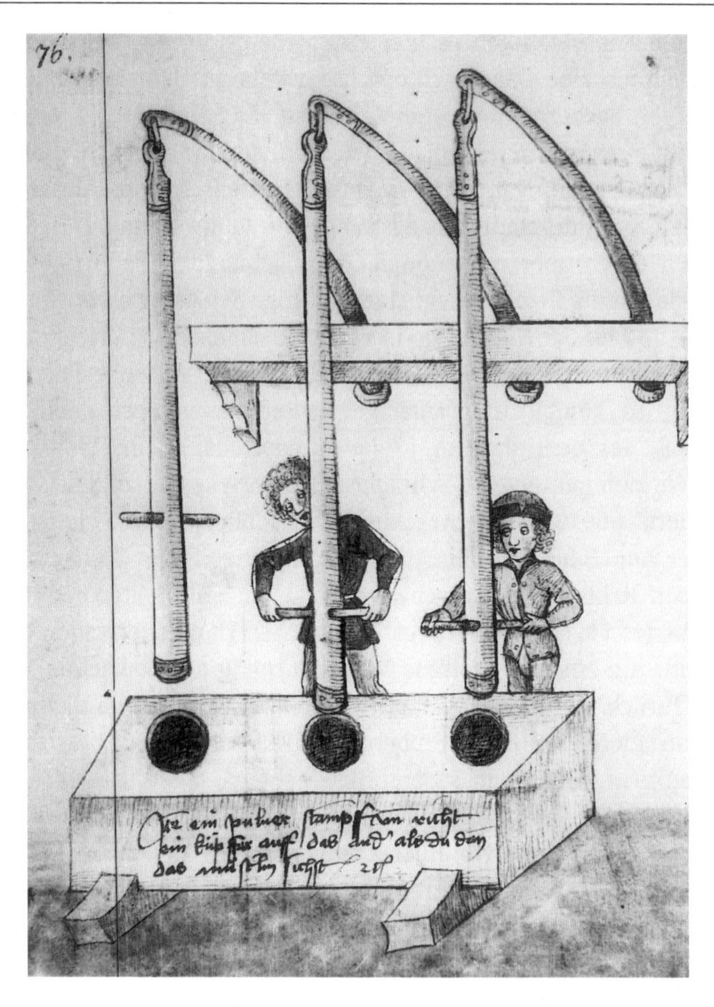

133. Handbetriebene Pulverstampfe mit federnd aufgehängten Stampfbalken. Lavierte Federzeichnung in der um 1450 entstandenen Handschrift »Feuerwerkkunst«. München, Bayerische Staatsbibliothek

unregelmäßiger Körner geworden war, die nach dem Entzünden erheblich heftiger verbrannten, weil die Flamme durch die Zwischenräume der Körner mehr Sauerstoff erhielt. Von chemischen Prozessen wußten die Büchsenmeister im Detail nichts, doch durch Beobachtung der besagten Effekte gelang ihnen eine gezielte Verbesserung der Pulverqualität. Sie zerrieben das Pulver in Mörsern, zerkleinerten es in Stampfen und feuchteten es mit Essig, Salmiak oder Branntwein an, bis sie die Masse zu Knollen kneten, ausbreiten und trocknen konnten. Das sogenannte Knollenpulver war ziemlich resistent gegen Feuchtigkeit und trennte sich nicht mehr in seine Bestandteile, weil Schwefel, Kohle und Salpeter in jedem einzelnen Korn im gleichen Verhältnis zueinander zusammengebacken waren. Beim Zünden kam es zu einer sehr viel heftigeren Reaktion, weil sich durch das Körnen die Oberfläche des Pulvers vervielfacht hatte. Der anfänglich besonders hohe Pulververbrauch beim Schießen mit Steinbüchsen hatte seine Ursache vornehmlich in der noch minderen Pulverqualität. Das Idealverhältnis von Salpeter zu Kohle zu Schwefel, nämlich 6,4 zu 1,2 zu 1, ließ sich im 15. und 16. Jahrhundert noch nicht ermitteln. Die berühmten, in vielen kriegstechnischen Bilderhandschriften niedergelegten Mischungsverhältnisse schwankten zwischen 2 zu 0,5 zu 1 und 5 zu 2,5 zu 1 beziehungsweise 5 zu 1 zu 1. In vielen Fällen hat man trotz schon vorhandener Kenntnisse von treibstarken Mischungsverhältnissen schwächere Sorten bevorzugt, weil ein zu starkes Pulver Schäden an den Steinbüchsen verursacht hätte.

Die Büchsenmeister und die Besitzer von Pulvermühlen experimentierten immer weiter, und so kam es zur Verwendung sehr unterschiedlicher Pulversorten im Geschützwesen der einzelnen europäischen Länder. Der ständig steigende Bedarf an Pulver sorgte zu Beginn des 15. Jahrhunderts für die Entstehung erster Pulvermühlen, da die Büchsenmeister in ihren Handmörsern nur geringe Mengen herzustellen vermochten. Man fand im Prinzip der alten Ölmühlen einen gangbaren Weg: Die einzelnen Pulverbestandteile wurden auf einer kreisrunden Grundplatte durch sich um die eigene Achse drehende Mühlsteine zerkleinert. Danach vermengte man in großen muldenförmigen Trögen Salpeter, Lindenkohle und Schwefel unter wei-

134. Pulverstampfe mit Tretradantrieb und sechs Stampfbalken. Aquarellierte Federzeichnung in einem 1496 entstandenen Büchsenmeisterbuch. Heidelberg, Universitätsbibliothek

terem gleichzeitigen Zerkleinern durch Stampfbalken, die federnd aufgehängt waren und deshalb einfach in die Tröge hinunter gestoßen zu werden brauchten. Um einer Entzündung infolge der Reibung vorzubeugen und zugleich das Pulver zu körnen, wurde es mit Wein oder Branntwein angefeuchtet. Beim Verdunsten des Alkohols entstanden im Pulver porenförmige Kanäle, welche für die Körnung sorgten. Bis zum Ende des Jahrhunderts waren für die mühevolle Arbeit des Stampfens in den Pulvermühlen mechanische Konstruktionen entwickelt worden, die nicht nur eine Arbeitsentlastung bedeuteten, sondern auch die Herstellung größerer Mengen gekörnten Pulvers erlaubten. Das gelang durch die Übertragung des Antriebs auf bis zu 8 gleichzeitig arbeitende Stampfbalken. In italienischen Büchsenmeisterbüchern aus der Mitte des 16. Jahrhunderts finden sich mechanische Pulverstampfen, die von Göpeln angetrieben worden sind. Wo immer es möglich war, nutzte man auch die Wasserkraft.

In den mechanischen, von Göpeln mit Tieren oder Wasserrädern über zum Teil komplizierte Zahnkranz- und Zahnradsysteme angetriebenen Stampfen besaßen die herabsausenden Balken erheblich mehr Wucht, wodurch die Verdichtung des Stampfgutes größer und die Qualität des Pulvers besser wurden. Nach dem Stampfen breitete man die Mischung als Pulverkuchen aus und trocknete sie. Anschließend wurde sie zerschlagen, auf gleiche Korngröße gesiebt und in Lederbeutel oder kleine Fässer gefüllt. Im Jahre 1409 ließ beispielsweise der Deutsche Orden in den ehemaligen Ölmühlen von Elbing und Neuenteich in nur 7 Wochen insgesamt 300 Zentner Pulver herstellen. In Nürnberg wurde zur gleichen Zeit die erste Pulvermühle durch die Kaufleute Behaim eingerichtet, und 1421 begann auch in Görlitz und Hildesheim in eigens dafür gebauten Mühlen die Schießpulverproduktion. Der Umgang mit Pulver war nicht bloß bei der Fabrikation, sondern auch bei der Verwendung im offenen Gelände oder auf den Befestigungsanlagen eine gefährliche Angelegenheit, worauf in den Feuerwerks- und Kriegsbüchern der Zeit immer wieder hingewiesen wurde. Fast sämtliche bis heute bekannten Unfälle mit Pulver während des 15. und 16. Jahrhunderts waren den zeitgenössischen Berichten zufolge nicht auf fehlerhafte Mischungen, aber auf unsachgemäße Lagerung und leichtsinnigen Umgang mit dem Pulver zurückzuführen.

Die hussitische Wagenburg – eine technisch-taktische Neuerung

Die Hussitenkriege zwischen 1419 und 1434 waren durch die militärischen Erfolge der im Feld unbesiegbar erschienenen hussitischen Heere gekennzeichnet. Sie gingen auf eine eigenständige Verbindung neuartiger technischer und taktischer Formen zurück: auf die Wagenburg. Diese war in ihrer spezifischen Ausformung die Schöpfung des südböhmischen Landedelmanns Jan Žižka (um 1370–1424), der jahrelang die Funktion des obersten hussitischen Befehlshabers wahrnahm. Nach dem Aufruf König Sigmunds (1368–1437) auf dem Breslauer Reichstag im Januar 1420 zum Krieg gegen die aufständischen Hussiten in Böhmen versuchte Žižka, möglichst schnell ein eigenes hussitisches Heer aus Bauern und Stadtbewohnern aufzustellen. Diese Armee mußte in die Lage gebracht werden, der eingeübten ritterlichen Panzerreiterei des Reichsaufgebotes im freien Feld zu widerstehen. Zwar konnte sich Žižka auf die hohe Kampfmoral seiner aus religiösen wie politischen Gründen zum Widerstand gegen König, Reich und Kirche motivierten Truppen und ihre bedingungslose, von hohem Vertrauen in seine Führungsfähigkeiten getragene Disziplin verlassen. Doch um im Gefecht gegen die ritterlichen »Professionals« des spätmittelalterlichen Kriegswesens zu bestehen, bedurfte es einer Art von Bewaffnung, die ohne längere Übung beherrschbar war und die gemeinsam mit einer entsprechenden Einsatztaktik den militärischen Erfolg sicherte.

Jan Žižka wollte sich nicht vom Feind das Gesetz des Handelns aufzwingen lassen und verzichtete deshalb auf eine wenig chancenreiche Kopie der ritterlichen Kampfweise. Er machte vielmehr aus der Not eine Tugend, indem er hinsichtlich der Waffentechnik auf ein für seine Krieger vertrautes, aber der in Europa üblichen Praxis des Ritterkampfes sehr gegensätzliches Instrumentarium zurückgriff und für einen erfolgreichen Einsatz einen neuartigen taktischen Rahmen entwickelte. Den städtischen Bürgern in seinem Heer war der Umgang mit Schwert und Spieß durch ihre Verpflichtung zur Stadtverteidigung vertraut. Hinzu kamen besonders bei diesem Personenkreis die Kenntnisse im Umgang mit den seit Mitte des 14. Jahrhunderts auch in Böhmen eingeführten Feuerwaffen in Gestalt leichter und mittlerer Geschütze auf den Befestigungsanlagen der Städte. Die adligen Herren unter den Hussiten brachten ohnehin die Fertigkeiten geübter Kriegsmänner mit, doch die Mehrzahl von Žižkas Kriegern war bäuerlicher Herkunft. Diesen Bauern waren landwirtschaftliche Werkzeuge wie Sense, Axt, Hacke und Dreschflegel vom Gebrauch her ebenso geläufig wie der Umgang mit Pferd und Wagen. Solche Werkzeuge ließen sich sehr wohl auch in modifizierter Form als Waffen verwenden. Der zu diesem Zweck mit eisernen Bändern und Dornen beschlagene Drischel als Fortentwicklung des bäuerlichen Dreschflegels wurde in der Folge zu einer der bekanntesten hussitischen Waffen überhaupt.

War der von Pferden gezogene Wagen bislang ausschließlich als Transportmittel genutzt worden, so wies Žižka ihm nun eine militärische Funktion zu. Der Wagen sollte nicht bloß die Truppen, ihre Waffen und wichtige Versorgungsgüter transportieren, sondern zugleich die Basis für ein neues taktisches Prinzip bilden. Es bestand darin, daß sich ohne großen Aufwand und in kurzer Zeit der Zusammenschluß möglichst aller Fahrzeuge eines Heerzuges aus der Marschordnung heraus zu einer Wagenburg bewerkstelligen ließ, die ziemlich unabhängig von den topographischen Gegebenheiten die Bildung einer starken defensiven Position ermöglichte. Schon in der Antike kannte man die Aufstellung von Troßfahrzeugen zu einer Wagenburg als Lagersicherung. Žižka machte daraus ein neuartiges Element in Form einer beweglichen Festung, die das ihr innewohnende defensive Prinzip für eine offensive Strategie operationalisierte. Bauern wie Stadtbewohnern war die Verteidigung eines festen Platzes hinter einer Palisade, einer Burg- oder Stadtmauer geläufig. Diese Situation ließ sich nun mit Hilfe der Wagenburg ins offene Gelände verlegen und bot neben der von den Schweizern entwickelten Haufentaktik das für die Zeit einzig erfolgversprechende Rezept gegen die Attacken eines Ritterheeres. Žižka griff zunächst auf die üblichen Bauernwagen zurück, die nach ersten Kampferfahrungen in ihrem Aufbau allerdings stark verändert wurden. Schon 1422 ließ er eigens für die besonderen militärischen Erfordernisse als »Truppentransporter und Kampfplattform« gedachte Streitwagen bauen, die sich von den herkömmlichen Versorgungswagen in Größe und Aufbau erheblich unterschieden. Die hochbordigen Wände der

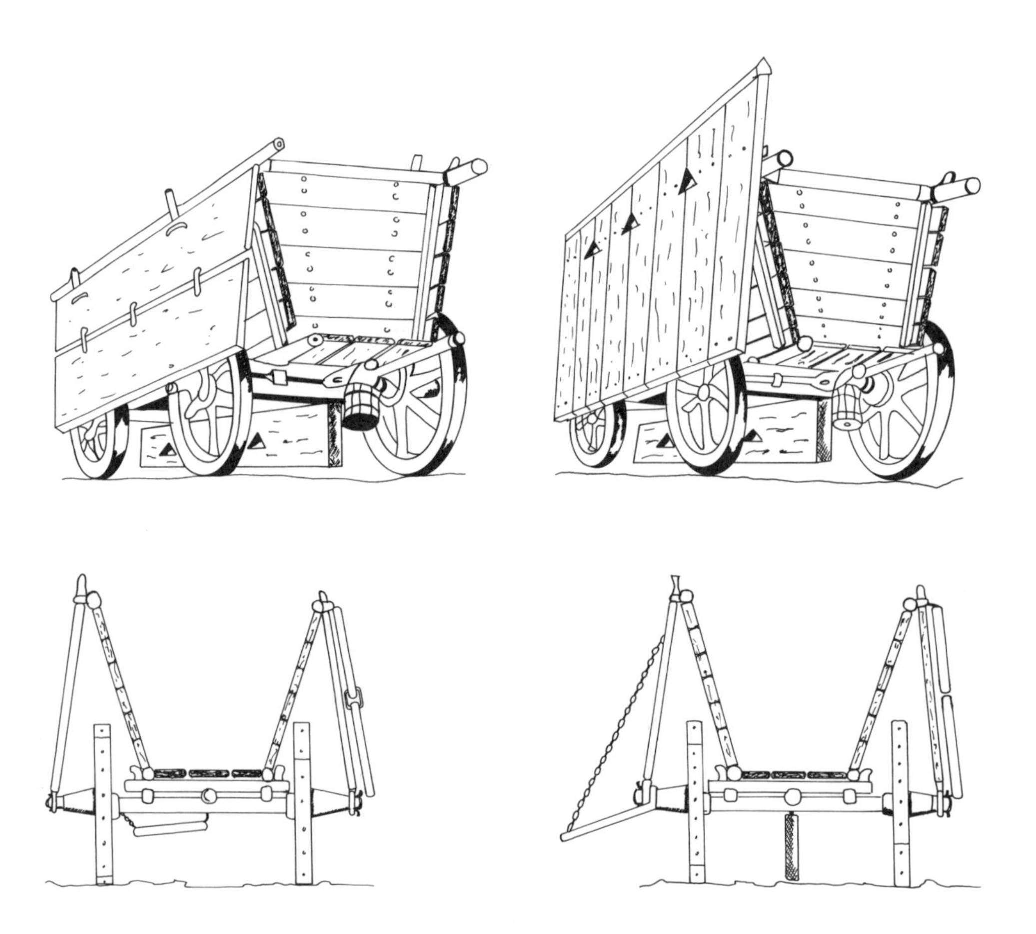

Hussitischer Kampfwagen (nach Drobná/Durdik/Wagner)

Wagen schlossen nach oben mit einem Rahmen aus Rundhölzern ab. Der Rahmen gab der gesamten Konstruktion mehr Steifigkeit und diente außerdem zum Anhängen von Brettern als zusätzlichem Schutz für die Seitenwände. Die Bretter konnten wie bei einem Zaun entweder auf einen Lattenrahmen genagelt und in ihrem über die Höhe der Bordwand hinausragenden Teil noch mit Schießscharten versehen sein oder aus zwei starken, durch Eisenklammern miteinander verbundenen Längsbohlen bestehen. Jeder Wagen hatte wohl nur eine solche Bohlen- oder Zaunwand, die während des Marsches und beim stationären Aufbau der Wagenburg stets auf der Feindseite angehängt war und sich bei Richtungsänderungen oder einem Wechsel der Formation ohne größere Probleme auf die andere Wagenseite umhängen ließ.

Von der Oberkante des Innenbordes bis zu den Nabenköpfen jedes Rades verlief ein Kantholz als Auflage für die damit in Schräglage gebrachte Schutzwand. Auf diese Weise bildete sie im Querschnitt betrachtet gemeinsam mit der schrägen Bordwand ein auf den Kopf gestelltes V als optimalen Schutz gegen aufprallende Geschosse. Die Schrägstellung veränderte den Auftreffwinkel zum Nachteil der Wirkung, und der Zwischenraum sowie die dann folgende und in andere Richtung weisende Schrägung der Bordwand absorbierten in den meisten Fällen den Rest der Geschoßenergie. In der Mitte des hussitischen Kampfwagens ließ sich ein Teil der Seitenwand herunterklappen, so daß die Besatzung immer feindabgewandt ein- und auszusteigen vermochte. Unter dem Wagen hing ein starkes Brett, das nach dem Aufbau der Wagenburg herabgeklappt werden konnte und den Raum zwischen Wagen und Erdboden deckte. Zu jedem Fahrzeug gehörten außer den Waffen Geräte wie Schaufeln, Hacken, Äxte, ein Futtertrog für die Pferde und eine starke Kette, mit der beim Zusammenschluß der Wagenburg die Räder aller nebeneinanderstehenden Wagen verbunden wurden. Damit sollte verhindert werden, daß der Feind einen Wagen umstürzte und auf diese Weise die Verteidigungslinie durchbrach. Je nach Waffenausstattung der Mannschaft kamen Pulver, Bleikugeln, Armbrustbolzen sowie eine eiserne Ration an Verpflegung für die Besatzung und das Futter für die Pferde hinzu.

Eine Wagenbesatzung umfaßte in der Regel 20 Mann. Sie bestand aus 2 Pferdeknechten, 6 Armbrust- und 2 Handbüchsenschützen sowie 8 mit Kriegsflegeln, Spießen, Morgensternen und Halmbarten ausgerüsteten Kämpfern. Die beiden mit Schwertern bewaffneten Pavesenträger pro Wagen sollten beim Auffahren der Wagenburg im Gelände eventuell entstehende Lücken zwischen den Wagen mit ihren großen Setzschilden decken. Die gesamte Wagenbesatzung befand sich gewöhnlich nur auf dem Marsch »an Bord«; im Kampf hätte man sich aufgrund des geringen Raumes nur behindert. So zogen sich die Pferdeknechte nach dem Zusammenstellen der Wagen mit den Tieren auf einen Platz in der Mitte der Wagenburg zurück, und die Pavesner nahmen neben dem Wagen oder zusammen mit anderen

Schildträgern am Haupttor der Wagenburg Aufstellung, während Armbrust- und Handbüchsenschützen sowie je nach Befehl einige Krieger mit Stangenwaffen auf dem Wagen verblieben. Der Rest trat zum Haufen des übrigen Fußvolks, das unabhängig von den Wagen in geschlossener Formation kämpfte.

Jeder einzelne Wagen wurde von einem Hauptmann kommandiert und bildete nach der Vorstellung Žižkas einen eigenen taktischen Körper. Jeweils 10 Wagen waren wieder einem Hauptmann unterstellt, der für die Aufrechterhaltung der Marschordnung und den möglichst reibungslosen Zusammenschluß der Fahrzeuge zur Wagenburg verantwortlich war. Ein weiterer, im Rang noch höherer Hauptmann führte eine Wagenreihe. Auf dem Kriegszug wurden je nach taktischen und geländemäßigen Vorgaben 2 bis 4 solcher Reihen formiert. Den Hauptleuten der einzelnen Reihen war ein Befehlshaber für alle Wagen übergeordnet. Er hatte den gleichen Rang wie die Führer des Fußvolks, der Reiterei und der Artillerie. Diese Hierarchie erleichterte durch die klare Rangfolge der Befehlsgebung und die sich im unbedingten Gehorsam ausdrückende Disziplin aller Krieger die sofortige Umsetzung der Entschlüsse des obersten Befehlshabers – ein völlig undenkbarer Vorgang für die lange Diskussionen im Kriegsrat gewöhnten Teilbefehlshaber feudaler Aufgebote. Die hierarchische Struktur war jedoch auch funktional bedingt, da sie auf der Entwicklung der Wagenburgtaktik fußte und insofern die Voraussetzung für ihre Umsetzung in die Praxis schuf.

Von ausschlaggebender Bedeutung für die militärtechnische Überlegenheit der hussitischen Wagenburg war die von Žižka selbst veranlaßte Einbeziehung der artilleristischen Komponente. Sein genialer Einfall bestand darin, kleine und mittlere Geschütze auf eigenen Wagen als sogenannte Karrenbüchsen beweglich zu machen, um sie im Rahmen der Wagenburg einsetzen zu können. Als Munition dienten Steinkugeln oder Ladungen mit Nägeln, Bleistücken und kleinen Steinen. Bei einer mittleren Kampfentfernung der leichten Geschütze von etwa 100 Metern hatten derartige Hagelschüsse gegen Attacken von Reitern wie von Fußvolk verheerende Wirkung. Die Karrenbüchsen wurden im Verhältnis von 1 zu 5 in die Formation einbezogen, so daß ein durchschnittliches hussitisches Heer von 180 Streitwagen über etwa 35 Geschütze verfügte. Das für einen solchen Einsatz erforderliche Know-how brachten viele der hussitischen Streiter aus den Städten bereits mit, wo einige von ihnen im Rahmen der entsprechenden Sturmordnungen zur Verteidigung der Befestigungswerke als Geschützbedienungen fungierten. Von der aufgefahrenen Wagenburg aus zu kämpfen war selbst für sie sehr viel vorteilhafter: Waren die Geschützmannschaften auf Türmen und Wällen einer Stadt nämlich an ihren Platz gebunden und dem Feuer der Belagerer ständig ausgesetzt, so ließ sich sogar bei ungünstigen taktischen Situationen mit der Wagenburg zumindest ein kurzfristiger Stellungswechsel durchführen. Wenn es gelang, Rückseite und Flanken der Wagenburg durch eine geschickte Geländeausnutzung zu decken, konnte

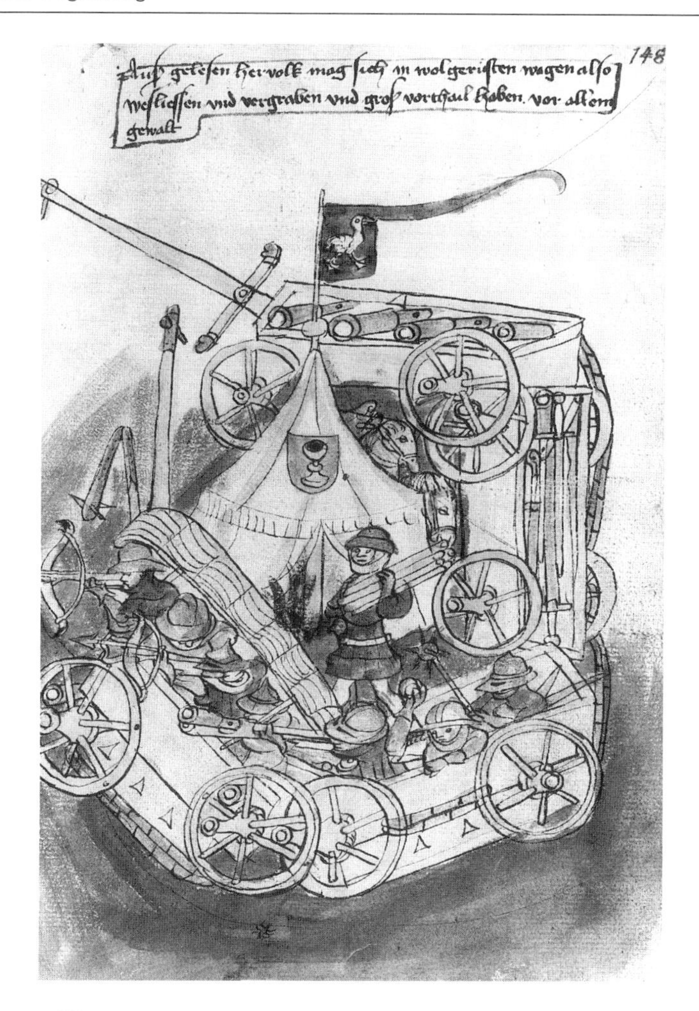

135. Hussitische Wagenburg. Aquarellierte Federzeichnung in dem um 1450 entstandenen »Kriegsbuch« von Johann Hartlieb. Wien, Österreichische Nationalbibliothek

man die aus Karrenbüchsen bestehende Artillerie schwerpunktmäßig einsetzen. Bei einer üblicherweise fast 210 Meter langen Frontlinie ergab sich alle 6 Meter eine Geschützstellung, doch auch bei schlechteren Geländebedingungen blieb meistens der Erfolg nicht aus, weil den hussitischen Truppen fast immer eine Feuerzusammenfassung auf den feindlichen Angriff gelang. In vielen Fällen brach dessen Schwung bereits mit der ersten geschlossen abgefeuerten Salve zusammen.

Wenn es das Gelände zuließ, fuhr die hussitische Wagenburg auf dem Marsch in 4 Reihen. Leicht bewaffnete Reiter sorgten für die Aufklärung, und zwei stärkere berittene Abteilungen bildeten Vor- und Nachhut. Ihre Aufgabe bestand darin, unverhofft auftauchende Feindkräfte zu binden, um der Wagenburg Gelegenheit für

136. Wagenburg Herzog Karls des Kühnen während der Belagerung von Neuss im Jahr 1475. Aquarellierte Federzeichnung im sogenannten Mittelalterlichen Hausbuch, um 1480. Wolfegg, Fürstlich zu Waldburg-Wolfeggsches Kupferstichkabinett

den Zusammenschluß zu geben. Nur in offenem Gelände waren Märsche mit 4 nebeneinander fahrenden Wagenreihen möglich. Doch es zeigte sich in der Praxis, daß sogar 2 Marschkolonnen genügten, um das Auffahren zur Wagenburg schnell zu bewerkstelligen, indem die Spitzen und Enden jeder Kolonne auf Befehl mit Flaggenzeichen einschwenkten und zu der je nach Örtlichkeit gewählten runden oder rechteckigen Formation auffuhren. Nach dem Ausspannen der Pferde stellte man die Wagen jeweils versetzt auf, wobei das Vorderrad des einen das Hinterrad des nächsten Wagens zur Hälfte überlappte und mit Ketten verbunden wurde. Anschließend machte man die Geschütze und Handbüchsen feuerbereit, spannte die Armbrüste und wartete auf den Angriff des Feindes. Ein oder zwei bewußt offen gelassene Lücken waren für den Ausfall des eigenen Fußvolks und der Reiterei gedacht und wurden durch die Schildträger gedeckt. Nach dem Abfangen des ersten feindlichen Ansturms durch konzentrierten Einsatz aller Fernwaffen stürzten sich die bereitgehaltenen Kontingente von Fußvolk und Reiterei mit einer in den zeitgenössischen Berichten immer wieder hervorgehobenen, sonst nur den Eidgenossen eigenen Wildheit aus der Wagenburg heraus auf die meistens schon aufgebrochene feindliche Formation. Den Schweizern vergleichbar verfolgten die Hussiten den geworfenen Feind hartnäckig und versuchten durch dessen unbarmherzige Vernichtung den Sieg möglichst vollständig zu machen. In den Gefechten zwischen den Reichsaufgeboten und den hussitischen Heeren galt grundsätzlich das Stichwort »böser Krieg«; denn es ging für die Hussiten um die Verteidigung gegen den Antichrist, für die Kreuzfahrer der Reichsheere hingegen um die gottgewollte Vernichtung von Ketzern.

Die Vorbildfunktion der hussitischen Wagenburg als eines taktischen Elements stand für die Zeitgenossen der Hussitenkriege außer Frage, und so nimmt es nicht wunder, daß bereits in den zwanziger Jahren des 15. Jahrhunderts erste Wagenburgordnungen auch in den deutschen Reichstagsakten auftauchten. Bis 1450 erließen dann viele deutsche Städte solche einschlägigen Ordnungen für ihre Kriegszüge. Erfahrene Heerführer wie kriegswissenschaftliche Theoretiker haben noch im 16. und 17. Jahrhundert immer wieder in ihren Schriften auf die Wagenburg als unverzichtbaren Bestandteil jedes Heeres hingewiesen und versucht, die grundsätzliche Struktur den jeweiligen Gegebenheiten ihrer Zeit anzupassen. Im Ergebnis kam dabei fast immer eher der Versuch einer Sicherung von Marschlagern oder der einer Anlage provisorischer Feldbefestigungen heraus als eine Weiterentwicklung der spezifisch hussitischen Ausformung des Wagenburgprinzips. Die besondere Form der flexiblen Defensivtaktik im Rahmen einer offensiven Operation hätte in der frühen Neuzeit ein gleichermaßen diszipliniertes und motiviertes Heer verlangt, wie es die Hussiten immer wieder mit großem Erfolg einzusetzen vermocht haben.

Metallverarbeitung

Schmieden, Drahtziehen und Gießen waren die hauptsächlichen Methoden zur Umformung von Metallen in Gebrauchsgegenstände. Bis heute versteht man unter Schmieden das Verschieben kleinster Teile eines Metalls durch Hämmern im kalten oder warmen Zustand. Als ursprünglichste Bearbeitungsweise beim Schmieden gilt das »Strecken«, bei dem der Schmied durch Hämmern des Werkstückes eine Verringerung des Querschnitts und damit ein Dehnen des Materials erzeugt. Eine Querschnittvergrößerung erfolgt durch das »Stauchen«, bei dem das Metall an der dicker gewünschten Stelle erhitzt, an den Grenzen zum restlichen Werkstück abgekühlt und dann diese knetbar gewordene Masse durch Hammerschläge zusammengepreßt wird. Beim »Schroten« werden am Rande des Werkstücks Einschnitte eingehauen, und unter »Schweißen« versteht man das Zusammenfügen zweier Werkstücke zu einer einheitlichen Masse bei Weißglut der Verbindungsstellen, wobei die jeweiligen Berührungsflächen metallisch rein sein müssen. Erleichtert wird die Formgebung durch entsprechend gestaltete Unterlagen: durch die »Hörner« am Amboß oder durch das »Gesenk«. Als Gesenk bezeichnet man eine Hohlform, in die das glühend gemachte Metall eingeschlagen oder eingepreßt wird. Für eine einseitige Formgebung benötigt man nur ein Unter-, für eine zweiseitige außerdem ein Obergesenk.

Schmieden

Zwischen den Gruppen, die einerseits Metall erzeugten, andererseits es verarbeiteten, gab es seit dem Mittelalter die der Stahlschmiede. Stahl als Rohmaterial war für viele Schmiedeprodukte wie Waffen und Werkzeuge begehrt. Die Besonderheit des seiner Struktur nach zwischen dem kohlenstoffreichen Guß- und dem kohlenstoffarmen Schmiedeeisen liegenden Stahls bestand in der Möglichkeit, ihn zu härten. Ohne Zweifel war er ursprünglich ein Zufallsprodukt der Schmelze besonderer Eisenerze. Vom thüringischen Schmalkalden und vom Harz bis nach Mittelschweden bezeichneten Ortsnamen wie Stahlberg beziehungsweise Stolberg besondere Erzvorkommen, die sich zur Stahlerzeugung eigneten. Da die Merkmale für die besondere Qualität der Stahlerze, zum Beispiel hoher Mangangehalt und sehr wenig Verunreinigungen, unbekannt waren, ließ sich auch die Verhüttung nicht so steuern, daß im Ergebnis stets ein gleichwertiges Produkt herauskam. So blieb es neben der Erzeugung von Erzstahl als Folge des Schmelzprozesses bei dem Verfahren zur Stahlherstellung auf indirektem Weg, wie ihn Agricola und Biringuccio nahezu identisch beschrieben haben: Das geschah entweder durch die zusätzliche Anreicherung von Schmiedeeisen, den Entzug von Kohlenstoff bei flüssigem Roheisen durch Frischen mit Hilfe großer Blasebälge oder mittels der gemeinsamen Schmelze von zerkleinertem Roheisen und Schlacke. Die bei diesen Verfahren entstandene Luppe wurde im glühenden Zustand unter dem Hammer zu Stangen ausgereckt, in einem Löschtrog schockartig abgekühlt und anschließend zerbrochen. An den Bruchstellen erkannten die Stahlschmiede die Qualität des Materials. Bei Agricola findet sich auch eine bildliche Verdeutlichung des Verfahrens: Während der Meister die Luppe mit der Zange im Frischherd bewegt, schmieden Gesellen unter einem wahrscheinlich durch ein Wasserrad angetriebenen Aufwurfhammer den Stahl zu Stangen aus und werfen ihn anschließend zum Abschrecken in fließendes Wasser.

Im Siegerland verarbeitete man vor allem die Erzvorkommen vom Müsener Grund, der im 14. Jahrhundert noch als Eisensteinberg bezeichnet wurde. Schon für das 13. Jahrhundert lassen sich Stahlschmiede als wohlhabende Bürger in der Stadt Siegen nachweisen. Ihre Werkstätten lagen wegen der Feuergefahr am äußeren Befestigungsring beziehungsweise in der Vorstadt. Dort dominierte die körperlich sehr anstrengende Handarbeit, da es in der Stadt kaum eine Möglichkeit gab, auf mechanische Weise Blasebälge und Hämmer anzutreiben. Für das 15. Jahrhundert sind erste Stahlschmiede im ländlichen Bereich, namentlich im Amt Freudenberg, nachgewiesen, die für ihre Werkstätten die Wasserkraft der schnell laufenden Bäche nutzten. Zwischen 1443 und 1528 regelten nicht weniger als vier landesherrliche Verordnungen der Grafen von Nassau die Rechtsverhältnisse für die Stahlschmiede in Stadt und Land; erst die letzte hat wohl durch gräfliches Machtwort Klarheit in der Wettbewerbssituation zwischen den Meistern in der Stadt und jenen in den ländlichen Werkstätten geschaffen. Daran dürften vor allem die Stahlschmiede in Siegen großes Interesse gehabt haben; denn zeitgenössischen Berichten zufolge war der auf dem Land erschmiedete Stahl trotz der eigentlich vorteilhaften Nutzung der Wasserkraft qualitativ schlechter. Den Siegener Meistern ging es im Hinblick auf den Absatz ihrer Produkte in erster Linie um eine zusätzlich zu den Meistermarken auf den Stahl geschlagene Herkunftsbezeichnung, und sie hatten Erfolg: Der Kurbrief von 1528 sicherte ihnen ausdrücklich das Recht, außer ihrer Meistermarke das Wappen von Vianden, dem luxemburgischen Stammsitz einer der Linien des gräflichen Hauses, zu verwenden. Im Gegensatz dazu sollten die Schmiede auf dem Land ihren Stahl mit dem Nassauer Löwen als Marke kennzeichnen.

In Siegen waren die Stahlschmiede als religiöse Bruderschaft mit zwei jährlich aus dem Kreis der Meister gewählten Vorstehern organisiert. Besonderen Einfluß in dieser Korporation hatten im 16. Jahrhundert die wohlhabenden Reidemeister, die selbst nicht mehr handwerklich tätig waren, sondern sich auf den kaufmännischen Bereich der Stahlbereitung konzentrierten. Als Verleger stellten sie anderen Meistern Rohstoffe, Werkzeuge und Finanzmittel zur Verfügung. Die Bruderschaft der Stahlschmiede schloß sich in Siegen nach außen hin strikt ab; als »Vollbrüder« ließ man nur Söhne und Schwiegersöhne frommer Eltern aus dem Handwerk zu. Fremde Lehrlinge wurden nicht aufgenommen, und es war verboten, das Handwerk außer-

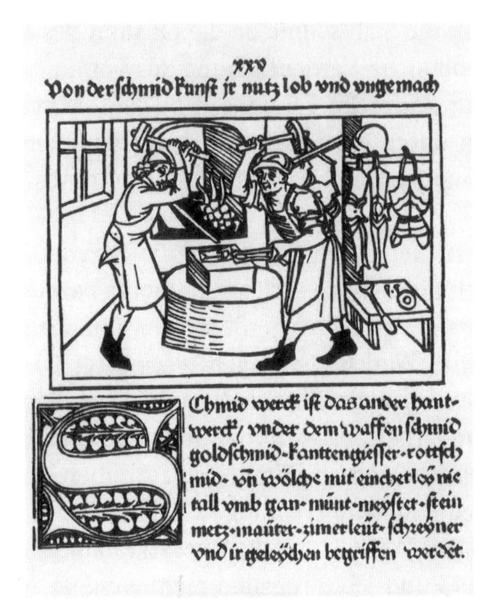
xxv
Von der schmid kunst jr nutz lob vnd vngemach

Schmid werck ist das ander hant-
werck/ vnder dem waffen schmid
goldschmid·kanttengiesser·rottsch
mid· vn̄ wölche mit eincherloy me
tall vmb gan· münt·meyster·stein
metz·maürer·zimerleüt·schreyner
vnd ir geleychen begriffen werdet.

137. Harnischmacher als Mitglieder der Schmiedezunft. Holzschnitt in dem 1477 in Augsburg gedruckten »Spiegel des menschlichen Lebens« von Rodericus Zamorensis. München, Deutsches Museum

halb des Landes zu betreiben. Fremde Schmiede durften tätig werden, mußten sich jedoch auf Lohnarbeit beschränken und zunächst eine Prüfung ablegen, die in der Regel eine Woche lang dauerte und bei der man den Bau eines Stahlherdes sowie das Schmieden unter Aufsicht verlangte. Die Abmessungen der Stahlstangen von etwa 10 Zentimeter Länge, 20 Zentimeter Breite und 0,5 Zentimeter Höhe waren strikt vorgeschrieben und eigneten sich besonders gut zur Messerherstellung. Im Jahr 1544 betrug die Tageserzeugung eines Stahlschmieds in Siegen aufgrund des Zwanges zur reinen Handarbeit nur etwa 30 Pfund. Der Ertrag muß dennoch ansehnlich gewesen sein, denn trotz eines beobachtbaren Niedergangs des Gewerbes während des 16. Jahrhunderts zählten die Stahlschmiede zu den reichsten Bürgern der Stadt.

Im Jahr 1599 besaß die Zunft der Siegener Stahlschmiede 58 Mitglieder, die ausschließlich als Reidemeister tätig waren und den Betrieb in ihren Werkstätten in Lohnarbeit ablaufen ließen.

Der Grobschmied hatte schon im Mittelalter Geräte und Werkzeuge aus Eisen und den Hufbeschlag geliefert. Anfertigung und Anpassung von Hufeisen und Hufnägeln erforderten besondere Kenntnisse. Nicht wenige Hufschmiede entwikkelten sich überdies zu Spezialisten auch für Erkrankungen von Pferden, und generell soll sich der Beruf des Tierarztes vom »Roßarzneikundigen« entwickelt haben (O. Johannsen). Ein gefundenes Hufeisen nagelte man gern als Schutz gegen böse Mächte an die Türen von Haus und Stall. Ein weiteres umfangreiches Absatzgebiet fanden die Grobschmiede bis in die Neuzeit hinein im Baugewerbe und in der Schiffahrt. Hier wurden außer Nägeln und Mauerklammern auch Zuganker, Erkerstützen, Torangeln und Beschläge sowie die als »Bären« bezeichneten schweren eisernen Köpfe für mechanische Hämmer und Rammen benötigt. Zu den schwersten zunftmäßig hergestellten Schmiedestücken zählten die Schiffsanker, bei denen Schaft, Arme und Schaufeln zunächst als einzelne Stücke geschmiedet und anschließend zusammengeschweißt wurden. Für die Bearbeitung größerer Exemplare reichten jedoch die schwersten Handhämmer nicht aus, und so griffen die Grobschmiede seit dem 14. Jahrhundert vermehrt auf die bis dahin nahezu allein im Bereich der Eisenerzeugung genutzten Wasserhämmer zurück. In der Oberpfalz gab es neben den eisenschaffenden damals bereits erste eisenverarbeitende Hammerwerke, in denen neben den Bären für Rammen und schwere mechanische Hämmer auch Schaufeln, Sensen, Beile, Pflugscharen, Ketten und eben Schiffsanker hergestellt wurden. Für die Kugelherstellung in Rollgesenken wurden im 15. Jahrhundert ebenfalls Wasserhämmer eingesetzt, bis der Eisenguß als fortschrittlicheres und billigeres Produktionsverfahren die geschmiedeten Kugeln verdrängte. In Schweden schmiedete man seit Beginn des 16. Jahrhunderts die Schiffsanker fast ausschließlich unter dem Wasserhammer.

Auf die Anfertigung von Nägeln hatten sich die Nagelschmiede spezialisiert. Das war jedoch nur dort möglich, wo ein entsprechend hochwertiges Eisen zur Verfügung stand. Der Nagelschmied erwärmte eine Eisenstange im Feuer, spitzte sie auf dem Amboß an und schlug das rotglühende Ende ab. Anschließend faßte er es mit einer Federzange, steckte es mit der Spitze nach unten in eines der Löcher im Amboß und schmiedete mit wenigen Schlägen den Nagelkopf aus. Ein kurzes Abschrecken mit Wasser ermöglichte das Herausziehen des fertigen Nagels aus dem Loch. Schneller ging dies mit einer unter dem Nageleisen am Amboß angebrachten Feder, bei deren Bedienung der Nagel herausflog. Typisch für die Massenfertigung von Nägeln war der Einsatz von Hunden in Treträdern zum Antrieb der Blasebälge, und als sprichwörtlich galt der Appetit der großen Nagelschmiedhunde. Als größte Nägel wiesen die Schleusennägel circa 45 Zentimeter Länge auf, gefolgt von den

Schiffsnägeln, die 20 bis 25 Zentimeter erreichten. Unterhalb dieser Abmessungen gab es eine Vielzahl von Sorten bis zu besonders kleinen Nägeln, von denen 1.000 Stück lediglich 125 Gramm wogen. Die geforderte handwerkliche Fertigkeit der Nagelschmiede geht aus den Vorschriften einer Koblenzer Ordnung für die Meisterprüfung aus dem 16. Jahrhundert hervor: Nach diesen Bestimmungen mußte der Geselle in der Lage sein, an einem Tag 1.500 sehr kleine Nägel anzufertigen, die in einer Hühnereischale Platz haben sollten. Eine entsprechende Ordnung aus Isenburg bei Neuwied verlangte die Herstellung von 250 Schuhnägeln in einer Stunde, was einer durchschnittlichen Tagesproduktion von 2.000 Stück entsprochen hätte. Für die Anfertigung eines einzigen Schuhnagels waren 27 Hammerschläge erforderlich. Relativ früh bereits teilten sich die Nagler in Schwarz- und Weißnagelschmiede, von denen die letzteren Fertigungsspezialisten für korrosionsbeständig verzinnte Nägel waren. Für das Verzinnen beizte man die frischgeschmiedeten Nägel 24 Stunden lang in Krügen mit einer warmen essigsauren Kupferlösung. Anschließend erhitzte man sie in einem eisernen Topf gemeinsam mit Talg und Zinn. Ein Waschvorgang mit warmer Seifenlauge sorgte für die Entfernung des Talgs und ein Schütteln in Säcken mit feinen Sägespänen für die Trocknung.

In Zentren der Metallverarbeitung wie der Oberpfalz kam es im 14. und 15. Jahrhundert zu einem erheblichen wirtschaftlichen Aufschwung, der sich anhand der Quellen noch heute gut nachvollziehen läßt. So stieg die Fertigung von Eisenprodukten aller Art zwischen 1387 und 1475 von 47 auf 96 Tonnen. Das entsprach einem Wertzuwachs von 85.750 auf 228.000 Gulden, während im gleichen Zeitraum die Anzahl der Arbeitskräfte in den Hammerwerken von 949 auf 1.638 stieg. Hatten sich in knapp hundert Jahren die Produktionsleistung mehr als verdoppelt und der Wert sogar nahezu verdreifacht, so kann man aus der Zunahme der Arbeitskräftezahl schließen, daß die Kapazitätserhöhung im wesentlichen auf eine Vervielfachung zurückging, die allerdings zur Produktionssteigerung nicht proportional war. Das läßt nur den Schluß auf einige offenbar erfolgreiche Rationalisierungen zu. Im 15. und 16. Jahrhundert nahm Deutschland im Montanwesen wie in der Metallverarbeitung eine Spitzenstellung in Europa ein. Mit Ausnahme der Normandie, wo es eine große Zahl kleiner Waldschmieden gab, lag die französische Eisengewinnung und Eisenverarbeitung damals in den Händen von Deutschen, Spaniern und Wallonen (E. von Wedel). Die französischen Könige Karl VI., Karl VII. und Ludwig XI. haben 1413, 1455 und 1461 die meist ausländischen Spezialisten für Metallverarbeitung von Abgaben befreit und ihnen weitgehende Privilegien zugestanden. Die Krone favorisierte die Zuwanderung ausländischer Fachleute, statt Metallerzeugnisse jenseits der eigenen Grenzen teuer kaufen zu müssen. Eine entsprechende Gewerbeförderung gab es auch in Venedig und Florenz, zwei Stätten hoher technischer und wirtschaftlicher Blüte schon seit dem 14. Jahrhundert. In Venedig wurde 1474 sogar ein Patentgesetz zur Förderung technischer Erfindungen erlassen.

Einen bedeutenden Zweig des Schmiedehandwerks repräsentierten die Messerer und Klingenschmiede. Meister und Herstellungsort der bis heute erhaltenen Messer und Schwerter lassen sich in vielen Fällen noch ermitteln, weil in alle Klingen das Orts- und Beschauzeichen und außerdem die Meistermarke der jeweiligen Werkstatt eingeschlagen worden sind. Diese Meistermarken konnten vererbt, verkauft oder von den Landesherren verliehen werden. Die jeweiligen Markenzeichen waren so ausgesucht, daß sie dingliche Bedeutung hatten und mit Worten geschrie-

138. Messerschmied. Aquarellierte Federzeichnung in dem im 15. und 16. Jahrhundert in Nürnberg entstandenen dreibändigen Werk »Hausbuch der Mendelschen Zwölfbrüderstiftung«. Nürnberg, Stadtbibliothek

ben werden konnten (O. Johannsen). Marken bestimmter, für die Qualität ihrer Produkte berühmter Orte wurden schon im 15. Jahrhundert oft gefälscht. In den Jahren 1465, 1471 und 1500 wurde den Nürnberger Meistern zum Beispiel ausdrücklich verboten, ihre Klingen mit dem österreichischen Bindenschild zu versehen. Dieser dreifache Beleg macht deutlich, daß ein einmaliges Verbot offenbar wenig Wirkung gehabt hat. Gerade die Nachahmung von Zeichen und damit die Fälschung von Qualitätsmerkmalen führte immer wieder zu Auseinandersetzungen auf den Märkten. Der Grund für die Kopie der österreichischen Marken lag in der bekannten Qualität des steirischen Eisens, das auch im süddeutschen Raum verarbeitet wurde. In Steyr selbst gab es 1445 insgesamt 28 Meister, deren Zahl ein

Jahrhundert später auf 300 angestiegen war. In Passau hatte man im Messererhandwerk steirisches Eisen schon seit dem 13. Jahrhundert verwendet. Dort war einer Hausgenossenschaft von zehn Bürgern durch den bischöflichen Stadtherrn das ausschließliche Recht zur Herstellung und zum Verkauf von Messern sowie die eigene Gerichtsbarkeit verliehen worden. Ein Brief von 1368, in dem Bischof Albrecht seinen Meistern »das march das genant der Wolf« bestätigt, »als sy das von alter herpracht haben«, belegt das aus dem Stadtwappen Passaus entlehnte Markenzeichen des Wolfes, das dann ebenfalls an vielen anderen Orten nachgeschlagen worden ist. Da half es wenig, daß auf Verlangen der Passauer Meister Herzog Albrecht von Österreich (1298–1358) schon 1340 verboten hatte, die Marke des Wolfes oder eine ähnliche Kennzeichnung in irgendeine Klinge oder ein Messer zu schlagen, die in österreichischen Landen produziert wurden.

Städtische Beschaumarken von Plattnern: a = »Halber Adler« (Nürnberg); b = »Landshütl« (Landshut), c = Meistermarke des Innsbrucker Hofplattners Jörg Seusenhofer

Im Rahmen des erwähnten bischöflichen Privilegs war den Messerern außerdem zugestanden worden, daß alle Klingenschmiede lediglich ihnen zuarbeiten sollten. Die Klinger leisteten die ursprüngliche Arbeit und mußten anschließend ihre mit dem Wolf gezeichneten Klingen den Messerern zum Kauf anbieten, die entweder die ungefaßte Klinge als Handelsware vertrieben oder sie mit Griff und Scheide komplettierten und dann verkauften. Die durch das Privileg begründete Abhängigkeit der eigentlichen Produzenten und Garanten für die Qualität von den ihrer handwerklichen Tätigkeit längst entwachsenen Händlern gab ständig Anlaß zum Streit und ließ sich auf die Dauer nicht aufrechterhalten. Im 15. Jahrhundert konnten die Klingenschmiede endlich das Verlagsrecht der Messerer brechen und ihre Erzeugnisse selbst auf den Markt bringen. Diese Befreiung hatte allerdings den Nachteil, daß sich ihr Arbeitsumfang verringerte, da die von den Messerern gefundene und vom Stadtherrn bestätigte Definition, was unter einem Schwert zu verstehen sei, den Klingenschmieden allein die Herstellung zweischneidiger Klingen erlaubte und alle einschneidigen den Messerern beließ.

Eine vergleichbare Entwicklung in Nürnberg belegt, daß die Messerer wohl das Mutterhandwerk repräsentierten, von dem sich aufgrund ihrer Spezialisierung Klingenschmiede, Schwertfeger und Schleifer als eigene Gruppen abspalteten, obwohl sie dem Primat der Messerer bis ins 16. Jahrhundert hinein unterworfen blieben. Das drückte sich vor allem in dem unbestrittenen Recht der Messerer aus, die Qualitätsprüfung aller Klingen durch Beschau und Genehmigung der Markenkennzeichnung vorzunehmen. In Nürnberg gab es um die Mitte des 14. Jahrhunderts bereits 57 Meister im Messererhandwerk, 14 Klingenschmiede und 11 Schwertfeger. Die Messerer reklamierten immer wieder mit Erfolg ihre Vorrangstellung, die sich unter anderem darin äußerte, daß sie als »geschenktes Handwerk« galten: Ihre Gesellen durften nämlich auf der Wanderschaft bei jedem Meister um Arbeit anfragen. Im Falle einer Ablehnung hatten sie Anspruch auf ein Geschenk, eine Art von Wegzehrung, mit der sie weiterwanderten. Nürnberger Meister und Gesellen des Messererhandwerks bildeten außerdem eine religiöse Bruderschaft, die mit ähnlichen Korporationen in anderen Städten in Verbindung stand. Im 16. Jahrhundert erreichte dieses Handwerk in Nürnberg durch die Qualität der Produkte wie den Umsatz seinen Höhepunkt. Streitigkeiten mit den Klingenschmieden gab es jedoch weiterhin. Im Jahr 1568 mußte der Rat der Stadt Nürnberg im Streit der beiden Handwerke wieder einmal klare Festlegungen treffen. Die Klingenschmiede hatten nämlich ihre eigenen Zeichen auf die nur geschmiedeten und noch nicht aufbereiteten Klingen geschlagen und diese selbst in größeren Stückzahlen verkauft. Das war ein eindeutiger Verstoß gegen die geltenden Verträge, die es ihnen untersagten, geschliffene wie ungeschliffene Klingen zu verkaufen und ihr eigenes Zeichen auf die erst rauhgeschmiedete Arbeit zu schlagen. Der Ratsbeschluß erkannte zwar die Klingenschmiede als ein geschworenes Handwerk an, erlaubte ihnen jedoch nur, ihre Zeichen auf die Angel und nicht auf die Klinge selbst zu schlagen. Damit bestätigte er die überkommenen Vorrechte der Messerer.

Trotz der an vielen Orten gerade von den Messerern immer wieder reklamierten traditionellen Vorrangstellung entstammten letztlich alle seit dem 12. Jahrhundert entstandenen metallverarbeitenden Gewerbe ursprünglich dem Schmiedehandwerk. Die Aufteilung in mehrere Zweige als Sonderhandwerke ist in der Regel erst im Verlauf des 14. Jahrhunderts erfolgt, wie entsprechende Zeugnisse aus Köln, Magdeburg, Frankfurt, Basel und Schaffhausen belegen. An vielen anderen Orten kam es nicht zu derartigen Aufgliederungen. So zählten beispielsweise in Augsburg die Plattner noch im 16. und in Braunschweig die Schwertfeger noch im 17. Jahrhundert zur Schmiedezunft. Die Blüte der Waffenschmiedekunst in Köln hatte ihre Ursachen in der Bedeutung der Stadt als eines überregionalen Marktes wie in der nahen Lage zum ergiebigen Eisenrevier des Bergischen Landes. Diese Lage wandelte sich jedoch im 15. Jahrhundert zum Nachteil; denn in Köln mangelte es mittlerweile an Wasserkraft zum Betreiben von Hammerwerken und Schleifmühlen für die Schmieden. Derartig günstige Vorbedingungen gab es jedoch im Solinger Raum, und das dürfte auch der Grund für die Niederlage der Kölner Schwertfeger im Wettbewerb mit dem aufstrebenden Solinger Metallgewerbe gewesen sein. Hier, im Zentrum des Bergischen Landes, sorgten viele schnellaufende Mühlbäche, die Wälder und die Eisenerzvorkommen für fast optimale Voraussetzungen zur Entwicklung des vielschichtigen eisenverarbeitenden Gewerbes. Das erste herzogliche Privileg für Solinger Schleifer und Härter geht auf das Jahr 1401 zurück und belegt damit bereits das Vorhandensein dieser Handwerkszweige. Im Jahr 1412 garantierte der bergische Herzog den Schwertfegern seinen Schutz, und 1472 erhielten die Schwertschmiede alte Freiheiten bestätigt. Damit ist schon für das 14. und 15. Jahrhundert im Solinger Raum eine Aufteilung des Handwerks für die Blankwaffenherstellung nachzuweisen: Von den Hammerschmieden erhielten die Klingenschmiede als Halbzeuge die Eisenstangen meist rechteckigen Querschnitts, die sie zu Klingen ausschmiedeten, während die Härter für die Federkraft und die Schleifer für den Glanz und die Schärfe sorgten und die Reider die Klingen schließlich gebrauchsfähig machten. Die Reider waren vorerst als einzige befugt, die fertigen Fabrikate inner- wie außerhalb des Bergischen Landes zu verkaufen, mußten dieses Privileg allerdings 1447 auch den anderen Handwerken zugestehen. Schon in der ersten herzoglichen Bestätigung der überkommenen Freiheiten des Handwerks der Schwertschmiede findet sich die Festlegung, daß jeder Meister pro Tag 4 Schwerter und jeder Messerschmied 10 Messer herzustellen habe, die »ufrichtig, gut und ungefelscht« sein sollten. Diese Regelung sorgte für eine Beschränkung des Arbeitsumfanges aus Gründen der Qualität.

Die Schleifkotten im Solinger Raum lagen an der Wupper, und dort schliff man die Klingen zunächst am Stein und anschließend auf Holzscheiben mit Lederüberzug, auf den Schmirgelsand und Öl aufgetragen waren. Auch in Solingen organisierten sich die Klingenschmiede, Härter und Schleifer sowie die Schwertfeger in eigenen Bruderschaften. Die Messerer behaupteten sich als eigenständiger Handwerkszweig erst im 16. Jahrhundert und mußten 1571 in einem eigenen Privileg den drei älteren Zünften außerdem die Herstellung von Messern zugestehen. Im Unterschied zu den oberdeutschen Städten erreichten sie hier nie die Vorrangstellung. Grundsätzliche Unterschiede gab es in den Zulassungsverordnungen für die einzelnen Handwerke. Im Raum Solingen durften lediglich eheliche Söhne der Meister als Lehrlinge angenommen werden und das auch nur im väterlichen Handwerk. Darüber hinaus mußten sie schwören, das Land nicht zu verlassen. Diese für Westfalen typische Abschottung gegenüber auswärtigen Einflüssen schuf bis weit in die Neuzeit hinein ungebrochene handwerkliche Familientraditionen und eine über viele Generationen reichende wirtschaftliche Basis. Im 16. Jahrhundert waren in Solingen bei den Klingenschmieden 70, bei den Härtern und Schleifern ungefähr 100, bei Schwertfegern 12 und bei den Messerern etwa 80 Familien zum Handwerk zugelassen.

Neben der Steiermark wurde auch das Bergische Land für die Herstellung von Sensen, Messern, Gabeln und Scheren bekannt. Während man die steirischen Sensen ganz aus Stahl schmiedete, waren die bergischen Sensenschmiede, beispielsweise jene im sauerländischen Plettenberg, seit dem 13. Jahrhundert auf die Produktion von kombinierten Sensenklingen aus Eisen und Stahl spezialisiert. Sie schmiedeten eine Schiene aus weichem Eisen auf dem Amboß aus, schroteten sie und spalteten das Stück auf der Schmalseite. In diesen Spalt schweißten sie ein Stahlband ein, das später die Schneide bildete. Für den Winkelansatz, den »Hamm«, benutzten sie kohlenstoffarmes Eisen, das unter dem Wasserhammer ausgeschmiedet wurde. Nach dem Rohschliff der Sense mußten die Blätter unter einem schnell gehenden Hammer noch einmal kalt überschmiedet werden. Diese Mähwerkzeuge haben in den Bauernkriegen des 16. Jahrhunderts eine wichtige Rolle als Waffen gespielt. Bei den Kriegssensen, die eigentlich an einer Stange befestigte Haumesser darstellten, stand das Blatt in Längsrichtung der Stange, und zu diesem Zweck mußte der Hamm zuvor gerade gerichtet werden. In Österreich war es allen Schmieden bei Androhung harter Strafen verboten, Sensen zu Waffen umzuschmieden.

Außer den Produkten, denen sie ihre Berufsbezeichnung verdankten, stellten die Messerschmiede Gabeln und Scheren her. Bis zum Ende des 15. Jahrhunderts kannte man normalerweise bloß große zweizinkige Vorlegegabeln für das Fleisch, weil man allgemein mit dem Löffel oder mit den Fingern aß. Für den dann im 16. Jahrhundert steigenden Bedarf an mehrzinkigen Gabeln schroteten die Messerer das flachgeschmiedete Ende einer Stahlstange mehrfach, feilten die Zinken aus und krümmten sie unter dem Hammer. Scheren in der Form der zweischenkeligen Schneiderschere mit offenen Ösen für die Finger lassen sich bereits für das 14. Jahrhundert nachweisen. Die heute geläufige Form mit geschlossenen Ringen muß dann im Verlauf des 15. Jahrhunderts aufgekommen sein; denn sie findet sich 1495 als Markenzeichen der Pariser Schneider. Bei diesen Scheren waren die Griffe aus Eisen und an die Klingenblätter angeschweißt, weil sich der Klingenstahl nicht so weit austreiben ließ, wie es nach dem Lochen notwendig gewesen wäre.

Parallel zur Herstellung von Gebrauchsgegenständen entwickelte sich seit dem Mittelalter auch das Kunstschmieden für eiserne Ornamente auf Türen, für Fenstergitter, Chorschranken, Käfige oder filigran gestaltete, laubenartige Aufsätze für Brunnen. Wesentlich umfangreicher als dieser kunstvolle Zierat war die Fabrikation von Blechen, die seit dem 14. Jahrhundert von Hand, aber auch unter mechanischen Blechhämmern ausgeschmiedet wurden. Dazu dienten Eisenschienen von 0,5 Meter Länge, die mehrfach gefaltet und unter dem Hammer zusammengeschlagen wurden. In mehreren, immer wieder von Glühphasen in der Esse unterbrochenen

Arbeitsgängen schmiedete man die Bandeisen bis auf eine Dicke von etwa 1 Millimeter herunter. Das Handelsmaß dieser Bleche lag bei einem Quadrat von ungefähr 60 Zentimeter Kantenlänge. Bleche zwischen 3 und 5 Millimeter Stärke waren besonders für Siedepfannen in den Salinen geeignet. So bestanden beispielsweise die Salzpfannen in Hallein während des Mittelalters aus 400 bis 500 einzelnen rechteckigen Pfannenblechen in einer Größe von 25 mal 50 Zentimetern und einer Dicke bis zu 4 Millimetern. Sie wurden dachziegelartig miteinander vernietet, wobei die entstehenden Nähte zwischen den einzelnen Pfannenstücken mit einem Kitt aus Kalk, Salz und Lumpen abgedichtet werden mußten. In jedes Blech war zum Zweck einer Überwachung der Haltbarkeit das Jahr der Herstellung eingeschlagen.

Als ein Zentrum der Blechschmiedekunst galt im späten Mittelalter die Oberpfalz. Hier wurde in den Hütten ein Eisen von großer Reinheit erschmolzen, das sich besonders gut zur Herstellung von Weißblech eignete. Voraussetzung für die Weißblechherstellung war die Verfügbarkeit von Zinn, das während des Mittelalters vor allem in den Gruben des Fichtelgebirges abgebaut wurde. Die ersten Weißblecherzeugnisse stammten daher aus Wunsiedel und Weißenberg im Fichtelgebirge und wurden im oberdeutschen Raum seit dem 14. Jahrhundert gehandelt. Auch im nur hundert Kilometer entfernten Nürnberg baute man damals eine eigene Weißblechproduktion auf. Weißblech erhielt man durch Verzinnen der Bleche, die zuvor in eine Beize aus Roggenschrot und zugesetztem Sauerteig gelegt wurden. Der Beizvorgang in dieser gärenden Masse dauerte in der Regel drei Tage. Anschließend tauchte man die abgewaschenen und noch feuchten Bleche mehrfach für jeweils einige Minuten in ein mit Talg besetztes Zinnbad, wischte sie dann ab und trocknete sie im Ofen. Danach wurden sie mit einer Mischung aus Schlämmkreide, Kleie und Lumpen poliert und mit Tüchern abgewischt. Bis zu 400 solcher 30 mal 40 Zentimeter großen Weißbleche verpackte man zusammengerollt in Fässern, um sie zur Weiterverarbeitung an die Beckenschläger, Helm- und Haubenschmiede sowie die Plattner zu transportieren. Besondere Bedeutung für die weitere Entwicklung der Weißblechproduktion hatte im 16. Jahrhundert die Gründung einer eigenen Weißblechindustrie in Sachsen. Mit tatkräftiger Unterstützung durch Friedrich II. von der Pfalz (1482–1556), der auch Herzog in Bayern war, errichtete im Jahr 1534 eine Zinnblechhandelsgesellschaft im oberpfälzischen Amberg ein Zinnhaus mit vier Pfannen. Während bis dahin von Amberg aus nur Schwarzbleche zum Verzinnen unter anderem nach Nürnberg geliefert wurden, ergab sich nun die Möglichkeit einer eigenen oberpfälzischen Weißblechherstellung. Als Schutzmaßnahme für das junge Gewerbe versuchte der Pfalzgraf die Nürnberger Konkurrenz dadurch auszuschalten, daß er ein Ausfuhrverbot für Schwarzblech aus der Oberpfalz erließ. Den Nürnberger Weißblecherzeugern ging damit sehr plötzlich ein erheblicher Teil des Rohstoffes für ihre Produktion aus.

139. Arbeitsräume der Weißblechmanufaktur des Bartholomäus Khevenhüller in der Kreuzen in Kärnten. Miniatur in der 1612 entstandenen Khevenhüller Chronik. Wien, Österreichisches Museum für Angewandte Kunst

Der wohlhabende Nürnberger Zinnhändler Enders Blau nahm diese Situation wohl zum Anlaß, sich beim sächsischen Kurfürsten Johann Friedrich dem Großmütigen (1503–1554) um die Genehmigung für die Errichtung von Blechhämmern im Erzgebirge zu bemühen. Er hatte damit Erfolg: Schon gegen Ende des Jahres 1536 gingen die ersten 5 Hämmer unter der Regie von Blau im sächsischen Schneeberg in Betrieb; im Amt Schwarzenberg trat er für mehr als 30 Werke als Verleger auf, und eigene Zinnhäuser baute er in dem von ihm gegründeten Blauenthal an der Mulde und in Zwickau. Als problematisch erwies sich die Beschaffung hinreichend qualifizierter Arbeitskräfte in der Region. So warb Blau in Nürnberg, Wunsiedel und Amberg entsprechende Spezialisten an. Verschuldete Hammermeister löste er gegen die Verpflichtung aus, ihm nach Sachsen zu folgen. Außerdem garantierte er neben einer erheblich höheren Entlohnung das Privileg, frei backen, schlachten und brauen zu dürfen, das ihm für seine Hammerwerke vom Landesherrn zugestanden worden war. Pfalzgraf Friedrich blieben diese Aktionen nicht verborgen. Er versuchte, für sein Herrschaftsgebiet die Abwanderung durch Androhung harter Strafen zu verhindern. Rückkehrer, die lediglich ihre Familien in der Heimat besuchen wollten, wurden festgesetzt und einem strengen Verhör unterzogen, dessen Fragen vom Kurfürsten selbst aufgesetzt worden waren. Auf diese Weise erfuhr er, daß Blau in Sachsen eine große Unternehmensorganisation aufbaute und dafür wöchentlich bis zu 200 Gulden ausgab, daß die technischen Schwierigkeiten sehr schnell überwunden worden waren, man die von Amberg her geläufigen Blechmaße übernommen hatte, und daß der Absatz gut sei. Probleme gab es allerdings ständig mit der Integration der zugewanderten Arbeitskräfte in die ortsansässige Bevölkerung, was zur Folge hatte, daß manche schon wenige Jahre später in ihre oberdeutsche Heimat zurückkehrten. Blau und seine Mitstreiter gerieten wegen der zugestandenen Privilegien schon bald in Konflikt mit den örtlichen Handwerken und den Zünften in den Städten Sachsens. Diese machten ihren Einfluß bei dem seit 1541 in Sachsen regierenden Herzog Moritz (1521–1553) so nachdrücklich geltend, daß der weitblickende Nürnberger Unternehmer in Ungnade fiel und nach einer Gesamtinvestition von 13.000 Gulden keinen besonderen geschäftlichen Erfolg mehr verbuchen konnte. Festzuhalten bleibt sein großes Verdienst, auf der Basis eines Transfers beherrschter Technologie von Bayern und der Oberpfalz nach Sachsen die Voraussetzungen für die dortige eigenständige Weißblechindustrie geschaffen zu haben. Auf diesen Grundlagen konnte vor allem Kurfürst August von Sachsen, seit 1553 Nachfolger seines Bruders Moritz, aufbauen. Er war der große Förderer des Bergwesens und der Metallverarbeitung in Sachsen, zudem ein besonders haushälterischer Landesherr, hierin von seiner Frau, der im Volk beliebten »Mutter Anna« (1532–1585), unterstützt. Diesem Herrscherpaar widmeten die Erben Agricolas dessen epochales Werk über die Metallurgie.

Ein unter vergleichbaren Gesichtspunkten beispielhafter Landesherr war der im Zusammenhang mit dem Salinenwesen erwähnte Herzog Julius von Braunschweig-Wolfenbüttel. Zu seinem Herrschaftsbereich gehörte der Harz als eine weitere bedeutende Region für den Bergbau, für das Hüttenwesen und die Metallverarbeitung im 16. Jahrhundert. Julius war der erste Vertreter eines staatswirtschaftlichen Merkantilismus, der Gründer der Universität Helmstedt im Jahr 1576 und der unermüdliche Förderer der Wirtschaft seines Landes. Erst mit vierzig Jahren, 1568, wurde er Herzog, und so blieben ihm bis zu seinem Tod in Wolfenbüttel am 3. Mai 1589 nur zwei Jahrzehnte, um seine Vorstellungen umzusetzen. Dies erreichte er durch eine straffe zentralistische Gliederung der Administration, durch persönliche wöchentliche Kontrolle aller gewerblichen herzoglichen Unternehmungen und die Anwerbung hochqualifizierter auswärtiger Fachkräfte. Schon bei seinem Regierungsantritt befahl er die Exploration aller Bodenschätze auf seinem Territorium, und das führte bald zur Erschließung neuentdeckter Vorkommen von Steinkohle

140. Von einem Wasserrad angetriebener Schwanzhammer mit gekröpfter Welle für die Blasebalgfunktion in einer Schmiedewerkstatt. Kupferstich, um 1580, in dem 1617 in Frankfurt am Main gedruckten »Abriß allerhand.. Mühlen« von Jacopo de Strada. München, Deutsches Museum

und Salz. Die vorhandenen Silber-, Blei-, Kupfer- und Eisenerzgruben wurden ausgebaut. Er sorgte zudem für die Attraktivität der Arbeitsplätze in diesen Bereichen, indem er Konsumanstalten einrichtete, in denen die gewerblich tätigen Arbeitskräfte ihren persönlichen Bedarf zum Einkaufspreis der Waren gegen Verrechnung auf ihren Lohn decken konnten. Diese »Commisse« dienten zugleich als Gasthäuser und Wohnstätten. Ausgezahlt wurde der Arbeitslohn in Silber, doch überwiegend in Münzen, die bloß den halben Wert besaßen und deshalb nicht außerhalb des Landes eingelöst werden konnten. Die landesherrliche Kammer tauschte die Münzen jedoch quartalsweise gegen vollwertiges Geld um und stärkte

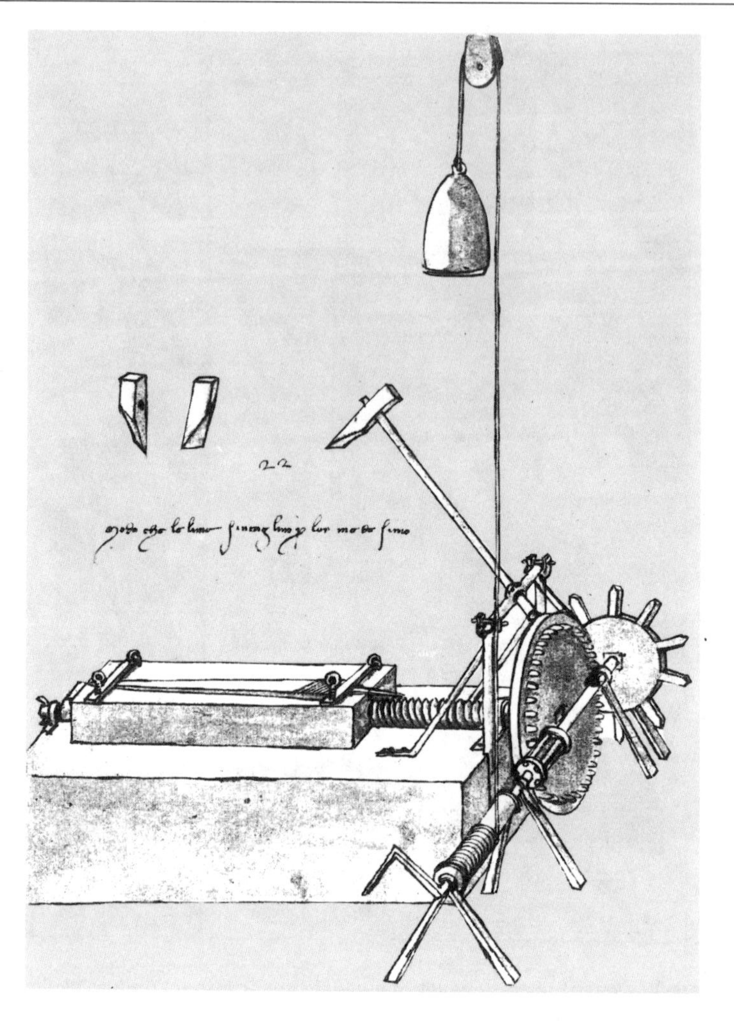

141. Entwurf einer Feilenhaumaschine. Zeichnung von Leonardo da Vinci im »Codex Atlanticus«, aus der Zeit nach 1485. Mailand, Biblioteca Ambrosiana

damit das Vertrauen in die landeseigene Währung. Mit dieser etwas umständlichen Maßnahme wollte der Herzog den Abfluß des Geldes in die benachbarten Territorien verhindern. Außerdem schuf er weitere Anreize zum Sparen in Gestalt der »Juliuslöser«, eigens geprägter großer Silberstücke im Wert von 2 bis 10 Talern, von denen jeder Bürger einen gemäß seinen Einkommensverhältnissen festgesetzten Bestand jedes Jahr den herzoglichen Aufsichtsbeamten nachweisen mußte. Die Bezeichnung stammte von einer Verballhornung der »Portugaleser«, portugiesischen Geldmünzen, die seit dem 15. Jahrhundert geprägt wurden.

Zum Ausgleich von Konjunkturschwankungen war Herzog Julius bereit, auch ungewöhnliche Maßnahmen ins Kalkül zu ziehen. So wollte er beispielsweise 1578 zur Behebung einer Absatzkrise beim Blei die Stadt Wolfenbüttel mit diesem Material pflastern lassen. Außerdem verbot er den Schmieden die Verwendung von Holzkohle und zwang sie auf diese Weise, zur Erschließung der Steinkohlevorkommen beizutragen. Das in der Goslarer Messinghütte erzeugte Rohmetall wurde dort gleich zu Fertigwaren in Form von Kesseln und Kronleuchtern weiterverarbeitet. Die Eisenverarbeitung brachte Herzog Julius durch den Ankauf und die Neuanlage von Hütten- und Hammerwerken in die eigene Hand. Besondere Aufmerksamkeit widmete er dem Absatz, den er in begrenztem Umfang schon für das eigene Territorium sicherstellte. Er ordnete an, daß jeder waffenfähige Einwohner seines Landes den Besitz einer Handbüchse im Wert von 2 Talern nachweisen mußte, und empfahl im Jahre 1573 eine einheitliche Kalibrierung dieser Handfeuerwaffen für alle Länder des Reiches.

Prägen

Der Eisenschnitt als Kaltbearbeitung des Eisens mit dem Meißel war bereits seit dem 13. Jahrhundert bekannt. Zur Kennzeichnung von Eisenwaren wurden entsprechende Stempel in die Halbzeuge eingeschlagen. Ein umfangreiches Betätigungsfeld ergab sich auf dem Sektor der Produktion von Schlüsseln, Schildern, Türklopfern und -beschlägen, Gittern, Kaminrosten, Griffen für Handwaffen und von kunstvollen Statuetten. Doch im Verlauf des 16. Jahrhunderts reduzierte sich die Eisenschneidekunst auf die Herstellung von Prägestempeln für Münzen. Schon im 15. Jahrhundert wurden Münzen nach besonderen handwerklichen Verfahren geprägt. Erzherzog Sigmund von Tirol, »der Münzreiche« (1439–1490), hat als Nachfolger Friedrichs »mit der leeren Tasche« (1406–1439) nicht nur für eine große Münzreform in seinem Land gesorgt, sondern die Salinenstadt Hall am Inn auch zu einer der wichtigsten Münzprägestätten entwickelt. Die Prägung von Münzen und Medaillen erfolgte ausschließlich von Hand.

Benvenuto Cellini (1500–1571) verwendete als erster die Spindelpresse mit Ausnutzung der Massenschwungkraft für die Prägung von großen Medaillen. Dieses Verfahren war schon seit der Mitte des 15. Jahrhunderts bekannt, als der von Papst Julius II. (1441–1513) mit der Neukonzeption des Petersdoms in Rom beauftragte italienische Baumeister Donato d'Angelo Lazzari, genannt Bramante (um 1444–1514), eine Spindelpresse zum Prägen von Bleisiegeln für den Papst verwendete. Dabei dürfte er die statische Preßmöglichkeit der bekannten Öl- und Weinpressen umgesetzt haben. Solche Spindelpressen fanden damals auch im Druckereigewerbe Verwendung. Ebenfalls gebräuchlich waren kleinere Pressen bei den Gold- und Silberschmieden. In Nürnberg sind für das 16. Jahrhundert viele Eisenschneider nachgewiesen, die die Stempel und Preßgesenke für Goldschmiede und insonderheit für die Münzprägung hergestellt haben. Die Umformung von Metallen mit Hilfe von Gesenken beschränkte sich im späten Mittelalter wie in der frühen Neuzeit auf das Goldschmiedehandwerk und auf die Prägung von Münzen und Medaillen.

Spürbare Fortschritte bei den Prägeverfahren wurden während des 16. Jahrhunderts gemacht. Im Handelsverkehr legte man nicht die aufgeschlagenen Werte, sondern den Edelmetallgehalt gemäß des Gewichts der einzelnen Münzen für eine entsprechende Bewertung zugrunde; denn Münzen gleicher Kennzeichnung waren hinsichtlich ihres Wertes nicht unbedingt gleich. Das lag vor allem am Produktionsverfahren: Das Kupfer- oder Silberblech wurde auf einem Amboß gehämmert und dann mit einer großen Blechschere in einzelne Schrötlinge zerschnitten, die auf diese Weise weder vom Umfang noch vom Gewicht her absolut identisch sein

142. Münzer beim Prägen. Initiale in einem um 1490 entstandenen Gesangbuch aus Kuttenberg. Wien, Österreichische Nationalbibliothek

konnten. Hinzu kam die verbreitete Unsitte, durch »Kippen«, das heißt durch Befeilen und Beschneiden der Münzen, Edelmetall zu gewinnen. Die Reichsmünzverfassung von 1516 hatte in den insgesamt sechzehn Reichskreisen nur jeweils eine Münzstätte für die Prägung zugelassen, die als Vorbedingung die Verfügbarkeit über eigenes Bergsilber nachzuweisen hatte. Doch mit diesen Maßnahmen allein ließ sich dem unlauteren Münzwesen nicht beikommen. Der Geldverkehr war durch die Manipulationen stark behindert, und daher strebten namentlich die

Landesherren als Inhaber des Münzregals nach Methoden, mit denen man zumindest bei der Münzherstellung Unregelmäßigkeiten und Betrügereien ausschließen konnte.

Von technischer Seite scheint sich Leonardo da Vinci schon 1484 des Problems angenommen zu haben; denn darauf verweisen Zeichnungen von Münzgesenken und Ausschneidevorrichtungen für Schrötlinge im »Codex Atlanticus«. Leonardo forderte für die Prägung runde Münzplatten, die in bezug auf Gewicht, Stärke und Durchmesser identisch sein sollten. Seine Beschreibung des Herausstanzens von Schrötlingen aus einem Gold-, Silber- oder Kupferblech mit entsprechender Stärke verdeutlicht, daß er zumindest theoretisch die Voraussetzungen für eine massenweise Münzprägung bewältigt hatte. Bei seinem Stanzverfahren ließen sich nämlich zwei Arbeitsgänge der herkömmlichen Prägemethode einsparen: das Abwiegen jeder einzelnen Münze und das Beschneiden von Hand. Vorbedingung war aller-

143. Arbeitsschritte in einer Münzwerkstatt. Holzschnitt von Hans Burgkmair d. Ä. für die Publikation des »Weißkunig« von 1518. Wien, Österreichische Nationalbibliothek

dings die auch von ihm geforderte Gleichförmigkeit der Edelmetallvorlage, die er durch die Verwendung eines Zieheisens gewährleisten wollte. Die Vorform hätte nach seiner Vorstellung aus einer linealartigen Edelmetallschiene bestanden, aus der die Münzplatten für die Prägung gestanzt worden wären. Eine solche Bedingung war jedoch im 15. Jahrhundert noch nicht zu erfüllen, und deshalb brachte das saubere Stanzen mit einem Locheisen vorerst keine Vorteile. Die Bleche wurden nämlich von Hand gehämmert und wiesen daher über Länge und Breite stets unterschiedliche Stärken auf. Aus diesem Grund differierten die ausgestanzten Schrötlinge, die durch Stempelprägung zu Münzen wurden, im Gewicht. Doch weil das jeweilige Edelmetallgewicht die Grundlage der Wertbemessung bildete, ließ sich eine Angleichung zu schwerer Stücke an die Norm allein durch Beschneiden am Rand erreichen, während zu leichte Exemplare wieder eingeschmolzen werden mußten.

Ein in der Stärke konstantes Blech war nur durch den Einsatz von Walzen zu erzeugen, die wiederum sehr genau gearbeitet sein mußten. Auch dafür hatte Leonardo bereits konstruktive Vorschläge gemacht. Inwieweit diese jemals in die Praxis umgesetzt worden sind, läßt sich jedoch nicht mehr ermitteln. Bis zur Mitte des 16. Jahrhunderts hat man in den europäischen Ländern die technischen Probleme der Münzprägung nicht zufriedenstellend lösen können. Das begünstigte die Fälscherei, die immer umfangreicher wurde. Als erster reagierte der französische König Heinrich II. (1519–1559) auf die für die Wirtschaft des Landes bedrohliche Entwicklung im Januar 1550 mit einem Umlaufverbot für abgenutzte und beschnittene Münzen. Gleichzeitig gab er der Pariser Münze den Auftrag zur Prägung neuer, genauerer und fälschungsicherer Münzen. Aber das ließ sich mit dem überkommenen Handprägeverfahren von Schrötlingen aus gehämmerten Blechen nicht realisieren. Über seinen Gesandten am Hofe Kaiser Karls V. erfuhr der König, daß es in Augsburg einen Goldschmied namens Max Schwab gäbe, der ein noch geheim gehaltenes Prägeverfahren mit Maschinen entwickelt habe. Man kam miteinander schnell ins Geschäft und vereinbarte Geheimhaltung, die sich sogar in der Korrespondenz niederschlug, indem man Decknamen verwendete. Der Augsburger lieferte nach Paris Walzen für die Herstellung gleichmäßiger Rohlinge, Ziehbänke zur Normierung der Schienenrohlinge aus den gewalzten Blechen, Stanzgeräte für die Schrötlinge und Pressen zur Prägung. Schon 1555 wurden in Frankreich die ersten dieser neuen Münzen mit Randprägung in Umlauf gebracht. Sie unterschieden sich durch ihre augenfällige Gleichmäßigkeit in Durchmesser, Stärke und Prägung von den üblichen Mustern. Das vom König mit der beabsichtigten Münzreform angestrebte Ziel ließ sich jedoch nicht erreichen; denn die alten Münzstätten bestanden weiter und arbeiteten nach wie vor im alten Verfahren. Die neue Münzstätte unter der Bezeichnung »Monnaie de Moulin« mußte sich trotz königlichen Schutzes ständig gegen die Anfeindungen der Konkurrenz behaupten, so daß es ihr nicht gelang, die erwünschte Wirkung für das französische Finanzwesen zu erzielen. Beachtenswert bleibt, daß man erstmals in Frankreich besonderen Wert auf die Herstellung technisch einwandfreier Münzen gelegt und beträchtliche Mittel dafür investiert hat. Bereits um die Mitte des 16. Jahrhunderts waren alle Kennzeichen moderner Münzprägung in Paris erreicht: identisches Gewicht und genaue Form der Schrötlinge vor der Prägung, Maschineneinsatz und Prägekennzeichnung des Randes zur Vermeidung von Fälschungen durch Beschneiden oder Befeilen. Es ist

144. Münzprägung von Hand. Gemälde an der Stirnwand des südlichen Seitenschiffes in der St. Barbara-Kirche zu Kuttenberg in Böhmen, um 1463

nicht bekannt, warum es der königlichen Münze in London in den Jahren 1561 bis 1572 nicht gelungen ist, das aus Paris übernommene Verfahren in England durchzusetzen. Einen anderen Weg ging man im Jahr 1550 an der seinerzeit von Erzherzog Sigmund von Tirol eingerichteten Münze in Hall: Hier wurde die Walzenprägung bevorzugt. Dazu hat man das zunächst in schmale Streifen vorgewalzte Edelmetall durch eine Walze mit einer Prägegravur geführt. Diese Technik wurde als besonders fortschrittliches Verfahren von der päpstlichen Münze in Rom, von der Stadt Florenz und vom spanischen König Philipp II. für seine Münzstätte in Segovia übernommen. Im September 1584 waren dreizehn Münzexperten aus Hall mit zwei kompletten Walzprägeeinrichtungen nach Segovia gekommen, um im Auftrag des Königs dort eine entsprechende Prägestätte zu installieren und einheimische Arbeitskräfte vor Ort anzulernen.

Es nimmt nicht wunder, daß sich vor allem die spanische Krone in diesem Bereich besonders engagiert gezeigt hat. Schließlich mußten die umfänglichen Silbereinfuhren aus der Neuen Welt ausgemünzt werden. Neueren Schätzungen zufolge (H. J. Teuteberg) gab es am Ende des 15. Jahrhunderts in Europa einen Gesamtvorrat an Silber von etwa 7.000 Tonnen, der pro Jahr durch die Ausbeute der verschiedenen Silbervorkommen um 17 Tonnen erhöht wurde. Die Silberimporte über den Atlantik erreichten zwischen der 1492 erfolgten ersten erfolgreichen Fahrt des Kolumbus (gestorben 1506) und dem Jahr 1800 einen Gesamtumfang von 100.000 Tonnen. Obgleich sich dieser Wert für das 16. Jahrhundert nicht genauer spezifizieren läßt, wird der immense Anstieg der Silbervorräte deutlich, über die namentlich die Herrscher aus dem Hause Habsburg, Kaiser Karl V. und sein Nachfolger in Spanien und Portugal, König Philipp II., verfügt haben. Das Silber aus den überseeischen Kolonien führte in Spanien allerdings zu wirtschaftlich sehr nachteiligen Entwicklungen. Weil dem umfangreichen Import keine entsprechende Warenproduktion im eigenen Land gegenüberstand, kam es zwangsläufig zu immer stärker werdenden inflationären Tendenzen. Die zunehmende Inflation wurde durch die kostspieligen militärischen Engagements gegen die Osmanen auf dem Balkan und im Mittelmeerraum, gegen England und gegen die aufständischen Niederlande weiter angeheizt. Trotz vereinzelter Erfolge englischer Kaper-Kapitäne stiegen die Silberimporte Spaniens im Verlauf des 16. Jahrhunderts zusehends und bildeten als Staatsschatz attraktive Sicherheiten für die Kreditgewährung durch große Handelshäuser, beispielsweise durch die Fugger in Augsburg. Da die gewährten Kredite vor allem der Finanzierung von Kriegen dienten und deshalb nicht produktiv angelegt werden konnten, gerieten die großen Bankiers der frühen Neuzeit in Oberdeutschland wie in Italien durch die Rückzahlungen in den Besitz des spanischen Silbers, mit dem sie ihre Handelsimperien zielgerichtet weiter ausbauten.

Drahtziehen

Draht als biegsamer Metallfaden mit kreisförmigem Querschnitt in Stärken bis zu 1,2 Millimetern gehörte wegen seiner vielfältigen Anwendungen zu den wichtigsten gewerblichen Halbfertig-Produkten seit dem ersten Umgang des Menschen mit Metallen überhaupt (W. von Stromer). Bereits im Mittelalter wurde Draht aus verschiedenen Metallen wie Eisen, Messing, Kupfer, Gold und Silber produziert. Ursprünglich fertigte man ihn durch Ausschmieden und Rundrollen von Metallstangen, oder man schnitt dünne Bleche in Streifen und drehte sie zum Draht der gewünschten Stärke zusammen. Auch der deutsche Wortbegriff weist deutlich auf das Drehen als erstes Herstellungsverfahren hin. Moderne metallurgische Untersuchungen haben ergeben, daß man bereits in der römischen Antike die Technik des

Drahtziehens beherrscht hat. Für diese Methode benötigte man ein Zieheisen; denn Metalldraht jeglicher Herkunft würde durch Dehnung gezogen an der schwächsten Stelle reißen. Eine gleichmäßige Längung und zugleich Härtung des Drahtes ließ sich jedoch beim Ziehen mit einer Zange durch besonders gehärtete kegelförmige Ösen in einer Eisen- oder Stahlplatte erreichen. Das älteste bislang bekannte Zieheisen dieser Art wurde in einem Grab der La-Tène-Kultur aus der zweiten Hälfte des 1. Jahrtausends v. Chr. gefunden, und erstmalig beschrieben finden sich solche Zieheisen wie der Arbeitsvorgang des Drahtziehens selbst in der zu Beginn des 12. Jahrhunderts verfaßten »Diversarum artiam schedula« von Theophilus Presbyter (gestorben nach 1125).

Die Verformung des Drahtes im Zieheisen erfolgt gegen starken Widerstand des Materials, der jedoch beim wiederholten Ziehen desselben Stücks in gleicher Richtung laufend abnimmt. Der Grund hierfür liegt in Verschiebungen der mikrokristallinen Metallstrukturen. Daher lassen sich häufiger gezogene Drähte wesentlich leichter erneut ziehen und dabei schneller und stärker dehnen als beim ersten Versuch. Gleichzeitig mit der Verringerung des Querschnitts durch das Ziehen wird ähnlich wie beim Hämmern das Metall gehärtet. Dieser Effekt wiederum würde jeden weiteren Ziehvorgang erschweren und den Draht dabei spröder und reißanfälliger machen. Deshalb mußten Drähte nach jedem dritten bis fünften Ziehen zur Rückgewinnung der Elastizität in der Esse geglüht werden. Bei den vor der Industrialisierung üblichen Drahtziehverfahren setzte geglühter Eisendraht – für jeden Quadratmillimeter seines Querschnitts – einer Verminderung des Durchmessers um nur 8 Prozent einen Widerstand von etwa 24 Kilogramm entgegen, der durch die steigende Härte beim mehrfachen Ziehen auf bis zu 50 Kilogramm steigen konnte. Entsprechende Werte betrugen bei Stahl 40 und 60 Kilogramm, bei Messing 27 und 44 Kilogramm, für Kupfer dagegen nur 22 und 33 Kilogramm und bei Feingold die im Vergleich erwartbar geringsten Werte von 16 und 23 Kilogramm. Ohne ein Reißen des Drahtes zu riskieren, durfte man bei grobem Draht pro Zug durch die jeweils engeren Löcher des Zieheisens eine Verdünnung des Drahtes um etwa 8 Prozent, bei feinem Draht um 15 Prozent nicht überschreiten.

Die älteste bekannte bildliche Darstellung des Drahtziehens findet sich auf einem Kupferstich von 1460, der den hl. Eligius als Goldschmied zeigt. Er steht mit den Füßen auf einem Zieheisen, das auf ein Holzbänkchen gelegt ist, und zieht mit einer Zange in der Hand im Strecken des Körpers aus der Kniebeuge Golddraht. Für feinen und mittelstarken Draht gab es aber schon im 15. Jahrhundert Ziehbänke, auf denen das Zieheisen und eine auf einer Achse frei laufende und über eine Kurbel bewegbare zylindrische Trommel montiert waren. Die als »Leier« bezeichnete Kurbel hat dem Verfahren als »Leirenziehen« den Namen gegeben. Diese mechanische Ziehbank garantierte zwei Verfahrensschritte in einem Arbeitsgang: Beim Aufwickeln des gespannten Drahtes auf die Trommel durch Drehen an der Leier wurde gleichzeitig der erforderliche Zug für den Weg des Drahtes durch das jeweilige Loch des Zieheisens erzeugt. Mittelstarker Draht mußte dagegen mit Hilfe einer Winde gezogen und auf eine Trommel gewickelt werden. Die unterschiedlichen Methoden sind noch heute sehr gut auf Miniaturen des kurz nach 1525 begonnenen »Gedenkbuches des Mendelschen Zwölfbrüderhauses in Nürnberg« und in den Illustrationen zu Biringuccios »Pirotechnia« von 1540 zu erkennen.

Beim Grobdraht aus Eisen, Stahl, Kupfer beziehungsweise den Legierungen Messing und Bronze reichte der Zug mit Muskelkraft allein nicht aus. Bis zum Beginn des 15. Jahrhunderts wurde Grobdraht daher geschmiedet oder gegossen. Dabei nahm der Drahtschmied ein 250 bis 350 Gramm schweres Eisenstück, das er von Hand zu einem etwa 5 Millimeter dicken Draht ausschmiedete, oder er griff als Rohmaterial auf eine Flacheisenschiene von 2 Meter Länge, 5 Zentimeter Breite und bis zu 7 Millimeter Stärke zurück, die er in Vierkantstäbe spaltete und diese zu zwangsläufig sehr unregelmäßigen Rundeisen ausschmiedete. Ähnlich verfuhren die Messingschläger mit ihrem Material, wobei sie in Konkurrenz zu den Messinggießern standen, die groben Messingdraht durch Direktabguß aus der Schmelze herzustellen versuchten. Sämtliche dieser genannten Verfahren waren unverhältnismäßig zeit- und kostenaufwendig, da stets mit einem beträchtlichen Ausschuß gerechnet werden mußte.

Hier sorgte die wahrscheinlich bereits um die Mitte des 14. Jahrhunderts in Nürnberg gemachte Erfindung des »Schockenziehens« für Abhilfe. »Schocke« war die mittelhochdeutsche Bezeichnung für Wippe oder Schaukel, die der Schockenzieher in seiner Werkstatt an der Decke befestigte. Wolfgang von Stromer ist die Erläuterung zu verdanken, daß es sich bei diesem Ziehverfahren um die Ausnutzung eines zweiarmigen Winkelhebels gehandelt hat. An dessen langem Kraftarm konnte der Schockenzieher sein Körpergewicht ansetzen, um in einem großen Übersetzungsverhältnis durch die am kurzen Lastarm mit einem Ring beweglich angehängte Zange den groben Draht einige Zentimeter durch das Zieheisen zu bringen. Einschränkend hat von Stromer auf die wegen des immer erneuten Zangenbisses und des ungleichmäßigen Zuges relativ geringe Qualität des Produkts verwiesen. Der zwischen 1 und 5 Millimeter Durchmesser starke Draht mußte außerdem zeitaufwendig wiederholt geglüht werden. Wurden laut Auftrag feinere Drähte gewünscht, übernahm der Leirenzieher diesen Draht, um ihn mittels der Ziehbank auf die gewünschte Länge und Stärke zu bringen. Die Leirenzieher bildeten schon im 14. Jahrhundert ein städtisches Handwerk, das seine Erzeugnisse nicht nur als Halbfabrikate an andere Gewerbe wie die Nadelmacher oder die »Sarwürker«, Spezialisten für »maßgeschneiderte« Panzerhemden aus ineinandergeflochtenen und genieteten Ringen, lieferte. Sie stellten auch selbst kleine Drahtwaren wie Schnallen und Ösen her und behielten bis weit in die Neuzeit hinein den Handbetrieb bei, weil ihre Arbeit keine besondere Körperkraft erforderte.

145 a und b. Schockenzieher und Sarwürker. Aquarellierte Federzeichnungen in dem im 15. und 16. Jahrhundert in Nürnberg entstandenen dreibändigen Werk »Hausbuch der Mendelschen Zwölfbrüderstiftung«. Nürnberg, Stadtbibliothek

Im Gegensatz dazu war für das Ziehen von Grobdraht aus Kupfer, Bronze, Messing oder Eisen eine erhebliche Zugkraft vonnöten, die sich jedoch auch mit Hilfe der Schocke nicht im gewünschten Umfang erzielen ließ. Bei diesem halbmechanischen, aber immer noch im wesentlichen manuellen Herstellungsverfahren wurde die Produktivität mengenmäßig durch die körperliche Leistungsfähigkeit des einzelnen Drahtziehers und qualitativ durch den unvermeidbaren Zangenbiß mit entsprechenden Beschädigungen am Draht eingeschränkt. Andererseits war in der zweiten Hälfte des 14. Jahrhunderts der gewerbliche Bedarf an Drahterzeugnissen vor allem in den Zentren der bereits entwickelten und differenzierten Metallverarbeitung, zum Beispiel im Märkischen Sauerland oder im Nürnberg-Oberpfälzer Raum, stark angestiegen. In der Nürnberger Gegend gab es damals die größte Zahl an hochspezialisierten und arbeitsteilig organisierten Metallgewerben in Europa, in deren Fertigprodukte die aus Draht hergestellten Nieten, Häkchen, Ösen, Ketten oder Federn eingearbeitet waren. Hinzu kamen Betriebe, die sich auf bestimmte Drahtwaren wie Nadeln, Nägel, Saiten für Musikinstrumente, Siebe, Netze, Drahtbürsten oder Wollkämme für das Tuchgewerbe spezialisiert hatten. Der technisch bedingte Engpaß bei der Grobdrahtherstellung hatte zwangsläufig eine Unterversorgung im Bereich der Mittel- und Feindrahtproduktion sowie der davon abhängenden weiterverarbeitenden Gewerbe zur Folge. Die Lösung des Problems ließ sich nur auf dem Weg über eine verstärkte Mechanisierung des Ziehverfahrens erreichen. Die Erfahrungen mit dem Einsatz von Wasserkraft für die verschiedenen Schmiedeprozesse legten es nahe, diese Energie auch für das Drahtziehen zu nutzen. Erste Drahtmühlen sind für 1351 in Augsburg, für 1355 in Frankfurt und für 1394 in Iserlohn belegt, doch es gibt keine Hinweise auf die dort praktizierte Technik.

Gut dokumentiert ist dagegen eine entsprechende Entwicklung in Nürnberg, die allerdings erst mit Beginn des 15. Jahrhunderts eingesetzt hat. Ermuntert und gefördert durch den Rat der Stadt unternahmen einige Nürnberger Drahtziehermeister gemeinsam mit einem Fachmann für Wassermühlen Experimente mit einer Wasserkraftmaschine. Sie nutzten dazu das Mahlrad einer Wassermühle an der Pegnitz, und zwischen 1408 und 1415 gelang ihnen der Durchbruch zur Grobdrahtherstellung mit Wasserkraft. Als Indiz für das Erreichen einer technischen, betrieblichen und wirtschaftlichen Produktreife der Drahtziehmühle (W. von Stromer) kann der in den Quellen erhaltene Beschluß des Nürnberger Rates vom 15. Mai 1415 gelten, den für die Dauer der Experimente erlassenen Mühlenzins nun wieder zu erheben. Die erfolgreiche Innovation war mit dem Namen Rudolf Steiner verknüpft, einem zu den sechzig reichsten Bürgern Nürnbergs zählenden patrizischen Fernhändler, der sich auf den Vertrieb von Kupfer, Messing, Blech und Draht konzentriert hatte. Er war der Besitzer der neuen Drahtmühle an der Pegnitz und hat offenbar auch die langjährigen Versuche finanziert. Voraussetzung für den Erfolg war die Kooperation zwischen Fachleuten des Drahtzieherhandwerks, Mühlenspezialisten und einem ebenso kapitalkräftigen wie risikobereiten Unternehmer. Von 1418 bis 1421 folgten die Gründung von zehn weiteren Drahtmühlen im Nürnberger Raum und bald ein entsprechend starker Anstieg der Drahtwarenproduktion. Die als Drahtziehmühle seit 1439 belegte Großweidenmühle bei Nürnberg ist übrigens 1495 und 1497 dreimal von Albrecht Dürer (1471–1528) als Federzeichnung beziehungsweise Aquarell festgehalten worden und bietet daher das älteste bildliche Dokument für die neue Technologie, leider nur als Außenansicht.

Das technische Prinzip geht aus einer entsprechenden Zeichnung bei Biringuccio von 1540 hervor, doch beschrieben wurde es bereits durch den Humanisten Conrad Celtis (1459–1508) in der von ihm 1495 verfaßten und 1502 im Druck erschienenen »Vrbis Norimbergae descriptio«. Obwohl Celtis Wasserrad und Zange als wesentliche Elemente des neuartigen Verfahrens nennt, läßt sich aus dem Text der eigentliche technische Ablauf nicht deutlich erkennen. Er hatte sein Wissen von längeren Aufenthalten in Nürnberg in den Jahren 1487 sowie 1491/92. Zumindest bis zu diesem Zeitpunkt vermochten die Nürnberger die schon 1415 entwickelten technischen Prinzipien geheimzuhalten. Der vom Unternehmer Rudolf Steiner damals finanzierten Expertengruppe war es gelungen, die Drehbewegung des Mühl-

146 a. Werkzeuge zum Drahtziehen mit halbautomatisch schließenden Zangen durch Ringmechanik. – b. Drahtziehmühle mit Pleuelstange, Schocke und halbautomatisch schließender Zange durch Ringmechanik. Holzschnitte in dem 1540 in Venedig gedruckten Werk »De la pirotechnia« von Vannoccio Biringuccio. Privatsammlung

rades in eine taktmäßige Horizontalbewegung für den Ziehmechanismus zu übertragen. Hierzu hatten sie drei neue Techniken entwickelt und effektiv sowie störungsfrei miteinander kombiniert, wie der Holzschnitt in der »Pirotechnia« verdeutlicht: Das unterschlächtige Wasserrad der Mühle trieb eine Welle an, die zur Pleuelstange ausgekröpft war. Dieses Pleuel bewegte über ein mit einem Lederriemen angeflanschtes Seil eine Zange, deren Backen sich bei Belastung der Zangenschenkel automatisch schlossen. Erreicht wurde dies durch einen über die Zangenschenkel gestreiften Ring, an dem das Zugseil befestigt war. Jenes Prinzip hat man offenkundig aus der Bautechnik übernommen, wo es zum Heben von Steinblöcken diente. Für den Ziehvorgang mit Hilfe dieser Konstruktion wurde ein Mann benötigt, der dafür sorgte, daß die sich im Rhythmus der Pleuelbewegung öffnenden und schließenden Backen der Zange jedesmal wieder den Draht am Zieheisen packen konnten. Seine Aufgabe war lediglich die Feinkoordination der Ziehbewegung über das jeweilige erneute Ansetzen der Zange, bevor der Zug des Pleuels die Backen schloß. Zur Gewährleistung einer möglichst ermüdungsfreien Bewältigung der Aufgabe saß der Mann auf einer Schocke, die hin- und herschwingend dem Takt des Pleuels folgte.

Der durch die Naturgesetze vorgegebene Schwingungsrhythmus des Pendels wurde erst 1583 durch Galileo Galilei (1564–1642) erkannt und beschrieben. Um so höher ist die unbewußte Nutzung dieses Prinzips mit der Schocke für einen Arbeitsprozeß fast hundertsiebzig Jahre früher zu bewerten. Auf der Basis der 1415 umgesetzten neuen technischen Prinzipien lassen sich die damaligen Nürnberger Drahtmühlen als vollmechanische und halbautomatische Betriebe bezeichnen. Seit Ende des 15. Jahrhunderts hat man auch im zweiten bedeutenden Zentrum der Eisendrahtherstellung, im Raum Altena, Lüdenscheid, Iserlohn und Plettenberg, Drahtmühlen eingesetzt, aber von der wirtschaftlichen Bedeutung her konnte sich bis ins 16. Jahrhundert hinein das Märkische Sauerland mit Nürnberg nicht messen. Seit 1422 verdrängten Nürnberger Drahtwaren, vor allem Nadeln und Heftzwekken, auf den damaligen Weltmärkten die entsprechenden Erzeugnisse anderer europäischer Zentren der Drahterzeugung, etwa der Normandie oder der Lombardei. Behaupten konnten sich nur bestimmte Sonderprodukte wie Kettenhemden aus Iserlohn und Drahtkratzen für die Tuchbearbeitung aus Altena. Nürnberger Drahtwaren wurden über die Messen in Frankfurt und Brabant nach West- und Nordwesteuropa sowie über Breslau und Thorn in den Ostseeraum exportiert. Die Verteilung nach Südwesten erfolgte über Mailand, Genua, Lyon und Genf, in Richtung Levante und Schwarzes Meer über Venedig.

Der große wirtschaftliche Erfolg der Nürnberger Drahtproduktion rief schon bald die Konkurrenz auf den Plan, und 1473 versuchte man zum ersten Mal von Basel aus durch Abwerben von Arbeitskräften und durch Spionage in den Drahtmühlen hinter die technischen Betriebsgeheimnisse zu kommen. Die Quellen belegen im wesentlichen jedoch nur gescheiterte Versuche dieser Art. Eine erste Gefährdung der Nürnberger Monopolstellung ergab sich, als der aus einem der alten patrizischen Ratsgeschlechter stammende Messing- und Drahtunternehmer Jörg Holzschuher nach einem innerstädtischen Wirtschaftsstreit sein Werk 1485 nach Neubronn in die thüringische Grafschaft Henneberg verlegte. Das endgültige Ende der Vorrangstellung Nürnbergs in dieser Spezies erfolgte jedoch erst im Jahr 1510, als die

Augsburger Firma Hoechstetter mit starker Unterstützung durch Kaiser Maximilian I. für ihre Geschützgießerei im tirolischen Reutte Fachleute des metallverarbeitenden Gewerbes in Nürnberg anwerben durfte. Darunter befanden sich mehrere Drahtzieher, und so blieb es nicht aus, daß den Nürnberger Unternehmern bis 1530 an vielen Orten Europas ernsthafte Konkurrenz erwuchs.

Der von 1485 bis 1530 fast ein halbes Jahrhundert umfassende Zeitraum zwischen dem erstmaligen Bruch des Fabrikationsgeheimnisses bis zur Entstehung ernst zu nehmender Konkurrenzunternehmen macht deutlich, daß es außer der Kenntnis technischer Abläufe weiterer Voraussetzungen für den Aufbau einer wirtschaftlichen Drahtproduktion bedurft hat. Immerhin schafften es die Nürnberger Unternehmer ab 1510, mit einer neuen Erfindung wieder einen Vorsprung zu gewinnen. Sie entwickelten eine vollautomatische Ziehwerkkonstruktion mit einer selbsttätig öffnenden, zupackenden und schließenden Zange, womit der Mann auf der Schocke überflüssig wurde. Das neue Prinzip blieb für das Ziehen von Grobdraht im wesentlichen unverändert drei Jahrhunderte in Gebrauch, bis es durch das Drahtwalzwerk verdrängt wurde. Die in Nürnberg gelungene Mechanisierung des Drahtziehens hat nicht nur für das Drahtgewerbe einen erheblichen Produktivitätszuwachs gebracht und den Engpaß bei der Herstellung des für die expansive Ausweitung des metallverarbeitenden Gewerbes unverzichtbaren Halbfertigprodukts beseitigt, sondern auch auf vielen anderen Gebieten technische Erfindungen und Neuerungen zur Folge gehabt.

Das galt einerseits für die Drahtverwendung beim Instrumentenbau im Bereich der Feinmechanik oder bei der Technik des Buchdrucks, andererseits in Rückwirkung auf die Vorproduktion. Das mechanische und halbautomatische Ziehen von Grobdraht verlangte Rohlinge aus sehr homogenen Metallen beziehungsweise möglichst schlackenreine Legierungen. Die über die Pleuelstange des Wasserrades erzeugte Zugkraft war nämlich so hoch, daß im Drahtrohling eingeschlossene Fremdkörper die Zieheisen ruiniert hätten. Außerdem wäre während des Ziehvorgangs durch den bei einem Bruch des Drahtes entstehenden starken Rucks der gesamte komplizierte Mechanismus beschädigt worden. Es kam deshalb darauf an, metallurgisch neue Techniken für Raffinierung und Legierung von Metallen, beispielsweise für das Kupfer, zu finden. Von Stromer hat nachweisen können, daß es konkrete Indizien für die Entwicklung der Seigerhüttentechnik aufgrund der Qualitätsanforderungen an das Rohmaterial für die Drahtziehmühlen gibt. Die Drahtziehmühle lieferte einen entscheidenden Beitrag für die »Industrielle Revolution« des Spätmittelalters. Sie war keine zufällige Erfindung und auch nicht empirisch über mehrere Schritte der Verbesserung herkömmlicher Methoden entstanden. Es gab keine Vorbilder in der Antike oder in anderen zeitgenössischen Kulturkreisen, die übernommen und fortentwickelt werden konnten. Ihre Besonderheit bestand darin, daß sie das Ergebnis einer langen, planmäßigen und zielgerichteten Versuchsreihe war, die man bis zur technischen und wirtschaftlichen Produktionsreife führte. Den Anlaß für dieses Vorhaben bildeten erkannte, aber mit den herkömmlichen Mitteln nicht lösbare technische und sich daraus ergebende ökonomische Probleme. Die Entwicklung war lediglich auf der Basis einer unternehmerischen Bereitschaft zur Kapitalinvestition und zum Risiko, einer interdisziplinären Kooperation technischer Fachleute und der Unterstützung durch aufgeschlossene Politiker möglich. Sie lief nach modernen naturwissenschaftlichen Prinzipien in einer Folge von Lernprozessen ab: durch Versuch und Irrtum. Damit steht die Drahtziehmühle gleichrangig neben zeitgenössischen Innovationen in anderen Bereichen: in der Baumwollweberei, dem Seigerverfahren, den Wasserkünsten des Bergbaus, den graphischen Vervielfältigungstechniken, der Feuerwaffenentwicklung im Bereich des Kriegswesens.

Gießen

Ohne Zweifel zählt das Gießen nicht nur zu den ältesten Formen der Metallverarbeitung, sondern auch zu den frühesten handwerklichen Tätigkeiten überhaupt. Die seit dem 3. Jahrtausend auch in Mitteleuropa beherrschte Technik des Bronzegusses setzte zunächst einmal die Kenntnis der Metalle Kupfer und Zinn, ihre Schmelze und Legierung voraus. Kupfererze hatte man im Alpenraum, im Harz, im Erzgebirge, in der Eifel und im Schwarzwald gefunden und ausgebeutet. Die hervorragenden Leistungen im Bronzeguß der Antike wurden im Mittelalter noch übertroffen. Das galt vor allem für den Glockenguß, der offenbar zunächst von Mönchen betrieben wurde, sich aber seit dem 12. Jahrhundert aufgrund des steigenden Bedarfs an bronzenen Kirchenglocken zu einem eigenständigen Handwerk entwickelte. Das Metier der Glockengießer war ein Wandergewerbe; denn sie errichteten ihre Gußhütten am Ort des jeweiligen Auftrags. Nur für kleinere Glocken sind seit dem 15. Jahrhundert ortsfeste Gießereien nachweisbar.

Große Glocken, beispielsweise die im Jahr 1490 von Meister Hans Ernst für die Benediktinerabtei in Weingarten gegossene »Osana« mit einem Durchmesser von mehr als 2 Metern und einem Gewicht von fast 7 Tonnen oder die 13,7 Tonnen schwere »Gloriosa«, ein Werk von Gerhard Wou von Kampen aus dem Jahr 1497 für den Erfurter Dom, hätten sich damals nicht transportieren lassen. Seit der Antike galten 78 Teile Kupfer und 22 Teile Zinn als optimale Legierung für Glocken, Statuen, Leuchter, Kannen, Kessel und Eimer sowie Ketten und Zierformen wie Beschläge, Bildreliefplatten und dergleichen. Die seit dem 15. Jahrhundert auch für die Herstellung von Handbüchsen und Geschützen verwendete Bronze zeigte dagegen ein Mischungsverhältnis von 90 Teilen Kupfer zu 10 Teilen Zinn. Im Zusammenhang mit der Darstellung der Feuerwaffenentwicklung wurde schon darauf verwiesen, daß die ersten Geschützgießer fast ausnahmslos dem Glockengießerhandwerk entstammten und ihre dort gewonnenen Erfahrungen für die neuen Produkte umgesetzt haben. Bei der Glocke wird der Ton vom Verhältnis zwischen Höhe, Umfang und Wandstärke bestimmt. Das setzt eine entsprechende Gestaltung des Glockenprofils in der Gußform voraus. Hierin lag die besondere Kunstfertigkeit der Meister. Erste Schußversuche mit Büchsen aus der mit über 20 Prozent Zinnanteil relativ weichen »Glockenspeise« müssen Beschädigungen der Stücke zur Folge gehabt haben, so daß man sich schließlich auf empirische Weise an das fast optimale Mischungsverhältnis für Geschützrohre und Handbüchsen herangetastet hat.

Dem Einschmelzen der Bronze dienten Schachtöfen mit Blasebälgen, für die man seit der Antike Holzkohle als Feuerungsmaterial eingesetzt hat. Für den Guß kleinerer Objekte bauten die Gießer einfache Herde mit einem Abstichloch, oder sie nutzten einen Schmiedeherd für den Schmelzprozeß. Durch Biringuccio ist bekannt, daß zum Schmelzen bloß ein großer, mit Lehm ausgekleideter Weidenkorb reichte, und daß man sogar tragbare Herde in Form einer großen Kelle benutzte, die, unterhalb eines Blasebalgs in einen Ständer gesetzt, nach dem Schmelzen des Metalls zur Gußform getragen und nach Abräumen der Kohlen von Hand in die jeweilige Form ausgegossen wurden. Die für den Guß großer Stücke benötigten Schachtöfen waren aus Steinen gebaut oder aus Lehm mit einem Korbgeflecht als äußerem Mantel hergestellt. Holzkohle und Metall wurden in diesen Öfen mehrfach übereinander geschichtet. Beim Abstich floß die Bronze über eine mit Lehm ausgekleidete Holzrinne in die Gußform. Eine wesentliche Verbesserung für die Schmelze, die bei einer Temperatur von 1.100 Grad Celsius erfolgte, stellte der seit der Mitte des 15. Jahrhunderts immer mehr verbreitete Flammofen dar, der durch seine Konstruktion einen starken Windzug und damit hohe Temperaturen ermöglichte. Ein besonderer wirtschaftlicher Vorteil lag in der beim Flammofen möglichen Verwendung von getrocknetem Holz anstelle der teuren Holzkohle. Für 1486 ist der Guß eines Geschützes aus einem solchen »Windofen« für die Reichsstadt Frankfurt am Main belegt (O. Johannsen). Konstruktive Details und Abmessungen lieferte der im Zusammenhang mit der Waffentechnik der frühen Neuzeit erwähnte Kaspar Brunner in seinem Bericht über das Gießen von Büchsen aus dem Jahr 1547.

Neben dem Glocken- und dem Geschützguß entwickelte sich seit dem 14. Jahrhundert vor allem der Kunstguß. Die zwischen 1330 bis 1335 nach einem Entwurf Andrea Pisanos (um 1295 – nach 1349) von venezianischen Gießern für das Südportal des Baptisteriums S. Giovanni Battista vor dem Florentiner Dom hergestellten Bronzetüren bildeten für Italien den ersten erfolgreichen Versuch einer Umsetzung der Bronzegußtechnik in größere Dimensionen. Mit dem 15. Jahrhundert begann dann eine neue Ära des Kunstgusses (H. Lüer). Die ersten berühmten Werke des Bronzekunstgusses der frühen Neuzeit entstanden ebenfalls in der Stadt Florenz für das gleiche Bauwerk: Es handelt sich um die im Zeitraum von 1403 bis 1452 geschaffenen Bronzetüren Lorenzo Ghibertis (1378–1455) für das Nord- und

147. Schmelzhütte. Kolorierter Holzschnitt in der 1557 erschienenen deutschsprachigen Ausgabe von Georgius Agricolas Bergwerksbuch. Freiberg in Sachsen, Bergakademie

das Ostportal des Baptisteriums. Die für den nördlichen Eingang 1425 vollendeten Türen scheinen mit ihren achtundzwanzig quadratischen Feldern wie mit den Medaillon-Umrahmungen, den Zierbändern um die einzelnen Felder und um das Portal noch dem Vorbild Pisanos zu folgen, während Ghiberti mit den zehn überaus plastischen Reliefs und den Statuetten in den umlaufenden Ornamentbändern der nach siebenundzwanzig Jahren Arbeit fertiggestellten Türen auf der Ostseite des Bauwerks neue Wege beschritten hat. Hierfür erfuhr er höchste Anerkennung von keinem geringeren als Michelangelo (1475–1564), der diese beiden Türflügel für würdig erachtete, die »Pforten des Paradieses« zu schmücken.

Wie die Glocken und die Geschütze entstanden diese großartigen Leistungen des Kunstgusses nach dem Wachsausschmelzverfahren, wie es bei der Beschreibung des Geschützgusses ausführlich dargestellt wurde. Im 16. Jahrhundert beschrieb Benvenuto Cellini in seinen »Trattati« von 1568 die Gußverfahren am Beispiel bestimmter und sogar bis heute erhaltener Werke wie seinem 1553 gegossenen und in der Loggia della Signoria in Florenz aufgestellten Perseus-Monument. Dabei wird deutlich, daß man damals bereits in einem entscheidenden Schritt vom herkömmlichen Verfahren abgewichen ist: Das in Lehm oder Gips geschaffene Modell wurde mechanisch in Wachs übertragen, damit im Falle eines fehlerhaften Gusses die Herstellung einer zweiten Form keine Probleme machte. Bei dem bis dahin üblichen Verfahren mußte das Modell für jedes Gußstück neu angefertigt werden. Für Massenartikel wie kleine Messinggegenstände in Form von Ringen, Schnallen oder Beschlägen schuf man schon 1535 in einer Mailänder Gießerei Modelle aus Holz oder Metall, die so unterteilt waren, daß die einzelnen Formteile ohne Beschädigung abgenommen werden konnten. Für die Anfertigung der Gußform wurde zunächst eine Modellhälfte einschließlich des Gießtrichters und der vorgesehenen Luftkanäle in eine glattgestrichene Lehmschicht geprägt. Die auf diese Weise entstandene untere Formhälfte mußte in einem Ofen trocknen, bevor damit weitergearbeitet werden konnte. Nach der Trocknung legte man die Modelle wieder ein und formte aus einer zweiten Lehmschicht das Oberteil. Auf der Oberseite dieser Schicht drückte man wieder Modelle bis zur Hälfte ein und ließ diese Formhälfte ebenfalls trocknen. Nach dem Zusammensetzen der Formteile kamen sie in den Brennofen. Biringuccio hat darauf verwiesen, daß ein Arbeiter jeweils 6 bis 8 solcher Formen gleichzeitig fertigte. Von daher wird sein Hinweis verständlich, daß der Mailänder Betrieb in der Lage gewesen ist, ganz Italien mit Gußwaren zu versorgen. Kleinere Gegenstände, beispielsweise Becken oder Schellen, goß man in getrocknetem Sand, Ofenplatten in einer ebenen Lehmschicht, in welche die Form eingedrückt wurde.

Den großartigen Leistungen der italienischen Kunstgießer in der Renaissance, wie sie bis heute durch viele berühmte Brunnen und Reiterstandbilder dokumentiert werden, standen die zeitgenössischen deutschen, überwiegend in Augsburg und Nürnberg gegossenen Bronzeplastiken in nichts nach. Beispiele dafür sind unter anderen das von Peter Vischer (um 1460–1529) und seinen Söhnen von 1506 bis 1519 geschaffene Grab des hl. Sebaldus in Nürnberg und das große, heute in der Innsbrucker Hofkirche erhaltene Grabmal für Kaiser Maximilian I., das eigentlich in der Georg-Kapelle der ehemaligen Burg von Wiener Neustadt aufgestellt werden sollte, wo man den Kaiser 1519 beigesetzt hat. Aus technischen Gründen war die Errichtung des vom Kaiser selbst geplanten und unter seiner Anleitung in Innsbruck begonnenen Grabmals am vorgesehenen Standort jedoch nicht möglich. Sein Enkel, Kaiser Ferdinand I., hat vierunddreißig Jahre nach dem Tod Maximilians eigens zur Unterbringung des monumentalen Grabmals die Hofkirche in Innsbruck errichten lassen. An dem erst 1584 fertiggestellten Kaisergrab beeindrucken vornehmlich die als immerwährendes Trauergeleit gedachten, den Kenotaph flankierenden überlebensgroßen Bronzefiguren einer habsburgischen »Ahnengalerie«, die zwischen 1509 und 1550 von verschiedenen Künstlern entworfen und gegossen worden sind. An diesem, in mehreren Jahrzehnten entstandenen Werk lassen sich auch wesentliche Fortschritte in der Gußtechnik nachweisen. Bis auf eine sind alle großen Standfiguren auf herkömmliche Weise in einzelnen Teilen gegossen und anschließend zusammengefügt worden, während der für seine Gießkunst berühmte Gregor Löffler mit der letzten Figur seine im 16. Jahrhundert unübertroffene und für alle anderen unerreichbare Meisterschaft bewies, als er die Gestalt des Merowingerkönigs Chlodwig »alles ganz und von einem Stück« gegossen hat. Im Verlauf der Arbeiten am Grabmal für Maximilian wurde auch Innsbruck zu einem der bedeutendsten deutschen Gießzentren. In seiner Gußhütte in Hötting bei Innsbruck goß

148. Abgedeckter Treibofen und Schmelzofen mit Gießwerkzeugen. Aquarellierte Federzeichnung im sogenannten Mittelalterlichen Hausbuch, um 1480. Wolfegg, Fürstlich zu Waldburg-Wolfeggsches Kupferstichkabinett

149. Das in einem Stück gegossene überlebensgroße Bronzestandbild Chlodwigs von Gregor Löffler am Grab Maximilians I. in der Hofkirche zu Innsbruck

Gregor Löffler außer fast sämtlichen Geschützen für die habsburgisch-kaiserliche Artillerie den figurenreichen Bronzeschmuck für den schon von den Zeitgenossen gerühmten Brunnen vor der Villa Belvedere in Prag.

Die frühesten Belege für den Eisenguß finden sich im 6. Jahrhundert n. Chr. in China, wo Kessel, Vasen und Pfannen sowie kleine Buddha- und Tierfiguren aus Gußeisen hergestellt worden sind. Es gibt bis heute keinen Nachweis dafür, daß der europäische Eisenguß von Ostasien her beeinflußt gewesen ist. Das deutlichste

Gegenargument bildet die unstreitige Tatsache, daß die ersten, aus dem späten Mittelalter stammenden abendländischen Eisengußerzeugnisse qualitativ weit hinter dem in China mehr als tausend Jahre zuvor erreichten Standard zurückgeblieben sind. Als ältestes Zeugnis für den Eisenguß auf deutschem Boden gilt ein Pfahl von 75 Kilogramm Gewicht, mit dem die Johanniterritter von Tempelburg in Pommern die Grenze ihres Hoheitsgebietes gekennzeichnet haben. Ebenfalls ins 14. Jahrhundert lassen sich einige italienische Steinbüchsen aus Gußeisen datieren, und der älteste urkundliche Nachweis über einen Eisengießer ist im Stadtarchiv zu Frankfurt erhalten. Er stammt aus dem Jahr 1391 und beinhaltet die Bewerbung eines Büchsenschützen namens Merckiln Gast, der bei der Auflistung seiner beruflichen Fertigkeiten unter anderem darauf hinweist: »Item er kan clein handbussen und andere bussen uz jsen gyeszen.« Seit Beginn des 15. Jahrhunderts häufen sich dann Nachrichten vor allem über gußeiserne Büchsen in vielen Städten von Norditalien über den Niederrhein bis nach Nordostfrankreich und Südengland. Der vom Bronzeguß her bekannte Flamm- oder Windofen wurde auch zum Schmelzen von Gußeisen benutzt. Schmelzmaterial war Roheisen oder Gußbruch. Im 15. Jahrhunderts verbreitete sich der direkte Guß aus dem Hochofen. Übernommen wurde die Technik des Bronzegusses, wobei man versuchte, durch Zusatz von Zinn die Dünnflüssigkeit des Metalls zu erhöhen. Die Gußformen wurden in der Werkstatt hergestellt und für den direkten Guß aus dem Hochofen in die Eisenhütte gebracht.

Aus dem Jahr 1445 ist ein Auftrag der Stadt Siegen an eine Siegerländer Hütte erhalten, der noch heute interessante Informationen vermittelt: Bestellt wurden 30 kleine Hinterladerbüchsen mit jeweils 2 Kammern. Bei dem festgehaltenen Gesamtgewicht von 7,4 Tonnen muß das einzelne Stück einschließlich der beiden Kammern fast 5 Zentner gewogen haben. Für die Herstellung waren laut Abrechnung 78,7 Tonnen Eisenerz und 64 Tonnen Holzkohle erforderlich. Das würde einem Ertrag aus der Erzschmelze von noch nicht einmal 10 Prozent entsprechen und läßt nur den Schluß zu, daß die Hütte wahrscheinlich das zum Guß nicht geeignete Eisen und den Abfall behalten hat. Im Kapitel der waffentechnischen Entwicklungen wurde der Guß von eisernen Geschützkugeln schon behandelt. Seit der zweiten Hälfte des 15. Jahrhunderts dominierten mehr und mehr zivile Erzeugnisse, zum Beispiel Feuerböcke, Brunnentröge, Grabkreuze, Rohre, Bratroste, Kochtöpfe, Schmelztiegel, Gewichte, Kamin-, Ofen- und Grabplatten. Siegen und das umliegende Siegerland wurden zu einem Zentrum des deutschen Eisengusses, der in der Regel direkt in den Hütten erfolgte. In Siegen selbst war die Nicolai-Kirche mit gußeisernen Platten ausgelegt, die von Malteserrittern gestiftet worden waren und außer der jeweiligen Jahreszahl das Ordenskreuz zeigten. Solche Platten deckten außerdem den Umgang des Kirchturms, und gußeiserne Stufen bildeten die Treppe zur Gruft des Fürsten Johann Moritz von Nassau-Siegen (1604–1679). Gegossen hat man in Siegen auch eiserne Glocken und Rohre für Wasserleitungen.

150. Gußeiserne Reliefplatte mit der Darstellung der Kurfürstenversammlung auf dem Feuerkasten eines Tonofens aus Willanzheim, 1599. Würzburg, Mainfränkisches Museum

Gußeiserne Grabplatten bis zu 110 Zentimeter Breite und 210 Zentimeter Länge galten als Sonderanfertigungen. Die bislang älteste Platte dieser Art ist in der Kirche der Zisterzienserabtei Marienstadt im Westerwald erhalten und wurde auf das Grab eines im Jahr 1516 verstorbenen Geistlichen gelegt. Es handelte sich um Johann Pithan, der aus einer bekannten Siegerländer Hüttenmeisterfamilie stammte. Mit dem im Verlauf des 16. Jahrhunderts beobachtbaren Übergang von der Beisetzung in den Kirchen zur immer häufiger werdenden Friedhofsbestattung traten gegossene Grabkreuze an die Stelle dieser Platten. Wesentlich verbreiteter und deshalb bekannter war der Guß von Ofen- und Kaminplatten, der wegen der nicht einfachen

Produktionsweise eine Spezialisierung auf diese Produkte erforderte. Solche Platten wurden häufig mit künstlerischen Darstellungen verziert, weil eine völlig glatte Fläche im Eisenguß sehr viel schwieriger herzustellen war. Für den offenen Herdguß der Platten drückte man ein Holzmodell mit allen Verzierungen in ein völlig ebenes, angefeuchtetes Sandbett. Nach dem Abstich lief das Eisen in die Form und wurde mit einem Holzschieber bis in alle Ecken verteilt. Falls das Holzmodell nicht die gewünschten Abmessungen besaß, formte man den Rand der Platte zusätzlich mit Linealen in den Sand und drückte eines oder mehrere Modelle innerhalb der rechteckigen oder quadratischen Fläche ab. So entstanden ganz individuelle Schmuckformen.

Die Herstellung von Ofenplatten war schwieriger als die von Kaminplatten, weil sie von gleichmäßiger Stärke sein mußten, damit sie im Feuer nicht zersprangen. Kaminplatten dagegen dienten als Verblendung der gemauerten Fläche und hatten Dekorationswert. Die älteste, leider verlorene, aber als Zeichnung noch belegte Kaminplatte fand sich auf Burg Beilstein bei Dillenburg und trug neben der Darstellung des Nassauer Löwen die Jahreszahl 1474. Aus der Zeit um 1500 stammt der große eiserne Ofen auf der Veste Coburg, bei dem die einzelnen Platten bereits in der später üblichen Weise mit Eckleisten verbunden sind, die in geschlossenen Sandformen gegossen wurden. Vergleichbare Dimensionen wie der Ofen in Coburg muß das nicht mehr erhaltene, fast 2 Tonnen schwere Exemplar im Haus des Deutschen Ordens in Marburg gehabt haben, das für 1501/02 belegt ist. Ofen- und Kaminplatten goß man in Deutschland nicht nur im Siegerland, sondern auch in der Eifel, an der Lahn, im Hochwald und Hunsrück, an der Saar, in Baden, in Tirol, im Elsaß und in Luxemburg. Während der ersten Hälfte des 16. Jahrhunderts gelangte der Eisenguß auch nach England, wo er dank der Unterstützung durch Königin Elisabeth I. (1558–1603) schon bald besondere Bedeutung gewann, vorzugsweise allerdings im Rüstungsbereich. Gefragt war vornehmlich der Eisenguß kleinerer Geschütze für die Schiffe der Flotte. Eine entsprechende Förderung erfuhr er in Schweden durch König Gustav Wasa (1496–1560), der sein Land in die Unabhängigkeit von Dänemark und aus der Vormundschaft Lübecks führte und die mehr als ein Jahrhundert andauernde Großmachtstellung Schwedens begründete. Dies gelang ihm vor allem durch den Ausbau der Eisenindustrie mit einem Schwerpunkt auf der Waffenherstellung.

Bau, Steine, Erden

Architektur auf neuen Wegen

Seit 1294 baute man in Florenz am Dom S. Maria del Fiore, der auf der Basis der vormaligen kleinen Kirche S. Reparata entstanden war. Dreiundsiebzig Jahre später faßte das Florentiner Domkapitel einen feierlichen Beschluß, ein damals von acht erfahrenen Baumeistern in Gemeinschaftsarbeit vorgelegtes Modell für die geplante Kuppel des Domes anzunehmen und für alle künftigen Architekten als verbindlich zu erklären. Es ging darum, die technisch-konstruktiven Mittel für den Bau einer solchen Kuppel zu finden, für die es schon hinsichtlich der Dimensionen nirgendwo ein Vorbild gab. Als man 1367 diese an den technischen Möglichkeiten der Zeit gemessen utopisch anmutende Forderung stellte, wurden alle älteren Modelle und Entwurfzeichnungen vernichtet. Es sollten jedoch noch weitere fünf Jahrzehnte vergehen, bis sich das Vertrauen der Domherren in die technische Kreativität der folgenden Architektengeneration rechtfertigte. Hundertvierundzwanzig Jahre nach dem ursprünglichen Beschluß zum Bau des Domes von Florenz fehlte der Kirche nach wie vor der krönende Abschluß in Form der Kuppel über der Kreuzung von Langhaus und Querschiff. Immer wieder hatte man in den Jahrzehnten zuvor bedeutende Architekten mit der Bauleitung beauftragt, darunter Arnolfo di Cambio (gestorben 1302) als einen der unstreitig größten Baumeister des Mittelalters, Giotto di Bondone (1266–1337), heute eher bekannt als Begründer der neueren italienischen Malerei, der seinerzeit aber auch den frei stehenden Glockenturm vor dem Dom geschaffen hatte, sowie Andrea Pisano und Francesco Talenti (um 1300–um 1370), um wenigstens einige zu nennen. Seit 1413 war der Tambour in einer Mauerstärke von 4 Metern in seiner vollen Höhe von 17 Metern in oktogonaler Form aufgemauert, und nun ging es um die Einwölbung der Kuppel, die immerhin einen Durchmesser von 44,12 Metern bei 91 Meter Gesamthöhe über dem Erdboden aufweisen sollte.

Kuppeln über der Vierung einer Kirche waren nichts Neues in der christlichen Architektur. Besonders in Italien versuchten die Baumeister immer wieder, den Schnittpunkt von Langhaus und Querschiff als Vierung zu erweitern und damit ein Element des Zentralbaus an einer wichtigen Stelle der Langhauskonstruktion einzuführen. Vermutlich haben die Kuppelbauten des Vorderen Orients diesem Baugedanken ständig neue Nahrung gegeben. Ein erstes gelungenes Beispiel auf italienischem Boden bot der Dom von Pisa, bei dem die Kuppel drei Joche des Querhauses überbrückte und damit ihre eigentümliche Form erhielt. In Siena sollte der Mittelraum auf der Fläche eines unregelmäßigen Sechsecks über das Hauptschiff des Langhauses hinaus ausgedehnt werden. Das hätte eine weitaus größere und auch höhere Kuppel erfordert, so daß man aus Kostengründen auf die ursprünglich geplanten baulichen Maßnahmen verzichtet hat. In Florenz dagegen blieben die Verantwortlichen beim einmal gefaßten Entschluß, den achteckigen Raum der Verbindung von Lang- und Querhaus mit einer monumentalen Kuppel zu krönen. Mit dem üblichen bautechnischen Instrumentarium wäre diese Aufgabe kaum zu bewältigen gewesen: Bis zur Aushärtung des Mörtels hätten die steinernen Kuppelsegmente durch ein hölzernes Lehrgerüst abgestützt werden müssen, und dabei wären wegen der Abmessungen der Kuppelbasis immense Kosten für Tausende von Holzbalken entstanden.

Die seit 1331 für das Bauvorhaben verantwortliche Tuchmacherzunft schrieb im Jahr 1418 einen Architektenwettbewerb für die Errichtung der Kuppel aus. Die technischen Schwierigkeiten schienen aber unüberwindlich zu sein; denn selbst die aus der römischen Antike erhaltenen großartigen Bauwerke konnten nicht als Modell dienen. Das Pantheon in Rom schloß eine fast ebenso große Grundfläche wie das Oktogon des Domes ein, doch die Kuppel des antiken Bauwerkes ruhte auf einem starken, tief in den Boden reichenden Mauerring, während sie in Florenz über einzelnen schlanken Stützen anzusetzen war und noch 13 Meter höher als in Rom begonnen werden mußte. Die aus konstruktiven wie ästhetischen Gründen erforderliche Höhe bedeutete für die Statik eine riesige Aufgabe. Die tragenden Teile konnten die senkrechte Last, nicht aber den waagerechten Schub des Gewölbes auffangen. Die gotische Baukunst nördlich der Alpen hatte im Strebepfeilersystem eine optimale Lösung gefunden, die allerdings in Italien nur mit Einschränkungen übernommen worden war. Italienische Baumeister bevorzugten eiserne Zuganker im Mauerwerk. Nicht vorhersehbar war zudem, ob man mit solchen Hilfsmitteln die jenseits aller Erfahrungen liegenden Belastungen würde auffangen können. Während eine Kuppel auf kreisförmigem Grundriß durch die gleichmäßige Verspannung aller Elemente die angestrebte Wölbung nicht besonders kompliziert erscheinen ließ, war dies bei dem achteckigen Grundriß in Florenz das Problematische.

Den Architektenwettbewerb gewannen Filippo Brunelleschi (1377–1446) und Lorenzo Ghiberti 1420 mit einem Gemeinschaftsmodell. Die beiden fast gleichaltrigen Florentiner hatten eine Ausbildung als Goldschmiede erhalten und dann auch als Bildhauer gearbeitet. Ghiberti gehörte übrigens keiner Zunft an und war als Künstler noch unbekannt, als er in Konkurrenz zu Brunelleschi schon 1402 die Ausschreibung um die Gestaltung der zweiten Bronzetür für das Baptisterium vor dem Dom gewonnen hatte. Die vierunddreißig Gutacher hatten seinerzeit dem mit dreiundzwanzig Jahren jüngsten Bewerber den Vorzug gegeben und wurden nicht enttäuscht: Die Bronzetür des Ostportals, an der Ghiberti siebenundzwanzig Jahre lang gearbeitet hat, wurde schließlich zu einem Meisterwerk, das bis heute seines-

151. Einsatz technischer Mittel beim Bau eines Turmes. Miniatur »Der Turmbau zu Babel« in dem im 15. Jahrhundert entstandenen Stundenbuch des Herzogs von Bedford. London, British Library

gleichen sucht. Brunelleschi revanchierte sich nun mit seinem Vorschlag einer revolutionierenden Baumethode für die Kuppel. Er hatte sich neben seiner künstlerischen Tätigkeit intensiv mit Mechanik und Statik befaßt und schlug eine Zwei-Schalen-Konstruktion in Gestalt eines achtseitigen Klostergewölbes vor. Zwischen den tragenden und verstrebten Rippen sollten eine innere und eine äußere Schale angebracht werden. Eine solche Vorgehensweise hätte es ermöglicht, die Kuppel ohne das kostspielige Lehrgerüst zu bauen. Jeder Wölbungsabschnitt wäre stabil genug gewesen, sich selbst zu tragen. Brunelleschi wollte auf Ziegel als Baumaterial zurückgreifen und diese in der Kuppel im Fischgratverband verlegen lassen. Dadurch wäre eine Konstruktion entstanden, die das Gewicht des emporwachsenden Gewölbes aufgenommen und verteilt hätte. Die Lasten jeder neuen Ziegelschicht wären über die Pfeiler und Wände der achteckigen Basis abgeleitet worden. Um beide Gewölbebeschalen zusammenzuhalten, hatte der Baumeister Steinketten vorgesehen, die an den Rippen ansetzen und durch Metallklammern verbunden sein sollten, damit sie die Zugspannung aufnehmen konnten.

Von einer vertrauensvollen Kooperation der beiden mit der Lösung der Kuppelprobleme beauftragten Baumeister konnte keine Rede sein. Den Machtkampf mit Ghiberti entschied Brunelleschi auf besonders schlitzohrige Weise für sich: Da nur er wußte, wie er alle anstehenden Schwierigkeiten in den Griff bekommen wollte, drängte er Ghiberti hinsichtlich der Verantwortung für das Gesamtprojekt immer weiter in den Hintergrund. 1426 täuschte er sogar eine Krankheit vor und überließ seinem Partner großzügig die Bauleitung, ohne ihn in die Planvorhaben einzuweihen. Mangels einschlägiger Informationen und konfrontiert mit einer äußerst komplexen technischen Aufgabe, mußte Ghiberti die Bauarbeiten ruhen lassen, bis sein Rivale als gesunder Mann wieder auf der Baustelle erschien. Aus diesem Grund machten die Verantwortlichen des Domkapitels und der Tuchmacherzunft Brunelleschi zum alleinigen Bauleiter und Chef des Projekts.

Beeindruckend ist bis heute die Vielzahl von gut durchdachten Detaillösungen, die der damals schon berühmte Baumeister gefunden hatte. Dazu zählten die Regenrinnen an der Außenseite sowie die Öffnungen in der äußeren Kuppelschale, die den Druck durch starken Wind verteilten und selbst Erdstöße hätten abfangen können. Brunelleschi ließ außerdem Eisenhalterungen einbauen, an denen die mit der Gestaltung des Innenraumes beauftragten Künstler ihre Gerüste befestigen konnten. Zur Optimierung der Organisation auf der Baustelle soll er sogar in luftiger Höhe eine Küche eingerichtet haben, damit die Maurer und Steinmetzen für die Einnahme ihrer Mahlzeiten keine Zeit durch Ab- und Aufstieg über die Leitern verloren. Das äußere Gewölbe konzipierte Brunelleschi als Wind- und Regenschutz für die innere, weitaus stabilere Schale. Der Raum zwischen beiden Konstruktionen enthielt einen Laufgang und eine Treppenanlage für die Arbeitskräfte, die beide Schalen errichteten und später instandhalten sollten. Den Scheitelpunkt der oben offen konstruierten Kuppel, an dem die acht Eckrippen zwischen der inneren und äußeren Schale zusammenliefen, dachte sich Brunelleschi als steinerne Ringröhre. Sie sollte eine Art Schlußstein für das Gewölbe bilden, an dem sich die Spitzen der einzelnen Kuppelsegmente vereinigten. Die zentrale Öffnung im Scheitel wurde mit 6 Meter ausgewiesen, und bis zu drei Fenster in jeder der acht Wände des Kuppelgewölbes sorgten für den Einlaß von Licht und Luft.

Die besondere Fähigkeit Brunelleschis, Funktion und Form zu verbinden, wird an diesen Fenstern deutlich; denn durch sie konnten lange Holzbalken quer über die frei bleibende zentrale Öffnung gelegt werden, wodurch eine Plattform entstand, auf der sich während des Errichtens der marmornen Kuppellaterne und der Installation des als Krönung der gesamten Konstruktion vorgesehenen Kreuzes entsprechende Hebekräne aufstellen ließen. Gerade die Laterne bereitete in Brunelleschis Entwurf der zweischaligen Kuppel erhebliche Probleme. Das Gewölbe mußte sie tragen können, andererseits sollte ihr Eigengewicht ausreichen, das dreidimensionale steinerne Skelett über den lastenden Druck zusätzlich zu stabilisieren. Brunelleschi überwachte den Bau bis ins Detail und konstruierte jedes erforderliche Gerüst sowie alle technischen Gerätschaften. Dabei handelte es sich um Lastaufzüge und Hebekräne mit Auslegern, um spezielle Werkzeuge, die gleichermaßen seine Kenntnisse von Mechanik und seine bautechnische Begabung unter Beweis stellten. Außerdem waren seine Maschinen sicher und erlaubten ein zügiges Arbeiten. Die Entwürfe dieser Maschinen hielt er geheim, und zwar aus Furcht, sie könnten kopiert werden. Daher ließ er beispielsweise jedes einzelne Teil eines Lastenaufzuges von einem anderen Zimmermann, Schmied oder Gießer anfertigen und wählte wegen der Rivalitäten der Gewerbe innerhalb von Florenz Handwerker von außerhalb der Stadt, denen er nur eine einfache Profilzeichnung eines Details mit den Maßangaben in die Hand gab. Nach Lieferung fügte er die einzelnen Teile selbst zu einer kompletten Maschine zusammen. Diese mechanischen Hilfsmittel waren ein integraler Bestandteil der von ihm entwickelten Kuppelbautechnik, und sie dokumentierten seine meisterliche Beherrschung der Mechanik. Sein Lastenaufzug unterhalb des Kuppelscheitels blieb nach seinem Tod noch fünfzig Jahre lang in Betrieb, bis auch die Laterne mit der sie krönenden Kugel und dem Kreuz fertiggestellt war. Die Handhabung dieses Aufzuges gestaltete sich einfach: Das Zugseil lief als eine endlose Schleife über die Seilachse einer Winde am Erdboden und eine Rolle oben im Baugerüst. Um ein Rutschen bei Belastung zu vermeiden, war das Seil mehrfach um die Achse gewickelt. Drehte man an der Winde, so wickelte sich die Seilschleife an einer Seite der Achse auf und an der anderen Seite ab, und im gleichen Arbeitsgang ließ sich das Lastseil von seiner Trommel an der Rolle in der Kuppel auf- oder abspulen. Das jeweilige Transportgut klemmte man mit Hilfe der am Ende des Lastseils angebrachten, schon von den Römern benutzten und von Brunelleschi wiederentdeckten scherenartigen Greifzange ein. Sie schloß sich auf Zug hin und wurde zum Vorbild für die Greifzange beim mechanischen Drahtziehen. Die Winde trieb man durch einen Pferde- oder Ochsengöpel an. Das Zugseil wog 500 Kilogramm und war von Pisaner Schiffbauern hergestellt worden. Brunelleschis Entwurf für den hölzernen Lastenaufzug ermöglichte eine Umkehrung der Arbeitsbewegung, ohne daß die Zugtiere des Göpels ausgespannt, umgedreht und neu eingespannt werden mußten. Hierzu ließ er auf der senkrechten Antriebsachse zwei Zahnräder montieren. Das Seil bewegte sich nach oben oder nach unten, je nachdem das obere oder untere Zahnrad die mit einer entsprechenden Trommel versehene waagerechte Antriebsachse der Winde erfaßte. War die Last auf der oberen Plattform angekommen, konnte man sie mittels des von Brunelleschi entwickelten Krans an die Arbeitsstelle weiterbefördern. Dieser Kran war drehbar und besaß einen horizontalen Laufträger. Das Baumaterial hing nicht wie beim Lastenaufzug an einem Seil, sondern am Ende einer schraubenartigen Stange, die über ein Gewinde am Ende des Lastträgers sehr exakt auf- und abgesenkt werden konnte.

Nach sechzehnjähriger Bauzeit war die Kuppel im Jahr 1436 vollendet und wurde von Papst Eugen IV. (1383–1447) feierlich eingeweiht. Wegen Brunelleschis anderen Verpflichtungen kam die Errichtung der Laterne als oberer Abschluß der Kuppel nicht recht voran. Gemäß seinem Modell sollte das Gewicht über Strebepfeiler auf die Eckrippen der Kuppel abgeleitet und die gesamte Konstruktion unter stabilisierenden Druck gestellt werden. Die vom Baumeister entwickelten Maschinen hat Buonaccorso Ghiberti (1451–1516), der Enkel seines Rivalen, in einem Skizzenbuch sehr genau wiedergegeben, das 1955 in der Nationalbibliothek zu Florenz entdeckt worden ist. Kein Geringerer als Leonardo da Vinci kopierte diese Zeichnungen und versah sie mit entsprechenden Notizen. So weiß man, wie das von Brunelleschi zum Bau der Laterne entwickelte Hebezeug funktioniert hat. Es bestand aus einer horizontalen Brücke mit einer Laufkatze, die Flaschenzüge trug. Als Meister Filippo 1446 starb, war die Laterne längst nicht fertig. Außerdem fehlten noch Kreuz und Kugel als Symbole für den Herrschaftsbereich eines italienischen Kardinals. Die schwierige Vollendung des Kuppelabschlusses übernahm der berühmte Florentiner Bildhauer Andrea del Verrocchio (1436–1488) im Jahr 1468. Er ließ die Kugel und ihr Innengerippe aus Kupfer herstellen, während das Kreuz von anderen Handwerkern gefertigt wurde, die es später in die Kugel einpaßten. Im Jahr 1468 konnte die 2,1 Meter große Kugel im Beisein Leonardos, der damals bei Verrocchio in die Lehre ging, an den vorgesehenen Platz gebracht werden. Immer noch befand sich dort das von Brunelleschi für die Errichtung der Laterne erbaute, zu den Seiten hin auskragende hölzerne Gerüst.

Brunelleschis Wissen und Erfahrung im Bereich der Mathematik und der Mechanik machten ihn zu einem Wegbereiter der modernen Bautechnik. Sein besonderes Verdienst, von seinen Nachfolgern weder voll wahrgenommen noch weiterentwikkelt, bestand in der eigenständigen Entwicklung neuartiger Maschinen für den Lastentransport auf einer Baustelle in vertikaler wie in horizontaler Richtung. Seine jüngeren Kollegen griffen wieder auf die herkömmlichen Gerätschaften wie Seilwinden und Flaschenzüge zurück. Brunelleschi hatte aus der Kenntnis gotischer Rippenkonstruktionen abgeleitet, vertikale Rippen als gewichttragende Elemente mit einer horizontalen Baumethode zu verbinden, deren konzentrische Ringe nichts anderes darstellten als in die Horizontale verlagerte gotische Rippen. Aus einer von ihm verfaßten Denkschrift geht hervor, warum er für die Kuppel keine Halbkugel, sondern eine spitze Form gewählt hat: Die gesamte gotische Bauerfahrung ordnete dem Spitzbogen im Vergleich zum Rundbogen einen wesentlich geringeren Seitenschub zu. Seine Innovation in Gestalt einer zweiten Schale ermöglichte eine erhebliche Einsparung an Gewicht. Bei der Planung dürfte das Pantheon in Rom mit seinem tief gestuften Kassettenmuster auf der Innenseite der Kuppel und der daraus resultierenden Verringerung des Gewichts eine Rolle gespielt haben. Brunelleschi entschloß sich, die Wölbung seiner Domkuppel in Florenz auf der Innenseite nach der Stellung der Wände in Zwickeln zu bauen und ihnen das Maß und den Schnitt des gotischen Spitzbogens zu geben: »Denn dieses ist ein Bogen, der immer nach oben treibt; setzt man nun hierauf die Last der Laterne, so wird eines dem anderen Dauer verleihen. Die Dicke des Gewölbes muß unten, wo es anfängt, dreidreiviertel Ellen betragen, dann muß es pyramidenförmig emporsteigen bis dahin, wo es sich schließt, und wo die Laterne durchkommt, und hier muß die Dicke eineinviertel Ellen betragen. Von der äußeren Seite wird noch ein anderes Gewölbe gebaut, um das Innere vor dem Regen zu schützen. Dies wird unten zweieinhalb Ellen dick und muß wiederum pyramidenförmig nach Verhältnis abnehmen, so daß es sich beim Anfang der Laterne schließt wie das andere und in der höchsten Höhe die Stärke von zwei Dritteln seiner unteren Dicke hat. Auf jedem Winkel errichte man einen Strebepfeiler, was in allem 8 macht, in der Mitte jeder Wand 2, was 16 sind, und zwar müssen diese 16 Strebepfeiler auf der inneren und äußeren Seite der 8 Wände jeder unten 4 Ellen stark sein. Die Kuppel baue man nach der Art wie oben gesagt und ohne Stützwerk dreißig Ellen hoch, von da an nach oben in einer Weise, welche von den Meistern geraten werden wird, die sie aufbauen, weil Übung lehrt, was man zu tun habe.«

Giorgio Vasari (1511–1574), der Biograph vieler Renaissance-Künstler, hat diesen großen Architekten als einen Menschen beschrieben, der so von »Zeit, Bewegung, Gewichten und Rädern und wie man Räder drehen und bewegen kann, angetan war, daß er sogar einige sehr gute und schöne Uhren baute«. Kennzeichnend für Brunelleschi sind seine Perspektivstudien nach der Fluchtpunktmethode. Indem er durch diese zentralperspektivische Raumkonstruktion den auf der Fläche dargestellten Gegenständen einen dreidimensionalen Eindruck vermittelte, revolutionierte er weite Bereiche der Malerei seiner Zeit. Sein Ruf als Begründer der Renaissance-Architektur versteht sich zudem daraus, daß er als erster auf antike Formen wie die dorische, ionische und korinthische Säulenordnung zurückgegriffen hat. Meister Filippo gehörte zu den ersten, die mathematische Prinzipien anwandten, um zu einem System architektonischer Proportionen zu gelangen, das sich aus den Maßen des menschlichen Körpers ableiten ließ. Seine konstruktiven Leistungen symbolisieren bis heute einen wesentlichen Fortschritt für die Bautechnik der Renaissance. In Rom hatte er studienhalber einige antike Bauwerke vermessen und ihre Strukturen erforscht. Dabei scheint er entsprechende Hinweise auf Kuppelbauten erhalten zu haben, die für das Florentiner Projekt äußerst nützlich geworden sind. Die Kuppel des Domes zu Florenz stellt real wie symbolhaft die Abwendung von der mittelalterlich-korporativen Baupraxis dar. Mit rigoroser Durchsetzungskraft der von ihm selbst erarbeiteten Konstruktionsweise verteidigte Brunelleschi erstmals und sehr wirkungsvoll den Standpunkt des alleinverantwortlichen Architekten gegenüber dem Aufsichtsorgan einer Bauhütte als quasi anonymer Autorität.

Es war ein Charakteristikum der Renaissance, daß Persönlichkeiten mit besonderen technischen und künstlerischen Fähigkeiten Förderung erfuhren und entsprechenden Erfolg hatten. Der als Sohn eines bekannten Florentiner Notars geborene Filippo erhielt eine höhere Schulbildung, die selbstverständlich auch die Anfangsgründe der Sieben Freien Künste einschloß. Damit verfügte er über ein akademisch-theoretisches Grundwissen, das ihm in seinem ausgeübten Beruf als Künstler, der für den Sohn eines Notars ungewöhnlich war, zugute kam. Schon im Alter von gerade einundzwanzig Jahren wurde er bei den Goldschmieden aufgenommen, die als vornehmste Florentiner Zunft galten, und gleichzeitig begann seine Laufbahn als Architekt und Bildhauer. Im Rahmen einer eigenverantwortlichen Weiterbildung durch Selbststudium in Mathematik und Mechanik schuf er für sich eine Verbindung von den freien zu den mechanischen Künsten, die für die Entstehung der angewandten Wissenschaft in der Folgezeit richtungweisend werden sollte. Aufgrund seiner besonderen Begabung verknüpfte er theoretisch-wissenschaftliche Kenntnisse mit praktischen Studien. Die Synthese zwischen Theorie und Praxis befähigte ihn, das große Projekt der Domkuppel zu bewältigen, dessen Durchführung letztlich eine Aufeinanderfolge technisch-konstruktiver Erfindungen darstellte. Diese sein »Genie« ausmachende Befähigung führte ihn auch zur Entdekkung und zur didaktischen Demonstration der Zentralperspektive, mit der er eines der großen Leitgesetze der neuen Kunst aufstellte. Er hatte vor allem die Anwendbarkeit der Perspektivgesetze auf die Architektur im Auge; denn bei allen seinen Bauten ist die Einbeziehung perspektivischer Wirkung in die Gesamtkonstruktion als augenfällige Komponente seiner Formensprache hervorzuheben.

Die Prinzipien, nach denen Brunelleschi seine sakralen wie profanen Bauten gestaltete, bestanden in einer übersichtlichen und gut geordneten Disposition des Grundrisses, einem harmonisch proportionierten Aufbau des Baukörpers und einer sehr einfachen, aber vollkommenen Modellierung aller den Gesamteindruck beeinflussenden Teile. Schon sein erster öffentlicher Auftrag vermittelte den Eindruck einer sehr persönlichen baulichen Handschrift. Es handelte sich um das im Jahr 1419, also noch vor Erhalt des Auftrags für die Domkuppel, begonnene Waisenhaus in Florenz. Mit dieser Anlage entstand ein neuer, durch Regelmäßigkeit und Übersichtlichkeit gekennzeichneter und für die Entwicklung des modernen Krankenhausbaus vorbildlicher Plantypus. Die Logik der Konstruktion wurde durch

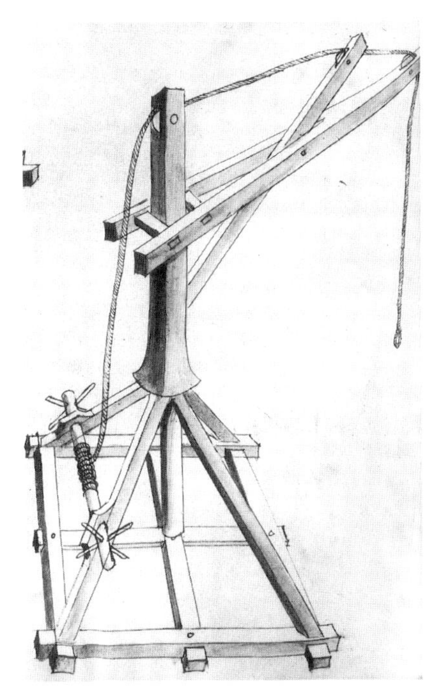

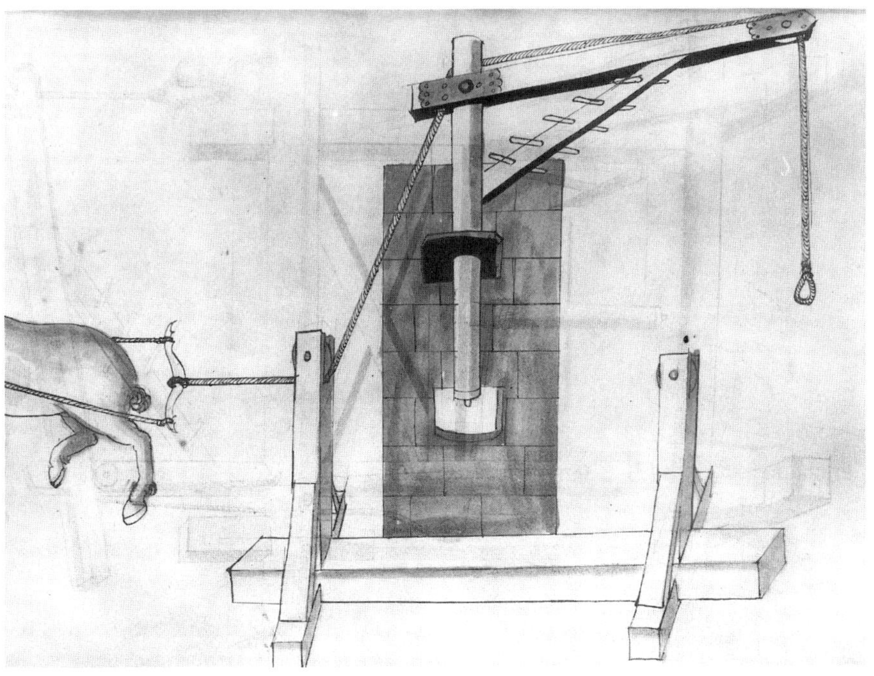

152 a und b. Hebezeuge mit Kranausleger, einerseits mit Haspel, andererseits mit Göpel. Aquarellierte Federzeichnungen in dem im 16. Jahrhundert entstandenen Skanderbegschen »Ingenieurkunst- und Wunderbuch«. Weimar, Nationale Forschungs- und Gedenkstätten

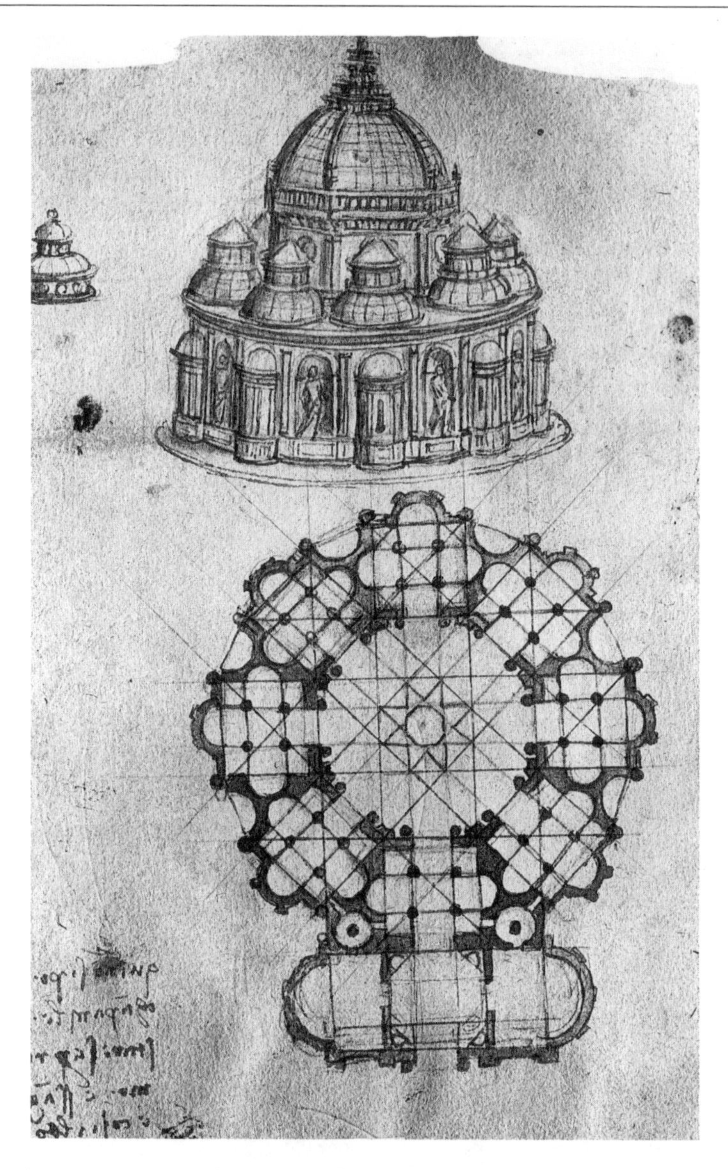

153. Entwurf eines kirchlichen Zentralbaus. Zeichnung von Leonardo da Vinci, um 1500. Paris, Bibliothèque de l'Institut de France

schlichte Schmuckformen unterstrichen und verlieh dem Gebäude eine spezifische Würde. So gilt der Bau der Loggia mit ihrer Arkadenstruktur durch leichte Bögen auf schlanken Säulen bis heute als erste einheitliche Bauschöpfung der Renaissance. Bereits bei diesem Werk setzte Brunelleschi den gesamten Formapparat ein, dem er sich in vielfältigen Variationen auch bei den folgenden Bauten verpflichtet fühlte.

Diese Formelemente belegen ein Streben nach antiker Ordnung, wobei Brunelleschi die Dekorationen unter bewußter Negierung der allerorten vorhandenen gotischen Formen fast ausschließlich der vorromanischen und romanischen Architektur in Florenz und im Umland entlehnt hat. Zum Merkmal seiner Bauwerke wurde die Ablesbarkeit der rational bestimmbaren Proportionen und der Ordnung des baulichen Organismus, dessen unterschiedlich strukturierende Elemente einem Einheitsmaß unterworfen blieben und damit für einen symmetrischen Gesamteindruck sorgten. Die am Waisenhaus in Florenz ablesbare strukturelle »Ratio« lag gleichfalls den vier bedeutenden Sakralbauten zugrunde, die Brunelleschi geschaffen hat. Derart wurden sie zu Lehrbeispielen für die neue Baukunst der Renaissance. Es handelte sich um die Basiliken S. Lorenzo und S. Spirito, die Pazzi-Kapelle in der Kirche S. Croce und um den unvollendet gebliebenen Zentralbau der Kirche S. Maria degli Angeli, dessen Oratorium als beispielhaft gelten kann. In den drei Jahren von 1434 bis 1437 schuf Brunelleschi hier den ersten reinen Zentralbau eines neuen Stils, der für die Entwicklung dieses Bautyps in der Folgezeit paradigmatische Bedeutung erhielt. Er gestaltete einen klaren Pfeilerbau, bei dem der Hauptraum wie der Kapellenkranz aus dem ringförmigen Zusammenstellen von acht massiven und plastisch durchgebildeten Pfeilern errichtet war, die den Tambour und die Kuppel des Hauptraumes tragen und zugleich die Seitenwände der acht Kapellen bilden sollten. Auf der Außenseite wurden diese Kernpfeiler durch Zwischenmauern verbunden, und so entstand ein sechzehnseitiger Umriß, bei dem sich gerade Flächen mit eingezogenen Nischen abwechselten. Obwohl bereits die Römer mit massiven Pfeilern gebaut hatten, gelangte Brunelleschi aus eigener Baupraxis zu dieser Pfeilerbautechnik.

Als wesentliches ethisches Ziel der Renaissance in Italien galt die Vollendung der in sich geschlossenen Persönlichkeit des Menschen. Als bauliche Entsprechung dieser Formulierung wurde der zentrale, mit einer Kuppel gekrönte Rundbau betrachtet, bei dem die horizontalen Kräfte in sich selbst zurückliefen und die senkrechten sich in der Rundung der Kuppel sammelten. Neben Brunelleschi fertigten Filarete (1400–1469), Alberti (1404–1472), Bramante und Leonardo da Vinci zahlreiche und sehr vielfältige Entwürfe für solche Zentralbauten an. Wichtigster Bestandteil des Grundrisses war die Durchdringung von griechischem Kreuz, Quadrat und Kreis. Während sich für die Frührenaissance die Führungsrolle von Florenz in allen Zweigen der Kunst belegen läßt, gilt das im Hinblick auf die hohe Zeit dieser Epoche in besonderem Maße für Rom. Seit 1500 war die Ewige Stadt das einzige Kulturzentrum von europäischer Bedeutung, rückblickend nur mit dem Rang von Paris für die Entwicklung der gotischen Baukunst vergleichbar. Während über die Herkunft der gotischen Baumeister Frankreichs und ihre Ausbildung wenig bekannt ist, gibt es über die »Kollegen« der italienischen Hochrenaissance viele sehr gute Informationen. Donato Bramante stammte wie Raffael (1483–1520) aus Urbino,

Michelangelo aus Florenz. Bramante unternahm es, die für die Renaissance mustergültige Konzeption eines plastischen Bauwerks mit dem Ideal von Raumarchitektur zu verbinden, wie es die Vorgänger von Brunelleschi bis Leonardo im 15. Jahrhundert entwickelt hatten. Im Jahr 1506 bekam er von Papst Julius II. den Auftrag, die Kirche S. Pietro als bedeutendstes Gotteshaus der abendländischen Christenheit neu zu gestalten. Damals bewahrte S. Pietro noch die Formen des Baus aus der Zeit des römischen Kaisers Konstantin (um 288–377). Der erste für den Humanismus und die Renaissance aufgeschlossene Papst war Nikolaus V. (1397–1455). Er hatte bereits eine Erneuerung der Basilika von der Ostseite her in Angriff nehmen lassen. Die Ähnlichkeit seines Projekts mit dem von S. Andrea in Mantua läßt mit einigem Recht vermuten, daß der dortige Architekt Leon Battista Alberti auch hierfür den Entwurf geliefert hat.

Als 1506 der Grundstein für die neue Kirche in Rom gelegt wurde, war Bramante bereits über sechzig Jahre alt. Sein Entwurf sah einen großen, von einer Kuppel gekrönten Zentralbau auf der Basis eines griechischen Kreuzes vor und stellte eher ein Mausoleum über dem Grab des Apostels Petrus als eine Kirche dar. Die Hauptkuppel über der Vierung sollte einen Durchmesser von 43 Metern aufweisen, die Form einer Halbkugel haben und von vier kleineren Kuppeln umgeben sein. Die dazwischen liegenden Kreuzarme wären durch Einfügung eines weiteren Gewölbejoches mit einer halbkreisförmigen Apsis abgeschlossen worden. Auch auf beiden Seiten der kleinen Kuppelräume plante er Erweiterungen. Diese kompliziert wirkende, doch rationale und aufgrund der verringerten Querschnitte für die Stützen übersichtliche Komposition wurde nicht verwirklicht, bildete aber die Grundlage aller weiteren Planungen. Nach dem Tod Bramantes übernahmen zunächst Raffael und, nach dessen Ableben, Antonio da Sangallo der Jüngere (um 1483–1546) die Bauleitung. Sangallo galt als einer der am meisten beschäftigten Architekten seiner Zeit. Sein Hauptwerk, den Palazzo Farnese in Rom, den er 1534 entwarf, vermochte er selbst nicht mehr fertigzustellen. Dies übernahm vom zweiten Stockwerk an Michelangelo, der Sangallo auch als verantwortlicher Baumeister für den Dom S. Pietro folgte. Bei seiner Ernennung zum Baumeister der Peters-Kirche durch Papst Paul III. (1468–1549) fand er die Baustelle so vor, wie sie Bramante hinterlassen hatte.

Seine eigene Konzeption berücksichtigte die Vorstellungen Bramantes und Sangallos hinsichtlich des Grundrisses, vereinfachte den Plan aber durch Verzicht auf einige Räume und auf zwei geplante Türme. Er verstärkte die Pfeiler für die Kuppel und verringerte ihre Spannweite auf das heutige Maß von 41,44 Metern. Auch er hielt am Zentralbauprinzip fest und versuchte die Gedanken nachzuempfinden, die Bramantes Konzeption bestimmt hatten. So übernahm er das griechische Kreuz, gab der Zentralkuppel mit ihrem quadratischen Umgang jedoch eine den Raum beherrschende Dominanz. Er verstärkte die Vierungspfeiler dermaßen, daß sie Bramante als dem menschlichen Maß widersprechend abgelehnt hätte. In vergleichbarer Weise änderte Michelangelo auch den äußeren Bau, indem er an die Stelle von Bramantes Vielfalt harmonisch abgestimmter Einzelmotive eine kolossale Ordnung von Pilastern mit schweren Attiken und sehr originellen Fenstern setzte. Seine doppelschalige, gestreckte Rippenkuppel wies einen wesentlich steileren Steigungsgrad auf, als er von Bramante vorgesehen war. In deutlicher Orientierung an Brunelleschis Meisterwerk in Florenz setzte er sie auf einen von Fenstern durchbrochenen Tambour, die von Doppelsäulen eingerahmt wurden. Oberhalb des gekröpften Gesimses entstand eine durch Postamente gegliederte Attika. Von diesen Postamenten aus verliefen die Kuppelrippen über die Wölbung der Kuppelschale bis zu den kleinen Doppelsäulen der Laterne als optischen Endpunkten. Die Kuppel von St. Peter

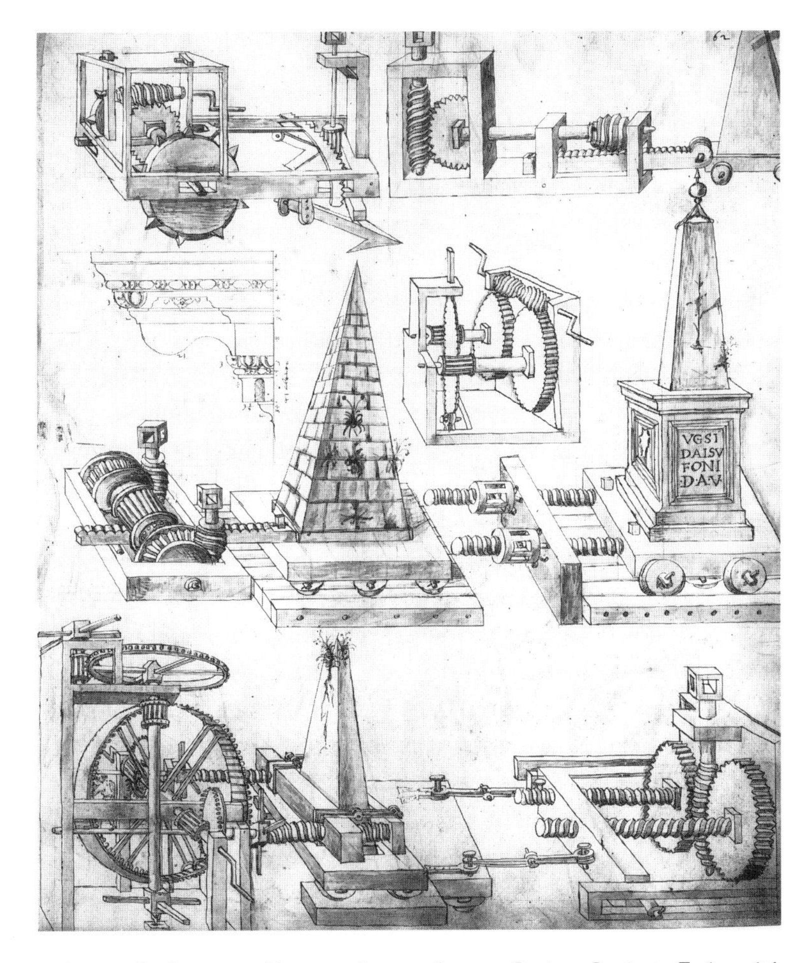

154. Entwürfe von Geräten zum Transportieren schwerer Lasten. Lavierte Federzeichnung von Giuliano da Sangallo, Ende des 15. Jahrhunderts. Rom, Biblioteca Apostolica Vaticana

wurde schon von den Zeitgenossen als Meisterwerk betrachtet und galt als Vorbild für die Architektur der folgenden Jahrhunderte. Wie Brunelleschi hat auch Michelangelo die Fertigstellung seiner Schöpfung nicht mehr erlebt. Giacomo della Porta (1541–1604) und Domenico Fontana (1543–1607) vollendeten sie in den Jahren von 1585 bis 1590.

Michelangelos Kunst erwuchs einem sehr individuellen seelischen Erlebnis, und so war für ihn auch die Beschäftigung mit Architektur ein Ausdrucksmittel persönlichen Lebensgefühls. Als er seinen ersten architektonischen Entwurf machte, war er bereits zweiundvierzig Jahre alt; es sollte noch weitere drei Jahre dauern, bis er zum ersten Mal praktisch zu bauen begann. Während schon vom Sechzehnjährigen kunstvolle Reliefs bekannt sind und der Maler und Bildhauer Michelangelo Buonarrotti im Alter von sechsundzwanzig Jahren faßbar wird, ist er nach eigener Einschätzung ein alter Mann, als er zu Zirkel und Reißbrett gegriffen hat. Im Jahre 1520 neigte sich die Hochrenaissance ihrem Ende zu. Ein Jahr zuvor war Leonardo da Vinci gestorben, der auch einen Architekturtraktat geschrieben und mit seinen Plänen besonders die Mailänder Baukunst beeinflußt hatte. Auch Raffaels Leben ging 1520 zu Ende, gerade als Michelangelo an der Kirche S. Lorenzo die Medici-Kapelle zu bauen begann. Wäre er schon in jungen Jahren als Architekt tätig gewesen, hätte er die Hochrenaissance mit herbeiführen können. So hingegen trug er dazu bei, sie aufzulösen.

Für die Baukunst der Früh- und Hochrenaissance gab es einen verbindlichen Kanon. Aus heutiger Sicht ist es gleichgültig, ob man damals den großen antiken Architekturtheoretiker Vitruv (um 85–nach 22 v. Chr.) richtig oder falsch interpretiert hat. Die Höhen von Säulenschaft und Kapitell, die Abfolge der Ordnungen – dorisch, ionisch und korinthisch –, die Form des Gesimses, die Bildung von Haupt- und Nebenkuppeln – jede Einzelform stand fest, und jeder Architekt hütete sich, gegen diese Regularien zu verstoßen. Anders Michelangelo. Er schob alles beiseite: die aus der Antike tradierten wie die von den unmittelbaren Vorgängern beziehungsweise Zeitgenossen entwickelten Vorstellungen. Er schuf einen Formenapparat voller Willkürlichkeiten, der die klassisch gebildeten Baumeister seiner Zeit entsetzen mußte. So stellte er Säulen in eine Wand, in der sie nichts zu tragen hatten, und setzte riesige Voluten ohne Funktion in den Raum. Sichelförmig geschwungene Treppenstufen schienen von den Eingängen zum Erdboden herabzufließen, und die Giebel aus Segmentbögen und Dreiecken wirkten wie ineinander verkeilt. Die klassische Architektur der Antike wie der Renaissance war durch ein ausgewogenes Verhältnis von Stütze und Last gekennzeichnet. Die Untergeschosse wurden schwer, die Obergeschosse leicht ausgebildet. Schon mit seinen ersten architektonischen Entwürfen türmte Michelangelo mächtige Obergeschosse auf niedrige Unterbauten – ein Prinzip, das er später bei der Fassade von S. Lorenzo in Florenz wie beim Palazzo Farnese in Rom verwirklichte. Dieser Meister aller bildenden Künste bewies, daß man nicht nur im Rahmen von Malerei und Plastik, sondern auch mit Hilfe des spröden und abstrakten Instrumentariums der Säulen, Pilaster, Kapitelle und Fensterrahmen ein lebendiges Kunstwerk schaffen konnte, das Gedanken und Gefühle seines Schöpfers vermittelte.

Der Zwang zu oft neuartigen technischen Lösungen in der Renaissance-Architektur ging auf die damals neuformulierten Ansprüche an die Bauwerke zurück. Beim Sakralbau galt es, sowohl die Besonderheiten der kirchlichen Liturgie als auch das Repräsentationsbedürfnis umzusetzen. Neue Ideen entstanden in diesem Zusammenhang aus dem ständigen Abwägen der Vor- und Nachteile von Longitudinal- und Zentralbau sowie aus dem Bemühen um ruhige Raumgestaltung und Übersichtlichkeit. Optimal verwirklicht wurden solche Vorstellungen mit dem neuen Peters-Dom in Rom. Die hier gefundene architektonische Lösung bot das vorbildhafte Programm für die Kirchenarchitektur der Renaissance und noch des Barock. Wie schon während der Gotik setzten die selbstbewußten und wohlhabenden Bürger in den Städten, voran die der italienischen Stadtrepubliken, bis in die frühe Neuzeit hinein ihren besonderen Wettstreit um die Präsentation von Macht und Reichtum auch und gerade mit dem Bau großer Kirchen fort. In Deutschland, Frankreich und England begrenzte im 16. Jahrhundert die Reformation derartige Aktivitäten.

Profanbauten als städtische Elemente

Auch im Bereich der profanen Architektur waren die Anforderungen, die man an repräsentative Gebäude stellte, seit dem späten Mittelalter erheblich gestiegen, und hier spielte Italien ebenfalls eine Vorreiterrolle. In der weitgehend verstädterten Gesellschaft schon des 14. Jahrhunderts beruhte die Macht des Adels und der mächtigen Bürgergeschlechter längst nicht mehr auf ihrem Landbesitz, sondern auf der Position, die sie im jeweiligen Gemeinwesen einnahmen. Vor dem Hintergrund eines durch die Blüte von Handel und Gewerbe erlangten und vom Humanismus befürworteten Wohlstands kam es während des 15. Jahrhunderts in den italienischen Städten zu einer geradezu revolutionären Umgestaltung der Wohnverhältnisse, die ihren Höhepunkt im Renaissance-Palast fand. Wiesen die in den Städten errichteten großen Paläste der Frührenaissance noch festungsartigen Charakter auf, da sie Schutz vor den Gefahren bieten sollten, die aus innenpolitischen Gegensätzen entstanden und oft in Gewalttätigkeiten mündeten, so gewann schon im 15. Jahrhundert der repräsentative und wohnliche Charakter die Oberhand. In Florenz kam eine neue Art des Wohnens in Mode. Sie setzte an die Stelle der Versammlung im Sippenverband und einer entsprechenden Dokumentation von Wehrhaftigkeit in Krisenzeiten nun die Residenz der wohlhabenden Einzelfamilie aus Eltern und Kindern. Es entwickelte sich eine Palastarchitektur, die nicht auf sich selbst bezogen

155. Die Piazza della Signoria in Florenz. Wandgemälde aus dem Medici-Zyklus von Jan van der Straet, genannt Stradanus, im Palazzo Vecchio zu Florenz, 1561/62

war, sondern eine enge Verbindung mit den vorhandenen oder neu angelegten Straßen und Plätzen fand. Die Argumente humanistischer Philosophen zur Rechtfertigung des damals in den meisten Städten ausgebrochenen Baubooms fußten auf Aristoteles, nach dem Wohlstand den Ruf eines Mannes und seiner Familie, seiner Stadt oder sogar seines Lande hebe. Als ein Mittel zur Verwirklichung dieser Auffassung galt das Bauen.

Leon Battista Alberti erweiterte diese Aussage in seinem berühmten Werk über die Baukunst um die Komponente eines ausgeprägten historischen Bewußtseins, gekennzeichnet durch das Bemühen, das Urteil der Nachwelt positiv zu beeinflussen: »Wir alle stimmen darin überein, daß wir danach trachten müssen, einen guten Ruf zu hinterlassen, nicht nur über unsere Bildung, sondern auch über unsere Stärke. Deshalb bauen wir große Gebäude, so daß unsere Nachfahren eines Tages sehen, wer wir waren.« In der Umsetzung dieses Bewußtseins wuchsen in vielen Städten große Privatpaläste wie der Palazzo Medici in Florenz oder der monumentale Palazzo Farnese in Rom empor. Der dreistöckige Palazzo Medici, 1444 begonnen, zeichnete sich durch eine Gestaltung aus, die zum Vorbild für die italienische Palastarchitektur werden sollte. Während im Erdgeschoß kraftvolle Rustikafassaden überwogen, wurde das Mauerwerk in den oberen Geschossen immer feiner. Das Gleichmaß der rhythmischen Verteilung von Zwillingsfenstern als einem Standardelement der Renaissance-Architektur entsprach allerdings noch nicht der inneren Raumaufteilung. Im Erdgeschoß befanden sich ursprünglich Läden, die dem Besitzer Mieteinnahmen bringen sollten. Doch die Eingänge zu diesen Läden wurden geschlossen, als die ausschließliche Residenzfunktion der Palazzi in den Vordergrund trat.

Der Florentiner Palasttyp verbreitete sich seit der zweiten Hälfte des 15. Jahrhunderts in ganz Italien und setzte sich vor allem im Stadtbild von Rom durch. Hier sorgten sich die Renaissance-Päpste um das Stadtbild. Sie nahmen große Darlehen für Sanierungen auf, ließen neue Straßen und Brücken in der Absicht anlegen, die Verbindungen zwischen dem Vatikan und der Stadt zu verbessern. Auch viele neue Paläste entstanden. Beherrscht wurde diese oft hektische Bauphase noch während des 16. Jahrhunderts von toskanischen Unternehmern und Architekten. Den besonders monumentalen Palazzo Farnese mit 33 Meter Höhe sowie einer Fassadenfront von fast 46 Metern schufen Antonio da Sangallo der Jüngere und Michelangelo. Sangallo entwarf den Palast für den Kardinal Alessandro Farnese, den späteren Papst Paul III., im Jahr 1534 auf rechteckigem Grundriß und so in die Stadtlandschaft eingepaßt, daß die Hauptfassade des frei stehenden Gebäudes sich zu einem großen Platz öffnete. Weiträumigkeit kennzeichnete auch die inneren Raumeinheiten, die um einen großen, im Erdgeschoß von offenen Bogengängen umgebenen Hof angelegt wurden. Die enorme Dimensionierung des Gebäudes wird nur aus dem Wunsch des Kardinals erklärlich, mit seiner Familie und einem Gefolge von immerhin 300 Personen dort einzuziehen. Nach Sangallos Tod übernahm Michelangelo die Vollendung des Palastes. Die monoton wirkende Fassade rettete er durch die Hinzufügung eines schweren Gesimses und die Änderung des Mittelteils in Gestalt eines prächtigen Portals mit dem darüber liegenden, im ersten Stock angebrachten päpstlichen Wappen.

Am augenfälligsten wurde der Unterschied fürstlicher Wohnarchitektur zwischen Mittelalter und Renaissance beim Palast Federigos da Montefeltro (1422–1482), des Herzogs von Urbino. Der Diplomat und Freund Raffaels, Baldassare Castiglione (1478–1529), hat dieses Bauwerk knapp, aber treffend beschrieben: »An unwegsamer Stelle von Urbino baute er einen Palast, den viele für den schönsten in Italien halten. Er stattete ihn in jeder Beziehung so gut aus, daß er nicht so sehr wie ein Palast wirkt, sondern eher wie eine Stadt in der Form eines Palastes.« Der Vergleich zwischen Haus und Stadt beruhte auf der neuen und rationellen Planung dieses Palastes gemäß den Forderungen, die Alberti in seinem theoretischen Werk über die Baukunst aufgestellt hatte. Der Palast Herzog Federigos wurde auf einem Hügel angelegt und bot so einen weiten Blick auf die ihn umgebende Landschaft. Er zeichnete sich durch eine klare Trennung zwischen der herzoglichen

Privatwohnung und den Räumen für staatliche Repräsentation aus. Neuartig waren die Abmessungen der Privaträume für jeweils eine einzige Person. Dieses Konzept markierte einen Neubeginn in der Wohnarchitektur, weil Öffentlichkeit und Privatleben unter einem Dach auseinandergehalten waren. Der Baumeister Luciano Laurana (um 1425–1479) schuf in Absprache mit seinem herzoglichen Auftraggeber durch den Umbau eines vorhandenen gotischen Palastes ein in die Zukunft weisendes Werk der Renaissance. Albertis »De re aedificatoria Libri X«, in denen unter Berufung auf Vitruv die aktuellen Probleme der Architektur des 15. Jahrhunderts behandelt wurden, erschienen in erster Ausgabe 1485 und damit sechs Jahre nach dem Tod Lauranas. Auch in den seit 1440 beziehungsweise 1444 errichteten Palazzi Pitti und Medici-Riccardi in Florenz von Brunelleschi sowie von Michelozzo (wohl 1396–1472) wurden die Forderungen Albertis weitgehend verwirklicht, so daß das erste große architekturtheoretische Werk seit der Antike nicht Orientierungs- und Handlungsanleitung für die großen italienischen Architekten des 15. Jahrhunderts gewesen sein, sondern deren praktische Erfahrungen als Basis für den formulierten theoretischen Leitfaden zusammengefaßt haben dürfte.

In Frankreich entwickelten sich aus den früheren städtischen Residenzen des Adels kleine Schlösser, während sich in Deutschland reiche Kaufherren und Bankiers geräumige Wohnhäuser errichten ließen. In vielen Städten gab es in der frühen Neuzeit auch palastartig gestaltete Mietshäuser mit Wohnungen in mehreren Stockwerken. Zu Symbolen für das Selbstbewußtsein der Bürgerschaft wurden die Rathäuser, die in den reichen Handelsstädten während des 15. und 16. Jahrhunderts entsprechende Umbauten und Ausgestaltungen erfuhren, weil man mehr Räumlichkeiten brauchte. Während in den meisten mittelalterlichen Rathäusern im Erdgeschoß Läden untergebracht waren und die Ratssäle im Obergeschoß lagen, ging es nun nicht allein um gesteigerte Ansprüche hinsichtlich des repräsentativen Eindrucks als vielmehr um neue Anforderungen. So waren Archive, die Feuerwehr, häufig auch eine Kapelle und ein Gefängnis unterzubringen. Obwohl es noch keine Stadtplanung im eigentlichen Sinn gab, bemühte man sich um ein besser funktionierendes städtisches Straßennetz und um großzügigere Platzgestaltungen.

Vom mittelalterlichen Befestigungswesen zum neuzeitlichen Festungsbau

»Die Burg selbst, mag sie auf dem Berg oder im Tal liegen, ist nicht gebaut, um schön, sondern um fest zu sein; von Wall und Graben umgeben, innen eng, da sie durch die Stallungen für Vieh und Herden versperrt wird. Daneben liegen die dunklen Kammern, angefüllt mit Geschützen, Pech, Schwefel und dem übrigen Zubehör der Waffen und Kriegswerkzeuge. Überall stinkt es nach Pulver, dazu kommen die Hunde mit ihrem Dreck, eine liebliche Angelegenheit, wie sich denken läßt, und ein feiner Duft! Reiter kommen und gehen, unter ihnen sind Räuber, Diebe und Banditen. Denn fast für alle sind unsere Häuser offen, entweder weil wir nicht wissen können, wer ein jeder ist, oder weil wir nicht weiter danach fragen. Man hört das Blöken der Schafe, das Brüllen der Rinder, das Hundegebell, das Rufen der Arbeiter auf dem Felde, das Knarren und Rattern von Fuhrwerken und Karren; ja wahrhaftig, auch das Heulen der Wölfe wird im Haus vernehmbar, da der Wald so nah ist. Der ganze Tag, vom frühen Morgen an, bringt Sorge und Plage, beständige Unruhe und dauernden Betrieb. Die Äcker müssen gepflügt und gegraben werden; man muß eggen, säen, düngen, mähen und dreschen. Es kommt die Ernte und Weinlese. Wenn es dann einmal ein schlechtes Jahr gewesen ist, wie es bei jener Magerkeit häufig geschieht, so tritt furchtbare Not und Bedrängnis ein, bange Unruhe und tiefe Niedergeschlagenheit ergreift alle.«

Diese realistische Schilderung des Alltagslebens auf der Burg findet sich in einem Brief, den der Reichsritter Ulrich von Hutten (1488–1523) im Jahr 1518 an den Nürnberger Patrizier Willibald Pirkheimer (1470–1530) geschrieben hat. Aus vielen früheren Quellen zu einzelnen Aspekten des Alltagslebens ist bekannt, daß die Situationsbeschreibung Huttens im großen und ganzen auch für das 12. bis 15. Jahrhundert zutreffend gewesen ist. Die Burg in ihrer Kombinationsfunktion von Wehrbau, Wohnstatt und Herrschaftsmittelpunkt erfuhr nur in den wenigsten Fällen repräsentative Ausgestaltungen, wie sie einem in den großzügig dimensionierten und bis heute erhaltenen landesherrlichen Bauten dieser Art, etwa der Wartburg, begegnen. In einem 1958 bis 1961 entstandenen vierbändigen »Lexikon deutscher Burgen und Schlösser« wurden mehr als 19.000 historische Burgdenkmäler aufgezählt, von denen die Mehrzahl aus relativ klein dimensionierten Anlagen bestand (C. Tillmann). Das heutige Bild von einer Burg ist immer noch von den auf idealisierte Weise restaurierten Großbauten geprägt.

Räumliche Enge und Eintönigkeit, nicht rauschende Feste, prächtige Turniere oder heftige Kämpfe um Wall und Graben kennzeichneten das Leben auf der Burg. Nur ein vergleichsweise geringer Prozentsatz all der Burgen war jemals Gegenstand militärischer Auseinandersetzungen. Lagen bei den frühen Burgbauten die Wohnräume des Besitzers im Bergfried, dem häufig einzigen aus Stein errichteten Bauwerk, so zog man von der Mitte des 12. Jahrhunderts an in den Palas als eigentliches Wohnquartier mit einem größeren Saal, einigen Kammern und der Kemenate um. Im Bergfried wurden die Vorräte gelagert und wertvolle Besitztümer aufbewahrt. Ein großer Raum im Erdgeschoß diente als Unterkunft für die militärischen Dienstmannen des Burgherrn. Dieser bewohnte mit seiner Familie und dem Gesinde die Räume im Palas, an den meist noch eine Burgkapelle, einige Stallungen und Speicher angebaut waren. Der Saal im Palas, genutzt als Aufenthalts- und Speiseraum, lag meistens im ersten Stock und bildete das Prunkstück einer solchen Anlage. Mit einer flachen Balkendecke und Malereien beziehungsweise gestickten Umhängen oder geknüpften Teppichen an den Wänden hatte er auch auf kleineren Burgen eine durchaus repräsentative Funktion. Sitzgelegenheiten gab es an der Fensterwand, häufig in Form kleiner Nischen mit aufgemauerten Bänken, auf die man Polster legen konnte. Tische brachten die Diener in der Regel nur zum Essen herein. Dabei handelte es sich um Holzplatten, die auf Bockgestelle gelegt wurden. Hölzerne Bänke und Stühle komplettierten die Ausstattung. Der Fußboden in allen Wohnräumen war mit Ziegeln, Tonfliesen und Estrich belegt, seltener mit Dielenbrettern. Üblicherweise bestreute man den Boden mit Gras oder Schilf, die im Wochenrhythmus ausgefegt und erneuert wurden.

Neben oder über dem Saal lag als Wohn- und Schlafgemach der Burgherrschaft, der Herrin oder besonderer Gäste, die Kemenate, ursprünglich der einzige heizbare Wohnraum im gesamten Bauwerk. Bei größeren Familien gab es auf der Burg mehrere Kemenaten, meist ausschließlich als Schlafgemächer. Kleiner und wesentlich wohnlicher als der Saal war die Kemenate der behaglichste Raum der Burg, mit einem Bett und einem Teppich auf dem Fußboden, mit einer oder mehreren großen Truhen, einem Leuchter oder Windlichtern vor bemalten Wänden sowie einem Kamin. Außerdem konnte die Kemenate abgeschlossen werden, so daß sie ein gewisses Maß an Privatsphäre garantierte. Dienstmannen und Gesinde schliefen in ihren Räumen auf Strohschütten. Ihre Wäsche und Kleider bewahrten sie ebenfalls in Truhen auf. Die ersten Schränke gab es vereinzelt seit der Wende vom 13. zum 14. Jahrhundert. Die Notdurft verrichtete man auf einem eigens dafür vorgesehen Aborterker an der Außenmauer, und zum Baden wurde ein hölzerner Zuber in die Kemenate, im Sommer auch ins Freie auf den Burghof gestellt. Nur wenige Anlagen besaßen eine eigene Badestube mit einem Ofen zum Erhitzen des Wassers. Die Beleuchtung der Räume erfolgte durch einfache hölzerne Armleuchter an den Wänden oder Standleuchter im Raum, durch Kerzen auf Tischen und Fensterbänken oder eiserne, an der Decke befestigte Hängeleuchter. Außerdem benutzte man die seit der Antike bekannten, mit Öl oder Tran gespeisten Lämpchen. Burghof und Wehrgänge wurden durch Fackeln erleuchtet, die in eisernen Mauerringen steckten, während in der Kemenate meistens ein Windlicht in einer Glasschale brannte.

Von elementarer Bedeutung für die Burgbewohner waren der bis zum Grundwasserspiegel durch Fels und Erdschichten getriebene Brunnen oder die Zisterne, die vom Wasser aus den Regenrinnen der Dächer gespeist wurde. Auch wenn man das Wasser vor dem Genuß durch Leinentücher seihte, ließ seine Qualität in vielen Fällen zu wünschen übrig und verursachte oft genug schwere Erkrankungen. Auf eine besondere Schutzwirkung des Wassers in Form eines umlaufenden Grabens mußten Burgherren vertrauen, die ihre Anlage in einem ebenen Gelände angelegt hatten. Doch bevorzugt wurde in der Regel eine erhöhte Lage auf Hügeln oder Höhenrippen, die von möglichst vielen Seiten unzugänglich waren. So führt heute der häufig romantische Eindruck einer stark bewachsenen Burgruine beim Betrach-

156. Die Burg Weinsberg bei Heilbronn nach der Beschießung im Jahr 1504. Bleistiftzeichnung von Hans Baldung Grien, 1505. Karlsruhe, Staatliche Kunsthalle

ter in die Irre; denn während der oft mehrere Jahrhunderte dauernden Nutzung als militärische Schutzbauten sorgten die Burgherren für ein von natürlichem Bewuchs freigehaltenes, weites Umfeld, damit sich Feinde nicht unbemerkt annähern konnten. Selbstverständlich hatte man sich an geländebedingte Vorgaben anzupassen, doch man bevorzugte, wo dies möglich war, nahezu quadratische oder kreisförmige Grundrisse, bei denen sich das Verhältnis der bewohnbaren Fläche zur Seitenlänge am günstigsten darstellte. Die größten Vorteile bot dem Verteidiger eine möglichst hohe Aufstellung gegenüber den Angreifern, und daher wurden, wenn machbar, natürliche Erhebungen noch durch Mauern und Türme verstärkt. Wegen dieses Vorteils mußten alle in unmittelbarer Nähe der Burg liegenden Punkte, die für einen Angriff günstige Ausgangspositionen ergeben konnten, in die Verteidigungsanlagen einbezogen werden. Auf diese Weise erhielten viele Burgen einen unregelmäßigen und ausgedehnten Grundriß. Unter Tausenden von europäischen Burgen finden sich kaum zwei, die sich ähneln, weil die Anpassung an das Gelände zu entsprechenden baulichen Modifikationen zwang und zudem die Bauausführung von den Ab-

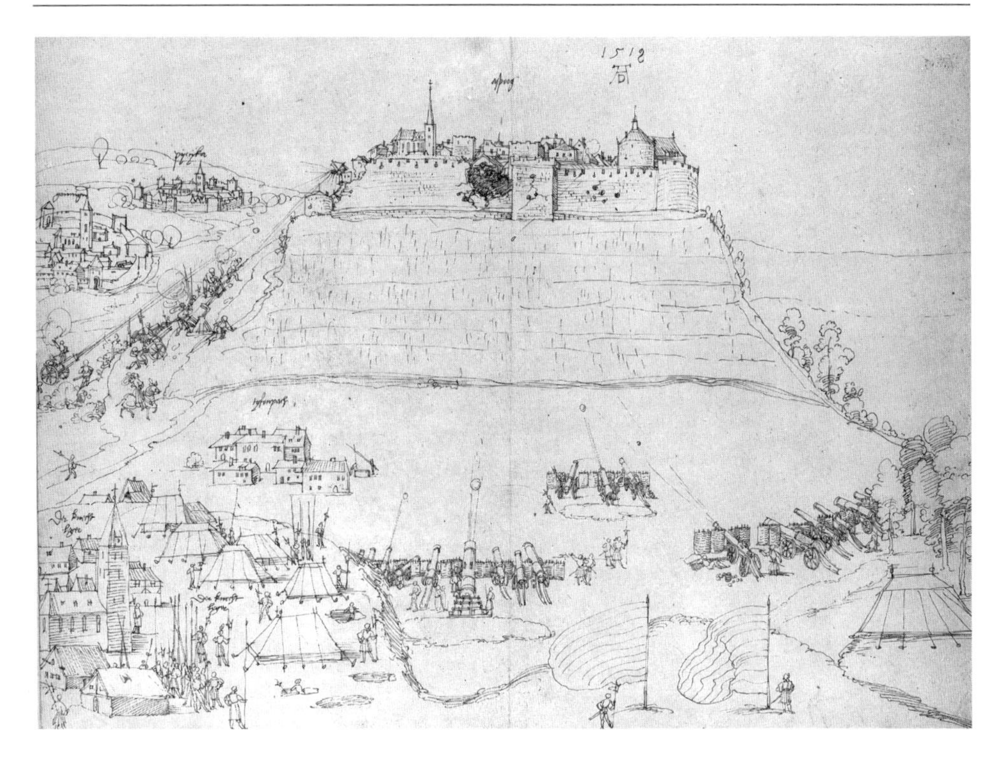

157. Die Belagerung von Hohenasperg, der Festung Herzog Ulrichs von Württemberg, durch Georg von Frundsberg im Mai 1519. Federzeichnung von Albrecht Dürer, 1519. Berlin, Staatliche Museen Preußischer Kulturbesitz, Kupferstichkabinett

sichten und Erfahrungen des adligen Bauherrn abhängig war. Für die Anpassungsfähigkeit mittelalterlicher Baumeister an natürliche Gegebenheiten lassen sich viele markante Beispiele nennen, besonders beeindruckend jene, bei denen man große Teile der Burg direkt aus dem Felsen hauen oder in die Felsformation einbauen mußte.

Bei Burgen wie bei den Befestigungsanlagen der Städte mußte die Umwallung aus Mauern, Türmen und Toranlagen der jeweiligen Geländeformation angepaßt werden. Die Mauer sollte den Feind vom Zugang zum verteidigten Platz abhalten, das heißt seine Beweglichkeit entscheidend hemmen. Eine passive Barriere konnte ihn allerdings nur für kurze Zeit aufhalten; denn Mauern ließen sich mit Leitern überwinden oder durch entsprechende Angriffsmittel zerstören. Die Mauer mußte daher so konstruiert sein, daß sie einerseits den mechanischen Versuchen des Feindes, sie zu durchbrechen, hinreichenden Widerstand entgegensetzte, andererseits den auf ihr postierten Verteidigern sowohl genügend Schutz als auch volle Wirkungsmöglichkeiten für ihre Waffen bot. Daraus ergaben sich drei wesentliche Komponenten: die passiv wirkende Barriere, der Aufbau in Form eines durch

Zinnen geschützten Wehrganges als Kampfplattform für die Verteidiger sowie bei günstiger topographischer Situation ein davorliegender Graben.

Um das Ersteigen der Mauer durch den Feind zu erschweren, mußte sie so hoch wie möglich gebaut sein. Zur Vermeidung beträchtlicher Schäden durch den Einsatz feindlicher Rammböcke, die bis zum Einsturz des gesamten Befestigungwerkes geführt hätten, galt es, die Mauer möglichst dick auszuführen. Um ein Unterminieren zu verhindern, sollten die Fundamente tief in den Boden hinabreichen und auf einer breiten Basis stehen. Falls zum Schutz des Mauerfußes kein Graben angelegt werden konnte, verbreiterte man die Mauer unten durch die schräge Anlage einer Art von Schürze in massivem Steinbau. Diese zusätzliche Sicherungsmaßnahme erschwerte den feindlichen Rammbockeinsatz und das Anlegen von Sturmleitern. Außerdem zwang sie den Feind zum Aufenthalt in einem für die Waffenwirkung der Verteidiger besonders günstigen Raum vor der Mauer. Errichtet wurden die Mauern aus Bruchsteinen oder Ziegeln. Einige im Anschluß an die Kreuzzugsepoche in Europa eingeführte Elemente wie Doppelmauern mit Zwingerbildung, flankierende Türme und vorgesetzte Erker gingen auf die hochentwickelten Befestigungsbauten im Vorderen Orient zurück.

Die Verteidiger auf der Mauerkrone mußten in die Lage versetzt werden, den angreifenden Feind in drei Richtungen mit ihren Waffen zu bekämpfen, nämlich geradeaus für einen direkten frontalen Fernwaffeneinsatz gegen sich nähernde Truppen, nach rechts und links, um ein Flankieren zu erreichen, und abwärts gegen feindliche Krieger am Mauerfuß, um sie am Einsatz von Sturmleitern oder Rammböcken zu hindern. War die Mauerkrone breit genug, so gab sie den Verteidigern die erforderliche Bewegungsfreiheit. Konstruktiv war sie so zu gestalten, daß sie den Fernwaffeneinsatz in die erwähnten Richtungen bei gleichzeitigem Schutz der Verteidiger erlaubte. Die architektonische Lösung für diese kombinierten Forderungen bestand in der Zinnenbekränzung von Mauern und Türmen. Hinter den Zinnen waren die Verteidiger vor der Fernwaffenwirkung der Angreifer geschützt, und durch die dazwischen liegenden Lücken wurde ihnen der Waffeneinsatz ermöglicht. Zur Optimierung der Verteidigungsposition ließ man vor allem bei Stadtbefestigungen einzelne Vorbauten oder Türme als integrierte Bestandteile des Mauerrings in regelmäßigen Abständen vorspringen. Von dort aus konnte der Feind unter flankierendes Feuer genommen werden. Deshalb hatten sich die Intervalle zwischen diesen Werken nach der Reichweite der verfügbaren Fernwaffen zu richten. In den meisten Fällen wurde dieser Wert erheblich unterschritten, weil man erkannt hatte, daß man nicht nur den Raum zwischen zwei solchen Türmen flankierend beherrschen, sondern bei hinreichend geringem Abstand von einem vorspringenden Werk aus auch das benachbarte decken konnte. Solche Mauertürme besaßen einen rechteckigen, quadratischen oder halbkreisförmigen Grundriß. Um es den Verteidigern zu ermöglichen, bis an den Fuß der Mauer gelangte feindliche Krieger von oben herab zu bekämpfen, baute man bei einigen mittelalterlichen Anlagen »Hurden«, eine Art zur Außenseite überkragende Balkone des Wehrgangs, von denen aus sie durch Luken im Fußboden direkt nach unten werfen oder schießen konnten.

Eine Sturmfreiheit der Mauer ließ sich vor allem dadurch erreichen, daß bei entsprechenden topographischen Voraussetzungen im Vorfeld der Hauptmauer ein Niederwall errichtet wurde. Er mußte niedriger sein als die Hauptmauer und im Bereich der wirkungsvollsten Schußweite der eigenen Fernwaffen liegen. Sollte es dem Feind gelingen, sich des Niederwalls zu bemächtigen, so durfte er von dort aus nicht in der Lage sein, die Hauptumwallung entscheidend zu bedrohen, wie das bei gleicher Höhe dieser Mauer möglich gewesen wäre. Eine alternative Lösung zum Niederwall und zu dem dadurch entstandenen Zwingerraum bis zur Hauptmauer, in dem während des Mittelalters häufig wilde Tier gehalten wurden, stellte die Anlage eines breiten und nach Möglichkeit nassen Grabens dar. Die Angreifer mußten unter dem Feuer der Verteidiger erst einmal versuchen, diesen Graben zu überwinden, um ihre Rammböcke am Mauerfuß zum Einsatz zu bringen. Die ideale Sturmfreiheit für die Hauptumwallung einer Burg oder Stadtbefestigung bestand jedoch in einer Kombination von gesichertem Vorgelände, Graben und Niederwall.

Die Gestalt der Türme hing wesentlich von der topographischen Lage der Burg ab. Bei Burgen im flachen Gelände errichtete man in der Regel einen massigen Hauptturm mit Vorrats- und Wohnräumen sowie Brunnen oder Zisterne. Diese nach der französischen Bezeichnung »Donjon« genannten Wohntürme wiesen meistens einen quadratischen oder rechteckigen Grundriß auf, wofür der Tower in London oder der in Rochester gute Beispiele bilden. Manche dieser wuchtigen Anlagen besaßen an den Ecken eigene kleine Türme mit Wendeltreppen als Aufgängen zu den einzelnen Geschossen. In der Gotik errichtete Anlagen bevorzugten wie in Pembroke Castle oder in Vincennes kreisförmige Grundrisse. Bei den insgesamt leichter zu verteidigenden Höhenburgen trat der Bergfried als hohe Aussichtswarte an die Stelle des bewohnbaren Donjons. In diesen oft am höchsten Punkt der Anlage errichteten Turm zogen sich Burgherr und Familie sowie die Dienstmannen nur in besonders kritischen Situationen als letzten Zufluchtsort zurück. Im Bergfried befanden sich in der Regel Vorratsräume, Zisterne oder Burgverlies. Über Balken gelegte Bretter bildeten Boden beziehungsweise Decke der einzelnen Geschosse, die man über Leitern oder über Treppen in den Außenmauern erreichte.

Der schwächste Punkt in jedem Befestigungssystem waren die Tore, in der Umwallung frei gelassene Lücken, die sich durch Fallgatter und hölzerne Türen nur notdürftig schließen ließen. Als Zugang zur jeweiligen Anlage waren sie jedoch für den Personen- und Güterverkehr unverzichtbar. Sie mußten besonders gut gesichert werden, stellten sie doch die bevorzugten Stellen für feindliche Angriffe dar. Die technische Lösung bei den Toranlagen einer Stadtbefestigung wie einer Burg beschäftigte die planenden Baumeister stets in besonderem Maße. Zielvorstellung bei der Anlage von Toren war das Erreichen eines maximalen Schutzes für die Verteidiger und die Schaffung möglichst vieler Probleme für die Angreifer. Schon dem Zugang zum Tor mußte im Rahmen der Planung besondere Aufmerksamkeit gewidmet werden. Tore im Niederwall legte man, wenn machbar, so an, daß der Zugang zum folgenden Tor der Hauptmauer zwischen seitlichen Verbindungsmauern verlief. Damit geriet ein Angreifer, der das erste Tor durchbrochen hatte, in eine ungünstige Situation, weil die Verteidiger ihn von drei Seiten zu bekämpfen vermochten. Die eigentlichen Torflügel waren zumeist aus Holz, das man mit Metallbändern beschlagen hatte. Ein solcher Beschlag schützte zumindest vor Brandpfeilen. War das Tor für die Durchfahrt von Wagen angelegt, mußte es zur Vermeidung unliebsamer Überraschungen eine größere Tiefe aufweisen, also eigentlich aus zwei hintereinander liegenden Toren bestehen, zwischen die ein Fuhrwerk der Länge nach hineinpaßte und von den Wachen in Ruhe kontrolliert werden konnte.

Die Feindbekämpfung geschah im Bereich der Tore am einfachsten durch die Anlage zweier Türme, zwischen denen sich dann das Tor befand. Zum zweckmäßigen Einsatz der Verteidigungswaffen erhielten diese Tortürme stockwerkweise Schießscharten und verfügten über einen Zinnenkranz auf der obersten Plattform, soweit kein geschlossenes Dach vorhanden war. Diese baulichen Hilfskonstruktionen machten aus dem Torkomplex nahezu eine autarke kleine Festung. Der Zugang zum Tor von außen ließ sich ebenfalls durch bauliche Maßnahmen zugunsten der Verteidiger gestalten. In der Regel führte man den Weg in mehreren Windungen bis zum eigentlichen Tor, um den Feind schon bei seiner Annäherung von den Befestigungswerken aus in der Flanke zu bekämpfen. Die Zwingergestaltung zwischen Niederwall und Hauptmauer führte im Bereich der Tore zu einer Sackgassen-Situation für feindliche Krieger, die sie massiert zum Ziel der Verteidiger werden ließ.

Die Hauptschwäche größerer Siedlungen bestand in einer entsprechend langen Umwallung. Selbst kleinere Städte wiesen oft einen Mauerverlauf von mehreren Kilometern auf. Bei einer Belagerung standen die Verteidiger vor der Schwierigkeit, ständig die zur Abwehr erforderliche Zahl von Kämpfern auf den ausgedehnten Werken präsent zu haben, was sich nur im Schichtdienst verwirklichen ließ. Gelang es den Angreifern, die Umwallung an irgendeiner Stelle zu durchbrechen, gab es für die restlichen Anlagen meistens kaum noch Chancen auf erfolgreichen Widerstand. Nur bei Städten, die um eine Burg herum entstanden waren, konnte diese eine letzte verteidigungsfähige Zuflucht bieten. In italienischen Städten dienten die wehrhaften Palazzi oder einzeln stehende Türme der dort wohnhaften patrizischen Geschlechter solchem Zweck, der in den neuzeitlichen Festungen von der Zitadelle als eigenständigem Werk erfüllt wurde. Wie im Mittelalter die Burg des Stadtherrn oder seines Vogts erlaubte sie mit der entsprechenden Besatzung auch die politische Kontrolle der Einwohnerschaft.

Viele Burganlagen verloren seit dem 15. Jahrhundert ihre dominierende Schutzfunktion für die Insassen, weil sie der Bedrohung durch die zunehmend wirkungsvoller eingesetzten schweren Mauerbrecher vom Typ der Steinbüchse nicht standzuhalten vermochten. Nur in wenigen Fällen ließ die Örtlichkeit noch umfassende bauliche Verstärkungen durch vorgesetzte Werke oder Türme wie bei der Hochkönigsburg im Elsaß während des 16. Jahrhunderts zu. Das hatte weitreichende Konsequenzen auch für das Verhalten des Adels auf seinen Wohnsitzen. Kostspielige Erweiterungsbauten oder eine eigene Ausstattung mit Feuerwaffen konnten sich lediglich mächtige Landesherren oder eine Organisation wie der Deutsche Orden an seinen befestigten Standorten leisten. Während vor dem Aufkommen der Feuerwaffen bei einer Fehde der militärische Erfolg im freien Feld durch den Rückzug des geschlagenen Gegners auf seine festen Plätze oft zunichte gemacht wurde, weil die Mittel der stationären Verteidigung denen der Angreifer in der Regel überlegen waren und die Belagerten darauf vertrauen konnten, daß aus Kosten- und Zeitgründen eine Belagerung aufgegeben wurde, weil beispielsweise die Pflicht der Lehnsmannen zur militärischen Gefolgschaft auf maximal vierzig Tage im Jahr begrenzt war, änderte sich diese Situation mit der Verfügbarkeit schwerer Belagerungsgeschütze grundlegend. 1399 legte die vom wetterauischen Bund eingesetzte »Große Frankfurter Büchse« das Raubritternest Tannenberg an der Bergstraße in Schutt und Asche. Von 1412 bis 1414 brach Friedrich von Hohenzollern (1372–1440) als Statthalter der Mark Brandenburg mit Hilfe einiger vom Deutschen Orden ausgeliehener schwerer Steinbüchsen gewaltsam die Burgen des aufsässigen märkischen Adels, und im Jahr 1504 gelang es den Truppen Kaiser Maximilians I., in nur drei Tagen das stark befestigte Kufstein sturmreif zu schießen. Im Reichsritter-Aufstand starb Franz von Sickingen am 7. Mai 1523 in den Trümmern seiner Burg Nanstein oberhalb von Landstuhl.

Derartige Ereignisse trugen zur Erkenntnis bei, daß es großer Anstrengungen bedurfte, um weiterhin in einem Gefühl von Sicherheit leben zu können. Leicht befestigte Ortschaften, Niederdorf- und Wasserburgen wurden militärisch bedeutungslos. Lediglich topographisch optimal gelegene und zudem stark befestigte Burgen wie die sogenannten Bergschlösser galten zu Beginn des 16. Jahrhunderts als sicher. Im Gegensatz zu den Siedlungsformen, zu Dorf oder Stadt, waren die meisten Burgen über die Nutzung als mittelalterliche Wehr- und Wohnanlagen hinaus nicht weiterzuentwickeln. Nur aufgrund besonderer geographischer Verhältnisse oder politischer Umstände erfolgten in einigen Fällen Umwandlungen zu neuzeitlichen Festungen beziehungsweise zu Schlössern mit reiner Residenzfunktion. Nach wie vor verbindet man mit einer Stadt im mittelalterlichen Europa ihre Wehrhaftigkeit in Form der Stadtbefestigung mit Mauer und Turm sowie in einigen Fällen mit davorliegendem Graben. Die jüngere historische Forschung hat diese Vorstellung nachdrücklich korrigiert; denn es steht fest, daß die meisten Städte im

158. Carcassonne mit seiner Stadtbefestigung aus dem 14. Jahrhundert

Zusammenhang mit der Entwicklung einer arbeitsteiligen Wirtschaft und mit der Intensivierung des Landesausbaus entstanden sind. Nach Ausbildung besonderer Formen des Rechts und der Regelung des Lebens in einer kommunalen Gemeinschaft stellte die Befestigung dann einen weiteren Entwicklungsschritt dar. Dieser sollte vor allem die Erfüllung der wirtschaftlichen Aufgaben des Gemeinwesens zum Wohl der Bürger gewährleisten. Gleichwohl wurde im Verlauf des hohen und späten Mittelalters der fortifikatorische Charakter zum hauptsächlichen Unterscheidungsmerkmal zwischen Stadt und Land.

Jede Befestigung einer Siedlung war die Folge der vorhandenen oder zumindest erwarteten militärischen Bedrohung von außen. Die Initiative zu einem Befestigungsvorhaben konnte auf Befehl des Stadtherrn, durch freien Entschluß der Bürgerschaft oder in Wahrnehmung eines entsprechenden königlichen oder landesherrlichen Privilegs erfolgen. In der baulichen Ausgestaltung orientierte man sich an der militärischen Qualität der realen oder vorstellbaren Bedrohung, an dem für Befestigungszwecke verfügbaren Baumaterial, an den bautechnischen Fertigkeiten der beauftragten Handwerker und selbstverständlich an den finanziellen Möglichkeiten einer Stadt. Das Schutzbedürfnis der Bürgerschaft und der Wille, es im

Rahmen befestigungstechnischer Baumaßnahmen umzusetzen, verlangten nicht allein eine arbeitsteilige Organisation während der Bauzeit, sondern nach Fertigstellung der Werke auch die Regelung des Wachdienstes und die Vorkehrungen für den Verteidigungsfall. Es mußte unzweideutig festgelegt werden, wer bei einem feindlichen Angriff in welchem Abschnitt der Umwallung eingesetzt wurde, wie das Alarmieren erfolgte, wer die Anweisungen gab und wer zu gehorchen hatte, wer die Wurfmaschinen, die Wallarmbrüste oder die Taras- beziehungsweise die Hakenbüchsen bediente und dergleichen mehr. Für solche Regelungen war eine Reihe sehr unterschiedlicher Faktoren des städtischen Wehr- und Wachdienstes ausschlaggebend. Sie erschließen sich dem interessierten Forscher aus Urkunden, Chroniken und Rechnungsbüchern sowie, besonders seit dem 16. Jahrhundert, aus Stadtansichten.

Die Form der einzelnen Stadtverfassungen definierte den Rechtsstatus des Gemeinwesens mit sämtlichen praktischen Folgen für die militärischen Dienstpflichten der Bürger. Wo im Zuge der seit dem 13. Jahrhundert verstärkten Entwicklung, aber häufig genug erst nach langwierigen erbitterten Kämpfen gegen die Stadtherren schließlich die autonome Stadtgemeinde neben ihrer Steuerfreiheit auch die reale Wehrhoheit erreichte, mußte der einzelne Bürger zur Garantie des neuen Status seiner Gemeinschaft in die Pflicht genommen werden. Steuerleistung wie persönliches Eintreten mit Leib und Leben für den Schwurverband der Bürger im Verteidigungsfall ergaben sich aus der Treue- und Hilfepflicht. Die erkämpfte Befreiung von grundherrlichen Abgaben und von dem Dienstmannstatus gegenüber dem Stadtherrn und dessen Jurisdiktion war für den einzelnen Bürger mit einer neuen Unterordnung unter das Stadtrecht und das Stadtgericht verbunden. Die Stadtfreiheit brachte demnach neue städtische Pflichten. Die etablierte Stadtgemeinde erließ zur Sicherung der Freiheit die Regelungen für den Kriegsdienst, und dazu zählte der Bau von Befestigungsanlagen. Während anfänglich die Durchführung solcher Aufgaben im Rahmen von Genossenschaftsversammlungen mit Zustimmung aller Bürger beschlossen wurde, bildeten sich in der Folge durch Wahlen in der Gesamtbürgerschaft bestellte selbständige Organe heraus, die in der Stadt politische und administrative Verantwortung übernahmen. Deutlichster Ausdruck der Stadtfreiheit wurde die Ratsverfassung der Städte, mit der das städtische Wehrwesen in die Kontrolle des Rates gelangte, der für die Organisation aller in diesem Zusammenhang erforderlichen Dienste zuständig war.

In den Augen nicht weniger Bürger mußten Investitionen für den abstrakten Begriff »Sicherheit« getätigt werden, indem Gelder für die Anlage, die Pflege beziehungsweise die Verstärkung oder Erneuerung von Befestigungsanlagen bereitgestellt wurden. Die zentrale Beschaffung und Bevorratung von Waffen und Kriegsgerät verursachte Kosten, und zusätzlich zu den steuerlichen Abgaben für militärische Zwecke wurden die Bürger für Schanzarbeiten und für den Wachdienst sowie als Aufgebot für auswärtige militärische Operationen der Stadt herangezogen. Die persönliche Dienstverpflichtung für den Unterhalt der Stadtbefestigung erstreckte sich zudem auf Spann- und Handdienste. Alle Pferdebesitzer hatten dem Rat jedes Pferd einen Tag in der Woche zur Verfügung zu stellen. Die zu diesem Dienst eingesetzten Pferde durfte man anschließend auf der allen gehörenden Weide grasen lassen. Mit den Fuhrwerken der Bürger transportierte man sämtliche Baumaterialien für die Befestigungsanlagen. Der Handdienst bedeutete Mithilfe bei den Baumaßnahmen an Mauern und Türmen, das Reinigen der Gräben sowie deren Befreiung von Eis, die Arbeit im Steinbruch, in der Ziegelei, an den Kalköfen sowie sonstige Handlangertätigkeiten. Im Falle einer militärischen Auseinandersetzung mußten zusätzliche Waffen hergestellt oder repariert werden. Das dafür benötigte Werkzeug hatten die Bürger selbst zu beschaffen und mitzubringen. Die Arbeiten erfolgten unter Aufsicht von Gilde- oder Zunftmeistern.

Es mehrte sich das städtische Anliegen, die Befestigungsanlagen technisch so zu verstärken, daß ein Angreifer schon beim Anblick der Wehrhaftigkeit von einer Belagerung abließ. Zunächst versuchte man, den neuen Erfordernissen durch eine weitgehende Modifikation der üblichen Wehrbauweise gerecht zu werden. Dabei standen zwei Aspekte im Mittelpunkt der Anstrengungen: Mauern und Türme mußten größere Widerstandsfähigkeit gegen die erhöhte Wirkung der Belagerungsgeschütze aufweisen, und für den Einsatz der Verteidigungswaffen war ausreichend Platz zu schaffen. Mangels besserer technischer Möglichkeiten wurden vorerst bei Neuanlagen die Mauern wesentlich stärker ausgeführt. So hat der Graf von Saint-Pol in den sechziger Jahren des 15. Jahrhunderts den Hauptturm seines festen Schlosses Ham in einer Mauerstärke von 10 Metern erbauen lassen, und Robert de la Marche legte die Mauern von Hasbain 6 Meter dick an. Ähnlich massiv wurden damals die Ecktürme des Schlosses von Neapel gebaut. Einen zukunftweisenden Weg fand man durch die nachträgliche Verstärkung bereits vorhandener Anlagen. Die Mauern erhielten entweder auf der Innen- oder auf der Außenseite Aufschüttungen aus Erde, die oft mit Holzverstrebungen durchsetzt waren. Für das Aufstellen von Geschützen mußte man zusätzlichen Platz auf den meist schmalen Wehrgängen schaffen und bei vielen Türmen die Dächer abnehmen. Eine Aufschüttung von Erde auf der Innenseite der Mauer erwies sich in der Praxis als nachteilig, wie Herzog Philipp von Cleve (1460–1527) in seinem gegen Ende des 15. Jahrhunderts entstandenen Kriegsbuch deutlich machte. Es war seine Erfahrung, daß beim Breschieren der Mauer in jedem einzelnen Fall die Erdanschüttung in die Bresche stürzte und für die stürmenden Angreifer eine bequeme Rampe schuf. Als sehr viel wirkungsvoller erwiesen sich an der Außenseite von Mauern und Türmen oder im Vorfeld angelegte Bollwerke, aus Holzbohlen gerüstartig erbaut und mit Erde aufgefüllt. Ihre deutsche Bezeichnung leitete sich von »Bohlenwerk« ab und deutete wie das italienische »Bastia« oder das französische »Bastille« auf den Holzcharakter des

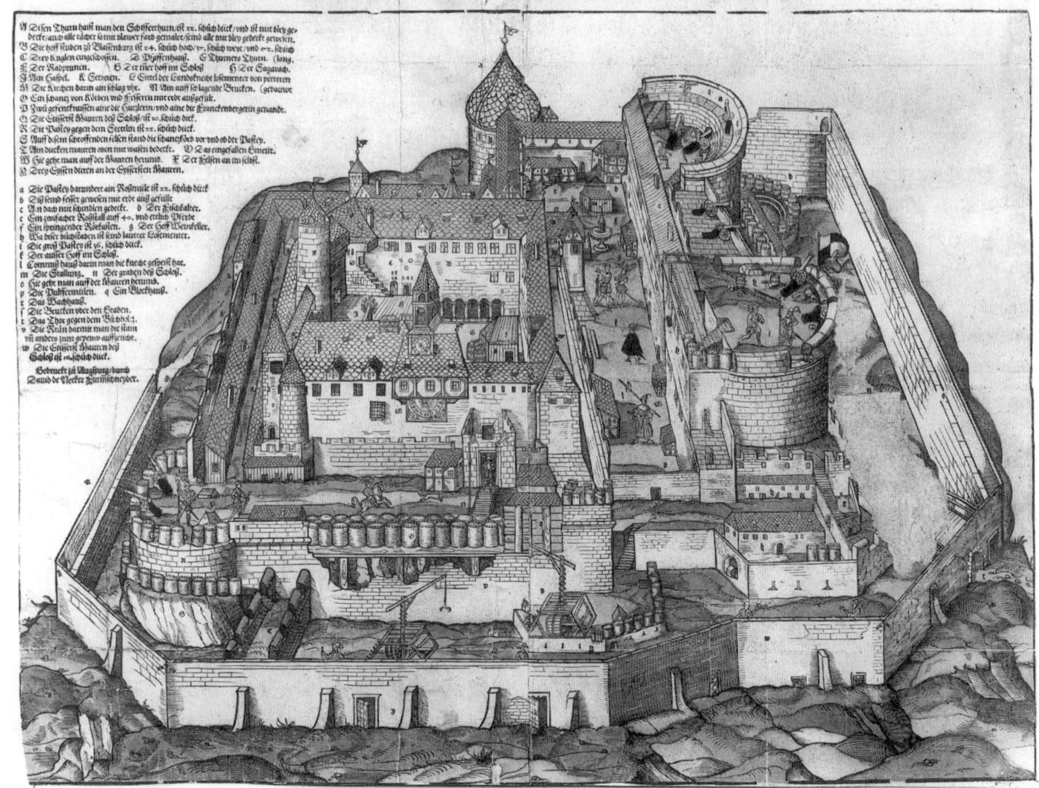

159. Die Plassenburg bei Kulmbach als Beispiel für den Übergang von der mittelalterlichen Befestigung zur frühneuzeitlichen Festung. Kolorierter Holzschnitt von David de Necker, um 1550. Nürnberg, Germanisches Nationalmuseum

Gerüstes hin. Eine um 1430 entstandene kriegstechnische Bilderhandschrift zeigt ein solches aus Holz erbautes Bollwerk mit starker Geschützarmierung in drei Etagen. Der Vorteil dieser Werke lag vor allem darin, daß sie einerseits die Auftreffwucht der feindlichen Geschosse nicht unbeträchtlich absorbierten, andererseits durch Geschützeinsatz flankierend gegen den Angreifer vor der Umwallung zu wirken vermochten.

Insgesamt kann das 15. Jahrhundert als Übergangsphase von der spätmittelalterlichen Befestigung zur neuzeitlichen Festung gelten, die sich an den Einsatzmöglichkeiten der Feuerwaffen, zumal der Geschütze, orientieren mußte. An drei Bauteilen läßt sich der Wandel in der Konzeption fester Plätze genau verfolgen: Die Ecktürme erhielten nun oft eine zylindrische Form; an ihrer Basis oder im Vorfeld wurden

Bollwerke als Geschützterrassen angelegt; an besonders gefährdeten Stellen ließ man die Mauer polygonal vorspringen, damit eine bessere Flankierung der Werke erreicht wurde. In einem Programm für die Befestigung der italienischen Stadt Foligno aus dem Jahr 1441 sind diese Elemente für den Wiederaufbau der Stadtmauer als Forderungen erwähnt und ausführlich begründet. Die Bastion der neuzeitlichen Festung stellte letztlich das Resultat einer zunehmenden Verschmelzung jener drei Bauteile zu einer einheitlichen Form dar.

Bei der Stadtbefestigung spielten die Gräben eine besondere Rolle, bildeten für den Angreifer jedoch nur dann ein Hindernis, wenn sie entsprechend gesichert waren. Diese Sicherung erfolgte bei trockenen Gräben durch gedeckte, mit Schießscharten versehene Wehrgänge zwischen den Bollwerken und den Toranlagen, die nicht nur einen geschützten Zugang zu den Außenwerken, sondern auch eine stärkere seitliche Bestreichung des Grabens ermöglichten. Wo kein Verbindungsgraben möglich oder erforderlich war, legte man im Graben als »Koffer« oder »Kapponieren« bezeichnete Streichwehren an. Jeder Angreifer war gezwungen, vor einem erfolgversprechenden Grabenübergang erst diese flankierenden Anlagen zu zerstören, und das brachte den Verteidigern einen Zeitgewinn. Trotz aller Umbauten und Verstärkungen im 15. Jahrhundert ließ man die mittelalterliche Struktur der Wehranlagen weitgehend unangetastet. Zwar wurde durch die Verwendung von Bollwerken die Verteidigungslinie weiter nach vorn verlegt, doch die hohen, gut sichtbaren und durch Geschütze erreichbaren Ringmauern und Türme blieben in vielen Fällen bestehen. Der in Frankreich und Italien schon um 1450 vollzogene Verzicht auf das aus der mittelalterlichen Kriegführung stammende Prinzip der Überhöhung fiel in Deutschland scheinbar sehr schwer, obwohl man die Vorteile einer Reduzierung der Höhe von Mauern und Türmen zugunsten eines Ausbaus für den Geschützeinsatz klar erkannt hatte.

Auch bei der Modifikation der Ecktürme ging man in Italien in der Entwicklung voran. Zylindrische Baukörper besaßen gegenüber kubischen Formen beim Beschuß erhebliche Vorteile. Ein frontaler Aufprall auf einer gewölbten Oberfläche begegnet einem größeren statischen Widerstand. Darüber hinaus scheint der ästhetische Charakter der runden Ecktürme bei deren Verbreitung eine beachtliche Rolle gespielt zu haben, wie die beiden rustizierten Türme des Castello Sforzesco in Mailand deutlich machen. In Rom hatte Papst Nikolaus V. entscheidenden Anteil an der Bevorzugung zylindrischer Wehrtürme. Er ließ die Engelsburg in dieser Form an den Ecken befestigen und einige der alten Türme an der Leonischen Mauer entsprechend umbauen; in einem davon befindet sich heute die Sendestation von Radio Vatikan. Einen markanten baulichen Akzent setzte dieser Papst mit dem 1453 vollendeten mächtigen »Torre Niccolò V«. Während der siebziger und achtziger Jahre des Jahrhunderts wurden solche massiven, trommelförmigen Rundtürme an vielen Burgen und Stadtbefestigungen in Italien geschaffen, so in Volterra, Rom,

Imola, Pesaro, Senigallia, San Leo und manchenorts in der Toskana. Das berühmte »Stundenbuch« des Herzogs von Berry (1340–1416) belegt derartige runde Ecktürme schon für das 14. Jahrhundert als eine funktional wie ästhetisch beliebte Befestigungsform auch für Frankreich. Die bekannteste Anlage dieser Art war die Bastille in Paris.

Die seit Beginn des 16. Jahrhunderts durchweg übliche Verwendung der Eisenkugeln als Geschosse machte ein über die Anpassungsversuche des 15. Jahrhunderts hinausgehendes, strukturell vom mittelalterlichen Wehrbau völlig anderes System der Befestigung erforderlich. Obwohl Italien um die Mitte des 16. Jahrhunderts wegen der zahlreichen dort geführten Kriege zentrale Bedeutung für die Entwicklung des Festungsbaus der Neuzeit erlangte, kamen die ersten weitreichenden planerischen Ansätze dazu aus dem oberdeutschen Raum. Albrecht Dürer war mit seiner im Jahr 1527 erschienenen Schrift »Etliche underricht zur befestigung der Stett, Schloß, und flecken« der erste, der ein systematisches wissenschaftliches Werk über die Befestigungskunst schuf. Darin bot er unter Berücksichtigung der älteren ihm bekannten deutschen und italienischen Abhandlungen zur Thematik und unter Ausnutzung im künstlerischen Schaffen gewonnener mathematischer Gesetzmäßigkeiten neuartige Lösungen für die befestigungstechnischen Probleme an. Er lehnte Erdaufschüttungen als Notbehelf ab und forderte mit deutlicher Warnung vor falscher Sparsamkeit die Errichtung fester gemauerter Werke. Die alten Türme, von denen aus man mit kleinkalibrigen Geschützen flankierend vor die Mauer beziehungsweise in den Graben zu wirken versuchte, sollten in Basteien umgewandelt werden. Eine Vorstufe dazu war nach der Reduzierung ihrer Höhe und dem Ausbau des vormaligen Daches zur Geschützplattform durch das Rondell an vielen Orten bereits erreicht. Dürer ging in seinen Planungen weit darüber hinaus, indem er die Türme bis auf Wallhöhe herabsetzte, ihren Grundriß aber vergrößerte, daß mehrere große und weittragende Geschütze darauf Platz fanden; außerdem baute er diese Bastei im Innern mit mehrstöckigen Kasematten aus. Er wollte die Basteien als Rechteck mit halbkreisförmiger Vorderfront anlegen und an den vorstehenden Ecken der Umwallung plazieren. Die Geschütze auf der Plattform sollten nicht durch schmale Scharten, sondern über die Brustwehr feuern, womit er den seitlichen Wirkungsbereich der einzelnen Büchsen erheblich vergrößerte. Kleinere Geschütze waren für den Einsatz aus den Kasematten heraus vorgesehen. Auf der Sohle des trockenen Grabens wollte er runde Streichwehren postieren, die in Koordination mit den Kasemattbatterien wirken konnten. Neben ihrer Funktion als Geschützstellung waren die Kasematten für die Lagerung von Kriegsmaterial und zur Unterbringung der Mannschaften gedacht. Dürer hatte unterirdische Verbindungsgänge zur Stadt und zu den Streichwehren im Graben ebenso vorgesehen wie Treppentrakte in den Basteien und Luftschächte wie Rauchabzüge.

Ein sehr modern anmutender Gedanke lag seinem Vorschlag zugrunde, die

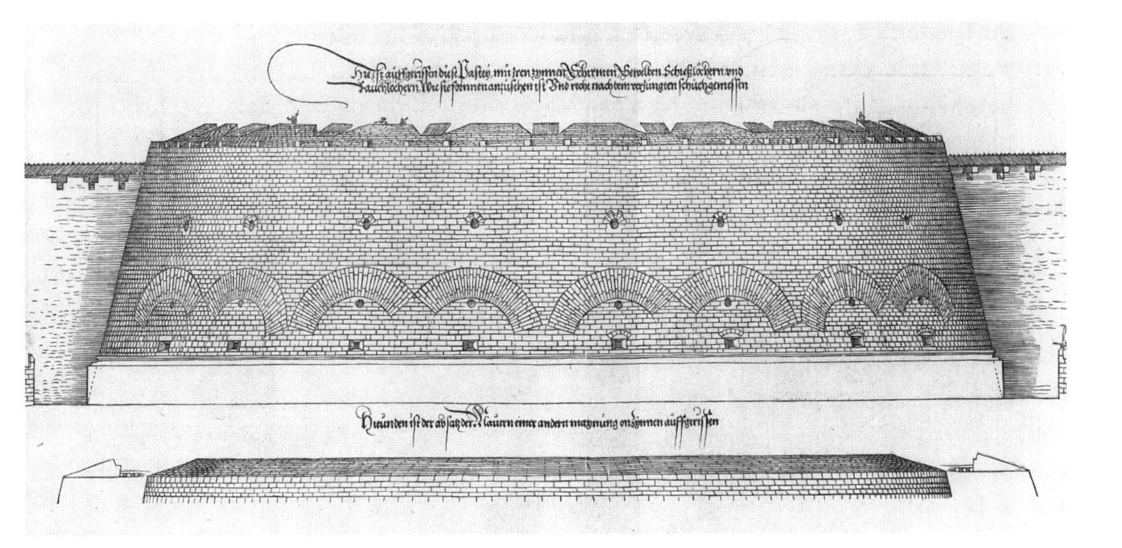

160. Idealtypische große Bastei von der Feindseite. Holzschnitt von Albrecht Dürer in seiner 1527 gedruckten Festungslehre. Berlin, Staatliche Museen Preußischer Kulturbesitz, Kupferstichkabinett

Basteien mit Zwischenmauern schottartig zu unterteilen, damit man in den einzelnen Werken abschnittsweise selbst dann noch weiterkämpfen konnte, wenn der Feind bereits eingedrungen war. Insgesamt sollten die Basteien so ausgebaut werden, daß sie im Rahmen der Festung durch ihre Geschütze die anderen Anlagen zu decken, das Vorfeld zu beherrschen und nötigenfalls völlig selbständig den Kampf weiterzuführen vermochten. Beim Sturm auf die Festung hätten die Angreifer daher jede Bastei einzeln niederkämpfen müssen. Militärisch gesehen hatte die Stadtbefestigung Dürers lediglich den Nachteil einer schwachen Nahverteidigungsmöglichkeit. Im Kampf wäre nämlich den Kasemattgeschützen durch herabfallende Erd- und Schuttmassen die Wirkung zum Bestreichen der Grabensohle schnell genommen worden. Außerdem dürften unter wirtschaftlichen Aspekten Dürers Vorschläge kaum realisierbar gewesen sein; denn er arbeitete mit kolossalen Abmessungen. Allerdings erkannte er wohl die Kostspieligkeit einer Realisierung seiner Pläne, da er in der Einleitung des Werkes diese Anlagen wegen ihres finanziellen Aufwands den ägyptischen Pyramiden an die Seite stellte. Seine Vorstellungen blieben in den späteren italienischen, niederländischen, französischen und nicht zuletzt preußischen Formen des Festungsbaus noch bis ins 19. Jahrhundert im Grundsatz erhalten.

Entscheidende neue Anregungen im Befestigungswesen, die sich bereits im 16. Jahrhundert auswirkten, kamen aus Italien. Dort hatte sich seit dem Beginn des Jahrhunderts unter dem Eindruck der Geschützwirkung gegen die meistens noch in mittelalterlicher Manier befestigten Städte eine große Zahl von Fürsten, Heerführern, Architekten und technisch interessierten Künstlern mit der neuen Lage beschäftigt. Ihre Gedanken und Vorschläge wurden, oftmals illustriert, schriftlich niedergelegt und erfuhren dadurch eine gewisse Verbreitung. So setzte sich beispielsweise Leonardo da Vinci auf der Basis seiner mathematischen und bautechnischen Kenntnisse intensiv mit dem Festungsbau auseinander. Wie aus seinen Skizzen und Plänen für die Befestigung der Zitadelle von Cesena und zum Castello in Mailand hervorgeht, versuchte er, das Profil und den Grundriß der Werke zu verändern, um weitestgehend tote Winkel für den Einsatz der Festungsartillerie zu vermeiden und auf diese Weise den defensiven Wert der gesamten Anlage zu steigern. In seinem Architekturtraktat hat Francesco di Giorgio Martini (1439–1502) eine Vielzahl von Bollwerken mit drei- oder fünfeckigem Grundriß gezeichnet, ohne daß ihm der Ruhm gebühre, der Erfinder der frühneuzeitlichen Polygonalbastion zu sein. Seine Anlagen hätten nur selten die Bedingungen einer modernen Bastion erfüllt, weil sich ihre Flanken zumeist nicht decken ließen.

161. Fortifikationsstudien. Zeichnung von Leonardo da Vinci im »Codex Atlanticus« aus der Zeit nach 1485. Mailand, Biblioteca Ambrosiana

Leon Battista Alberti schlug mit seiner Idee, die Stadtmauern zickzackförmig anzuordnen oder mit spitzwinkligen Vorbauten auszustatten, ebenfalls lediglich die Nutzanwendung einer bereits im Mittelalter verbreiteten Bauform vor. Eine Reihe von italienischen Städten besaß seit dem 13. Jahrhundert derartige Mauervorsprünge, von denen aus die dazwischen liegenden Abschnitte der Umwallung tatsächlich gut gedeckt werden konnten. Doch auch daraus läßt sich die Entwicklung der polygonalen, aus einer Abfolge von Bastionen und Kurtinen mit vorgelagerten Ravelins beziehungsweise Tenaillen nicht herleiten. Mariano di Jacopo aus Siena (1381–1453 oder 1458), genannt Taccola und als »Archimedes von Siena« schon zu Lebzeiten gerühmt, interessierte sich für Befestigungstechnik nur insoweit, als sie städtische Verteidigungswerke und Burgen zum Einsturz brachte, nicht aber mit dem Blick auf Schutzmaßnahmen gegen feindlichen Beschuß. Die Vorstellungen von Antonio Averlino, genannt Filarete, blieben gleichfalls mittelalterlichen Mustern verhaftet, obwohl er wie Alberti das Problem des Wehrbaus im Zusammenhang mit der qualitativen Bedrohung durch die Artillerie erkannt hatte.

Ein erstes praktisches Ergebnis vielseitiger Bemühungen war die sogenannte altitalienische Befestigung, die in ihrer Struktur wohl auf den Baumeister Michele Sanmicheli (1484–1559) und den Mathematiker Niccolò Tartaglia (1499–1557) zurückging. An den Bruchpunkten des Polygons befanden sich stumpfwinklige und in einigen Fällen auch herzförmig ausgestaltete »Bastione« mit gebrochenen, zurückgezogenen Doppelflanken, deren untere zur Grabenbestreichung auf Dürersche Art kasemattiert und bestückt waren. Um ein Drittel ihrer Länge waren die gebrochenen Flanken zurückgezogen, und das sich daraus ergebende vorspringende Orillon deckte nicht nur den entstandenen Raum von allen Seiten, sondern ermöglichte es der Festungsartillerie, von dort aus nahezu optimal flankierende Wirkung zu erzielen, wenn der Feind die Kurtine angriff. Die vom Anschluß der Bastionsflanke an die Kurtine bis zum Schulterpunkt der benachbarten Bastion reichende Defensivlinie wurde in ihrer Länge von der Schußweite der in den Bastionen eingesetzten Geschütze bestimmt. Dadurch war die zwischen jeweils zwei Werken liegende Kurtine meistens sehr lang und erforderte zur besseren Nahverteidigung häufig noch eine Mittelbastion. Diese Art der Befestigung verbreitete sich schon im 16. Jahrhundert über Italien hinaus, so daß der Begriff »Bastion« in fast allen europäischen Ländern zum festen Bestandteil des militärischen Sprachgebrauchs wurde. Nach dem »altitalienischen System« wurden das Castello in Mailand wie die Städte Ferrara, Verona und Malta befestigt. Ähnliche Pläne lagen für Orbetello in Italien, Nikosia auf Zypern und Perpignan in Frankreich vor.

Diese Anlagen kamen den Forderungen Tartaglias entgegen, die er 1554 aufstellte. Erstens: Keine Mauer darf so liegen, daß der Feind sie mit senkrechten Schüssen treffen kann; denn diese sind die gefährlichsten. Zweitens: Innerhalb der Schußweite vor der Festung darf es keinen Punkt geben, auf dem der Angreifer eine

Batterie errichten kann, der nicht in geringerer Entfernung von einem Bollwerk beherrscht werde, als er selbst von der Kurtine entfernt ist, die von ihm aus bekämpft werden soll. Drittens: Der Grundriß der Befestigung muß so angeordnet sein, daß ein stürmender Feind von mindestens vier Linien Feuer empfängt, nicht bloß, wie bei Turin, von den beiden Seitenbollwerken. Viertens: Die Konstruktion der Mauer muß derart sein, daß sie, wenn sie von der feindlichen Artillerie zugrunde gerichtet ist, noch schwieriger zu ersteigen ist als in unberührtem Zustand. Fünftens: Es müssen an den Mauern Einrichtungen getroffen sein, die jede Leitererssteigung unmöglich machen und es zwanzig bis dreißig Leuten gestatten, eine Kurtine von hundertfünfzig Schritt Länge mit unbedingter Sicherheit zu verteidigen. Sechstens: Die Befestigung muß einen für den Unterhalt der Besatzung genügenden Ackerraum umschließen.

Bei der altitalienischen Befestigungsmanier waren die Kurtinen noch der wichtigste Teil der Anlage. Die relativ engen Bastionen, deren Flanken meist senkrecht zur Kurtine standen und hinter die Orillons zurückgezogen waren, dienten mit ihren Kasematten vorrangig der Flankierung. Alle Anlagen sollten schon vom Grundriß her die Möglichkeit bieten, sich gegenseitig unter Ausschließung toter Räume zu decken. Das gelang jedoch nur unvollkommen, weil die Kurtinen in der Regel zu lang waren und die Bastionsaußenflächen neuralgisch schwache Punkte darstellten, die sich bloß von einer seitlichen Nachbarbastion aus decken ließen. Die sogenannte neuitalienische Befestigungsweise verbesserte die Verteidigungschancen erheblich. Dem Grundriß einer solchen Festung lag ein systematischer Feuerplan der Verteidigungsartillerie zugrunde, der sich an der erwünschten Wechselwirkung von flankierendem und unterstützendem Feuer orientierte, das sich feindwärts als Kreuzfeuer auswirkte. Dazu rückte man die spitzwinkligen und mit größerer Tiefe versehenen Bastionen noch enger zusammen und schob die als Kurtinendeckung gedachte Mittelbastion von der Mauer weg, in den Graben vor. Dieses Deckwerk wurde als »Ravelin« bezeichnet. Der Graben verlief analog der Linienführung von Bastionen, Kurtinen und Ravelins und erhielt auf der den Werken gegenüberliegenden Innenseite, der »Kontreskarpe«, einen vom feindlichen Flachfeuer nicht zu erreichenden gedeckten Weg. Dieser weitete sich an allen vor- und rückspringenden Punkten der Anlage zu Waffenplätzen, auf denen sich Ausfalltruppen sammeln konnten. Außerdem diente er der besseren Verteidigung des Glacis und gestattete einen frühzeitigen, auf relativ geringe Entfernung wirkungsvoll zu führenden Kampf im Vorfeld der Festung mit Deckung und Unterstützung durch die eigenen Geschütze auf Bastionen und Kurtinen. So ließen sich beim Überschießen der Stellungen am gedeckten Weg feindliche Truppen auf dem Glacis leichter bekämpfen.

Den ersten, nicht nur als Planzeichnung entworfenen, sondern realiter umgesetzten Versuch, eine mit Bastionen ausgestattete Festung zu bauen, unternahm Giuliano da Sangallo (1445–1516) mit der Befestigung von Poggio Imperiale 1487/88.

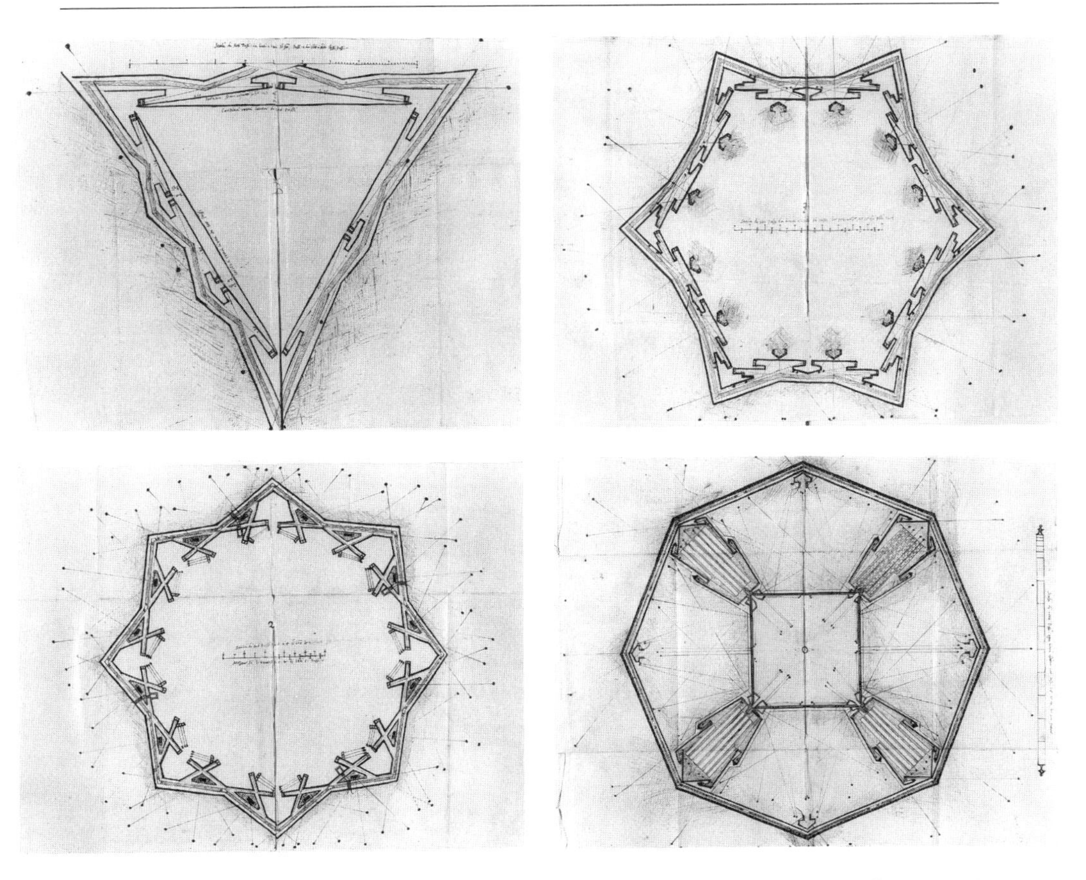

162a bis d. Entwürfe polygonaler Regularfestungen unter Berücksichtigung des Einsatzes der Festungsartillerie. Zeichnungen in den 1564 in Venedig entstandenen »Discorsi sopra le fortificationi...« von Alphonso Adriano. Wien, Österreichische Nationalbibliothek

Die Anlage wurde allerdings erst im 16. Jahrhundert vollendet. Vasari als Zeitgenosse betrachtete den Veroneser Festungsbaumeister Michele Sanmicheli als Erfinder der Bastion. Der über Jahrzehnte in der Fachliteratur immer wieder erneuerte Streit über den Ursprung dieser zukunftweisenden Befestigungsform erscheint vor dem Hintergrund der Gesamtentwicklung des neuzeitlichen Festungsbaus einschließlich seiner Konsequenzen für die Stadtplanung müßig, zumal die meisten der oft komplizierten Entwürfe vieler Architekten Theorie geblieben sind. Zweifelsohne war Sanmicheli nicht nur der einzige große Architekt der italienischen Renaissance, der griechische Bauwerke gekannt und studiert hat, sondern auch einer der ersten, der außerhalb Italiens seine Kenntnisse als Festungsbaumeister in die Praxis umzusetzen verstand. In Diensten Venedigs arbeitete er an den Festungsanlagen auf Korfu, Kreta und Zypern, doch seine Tätigkeit konzentrierte sich auf Verona. Er

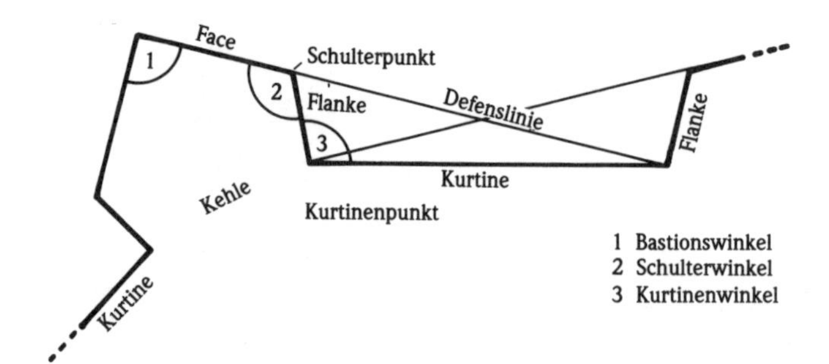

Erläuterung befestigungstechnischer Begriffe (nach v. Betz)

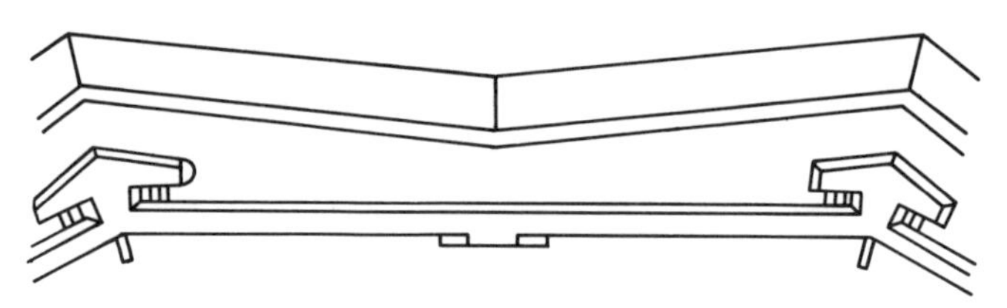

Altitalienische Befestigung mit Orillons (nach v. Betz)

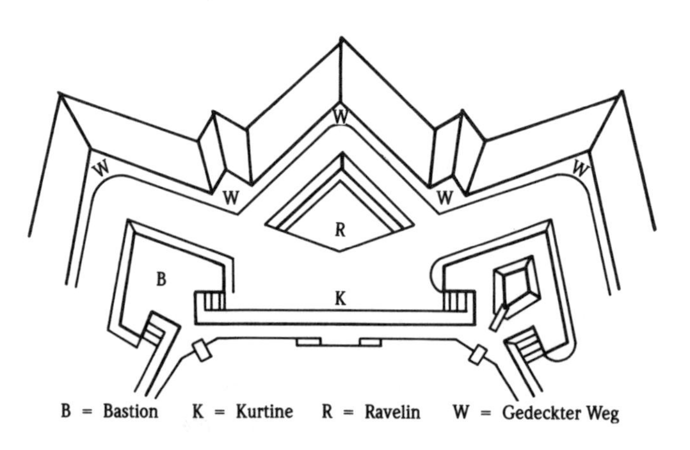

Neuitalienische Befestigung (nach v. Betz)

stammte aus einer Steinmetzfamilie vom Comer See, die sich in Verona niedergelassen hatte. Über seine Ausbildung ist nichts bekannt. Mit fünfundzwanzig Jahren, 1509, wurde er zum verantwortlichen Architekten des Domes von Orvieto ernannt. Seine Leistungen müssen die Auftraggeber sehr zufriedengestellt haben; in den Quellen findet sich nämlich für das Jahr 1521 die Auszahlung eines Sonderbonus von 100 Florentiner Gulden, zusätzlich zu seinem Gehalt und in der Absicht gegeben, »ihn davon abzuhalten, Orvieto zu verlassen; denn das würde einen Stillstand bei den Arbeiten am Gebäude bedeuten«. Die Besorgnis der für den Dombau zuständigen Kommission war begründet. 1526 reiste Sanmicheli gemeinsam mit Antonio da Sangallo mehrere Monate durch Nord- und Mittelitalien, um im Auftrag des Papstes einen detaillierten Bericht über die Befestigungsanlagen des Kirchenstaates zu liefern. 1530 trat er in die Dienste der Republik Venedig, wo er nach Ausweis eines Briefes des höchsten politischen Gremiums der Serenissima, des »Rates der Zehn«, als unentbehrlich für alle Befestigungsanlagen auf dem Lande und an der Küste bezeichnet wurde. Zu dieser Zeit erhielt er 120 Dukaten pro Jahr, und dieser Betrag wurde wenig später sogar auf 300 Dukaten aufgestockt.

Oft wird vergessen, daß bis zum 18. Jahrhundert der Bau von Festungsanlagen ebenso zu den Aufgaben eines Architekten gehörte wie der sakraler oder profaner Gebäude. Alle Städte des Mittelalters und der Renaissance waren befestigt, und viele große Architekten hatten daran ihren Anteil. So entwarf Giotto einen Teil der Wälle von Florenz, und Bramante, Sangallo wie Falconetto (um 1468–um 1540) bauten Stadttore. Auch Michelangelo war als Festungsbaumeister tätig. Während die meisten dieser Werke späteren städtischen Ausbauphasen zum Opfer gefallen sind, vermitteln die von Sanmicheli in Verona errichteten Stadttore die lebendige Idee ihrer ehemaligen Funktion bis heute. Porta S. Zeno, Porta Palio und Porta Nuova zählen zu den Meisterwerken der Renaissance-Baukunst. Sanmicheli war mit dem Erhalt und der Modernisierung der Festungswerke Veronas mehr als dreißig Jahre lang verantwortlich betraut. Die Festung Verona schützte das venezianische Territorium gegen landseitige Angriffe. Ihre Werke waren nicht weniger wichtig für die Sicherheit der Adria-Republik als die damals modernsten Küstenforts auf Zypern und Kreta für diese vorgeschobenen Hauptposten der Serenissima. Sanmicheli hat als erster im Übergang von der alt- zur neuitalienischen Version die Fortifikationsform im großen Maßstab ausgeführt und in weiträumige wie tiefgegliederte zusammenhängende Anlagen umgesetzt.

Auch in Deutschland waren im 16. Jahrhundert italienische Festungsbaumeister beschäftigt. Die erhaltenen Pläne und baulichen Reste der Festungen Orsoy, Wesel, Jülich und Düsseldorf belegen zwischen 1559 und 1625 insgesamt fünf Landes- und Festungsbaumeister im Herzogtum Jülich-Cleve-Berg mit dem Namen der aus Bologna stammenden Familie Pasqualini. Die Bevorzugung italienischer Baumeister beklagte der wohl berühmteste deutsche Architekt des 16. Jahrhunderts, Daniel Speckle (1536–1589) aus Straßburg. Während seiner Ausbildung zum Baumeister war er als Lehrling und Geselle in Preußen, Ungarn, Dänemark, Schweden, Polen und Siebenbürgen und hatte dabei eine Vielzahl praktischer Erfahrungen beim Um- und Ausbau von Festungen gesammelt. Unter Lazarus von Schwendi (1522–1584), dem Feldherrn Habsburgs und berühmten Kriegstheoretiker, nahm er am Türkenkrieg von 1564 bis 1568 teil und galt als Kriegsbaumeister Kaiser Maximilians II. (1527–1576). Sein Wissen und seine Pläne legte er in der Schrift »Architectura Von Vestungen« nieder, die in seinem Todesjahr in Straßburg postum veröffentlicht wurde. Speckle ging weit über die italienischen Manieren hinaus, indem er die spitzwinkligen Bastionen durch rechtwinklige ersetzte und diese wie die Ravelins mit der Begründung vergrößerte, daß von ihnen die Verteidigung einer Festung in entscheidender Weise abhinge. Neben einer Reihe weiterer Verbesserungen änderte er auch den Grundriß des gedeckten Weges auf der Kontreskarpe. Er legte ihn sägezahnförmig an und gestattete damit einen weitaus intensiveren Einsatz von Handfeuerwaffen und leichten Geschützen in Richtung auf das Glacis, wobei sich die Schußlinien kreuzten. Als genial muß noch heute sein Bastionsbau bezeichnet werden; denn er stellte die Flanken der Bastionen nicht mehr senkrecht auf die Kurtinen, sondern im rechten Winkel zur Defensivlinie und brach dadurch die Kurtine nach außen. Auf diese Weise erreichte er eine vollständige Flankierung der bis dahin nur unzureichend gedeckten Facen einschließlich des Grabens. Die Kurtine deckte er durch große vorgelagerte Ravelins, die so niedrig angelegt waren, daß die Geschütze auf der Kurtine und auf den Bastionen darüber hinwegschießen konnten. Ein Angreifer wurde nun gezwungen, mehrere dieser Vorwerke in seinen Besitz zu bringen, ehe er an einen Versuch zum Breschieren des Walles denken konnte. Ausführlich erörterte Speckle auch die Vor- und Nachteile beim Einsatz von Festungsgeschützen aus Scharten oder über die Brustwehr. Grundsätzlich befürwortete er eine offensive Verteidigung mit Ausfällen der Belagerten. Seine architektonischen Grundsätze für die Fortifikation stellten einen großen innovatorischen Schritt nach vorn dar und wurden zur Grundlage der späteren Bastionärbefestigung des 17. und 18. Jahrhunderts. Seine Vorstellungen setzte er in Colmar, Ulm, Schlettstadt, Basel, Wien, Jülich, Hagenau und in seiner Heimatstadt Straßburg baulich um.

Während des 16. Jahrhunderts schälte sich in verschiedenen Bereichen des Kriegswesen der militärische Experte heraus: der Landsknecht und der Condottiere, der Büchsenmeister und der Militäringenieur, der Rüstungsunternehmer und der Festungsbaumeister. Die Konzentration auf die Spezialdisziplinen kennzeichnete den entscheidenden Schritt, der im Festungsbau Daniel Speckle von Alberti, Michelangelo, Sanmicheli wie von den Pasqualinis trennte. In dem Maße, in dem der Wehrbau zur vollamtlichen Beschäftigung für Spezialisten wurde, löste er sich aus den Künsten (St. von Moos). Analog zur Entwicklung in vielen anderen Sparten kam es zur Scheidung von Kunst und Technik, und das geschah besonders augenfällig im Bauwesen. Seit der zweiten Hälfte des 16. Jahrhunderts sind hier ein ziviler und ein militärischer Bereich zu unterscheiden. Damit war der vorläufige Endpunkt eines Prozesses erreicht, der im 15. Jahrhundert mit einer zumindest in Teilen vollzogenen Unterscheidung zwischen sakraler und profaner Baukunst eingesetzt hatte. Während der Übergangsphase vom Mittelalter zur Neuzeit erfolgte insofern noch keine klare Trennung, als die vielfältige Kompetenz der Künstler-Ingenieure trotz gewisser Präferenzen für das eine oder andere Gebiet eine deutliche Spezialisierung verhinderte.

Ideen zu einer neuen Stadtgestalt

In vielen theoretischen Erörterungen der Renaissance zum Thema »Architektur« tauchte immer wieder der Palast als Abbild der Stadt und die Stadt als Abbild einer idealen politischen, oft auch kosmischen Ordnung auf. Sogar die Idee, nach der der Mensch im Mittelpunkt des Universums stehe, wie sie Leonardo in seiner berühmt gewordenen Figur bildhaft dargestellt hat, ließ sich auf das abstrakte Stadtbild projizieren. Während des 14. und 15. Jahrhunderts orientierten sich Idealstadtvorstellungen an Bildern des Erdkreises, wie sie aus der mittelalterlichen Überlieferung bekannt waren. Um das Bild der Stadt mit der Vorstellung von einer absoluten Ordnung in Übereinstimmung zu bringen, bedurfte es der Reduzierung der Realität auf ein schematisches Planbild. Stanislaus von Moos hat nachgewiesen, daß diese Vorgehensweise im Zeichen militärischer Planungen während des 16. Jahrhunderts große praktische Bedeutung bekam. Das abstrakte Bild einer Stadt gelangte wieder in die Nähe mittelalterlicher Auffassungen von einer gottgewollten kosmischen Ordnung. Auch die Idealgrundrisse im Werk des Francesco di Giorgio lagen jenseits eines reinen Nutzeffekts. Auf der ersten Seite seines Traktats findet man eine Metapher der Idealstadt in Gestalt eines Mannes, der eine Festungsanlage auf dem Kopf trägt und an Armen und Beinen Türme sowie in der Brust eine Basilika zeigt. Die Absicht der Renaissance-Künstler, möglichst alles in vollendete menschliche Form zu bringen und dabei weder die sakrale Architektur noch die profanen Festungswerke auszuschließen, ließ sich nur über die idealisierte Grundrißzeichnung erreichen.

Hierfür war die vom Zirkelschlag und den geometrischen Sternmustern ausgehende Faszination der Regelmäßigkeit wichtig, die bei den Vorstellungen von Idealstädten zur Grundlage wurde. In diesem Zusammenhang kam Filaretes Entwurf der Idealstadt »Sforzinda« eine besondere Bedeutung zu. Er hat ohne Rücksicht auf perspektivische Feinheiten den Grundriß in Form zweier, einem Kreis einbeschriebener und ein Achteck bildender Quadrate einfach auf eine panoramahafte, sehr gegenständliche Darstellung des Averlo-Tales aufgetragen und damit eben keine topographische Lokalisierung vorgenommen, sondern lediglich ein abstraktes Signet von der planerischen Idee deutlich gemacht. Entschiedener in der geometrischen Form erscheint dieser Stadtgrundriß in seinem »Traktat«. Aufgrund der beiden über Eck gestellten Quadrate mit den jeweiligen Endpunkten auf dem gleichen Kreisbogen wurde er zum regelmäßigen achtzackigen Stern als Symbol für die fürstliche Ordnung, die sich in der Idealanlage von Sforzinda ausdrücken sollte.

Doch schon in der zweiten Hälfte des 15. Jahrhunderts war die Beschäftigung mit derartigen geometrischen Modellen keineswegs bloß intellektuelles Spiel; sie stellte zugleich ein sehr praktisches Instrument für die Planung und für den Bau dar. So verdeutlichte der idealisierte Stadtgrundriß von Sforzinda auch nicht nur ein humanistisches Interesse am Abbild kosmischer Ordnung und Harmonie, sondern vermengte aus dem Mittelalter stammende Vorstellungen des Erdkreises mit der Praxis von Landvermessung und Kartographie. Von Moos hat in Filaretes Zeichnung sogar eine direkte symbolisierte Wiedergabe des Vermessungsinstrumentes gesehen, das Alberti in der Mitte des Jahrhunderts für seine Topographie des antiken Rom benutzte und in seiner Beschreibung der Stadt ausführlich erläuterte. Im Jahre 1502 setzte Leonardo da Vinci im Auftrag Cesare Borgias (1475–1507) eine sorgfältige Planaufnahme von Imola in eine detaillierte Zeichnung um und band die Stadt in einen durch radiale Sektoren gekennzeichneten Kreis analog Filaretes Plan von Sforzinda ein. Offenbar lag auch dieser Planaufnahme das kreisförmige Vermessungsinstrument zugrunde, das übrigens von Raffael 1515 Papst Leo X. (1475–1521) empfohlen wurde. Schon um die Wende zum 16. Jahrhundert muß demnach ein direkter Zusammenhang zwischen der Planung und der Vermessungstechnik bestanden haben, der die Tendenz zu abstrakten geometrischen Planmustern für den Festungsbau gefördert haben dürfte. Noch zu wenig beachtet wurde bislang die überraschende Analogie des Plankonzeptes von Sforzinda und der auf vielen Welt- und Seekarten aus dem 13. bis 15. Jahrhundert immer wieder auftauchenden Koordinatennetze.

Während des 16. Jahrhunderts wurde es üblich, auf Stadtplänen und Landkarten eine Windrose abzubilden. Häufig sehen die Pläne selbst wie eine große Windrose aus. Schon der von den Renaissance-Baumeistern besonders geschätzte Vitruv hatte in der Antike gefordert, bei der Stadtplanung die Windrichtung zu beachten, wie das durch Hippodamos von Milet bereits im 5. Jahrhundert v. Chr. in seiner Heimatstadt und beim Bau von Piräus, dem Hafenort Athens, geschehen war. Im Bewußtsein der Planer und Baumeister wurde die Ähnlichkeit einer Idealstadtkonzeption mit Kompaß und Windrose gerade wegen der abstrakten geometrischen Muster um eine fast magische Sphäre angereichert, mit der die Konzeption »Stadt« am philosophisch-theologisch geprägten mittelalterlichen Idealbild des himmlischen Jerusalem anknüpfte.

Die Suche nach der idealen Stadtgestalt unter Berücksichtigung des Primats militärischer Effizienz, und das bedeutete vor allem optimale Verteidigungsmöglichkeit, fand sich in nahezu allen entsprechenden Planentwürfen des 16. Jahrhunderts. Das meiste davon ist Theorie geblieben, obwohl es genügend Beispiele für die praktische Umsetzung solcher Planungen gibt. Nur in seltenen Fällen gelang es jedoch, den abstrakten theoretischen Entwurf unbeeinflußt von den örtlichen Gegebenheiten zu realisieren. Fast jedem Entwurf des 16. Jahrhunderts lag ein in funktio-

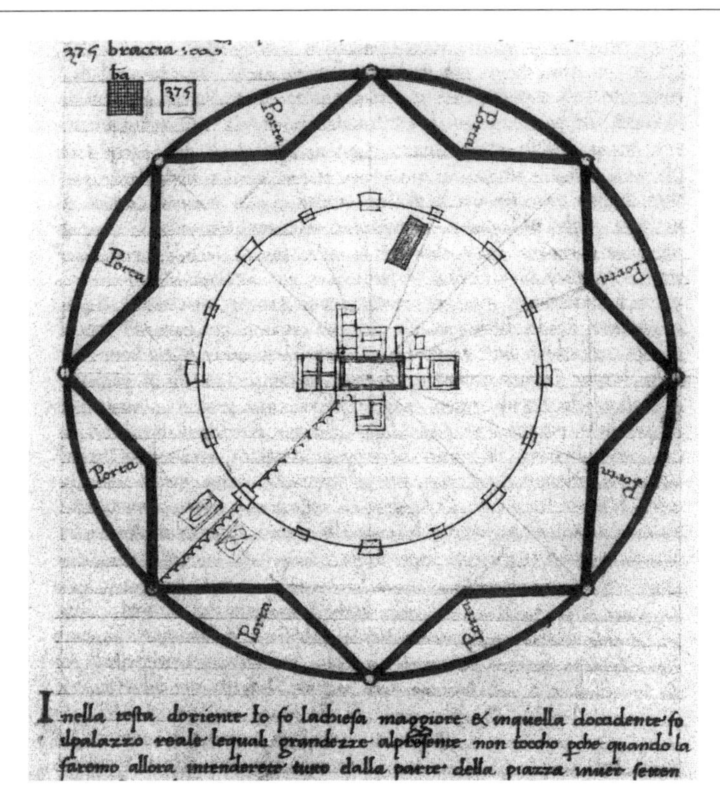

163. Plan der Idealstadt »Sforzinda«. Zeichnung von Antonio Averlino, genannt Filarete, in seinem zwischen 1460 und 1464 entstandenen »Trattato dell'architettura«. Florenz, Biblioteca Nazionale Centrale

neller wie in ästhetischer Hinsicht abstraktes Konzept zugrunde, das auf der Reduzierung aller städtischen Einrichtungen auf sternförmige Festungsbauten und radiale Verkehrsachsen beruhte und alle Punkte an der Peripherie möglichst direkt mit dem Zentrum verband.

Die meisten dieser Planungen gingen von einem Kreis als Grundform aus, um den herum ein Ring von Bastionen und nassen Gräben sternförmig angelegt war. Die Kreisform bot sich an, weil sie die kürzesten Verkehrswege vom Zentrum zur Peripherie ermöglichte. Als Grundgedanke galt, daß jeder militärischen auch eine geometrische Ordnung entsprechen müsse, bei der die gern akzeptierte ästhetische Klarheit der Wirksamkeit der Festungsanlage dienen konnte (W. Braunfels). Solche Überlegungen bewährten sich bei reinen Festungs- und Garnisonsstädten, solange diese für ihre politische Zweckbestimmung die erforderlichen finanziellen Aufwendungen zu garantieren vermochten. Wo dagegen innerhalb solcher ursprünglich rein militärischen Ansiedlungen sich ein freies Bürgertum entfaltete, das schließlich auch als Kostenträger herangezogen werden mußte, zerbrach das Konzept. An der Geschichte nahezu aller seit dem 16. Jahrhundert in Europa neu entstandenen Städte dieser Art läßt sich nachweisen, daß ihr Verfall in dem Moment einsetzte, in dem die Subventionen für die Garnison und für den Erhalt der Festungsanlagen ausblieben. Die von den Habsburger Herrschern zur Sicherung der Spanischen Niederlande gegen Frankreich neu errichteten wie die schon bestehenden und in der Folge zu Festungen ausgebauten Städte – Marienbourg (1542), Ville-Franche-sur-Meuse (1545) sowie Philippeville und Charlesville (1554) – waren ganz und gar auf die Bedürfnisse der Garnison eingerichtet. Bei diesen Gründungen handelte es sich um Zentralanlagen. In der Mitte befand sich ein freier Platz, von dem aus die Straßen radial direkt zu den Bastionen führten. Im Kriegsfall sollten die Truppen auf schnellstem Weg von ihren Unterkünften zu den Werken gelangen können. Derartige Festungen wurden meistens erst zu Stadtgemeinden, als der militärische Grund für ihre Existenz wegfiel, man die Garnison aufhob oder zumindest stark reduzierte und einen Teil der Anlagen schleifte.

Reine Radialanlagen als überaus abstraktes militärisches Konzept scheiterten in den meisten Fällen an der Unvereinbarkeit mit der realen Topographie. Während des 16. Jahrhunderts wurde eine solche Konzeption nur einmal realisiert: in Palmanova. Gerade die italienische Stadt der frühen Neuzeit ließ sich trotz aller Wünsche

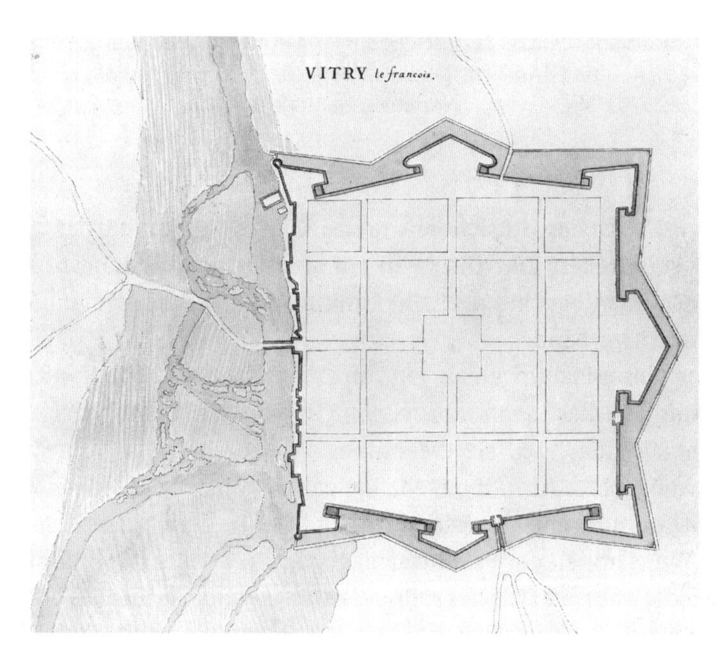

164. Polygonale Regularbefestigung der auf quadratischem Grundriß angelegten Stadt Vitry-le-François in Nordfrankreich. Plan von Bolonais Marino, 1545. Paris, Bibliothèque Nationale

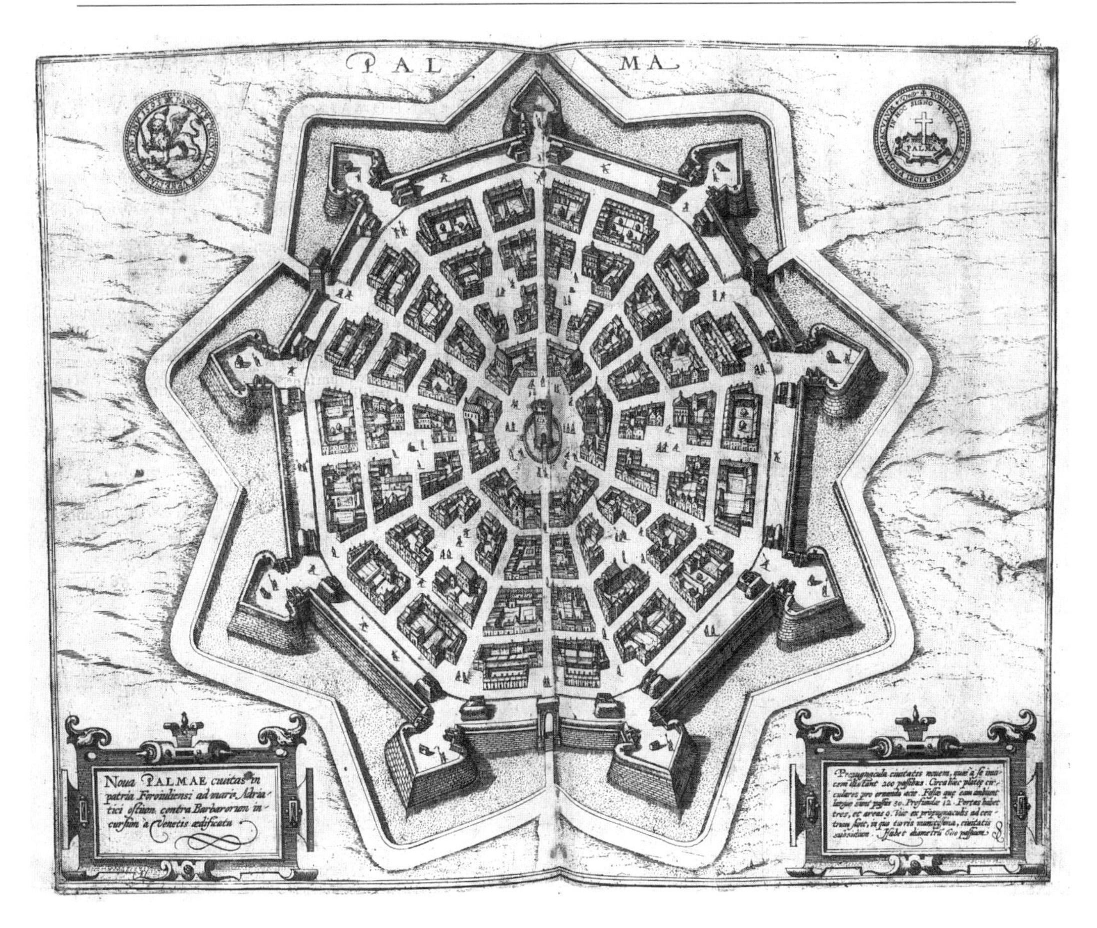

165. Palmanova. Plan von Hieronymus Braun, 1593. Nürnberg, Germanisches Nationalmuseum

der Architekten und Festungsbautheoretiker nicht auf die reine militärische Zweckmäßigkeit reduzieren. Sie wurde vielmehr durch die mittelalterlichen Kirchen, Paläste, Wohnhäuser und Plätze bestimmt, so daß sich Modernisierungen an den Festungsanlagen nur im Außenbereich vornehmen ließen. Das hatte ein städtisches Ausgreifen ins Umland zur Folge und eine Veränderung der ökonomischen und sozialen Situation im Ort. Mit der Anlage von Palmanova plante Venedig eine weitere landseitige Sicherung gegen osmanische Militäraktionen. In dieser reinen Wehrstadt sollten die Einwohner völlig autark sein und für den eigenen Unterhalt sorgen können. Freiwillig zog es jedoch niemanden in die lediglich von der baulichen Anlage her idealtypische Musterstadt. Noch zu Beginn des 17. Jahrhunderts versprach die venezianische Obrigkeit Kriminellen den Erlaß ihrer Strafen, Baugrundstücke und -material, falls sie bereit waren, nach Palmanova zu ziehen – ohne

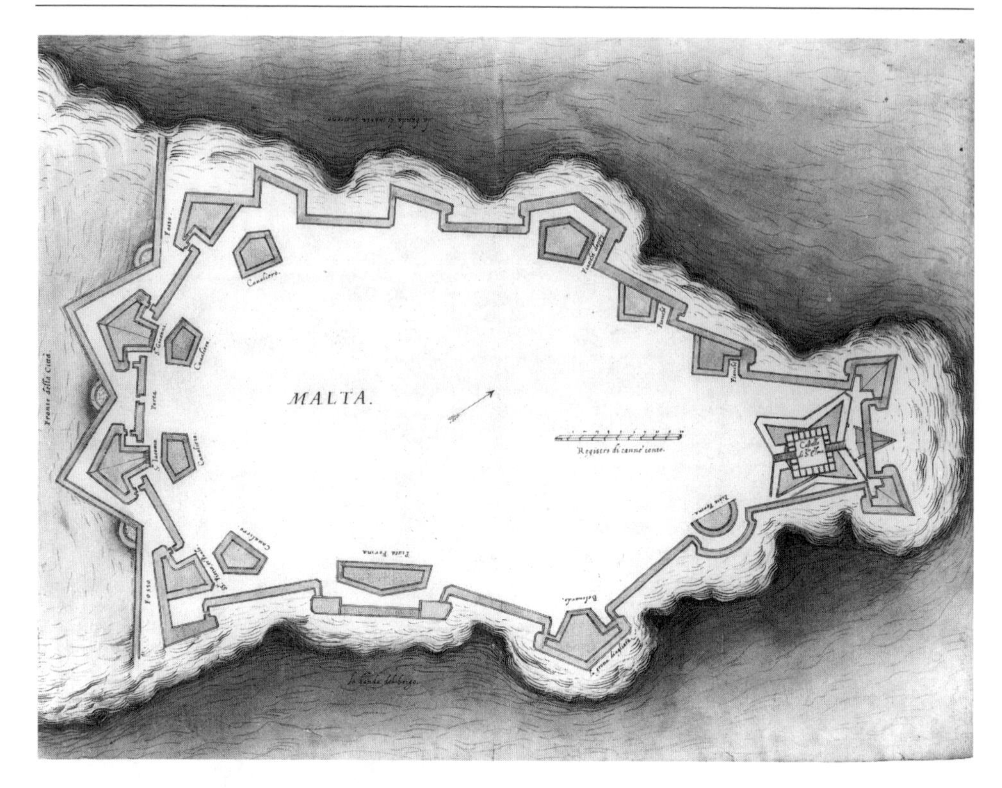

166. Die Festungsanlagen von Malta. Plan von Giorgio Pagliori, 1570. München, Bayerische Staatsbibliothek

sichtlichen Erfolg. Noch heute wird das Leben dieser als Rundfestung konzipierten und angelegten Kleinstadt von der örtlichen Garnison bestimmt.

Auch die wohl bekannteste, an militärischen Erfordernissen orientierte und nach einer klaren planerischen Vorstellung umgesetzte Stadtanlage des 16. Jahrhunderts entstand als Reaktion auf die ständige Bedrohung durch die Osmanen: La Valetta auf der Insel Malta. Die Johanniter, 1522 durch Süleyman II. (1494–1566) von der Insel Rhodos vertrieben, nahmen 1530 das Angebot Kaiser Karls V. an, der ihnen die Inseln Malta und Gozo als »ewiges Lehen« übertrug. Unter strategischen Gesichtspunkten betrachtet, sollte der Orden angesichts der fortdauernden Bedrohung Europas durch die osmanischen Eroberungszüge zu Lande und zu Wasser die Südflanke des Abendlandes schützen helfen und vor allem die christliche Seefahrt im westlichen Mittelmeer sichern. Für den Orden galt es, sich dauerhaft auf Malta einzurichten und den Platz unter Berücksichtigung der Erfahrungen von Rhodos wie der zwischenzeitlichen Fortschritte in der Kriegstechnik so wehrhaft wie möglich auszubauen. In Francesco Laparelli (1521–1570) fand er einen Festungsbaumeister, der sich nicht nur rühmte, ein Schüler Michelangelos zu sein, sondern dessen

Plan ebenso originell wie durchführbar erschien. Laparellis Entwurf, der innerhalb von nur zehn Jahren in die Praxis umgesetzt wurde, sah die Errichtung einer neuen Festungsstadt auf einer unbebauten felsigen Landzunge vor, die eine Bucht in zwei große natürliche Hafenbecken teilte. Berücksichtigt wurden bei der Planung sowohl die praktischen Erfahrungen, die man inzwischen mit den Vorschlägen aus den Traktaten Filaretes, Albertis und di Giorgios gewonnen hatte, als auch die Bestimmung der Erlasse Kaiser Karls V. für die Anlage neuer Städte im spanischen Kolonialreich. Für die neue Festungsstadt auf der Insel Malta, der man dann den Namen des Ordensgroßmeisters, Jean Parisot de La Valette (1494–1568), in italienisierter Form gab, legte Laparelli einen regelmäßigen rechteckigen Straßenraster über das verfügbare Gelände, ohne Konzessionen an die Topographie zu machen. Auf beiden Längsseiten fiel der Fels steil zum Meer ab, und quer durch die Halbinsel zog sich ein tiefer Taleinschnitt, über den die Hauptstraßen in Längsrichtung zwischen der Landseite und der Spitze mit dem Fort S. Elmo geführt werden mußten. Wo immer es möglich war, wurden die vorhandenen Felsformationen einbezogen, doch dies bedeutete keine Anpassung der Bauführung an die von der Natur vorgegebene Struktur.

Die Durchführung des Projekts verlangte einen enormen Aufwand an Material und Personal. Stein von bester Qualität stand auf der Insel in unbegrenztem Maße zur Verfügung, und an Arbeitskräften gab es ebenfalls keinen Mangel, weil man auf ein großes Reservoir an Gefangenen zurückgreifen konnte, die fast ständig von maltesischen Piratenkapitänen nach Malta gebracht wurden. Da Holz auf der vegetationsarmen Insel nicht unbegrenzt zur Verfügung stand und in seiner Qualität für bauliche Zwecke wenig geeignet war, erwies es sich als besonders vorteilhaft, daß Laparelli und die unter ihm arbeitenden italienischen Baumeister die in Florenz und Rom gemachten Erfahrungen mit Wölbungstechniken ohne aufwendige Lehrgerüste einbringen konnten. Für die Festungswerke, die Sakralbauten, aber auch die Wohnquartiere der Ordensritter brauchte man technisch anspruchsvolle und materialintensive Lösungen. Außer dem Großmeister, der seinen Palast in der Mitte der Stadt erhielt, mußten für die »Zungen« des Ordens, wie die aus den verschiedenen europäischen Ländern stammenden Kontingente der Ordensritter genannt wurden, entsprechende Großbauten geschaffen werden, in denen jeder einzelne Ritter über eine eigene Zimmerflucht verfügte. Die bedeutendsten Paläste ließen sich auf eigene Kosten die Ritter der aragonischen und kastilischen Zunge errichten. Außergewöhnliche politische Verhältnisse haben dieser Hauptstadt eines Ordensstaates für fast drei Jahrhunderte eine blühende Existenz beschert, zumal die starke Festung bis zum Handstreich Napoleon Bonapartes (1769–1821) im Juni 1798 nicht mehr Ziel eines Angriffs gewesen ist.

Als Definition für eine frühneuzeitlich geplante Stadt gilt, daß sie durch eine übergeordnete Macht, sozusagen von außen, gestaltet und nicht von innen her

167. Perspektivische Ansicht einer Idealstadt der Renaissance. Gemälde möglicherweise von Francesco di Giorgio Martini, um 1475, aus dem Palazzo Ducale in Urbino. Baltimore, MD, Walters Art Gallery

entwickelt worden ist. Sehr deutlich läßt sich allerdings die Trennungslinie zwischen gewachsenen und gewordenen Städten auf der einen sowie den gegründeten und geplanten auf der anderen Seite nicht ziehen (W. Braunfels). Die meisten von außen her konzipierten Städte besaßen, wie das Beispiel Palmanova zeigt, eine sehr viel geringere Lebenskraft als die von innen heraus gewachsenen Gemeinwesen. Gleichwohl gibt es eine Vielzahl bewußt geplanter Neugründungen, die sich zu Meisterleistungen der Stadtbaukunst entwickelt haben, so Bern und Lübeck und die vielen Städte, die im Zuge der deutschen Ostkolonisation entstanden sind. Hierbei erfolgte in der Regel nur der erste Impuls von außen, indem Fürsten den Handwerkern und Kaufleuten einen topographisch gesicherten und verkehrstechnisch begünstigten Siedlungsraum zuwiesen. Alles weitere ergab sich aus der Eigenentwicklung, wobei wirtschaftliche Erfolge das Wachstum förderten und ein politisches Selbstbewußtsein der Bürgerschaft dem architektonischen Ausdruck monumentale Akzente verlieh. Ein hervorragendes Beispiel für diese Eigenrepräsentation bieten die meisten im späten Mittelalter und in der frühen Neuzeit entstandenen Rathäuser solcher Städte.

Weder in den Städten der Hanse noch in denen des Deutschen Ordens machten die Regelmäßigkeit der Gesamtanlage, ein rechtwinklig sich schneidendes Straßensystem oder ein großer zentraler Markt die Planstadt aus; es war vielmehr der Wille, diese einzelnen Elemente zu einem Ganzen zusammenzufügen und im Grundriß wie im Aufriß einer Idealvorstellung möglichst weit anzunähern. In der Renaissance bildeten vor allem die landesherrlichen Bauten den Maßstab für alle anderen Baulichkeiten in einer Planstadt. Dem jeweiligen fürstlichen Bauwerk wurden die Straßen, Märkte, Plätze und Häuser zugeordnet, so daß das Ganze als »Gesamtkunstwerk« erschien (K. Gerteis). Pienza kann als bekanntestes Beispiel von Idealstädten dienen, die optimal geplant und begonnen, nach Fortfall des eigentlichen Gründungszwecks jedoch nicht mehr der ursprünglichen Konzeption folgend weitergebaut worden sind. Enea Silvio Piccolomini (1405–1464) wollte seinen Geburtsort Corsignano, das heutige Pienza, zu einer idealen Stadt ausbauen, nachdem er am 18. August 1458 zum Papst gewählt worden war. Als Zentrum entstand ein großer, trapezförmiger Platz mit dem Dom an seiner Basisseite und dem großen Bischofspalast auf der einen sowie dem großen Palazzo Piccolomini auf der anderen schrägen Seite. Alle Bauwerke zeichneten sich durch schöne Renaissance-Passagen aus. Noch

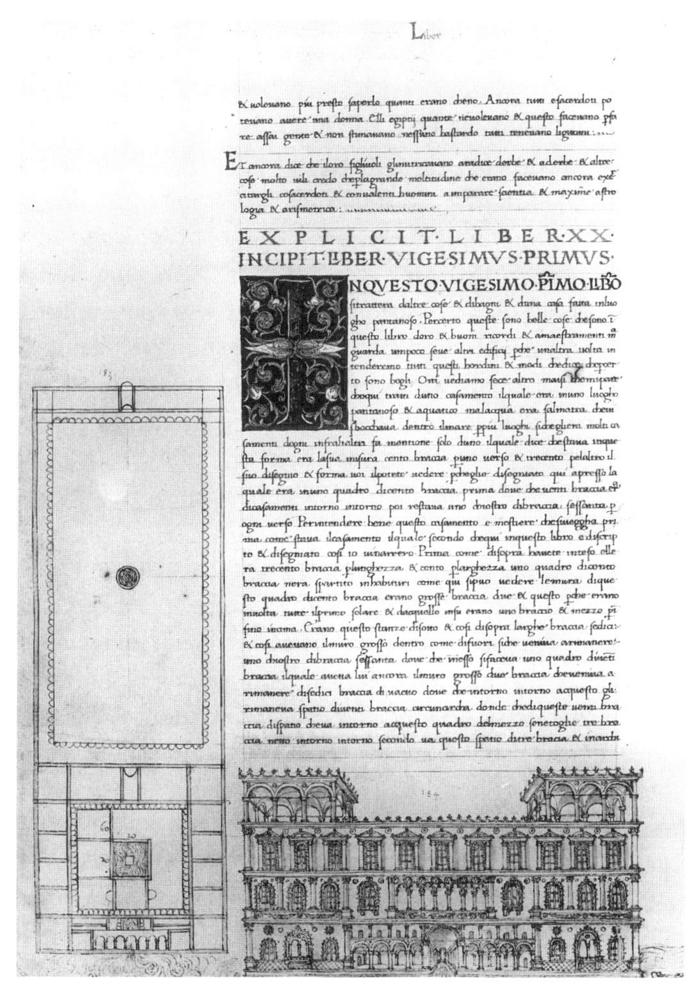

168. Grundriß und Frontalansicht eines idealtypischen venezianischen Palastes. Eine Seite in dem zwischen 1460 und 1464 entstandenen »Trattato dell'architettura« von Antonio Averlino, genannt Filarete. Florenz, Biblioteca Nazionale Centrale

vor Vollendung der Bauten starb der Papst, und damit entfiel der Zweck für diese Stadtanlage. Zwar hat man einige Jahre weitergearbeitet, um die Bauwerke zu vollenden, doch mit Leben konnten sie nie erfüllt werden. Unter dem Aspekt der Urbanistik läßt sich die Gesamtanlage lediglich als gigantische Fehlinvestition bezeichnen. Die für das vorhandene Straßendorf weit überdimensionierten Sakral- und Profanbauten um einen wirklich gelungenen zentralen Platz, vor dem sich ein großartiges Landschaftspanorama öffnete, waren von Beginn an ein Gegenstand der Denkmalpflege.

Trotz solcher eher negativer Erfahrungen erfreute sich die Planung von Idealstädten noch bis in 18. Jahrhundert des gesteigerten Interesses nicht nur der Architekten, sondern vor allem ihrer fürstlichen Auftraggeber. In der ganzheitlichen Betrachtung einer Stadt als eines geschlossenen architektonischen Gebildes lag bereits eine Programmatik, die dem Repräsentationswillen patrizischer Geschlechter wie einzelner Fürsten entgegenkam und durch sie als Auftraggeber die spezifische, meist monumentale Ausdrucksform erhielt. Der politische Wille war das entscheidende Kriterium für die jeweils von außen her bestimmte und den vorhandenen Siedlungsstrukturen übergestülpte Form. Diese konnte in der Mitte des 15. Jahrhunderts ein Papst veranlassen, der aus seinem Geburtsdorf eine Renaissance-Stadt entwickeln wollte; das konnte ein Jahrhundert später wie im Falle Turins durch den Ausbau einer seit der Antike bestehenden Siedlung zu einer neuzeitlichen Festungs- und Residenzstadt geschehen; das vermochte nicht zuletzt die Spiellaune eines Landesherrn für entsprechende bauliche Umsetzung zu vollbringen, was für Freudenstadt im Schwarzwald gegen Ende des 16. Jahrhunderts galt. Beispiele für ein Scheitern sind in diesem Zusammenhang fast ebenso zahlreich wie die der gelungenen Versuche.

Mißglückt war ein seltsames Projekt des Herzogs Friedrich von Württemberg, der 1599 seinem Baumeister Heinrich Schickhardt (1558–1634) den Auftrag gab, für die Bergleute des Silberbergwerks Christophstal eine Stadt zu bauen, die die Form eines Mühlespiels haben sollte. Die Idee war dem Herzog beim Brettspiel gekommen. Auf einem solchen Raster hatte Schickhardt nach dem Willen des fürstlichen Bauherrn Rathaus, Kirche, Schloß und Wohnbauten einzuordnen, wobei der Herzog ausdrücklich befahl, daß die Pfarrkirche und das Rathaus in den diagonal gegenüberliegenden Ecken des Quadrats und das Schloß auf der leeren Mitte errichtet werden sollten. Die Häuser der Bergleute entstanden längs der geraden Verbindungslinien des Mühlebretts. Das Schloß wurde nie begonnen, und die Häuser waren nur bis zur Aufgabe der Silbergrube bewohnt. Noch bei der Wiederbelebung von Freudenstadt als Kurort im 20. Jahrhundert mußte man bei den geplanten Erweiterungen in die umliegenden Hügel der Schwarzwaldlandschaft hinein von der ursprünglichen Mühlebrett-Struktur ausgehen.

Für die Umwandlung der noch im 15. Jahrhundert ganz mittelalterlich geprägten

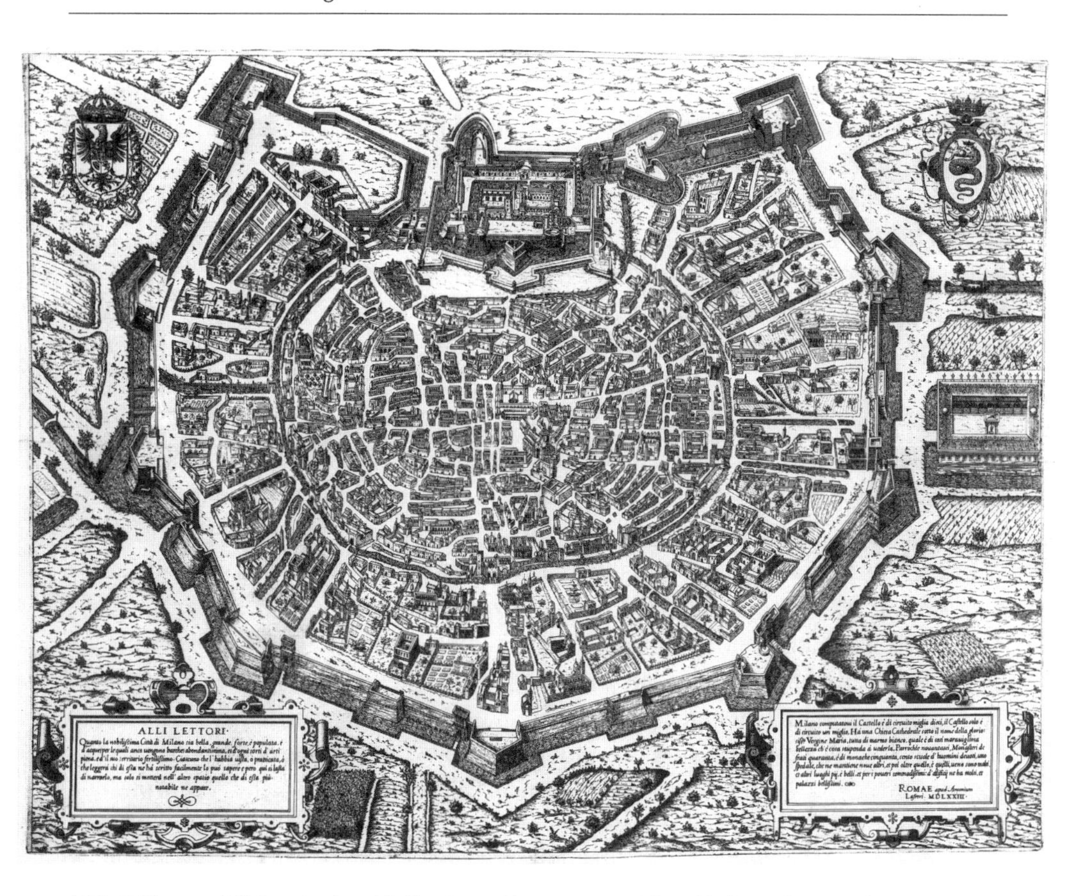

169. Frühneuzeitlicher Ausbau Mailands zur Festung unter Einschluß des Castello Sforzesco. Plan in einem 1573 erschienenen römischen Kartenwerk. Nürnberg, Germanisches Nationalmuseum

Stadt Turin in eine stark befestigte Residenz spielte Herzog Emanuel Philibert (1528–1580) die entscheidende Rolle. Er wollte zunächst die alte Burg zu einem zentralen festen Platz innerhalb der Stadt ausbauen, wie dies beim Castello Sforcesco in Mailand beispielhaft gelungen war. Da aber in Turin aufgrund anderer topographischer und baulicher Voraussetzungen keine vergleichbare Situation gegeben war, verzichtete der Herzog auf eine entsprechende Kopie und favorisierte die 1564 entstandenen Entwürfe für eine sternförmige fünfeckige Zitadelle außerhalb des vorhandenen Mauerrings, von der aus die wegen ihrer Lage gefährdeten Teile der Umwallung im Süden und im Westen gut geschützt werden konnten. Der Abstand zur Stadt sorgte überdies für eine Art Glacis mit freiem Schußfeld, so daß sich der Landesherr in seiner Zitadelle auch gegen Angriffe aus der Stadt heraus hätte behaupten können. Die Entscheidung für die Anlage der Zitadelle im Südwesten der vorhandenen Stadt bestimmte die gesamte weitere bauliche Entwicklung.

Durch die Schwerpunktverlagerung zugunsten der Zitadelle und die starke Betonung der Festungseigenschaft wurde die alte Burg mit ihrem Vorplatz zur neuen Stadtmitte, an die sich in nördlicher Richtung die Residenzanlagen mit Palast und Gärten bis zur Bastionärbefestigung der Nordseite erstreckten. Eingebunden in den Palast war die Kapelle für die Grablege der Savoyer und für die Staatsreliquie in Gestalt des angeblichen Leichentuches Christi. Die Anlage von Gärten belebte eine seit der Antike in Vergessenheit geratene architektonische Aufgabe. Weder die Burgen noch die mittelalterlichen Städte hatten Platz für solche allein der Erholung und dem Naturerlebnis dienenden Gestaltungsformen geboten. Während der Renaissance entstanden vor allem in Italien und in Frankreich die ersten Gärten und Parks bei Villen, Schlössern und Residenzen innerhalb der Städte. Auch hier artikulierte sich das Streben nach einer allumfassenden Ordnung durch regelmäßige Blumenbeete, klar begrenzte Rasenflächen und geometrisch gestaltete und entsprechend gestutzte Hecken samt ergänzender Vasen, Statuen und Wasserbassins.

In Turin entsprachen die Maßnahmen beim Ausbau zur repräsentativen Residenz dem absolutistischen Regierungssystem Emanuels. Der Straßenraster, der noch aus römischer Zeit stammenden Altstadt wurde beibehalten und sogar auf die neuangelegten Stadtteile übertragen. Man ging nach exakten Planungen insgesamt dreimal und nach drei verschiedenen Seiten weit über die besiedelte Fläche der mittelalterlichen Stadt hinaus und verband die neuen Stadtteile über große und breite Straßen mit der Residenz in der Stadtmitte. Strenge Baugesetze verpflichteten arme wie wohlhabende Bürger zur gleichartigen Fassadengestaltung bei ihren Häusern und Palästen in der Altstadt wie in den neuen Stadtteilen. Damit zwang der Herzog allen Gebäuden den Stil der Residenz auf und sorgte für ein einheitliches, aristokratisch geprägtes Stadtbild mit Kolonnaden, Säulenordnungen und monumental gegliederten Fassaden. Der wichtige militärische Aspekt wurde trotz aller Betonung der dekorativen Elemente keineswegs außer acht gelassen. Alle neuen Stadtteile wurden zusammen mit der Altstadt und der Zitadelle einem wohldurchdachten Gesamtfestungssystem eingegliedert. Die Notwendigkeit eines stark befestigten Platzes ergab sich für Turin unter strategischen Aspekten schon aus der Lage des Herzogtums zu beiden Seiten des Alpenkammes, zumal immer mit militärischen Operationen rivalisierender Großmächte wie Frankreich, Spanien, Österreich oder der Stadt Mailand gerechnet werden mußte.

Bei der Planung solcher Residenzen hatte man vor allem einen enormen Platzbedarf zu berücksichtigen, der bei vorhandenen Siedlungsstrukturen wesentlich schwieriger umzusetzen war als bei Neugründungen. Häufig wurde das Schreckgespenst des Großbrandes zum Mittler für die Stadterneuerung. So legte man die Stadt Jülich 1473 offenbar durch Brandstiftung zum großen Teil in Schutt und Asche. Die meisten Einwohner wanderten in die umliegenden Ortschaften ab und waren nur mit Mühe zur Rückkehr und zum Wiederaufbau zu bewegen. Als dies gelungen war und man sogar im geldrischen Krieg 1543 die Belagerung durch Truppen Kaiser Karls V. hatte abwehren können, brannte Jülich 1547 erneut nieder. Nur zwei kleinere Straßenzüge blieben damals erhalten. Diese Brandkatastrophe kam den ohnehin bestehenden Umbauplänen Herzog Wilhelms V. (1539–1592) von Jülich-Cleve-Berg als Landesherrn sehr gelegen. Er beauftragte Alessandro Pasqualini (gestorben 1559) mit dem Wiederaufbau der Stadt nach einem neuen Plan, der nicht nur modernste Festungsanlagen, sondern auch ein Residenzschloß für den Herzog mitten in der Stadt vorsah, und die Zeitgenossen bestaunten das Ensemble.

Solche Baumaßnahmen führten vielerorts zu technischen Verbesserungen. Bereits seit dem späten Mittelalter hatte man versucht, das Problem der Feuersbrunst durch Brandordnungen in den Griff zu bekommen. Sie schrieben vor, Brandmauern zu errichten, für Kamine zu sorgen, Schindel- oder Strohdeckung von Häusern durch Ziegel zu ersetzen. In Regensburg wurde schon in der Mitte des 14. Jahrhunderts die Höhe der Brandmauer festgelegt und bestimmt, daß nur unter Verwendung des Baumaterials Stein direkt daran angebaut werden durfte. Eine wirkliche Sicherheit

170. Das 1544 bis 1546 errichtete Renaissance-Haus des Augsburger Kaufmanns und kaiserlichen Rates Lienhard Boeck von Boeckenstein. Aquarellierte Federzeichnung eines Augsburgers, 17. Jahrhundert. Augsburg, Städtische Kunstsammlungen

hätte jedoch allein der Abriß aller in Holzbauweise errichteten Häuser und Scheunen innerhalb der Stadt und ihr Ersatz durch Steinbauten gebracht. Immerhin waren die neuen Vorschriften, Brandmauern zu setzen, ein wichtiger Schritt zu mehr Sicherheit, und erst sie ermöglichten die für spätmittelalterliche und frühneuzeitliche Städte charakteristischen Häuserzeilen (K. Gerteis). Die aus dem Mittelalter stammende städtebauliche Struktur kannte als Regelfall das giebelständige Haus auf einem schmalen und in die Tiefe reichenden Grundstück. Beim Bau von Häusern auch an den Seiten der Verbindungsgassen zwischen zwei Straßen entstand ein zumeist unregelmäßiges Häusergeviert. Es unterschied sich strukturell von der Geviertbauweise der frühneuzeitlichen Planstädte, die durch die Maßgabe, die Häuser nicht mit der Giebelfront, sondern mit ihrer Traufseite an die Straße grenzen zu lassen, der Funktion der Brandmauer den durchschlagenden Erfolg garantierte. Üblicherweise errichtete man aus Kostengründen lediglich das Erdgeschoß aus Stein und baute die Obergeschosse in Holz oder Fachwerk aus. Zur Verminderung der Brandgefahr wurden die Fachwerkwände verputzt. Erst die landesherrlichen Bauordnungen machten den Steinbau zur Regel. Weitere neuere Bestimmungen betrafen Kamine und Küchen, also die hauptsächlichen Quellen der Brandgefahr. Nun sollten die Küchen mit einer Steindecke versehen werden, was aufgrund der beherrschten Bautechnik nur eine material- und kostenaufwendige Gewölbelösung zuließ. War es in mittelalterlichen Regelungen vorwiegend darum gegangen, die Rechte des Nachbarn auf Zugang und Versorgung mit Licht und Wasser abzusichern, so wurde in den Bauordnungen der frühen Neuzeit ein zwar noch unbestimmter, gleichwohl in der Struktur bereits ausgeprägter Leitgedanke zum »Schutz der Allgemeinheit« deutlich. Hinzu kam der fürstliche Gestaltungswille, immer darauf bedacht, nach den vorgegebenen Grund- und Aufrissen zu bauen. So entstanden Straßen und Plätze als einheitliches Ensemble mit aufeinander abgestimmten Geschoßgliederungen und Fensterformen.

Die prägende Wirkung der fürstlichen Residenz auf die Gestalt der Stadt ergab sich nicht allein aus dem Schloß oder dem Stadtpalast der Landesherrn, sondern nicht zuletzt aus den zugeordneten Gebäuden: den Kanzleien, Ministerien, Hofkirchen, Theatern, Marställen und Garnisonsbauten. Ein Ort, in dem solche Bauwerke über alle anderen Baulichkeiten dominieren, läßt sich als Residenzstadt definieren. Während das für Turin oder München, Berlin oder St. Petersburg galt, läßt sich für Wien, London oder Paris feststellen, daß die dortigen Residenzbauten nie eine das gesamte Baugefüge beherrschende Stellung erreicht haben. Die bauliche Gestaltung der Residenz entsprach der programmatischen Darstellung einer erfolgreichen und glücklichen Regierung des Landesherrn. In Frankreich brachte man den Sinn der Residenzbaukunst ganz offen als eine Art von Staatsarchitektur zum Ausdruck, die dem Ruhm des Königs zu dienen habe. Verallgemeinernd läßt sich sagen, daß die Residenzstädte letztlich sterile Gemeinwesen ohne eigene Lebenskraft geblieben sind, daß sie keine eigenständigen Entwicklungen erlaubt haben. So überrascht es nicht, daß ihre Baumeister fast ausschließlich von außerhalb gekommen sind. Gewachsene Hauptstädte wie Paris oder London waren dagegen nicht nur die stärksten wirtschaftlichen Zentren ihres Landes, sondern auch die geistige Heimat der Künstler.

Wo seit dem 15. Jahrhundert die Residenzfunktion innerhalb einer bestehenden Siedlungsstruktur durchgesetzt werden sollte, kam es wegen der geplanten Baumaßnahmen häufig zu Konflikten. Dabei ging es meistens um die von der fürstlichen Administration beanspruchten, aber von den Bürgern bereits genutzten oder für eine bestimmte Nutzung vorgesehenen Areale. Burg und Stadt fanden nur in seltenen Fällen zu politischer Einheit, es sei denn, eine Seite setzte sich im Machtkampf durch. Gelang dies in Nürnberg den Bürgern der Stadt, die ihre politische Unabhängigkeit unter anderem durch die Eingliederung der vormaligen Hohenzollernburg in die städtischen Befestigungsanlagen dokumentierten, so setzte sich zur gleichen Zeit in Landshut die Burg als Dominanz durch, weil es dem Herzog zwischen 1408 und 1410 gelungen war, mit Unterdrückungsmaßnahmen wie dem Einzug des Vermögens aller Patrizier in der Stadt Selbstbewußtsein und Widerstandskraft der Bürgerschaft auf Dauer zu brechen. Ähnliche Konflikte zwischen Burgherren und den Bewohnern umliegender Marktsiedlungen ereigneten sich seit dem Mittelalter europaweit. Das galt für München wie für Wien oder Paris, wo die Könige den Louvre nicht nur zu einer uneinnehmbaren Festung ausbauten, sondern ganz bewußt zwischen diese Anlage und die umliegenden Wohnsiedlungen Freiräume für besseres Schußfeld schufen. Auch in München rückte das Herzogschloß vom Zentrum an den Nordrand der Altstadt, als mit dem Ende des Landshuter Erbfolgekrieges 1505 die ehemaligen Teilherzogtümer auf immer in einen geschlossenen Territorialstaat mit Sitz des Herzogs in der neuen Residenz integriert wurden. Dies bedeutete für München längerfristig große bauliche Veränderungen. Die Niederlassung der Jesuiten 1559 und der Bau ihrer Kirche von 1583 bis 1597 hatte zur Folge, daß sechsunddreißig Bürgerhäuser niedergerissen werden mußten. Dem Schloßbau Herzog Wilhelms V. hatten sogar sechsundfünfzig Häuser zu weichen. Der Ausbau der Residenz zur größten Anlage dieser Art im Reich dauerte bis ins 17. Jahrhundert. Der gewünschte Hofgarten im Norden der Anlage zwang damals zu einer kostspieligen Erweiterung der Befestigungsanlagen an der Peripherie. Was Wien betraf, so trugen die mißlichen Erfahrungen, die Kaiser Friedrich III. mit den aufständischen Bürgern gemacht hatte, dazu bei, daß sein Nachfolger, Maximilian I., seine neue Residenz in Wiener Neustadt bauen ließ.

Der Tower in London und die Bastille in Paris erinnern daran, daß einige Herrscher ihre Burgen in erheblichem Abstand von den zu Wohn- und Repräsentationszwecken errichteten Palästen angelegt haben. Auch geistliche Fürsten wollten auf Burganlagen, die im 16. Jahrhundert zu Festungen ausgebaut wurden, nicht verzichten. Sie bevorzugten wegen ihrer meist nur geringen territorialen Machtbasis eine möglichst uneinnehmbare Höhenlage. Die fürstbischöflichen Festungen Würzburg und Salzburg sind dafür markante Beispiele. Die Sicherung der Herrschaft über die Stadt mit Hilfe solcher Zwingburgen war selbst im päpstlichen Rom ein Bedürfnis. Ohne das aus der Antike stammende Grabmal des Kaisers Hadrian (76–138), umbenannt zur Engelsburg, hätte sich die päpstliche Herrschaft über die Stadt im Mittelalter und während der Renaissance gegenüber dem stets zur Rebellion neigenden städtischen Bürgertum wohl kaum behaupten lassen, und auch der Vatikan wäre trotz St. Peter und Grab des Apostelfürsten sicherlich niemals zum Regierungspalast geworden. Unverzichtbar war der unmittelbare Schutz durch diese mächtige, als Burg dienende antike Anlage.

Zusammenfassend ist festzustellen, daß sich in der Übergangsepoche vom Mittelalter zur Neuzeit nur wenige Städte aufwendige neue Bastionärbefestigungen leisten konnten, daß es sich bei den meisten baulichen Veränderungen der vorhandenen Wehrarchitektur oder den Neuanlagen um Eingriffe der Landesherren gehandelt hat. Neben dem Ausbau zur Festung veränderten viele Städte ihr Erscheinungsbild auch im Zusammenhang mit der Residenzfunktion. Beiden Wandlungsprozessen lag immer eine vorgegebene Planung zugrunde, die sich allerdings im Verlauf der baulichen Umsetzung flexibel an neuen Erfordernissen und gewandelten Zweckbestimmungen orientierte.

Sämtliche Bauvorhaben des 14. bis 16. Jahrhunderts konnten im wesentlichen mit dem technischen Instrumentarium bewältigt werden, das bereits im Mittelalter verfügbar war. Man versah lang- und kurzstielige Hämmer mit unterschiedlichen Kopfformen und ergänzte die Schlag- und Spitzeisen der Steinmetzen gegen Ende des 15. Jahrhunderts durch ein neues Werkzeug in Form des wohl in Frankreich entstandenen Scharriereisens. Es wurde wie das Schlageisen gehandhabt, wies jedoch eine breitere Schneide auf, und man benutzte es zum Scharrieren, das heißt zum Einritzen paralleler Furchen in eine Quaderfläche. Alle anderen bekannten Werkzeuge zur Steinbearbeitung, zum Mauern und zur geometrischen Vermessung der Werkstücke beziehungsweise zur Übertragung von Planzeichnungen auf das Material erfuhren bis in die Neuzeit hinein nur geringfügige Verbesserungen. Bei Kelle, Stechzirkel, Reißnagel, Meßlatte und den diversen Lotwaagen sowie den im 13. Jahrhundert entwickelten hölzernen Schablonen für die Herstellung gleichprofilierter Steine gab es keine entscheidenden Veränderungen.

Neuentwicklungen erfolgten dagegen im Bereich des Materialtransports mit Kränen und Hebezeugen. Die bei Vitruv beschriebenen dreibeinigen Bockhebezeuge mit Haspeln, die man mittels Kurbeln oder Handspeichen bewegte und die horizontale Wellen mit einem Schwungrad in der Mitte zur Überwindung des Totpunktes beim Kurbeln besaßen, waren im Mittelalter in Vergessenheit geraten. Bildlich belegt erscheinen sie erst in Stundenbüchern und illustrierten Chroniken

171 a und b. Hebekonstruktionen mit Haspel und Ringmechanik-Zange, einerseits mit zweiarmigem Hebel, andererseits mit Umlenkrolle. Aquarellierte Zeichnungen zu der 1449 entstandenen Schrift »De rebus militaribus« von Taccola, um 1500. Venedig, Biblioteca Nazionale Marciana

aus dem 15. Jahrhundert. Lastkräne mit Tretradantrieb waren, von Vitruv zum Heben schwerer Lasten empfohlen, in der römischen Antike eingesetzt worden, doch sie tauchten erst in der zweiten Hälfte des 13. Jahrhunderts wieder auf den Baustellen auf. Der Antrieb erfolgte durch das Körpergewicht im Innern der Trettrommel laufender Männer, wobei die verlängerte Achse der Trommel als Welle einer Winde diente. Eine solche Konstruktion war erheblich leistungsfähiger als die Haspel und eignete sich daher vor allem für den Einsatz bei Großbauten. Zahlreiche Bildquellen lassen darauf schließen, daß auf spätmittelalterlichen und frühneuzeitlichen Baustellen ausschließlich senkrecht stehende Treträder in Gebrauch gewesen sind. Im 14. Jahrhundert war das Tretrad überall in Mitteleuropa verbreitet. Man paßte es immer häufiger in den Kranunterbau ein, das Lager seiner Achse hingegen in die Kransäule. Die untere Abdeckung der Kräne bot Witterungsschutz. Stationäre Kräne befanden sich an den Umschlagplätzen für Waren, auf Marktplätzen und an Ufern zum Beladen oder Entladen von Schiffen.

Im Baubetrieb verwendete man die Kräne zum Lastenaufzug. Bruchsteine wurden im Korb auf die Verarbeitungsebene gehoben und dort vor dem Versetzen behauen, während große Quader einzeln an den Bestimmungsort transportiert

172. Errichtung des Obelisken auf dem Platz vor St. Peter in Rom durch Domenico Fontana im Jahr 1586. Wandgemälde eines Unbekannten in der Biblioteca Apostolica Vaticana, Ende des 16. Jahrhunderts

werden mußten. Neben Seilschlaufen hatte man als Greifzeug schon in der Antike den Wolf benutzt. Er bestand aus einem geraden Eisenstück mit zwei keilförmigen Teilen, die mit einem Bolzen zu einer schwalbenschwanzartigen Metallklaue verriegelt wurden. Diese Klaue ließ sich in eine in die Quaderoberfläche eingemeißelte, ebenfalls schwalbenschwanzartige Vertiefung einfügen. Wurde die Last angezogen, so verklemmten sich die Keilflächen des Wolfes fest im Quader. Seit Beginn des 14. Jahrhunderts wurde der Wolf immer häufiger durch die Zange ersetzt. Sie bestand aus zwei durch einen Gelenkbolzen verbundenen eisernen Greifarmen, an deren oberen Enden zwei beweglich in einen Eisenring eingehängte Kettenglieder befestigt waren. Dieser Mechanismus übte beim Anzug des am Eisenring festgemachten Zugseils Druck auf die Zangenbacken aus, die den Quaderblock seitlich faßten. Der Zangenmechanismus ist seit dem 13. Jahrhundert in vielfältiger Weise durch bildliche Darstellungen belegt, obwohl die meisten davon rein schematisch erscheinen und die Funktionsweise nicht deutlich werden lassen. Eine modifizierte Form dieser Zange, die auch beim mechanischen Drahtziehen eingesetzt wurde, hat Taccola in »De rebus militaribus« wiedergegeben. Hier war das Zugseil an einem oberhalb des Zangengelenks befindlichen Ring befestigt, dessen Durchmesser kleiner war als der Abstand der oberen Greifarme bei aufeinanderliegenden Zangenbakken. Wollte man die Zange öffnen, so mußte dieser Ring in Richtung Zangengelenk herabgeschoben werden. Der anschließende Zug ließ ihn an den Greifarmen bis zu dem Punkt hinaufgleiten, an dem aufgrund des Preßdrucks der Backen das dazwischen eingespannte Werkstück zu heben war.

Auch die Krangerüste und Auslegersysteme wurden während des 15. und 16. Jahrhunderts weiter verbessert und bildeten eine der wesentlichen technischen Voraussetzungen für die umfänglichen Bauaufgaben dieser Epoche. Ein eindrucksvolles Beispiel der technischen Leistungsfähigkeit in Zusammenhang mit einer ausgeklügelten Organisation bot die Aufstellung des 23 Meter hohen und 327 Tonnen schweren Obelisken auf dem Peters-Platz in Rom durch Domenico Fontana im Jahr 1586. Er hatte als Chefarchitekt für die Neuplanung Roms von Papst Sixtus V. (1520–1590) den Auftrag erhalten, den an einer schlecht zugänglichen Stelle hinter der alten Sakristei von St. Peter stehenden Obelisken in die Mitte des großen Platzes zu versetzen. Fontana verließ sich bei der Planung nicht auf seine Erfahrung, sondern berechnete das Gewicht des Obelisken wie die Zahl der für die Hebung erforderlichen Göpel. Seinerzeit konnte ein Göpel mit exakt gearbeiteten Seilen und Flaschenzügen 10 Tonnen heben, und so sah Fontana 40 Göpel und zusätzlich 5 Hebel aus starken Balken von jeweils 13 Meter Länge vor, »so daß ich nicht nur genug Kraft, sondern auch einen Überschuß hätte«. 800 Menschen und 140 Pferde wurden für einen gut organisierten Ablauf gebraucht; denn der Obelisk mußte zunächst niedergelegt und dann mehrere hundert Meter weit bis zum neuen Standort transportiert werden, bevor man ihn dort erneut aufrichten konnte. Im Rahmen seiner Planung entwickelte Fontana ein Holzmodell mit einem Obelisken aus Blei und maßstabgerechten Seilen, Rollen und kleinen Göpeln, daß er dem Papst und den hohen Würdenträgern ebenso vorführte wie den unter seiner Leitung arbeitenden Handwerksmeistern. Das Ergebnis stellte alle zufrieden, so daß Papst Sixtus ihn mit umfänglichen Machtbefugnissen zur Durchsetzung seiner Aufgabe ausstattete. Der Transport des Obelisken dauerte etwa ein halbes Jahr, und am 10. September 1586 begann man mit der Aufrichtung nach einem zuvor exakt geprobten Ablauf. Das bravouröse Gelingen dieser ungewöhnlichen Aufgabe trug dazu bei, daß Fontana gemeinsam mit Giacomo della Porta den Auftrag erhielt, Michelangelos Kuppel für St. Peter fertigzustellen, was ihn bis 1590 in Anspruch nahm. Ihm oblag zudem die Verantwortung für die Bauarbeiten am Lateranpalast, bis er 1592 dem Ruf des Königs von Neapel folgte, um dessen Stadtpalast zu bauen. Seine architektonischen Schöpfungen nahmen einige wichtige stilistische Elemente des Barock vorweg, und so steht er am Ende der Reihe der großen Renaissance-Baumeister, deren besondere Befähigung in einer gelungenen Kombination aus künstlerischer Empfindung, handwerklichem Können, Streben nach Präzision und Perfektion und Aufgeschlossenheit für Neuerungen bestand.

Ton, Ziegel, Glas

Neben dem Holz kann der Ton als ältester Werkstoff für Gefäße gelten. Alle aus anderen Materialien wie Metallen oder Glas gefertigten Koch-, Trink-, Eß- und Vorratsgefäße hatten Holz- oder Tonformen zum Vorbild. Auch als Baustoff in Gestalt getrockneter oder gebrannter Ziegel spielte Ton schon seit den frühen Hochkulturen eine bedeutende Rolle. Mit dem Sammelbegriff »Keramik«, der auf das griechische »Keramos« für Ton zurückgeht, werden alle aus Ton geformten oder gebrannten Ziegel, Platten, Gefäße oder Bildwerke bezeichnet. Die Tone sind in der Natur unterschiedlich zusammengesetzt und erfordern daher eine entsprechende Aufbereitung, oft auch einen Zusatz anderer Stoffe, bevor sie verarbeitet werden können. Die Eigenschaften der verschiedenen Arten keramischer Erzeugnisse lassen sich auf diese Besonderheit zurückführen.

Unter »Irdenware« versteht man einfache und unglasierte sowie nicht besonders hart gebrannte Keramik aus kalkarmem Ton von roter, brauner oder gelblicher Farbe. Schwarze oder graublaue Färbung entstand dadurch, daß man den Ton mit Graphit vermengte oder die noch nicht vollständig gebrannte Ware dem Rauch im Ofen aussetzte. Ein härterer Brand führte zu »Terrakotta«, gebrannter Erde, die seit vorgeschichtlicher Zeit hauptsächlich für Klein- und Bauplastik verwendet wurde (W. Dexel). Durch das Brennen wird Ton zwar fest und haltbar, doch er bleibt porös und wäre zum Aufbewahren von Flüssigkeiten nicht geeignet. Undurchlässig wird er erst durch Überzug mit einer Glasur. Glasierte Keramik bezeichnet man als »Hafnerware«. Die zu ihrer Herstellung erforderliche und bereits in Altvorderasien bekannte Technik ist auf einem Umweg über Nordafrika, Spanien und Holland erst im Mittelalter bis nach Deutschland gelangt. Hier fand sie bei Ziegeln, Boden- und Wandplatten wie Ofenkacheln und zu Beginn der frühen Neuzeit auch bei Gefäßen Anwendung. Die einfache farblose Bleiglasur erreichte man durch ein mitgebranntes und aufgeschmolzenes Gemisch aus Mennige (Bleioxid), Quarz und Ton. Farbige Glasuren entstanden durch Zusätze von Metalloxiden, wobei Kupferoxid für grüne, Manganoxid für dunkelbraune und violette und Kobaltoxid für blaue Farbgebung sorgte.

Eine besondere Keramikart bilden »Majolika« und »Fayence«, zwei Bezeichnungen für ein strukturell gleiches Erzeugnis. Der Begriff »Majolika« stammt von der Balearen-Insel Mallorca, wo diese Technik der Tonbearbeitung bereits im 14. Jahrhundert beherrscht wurde, während der Begriff »Fayence« mit der alten italienischen Töpferstadt Faenza in Verbindung zu bringen ist. Im Unterschied zur Hafnerware wird bei Majolika-Erzeugnissen der Ton mit einer undurchsichtigen weißen Glasur überzogen, die durch Beigabe von Zinn entsteht. In einem ersten Brand erhalten Majolika-Gefäße die nötige Festigkeit, bleiben dabei aber noch porös. Nach dem Aufbringen der deckenden und weißbrennenden Zinnglasur, auf die noch ein farbiger Dekor gemalt werden kann, verschmelzen Farbe und Glasur in einem zweiten Brennvorgang, dem sogenannten Garbrand, miteinander.

Eine sehr robust wirkende Keramikform ist das seit dem 12. Jahrhundert bekannte Steinzeug aus schwer schmelzbarem Ton, dem Quarz und Feldspat beibesetzt sind. Durch Einstreuen von Kochsalz während des Brandes, das sofort verdampfte und sich als dünner Überzug auf dem Gefäß niederschlug, wurde das Material dicht und undurchlässig für Flüssigkeiten. Hierbei handelte es sich um eine seit dem Ende des 15. Jahrhunderts besonders im Raum um Köln und Siegburg bevorzugte Methode zur Steinzeugherstellung. Dieses rheinische Steinzeug fand vor allem in Holland und England einen großen Markt. Im Vergleich zu den einfachen und durchsichtigen Bleiglasuren der mittelalterlichen und noch in der Renaissance gebräuchlichen Fliesen und Hafnerwaren waren die im Orient hergestellten und hauptsächlich aus Quarzsand und Soda oder Pottasche bestehenden Glasuren vollständig färbbar. Mangels Haftung auf dem Ton setzten sie eine ihnen homogene Masse voraus, in der außer Kieselerde auch Alkalien vorhanden waren. »Emails« entstanden durch Beimischung von Zinnasche zum Flußmittel Bleioxid, wodurch die Glasur undurchsichtig und dickflüssig wurde. Sie deckte den Tonkern und bedurfte keiner weiteren Unterlage. Deshalb war sie die beste Methode zur Herstellung von Majoliken.

Für die einzelnen Keramikarten waren entsprechende Tone erforderlich. So zeichnete sich der Steinzeugton dadurch aus, daß er zwischen 1.000 und 1.300 Grad einen dichten und undurchlässigen Scherben lieferte, während man für Majolika und Terrakotta sehr flußmittelreiche Tone benötigte, die schon bei 900 Grad gebrannt wurden, wobei der Scherben porös blieb. Zur Ziegelherstellung geeignete Tone und Lehme besitzen häufig nicht mehr als 10 Prozent tonige Substanzen. Bei genügendem Wassergehalt weisen Tone einen Aggregatzustand auf, der zwischen fest und flüssig liegt. Diese Plastizität ist seit Jahrtausenden von den Menschen genutzt worden, ohne daß man das eigentliche Phänomen bis heute einwandfrei physikalisch definieren könnte. Schwierigkeiten bei der Gewinnung des Tons als Ausgangsmaterial für sämtliche weiteren Bearbeitungsschritte ergaben sich meistens aus der Eigenschaft, daß er klebt. Der Grad der Klebrigkeit hing vom Wassergehalt der Tonerde ab. In sehr nasse Erde drangen Spaten und Haue zwar leicht ein, doch sie ließen sich nur unter großer Kraftanstrengung mit einem entsprechenden Klumpen Ton wieder herausziehen. Dort, wo die Wasserkonzentration geringer war, konnte man Ton leichter gewinnen. Bei einem Wassergehalt von weniger als 6 Prozent ließ sich Ton wie weiches Gestein brechen, aber derartige harte Vorkommen blieben die Ausnahme.

Tonerde konnte man je nach Lage der Tonschichten im Kuhlenbau oder durch unterirdischen Abbau gewinnen. Für den Kölner Raum ist ein verbreiteter Kuhlenbau schon seit dem 16. Jahrhundert urkundlich nachgewiesen; er dürfte dort jedoch noch wesentlich älter sein. Gewöhnlich wurde der Ton von anderen Erdschichten überdeckt, und deshalb konnte der Kuhlenbau nur dort betrieben werden, wo die Tonschicht nicht zu tief lag. Die Kuhlen legte man häufig in abschüssigem Gelände an, um das Regen- oder Grundwasser besser ableiten zu können. Die Erdgräber hoben eine Tonkuhle mit dem Spaten aus, bis sie auf die Tonschicht stießen. Dabei war darauf zu achten, daß die Kuhlenwände nicht senkrecht, sondern in einem schrägen Böschungswinkel niedergebracht wurden, damit kein Erdreich nachsackte. Lag die Tonschicht tiefer, so benutzte man eine Haspel auf einem Bock, mit deren Hilfe man den Ton wie den Abraum in Körben aus Weidenruten nach oben förderte. Bei diesem Tagebau verzichtete man in der Regel auf eine Ausschalung der Kuhlenwände und baute auch keinen Stollen, um der Tonschicht in horizontaler oder schräg verlaufender Richtung zu folgen. Statt dessen wurde neben der ausgebeuteten Kuhle eine neue ausgetäuft, so daß der entstehende Abraum gleich zum Auffüllen der benachbarten Kuhle verwendet werden konnte. Bei der Gewinnung von Ton durch die Kuhlenbaumethode ließen sich die Tonlager nicht vollständig ausbeuten, weil große Teile der Schichten wegen fehlender Stollen, aber auch aus Sicherheitsgründen stehengelassen werden mußten. Dennoch war diese Abbaumethode im Vergleich zum Untertagebau weniger gefährlich und erheblich billiger.

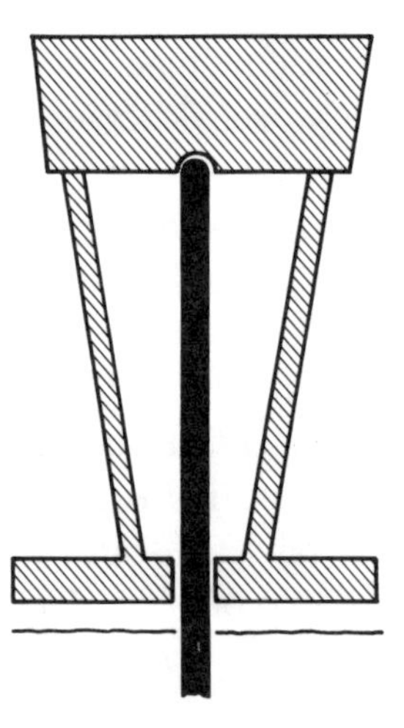

Blockscheibe im Längsschnitt (nach Amann)

Gefördert wurde der Ton vorzugsweise im Herbst. Den Winter über war er im Freien der Luft, dem Regen und dem Frost ausgesetzt, wodurch er lockerer wurde und sich dann leichter verarbeiten ließ. Im Frühjahr schaufelte man ihn in eine Grube, wo er »gesumpft«, daß heißt mit Wasser durchfeuchtet und anschließend getreten wurde, um der feuchten Masse die gewünschte Geschmeidigkeit zu verleihen. Für diese anstrengende Arbeit setzte man auch Ochsen und Pferde ein, doch die menschlichen Arbeitskräfte waren für eine wichtige Kontrollfunktion unverzichtbar: Sie mußten die in der Tonmasse noch vorhandenen und beim Treten an die Oberfläche gelangenden Steine auslesen. Der gesumpfte und getretene Ton diente den Töpfern oder den Zieglern als Rohmaterial.

Zu den ältesten Arbeitsgeräten des Menschen zählt die erstmals für das Ende des 4. Jahrtausends v. Chr. in Mesopotamien belegte Töpferscheibe. Doch erst im hohen Mittelalter gelangte diese Art des Töpferns auf dem Weg über den Mittelmeerraum bis nach Deutschland. Die Keramikherstellung mittels einer Blockscheibe ist dann in einer Reihe von bildlichen Darstellungen des 15. und 16. Jahrhunderts überliefert. Die Konstruktion bestand aus einem senkrechten, im Boden verankerten Pfosten, auf dessen abgerundetem oberen Ende der schwere, blockförmige Scheibenkopf mit einer halbkugelförmigen Einbuchtung an der Unterseite aufgesetzt war. Vom unteren Rand des Drehkopfes liefen Holzsprossen zum inneren Rand einer mit einem Zentralloch versehenen leichteren Holzscheibe, zum Zweck der Stabilisierung bei der Drehbewegung des Scheibenkopfes. Das Mittelloch der unteren Scheibe war so dimensioniert, daß diese sich um den senkrechten Pfosten drehen konnte, ohne ihn zu berühren, und die Befestigung der Holzsprossen auf der Innenseite ließ einen großen Teil der Scheibenfläche für den Antrieb der Gesamtkonstruktion durch die Füße des Töpfers frei, der sie bei der Arbeit ständig in Bewegung halten mußte. Entsprechend gering war die Drehgeschwindigkeit.

Eine beachtenswerte Verbesserung stellte das Töpferrad dar, dessen älteste bildliche Wiedergabe sich in einer französischen Bibel aus dem Jahr 1460 findet. Das Töpferrad entsprach in den Abmessungen ungefähr einem Wagenrad mit mehreren Speichen und saß horizontal auf einer senkrecht in den Boden gerammten Achse. Am oberen Achsenende befand sich ein mit einer Eisenscheibe ausgekleidetes vertieftes Lager für einen stabilen Wellenzapfen. An dessen Spitze war das Rad befestigt. Oberhalb der Radnabe horizontal angebracht, diente ein rundes Brett als Töpferscheibe. Die Speichen des Rades waren nach unten gezogen; so lag die Radfelge mit einem Durchmesser von etwa 1 Meter ziemlich tief, wodurch sich ein ruhiger Lauf des Rades ergab. Der Töpfer saß auf einer Balkenkonstruktion oberhalb des Rades und brachte es mit einer zwischen die Speichen gesteckten Holzstange in Schwung. Es lief in der Regel so lange, wie man zur Formung eines Gefäßes auf der Scheibe brauchte.

»Die Töpferkunst baut sich auf zwei Pfeilern auf, nämlich auf dem künstlerischen Entwurf und auf verschiedenen alchimistischen Geheimverfahren und Mischungen« – so hat sich Biringuccio 1540 über die Keramik seiner Zeit geäußert. Interessanterweise stand für ihn der künstlerische Aspekt an erster Stelle. Die Glanzzeit der unter maurischem Einfluß stehenden keramischen Produktion vom 13. bis zum

Töpferrad

15. Jahrhundert im spanischen Valencia hatte Italien stark beeinflußt. Dort erlebte die Kunsttöpferei im 14. Jahrhundert eine erste Blüte. Zur Zeit Biringuccios galt die italienische Majolika bereits als führendes keramisches Erzeugnis in Europa. Obwohl der Verfasser der »Pirotechnia« die entscheidenden Voraussetzungen für die besondere Fertigungsqualität erkannt hatte, bot seine Schilderung der Töpferei lediglich das seit Jahrhunderten übliche Verfahren. Wesentlich ausführlicher äußerte sich einige Jahre später Cipreano Piccolpasso (1524–1579) in seinen reich illustrierten »drei Büchern über die Töpferkunst«, wobei er sich allerdings auf die Herstellung von Majolika beschränkte: Schon die Aufbereitung des Tons erfordere große Sorgfalt. Man löse ihn in Wasser auf, gieße diese Flüssigkeit durch Siebe in dicht glasierte Gefäße, in denen sich der Ton absetze. Anschließend werde er getrocknet, geschlagen, geknetet und bei diesen Arbeitsgängen von fremden Bestandteilen wie Steinen, Holzstücken oder sonstigen Verunreinigungen befreit. Nach der Formung der Gefäße auf der Töpferscheibe lasse man sie trocknen und bringe sie dann in einen aus rohen Ziegeln errichteten Ofen zum ersten Brand. In Piccolpassos Werk von 1548 ist ein solcher Majolika-Brennofen abgebildet. Er war mit seinem unteren Teil in die Erde eingelassen. Die gewölbte Decke des Feuerraums besaß Öffnungen, durch die die Flammen schlagen konnten. Bessere Stücke wurden in Kapseln aus zwei verschiedenen Tonsorten gebrannt. Es war darauf zu achten, daß die Gefäßsorten im Ofen die jeweils optimale Hitze bekamen. Als Feuermaterial nahm man getrocknetes Holz.

Nach dem ersten Brand, dem Schrühen, wurden die Gefäße in flüssige Glasur eingetaucht, saugten dort das Wasser an und ließen sich anschließend bemalen. Die Glasur bestand aus der als »Marzacotto« bezeichneten und aus Sand sowie gebrannter Hefe erschmolzenen Fritte sowie aus einer mit Blei versetzten Zinnasche, die für die weiße undurchsichtige Farbe der Glasur sorgte. Der Marzacotto mußte zuvor in Mörsern zerkleinert, gewaschen, gesiebt und mit Blei und Zinn gemahlen werden. Die Mühlsteine bestanden aus Feuerstein oder Achat und wurden von Hand, über Pferdegöpel oder durch Wasserkraft angetrieben. Der zweite Brand mit Einbrennen der Glasur erfolgte im gleichen Ofen wie das Schrühen, wobei wieder jede Produktsorte an den richtigen Platz gebracht wurde. So legte man beispielsweise Tassen und Schüsseln auf Pinnen, Schalen und Teller dagegen auf kleine Spitzkegel. Während die herkömmliche Farbenpalette nur das Grün aus Kupfer, Gelb aus Eisenrost und Blau aus Kobaltoxid umfaßte, gelang den italienischen Künstlern gegen Ende des 15. Jahrhunderts der entscheidende Fortschritt durch die Verwendung von Lüsterfarben in einer von den Mauren übernommenen Technik. Erst die so bemalte und gebrannte Ware läßt sich als »Majolika« bezeichnen. Die zum geheimen Herstellungsverfahren gehörenden Öfen errichtete man gewöhnlich im Haus. Offenbar ließ sich bei ihnen die Hitze besonders gut regulieren. Piccolpasso wies darauf hin, daß sie mit reduzierter Flamme brannten. Nach dem Brennen wurden die Stücke in einen Kübel mit Lauge gelegt, dann mit wollenen Tüchern abgerieben, mit Asche poliert und anschließend noch einmal mit Wolle gesäubert. Das Ergebnis des Brandes ließ sich trotz verfeinerter Techniken nie genau vorhersagen. Auf hundert Stück kamen oft kaum sechs wirkliche Kunstwerke, die allerdings dann mit Gold aufgewogen wurden.

Ihre Blüte erreichte die Kunsttöpferei in Italien mit Luca della Robbia (1399–1482) und seiner Familie. Als einer der bedeutenden Vertreter der Florentiner Renaissance zeigte Luca sich vor allem von Ghiberti und Donatello beeinflußt. Er schuf Marmorreliefs für die Kanzel des Florentiner Doms und für den Campanile und gemeinsam mit Michelozzo Bronzearbeiten für die dortige Sakristeitür. Berühmt wurde er jedoch durch die von ihm zwar nicht erfundene, aber zur Meisterschaft entwickelte und daher nach ihm benannte Technik, Terrakottaplastiken und -reliefs farbig zu bemalen und mit einer undurchsichtigen Zinnglasur zu überziehen. Seine Majoliken waren meist in blauer Farbe auf Weiß, weniger häufig in Grün, Gelb, Violett, Braun und Gold gestaltet. Sein Neffe Andrea (1435–1525) und dessen vier Söhne setzten als Nachfolger in der Werkstatt diese besondere künstlerische Tradition fort. Mit den für die Majolikatechnik typischen Dekorationsformen – Blumen, Pflanzen, Tieren und Menschen – hatte sich die Kunsttöpferei vom überkommenen Handwerk gelöst. Zunächst war es die Regel, daß die Auftraggeber, Adel und Bürgertum, direkt bei den Meistern bestellten. Doch nach und nach kam es zur Trennung zwischen den fast ausschließlich künstlerische Einzelstücke fertigenden kleinen Werkstätten und den schon manufakturartigen Großbetrieben, in denen hochwertige Keramik in großen Stückzahlen auch ohne direkten Auftrag auf Vorrat produziert wurde, weil sich eine Reihe vormaliger Töpfer als Händler auf einem zunehmend wachsenden Markt betätigte. Man richtete Lager ein, in denen die Händler die Ware aussuchen konnten, die sie auf regionalen Märkten und auf Messen anboten.

Die manufakturelle Struktur der großen Werkstätten bewirkte eine sich verstärkende Arbeitsteiligkeit bei den Produktionsverfahren und förderte das Spezialistentum zumal der Töpfer und Maler. Sie gingen wie die Gesellen zünftiger Handwerke auf Wanderschaft und sorgten so hinsichtlich der Arbeitstechniken wie der stilistischen Formen für eine wechselseitige Beeinflussung der Betriebe. Auf diese Weise kam es zu einem allgemeinen Standard und einem zunehmend einheitlicheren Erscheinungsbild der keramischen Erzeugnisse. Neben Florenz wurden Urbino, Deruta und vor allem Faenza zu Zentren der italienischen Kunsttöpferei. In Faenza gab es umfangreiche Vorkommen besonders guter Tonerden, und hier entwickelte sich seit Beginn des 16. Jahrhunderts ein Keramikschwerpunkt, in dem mehr als 260 Töpfer arbeiteten. Immer wieder kamen wegen politischer Unruhen in ihren Heimatstädten fremde Töpfer als Emigranten nach Faenza und brachten ihre persönlichen Arbeitsmethoden und eigenständig entwickelten Dekore mit, die zur Ausprägung des besonderen Faentiner Stils beitrugen. Auf der Wanderschaft verbreiteten dann die »Faenzari« ihr Können bis nach Mähren, in die Niederlande und nach Frankreich.

Piccolpasso zufolge soll schon 1512 ein Töpfer namens Guido di Savino diese Technik nach Antwerpen gebracht haben. In Frankreich, wo sie wegen ihrer Herkunft »Fayence« genannt wurde, erreichte die künstlerische Majolika mit Bernard Palissy (1510–1590) ihre höchste Blüte. Seinen Ruhm verdankte Palissy seinen buntglasierten Ziertellern und Zierschüsseln und der an deutschen Hafner-Glasuren orientierten steinzeugartigen Ware, die mit naturgetreu wirkenden Tieren und Pflanzen im Hochrelief geschmückt und unter einer harten durchsichtigen und glänzenden Bleiglasur leuchtend bemalt war. Als gelernter Glasmaler ließ er sich schließlich bei La Rochelle nieder, um sich auf die Herstellung von Keramik zu spezialisieren und seine Erfahrungen schriftstellerisch zu verwerten. 1553 veröffentlichte er sein »Recepte véritable par laquelle tous les hommes pourront accroître leurs trésors«, in dem er unter anderem seine Arbeitsmethode als Töpfer beschrieb. 1580 erschien mit der Streitschrift »Discours admirables de la nature des eaux et fontaines« sein Hauptwerk, in dem er seine über fünfzehn Jahre dauernden erfolglosen Versuche mit der Kunstkeramik, insbesondere mit der Herstellung einer völlig weißen Emailfarbe, schilderte, sich daneben aber auch mit chemischen, geologischen, mineralogischen und allgemeinen technischen Fragen wie der Meersalzgewinnung oder der Verwendung von Kalkmergel zu Düngezwecken befaßte. Er hat die von ihm entwickelte Glasurmethode wohl als Fabrikationsgeheimnis betrachtet und daher nicht detailliert beschrieben, sondern mit Zinn, Blei, Eisen, Stahl, Antimon, Schwefel, Kupfer, Sand, Sodaasche sowie Steinen aus dem Périgord nur die Ausgangsmaterialien aufgelistet. Bis heute ist es nicht gelungen, das von ihm mit ins Grab genommene Geheimnis zu enträtseln. Dieser große Praktiker stellte zudem unter Verspottung der Scholastik wie der Alchimie die experimentelle Erfahrung über alle Bücherweisheit. Er entwickelte sehr modern anmutende Vorstellungen über die Entstehung der Quellen und über den Aufbau von Erdschichten. Palissy zählte zu den ersten Forschern, die Naturaliensammlungen für wissenschaftliche Zwecke anlegten.

Irdenware mit Bleiglasur wurde seit dem 15. Jahrhundert auch in Deutschland und England hergestellt und behauptete sich im Unterschied zu Frankreich mit einem eigenen Stil gegenüber der italienischen Keramik. Besondere Bedeutung gewannen Boden- und Wandfliesen sowie Ofenkacheln, die häufig mit plastischen Verzierungen oder bildlichen Darstellungen geschmückt waren. In der Schweiz und in Tirol aufgekommen, war der Kachelofen schon im 13. Jahrhundert bis nach Norddeutschland verbreitet. Der Begriff »Kachel« stammte vom althochdeutschen

173. Grüne Ofenkachel mit der Darstellung zweier Landsknechte aus dem Spandauer Schloß, um 1500. Berlin-Spandau, Stadtgeschichtliches Museum

»Chachala« als Bezeichnung für einen Topf oder eine Schmorpfanne aus gebranntem Ton. Solches Geschirr hatte man ursprünglich mit der offenen Seite nach außen in den Lehmmantel des Ofens gedrückt, um die Wärmeabstrahlung zu steigern und länger wirken zu lassen. Die besondere Fähigkeit gebrannten Tons als Wärmespeicher ließ sich auf diese Weise nutzen. Deshalb setzte man in gemauerte Öfen Tonkacheln mit topfförmigen Vertiefungen ein oder überzog die gesamte Außenwand des Ofens mit solchen Kacheln. Schon im 14. Jahrhundert formten die Töpfer Ofenkacheln kaum noch auf der Scheibe, sondern preßten sie wie die Reliefflìesen in Matrizen. Damit ergaben sich neue Möglichkeiten zur Gestaltung, aber auch zur Arbeitsorganisation. Die Matrizen fertigte ein Modellschneider aus gebranntem Ton, und der Töpfer preßte, glasierte und brannte die Kacheln (U. Mämpel). Die Maße wurden vom »Oevner«, dem Ofenbauer, vorgegeben und lagen in der Zeit der Gotik bei ungefähr 20 mal 20 Zentimetern und steigerten sich in der Renaissance bis auf etwa 50 mal 50 Zentimeter. Überregional wurden die Nürnberger Kachelöfen mit Hochreliefs in grüner, schwarzer und brauner Farbe bekannt, wie sie Augustin Hirsvogel (1483–1533) herstellte, der seine Kenntnisse eigenen Studien in Venedig verdankte.

Als weiteres Merkmal deutscher Keramik des 16. Jahrhunderts können die Steinzeugkrüge gelten, die im Westerwald, bei Köln, Siegburg und im Aachener Raum sowie in Bayern, Sachsen und Schlesien in blauer oder brauner Farbe auf grauem Grund hergestellt wurden. Es waren übrigens die Steinzeugspezialisten aus Siegburg, die als erste den Weg zum zünftigen Handwerk einschlugen. Sie gründeten bereits 1429 eine Bruderschaft der Töpfer. Die Entwicklung einer endgültigen Zunftordnung mit genauer Beschreibung der Rechte und Pflichten des einzelnen Töpfers dauerte aber noch bis 1522 und sah eine gesperrte Zunft vor, in der nur ehelich geborene Söhne von Meistern die sechsjährige Lehre aufnehmen durften. Für jede Werkstatt wurde die Zahl der Öfen ebenso vorgeschrieben wie die Gesamtproduktion mit 16 Bränden pro Jahr. Außerdem war vom Martinstag am 11. November bis Aschermittwoch das Töpfern generell verboten, und von Aschermittwoch bis Martini durften kein Geselle und keine Hilfskraft ihren Meister verlassen. Dabei handelte es sich um einsichtige Regelungen; denn in den Wintermonaten wurde ohnehin kein Ton gewonnen, und bei Wiederaufnahme der Produktion im Frühjahr sollte der betriebliche Ablauf nicht durch den plötzlichen Weggang von Arbeitskräften gestört werden. Neben den Töpfern gehörten zu einer solchen Werkstatt die Tongräber und Tonaufbereiter, die Holzfäller und die »Bereitsleute«, die für Ofenbau, Verladen und Transport verantwortlich waren.

Die Zunft befand sich in Siegburg unter Aufsicht der Abtei, deren Abt laut Zunftbrief von jedem Brand einige Stücke erhielt. An der Spitze der Zunft standen vier gewählte Meister, von denen zwei mindestens alle vierzehn Tage die Zahl der brennenden Öfen pro Werkstatt zu kontrollieren hatten. In Köln mißlang den

Töpfern die Gründung einer eigenen Zunft. Sie erfreuten sich sowieso keiner großen Beliebtheit in der Stadt, weil mit dem Betrieb ihrer Werkstätten eine ständige Feuergefahr und mit den beim Salzen des Steinzeugbrandes entstehenden Chlorwasserstoffdämpfen eine erhebliche Geruchsbelästigung verbunden waren. Darüber hinaus machte man sie wegen ihres großen Holzverbrauchs für den Anstieg der Holzpreise verantwortlich. Der Kölner Rat versuchte im 16. Jahrhundert, den Zuzug von Töpfern zu begrenzen und so die Zahl der Betriebe gering zu halten. 1547, während eines extrem heißen Sommers, beschränkte er sogar die Brennerlaubnis auf besonders begründete Ausnahmefälle. In der Folge verließen die Töpfer die Stadt und siedelten sich im benachbarten Frechen an, wo es umfangreiche Tonlagerstätten gab und wo sie willkommen waren. Für Köln bedeutete der Auszug dieses Gewerbes keine wirtschaftlichen Nachteile; denn die Stadt blieb als größtes Handelszentrum der Region der hauptsächliche Umschlagplatz für Steinzeug.

Eine besondere Rolle spielten gegen Ende des 16. Jahrhunderts die Niederlande. Die künstlerische Steinzeugproduktion wurde durch den Ostasien-Handel der Vereinigten Niederländisch-Ostindischen Kompanie zunehmend beeinflußt. Die holländischen Handelsherren führten in großen Mengen das blau-weiße chinesische Porzellan ein, das sich jedoch nur sehr reiche Bürger leisten konnten. Mangels der für die Porzellanerzeugung erforderlichen Kenntnisse imitierten die niederländischen Töpfer die begehrte asiatische Ware in Fayence. Damals begann die bald berühmt werdende Produktion des Geschirrs und der Wand- wie Bodenfliesen aus Delfter Steinzeug mit den markanten blauen Zeichnungen aus Kobaltfarbe auf weißem Grund, der durch die Beimengung von Zinnoxid entstand. Die ersten bemerkenswerten Stücke eines Delfter Meisters stammen aus dem Jahr 1584, und bis in diese Zeit geht auch der rege Export holländischer Keramik nach England zurück.

Als Grundstoff für Ziegel und Backsteine spielte der Ton im Bauwesen seit Jahrtausenden eine wichtige Rolle. Die mittelalterliche Kunst der Ziegelherstellung wie der baulichen Verarbeitung belegen noch heute die handwerklich wie künstlerisch auf hohem Niveau stehenden Backsteinbauten der Gotik. Sie entstanden überwiegend in Regionen, in denen nur geringe Vorkommen an Naturstein verfügbar waren. Seit Ende des 12. Jahrhunderts gab es in Deutschland das Zieglergewerbe, das außer Mauer- und Dachziegeln auch Bodenplatten und Kanalisations- sowie Wasserrohre herstellte. Die Ziegler bildeten kein eigenes zunftfähiges Handwerk, hatten also weder Lehrlinge noch Gesellen oder Meister. Das Herstellungsverfahren von Ziegeln war dem Tagelöhner zugänglich und eignete sich für den bäuerlichen Nebenerwerb in der Nachbarschaft von Tonvorkommen. Nur in Einzelfällen schlossen sich Ziegler dem Maurerhandwerk an. Die Ziegelproduktion bewerkstelligten die Tongräber, die Ziegelstreicher und die Ziegelbrenner. Für die Güteprüfung des Tons bedienten sich die Ziegler einer recht einfachen Methode:

Sie ballten feuchten Ton in der Hand zusammen und ließen ihn an der Luft trocknen. Behielt der Ballen seine Form, blieb der Handabdruck sichtbar und traten keine größeren Risse auf, dann war der Ton für die Ziegelherstellung brauchbar. Außerdem sollte er von körnigen Beimengungen möglichst frei sein und in angefeuchtetem Zustand eine gute Formbarkeit besitzen, damit die Ziegel auch nach dem Brand noch gerade Kanten aufwiesen.

In der Renaissance war durch die wiederentdeckten Schriften Vitruvs und die erhaltenen antiken Bauten die römische Ziegeltechnik bekannt, doch man begnügte sich nicht mit einer Kopie der Herstellungsmethode, sondern brachte eigene Erfahrungen ein. So machte Alberti 1452 in seinem Hauptwerk über die Baukunst, »De re aedificatoria«, deutlich: »Ziegel soll man nicht gleich aus der Erde, wenn sie gestochen sind, schlagen, sondern man läßt sie im Herbst stehen, während des ganzen Winters einsumpfen und im zeitigen Frühjahr schlagen. Denn schlägt man

Der Ziegler.

Ein Ziegler thut man mich nennen/
Auß Lättn kan ich Ziegel brennen/
Gelatt vnd hell / Kälend darbey/
Daſchen Ziegl / auch ſonſt mancherley/
Damit man deckt die Heuſſer obn/
Für Regen/Schnee vnd Windes thobn/
Auch für der heyſſen Sonnen ſchein/
Cynira erfund die Kunſt allein.
Z ij Der

174. Herstellung von Ziegeln. Holzschnitt von Jost Amman in der 1568 in Frankfurt am Main gedruckten Beschreibung aller Stände mit Reimen von Hans Sachs. Privatsammlung

sie im Winter, so ist klar, daß sie infolge des Frostes Risse bekommen, wenn aber zur Sommersonnenwende, so springen sie durch die große Hitze, weil sie an der Oberfläche austrocknen. Ergibt sich aber die Notwendigkeit, in der Winterkälte Ziegel zu bereiten, so bedecke man sie dann dicht mit Sand; wenn aber in der Sommerhitze, so bedecke man sie mit nasser Spreu, denn wenn man sie so hält, springen sie nicht und verdrehen sie sich nicht.« Man beachtete nach wie vor die erprobten Praktiken der Töpfer als Empfehlungen, aber auch die Ergebnisse eigener Untersuchungen, zum Beispiel die Albertis: »Die Töpfer bestreichen ihre Geschirre mit weißer Kreide; dadurch bewirken sie, daß sich der Glasfluß an den Gefäßen ganz gleichmäßig an der Oberfläche anschmilzt. Dies dürfte auch dem Mauerziegel zuträglich sein. Ich bemerkte an den Gebäuden der Alten, daß den Ziegeln etwas Sand, besonders roter, beigemengt sei; auch roten Ton und Marmor pflegten sie beizumischen, finde ich. Ich habe es ausprobiert, daß Ziegel aus ein und derselben Erde viel fester werden, wenn wir die Masse wie den Brotteig gleichsam erst gären lassen, sie dann wieder und wieder wie Wachs durchkneten und sie von allen, auch den kleinsten Steinchen reinigen. Sie werden dann beim Brennen so hart, daß sie bei großem Feuer die Härte eines Kieselsteins bekommen. Und die Ziegel erhalten, sei es durch das Feuer beim Brennen, sei es durch die Luft beim Trocknen, ebenso wie das Brot eine feste Kruste. Daher ist es von Vorteil, sie dünn zu machen, damit sie mehr Kruste und weniger Mark bekommen. Hierbei kann man mit ihnen, wenn sie sauber und rein vermauert werden, die Erfahrung machen, daß sie unversehrt von der Witterung nicht angegriffen werden, die größte Dauerhaftigkeit besitzen, ebenso wie jeder Stein, wenn er sauber ist, vor Zerstörung geschützt bleibt.«

Zum Formen der Ziegel, wie es Jost Amman (1539–1591) in seinem »Ständebuch« 1568 abgebildet hat, nahm man einen aus Holzbrettern bestehenden und in den Ecken mit Eisenblech verstärkten Model, der den Abmessungen nach wenig größer als das Normmaß der Ziegel war, weil »jeder Ton etwas schwindet«, befeuchtete ihn mit Wasser, streute feinen Sand hinein und setzte ihn auf einen Tisch mit sandiger Oberfläche, auf dem der Ziegellehm nicht festkleben konnte. In diese Form drückte der Ziegler den Ton so fest hinein, daß auch die Ecken ausgefüllt waren, strich dann mit einem Drahtbogen oder einem geraden und feuchten Brett den überflüssigen Ton an der oberen Öffnung ab, bestreute die Oberfläche wieder mit Sand und stürzte den Ziegel aus der Form zur ersten Trocknung auf ein sandiges Brett. Sobald die Ziegel sich beim Anfassen nicht mehr verformten und ihre eigene Last trugen, wurden sie zum Haupttrockengang in Kuben acht Lagen hoch über Kreuz geschichtet. Ein guter Ziegelstreicher schaffte während einer Zwölfstundenschicht bis zu 1.500 Rohlinge. Die Dauer und die Güte der Trocknung hingen von der Luftfeuchtigkeit und der herrschenden Temperatur ab und wurden durch Regen wie durch Sonneneinstrahlung entsprechend beeinflußt. Der Grad der Trocknung ließ sich durch Brechen eines Ziegels feststellen. Aus der Beschreibung Vitruvs in seinem zweiten Buch über die Architektur wußte man, daß starke Sonneneinstrahlung eher schädlich sein konnte. Sie dörrte nämlich die Oberfläche des Ziegels sehr schnell aus, während er innen weich blieb. Je mehr sich die innere Masse verfestigte, um so größer wurden die Spannungen am schon gehärteten äußeren Mantel. Das Ergebnis waren Risse oder zerbröckelnde Ziegel. In der römischen Antike hatte man nach Vitruvs Angaben nur Ziegel verbaut, die mindestens zwei Jahre lang getrocknet worden waren. Zum Schutz vor Sonne und Regen baute man Ziegelstadel aus mehreren Reihen allseitig offener Regale, die lediglich überdacht waren.

Bis ins 17. Jahrhundert wurden Ziegel nach den seit Jahrtausenden bekannten Verfahren in Ziegelöfen oder bei großen Bedarfsmengen in Ziegelmeilern gebrannt. Beim Feldbrand im Meiler schichtete man die Rohziegel auf einer Basis von bereits gebrannten Ziegeln sorgfältig zu einem vierseitigen Haufen auf, wobei man unten mehrere Schürgassen für das Feuer und oben Zuglöcher frei ließ. Zwischen die Ziegel wurde Kohlengrus gestreut. Nach dem Abdecken und Verschmieren des Meilers mit Lehm entzündete man in den Schürgassen das Feuer, wodurch auch der Kohlengrus zwischen den Ziegeln in Brand geriet. Strohwände schützten vor dem Wind. In solchen Meilern konnten bei günstigem Wetter in 16 Tagen bis zu 500.000 Ziegel gebrannt werden (W. Ganzenmüller). Die Ziegel ließen sich allerdings nicht gleichmäßig brennen. Da die Hitze in der Mitte des Meilers am größten war, verglasten die Ziegel dort zu hervorragender Klinkerqualität, wohingegen die äußeren Lagen weicher blieben, was auch an der wesentlich blasseren Färbung der Backsteine zu erkennen war. Viele zersprangen oder wurden nur unvollkommen gebrannt, so daß man stets mit einem Sechstel an Ausschuß rechnen mußte.

Für den Brand von Dachziegeln, Platten oder Rohren eignete sich der Meiler nicht. Diese keramischen Produkte brannte man in geschlossenen Öfen oder Schachtöfen, die aus Bruchsteinen von Granit oder Hornstein unter Verwendung von Lehmmörtel aufgemauert wurden und auf den Innenseiten eine Futtermauer aus Backstein zur Rückstrahlung der Hitze besaßen. Das Bruchsteinmauerwerk der auf rechteckigem Grundriß errichteten Öfen hatte an der Basis eine Stärke von fast 2 Metern, die nach oben hin gleichmäßig bis auf etwa 60 Zentimeter abnahm. An den unteren Ofenseiten gab es Schürgassen und an der Ofendecke Zuglöcher, mit denen sich das Feuer durch Abdecken oder Öffnen steuern ließ. Bei geschlossenen Öfen sparte man Brennmaterial, da nur wenig Energie entwich. Offene Schachtöfen erforderten mehr Energie und waren witterungsabhängig, konnten aber erheblich mehr Ziegel aufnehmen und ließen sich leichter beschicken. Die möglich gewordene Energieeinsparung führte dazu, daß geschlossene Öfen schon in der frühen Neuzeit bevorzugt wurden. Die in der Renaissance üblichen Öfen faßten etwa 100.000 Ziegelsteine. In Holland entwickelte man im 16. Jahrhundert wegen des allgemeinen Holzmangels eine zum Heizen mit Torf besonders geeignete Ofenform auf einem rechteckigen Grundriß. Die Mauern dieses Ofens waren leicht geböscht, und an der Schmalseite gab es eine Tür zum Einbringen und Herausnehmen der Ziegel, an den Längsseiten die Feueröffnungen. Um einen gleichmäßigen Brand zu erreichen, wurde 24 Stunden von der einen und dann die gleiche Zeit von der anderen Seite geheizt, und das setzte man 4 Wochen lang immer im Wechsel fort. Dennoch waren auch beim Ofenbrand die Ziegel oft von sehr unterschiedlicher Qualität. Nur die im mittleren Drittel befindlichen und damit am stärksten dem Feuer ausgesetzten Exemplare besaßen Klinkerqualität. In einem solchen holländischen Ofen ließen sich bis zu 1.000.000 Ziegel auf einmal brennen.

Schon beim Erhitzen auf etwa 120 Grad verlor der Ton die Reste des Porenwassers, das er auch nach langer Trocknung an der Luft noch besaß. Bei etwa 300 Grad entwich das chemisch gebundene Wasser, und der Ton wurde hart. Bei weiter steigender Temperatur verbrannten zunächst die im Ton vorhandenen organischen Bestandteile, während die Kohlensäure der noch vorhandenen sauren Erden ausgetrieben wurde. Die Folge war, daß der Ziegel immer poröser wurde und, bei 1.000 Grad gargebrannt, deutlich an Gewicht verloren hatte. Oberhalb von 1.000 Grad setzte je nach Menge der im Ton enthaltenen Flußmittel eine Erweichung, Sinterung oder Verklinkerung ein, die zur Schließung der restlichen Poren führte, eine weitere Reduzierung des Gewichtes bedeutete und die Härte des Materials weiter steigerte. Brennmaterialien waren Holz, Torf, Stroh und auch die teure Holzkohle. Beim Ofen wie beim Meiler erkannte man den Brandfortschritt an der Farbe der Flammen, die in den ersten 48 Stunden bläulich, danach gelb oder leicht grün aussahen. Sobald die Flammen an den Zuglöchern und an der Öffnung des Ofens oder Meilers weiß erschienen, waren die Ziegel gar.

Seit dem 15. Jahrhundert wuchs selbst bei hinreichender Verfügbarkeit von Naturstein an vielen Orten die Bedeutung des Mauerziegels als Baustoff. In den Städten geschah dies aus Kostengründen und wegen der leichten Verarbeitbarkeit. Auch die Festungsbaumeister bevorzugten Ziegel, weil diese sich im Mauerungsverband, verglichen mit Wallanlagen aus Bruch- oder Hausteinen, gegenüber aufprallenden Geschossen als wesentlich widerstandsfähiger erwiesen. Seit dem 16. Jahrhundert wurden unter dem Eindruck der größer gewordenen Bedrohung durch die Geschütze der Belagerungsartillerie für eine Verstärkung vorhandener Befestigungsanlagen wie für neue Werke entsprechend den modernen Festungsplänen auch dort gern Ziegel verwendet, wo andere Steinsorten in Mengen verfügbar waren. So entstanden für die millionenfach benötigten Backsteine große Ziegeleien im Umfeld vieler frühneuzeitlicher Polygonalfestungen von Naarden und Antwerpen bis Danzig und Krakau, von Jülich und Wesel bis Verona und Rom.

Wann und wo erstmals Glas hergestellt wurde, ist bis heute nicht bekannt. Die ältesten datierbaren Funde reichen mehr als viertausend Jahre zurück. Glas besitzt als nichtkristalliner und spröder anorganischer Werkstoff keinen festen Schmelzpunkt, sondern geht mit steigender Erwärmung in einen weichen und schließlich dünnflüssigen Zustand über. Daher läßt es sich leicht bearbeiten und durch Gießen, Pressen, Walzen oder Blasen verformen. Nahezu unverändert blieb vom Ende des 3. Jahrtausends v. Chr. bis in die Neuzeit hinein der in zwei Abschnitte gegliederte Produktionsprozeß. Zunächst wurden Sand und Soda als Glasbildner und Flußmittel gemischt und in flachen Tiegeln erhitzt, bis die einzelnen Teilchen aneinander backten, was bei etwa 750 Grad der Fall war. Diese Masse pulverisierte man und schmolz sie in kleinen Tiegeln, wobei die Hitze etwa 1.100 Grad erreichen mußte, damit sich die pastenartige Glasmasse in Formen gießen oder in Streifen ziehen ließ. In der römischen Antike wurde die Technik der Glaserzeugung und Glasverarbeitung aus dem Vorderen Orient übernommen. Eigene Glashütten betrieben die Römer in Spanien und Gallien, und als Ausgangsmaterial verwendeten sie Pottasche und Soda. Außer großen Gebrauchsgegenständen aus farblosem Glas stellte man vielfältige Arten von Ziergläsern her.

Einen Höhepunkt erreichte die Glastechnik im Mittelalter mit dem Flachglas für Kirchenfenster, das mit Farben aus pulverisiertem Glas bemalt und anschließend im Ofen gebrannt wurde. Erste Spiegel sind für das Ende des 13. Jahrhunderts erwähnt, wobei die spiegelnde Fläche durch Hinterlegen des Glases mit Blei oder einer Blei-Zinn-Legierung erzeugt wurde. Bei den Ziergläsern war kein Fortschritt gegenüber dem Altertum zu erreichen. Die im Vorderen Orient ungebrochen gepflegte Glasmacherkunst gelangte durch die enge Berührung dieses Raums mit dem Abendland im Verlauf der Kreuzzüge zunächst nach Südeuropa. Bei diesem Transfer spielten die Beziehungen zwischen Venedig und Konstantinopel eine wichtige Rolle. Das eigenständige byzantinische Zierglasgewerbe hat die venezianischen Glasmosaiken nachhaltig beeinflußt. In Venedig läßt sich seit dem 13. Jahrhundert von einer Blüte des Glasmachergewerbes sprechen. Damals wurden die Glashütten wegen der Feuergefahr aus Venedig heraus auf die Insel Murano verlegt. Dort stellte man Fensterglas, Spiegel, optische Gläser, Schalen, Trinkgefäße und Glasperlen her. Vor allem das Spiegelglas, das man überwiegend nach Frankreich und Deutschland exportierte, sorgte für eine beständig gute Auftragslage der Werkstätten. Eine venezianische Erfindung des 16. Jahrhunderts beim Spiegelglas war der Ersatz der Bleifolie durch Zinnamalgam. Glasperlen vertrieb man bis zum Persischen Golf und nach China. Die Serenissima schützte ihre Glasindustrie durch besondere Privilegien und erreichte eine jahrhundertelange Monopolstellung, indem sie die Ausfuhr der Rohmaterialien Sand, Bruchglas und Alkalipflanzen strikt verbot und jegliche Abwanderung der in Murano Beschäftigten unterband. Dennoch kam es, offenbar durch tätige Mithilfe venezianischer Meister, seit dem 16. Jahrhundert auch nördlich der Alpen zum Aufbau eigenständiger Fertigungsstätten, wobei man sich in Frankreich auf die Spiegelglaserzeugung und in Deutschland auf die Herstellung von Hohlgläsern spezialisierte. Eine erste überregionale Bedeutung erlangte seit dem 14. Jahrhundert die böhmische Glasschneiderei. In Nürnberg gravierte man Glaspokale,

175. Glashütte. Gemälde von Giovanni Maria Butteri, Ende des 16. Jahrhunderts. Florenz, Palazzo Vecchio, Studiolo des Francesco de' Medici

und dort erschien auch 1562 das Buch des Joachimsthaler Predigers Johann Matthesius über den Bergbau und das Hüttenwesen im Erzgebirge, in dem er unter anderem darüber berichtete, daß man in Schlesien »auf die schönen und glatten venedischen Gläser mit Demant allerley Laubwerk und schöne Züge reisset«. Als Rohmaterial der böhmischen Glashütten gab Matthesius Sand, Quarz, Kiesel und Asche von Eichen beziehungsweise Buchen sowie Kochsalz an.

Die Glashütten lagen zumeist in Waldgebieten, weil die Verfügbarkeit von Holz zur Feuerung der Öfen wie zum Brennen der Pottasche, des zweiten Rohstoffs neben dem Sand, für den Standort ausschlaggebend war. Aus wirtschaftlichen Erwägungen bevorzugte man Holz aus abgelegenen Regionen, dessen Schlag sich für andere Verwertungszwecke nicht lohnte. Außerdem gab es landesherrliche Verordnungen über den Betrieb der Hütten. So wurden zu Beginn des 16. Jahrhunderts in Hessen der Holzschlag auf die Zeit von Ostern bis November beschränkt und die jeweilige Tagesproduktion exakt vorgeschrieben. Jeder Meister durfte nur einen Ofen betreiben. Vor allem in den Montanrevieren beanspruchten Bergbau und Hüttenwesen mit ihrem großen Holzverbrauch den Waldbestand in so erheblichem Maße, daß die zusätzliche Einrichtung von Glashütten in den meisten Fällen nicht erlaubt werden konnte. Seit dem 14. Jahrhundert befanden sich die bedeutendsten deutschen Glashütten im Spessart, im Thüringer Wald, im Fichtelgebirge, im Schwarzwald, in Schlesien, Sachsen und Böhmen.

Die Glasmacher im Spessart hatten sich schon im Jahr 1406 zu einer zunftmäßigen Organisation zusammengeschlossen, deren Ordnung erhalten ist. Festgelegt wurden in ihr alle den Arbeitsablauf betreffenden Fragen einschließlich der Beschränkungen für den Umfang der Produktion sowohl beim Flachglas als auch beim Hohlglas. In der Glaserzeugung schieden die Städte zunächst weitgehend aus. Dort gab es lediglich eine Form der Weiterverarbeitung, die das Verlegen von Bleiruten und das Bemalen der Scheiben betraf. Die entsprechenden Glaser gehörten fast ausschließlich den Zünften der Maler oder Bildschnitzer an. Die einzige städtische Glashütte auf deutschem Boden errichtete 1486 ein Glasmacher namens Niclas Walch in Wien. Erst im Verlauf des 16. Jahrhunderts gelang es den Glasbläsern aufgrund der großen Nachfrage und der dadurch gesteigerten Gewinne, aus den Waldgebieten in die Städte zu ziehen. Aber die dort eingerichteten Glashütten vermochten sich gegenüber den venezianischen Importen, die den Markt beherrschten, nicht zu behaupten und gaben deshalb schon nach wenigen Jahren ihren Betrieb auf.

Der große Erfolg Venedigs im Glashandel beruhte überwiegend auf seinem farblosen Glas, für das man Natronasche aus den Strandpflanzen der Adria-Küste und eine Beimengung von Mangan und Arsenik als Entfärbungsmittel verwendete. Demgegenüber waren die in den Waldhütten erzeugten Gläser meist von grüner Farbe. Diese Einfärbung ergab sich als Folge einer nur ungenügend entwickelten Schmelztechnik, mit der man nicht in der Lage war, metallische Verunreinigungen des Glasgemenges zu beseitigen. Als qualitativ besonders hochwertig galt venezianisches Glas bereits um die Mitte des 14. Jahrhunderts; andernfalls hätte der Wiener Rat 1354 kaum einen Beschluß über Glasverkaufsplätze in der Stadt gefaßt. Man legte damals genau fest, an welchen Stellen venezianisches und sonstiges Glas von außerhalb zum Verkauf angeboten werden sollte: »Das her ze inn chumt, es sei Venedisch glas oder von wann es doselbs her pringt, das nicht waldglas ist, anderswo niendert vail haben noch verchaufen sol denn an der rechten stat ... Aber waltglas mag jeder vail haben und verchaufen, wo er wil.« In der Tendenz ging es ohne Zweifel um den Schutz des Waldglases vor der überlegenen auswärtigen Konkurrenz. Farbloses venezianisches Glas wurde dann zu Beginn des 15. Jahrhunderts über die Alpen gebracht und als besonders begehrtes Tafelgeschirr verkauft. Dazu gehörten nicht nur Schalen, Kännchen und Vasen, prächtige Pokale und Trichter, sondern auch Teller, Becher und vor allem hohe gestielte Weingläser, die teilweise vergoldet oder mit Emailfarben verziert waren. Da man die in Venedig gebotenen Möglichkeiten zur Herstellung farblosen Glases in nördlicheren Breiten nicht besaß, keine Entfärbungsmittel wie Mangan und Arsenik hatte, die den Eisengehalt in der Glasmasse vollständig aufheben konnten, fand man einen ebenso einfachen wie bemerkenswerten Ausweg: Die zwangsläufig entstandene Grünfärbung wurde zum Kunstmittel entwickelt, während man das entfärbte Glas als zu ausdruckslos deklarierte. Das von den Glasmachern in der Spätgotik angestrebte Brechen und Reflektieren des Lichtes in der Glaswandung erforderte eine körperhafte, leuchtende Glasmasse, die bei farbigem Glas eher gegeben war.

Die im 16. Jahrhundert zur Glaserzeugung benutzten Öfen sind durch entsprechende Abbildungen in den Werken von Biringuccio und Agricola bekannt. Sie besaßen bienenkorbartige Form und zwei Stockwerke, von denen das untere die Glashäfen enthielt und das obere als Kühlraum für die fertigen Gläser diente. Nach dem Einsetzen der Häfen wurden die durchbrochenen Wandungen des Ofens mit Formsteinen geschlossen, und der Schmelzprozeß begann. Er mußte mehrfach wiederholt werden, bis das Glas zur Weiterverarbeitung, zum Walzen oder Blasen, geeignet erschien. Neben Geschirr und Trinkgefäßen wurden im späten Mittelalter und in der Renaissance vor allem Flaschen und Gläser für die Bevorratung von Flüssigkeiten und Salben bei Ärzten und Apothekern sowie für Siede- und Destillierprozesse in den Werkstätten der Alchimisten hergestellt. Den Produktionsgang von Flaschen mit langem Hals hat schon Theophilus Presbyter in seiner »Schedula diversarum artium« beschrieben: »Willst du Flaschen mit langem Halse machen, so verfahre also. Nachdem du das heiße Glas in Form einer großen Blase aufgeblasen hast, verschließe die Mündung der Pfeife mit deinem Daumen, damit die Luft nicht etwa entweiche; dann schwinge die Pfeife mit dem Glas, das daran hängt, über deinem Kopf, gleich als wolltest du es wegschleudern. Sobald sich nun der Hals in die Länge gezogen hat, halte deine Hand hoch und lasse die Pfeife mit dem Gefäß herabhängen, damit der Hals nicht krumm werde. Trenne die Flasche dann mit einem feuchten Holze ab und bringe sie in den Kühlofen.« Eine fast identische Anweisung hat im 16. Jahrhundert Agricola gegeben. Ihm sind zudem detaillierte Angaben über den Schmelzprozeß zu verdanken. Empfehlenswert sei trockenes Holz, das eine Flamme ohne Rauch ergebe, und die Anreicherung des Gemenges aus Pottasche und Quarzsand mit Glasbruch garantiere auf jeden Fall eine bessere Qualität der Glasmasse. Je länger man schmelze, desto reiner und durchscheinender werde das Glas, um so weniger Einschlüsse und Bläschen träten auf. Das erleichtere auch den Glasbläsern ihre Arbeit.

Die zum ersten Mal geschmolzene Masse, die sogenannte Glasfritte, ließ man erkalten, schlug sie dann in Stücke und schmolz sie erneut ein. Für Glas von ansprechender Qualität setzte Agricola 48 Stunden Schmelzdauer an. Der von ihm beschriebene Vorgang des Glasblasens gilt im wesentlichen noch heute: »Taucht jeder seine Pfeife in den Glashafen, dreht sie langsam um und entnimmt etwas Glas, das wie ein zäher und leimartiger Saft in Form einer kleinen Kugel an ihr haften bleibt. Er nimmt aber soviel Glas, wie zu der erwünschten Arbeit nötig ist, drückt es auf den Marmor (eine Marmorplatte) und rollt es hin und her, damit es sich binde, und bläst es dann an der Pfeife in Form einer Blase auf. So oft er aber in die Pfeife hineinbläst – und er muß mehrmals blasen –, so oft drückt er sie, nachdem er sie schnell vom Munde genommen hat, gegen das Kinn, damit er nicht beim Atemholen die Flamme in den Mund zieht. Er hebt dann die Pfeife hoch und schwingt sie im Kreise um den Kopf, um das Glas in die Länge zu strecken, oder er gestaltet es durch Hineindrücken in eine eherne Hohlform, worauf er durch erneutes Anwärmen, Blasen, Pressen und Ausweiten ihm die Form eines Bechers, eines bauchigen Gefäßes, oder die sonst beabsichtigte Form gibt. Darauf drückt er es erneut auf die Marmorplatte und verbreitert so seinen Boden, den er mit einer anderen Pfeife einwölbt; er beschneidet mit der Schere seine Mündung und fügt, wenn nötig, Füße und Henkel an ... Schließlich legt er es in ein längliches Tongefäß, das sich in dem dritten Ofen oder in der oberen Abteilung des zweiten Ofens befindet, und läßt es auskühlen.«

Im oberdeutschen Raum wie in Tirol war um 1530 das venezianische Glas sehr beliebt, doch die häufig prekäre politische Situation zwischen der Republik Venedig und den Habsburger Herrschern ließ es geraten erscheinen, nach Möglichkeit eigene Glashütten zu errichten, die Gläser in venezianischer Manier herstellen konnten. So sind die ersten Glashütten, die Glas nach »venedigischer Art« erzeugen konnten, im habsburgischen Herrschaftsbereich entstanden: in Antwerpen und Laibach sowie im tirolischen Hall (E. Egg). In diesen Hütten gelang die Herstellung farblosen Glases, das in seiner Qualität der Ware aus Murano nicht nachstand. Die Gründung der Glashütte in Hall genehmigte 1534 König Ferdinand I. unter der Maßgabe, daß sie wegen der Feuergefahr durch den Schmelzofen am Inn-Ufer errichtet wurde, also weit genug vom geschlossenen Siedlungsbereich der Stadt entfernt blieb. Unmittelbar neben dem Ort für die Hütte befand sich der Umschlagplatz für das auf dem Oberlauf des Flusses herabgedriftete Holz für die Haller Saline. Der König gewährte dem ersten Betreiber Wolfgang Vitl (1495–1540), der als Montanfachmann galt und sich der besonderen Gunst der Fugger erfreute, das Hüttenmonopol auf zwanzig Jahre. Vitl ging es von Beginn an um den Aufbau eines Konkurrenzunternehmens zu Murano, und so warb er Glasmacher aus Italien ab. Aber wegen der hohen Anfangsinvestitionen und des nur langsam anlaufenden Absatzes geriet die Hütte bereits sechs Jahre später in erhebliche finanzielle Schwierigkeiten. Der Tod bewahrte Vitl vor Bankrott und Schuldhaft. Zu einer ersten Blüte

176. Glasfenster mit der Darstellung der Arbeitsschritte bei der Münzprägung. Scheibe aus der Münzwerkstatt Schaffhausen, 1565. Berlin, Staatliche Museen

gelangte der Betrieb unter Sebastian Hoechstetter aus Augsburg. Er baute die Hütte aus und ordnete die Arbeitsorganisation neu: Ein Mischer überwachte die Zusammensetzung der Glasmasse und die Schmelztemperatur; der Glasmüller hatte die Rohmaterialien zu mahlen; der Hafenmacher mußte den Ofen und die feuerfesten Tiegel zum Schmelzen der Glasmasse herstellen; die Schmelzer sorgten für die Feuerung; die Glasmacher teilten sich die Aufgabe als Glasbläser und Scheibenmacher für Fensterglas. Jeder Glasmachermeister hatte einen Lehrjungen, so daß die Hütte stets über entsprechenden Nachwuchs verfügte. In der zweiten Hälfte des 16. Jahrhunderts gab es in Hall 9 Scheibenmacher und 1 Glasbläser für Trinkgläser. Da sich die für die Erzeugung farblosen Glases unverzichtbare Asche aus Venedig nicht beziehen ließ, mußte sie aus Spanien eingeführt werden. Der Transportweg war zwar lang, doch aufgrund der Zugehörigkeit Spaniens und des Nachschubhafens Genua zum Herrschaftsgebiet der Habsburger gab es keine weiteren Probleme. Pro Jahr benötigte man bei voller Auslastung der vorhandenen 10 Glasmachermeister 250 Ballen Asche von jeweils 115 Kilogramm Gewicht. Der Quarzsand stammte aus dem Valser-Tal am Brenner, das pro Jahr 250 Tonnen lieferte. Mangan als Entfärbemittel bezog Hoechstetter aus der Gegend von Kufstein im Umfang von 2 Tonnen pro Jahr. Außerdem wurden jährlich etwa 5 Tonnen Glasscherben als Zusatz zur Schmelze gekauft. Der wirtschaftliche Erfolg der Glashütte in Hall hatte seine Ursache vor allem im Export von Tafelglas für Fenster im Absatzgebiet Süddeutschland. Die Hütte unterhielt ständige Faktoreien in Ulm, Kempten, Augsburg und Nürnberg. Bereits 1552 wurde auch in Wien eine Glashütte errichtet, die Hall umgehend Konkurrenz machte. Auch in Wien arbeitete man mit italienischen Glasmachern und erreichte schnell eine vergleichbare Qualität der Produkte. Für die weitere Entwicklung der Glasherstellung spielte schon bald Venedig keine Rolle mehr. Mit Nürnberg, Schlesien und Böhmen bildeten sich neue Zentren heraus.

Transport und Verkehr zu Wasser und zu Lande

Schiffe, Seewege, Häfen und künstliche Wasserstraßen

Seit dem hohen Mittelalter waren mit der Nord- und Ostsee, dem englischen Kanal und der französischen Atlantikküste sowie mit dem Mittelmeer zwei große Räume für den europäischen Seehandel entstanden, die über die flandrischen Häfen miteinander Verbindung hatten. Der Handelsmacht der Stadtrepubliken Genua und Venedig im Mittelmeerraum entsprach auf den nordeuropäischen Meeren die der Hansen, allerdings mit einem auffälligen Unterschied: Sah man im Mittelmeer zunächst vorwiegend die von Sklaven und Sträflingen geruderten Galeeren, so waren diese Schiffsbedienungen der organisierten Kraft der deutschen Städte, die auf bürgerlicher Freiheit und den Prinzipien der Zusammenschlüsse von Kaufleuten aus Westfalen, Niedersachsen und vom Niederrhein beruhte, völlig fremd. Hier beherrschte der Schiffstyp der Koggen die Meere, der nach den Bedürfnissen deutscher Fernkaufleute in der Ostsee entwickelt und nach dem Vorbild des Bauverfahrens niedersächsischer Bauernhäuser hergestellt wurde (P. Heinsius). Durch Vermittlung westfranzösischer Seefahrer gelangte die Kogge zu Beginn des 14. Jahrhunderts auch ins Mittelmeer und verdrängte dort auf katalanischen, genuesischen und venezianischen Werften die bis dahin gebräuchlichen schweren Schiffe. Die im Weser-Schlamm bei Bremen gefundene und nach langjährigen Restaurierungsarbeiten aus 2.000 Einzelteilen zusammengebaute Kogge im Deutschen Schiffahrtsmuseum in Bremerhaven vermittelt einen deutlichen Eindruck von diesem den gesamten nordeuropäischen Seehandel bestimmenden Segelschiffstyp. Das Holz für diese Kogge wurde nach Ausweis dendrochronologischer Untersuchungen 1380 im Weserbergland geschlagen. Zeitgenössische bildliche Darstellungen der Kogge in Chroniken und auf Siegeln belegen einen kastellartigen Aufbau auf dem Achterschiff, der dem Rudergänger ein schützendes Dach, dem Kapitän bessere Sicht und den zum Schutz mitfahrenden, mit Waffen ausgerüsteten Kriegsknechten eine standfeste Kampfplattform geboten hat.

Die Kogge eignete sich sehr gut für den Transport der meist hochwertigen, aber nur wenig Laderaum beanspruchenden Waren wie Bernstein, Tuche, Pottasche oder Wachs. Doch seit dem 15. Jahrhundert verstärkte sich der Handel mit Massengütern wie Holz, Getreide oder Salz, die in den dichtbevölkerten und gewerblich entwickelten Ländern Nordwesteuropas besonders gefragt waren. Hierfür taugte besser der Holk. Er war ursprünglich ein flachbodiges Schiff und wurde mit den wesentlichen Elementen der Kogge, mit Steven und Kiel, zu einem neuen Typ

177. Modell einer Hansekogge für die Zeit um 1525. München, Deutsches Museum

verbunden. Obwohl er nicht die Segelfähigkeit der Kogge hatte, war er als hochseetüchtiges Lastschiff wirtschaftlich erheblich rentabler. Der Holk bestimmte für mehrere Jahrhunderte die Form der nordeuropäischen Lastschiffe und trug zu einer raschen Steigerung des Seehandels bei. Es gab keinen einheitlichen Holktyp; denn die Schiffbauer mußten das Grundmodell gemäß den Wünschen der Auftraggeber vielfältig modifizieren. Sie gingen empirisch vor, indem sie alle in der Praxis erprobten und bewährten Muster unter Berücksichtigung der gewünschten Formgebung verarbeiteten. Auf diese Weise kam es zwar zu Schiffen gleichen Typs, von denen sich aber kaum zwei völlig glichen.

Doch nicht die Formgebung, sondern ein konstruktives Merkmal sorgte um die Mitte des 15. Jahrhunderts für den entscheidenden Fortschritt in der Schiffbautechnik: der Ersatz der Klinkerung durch die Kraweelbauweise. Sie stammte aus dem Mittelmeerraum und wurde auf dem Weg über die Bretagne nach Holland vermittelt. Dabei fügte man die Planken der Schiffe nicht wie beim Klinkern dachziegelartig einander überlappend zusammen, sondern setzte die Schmalseiten der Planken wie Ziegelsteine aufeinander. Derart ließen sich die Schiffe größer bauen und ihre Seetüchtigkeit wie ihre Wirtschaftlichkeit erhöhen. Ein weiterer Vorteil bestand darin, daß sich die Planken der nun glatten Außenhaut erheblich besser abdichten ließen. Bei größeren Schiffen wurde es sogar möglich, zwei Lagen von Planken übereinanderzulegen. Vermutlich haben flandrische Schiffbauer schon um 1440 nach der neuen Methode gearbeitet, doch eindeutig belegt erscheint sie erst für 1459 durch einen bretonischen Schiffbaumeister in Zierikzee. Bereits ein Jahr später übernahmen auch Schiffbauer im holländischen Hoorn diese Technik. In der Chronik dieser Stadt, nach der übrigens das berüchtigte Kap Hoorn an der Südspitze Südamerikas benannt worden ist, wurde vermerkt, daß es sich bei diesem Bau um eine »andere maniere van werc« gehandelt hat.

In der Folgezeit setzte sich der Kraweelbau überall schnell durch; nur in England hielt man bis ins 16. Jahrhundert hinein an der Klinkermethode fest. Die wechselseitige Beeinflussung führte damals bei den Schiffen im Mittelmeer zum Ersatz der bis dahin üblichen zwei seitlich angeordneten Steuerruder durch das bei den Koggen bereits seit dem 13. Jahrhundert verwendete Heckruder, das die Manövrierfähigkeit erleichterte. Einen weiteren entscheidenden Fortschritt bedeutete der Bau zwei- und dreimastiger Schiffe nach dem Vorbild katalanischer Typen seit der ersten Hälfte des 16. Jahrhunderts auch im Nordwesten Europas. Außerdem verbesserte man die Takelage. Die Kogge hatte nur einen Pfahlmast mit einem großen viereckigen Rahsegel. An seine Stelle traten nun bei den Lastschiffen Fock-, Groß- und Besanmast, von denen jeder ein eigenes Segel trug, vorn und mittschiffs rechteckige Rahsegel und am Besan ein dreieckiges Lateinersegel an einer schräg am Mast befestigten langen Spiere. Damit lagen die Kraweelschiffe besser am Wind und konnten schneller gesegelt werden.

Urtyp des Kraweelschiffes war die iberisch-portugiesische Karavelle, deren Bauweise über die Bretagne nach Holland und von dort bis in die Ostsee vermittelt wurde. Als »Caravela« bezeichnete man in Portugal während des 13. Jahrhunderts üblicherweise ein kleines Schifferboot, und um 1450 verstand man in der Bretagne darunter bereits ein großes Segelschiff mit drei Masten. Der schiffbautechnische Transfer ist durch direkte Nachahmung erfolgt, wie die Geschichte des mächtigsten Kriegsschiffes seiner Zeit, des »Grooten Kraweels«, belegt. Dieses in der Bretagne gebaute und auf den Namen »St. Pierre de Rochelle« getaufte Schiff fuhr ab 1464 als »Peter von Danzig« unter der Flagge dieser Stadt. Es leitete die Blüte des Danziger Schiffbaus und in der Folge auch anderer Ostseestädte ein. Schon 1475 wurden hier zwei Schiffe nach dem Vorbild dieses Modells fertiggestellt, und Aufträge für derartige Typen erreichten die Danziger Werftbetriebe sogar aus Italien. Die »Peter von Danzig« war 51 Meter lang und wies am Oberdeck eine Breite von mehr als 12 Metern auf. Das Schiff führte am Fockmast und am Großmast jeweils ein Rahsegel und am Besanmast ein Lateinersegel. Mit einer Transportkapazität von 400 Last, nach heutigem Maß etwa 800 Tonnen, galt es als größtes nord- und mitteleuropäisches Schiff des späten Mittelalters.

Das Schwergewicht in der Schiffbauentwicklung verlagerte sich während des 15. Jahrhunderts zunehmend nach Westeuropa. Hier übernahmen schon bald die holländischen Werftbetriebe die Führung, auch wenn die Schiffbauer von Danzig, Lübeck und Hamburg wegen der Qualität ihrer Schiffe berühmt waren. Der englische König Heinrich VIII. (1491–1547) bestellte bevorzugt Schiffe aus dem Ostseeraum und ließ sie in England nachbauen. Der allgemeine Aufschwung im Schiffbau wurde von der Hanse kritisch betrachtet. Auf den Hansetagen des 15. Jahrhunderts tauchte in den Tagesordnungen immer wieder der Punkt eigener hansischer Werftpolitik auf – ein Zeichen dafür, daß man sehr genau wußte, welche Bedeutung der Schiffbau für die Handelspolitik hatte. Die als drohend empfundene Konkurrenz der holländischen Werften wollte man dadurch ausschalten, daß Partnerschaften zwischen Hansemitgliedern und Holländern verboten wurden und man auswärtigen Schiffszimmerleuten den Bau von Schiffen in den Hansestädten untersagte. Doch diese Verbote blieben mangels einer wirklichen Interessengemeinschaft der Hansestädte letztlich ohne Wirkung. Im 16. Jahrhundert betrieben die meisten Städte eine eigenständige Schiffbaupolitik. Sie schlossen jeden von diesem Gewerbe aus, der nicht Bürger der jeweiligen Stadt war. Eine Ausnahme bildete nur Danzig, wo ständig Schiffe für ausländische Auftraggeber auch unter Beteiligung fremder Zimmerleute hergestellt wurden. Rückendeckung bekam Danzig dabei durch den mächtigen Deutschen Orden, für den die Handelsbeziehungen mit den westeuropäischen Ländern von besonderer Bedeutung waren.

Die allgemeine schiffbautechnische Entwicklung erhielt weiterhin Impulse aus den ersten Erfahrungen der Seeleute mit den verbesserten Schiffstypen. Venezianische und genuesische Kaufleute, die in jedem Jahr bis nach Southampton segelten, um Öl, Obst und Wein gegen englische Wolle einzutauschen, bevorzugten die Karacke, ein meist dreimastiges Schiff mit guten Segeleigenschaften und hoher Manövrierfähigkeit. Im mediterranen Raum war bis zum 13. Jahrhundert ausschließlich das unter einer schrägen Rah angebrachte dreieckige Lateinersegel verbreitet. Samt der Kraweelbeplankung erreichte diese Segelform in der zweiten Hälfte des 15. Jahrhunderts Nord- und Ostsee. Das Lateinersegel wurde an einer schrägstehenden Rah auf der Leeseite des Mastes geführt. Damit konnte ein Schiff zwar hoch am Wind fahren und gut Kurs halten, doch nicht in engen Gewässern mit den dort erforderlichen kurzen Schlägen kreuzen, weil bei jeder Wende das Segel vor dem Mast herumgenommen und die Schot auf die neue Leeseite angeschlagen werden mußte, sobald das Schiff durch den Wind gegangen war. Außerdem wären Lateinersegel für größere Schiffe viel zu unhandlich geworden. Schon das Bergen solcher Segel bei stark aufkommendem Wind erforderte bis zu 50 Mann Bedienung, während man für große Rahsegel nicht einmal 25 Männer brauchte. Seit Anfang des 15. Jahrhunderts setzte sich eine Takelung durch, bei der das Segeltuch in Form von Rah- und Lateinersegeln auf zunächst zwei und später drei Masten verteilt wurde. Damit war die Karacke entstanden, die einen neuen Standard für die Handelsschifffahrt setzte. Am Fock- und am Großmast trug die Karacke Rahsegel, und der

178. Kraweel. Federzeichnung von Albrecht Altdorfer, 1515. Erlangen, Universitätsbibliothek

Besanmast war für Lateinersegel vorgesehen. Zu dieser Takelage kennzeichneten ein stark gerundeter Rumpf, hochgezogene Kastelle auf dem Vor- wie auf dem Achterschiff sowie ein rundes Heck mit Heckruder diesen Schiffstyp. Zwischen 1460 und 1480 baute man sogar große viermastige Segler, die auf den beiden vorderen Masten mit Rah- und auf den achteren mit Lateinersegeln ausgestattet waren, doch sie blieben zunächst Ausnahmen. Gegen Ende des Jahrhunderts hatte sich das dreimastige Segelschiff durchgesetzt. Damals berichtete der portugiesische Schiffbaumeister Fernando Oliveira, daß es sich bei den spanischen »Caracas«, den portugiesischen »Naos« und den deutschen »Holks« hinsichtlich der Rumpfform im wesentlichen um die gleichen Fahrzeuge handelte. Die insgesamt schmaleren spanischen und portugiesischen Typen galten gegenüber den Holks jedoch als die besseren Segler.

Für die verschiedenen Größen der Karacke hielt man sich an die von den katalanischen Schiffbauern des 15. Jahrhunderts verwendeten Grundmaße »drei, zwei und zwölf«, nach denen die Seitenhöhe eines Schiffes der halben Breite und einem Drittel der Länge entsprechen sollte. Dennoch wichen die meisten der auf der Basis dieser nur ungefähren Angaben gebauten Schiffe vom Standardmaß ab. Mit solchen Schiffen unternahmen portugiesische Seeleute die ersten großen, von Prinz Heinrich »dem Seefahrer« (1394–1460) angeregten und unterstützten Entdekkungsreisen. Fernando Po landete mit einer dreimastigen Karavelle 1470 an der Goldküste, und ein solcher Schiffstyp mit dem Namen »São Pantaleão« umrundete 1488 unter dem Befehl von Bartolomeu Diaz (um 1450–1500) erstmals das Kap der Guten Hoffnung an der Südspitze Afrikas. Der Genueser Kolumbus segelte mit einer Karacke und zwei kleinen Karavellen im Auftrag des spanischen Königspaares Ferdinand und Isabella 1492 über den Atlantik. Es handelte sich um notdürftig umgebaute Handelsschiffe, von denen die berühmte »Santa Maria« als 39 Meter langer Rahsegler das Flaggschiff des kleinen Geschwaders darstellte. Die nur 17 Meter lange »Pinta« war wie die noch kleinere »Niña« eine »Caravella redonda«, eine zweimastige Karavelle mit Rahsegel am Haupt- und Lateinersegel am Besanmast. Unter Berücksichtigung aller bisherigen Erfahrungen einschließlich der des Kolumbus ging am 8. Juli 1497 der portugiesische Kapitän Vasco da Gama (1469–1524) mit vier eigens erbauten Karavellen auf die Reise, die ihn um das Kap der Guten Hoffnung herum bis nach Calicut an der fruchtbaren Malabar-Küste Indiens führte, das er am 28. Mai des folgenden Jahres erreichte. Trotz des Verlustes zweier Schiffe war die am 16. Juli 1499 in Lissabon beendete Reise über 24.000 nautische Meilen ein großer Erfolg. Die in den Laderäumen der verbliebenen Schiffe mitgebrachten Gewürze sorgten für einen Gewinn von 600 Prozent. Damit war der Einbruch in das seit vier Jahrhunderten bestehende arabische Seehandelsmonopol mit Indien gelungen und Venedig entscheidend getroffen worden, das den Gewürzhandel bis nach Indien über seine Handelswege nach Arabien beherrscht hatte. Der Preis des Pfeffers sank plötzlich um die Hälfte, und nicht wenige Handelshäuser in Venedig, aber auch in Genua und Pisa mußten Konkurs anmelden. Lissabon wurde zum neuen Handelszentrum für asiatische Gewürze und Färbemittel.

Als eigentlich stärkste Seemacht Europas war Spanien in der zweiten Hälfte des 15. Jahrhunderts wegen der militärischen Auseinandersetzungen mit den Mauren auf der Iberischen Halbinsel und mit den Osmanen im Mittelmeer an eigenen Expeditionen in noch unbekannte Weltgegenden gehindert. Erst die erfolgreiche Fahrt des Kolumbus in die Neue Welt jenseits des Atlantik und die folgende Ausbeutung der entdeckten Regionen ließen Spanien mit Portugal gleichziehen. So war es nicht überraschend, daß beide Länder schon am 7. Juni 1494 mit dem Segen des in Spanien geborenen Rodrigo de Borja als Papst Alexander VI. (um 1430–1503) im Vertrag von Tordesillas alle noch nicht unter christlicher Herrschaft stehenden

179. Karavelle im weiterentwickelten Typ von Magellans Schiffen. Lavierte Federzeichnung von Hans Holbein d. J., um 1530. London, Science Museum

Regionen der Erde, ob bereits entdeckt oder noch nicht, untereinander aufteilten. Bis in die zweite Hälfte des 16. Jahrhunderts änderte sich beim Schiffbau in technischer Hinsicht nur wenig. Im Nord- und Ostseeraum wurden die Schiffe lediglich größer gebaut, um den Forderungen der Händler nach mehr Transportraum für Getreide und andere Rohstoffe zu genügen (K. F. Olechnowitz). In Lübeck entstanden Schiffe wie die Viermaster-Karacken »Jesus von Lübeck« (1540) und »Großer Adler von Lübeck« (1565), der 64 Meter lang und 14 Meter breit war. Beide im Vergleich zu anderen Karacken der Zeit ungewöhnlich großen Schiffe trugen an Fock- und Großmast jeweils drei Rahsegel und an den erheblich niedrigeren Besanmasten auf dem Achterdeck jeweils ein Lateinersegel. Zwar dokumentierten diese großen Karacken die Leistungsfähigkeit des deutschen Schiffbaus im 16. Jahrhundert, doch sie stellten Ausnahmen dar. Für einen normalen Handelsverkehr auf der Nord- und Ostsee wären sie schon aus Gründen der Rentabilität kaum in Betracht gekommen. Ein Großmast von 62 Metern Höhe mit einer Hauptrah von 34

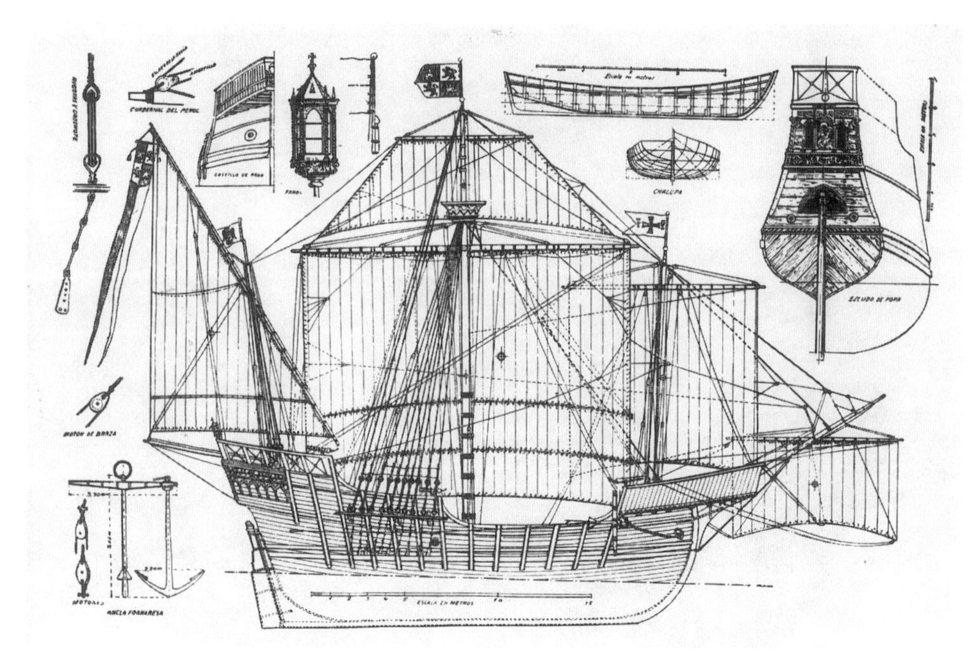

180 a. Offizielle Rekonstruktionszeichnung der »Santa Maria«. Bremerhaven, Deutsches Schifffahrtsmuseum. – b. Die nachgebaute »Santa Maria« im Hafen von Barcelona

Metern Länge, wie vom »Großen Adler« berichtet, mochte damals bei Fachleuten wie Laien Bewunderung wegen der technischen Leistung hervorrufen, doch die aufwendige Besegelung erforderte eine Mannschaftsstärke, die einem Kaufmann auf die Dauer zu kostspielig sein mußte.

Um 1500 hatte ein französischer Schiffbauer namens Descharges in Brest die Stückpforten erfunden, rechteckige oder quadratische Durchlässe in der Bordwand auf Höhe der unteren Decks oberhalb der Wasserlinie. Nun ließen sich die Schiffe mit einer erheblich größeren Zahl an Geschützen ausstatten, als das zuvor möglich war. Die in besonderen Lafetten gelagerten Schiffsgeschütze konnte man auf allen Decks unterbringen. Im Gefecht wurden sie zum Laden über Flaschenzüge zur Schiffsmitte gezogen und mit der Mündung durch die aufgeklappten Stückpforten in der Bordwand geschoben und abgefeuert. War es während des Mittelalters üblich, im Kriegsfall die verfügbaren Handelsschiffe militärisch umzurüsten und für die Kaperfahrt oder als schwimmende Geschützplattform zum Beschuß befestigter Häfen einzusetzen, so begann im 16. Jahrhundert eine immer deutlicher werdende Trennung in Handels- und Kriegsschiffe. Die Aufstellung von Geschützen auf mehreren Decks hatte Auswirkungen auf die Schiffskonstruktion und stellte an das nautische Personal neue Anforderungen. Der Rückstoß der abgefeuerten Kanonen wirkte auf den gesamten Schiffskörper, und die sich daraus ergebende Abdrift vom Kurs mußte vom Kapitän im Gefecht berücksichtigt werden. Die Niederländer bauten als erste eine lediglich aus Kriegsschiffen bestehende Flotte und setzten sie im englisch-holländischen Seekrieg 1552 bis 1558 ein, während bei den Hanseschiffen nach wie vor die Transportfunktion Priorität hatte und die Holks nur vereinzelt zusätzlich mit einigen Geschützen armiert wurden. Der »Große Adler« der Hansestadt Lübeck wurde in den Streitigkeiten mit Schweden allerdings ausschließlich als Kriegsschiff verwendet.

Als es im 16. Jahrhundert darum ging, die Reichtümer der neu entdeckten und mit dem Schwert unterworfenen Regionen der Erde nach Europa zu transportieren, benötigte man einen Schiffstyp mit beträchtlichem Raumgehalt und hoher Ladefähigkeit. Genueser Schiffbaumeister entwickelten für die Fahrten ihrer Kaufleute durch die rauhen Gewässer des Atlantik aus der Karacke die Galeone als ein Frachtschiff von kurzer, gedrungener Form im Längen-Breiten-Verhältnis von höchstens 4 zu 1. Bei den Karavellen und Naos des 15. Jahrhunderts hatte dieses Maß noch bei 2,5 zu 1 gelegen. Die Galeonen besaßen kein überhängendes vorderes Kastell mehr. Es war vom Bug zurückversetzt und den Bordwänden eingepaßt, um mehr Stabilität für das Schiff zu gewinnen. Gleiches galt für das im Verhältnis zu den unteren Decks erheblich schmalere Oberdeck, auf dem die Geschütze nahe an der Mittellinie des Schiffes aufgestellt werden konnten. Bis zu sieben eigene Decks enthielt das sehr hoch gebaute Achterschiff. Hier befanden sich die Kabinen für die Fahrgäste, die als Kaufleute oder Verwaltungsbeamte aus eigenem Antrieb oder im

Auftrag ihrer Herrscher in die überseeischen Kolonien reisten. Die Mannschaft fand im Vorschiff und dort in der leicht erhöhten Back ihre Unterkunft. Die größten Galeonen konnten bis zu 2.000 Mann an Bord nehmen, verdrängten 2.000 Tonnen und hatten etwa 8 Meter Tiefgang. Damit waren sie für das Befahren der meisten Flußmündungen und Buchten in Europa und besonders für den Nord- und Ostseeraum ungeeignet, so daß sich hier Holk und Karacke behaupteten.

Als Prestigeobjekte europäischer Herrscher gewannen die Galeonen besondere Bedeutung. Den Anfang machte König Jakob IV. von Schottland (1473–1513) mit der 72 Meter langen und fast 17 Meter breiten »Great Michael«, für deren Bau ein großer Teil des Holzes sogar eingeführt werden mußte, weil man für die benötigten Mengen die ohnehin spärlichen schottischen Wälder nicht dezimieren wollte. Zum Schutz gegen feindliche Geschütze wurden die Außenwände bis zu 3 Meter dick gefertigt. Die »Great Michael« war mit 315 meist leichten Kanonen bestückt. Die Besatzung umfaßte 300 Seeleute, 120 Kanoniere und 1.000 Soldaten. König Heinrich VIII. von England wollte den 1513 in der Schlacht bei Flodden gefallenen schottischen König auch auf diesem Gebiet übertreffen und ließ daher 1512 ein eigenes Schiff auf Kiel legen. Schon 1509 hatte er eine genuesische Karacke von 700 Tonnen angekauft und Schiffbau-Experten aus Genua und Venedig angeworben. Im Juni 1514 lief das neue königliche Flaggschiff »Henry Grâce à Dieu« mit hohem Vorderkastell und überhängendem Heck, vier Masten und umfangreicher Takelage vom Stapel. Die Besatzung des Schiffes betrug etwa 800 Mann und setzte sich aus Matrosen, Kanonieren und Soldaten zusammen. Die Armierung mit 151 Geschützen verteilte sich auf insgesamt fünf Decks. Trotz ihres beeindruckenden Äußeren gab es mit der »Great Harry« genannten Galeone schon vom Stapellauf an ziemliche Probleme. Wegen der Höhe des Aufbaus und des damit sehr hoch liegenden Schwerpunkts rollte das Schiff bei stärkerer See so sehr, daß seine Manövrierfähigkeit erheblich beeinträchtigt wurde. Deshalb wurde es auf Befehl des Königs 1536 umgebaut. Man reduzierte die Seitenhöhe und dadurch die Tragfähigkeit von 1.500 auf 1.000 Tonnen. Auch in der verkleinerten Form waren noch mehr als 700 Mann Besatzung erforderlich. Jeder Einzelne hatte seinen exakt vorgeschriebenen Platz an Bord – die erste »Gefechtsrolle«, die bislang bekannt ist. Die »Great Harry« war ebenso wie die »Great Michael« eher ein Objekt zur Demonstration königlicher Macht als ein für die Belange des Seekrieges geeignetes Schiff. Es ist daher nicht verwunderlich, daß sie in achtunddreißig Dienstjahren nur einmal an einer Schlacht teilgenommen hat: 1545 bei Spithead in einem Gefecht mit einem französischen Geschwader, in das sie jedoch nicht selbst eingriff, sondern nur als »Feldherrnhügel« für den König diente, der die Schlacht beobachtete. Acht Jahre später wurde dieses teure Renommierstück König Heinrichs bei einem Feuer in Woolwich zerstört. Allein für den Bau der »Great Harry« hatten 3.900 Tonnen Holz geschlagen werden müssen, von denen der König die Hälfte dadurch aufbrachte, daß er den

181. Galeone. Kolorierte Radierung aus dem Kreis um Augustin Hirschvogel, erste Hälfte des 16. Jahrhunderts. Nürnberg, Germanisches Nationalmuseum

Adel zu entsprechenden Materialabgaben zwang. Man darf annehmen, daß die Herstellungskosten nicht wesentlich unter den von der »Great Michael« berichteten 40.000 Pfund, einer für die Zeit immensen Summe, gelegen haben.

Militärische Erwägungen können für die Herstellung solcher Schiffe keine Rolle gespielt haben; denn mit den dafür aufgewendeten Mitteln hätten sich jeweils drei bis vier große Karacken oder Galeonen bauen lassen. Das Repräsentationsbedürfnis der Herrscher stand im Vordergrund. Unter diesem Aspekt betrachtet, machten auch Schweden, Frankreich und Portugal keine Ausnahme. Schwedens König Gustav Wasa ließ die »Elefant« bauen, eine große Galeone von 52 Metern Länge und 12 Metern Breite, die 1532 vom Stapel lief. Franz I. von Frankreich (1494–1547) wollte schon ein Jahrzehnt früher seinen englischen Widerpart auch auf diesem Gebiet übertreffen. Im neuen Seehafen Francispolis, dem heutigen Le Havre, ließ er 1521 eine riesige fünfmastige Karacke auf Kiel legen. 1527 war das Schiff fertig und erhielt den Namen »La Grande Françoise«. Offenkundig mangelte es dem Kapitän und der Besatzung an Erfahrung oder seemännischen Fähigkeiten; denn beim ersten Auslaufen des Schiffes 1533 lief es in der Seine-Mündung auf eine Sandbank und versperrte die Hafeneinfahrt. Nach sechs Wochen harter Arbeit wieder flottgemacht, kam die »Grande Françoise« beim zweiten Versuch, die offene See zu gewinnen, nur wenige hundert Meter weiter. Bei stürmischem Wind schlug sie um und kenterte in der Fahrrinne. Der Hafen war erneut blockiert, und der König hatte mit dieser zweiten Blamage die Geduld verloren. Er ließ das Schiff umgehend abwracken und das Holz für Bauarbeiten in der Stadt verwenden.

In Lissabon lief 1534 die Galeone »São João« vom Stapel, ausgestattet mit 336 Geschützen, und erstaunlicherweise einem Rammsporn am Vorschiff, wie er bei den zeitgenössischen Galeeren üblich war. Schon 1523 hatte der Johanniterorden nach Zuweisung der Insel Malta als neuem Sitz in Nizza eine große Karacke bauen lassen, von der zehn Jahre später ein spanischer Chronist berichtete, daß sie nicht nur als Kriegsschiff, sondern auch zum Transport von Getreide benutzt wurde. 900 Tonnen Weizen ließen sich in den Laderäumen unterbringen. Von den sechs Decks waren die beiden untersten mit Bleiplatten beschlagen, und auch das Unterwasserschiff hatte man mit dünnen Bleiplatten gepanzert.

Kein anderes seefahrendes Volk hat zwischen 1450 und 1600 so viele unterschiedliche Schiffstypen geschaffen wie die Niederländer. Aufgrund der besonderen Küstenformation mit sehr flachen Gewässern bevorzugten sie breite und rund gebaute Schiffe mit geringem Tiefgang. Zentren des Schiffbaus waren Städte an der Zuiderzee wie Enkhuizen und Hoorn, zu denen gegen Ende des 16. Jahrhunderts noch Groningen hinzukam. Die Entwicklung der Fleute rief noch vor 1600 eine entscheidende Umwälzung in der Seeschiffahrt hervor. Mit ihr übernahmen die Nördlichen Niederlande die Führung im Schiffbau, der sich deutlich an den Erfordernissen des Handels orientierte. Die Fleute war ein flachbordiges Schiff mit drei Masten und für die Fahrt in europäischen Gewässern gut geeignet. Große Aufbauten wie Vorder- und Achterkastelle fehlten. Der geringe Tiefgang ermöglichte es, auch stromaufwärts gelegene Häfen leicht zu erreichen. Damit entfiel das zeitaufwendige und kostspielige Umladen in Schuten. Die Änderung der Proportionen dieser Schiffe zugunsten der Länge sowie höhere und dreigeteilte Masten mit entsprechender Unterteilungsmöglichkeit der Segelfläche erlaubten schnellere Fahrten und reduzierten die Stärke der erforderlichen Bedienungsmannschaft. Im Jahr 1570 hatte zeitgenössischen Berichten zufolge ein niederländisches Schiff achtmal den Sund passiert. Fünfzehn Jahre später schafften dies bereits fünfundzwanzig Fleuten, sechs davon sogar zehnmal. Die Fleuten zeigten oberhalb der Wasserlinie einen starken Einzug der Spannten nach innen hin, wodurch ein sehr schmales Oberdeck entstand. Diese Formgebung hatte ihre Ursache in den Bemessungsgrundlagen des dänischen Sund-Zolls. Durchfahrtgebühren errechneten sich nämlich seit 1577 auf der Basis des Fassungsvermögens eines Schiffes, gemessen nach Länge und Breite in Höhe der Decks und nach Tiefe des Laderaums im Mittelschiff. Niemand war damals imstande, den Rauminhalt eines Schiffes exakt zu bestimmen. Die geschäftstüchtigen holländischen Kaufherren nutzten diese Bestimmungen zu ihrem Vorteil, indem sie das Deck extrem schmal machten, so daß der Querschnitt der Spannten nahezu Kreisform erreichte. Als im Jahr 1669 die Zollbestimmungen von 1577 geändert wurden, verschwanden bei den Fleuten diese merkwürdigen Auswüchse ihrer Bauart (K. F. Olechnowitz).

Die Tragfähigkeit und damit die Menge der Ladung, die ein Schiff aufnehmen konnte, war eine wichtige Größe beim Bau, mit der die Schiffszimmerleute allerdings bis zum 17. Jahrhundert erhebliche Probleme hatten. Aber gerade die Tragfähigkeit interessierte unter kaufmännischen Gesichtspunkten. Im 16. Jahrhundert hatten alle Berechnungen dieser Art einen lediglich ungefähren Charakter. Es kam oft vor, daß ein Schiff nach Fertigstellung viel größer geraten war als das Vorbild. Am häufigsten wandte man zur Feststellung der Tragfähigkeit die »Stellvertreter«-Methode an, bei der ein Schiffstyp ausgewählt wurde, dem die meisten anderen entsprachen. Das ausgesuchte Schiff belud man mit exakt gewogenen Gewichten bis zur Oberkante der Laderäume und notierte die Zahl der Gewichte. Anschließend wurde das Schiff nach Länge, Breite und Raumtiefe bis zur Höhe der obersten Deckbalken vermessen. Das Produkt dieser drei Zahlen dividierte man durch die Lastzahl und erhielt so den ungefähren Wert der Wasserverdrängung. Die Generalstaaten wollten diese Methode im 17. Jahrhundert verbessern, indem sie anordneten, von allen Schiffstypen jeweils einen auszumessen, der mit Kanonenkugeln so weit beladen wurde, daß er nach fachmännischem Urteil bei schlechtem Wetter noch fahren konnte. Anschließend entlud man die Schiffe wieder und zeichnete die Menge der Lasten auf, vermaß sie nach dem bekannten Verfahren und stellte auf diese Weise einen generellen Lastwert fest. Noch im 16. Jahrhundert ließ man die unterschiedlichen Volumenanteile der beförderten Waren unberücksichtigt; andernfalls hätte man feststellen müssen, daß sich auch hinsichtlich der Besteuerung auf einer Fahrt sehr viel mehr Ballen Tuch als Getreidesäcke transportieren ließen. Die Menge der in ihrem Einzelgewicht bekannten Kanonenkugeln pro Schiff unter Berücksichtigung der noch hinreichenden Manövrierbarkeit bei schwerem Wetter bildete dann ein erstes deutlich fixiertes Standardmaß. Die Vermessung lag in den Händen vereidigter Eichmeister.

An den deutschen Küsten hatte das als Zunft organisierte Schiffbauhandwerk bis in die Neuzeit hinein Bestand, und hierin lag eine wesentliche Ursache für ein eher zögerliches Umsetzen neuer Erfahrungen oder technischer Innovationen. In den Hansestädten an der Nord- und Ostseeküste sollte vor allem der Verkauf von Schiffen an Hansefremde, besonders an die Niederländer, verhindert werden. Im Vordergrund stand das Interesse der eigenen Kaufleute an seetüchtigen Schiffen, für die man ein Holz brauchte, das teuer und knapp war. Wer ein Schiff bauen lassen wollte, mußte dazu die Genehmigung des Rates der betreffenden Stadt einholen. Der Auftraggeber achtete auf Erfahrung und Können des Schiffszimmermanns, den

182. Bau der Arche Noah mit den technischen Mitteln des 15. Jahrhunderts. Holzschnitt in der 1493 gedruckten Schedelschen Weltchronik. Nürnberg, Germanisches Nationalmuseum

er sich jedoch nicht selbst aussuchen durfte. Man schickte ihn zu den Elderleuten des Schiffbaueramtes, die ihm einen Meister zuwiesen. Sie wachten streng darüber, daß keine Fremden verpflichtet wurden, solange nicht alle einheimischen Schiffbauer beschäftigt waren. Die Gewißheit des Einzelnen, durch die Zunft seine Existenz garantiert zu bekommen, hinderte ihn allerdings daran, im freien Wettbewerb nach neuen und vielleicht besseren Methoden im Schiffbau zu suchen. Häufig weder des Lesens noch des Schreibens kundig und immer in der Furcht, andere könnten die eigenen Methoden und Praktiken erfahren, planten die meisten Schiffszimmermeister im Kopf und berechneten die Abmessungen der Schiffe nach herkömmlichen Mustern, unter Berücksichtigung der Wünsche der Auftraggeber.

Eine der wenigen schriftlichen Materialaufstellungen für den Schiffbau stammt aus dem Jahr 1561 vom Wismarer Schiffbaumeister Hermann Sternberg, der für Herzog Johann Albrecht I. von Mecklenburg (1525–1576) zwei Schiffe für Fahrten nach Portugal und Spanien bauen sollte. Es handelte sich um ein Schiff von 200 und eines von 150 Last, deren Material in einem »ungefährlich Vortzeichnus...« entsprechend vage angegeben wurde. Erst beim Fortschreiten des Baus konnte der Schiffszimmermann ermessen, welche Materialien und wieviel davon er benötigte. Alle Hölzer wurden Stück für Stück ausgesucht, gefällt oder gekauft und bearbeitet. Entsprechend zeitraubend und wohl auch kostspielig dürfte die Organisation des Schiffbaus damals gewesen sein. Aus der gleichen Zeit stammen drei Listen mit Angaben über Mengen und Abmessungen sowie über die Preise der für einen Schiffbau erforderlichen Holzteile. Die einzelnen Bauteile sind auch zeichnerisch dargestellt. Bei der ersten Liste handelt es sich vermutlich um die Abschrift einer französischen Vorlage, während die beiden anderen niederländische Kopien davon sind. Aus diesen Listen wird deutlich, daß sich die Führungsrolle im westeuropäischen Schiffbau bereits von den Niederlanden nach Frankreich verlagert hatte und von dort in die Seestädte des Ostseeraumes gelangt war. Deutsche Preisangaben bei den einzelnen Teilen belegen, daß die Listen als Grundlage für die Kosten- und Materialplanung benutzt worden sind (K. F. Olechnowitz). Eine ähnliche Aufstellung für den Bau eines Schiffes in Lübeck stammt aus dem Jahr 1563 und ist im dortigen Stadtarchiv erhalten.

Auf den Werften wurde während der von Februar bis September dauernden Sommerzeit von 5 Uhr morgens bis 18 Uhr abends gearbeitet, in Holland sogar bis 19 Uhr. Im Winter begann man in der Morgendämmerung und arbeitete bis zum Dunkelwerden. Wer zu spät zur Arbeit kam, erhielt eine Stunde abgezogen oder mußte eine Buße zahlen. Der gewöhnlich dreizehnstündige Arbeitstag war durch drei Pausen für Frühstück, Mittagessen und Vesper gegliedert, die zusammen zwei Stunden ausmachten. Die Löhne wurden je nach Ausbildung und Können in einer hierarchischen Abstufung vom Schiffszimmermeister bis zum Handlanger als Zeitlohn gezahlt. Seit der zweiten Hälfte des 16. Jahrhunderts verbreitete sich im Schiffbau jedoch immer mehr das System des Stücklohns. Ursache hierfür war die Betrachtung des Schiffes als Ensemble aus verschiedenen Werkstücken und Teilarbeiten, vergleichbar der Errichtung eines Hauses, bei dem in der Regel ebenfalls nach Stücklohn gearbeitet wurde. Schiffbau war Spezialistenarbeit und wurde entsprechend vergütet. In den Seestädten standen die Schiffszimmerleute an der Spitze der Lohnskala. So lag zum Beispiel die Vergütung für die Leistungen eines Maurermeisters etwa auf dem Lohnniveau eines Schiffszimmerlehrlings, dessen Meister fast das Doppelte erhielt. Gezahlt wurde im allgemeinen in vier Raten, wobei die erste fällig wurde, wenn der Kiel gestreckt und die beiden Steven gerichtet waren, die zweite nach Einsatz der Spanten und Einzug der Decks, die dritte nach Schließen des Schiffes und die letzte nach dem Stapellauf. Bevor es soweit war, mußte der Meister die Elderleute des Schiffbaueramtes, alle Kollegen und den Auftraggeber zur Besichtigung der Arbeit laden. Bei Erhalt der Abnahmegenehmigung hatte der Auftraggeber dem Amt einen festgelegten Geldbetrag zu stiften. Im Falle fehlerhafter Arbeit mußte der Meister nicht nur Strafe zahlen, sondern manchmal sogar die Gesamtkosten tragen. Diese Bestimmungen sollten die Qualität der Arbeit garantieren, und das ist zumal in den Hansestädten durch die Jahrhunderte immer wieder gelungen.

Zu den Aufgaben des Schiffszimmermeisters gehörte es, das geeignete Holz auszusuchen, und dies war bei dem damaligen Zustand der norddeutschen Wälder keine leichte Aufgabe. Die meisten Hafenstädte hatten sich von Anfang an bemüht, den Bedarf ihrer Bürger an Brenn-, Bau- und Schiffbauholz sicherzustellen. Sie ließen sich vom König oder vom Landesherrn das Nutzungsrecht an den umliegenden Wäldern übertragen. Für Städte wie Bremen, Emden oder die niederländischen Häfen galt das nicht; denn sie mußten ihren gesamten Holzbedarf einführen. Dort ging man schon im 15. Jahrhundert zu einer »Holzzwangswirtschaft« über: Der Rat überwachte Handel und Verbrauch von Holz, das auf einem eigenen Bauhof als Vorrat gelagert werden mußte. Für den Holzhandel gab es den Stapelzwang: Alles eingeführte Holz mußte vor jedem Weiterverkauf den Bürgern der Stadt öffentlich feilgeboten werden, aber sie durften bloß Bau- und Brennholz zum eigenen Bedarf erwerben. Ein unbegrenzter Einkauf war allein dem Stadtbaumeister gestattet. Für die Ausfuhr von Eichenholz benötigte man ebenfalls seine Erlaubnis. Bremen beispielsweise deckte seinen Holzbedarf auf dem Wasserweg über die Weser aus dem waldreichen westfälischen und mitteldeutschen Raum, wobei Minden als Stapelplatz eine besondere Bedeutung zukam. Außerdem wurde qualitativ hochwertiges Nadelholz für Masten und Rahen aus Norwegen eingeführt. Die Holzversorgung Hamburgs erfolgte aus dem Sachsenwald über die Elbe.

Die Sorge der Städte um das Holz war im 16. Jahrhundert groß; denn die Waldverwüstung hatte bereits besorgniserregende Ausmaße angenommen, nicht zuletzt wegen des ständig steigenden Feuerungsbedarfs für Verhüttungs- und Verarbeitungsprozesse wie für Hausbau und Hausbrand. Vom Holzmangel war der Schiffbau besonders betroffen. Es dauerte oft mehrere Monate, bis die erforderliche Menge an qualitativ akzeptablem Holz zur Verfügung stand. Für den Bau einer mittelgroßen Karacke benötigte man allein 2.500 bis 3.000 gut gewachsene Eichenstämme. War die Holzbeschaffung für den Schiffbau in Deutschland den Städten oder einzelnen Personen überlassen, so sorgte in England die Krone dafür, daß die Royal Navy ständig beliefert wurde. Unter Heinrich VIII. und Elisabeth I. wurden das Navy Office zur zentralen Lenkung des Flottenbaus und zur Aufsicht über die staatlichen Werften sowie ein eigenes Beschaffungsamt aller für Bau- und Unterhalt der Flotte erforderlichen Materialien geschaffen. Königliche Dekrete sorgten für die Eindämmung des auch in England bis dahin ungehinderten Holzschlags für die aufblühende Eisenhüttenindustrie. Dennoch zwang der steigende Bedarf der Werftbetriebe die englischen Herrscher über die Nutzung der eigenen Waldbestände hinaus zur teuren Holzeinfuhr. Die bekanntesten Gewinnungsgebiete für Fichten- und Kiefernholz lagen in Norwegen, Schweden, Pommern, Preußen, Polen, Livland und Kurland. Von Danzig als einem der großen Ausfuhrhäfen gelangte gutes Bauholz in alle Schiffbauregionen Westeuropas.

Die Entwicklung immer größerer und schnellerer Schiffe sorgte seit dem 16. Jahrhundert für eine Anhäufung des im Handel erworbenen Kapitals in den Hafenstädten. Als Folge des erfahrenen Risikos, der langen Transportwege und der verschifften kostbaren oder gar seltenen Waren lag die Gewinnspanne im Handel sehr hoch. Erfolgreiche Kaufleute vermochten oft in wenigen Jahren große Vermögen zu erwerben. Der zeitlich verkürzte Schiffsverkehr und die größere Ladekapazität der Schiffe beschleunigten den Warenumschlag und damit den der Kapitalien. Je dichter das Verkehrsnetz über See gezogen wurde, je häufiger die Transporte erfolgten, um so rascher vervielfachte sich das eingesetzte Kapital. So brachten die Fleuten den Niederländern beträchtliche Profite. Unter anderen Bedingungen gestaltete sich der Überseehandel, obwohl auch er den beteiligten Ländern finanzielle Vorteile brachte. In Madrid entstand die »Casa de Contratacion« zur Gewährleistung des staatlichen Monopols und der Kontrolle des Handels mit Ostindien und Amerika. Die Zielvorstellung der damaligen Handelspolitik bestand in einer Isolierung der überseeischen Besitzungen von allen unkontrollierbaren Einflüssen. Daher gestattete man es nur der Hafenstadt Sevilla, Schiffsladungen aus Übersee zu löschen. Der Handel der einzelnen Kolonien untereinander wurde untersagt. Fast alle dort benötigten Waren mußten aus Spanien importiert werden. Das unerwünschte Resultat war ein wachsender und für die Beteiligten einträglicher Schmuggel.

183. Hansischer Dreimaster mit Beiboot. Marktfrontrelief des Gildehauses der Flandern-Fahrer von Hameln, bald nach 1500. Bremerhaven, Deutsches Schiffahrtsmuseum

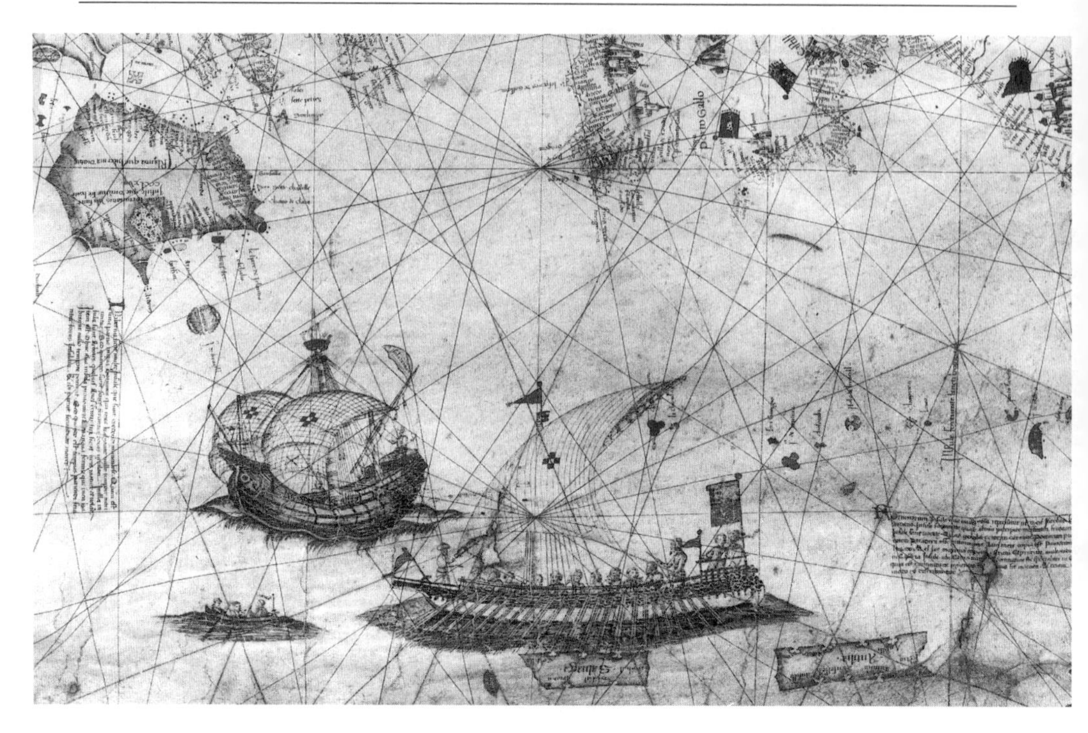

184. Karavelle und Segelgaleere auf einer Karte des östlichen Atlantik. Aquarellierte Zeichnung von Grazioso und Andrea Benincasa, 1482. Bologna, Biblioteca Municipale

Schrecken erregend wurde die Piraterie durch Korsaren von eigenen Gnaden wie von englischen, niederländischen und französischen Kaperfahrern, die von ihren Herrschern rechtlich äußerst zweifelhafte Kaperbriefe erhalten hatten. Diese Situation führte zwischen den europäischen Staaten zu einem zwar nicht erklärten, jedoch permanent vorhandenen Kriegszustand auf See. Königin Elisabeth I. gestattete ihren Kaperfahrern wie dem berühmten Kapitän Francis Drake (um 1540–1596), spanische Schiffe und spanische Stützpunkte in den Kolonien zu plündern. Zum Schutz der Gold- und Silbertransporte aus der Neuen Welt stellte man auf spanischer Seite Geleitzüge zusammen, die mit ihren zwanzig bis dreißig Galeonen über den Atlantik segelten. Ihre Erfolge, aber auch die gegenreformatorischen Vorstellungen König Philipps II. sowie die englische Unterstützung der niederländischen Aufstandsbewegung gegen die spanische Herrschaft trugen dazu bei, den schwelenden Konflikt zwischen England und Spanien zum offenen Krieg werden zu lassen. König Philipp setzte sein Vertrauen in die »unbesiegbare Armada« aus 128 Schiffen mit 29.000 Matrosen und Soldaten, der auf englischer Seite nur 102 meist kleine Schiffe unterschiedlichster Typen entgegenstanden. Im Jahr 1588 kam es zu militärischen Operationen in den Gewässern um die Britischen

Inseln, doch die erwartete große Seeschlacht blieb aus; denn die Spanier, von schweren Stürmen beeinträchtigt, mußten umkehren. Der Sieg von 1588 bedeutete den Beginn des dann ungehinderten englischen Kolonialismus.

Stätten des Warenumschlags zwischen Wasser und Land waren seit jeher die Uferbereiche von Flüssen und die Strände beziehungsweise die Buchten am Meer. Die meisten Seehäfen entstanden an Flußmündungen. An deren Ufern schlug man die Waren um, beispielsweise in Hamburg am Unterlauf der Alster, in Bremen an der Balge, einem vormaligen Arm der Weser, in Amsterdam an der Amstel, in Rotterdam an der Rotte, in Antwerpen an der Schelde. Für die Ostseehäfen galt mit

185. Hafen und Festung von Le Havre. Zeichnung von Jacques de Vaulx, 1583. Paris, Bibliothèque Nationale

Lübeck an der Trave, Rostock an der Warnow und Königsberg am Pregel das gleiche wie für London am Themse-Ufer und Bordeaux an der Garonne. In den Seehäfen wechselten die Verkehrsträger für den Transport der Waren, vom Schiff auf den Wagen und umgekehrt. Die Übernahme und Weitergabe hatten möglichst schnell zu geschehen; denn die verfügbaren Speicherräume sollten, auch aus Kostengründen, nur kurzfristig genutzt werden. Die meisten Seehäfen im nördlichen Europa waren das Ergebnis von Planungsüberlegungen seitens der Landesherren, die Seehandel zu betreiben suchten. Ein Musterbeispiel dafür war schon im 12. Jahrhundert Lübeck, von wo aus weitere Niederlassungen im Ostseeraum wie Rostock oder Wismar gegründet wurden. Zu obrigkeitlichen Eingriffen kam es auch bei bestehenden, aber aufgrund topographischer Veränderungen kaum noch nutzbaren Häfen. So ging die Gründung von Le Havre an der Seine-Mündung auf den französischen König Franz I. zurück. Da der seit dem 10. Jahrhundert genutzte natürliche Hafen Harfleur bei Rouen immer mehr verschlammte, erließ der König die Anordnung zur Verlegung an die Flußmündung mit dem Hinweis, die neue Hafenstadt Francispolis zu nennen. Aber nicht immer waren solche planerischen Überlegungen der Ausgangspunkt für Häfen, wie das Beispiel Bremen belegt. Dort gab es eine Flußsiedlung, deren Bewohner Fischerei betrieben, und zwar lange bevor der Ausbau zum Hafen erfolgte. Es ist immer wieder behauptet worden, man habe solche als Häfen genutzten Siedlungen am jeweiligen Platz deswegen angelegt, weil dort ein Flußübergang vorhanden gewesen sei. Diese Beurteilung entstammt einer neuzeitlichen Effizienzbetrachtung der Verbindung von Handelsweg und Wasserstraße, doch sie ist in der Regel falsch. An Flüssen gab es viele alte Übergänge, an denen keine Siedlungen entstanden sind. Die Händler suchten sich für ihren Weg den Übergang dort, wo an einem Fluß bereits eine Siedlung existierte. Nur dort fanden sie Flöße, Fähren, Schiffe oder Pferde, Quartier, Einkauf- und Reparaturmöglichkeit. An der Nordseeküste ließen sich wegen des starken Tidenhubs mit den technischen Möglichkeiten des Mittelalters und der frühen Neuzeit die Probleme beim Bau von Hafenanlagen kaum bewältigen. Deshalb wurden hier die meisten Häfen innerhalb der Mündungstrichter großer Flüsse bei vorhandenen Siedlungen geschaffen. Auf diese Weise lag der Hafen nahe genug an der See, war aber durch das Land geschützt. Er bildete einen Knotenpunkt für den Warentransport über Land, auf dem Fluß und dem Meer. Das galt für Hamburg wie für Antwerpen oder Amsterdam, für Brügge wie für Emden, wo die Ems im 15. Jahrhundert mehrfach ihre Fließrichtung wechselte, was entsprechende Folgen für den Betrieb des Hafens hatte.

Gerade für den Bau von Hafenanlagen mußten derartige topographische Veränderungen berücksichtigt werden. Einer alten Spruchweisheit zufolge wird ein Haus immer fertig, ein Hafen nie. Dies kennzeichnete auch im Mittelalter und in der frühen Neuzeit die ständigen Bemühungen um die Standfestigkeit der Kais und Verladeanlagen und um das Freihalten der Fahrrinne. Außer dem Ufer nutzte man

186. Der Hafen von Antwerpen mit Kran, Holks und Leichtern. Kolorierter Holzschnitt in dem 1515 gedruckten Buch »Lofzangen ter eere Keizer Maximiliaan ...« von Jan de Gheet. Hamburg, Staats- und Universitätsbibliothek

bei den ersten Hafengründungen die Grachten, Delfte und Fleete für den Warenumschlag. Sie alle waren als Folgen von ersten Regulierungen der Küstenlinie durch Deichbauten sowie von Kanalisierungsversuchen im Mündungsbereich der Flüsse entstanden. In Antwerpen standen die ersten Speicher ebenso an den Grachten wie in Amsterdam, und in Emden erfolgte der Umschlag in den Delften. Die Hamburger Fleete dienten seit Bestehen der Stadt sowohl dem Güterumschlag als auch der Schiffahrt. Um 1300 kamen auf einen Hektar Bodenfläche im bebauten Stadtgebiet von Hamburg und Lübeck 200 Meter Straße, in Hamburg zusätzlich 50 Meter Wasserweg. Auch vorhandene Siele wurden zu Fleeten erweitert, so daß man zum Beispiel in Hamburg ein eigenes zweites »Straßennetz« schuf, das sich zu Anfang des 17. Jahrhunderts mit Venedig und Amsterdam vergleichen ließ. Die Hafenspeicher errichtete man längs der Fleete. In Antwerpen und Bordeaux wurden die

Flußufer von Beginn an als Hafenfront genutzt, während man in Hamburg die Elbe erst zwischen dem 14. und 16. Jahrhundert durch entsprechende wasserbauliche Arbeiten an die Stadtsiedlung heranführte. Bis dahin reichten die Anlagen an der Alster aus, und die Elbe-Strecke vor der Stadt konnte als Reede dienen. Auf einer Elbe-Karte aus dem Jahr 1568 läßt sich in Höhe der Stadt eine große Zahl von Tonnen und Baken am Ufer ausmachen, die dort auf die Elbe als Fahrweg und nicht als Hafen hinweisen.

Das Flußufer ließ sich nicht überall in vergleichbarer Weise für den Umschlag nutzen. So nahmen weder Rotterdam die Maas noch Bremen die Weser für diesen Zweck in Anspruch. Den Niederländern genügte die kleine Rotte, die in Höhe der Stadt sogar ein Delta bildete, und der älteste Hafen Bremens lag an der Balge, einem hart bis an die Düne heranreichenden Weser-Arm. Auf der Reede ankerten die Schiffe. Löschen und Beladen der Schiffe erfolgten dort durch flache Schuten, die am Ufer anlegen konnten. Weniger aufwendig gestaltete sich der Warenumschlag, wenn das Fahrwasser bis in Ufernähe reichte und Ladeplanken eingesetzt werden konnten. Die Uferböschungen ließen sich durch dicht nebeneinander senkrecht ins Wasser gerammte Pfähle befestigen und boten nach Ausbaggern des unmittelbar davor liegenden Flußbereichs als »Bollwerk« eine gute Anlegestelle. In Bremen stattete man den Uferhafen der Schlachte an der Weser um 1580 mit einem solchen Bollwerk aus. Hochwasser und Eisgang gefährdeten diese Anlagen und verursachten fast jedes Jahr hohe Reparaturkosten. Nur in Ausnahmefällen hat man für Hafenzwecke und Uferbefestigung Mauerwerk verwendet. Bis zum Ende des 14. Jahrhunderts gab es beispielsweise im Bereich der Hansestädte nur ein mit Mauerwerk verstärktes Bollwerk: die »Deutsche Brücke« in Bergen. In der Regel beschränkte man sich beim Ausbau der Häfen auf die Anlage von Molen und Piers in Pfahlbauweise. Dies reichte für den geringen Tiefgang der Schiffe bis zum 17. Jahrhundert meist aus. Größere Karacken oder Galeonen mußten auf Reede geleichtert werden. Das galt im 16. Jahrhundert vor allem für Brügge, Amsterdam, Lübeck, Rostock, Stralsund und Danzig. Es war jedem Schiffer strikt verboten, im Hafenbereich Ballast über Bord zu kippen, weil dadurch die Tiefe verringert wurde. Für alle Fluß- wie Seehäfen bestand die permanente Gefahr der Versandung oder Verschlammung. Außerdem hatte man es im Küstenbereich mit der Tide zu tun, die einen zeitlichen Raster für Zu- und Abfahrt der Schiffe vorgab. Schon im 15. Jahrhundert wurde in Hamburg versucht, im Hafen mehr Tiefe dadurch zu erreichen, daß man die Marschen auf dem linken Elbe-Ufer eindeichte, um durch diesen Wasserstau einen möglichst gleichmäßigen Pegel im Hafengebiet zu erhalten. Die Lübecker arbeiteten in der Trave mit sogenannten Dreckmühlen, die den Grund aufwühlten; die Strömung trug dann die meisten Sinkstoffe ein Stück weiter in Richtung Meer.

Zur Finanzierung solcher aufwendigen wasserbaulichen Arbeiten verfügte der Lübecker Rat 1539, daß jeder, der ein Testament erstellte, ein Zwangsvermächtnis einzusetzen hatte, das der Verbesserung des Trave-Fahrwassers zugute kommen sollte. Auch der Uferausbau zu Kajen als festen Umschlagplätzen verursachte beträchtliche Kosten. Doch nur solche Kajen boten die Voraussetzung, ein Schiff dicht ans Ufer zu legen und von Land aus mit Hebezeug zu löschen beziehungsweise zu beladen. Kräne oder Wippen waren seit dem Mittelalter in Gebrauch, und in Antwerpen entwickelte sich mit den »Kraenkinders« sogar eine eigene Berufsgruppe, die von der Stadt das Monopol für jeglichen Warenumschlag erhielt. Ein planmäßiger Stromausbau für Hafenzwecke erfolgte in Hamburg ab 1471. Damals sperrte man den Zufluß der Dove-Elbe durch einen Deich, um den Pegel im Hauptfahrwasser der Elbe zu erhöhen. Die Folge war ein Streit mit dem Herzogtum Braunschweig-Lüneburg, dessen Deiche durch diese Maßnahmen in Mitleidenschaft gezogen wurden. Wo immer es der Baugrund und die Tiefenverhältnisse im Hafen zuließen, baute man die Speicher direkt am Wasser. Für Lübeck ist das um 1550 durch einen Holzschnitt belegt. Man sparte sich auf diese Weise einen unnötigen Zwischentransport des schweren Salzes. In anderen Häfen wie in Stralsund schuf man bereits im späten Mittelalter Landestege und Landebrücken. Vor der Gewalt der See schützten Wellenbrecher und Molenbauten, und der Sicherheit des Schiffsverkehrs dienten Baken und Leuchtfeuer. In vielen Fällen wurden die Hafenbecken in die Befestigungsanlagen der Seestädte einbezogen, wobei besonders exponierte Stellen eine Verstärkung erhielten. Beispiele dafür sind das Fort zum Schutz des Hafens der Festung Rhodos oder die beiden wuchtigen Geschütztürme auf den Molenköpfen von Visby auf Gotland.

Zu den Handelsgütern in deutschen Häfen gehörten: flämische Tuche und Leinen aus Brügge; Gewürze, Reis, Feigen und Mandeln sowie südländische Weine; Töpferware aus Köln; Getreide und Holz aus der Mark und aus der Lausitz; Metalle aus dem Harz; Wolle, Leinwand und Getreide aus dem niedersächsischen Raum. Von Braunschweig aus wurde Getreide die Aller abwärts über Bremen verschifft, und in Celle standen die großen Getreidespeicher direkt am Flußufer. Zu Beginn des 14. Jahrhunderts hatte Hamburg mit etwa 5.000 Einwohnern ungefähr so viele wie Bremen, Hildesheim oder Regensburg, war damit größer als Rostock, Wismar, Stralsund, Ulm oder Dortmund, aber kleiner als Lübeck, Magdeburg oder Mainz. Die meisten Ostseehäfen standen im Schatten Lübecks, das mehr als 10.000 Einwohner zählte. In Lübeck begann die Hafentätigkeit am Trave-Ufer zwischen dem Holsten- und dem Burgtor, dem heutigen Inneren Hafen. Vom Ufer zum Schiff legte man Laufbrücken, über die die Waren transportiert wurden. Die hansischen Gründungen Wismar und Rostock besaßen keine vergleichbar günstige Lage, kamen aber als Handelsstädte ebenfalls zu Wohlstand. In Wismar baute man zwischen 1564 und 1582 einen Kanal vom Schweriner See zur Elbe bei Dömitz. Er war jedoch nur bis zum Beginn des Dreißigjährigen Krieges in Benutzung und verfiel mangels Wartung.

Als einflußreiche Hafenstadt bildete Lübeck auch einen Verkehrsmittelpunkt und zog Straßenverbindungen an sich. Eine davon war die von Lüneburg ausgehende Salzstraße. Der Bedarf an Salz war an der Küste wegen der Konservierungsmethoden für den Fisch besonders groß. Im 14. Jahrhundert machte man sich in Lübeck über das billige Meersalz Gedanken, das von Wismar aus auf den Markt gebracht wurde. Um der Konkurrenz zu begegnen, verständigte sich Lübeck mit Lüneburg auf den Bau eines Kanals, der 1391 bis 1398 als Stecknitz-Kanal gebaut wurde. Zuvor hatte sich der Rat der Stadt Lübeck mit dem Herzog von Sachsen, Engern und Westfalen auf einen Durchstich des zwischen der Stecknitz und der Delvenau gelegenen Höhenrückens bei Mölln geeinigt und damit eine schiffbare Verbindung mit dem Möllner See sowie die Schiffbarmachung der Delvenau mit Hilfe von Schleusen beschlossen. Der fertige Kanal begann zwischen Lübeck und Rheinfeld an der Trave und mündete oberhalb von Lauenburg in die Elbe. Er bedeutete die erste schiffbare Verbindung zwischen Nord- und Ostsee. Um die Mitte des 15. Jahrhunderts verhandelte Hamburg mit Lübeck, um unter Benutzung der Alster und der Beste einen Kanal zu bauen. Da man sich jedoch über die Kostenanteile nicht einigen konnte, wurde das Projekt wieder zu den Akten gelegt. Siebenundsiebzig Jahre später griff man den Plan erneut auf, fand diesmal einen Konsens und konnte den Alster-Trave-Kanal 1529 fertigstellen. Die wirtschaftlichen Erwägungen der beiden Handelsstädte wurden allerdings von den örtlichen Grundherren nicht geteilt. Sie taten über mehrere Jahrzehnte alles, um die Verbindung zu stören, und erreichten es schließlich, sie endgültig zu unterbrechen. Eine weitere bedeutende künstliche Wasserstraße war der zwischen 1575 und 1577 erbaute Eider-Kanal in Schleswig-Holstein.

Um die Flüsse mit ihren unterschiedlichen Wasserständen schiffbar zu machen, bedurfte es abzuschließender Kammern, in denen man die Schiffe heben oder senken konnte. Der Deutsche Orden baute in der ersten Hälfte des 14. Jahrhunderts auf der Basis seiner Erfahrungen mit der Weichsel-Regulierung Schleusen auch auf der für den Salzhandel wichtigen Saale ein. Sie waren aus Holz und daher durch Hochwasser und Eisgang immer wieder gefährdet. Der Ausgleich des Wasserstandes wurde durch die im 15. Jahrhundert vollzogene Entwicklung der Kammerschleuse ermöglicht. Die erste deutliche Beschreibung einer derart konstruierten Schleuse findet sich bei Simon Stevin (1548–1620) um 1600 in seinem Werk »Wasser-Baw«, in dem er allerdings darauf hinweist, daß diese Schleusenform schon lange bekannt sei. In den Niederlanden entstand die Idee der Kammerschleuse im Gegensatz zu Deutschland und Italien nicht aus schiffstechnischen Gründen; sie war vielmehr von den dringend benötigten Entwässerungsschleusen für Deichdurchbrüche beeinflußt. Diese tunnel- oder schartenförmigen Siele ließen sich auf der See- wie auf der Landseite verschließen und boten damit gute Voraussetzungen nicht nur für die Regelung des Wasserstandes hinter dem Deich, sondern auch für den Gütertransport mit Lastkähnen, die durch die Öffnung paßten. Erst mit dem Ausgleich der unterschiedlichen Pegel wurden diese Entwässerungsschleusen zu Schiffskammerschleusen, für die man allerdings noch Einrichtungen zum Füllen und Entleeren der Kammer brauchte, damit die Tore bei Wassergleichstand geöffnet und geschlossen werden konnten. Der Bau von Kammerschleusen auf Kanälen war älter als der von Seeschleusen; denn es war viel gefährlicher, Seedeiche zu öffnen als Binnendeiche im Bereich der Polder.

In Italien hatte sich bereits Leonardo da Vinci mit der Idee und einer praktischen Verbesserung der Kammerschleuse beschäftigt. Dabei ging es vor allem um die Vereinfachung des Füllens und Entleerens der Schleusenkammer sowie des Öffnens und Schließens der Tore. Eine diesem Prinzip entsprechende Anlage ließen nach wechselseitiger Abstimmung, ungeachtet konfessioneller Gegensätze, der katholische Erzbischof von Magdeburg und der protestantische Fürst von Anhalt 1539 bis 1569 bei Bernburg an der Saale bauen, um den dortigen Schiffsverkehr besser regulieren zu können. Vergleichbar den meisten anderen wasserbaulichen Tätigkeiten war bis zum Ende des 16. Jahrhunderts auch die Errichtung von Schleusen ausschließlich an Erfahrungswerten orientiert. Es gab keine exakten Berechnungen zur Konstruktion und Wirkungsweise. Erst Galileo Galilei schuf die mathematischen Grundlagen für eine Konstruktionsberechnung, ohne die eine saubere Planung und sachgerechte Ausführung von Ingenieurbauten unmöglich waren. Damit lagen die Voraussetzungen für die im Verlauf des 17. Jahrhunderts großflächig realisierten Kanalnetze in Frankreich und England vor.

Straßen, Brücken, Wagen

Das seit der Antike berühmte, zentral geplante, auf hohem technischen Niveau umgesetzte und bis in die entfernten Provinzen des Imperiums reichende römische Straßennetz hatte aufgrund der soliden Bauart noch ein Jahrtausend nach dem Untergang des weströmischen Reiches in Europa Bestand. Eine Weiterentwicklung der Verkehrs- und Handelswege blieb in Mitteleuropa bis zur Renaissance im großen und ganzen aus, weil es an einer Steuerung durch die Reichsspitze, an einer zentralen Organisation für Umsetzung und Kontrolle und an entsprechenden finanziellen Mitteln fehlte. Der Ausbau vorhandener Routen und eine Neuanlage von Straßen hatten ihre Ursachen nicht in militärischen, sondern überwiegend in ökonomischen Erwägungen. Das galt zum Beispiel für die großen Salzhandelsstraßen und die Strecken über die Alpenpässe. Die bekannten Pilgerrouten nach Rom und zum damals wohl berühmtesten Wallfahrtsort, Santiago de Compostela in Nordwestspanien, folgten im wesentlichen den alten römischen Trassierungen, während die »Bernsteinstraßen«, die den Ostseeraum mit dem Mittelmeer verbanden, eher unbefestigte Wege und Pfade waren. In Frankreich allerdings löste man sich bereits gegen Ende des 11. Jahrhunderts mehr und mehr vom römischen Straßennetz. Der Aufstieg der Ile de France mit Paris zum politischen und wirtschaftlichen Zentrum des Königreiches führte zwangsläufig zu einer verkehrsmäßigen Orientierung auf den neuen Mittelpunkt hin, erkennbar daran, daß bis zum 15. Jahrhundert nahezu alle größeren Straßen aus den Provinzen sternförmig auf die Seine-Stadt zuliefen.

Auf deutschem Boden erschloß man neue Verkehrswege im Zuge der Ostkolonisation. Doch auch dabei erfolgten Trassierungen und Straßenbaumaßnahmen nicht durch zentrale Lenkung, Finanzierung und rechtliche Absicherung, sondern durch die Wirksamkeit des Deutschen Ordens und der Hanse. Zwischen Niederrhein und Ostsee gab es seit dem frühen Mittelalter einen Fernhandelsweg durch die niedersächsische Tiefebene, der von Nijmegen über Bremen und Hamburg nach Lübeck und Schleswig führte. Der Deutsche Orden und die Hanse sorgten für den weiteren Ausbau nach Osten bis an die Weichsel. In dieser Verlängerung berührte er die schon bald aufblühenden Hansestädte Wismar, Rostock, Stralsund, Stettin und Danzig. Über Königsberg und Riga baute man ihn dann weiter bis nach Nowgorod aus, wo die Hanse mit einem eigenen Kontor vertreten war. Diese Route bildete den wichtigsten nördlichen Handelsweg zwischen West- und Osteuropa. Eine zweite Verbindung vom Rhein zur Weichsel verlief von Köln über Magdeburg, Frankfurt an der Oder und Posen nach Thorn und von dort in Richtung Norden bis nach Danzig. Ebenfalls wirtschaftlich bedeutsam wurden die von den Erzbistumssitzen Köln und Mainz ausgehenden Fernstraßen, die sich nach Überquerung der Werra bei Eisenach trafen und von dort gemeinsam über Erfurt, Leipzig und Breslau bis nach Krakau und weiter über Lemberg und Schitomir bis nach Kiew reichten. In westlicher Richtung wurde die Verbindung von Mainz aus über Metz und Reims nach Paris geführt, während die zweite Trasse von Köln über Aachen, Brüssel und Gent bis zum Seehafen Brügge reichte. Seit dem 12. Jahrhundert gab es eine Straßenverbindung von Regensburg über Nürnberg nach Würzburg und von dort aus nach Frankfurt am Main, so daß auch Frankreich und Flandern an den Orient-Handel angeschlossen waren. Regensburg wurde zum wichtigsten Umschlagplatz für alle auf dieser Straße transportierten Waren, und erst mit der Eroberung Konstantinopels durch die Osmanen 1453 brach diese Handelsverbindung ab, die bis nach Belgrad parallel zur Donau verlief.

Der Nord-Süd-Verkehr zwischen dem Mittelmeerraum und dem Vorderen Orient auf der einen und der Ostsee einschließlich Schwedens sowie Flandern, Frankreich und Deutschland auf der anderen Seite geschah hauptsächlich über die Alpenpässe. Von Rom aus folgte die Hauptroute über Florenz der alten Römerstraße bis nach Bologna, wo sie sich das erste Mal teilte. Der westliche Zweig lief über Parma bis an den Po und teilte sich erneut in zwei Routen, von denen die westliche über den großen Sankt Bernhard zum Genfer See und die andere über Mailand, den Comer

See und den Septimer-Paß nach Chur und zum Bodensee führte. Die Trasse von Bologna nach Norden stellte über Trient, Bozen, den Brenner und Innsbruck die kürzeste Verbindung nach Deutschland dar. Vom Inn führte sie in nördlicher Richtung über Augsburg, Nürnberg, Erfurt, Braunschweig und Lüneburg bis nach Lübeck. Eine östliche Route begann in Venedig und erreichte über Klagenfurt und den Semmering Wien, verlief von dort über Brünn und Olmütz nach Breslau an der Oder, wo sie mit der wichtigsten Ost-West-Verbindung, der »Hohen Straße«, von Kiew nach Westeuropa zusammentraf und anschließend weiter in nördlicher Richtung bei Thorn die Weichsel erreichte.

An den Schnittpunkten der westöstlichen und der nordsüdlichen Fernstraßen entwickelten sich Städte wie Wien, Augsburg, Nürnberg, Frankfurt, Mainz, Köln, Erfurt, Braunschweig oder Breslau zu Zentren von großer wirtschaftlicher Macht. Unter Kaiser Karl IV. und seinen Nachfolgern galt dies gleichfalls für das »goldene Prag«, das durch die »Goldene Strazze«, die Reichsstraße über Pilsen und den Oberpfälzer Wald, mit Nürnberg verbunden wurde. Über eine vergleichsweise noch günstigere Lage verfügte die alte Römerstadt Augsburg am Lech. Hier vereinigten sich nicht nur die beiden Fernstraßen über den Septimer und den Brenner, um gemeinsam die bis nach Lübeck reichende Hauptstraße nach Norden zu bilden. In Augsburg trafen aus östlicher Richtung auch der alte Salzhandelsweg aus Hallein, die Straße von Regensburg und die von Landshut mit der über Ulm nach Straßburg auf der einen und nach Speyer auf der anderen Seite reichenden Fernhandelsverbindung nach Frankreich und nach Flandern zusammen. Während des Mittelalters hatten Kaiser und Könige, Heerführer, Kaufleute und Pilger immer wieder Augsburg zum Ausgangspunkt für den Weg nach Italien oder sogar bis in den Vorderen Orient gewählt.

Die Paßstraßen über die Alpen waren seit der römischen Antike von großer strategischer Bedeutung. Als seit dem Mittelalter am häufigsten genutzte Verkehrsverbindungen zwischen Italien und dem Raum nördlich der Alpen galten die Pässe am 2.446 Meter hohen Vogelberg, seit Errichtung einer Kapelle zu Ehren des hl. Bernhard von Siena 1444 nach diesem Patron benannt, der 2.310 Meter hohe Septimer und der Brenner mit 1.371 Metern. Während der Verkehr über den Sankt Bernhard vom Umfang her bescheiden blieb, weil der Paßweg auf tiefe Schluchten traf, die auf engen und gefährlichen Saumpfaden umgangen werden mußten, erfreute sich der vom Bodensee und von Zürich aus leicht erreichbare Septimer großer Beliebtheit. Von der Paßhöhe führte die Trasse in großzügigen Serpentinen bis zur Nordspitze des Comer Sees, wo man mangels einer Seeuferstraße die Ware auf Kähne umladen mußte. Der Landtransport setzte erst wieder in Como ein. Eine Konkurrenz entstand dem Septimer durch die seit Beginn des 14. Jahrhunderts zunehmend genutzte Verbindung über den Sankt Gotthard zwischen Luzern und dem Tessiner Tal. Bei diesem zwischen 3 und 4,5 Metern breiten Paßweg handelte

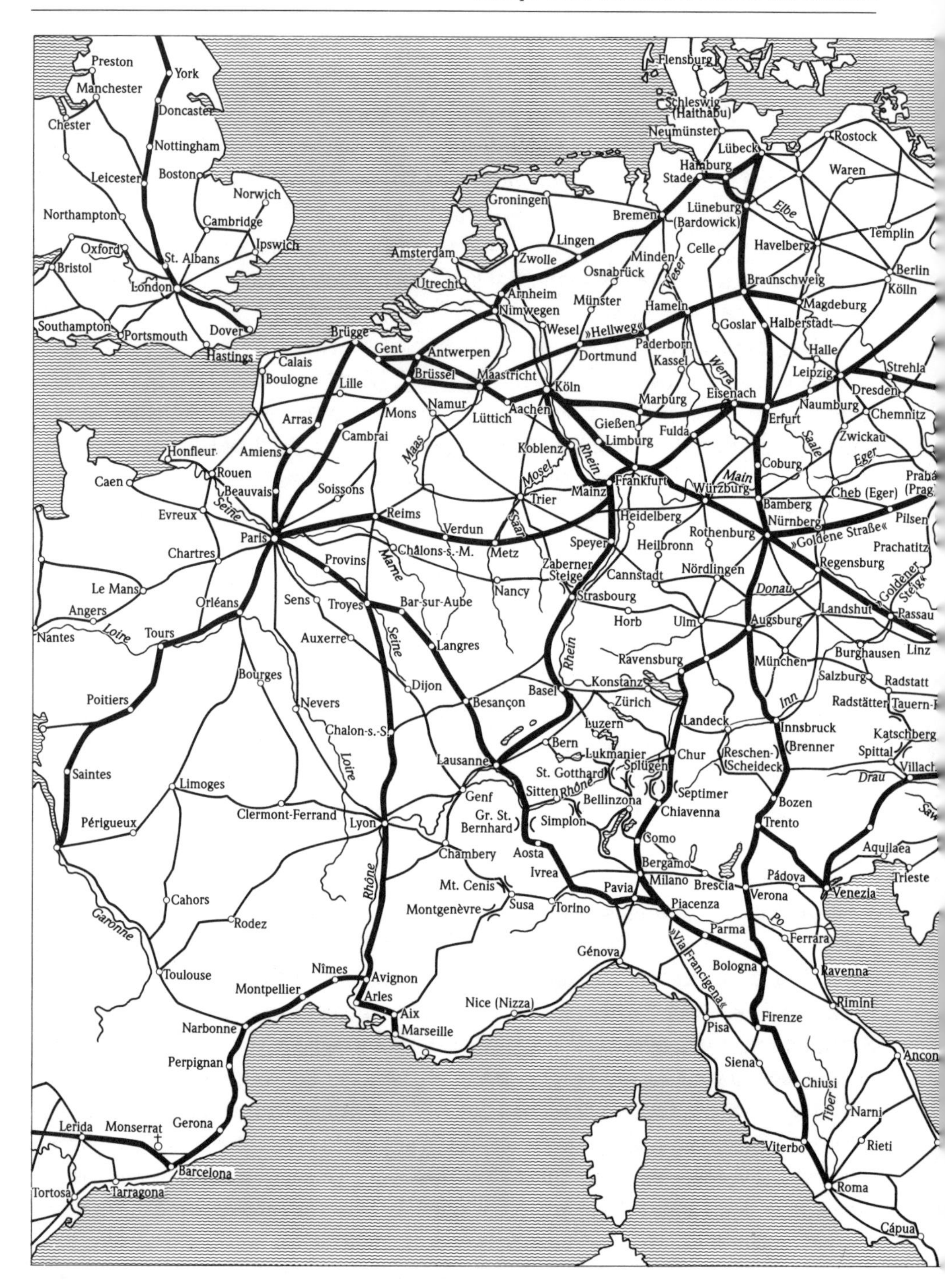

Hauptrouten der europäischen Fernhandelsverbindungen im 15. und 16. Jahrhundert

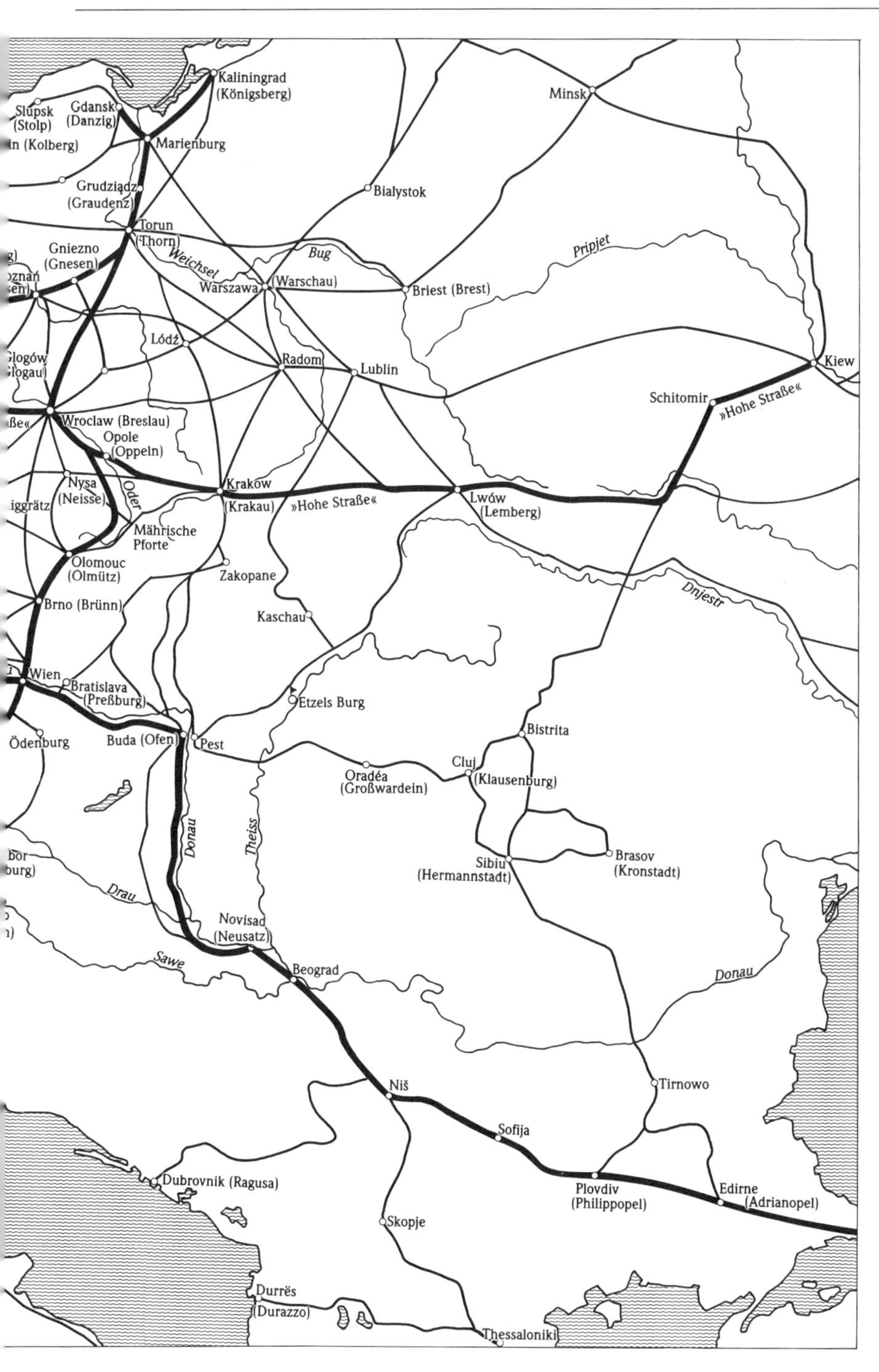
Kaliningrad (Königsberg)
Minsk
Slupsk (Stolp)
Gdansk (Danzig)
Marienburg
Grudziądz (Graudenz)
Bialystok
Torun (Thorn)
Gniezno (Gnesen)
Weichsel
Bug
Pripjet
Warszawa (Warschau)
Briest (Brest)
Lódź
Radom
Lublin
Kiew
Schitomir
»Hohe Straße«
Wroclaw (Breslau)
Opole (Oppeln)
Nysa (Neisse)
Oder
Krakow (Krakau)
»Hohe Straße«
Lwów (Lemberg)
Mährische Pforte
Olomouc (Olmütz)
Zakopane
Dnjestr
Brno (Brünn)
Kaschau
Wien
Bratislava (Preßburg)
Etzels Burg
Ödenburg
Buda (Ofen)
Pest
Bistrita
Cluj (Klausenburg)
Oradéa (Großwardein)
Donau
Theiss
Sibiu (Hermannstadt)
Brasov (Kronstadt)
Drau
Novisad (Neusatz)
Sawe
Beograd
Donau
Niš
Tirnowo
Sofija
Dubrovnik (Ragusa)
Plovdiv (Philippopel)
Edirne (Adrianopel)
Skopje
Durrës (Durazzo)
Thessaloniki

es sich jedoch eher um einen Saumpfad, der jede Schlucht und jeden größeren Felsblock umging und am Urner Loch, dem größten Hindernis, auf einer von Ketten gehaltenen Brücke über dem Wildwasser der Reuß um den dort vorspringenden Gneisfelsen herum führte. Im Jahr 1387 wurde der Septimer als gepflasterter Weg ausgebaut und blieb bis zum 15. Jahrhundert eine vielgenutzte Handelsstraße. Dann aber verlor er seine Bedeutung an den Brenner, der zwischen 1400 und 1550 zum wichtigsten Alpenübergang wurde.

Mit dem Sieg über die genuesische Konkurrenz hatte Venedig im Jahr 1381 die Vorherrschaft im Mittelmeer und somit im damaligen Welthandel gewonnen. Zu den wichtigsten Handelspartnern der Venezianer zählten oberdeutsche Kaufleute, die mit dem »Fondaco dei Tedeschi« am Rialto ein eigenes Handelshaus unterhielten. Von hier aus gingen Gewürze, Glas, Wein und viele andere Güter auf die Reise über den Brenner. Der Niedergang setzte erst in der zweiten Hälfte des 16. Jahrhunderts ein, als die Serenissima ihre Führungsrolle im Orient-Handel infolge der portugiesischen Erschließung des Seeweges nach Indien an Lissabon verlor und die begehrten Gewürze von dort mit Handelsschiffen zu den niederländischen Häfen gebracht wurden, von wo aus sie auf dem Landweg Deutschland erreichten. Die immerhin eineinhalb Jahrhunderte andauernde Bevorzugung des Brenners basierte auf dem Ausbau dieses Paßweges zu einer mit Pferdegespannen gut befahrbaren Straße. Schon 1314 hatte der Bozener Bürger Kunter gegen die Zusicherung eines Paßzolls am Eisack-Ufer einen Talweg gebaut, der allerdings nur von Reitern und Saumtieren zu nutzen war. Es handelte sich um ein frühes Beispiel von Unternehmertum, das andererseits sehr typisch für den Straßenbau im Mittelalter war: Die Initiative ging nicht vom Kaiser, einem Landesherrn oder einer Stadt, sondern von einem Privatmann aus, der seine Investition im Verhältnis zum Ertrag offenbar genau kalkuliert hatte. Erst siebzehn Jahrzehnte später befahl Herzog Sigmund der Münzreiche von Tirol als großer Förderer der Wirtschaft seines Landes den Ausbau des Kunter-Weges zu einer Fahrstraße. Im Rahmen dieses von 1481 bis 1483 dauernden Auftrags ist übrigens erstmals Pulver zum Sprengen eingesetzt worden. Diese Baumaßnahme und die Pflasterung des Septimer-Paßweges stellten die einzigen beiden großen Straßenbauleistungen in den Alpen während des späten Mittelalters dar.

Im 14. und 15. Jahrhundert entstanden an vielen Orten Straßen aus privater Initiative, deren Benutzer an die Erbauer Wegezoll zu entrichten hatten. Im Gegenzug sorgten diese oder die von ihnen belehnten Pächter für den Unterhalt und damit für die ungehinderte Befahrbarkeit dieser Straßen. Die Ansätze zu einer positiven Entwicklung im Straßenbau wurden gegen Ende des 15. Jahrhunderts empfindlich gestört. Nicht die vielen Fehden oder Kriege und auch nicht die durch die Ausbeutung der überseeischen Kolonien entstandene Verlagerung der Hauptverkehrswege war die Ursache, sondern die Einsetzung des Reichskammergerichts 1496 in Wetzlar. Sie bedeutete die generelle Einführung des Römischen Rechts in Deutschland, mit dem das Prinzip der schon 124 v. Chr. im alten Rom durchgesetzten Zwangsabgabe der Bürger für das Straßennetz Geltung erlangte. In der antiken Metropole war es allerdings darum gegangen, jeden Anlieger für den Zustand der Straße vor seinem Haus verantwortlich zu machen und nötigenfalls zu einer entsprechenden Unterhaltsleistung zu verpflichten. Die ungeprüfte Übernahme dieser mehr als sechzehnhundert Jahre alten Rechtsverordnung auf völlig andere Verhältnisse am Beginn der Neuzeit wurde zur Ursache eines zunehmend desolater werdenden Straßenwesens. So zog man nämlich alle Anlieger, selbst die Bauern auf dem dünnbesiedelten Land längs der großen Fernverkehrsrouten, zu praktischen Unterhaltsleistungen heran. Es trug nicht gerade zur Motivation der Betroffenen bei, daß in den meisten Fällen die Landesherren auch weiterhin Wegezoll erhoben, diesen aber nicht wie private Straßenbauunternehmer für den Unterhalt zur Verfügung stellten. So entzogen sich die Bauern mit Vorliebe solcher Belastungen. Von instandgehaltenen Straßen hatten sie ohnehin keinen Nutzen. Ein Nebenverdienst ergab sich eher aus einem möglichst schlechten Straßenzustand, der für die Kaufleute die Bereitstellung zusätzlicher Zugpferde, für Stellmacher und Schmiede lukrative Reparaturarbeiten und für die Wirte Einnahmen aus der Beherbergung und Beköstigung der Reisenden bedeuten konnte.

Die meisten Straßen waren ohne Trassenführung, bestanden lediglich aus Fahrspuren auf Feldwegen, die sich bei Regen schnell in Schlammwüsten verwandelten. Kam ein Gespann wegen Schlaglöchern und Morast nicht weiter, so umging man die entsprechende kritische Stelle einfach querbeet. Auf diese Weise entstanden Straßen von unterschiedlicher Breite, oft mit Bäumen oder Wegezeichen in der Mitte, die zuvor am Rand der Trasse gestanden hatten. Die von dieser unbefriedigenden Situation am meisten betroffenen Kaufleute appellierten immer wieder an die Landesherren, die unhaltbaren Zustände zu beheben. Diese erließen Vorschriften für die Anlieger mit genauen Bestimmungen über die Art der angestrebten Verbesserungen. Als älteste technische Vorschrift zum Wegebau kann die jülich-bergische Polizeiordnung vom 10. Oktober 1554 gelten, die vier Jahre später im Druck verbreitet wurde. Deren Bestimmungen zufolge sollte alles zur Befestigung der Straße dienen, was man in der näheren Umgebung an Steinen, Erde, Holz oder sogar Dornsträuchern finden konnte. Große Aufmerksamkeit wurde in den Bestimmungen auch der Befestigung der Straßenoberfläche zur Ableitung des Wassers beigemessen. Das sollte weder auf dem Weg noch im Graben stehen, sondern »knie tieff vnder den radern« bleiben, und daher mußten die Straßen in der Mitte erhöht werden. Weitere Vorschriften regelten im Detail die erforderlichen Unterhaltsmaßnahmen.

Albrecht V. von Bayern (1528–1579) kümmerte sich in einem Mandat vom 13. November 1565 um den Straßenbau in seinem Herzogtum. Er ordnete beispielsweise an, daß jeder Bauer als Anlieger einer Straße in der Nähe der Isar bei der Rückkehr mit seinem Gespann vom Markt oder sonstigen Leerfahrten am Ufer Kies aufladen und an Stellen starker Schlaglöcher abkippen sollte. Ohnehin bestanden die meisten Straßen aus einem Erdgrund mit Kiesaufschüttung und verwandelten sich nach Regengüssen in Morast, aus dem die Wagen oft auch mit Hilfe von zusätzlich vorgespannten Zugtieren nicht flottzumachen waren. Zur Ausbesserung warf man Holzknüppel oder Reisigbündel in die Löcher, doch das half meistens nicht viel. Als zum Beispiel 1571 auf der Frankfurter Straße südlich von Marburg drei mit einer Weinfracht beladene Wagen im Morast versanken und ein Fuhrknecht dabei ums Leben kam, wurde das Loch von den Anliegergemeinden mit 500 Reisigbündeln ausgefüllt, die aufgrund der Feuchtigkeit aber zu faulen begannen und daher den schadhaften Zustand nicht auf Dauer beheben konnten. Auch bei den im Zuge der Ostkolonisation angelegten Straßen handelte es sich in der Regel nur um unbefestigte Erdwege, die bei Regen kaum passierbar waren. Schon 1350 mußte der Deutsche Orden die Zinslieferungen vom Martinstag im November bis nach Weihnachten verschieben, weil erst dann aufgrund des Frostes die Wege wieder befahrbar waren.

Die Straßenbreite versuchte man mit Verordnungen und Gesetzen festzulegen, deren Vielfalt und unterschiedliche Bestimmungen der unübersichtlichen Situation entsprachen. Fast jedes einzelne Herrschaftsgebiet kannte andere Vorschriften, und der sich daraus ergebende Wirrwarr beeinträchtigte den Handel in erheblichem Maße. Eine einheitliche Regelung ist übrigens nie zustande gekommen. Im nachhinein hat sich die durchschnittliche Breite der Saumpfade mit 1,5 Metern, die der befahrbaren Gebirgsstraßen mit 2,7 Metern und die der gewöhnlichen Landstraßen mit 4,5 bis 4,9 Metern ermitteln lassen. Schon »Sachsenspiegel« und »Schwabenspiegel« als älteste mittelalterliche Rechtsbücher in Deutschland enthielten Bestimmungen über die Straßenbreite, die Ausweichpflicht und das Vorfahrtsrecht. So mußte ein leerer Wagen dem beladenen stets Platz machen, der Reiter dem Wagen und der Fußgänger dem Reiter. Der erste Wagen auf einer Brücke durfte sie überqueren, unabhängig davon, ob er leer oder beladen war. Die geforderte Straßenbreite entsprach in etwa dem ermittelten Maß von 4,5 Metern. Gräben oder Ablaufrinnen zur Entwässerung der Wege gab es kaum. Man legte sie allenfalls dort an, wo zum Schutz der Felder verhindert werden sollte, daß Fuhrleute die Straße verließen, um beispielsweise Schlaglöchern auszuweichen. Bei dichterem Verkehr in der Nähe von Ortschaften scheint man jeweils auf der linken Seite gefahren und geritten zu sein, wie Illustrationen in Handschriften belegen. Ein Grund dafür könnte in der besseren Verteidigungsmöglichkeit gelegen haben, wenn man, auf dem Bock oder im Sattel sitzend, das gewöhnlich auf der linken Seite getragene Schwert mit der rechten Hand zog und den Schwertarm gleich zum Parieren des Angriffs von der rechten Seite nutzen konnte. Ohnehin war die Wegelagerei ein allseits immer wieder beklagtes Problem, das sich im späten Mittelalter zu zweifelhafter Blüte entwickelte, als beutelustige Grundherren von den Reisenden unter Androhung von Gewalt eigenmächtig Wegezoll erhoben. Kaufleute, denen zur Verteidigung gegen räuberische Angriffe schon von Kaiser Friedrich Barbarossa (um 1120–1190) das Mitführen eines Schwertes auf dem Wagen gestattet worden war, schlossen sich für die Reise zu größeren Gruppen zusammen und warben oft noch Söldner als Schutzgeleit an.

Das Pflaster wurde vorzugsweise in den Städten verwendet, wo die Straßen eigentlich auch nur Feldwege waren, an deren Rändern man Häuser errichtet hatte. Um sie besser begehbar zu machen, wurden sie mit Reisig oder Knüppeln gedeckt, in einem fortgeschrittenen Stadium sogar mit hölzernen Gehsteigen versehen. In Italien waren in einigen Städten die Hauptstraßen schon im 13. Jahrhundert gepflastert, so 1237 in Florenz, 1241 in Bologna und 1260 in Mailand. In deutschen Städten legte man im 14. Jahrhundert große flache Steine in die Mitte der Straßen, damit man nicht durch den üblichen Morast waten mußte. Die Benutzung war den Bürgern vorbehalten; daher die Bezeichnung Bürgersteige. Die bislang ältesten Belege für ein durchgehendes Katzenkopfpflaster aus gerundeten Hausteinen zur Befestigung städtischer Straßen stammen aus London (1302) und Lübeck (1310), und für Nürnberg wie für Frankfurt am Main sprechen 1368 und 1398 Berichte von »Steinwegen«. Gepflastert waren meist auch die Marktplätze. In Prag erhob man

187. Überfall auf einer Landstraße. Gemälde von Pieter Bruegel d. Ä., um 1567. Stockholm, Kunstsammlung der Universität

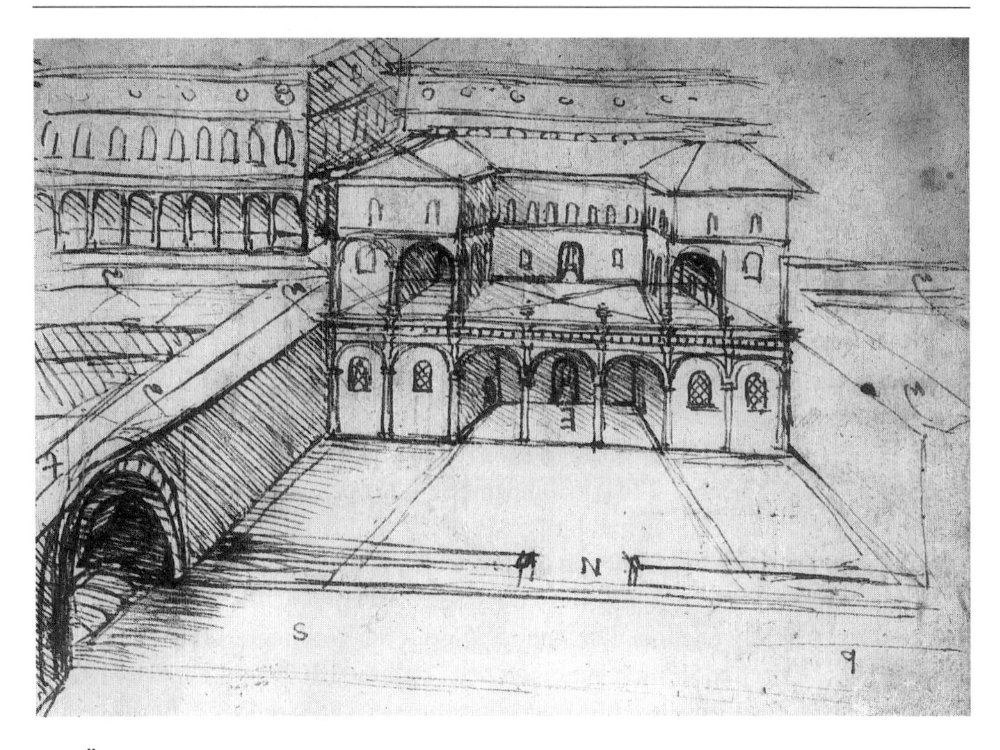

188. Übereinanderliegend konzipierte Stadtstraßen. Entwurfszeichnung von Leonardo da Vinci, um 1500. Paris, Bibliothèque de l'Institut de France

1331 von Händlern, die in der Stadt ihre Waren anbieten wollten, einen Pflasterzoll. Ansonsten hatten die Anlieger einer Stadtstraße für die Pflasterung aufzukommen. In vielen Fällen führten erst schlechte Erfahrungen zur Entscheidung, die Straßen endlich zu pflastern. So veranlaßte 1552 im schottischen Berwick der Kommandeur der Stadtmiliz die Pflasterung der wichtigsten Straßen, weil seine Männer bei Alarm nicht schnell genug durch den Straßenschmutz zu ihren Posten auf den Befestigungsanlagen kommen konnten.

Werkzeuge und Arbeitsweise der Pflasterer sind durch die Jahrhunderte im wesentlichen gleich geblieben. Im »Buch der Mendelschen Zwölfbrüderstiftung« ist das Bild eines Nürnberger Pflasterers aus dem Jahr 1456 wiedergegeben: einbeiniger Hocker, Kelle und Hammer zählten schon damals zur Ausstattung. Die Pflasterer waren eine streng geschlossene Zunft, deren Mitglieder auch außerhalb der Städte tätig werden konnten. Als erste Landstraße ist die Verbindung von Brieg nach Briesen in Schlesien vollständig gepflastert worden, wie eine Gedenktafel aus dem Jahr 1582 belegt. Die Pflasterung in den Städten hatte mangels bestehender Kanalisation nur bedingten Erfolg; denn der aus den Häusern geworfene Abfall lag nun auf dem Pflaster. Wo es keine Bürgersteige gab, behalf man sich mit »Trippen«, hölzernen Sandalen auf hohen Stegen, die unter die Schuhe geschnallt wurden. In Paris ordnete 1371 der Stadtrat an, daß jeder, der seinen Nachttopf auf die Straße entleeren wollte, zuvor laut zum Fenster hinaus »Garde l'eau« rufen mußte. Misthaufen vor den Türen waren in den meisten Städten ein alltägliches Bild. Eine öffentliche Straßenreinigung wurde in einigen Gemeinden erstmals im 15. Jahrhundert eingeführt, doch die Bürger sträubten sich häufig gegen deren Finanzierung durch eine Sondersteuer. Durchzusetzen war die Abfallbeseitigung oft nur durch Androhung von Geldstrafen. In manchen Kommunen gelang es, das Problem auf eine technisch interessante und wirkungsvolle Weise zu lösen, wie das Beispiel Göttingen belegt, wo man schon 1330 ein Gewässer oberhalb der Siedlung staute und das Wasser zu bestimmten Zeiten mit hinreichendem Druck und Gefälle die gepflasterten Straßen durchspülen ließ. An den Straßenenden mußte der Dreck allerdings abgefahren werden. Diese Methode wurde auch in Straßburg angewendet, wo die Straßen in einzelne Gefälleabschnitte eingeteilt waren, und sie ist bis heute in Neapel und in Paris üblich, wobei der Schmutz mittlerweile in die Kanalisation gespült wird.

Immer wieder kam man bei der Fahrt über Land an Wasserläufe, die überquert werden mußten. Nur noch wenige der alten Römerbrücken waren erhalten, und in den von den Römern nicht erschlossenen Regionen gab es ohnehin keine solchen Bauwerke. So blieben als hauptsächliche Übergänge die Furten, an denen die meisten Marktsiedlungen entstanden. Man hielt die Furt durch regelmäßige Anschüttung von Kies und Erdreich befahrbar. Doch bei Hochwasser ließen sich solche Übergänge nicht nutzen, und daher bemühten sich viele Landesherren im Interesse des Handels schon früh beim König um ein Fährprivileg. Da aber bei Hochwasser oder Eisgang die Fähren ebenfalls nur bedingt einsetzbar waren, kam es an den Fährstellen der großen Handelsstraßen bei schlechten Wetterbedingungen häufig zu erheblichen Verkehrsstaus. Die Brücken boten die einzige Chance, schneller von einem Ufer zum anderen zu gelangen. Die meisten seit karolingischer Zeit in Europa errichteten Holzbrücken waren jedoch durch Eis, Hochwasser und Feuer in ihrem Bestand gefährdet. Erst der Steinbau des 12. Jahrhunderts schuf hier dauerhafte Lösungen. Die Donau-Brücke in Regensburg und die bis heute erhaltene Brücke über den Main in Würzburg stammen aus dieser Zeit. Beide lagen in der Trasse der wichtigen Fernhandelsstraße von Flandern nach Konstantinopel. Im 12. Jahrhundert wurden auch in Prag, London und Avignon die ersten steinernen Brücken gebaut. In Frankreich lag der Brückenbau in der Verantwortung einer religiösen »Vereinigung brückenbauender Brüder«, die das benötigte Kapital aus Spenden sammelten und den Unterhalt durch die Vermietung von Verkaufsständen auf den Brücken gewährleisteten. Außer den Pariser Brücken über die Ile de la Cité zählten die Londoner Themse-Brücke und der Ponte Vecchio über den Arno in Florenz zu diesem »Finanzierungsmodell«. Geistliche Fürsten förderten den Brückenbau während des Mittelalters in besonderer Weise. Der Grund hierfür lag wohl in der reichhaltigen Ausstattung mit Grundbesitz und Privilegien durch die Herrscher und in der hinreichenden Verfügbarkeit qualifizierter Bauhandwerker, welche die großen Kirchen errichteten. Der Bau von Brücken war äußerst kostspielig, doch man konnte mit einer kurzzeitigen Amortisation der investierten Mittel rechnen, weil jeder dieser dauerhaften Flußübergänge Handel und Verkehr anzog und die Einnahmen aus dem Brückenzoll höher lagen als die Abgaben bei Furten und Fähren (H. Hitzer). Viele Brücken wurden zudem aus Ablaßgeldern finanziert, so die Mosel-Brücke bei Koblenz, die Nahe-Brücke bei Sobernheim im Zuge der Fernhandelsstraße Paris–Saarbrücken–Mainz–Frankfurt oder die Main-Brücke bei Sachsenhausen, über die jahrhundertelang die Handelswagen von Nürnberg und Augsburg zur Frankfurter Messe fuhren.

Die Römer hatten bei ihren Brücken, die als Anschauungsmaterial für Neukonstruktionen dienen konnten, ausschließlich den Halbkreisbogen verwendet, die Scheitelhöhe sehr hoch gewählt und damit den Schub verringert. Derart waren sehr steile Fahrbahnen entstanden. Die wichtigste Beziehung im Brückenbau ist die zwischen der Höhe des gewölbten Bogens und der Spannweite. Sie wird als »Pfeilhöhe« bezeichnet. Bei einem exakten Halbkreis beträgt dieses Verhältnis 1 zu 2. Außerdem werden die Proportionen einer Brücke und ihre Form durch die Verhältnisse von Stärke der Pfeiler zur Spannweite und von der Spannweite zur Stärke des Bogens im Scheitel beeinflußt. Die Mittelhöhe und das Verhältnis von Pfeilerstärke zu Spannweite bestimmen auch das Durchflußprofil einer Brücke, das die Strömungsverhältnisse des Wassers an der Brücke entscheidend beeinflußt. Bei den meisten römischen Brücken betrug das Durchflußprofil durchschnittlich 35 Prozent der Brückenlänge, bedingt durch die relativ breiten Pfeiler. Dadurch wurde das Fließen bis auf ein Drittel seiner ursprünglichen Breite zusammengedrängt und in seiner Geschwindigkeit nach der Brücke spürbar gesteigert. Im Vergleich dazu erlaubten die flachen und breiter gespannten Segmentbogen der Renaissance-Baumeister samt der wesentlich schmaleren Pfeiler eine Verbesserung des Durchflußprofils auf etwa 80 Prozent der Brückenlänge.

Als Gian Francesco Poggio (1380–1459) im Rahmen seiner Sammeltätigkeit alter Manuskripte 1415 in der Bibliothek zu St. Gallen eine Abschrift von Vitruvs epochalem, als verschollen geltendem zehnbändigen Werk über die Architektur der augusteischen Zeit entdeckte und neu herausgab, hatten die Baumeister ein aus der Praxis heraus entwickeltes theoretisches Grundlagenopus ihres Metiers in der Hand. Es war Leon Battista Alberti, der auf der Basis des Vitruv eine neue theoretische Fundierung der Architektur vornahm. Im Hinblick auf den Brückenbau faßte er das Wissen seiner Zeit und die praktischen Erfahrungen in einer Art von Faustregeln zusammen, die er zum Beispiel für die Gewölbe in Form einfacher mathematischer Beziehungen mitteilte (B. Heinrich). Er machte die Zahl der Pfeiler einer Brücke von

189. Pontonbrücke. Miniatur in der 1405 vollendeten »Bellifortis-Handschrift« des Konrad Kyeser von Eichstätt. Göttingen, Staats- und Universitätsbibliothek

der Breite des Flusses abhängig und empfahl, sie im Herbst bei niedrigem Wasserstand einsetzen zu lassen. Dazu sollte man eine Doppelreihe von Pfählen um den geplanten Pfeiler herum in den Fluß schlagen, mit Flechtwerk überziehen und den Zwischenraum mit gestampfter Erde verdichten, damit kein Wasser mehr hineinfloß. »Gib den einzelnen Pfeilern eine Basis, länglich … mit eckigem, langgestrecktem Vorder- und Hinterteil, und richte sie parallel mit dem Wasserlauf selbst, daß sie die Gewalt der unbändigen Wassermassen vorher durch Zerteilung vermindere. Erwähnt muß werden, daß die Wellen dem Hinterteil der Pfeiler lästiger sind als dem Vorderteil. Dies zeigt sich daraus, daß das Wasser das Hinterteil der Pfeiler häufiger bespült als das Vorderteil. Ferner sieht man auch hier Wirbel, die tiefer aushöhlen, während die Vorderteile selbst in einem von Sand erfüllteren Bette stehen. Da sich dies so verhält, müssen diese Teile beim ganzen gewaltigen Bauwerke so sicher und zur Ertragung der beständigen Beunruhigung durch das Wasser so fest als möglich sein. Es ist daher sehr zweckdienlich, wenn die Sohle des ganzen Bauwerks in der Tiefe selbst sich sehr weit nach allen Seiten und hauptsächlich beim

190. Die Karlsbrücke zwischen Prager Burg und Altstadt. Kolorierter Holzschnitt von Jan Kozel, 1562. Prag, Muzeum Hlavního Města

Hinterteile ausdehnt, damit noch viel übrigbleibt, was zum Tragen der Pfeilerlast genügt, wenn einmal ein Teil der Sohle zufällig vernichtet werden sollte. Die Dicke der Pfeiler wird etwa ein Viertel der Brückenhöhe betragen. Manche machten die Vorder- und Hinterteile der Pfeiler nicht eckig, sondern halbkreisförmig; ich meine, wegen der Schönheit der Linie ... Mir gefällt er auch halbkreisförmig behauen und bearbeitet, wenn er nicht gar zu stumpf gelassen ist und sich die Geschwindigkeit der andrängenden Wogen rückstaut.«

Alberti hat zum ersten Mal das Problem der Strömungswirkung des Wassers auf den Brückenpfeiler aufgegriffen und auf den negativen Effekt einer Wirbelbildung am Pfeilerende hingewiesen. Er verließ sich allerdings wie alle seine Zeitgenossen bloß auf den Augenschein und stellte keine eigenen Experimente an. So konnte er nicht wissen, daß an der Vorderseite des Pfeilers eine Prallströmung entsteht, die eine Walze mit horizontaler Achse erzeugt. Die Drehrichtung dieser Achse führt am Pfeiler nach unten und an der Sohle vom Pfeiler weg, so daß eine Auskolkung bewirkt wird. Das dabei weggespülte Material lagert sich flußabwärts am Pfeilerende entsprechend seiner Formgebung wieder an. Bei Flüssen passiert es immer wieder, daß sich bei Hochwasser oder durch sonstige Veränderungen im Flußbett die Strömungsrichtung geringfügig ändert. Für eine Brücke kann das bedrohlich sein. Bei einem Brückenpfeiler, der nicht parallel zum Lauf des Wassers steht, sondern schräg angeströmt wird, vertieft sich aufgrund des höheren Fließwiderstandes der Kolk. Das führt zu einer einseitigen Belastung und erhöht die Einsturzgefahr. Die bei mittelalterlichen Brücken üblichen spitzwinkligen Pfeilerformen ließen bei exakt paralleler Anströmung des Wassers nur einen geringen Kolk entstehen. Als ungünstig erwiesen sich jedoch die vier senkrechten Kanten an der Längsseite der Pfeilerbasis, wo die Strömung abriß und heftige Wirbel die Folge waren. Der scharfgeschnittene spitzwinklige Pfeilerbug besaß zwar eine erhöhte Widerstandskraft gegenüber Treibeis, machte aber den Pfeiler gegenüber einer schrägen Anströmung des Wassers empfindlich. Bei dem von Alberti empfohlenen abgerundeten Pfeiler entstand trotz eines etwas tieferen Kolks am Pfeilerkopf ein höherer Widerstandswert bei schräg anströmendem Wasser.

Für die Tragfähigkeit einer Brücke war von entscheidender Bedeutung, inwieweit

191. Bau der Berner Nidegg-Brücke mit Hilfe eines Tretradkrans. Miniatur in der im 15. Jahrhundert verfaßten »Spiezer Chronik« von Diebold Schilling. Bern, Burgerbibliothek

das Eigengewicht der Wölbungen und die von oben wirkende Verkehrsbelastung auf die Widerlager an den Pfeilern und Brückenköpfen übertragen werden konnten. Bei jeder Bogenbrücke werden vertikale und horizontale Kräfte an die Auflager abgegeben. Sie müssen in der Ebene des gewölbten Profils abgeleitet werden, weil nur dann im Bogen Druckspannungen entstehen, die der Stein gut aufzunehmen vermag. Die senkrechten Lasten setzen sich gleichmäßig vom Scheitel des Bogens nach beiden Seiten bis zu den Widerlagern fort. Der Horizontalschub wächst mit der Spannweite des Gewölbes und der Größe der Last. Das eigentliche statische Problem des Gewölbebaus bestand immer in der Ableitung des Horizontalschubs durch die Widerlagermauern. Die Baumeister der gotischen Kathedralen wußten, wie durch Strebebögen und frei stehende Strebepfeiler der starke Horizontalschub von Gewölben aufzufangen und auf den Boden abzuleiten war. In der Renaissance begann man, auf der Basis des klassischen halbkreisförmigen Tonnengewölbes der römischen Antike neue Bogenformen auszuprobieren. Ihr Kennzeichen bestand darin, daß sie flacher als die römischen und mittelalterlichen ausfielen und auf diese Weise größere Spannweiten ermöglichten. Außerdem wirkten sie wesentlich eleganter. Schon 1525 hatte Albrecht Dürer in seinem Buch »Unterweisung der Messung mit Zirkel und Richtscheit« eine Ellipsenkonstruktion für die Baupraxis empfohlen. Der Ellipsenbogen war aus der römischen Antike als Diagonalbogen bei der Durchdringung zweier Tonnengewölbe bekannt. Sebastiano Serlio (1475–1554) gab 1545 in seinem »Ersten Buch der Architektur« die Scheitelkreiskonstruktion der Ellipse zur Findung des richtigen Bogenmaßes an. Die Architekten hatten lange Zeit Konstruktionsprobleme im Umgang mit der Ellipse, die bekanntlich einen Kegelschnitt darstellt, und wendeten deshalb die Halbellipse als Bogenform im Brückenbau vergleichsweise äußerst selten an. Sie bevorzugten neben dem Segmentbogen, der anstelle des Halbkreises lediglich einen Kreisabschnitt zugrunde legte, in der Regel den ellipsenähnlichen Korbbogen, konstruiert aus verschiedenen Kreisbogenstücken.

Vom Segmentbogen machte erstmals Taddeo Gaddi (1300–1366) beim Ponte Vecchio in Florenz Gebrauch. Von 1341 bis 1345 erbaut, gilt er als eine der ältesten Flachbogenbrücken, und noch heute sind an den Seiten der Pfeiler die Aussparungen für das Lehrgerüst zu erkennen. 1570 hat man den überdeckten Wandelgang zwischen dem Palazzo Pitti auf der Ostseite und den Uffizien auf der Westseite der Brücke errichtet. Bei einer Höhe des Gewölbes von nur 5 Metern und einer Spannweite von 32 Metern ergab sich ein für die Zeit ungewöhnliches Verhältnis von 1 zu 6,5. Die nach mittelalterlicher Manier an ihren Köpfen spitzwinklig geformten Pfeiler besaßen eine Stärke von nur 20 Prozent der Spannweite, und besonders erstaunlich war die mit knapp unter 1 Meter sehr geringe Stärke des Bogens in Höhe des Schlußsteins, was dem 29. Teil der Spannweite entsprach. Alberti gab hundert Jahre später dafür als Regelmaß 10 Prozent der Spannweite an.

Vergleicht man den Ponte Vecchio mit anderen Brückenbauten der Zeit, so stellt er eine besonders fortschrittliche Ausnahme dar, an der sich aber jeder spätere Brükkenbauer messen lassen mußte. Das galt auch für Bartolomeo Ammanati (1511–1592), der 1567 den Auftrag zum Wiederaufbau des durch Hochwasser zerstörten Ponte Santa Trinità in Florenz bekam.

Ammanati hatte sich an einer Reihe von Vorbedingungen zu orientieren, die sich aus schlechten Erfahrungen in Florenz ergaben: Der Arno konnte durch Hochwasser innerhalb kurzer Zeit stark ansteigen, wobei sich seine Fließgeschwindigkeit zusehends steigerte. Die reißenden Hochwasser verlangten einen ungehinderten Ablauf und damit ein möglichst geräumiges Flußbett (B. Heinrich). Er wollte zwischen den beiden Ufern über immerhin 105 Meter Breite eine Brücke mit drei Bogen von jeweils etwa 30 Metern lichter Weite auf zwei Flußpfeilern und wuchtigen Brückenköpfen an den Ufern entstehen lassen. Das entsprach dem Konzept des Ponte Vecchio, doch dann entschied er sich für eine überaus ungewöhnliche Lösung: Er sah für den mittleren Bogen mit 32 Metern eine um 3 Meter größere Spannweite gegenüber jenen an den Ufern ansetzenden vor. Außerdem legte er allen drei Bögen das gleiche Pfeilerverhältnis von 1 zu 7 zugrunde und übertraf damit die Lösung Gaddis beim Ponte Vecchio. Ihm war es dann 1569 gelungen, die bis heute schönste Brücke der Renaissance zu schaffen.

Eine völlig andere Lösung war 1588 in Venedig gefragt. Die vielen kleinen bebauten Inseln der Lagunenstadt wurden durch annähernd zweihundert Fußgängerbrücken miteinander verbunden. Ein großes Hindernis stellte der die Stadt flächenmäßig in zwei etwa gleich große Bereiche trennende und durchschnittlich 60 Meter breite Canal Grande dar, über den nur eine einzige Brücke im Stadtteil Rialto führte. Diese Holzbrücke sollte nach Beschluß des Senats von 1587 wegen der ständigen Feuergefahr durch eine Steinkonstruktion ersetzt werden. Als Sieger aus dem veranstalteten Architektenwettbewerb ging der damals fünfundsiebzigjährige Baumeister Antonio da Ponte (um 1512–1595) hervor, der einen Entwurf für eine Brücke mit einem einzigen Segmentbogen von 28,4 Metern Spannweite und 6,4 Metern Mittelhöhe vorgelegt hatte. Dies entsprach den Bedürfnissen der Schiffahrt wie den geplanten Brückenaufbauten in Form einer Doppelreihe von Ladenlokalen, auf die der Handel großen Wert legte. Die Mieteinnahmen aus den Läden sollten nachträglich einen Teil der Baukosten decken und die Finanzierung notwendiger Wartungsarbeiten garantieren. Für die Bauausführung galt es, eine wichtige Auflage des Senats zu beachten: Bei der Anlage der Pfeiler für die Brückenköpfe durften zwecks Vermeidung von Senkungen auf keinen Fall die Pfahlfundamente der Häuser beiderseits des Kanals freigelegt werden. Da Ponte fand eine einmalige Lösung, die bis heute Bestand hat. Er ließ auf jeder Seite des Kanals einen gestuften Rost aus jeweils 6.000 eng nebeneinander gesetzten Pfählen tief in den weichen Untergrund rammen, worauf die schweren Steinquader der Widerlager für den Brückenbogen ruhten. Im Unterschied zur bis dahin üblichen Bauweise wurden diese Widerlager als Fortsetzung des flachen Bogengewölbes in schräg geneigten Schichten aufgemauert. Der Baumeister war sich offenbar über die Wirkung des Gewölbeschubs bei dem vorgesehenen Segmentbogen im klaren. Rasch verbreitete sich unter der Bevölkerung das Gerücht, auf einer derartigen Konstruktion könne eine Brücke niemals halten. Die Beunruhigung wuchs, so daß der Senat zu einer ungewöhnlichen Maßnahme griff: Er unterbrach die Bauarbeiten und veranstaltete ein Hearing, bei dem sich jeder, ob Fachmann oder Laie, ob Anhänger oder Gegner des Projekts, zu Wort melden konnte. Da Ponte setzte sich dabei in überzeugender Weise durch und erhielt die Genehmigung zum Weiterbau der Rialto-Brücke, die 1592 fertig war und bis ins 19. Jahrhundert die einzige Brücke über den Canal Grande bleiben sollte. Diesem Mann ist übrigens auch die einige Jahre später gebaute Seufzerbrücke am Dogenpalast zu verdanken.

Bedeutung erhielt die bewährte Brückenkonstruktion am Rialto nicht zuletzt im Rahmen eines technologischen Transfers nach Deutschland. Im Februar 1595 hatte eine Überschwemmung der Pegnitz in Nürnberg die 1488 erbaute zweibogige Fleischbrücke so stark beschädigt, daß sie nicht mehr zu reparieren war. Sie mußte abgebrochen und neu erbaut werden. Zu diesem Zweck schrieb man einen Wettbewerb für ansässige und fremde Baumeister aus, an dem sich 20 Steinmetzen und Zimmerleute, darunter 16 aus Nürnberg beteiligten und ihre Entwürfe einreichten. Alle waren sich darin einig, daß die neue Brücke wegen der Gefahr erneuter Unterspülung eines Mittelpfeilers nicht in zwei, sondern nur in einem Bogen ausgeführt werden sollte. Ein zusätzliches Problem ergab sich durch die unterschiedliche Höhe der beiden Flußufer. Nach ausführlichen Erörterungen vergab der Rat den Auftrag an Peter Unger und den damaligen Stadtbaumeister J. W. Stromer, die für treppenförmig gestaffelte Pfahlroste mit schrägen Widerlagern plädiert hatten. Der Vorschlag erinnerte sehr an Antonio da Pontes Lösung am Rialto. Das war insofern nicht überraschend, als Nürnberg mit Venedig enge Handelsbeziehungen pflegte. Ein zerlegbares Holzmodell der Rialto-Brücke, das vermutlich da Ponte für den Wettbewerb in Venedig angefertigt hatte, war nach Nürnberg in den Besitz von Stromer gelangt, dessen Nachfahren noch heute stolz darauf sind. Zwar fand man in Nürnberg eine andere gestalterische Lösung für eine Brücke mit offener Fahrbahn, doch man nahm für den Unterbau ohne Zweifel die Konstruktion der Rialto-Brücke zum Vorbild. Die von 1597 bis 1602 erbaute Fleischbrücke galt mit ihrem die Pegnitz überspannenden Bogen von 15,6 Metern Weite und einer Pfeilerhöhe von 13,9 Metern als die technisch fortgeschrittenste Steinbrücke ihrer Zeit in den deutschen Territorien.

Mit Ausnahme der gebirgigen Gegenden verlagerte sich der Personen- und Gütertransport seit dem hohen Mittelalter im Zuge des fortschreitenden Ausbaus der Handelswege zusehends vom Reit- und Saumtier auf den Wagen. Seit dem

192. Kutschenwagen mit Kettenaufhängung und Kabine. Holzschnitt von Albrecht Dürer in der 1497 gedruckten Ausgabe »Das Narrenschiff« von Sebastian Brant. Berlin, Staatliche Museen Preußischer Kulturbesitz, Kupferstichkabinett

späten Mittelalter war es der Kobelwagen, in dem man Fahrgäste wie Waren zu befördern pflegte. Die meisten Darstellungen aus der Mitte des 14. Jahrhunderts zeigen ziemlich eindeutig einen Leiterwagen mit Flechtwerkfüllung zwischen den Sprossen, wobei die Plane über mehrere Gurtbögen gespannt war. Der früheste Ausstattungsbericht über einen solchen Kobelwagen ist aus dem Jahr 1446 überliefert. Zur Vorbereitung der ein Jahr später erfolgten Hochzeit der Herzogin Katharina von Österreich beauftragte der Wiener Hof eine Wagnerwerkstatt in Wiener Neustadt, einen Brautwagen sowie einen Kammerwagen für das Reisegepäck zu bauen. Über dem in Kassettenfelder gegliederten Wagenkasten wölbte sich eine halbrunde planwagenartige Tonnenkonstruktion aus rotem Tuch, dessen Saum mit Quasten besetzt war. Im Wageninnern gab es zwei Sitz- oder Gewandtruhen, eine Silbertruhe, drei Schemel und einen Stuhl als bewegliches Mobiliar. Erst im 16. Jahrhundert installierte man in den Wagen feste Sitzbänke. An einer in Graz erhaltenen Dachtonne eines Kobelwagens ist noch heute sichtbar, welchen Aufwand an Wagner- und Schnitzarbeit sowie an heraldischer Malerei man bei solchen exklusiven Exemplaren betrieben hat.

Mit einer steileren Aufbiegung der Tonnengurte kam es seit der Mitte des 15. Jahrhunderts zu einem kastenähnlichen Aussehen des Kobelwagens, der um 1520 vor allem in Süddeutschland das Standardmodell darstellte. Der 1526/27 erbaute Brautwagen für die Kurprinzessin Sibylla von Sachsen wies erstmals feste Seitentüren auf und damit konstruktive Elemente, die schon in Richtung der späteren Kutschen wiesen. Außer offenen oder bis über die halbe Höhe der Kastenwände mit Textilbahnen verdeckten Kobeln gab es bereits um 1470 auch Oberwagenteile mit festen Holzwänden. Albrecht Dürer hat 1495 einen solchen kastenähnlichen Kobel vorstellbar gemacht. Die Wagenaufsätze mit ihren architektonisch gegliederten Seitenfronten, gekennzeichnet durch die seit der Renaissance zunehmend verbreitete strenge Aufteilung in gestaltete Wandfelder, verdeutlichten eine enge Verbindung zu den zeitgenössischen Möbeln wie Truhen und Schränken. Bei den dichten Reliefschnitzereien der Kastenfüllungen arbeiteten Bildschnitzer und Wagenbauer eng zusammen. Die in den Museen erhaltenen Luxusgefährte aus dieser Zeit, zum Beispiel die beiden Veroneser Kobel von 1549 oder der Brautwagen der Kurprinzessin Renata von Bayern aus dem Jahr 1568, machen dies augenfällig. Beim Bau solcher Fahrzeuge waren Wagner, Bildschnitzer, Schmiede, Maler, Riemenmacher, Schneider und sogar Goldschmiede beteiligt. Dieser Kobelwagentypus galt nicht nur in Mitteleuropa als beliebtes herrschaftliches Gefährt, sondern war unter den Sultanen Selim I. (1470–1520) und Suleyman II. auch im Osmanenreich als repräsentatives Reisefahrzeug verbreitet.

Nach der Wende zum 16. Jahrhundert tauchte im oberdeutschen Raum ein luftig wirkender Wagentyp mit säulenförmigen Stützen auf. Die leicht schräg nach außen gestellten Stützen dienten nicht nur der Befestigung des Wagenkastens mit Ketten, sondern trugen außerdem einen hohen Baldachin. Diese Modelle wurden in Ableitung vom lateinischen Wort »Carrus« als »Caroche« beziehungsweise »Carosse« bezeichnet und glichen mit ihren Baldachinen wiederum den Luxusmöbeln, so den damals üblichen Himmelbettkonstruktionen. Derartige Karossen sind seit der Mitte des 16. Jahrhunderts vor allem für italienische Städte belegt. Hergestellt wurden sie in Mailand und Padua, Bologna, Ferrara, Mantua, Modena, Parma und Venedig. Zwischen 1543 und 1574 baute man allein in Ferrara 60, in Bologna 30 und in Mantua 54 solche »Cocchi e Carrozzi«. Anschließend dürfte sich der Schwerpunkt des italienischen Wagenbaus nach Rom verlagert haben; denn seit dem von 1585

193. Reisewagen des »Gotschityps«. Aquarellierte Zeichnung von Jeremias Schemel, Mitte des 16. Jahrhunderts. München, Deutsches Museum

bis 1590 dauernden Pontifikat von Papst Sixtus V. häuften sich die Nachrichten über luxuriös ausgestaltete »Carrozze ... con ferri e legni dorati« kirchlicher Würdenträger und weltlicher Adliger in Rom. Zeitgenössische Berichte über Massenauffahrten solcher Karossen bei Empfängen und anderen offiziellen Ereignissen erlauben den Schluß auf besonders leistungsstarke Wagenbauwerkstätten in der Ewigen Stadt. Die älteste bekannte Einzeldarstellung eines römischen Reisewagentyps stammt aus dem Jahr 1599, und zwar von dem Stuttgarter Hofarchitekten Heinrich Schickhardt.

Infolge der kriegerischen Ereignisse auf dem europäischen Kontinent wie der neuentdeckten überseeischen Handelsverbindungen stieg im 16. Jahrhundert der Bedarf an Transportwagen merklich an. Die zunehmend größeren und mit mehr technischem Gerät ausgestatteten Heere benötigten immer umfangreichere Bestände an Troßwagen für den Transport von Zelten, Munition, Verpflegung und Belagerungsgerät. Beim Aufbau eines Feldlagers wurden die Fahrzeuge in der Regel nach wie vor gemäß dem ehemaligen hussitischen Vorbild in Form einer Wagenburg aufgestellt. Der Überseehandel ließ eine Fülle von Waren in den europäischen Häfen ankommen, die von dort aus weitertransportiert werden mußten. In Antwerpen fuhren im 16. Jahrhundert täglich mehr als 200 Wagen durch die Tore der Stadt, wobei man die Zahl der aus Frankreich und Deutschland eintreffenden Lastfuhrwerke auf mehr als 200 pro Woche geschätzt hat. Die Zahl der Karren und Wagen mit landwirtschaftlichen Produkten habe sich sogar auf wöchentlich 10.000 belau-

194. Prunk-Kobelwagen König Karls IX. von Frankreich. Radierung von J. A. I. du Cerceau, 1569. München, Deutsches Museum

fen. Die Entwicklung zum Kutschwagen des späten 16. Jahrhunderts bezog diese Grundformen ebenso ein wie die Modelle adliger Prunkentfaltung.

Ob die Kutschen ihre Bezeichnung tatsächlich dem ungarischen Ort Kozce verdanken oder nicht, läßt sich trotz vieler Belege, die bis ins 15. Jahrhundert zurückreichen, nicht zweifelsfrei entscheiden. Das in Italien als »Carettone Ongaro« verbreitete, ungarisch »Kocsi« und deutsch »Gotschi-Wagen« genannte Gefährt war nach Ausweis vor allem der bildlichen Quellen keine Kutsche, sondern ein leichter offener Bauernwagen, der seine Elastizität der Biegsamkeit des leichten Fahrgestells, der Geschmeidigkeit und Widerstandsfähigkeit verschiedener Harthölzer für die Räder und dem Verzicht auf metallene Teile verdankte (L. Tarr). Entscheidendes Kriterium für die Kutsche war die Aufhängung des Wagenkastens am Fahrgestell mit Riemen oder Ketten, im 17. Jahrhundert dann die Lagerung auf den in England erfundenen Stahlfedern. Kutschen eigneten sich als Fahrzeuge zur Beförderung von Personen vorwiegend für Fahrten in Städten und deren näherer Umgebung mit gepflasterten oder zumindest regelmäßig instandgehaltenen Straßen, da auf den meist schlechten Wegen über Land die Beanspruchung der Hängekonstruktion zu groß war. Ketten rissen, und Riemen wurden schnell durchgescheuert. Vom Kobelwagen übernommen waren die tonnenförmigen Verdecke, von den Karossen die Baldachine, und aus beiden Schutzkonstruktionen gegen Schlechtwetter entwickelte sich in Verbindung mit dem zunächst flachen Fahrgestellaufsatz bis zum Ende des 16. Jahrhunderts der allseits geschlossene, an den Seiten mit Türen versehene schachtelförmige Wagenkasten mit festen und gepolsterten Sitzbänken. Eine Sonderform bildete die Kutsche mit einem Verdeck, das man nach Belieben öffnen und schließen konnte und »darin man sich fein umbsehen kann«, wie Johann Coler in seiner 1591 bis 1601 in sechs Bänden erschienenen »Oeconomia ruralis et domestica« schrieb. Dieser auf einem Holzschnitt von Georg Lang aus dem Jahr 1593 wiedergegebene Kutschentyp eignete sich besonders zu Spazierfahrten, auf denen man sich den staunenden Zeitgenossen präsentierte.

Vom Faden zum Tuch

Die Herstellung von Textilien zählt zu den wenigen technischen Verfahren, die bis heute in verschiedenen Kulturkreisen noch von der ursprünglichsten Form der Handarbeit bis zur modernsten maschinellen Produktionsweise verbreitet sind. Über die verschiedenartigen Techniken vor allem in den Bereichen des Spinnens und Webens und ihrer Entwicklungen hinaus sei hier auf zwei besondere Aspekte verwiesen: die Übertragung in den metaphysischen Bereich auf der einen und die stets wechselnde Beeinflussung durch den jeweiligen Zeitgeschmack auf der anderen Seite. In Mythen und Märchen, bei Dichtern und sprichwörtlich gewordenen Symbolen tauchen die beiden grundlegenden Textiltechniken immer wieder auf. Die Vorstellung vom menschlichen Leben als einem von überirdischen Mächten gesponnenen Faden findet sich in der griechisch-römischen Antike ebenso wie bei Kelten und Germanen. Es sind immer Frauen, die als Schicksalsgöttinnen diesen Faden spinnen, die Parzen im mediterranen und die Nornen im nord- und mitteleuropäischen Raum. An einer Spindel stach sich bekanntlich Dornröschen, und die schnelle Drehbewegung beim Spinnvorgang hat auch bei der Kennzeichnung menschlicher Äußerungen und Handlungen Pate gestanden, die wegen überbordender Phantasie oder übergroßer Hektik als »Spinnen« oder »spinnert« bezeichnet werden. Im Dichterwort webt die Natur mit dem Schnee ein Leichentuch für die Erde, und als Produkt eines fiktiven Webstuhls wird sogar die Zeit bezeichnet. Der sich in den ständig wechselnden Modeströmungen ausdrückende Geschmack einer Zeit hat nicht nur immer wieder nach neuen Mustern und Formen verlangt, sondern mit diesen Forderungen auch neue Arbeitstechniken geschaffen und damit die wirtschaftliche wie soziale Entwicklung vieler Völker nachhaltig beeinflußt.

Spinnen

War der Spinnvorgang bei allen alten Kulturen im wesentlichen der gleiche, so gab es in Abhängigkeit vom verfügbaren Werkzeugmaterial und vom Spinngut eine Vielfalt von Handspindelformen, die aber stets aus einem Spindelstab und einem Spinnwirtel bestanden.

Ein entscheidender technischer Fortschritt wurde mit der Einführung des Spinnrades erreicht, das zur Zeit der griechisch-römischen Antike im fernen Indien und

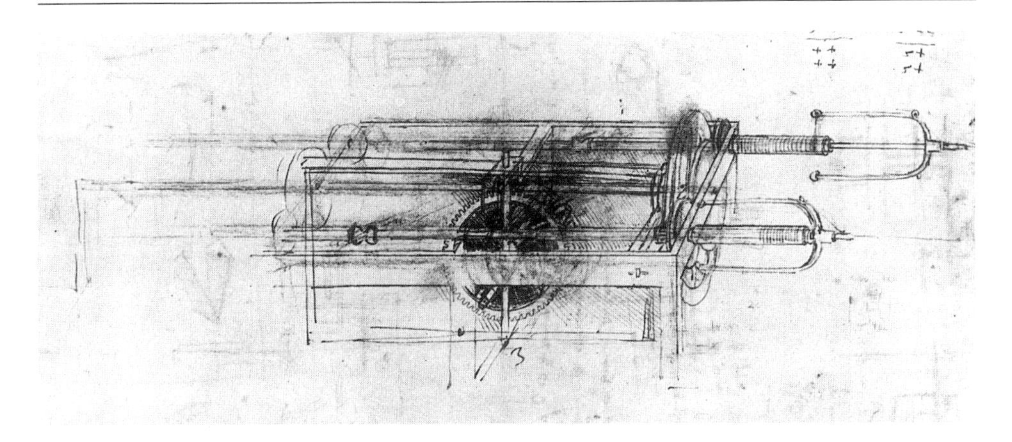

195. Zwei Flügelspindeln mit Antrieb über eine Welle. Zeichnung von Leonardo da Vinci im »Codex Atlanticus« aus der Zeit nach 1485. Mailand, Biblioteca Ambrosiana

China bereits zum Spinnen von Baumwolle beziehungsweise von Seide eingesetzt wurde, aber erst im Mittelalter, vermutlich durch italienische Kaufleute, nach Europa kam.

Eine greifende technische Innovation beim Spinnrad gelang im 15. Jahrhundert. Die Flügelspindel ermöglichte erstmalig die Kopplung der Vorgänge des Spinnens und des Aufspulens und so den Übergang vom periodischen zum kontinuierlichen Spinnen. Frühe Darstellungen von Flügelspinnvorrichtungen stammen von Leonardo da Vinci, der zwei im »Codex Atlanticus« um 1490 gezeichnet hat. Die Flügelspindel bestand aus einer Achswelle mit Spule und dem daraufgesteckten U-förmigen Flügel, der an einem Schenkel Führungshäkchen für den Faden aufwies. Zum Spinnen wurde ein von Hand hergestellter Anfangsfaden durch ein Loch in der Spindelachse über den Flügel und eines der Häkchen geführt und an die Spule geknüpft. Flügel und Spule waren unabhängig voneinander, das heißt, die Spule konnte sich frei auf der Achswelle des Flügels drehen, der mitlief und dabei den Faden verdrillte. Sobald die Spinnerin die Fadenspannung lockerte, lief der Flügel der Spule etwas nach, und der Faden wickelte sich auf der Spule auf. Das Konstruktionsprinzip dieser Flügelspindel bewirkte, daß der entstehende Faden von Beginn an unter hoher Spannung stand. Man brauchte Fasern von möglichst großer Länge und erhielt besonders feste Fäden. Ein erheblicher Vorteil der Flügelspindel bestand darin, daß die Drehgeschwindigkeiten von Flügel und Spule genau festlegbar waren. Durch den Vor- oder Nachlauf der Spule ließ sich der Faden stets gleichmäßig aufwickeln und ermöglichte zum ersten Mal in der Geschichte des Spinnens einen ununterbrochenen Prozeß. Die Spinnerin konnte die Qualität des Fadens durch den Zug beeinflussen, den sie beim Zufüttern des Spinngutes ausübte. Während des

196. Alltagsleben in einer deutschen Spinnstube. Holzschnitt von Barthel Behaim, 1524. Nürnberg, Germanisches Nationalmuseum

Spinnvorgangs überlagerten sich die beiden geschilderten Phasen ständig. Da noch nicht verdrehtes Fasergut nur geringen Zug aushielt, mußte die Spinnerin ihn sehr variabel gestalten, damit der Faden nicht abriß. Bei dem wohl um 1520 in England entwickelten Tretantrieb über ein Pleuel war es der Spinnerin möglich, beide Hände für die Zuführung der Fasern und den gleichmäßigen Zug des Fadens zu benutzen.

Das Spinnen mit dem Flügelspinnrad war weit weniger anstrengend als das mit der Handspindel oder dem Handspinnrad. Der größte Fortschritt gegenüber den anderen Spinnformen bestand jedoch in der gleichmäßigen Fadenqualität, die mit dieser Methode erzielbar war. Neben Treträdern mit schräger Bankform wurden bald aufrecht stehende Räder entwickelt, und zwar ohne viel Konstruktionsaufwand im Gestell, weil die Kraft direkter einwirkte. Das Flügelspinnrad mit Tretantrieb verbreitete sich in der frühen Neuzeit vor allem in Deutschland sehr rasch. Der Hauptgrund lag in der sich stark entwickelnden ländlichen Hausindustrie mit ihrer Produktion von Leinen und Barchent, also von Stoffen, die zum überwiegenden Teil aus Garnen gewebt wurden, für deren Herstellung das Flügelspinnrad bestens geeignet war. Gesponnen wurde mit Hilfe des Tretspinnrades bis in das 20. Jahrhundert hinein nicht nur in bäuerlichen und bürgerlichen Haushalten für den Eigenbedarf, sondern auch in eigens errichteten Spinnhäusern auf dem Lande sowie in Gefängnissen, Armen- und Waisenhäusern, die als bevorzugte Spinnanstalten galten (K.-H. Ludwig).

Weben

Beim Weben wird eindimensionales Garn in ein zweidimensionales Gewebe umgewandelt. Wie beim Spinnen lassen sich auch für das Weben weder Ort noch Zeitpunkt der Entstehung genau angeben. Ähnlich wie beim Flechten, aus dem sich das Weben entwickelt hat, galt es, zwei verschiedene Fadensysteme miteinander zu verkreuzen. Dazu benötigte man parallel nebeneinander gespannte Fäden, zwischen die andere quer eingebracht werden konnten. Das geschah am einfachsten, indem man auf einem rechteckigen Rahmen Längsfäden aufzog, durch die man dann Querfäden abwechselnd ober- und unterhalb einschob. Dieses vom Flechten und Stopfen her bekannte Prinzip kann allenfalls als Vorform des Webens gelten; denn charakteristisch für den echten Webvorgang war die mechanische Fachbildung. Dabei wurden verschiedene Gruppen der als »Kette« bezeichneten Längsfäden gleichzeitig angehoben oder gesenkt, während in den dabei entstehenden Zwischenraum, das »Fach«, der sogenannte Schußfaden, quer eingebracht wurde. Anschließend bildete man das entsprechende Gegenfach, indem die zuvor angehobenen Längsfäden gesenkt und die vorher gesenkten angehoben wurden, damit der nächste Schußfaden durchgereicht werden konnte. Der wechselseitige Schußeintrag in Fach und Gegenfach erforderte zum Anheben der verschiedenen Fadengruppen weitere Hilfsmittel. Bei der Fachbildung durch Anheben und Senken der Kettfäden wurden diese sehr stark beansprucht, und daher kamen nur besonders feste Garne als Kette in Frage.

Als erstes in Europa entwickeltes Webgerät gilt der senkrecht stehende Gewichtswebstuhl, der die Fachbildung auf mechanischem Weg ermöglichte. Ihm folgte im europäischen Mittelalter der Handwebstuhl mit waagerecht gespannten Kettfäden, bei dem die Bildung von Fach und Gegenfach durch Schäfte erfolgte. Diese Schäfte waren durch Schnüre miteinander verbunden, die über Rollen liefen. Mittels unten angebundener Pedale konnte man die Schäfte auf- und abwärts bewegen. Damit ließen sich die beiden Lagen der Kettfäden wechselseitig herauf- und herunterziehen, wobei Fach und Gegenfach entstanden. Ein neues Geräteteil des Horizontal-Trittwebstuhls, bei dem der Weber auf einer Bank saß und die Fachbildung mit den Füßen durch Treten auf die Pedale steuerte, war die im Gestell des Webstuhls frei schwingend aufgehängte Lade in einem über die Breite der gewebten Stoffbahn hinausreichenden Rahmen. Nach Durchwerfen des Schiffchens mit dem Schußfaden zog der Weber die Lade mit einer Hand auf sich zu und schlug damit über die gesamte Breite der Stoffbahn den Faden gleichmäßig an. Im Lauf der Zeit bildete man die untere Querleiste dieser Lade so breit aus, daß sie als Bahn für das Handschiffchen dienen konnte. Beim Schiffchen handelte es sich um einen hölzernen Hohlkörper, in den eine auf einer Achse frei laufende Spule eingesetzt wurde, auf der der Schußfaden von der Mitte aus nach beiden Seiten konisch verlaufend aufgewickelt war. Er lief durch ein Loch auf einer Seite des Schiffchens aus, das vom Weber im Gleiten auf der Querleiste der Lade mit der einen Hand in das Fach geworfen und mit der anderen aufgefangen werden konnte. Diese Methode begrenzte die Breite der gewebten Stoffbahn wegen der normalen Spannweite der Arme eines Webers. Für die Herstellung breiterer Stoffbahnen mußten Webstühle gebaut werden, die von jeweils zwei aufeinander eingespielten Webern bedient wurden. Aufhängung der Schäfte und der Lade beim Trittwebstuhl erforderten ein hohes Gestell. Doch man fand schon im 15. Jahrhundert eine weitaus einfachere Lösung, wie die Abbildung eines Webers im »Hausbuch der Mendelschen Zwölfbrüderstiftung« von 1425 belegt: Es handelt sich um die älteste Darstellung eines deutschen Webers, der an einem Webstuhl mit 4 Schäften und dementsprechend 4 Pedalen arbeitet. Der nur hüfthohe Webstuhl nimmt nur wenig Raum ein, weil die Schäfte an vier an der Decke befestigten Rollen aufgehängt sind. Mehr als 2 Schäfte waren immer dann erforderlich, wenn die Kettfäden zur Erzeugung besonderer Bindungsmuster in unterschiedlichen Kombinationen angehoben werden sollten. Dabei entstanden verschiedene Fächer, in die man den Schuß immer versetzt zum jeweils davor liegenden Faden einbringen mußte.

Die Vorteile des Trittwebstuhls wirkten sich auf Qualität und Quantität der Produkte aus. Die auf einem solchen Stuhl gewebten Stoffe besaßen wegen der Gleichmäßigkeit von Schußeintrag und Anschlag mit der Lade eine ebenfalls sehr gleichmäßige Dichte. 20 Schußeinträge mit dem Schiffchen pro Minute galten als durchschnittliche Arbeitsleistung am Trittwebstuhl (A. Linder). So vermochte ein Weber für einen Stoff von etwa 20 Schußfäden pro Zentimeter während 1 Stunde eine Bahn von 60 Zentimetern zu weben, was bei einer durchschnittlichen Arbeitszeit von 10 Stunden im späten Mittelalter etwa 6 Meter Stoff bedeutete. Einen wesentlich höheren Mechanisierungsgrad besaß der vermutlich gegen Ende des 16. Jahrhundert aufgekommene Bandwebstuhl, auf dem mehrere Stoffbahnen gleichzeitig vollmechanisch gewebt werden konnten. Durch Vor- und Zurückschieben einer vor dem Webstuhl befindlichen Triebstange bewegte man nicht nur die Lade, sondern über entsprechende Wellen auch die Pedale und Schäfte sowie einen Rechen, der die Schiffchen im Fach hin und her schob. Hier wurde menschliche Arbeitskraft nur noch gebraucht, um Störungen zu beheben, das Material einzubringen und abzunehmen.

Im Bereich des mittelalterlichen Textilgewerbes prägten sich mit den Walkern, Färbern, Webern und Schneidern eigenständige Handwerke aus. Eine entsprechend

197. Wollverarbeitung in einer Webstube. Miniatur in der 1401 entstandenen Pariser Boccacio-Handschrift. Paris, Bibliothèque Nationale

differenzierte Entwicklung von Märkten und immer umfangreichere Fernhandelsbeziehungen führten dann zu handwerklichen Spezialisierungen. Das erforderte technisch besonders geeignete Arbeitsmittel von möglichst hoher Produktivität, wie dies seit dem 13. Jahrhundert im europäischen Textilgewerbe durch den Trittwebstuhl und seine Verbreitung sowie vom Ende des 16. Jahrhunderts an durch die Bandmühle erfolgte. Die im Unterschied zum Spinnen mit Handspindel oder Spinnrad vergleichsweise wenig anstrengende Arbeit am Webstuhl erlaubte die im Handwerk übliche ganztägige Arbeit einschließlich bestimmter Festlegungen von Arbeitszeiten. Die zusätzliche Wahrnehmung zeitraubender öffentlicher Aufgaben auch im Rahmen der zünftigen Organisation führte zu einer positiven Beurteilung aller technischen Errungenschaften im Arbeitsablauf, mit denen Zeit gewonnen werden konnte. Anstöße zu technischen Weiterentwicklungen erfolgten meistens nicht aus der Technik selbst heraus, sondern waren durch Vorteile motiviert, die von den Betreibern dieser Technik gesehen wurden. Unter diesem Gesichtspunkt lag die Einführung des Trittwebstuhls im Interesse der Weber, die ihre Arbeitssituation als selbständige Handwerker bestimmen konnten und über die Zünfte als starke Interessenvertretungen Verbesserungen auch durchzusetzen vermochten.

Im Textilgewerbe hatten sich in den mittelalterlichen Städten schon sehr bald Formen der Arbeitsteilung wie einer handwerklichen Differenzierung ausgeprägt. Den Textilhandwerker, der, wie im Rahmen der bäuerlichen Eigenbedarfsproduktion noch üblich, Bekleidung von der Faser bis zum tragfähigen Stück herstellte, hat es nie gegeben. In der von Arbeitsteiligkeit und Spezialisierung geprägten städtischen Produktionsweise konnten sich zuerst Walker und Färber in eigenständigen Handwerken organisieren. Später folgten Wollweber, Tuchmacher, Wollschläger und Leineweber. Ein wichtiger Grund für die Einrichtung zentraler Werkstätten und gesonderter Berufsgruppen gerade für das Walken der Tuche und das Färben lag im technischen wie im kostenmäßigen Aufwand für Bottiche, Farben und Laugenzusätze sowie im Wissen um entsprechende Besonderheiten der Arbeitsprozesse, die sich für nur wenige Tuche pro Haushalt nicht lohnten. Bis zum 14. Jahrhundert übertraf die Textilproduktion auf dem Lande die in den kleineren Städten bei weitem. Das galt zumal für das Leinengewerbe. Der Anbau von Flachs stellte kaum ein Problem dar, weil das mitteleuropäische Klima und die relativ guten Böden fast überall die besten Voraussetzungen dafür boten. Vor dem Verspinnen mußte der Flachs eine Reihe von Verarbeitungsstufen wie Raufen, Riffeln, Rösten, Dörren, Brechen, Schwingen und Hecheln durchlaufen. Als textiler Rohstoff erheblich wertvoller war aber die Wolle, die ebenfalls vom Scheren über Waschen, Trocknen, Sortieren, Lockern, Krempeln und Kämmen verschiedene Bearbeitungsgänge erforderlich machte, bevor sie gesponnen werden konnte. Die Schafe als Wollproduzenten wurden allerdings nicht überall in Europa gezüchtet, sondern hauptsächlich in Gegenden, die sich für den Anbau von Getreide und Feldfrüchten nicht gut eigneten. Während sich das Wollgewerbe auf die Städte konzentrierte, tauchte die Leinenweberei, die sich aufgrund der Rohstoffsituation auf dem Lande lange als bäuerliches Hauswerk betreiben ließ, als eigenes städtisches Handwerk erst in der frühen Neuzeit auf.

Wie die meisten Handwerker arbeiteten die Weber entweder im Lohn- oder im Preiswerk und dabei zunächst für eine direkte Nachfrage. Die Weberei eignete sich schon vom Produkt her gut für eine Arbeit auf Vorrat. Anders als die Schneider oder die Schuhmacher waren die Weber als Erzeuger von Zwischenprodukten nicht von Kundenwünschen abhängig. Das Produktionsverfahren mußte auch nicht ständig neu überdacht und verändert werden, was einer effizienten Arbeitsorganisation zugute kam. Nach und nach erfolgte eine Standardisierung und Spezialisierung im Bereich der Warenproduktion. Im Unterschied zu vielen anderen Handwerken gab es im Textilgewerbe auch gleichberechtigte weibliche Vollmitglieder der jeweiligen Zunft, die selbständig arbeiteten. So kennt man aus Zürich und Hamburg Leinenweberinnen und aus Mainz im 15. Jahrhundert Schneiderinnen und Seidenstickerin-

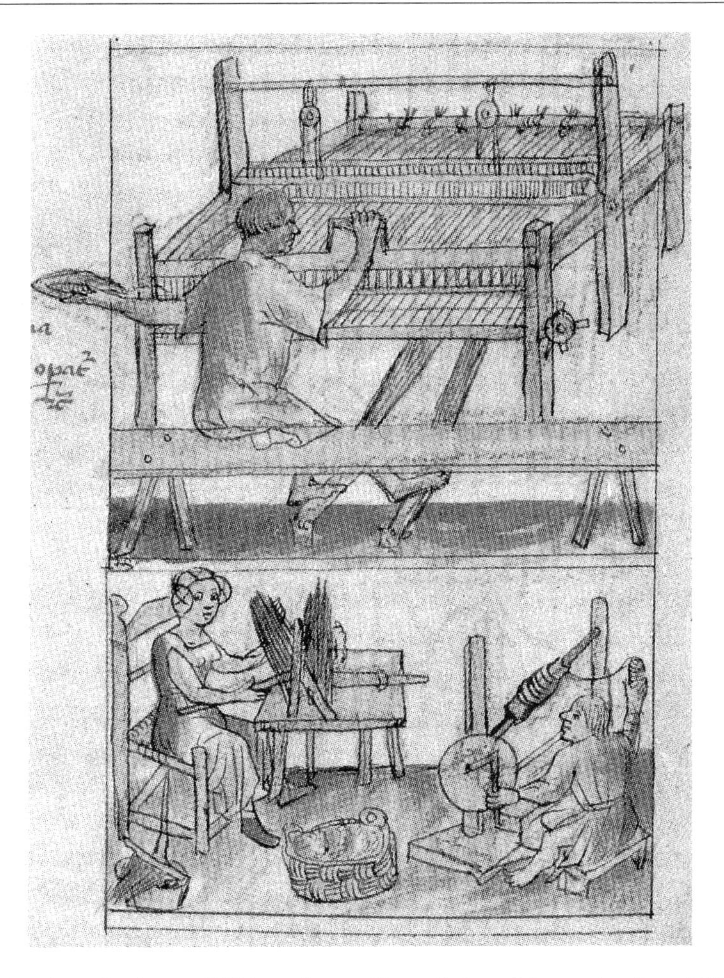

198. Flachsbrechen, Spulen und Weben. Aquarellierte Federzeichnung in einer 1438 am Oberrhein entstandenen Sammelhandschrift. London, British Library

nen, die selbständig tätig gewesen sind. Nachteilig wirkte sich jedoch die Hausproduktion von Textilien im ländlichen Bereich auf die jeweiligen Handwerke in den Städten aus. Das galt hauptsächlich für das Leinengewerbe. Viele unfreie Bauern strebten im Vertrauen darauf, daß Stadtluft frei mache, vom Land in die Städte, wo sie nach einem Jahr freie Bürger werden konnten. Meist fanden sie hier eine Existenzmöglichkeit in der Weberei, da sie Leinenweben ohnehin als Hauswerk beherrschten. Neben der neuen Konkurrenz in der Stadt blieb die ländliche Textilproduktion bestehen und drückte sehr stark auf die Preise. Die auf den Bauernhöfen erzeugten Textilien konnten auf den Märkten billiger angeboten werden als die der städtischen Weber, weil die Bauern ihre eigentliche Existenzgrundlage im landwirtschaftlichen Bereich hatten. Für die städtischen Weber verbesserte sich die Situation erst allmählich durch die Erweiterung des Marktes aufgrund des sich stärker entwickelnden Fernhandels.

Zentren und Organisationsformen der Textilbranche

Schwerpunkte des Textilgewerbes in Europa waren seit dem hohen Mittelalter Flandern und der Raum um den Bodensee mit Schaffhausen, Zürich, St. Gallen und Konstanz sowie in nordöstlicher Richtung bis nach Memmingen, Ulm und Augsburg. Konzentrierte man sich hier vor allem auf die Leinenherstellung, so wurde in Flandern und dem weiteren Umland hauptsächlich Wolltuch produziert. Als wichtigster Handelsplatz für Textilien in Mitteleuropa galt im 13. Jahrhundert die Champagne mit ihren Messeplätzen, wo flämische, deutsche und italienische Kaufleute ihre Waren anboten. Von dort gelangten die flandrischen Tuche nach Deutschland und Italien. Das ließ sich nur mit darauf spezialisierten Fernhändlern bewerkstelligen; denn die Weber in Flandern kannten weder ihre ausländischen Kunden, noch konnten sie von ihnen direkte Aufträge erhalten. Damit stieg die Abhängigkeit der Produzenten von den Kaufleuten. Die Zünfte achteten vermehrt darauf, daß die Qualitätsstandards möglichst hoch blieben und richteten daher in den Städten eigene Produktprüfungen ein. Von 1350 an durfte beispielsweise von Konstanz aus keine Leinwand mehr auf den Weg gebracht werden, die nicht von einem städtischen Schaubeamten mit einer Abnahmemarke gekennzeichnet und von städtisch beauftragten Leinwandmessern zugeschnitten worden war. Ähnliche Verfahren auch in anderen Städten führten beim Exportgewerbe zu einer Standardisierung der Produkte bei gleicher Qualität.

Zwischen dem 11. und dem 15. Jahrhundert galt in Flandern, Brabant und Holland ein relativ einheitliches Organisationsprinzip bei der Tuchproduktion. Der Tucher als Kaufmann leitete die Produktion. Er kaufte die Wolle, vergab und kontrollierte die Arbeiten schon beim Rohstoff und verkaufte das fertige Tuch. Selbst wenn er das Handwerk erlernt hatte, arbeitete er nicht länger direkt im Produktionsprozeß mit, an dem sieben Gruppen von Handwerkern beteiligt waren: Wollschläger, Wollkämmer, Spinnerinnen, Weber, Walker, Färber und schließlich Tuchscherer. Dabei arbeiteten die Wollschläger und Wollkämmer in zentralen Werkstätten der Tucher und sanken mit der Zeit auf den Status reiner Lohnarbeiter ab. Die anderen Handwerker holten das von ihnen benötigte Zwischenprodukt beim Zentrallager des Tuchers ab und brachten es nach entsprechender Bearbeitung dorthin zurück. Es gab keine Querverbindungen zwischen den einzelnen Bearbeitungsprozessen. Lediglich die Walker und Färber durften für weitere Kunden arbeiten. Die Handwerke waren in Zünften organisiert, und die Tucher gehörten als Kaufleute einer Gilde an. Hatten die Tucher die Zwischenprodukte als Halbfabrikate zunächst an die weiterverarbeitenden Handwerke verkauft und nach der dortigen Verarbeitung wieder zurückgekauft, so entwickelte sich allmählich eine größere Abhängigkeit der Weiterverarbeiter von den Tuchern, äußerlich gekennzeichnet durch eine Auftragsvergabe im Stücklohn. Der Tucher schoß den Handwerkern die Rohstoffe vor und bezahlte die dann gemäß Auftrag gefertigte Ware. Dies hatte mit dem Lohnwerk nichts mehr zu tun; denn die Handwerker arbeiteten nun für einen Unternehmer, der die Produkte mit Gewinnabsicht weiterverkaufte.

Dieses neue Produktionssystem machte die Tucher zu Verlegern und durchbrach die mittelalterliche, von unabhängigen Zünften und Gilden bestimmte Gewerbeorganisation. Die Tucher als Verleger blieben Eigentümer des Rohstoffs, den sie nur für die Zeit der Bearbeitung aus der Hand gaben. Die Handwerker konnten darüber nicht selbständig verfügen. Die Verleger diktierten schließlich sämtliche Arbeitsbedingungen. Das lag nicht im Interesse der Handwerker, doch sie hatten keine Wahl. Die Erweiterung des Marktes durch gesteigerte Exportmöglichkeiten war gewiß ein positiver Aspekt. Wer mehr arbeitete und verkaufte als zuvor, konnte auch mehr verdienen. Doch ein Nachteil ergab sich aus der Abhängigkeit von der Rohstoffeinfuhr. Hinzu kam die Konkurrenz durch Landflüchtige, die in den Städten zusätzlich in die vorhandenen Gewerbe drängten. Daraus resultierte bald ein Überangebot an Handwerkern, die nur noch für den Export arbeiteten und Rohstoffeinkauf wie Verkauf der Erzeugnisse wenigen Kaufleuten überlassen mußten. Sobald der Export durch unvorhersehbare Ereignisse wie Kriege oder Seuchen gestört wurde, gerieten die im Lohnwerk tätigen Arbeitskräfte in ökonomische Schwierigkeiten und mußten sich verschulden. In den Niederlanden verloren im Zuge dieser Entwicklung fast alle Textilhandwerker ihre Selbständigkeit. Die veränderte Situation wurde auch am Verhältnis der Textilhandwerker-Zünfte zu den Tuchmachergilden deutlich. Walker, Färber, Weber und Tuchscherer galten formal noch als Handwerker und waren in eigenen Zünften organisiert, doch die Tuchmachergilden in Flandern und Brabant konnten aufgrund ihrer wirtschaftlichen Überlegenheit den Textilhandwerkern schon im 14. Jahrhundert die Arbeitsbedingungen vorschreiben.

In den bedeutenden Zentren des europäischen Textilgewerbes bemühte man sich auch in Zeiten hinreichender Verfügbarkeit von Arbeitskräften stets um technische Neuerungen zur Vereinfachung oder Erleichterung des Arbeitsprozesses. So nutzte man bereits seit dem 11. Jahrhundert die Wasserkraft für das Stampfen der Tuche im Walkprozeß. Regionale Differenzierungen beim Einsatz von Walkmühlen ergaben sich aus der unterschiedlichen Verfügbarkeit der Wasserkraft. So kam es beispielsweise in England zur Verlagerung des Schwerpunktes der Weberei vom Südosten in den Nordwesten, weil dort für das mechanische Walken der Stoffe Wasserkraft reichlicher vorhanden war (L. White). Auch in Flandern war mangels genügend schnell laufender Flüsse und Bäche die Anwendung der Walkmühle nicht sehr

199. Walkmühle. Kupferstich von Balthasar Scheran, 1617, in dem 1617 in Frankfurt am Main gedruckten »Abriß allerhand ... Mühlen« von Jacopo de Strada. München, Deutsches Museum

verbreitet. Man walkte dort bis zum 15. Jahrhundert mit Händen und Füßen, bis offenbar ein Mangel an Arbeitskräften dann doch zum Bau teurer künstlicher Staubecken zwang, die in Verbindung mit entsprechenden Zuleitungen und Wasserrädern den Betrieb von Walkmühlen ermöglichten. Auch im Bereich der qualitätssteigernden Veredlungsprozesse beim Wolltuch ließen sich mechanische Hilfsmittel einsetzen. Das galt im 16. Jahrhundert für das Glätten und Pressen mittels Mangen und Spindelpressen. Beim Glätten führte man einen auf mehreren glatten Rollen gelagerten und mit Steinbrocken beschwerten Schlitten über die auf einer flachen Unterlage ausgebreiteten Tuche hin und her. Bewegt wurde der Schlitten entweder durch einen von Ochsen, Pferden oder Eseln angetriebenen Göpel, der über Umlenkrollen auf die beiden Enden des Schlittens wirkte, oder mit Hilfe eines

Tretrades. Das Tretrad sollte die eingesetzte Kraft über seine Welle und den Seilzug zum Schlitten vervielfachen. Diese Kraft entsprach dem Gewicht der das Rad tretenden Menschen, das durch die Bewegung in Drehkraft umgewandelt wurde. Beim Einsatz zweier Menschen im Rad wurde eine Kraft erzeugt, die dem Gewicht von acht Menschen entsprach. Auch die Tuchpresse wurde zum Glätten des Tuches benutzt, vorzugsweise jedoch in einem zweiten solchen Arbeitsgang nach zuvor erfolgtem Falten auf das Lager- und Versandmaß. Man verwendete gewöhnlich die von der Metallverarbeitung wie vom Buchdruck her bekannte Presse mit meistens 2 parallelen Schraubspindeln.

Für die Ausprägung textilgewerblicher Zentren waren in Mitteleuropa nur wenige natürliche Standortvoraussetzungen vorhanden. Im Unterschied etwa zu Flandern und England gab es zum Beispiel in Deutschland keine besonders geeigneten Regionen für die Schafzucht. Seit dem 14. Jahrhundert hat man immer wieder die Einkreuzung von Schafsrassen mit höherwertiger Wollqualität versucht, doch im Vergleich zu England blieben die Erfolge insgesamt gesehen eher bescheiden. Die Standorte deutscher Wolltuchproduktion fielen in der Regel mit den Zentren des mittelalterlichen Fernhandels wie Aachen, Köln, Frankfurt, Nördlingen, Nürnberg oder Regensburg zusammen (W. v. Strohmer). Hier hatten sich aus Handwerkern und Händlern dynamische Unternehmer entfaltet, die das Gewerbe im Verlagssystem betrieben, dabei über die jeweilige Stadt hinausgriffen und Dörfer wie kleinere Städte der Umgebung in die Organisation einer marktgerechten Produktionsweise einbezogen. Auf diese Weise entwickelten sich ländliche Bereiche zu Textil-Gewerbelandschaften. Was die Leinenherstellung anlangte, so bildeten sich im Mittelalter und in der frühen Neuzeit im deutschen Raum vier große Reviere heraus: das Vogtland mit Chemnitz, Plauen und Hof, die Region Lausitz-Niederschlesien mit Bautzen und Zittau, Westfalen mit Schwerpunktlagen in den Räumen Münster und Bielefeld sowie die Gegend um den Bodensee mit Konstanz und St. Gallen. Am Bodensee wuchs aufgrund des milden Klimas der Voralpenlandschaft eine sehr feine langfaserige Flachsart. Seit dem 13. Jahrhundert waren die von schwäbischen und alemannischen Webern angefertigten und von Kaufleuten aus Ravensburg, Konstanz, St. Gallen, Schaffhausen und Basel auf den Märkten West- und Südeuropas vertriebenen Leinentücher als »Tele de Constancia« beziehungsweise »Tele de alemania« bereits ein Qualitätsbegriff. Das Leinen aus Westfalen wurde über die Hanse verbreitet, die eine besonders feine Flachsqualität aus dem Baltikum mit Schwerpunkt im Raum Riga für die Verarbeitung zwischen Bielefeld und Münster importierte. Oberdeutsche Verleger sorgten in den Textilrevieren Oberfrankens und des Vogtlandes sowie der Lausitz und Niederschlesiens während des 15. und 16. Jahrhunderts für die erfolgreiche Ausbildung einer eigenen Leinenindustrie.

Ein für das mitteleuropäische Textilgewerbe neuer Rohstoff stand seit dem 13. Jahrhundert zunächst in Italien zur Verfügung: die Baumwolle. Sie wurde über

Venedig aus Syrien oder Ägypten eingeführt und erst in der Lombardei, im 14. Jahrhundert dann auch nördlich der Alpen, in Schlesien, Böhmen und Schwaben, verarbeitet und gehandelt. Textilien von anspruchsvoller Qualität wie gefärbte Tuche, Seide oder der Barchent, die besonders vom wohlhabenden Bürgertum in den Städten vermehrt nachgefragt wurden, mußten aus dem Mittelmeerraum oder aus Flandern bezogen werden. In der zweiten Hälfte des 14. Jahrhunderts kam es im östlichen Teil des schwäbischen Leinenreviers zu einer Umstrukturierung und zur Ausprägung einer eigenständigen Barchentindustrie, die mit ihren qualitativ hochwertigen Produkten schon bald auf allen wichtigen Märkten Mitteleuropas vertreten war. Barchent als Mischgewebe aus Leinen und Baumwolle geriet schnell zum großen Konkurrenten für die bis dahin verbreiteten Stoffe aus Wolle und Leinen. Die deutsche Bezeichnung »Barchent« für diese Gewebeart ist ebenso ein Lehnwort aus dem Arabischen wie der lateinische Begriff »Fustaneus« und bedeutet eigentlich »grober Stoff« oder »Gewand«. Weben ließ sich der Barchent nur auf Trittwebstühlen mit mehr als 2 Schäften, damit eine Köperbindung aus Leinen-Kettfäden und Baumwoll-Schußfaden entstand. Im Unterschied zur neutralen Fadenkreuzung bei der Leinenbindung führte die Köperbindung aus den beiden unterschiedlichen Materialien zu einem sichtbaren schräglaufenden Webmuster, das seine Zeichnung beim Einfärben noch verstärkte, weil das Leinen Farbe nur in geringem Maße annahm, während sich die Baumwolle damit vollsaugte. Die zunehmende Bevorzugung farbenfroher Kleidungsstücke seit dem späten Mittelalter machte Barchentgewebe begehrt. Außerdem war die Baumwolle körperfreundlicher als das Leinen.

Die langen Transportwege der Baumwolle erhöhten deren Preis, der jedoch den Markterfolg der neuen Stoffe nicht beeinträchtigte. Erste Belege für den Ankauf von Baumwolle in Mailand und Venedig durch Händler aus Ulm und Regensburg stammen aus den Jahren 1375 und 1383 und markieren wahrscheinlich den Auftakt der Baumwollweberei im oberdeutschen Raum. Hinsichtlich der Webtechnik stellte die Barchentproduktion eine Weiterentwicklung der Leinenzwilchweberei dar. Technischer Standard, erhöhte Nachfrage und wirtschaftlicher Erfolg führten in der Barchentindustrie zur Mechanisierung zeit- und kraftaufwendiger Arbeitsgänge. Der Einsatz der Wasserkraft für den Betrieb der Flachsbrechmühle wirkte sich über den Bereich der Barchentproduktion hinaus auch positiv für die verbleibende Leinenindustrie aus. Seit dem Beginn des 15. Jahrhunderts galt die Baumwollweberei im östlichen Oberschwaben als das wirtschaftlich wichtigste Gewerbe. In vielen Städten Schlesiens, Österreichs, Böhmens und Bayerns entstanden ebenfalls Baumwollgewerbe. Dabei unterschieden sich ökonomische wie soziale Lage der Barchentweber erheblich von denen der vormaligen Leineweber. Von Beginn an war die neue Textilbranche nach einheitlichen Prinzipien als Exportgewerbe organisiert. Die qualitativ hochwertigen Erzeugnisse konnten sich auf den europäischen Märkten schon bald als Markenartikel auch gegen die harte Konkurrenz des in

200. Textilmarkt in Bologna. Miniatur in einer Anfang des 15. Jahrhunderts in Oberitalien entstandenen Handschrift. Bologna, Museo Civico

201. Tuchmarkt von Herzogenbusch. Gemälde eines Unbekannten, 1596. s'Hertogenbosch, Noordbrabants Museum

Bologna, Venedig, Piacenza und Mailand hergestellten Barchents durchsetzen. Die Ergebnisse der bisherigen wirtschaftsgeschichtlichen Forschungen, namentlich Wolfgang von Stromers Untersuchung zur Entstehung der mitteleuropäischen Baumwollindustrie, ihrer Produktions- und Vertriebsmethoden sowie der Bewertung ihrer gesamtwirtschaftlichen Bedeutung, haben hinreichend Anlaß gegeben, in diesem Bereich des Textilgewerbes eine »Industrielle Revolution des späten Mittelalters« auszumachen.

Die Technik des Färbens und Gerbens

Die ersten Färberezepte wurden gegen Ende des 13. Jahrhunderts in deutscher Sprache aufgezeichnet und gaben unter Verwertung jahrhundertealter Erfahrungen Beschreibungen der Zubereitung von Farben wie auch der Verfahren zum Färben von Textilien und für das Ausmalen von Manuskripten. Diese Rezeptsammlungen stammen in ihrer Mehrzahl aus Klöstern, wo auch für andere handwerkliche Bereiche die literarisch faßbare antike Tradition, meistens auf dem Wege über arabische Abschriften, aufgenommen und festgehalten wurde.

Farbenrezepte fanden sich überwiegend als Teile medizinischer Traktate und erreichten, soweit sie auf antike Vorlagen zurückgingen, den mitteleuropäischen Raum über Sizilien und Spanien, wo man seit dem 12. Jahrhundert die arabischen Schriften ins Lateinische übertrug. Besondere Bedeutung hatte hier die jüdische Übersetzerschule von Toledo. Lagen erst einmal lateinische Übertragungen vor, so erfolgte die Verbreitung der Rezepturen relativ schnell durch entsprechende Abschriften. Zu den theoretischen Kenntnissen traten in Europa seit dem 12. Jahrhundert Färbemittel als Güter des italienischen Levante-Handels, vor allem solche mit hoher Licht- und Waschbeständigkeit bei der Verarbeitung in Textilien: Saflor, Brasilholz, Sandelholz, spanische Safransorten oder Lasurblau aus dem Halbedelstein Lapislazuli. Schon die Namen verweisen auf arabische, persische oder indische Herkunft, und mit den Bezeichnungen wurde das Verfahren weitergegeben. Zunächst hatten die Färber zu lernen, mit den neuen Färbemitteln umzugehen, und hierfür erwiesen sich die arabischen Färber als Experten bei der Handhabung mineralischer Beizen. Zum Rotfärben benutzten sie beispielsweise altes Olivenöl aus einer Sodalösung als Vorbeize, woraus ein Niederschlag von Natriumoleat auf der Faser entstand. In der Beize reagierte dieser Niederschlag mit den Zinn-, Kalk- und Aluminiumsalzen. Färbte man mit dem aus der Krappwurzel gewonnenen Alizarinrot, so wurde eine tiefrote Farbe von großer Dauerhaftigkeit erzielt.

Beim Einfärben von Textilien wurde das Färbegut in die heiße Färbeflotte, eine wäßrige Lösung von Farbstoffen oder farbenerzeugenden Komponenten, eingebracht und darin gerührt oder geschwenkt. Dabei zogen die Farbstoffe auf das Färbegut. In Mittel- und Nordeuropa färbte man oft schon die Wolle nach dem Krempeln, also vor dem Spinnen, oder vor dem Weben das fertig gesponnene Garn. Zunächst wurden Garn oder gewebte Stoffe mit Alaun oder Weinsteinsalz gebeizt, damit anschließend die Farbe besser haften konnte. Leinen ließ sich ohnehin nur durch vorheriges Beizen der Webfäden färben. Zum Beizen griff man auf den seit der Antike bekannten Alaun zurück, der durch Aussieden von Alaunschiefer gewonnen wurde und im Mittelalter ausschließliches Monopol italienischer Kaufleute war. Alaunsiedereien gab es seit dem 13. Jahrhundert im Raum Neapel, auf Ischia und an der westanatolischen Küste bei Phokäa, in der Gegend des heutigen Izmir. Die mittelalterliche Alchimie verstand unter Alaun, dem lateinischen »Alumen«, einen Gattungsbegriff für kombinierte Metallsulfate, damals als »Vitriole« bezeichnet. Sie setzte man in Gestalt von Eisen-, Zink- oder Kupfersulfat den Färbeflotten zu, wobei die erforderlichen Mengen meistens Fabrikationsgeheimnis der jeweiligen Färbemeister waren. Die lange Monopolstellung der italienischen Alaunhändler wurde zu Beginn des 16. Jahrhunderts durch die Entdeckung von Alaunschieferlagern bei Schwemsal im Raum Merseburg gebrochen. Damit entstand in der Folge aber noch kein freier Markt, denn die sächsischen Kurfürsten sorgten umgehend für ein eigenes Monopol auf diesem Gebiet. Auch in England hat man ab 1500 Alaunschieferlager abgebaut.

Zu den wichtigsten Kulturpflanzen für die Färberei zählte der Waid, der vor allem im Elsaß und in der Region um Erfurt angebaut wurde. Er galt als gewinnbringender Exportartikel, und schon seit dem 13. Jahrhundert zogen Waidhändler mit ihrer in Fässern verpackten Ware auf die Märkte im Norden und Osten Deutschlands. In den Fässern befand sich ein zu Klumpen geformtes Vorfabrikat. Nach der Ernte des Waids wurden die farbstoffhaltigen Blätter zermahlen, in einem Fermentationsprozeß vergoren und eingedickt. Aus diesem Brei formte man die Klumpen. Zur Herstellung der indigoblauen Farbe war dann ein weiterer Verarbeitungsgang erforderlich: Der Färber schichtete die Waidballen in einem Trog auf und übergoß sie mit Aschenlauge und ausgefaultem Urin. Diesen Trog bezeichnete man als »Küpe«, und der Begriff ging auf die im Trog erzeugte Substanz über. Eine Küpe, die etwa 25 Kilogramm Waid aufnehmen sollte, mußte 600 Liter fassen. Drei Tage lang wurde der Waid mit der Aschenlauge und dem Urin durch Stampfen mit den Füßen vermengt und kräftig durchgerührt. Anschließend füllte man ihn zum Kochen in mehrere Kessel. Diese Flotte wurde mit Seifenkraut, einem Nelkengewächs, angereichert und unter Deckeln aus Schilfmatten bei mittlerer Hitze weitere drei Tage gekocht. Dann konnte der Färber nach ersten Proben mit Wolltuch oder Garnfäden, die er in die Küpe tauchte, an seine eigentliche Färbearbeit gehen. Das Färbegut wurde am Färberstock hängend in die Flotte eingetaucht, in ihr einige Zeit lang geschwenkt, herausgehoben, mit Brackwasser abgespült und getrocknet. Die thüringischen Waidbauern kannten noch einen wesentlich intensiveren Färbegang: Nach dem Schneiden des Waids und dessen Zerquetschen zu einem Brei legten sie in diese Masse bereits die Garnsträhnen hinein, die sich bei der nachfolgenden Gärung blau färbten. Für dickere Garne oder bereits gewebte Stoffe empfahl sich jedoch die Tauch- und Schwenkarbeit in der Küpe, die je nach gewünschtem

Blauton auch mehrmals erfolgte. Die Färber wußten noch nichts vom Indikan, dem in den Waidblättern enthaltenen indigobildenden Stoff, der sich beim Ansatz der Küpe in Glukose und das wasserlösliche Indoxil aufspaltet, auf die Faser aufzieht und beim Trocknen an der Luft zu wasserunlöslichem Indigoblau oxidiert. Sie wußten lediglich um die färbende Wirkung dieses pflanzlichen Produktes und erzielten durch Ausprobieren in erneut wiederholten Arbeitsgängen den jeweils gewünschten Blauton. Ein Färbegang mit Waid dauerte in der Regel mehrere Tage. So ließ man Wolle etwa 12 Stunden in der Küpe und bewegte sie dabei immer wieder hin und her, nahm sie dann heraus und ließ sie ebenso lange oxidieren. Wenn die Küpe am Samstag angesetzt wurde, blieb das Färbegut den Sonntag über 24 Stunden in der Küpe liegen, so daß es am Montag an der Luft hängen mußte, damit es vollständig zu Indigoblau oxidieren konnte. Es wurde »blaugemacht«; die Gesellen des Färbemeisters hatten Zeit für ihren »blauen Montag«.

Der Schwartzferber.

Ich bin der ſchwartz Farb ein Sůcher/
Ferb den Kauffleutn die Schwabnthůcher
Grůn/graw vnd ſchwartz/ vñ darzu blaw/
Darzu ich auch ein Mange hab/
Daß ich ſie mang fein gell vnd glat/
Auch was man ſonſt zu ferben hat/
Vnd mangen findt man mich allzeit/
Darzu gutwillig vnd bereit.

N iij Der

202. Schwarzfärberei. Holzschnitt von Jost Amman in der 1568 in Frankfurt am Main gedruckten Beschreibung aller Stände mit Reimen von Hans Sachs. Privatsammlung

Bis zum Beginn des 16. Jahrhunderts war der Färberwaid die fast ausschließliche Grundlage der Küpenfärberei. Zwar kannte man Indigo bereits seit der Antike, doch er kam in nur sehr geringen Mengen über die bis nach Indien führenden Handelsstraßen und Karawanenwege in den europäischen Raum. Für Frankreich und England ist Indigo erst seit dem 13. Jahrhundert als Färbemittel nachzuweisen. Der Indigostrauch lieferte einen lichtechten, dunkelblauen Küpenfarbstoff, der erheblich intensiver färbte als der Waid. Nach Öffnung des Seeweges um das Kap der Guten Hoffnung kam indischer Indigo in großen Mengen auf die europäischen Märkte. Die Stadt Frankfurt am Main erließ 1577 zum Schutz der eigenen Färber ein Indigoverbot, und auch Königin Elisabeth I. von England griff zum Schutz ihrer Waidbauern zur gleichen Maßnahme. Freigegeben wurde der Import des Indigos erst im 18. Jahrhundert. Wesentlich billiger waren blaue Farbstoffe, die man aus Blüten und Beeren gewinnen konnte, weil sie sich ohne weitere Zusätze und ohne das aufwendige Verfahren der Verküpung unmittelbar zum Färben nutzen ließen. Das galt für den Saft der Heidelbeeren und vor allem für die Früchte des Zwergholunders. Der Saft der Holunderbeeren ergab sehr dunkle Blautöne, die jedoch wie alle Blüten- und Beerenfarben nicht licht- und waschecht waren.

In engem Zusammenhang mit dem Blaufärben stand die Herstellung der schwarzen Farbe für Garne und Stoffe. Sie erhielt man durch das Kochen von Eichen- oder Erlenrinden mit Eisensalzen oder Eisenfallspänen und Gerbsäuren in einer wäßrigen Lösung. Man ließ die entstandene Brühe einige Wochen zum Ausreifen stehen. Ergebnis war eine Arte Tinte, in die das Färbegut getaucht wurde. Bei dieser Methode war allerdings ein späteres Verblassen des Farbtons in Richtung Grau nicht auszuschließen, weil sich auf den Gewebefasern eine feine Schicht von Eisenhydroxid bildete, die die Faser angriff. Wesentlich wirkungsvoller war dagegen eine Kombination mit der Waidfärbung. Man hatte erkannt, daß ein lange vergorener Waid schwarzblau färbte. Durch kurzes Nachfärben in gerbsaurer Eisensalzlösung ergab sich ein tiefes Schwarz. Für die Schwarzfärber war es schwierig, eine gleichmäßige Durchfärbung der Stoffe zu erzielen, weil wegen der Eisenbestandteile in Verbindung mit dem Sauerstoff der Luft und der Feuchtigkeit der wäßrigen Lösung immer die Gefahr der Bildung von Rost bestand. Bei der ausgekochten Rinde lösten sich noch weitere organische Verbindungen, reagierten mit dem Eisen und stumpften oft die Schwärze ab. Dies ließ sich nur durch einen höheren Gehalt an Gerbsäure vermeiden. Weitere Fortschritte ergaben sich aus der Übertragung des Verfahrens auf andere Metallsorten, auf Kupfer und Zink.

Gelbfärbung erzielte man mit Hilfe des Wau, der im Mittelalter auch als »Färberblume« oder »gelbe Blume« bezeichnet wurde. Außerdem verwendeten die Färber die Rinde des wilden Apfelbaums, die mittelgelb färbte und bei Hinzunahme des Bastes einen rotgelben Ton ergab. Als kräftigstes Mittel zur Gelbfärbung galt seit dem Mittelalter jedoch der echte Safran, genauer: dessen farbstoffhaltige Blütennarbe. Er gelangte vom maurisch beherrschten Teil Spaniens in verschiedenen Sorten auf die mitteleuropäischen Märkte. Eine Tegernseer Handschrift aus dem Jahr 1502 nennt außer zwei bekannten Sorten aus dem Raum Tortosa und aus Katalonien einen kastanienbraunen Zimtsafran und eine Pflanzenart, die in der Toskana angebaut wurde. Im Spätmittelalter gab es erste Anbauversuche auch im Raum Basel, die sogar gute Ernten erbrachten. Die Vielzahl der Safransorten führte auf den großen Märkten wie in Nürnberg zur Bestellung eigener Safranbeschauer, die die Qualität und Reinheit der Ware überwachen sollten. Schon in der Tegernseer Handschrift ist auch ein »landtsaffran aus Österreich« genannt, wobei es sich um eine eingedampfte Abkochung aus Saflorblüten gehandelt hat, die als Ersatz oder zum Verschnitt des teuren echten Safrans dienten (E. E. Ploss). Die Färbungen mit Safran ergaben nicht nur kräftige Gelbtöne, sondern boten einen wahrscheinlich durch Zufall entdeckten, sehr bedeutsamen Vorteil: Ein in Waidküpe blau gefärbtes Gewebe konnte, mit Safran überfärbt, je nach Intensität der vorherigen Bläue lind- oder dunkelgrüne Töne hervorrufen.

Zur Rotfärbung griff man im Mittelalter vor allem auf die Wurzel des Krapps, auch »Färberröte« genannt, zurück. Sie war schon zur Zeit Karls des Großen eine Kulturpflanze und wurde systematisch als Färbepflanze angebaut. Ihre Wurzeln enthielten den Farbstoff Alizarin, der zum klassischen Beizenfarbstoff der mittelalterlichen Färber wurde. In Verbindung mit Metalloxiden aus Alaun bildete das Alizarin auf der Faser Farblacke von großer Intensität. Eine weitere Möglichkeit zur Gewinnung roten Farbstoffs boten die Kermesschildläuse, deren Weibchen man im Mittelmeerraum zur Zeit der Sommersonnenwende von den Blättern der immergrünen Kermeseiche abstrich. Die zerquetschten Läuse erbrachten den roten Farbstoff, der seit dem 16. Jahrhundert Konkurrenz aus der Neuen Welt erhielt: Die Cochenilleläuse ließen sich in Mexiko von den Blättern der Opuntien abstreifen und zerquetschen. Ihre getrocknete Körperflüssigkeit ergab ein Karminrot, das sich wie das Kermesrot in einer ammoniakhaltigen Flotte leicht auflöste und in Verbindung mit Alaun einen sehr farbechten und dauerhaften Lack ergab.

Die mit Beginn der Neuzeit vermehrt eingesetzten neuartigen Rohstoffe für die Färberei waren in der Regel längst bekannt, nur bis zum 16. Jahrhundert entweder unerreichbar oder so teuer, daß sich ihr Einsatz aus wirtschaftlichen Gründen nicht lohnte. Indigo, Safran oder Krapp bewirkten jedoch deutliche Fortschritte bei den Färbeverfahren, vor allem im Bereich der Küpenfärberei und bei der verbesserten Anwendung der Beizen, für die man gelernt hatte, durch den Zusatz von Essig oder Aschenlauge die Flotte entsprechend sauer oder basisch einzustellen. Ein markanter »neuer« Farbstoff war das Rotholz, bei dem es sich um verschiedene zum Rotfärben verwendete Farbhölzer meist asiatischer Herkunft handelte. Es tauchte in Italien bereits im 12. Jahrhundert als »bresil« auf und erreichte im Verlauf des 13. Jahrhunderts die Märkte in Flandern. Als die Entdecker Südamerikas zu Beginn des 16. Jahr-

203. Flandrische Färberküche. Miniatur in dem 1482 entstandenen »Book of the property of things«. London, British Library

hunderts in den Wäldern der Amazonas-Region das dortige rote Bahia-Holz entdeckten, bezeichneten sie das Gebiet als »Rotholzland«, als Brasilien. Die Färber waren vor allem von der hohen Konzentration des roten Farbstoffs in diesem Holz angetan, der sich allenfalls mit dem Alizaringehalt der Krappwurzel vergleichen ließ. Im sogenannten Nürnberger Kunstbuch, einer Sammlung von einhundert mittelalterlichen Rezepten zum klösterlichen Kunstgewerbe aus der zweiten Hälfte des 15. Jahrhunderts, ist das Färbeverfahren mit Brasilholz beschrieben. Es macht deutlich, daß die Färber bereits das Beizen mit Alaun beherrschten. Das geschabte Brasilholz gab den Farbstoff leicht an kochendes Wasser ab und färbte die mit Alaun gebeizten Textilien kräftig rot. Im besagten Rezept »Rot leymbat zu ferben mit prisilg« wird das Verfahren in Vorbeize und Färben deutlich getrennt. War die Leinwand morgens erstmals gebeizt, so konnte sie der Färber bei schönem Wetter abends schon in eine zweite Beize legen und über Nacht trocknen lassen. Am nächsten Tag ließen sich aus dem Brasilholz und dem restlichen Alaun die erste und die zweite Farbflotte in weichem abgestandenem Wasser sieden, dann auskühlen, so daß man die Leinwand in der handwarmen Lösung färben konnte. Der gesamte Arbeitsgang umfaßte demnach mindestens 2 Tage, ergab allerdings ein Gewebe von dauerhafter und kräftiger roter Farbe.

Die Färber bildeten im 14. Jahrhundert erste selbständige Zunftgemeinschaften. Die ältesten Färberzünfte lassen sich dort nachweisen, wo sich aus Flandern zugewanderte Färber niedergelassen hatten, die im Gegensatz zu den aus Italien stammenden »Welschen« Bürgerrecht und Zunftfähigkeit in deutschen Städten erhielten. An den Straßennamen wie Färbergraben oder Färbergasse sind die ehemaligen Standorte des Gewerbes noch heute zu erkennen. Vor allem die nassen Gräben einer Stadtbefestigung als Betriebsstandorte zogen Gerber, Färber, Bleicher und Walker an, weil diese ständig große Mengen an Wasser für ihre Arbeiten benötigten. In den meisten Fällen waren die Walker mit den Färbern identisch. Andererseits führte auch bei der Färberei die steigende Nachfrage zu einer Spezialisierung einschließlich des Entstehens zünftiger Organisationsstrukturen für die entsprechenden Teilbereiche des Handwerks. Das galt im Mittelalter bereits für die Schwarzfärber im Unterschied zu den Schönfärbern, die sich auf die bunten Textilfarben konzentrierten. Innerhalb der Zünfte nahmen von jeher die Waidfärber eine Sonderstellung ein, die schon aus verfahrenstechnischen Gründen erfolgte. Indigo als Extrakt des Färberwaids wie als Einfuhrprodukt aus Ostindien war der einzige Küpenfarbstoff von Bedeutung. Die komplizierte Färbetechnik mit dem besonderen Beizenfarbstoff Alizarinrot hat dann in der frühen Neuzeit die eigene Zunft der Türkischrotfärber begründet. Erste Ansätze einer manufakturellen Organisation gab es im 15. Jahrhundert, als sich beispielsweise die Münchner Färber auf den gemeinschaftlichen Betrieb eines 1443 errichteten Färberhauses einigten, das der Schwarz- und Schönfärberei diente und in dem unter Oberaufsicht der Tuchmacher, Scherer und Färber bis zu 18 Arbeitskräfte gleichzeitig tätig waren.

Das Färben von Leder hatte im Vergleich zu den verschiedenen Textilfärbetechniken schon dem Umfang nach eine weitaus geringere Bedeutung, doch es gab eine andere enge Verbindung zwischen Färbern und Gerbern: Beide waren für ihre Tätigkeit von der Verfügbarkeit der Gerbstoffe, besonders des Alauns, abhängig. Das Leder entsteht erst durch die Gerbung von Tierhäuten in einem komplizierten chemischen Umwandlungsprozeß, der bestimmte Eigenschaften der tierischen Haut wie Festigkeit, Zähigkeit und Geschmeidigkeit bei hinreichender Luftfeuchtigkeit und Wasserdurchlässigkeit konserviert. Durch den Gerbprozeß werden Verhärtung wie Verfall ausgeschlossen. Im Mittelalter kam es zu einer deutlichen Ausdifferenzierung des Gewerbes in die Rot- oder Lohgerberei, die Weißgerberei und die Sämischgerberei. Diese Gewerbezweige standen etwa gleichwertig nebeneinander. Die Rotgerberei lieferte Leder für Stiefel, Schuhe, Sättel, Taschen, Schläuche für Feuerspritzen und als Kuriosität im 16. Jahrhundert sogar Kanonen, die sich im Einsatz auch bewährten. Als Produkte der Weißgerberei galten vor allem Lederriemen für Geschirre und vielfältige Verpackungszwecke, für Schuhfutter, Ledersticke-reien und Tapeten. Sämischleder wurde hauptsächlich zu Kleidungsstücken wie Hosen, Wamsen, Schürzen und Handschuhen verarbeitet. Auch die Koller als Unterlage für Kettenhemd wie Plattenrüstung bestanden aus diesem Material oder bei gröberen Modellen, die den Kriegern ohne zusätzliche Metallrüstung Schutz bieten sollten, aus lohgegerbtem Leder. Die Unterscheidung der Lederarten ergab sich aus der Verwendung der verschiedenen Gerbstoffe. Für die Lohgerberei griff man zur Baumrinde oder zum Extrakt aus Früchten, bei der Weißgerberei wurden Tonerdesalze und Kochsalz eingesetzt, und Sämischleder entstand als Ergebnis einer Gerbung mit Fetten. Die Produkte der einzelnen Verfahren ließen sich an der Farbe und an der Materialqualität erkennen. Die pflanzlichen Gerbstoffe beim Lohgerben wiesen meist bräunliche, rötliche oder ins Gelb tendierende Farbtöne auf, die das Leder annahm. Bei der Verwendung von Alaun und Kochsalz erhielt das gegerbte Leder eine weiße Farbe, und die Sämischgerberei produzierte durch

204. Gerberhandwerk. Holzschnitt von Jost Amman in der 1568 in Frankfurt am Main gedruckten Beschreibung aller Stände mit Reimen von Hans Sachs. Privatsammlung

die intensive Bearbeitung der Häute mit Tran oder sonstigen Fetten ein angenehm weiches Waschleder.

Allen Verfahren waren drei Hauptarbeitsgänge gemeinsam: die Vorbereitungen für den Gerbeprozeß, das Gerben selbst und die Nacharbeit. Zunächst wurden die Häute gewässert und dann von Haaren und Fleischresten befreit. Hierzu legte man sie in Kalkwasser ein oder bestrich sie mit einer Beize aus Kalk und Arsenik auf der Fellseite. Die einfachste Methode bestand allerdings darin, die Häute in einer Grube ihrem natürlichen Fäulnisprozeß zu überlassen. In dieser ersten Vorbereitungsphase, die sich lediglich durch die Zeitdauer der natürlichen oder künstlich herbeigeführten Fäulnis unterschied, wurde die Epidermis gelöst, so daß sie sich mitsamt den Haaren abschaben ließ. Danach mußte die Haut mehrfach gewässert, ausgewaschen, geschwenkt und gestampft werden, um ein gründliches Entkalken zu gewährleisten. Anschließend legte der Gerber die Lederhaut auch auf der Fleischseite durch Abschaben mit scharfen Messern frei. Nach erneuter, mehrmals vollzogener Reinigung und nach dem Abschneiden der Hautanhängsel von Kopf, Gliedmaßen und Schwanz lag mit der »Blöße« die beidseitig freigelegte Lederhaut vor. Als letzter Schritt vor dem eigentlichen Gerben folgte ein Beizen der Blöße zur Entfernung vielleicht noch vorhandener Fette oder Kalkreste und zur Öffnung der Poren, damit die Gerbesubstanzen leichter eindringen konnten. Als Beize benutzte man Kleie, Mist oder Honig in verschiedenen, oft als Geheimnis niemandem preisgegebenen Kombinationen.

Der Rot- oder Lohgerber legte die Blößen zusammen mit der Lohe, den zerkleinerten pflanzlichen Gerbemitteln, in eine 2 bis 3 Meter tiefe holzverschalte Grube, die er mit Wasser auffüllte. Das Wasser laugte die Lohe aus, und die Blößen nahmen die Lösung auf. Je nach Lederart dauerte dieses Gerbeverfahren 9 bis 24 Monate. Es ließ sich dadurch beschleunigen, daß die Blößen gleich mit einem gesondert angesetzten Lohextrakt begossen wurden, oder indem man in mehreren hintereinander liegenden Gruben gerbte, in denen sich Brühen mit Konzentrationen, gesteigert von 10 auf 25 bis 200 auf 400 Gramm Gerbstoffen je Liter Wasser, befanden. Dabei blieben die Blößen immer mehrere Tage in einer Grube, bis sie sich völlig mit dem Lohauszug gesättigt hatten und man sie in die nächste Grube mit einer noch höher konzentrierten Lösung umhängte. Am schnellsten kam man mittels eines Fasses ans Ziel, das, mit den Blößen und einer bis auf 70 Grad erwärmten Lösung gefüllt, hin- und hergerollt wurde, wobei der Gerber in bestimmten, seiner individuellen Erfahrung entsprechenden Zeitabständen die Flotte in jeweils höherer Konzentration mehrfach erneuerte. Der Weißgerber brachte die Blößen in Bottiche oder Gruben mit Alaun- oder Kochsalzbrühe ein, zog sie dort wiederholt durch, faltete sie zusammen und ließ sie bis zu 50 Stunden liegen, bevor er mit der »Zurichterei«, der Nachbearbeitung, begann. Sie umfaßte nach dem Trocknen der gegerbten Häute auf fellbeschlagenen Stangen ein leichtes Anfeuchten und dann das Recken durch

205. Lederschnitt. Deckel eines nordfranzösischen oder flämischen Minnekästchens, zweite Hälfte des 14. Jahrhunderts. Offenbach, Deutsches Ledermuseum

Kneten, Reiben, Walken, Klopfen und Rollen mit den Händen oder über einem Seil zwecks Beseitigung der beim Gerben erzeugten Steifigkeit des Materials. Für feine weiße Leder benutzte man den »Stollpfahl«, ein etwa 60 Zentimeter hohes Gestell mit kantiger konvexer Oberfläche, über das die Häute hin- und hergezogen, »gestollt«, wurden, um sie geschmeidig zu machen. Das Zurichten der Rotgerber bestand im Reinigen der Häute von der Lohe und im Hämmern nach der Trocknung.

Vom Loh- wie vom Weißgerben unterschied sich die Herstellung von Sämischleder strukturell. Als Ausgangsmaterial wurden Felle von Ziegen, Schafen und Rotwild und als Gerbemittel Tran von Dorsch oder Wal bevorzugt. Der Gerber walkte die Blößen mit den Händen im Tranfaß, schwang sie an der Luft, hängte sie zum Trocknen auf und begann erneut mit dem Walken, bis sie kein Fett mehr aufnahmen. Dann spannte er sie auf einen Rahmen und stellte diesen in eine bis zu 40 Grad warme Kammer, wo sich der eigentliche Gerbeprozeß als chemische Reaktion vollzog. Anschließend wurde der überflüssige Teil des eingewalkten Trans mit Hilfe einer Sodalösung ausgewaschen und die gegerbte Haut mit hölzernen Keulen nochmals gewalkt, angefeuchtet, auf der vormaligen Fleischseite gestollt und glattgestrichen. Zum Walken griffen viele Gerber gern auf die von den Textilhandwerkern genutzten Walkmühlen zurück oder betrieben als Zunft eigene Ledermühlen, wie sie 1397 für Danzig und seit dem 15. Jahrhundert auch für Lübeck belegt sind.

Die gewerbliche Organisation der Gerber als städtisches Handwerk gestaltete sich im Mittelalter sehr unterschiedlich. In vielen Städten waren sie mit den Schustern zu einer Zunft zusammengeschlossen, in anderen bildeten sie gemeinsam mit den Sattlern, Riemern und Taschnern eine eigene zünftige Organisation, und wieder andernorts lassen sie sich in einer Gruppe mit den Beutlern, Säcklern und Handschuhmachern nachweisen. Bei der Ausprägung zu einer eigenen Gerberzunft waren die Rot- und Weißgerber meistens zusammengefaßt, wie entsprechende Festlegungen des Würzburger Handwerks von 1472 und 1474 belegen, während in einer Königsberger Ordnung noch im Jahr 1582 die Bestimmung auftaucht, daß ein Weißgerber, der in der Stadt als Rotgerber arbeiten wolle, zunächst wie jeder andere bei einem ansässigen Meister in die Lehre zu gehen habe. Die Bestätigungsurkunde der Berliner Schusterinnung von 1284 macht deutlich, daß die Schuhmacher damals gleichzeitig als Gerber tätig gewesen sind, wohingegen 1302 in Zürich jeder, der fremdes Leder einführen wollte, eine entsprechende Abgabe an die Gerber und an die Schuhmacher zu entrichten hatte. In Paris wie in Straßburg waren Lohgerber und Schuhmacher in einer Zunft zusammengeschlossen, und aus den Straßburger Bestimmungen geht hervor, daß über beide Handwerke jährlich ein Meister gewählt werden sollte, der abwechselnd von den Schustern und von den Gerbern gestellt wurde. Streit zwischen beiden Handwerken scheint nicht selten gewesen zu sein, wie eine Vielzahl von Verordnungen aus deutschen Städten des späten Mittelalters und der frühen Neuzeit belegt. Zumeist ging es um die Rechte am Verkauf des gegerbten Leders, die beispielsweise in Danzig 1426 so geregelt waren, daß die Schuhmacher nur noch Leder zum eigenen Bedarf, aber nicht zum Verkauf gerben durften. Die Innungsmeister des Schuhmacherhandwerks in Berlin mußten 1448 das für ihre Arbeit benötigte Leder ausschließlich von den zu ihrer Zunft gehörenden Gerbern erwerben. Die Schuster in Lüttich erhielten dagegen 1479 von ihrer Stadt das Recht, ihren Lederbedarf selbst zu gerben, und die erwähnte Königsberger Ordnung von 1582 legte für die Schuster fest, daß sie gegerbtes Leder – ob von ihnen selbst hergestellt oder von anderen Gerbern bezogen – ohne Ausnahme für Verarbeitungszwecke und nicht etwa zum Verkauf verwenden durften.

Die mangelnde Einheitlichkeit solcher Bestimmungen, die Gesellenwanderung und neu entstehender Bedarf durch technische Entwicklungen in anderen Bereichen sowie durch modische Strömungen hatten für den Zweig der Ledererzeugung und Lederverarbeitung immer wieder Mißhelligkeiten zur Folge, zumal eine bestimmte Nachfrage nicht überall vom gleichen Handwerk befriedigt werden konnte.

Streitigkeiten zwischen einzelnen Handwerkern waren gerade in diesem Bereich aufgrund der unklaren wechselseitigen Abgrenzungen keine Seltenheit, weil beispielsweise vor einer Ausdifferenzierung in entsprechende handwerkliche Organisationen die Gerber aus dem von ihnen gefertigten Leder auch Gebrauchsgegenstände geschnitten oder genäht und zum Verkauf gebracht hatten, während Riemer, Sattler und Säckler ihre Produkte zunächst aus selbst gegerbtem Leder herstellten. Ein großer Streit zwischen den Riemern und den Sattlern in Leipzig endete 1518 mit einem Vergleich, der den Sattlern das Recht zusprach, »daß lederweiß gahrzumachen, so viel ein sattler zu einem handwerge bedurffigk«. Nach einem Rothenburger Ratsbescheid von 1574 durften die Sattler Häute bloß für sich und ihren Arbeitsbedarf herstellen, nicht jedoch in Konkurrenz zu den Gerbern verkaufen, und noch im Jahr 1600 beschwerten sich in Würzburg die Weißgerber wegen gewerblicher Übergriffe der Sattler und Kürschner, die selbständig Schaffelle enthaarten und gerbten.

Abgrenzungsprobleme gab es nicht zuletzt unter den Gerbern selbst, wie es die in Köln 1496 lautgewordenen Klagen der Weißgerber gegen die Rotgerber wegen des Entfernens der Wolle von den Fellen oder die Erlaubnis des Nürnberger Rates von 1576 verdeutlichen, das Sämischgerben nicht nur den Weißgerbern, sondern auch den Rotlederern zuzugestehen. Im Zuge der schon seit dem 14. Jahrhundert immer mehr verbreiteten Arbeitsteilung kam es an vielen Orten zu einer Aufspaltung in rechtlich eigenständige Körperschaften der einzelnen Handwerke, in den meisten Fällen gekennzeichnet durch die Trennung von Schustern und Gerbern, aber auch durch eine Differenzierung innerhalb der Gerberei selbst. So hat man in Leipzig zu Beginn des 15. Jahrhunderts Rot- und Weißgerberei scharf voneinander getrennt, während eine derartige Scheidung in Würzburg erst für das 16. Jahrhundert nachweisbar ist. In einigen Städten, zum Beispiel in Nürnberg, Augsburg, Memmingen, Ulm, Darmstadt, Braunschweig oder Lübeck, mußte der Rat ein Machtwort sprechen und die deutliche Abgrenzung der einzelnen Handwerke vollziehen. Das betraf besonders die Gerberei. Die verschiedenen Gerber hatten sich bis zu einem festgelegten Termin entweder für die Loh- oder für die Weißgerberei zu entscheiden. Die Schwierigkeiten dauerten bis weit ins 17. oder sogar 18. Jahrhundert hinein an, begünstigt von Zunftkämpfen und den Auswirkungen politischer Eingriffe durch die Landesherren.

Fast alle Zwistigkeiten dieser Art waren durch ökonomische Probleme verursacht. In vielen Städten zählten die Gerber zu den wohlhabenden und sozial besonders angesehenen Handwerkern; sie gehörten beispielsweise 1350 in Frankfurt zu den 10 ratsfähigen Gewerben und saßen seit 1370 auch in Nürnberg neben 7 anderen Handwerken im Rat der Stadt. So begünstigt waren vor allem die Rotgerber und Lederer, weniger jedoch die Weißgerber, die in den meisten Städten keine eigene politische Vertretung besaßen. Ihr geringes Ansehen und ihre mangelnde politische Bedeutung geht auch aus Frankfurter Bestimmungen von 1499 hervor, die den Weißgerbern mit nur 14 Tagen die kürzeste Probezeit unter allen Handwerkern einräumten; noch 1530 wurde allein ihnen das Recht zuerkannt, auch Jungen aus unehelichen Verbindungen, sogenannte nicht ehrliche Burschen, in die Lehre zu nehmen. Die wirtschaftlichen wie sozialen Unterschiede zwischen Rot- und Weißgerbern ergaben sich häufig schon aus der Betriebsform: Die Arbeit des Rotgerbers mit überwiegend großen Häuten und einer langen Dauer des Gerbeprozesses erforderte erhebliches Betriebskapital, das in der Lohe, den Häuten, den Bottichen und Gruben sowie dem dafür erforderlichen Platz festgelegt war. Viele Rotgerberhäuser hatten daher eine Werkstatt, geräumige Dachböden zum Trocknen und einen größeren Hof am Haus selbst. Das alles fehlte in der Regel bei den Weißgerbern. Sie verarbeiteten in der Hauptsache kleine Felle von Schafen und Ziegen, und das Gerben selbst dauerte, wie bei der Sämischgerberei, nur wenige Tage – vielleicht einer der Gründe, weshalb Weißgerberei und Sämischgerberei immer eng verbunden gewesen sind. Die Weißgerberei eignete sich gerade wegen der kurzen Produktionszeiten viel eher zur Arbeitsorganisation des Lohnwerks, als das bei der Loh- und Rotgerberei der Fall war. Die Ausdifferenzierung in diese beiden Zweige war für das 14. und 15. Jahrhundert in Mitteleuropa kennzeichnend.

Vom Mass der Dinge

Innerhalb des absoluten physikalischen Maßsystems lassen sich alle meßbaren Größen auf die Grundbegriffe der Länge, der Masse und der Zeit zurückführen. So versteht man beispielsweise unter Geschwindigkeit die innerhalb einer bestimmten Zeiteinheit zurückgelegte Strecke und unter Kraft das halbe Produkt aus bewegter Masse und dem Quadrat ihrer Geschwindigkeit. Auch andere physikalische Größen werden in teilweise sehr viel komplizierteren Zusammenhängen mit diesen drei Grundbegriffen definiert. Weder im Mittelalter noch in der beginnenden Neuzeit kannte man ein länderübergreifendes einheitliches Maßsystem für exakte Festlegungen dieser Grundbegriffe. Man leitete etwa die jeweiligen Einheiten für die Länge von den Körpermaßen ab, die als Elle oder Fuß in derartiger Grobunterteilung den alltäglichen Ansprüchen genügten. Meßwerkzeuge bestanden aus Holz- oder Metallstücken, die man mit der für die betreffende Region gültigen Maßeinteilung versehen hatte. Sie wurde mit einem vorhandenen Maßstab oder einem Zirkel durch Anreißen von Hand aufgebracht. Größere Strecken beschrieb man durch die Anzahl der Schritte, Entfernungen zu anderen Orten durch die Angabe der Zeitdauer in Stunden oder Tagen zu Fuß oder zu Pferd. Die Meile war zwar bekannt, eignete sich jedoch wie alle anderen bekannten Längenmaße aufgrund der regional sehr unterschiedlichen Einteilung nicht als allgemein verwendbare Distanzangabe.

Bis Heinrich der Seefahrer als Organisator der Entdeckungsfahrten nach Madeira, den Azoren, den Kapverdischen Inseln und entlang der westafrikanischen Küste bis zur Senegal-Mündung die Grundlagen für die portugiesische Expansion des späten 15. Jahrhunderts legte und als Förderer der Universität Lissabon Mathematik, Geometrie und Astronomie zu akademischen Disziplinen machte, wurde das europäische Bild der Welt von der zu Beginn des 15. Jahrhunderts wiederaufgefundenen Erdkarte des Ptolemäus (um 100–um 160) geprägt. Diese Karte war nicht nur ungenau, sondern verteilte Ozeane und Landmassen der Kontinente ganz willkürlich über die damals bekannte Welt. Der größte sachliche Fehler der Karte lag in der seit der Antike vertretenen Vorstellung von einem Südkontinent als einer geschlossenen Landmasse zwischen dem südlichen Afrika und Ostasien. Damit wurde der Indische Ozean zu einem Binnenmeer, und alle Versuche, über die Meere einen Zugang nach Indien zu finden, schienen aussichtslos zu sein. Stärker als alle theoretischen Vorstellungen erwiesen sich jedoch im Verlauf dieses Jahrhunderts die ökonomischen Bestrebungen, unabhängig von Arabern und Osmanen direkte Verbindungen zu den asiatischen Gewürzländern sowie zu den Gold- und Sklavenmärkten Ostafrikas aufzunehmen. Hinzu trat die religiöse Überzeugung einer unbedingt erforderlichen Missionierung der Heiden in diesen Weltregionen, und getragen von dieser komplexen Motivation gelang die Erschließung der afrikanischen Küsten. 1498 entdeckte Vasco da Gama den Weg um die Südspitze Afrikas bis zum indischen Subkontinent und beseitigte damit sechs Jahre nach der Entdeckung Amerikas endgültig das ptolemäische Weltbild.

Unverzichtbare Voraussetzung für solche weiten Reisen über die Meere war die Fähigkeit, auf hoher See den beabsichtigten Kurs einhalten zu können. Der Kompaß, in China schon vor zwei Jahrtausenden belegt, war seit dem Ende des 12. Jahrhunderts als Seekompaß auch in Europa bekannt, nachdem italienische Bergleute erste gute Erfahrungen mit ihm als Orientierungsinstrument unter Tage gemacht hatten. Im 15. Jahrhundert schloß man ihn in ein Gehäuse ein und montierte ihn stationär auf vielen Schiffen. Obwohl man Mißweisungen durch den Kompaß noch nicht allgemein zu deuten verstand, ließen sich zumindest die Himmelsrichtungen annähernd bestimmen. Das allein reichte jedoch für eine möglichst risikofreie Navigation nicht aus. Der portugiesische Kosmograph, Mathematiker und Astronom Pedro Núñez (1492–1578), der seit 1544 als Professor in Coimbra lehrte, hervorragende Arbeiten zur Geometrie, Kartenprojektion und Nautik veröffentlichte und die meisten astronomischen Instrumente verbesserte, beklagte in seinem Buch über die Navigationskunst noch in der Mitte des 16. Jahrhunderts den Mangel an elementaren nautischen Kenntnissen bei den portugiesischen und spanischen Kapitänen.

Als die Hochseeschiffahrt im 15. Jahrhundert keine Seltenheit mehr darstellte, segelte man auf dem jeweiligen Meridian so lange in nördlicher oder südlicher Richtung, bis in etwa die geographische Breite des Ziels erreicht war, änderte dann den Kurs um 90 Grad und folgte dem entsprechenden Breitenkreis bis zum gewünschten Liegeplatz. Diese Vorgehensweise verlangte Seekarten mit Angaben über die jeweilige Breitenlage der Häfen. Bei Tage ließ sich die Breite durch die Bestimmung der Sonnenhöhe über dem Horizont im Meridian mit Hilfe von Sonnentafeln feststellen, während man nachts den Wert durch die Messung der Höhe des Polarsterns oder der Höhe des oberen Gipfelpunkts anderer Sterne ermittelte, deren Winkelabstand vom Himmelsäquator bekannt war. Unverzichtbar für diese Form der Navigation waren die »Portolane«, ständig korrigierte und komplettierte Seekarten, in die sämtliche neuen Kenntnisse über Meeresströmungen, Küstenverlauf und Lage der Häfen eingetragen wurden. Nach der erfolgreichen Fahrt von Bartolomeu Diaz um das Kap der Guten Hoffnung schon 1487/88 segelte man immer häufiger auf Kompaßkursen, die von der generellen Nord-Süd- beziehungsweise West-Ost-Richtung abwichen. Hierfür benötigten die Kapitäne Entfernungstafeln, auf denen für jeden Kompaßkurs die Strecken angegeben waren, die einer Abweichung von der geographischen Breite um jeweils 1 Grad entsprachen. Die ältesten Handbücher zur Navigation mit Tabellen für Entfernungen, für den Stand von Sonne und Sternen zu bestimmten Jahreszeiten, mit Breitenangaben der bekannten Häfen und Umrechnungstafeln stammen aus Portugal. Auch Kolumbus scheint ein derartiges portugiesisches Handbuch benutzt zu haben.

Im 16. Jahrhundert erschienen in Sevilla, wo man in der Casa de Contratación über ein eigenes Ausbildungszentrum für Kapitäne verfügte, erste spanische Handbücher dieser Art, in denen sich Tafeln für Längenänderungen in Abhängigkeit von der jeweiligen geographischen Breite befanden und es Hinweise für die Ermittlung der zurückgelegten Wegstrecken bei einem bestimmten Kompaßkurs gab. Für eine Positionsbestimmung auf See benötigte man die Kenntnis des Ausgangsortes, der eingehaltenen Richtung und des zurückgelegten Weges. Ließ sich die Richtung mit dem Kompaß feststellen, so bestimmte man seit der zweiten Hälfte des 16. Jahrhunderts die zurückgelegte Wegstrecke mittels des Logs aus der Geschwindigkeit des Schiffes. Beim Log handelte es sich um ein am unteren Ende mit Blei beschlagenes und daher senkrecht im Wasser schwimmendes Brett an einer Leine mit Knoten in regelmäßigen Abständen. Auf der Basis von Erfahrungswerten, die bei jedem Schiff anders waren, ermittelte man die Geschwindigkeit durch die Anzahl der während des Ablaufs einer Sanduhr nach Aussetzen des Logs auslaufenden Knoten, die damit

206. Kartenmacher nach der Landvermessung zu Hause bei der Reinzeichnung. Holzschnitt in dem 1598 in Nürnberg gedruckten Werk »Methodus geometrica« von Paul Pfinzing. Nürnberg, Stadtbibliothek

den vom Schiff in einer Stunde zurückgelegten Seemeilen entsprach. Weil man Abdrift und Strömungen nur ungefähr schätzen konnte, galt die Bestimmung der Schiffsposition nach dieser Methode nicht als besonders zuverlässig. Hier lag auch die Ursache dafür, daß mehrere Kapitäne im 16. und 17. Jahrhundert die von ihnen im Pazifischen Ozean entdeckten Inseln auf einer zweiten Reise nicht wiedergefunden haben.

Der niederländische Arzt, Mathematiker und Astronom Rainer Gemma Frisius (1508–1555), der Lehrer Mercators und Begründer der niederländischen kartographischen Schule, hatte in seinem 1530 in Antwerpen erschienenen Werk über die Prinzipien der Astronomie und Kosmographie den Vorschlag gemacht, die geographischen Längen zur See mit Hilfe federgetriebener Taschenuhren zu bestimmen, die die Ortszeit eines festen Meridians angaben, mit der die aus dem jeweiligen Sonnenstand bestimmbare Ortszeit verglichen werden konnte. Wegen der Ungenauigkeit der verfügbaren Uhren ließ sich dieses Verfahren jedoch nicht erfolgreich realisieren. Noch bis ins 18. Jahrhundert boten die auf den Tafeln festgehaltenen Längenänderungen die einzige Möglichkeit zur Längenbestimmung eines Schiffes auf See. Auf den Seekarten waren die Längen- und Breitenkreise als rechtwinklig zueinander verlaufende Geraden gezeichnet, wobei man die Differenz von 1 Grad in der Breite mit 1 Grad in der Länge unabhängig von der Breite gleichgesetzt hatte. Das spielte bei den Karten für das Mittelmeer noch keine gravierende Rolle, doch in nördlichen Breiten zeigten sich die Fehler deutlich. Die Lösung des Problems gelang Gerhard Mercator (1512–1594) mit einer neuartigen Kartenprojektion, bei der Meridiane und Breitenkreise senkrecht aufeinander standen, die Meridiane jedoch in einem den Breitenkreisen entsprechend wachsenden Abstand angenommen wurden. Dieses Wachstum bemaß Mercator so, daß die Breitenverzerrung gleich der Längenverzerrung wurde. Damit erschien die Mercator-Projektion winkeltreu und ermöglichte die Wiedergabe von Kurven konstanter Richtung als Geraden. Der große Kartograph hat seine berühmt gewordene Weltkarte von 1569 in der nach ihm genannten Projektion wahrscheinlich durch Übertragung der Linien von seinem 1541 entwickelten Globus hergestellt. Eigene Tafeln für die Breitenkreisabstände in gleichen Intervallen und abhängig von der jeweiligen Breite kennzeichneten die mathematische Erfassung der Mercator-Projektion.

Die Mathematisierung der Navigation verlangte immer stärker elementare Rechenkenntnisse, wie sie vor allem im Bereich des Handels bei den meisten Kaufleuten vorhanden waren. Festgehalten wurden sie in den landessprachlichen Rechenbüchern, deren Autoren die Einführung der arabisch-indischen Zahlen in Europa zu verdanken ist. Es handelte sich um Rechenmeister, die nicht nur den kaufmännischen Nachwuchs schulten, sondern häufig auch Unterricht in der »Visierkunst«, das heißt in den Verfahren zur Bestimmung der Rauminhalte von Fässern und sonstigen Behältern sowie von Gebäuden, und in den Grundlagen des Vermessungs-

207. Innovatoren des modernen Weltbildes: die beiden Kartographen Gerardus Mercator und Jodocus Hondius. Kupferstich in deren Atlas von 1612. Nürnberg, Germanisches Nationalmuseum

wesens erteilten. Sie bildeten neben den Lehrkräften für Navigation und Vermessungswesen, den Erfindern und Herstellern mathematischer Instrumente und den Autoren von Lehrbüchern zur praktischen Mathematik und von Beschreibungen für den Gebrauch von Instrumenten die Gruppe der mathematischen Praktiker (I. Schneider). Ihnen kam das Verdienst zu, mathematische Grundkenntnisse weitergegeben und für die Praxis verbreitet, außerdem Wissenschaft wie Praxis mit den benötigten Instrumenten und Apparaten versorgt zu haben. Ein erstes Zentrum für die Herstellung wissenschaftlicher Instrumente im neuzeitlichen Europa war Nürnberg aufgrund der herausragenden Bedeutung seiner metallverarbeitenden Gewerbe. In Zusammenarbeit mit den ansässigen Gelehrten begründeten diese schon im 15. Jahrhundert den Ruf der Stadt als Produktionsstätte astronomischer und nautischer Geräte, die von hier aus bis nach Portugal und Spanien exportiert

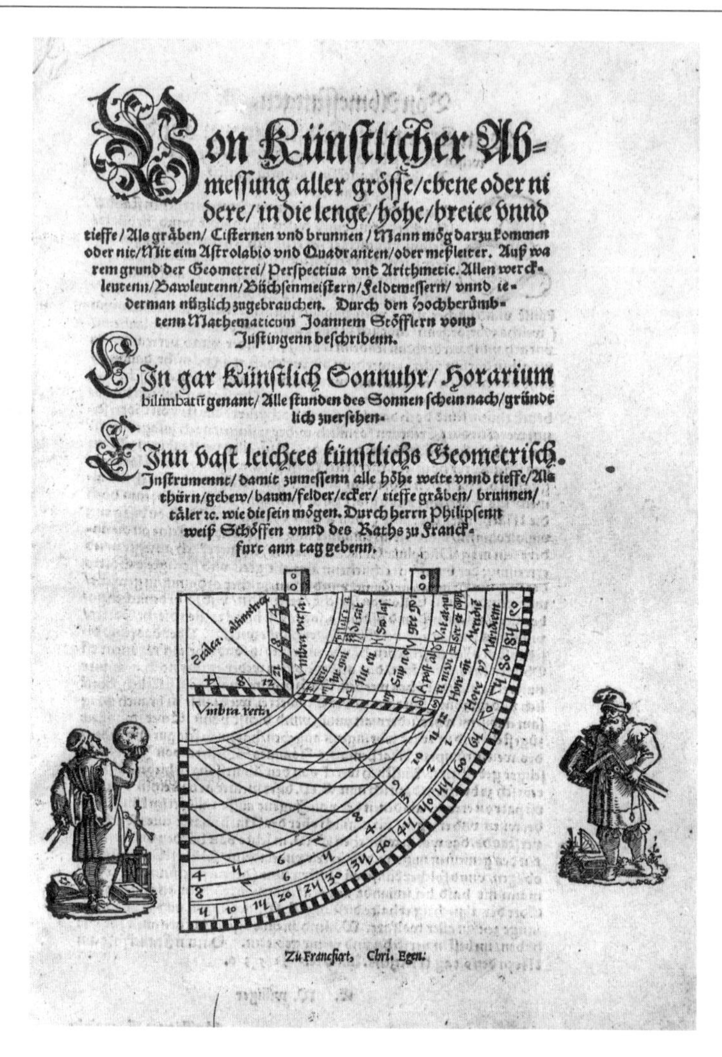
Von Künstlicher Abmessung aller grösse/ebene oder nidere/ in die lenge/höhe/breite vnnd tieffe/Als gräben/ Cisternen vnd brunnen/Mann mög darzu kommen oder nit/Mit eim Astrolabio vnd Quadranten/oder meßleiter. Auß warem grund der Geometrei/Perspectiua vnd Arithmetic. Allen werckleutenn/Bawleutenn/Büchsenmeistern/Feldmessern/ vnnd iederman nützlich zugebrauchen. Durch den Hochberümbtenn Mathematicum Joannem Stöfflern vonn Justingenn beschribenn.

Ein gar Künstlich Sonnuhr/Horarium bilimbatū genant/ Alle stunden des Sonnen schein nach/gründtlich zuersehen.

Ein vast leichtes künstlichs Geometrisch. Instrumennt/ damit zumessenn alle höhe weite vnnd tieffe/Als thürn/gebew/baum/felder/ecker/ tieffe gräben/ brunnen/ täler rc. wie die sein mögen. Durch herrn Philipsenn weiß Schöffen vnnd des Raths zu Franckfurt ann tag gebenn.

Zu Franckfurt, Chri. Egen.

208. Anleitungen zum Messen von Entfernungen, Tiefen und Durchmessern sowie zur Herstellung von Sonnenuhr und Meßzirkel. Titelseite der 1536 in Frankfurt am Main gedruckten Schrift von Johann Stöffler. Hamburg, Dr. Ernst Hauswedell & Ernst Nolte-Auktion (197)

wurden. Im 16. Jahrhundert entwickelte sich auch Augsburg zu einem Schwerpunkt des Instrumentenbaus, und beide Städte konnten trotz starker Konkurrenz aus den Niederlanden und aus England ihre Vormachtstellung in Europa auf diesem Gebiet bis zum Dreißigjährigen Krieg behaupten.

Nicht nur für die Navigation, sondern auch zur Landvermesung, im Montanbereich und im Bauwesen, hier hauptsächlich beim Festungsbau, wurden mehr und mehr Meßinstrumente benötigt. Dabei ging es vor allem um Werkzeuge zur Bestimmung von Längen und Winkeln, der Waagerechten wie der Senkrechten. Mit Hilfe des Lotes ließ sich die Senkrechte feststellen, und die Horizontale ermittelte man entweder durch kommunizierende Röhren, die mit Wasser oder Quecksilber gefüllt waren, oder durch die Setzwaage, die schon im »Mittelalterlichen Hausbuch« von 1480 erscheint. Sie bestand aus einem Rahmen in Form eines gleichschenkligen Dreiecks, an dessen Spitze ein Lot angebracht war und dessen Grundlinie exakt in der Mitte eine Kerbe aufwies, in welche das Bleilot am Ende der Schnur paßte. Zwei auf dem Grundbalken eingelassene Visiere ermöglichten die Bestimmung der Waagerechten selbst über größere Entfernungen. Mit dieser Methode konnten auch alle astronomischen und vermessungstechnischen Instrumente entsprechend eingerichtet werden. Für die Winkelmessung benutzte man den Jakobstab und die von der Astronomie her bekannten Quadranten wie Astrolabien. Bei der Landvermessung, zur Ortsbestimmung auf See sowie in der Astronomie galt der einfache Jakobstab zunächst als hinreichend genaues Meßwerkzeug. Er bestand aus einem längeren Stab mit einer Längeneinteilung, auf dem ein kurzes Querholz hin- und hergeschoben werden konnte. Zum Messen hob man das Ende des Stabes bis in Augenhöhe und verschob das Querholz so lange, bis dessen Enden zwei anvisierte Punkte deckten. Das Verhältnis des halben Querholzes zur abgelesenen Länge auf dem Teilungsraster des Stabes ergab die Tangente des halben gemessenen Winkels.

Der bedeutendste Mathematiker und Astronom des 15. Jahrhunderts war Johannes Müller, genannt Regiomontanus (1436–1476), der eine Vielzahl wissenschaftlicher Werke veröffentlicht und in Rom an einer Kalenderreform mitgearbeitet hat. Er erfaßte als erster den Inhalt der Schriften von Euklid, Archimedes, Ptolemäus und anderer Wissenschaftler der Antike und entwickelte sie selbständig weiter. Er berechnete Sinus- und Tangenstafeln und schuf eine auf arabischen Quellen beruhende Dreieckslehre als Ausgangspunkt für die moderne Trigonometrie. Die von ihm für mehrere Jahre im voraus berechneten und veröffentlichten täglichen Stellungen der Gestirne, die Ephemeriden, ermöglichten unter anderen Kolumbus die Ortsbestimmung auf See. Regiomontanus ermittelte mit Hilfe des Jakobstabes bereits 1450 die Größe einiger Kometen. Wesentlich genauer jedoch konnte man die Höhe von Sternen mit Quadranten bestimmen, die Regiomontanus in ihrer einfachsten Form benutzte, um astronomische Tafeln zu entwickeln. Das Instrument bestand aus einem quadratischen Holzrahmen mit einem drehbar an einer der oberen Ecken befestigten Lineal. Die diesem Drehpunkt gegenüberliegenden Seiten enthielten eine aus 1.200 Strichen bestehende Skala, auf der jeweils die Stellung des Lineals abgelesen werden konnte. Die senkrechte Stellung des Instruments ließ sich durch ein Lot überprüfen. Am Lineal, der Alhidade, waren zwei viereckige Blättchen mit einem runden Loch als Visiere angebracht. Nach Anvisieren eines Sterns las man die Winkeltangente am Lineal ab. Im Hessischen Landesmuseum in Kassel ist ein Metallquadrant des astronomiebegeisterten Landgrafen Wilhelm IV., des

Weisen (1532–1592), erhalten. Bei diesem um 1560 entstandenen Instrument ist in einen quadratischen Rahmen ein Viertelkreis mit entsprechenden Teilungsstrichen eingelegt, so daß die Winkel unmittelbar abgelesen werden können. Der Quadrant steht auf einem Drehkreis, umschlossen von einem Ring mit Teilungsmarkierungen, die das Ablesen einer Abweichung von der Nord-Süd-Richtung erlauben. Das Instrument ruht auf Stellschrauben, die seine exakte Justierung möglich machen. Die Alhidade besitzt zwei Lochvisiere und kann unmittelbar von Hand bewegt werden. Solche Lochvisiere lieferten jedoch keine exakten Ergebnisse. Deshalb baute der dänische Astronom Tycho Brahe (1546–1601) gegen Ende des Jahrhunderts seine Instrumente mit Visieren, die aus verstellbaren Schlitzen bestanden. In Augsburg wurde 1569 im Auftrag Brahes ein Sextant angefertigt, bei dem die Alhidade mit ihren Visieren nicht mehr von Hand, sondern über eine Schraube einstellbar war. Schraube und Schlitzvisiere ermöglichten wesentlich genauere Arbeit mit den Instrumenten.

Wichtige Hilfsmittel für astronomische wie vermessungstechnische Zwecke waren zudem die Astrolabien. Sie stammten aus der Antike und waren über die Araber ins Abendland vermittelt worden. Die seit dem 11. Jahrhundert auch in Mitteleuropa gebräuchlichen Modelle bestanden aus einer in der Mitte durchbohrten und außen erhöhten runden Büchse, die man senkrecht aufhängen konnte und auf deren Rand sich eine Kreiseinteilung, häufig mit Stundenangabe, befand. In diese Büchse waren meistens mehrere ebenfalls durchbohrte Scheiben mit Projektionen für verschiedene geographische Breiten eingepaßt. Davor saß das um einen Zapfen drehbare Netz. Die Rückseite der Büchse enthielt eine Kreisteilung für Höhenmessungen, die mit einer um den Zapfen des Netzes drehbaren Visiereinrichtung vorgenommen werden konnten. Mit diesem zumeist als Alhidade ausgeprägten Teil ließen sich auch trigonometrische Sachverhalte ablesen. Regiomontanus fertigte im 15. Jahrhundert mehrere solcher Astrolabien nach arabischen Vorbildern an. Die Alhidade wurde von ihm stets im Mittelpunkt des Kreises drehbar gelagert. Ein Vorteil der mittels eines eigenen Griffes senkrecht aufhängbaren Astrolabien bestand im damit möglichen Verzicht auf eine Einstellung des Instruments mit dem Lot. Auch zum Messen von Winkeln in der vertikalen Ebene ließ sich das Astrolabium mit Hilfe des Visierlineals gut nutzen.

Als Instrumente für die Landvermessung dienten Latten von gleicher und bekannter Länge, die man hintereinander auf den Boden legte, oder man ermittelte die Entfernung mit Hilfe einer bekannten Basis durch Winkelmessung mit Astrolabien oder Quadranten. Diese Methode bot sich vor allem für die Bestimmung des Abstandes zu Punkten an, die nicht erreichbar waren, etwa beim Geschützeinsatz im Kampf um feste Plätze. Unter friedlichen Bedingungen, zu rein zivilen Zwecken ließ sich die Länge einer Distanz auch mittels eines Rades von bekanntem Umfang abmessen, das über diese Strecke gerollt wurde. Zählwerke gaben dabei die Umdrehungen durch Zeiger, fallende Kugeln oder ähnliche Vorrichtungen an. In der römischen Antike waren derartige Wegmesser als Taxameter bereits in Gebrauch, und um 1500 hatte sich Leonardo da Vinci mit dieser Methode intensiv beschäftigt. Jean Fernel (1497–1558) setzte ein solches Meßrad beim ersten Versuch einer Gradmessung zwischen Paris und Amiens im Jahr 1525 ein. Die Angaben hätten eigentlich ungenau werden müssen, weil das Meßrad wegen der Unebenheiten des Bodens eine größere Strecke durchlief, als sie der Entfernung de facto entsprach. Dennoch erhielt man damals, wahrscheinlich eher zufällig, ein ziemlich genaues Ergebnis.

Landvermessung und kartographische Erfassung setzten in größerem Umfang während des 16. Jahrhunderts in Europa ein. Ein Fortschritt war in diesem Bereich mit der Einführung des Meßtisches verbunden. Auf ein darauf fixiertes Blatt Papier konnten die gemessenen Winkel direkt eingezeichnet werden. Unter Verwendung eines geeigneten Maßstabs ließen sich dann die gesuchten Streckenlängen ohne jegliche weitere Rechnung ablesen. Zur Beschleunigung des Rechenganges wünschten sich Feldmesser wie Navigatoren Analoginstrumente und Tafeln mit entsprechenden Tabellierungen. Unabhängig voneinander erfanden der Schweizer Uhrmacher, Mathematiker und Astronom Jost Bürgi (1552–1632) und der schottische Mathematiker John Napier (1550–1617) das Logarithmensystem, das auf eigenen Tafeln erstaunlich schnell der Praxis zugänglich gemacht wurde. Schon zwei Jahre nach Napiers Veröffentlichung gab es in England die ersten Taschenlogarithmentafeln.

Galileo Galilei, der Begründer der modernen Naturwissenschaften und Astronomie, hat den bis heute gültigen wissenschaftlichen Auftrag formuliert, zu zählen, was zählbar, zu messen, was meßbar, und meßbar zu machen, was bislang noch nicht meßbar sei. So wie er sowohl mit dem 16. als auch mit dem 17. Jahrhundert verbunden gewesen ist, lassen sich seine vielfältigen Aktivitäten einerseits der mathematischen Praxis, andererseits der reinen Mathematik sowie der Physik zuordnen. Seine erste, 1606 als Bändchen erschienene Publikation empfahl als eigene Erfindung für geometrische wie militärische Zwecke geeignete Proportionalzirkel. Dieses besondere Instrument gab dem immer wieder geäußerten Wunsch nach einem möglichst vielseitigen, aber sehr einfachen Gerät endlich Gestalt. Doch Galilei hatte diesen Zirkel nicht erfunden; denn bei einigen erwähnten mathematischen Praktikern des 16. Jahrhunderts tauchte er in Beschreibungen längst auf. Der Proportionalzirkel bestand aus zwei miteinander durch ein Scharnier drehbar verbundenen Linealen. Von diesem Scharnier aus erstreckten sich auf beiden Schenkeln jeweils gleiche Funktionsskalen. Mit deren Hilfe ließen sich nicht bloß die vier Grundrechenarten durchführen, sondern bei einer sinnvollen Auswahl der zusätzlich auf den Rückseiten aufzutragenden Funktionsleitern der gesamte Bereich der mathematischen Praxis mechanisch beherrschen (I. Schneider). Wegen seiner möglichen universellen Einsatzform bis in den Navigationsbereich wurde der Proportionalzirkel ein Merkmal für die angewandte Mathematik im 16. Jahrhundert.

Vielfältige Anwendungsmöglichkeiten lassen stets die Frage nach entsprechendem Einsatz in der Praxis aufkommen. Die nicht seltenen und sich über fast drei Jahrhunderte erstreckenden Herstellungsanleitungen für Proportionalzirkel könnte man aus heutiger Sicht eher als werbeträchtige Informationsschriften für den Verkauf der Instrumente und weniger als Quellen für die Anwendung bezeichnen. Belegt scheint zu sein, daß dieses Multifunktionsinstrument weder im Bereich der Artillerie noch in dem des Festungsbaus praktisch verwendet worden ist, in relativ einfachen Formgebungen jedoch bei der Navigation während des 17. und bei den Feldmessern noch bis ins 19. Jahrhundert benutzt worden ist. Die Vielzahl der bis heute in Museen und Sammlungen erhaltenen Proportionalzirkel, von denen die meisten kaum Gebrauchsspuren aufweisen, gibt der Vermutung Raum, daß es sich dabei um Instrumente gehandelt hat, die als Sammelobjekte gekauft worden sind. Der im 17. Jahrhundert bei vielen Landesherren in Europa beobachtbare Hang zum intensiven Sammeln optischer und mechanischer Instrumente für eigene physikalische Kabinette, der eine Reihe von Instrumentenverlegern reich machte, setzte bereits im 16. Jahrhundert ein und erstreckte sich vor allem auf astronomische Instrumente wie Astrolabien, Armillarsphären, Vertikalsextanten, Azimutalquadranten und Himmelsgloben, die allein durch ihre Repräsentationswirkung beeindruckten. Den nicht selten im Auftrag arbeitenden Instrumentenbauern gelangen dabei Werke von außergewöhnlicher handwerklicher Qualität und künstlerischer Gestalt, oft jedoch ohne präzise Funktion. Die Abkehr vom vordergründig dekorativen Aspekt und eine eindeutige Prioritätensetzung zugunsten des praktischen Nutzens führten zu formulierten Leistungsanforderungen an die Instrumentenbauer, so daß diese statt Universalinstrumente herzustellen lieber spezifische Geräte anfertigten. So erreichte die Präzisionssteigerung bei den Winkelmeßgeräten bereits am Ende des 16. Jahrhunderts eine Genauigkeit der Einteilung von 0,25 Grad.

Für Herstellung und Verkauf der Instrumente lassen sich drei unterschiedliche Phasen in einer zeitlichen Aufeinanderfolge ausmachen. Als Beispiel für die erste Phase, bei der Erfindung, praktische Umsetzung und Verkauf weitgehend in einer einzigen Person zusammengefaßt gewesen sind, kann Galilei genannt werden, der in seinem Haus auf eigene Kosten einen Mechaniker zur Herstellung der von ihm entworfenen Instrumente beschäftigt und diese dann in eigener Regie verkauft hat. In einer zweiten Phase etablierte sich wie in Nürnberg und Augsburg, in Genf, in Blois und Paris, später auch in London ein zünftig organisiertes Instrumentenmacherhandwerk, das in seinen Betrieben mit wenigen angestellten Arbeitskräften die Ideen verschiedener Erfinder praktisch umsetzte und den Markt mit den produzierten Instrumenten versorgte. Der Verkauf erfolgte im wesentlichen durch die Instru-

209. Mathematische und physikalische Instrumente: hölzernes Gerät zur Bestimmung der Sonnenhöhe, Quadrant zur Ermittlung von Sternhöhen, Blocksonnenuhr mit Kompaß, Torquetum. Aus dem Gemälde »Die französischen Botschafter in London« von Hans Holbein d.J., 1533. London, National Gallery

mentenmacher selbst. An der Wende zum 17. Jahrhundert läßt sich dann in dieser Branche ein Verlagswesen ausmachen, das für eine Trennung von Herstellung und Verkauf gesorgt hat.

Die steigende Nachfrage nach solchen Instrumenten resultierte nicht zuletzt aus der Begeisterung für die Astrologie, gefördert durch die reformatorischen Bewegungen in Europa mit ihrer Infragestellung überkommener und dogmatisch vertretener Glaubensinhalte der Kirche. Johannes Kepler (1571–1630) nannte die Astrologie einmal das »närrische Töchterlein« der Astronomie; sie half, den Broterwerb auch vieler ernsthafter Astronomen zu sichern. Das galt schon, als 1543 das Hauptwerk des Nikolaus Kopernikus (1473–1543) über die Umläufe der Himmelskörper in Nürnberg erschien, und daran änderte sich zunächst kaum etwas. Erst der hessische

210. Nikolaus Kopernikus als Begründer des heliozentrischen Weltbildes mit astronomischen Instrumenten. Gemälde nach Tobias Stimmer an der astronomischen Uhr des Münsters zu Straßburg

Landgraf Wilhelm der Weise leitete mit seinem Engagement für die wissenschaftlich betriebene Astronomie eine Wende ein. Über ihn berichtete der französische Professor Petrus Ramus (1515–1572) in Paris 1567: »Landgraf Wilhelm von Hessen scheint Alexandria nach Kassel versetzt zu haben: So unterwies er in Kassel die Instrumentenmacher in der für die Beobachtung der Gestirne so notwendigen

Geräte, so erfreut er sich an den täglichen Beobachtungen mit seinen Geräten, daß es scheinen möchte, Ptolemäus sei mit seinen Armillaren und Visierlinealen aus Ägypten nach Deutschland gekommen.« Als der Landgraf im selben Jahr seine Regierung in Hessen antrat, hatte er bereits 58 Sterne neu vermessen und katalogisiert und schon 1560 auf zwei offenen Plattformen an der östlichen und der westlichen Ecke der Südfront des Kasseler Stadtschlosses die erste fest eingerichtete neuzeitliche Sternwarte in Europa gegründet. Die beiden Plätze waren erforderlich, weil der Dachgiebel des Schlosses jeweils einen Teil des Horizontes verdeckte, und man daher zwei Beobachtungsstandorte benötigte, um von Osten über Süden die Sterne im höchsten Punkt ihrer Bahn nach Westen hin beobachten zu können. »In der Astronomie ist alles von Grund aus und durch neue Beobachtungen zu suchen«, gab Wilhelm IV. als seine Devise aus, deshalb ließ er sich 1572 bei der Beobachtung einer Supernova auch durch einen Brand in seinem eigenen Schloß von diesem besonderen astronomischen Schauspiel nicht abhalten, wie zeitgenössische Berichte betonen. Er setzte großes Vertrauen in Eberhard Baldewein (um 1525 bis 1593), einen ehemaligen Schneidergesellen, den er 1569 zum Marburger Hofbaumeister beförderte und als brillanten Mechaniker bis 1579 in Diensten halten konnte. Für die Herstellung von Uhren und Instrumenten nach Entwürfen des Landgrafen konnte sich Baldewein auf den Augsburger Uhrmacher Hans Bucher und den Gehäusemacher Hermann Diepel aus Gießen stützen, die ebenfalls bei Hofe angestellt waren. Mit Diepel hatte Baldewein schon 1561 ein großes astronomisches Automatenwerk auf der Grundlage des neuen geozentrischen Weltsystems geschaffen. Diese sogenannte Wilhelms-Uhr galt als das bedeutendste mechanisch-astronomische Kunstwerk seiner Zeit (L. von Mackensen). Ein noch größeres Gegenstück stellte Baldewein 1578 für Kurfürst August I. von Sachsen (1526 bis 1586) her, das im Staatlichen Mathematisch-Physikalischen Salon in Dresden erhalten ist. Außerdem schuf er für seinen hessischen Landesherrn 1575 einen von einem Uhrwerk angetriebenen Himmelsglobus, einen Azimutalquadranten, als ältestes erhaltenes Metallinstrument dieser Art sowie eine Armillarsphäre mit der Darstellung der Sonnen- und Mondbewegung.

Zwei bedeutenden Männern gab die Bekanntschaft mit dem hessischen Landgrafen entscheidende Impulse für ihre eigene Forschungsarbeit: Tycho Brahe und Jost Bürgi. Der selbst wissenschaftlich hochbegabte Fürst besaß einen Blick für besondere Begabungen und außergewöhnliche Könnerschaft. Als der dänische Astronom Brahe nach seinem in Deutschland absolvierten Studium 1575 die Kasseler Sternwarte für acht Tage gemeinsamer Arbeiten besuchte, erhielt er von Wilhelm IV. dessen auf der Basis persönlicher Beobachtungen verbesserten ersten Sternenkatalog. Außerdem schrieb der Landgraf nach der Abreise des Wissenschaftlers an den dänischen König, dieser möge Brahe doch die astronomische Forschung ermöglichen, weil sie »den Ruhm des Herrschers und seines Landes heben und die

211 a und b. Landgraf Wilhelm IV., der Weise, von Hessen-Kassel mit seiner Gemahlin Sabina vor der Sternwarte auf der Fulda-Aue. Gemälde von Caspar van der Borcht, 1577. Kassel, Staatliche Kunstsammlungen, Astronomisch-Physikalisches Kabinett

Wissenschaft fördern würde«. Von 1576 bis 1580 erbaute Brahe auf der Sund-Insel Ven den ersten reinen Zweckbau einer Sternwarte im neuzeitlichen Europa und stellte im ständigen Kontakt mit der fürstlichen Sternwarte in Kassel die exaktesten astronomischen Beobachtungen an, die vor der Erfindung des Fernrohrs im Abendland gemacht wurden. Auf der Basis dieser Beobachtungsergebnisse vermochte schließlich Johannes Kepler ab 1600 in Prag seine ersten beiden Gesetze zu finden und zu formulieren.

Jost Bürgi wurde 1579 an den Kasseler Hof gerufen und dort zum Nachfolger Baldeweins bestellt. Er machte sich umgehend an den Bau zweier mechanischer Himmelsgloben. Als Hofuhrmacher und Mechaniker sah er seine Aufgabe vornehmlich darin, immer genauere Instrumente für Raum- und Zeitmessung zu schaffen, um einerseits die Sinneswahrnehmung zu steigern und andererseits geometrische Erklärungsmodelle der Himmelserscheinungen begreifbar und durch Rechenhilfsmittel auch berechenbar zu machen. Nachvollziehbar sollte das durch entsprechende Instrumente sein. Unter dem Kupferstich einer Uhrmacherwerkstatt in den »Nova reperta« des Johannes Stradanus vom Ende des 16. Jahrhunderts findet sich der Hinweis: »Fein aus Eisen gemacht, so dreht sich das Rad wie der Himmel.« Diese zeitgenössische Aussage kennzeichnete die Astronomie als erste Naturwissenschaft, die sich von der mittelalterlichen Bindung ans Metaphysische befreit hatte, indem sie mathematisierbar wurde. Das Uhrwerk stellte für diesen Prozeß ein in der damaligen Zeit überzeugendes Leitbild der Gesetzlichkeit des Universums dar. Die Vorliebe vieler Fürsten für astronomische Instrumente, Uhren und vor allem Himmelsgloben mit Uhrwerksantrieb ging über die reine Sammellust und die Freude an repräsentativen mechanischen Geräten hinaus. Sie zeigte den Wandel des Weltbildes an, wie er gerade auch mit der gegenständlichen Darstellung des Planetensystems in Form der Himmelsgloben deutlich wurde. Aus einer Rechnung Bürgis an die landgräfliche Kasse von 1586 wird deutlich, wie vielseitig seine Aufgaben bei der Kasseler Sternwarte gewesen sind. Er listete dabei neben Teilen für Sextanten, Quadranten und Globen sowie kleineren und größeren Zirkeln eine Gewichtsuhr auf, die nicht nur Stunden, sondern auch Minuten und Sekunden anzeigte. Es handelte sich um den frühesten Beleg einer sekundenmessenden Uhr für den Einsatz bei astronomischen Beobachtungen. Man ersetzte im Kasseler Observatorium erstmals in der Geschichte der Naturwissenschaften die räumliche durch die zeitliche Kategorie, indem eine Uhr als astronomisches Instrument genutzt wurde. Maß man bis dahin in der Regel nur die Winkeldistanzen der beobachteten Sterne, so war es nun möglich, die zeitlichen Differenzen beim Durchgang einzelner Himmelskörper mittels derselben Meßebene zu bestimmen. Die Voraussetzung

212. Kosmograph in seinem Arbeitszimmer. Kupferstich von Jan van der Straet, genannt Stradanus, Anfang des 16. Jahrhunderts. Greenwich, National Maritime Museum

dafür bildete jedoch eine möglichst genau gehende Uhr, an der man Sekunden ablesen konnte. Die gesamte Zeitmessung ging auf die tägliche Achsendrehung und den Jahresdurchlauf der Erde in ihrer Bahn zurück, ausgedrückt in dem genau 23 Stunden und 56 Minuten dauernden Tag, den die Erde für eine Drehung um 360 Grad benötigt. Für jegliche Berechnung ist dabei der Zusammenhang zwischen Winkeldrehung und während dessen vergehender Zeit zu berücksichtigen. Bürgi ist es gelungen, Uhren zu bauen, die in einer bis dahin nicht erreichten Qualität sehr präzise Messungen erlaubten.

Bis etwa 1550 begnügte man sich mit den Stundenangaben, und dafür reichten die seit Ende des 13. Jahrhunderts gebräuchlichen Räderuhren mit Gewichtsantrieb als Ergänzung zu den bekannten Sonnen-, Wasser- und Sanduhren aus. Die großen öffentlichen Uhren an Kirchentürmen, Rat- oder Zunfthäusern besaßen in der Regel nur einen Stundenzeiger. Wesentlich aufwendiger waren astronomische Uhren, die außer der Zeit auch den Stand der Gestirne anzeigten. Solche Uhren gab es in England bereits im 14. Jahrhundert in der Abtei von Hertford, und südlich der Alpen als vielbestaunte Wunderwerke in Mailand wie in Padua. Das technisch bedeutendste mechanische Werk des 14. Jahrhunderts war die mit bewegten Figuren und einem eigenen Glockenspiel versehene Uhr im Straßburger Münster. Zu den Kunstwerken dieser Art im 16. Jahrhundert gehörten die Rathausuhren von Heilbronn und Ulm sowie die zweite Münsteruhr von Straßburg. Neben den öffentlichen

213. Die Turmuhr von St. Sebald in Nürnberg aus dem 15. Jahrhundert. Nürnberg, Germanisches Nationalmuseum

Uhren wurden in geringer Stückzahl kleinere Exemplare als Wand- und Tischuhren für Bürgerhäuser und Fürstensitze hergestellt. Wie die Turmuhren waren auch sie meist mit einem Schlagwerk versehen. Die Wanduhren wurden durch Gewichte, die Tischuhren durch eine Feder angetrieben. Tischuhren mit einem parallel zur Tischebene angeordneten Zifferblatt nahm man vielfach auch auf Reisen mit. In der Regel waren das Gehwerk für die optische und das Schlagwerk für die akustische Anzeige der Zeit innerhalb der Uhr deutlich voneinander getrennt. Bei den verschiedenen Konstruktionen reichte die optische Anzeigemöglichkeit von der einzelnen Minute bis zum mehrjährigen Planetenumlauf, und Klingeln oder Glockenschlag kennzeichneten die Tag- und Nachtstunden, in einigen Fällen sogar schon viertelstundenweise.

Das Gehwerk bestand aus dem Antrieb durch Gewichte oder eine Feder, dem Getriebe mit seinem Räderwerk oder einer Schnurtransmission und der Hemmung mit entsprechender Regulation, vorwiegend als Spindelhemmung mit Waag oder Unruh. Die Waag wurde aus einem waagerechten Stab gebildet, der am oberen Ende einer senkrechten Achse befestigt war. Auf der Waag konnten zur Veränderung der Schwingungsdauer kleine Gewichte verschoben werden. Am unteren Teil der Achse waren zwei Zacken angebracht, die wechselweise in die Zähne eines Steigrades mit waagerechter Achse griffen und auf diese Weise bei der Schwingung der Waag diese mittels eines geringen Zurückdrehens hemmten und dann den Vorwärtsgang um einen halben Zahn wieder freigaben. Der auf den Rückfall folgende Anstoß durch das Steigrad hielt die Waag in Schwung. Mit dieser Konstruktion war allerdings eine genaue Gangregulierung nicht möglich. Konstruktiv in gleicher Weise war auch das Schlagwerk aufgebaut, verfügte jedoch über eine Art Programmsteuerung in Form einer Schloßscheibe, die für die jeweilige Anzahl der Schläge zu bestimmten Zeitpunkten verantwortlich war. Das Gehwerk mußte in einen möglichst stabilen Rahmen gefaßt werden, und kam noch ein Schlagwerk hinzu, so wurden beide Konstruktionen zwecks höherer Stabilität in ein Gerüst gesetzt, wo sie entweder hinter- oder nebeneinander angeordnet waren. Federzuguhren wiesen in der Regel eine kreuzförmige Anordnung von Gehwerk und Schlagwerk auf und konnten daher leichter aufgezogen beziehungsweise demontiert werden. Durch die Anordnung der Bauelemente zueinander ergaben sich bestimmte zweckmäßige Bautypen. Als ein Grundtypus bildete sich in der zweiten Hälfte des 16. Jahrhunderts die Anordnung der Räderwerke für optische und akustische Anzeige in einer Fläche zwischen Platinen heraus. Das bedeutete eine erhebliche Raumersparnis, die auch die Reduktion der Abmessungen bis hin zu Geräten erlaubte, die man am Körper tragen konnte.

Die ältesten Federzuguhren, bei denen das Geh- und das Schlagwerk von jeweils einer Feder in einem eigenen Federhaus angetrieben wurden, wobei zwei Radunruhen und Schnecken für einen gleichmäßigen Gang während der 24 Stunden sorgten, wurden erstmals zu Beginn des 15. Jahrhunderts gebaut, wie einige in Museen erhaltene Exemplare belegen. Die von dem Nürnberger Uhrmachermeister Peter Henlein (1480–1542) zwischen 1510 und 1542 gebauten Uhren zeichneten sich vor allem durch ihre geringen Abmessungen aus. Sie besaßen Form und Größe einer Pillenschachtel, und so konnte man sie bequem in der Tasche oder in einem Beutel mit sich führen. Die bekannten »Nürnberger Eierlein« kamen erst in der zweiten Hälfte des 16. Jahrhunderts auf und verdankten ihre Bezeichnung nicht etwa einer der Eigestalt angenäherten Form, sondern einer Verballhornung des Wortes »Ührlein«. Die Spiralfeder als Antrieb ermöglichte eine neue Form von Uhren, die nicht mehr wie beim Gewichtsantrieb von der Schwerkraft abhängig waren und daher in allen drei räumlichen Dimensionen bewegt werden konnten. Die erhöhte Beweglichkeit in Verbindung mit der Reduzierung der Abmessungen bot vielen Uhrmachern hinreichend Anreiz zu Experimenten mit immer feineren technischen Konstruktinen. Der große Nachteil des Federantriebs lag in seiner Ungleichmäßigkeit; denn die Uhr ging schneller, je stärker sie aufgezogen war. Gelöst werden mußte daher vor allem das Problem, die Antriebskraft konstant zu halten.

Deutsche Uhrmacher entwickelten dazu den »Stackfreed«, bei dem eine eiserne, mit einer Walze verbundene Feder gegen eine Kurvenscheibe drückte, die so ausgeformt war, daß im aufgezogenen Zustand des Werks eine verzögernde Kraft auf diese Walze einwirkte. Dieser Kraftausgleich stellte einen erheblichen Fortschritt dar, ohne letztlich das Problem einer konstant wirkenden Antriebskraft zu lösen. Das gelang mit der »Schnecke«, die erstmals für 1539 belegt erscheint. Dabei war eine mit einem Ende in einem Schlitz auf der Seite des trommelförmigen Gehäuses für die Feder befestigte Kette oder Schnur von außen um diese Trommel gewickelt; das andere Ende war in der Schnecke festgemacht. Zog man das Werk auf, dann wickelte sich die Kette oder Schnur in die spiralförmige Nut der Schnecke, und zwar entsprechend der Freigabe durch die Trommel. Die Spannung von Kette oder Schnur nahm durch die wachsende Kraft der Feder zu. Zur Gewährleistung einer Ganggenauigkeit der Uhr mußte das von der Schnecke als dem ersten Element des Zahnradgetriebes bewirkte Drehmoment möglichst konstant sein. Eine starke Kraft bei kleinem Radius entsprach einer schwachen Kraft bei großem Radius, und das war durch die Form der Schnecke am besten zu gewährleisten. Wegen einiger aus den Jahren 1493 bis 1500 stammender Zeichnungen von Leonardo da Vinci hat man die Erfindung der Schnecke zunächst ihm zugeschrieben, bis in der Königlichen Bibliothek in Brüssel eine Handschrift gefunden wurde, die diese Konstruktion schon für die Mitte des 15. Jahrhunderts belegt. Als bislang älteste realisierte Konstruktion mit einer solchen Schnecke gilt die im Germanischen Nationalmuseum in Nürnberg erhaltene Burgunderuhr von 1430. Da die Uhrmacher des frühen 15. Jahrhunderts noch keine exakten mathematischen Berechnungen anstellen konnten, mußten sie die Form einer gut arbeitenden Schnecke auf empirische

214. »Temperantia« beim Justieren einer mechanischen Uhr. Miniatur in der um 1450 entstandenen Handschrift »L'epître d'Othéa« von Christine de Pisan. Oxford, Bodleian Library

Weise entwickeln. Sie gingen von zwei grundsätzlichen Eigenschaften aus: der Übertragung des Drehmoments und der Erkenntnis, daß eine voll aufgezogene Feder erheblich mehr Kraft ausübt als eine im entspannten Zustand. Viele Versuche führten dann zur Kegelstumpfform der Schnecke, die sich als besonders brauchbar herausstellte. Peter Henlein verwendete die Federbremse, eine komplizierte Konstruktion mit einer achtkantigen Achse, einem Sperr-Rad und einer ausgebuchteten Scheibe, griff jedoch häufig auch auf die Schneckenkonstruktion zurück.

Noch im 16. Jahrhundert war die Nachfrage nach solchen Zeitmessern beschränkt. Deshalb läßt sich vor der Mitte des 16. Jahrhunderts ein ausgeprägtes Uhrmacherhandwerk nirgendwo nachweisen. Der Mangel an qualifizierten Arbeitskräften wirkte sich zusätzlich als Verzögerung aus. Die Uhrmacher entstammten dem Grobschmiedehandwerk und verblieben zunächst in unmittelbarem Zusammenhang mit anderen metallverarbeitenden Gewerben. Als selbständiges Handwerk ging die Uhrmacherei aus den etablierten Gewerben der Geschützgießer und der Schlosser hervor. In vielen Gemeindeakten des 15. Jahrhunderts findet sich die Herstellung von Uhren als zusätzliche Berufstätigkeit von Geschützgießern und Schlossern. Schmiede- und gußtechnische Kenntnisse waren für die Anfertigung von Uhren unverzichtbar. Hinzu kam der Einsatz von Schraubstöcken, Feilen, kleinen Drehbänken und Bohrmaschinen. Mangelnder Nachfrage wegen mußten Handwerker, zumeist Deutsche, die sich auf die Herstellung von Uhren spezialisierten, häufig von Ort zu Ort ziehen. Ihre Hauptbeschäftigung bestand zunächst in der Reparatur und der Wartung der großen öffentlichen Uhren, auch in Frankreich,

Der Vhrmacher.

Jch mache die reyſenden Vhr/
Gerecht vnd Glatt nach der Menſur/
Von hellem glaß vnd kleim Vhrſant/
Gut/daß ſie haben langen beſtandt/
Mach auch darzu Hültzen Geheuß/
Dareyn ich ſie fleiſſig beſchleuß/
Ferb die gheuß Grün/Graw/rot vñ blaw
Drinn man die Stund vnd vierteil hab.

S iij Der

215. Uhrmacherwerkstatt und -laden. Holzschnitt von Jost Amman in der 1568 in Frankfurt am Main gedruckten Beschreibung aller Stände mit Reimen von Hans Sachs. Privatsammlung

216. Goldschmiedewerkstatt. Kupferstich von Etienne Delaune, 1576. Stuttgart, Staatsgalerie, Graphische Sammlung

den Niederlanden, Italien und England. Die entscheidenden Anstöße zur Entwicklung eines eigenständigen Uhrmacherhandwerks kamen von den europäischen Fürstenhöfen, wo man die begehrten und häufig künstlerisch anspruchsvoll gestalteten Zeitmesser als Repräsentationsstücke aufstellte. Der Besitz möglichst komplizierter Räderuhren mit vielen zusätzlichen kalendarischen und astronomischen Angaben galt als Statussymbol, mit dem zunehmend auch durch Handel und Gewerbe reich gewordene Bürger in den Städten ihr gewachsenes Selbstbewußtsein gegenüber dem Adel zu dokumentieren versuchten. Wer etwas auf sich hielt, besaß eine oder mehrere fein gearbeitete und reich mit Gold- und Silberornamentik verzierte Uhren in seinem Haus.

Die dadurch gesteigerte Nachfrage führte zu einem Markt, der ab etwa 1540 einer raschen eigenständigen Entfaltung des Uhrmacherhandwerks zugute kam. Die immer kleiner dimensionierten Uhren verlangten die besonderen Fertigkeiten der Gold- und Silberschmiede wie der Kupferstecher, von denen sich viele auf das feinmechanische Handwerk der Uhrmacherei konzentrierten. Innerhalb weniger Jahre bildeten sich Zentren der Uhrenherstellung in Europa heraus, die einiges gemeinsam hatten: ein bodenständiges Metallhandwerk, das seine qualitativ hochwertigen Erzeugnisse bereits über die engere Region hinaus und häufig an fürstliche Auftraggeber lieferte; einen geographisch günstigen Standort, am besten in Städten an Fernhandelswegen. Es ist daher nicht überraschend, daß sich in Deutschland erste Zentren mit Augsburg und Nürnberg, in Frankreich mit Blois und Paris, in der Schweiz mit Genf und in England mit London herauskristallisiert haben. Trotz der Vielzahl politischer und religiöser Wirren entwickelte sich Paris in der zweiten Hälfte des 16. Jahrhunderts zu einem der bekanntesten Schwerpunkte des Uhrmacherhandwerks in Europa, doch auch in den Niederlanden und in Italien kam es zu vergleichbaren Entwicklungen, ausgelöst durch eine Wanderung der Handwerker, die häufig von der Aussicht auf lukrative fürstliche Aufträge zum Ortswechsel veranlaßt wurden. In den oberdeutschen Städten sind die Uhrmacher zunächst in die Zunft der Schmiede integriert worden, wie der früheste Augsburger Beleg von der Aufnahme eines Uhrmachers in die Schmiedezunft im Jahr 1441 verdeutlicht. Im Verlauf des 16. Jahrhunderts gelang es dann den Uhrmachern fast überall, sich als eigenständiges Gewerbe mit eigenen Ordnungen durchzusetzen. Die in vielen Museen und Sammlungen aus dieser Zeit erhaltenen Uhren und Instrumente belegen nachdrücklich die außergewöhnliche Leistungsfähigkeit dieses Handwerks an zahlreichen Orten Frankreichs, Spaniens, Österreichs, Süd- und Mitteldeutschlands sowie Italiens.

Uhrwerke spielten eine entscheidende Rolle bei dem Wandel des Weltbildes, gekennzeichnet durch die Betrachtung der Erde als nicht länger ruhendes Zentrum, sondern sich um die Sonne bewegenden Planeten. Dieser tiefgreifende Wandel wurde von vielen gesellschaftlichen Auseinandersetzungen begleitet und artikulierte sich nicht nur in schriftlicher Form, sondern ebenso in Modellen wie künstlerischen Werken. In der Literatur wie in der Kunst wurde das Uhrwerk zunehmend zum optimalen Symbol für naturgesetzliche Abläufe. Vorwiegend die von der Uhrenmechanik angetriebenen Himmelsgloben mit ihrer dreidimensionalen und automatisch ablaufenden Darstellung beobachtbarer und daher nachvollziehbarer, nach exakten Gesetzmäßigkeiten ablaufender Vorgänge repräsentierten im Besitz der Fürsten die für die frühe Neuzeit typische Verbindung von wissenschaftlicher Erkenntnis und politischer Macht. Der Himmelsglobus mit Uhrwerkautomatik läßt sich daher gleichsam als kosmischer Reichsapfel des Herrschers am Beginn eines neuen Zeitalters interpretieren (L. von Mackensen). Belegbar erscheint dieser gewagte Vergleich durch das große Kasseler Planetenwerk von 1561, das Landgraf Wilhelm IV. entworfen hatte. Ausgeführt von Eberhard Baldewein und dem Goldschmied und Gehäusebauer Hermann Diepel thront bei diesem großen Uhrwerk über dem automatischen Himmelsglobus eine vergoldete Statue Gottvaters mit dem Reichsapfel in der Hand und der Kaiserkrone auf dem Kopf, womit der göttliche Ursprung weltlicher Macht ausgedrückt werden sollte.

Die Verbreitung des neuen Weltbildes mit der Sonne im Zentrum war seinerzeit

217a. Globusuhr. Vergoldete Bronzearbeit aus Süddeutschland, Ende des 16. Jahrhunderts. Berlin, Staatliche Museen Preußischer Kulturbesitz, Kunstgewerbemuseum. – b. Astronomische Kunstuhr. Vergoldeter Planetenautomat von Eberhard Baldewein und Hermann Diepel nach Plänen des Landgrafen Wilhelm IV. von Hessen-Kassel, 1561. Kassel, Staatliche Kunstsammlungen, Museum für Astronomie und Technikgeschichte

dem Frauenburger Domherrn Kopernikus noch nicht gelungen. Das blieb Johannes Kepler, dem Vollender des heliozentrischen Systems, vorbehalten. Er trug auch Sorge für eine dreidimensionale Verdeutlichung, indem er als erster die Idee eines kopernikanischen Planetariums entwickelte, bei dem alle beobachtbaren Himmelskörper, auf dünnen »Eisen ärmlin« mit Zahnrädern geführt, die jeweilige Planetenbahn dokumentieren sollten. Viele Uhrmacher haben solche Modelle gebaut und mit ihnen ein kausal-mechanisch bestimmtes Bild von der Welt vermittelt. Das Uhrwerk wurde als Symbol des Kosmos und der Kosmos als eine gigantische Weltmaschine begriffen. Astronomen und Uhrmachern war dennoch bewußt, daß die Umlaufzeiten der Planeten in keinem rationalen Zahlverhältnis standen und daß man mit der damals verfügbaren Technik ihre Bewegungen nicht absolut exakt auf Zahnradumdrehungen zu übertragen vermochte. Mit der Rationalität allein war die Welt nicht zu begreifen, da stets ein Rest von Unwiederholbarkeit und Unvorhersehbarem blieb. Das Verdienst der Baldewein, Bürgi und Diepel sowie ihrer vielen qualifizierten Berufsgenossen bestand im Schaffen einer Technik, die eine mechanisch-modellhafte Demonstration kosmischer Vorgänge erlaubte, die der Wirklichkeit sehr nahekam. Der Faszination bewegter mechanischer Werke mit ihren ineinandergreifenden Zahnrädern erlag auch der keineswegs nur mechanistisch denkende Johannes Kepler, als er in einem Brief aus dem Jahr 1605 schrieb: »Mein Ziel ist es, zu zeigen, daß die himmlische Maschine nicht eine Art göttliches Lebewesen ist, sondern gleichsam ein Uhrwerk, insofern nahezu alle die mannigfaltigen Bewegungen von einer einzigen, ganz einfachen magnetischen, körperlichen Kraft besorgt werden, wie bei einem Uhrwerk alle Bewegungen von dem so einfachen Gewicht. Und zwar zeige ich auch, wie diese physikalische Vorstellung rechnerisch und geometrisch darzustellen ist.«

Druck und Papier

»Johannes Gensfleisch zur Laden, genannt Gutenberg, geboren in Mainz zwischen 1397 und 1400, gestorben ebenda am 3. Februar 1468, Sohn des Mainzer Patriziers Friele Gensfleisch zur Laden, nach seinem Haus zum Gutenberg genannt, Erfinder des Buchdrucks mit beweglichen Metallettern und erster deutscher Buchdrucker.« Nur wenig sagen solche lexikalischen Angaben über die Bedeutung einer Erfindung aus, die wie wohl nur wenige andere die Welt verändert hat. Um die Mitte des 15. Jahrhunderts war es erstmals gelungen, ein neues technisches Verfahren zur Vervielfältigung von Büchern zu entwickeln, das erheblich praktischer und wirtschaftlicher war als die seit Jahrtausenden gebräuchliche handschriftliche Kopie von Texten und alle bis dahin bekannten Verfahren zur Schrift- und Bildvervielfältigung wie Holz- und Metallschnitt, Kupferstich oder Teigdruck. Bekannt waren seit dem frühen Mittelalter Stempeldrucke auf ledernen Bucheinbänden, der Druck von Spielkarten, Bildern und Texten sowie das Bedrucken von Textilien mit Holzmodeln, doch die dafür erforderlichen, sehr zeitaufwendigen Vorgänge erlaubten keine massenhafte Herstellung der Druckerzeugnisse. Seit dem 14. Jahrhundert war vor allem im Zuge der Gründung der ersten europäischen Universitäten der Bedarf an Büchern gestiegen und konnte nicht mehr durch die herkömmlichen Formen der Vervielfältigung gedeckt werden. Ein erster Fortschritt in diese Richtung war das seit Beginn des 15. Jahrhunderts verwendete xylographische Verfahren für Bilder und kurze Texte. Es mußte jeweils eine ganze Seite in einen Holzblock geschnitten und von ihm auf ein Blatt abgezogen werden. Der Formschneider fügte die im Einblattdruck hergestellten Bogen buchbinderisch aneinander. Von den nach diesem umständlichen Verfahren seit etwa 1530 hergestellten »Blockbüchern« sind mehr als hundert erhalten. Sie verdeutlichen, wie Bild und Text auf ein und derselben Seite zusammengestellt sind oder sich auf zwei getrennt gedruckten Blättern gegenüberstehen. Das zeitaufwendige Holzschnittverfahren zur Herstellung der Blöcke begrenzte die Länge der gedruckten Texte, die Thematik und den Wirkungsbereich. So handelt es sich bei den meisten erhaltenen Exemplaren um kirchliche Andachtsbücher und Lehrbücher für die Schule, beispielsweise um eine lateinische Elementargrammatik.

»Was auch an Experimenten, an Versuchen und Fehlschlägen der endgültigen Lösung des technischen Problems vorangegangen sein mag, wodurch das mechanische Vervielfältigen von Texten auch in finanziell-wirtschaftlicher Beziehung durchführbar wurde, diese Erfindung ist doch Gutenberg zuzuschreiben, und das Drukken von Büchern wurde in Mainz begonnen und ging von dort aus« – so die zusammenfassende Bewertung des Forschungsstandes zur Erfindung des Buchdrucks und zur Person Gutenbergs im Frankfurter »Börsenblatt« vom November 1971, an dem sich seither im wesentlichen nichts geändert hat. Gutenbergs erfinderische Leistung setzte sich aus einer bahnbrechenden Idee und der von ihm selbst unternommenen praktischen Umsetzung zusammen. Den entscheidenden gedanklichen Schritt markierte die Wahl des einzelnen Buchstabens als Grundelement für die beliebige Zusammenstellung von Wörtern und Zeilen zu einem in den Abmessungen normierten Schriftsatz, der, gleichmäßig mit Farbe versehen, unter Anwendung einer Presse auf einen Pergament- oder Papierbogen gedruckt wurde.

Das in der Regel aus ungegerbten Häuten von jungen Rindern, Schafen, Ziegen und Eseln hergestellte, seit dem 5. Jahrhundert in Europa zum sauberen Schreiben und Malen auf glatter Fläche genutzte Pergament hatte im Verlauf des 14. Jahrhunderts seine Bedeutung weitgehend verloren und wurde nur noch für Urkunden, Chroniken, bibliophile Bucheinbände und dergleichen verwendet. Es wäre allein aus Kostengründen für die Massenherstellung von Büchern und Druckschriften nicht in Frage gekommen. Dafür eignete sich jedoch das Papier. Das Verfahren zur Papierherstellung war zu Beginn des 2. Jahrhunderts in China entwickelt und von den Chinesen fast ein Jahrtausend lang geheimgehalten worden. Dann gelangte es über den Orient, Nordafrika und Spanien durch Vermittlung der Mauren ins Abendland. Papiermühlen sind für Valencia in Spanien 1144 und für Fabriano in Italien 1276 belegt. 1338 nahm die älteste französische Papiermühle in La Pielle bei Troyes ihre Arbeit auf, und zu Beginn des 14. Jahrhunderts begann man auch in Böhmen mit der Papiererzeugung. In Deutschland errichtete Ulman Stromer 1390 in Nürnberg eine solche Mühle an der Pegnitz und dann in Ravensburg.

Die ursprüngliche Herstellungmethode umfaßte das Zerstampfen von Bast, Baumwollfasern und Hanf zu einer Masse, die gemeinsam mit Lumpen in einer Lauge aus Pflanzenasche zu einem dünnen Faserbrei gekocht wurde, aus dem man mittels eines Geflechtrahmens in der Abmessung der gewünschten Seite das Papier schöpfte. Ein entscheidender Fortschritt bestand in der Beschränkung auf Textilabfälle wie Gewebe und Gespinste, vor allem Hadern aus Baumwolle oder Leinen, als Rohstoffe. Nach weitgehender Zerkleinerung zerstampfte man diese Lumpen unter Zusatz von Wasser, bis sich ein Brei ergab, der in einen Bottich gefüllt und mit Klebstoff zu einer trüben milchigen Flüssigkeit umgewandelt wurde. Sie ließ sich mit einem feinen Siebrahmen abschöpfen und bildete nach Ablaufen des Wassers vom Sieb den Papierbogen, der mit anderen zum Stoß zusammengelegt, unter einer Presse noch weiter entwässert und anschließend zum Trocknen aufgehängt wurde. Da in Mitteleuropa die Baumwollstaude nicht wuchs, mußte man auf diesen Rohstoff für das Papier verzichten. Die Verbreitung baumwollener Gewebe legte jedoch den Gedanken nahe, statt der Rohbaumwolle die bereits versponnenen und verwebten Fasern abgetragener Kleidungsstücke und bei den Schneidern anfallender Stoffreste zum Grundmaterial der Papierherstellung zu machen. Die besondere Beschaffenheit von Baumwollgewebe mit seinen gewöhnlich kurzen Fasern erleichterte sowohl die Auflösung in der Aschenlauge als auch das mechanische Zerkleinern, wohingegen Flachs- oder Leinenlumpen wegen der erheblich längeren Gewebefasern diesen Prozessen mehr Widerstand entgegensetzten. Gleichwohl bestand die Masse des Rohmaterials für das Papier in Deutschland aus den in größeren Mengen verfügbaren Linnenhadern, die zu reinem Linnenpapier verarbeitet wurden, wie viele erhaltene Urkunden, Briefe und Handschriften aus dem 14. Jahrhundert belegen.

Das Papiermacherhandwerk entstand in den Städten vorwiegend in enger Nachbarschaft zum Wasser und zu den Textilgewerben, die mit ihren Abfällen billige

Der Papyrer.

Ich brauch Hadern zu meiner Mül
Dran treibt mirs Rad deß wassers viel/
Daß mir die zschnitn Hadern nelt/
Das zeug wirt in wasser einquelt/
Drauß mach ich Pogn/auff dē filtz bring/
Durch preß das wasser darauß zwing.
Denn henck ichs auff/laß drucken wern/
Schneweiß vnd glatt/so hat mans gern.

F ij Der

218. Papierherstellung. Holzschnitt von Jost Amman in der 1568 in Frankfurt am Main gedruckten Beschreibung aller Stände mit Reimen von Hans Sachs. Privatsammlung

Rohstofflieferanten waren. In der Werkstatt des Papierers griff man nach den vorbereitenden Arbeitsgängen wie vielfachem Waschen, Bleichen und Kochen der Lumpen beim Zerkleinern zunächst auf Handmühlen und Stößel zurück, setzte seit dem späten 14. Jahrhundert aber auch hier in steigendem Umfang mechanische Werke ein, zum Beispiel von Wasserrädern angetriebene Stampfen. Die Papiermühle Stromers in Nürnberg verfügte schon 1390 über zwei Wasserräder für den Betrieb der Stampfwerke. Im Prinzip handelte es sich um jene Konstruktionen, die bei Öl- und Pulvermühlen sowie im Montanbereich in Gebrauch waren. Mit dem in beliebigen Mengen herstellbaren Papier war für die Vervielfältigung von Drucken eine wichtige Voraussetzung gegeben, auf die sich Gutenberg stützen konnte. Die Buchherstellung hatte sich zu seiner Zeit längst als städtisches Gewerbe etabliert. Sie gliederte sich in die Zulieferer wie Pergament- und Papiermacher, die Illuminierer, Rubrikatoren und Buchbinder. Diese Form der Arbeitsteilung, zu der die eigentliche Schreibarbeit als ebenfalls eigenständiges Gewerbe gehörte, entstammte den Skriptorien der Klöster und entsprach den Entwicklungstendenzen der städtischen Wirtschaft.

Gutenberg setzte seine Idee, den Schriftsatz für den Druck aus einzelnen Buchstaben zusammenzustellen, in Anwendung der Techniken des von ihm erlernten Goldschmiedehandwerks um. Das Material der dafür vorgesehenen Lettern mußte so hart sein, daß sie sich möglichst häufig verwenden ließen. Außerdem verlangte die Herstellung der Lettern ein Reproduktionsverfahren, bei dem man nicht ständig von der individuellen Geschicklichkeit eines Formschneiders oder Holzschnitzers abhängig war, deren Arbeit keine Gewähr für stets identische Lettern bot. Als Goldschmied war Gutenberg mit den Techniken des Stempelschneidens, Prägens, Gravierens und Gießens vertraut. Er stellte wie viele seiner Berufsgenossen stählerne Buchstabenpunzen her und brachte mit ihnen Siegelumschriften, Inschriften auf Instrumenten oder goldenen und silbernen Behältnissen zustande und vielleicht auch auf Ledereinbänden. Er machte sich die Herstellung von Siegelstempeln für seine Zwecke dienstbar und schnitt in ein Stahlstäbchen von 6 bis 8 Zentimenter Höhe als Patrize den Buchstaben seitenverkehrt und erhaben ein. Nach dieser Formgebung wurde die Patrize durch Ausglühen gehärtet und als »Vaterform« in ein Stück Kupfer geschlagen, wobei sich in dem weichen Material die bildrichtige vertiefte »Mutterform«, die Matrize, ausprägte. Sie ließ sich ausgießen und ergab die Letter. Um völlig gleiche Lettern in beliebiger Zahl verfügbar zu haben, hätte man sie in mühevoller Arbeit einzeln aus dem Metall herausschneiden müssen. Hier bot sich das den Goldschmieden seit langem vertraute Gießverfahren als optimale Lösung an.

Die mit dem Gießen gegebene, fast unbegrenzte Vervielfältigungsmöglichkeit der einzelnen Lettern bildete die Lösung für die Produktion maßgerechter Typen in beliebiger Menge. Das Material für die Lettern fand Gutenberg nach langjährigen

Versuchen in einer Legierung aus Blei, Zinn, Wismut und Antimon. Auf Blei griff er wegen dessen leichter Schmelzbarkeit zurück, und Antimon und Zinn als Beimischungen dienten der Erhärtung. Diese Legierung erkaltete nach dem Gießen ziemlich rasch und ermöglichte so eine schnelle Produktion. Da keine einzige Type aus der Zeit Gutenbergs erhalten geblieben ist, sind die Mischungsverhältnisse der ersten Lettern nicht bekannt. In einem eisernen Kessel wurde die Metallmischung verflüssigt und während der Gießarbeit auch flüssig gehalten. Für den Guß benutzte man einen kleinen Löffel mit spitzem Ausguß und langem Stiel. Gutenberg entwikkelte einen Gießapparat, in den die Matrize eingespannt und darin mit der Legierung abgegossen wurde. Auf diese Weise entstand die nur 2 Millimeter hohe Letter mit ihrem Fuß, dem quaderförmigen Typenstengel, der überall gleich lang sein mußte, damit die zum Satz in einem Winkelrahmen zu einzelnen Wörtern und Zeilen zusammengestellten Lettern exakt dieselbe Höhe besaßen und deren Ab-

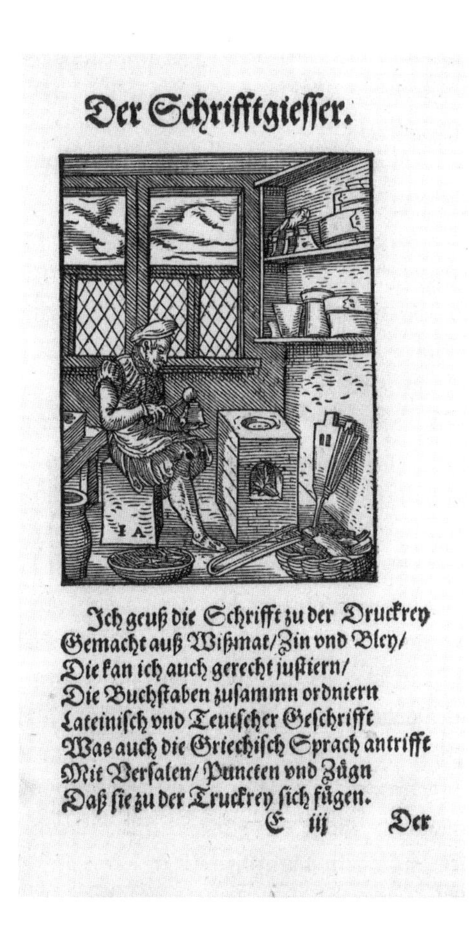

Der Schrifftgiesser.

Ich geuß die Schrifft zu der Druckrey
Gemacht auß Wißmat/Zin vnd Bley/
Die kan ich auch gerecht justiern/
Die Buchstaben zusammn ordniern
Lateinisch vnd Teutscher Geschrifft
Was auch die Griechisch Sprach antrifft
Mit Versalen/ Puncten vnd Zügn
Daß sie zu der Truckrey sich fügen.

E iij Der

219. Letterguß. Holzschnitt von Jost Amman in der 1568 in Frankfurt am Main gedruckten Beschreibung aller Stände mit Reimen von Hans Sachs. Privatsammlung

druck nicht in unterschiedlicher Intensität erfolgte. Mit diesen Lettern wurde nach Einfärbung unmittelbar auf Papier gedruckt. Der Begriff »Letter« wurde schon bald als Bezeichnung für das gesamte Gußstück übernommen.

Die Gießform stellte den Kern von Gutenbergs Erfindung dar. Es handelte sich um ein von der Konstruktion her ebenso einfaches wie außergewöhnliches Gerät, für das es kein Vorbild gab. Man könnte es als einen der frühesten Automaten bezeichnen, mit dem sich maßgenaue identische Stücke in unbegrenzter Zahl herstellen ließen. Obwohl es aus der Zeit Gutenbergs keine bildliche oder schriftliche Beschreibung dieses Handgießinstruments gibt, muß es sich aufgrund späterer Konstruktionen, für die es Vorbild gewesen ist, um eine aus zwei Teilen bestehende Form gehandelt haben, die innen einen quaderförmigen Hohlraum in Länge der Letter samt Typenstengel aufwies und nach oben wie nach unten offen war. Der Hohlraum ließ sich unten durch die eingesetzte Matrize abschließen und erweiterte sich am oberen Ende zu einer Eingußöffnung. Die Matrize wurde durch eine Feder fixiert, die sie auch dann an ihrem Ort hielt, wenn zum Auswerfen der gegossenen Letter ein Teil des Instruments aufgeklappt wurde. Nicht bekannt ist, ob Gutenberg bereits die »Signatur« mitgegossen oder anschließend eingekerbt hat: eine Rille am Typenstengel, an der der Setzer fühlen konnte, ob er die Type richtig herum in der Hand hielt, so daß er den Winkelhaken nicht bei jedem einzelnen Buchstaben ins Licht heben und mit den Augen kontrollieren mußte. Der erhabene Buchstabe auf dem Kopf der Letter war aufgrund des Abgusses von der positiven Matrize seitenverkehrt, erst nach seinem Abdruck auf dem Papier seitenrichtig und lesbar. Analog zur Xylographie handelte es sich auch bei dem von Gutenberg entwickelten Druck mit beweglichen Lettern um ein Hochdruckverfahren.

Für große Initialen ließ man den entsprechenden Platz auf der Druckseite zunächst frei, damit der Illuminator dort die mehrfarbigen und stark verzierten Anfangsbuchstaben einmalen konnte. Gutenberg fand jedoch hierfür ebenfalls eine drucktechnisch geeignete Lösung: Er schnitt die Initialen in Druckstöcke aus Messing. Das Gravieren dieser im Vergleich zu den übrigen Lettern weniger häufig verwendeten Zeichen in dem weichen Messing war sehr viel leichter als eine Anfertigung solcher großen Stempel in Stahl; außerdem konnte man sich das Schlagen und Justieren der Matrizen sowie den Guß sparen. Die fertigen Lettern verteilte Gutenberg auf die einzelnen Fächer eines flachen Holzkastens, wobei die großen wie kleinen Buchstabentypen jeweils in ein Fach kamen. Die älteste Darstellung einer Druckerei mit angeschlossener Buchhandlung und einem Schriftsetzer vor einem solchen Setzkasten bietet ein Holzschnitt mit einer Totentanzszene, der im Jahr 1500 in der Werkstatt von Mathias Hus in Lyon angefertigt worden ist. Der Setzer arbeitete mit Winkelhaken und Satzschiff. Der Winkelhaken bestand aus einem kleinen Holzrahmen, in dem zwei bis drei Zeilen in der vorgesehenen Breite Platz hatten. Im Winkelhaken stellte der Setzer die aus den einzelnen Fächern des

Setzkastens geholten Buchstaben in der vorgesehenen Reihenfolge der Wörter und Sätze aufrecht nebeneinander und hinderte sie dabei mit dem Daumen am Umfallen. Gleichzeitig fühlte er die eingekerbte oder eingeschnittene Signatur, an der er erkannte, ob eine Letter nicht vielleicht auf dem Kopf stand. War der Winkelhaken voll, so wurden die gesetzten Zeilen auf das Satzschiff geschoben, eine auf drei Seiten von einem rechtwinkligen Rahmen umgebene und auf der vorderen Seite offene Metallplatte. Dieser Rahmen war etwas niedriger als die Höhe der Lettern und verhinderte ihr Auseinanderfallen. Das gefüllte Satzschiff entsprach einer Druckseite.

Um im Schriftbild die einzelnen Wörter sauber voneinander zu trennen, fügte Gutenberg das von ihm entwickelte Spatium ein, einen Metallquader ohne Buchstaben, niedriger als die Schriftebene. Dieser Platz blieb beim Einfärben trocken und daher beim Abdrucken frei. Gutenberg setzte zwischen die einzelnen Wörter stets gleich große Spatien und erzielte damit eine beeindruckende Ausgeglichenheit des Satzspiegels. Seine frühen Kleindrucke offenbarten noch einen Flattersatz mit der entsprechenden ästhetischen Einbuße. Fand ein Wort am Ende der Zeile nicht mehr hinreichend Platz innerhalb des Rahmens und mußte an den Anfang der nächsten Zeile gerückt werden, so ließ sich keine senkrechte Linie der Zeilenschlüsse erreichen. Beim Einfügen von Spatien erschien dann zwangsläufig eine leere Stelle. Abhilfe hätte hier die Möglichkeit geschaffen, die Spatien der nicht voll gefüllten Zeilen so breit zu wählen, daß sich auf jeden Fall ein Blocksatz ergeben hätte, wenngleich um den Preis eines unruhigen Schriftbildes. Ein solches, heute von vielen Textverarbeitungssystemen per Personal-Computer bekanntes Ergebnis wollte Gutenberg nicht akzeptieren. Er fand schließlich in den Ligaturen eine optimale, allerdings sehr aufwendige Lösung: Buchstabenverbindungen wie »ba«, »be«, »bo«, »da«, »he«, »an«, »en« oder »ng« wurden als geschlossene Typen gegossen und nahmen daher weniger Raum ein als zwei jeweils einzeln gegossene Lettern. Außerdem stellte er gesonderte Lettern mit Abkürzungszeichen über den Buchstaben und solche mit selbständigen Kürzungszeichen her, wie sie von den Handschriften geläufig waren. Zwar wuchs die Typenvielfalt, doch zugunsten der optischen Gliederung. Damit war es ihm möglich, ohne Veränderung der Breite seiner Spatien die Zeilen einer Seite gleich lang zu gestalten. Außerdem ließ er Punkte, Trennungszeichen und das hochgestellte »s« am Zeilenende in den Kolumnenrand hinausragen. Probleme bereiteten immer wieder Buchstaben wie »f«, die eine rechts nach oben hinausragende Fahne hatten. Sie erlaubten es in der Regel nicht, den folgenden Buchstaben eng genug an den senkrechten Grundstrich seines Vorgängers zu rücken, so daß ein unruhiges Schriftbild entstand. Gutenberg modellierte deshalb die Fahnen solcher Buchstaben überhängend, um die jeweils nachfolgende Letter unter die Fahne einrücken zu können.

Diese Normierungen waren Gutenberg möglich, weil sich im 15. Jahrhundert

220. Die rekonstruierte Druckpresse Gutenbergs im Mainzer Gutenberg-Museum

keine neuen Formen gotischer Buchschriften mehr entwickelten. Die meisten volkssprachlichen Bücher waren von Hand in einer seit der Mitte des 14. Jahrhunderts in Westeuropa fast überall verbreiteten Buchschrift geschrieben. An ihr vermochte sich Gutenberg zu orientieren. Seine zweiundvierzigzeilige Bibel wurde 1452 bis 1455 in nur einer Schriftgröße, jedoch mit insgesamt 290 verschiedenen Schriftzeichen gesetzt. Aber der von ihm geschaffene Typenapparat stellte seinen Werkstattnachfolgern für den 1457 gedruckten »Mainzer Psalter« zwei unterschiedliche Schriftgrößen und mehr als 500 verschiedene Drucktypen zur Verfügung. Es war keine leichte Aufgabe für die Setzer, mit einem derart ausgeklügelten

Schriftsystem umzugehen. Außer strikter Beachtung der Gutenbergschen Regeln, die Konzentration und Fingerspitzengefühl verlangten, waren gute orthographische Kenntnisse nicht nur des Deutschen, sondern auch der lateinischen Sprache erforderlich, um abgekürzte Wörter in Handschriften je nach Bedarf auflösen oder ausgeschriebene abkürzen zu können. Bei einer so schwierigen Arbeit ist es nicht verwunderlich, daß die Tagesleistung eines Setzers bei etwa einer Folioseite lag.

Auch die Druckpresse kann als Entwicklung Gutenbergs bezeichnet werden. Das bis dahin übliche Verfahren, wie es vom Holztafeldruck der Blockbücher geläufig war, bestand, etwas vereinfacht ausgedrückt, bloß in einem Abreiben der Vorlage. Bis heute wird dieses Reibedruckverfahren bei Probedrucken von Holzschnitten angewendet. Auch in Gutenbergs Werkstatt bediente man sich für den probeweisen Andruck jener Methode, setzte dann aber für den Endabdruck die Presse ein. Im Auftrag Gutenbergs baute der Drechsler Conrad Saspach 1438 in Straßburg eine für den Buchdruck geeignete Presse, mit der man sehr viel präziser arbeiten mußte, als das mit den damals bekannten Öl-, Wein-, Tuch- und Papierpressen möglich war. Das Gerät sollte eine Kombination von horizontaler und vertikaler Bewegung sein, keine permanente Zunahme des Preßdrucks, sondern eine gleichmäßige Druckausübung bei nur geringem Höhenunterschied bewirken. Der Platzbedarf durfte nicht

221. Setzkästen und Druckpressen in der um die Wende zum 16. Jahrhundert erfolgreichen Antwerpener Plantin-Druckerei. Antwerpen, Museum Plantin-Moretus

zu groß sein, doch die Gesamtkonstruktion mußte eine hohe Stabilität aufweisen. Nach Gutenbergs Anweisungen schuf Saspach eine hölzerne Presse, die in einen wuchtigen Eichenholzrahmen eingelassen war. Ein im unteren Bereich angebrachter Verbindungsbalken hatte Schienen, auf denen ein Schlitten ein- und ausgefahren werden konnte. Der Schlitten trug das Fundament, eine Eisenplatte mit einem Rahmen, auf die vom Satzschiff aus die zur beabsichtigten Druckseite zusammengestellten Lettern geschoben wurden. Nach Justierung und Verkeilung des Rahmens erfolgte das Einfärben des Satzes, dann klappte man einen mit Scharnieren am Rahmen befestigten Deckel zu, in den ein angefeuchteter Papierbogen eingelegt war. Er kam damit plan auf die Oberfläche der Lettern zu liegen. Der Druck geschah durch den Tiegel, eine von der Papierpresse her bekannte dicke und völlig gerade hölzerne Platte am unteren Ende einer großen Preßspindel. Diese senkrechte Schraubenspindel, die schon in der zweiten Hälfte des 15. Jahrhunderts häufig aus Eisen gefertigt wurde, konnte mit einer etwa 1 Meter langen Stange, dem hölzernen Preßbengel, auf und ab bewegt werden. Zog der Drucker den Preßbengel auf sich zu, dann bewegte sich der Tiegel nach unten und drückte das Papier auf die eingefärbte Druckform. Nach dem Zurückschieben des Preßbengels, der dabei den Tiegel hob, fuhr man den Schlitten von Hand oder mittels einer Kurbel aus der Presse, klappte den Deckel und das Rähmchen hoch und konnte den bedruckten Bogen herausnehmen, der wie ein Wäschestück auf der Leine getrocknet wurde. Anschließend färbte man den Satz für den erneuten Druck wieder ein. Hierfür stand ein Farbtisch zweckmäßigerweise unmittelbar neben der Presse. Der Einfärber hatte zwei Drukkerballen in den Händen, die aus einem Roßhaarpolster bestanden, das mit weichem Leder bespannt war. Die Ballen wurden in die Druckerschwärze getaucht, gegeneinander gerieben und gleichmäßig über die Kolumnen des Satzes geführt. Die Qualität des Drucks hing vom sorgfältigen Einfärben ebenso ab wie von der gleichmäßigen und kräftigen Bewegung des Preßbengels. Auch wenn über die Druckerschwärze Gutenbergs kein Rezept bekannt geworden ist, übertreffen seine Drucke die meisten der heute mit chemischen Schwarzfarben zu erreichenden Veröffentlichungen.

Zu den Aufgaben des Druckers an der Presse gehörte es, den Satzspiegel sorgfältig zu beachten. Dafür waren am Rahmen des Fundaments Anlegemarken angebracht. Wo die Ränder des Bogen angelegt wurden, steckte der Drucker kleine Nadeln ein. So wußte er nach dem Druck einer Seite, wo er die Rückseite anzulegen hatte. Alle Drucke Gutenbergs zeichnen sich durch eine hervorragende Paßgenauigkeit aus. Seine Kunst verbreitete sich rasch. Meßbücher, Bibeln, theologische, philosophische und juristische Bücher, Chroniken und volkstümliche Kleindrucke, Ablässe, amtliche Verordnungen und Spottgedichte wurden in Auftrag gegeben. Straßburg, Bamberg, Regensburg, Freising, Augsburg, Köln, Erfurt, Basel und Nürnberg stiegen schon in den ersten Jahrzehnten nach Gutenbergs Erfindung zu Zentren der Buchdruckerkunst auf; denn der Meister hatte in seiner Mainzer Offizin aus seinem Novum kein Geheimnis gemacht. Um 1500 gab es in sechzig deutschen Städten bereits fast 300 Druckereien. Doch deutsche Drucker hatten längst den Weg über die Grenzen des Reiches gefunden. Sie zogen nach Italien, Spanien und Portugal, in die Schweiz, nach Frankreich, in die Niederlande und nach England, arbeiteten in Dänemark wie in Schweden und verbreiteten die Technik auch nach Böhmen, Mähren, Ungarn und auf den Balkan. Sie sorgten für den technologischen Transfer,

222. Beispiel eines Straßburger Druckerzeugnisses: Titelblatt der 1515 bei Johann Grüninger erschienenen »Ulenspiegel«-Ausgabe mit dem Holzschnitt von Hans Baldung Grien. London, British Library

hatten zunächst Erfolg, wurden jedoch meistens durch die von ihnen selbst geschaffene einheimische Konkurrenz bald verdrängt.

Das größte deutsche Druckunternehmen baute Anton Koberger (um 1445–1513) in Nürnberg auf. Er betrieb Buchhandel wie Buchdruck als neuzeitlicher Unternehmer, beschäftigte fast 100 Mitarbeiter und besaß 24 Pressen. Seine Bücher waren auf allen großen Messen in Europa vertreten, und er hatte eigene Niederlassungen in Venedig, Mailand, Wien, Passau, Paris, Breslau, Ofen und Krakau eingerichtet. Im

Unterschied zu Gutenbergs Werkstatt, in der etwa 20 Arbeitskräfte die 35 Pergament- und rund 150 Papierexemplare der Bibel mit jeweils 1.282 Seiten hergestellt hatten, handelte es sich bei der im Jahr 1470 von Koberger gegründeten Druckerei um ein frühkapitalistisches Großunternehmen. Unter den 250 Druckwerken, die hier entstanden, erlangten zumindest die 1493 herausgebrachte »Weltchronik« des Humanisten und Chronisten Hartmann Schedel (1440–1514) mit 1.809 Holzschnitten nach Entwürfen der Nürnberger Michael Wolgemut und Wilhelm Pleydenwurff sowie die lateinische und deutsche »Apokalypse« mit Holzschnitten von Albrecht Dürer als künstlerisch wohl bedeutendster Druck des 15. Jahrhunderts eine ähnliche Berühmtheit wie Gutenbergs Bibel. Koberger hatte sein Unternehmen in hohem Maße arbeitsteilig organisiert, vergab Aufträge an namhafte Künstler und behielt die Organisation des Herstellungsprozesses wie den Verkauf in eigener Hand.

Während deutsche Drucker beispielsweise in Rom bis zu Beginn des 16. Jahrhunderts ihre Vorrangstellung behaupten konnten, unterlagen sie in Venedig, dem wichtigsten Wiegendruckort Italiens, schon bald der einheimischen Konkurrenz. Bis zum Jahr 1500 gab es hier 150 Druckereien, die 4.500 Titel in einer durchschnittlichen Auflage von 200 bis 500 Exemplaren herausbrachten. Der erste Drucker in Venedig war Johannes von Speyer, der mit großer Wahrscheinlichkeit bei Gutenberg das Drucken gelernt hatte. Sein Bruder Wendelin führte die Offizin in Venedig fort und edierte 1471 die erste gedruckte Bibel in italienischer Sprache. In der Werkstatt von Johannes und Wendelin von Speyer hatte auch Nicolaus Jenson gearbeitet, der 1458 von Paris nach Mainz gekommen war und dann nach Venedig weiterzog. Er schuf seit 1470 eine eigene Werkstatt, die er später als Sozietät mit anderen deutschen Druckern, finanziert und geschäftlich geleitet von einem Frankfurter Kaufmann, weiterführte. Ihm gelang die Entwicklung einer beeindruckenden Antiqua-Type, die sogar Gutenbergs entsprechendes Schriftmuster in den Schatten stellte, weil sie die klare Lesbarkeit der humanistischen Minuskel direkt in eine Druckschrift umsetzte. Großen Einfluß im Rahmen des Transfers nach Italien hatte auch der Augsburger Erhard Radolt, der am Lido mit seinen Augsburger Landsleuten Bernhard Maler und Peter Löslein 60 wissenschaftliche Bücher druckte, die durch die typographische Gestaltung mit Rankenornamentierung in Negativform den Textteil besonders hervorhoben und mittels mehrfarbig gedruckter Holzschnitte eine Rarität darstellten. Als Radolt nach zehnjähriger Tätigkeit in Venedig einem Ruf des Augsburger Bischofs folgte und in seine Heimatstadt übersiedelte, verbreitete sich der in Venedig entwickelte Ornamentrahmen auch in Deutschland. Radolt konzentrierte sich in Augsburg für die letzten drei Jahrzehnte seines Lebens auf liturgische Drucke und beeinflußte mit seiner vom Formgefühl der italienischen Renaissance geprägten Typographie den Stil deutscher Meßbücher und Breviere entscheidend.

223. Herstellung von Kupferstichen in einer Druckerwerkstatt. Kupferstich von Jan van der Straet, genannt Stradanus, um 1590. Hannover, Galerie J. H. Bauer

Ein gelehriger Schüler der deutschen Meister war in Venedig der Humanist Aldus Manutius (um 1450–1515), der dort seit 1495 griechische und lateinische Klassiker edierte. In seinem Altersgenossen Francesco da Bologna verfügte er über einen Stempelschneider von hervorragender Kompetenz, der ihm eine Reihe neuartiger Antiquaschriften lieferte. Er setzte die schmallaufende Kursive als übliche Handschrift der Humanisten erstmalig für den Druck preisgünstiger Taschenbücher in großen Auflagen um. Neben den Klassikern wurden seit Beginn des 16. Jahrhunderts zunehmend Flugschriften der Reformationszeit zu einem äußerst wichtigen Mittel für die Bewußtseinsänderung im religiösen wie im politischen Bereich. Der Erfolg der Reformation erscheint ohne den Buchdruck kaum vorstellbar. Der gesellschaftliche Wandel zu Beginn der frühen Neuzeit war zudem durch den steigenden Bedarf des städtischen Bürgertums an Büchern gekennzeichnet, die nicht bloß zur Lektüre, sondern auch als Statussymbole angeschafft wurden. Der Kostenvorteil gedruckter Bücher wurde alsbald deutlich. So lag beispielsweise der Preis für ein illuminiertes Exemplar der »Gutenberg-Bibel« trotz der erheblichen Produktionskosten bei etwa einem Viertel dessen, was ein Auftraggeber für eine kalligraphisch und mit Mitteln der Buchmalerei ausgestattete Bibelhandschrift hätte zahlen müssen.

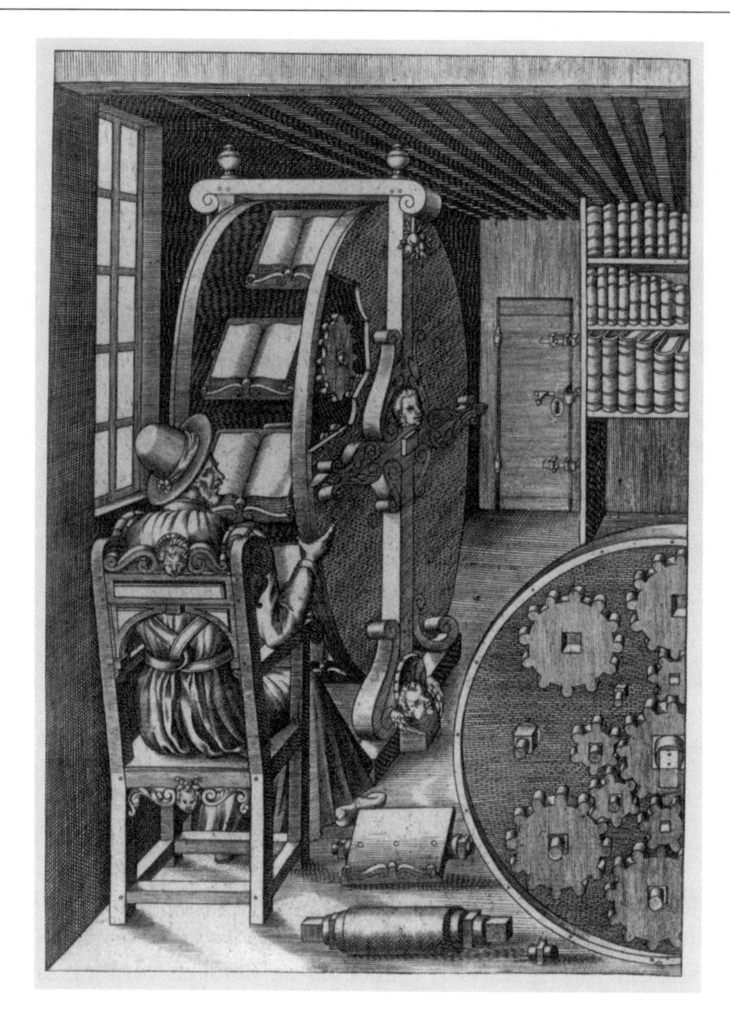

224. Bücherdrehpult nach dem System des Planetengetriebes. Kupferstich in dem 1588 in Paris gedruckten Werk »Le diverse et artificiose machine« von Agostino Ramelli. Wolfenbüttel, Herzog August-Bibliothek

Generell läßt sich feststellen, daß um 1450 die gedruckten Bücher um fast die Hälfte billiger geworden sind und der für diesen Zeitpunkt nachweisliche Preisrückgang ins 16. Jahrhundert hinein sich fortgesetzt hat.

Gleichwohl zählte das gedruckte Buch im 15. und 16. Jahrhundert zu den Luxusgütern, die sich nicht jeder leisten konnte. In den Städten war der Bücherkauf auf Ausnahmefälle beschränkt, zumal sich die Preisentwicklung ganz uneinheitlich gestaltete. Es gab keine festen Preise für Bücher, und so enthielten die Anzeigen der Drucker und Buchhändler keine Preisangaben. Behördliche Vorschriften mit entsprechenden preislichen Festlegungen gab es nur in Spanien. Allgemein galt, daß

Drucke in griechischer Schrift erheblich teurer waren als lateinische und daß man für die gegenüber der Papierversion auf Pergament gedruckten Ausgaben bis zum Zehnfachen des Preises zu zahlen hatte. Bezeichnend für die wirtschaftliche wie soziale Situation im deutschen Druckgewerbe des späten 15. Jahrhunderts war die Tatsache, daß die Kosten für den Ankauf von Papier oder Pergament weitaus höher lagen als die für die Löhne. Erst die kostensparende Massenproduktion ließ im 16. Jahrhundert, in Verbindung mit einer Erweiterung der europäischen Märkte, ein Preisgefüge entstehen, das eine regulierende Funktion im Verhältnis des Buchgewerbes zur allgemeinen wirtschaftlichen Entwicklung ausmachte. In Paris als der nach Venedig wohl wichtigsten Stadt des Druckgewerbes in Europa erschien 1470 ein Buch mit dem lateinischen Epigramm: »Deutschland hat viel Unsterbliches erschaffen, das größte aber ist die Buchdruckerkunst« und in Siena hatte man 1487 die Verse gedruckt: »Was einst in Jahresfrist ein hurtiger Schreiber vollbrachte, durch der Deutschen Geschenk bringt es uns heute ein Tag.« So fand schon wenige Jahre nach Gutenberg sein Werk auch im Ausland respektvolle Akzeptanz. »Nun vermöge jeder, der es wünsche, auf einfache Weise und mit nur geringen Kosten die Schätze des Geistes zu erschließen.« Eine wichtige Voraussetzung zu einer »Demokratisierung der Bildung« war geschaffen.

Technische Intelligenz

Initiatoren und Träger der technischen Entwicklungen zwischen 1350 und 1600 mit deutlichen Schwerpunkten in Oberdeutschland, im Alpenraum und in Oberitalien waren Männer, die schon von Friedrich Engels emphatisch als »Geistesriesen der Renaissance« bezeichnet worden sind. Die meisten der vom marxistischen Ansatz ausgehenden und Technikgeschichte als eine »Geschichte der Produktivkräfte« interpretierenden Historiker haben diesen Begriff unreflektiert übernommen. Ähnlich indifferent gingen westliche Technikhistoriker bei ihren Untersuchungen dieser Epoche von dem durch Jacob Burckhardt geprägten, kunst- und kulturgeschichtlich orientierten Renaissance-Begriff aus. Die im Rahmen einer technikgeschichtlichen Betrachtung der Epoche damit verbundene Beschränkung auf literarisch und künstlerisch hervorgetretene Naturwissenschaftler, Humanisten und die sogenannten Künstler-Ingenieure hat schon 1978 Günter Bayerl mit seinem verdienstvollen Beitrag über »Technische Intelligenz im Zeitalter der Renaissance« in der Zeitschrift »Technikgeschichte« sehr kritisch bewertet. Bei der Konzentration auf die großen und bekannten Namen von Brunelleschi bis Alberti, Bramante, Michelangelo oder Filarete, von Leonardo da Vinci bis Biringuccio, Ramelli, Agricola, Bürgi, Gutenberg oder Galilei wurden bislang die vielen abseits von Fürstenhöfen und nicht im Auftrag einer Stadtrepublik tätigen, in der alltäglichen technischen Praxis jedoch innovativ wirkenden Personen und Gruppen kaum berücksichtigt. Hinzu kam bei einigen Historikern die unkritische Übertragung der Begrifflichkeit »Ingenieur« beziehungsweise »Techniker« auf das späte Mittelalter und die frühe Neuzeit. Es bietet sich in der Tat an, Bayerls Forderung zu folgen und diese Termini durch die neutrale Bezeichnung »Technische Intelligenz« zu ersetzen, mit der auch die sonst ausgeschlossenen Gruppen des Handwerks, des frühneuzeitlichen Unternehmertums und des Montanbereichs ins Blickfeld geraten.

Selbstverständlich ist die Beschäftigung mit den großen und bekannten Persönlichkeiten unverzichtbar, repräsentieren sie doch die besonders nachhaltigen Entwicklungsschritte im Bereich der Technik während der Übergangsepoche vom Mittelalter zur frühen Neuzeit. Eine objektive Betrachtung sollte aber auch Kaufleute und Unternehmer wie Sebastian Hoechstetter oder Johann Thurzo einschließen und die fürstlichen Förderer wie Herzog Julius von Braunschweig oder Landgraf Wilhelm IV. von Hessen-Kassel nicht vergessen. Die Gruppe der großen Namen ist immer vom »Universalgenie« Leonardo da Vinci dominiert worden, dessen Lebens-

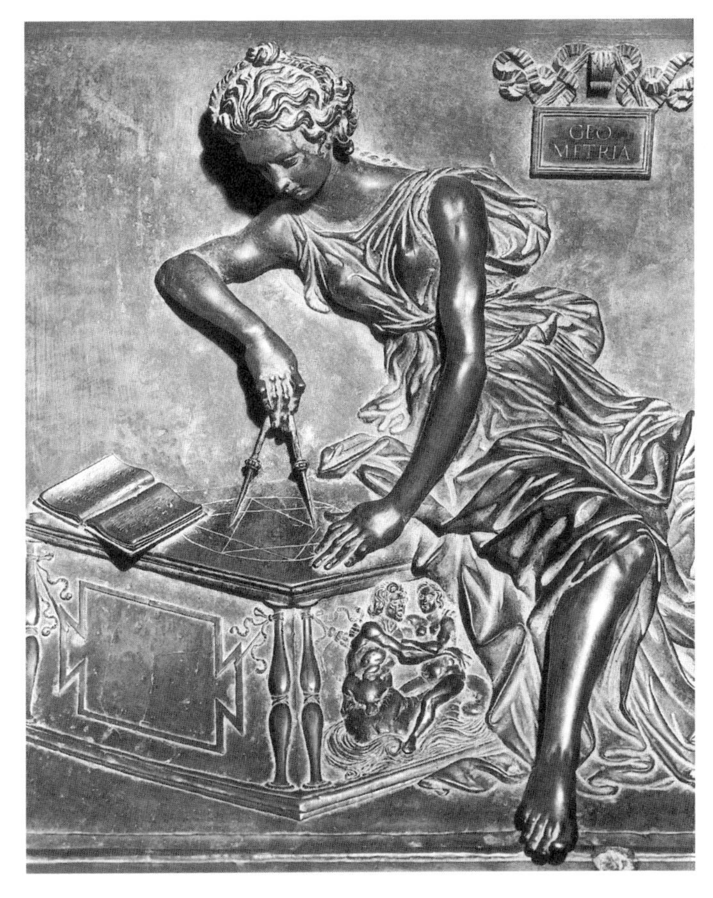

225. Allegorie der Geometrie. Bronzerelief von Antonio del Pollaiuolo im Zyklus symbolischer Darstellungen der Wissenschaften und Künste am Grabmal des Papstes Sixtus IV. in den Vatikanischen Grotten, vor 1493

jahre von 1452 bis 1519 in eine der bewegtesten und schöpferischsten Epochen der europäischen Geschichte fielen. Immer wieder ist er als Erfinder vieler wissenschaftlicher und technischer Hilfsmittel bezeichnet worden. Mittlerweile hat die Forschung jedoch deutlich gemacht, daß die meisten seiner Entwürfe eher Verbesserungen oder Erweiterungen von bereits vorhandenen Erfindungen darstellen, einige allerdings eigene Innovationen sind. Es ist ihm wie später Michelangelo schwergefallen, ein Werk zu vollenden, und daher gibt es kaum mehr als ein Dutzend Gemälde, die ihm eindeutig zugeschrieben werden können. Seinen schöpferischen Geist lebte er in Notizbüchern und auf Skizzenblättern aus, bei denen er nicht dem Zwang zu einer vollendeten künstlichen Aussage wie bei der Auftragsarbeit an einem Gemälde unterlag. Viele seiner auf diese Weise niedergelegten

Gedanken sind aus heutiger Sicht als genial bezeichnet worden, weil es sich um Konzeptionen handelt, die erst in späteren Zeiten, manche sogar nicht vor dem 19. und 20. Jahrhundert, in die technische Praxis umgesetzt worden sind. So erblickte man in ihnen sehr realistisch anmutende Zukunftsvisionen, die sich wie seine Flugmaschinen, sein gigantisch dimensioniertes Kriegsgerät, seine Entwürfe für optimale Festungsbauten wie für die weit gespannte Bogenbrücke über das Goldene Horn wohl nur mangels geeigneten Materials und wegen der dafür benötigten, aber nicht vorhandenen Kraftquellen damals noch nicht verwirklichen ließen.

Leonardo skizzierte seine Gedanken auf den Seiten der Notizbücher, wie sie ihm gerade in den Sinn kamen. Daher finden sich dort Eintragungen über die Malerei neben denen über die noch nicht bezahlte Miete, Zeichnungen von Pflanzen, geometrischen Figuren oder Kriegsmaschinen. Die erhaltenen Skizzenbücher stellen nur einen Bruchteil seines ursprünglichen Werkes dar. Sie machen jedoch hinreichend deutlich, wie er ein Problem stets von mehreren Seiten angegangen, es durchdacht und die Ergebnisse in eine Zeichnung umgesetzt hat. Leonardo betrachtete die zeichnerische Darstellung, die technische Skizze als Möglichkeit zur Vermittlung technischer Lösungen und schuf damit ein wichtiges Kommunikationsmittel zwischen Theorie und Praxis. Er wußte aus eigener langjähriger Erfahrung in verschiedenen Werkstätten, daß zeichnerische Entwürfe von den ausführenden Handwerkern wesentlich genauer umgesetzt werden konnten, je mehr sie sich der wirklichen dreidimensionalen Form annäherten.

Hatten sich anonym gebliebene oder bekannte Schöpfer technischer Bilderhandschriften wie Kyeser und Taccola in der ersten Hälfte des 15. Jahrhunderts noch mit der unvollkommenen Darstellung in schiefer Parallelprojektion behelfen müssen, so war ihrem Zeitgenossen Filippo Brunelleschi in enger Verbindung zur mathematischen Konstruktionslehre die Entdeckung der Zentralperspektive, der »Schritt von der reinen Wahrnehmungslehre zur Abbildungslehre, zum mathematisch konstruierten perspektivischen Bild« (F. Klemm) gelungen. Lorenzo Ghiberti bediente sich ebenfalls dieses Verfahrens und setzte es nicht nur in vollendeter Weise bei der von ihm gegossenen Paradiespforte des Florentiner Baptisteriums in die Praxis um, sondern hielt als Leiter einer vielbeschäftigten und schulbildenden Gußhütte seine Kenntnisse und Erfahrungen auch schriftlich fest. Seine »Commentarii« gelten noch heute als beeindruckendes Frühwerk der Kunstliteratur. Ghibertis Schüler Donatello (1386–1466) hat dann 1444 auf der Basis der ihm von seinem Meister vermittelten Kenntnisse seine Entwürfe für das Reiterdenkmal des Condottiere Erasmo de'Narni, genannt Gattamelata (um 1370–1443) gezeichnet und anschließend als erstes derartiges Werk seit der Antike in Bronze gegossen und vor der Antonius-Kirche in Padua aufgestellt. Als Gießer in Florenz wirkte damals auch der Schöpfer des nicht minder berühmten Reiterstandbildes des Condottiere Bartolommeo Colleoni (1400–1475) in Venedig, Andrea del Verrocchio, in dessen Werkstatt

226. Zentralperspektivische Bildkonstruktion mit eingesetztem Fluchtpunkt. Lavierte Federzeichnung von Jörg Breu d. Ä. zu seinem Gemälde »Geschichte der Lucretia«, vor 1528. Budapest, Szépmüvészeti Múzeum

der fünfzehnjährige Leonardo seine Lehrzeit begann. Hier wurde er mit der perspektivischen Darstellung vertraut, die als zeichnerisches Analysieren der Wirklichkeit eingehende geometrische Kenntnisse zur Voraussetzung hatte. In seinen Tagebüchern erläuterte Leonardo da Vinci, warum eine nach perspektivischen Regeln konstruierte technische Zeichnung einem Betrachter den Eindruck von Wirklichkeit vermittelt:

»Wenn du einen Gegenstand in der Nähe derart darstellen willst, daß er ebenso wirkt wie der natürliche Gegenstand, so ist es nicht ausgeschlossen, daß deine Perspektive mit allerlei falschen Erscheinungsformen und Mißverhältnissen, wie man sie sich in einem schlechten Werk denken kann, unrichtig erscheinen wird, falls der Betrachter dieser Perspektive sich mit seinem Auge nicht genau in der Höhe und Richtung befindet, in der dein Auge oder Sehpunkt beim Zeichnen dieser Perspektive lag. Du müßtest also eigentlich ein Fenster in Größe deines Gesichtes oder vielmehr ein Loch machen können, durch welches du das genannte Werk betrachten kannst, und wenn du das tust, dann wird dein Werk, falls es mit Schatten und Lichtern richtig versehen ist, zweifellos ebenso wirken wie in der Natur.«

Leonardo stellte als erster im großen Stil Elemente und Maschinen in dieser allgemeinverständlichen Zentralperspektive dar.

Seine besonderen zeichnerischen Qualitäten vermochte er auch als Verdeutlichung der Lösung grundsätzlicher Probleme einzusetzen, beispielsweise bei der Bestimmung der Größe des Bogenschubes von Brücken. Je flacher ein Brückenbogen gespannt war, um so größer wurde der horizontale Schub, weil immer weniger Druckspannung unmittelbar vertikal abgeleitet werden konnte. Leonardo fand einen Weg zur Messung der Schubwirkung in Abhängigkeit von der Gewölbeform, indem er den nach außen wirkenden Schub durch einen Zug nach innen aufhob. Besser kann man auch heute nicht die Wirkung des Gewölbeschubes zeichnerisch verdeutlichen. Dabei ging es ihm um eine theoretische Lösung für die Bestimmung der wirkenden Schubkräfte bei belastetem Bogen. Er konnte damit zunächst für sich schlüssig die irrige Anschauung der Architekten seiner Zeit korrigieren, nach der

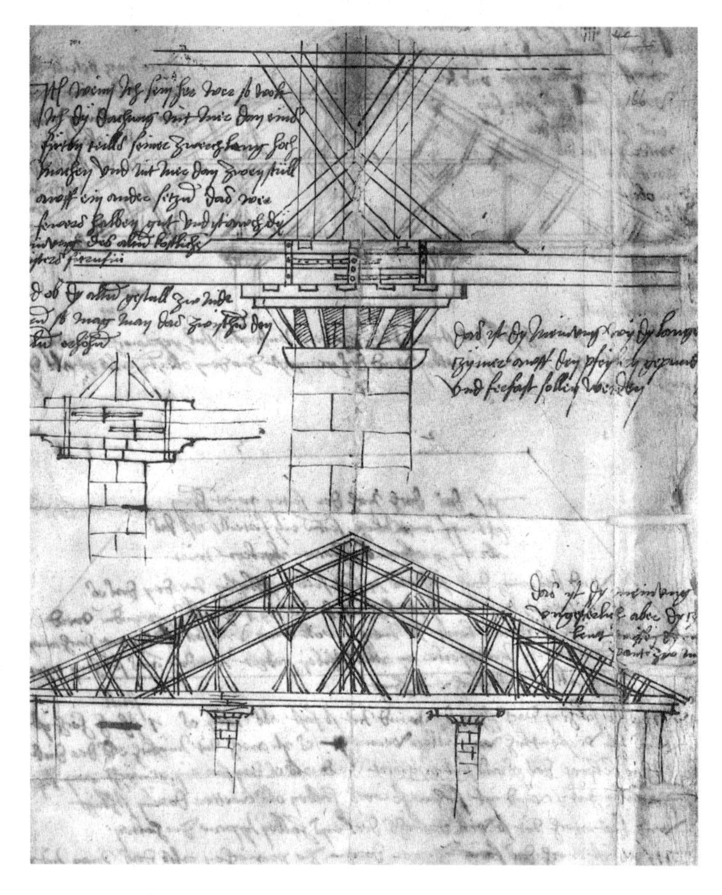

227. Tragwerk-Entwürfe von Albrecht Dürer. Autograph. London, British Library

die Belastung in einem halbkreisförmigen Bogen seiner Richtung folge und so auf das Fundament übertragen werde, als besäße diese Kraft keine horizontale Komponente. Es ist nicht bekannt, ob Leonardo auf dem Weg zu solcher Erkenntnis Modellversuche angestellt hat. Er vertraute jedoch dem Ergebnis so sehr, daß er im Jahr 1502 dem Osmanensultan Beyazit II. (1448–1512) den Vorschlag machte, eine Brücke über das Goldene Horn in einem einzigen Bogen von 240 Meter Spannweite zu bauen. Seine Zeichnung verdeutlicht, daß er an einen Doppelbogen gedacht hat, der für dieses Vorhaben mit großer Wahrscheinlichkeit die optimale Lösung gewesen wäre. Eine mit heutigen Mitteln angestellte Berechnung unter Verwendung der von Leonardo angegebenen Zahlen- und Formenverhältnisse hat die technische Durchführbarkeit seiner Konstruktion bestätigt, selbst unter Berücksichtigung heutiger Sicherheitsbestimmungen. Da der Sultan auf das Angebot nicht einging, blieb es bei der rein theoretischen Lösung des Problems. Eine Realisierung dürfte freilich schon aus ökonomischen Erwägungen kaum in Frage gekommen sein, hätte man doch für den Bau nicht nur ein Heer von Arbeitern, sondern bei den vorgesehenen Abmessungen etwa 750.000 Tonnen Steine benötigt. Die wirtschaftliche Undurchführbarkeit ändert jedoch nichts an der Bedeutung der von Leonardo gewonnenen baustatischen Erkenntnisse. In vergleichbarer Weise entwarf Albrecht Dürer 1527 in seinem Werk über die Befestigungskunst Anlagen, die hervorragend durchdacht und optimal konstruiert, aber aufgrund der für erforderlich gehaltenen Abmessungen allein aus Kostengründen kaum zu realisieren waren.

Im Gegensatz zu vielen Autoren technischer Bilderhandschriften des 15. Jahrhunderts und ihrer alsbald über Jahrzehnte im Druck verbreiteten Werke, in denen sich eine Vielzahl rein phantastischer, weil technisch unmöglicher Darstellungen findet, haben »Künstler-Ingenieure« wie Brunelleschi, Leonardo, Dürer, di Giorgio Martini und manch anderer immer die Verpflichtung zur Orientierung an der Wirklichkeit empfunden. Sie beobachteten die Umwelt genau und übertrugen ihre Wahrnehmungen in gegenständliche Nachbildungen, zumeist mit großer handwerklicher Virtuosität. Ihr kreatives Schaffen kann mit technischem und künstlerischem Handeln allein nur unvollkommen beschrieben werden. Hilfreich für das Verständnis ihrer Werke mag die Vorstellung sein, daß zu ihrer Zeit Natur, Kunst und Technik noch eins waren, sich im Aufkommen der exakten Naturwissenschaften mit ihrer Verschmelzung von Technik und wissenschaftlicher Erkenntnis der folgenreiche Strukturwandel jedoch bereits andeutete. Schon im 15. Jahrhundert wurde praktische Naturbewältigung auch theoretisch erfaßt und durchdacht. Es ging nicht allein darum, etwas Nützliches für die Menschen zu schaffen, sondern man wollte auf der Basis von Erfahrung die technischen Möglichkeiten systematisch erforschen, Neues erfinden und ausprobieren und damit im Wortsinn kreativ sein. Die heutige, meist selektive Betrachtung nur eines besonders bekannten Merkmals dieser vielseitigen Meister ihres Genres wird ihnen und ihrer Bedeutung nicht gerecht. So ist zum Beispiel der im Handwerk wurzelnde Albrecht Dürer als Künstler weit bekannt. Wer jedoch kennt den Techniker und Mathematiker Dürer, den Festungsbautheoretiker und Architekten, der die Grenzen des Handwerks weit überschritten hat, um die Formgesetze theoretisch zu erfassen, der sich mit den Regeln der Perspektive auseinandergesetzt und entscheidende Verbesserungen im Kupfertiefdruck eingeführt hat?

Nicht nur Bauwerke, neuartige Maschinen oder Werkzeuge, sondern mehr noch all die technischen Studien in Wort und Bild aus der Feder verschiedener Autoren repräsentieren die vielfältigen Versuche einer theoretischen Verarbeitung von Technik im 15. und 16. Jahrhundert. Diese Entwicklung war in Italien durch überraschenden Ideenreichtum, einen relativ geringen Bezug zu dem aus der Antike tradierten Material und durch das Bemühen um ganzheitliche Erfassung und Klärung technischer Problemfragen gekennzeichnet. Nicht nur die italienischen, sondern auch die nördlich der Alpen wirkenden Autoren verfügten über eine, obschon im Einzelfall unterschiedliche Kombination aus Wißbegier, Experimentierfreude, erfinderischem Genius, humanistischer Bildung, technischer und handwerklicher Fertigkeit und selbstverständlich künstlerischem Talent. Sie alle beherrschten das Schreiben und Lesen, das Zeichnen und Rechnen. Ihre eigenen Erkenntnisse legten sie gewöhnlich in der jeweiligen Landessprache nieder und fanden durch die Vervielfältigungsmöglichkeit dank Gutenbergs Erfindung breite Resonanz. Das galt für die Fachleute, die solche Anregungen gern übernahmen und umsetzten, für einige, allen technischen Neuerungen gegenüber aufgeschlossene Landesherren wie für Fernhandelskaufleute, die im Bemühen um Gewinnmaximierung stets an rationelleren und umsatzsteigernden Produktionsverfahren interessiert waren und neue Energie- und Antriebsformen sowie den jeweiligen Zwecken besonders gut entsprechende Maschinen suchten. Die »großen Namen« stehen somit nur stellvertretend für eine in diesen Bereichen weit verbreitete technische Intelligenz, die erheblichen Anteil an der Neugestaltung der damaligen Welt hatte.

Seit dem 16. Jahrhundert griff der interessierte Praktiker vermehrt zur technischen Literatur, der damit eine besondere Rolle für die allgemeine Entwicklung zukam. Nachweisbar erscheint dies vor allem in den Bereichen von Bergbau, Metallurgie und »Chemie«, die sich durch ein hohes technisches Niveau auszeichneten. Das aus Empirie und Arbeitspraxis stammende Erfahrungswissen fand große Akzeptanz und führte nicht nur zu wesentlichen Ergänzungen tradierter Kenntnisse, sondern korrigierte diese in vielen Fällen auch grundsätzlich. So geriet beispielsweise das Erfahrungswissen des Bergmanns zu einem neuen Element von Bildung im Zeitalter des Humanismus (L. Suhling), sofern es publiziert wurde. Agricolas programmatische Schrift »Bermannus« sollte demgemäß sehr bewußt die Aufmerksamkeit der Humanisten auf den Bergbau lenken, der bis dahin von der Wissenschaft kaum beachtet worden war.

228. Agostino Ramelli. Frontispiz in dem 1588 in Paris gedruckten Werk »Le diverse et artificiose machine« des Autors. Wolfenbüttel, Herzog August-Bibliothek

Durchschlagende Wirkung hatten im 16. Jahrhundert die großen Lehrschriften für nahezu alle Sektoren der angewandten Technik, die beim Leser Akzeptanz mit dem Hinweis reklamierten, daß die getroffenen Aussagen Ergebnis praktischer Erfahrung seien. Das galt für: Agricolas »De re metallica«; Biringuccios »Pirotechnia«; Jacques Bessons (um 1535–1573) 1565 geschriebenes und 1578 in Lyon erstmals erschienenes Maschinenbuch »Theatre des Instruments«; »Le diverse et artificiose machine« von Agostino Ramelli (um 1531–1608), dem Kriegsingenieur König Heinrichs III. von Frankreich; das große Maschinenbuch »Kunstliche Abriß allerhand Wasser- Wind- Roß- vnd Handt Mühlen, beneben schönen vnd nützlichen

Pompen...« des aus Mantua stammenden Jacopo de Strada à Roßberg (um 1550), des Hofbaumeisters und Antiquars der Habsburger Kaiser Maximilian II. und Rudolf II. in Wien und Prag. Der Mailänder Geronimo Cardano (1501–1576) brachte 1550 und 1557 zwei technische Werke mit der Darstellung und Beschreibung von Pumpen, Transmissionen und einer Maschine für die Reinigung von Mehl heraus, und der aus Neapel stammende Giambattista della Porta (1538–1615) referierte in seiner »Magia naturalis« 1558 hydraulische und optische Versuche, die er nicht selbst unternommen, nur kompilatorisch zusammengestellt hatte.

Von großer Bedeutung für die Renaissance-Architektur erwiesen sich die Werke Albertis und Palladios (1508–1580) über die Baukunst, und nicht weniger einflußreich waren im Bereich des Kriegswesens die Abhandlungen bekannter Geschützgießer wie Oswald Baldner (um 1500–1569) oder Gregor Löffler und erfahrener Heerführer, die sich der neuartigen Waffentechnologie bedient hatten. Dazu zählten Philipp von Seldeneck (1442–1534) wie Herzog Philipp von Cleve (1456–1528) am Beginn und Leonhart Fronsperger (um 1520–1575) um die Mitte des 16. Jahrhunderts. Gemeinsames Kennzeichen dieser sehr unterschiedlichen Formen von »technischer Fachliteratur« war die immer wieder als Legitimation verwendete Betonung der Eigenerfahrung von Albertis »Ich habe es ausprobiert« bis zum »Ich habe gesehen und daher...« Philipps von Seldeneck und des Herzogs von Cleve oder zu Palissy's Glasurexperimenten. Die Betonung der fachlichen Kompetenz als des entscheidenden Kriteriums für Anerkenntnis und damit bewirkte Verbreitung technischen Fortschritts kann als entscheidendes Merkmal der Renaissance bezeichnet werden. Das Erforschen von Naturgesetzen wie das Entwickeln technischer Geräte ließ sich nicht als gelehrte höfische Diskussionsrunde in lateinischer Sprache durchführen, sondern verlangte das Experimentieren und die Zusammenarbeit mit erfahrenen Praktikern des Handwerks, mit Menschen anderer sozialer Schichten und außerdem die Präsentation der Ergebnisse in der jeweiligen Volkssprache. Die derart verbundene soziale Öffnung, von einsichtigen und engagierten Fürsten gezielt gefördert, machte Karrieren möglich wie den Aufstieg des Autodidakten Baldewein vom ehemaligen Schneidergesellen zum fürstlichen Automatenbauer und Architekten am Kasseler Hof.

Ausgehend von den Leistungen der »Künstler-Ingenieure« erfolgte die Verbreitung neuer technischer Kenntnisse und Fertigkeiten keineswegs allein über das entsprechende Schrifttum. Den hauptsächlichen Anteil am technologischen Transfer hatten die gleichermaßen aufgrund ihrer praktischen Tätigkeit wie des Studiums der Lehrschriften besonders qualifizierten Arbeitskräfte, die wie die italienischen Majolika-Töpfer, die venezianischen Glasmacher oder die deutschen Landsknechte und Schweizer Söldner von sich aus in anderen Ländern neue Tätigkeitsfelder suchten oder von Königen und Fürsten mit lukrativen Angeboten zur Übersiedlung bewogen wurden.

229. Der Bildhauer-Architekt Baccio Bandinelli mit dem Kreuz des St.-Jago-Ordens im Kreis seiner Schüler bei der Vermittlung des neuen Menschenbildes. Kupferstich von Enea Vico, um 1550. Berlin, Staatliche Museen Preußischer Kulturbesitz, Kupferstichkabinett

Auch Leonardo da Vinci betonte den Wert der schriftlichen Überlieferung von Technik. Nach seiner Auffassung waren einfaches Wort und natürliches Abbild für den Menschen verständlicher als die Abstraktion. In Form einer Fabel vom Papier und der Tinte begründete er, warum er seine Erkenntnisse aufzeichnete: »Du, sagt die Tinte zum Papier, bewahrst den Gedanken des Menschen und bist somit ein kostbares Instrument.« Die schriftliche Fixierung war die einzige verläßliche Möglichkeit, die eigenen Erkenntnisse der Nachwelt weiterzugeben. Das galt nicht nur für anwendungsorientierte Inhalte, sondern auch für übergreifende Aspekte wie die zu Recht berühmt gewordene zeichnerische Verdeutlichung der von Vitruv schon in der Antike formulierten Proportionsprinzipien. Leonardo illustrierte damit nicht nur einen architektonischen Traktat aus der Zeit des Kaisers Augustus, von dem lediglich die Textfassung erhalten war, sondern er interpretierte das Menschenbild Vitruvs nach einem an den Modellen Albertis orientierten Begriff der Schönheit. Der Text Vitruvs verdeutlicht die Beziehungen des Menschen zum Kreis und zum Quadrat jeweils getrennt. Beide geometrischen Formen standen in engem Zusammenhang mit den Elementen des Zentralbaus als klassischem Ideal der Sakralarchitektur des 15. Jahrhunderts. Leonardo handelte als Maler und legte ähnlich wie

Dürer das Bild des Menschen im Kreis wie im Quadrat übereinander, wodurch ein Körper mit vier Beinen und vier Armen entstand, dessen innere Dynamik durch die Möglichkeit des bewegten Wechsels von einer Position in die andere erkennbar wird. Als er 1519 in Amboise starb, hatte die Trennung von Technik und Kunst zugunsten einer neuen Kombination von Technik und Wissenschaft bereits begonnen. Der Prozeß sollte noch zwei Jahrhunderte dauern, an deren Ende die strikte berufliche Trennung in die ausschließlich der Naturwissenschaft zugewandten Ingenieure und die auch weiterhin der Kunst verbundenen Architekten stand. In der arbeitsteiligen Welt der Industrialisierung suchten die Techniker vor allem den schnellen Erfolg und lösten sich zusehends mehr aus dem vormaligen Beziehungsgeflecht zur Natur. Heute wird den Menschen schmerzlich bewußt, was eigentlich der Verlust dieses Einklangs von Technik, Kunst und Umwelt bedeutet. Man beginnt, den Fortschritt der Gegenwart an den längst verlorenen Werten der Vergangenheit kritisch zu messen.

Bibliographie
Personen- und Sachregister
Quellennachweise der Abbildungen

Karl-Heinz Ludwig
Technik im hohen Mittelalter

Abkürzungen

TG	=	Technikgeschichte
VSWG	=	Vierteljahrschrift für Sozial- und Wirtschaftsgeschichte
TaC	=	Technology and Culture

Allgemeines, Übergreifendes

P. Alexandre, Le climate en Europa au moyen age, Paris 1987; Th. Beck, Beiträge zur Geschichte des Maschinenbaues, Berlin 1899; U. Bestmann, F. Irsigler und J. Schneider (Hg.), Hochfinanz, Wirtschaftsräume, Innovationen, Festschrift für W. v. Stromer, 3 Bde, Trier 1987; A. Borst, Lebensformen im Mittelalter, Berlin 1973; F. Braudel, Sozialgeschichte des 15.–18. Jahrhunderts, 3 Bde, München 1985 / 86; K. Brunner und G. Jaritz, Landherr, Bauer, Ackerknecht, Wien 1985; C. M. Cipolla und K. Borchardt (Hg.), Europäische Wirtschaftsgeschichte, Bd 1: Mittelalter, Stuttgart 1978; A. C. Crombie, Von Augustinus bis Galilei, Köln 1959; M. Daumas (Hg.), Histoire générale des techniques, 2 Bde, Paris 1962 / 65; R. Davidsohn, Geschichte von Florenz, 4 Bde in 7 Teilen, repr. Osnabrück 1969; H. Dopsch und H. Spatzenegger, Geschichte Salzburgs, Stadt und Land, 2 Bde in 6 Teilen, Salzburg 1981/ 91; G. Eis, Deutsche Fachprosa des Mittelalters, Berlin 1972; E. Ennen, Frauen im Mittelalter, München ²1985; F. M. Feldhaus, Die Technik der Antike und des Mittelalters, Potsdam 1931, repr. Hildesheim 1971; R. J. Forbes, Studies in ancient technology, 9 Bde, Leiden 1964/66; U. Forti, Storia della technica dal medioevo al rinascimento, Florenz 1957; A. Gerlich, Geschichtliche Landeskunde des Mittelalters, Darmstadt 1986; J. Gimpel, Die industrielle Revolution des Mittelalters, München ²1981; H.-W. Goetz, Leben im Mittelalter vom 7. bis zum 13. Jahrhundert, München 1986; W. Goez, Gestalten des Hochmittelalters, Darmstadt 1983; A. J. Gurjewitsch, Das Weltbild des mittelalterlichen Menschen, Göttingen 1986; D. Hägermann und K.-H. Ludwig, Verdichtungen von Technik als Periodisierungsindikatoren des Mittelalters, in: TG 57, 1990, S. 315–328; J. Hamesse und C. Muraille-Samaran (Hg.), Le travail au moyen âge, Louvain-la-Neuve 1990; D. Herlihy, The social history of Italy and Western Europe 700–1500, London 1978; M. Heyne, Fünf Bücher deutscher Hausaltertümer von den ältesten Zeiten bis zum 16. Jahrhundert, 5 Bde, Göttingen 1899/1903; U. T. Holmes, Daily living in the 12th century, Madison 1952, repr. 1980; J. Hoops (Hg.), Reallexikon der Germanischen Altertumskunde, Berlin ²1973 ff.; V. Husa, J. Petrán und A. Subtrová, Homo Faber, Prag 1967; H. Kellenbenz (Hg.), Handbuch der europäischen Wirtschafts- und Sozialgeschichte, Bd 2, Stuttgart 1980; F. Klemm, Zur Kulturgeschichte der Technik, Aufsätze und Vorträge 1954–1978, Darmstadt ²1982; H. Kühnel (Hg.), Alltag im Spätmittelalter, Graz 1985; W. Kuhn, Das Spätmittelalter als technisches Zeitalter, in: Ostdeutsche Wissenschaft 1, 1954, S. 69–93; Lexikon des Mittelalters, München 1980 ff. (bis »Mühlen«); I. McNeil (Hg.), An encyclopaedia of the history of technology, London 1990; A. v. Müller und K.-H. Ludwig, Die Technik des Mittelalters, in: U. Troitzsch und W. Weber (Hg.), Die Technik, Braunschweig ³1989, S. 120–179; A. Nedoluha, Geschichte der Werkzeuge und Werkzeugmaschinen, Wien 1961; W. Paravicini (Hg.), Nord und Süd in der deutschen Geschichte des Mittelalters, Sigmaringen 1990; L.-H. PARIAS (Hg.), Histoire générale du travail, Bd 2: L'age de l'artisanat Ve-XVIIIe siècles, Paris 1960; M. M. POSTAN, Medieval economy and society, Harmondsworth 1975; R. REITH (Hg.), Lexikon des alten Handwerks, München 1990; L. F. SALZMAN, English industries of the middle ages, Oxford 1923; D. W. H. SCHWARZ, Sachgüter und Lebensformen, Berlin 1970; CH. SINGER, E. J. HOLMYARD, A. R. HALL und T. I. WILLIAMS (Hg.), A history of technology, Bd 2 und 3, Oxford 1956 / 57; B. H. SLICHER VAN BATH, The agrarian history of Western Europe, A. D. 500–1850, London 1963; N. H. STENECK, Science and creation in the middle ages, Notre Dame und Indiana 1976; A. UCCELLI, Storia della tecnica dal medio evo ai nostri giorni, Mailand 1944; J.-C. M. VIGUEUR und A. P. BAGLIANI (Hg.), Ars et ratio, Dalla torre di Babele al ponte di Rialto, Palermo 1990; L. WHITE JR., Medieval religion and technology, Collected Essays, Berkeley 1987.

Urbanisierung und christliche Wissenschaft als Voraussetzungen der Entwicklung und gesellschaftlichen Einordnung von Technik

D. BALESTRACCI, L'acqua a Siena nel Medioevo, in: J.-C. M. VIGUEUR und A. P. BAGLIANI (Hg.), Ars et ratio, Dalla torre di Babele al ponte di Rialto, Palermo 1990, S. 19–31; P. BENOIT, La forge de l'abbaye de Fontenay, in: Dossiers histoire et archeologie 107, 1986, S. 50–52; F. BOLOGNA, Die Anfänge der italienischen Malerei, Dresden 1964; E. BOSERUP, Population and technology, Oxford 1981; W. BRAUNFELS, Abendländische Klosterbaukunst, Köln 51985; G. BRUSA, L'arte dell' orologeria in Europa, o. O. 1978; E. M. CARUS-WILSON, An industrial revolution of the 13th century, in: The Economic History Review XI-XIII, 1941/43, S. 39–60; C. CIPOLLA, Clocks and culture 1300–1700, London 1967; L. DELFOS, Kulturgeschichte von Niederland und Belgien, Bremen 1962; G. DUBY, Der heilige Bernhard und die Kunst der Zisterzienser, Frankfurt am Main 1991; K. ELM (Hg.): Die Zisterzienser, 2 Bde, Köln 1981 / 82; CH. FRUGONI, Una lontana città, Turin 1983, engl. Princeton 1991; A. GIRARDOT, Forges princière et forges monastiques, in: Revue d'histoire des mines et de la mètallurgie 2, 1970, S. 3–20; A. GUILLERME, Les temps de l'eau: La cité, l'eau et les techniques, Paris 1983, engl. 1988; D. HÄGERMANN, Elemente der Arbeitsverfassung in den »Ordinamenta« von Massa Marittima des 13. Jahrhunderts, in: K.-H. LUDWIG und P. SIKA (Hg.), Bergbau und Arbeitsrecht, Wien 1989, S. 37–50; W. HANSEN, Kalenderminiaturen der Stundenbücher, Mittelalterliches Leben im Jahreslauf, München 1984; J. P. JANZEN (Hg.), Uhrzeiten, Die Geschichte der Uhren und ihres Gebrauchs, Frankfurt am Main 1989; D. S. LANDES, Revolution in time, Harvard 1983; J. LE GOFF, Für ein anderes Mittelalter, Zeit, Arbeit und Kultur im Europa des 5.–15. Jahrhunderts, Frankfurt am Main 1984; L. J. LEKAI, Geschichte und Wirken der Weißen Mönche, Köln 1958; G. MÜNCH, Der Codex 309 – ein Psalter aus der Fürstlich Fürstenbergischen Hofbibliothek in Donaueschingen (Mag.Arbeit), Göttingen 1990; E. PITZ, Die Wirtschaftskrise des Spätmittelalters, in: VSWG 52, 1965, S. 347–367; F. ROSSI, Brillen, München 1989; A. SCHNEIDER (Hg.), Die Cistercienser, Geschichte, Geist, Kunst, Köln 21977; C. P. SNOW, Die zwei Kulturen, Stuttgart 1967; P. STERNAGEL, Die artes mechanicae im Mittelalter, Kallmünz 1966; W. STÜRMER, Technik und Kirche im Mittelalter, in: A. STÖCKLEIN und M. RASSEM (Hg.), Technik und Religion, Düsseldorf 1990, S. 161–180; B. W. TUCHMANN, Der ferne Spiegel, Das dramatische 14. Jahrhundert, Düsseldorf 1980; M. WEBER, Wirtschaft und Gesellschaft, Tübingen 51985; L. WHITE JR., Die mittelalterliche Technik und der Wandel der Gesellschaft, München 1968; G. WIELAND, Zwischen Naturnachahmung und Kreativität, Zum mittelalterlichen Verständnis der Technik, in: Philosophisches Jahrbuch 90, 1983, S. 258–276; R. WILDHABER, Der »Feiertagschristus« als ikonographischer Ausdruck der Sonntagsheiligung, in: Zeitschrift für schweizerische Archäologie und Kunstgeschichte 16, 1956, S. 1–34.

Bergbau zwischen ökonomischem Interesse und politischer Macht

D. Balestracci, Alcune consideranzioni su miniere e minatori nella società Toscana del tardo medioevi, in: I. Tognarini (Hg.), Siderurgia e miniere in Maremma tra '500 e '900, Florenz 1984, S. 19–35; P. Benoit und Ph. Braunstein (Hg.), Mines carrières et métallurgie dans la France médiévale, Paris 1983; Ph. Braunstein, Le travail minier au moyen âge, in: J. Hamesse und C. Muraille-Samaran (Hg.), Le travail au moyen âge, Louvain-La-Neuve 1990, S. 329–338; F. Gruber und K.-H. Ludwig, Salzburger Bergbaugeschichte, Salzburg 1982; D. Hägermann, Herrschaftsrechtliche Ordnungsprinzipien im Montanwesen des hohen Mittelalters, in: TG 52, 1985, S. 169–177; D. Hägermann und K.-H. Ludwig, Europäisches Montanwesen im Hochmittelalter, Das Trienter Bergrecht 1185–1214, Köln 1986; D. Hägermann und K.-H. Ludwig, Europäisches Bergrecht in der Toscana, Die Ordinamenta von Massa Marittima im 13. und 14. Jahrhundert, Köln 1991; Th. Haupt, Bausteine zur Philosophie der Geschichte des Bergbaues, 2. Lieferung, Leipzig 1866; O. Johannsen, Geschichte des Eisens, Düsseldorf [3]1953; L. Klappauf, Auswirkungen der Grabungen im frühmittelalterlichen Herrensitz Düna bei Osterode am Harz auf die Montanforschung im Harz, in: Nachrichten aus Niedersachsens Urgeschichte 58, 1989, S. 171–184; W. Kroker und E. Westermann (Hg.), Montanwirtschaft Mitteleuropas vom 12. bis 17. Jahrhundert, Bochum 1984 (Der Anschnitt, Beiheft 2); E. Lombardi, Massa Marittima e il suo territorio nella storia e nell'arte, Siena 1985; K.-H. Ludwig und F. Gruber, Gold- und Silberbergbau im Übergang vom Mittelalter zur Neuzeit, Köln 1987; K.-H. Ludwig und P. Sika (Hg.), Bergbau und Arbeitsrecht, Die Arbeitsverfassung im europäischen Bergbau des Mittelalters und der frühen Neuzeit, Wien 1989; J. U. Nef, Mining and metallurgy in medieval civilization, in: The Cambridge Economic History II, Cambridge [2]1987, S. 429–492; U. Schmidt, Die Bedeutung des Fremdkapitals im Goslarer Bergbau um 1500, Goslar 1970; F. Schneider, Bistum und Geldwirtschaft, Zur Geschichte Volterras im Mittelalter, in: Quellen und Forschungen aus italienischen Archiven und Bibliotheken 8, 1905, S. 77–112 und 271–315; R. Sprandel, Das Eisengewerbe im Mittelalter, Stuttgart 1968; L. Suhling, Aufschließen, Gewinnen und Fördern, Geschichte des Bergbaus, Reinbek 1983; M. Tangheroni, La città dell'argento, Iglesias dalle origini alle fine del medioevo, Neapel 1985; G. Volpe, Montieri: Costituzione politica, struttura sociale e attività economica d'una terra mineraria toscana nel XIII secolo, in: VSWG 6, 1908, S. 315–423; O. Wagenbreth und E. Wächtler (Hg.), Der Freiberger Bergbau, Technische Denkmale und Geschichte, Leipzig 1988; H. Wiessner, Geschichte des Kärntner Bergbaues, 3 Teile, Klagenfurt 1950/53; H. Wilsdorf und W. Quellmalz, Bergwerke und Hüttenanlagen der Agricola-Zeit, Berlin 1971; A. Zettler, Die historischen Quellen zum mittelalterlichen Bergbaugeschehen, in: Erze, Schlacken und Metalle, Früher Bergbau im Südschwarzwald, in: Freiburger Universitätsblätter 29, 1990, S. 59–78; A. Zycha, Das böhmische Bergrecht des Mittelalters auf Grundlage des Bergrechts von Iglau, 2 Bde, Berlin 1900.

Erweiterte Energieausnutzung

A.-M. Bautier, Les plus anciennes mentions de moulins hydrauliques industriels et de moulins a vent, in: Bulletin philologique et historique (jusqu'a 1610) du comité des travaux historiques et scientifiques, Paris 1960, S. 567–626; G. Bayerl und U. Pichol, Papier, Produkt aus Lumpen, Holz und Wasser, Reinbek 1986; B. B. Blaine, The enigmatic water-mill, in: B. S. Hall und D. C. West (Hg.), On pre-modern technology and science, Malibu 1976,

S. 163–176; M. Bloch, Antritt und Siegeszug der Wassermühle, in: C. Honegger (Hg.), M. Bloch, F. Braudel, L. Febvre u. a., Frankfurt am Main 1977, S. 171–197; E. C. Curwen, The Problem of early water-mills, in: Antiquity 18, 1944, S. 130–146; E. Finsterbusch und W. Thiele, Vom Steinbeil zum Sägegatter, Leipzig 1987; A. Gahwiler, Vom und von Stampfen zu allen Kulturzeiten, in: Industriearchäologie 3, 1982, S. 1–14; H. Gleisberg, Triebwerke in Getreidemühlen, Düsseldorf 1970; H. Gleisberg, Aus der Geschichte der Wassermühle, Basel 1975; R. Holt, The mills of medieval England, Oxford 1988; E. J. Kealey, Harvesting the air, Windmill pioneers in 12th-century England, Woodbridge 1987; J. Langdon, Water-mills and windmills in the west-midlands, 1086–1500, in: The Economic History Review 44, 1991, S. 424–444; D. Lohrmann, Energieprobleme im Mittelalter: Zur Verknappung von Wasserkraft und Holz in Westeuropa bis zum Ende des 12. Jahrhunderts, in: VSWG 66, 1979, S. 297–316; D. Lohrmann, Mittelalterliche Wassernetze in nordfranzösischen Städten, in: TG 55, 1988, S. 163–175; R. Maiocchi, La macchina come strumento di produzione: il filatoio alla bolognese, in: Storia d'Italia, Annali 3, Turin 1980, S. 7–27; W. E. Minchinton, Early tide mills, Some problems, in: TaC 20, 1979, S. 777–786; L. A. Moritz, Grainmills and flour in classical antiquity, Oxford 1958; J. Muendel, The horizontal mills of medieval pistoia, In: TaC 15, 1974, S. 194–225; J. C. Notebaart, Windmühlen, Den Haag 1972; T. S. Reynolds, Stronger than a hundred men, A history of the vertical water wheel, Baltimore 1983; G. Sicard, Les moulins de Toulouse au moyen âge, Paris 1953; F. F. Strauss, »Mills without Wheels« in the 16th-century Alps, in: TaC 12, 1971, S. 23–42; W. v. Stromer, Apparate und Maschinen von Metallgewerben in Mittelalter und Frühneuzeit, in: Handwerk und Sachkultur im Spätmittelalter, Wien 1988, S. 127–149; W. v. Stromer, Die Große Oberpfälzer Hammereinung von 1387, in: TG 56, 1989, S. 279–304; W. Weiss, Zeittafel zur Papiergeschichte, Leipzig 1983.

Textiltechnik und Marktproduktion

H. Ammann, Deutschland und die Tuchindustrie Nordwesteuropas im Mittelalter, in: Hansische Geschichtsblätter 72, 1954, S. 1–63; A. Bohnsack, Spinnen und Weben, Reinbek 1981; A. Doren, Die Florentiner Wollentuchindustrie vom 14. bis zum 16. Jahrhundert, Stuttgart 1901; A. Doren, Italienische Wirtschaftsgeschichte, Bd 1, Jena 1934; W. Endrei, Der Trittwebstuhl im frühmittelalterlichen Europa, in: Acta Historica 8, 1961, S. 107–136; W. Endrei, L'evolution des techniques du filage et du tissage, Paris 1968; H. Grunfelder, Die Färberei in Deutschland bis zum Jahre 1300, in: VSWG 16, 1922, S. 307–324; W. La Baume, Die Entwicklung des Textilhandwerks in Alteuropa, Bonn 1955; K.-H. Ludwig, Spinnen im Mittelalter unter besonderer Berücksichtigung der Arbeiten »cum rota«, in: TG 57, 1990, S. 77–89; G. de Poerck, La draperie médievale en Flandre et en Artois, Brugge 1951; N. W. Posthumus, De geschiedenis van de Leidsche lakenindustrie, 's-Gravenhage 1908; W. v. Stromer, Die Gründung der Baumwollindustrie in Mitteleuropa, Stuttgart 1978; B. Tietzel, Geschichte der Webkunst, Technische Grundlagen und künstlerische Traditionen, Köln 1988; L. Wever, Die Anfänge des deutschen Leinengewerbes, in: Zeitschrift des Bergischen Geschichtsvereins 50, 1917, S. 177–247; F. Wielandt, Das Konstanzer Leinengewerbe, Konstanz 1950.

Das Bauwesen in einem komplexen System

G. Binding, Baumeister und Handwerker im Baubetrieb, in: A. Legner (Hg.), Ornamenta Ecclesiae, Bd 1, Köln 1985, S. 171–183; G. Binding und N. Nussbaum, Der mittelalterliche Baubetrieb nördlich der Alpen in zeitgenössischen Darstellungen, Darmstadt 1985; W. Braunfels, Abendländische Klosterbaukunst, Köln [5]1985; H. Dopsch, Der Almkanal in Salzburg, in: J. Sydow (Hg.), Städtische Versorgung und Entsorgung im Wandel der Geschichte, Sigmaringen 1981, S. 46–76; J. Fitchen, Mit Leiter, Strick und Winde, Bauen vor dem Maschinenzeitalter, Basel 1988; R. A. Goldthwaite, The building of Renaissance Florence, Baltimore 1980; K. Grewe, Der Fulbert-Stollen am Laacher See, in: Zeitschrift für Archäologie des Mittelalters 7, 1979, S. 107–142; W. Schöler, Ein Katalog mittelalterlicher Baubetriebsdarstellungen, in: TG 54, 1987, S. 77–100; H. Straub, Die Geschichte der Bauingenieurkunst, Ein Überblick von der Antike bis in die Neuzeit, Basel [2]1964; F. Toussaint, Lastenförderung durch fünf Jahrtausende, dargestellt in Dokumenten der bildenden Kunst, Mainz 1965.

Verkehr und Transport auf alten und neuen Wegen

M. N. Boyer, Medieval French bridges, A history, Cambridge, MA, 1976; J. Bracker (Hg.), Die Hanse, Lebenswirklichkeit und Mythos, 2 Bde, Hamburg 1989; F. Bruns und H. Weczerka, Hansische Handelsstraßen, 2 Bde, Köln 1967, Weimar 1968; D. Ellmers, Von der Schiffslände zum Hafenbecken, in: Jahrbuch der Hafenbautechnischen Gesellschaft 40, 1983/84, S. 5–19; D. Ellmers, Am Anfang war die Kogge, in: H. G. Niemeyer und R. Pörtner (Hg.), Die großen Abenteuer der Archäologie, Bd 6, Salzburg 1985, S. 2174–2194; D. Ellmers, Development and usage of Harbour cranes, in: Medieval ships and the birth of technological societies, Bd 1: Northern Europe, Malta 1989, S. 43–69; E. Gasner, Zum deutschen Straßenwesen, Leipzig 1889; R. Häpke, Brügges Entwicklung zum mittelalterlichen Weltmarkt, Berlin 1908; F. Heffeter, Die Salzachschiffahrt und die Stadt Laufen, in: Mitteilungen der Gesellschaft für Salzburger Landeskunde 129, 1989, S. 5–60; H.-W. Keweloh (Hg.), Flößerei in Deutschland, Stuttgart 1985; J. P. Leguay, La rue au moyen age, Rennes 1984; D. Lohrmann, Mühlenbau, Schiffahrt und Flußumleitungen im Süden der Grafschaft Flandern-Artois (10.–11. Jahrhundert), in: Francia 12, 1984, S. 149–192; E. Maschke, Die Brükke im Mittelalter, in: E. Maschke und J. Sydow (Hg.), Die Stadt am Fluß, Sigmaringen 1978, S. 9–39; N. Ohler, Reisen im Mittelalter, München [2]1988; W. D. Parsons, Engineers and engineering in the Renaissance, Cambridge, MA, repr. 1968; J. Plesner, Una rivoluzione stradale del Dugento, Aarhus 1938; U. Schnall, Navigation der Wikinger, Nautische Probleme der Wikingerzeit im Spiegel der schriftlichen Quellen, Oldenburg 1975; L. Tarr, Karren, Kutsche, Karosse, Eine Geschichte des Wagens, Budapest und Berlin [2]1978; W. Treue (Hg.), Achse, Rad und Wagen, Göttingen [2]1986; R. W. Unger, The ship in the medieval economy 600–1600, London 1980.

Mehr Salz aus unterschiedlichen Betrieben

J.-F. Bergier, Die Geschichte vom Salz, Frankfurt am Main 1989; H.-H. Emmons und H.-H. Walter, Alte Salinen in Mitteleuropa, Leipzig 1988; D. Hägermann, Das Registrum bonorum salinarium von ca. 1369 / 70, Ein mittelalterliches »Aktionärsverzeichnis« aus Lüneburg, in: Niedersächsisches Jahrbuch für Landesgeschichte 61, 1989, S. 125–158; D. Hägermann und K.-H. Ludwig, Mittelalterliche Salinenbetriebe, Erläuterungen, Fragen und Ergänzungen zum Forschungsstand, in: TG 51, 1984, S. 155–189; J. C. Hoquet, Le sel et le pouvoir, De l'an mil à la révolution française, Paris 1984; J.-C. Hoquet und R. Palme (Hg.), Das Salz in der Rechts- und Handelsgeschichte, Schwaz 1991; H. Klein, Zur Geschichte der Technik des alpinen Salzbergbaues in Mittelalter, in: Mitteilungen der Gesellschaft für Salzburger Landeskunde 101, 1961, S. 261–268; F. Koller, Hallein im frühen und hohen Mittelalter, in: Mitteilungen der Gesellschaft für Salzburger Landeskunde 116, 1976, S. 1–116; C. Lamschus (Hg.), Salz – Arbeit – Technik, Produktion und Distribution in Mittelalter und Früher Neuzeit, Lüneburg 1989; R. P. Mult-

HAUF, Neptun's Gift, A history of common salt, Baltimore 1978; R. PALME, Rechts-, Wirtschafts- und Sozialgeschichte der inneralpinen Salzwerke bis zu deren Monopolisierung, Frankfurt am Main 1983; H. WANDERWITZ, Studien zum mittelalterlichen Salzwesen in Bayern, München 1984; H. WANDERWITZ, Zur Technik der Reichenhaller Salzgewinnung im 12. Jahrhundert, in: Mitteilungen der Gesellschaft für Salzburger Landeskunde 123, 1983, S. 143–148; H. WITTHÖFT, Struktur und Kapazität der Lüneburger Saline seit dem 12. Jahrhundert, in: VSWG 63, 1976, S. 1–117; F. ZAISBERGER, Beiträge zum Triftwesen in den bayerischen Saalforsten, in: Kniepass-Schriften 8 / 9, 1978, S. 1–42.

Waffen und Kriegsgerät für Angriff und Verteidigung

C. M. GILLMOR, The introduction of the traction trebuchet into the Latin West, in: Viator 12, 1981, S. 1–8; A. R. HALL, Guido's Texaurus, 1335, in: B. S. HALL und D. C. WEST (Hg.), On pre-modern technology and science, Malibu 1976, S. 11–52; D. R. HILL, Trebuchets, in: Viator 4, 1973, S. 99–116; J. NEEDHAM, China's trebuchets, manned and counterweighted, in: B. S. HALL und D. C. WEST (Hg.), On premodern technology and science, Malibu 1976, S. 107–145; V. SCHMIDTCHEN, Kriegswesen im späten Mittelalter, Technik, Taktik, Theorie, Weinheim 1990; K. G. ZINN, Kanonen und Pest, Über die Ursprünge der Neuzeit im 14. und 15. Jahrhundert, Opladen 1989.

Kirchliches Kunsthandwerk

E. BAUMGARTNER und I. KRUEGER, Phönix aus Sand und Asche, Glas des Mittelalters, München 1988; K. DENGLER-SCHREIBER, Scriptorium und Bibliothek des Klosters Michelsberg in Bamberg, Graz 1979; J. L. FISCHER, Handbuch der Glasmalerei, Leipzig [2]1937; G. FRENZEL und E. FRODL-KRAFT, Referat auf der Tagung »Corpus Vitrearum medii aevi«, in: Österreichische Zeitschrift für Kunst und Denkmalpflege 17, 1963, S. 93–114; W. KEMP, Sermo Corporeus, Die Erzählung der mittelalterlichen Glasfenster, München 1987; ST. KRIMM, Die mittelalterlichen und frühneuzeitlichen Glashütten im Spessart, Aschaffenburg 1982; A. LEGNER (Hg.), Ornamenta Ecclesiae, Kunst und Künstler der Romanik, 3 Bde, Köln 1985; Technik des Kunsthandwerks im zwölften Jahrhundert, Des Theophilus Presbyter Diversarum artium schedula, Neuausgabe mit einer Einführung durch W. v. STROMER, Düsseldorf 1984; VITREA DEDICATA, Das Stifterbild in der deutschen Glasmalerei des Mittelalters, Berlin 1975.

Volker Schmidtchen
Technik im Übergang vom Mittelalter zur Neuzeit

Abkürzungen

Singer	=	Ch. Singer, E. J. Holmyard, A. R. Hall und T.I. Williams (Hg.), A history of technology, Bd 2 und 3, Oxford 1956 / 57
TG	=	Technikgeschichte
VSWG	=	Vierteljahrschrift für Sozial- und Wirtschaftsgeschichte

Montan- und Hüttenwesen zwischen Stagnation und Konjunktur

G. Agricola, Zwölf Bücher vom Berg- und Hüttenwesen, Basel 1556, dt.: Stuttgart 1977; W. Arnold (Hg.), Eroberung der Tiefe, Leipzig [5]1973; Chr. Bartels und R. Slotta, Meisterwerke bergbaulicher Kunst vom 13. bis 19. Jahrhundert, Bochum 1990; K. Bax, Der deutsche Bergmann im Wandel der Geschichte, Berlin 1941; P. Beierlein, Lazarus Ercker, Bergmann, Hüttenmann und Münzmeister im 16. Jahrhundert, Berlin 1955; V. Biringuccio, Pirotechnia, Venedig 1540, dt.: Braunschweig 1925; W. Bornhardt, Geschichte des Rammelsberger Bergbaus von seiner Aufnahme bis zur Neuzeit, Berlin 1931; P. Braunstein, Mines et métallurgie en France à la fin du moyen age, Perspectives d'ensembles et recherches bourguignonnes, in: Der Anschnitt, Beiheft 2, 1984, S. 86–94; H. Dickmann, Aus der Geschichte der deutschen Eisen- und Stahlerzeugung, Düsseldorf [2]1959; E. Egg, Das Wirtschaftswunder im silbernen Schwaz, Wien 1958; G.R. Engewald, Georgius Agricola, Leipzig 1982; E. Fischer, Aus der Geschichte des sächsischen Berg- und Hüttenwesens, Hamburg 1965; K. Fritzsch, Der Bergmann in den Kuttenberger Miniaturen des ausgehenden Mittelalters, in: Der Anschnitt 19, 1965, H. 6, S. 4–40; B. Gille, Les origines de la grand de industrie métallurgique en France, Paris 1947; J. Grandemange, Les mines d'argent du duché de Lorraine au XVIe siècle, Paris 1991; F. Gruber und K.-H. Ludwig, Salzburger Bergbaugeschichte, Ein Überblick, Salzburg und München 1982; M. Hegemann, Die geschichtliche Entwicklung des Erbstollenrechts im deutschen Bergbau, Diss. Clausthal 1977; G. Heilfurth, Das Montanwesen als Wegbereiter im sozialen und kulturellen Aufbau der Industriegesellschaft Mitteleuropas, Wien 1972 (Leobener Grüne Hefte, H. 140); G. Heilfurth, Der Bergbau und seine Kultur, Zürich 1981; E. Henschke, Landesherrschaft und Bergbauwirtschaft, Zur Wirtschafts- und Verwaltungsgeschichte des Oberharzer Bergbaugebietes im 16. und 17. Jahrhundert, Berlin 1974; R. Hildebrandt, Die Krise auf dem europäischen Kupfermarkt 1570–1580, in: Der Anschnitt, Beiheft 2, 1984, S. 170–178; H. Kellenbenz (Hg.), Schwerpunkte der Eisengewinnung und Eisenverarbeitung in Europa 1500–1650, Kölner Kolloquien zur internationalen Sozial- und Wirtschaftsgeschichte II, Köln 1974; H. Kellenbenz (Hg.), Schwerpunkte der Kupferproduktion und des Kupferhandels in Europa 1500–1650, Köln 1977; F. Kirnbauer, 400 Jahre Schwazer Bergbau, 1556–1956, Wien 1956; F. Kirnbauer, Die Geschichte des Bergbaus, in: F. Klemm (Hg.), Die Technik der Neuzeit, Bd 2, H. 1, Potsdam 1941, S. 1–42; W. Kroker und E. Westermann (Bearbeiter), Montanwirtschaft Mitteleuropas vom 12. bis 17. Jahrhundert, Stand, Wege und Aufgaben der Forschung, in: Der Anschnitt, Beiheft 2, 1984; G. Laub, Zur Technologie der Kupfererzgewinnung aus Rammelsberger Erzen im Mittelalter, in: Harz-Zeitschrift 32, 1980, S. 15–76; A. Laube, Bergbau und Hüttenwesen in Frankreich um die Mitte des 15. Jahrhunderts, Eine Studie über die Entstehung kapitalistischer Produktionsverhältnisse in den Gruben der Lyonnais und Beaujolais, Leipzig 1964 (Freiberger Forschungshefte, D. 38); A. Laube, Studien über den erzgebirgischen Silberbergbau von 1470–1546, Berlin 1976; Leonardo da Vinci, Codices Madrid I-II, Bd 1–5, Faksimile, dt. Kommentar von L. Reti, Frankfurt am Main 1974; H. Lohse, 600 Jahre Schmalkalder Eisengewinnung und Eisenverarbeitung vom 14.–20. Jahrhundert, Meiningen 1965; K.-H. Ludwig, Invention, Innovation und Privilegierung in der ersten Hälfte des 16. Jahrhunderts, Das Beispiel der mechanischen Erzaufbereitung, in: TG 45, 1978, S. 148–161; K.-H. Ludwig, Der Salzburger Edelmetallbergbau des 16. Jahrhunderts als Spiegel der Moderne, in: Der Anschnitt 30, 1978, S. 55–65; K.-H. Ludwig, Sozialstruktur, Lehenschaftsorganisation und Einkommensverhältnisse im Bergbau des 15. und 16. Jahrhunderts, in: Der Anschnitt, Beiheft 2, 1984, S. 118–124; K.-H. Ludwig, Zur Problematik der Göpelförderung im mittelalterlichen und frühneuzeitlichen Bergbau, in: Festschrift für W. von Stromer, Trier 1987, S. 1023–1038; H. Maschat, Leonardo da Vinci und die Technik der Renaissance, München 1989; M. Mitterauer (Hg.), Österreichisches Montanwesen, München 1974; W. Pieper, Ulrich Rülein von Calw und sein Bergbüchlein, Berlin 1955; U. Porst, Die Bedeutung Agricolas für die Technik, in: Technik 10, 1955, S. 643–647; G. Schreiber, Der Bergbau in Geschichte, Ethos und Sakralkultur, Köln 1962; K. Schwarz, Untersuchungen zur Geschichte der deutschen Bergleute im späten Mittelalter, Berlin 1958 (Freiberger Forschungshefte, D. 20); J. Strieder, Die deutsche Montan- und Metallindustrie im Zeitalter der Fugger, Berlin 1931 (Deutsches Museum, Abhandlungen und Berichte 3, H. 6); W. v. Stromer, Wassersnot und Wasserkünste im Bergbau des Mittelalters und der frühen Neuzeit, in: Der Anschnitt, Beiheft 2, 1984, S. 50–72; L. Suhling, Innovationen im Montanwesen der Renaissance, Zur Frühgeschichte des Tiroler Abdarrprozesses, in: TG 42, 1975, S. 97–119; L. Suhling, Der Seigerhüttenprozeß, Die Technologie des Kupferseigerns nach dem frühen metallurgischen Schrifttum, Stuttgart 1976; L. Suhling, Das Erfahrungswissen des Bergmanns als ein neues Element der Bildung im Zeitalter des Humanismus, in: Der Anschnitt 29, 1977, S. 212–218; L. Suhling, Berg- und Hüttenwesen im Mitteleuropa zur Agricola-Zeit, in: G. Agricola, Zwölf Bücher vom Berg- und Hüttenwesen, Düsseldorf 1928, repr. München 1977, S. 570–584; L. Suhling, Innovationsversuche in der nordalpinen Metallhüttentechnik des späten 15. Jahrhunderts, in: TG 45, 1978, S. 134–147; L. Suhling, Technologische Entwicklungen in der mittelalterlichen Kupfermetallurgie, in: Erzmetall, Bd 31, 1978, H. 7/8, S. 348–353; L. Suhling, Bergbau, Territorialherrschaft und technologischer Wandel, Prozeßinnovationen im Montanwesen der Renaissance am Beispiel der mitteleuropäischen Silberproduktion, in: U. Troitzsch und G. Wohlauf, Technik-Geschichte, Frankfurt am Main 1980, S. 139–179; L. Suhling, Aufschließen, Gewinnen und Fördern, Geschichte des Bergbaus, Reinbek 1983; H. Valentinitsch, Das landesfürstliche Quecksilberbergwerk Idria 1575–1659, Graz 1981; J. Vozar, Der erste Gebrauch von Schießpulver im Bergbau (Die Legende von Freiberg – die Wirklichkeit von Banska Stiavnica), in: Mélanges, Studia Historica Slovaca 10, 1978, S. 257–280; O. Wagenbreth, E. Wächtler u. a., Bergbau im Erzgebirge, Technische Denkmale und Geschichte, Leipzig 1900; E. Westermann (Hg.), Quantifizierungsprobleme bei der Erforschung der europäischen Montanwirtschaft des 15.–18. Jahrhunderts, St. Katharinen 1988; E. Westermann, Die Bedeutung des Thüringer Saigerhandels für den mitteleuropäischen Handel an der Wende vom 15. zum 16. Jahrhundert, in: Jahrbuch für die Geschichte Mittel-Ostdeutschlands 21, 1972; H. Winkelmann (Bearbeiter), Schwazer Bergbuch 1546, Bochum 1956.

Das Salz der Erde

W. Carlé, Die natürlichen Grundlagen und die technischen Methoden der Salzgewinnung in Schwäbisch-Hall, in: Jahreshefte des Vereins für vaterländische Naturkunde Württembergs 120, 1965, S. 79–119; 1966, S. 64–136; H.-H. Emons und H.-H. Walter, Mit dem Salz durch die Jahrtausende, Geschichte des weißen Goldes – Von der Urzeit bis zur Gegenwart, Leipzig 1984; H.-H. Emons und H.-H. Walter, Die Siedesalzproduktion in Deutschland vom 16. bis zum 19. Jahrhundert, in: Der Anschnitt 38, 1986, S. 27–44; M. Feulner, Die berühmte Berchtesgadener Soleleitung, Berchtesgaden 1969 (Berchtesgadener Schriften 6); E. Fulda, Die Salzlagerstätten Deutschlands, Berlin 1938; A. Funke, Die Reichenhaller Saline bis zur Begründung des herzoglichen Produktionsmonopols, München 1910; F. A. Fürer, Salzbergbau und Salinenkunde, Braunschweig 1900; W. Günther, Die Saline Hall in Tirol, Wien 1972; D. Hägermann und K.-H. Ludwig, Mittelalterliche Salinenbetriebe, Erläuterungen, Fragen und Ergänzungen zum Forschungsstand, in: TG 51, 1984, S. 155–189; O. Hampel, Salzhandel und Salzproduktion der Stadt Halle bis zum Jahr 1700, Diss. Königsberg 1925; H. Klaiber, Zur Geschichte der deutschen Salinen, in: Saline 1, 1936, S. 50–69; H. Klein, Zur Geschichte der Technik des alpinen Salzbergbaus im Mittelalter, in: Mitteilungen der Gesellschaft für Salzburger Landeskunde 101, 1961, S. 261–268; G. Körner, Das Salzwerk zu Lüneburg, in: Lüneburger Blätter, 1957, S. 41–55; G. Körner, Die Kapazität der Lüneburger Saline, in: Lüneburger Blätter, 1962, S. 125–128; W. Lossen, Geschichte und Beschreibung der Bad Reichenhaller Solequellen, der Soleleitungen von Berchtesgaden bis Rosenheim der Bad Reichenhaller Saline, Bad Reichenhall 1978; R. Palme, Die landesherrlichen Salinen- und Salzbergrechte im Mittelalter, Eine vergleichende Studie, Innsbruck 1974; R. Palme, Einflüsse der sich wandelnden Salzgewinnungstechnik auf Salzberg- und Salinenordnungen des späten Mittelalters und der frühen Neuzeit, in: TG 53, 1986, S. 1–26; P. Piasecki, Das deutsche Salinenwesen 1550–1650, Invention, Innovation, Diffusion, Idstein 1987; O. Pickel, Die Salzproduktion im Ostalpenraum am Beginn der Neuzeit, in: M. Mitterauer (Hg.), Österreichisches Montanwesen, Produktion, Verteilung, Sozialform, Wien 1974; U. Reinhardt, Saline Lüneburg 956–1980, Zur Geschichte eines traditionsreichen Unternehmens, in: Der Anschnitt 33, 1981, S. 46–61; T. Schrievers, Solbad Hall, Die alte Salzstadt in Tirol, in: Tiroler Heimatblatt 34, 1959, S. 89–98; L. Thome, Die Salzfabrikation in den Lothringischen Salinen bis zur Zeit der französischen Revolution, in: Zeitschrift für die Geschichte der Saargegend 20, 1982, S. 45–76; H. Walter, Zur Entwicklung der Siedesalzgewinnung in Deutschland von 1500–1900 unter besonderer Berücksichtigung chemisch-technologischer Probleme, Diss. Freiberg 1985; L. White, Die Technik des Mittelalters und der Wandel der Gesellschaft, Boston 1961; H. Witthöft, Struktur und Kapazität der Lüneburger Saline seit dem 12. Jahrhundert, in: VSWG 63, 1976, S. 1–117.

Strukturwandel im Kriegswesen

C. T. Allmand (Hg.), Society at war, The experience of England and France during the Hundred Years War, Edinburgh 1973; H. Ammann, Die Habsburger und die Schweiz, in: Argovia, Jahresschrift der Historischen Gesellschaft des Kantons Aargau 43, 1931, S. 125–153; H. Ammann, Nürnbergs industrielle Leistung im Spätmittelalter, in: F. Lütge, (Hg.), Wirtschaftliche und soziale Probleme der gewerblichen Entwicklung im 15./16. und 19. Jahrhundert (Forschungen zur Sozial- und Wirtschaftsgeschichte, Bd 10), Stuttgart 1968, S. 1–15; A. Banks, A world atlas of military history, to 1500, London 1973; J. Barnie, War in medieval society, Social values and the Hundred Years War 1337–99, London 1974; E. Bischoff, Die Überlieferung der technischen Literatur, in: Settimane di studio del Centro Italiano di Studi sull'Alto Medioevo 8, 1971, S. 267–296; H. Blackmoore, Arms and armour, New York 1965; C. Blair, European armour 1066–1700, London 1958; J. R. Bory, Les suisses au service étranger et leur musée, Nyon 1965; E. Brockman, The two sieges of Rhodes 1480–1522, London 1969; Ch. Brusten, L'armée Bourguignonne de 1465 à 1468, Brüssel 1953; A. H. Burne, The Crecy War, London 1955; A. H. Burne, The battle of Poitiers, in: English Historical Review 53, 1938, S. 21–52; A. H. Burne, The Agincourt War, London 1956; G. Cannestrini, Arte militare meccanica medievale, Mailand 1946; M. Clagette, The science of mechanics in the middle ages, London 1961; Ph. Contamine, La guerre au moyen age, Paris 1980; E. Denis, Huss et la guerre des Hussites, Paris 1930; E. Dürr, Die Politik der Eidgenossen im 14. und 15. Jahrhundert, Bern 1933; R. E. Dupuy und T. N. Dupuy, The encyclopedia of military history from 3500 B. C. to the present, London 1977; J. Durdik, Hussitisches Heerwesen, Berlin 1961; J. F. Fino, Machines de jet Médiévales, in: Gladius 10, 1972, S. 25–43; O. Gamber, Schutzwaffen, Glossarium Armorum, Graz 1972; A. Gasser, Schlacht bei Murten 22. Juni 1476, in: Schweizer Soldat 51, 1976, H. 5, S. 16–17; J. Gimpel, The medieval machine, The Industrial Revolution of the middle ages, London 1977; R. A. Hall, Military technology, in: Singer, Bd 3, S. 347–376; E. Harmuth, Die Armbrust, Graz 1975; E. Heer, Armes et armoures au temps des guerres de Bourgogne, in: Grandson 1476, Bern 1978, S. 170–200; I. Hein, Bogenhandwerk und Bogensport bei den Osmanen, in: Islam 14, S. 289–360; F. G. Heymann, John Zizka and the Hussite Revolution, Princeton 1969; D. Hill, Trebuchets, in: Viator 4, 1973, S. 99–116; A. Hoff, Feuerwaffen, 2 Bde, Braunschweig 1969; K. Huuri, Zur Geschichte des mittelalterlichen Geschützwesens aus orientalischen Quellen, Helsinki 1941; W. Juker, Die alten Eidgenossen im Spiegel der Berner Chroniken, Bern 1964; J. Keegan, Die Schlacht, München 1981; H. R. Kurz, Schweizer Schlachten, Bern 1962; J. G. Mann, Notes on the evolution of plate armour in Germany in the 14th and 15th century, in: Archaeologia or miscellaneous tracts relating to antiquity 84 1934, S. 69–97; Th. McGuffie, The long-bow as a decisive weapon, in: History Today 11, 1955, S. 737–741; H. Müller, Historische Waffen, Berlin 1957; Ch. W. C. Oman, The art of war in the middle ages, A. D. 378–1515, Ithaca 1960; J. A. Partington, A history of greek fire and gunpowder, Cambridge 1960; R. W. F. Payne-Gallwey, The Crossbow, London [2]1958; G. Quarg (Bearbeiter), Konrad Kyeser aus Eichstätt: Bellifortis, kommentierter Faksimile-Druck, Düsseldorf 1967; B. Rathgen, Das Geschütz im Mittelalter, eingel. von V. Schmidtchen, repr. Düsseldorf 1987; A. v. Reitzenstein, Der Waffenschmied, München 1964; A. v. Reitzenstein, Rittertum und Ritterschaft, München 1972; L. Renn, Krieger, Landsknecht und Soldat, Wien und Weimar 1979; W. Schaufelberger, Der alte Schweizer und sein Krieg, Zürich 1966; M. Schefold, Das mittelalterliche Hausbuch als Dokument für die Geschichte der Technik, in: Beiträge zur Geschichte der Technik und Industrie 19, 1929, S. 127–132; V. Schmidtchen, Bombarden, Befestigungen, Büchsenmeister, Eine Studie zur Entwicklung der Militärtechnik, Düsseldorf 1977; V. Schmidtchen, Riesengeschütze des 15. Jahrhunderts – Technische Höchstleistungen ihrer Zeit, in: TG 44, 1977, S. 153–173, 213–237; V. Schmidtchen, Karrenbüchse und Wagenburg – Hussitische Innovationen zur Technik und Taktik des Kriegswesens im späten Mittelalter, in: V. Schmidtchen und E. Jäger (Hg.): Wirtschaft, Technik und Geschichte, Beiträge zur Erforschung der Kulturbeziehungen in Deutschland und Osteuropa, Festschrift für Albrecht Timm, Berlin 1980, S. 83–108; V. Schmidtchen, Militärische Technik zwischen Tradition und Innovation am Beispiel des Antwerks, Ein Beitrag zur Geschichte des mittelalterlichen Kriegswesens, in: G. Keil (Hg.), Festschrift zum 70. Geburtstag von Willem F. Daems, Pattensen 1982, S. 213–316; V. Schmidtchen, Kriegswesen im späten Mittelalter, Technik, Taktik, Theorie,

Weinheim 1990; P. SCHMITTHENNER, Das freie Söldnertum im abendländischen Imperium des Mittelalters, München 1934; H. SCHNEIDER, Praktische Erfahrungen mit der Halmbarte, in: Schweizer Waffen-Magazin 1, 1982, S. 48/49; H. SEITZ, Blankwaffen, Bd 2, Braunschweig 1968; D. SEWARD, The monks of war, London 1972; F. L. TAYLOR, The art of war in Italy, 1494–1529, Westport 1973; B. THOMAS, Deutsche Plattnerkunst, München 1944; A. TIMM, Technologie und Technik im Übergang zwischen Mittelalter und Neuzeit, in: VSWG 46, 1959, S. 350–360; W. TITTMANN, Der Mythos vom »Schwarzen Bergholt«, in: Waffen- und Kostümkunde 25, 1982, H. 1, S. 17–30; G. TREASE, Die Condottieri, Söldnerführer, Glücksritter und Fürsten der Renaissance, München 1974; R. URBANEK, Jan Zizka, The Hussite, in: Slavonic Review 3, 1924, S. 272–284; M. G. A. VALE, New techniques and old ideas: The impact of artillery on war and chivalry at the end of the Hundred Years War, in: CH. T. ALLMAND (Hg.), War literature and politics in the late middle ages, Liverpool 1976, S. 57–72; O. VASELLA, Vom Wesen der Eidgenossenschaft im 15. und 16. Jahrhundert, in: Historisches Jahrbuch 71, 1952, S. 165–183; J. F. VERBRUGGEN, The art of warfare in Western Europe during the middle ages from the 8th century to 1340, Amsterdam 1977; E. WAGNER, Hieb- und Stichwaffen, Prag und Hanau 1975; PH. WARNER, Sieges of the middle ages, London 1968; E. WETTENDORFER, Zur Technologie der Steinbüchsen, in: Zeitschrift für historische Waffen- und Kostümkunde 14, 1937, S. 47–154; L. WHITE, Die mittelalterliche Technik und der Wandel der Gesellschaft, München 1968; L. WHITE, Technology and invention in the middle ages, in: Speculum 15, 1940, S. 141–159; C. M. WILBUR, The history of the crossbow, in: Anual report of the Smithsonian institution, 1936, S. 427–438; J. K. B. WILLERS, Die Nürnberger Handfeuerwaffe bis zur Mitte des 16. Jahrhunderts, Nürnberg 1973; J. ZIMMERMANN, Wehrwesen und Zünfte, in: Schaffhauser Beiträge zur vaterländischen Geschichte 38, 1961, S. 82–90.

METALLVERARBEITUNG

H. AMMANN, Die wirtschaftliche Stellung der Reichsstadt Nürnberg im Spätmittelalter, in: Nürnberger Forschungen 13, 1970, S. 49–68; J. ARENS, Ziehen, Schleifen und Polieren in der Geschichte der Technik, Aachen 1963; L. BECK, Geschichte des Eisens, 4 Bde, Braunschweig 1893–1895; W. BERNT, Altes Werkzeug, München 1939; W. CLAAS, Vom Draht und den Altenaer Drahtrollen, in: TG 21, 1931 / 32, S. 133–142; O. H. DÖHNER, Geschichte der Eisendrahtindustrie, Berlin 1925; W. ENGELS und P. LEGERS, Aus der Geschichte der Remscheider und Bergischen Werkzeug- und Eisenindustrie, Remscheid 1928; H. FATTHAUER, Das Bremische Metallgewerbe vom 16. bis Mitte des 19. Jahrhunderts, Bremen 1936 (Veröffentlichungen aus dem Staatsarchiv der Freien Hansestadt Bremen, H. 13); W. FIRSCHING, Tausend Jahre Amberger Bergbau und Eisenindustrie, Kallmünz 1930; A. FLAIG, Das mittelalterliche Schmiedehandwerk Kölns unter besonderer Berücksichtigung von Material, Technik und Arbeitsteilung, Köln 1926; F. FUHSE, Schmiede und verwandte Gewerbe in der Stadt Braunschweig, Leipzig 1930; K. M. GRÜNINGER, Das ältere deutsche Schmiedehandwerk auf dem Lande, Bonndorf 1924; W. J. HARTMANN, Kupfer – das Abenteuer einer Revolution, Darmstadt o. J.: F. HENDRICHS, Die Entstehung der Solinger Schwert- und Messerzünfte bis zum Dreißigjährigen Krieg, in: Beiträge zur Geschichte der Technik 19, 1929, S. 113–120; O. JOHANNSEN, Die Erfindung der Eisengußtechnik, in: Stahl und Eisen 39, 1919, S. 1457–1466 und 1625–1629; O. JOHANNSEN, Geschichte des Eisens, Düsseldorf [3]1953; R. KELLERMANN, Die soziale und wirtschaftliche Bedeutung des Nürnberger Handwerks im 15. und 16. Jahrhundert, in: W. TREUE, F. KLEMM, W. v. STROMER u. a. (Hg.), Das Hausbuch der Mendelschen Zwölf-Brüder-Stiftung, Deutsche Handwerkerbilder des 15. und 16. Jahrhunderts, München 1965, S. 71–92; R. KELLERMANN und W. TREUE, Die Kulturgeschichte der Schraube, München [2]1962; K. LEY, Zur Geschichte der ältesten Entwicklung der Siegerländer Stahl- und Eisenindustrie, Münster 1906; H. Lohse, Sechshundert Jahre Schmalkalder Eisengewinnung und Eisenverarbeitung vom 14. bis. 20. Jahrhundert, Meiningen 1965; A. Lück, Vom Eisen, Der Weg des Siegerländer Eisens durch zweieinhalb Jahrtausende, Siegen [2]1959; A. Lück, Beiträge zur Geschichte der Weißblechherstellung, in: Stahl und Eisen 85, 1965, S. 1743–1750; H. Lüer, Technik der Bronzeplastik, Leipzig 1902; L. Lüsebrink, Die Osemundindustrie, Lüdenscheid 1913; E. Matthes, Die Einführung der Weißblechindustrie in Sachsen 1536, in: Archiv für Sippenforschung und verwandte Gebiete 19, 1942, S. 121–127 und 154–159; A. Meister, Die Anfänge der Eisenindustrie in der Grafschaft Mark, Dortmund 1909; A. Neuhaus, Das Handwerk der Messerer in Nürnberg, in: Zeitschrift für historische Waffen- und Kostümkunde, N. F. 3, 1929 / 31, S. 171–173; A. Neuhaus, Die Privilegien des Messererhandwerks zu Nürnberg, in: Zeitschrift für historische Waffen- und Kostümkunde N. F. 4, 1932 / 34, S. 12–18, 41 und 60–65; B. Neumann, Die Metalle, Geschichte, Vorkommen und Gewinnung, Halle 1904; J. Ofner, Die Eisenstadt Steyr, Steyr 1956; H. Pirchegger, Das steirische Eisenwesen, Bd 1, Graz 1937; A. Pomp, W. Knackstedt und H. Krautmacher, Änderung der Eigenschaften des Drahtes durch das Ziehen, in: H. Kegel (Hg.), Herstellung von Stahldraht, Düsseldorf 1969, I., S. 219–264; F. Popelka, Geschichte des Handwerks in Obersteiermark bis zum Jahre 1527, in: VSWG 19, 1926, S. 86–144; F. Posch, Die oberösterreichischen Sensenschmiede und ihre Eisen- und Stahlversorgung aus der Steiermark, in: Mitteilungen des oberösterreichischen Landesarchivs 8, 1964, S. 473–485; K. Prior, A. Schröder u. a., Kupfer in Natur, Technik, Kunst und Wirtschaft, Hamburg 1966; A. von Reitzenstein, Der Waffenschmied, München 1964; F. M. Ress, Die oberpfälzische Eisenindustrie im Mittelalter und in der beginnenden Neuzeit, in: Archiv für das Eisenhüttenwesen 21, 1950, S. 205–215; F. M. Ress, Der Eisenhandel der Oberpfalz in alter Zeit, München 1951 (Deutsches Museum, Abhandlungen und Berichte 19, H. 1); P. Rump, Die Herstellung westfälischen Zieheisens, Ein Beitrag zur Geschichte des Drahtziehens, in: Stahl und Eisen 84, 1964, S. 1260–1269; F. Schmidt, Das Drahtgewerbe in Altena, Altena 1949 (Beiträge zur Geschichte und Heimatkunde des märkischen Süderlandes II); H. Schmidt und H. Dickmann, Bronze- und Eisenguß, Düsseldorf 1958; H. Schubert, Geschichte der nassauischen Eisenindustrie, Von den Anfängen bis zur Zeit des Dreißigjährigen Krieges, Marburg 1937 (Veröffentlichungen der Historischen Kommission für Nassau, Bd 9); W. Schuster, Geschichte des Eisenhüttenwesens, in: F. Klemm (Hg.), Die Technik der Neuzeit, 2. Bd, Potsdam 1941, S. 64–99; R. Sprandel, Das Eisengewerbe im Mittelalter, Stuttgart 1968; R. Stahlschmidt, Die Geschichte des eisenverarbeitenden Gewerbes in Nürnberg von den ersten Nachrichten im 12. / 13. Jahrhundert bis 1630, Nürnberg 1970; W. v. Stromer, Innovation und Wachstum im Spätmittelalter, Die Erfindung der Drahtmühle als Stimulator, in: TG 44, 1977, S. 89–120; K. Ullmann, Das Werk des Waffenschmieds, Essen 1962; E. von Wedel, Die geschichtliche Entwicklung des Umformens in Gesenken, Düsseldorf 1960; A. Weyersberg, Solinger Schwertschmiede des 16. und 17. Jahrhunderts und ihre Erzeugnisse, Solingen 1926; L. Wittmann, Von alten Hammerschmieden und Schmelzhütten, in: Nürnberger Landschaft, Mitteilungen 9, 1960, S. 21–29; J. Zeitlinger, Sensen, Sensenschmiede und ihre Technik, in: Jahrbuch des Vereins für Landeskunde und Heimatpflege im Gau Oberdonau (Linz) 91, 1944, S. 13–178.

Bau, Steine, Erden

J. Ackermann, Michelangelo als Architekt, London 1961; J. S. Ackermann, The architecture of Michelangelo, New York 1961; J. S. Ackermann, Palladio, Stuttgart 1980; G. Agricola, Zwölf Bücher vom Berg- und Hüttenwesen,

Berlin 1928; M.W. BARLEY (Hg.), European towns their archaeology and early history, London 1977; C. BARONI, Bramante, Bergamo 1944; E. BATTISTI, Filippo Brunelleschi, Das Gesamtwerk, Stuttgart 1979; F. BAUMGART, Geschichte der abendländischen Baukunst, Köln 1960; A. BERENDSEN u. a., Kulturgeschichte der Wand- und Bodenfliese, Von der Antike bis zur Gegenwart, München 1964; W. BERGES, Stadtstaaten des Mittelalters, in: O.W. HASELOFF (Hg.), Die Stadt als Lebensform (Forschung und Information 6), Berlin 1970, S. 52–61; W. BLEYL, Der Donjon, eine bautechnische Typologie des verteidigungsfähigen Wohnturmes, Köln [3]1981; O. BORST, Babel oder Jerusalem? Sechs Kapitel Stadtgeschichte, Stuttgart 1984; W. BRAUNFELS, Abendländische Stadtbaukunst, Köln 1977; E. BRÜES, Die Baumeisterfamilie Pasqualini – Stand der Forschung, in: V. SCHMIDTCHEN (Hg.), Baudenkmal Zitadelle, Nutzungsform im Wandel, das Beispiel Jülich (Schriftenreihe Festungsforschung, Bd 1), Wesel 1989, S. 135–146; A. BRUSCHI, Bramante, London 1977; R.J. CHARLESTON und L.M. ANGUS-BUTTERWORTH, Glass, in: Singer, Bd 3, S. 206–244; H. DE LA CROIX, Military architecture and the radial city plan in 16th century Italy, in: Art Bulletin XLII, 4 (1962), S. 263–290; K. CZOK, Zur Stellung der Stadt in der deutschen Geschichte, in: Jahrbuch für Regionalgeschichte 3, 1968, S. 15–33; W. DECKSEL, Keramik, Stoff und Form, Braunschweig 1958; R.W. DOUGLAS und S. FRANK, The history of glassmaking, Henley-on-Thames 1972; J. EBERHARDT, Die Erneuerung Jülichs als Idealstadtanlage der Renaissance, Die Pläne Alessandro Pasqualinis und ihre Verwirklichung, Bonn 1977; J. EBERHARDT, Jülich, Idealstadtanlage der Renaissance, die Planungen Alessandro Pasqualinis und ihre Verwirklichung, Bonn 1978; J. EBERHARDT, Die Zitadelle von Jülich, Das Idealschema bei Specklin als Schlüssel zur Grundgeometrie, in: V. SCHMIDTCHEN (Hg.), Festungsforschung als kommunale Aufgabe (Schriftenreihe Festungsforschung, Bd 5), Wesel 1986, S. 95–116; B. EBHARDT, Der Wehrbau Europas im Mittelalter, Bd 1, Berlin 1939, Bd 2, Oldenburg 1958 / 59; E. EGG, Die Glashütten zu Hall und Innsbruck im 16. Jahrhundert, Innsbruck 1962 (Tiroler Wirtschaftsstudien 15); E. ENNEN, Die europäische Stadt des Mittelalters, Göttingen 1972; N. FAUCHERRE, Places fortes, bastion du pouvouir, Paris [3]1990; G. FESTER, Entwicklung der chemischen Technik bis zu Anfängen der Großindustrie, Wiesbaden 1969; M. FIELDHOUSE, Kleines Handbuch der Töpferei, Bonn 1972; A.A. FILARETE, Treatise on architecture, Being the treatise by Antonio di Piero Averlino, known as Filarete, 2 Bde, hg. u. übers. John R. Spencer, New Heaven 1965; J. GANTNER, Grundformen der europäischen Stadt, Versuch eines historischen Aufbaues in Genealogien, Wien 1928; W. GANZENMÜLLER, Die Entwicklung der keramischen und der Glastechnik, in: F. KLEMM (Hg.), Die Technik der Neuzeit, Bd 1, Potsdam 1941, S. 232–240; M. L. GENGARO, Alberti, Mailand 1939; G. GERMANN, Einführung in die Geschichte der Architekturtheorie, Darmstadt [2]1987; K. GERTEIS, Die deutschen Städte in der frühen Neuzeit, Darmstadt 1986; B. GILLE, Ingenieure der Renaissance, Düsseldorf 1968; K. GÖBELS, Rheinisches Töpferhandwerk, Frechen 1971; K. GREINER, Die Glashütten in Württemberg, Wiesbaden 1971; K. GRUBER, Die Gestalt der deutschen Stadt, Ihr Wandel aus der geistigen Ordnung der Zeiten, München [3]1977; D. B. HARDEN, Glass and glazes, in: Singer, Bd 2, S. 311–346; F. HART, Kunst und Technik der Wölbung, München 1965; M. HASLAM, Keramik – Töpferkunst durch die Jahrhunderte, München 1975; L. H. HEYDENREICH, Leonardo da Vinci, Basel 1953; A. HOFMANN, Ton – Finden – Formen – Brennen, Köln 1982; F. JAENICKE, Geschichte der Keramik, der Fayencen und des Porzellans, Leipzig 1900; E.M. JOPE, Ceramics, in: Singer, Bd 2, S. 284–310; K. JORDAN, Albrecht Dürer und die Festungsbaukunst, in: Zeitschrift für Festungsforschung 1984, S. 39 f.; K. JORDAN, Klassiker der festungskundlichen Literatur: Tartaglia, Marchi, Theti, Lorini, in: Zeitschrift für Festungsforschung 1985, S. 40 f.; F. KLEMM, Der Beitrag des Mittelalters zur Entwicklung der abendländischen Technik, Wiesbaden 1961; E. KLINGE, Siegburger Steinzeug, Düsseldorf 1972; E. KLINGE, Deutsches Steinzeug der Renaissance- und Barockzeit, Düsseldorf 1979; H. KLOTZ, Die Frühwerke Brunelleschis und die mittelalterliche Tradition, Berlin 1970; H. KOCH, Vom Nachleben des Vitruv, Baden-Baden 1951; W. KOCH, Baustilkunde, München 1988; H. KOEPF, Stadtbaukunst in Österreich, Salzburg 1972; B. LEACH, Das Töpferbuch, Bonn 1971; W. LEHNEMANN, Glasuren und ihre Farben, Düsseldorf 1973; LEONARDO DA VINCI, Il Codice Atlantico (Faksimile-Ausgabe), Mailand 1894–1903; K. LITZOW, Die Geschichte der keramischen Technologie, in: Handbuch der Keramik, Freiburg 1973; B. LORINI, Della fortificatione libri V., Venedig 1597; W. LOTZ, Italienische Renaissance I, München 1972; M. MAJOR, Geschichte der Architektur, Bd 2, Budapest 1979; C. MALTESE (Hg.), Francesco di Giorgio Martini tractati di architectura ingegneria e arte militare, Mailand 1967; U. MÄMPEL, Keramik, Von der Handform zum Industrieguß, Hamburg 1985 (Deutsches Museum, Kulturgeschichte der Naturwissenschaften und der Technik); F. DE MARCHI, Della architectura militare, Brescia 1599; H. M. MAURER, Die landesherrliche Burg in Wirtemberg im 15. und 16. Jahrhundert, Studien zu den landesherrlich-eigenen Burgen, Schlössern und Festungen, Stuttgart 1958; C. MECKSEPER, Kleine Kunstgeschichte der deutschen Stadt im Mittelalter, Darmstadt 1982; W. MEYER, Deutsche Burgen, Schlösser und Festungen, Frankfurt am Main 1979; W. MEYER, Europas Wehrbau, Frankfurt am Main 1973; S. VON MOOS, Turm und Bollwerk, Beiträge zu einer politischen Ikonographie der politischen Renaissancearchitektur, Zürich 1974; M. MORINI, Atlante di storia dell'urbanistica, Mailand 1963; W. MÜLLER-WIENER, Die Anfänge des Festungsbaues, Zur Entwicklung der Bastionärbefestigung während des 15. und 16. Jahrhunderts im östlichen Mittelmeergebiet, in: Burgen und Schlösser, 1960, H. 2, S. 1–6; R. P. MULTHAUF, The origins of chemistry, London 1966; L. MUMFORD, Die Stadt, Geschichte und Ausblick, München 1979; P. MURRAY, The Architecture of the Italian Renaissance, London 1963; H. NEUMANN, Festungsbaukunst und Festungsbautechnik in Deutschland (16. bis 20. Jahrhundert), Eine Einführung, in: V. SCHMIDTCHEN (Hg.), Eine Zukunft für unsere Vergangenheit (Schriftenreihe Festungsforschung, Bd 1), Wesel 1981, S. 33–63; G. D. ORLANDI und P. PORTOGHESI, Leon Battista Alberti, L'Architectura, Mailand 1966; A. PALLADIO, Quattro libri dell'Architectura, Venedig 1570; R. PAPINI, Francesco di Giorgio, Florenz 1946; N. PEVSNER, Europäische Architektur von den Anfängen bis zur Gegenwart, München ³1973; O. PIEPER, Burgenkunde, München 1912; E. PITZ, Europäisches Städtewesen und Bürgertum, Darmstadt 1991; H. PLANITZ, Die deutsche Stadt im Mittelalter, Graz und Köln ³1973; T. PLAUEL, Technologie der Grobkeramik, Bd 1: Rohstoffe, Aufbereitung, Formgebung, Berlin 1966; F. RADEMACHER, Die deutschen Gläser des Mittelalters, Berlin 1963; M. RAEBURN, Baukunst des Abendlandes, Stuttgart 1982; C. RICCI, Baukunst der Hoch- und Spätrenaissance in Italien, Stuttgart 1923; H. ROSENAU, The ideal city in its architectural evolution, London 1959; A. ROSSI, Die Architektur der Stadt, Skizzen zu einer grundlegenden Theorie des Urbanen, Düsseldorf 1973; E. RUPP, Die Geschichte der Ziegelherstellung, Heidelberg o. J.; H. SALMANG, Die Keramik, Berlin 1951; P. SANPAULESI, La Cupola dei S. Maria del Fiore, Rom 1941; G. SCAGLIA, Drawings of Brunelleschi's mechanical inventions for the construction of the cupola, in: Marsyas, Studies in the history of art, Bd 10, 1960 / 61, S. 45–68; G. SCAGLIA, Der Bau der Florentiner Domkuppel, in: Spektrum der Wissenschaft 3, 1991, S. 106–112; B. SCHÄFERS, Phasen der Stadtbildung und Verstädterung, Ein sozialgeschichtlicher und sozialstatischer Überblick unter besonderer Berücksichtigung Mitteleuropas, in: Die alte Stadt (Zeitschrift für Stadtgeschichte, Stadtsoziologie und Denkmalpflege) 4, 1977, S. 243–268; I. SCHLOSSER, Venezianische Gläser, Wien 1951; V. SCHMIDTCHEN, Waffentechnik und Festungsbau, Rolle und Bedeutung der Artillerie in Angriff und

Verteidigung fester Plätze, in: Zeitschrift für Festungsforschung 1, 1982, S. 12–20; V. Schmidtchen, Das Befestigungswesen im Übergang vom Mittelalter zur Neuzeit, in: Burgen und Schlösser, 1982, H. 1, S. 12–20; V. Schmidtchen, Bombarden, Befestigungen, Büchsenmeister, Düsseldorf 1977; V. Schmidtchen (Hg.), Schriftenreihe Festungsforschung, Bd. 1–10, Wesel 1981–1991; W. Schreiber, Die Glashütte zu Hall in Tirol, in: Tiroler Heimatblätter, 1959, S. 89–98; D. Speckle, Architectura von Vestungen, Straßburg 1589, Neuausg. Unterschneidheim 1971; A. Stange, Die deutsche Baukunst der Renaissance, München 1926; H. Stoob, Forschungen zum Städtewesen in Europa, 1: Räume, Formen und Schichten der mitteleuropäischen Städte, Köln und Wien 1970; H. Stoob (Hg.), Deutscher Städteatlas, Dortmund 1973; H. Stoob, Frühneuzeitliche Städtetypen, in: H. Stoob (Hg.), Die Stadt, Gestalt und Wandel bis zum industriellen Zeitalter, Köln 1979, S. 195–228; N. Tartaglia, Sul modo di fortificare le città rispetto la forma, Venedig 1536; C. Theti, Discorsi delle fortificazioni espugnazioni difese delle città, e d'altri luoghi, Venedig 1589; S. Toy, The Castles of Great Britain, London 1953; S. Toy, A history of fortification from 3000 B. C. to A. D. 1700, Melbourne 1955; A. Tuulse, Burgen des Abendlandes, Wien 1958; Vitruv, Zehn Bücher über Architektur, Darmstadt 1964; L. Villena, Der spanische Festungsbau im 16. bis 18. Jahrhundert als Fortsetzung des mittelalterlichen Wehrbaus, in: Burgen und Schlösser, 1973, H. 2, S. 105–108; M. Warnke, Bau und Überbau, Soziologie der mittelalterlichen Architektur nach den Schriftquellen, Frankfurt am Main 1974; H. Willich / P. Zucker, Die Baukunst der Renaissance in Italien, Potsdam 1914; R. Wittkower, Grundlagen der Architektur im Zeitalter des Humanismus, München 1969; H. Zedinek, Wiener Glashütten des 15. und 16. Jahrhunderts, in: Altes Kunsthandwerk, Wien 1927, S. 248 f.; P. Zucker, Entwicklung des Stadtbildes, Die Stadt als Form, München 1929.

Transport und Verkehr zu Wasser und zu Lande

L. Belloni, La Carrozza nella storia della locomozione, Mailand 1901; A. Birk, Die Straße, Karlsbad 1934, repr. Aalen 1971; E. Böhm, Die Straße – Unser Schicksal, Hannover 1964; J. Brennecke, Geschichte der Schiffahrt, Künzelsau 1981; F. Bruns, Hansische Handelsstraßen, Köln 1962; C. M. Cipolla, Guns and sails in the early phase of the European expansion 1400–1700, London 1965; H. Dallhammer, Von Straßen und Wegen, München 1959; R. Davis, English overseas trade 1500–1700, London 1973; R. Davis, The rise of the Atlantic economies, London 1973; H. L. Dubly, Pont de Paris à travers les siècles, Paris 1957; M. Ekkoldt, Schiffahrt auf kleinen Flüssen Mitteleuropas in Römerzeit und Mittelalter, Oldenburg 1980; E. Egli, Geschichte des Städtebaus, Bd 1, Zürich 1959; W. Eymann, Die Entwicklung der Straßen und Brücken, in: F. Klemm (Hg.), Die Technik der Neuzeit, Bd 3, Potsdam 1941, S. 1–41; M. Fabre, Geschichte der Verkehrsmittel zu Lande, Zürich 1963; P. Frederix, Histoire de la vitesse, Paris 1961; J. Gregory, The stories of the road, London 1931; G. Haegermann, Vom Caementum zum Spannbeton, Wiesbaden 1964; B. Hagedorn, Die Entwicklung der wichtigsten Schiffstypen bis ins 19. Jahrhundert, Berlin 1914; F. Hart, Kunst und Technik der Wölbung, München 1965; B. Heinrich, Am Anfang war der Balken, Zur Kulturgeschichte der Steinbrücke, München 1979; P. Heinsius, Das Schiff der hansischen Frühzeit, Köln und Wien ²1986; E. Henriot, Geschichte des Schiffbaus, Jena 1955; E. Hering, Wege und Straßen der Welt, Berlin 1938; H. Hitzer, Die Straße, München 1971; O. Höver, Die Entwicklung der Wasserfahrzeuge, in: F. Klemm (Hg.), Die Technik der Neuzeit, Potsdam 1941, Bd 3, S. 181–219; F. Howard, Sailing ships of war 1400–1860, London 1979; F. Jorberg, Beiträge zum Studium des Hanseschiffes, in: Zeitschrift des Vereins für Lübekkesche Geschichte und Altertumskunde 1955, S. 57–70; J. Kastl, Entwicklung der Straßenbautechnik vom Saumpfad bis zur Autobahn, Berlin 1953; B. Kihlberg (Hg.), Seefahrt – Nautisches Lexikon in Bildern, Göteborg 1963; F. Leonhardt, Brücken, Ästhetik und Gestaltung, London 1982; K. Löbe, Metropolen der Meere, Entwicklung und Bedeutung großer Seehäfen, Düsseldorf 1979; A. Oetker, Straßen des Handels gestern und heute, Bielefeld 1964; K. F. Olechnowitz, Der Schiffbau der hansischen Spätzeit, Weimar 1960; M. Overmann, Straßen, Brücken, Tunnel, Entwicklung und Zukunft des Straßenbaus, Stuttgart 1969; P. Padfield, Guns at sea, London 1973; K. M. Panikkar, Asia and western dominance, A survey of the Vasco da Gama epoche of Asian history 1498–1945, London 1959; J. H. Perry, The age of reconnaissance, London 1963; M. Rauck, Geschichte der gleislosen Fahrzeuge, in: F. Klemm (Hg.), Die Technik der Neuzeit, Bd 3, Potsdam 1941, S. 41–80; W. Sbrzesny, Entwicklung der Anlagen des Wasserbaues, in: F. Klemm (Hg.), Die Technik der Neuzeit, Potsdam 1941, Bd 3, S. 142–180; W. Schadendorf, Zu Pferde, im Wagen, zu Fuß, Tausend Jahre Reisen, München 1959; H. Schönebaum, Aber der Wagen rollt, Leipzig 1952; H. Schreiber, Symphonie der Straße, Düsseldorf 1959; H. Straub, Die Geschichte der Bauingenieurkunst, Basel ²1964; L. Tarr, Karren, Kutsche, Karosse, Budapest und Berlin ²1970; W. Treue, Vom Lastträger zum Fernlastzug, München 1956; W. Treue, Achse, Rad und Wagen, 5000 Jahre Kultur- und Technikgeschichte, München 1965; R. W. Unger, The ship in the medieval economy 600–1600, London 1980; R. B. Wernham, Before the Armada, The growth of English foreign policy 1485–1558, Cambridge 1964; J. A. Williamson, Maritime Expansion 1485–1558, Oxford 1913; H. Winter, Die Kolumbusschiffe von 1492, Rostock ²1960; H. Winter, Das Hanseschiff im ausgehenden 15. Jahrhundert, Bielefeld 1968.

Vom Faden zum Tuch

H. Ammann, Die Anfänge der Leinenindustrie des Bodenseegebietes, in: Zeitschrift für Schweizerische Geschichte 25, 1943, S. 329–370; H. Ammann, Deutschland und die Tuchindustrie Nordwesteuropas im Mittelalter, in: Hansesche Geschichtsblätter 72, 1954, S. 1–63; E. Ashtor, The Venetian cotton trade in Syria in the later middle ages, in: Study Mediaevali 17, 1976, H. 2, S. 765–775; A. Bohnsack, Spinnen und Weben, Entwicklung in Technik und Arbeit im Textilgewerbe, Hamburg 1989; W. Endrei, Der Trittwebstuhl im frühmittelalterlichen Europa, in: Acta Historica Academiae Cientiarum Hungariae, Bd 8, 1961, S. 107–136; W. Endrei, Kampf der Textilzünfte gegen die Innovationen, in: II. Internationales Handwerksgeschichtliches Symposium, Veszprém 1983, S. 129–144; W. Endrei und W. v. Stromer, Textiltechnische und hydraulische Erfindungen und ihre Innovatoren in Mitteleuropa im 14. / 15. Jahrhundert, in: TG 41, 1974, S. 89–117; W. English, The textile industry, an account of the early inventions of spinning, weaving and knitting machines, London 1969; M. Franck, King cotton, queen wool, in: Der Schlüssel, Zeitschrift für Wirtschaft und Kultur, 1976, H. 1; D. Funk, Biberacher Barchent, Herstellung und Vertrieb im Spätmittelalter und zur beginnenden Neuzeit, Biberach 1965; F. Furger, Zum Verlagssystem als Organisationsform des Frühkapitalismus im Textilgewerbe, in: VSWG, Beiheft 11, Stuttgart 1927; E. Gräbner, Die Weberei, Leipzig 1951; F. Hassler, Vom Spinnen und Weben, Ein Abschnitt aus der Geschichte der Textiltechnik, München 1952 (Deutsches Museum, Abhandlungen und Berichte 20, H. 3); L. Hooper, Hand-loom weaving plain and ornamental, London 1920; J. Horner, The linnen trade of Europe, Belfast o. J.; J. Kallbrunner, Zur Geschichte der Barchentweberei in Österreich im 15. und 16. Jahrhundert, in: VSWG 23, 1930, S. 76–93; M. Kircher und W. Kircher, Vom Handweben auf einfachen Apparaten, Kassel 1955; W. La Baume, Die Entwicklung des Textilhandwerks in Alteuropa, Bonn 1955; A. Linder, Spinnen und Weben einst und jetzt, Luzern und Frankfurt am Main 1967; K.-H. Ludwig, Spinnen im Mittelalter unter besonderer Berücksichtigung der Arbeiten »cum rota« in: TG 57, 1990, S. 77–89; A. Oppel, Die Baumwolle nach Geschichte, Anbau, Verarbeitung und Handel, Leipzig 1902; F. Orth, Der Werdegang wichtiger Erfindungen auf dem Gebiete der Spinnerei und Weberei, in: Beiträge zur Geschichte der Technik und Industrie, Bd 12, 1922, S. 61–108, Bd 17, 1927, S. 89–105; R. Patterson, Spinning and weaving, in: Singer, Bd 3, S. 151–186; W. Rinne, Revolutionen im Faserreich, Hannover 1950; A. von Schimmelmann, Am Handwebstuhl, Stuttgart 1951; W. v. Stromer, Die Wolle in der Oberdeutschen Wirtschaft, in: La Lana, Florenz 1974, S. 109–118; W. v. Stromer, Die Gründung der Baumwollindustrie in Mitteleuropa, Wirtschaftspolitik im Spätmittelalter, Stuttgart 1978; H. Tietzel, Spinnen und Weben, Die historische Entwicklung der Textilindustrie, Materialien für Ausbildungsseminare im Deutschen Museum in München, München 1978; H. Wescher, Baumwollhandel und Baumwollgewerbe im Mittelalter, in: CIBA-Rundschau 45, Basel, Juni 1940, S. 1633–1672; L. White, Die mittelalterliche Technik und der Wandel der Gesellschaft, München 1968; F. Wielandt, Das Konstanzer Leinengewerbe, Konstanzer Staatsrechtsquellen, Hg. Stadtarchiv Konstanz, Bd 2, Konstanz 1950; J. Zahn, Am Anfang war das Feigenblatt, Düsseldorf und Wien 1965.

Die Technik des Färbens und Gerbens

M. Bergmann und W. Grassmann (Hg.), Handbuch der Gerbereichemie und Lederfabrikation, Wien 1938 ff.; G. A. Bravo und A. Trupke, 100.000 Jahre Leder, Basel und Stuttgart 1970; G. Ebert, Die Entwicklung der Weißgerberei, Leipzig 1913; G. Fester, Die Entwicklung der chemischen Technik bis zu den Anfängen der Großindustrie, Wiesbaden 1969; K. Freudenberg, Chemie der natürlichen Gerberei, Berlin ^{2}1933; G. Gall, Leder im europäischen Kunsthandwerk, Braunschweig 1965; H. Gnamm, Die Gerberei und Gerbmittel, Stuttgart ^{n}1949; H. Hanisch, Deutschlands Lederproduktion und Lederhandel, Tübingen 1905; G. Königfeld (Bearbeiter), Was ist Leder, Eine Technologie des Leders, Stuttgart ^{2}1962; F. Lauterbach, Geschichte der in Deutschland bei der Färberei angewandten Farbstoffe mit besonderer Berücksichtigung des mittelalterlichen Waidbaues, Leipzig 1905; E. E. Ploss, Ein Buch von alten Farben, Technologie der Textilfarben im Mittelalter mit einem Ausblick auf die festen Farben, München ^{2}1967; E. Stock, Das Buch der Farben, Göttingen ^{2}1957; D. V. Thompson, The materials of medieval painting, London 1936; F. Weber und F. Gasser, Die Praxis der Färberei, Wien 1954.

Vom Mass der Dinge

J. Abeler, Uhren im Wandel der Zeiten, Hanau 1964; J. Abeler, Prüfstein – Uhrenbuch, eine Kulturgeschichte der Zeitmessung, Berlin 1975; C. W. Adams, Early clock mechanism, in: Isis 43, 1952; N. Ambronn, Beiträge zur Geschichte der Feinmechanik, in: Beiträge zur Geschichte der Technik und Industrie, Bd 9, 1919, S. 1–40; H. v. Bertele, Jost Bürgis Beitrag zur Formentwicklung der Uhren, in: Jahrbuch der kunsthistorischen Sammlungen in Wien 51, 1955, S. 170 ff. M. Bobinger, Alt-Augsburger Kompaßmacher, Sonnen-, Mond- und Sternuhren, Astronomische und Mathematische Geräte, Räderuhren, Augsburg 1966; B. Chandler und U. C. Vincent, Die Finanzierung einer Uhr, Ein Beispiel des Mäzenatentums im 16. Jahrhundert, in: K. Maurice und O. Mayr (Hg.), Die Welt als Uhr, Deutsche Uhren und Automaten 1550–1650, München 1980, S. 105–115; K. Fiegala und J. Fleckenstein, Der bekannte und der unbekannte Kopernikus, Gedanken zum Kopernikusjahr, München 1974 (Deutsches Museum, Abhandlungen und Berichte 42), S. 19–34; J. Fleckenstein, Galilei und die kopernikanische Reform,

München 1964 (Deutsches Museum, Abhandlungen und Berichte 32), S. 23–31; H. CH. FREIESLEBEN, Kepler als Forscher, Darmstadt 1970; G. FRISCHHOLZ, Die Stimme der Uhr im Wechsel der Jahrhunderte, in: Deutscher Uhrmacherkalender 1939, S. 125–158; G. FRISCHHOLZ, Zum Gedächtnis Peter Henleins, in: Deutsche Uhrmacherzeitung 66, 1942, S. 165–171; W. GERLACH und M. LIST, Johannes Kepler, Leben und Werk, München 1966; E. GROISS, Das Augsburger Uhrmacher-Handwerk, in: K. MAURICE und O. MAYR (Hg.), Die Welt als Uhr, Deutsche Uhren und Automaten 1550–1650, München 1980, S. 63–89; A. GÜMBEL, Peter Henlein, der Erfinder der Taschenuhr, Halle 1924; S. GUYE und H. MICHEL, Uhren und Meßinstrumente des 15. bis 19. Jahrhunderts, Zürich 1971; R. HALLO, Die Sternenwarten Kassels in hessischer Zeit, Kassel 1929; R. HENNING, Die Frühkenntnisse der magnetischen Nordweisung, in: Beiträge zur Geschichte der Technik und Industrie 21, 1931 / 32, S. 25–42; V. HIMMERLEIN, Die Uhren, in: Sammler, Fürst, Gelehrter – Herzog August zu Braunschweig und Lüneburg 1579–1666, Wolfenbüttel 1979; P. S. HONIG, Geschichte und mathematische Analyse der Schnecke, in: K. MAURICE und O. MAYR (Hg.), Die Welt als Uhr, Deutsche Uhren und Automaten 1550–1650, München 1980, S. 116–122; B. KIEGELAND, Uhren, München 1976; P. A. KIRCHVOGEL, Landgraf Wilhelm IV. von Hessen und sein astronomisches Automatenwerk, in: Index zur Geschichte der Medizin, Naturwissenschaft und der Technik, München 1953; P. A. KIRCHVOGEL, Wilhelm IV, Tycho Brahe and Eberhard Baldewyn – the missing instruments of the Kassel observatory, in: Vistas in astronomy, Bd 9, Oxford 1967, S. 109–121; G. KRÜGER, Uhren und Zeitmessung, Bern und Stuttgart 1976; J. H. LEOPOLD, Astronomen, Sterne, Geräte – Landgraf Wilhelm IV. und seine sich selbst bewegenden Globen, Luzern 1986; A. MACHABEY, Techniques of measurement, in: M. DAUMAS (Hg.), A history of technology and invention, Bd 2, New York 1969, S. 306–343; K. MAURICE, Die Deutsche Räderuhr, München 1976; K. MAURICE, Von Uhren und Automaten, München 1968; O. MAYR, Die Uhr als Symbol für Ordnung, Autorität und Determinismus, in: K. MAURICE, und O. MAYR (Hg.), Die Welt als Uhr, Deutsche Uhren und Automaten 1550–1650, München 1980; P. MESMAGE, The building of clocks, in: M. DAUMAS (Hg.), A history of technology and invention, Bd 2, New York 1969, S. 283–305; C. MÜNSTER, Das Fernrohr, München 1937 (Deutsches Museum, Abhandlungen und Berichte 9), S. 75–108; J. D. ROBERTSON, The evolution of a clockwork, New York 1931; F. SCHMIDT, Geschichte der geodätischen Instrumente und Verfahren im Altertum und Mittelalter, Neustadt a. d. Haardt 1935; I. SCHNEIDER, Die mathematischen Praktiker im Seh-, Vermessungs- und Wehrwesen vom 15. bis 19. Jahrhundert, in: TG 37, 1970, S. 210–242; I. SCHNEIDER, Der Proportionalzirkel, ein universelles Analogrecheninstrument der Vergangenheit, München 1970 (Deutsches Museum, Abhandlungen und Berichte 38, H. 2), S. 5–96; B. STICKER, Landgraf Wilhelm IV. und die Anfänge der modernen astronomischen Meßkunst, in: Sudhoffs Archiv 40, 1956, S. 15–25; B. STICKER, Nicolaus Copernicus – Tradition und Fortschritt in der Geschichte der Wissenschaften, München 1974 (Deutsches Museum, Abhandlungen und Berichte 42), S. 5–18; J. TEICHMANN, Wandel des Weltbildes – Astronomie, Physik und Meßtechnik in der Kulturgeschichte, München 1985; W. UHINK, Zeit und Zeitmessen, München 1939 (Deutsches Museum, Abhandlungen und Berichte 11), S. 1–32; A. WISSNER, Die Entwicklung der Feinmechanik, in: F. KLEMM (Hg.), Die Technik der Neuzeit, Bd 2, Potsdam 1941, S. 133–152; E. ZINNER, Das Leben und Wirken des Nikolaus Koppernick, genannt Coppernicus, München 1937 (Deutsches Museum, Abhandlungen und Berichte 9), S. 147–170; E. ZINNER, Aus der Frühzeit der Räderuhr, von der Gewichtsuhr zur Federzugsuhr, München 1954 (Deutsches Museum, Abhandlungen und Berichte 22, H. 3); E. ZINNER, Astronomische Instrumente des 11. bis 18. Jahrhunderts, München 1956.

Druck und Papier

M. Audin, Printing, in: M. Daumas, A history of technology and invention, Bd 2, New York 1969, S. 620–667; A. Blum, On the origin of paper, New York 1934; H. H. Bockwitz, Papiermacher und Buchdrucker im Zeitalter Gutenbergs, Leipzig 1939; B. Bohadti, Die Buchdruckletter, Berlin 1954; C. F. Bühler, The 15th-century-book, Philadelphia 1960; T. F. Carter, The invention of printing in China and its spread westward, New York 1925; J. P. Carter und H. Muir, Bücher, die die Welt verändern, München 1968; M. Clapham, Printing, in: Singer, Bd 3; K. Dieterichs, Die Buchdruckpresse von Johannes Gutenberg bis Friedrich Koenig, Mainz 1930; F. Eichler, Kleine Randbemerkungen zur Gutenbergischen Drucktechnik, in: Gutenberg-Jahrbuch 1950, S. 97–99; E. Eisenstein, The printing press as an agent of change, Cambridge 1979; E. Eisenstein, The printing revolution, in: Early modern Europe, Cambridge 1983; L. Febvre und H.-J. Martin, L'apparition du libre, Paris 1958; F. Funke, Buchkunde, Leipzig [2]1963; F. Geldner, Inkunabelkunde, Wiesbaden 1978; F. Geldner, Die ersten typographischen Drucke, in: H. Widmann (Hg.), Der gegenwärtige Stand der Gutenberg-Forschung, Stuttgart 1972, S. 148–184; C. W. Gerhardt, Geschichte der Druckverfahren, T. 2: Der Buchdruck, Stuttgart 1975; C. W. Gerhardt, Beiträge zur Technikgeschichte des Buchwesens, Frankfurt am Main 1976; E. P. Goldschmidt, The printed books of the Renaissance, Cambridge 1950; H. Gollob, Studien zur deutschen Buchkunst zur Frühdruckzeit, Leipzig 1954; J. Guignard, Gutenberg et son œuvre, Paris 1960; D. Hunter, Papermaking, The history and technique of an ancient craft, London 1947; R. Juchhoff, Kölnische und niederrheinische Drucker am Beginn der Neuzeit in aller Welt, Köln 1960, S. 10–17; A. Kapr, Buchgestaltung, Dresden 1963; A. Kapr, Johannes Gutenberg, Tatsachen und Thesen, Leipzig 1977; A. Kapr, Johannes Gutenberg, Persönlichkeit und Leistung, München 1987; K. Keim, Die geschichtliche Entwicklung der Papierherstellung und der Rohstoffe, Heidelberg [2]1965; E. Kuhnert und H. Widmann, Geschichte des Buchhandels, in: Handbuch der Bibliothekswissenschaft, Bd 1, 1952, S. 876–884; W. H. Lange, Das Buch im Wandel der Zeiten, Wiesbaden [6]1951; H. Lülfing, Johannes Gutenberg und das Buchwesen des 14. und 15. Jahrhunderts, Leipzig 1969; R. Mayer, Gedruckte Kunst, Dresden 1983; M. McLuhan, Die Gutenberg-Galaxis, Düsseldorf und Wien 1968; G. Mori, Die Erfindung des Letterngusses durch Gutenberg im Lichte der Technik, in: Die Umschau 44, 1940, S. 393–398; J. Overton, A note on technical advances in the manufacture of paper, in: Singer, Bd 3, S. 411–416; H. Presser, Johannes Gutenberg in Zeugnissen und Bilddokumenten, Hamburg 1967; A. Ruppel, Johannes Gutenberg, Sein Leben und sein Werk, Nieuwkoop [3]1967; W. Schlieder, Zur Geschichte der Papierherstellung in Deutschland von den Anfängen der Papiermacherei bis zum 17. Jahrhundert, in: Beiträge zur Geschichte des Buchwesens, Bd 2, Leipzig 1966, S. 33–168; W. Schmidt, Gutenberg und die Schriftkultur seiner Zeit, in: Gutenberg-Jahrbuch 1956, S. 11–16; F. A. Schmidt-Künsemüller, Die Erfindung des Buchdrucks als technisches Phänomen, Mainz 1951; F. A. Schmidt-Künsemüller, Gutenbergs Schritt in die Technik, in: H. Widmann (Hg.), Der gegenwärtige Stand der Gutenberg-Forschung, Stuttgart 1972 S. 122–147; V. Scholderer, Der Buchdruck Italiens im 15. Jahrhundert, in: Beiträge zur Inkunabelkunde, N. F. 2, 1938, S. 54 ff.; V. Scholderer, Johann Gutenberg, the inventor of printing, London 1963; P.-K. Sohn, Early Korean typography, Seoul 1971; A. Swierk, Johannes Gutenberg als Erfinder in Zeugnissen seiner Zeit, in: H. Widmann (Hg.), Der gegenwärtige Stand der Gutenberg-Forschung, Stuttgart 1972, S. 79–90; A. Timm, Zur Entwicklung der Publizistik im Spätmittelalter, in: Forschungen und Fortschritte 29, 1955, S. 264 ff.; H. Widmann (Hg.), Der gegenwärtige Stand der Gutenberg-Forschung, Stuttgart 1972; H. Widmann, Vom Nutzen und Nachteil des Buchdrucks – Aus der Sicht der Zeitgenossen des Erfinders, Mainz 1973; H. WIDMANN, Der koreanische Buchdruck und Gutenbergs Erfindung, in: Gutenberg-Jahrbuch 1974, S. 32–34; H. J. WOLF, Geschichte der Druckpressen, Frankfurt am Main 1974.

TECHNISCHE INTELLIGENZ

G. BAYERL, Technische Intelligenz im Zeitalter der Renaissance, in: TG 45, 1978, S. 336–353; J. H. BECK, The historical Taccola and the emperor Sigismund in Siena, in: The Art Bulletin 50, 1968, S. 309–320; J. BURCKHARDT, Die Kultur der Renaissance in Italien, Ein Versuch, Leipzig 1919; G. CANESTRINI, Arte militare meccanica medievale, Mailand 1946; M. CLAGETT, The life and works of Giovanni Fontana, in: Annali del-'Istituto e Museo di Storia della Scienzia di Firenze 1, 1976, S. 5–28; B. DEGENHART und A. SCHMITT, Corpus der italienischen Zeichnungen 1300–1450, T. II, 4. Bd: Mariano Taccola, unter Mitwirkung von Hans-Joachim Eberhardt, Berlin 1982; B. GILLE, Les ingénieurs de la Renaissance, Paris 1964; B. GILLE, Ingenieure der Renaissance, Wien und Düsseldorf 1968; CH. GIBBS-SMITH, The inventions of Leonardo da Vinci, New York 1978; J. GIMPEL, Die industrielle Revolution des Mittelalters, Zürich 1981; F. KLEMM, Technik, eine Geschichte ihrer Probleme, Freiburg 1954; F. KLEMM, Zur Kulturgeschichte der Technik, München 1979; F. KLEMM, Die Technik in der italienischen Renaissance, in: F. KLEMM, Zur Kulturgeschichte der Technik, Aufsätze und Vorträge 1954–1978, [2]Darmstadt 1982, S. 88–100; F. KLEMM, Physik und Technik in Leonardo da Vincis Madrider Manuskripten, in: F. KLEMM, Zur Kulturgeschichte der Technik, Aufsätze und Vorträge 1954 – 1978, [2]Darmstadt 1982, S. 101–130; F. KLEMM, Georgius Agricola – der Humanist, Naturforscher und Bergbaukundige, in: F. KLEMM, Zur Kulturgeschichte der Technik, Aufsätze und Vorträge 1954 – 1978, [2]Darmstadt 1982, S. 131–140; F. KLEMM, Geschichte der Technik, Hamburg 1983; C. VON KLINCKOWSTROEM, Die Technik der Renaissancezeit, in: F. KLEMM (Hg.), Die Technik der Neuzeit, Potsdam 1941, S. 1–16; F. KRAFFT, Tradition in Humanismus und Naturwissenschaft, Die Einheit der Renaissance und die »zwei Kulturen« der Gegenwart, in: Humanismus und Technik 20, 1976, H. 2, S. 41–72; W. B. PARSONS, Engineers and engineering in the Renaissance, Cambridge, MA, und London 1976; C. PEDRETTI, Leonardo da Vinci – Architekt, Stuttgart 1980; F. D. PRAGER, A manuscript of Taccola, quoting Brunelleschi, on problems of inventors and builders, in: Proceedings of the American Philosophical Society 112, 1968, S. 131–149; F. D. PRAGER und G. SCAGLIA, Brunelleschi: Studies of his technology and inventions, Cambridge, MA, 1970; F. D. PRAGER, Fontana on fountains, in: Physis 13, 1971, S. 341–360; F. D. PRAGER und G. SCAGLIA, Mariano Taccola and his book De ingeneis, Cambridge, MA, 1972; L. RETI, Francesco di Giorgio-Martini's treatise on engineering and its plagiarists, in: Technology and culture 4, 1963, S. 287–298; L. RETI, Die wiedergefundenen Leonardo-Manuskripte der Bibliotheca Nacional in Madrid, in: TG 34, 1967, S. 193–225; L. RETI, Leonardo – Künstler, Forscher, Magier, Frankfurt am Main 1974; L. RETI und B. DIBNER, Leonardo da Vinci, Technologist, Connecticut 1969; P. L. ROSE, The Taccola manuscripts, in: Physis 10, 1968, S. 337–346; H. SCHIMANK, Naturwissenschaft und Technik im 16. Jahrhundert, in: TG 30, 1941, S. 99–106; V. SCHMIDTCHEN, Bombarden, Befestigungen, Büchsenmeister, Von den ersten Mauerbrechern des Spätmittelalters zur Belagerungsartillerie der Renaissance, Eine Studie zur Entwicklung der Militärtechnik, Düsseldorf 1977; V. SCHMIDTCHEN, Militärische Technik zwischen Tradition und Innovation am Beispiel des Antwerks, in: G. KEIL (Hg.), Gelerter der Arzenie, ouch apoteker, Beiträge zur Wissenschaftsgeschichte, Festschrift zum 70. Geburtstag von W. F. Daems, Pattenson 1982, S. 91–195; V. SCHMIDTCHEN, Kriegswesen im späten Mittelalter, Technik, Taktik und Theorie, Weinheim 1990; W. v. STROMER, Brunelleschis automatischer Kran und die Mechanik der Nürnberger Drahtmühle, Technologie-Transfer im 15. Jahrhundert, in: architectura 7, 1977, S. 163–174; W. v. Stromer, Eine »Industrielle Revolution« des Spätmittelalters?, in: U. Troitzsch und G. Wohlauf (Hg.), Technik-Geschichte, Frankfurt am Main 1980, S. 105–138; U. Troitzsch, Die Renaissance: Italien als Zentrum technologischen Wandels, in: U. Troitzsch und W. Weber (Hg.), Die Technik, von den Anfängen bis zur Gegenwart, Braunschweig 1982, S. 183–198; A. Uccelli, Storia della tecnica dal medio evo ai nostri giorni, opera compilata con la collaborazione di eminenti specialisti, Mailand 1945.

Personenregister

Sachregister

Quellennachweise der Abbildungen

Umschlag:
Die Artillerie Kaiser Maximilians I. Miniatur zum »Triumphzug« des Kaisers aus der Werkstatt des Hofmalers Jörg Kölderer in Innsbruck, zwischen 1512 und 1515. Wien, Graphische Sammlung Albertina. Foto: Lichtbildwerkstätte »Alpenland«, Wien.

Die Vorlagen für die textintegrierten Bilddokumente stammen von:
Collezione Alinari, Florenz 5, 15, 172, 175 · Jaroslav Alt, Kuina Hora 144 · Jörg Anders, Berlin 123, 160, 192 · Archiv des Autors 2, 7, 9, 17, 23, 43, 53, 58, 60a, 67 · Bildarchiv Foto Marburg 55, 63, 149 · Board of Trustees of the Royal Armouries, London 118a und b, 125, 130 · Dr. Harald Busch, Frankfurt am Main-Griesheim 70 · A. C. Cooper Ltd., London 116 · Corpus Vitrearum Medii Aevi Deutschland, Freiburg im Breisgau 79 · Demanega, Innsbruck 95 · Deutsches Museum, München 210 · Lensini Fabio, Siena 54 · Reinhard Friedrich, Berlin 173 · Frischauf Bild Ges.m.b.H., Innsbruck 93 · Gemeinnützige Stiftung Leonard von Matt, Buochs 180b, 225 · Silva Hahn, Berlin 108 · Hochschulfilm- und Bildstelle der Bergakademie Freiberg in Sachsen 87, 147 · Karl Hofstetter, Ried 46 · Industrie-Foto Hilbinger GmbH, Schwaig-Behringersdorf 138, 145a und b, 206 · Lauros-Giraudon, Paris 80 · MAS, Barcelona 92 · Microfilmstelle des Kantons Basel-Landschaft, Liestal 12 · N. Natali, Ravenna 59 · Obenauf, Erlangen 178 · Österreichische Nationalbibliothek, Wien 103 · Alain Perceval Photographie Aérienne, Paris 158 · Photographie Giraudon, Paris 153 · Dr. G. B. Pineider, Florenz 168 · Pressebild-Archiv Heinz Finke (DJV), Konstanz 42 · RCHM England, London 76 · Roncaglia & C., Modena 184 · Rotalfoto, Trient 10 · Guido Sansoni, Florenz 163, Helga Schmidt-Glassner, Stuttgart 71 · Walter Steinkopf, Berlin 157, 229 · Studio Foto Artistico Industriale F.lli Manzotti, Piacenza 44 · Verlag Karl Alber, Freiburg im Breisgau 47 · Eberhard Zwicker, Würzburg 150. – Alle übrigen Aufnahmen lieferten die in den Bildunterschriften erwähnten Archive, Bibliotheken, Museen und Sammlungen.
Die Erlaubnis zur Wiedergabe von Originalen erteilten freundlicherweise die in den Bildunterschriften und Quellennachweisen genannten Institutionen und privaten Besitzer.